PRÉCIS

# BÂTIMENT

## CONCEPTION, MISE EN ŒUVRE, NORMALISATION

D. Didier

M. Le Brazidec

P. Nataf

Professeurs agrégés au Lycée Technique du Bâtiment Saint-Lambert (Paris)

J. Thiesset

Professeur agrégé au Lycée Technique Gaudier-Brzeska (Saint-Jean-de-Braye)

*Collection animée par*

J.-P. Trotignon

Professeur à l'École Nationale Supérieure d'Arts et Métiers-Paris

AFNOR

NATHAN

# LES PRÉCIS AFNOR/NATHAN

**Collection animée par J.-P. Trotignon**

**— Précis de Bâtiment**
Conception, mise en œuvre, normalisation

**— Précis de Chantier**
Matériel et matériaux, mise en œuvre, normalisation

**— Précis de Structures de Génie Civil**
Projets, dimensionnements, normalisation

**— Précis de Construction mécanique**
**Tome 1,** Projets-études, composants, normalisation
**Tome 2,** Projets-méthodes, production, normalisation
**Tome 3,** Projets-calculs, dimensionnement, normalisation

**— Précis d'Électronique analogique**
Composants passifs, composants actifs, normalisation

**— Précis de Fonderie**
Méthodologie, production, normalisation

**— Précis de Matières plastiques**
Structures-propriétés, mise en œuvre, normalisation

**— Précis de Méthodes d'usinage**
Méthodologie, production, normalisation

**— Précis de Métallurgie**
Élaboration, structures-propriétés, normalisation

Édition : Patrick Gonidou
Coordination artistique : Isabelle Jalfre
Fabrication : Pascal Mégret
Mise en page : JPM sa
Dessins techniques : Sullero
Conception couverture : Jérôme Lo Monaco


ISBN Nathan : 2-09-178940-2
ISBN AFNOR : 2-12-380221-2

# AVANT-PROPOS

L'AFNOR et les éditions NATHAN ont sollicité une équipe d'enseignants de Génie Civil du Lycée Saint-Lambert (Paris) pour rédiger des ouvrages dans la collection des *Précis*.

Ces ouvrages ont pour principal objectif d'aider les étudiants, professeurs et spécialistes à la conception, au calcul, au dessin, au choix de matériaux ou de techniques de construction au cours d'un projet. La nouvelle édition refondue du *Précis de Bâtiment* en est un exemple. C'est un ouvrage synthétique qui assure l'équilibre entre la présentation complète d'une technique ou d'une technologie, l'accès rapide à des informations d'usage quotidien et la référence systématique à la normalisation la plus récemment actualisée.

Le *Précis de Bâtiment* rassemble l'essentiel des normes, règles de calcul et règles de l'art les plus récentes relatives au gros œuvre, aux principaux corps d'état secondaires du Bâtiment ainsi qu'à quelques domaines ayant trait aux Travaux Publics. Chaque partie associe les aspects normatifs, réglementaires et conventionnels liés à l'emploi des matériaux usuels, des procédés technologiques et des techniques de mise en œuvre.

Il faut préciser qu'il était difficile de présenter de façon exhaustive l'ensemble des connaissances actuelles concernant tous les secteurs de la construction dans un seul ouvrage. Aussi, les auteurs ont-ils choisi d'aborder de nombreux domaines en traitant d'une manière plus approfondie les points qui leur sont apparus essentiels pour la plupart des constructions courantes.

Les auteurs se sont attachés à faciliter la lecture, le repérage et la recherche des informations :
- un index trilingue aiguille le lecteur à partir de critères technologiques fondamentaux ;
- les indications fournies en tête de chapitre permettent de s'orienter rapidement vers les solutions cherchées ;
- les appels de page établissent précisément le lien avec d'autres chapitres ;
- les références multiples rendent aisées les recherches approfondies ou spécifiques (normes, DTU).

Le *Précis de Bâtiment* sera un des supports de l'enseignement du Génie Civil, tout en étant utile à des spécialistes.

Un dernier mot pour remercier chaleureusement toutes les personnes qui nous ont accompagnés tout au long de la rédaction de cet ouvrage, et notamment pour ses conseils avisés, M. Trotignon, avec une pensée particulière pour M. Quatremer qui nous a malheureusement quittés avant l'achèvement du précédent manuscrit.

*Les auteurs*

*La conception et la mise en œuvre d'un projet de construction nécessitent la connaissance approfondie des caractéristiques des matériaux et des composants ainsi que des principales solutions constructives. Les valeurs indiquées, minutieusement contrôlées, ne peuvent en aucun cas se substituer aux documents officiels de l'AFNOR ou aux derniers catalogues des fabricants. Les indications de cet ouvrage ne peuvent en aucun cas constituer une garantie juridique. La conception et la mise en œuvre d'un projet de construction imposent le contact direct avec les fournisseurs de matériaux et de matériels, et la consultation des normes en vigueur ; cet ouvrage, malgré ses qualités, ne peut s'y substituer.*

# SOMMAIRE


pages

Normalisation V

**Dessins d'architecture, de bâtiment et de génie civil**

Représentation en plan : règles générales sur les formats, pliages, éléments graphiques et cartouches 1
Règles générales sur la cotation 9
Dessins de coffrage : règles générales de représentations 13
Plans d'armatures : règles générales de représentations 15

**Bases de calcul des constructions**

Actions sur les structures : charges d'exploitation Q des bâtiments 22
Actions sur les structures : charges permanentes G des bâtiments 26
Actions climatiques 28

**Matériaux**

Liants hydrauliques 36
Composition des bétons 39
Armatures pour béton armé 41
Briques et blocs en terre cuite 43
Blocs en béton 45
Bois massifs et panneaux de contreplaqué 49
Caractéristiques thermiques des principaux matériaux utilisés en bâtiment 52

**Terrassements, sols et fondations**

Identification et classification des sols 56
Fondations superficielles : définition, principes du dimensionnement 63
Murs de soutènement : conception et mise en œuvre 67
Écrans de soutènement : conception et mise en œuvre 72
Palplanches métalliques 79
Les fouilles et reprises en sous-œuvre 82
Chaussées et dépendances : les réseaux d'assainissement 87
Chaussées et dépendances : tranchées (ouverture, remblayage, réfection) 90

**Éléments de structure en béton armé**

Domaine d'application des règles BAEL 99 100
Actions, combinaisons d'action et transmission des charges 103
Calcul des sollicitations 106
Détermination des armatures et dispositions constructives 113
Fondations superficielles 126
Fondations superficielles : recommandations diverses 132
Murs de soutènement en béton armé 133
Exécution des travaux en béton 136

**Béton précontraint**

Technologie et mise en œuvre du béton précontraint 138
Bases de calcul 150

pages

**Parois verticales**

Conception et caractéristiques principales des parois verticales 155
Murs en béton banché 158
Murs porteurs en maçonnerie traditionnelle de petits éléments 162
Panneaux préfabriqués de grandes dimensions en béton ordinaire 165
Cloisons de distribution 169

**Menuiseries**

Fenêtres – Éléments de conception 177
Fenêtres – Matériaux constitutifs et mise en œuvre 184
Portes intérieures et extérieures en bois 190

**Parois horizontales**

Planchers 194
Revêtements de sols 208
Plafonds 210

**Toitures**

Toitures-terrasses 211
Charpente en bois 225
Couvertures 232
Installations d'évacuation des eaux pluviales 243

**Dégagements - Circulations**

Escaliers 246
Ascenseurs : caractéristiques, dimensions 254
Accessibilité des constructions aux handicapés physiques 257

**Conduits, gaines et colonnes montantes**

Conduits de fumée 261
Désenfumage des circulations horizontales à l'abri des fumées 265
Vide-ordures 267
Prescriptions générales vis-à-vis des risques en cas d'incendie 269

**Installation électrique intérieure des logements** 271

**Plomberie - Sanitaire**

Distribution d'eau 279
Assainissement des bâtiments d'habitation 284
Assainissement autonome 291

**Protection des bâtiments**

Sécurité contre l'incendie 294
Protection des parois enterrées contre les infiltrations d'eau 304
Thermique de la paroi 313
Mise en œuvre de l'isolation thermique 320
Réglementation thermique 334
Aération des logements 345
Acoustique 356

**Index** 368

## 1. SYSTÈME FRANÇAIS DE NORMALISATION

Le système français de normalisation regroupe l'Association Française de Normalisation (AFNOR) et 32 Bureaux de Normalisation dont AFNOR, qui est aussi un bureau (BN).
Association privée reconnue d'utilité publique, l'AFNOR centralise et coordonne les travaux de normalisation en France, représente les intérêts français auprès des instituts internationaux et européens de normalisation (ISO et CEN). L'AFNOR assure la diffusion des normes françaises et développe les produits liés à la normalisation (certification, formation, information).
Les Bureaux de Normalisation sont chargés d'élaborer les projets de normes dans les secteurs industriels qu'ils représentent et en application du programme de normalisation décidé par le conseil d'administration de l'AFNOR.

### 1.1 Comment s'élabore une norme ?

On réunit, sur un problème technique spécifique et répétitif, les représentants des diverses parties intéressées à sa résolution : fabricants, utilisateurs, laboratoires, distributeurs, consommateurs, pouvoirs publics, etc.
Le principe qui est ensuite mis en œuvre est la recherche du consensus.
Le processus peut se schématiser ainsi :

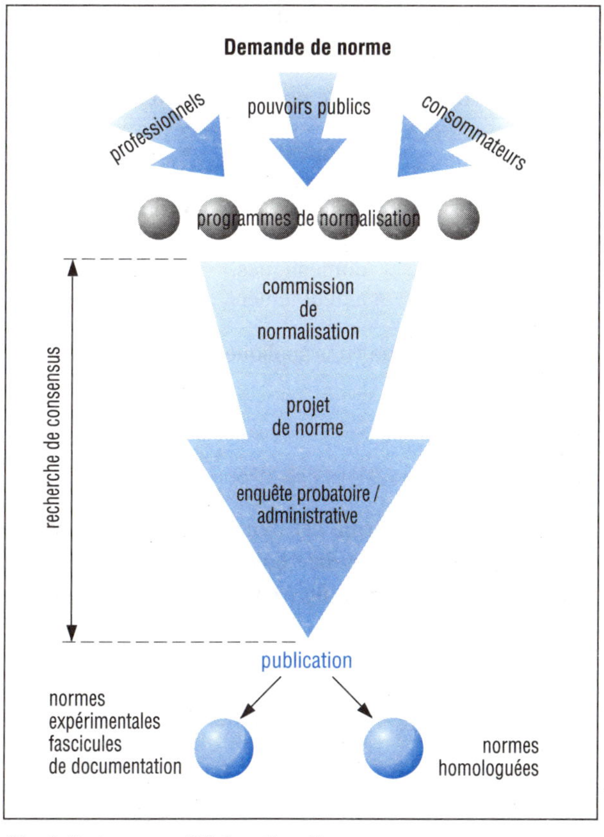


*Fig. 1. Le processus d'élaboration d'une norme.*

#### 1.1.1 Programme

Mise au programme des travaux de normalisation.

#### 1.1.2 Préparation du projet de norme

Une commission, regroupant les partenaires concernés (producteurs, usagers, distributeurs, administrateurs, organismes scientifiques et techniques...) après études techniques approfondies, rédige un projet de norme.

#### 1.1.3 Enquête probatoire

Dès l'accord de la commission, le projet est soumis à l'enquête probatoire pour recueillir les avis et observations des partenaires intéressés.
La soumission du projet à l'enquête probatoire est annoncée par le *Journal officiel* ainsi que par la revue *Enjeux*, mensuel de la normalisation édité par l'AFNOR.
Le projet tenant compte des observations de l'enquête probatoire est proposé à l'homologation.

#### 1.1.4 Homologation

Les normes françaises sont homologuées par le conseil d'administration de l'AFNOR.
Les décisions d'homologation font l'objet d'un avis publié (deux fois par mois) au *Journal officiel*.
La publication des nouvelles normes est également annoncée dans *Enjeux*.

### 1.2 Pratiquement

Une norme se présente sous forme de document de format 21 × 29,7 cm, que l'on identifie par son indice (voir p. VII) et sa date. Elle contient, selon le cas, des définitions, des dimensions, des caractéristiques physiques, mécaniques, chimiques, biologiques ou organiques, des méthodes d'essais (performances, analyse de composition, mesures de grandeurs). Les normes concernent tous les aspects de l'activité économique et sociale (unification des symboles graphiques, méthodes d'établissement des documents, gestion de la qualité, fiabilité, cahiers des charges, autoroutes de l'information, etc.).

### 1.3 Buts et résultats

L'application des normes entraîne une réduction des délais, un abaissement des coûts et des prix, un relèvement du niveau de qualité, une amélioration des échanges nationaux et internationaux, résultats dont les effets sont ressentis par les différents partenaires du marché – et par l'économie générale.

La part qu'a prise la normalisation dans la vie économique s'explique notamment par les faits suivants :
– l'administration est tenue, par le Code des marchés publics, de faire référence aux normes dans tous les marchés qu'elle passe ;
– dans le secteur privé, les normes sont appliquées au niveau de la production, mais aussi, par centaines, dans l'ensemble des services de l'entreprise (approvisionnements, études, contrôle de qualité, entretien, méthodes, documentation, informatique, etc.) ;

– les tribunaux font référence aux normes pour trancher les litiges;
– les normes françaises, transposition nationale des normes européennes, constituent des présomptions de preuves pour le respect des Directives Européennes.

## 2. COLLECTION DES NORMES FRANÇAISES

Plus de 20 000 normes françaises touchent l'ensemble des activités agricoles, industrielles et commerciales.
Ces normes sont périodiquement révisées pour tenir compte de l'évolution technologique ou économique (environ 1 800 normes nouvelles ou révisées sont publiées chaque année).

## 3. NORMALISATION EUROPÉENNE

Le marché unique européen s'organise autour de la normalisation européenne qui devient ainsi un enjeu majeur des stratégies industrielles et commerciales des entreprises des pays de l'Union.
Le Comité Européen de Normalisation (CEN) et le Comité Européen de Normalisation Électrotechnique (CENELEC) dont les membres français sont respectivement l'AFNOR et l'UTE (Union Technique de l'Électricité) associent les 18 pays de l'Union européenne (UE) et de l'Association européenne de libre-échange (AELE) ainsi que certains pays de l'Europe Centrale.
Les normes européennes approuvées par le CEN ou le CENELEC sont obligatoirement adoptées comme normes nationales par tous les pays membres, donc homologuées comme normes françaises par l'AFNOR.
La normalisation française est, de ce fait, amenée à intégrer de plus en plus l'approche européenne dans ses travaux.
Ce qui conduit à une mobilisation croissante des experts français dans les structures techniques du CEN/CENELEC. Dans le domaine des télécoms, les normes sont préparées dans le cadre de l'ETSI.

## 4. NORMALISATION INTERNATIONALE

La mondialisation des échanges a conduit, depuis déjà de nombreuses années, l'ensemble des pays industrialisés et aussi, dans une moindre mesure, les pays en développement, à élaborer des normes internationales au sein de l'organisation internationale de normalisation ISO et de la Commission Électrotechnique Internationale (CEI).

La défense des intérêts français nécessite également pour l'AFNOR et les bureaux de normalisation une participation active aux travaux de normalisation internationale dont la reprise n'est pas obligatoire, cependant, en collection nationale. En outre, il existe des accords (accords de Vienne...) qui régissent des travaux communs entre ISO et CEN.

## 5. MARQUE NF : CERTIFICATION DE CONFORMITÉ AUX NORMES

La marque NF est une marque volontaire de certification délivrée par AFNOR. Elle atteste de façon indiscutable et impartiale la qualité, la fiabilité et les performances des produits industriels ou de consommation et des services.

La marque NF apporte la preuve qu'un produit ou service répond aux besoins des utilisateurs et est conforme à des caractéristiques de qualité définies dans le référentiel de certification correspondant.

Ce référentiel est constitué :
– de normes françaises, européennes ou internationales élaborées en concertation avec les fabricants, les utilisateurs, les distributeurs, les associations de consommateurs, les laboratoires et les pouvoirs publics;
– de spécifications complémentaires concernant le produit ou le service et l'organisation qualité de l'entreprise.

La marque NF concerne de nombreux secteurs tels que :

- électricité,
- sanitaire,
- chauffage,
- tuyauterie,
- robinetterie,
- génie civil,
- bâtiment, produits de construction,
- équipements domestiques,
- ameublement,
- sécurité incendie,
- jouets, puériculture,
- médical et paramédical...

Aujourd'hui la marque NF s'applique également au secteur agroalimentaire.

## 6. COMMENT IDENTIFIER UNE NORME

Pour savoir si une norme est toujours valable, il suffit de vérifier que l'indice et la date qu'elle porte correspondent exactement à ceux qui figurent dans le catalogue en vigueur.

*Référence du document.*
*Les normes homologuées sont précédées du sigle* ***NF*** *(pour Norme Française).*
*suivi du sigle* ***EN*** *dans le cas d'une norme européenne.*
*Depuis le 1er janvier 1995, les normes expérimentales sont précédées du sigle* ***XP***
*et les fascicules de documentation du sigle* ***FD.***
*et Millésime*

*Selon le cas :*
- *norme française,*
- *normalisation française,*
- *norme européenne, norme française*

*Indice de classement*

*Domaine dans lequel (ou lesquels), le document a été classée selon la nouvelle classification internationale pour les normes (ICS)*

*Titre*

*Traduction en anglais et en allemand du titre du document*

*Date de la décision d'homologation ou date de la mise en application*

*Organisme éditeur*

*Année et mois du tirage*

---

FA029088 ISSN 0335-3931

# norme européenne
## norme française

**NF EN 1065**
**Avril 1999**

Indice de classement : **P 93-321**

**ICS : 91.220**

Étais télescopiques réglables en acier

**Spécifications du produit, conception et évaluation par calculs et essais**

E : Adjustable telescopic steel props — Product specifications, design and assessment by calculation and tests
D : Baustützen aus Stahl mit Ausziehvorrichtung — Produktfestlegungen, Bemessung und Nachweis durch Berechnung und Versuche

© AFNOR 1999 — Tous droits réservés

***Norme française homologuée***

par décision du Directeur Général d'AFNOR le 5 mars 1999 pour prendre effet le 5 avril 1999.

Remplace la norme homologuée NF P 93-321, de mai 1987.

Sert de base pour l'attribution de la marque NF-ÉTAIS MÉTALLIQUES.

***Correspondance*** La norme européenne EN 1065:1998 a le statut d'une norme française.

***Analyse*** Le présent document, précise les matériaux, les exigences liées à la fabrication et les méthodes d'évaluation utilisant à la fois les calculs et les essais pour des étais télescopiques réglables en acier employés dans les chantiers de construction.

***Descripteurs*** **Thésaurus International Technique :** chantier de construction, échafaudage, étai, acier, définition, classification, désignation, prévention de la corrosion, réglage, dimension, résistance mécanique, vérification, calcul, essai, marquage.

***Modifications*** Par rapport au document remplacé, révision générale de la norme.

***Corrections***

Éditée et diffusée par l'Association Française de Normalisation (AFNOR), Tour Europe 92049 Paris La Défense Cedex
Tél. : 01 42 91 55 55 — Tél. international : + 33 1 42 91 55 55

© AFNOR 1999 AFNOR 1999 1er tirage 99-04-F

# Règles générales sur les formats, pliages, éléments graphiques et cartouches

**NF P 02-001, -005 et -006, NF EN ISO 9431 (P02-003) et P ISO 128-20 (E 04-524-1)**

## 1. FORMATS

Les dimensions des formats de base sont des multiples de 210 mm dans un sens et 297 mm dans l'autre. Les cinq formats de base A0, A1, A2, A3, A4 sont donnés (fig. 1) avec leurs dimensions.

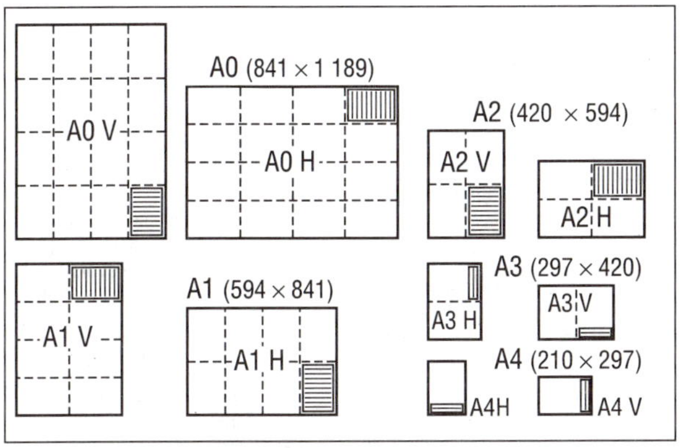


*Fig. 1. Formats de base.*

Les formats allongés sont à utiliser lorsque les formats de base ne conviennent pas. Ceux conseillés par la NF P 02-006 figurent ci-dessous (tableau 1). Ainsi, à partir du format A2 (420 × 594), il existe un format allongé A2 × 3 (594 × 1261).

| Dimension mm | 630 | 841 | 1 051 | 1 261 | 1 471 | 1 682 |
|---|---|---|---|---|---|---|
| **297** | A4 × 3 | A4 × 4 | A4 × 5 | A4 × 6 | A4 × 7 | A4 × 8 |

| Dimension mm | 1 261 | 1 682 |
|---|---|---|
| **594** | A2 × 3 | A2 × 4 |

*Tableau 1. Formats allongés.*

## 2. PLIAGE

On plie en accordéon d'abord suivant des plis distants de 210 mm, ensuite suivant des plis distants de 297 mm. Le cartouche est apparent sur le dessus plié qui est de format A4 (fig. 2).

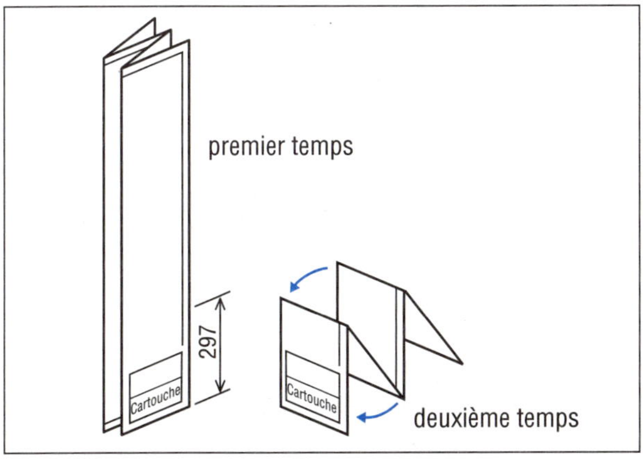


*Fig. 2. Pliage.*

## 3. ÉLÉMENTS GRAPHIQUES

En trait continu fort, le cadre du dessin délimite la zone d'exécution du dessin en ménageant une marge minimale de 10 mm par rapport au format choisi.

Des repères de coupe (fig. 3), tracés aux quatre coins du dessin dans la marge, facilitent la coupe des reproductions et délimitent le format choisi.

Pour faciliter la disposition du dessin en reproduction, des repères de centrage peuvent être placés à une des extrémités de chaque axe de symétrie du format. Ils sont tracés du bord du format jusqu'à 5 mm à l'intérieur du cadre.

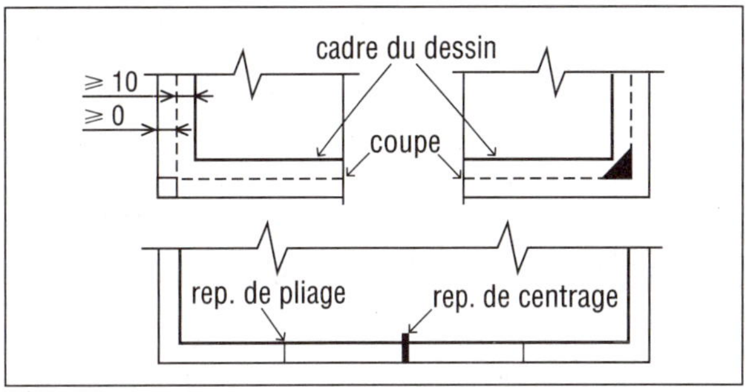


*Fig. 3. Repères de coupe, de pliage et de centrage.*

Le cadre du cartouche (fig. 4) est placé en vue du pliage, en bas, à droite, dans sa position de lecture (fig. 1) : longueur du cartouche suivant la largeur du format s'il est pair (A0-A2-A4), ou suivant la longueur du format s'il est impair (A1-A3).

Compte tenu d'une marge de 10 mm, sa taille maximale est 190 × 277 mm. Ce cadre comprend un rectangle inférieur en trait fort pour les rubriques d'identification, et un rectangle supérieur en trait fin réservé aux rubriques d'exploitation. Chaque zone est divisée en cases, nécessaires aux différentes rubriques du cartouche. Pour un même dossier, on préfère adopter la même disposition des cases.

La surface réservée aux modifications étant limitée, si d'autres rubriques s'avèrent nécessaires, on reporte les modifications juste au-dessus ou à côté du cartouche dans un cadre extensible vers le haut si le nombre des modifications l'exige.

## 4. COMPOSITION DU CARTOUCHE (Fig. 4)

Il comporte deux types de rubriques.

- **Les rubriques d'identification**
  - La désignation et les coordonnées du Maître d'Ouvrage (client) et des autres intervenants (architecte, Maître d'Œuvre) de la construction servent à identifier l'affaire.
  - L'objet du dessin est indiqué par un plan de repérage, le type de dessin, la désignation du dessin, du corps d'état ou du lot.

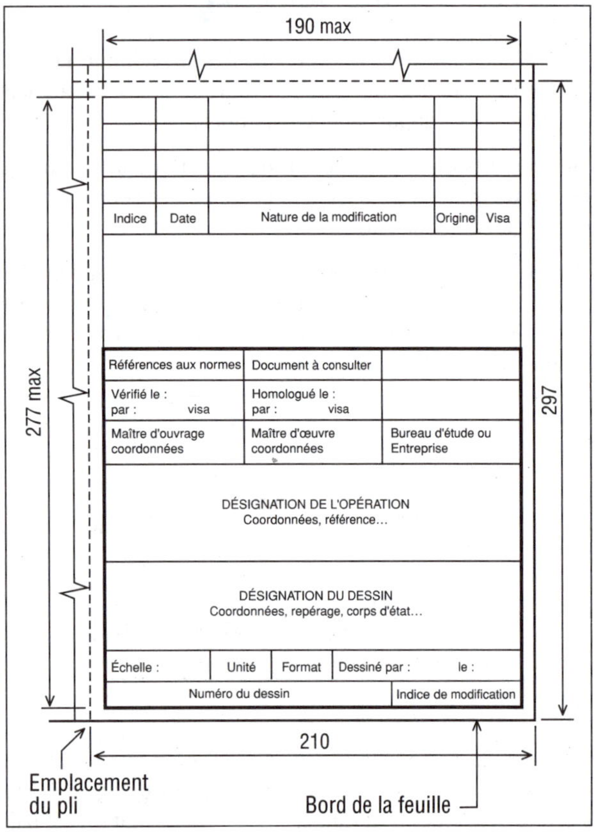


*Fig. 4. Exemple de cartouche.*

- L'identification (architecte, bureaux d'études) de l'établissement du dessin est assurée par l'origine, la date de la première version, le numéro du dessin, l'indice de modification, l'échelle, les unités utilisées dans la cotation, le format.

• **Les rubriques d'exploitation**
  - On indique en première ligne la date d'établissement du dessin original et les modifications éventuelles : indice, date, nature (rubrique obligatoire), origine et visa, localisation (par « nuage » ou par coordonnées du plan de l'ouvrage).
  - Elles font aussi état des informations nécessaires et suffisantes pour l'exploitation aisée d'un dossier comme les visas des responsables pour l'établissement, la vérification et l'approbation du dessin, les codes, les hachures, les symboles, les états de surface, le symbole de la méthode de projection, la définition d'éléments repérés par chiffres ou lettres sur le dessin, etc.

## 5. TRAITS

On choisira trois dimensions : **fin (Lf), fort (LF) et renforcé (LR)** dans la gamme (exprimée en mm) :

0,18 – 0,25 – 0,35 – 0,5 – 0,7 – 1 – 1,4 – 2

en respectant le rapport : LF/Lf > 2.

La nature des traits est expliquée tableau 2 et figure 5.

| Trait | Désignation | Applications générales |
|---|---|---|
| A | Continu fort | A1 Contours vus<br>A2 Arêtes vues |
| A | Continu renforcé | A3 Contours de sections |
| B | Continu fin<br>(aux instruments) | B1 Arêtes fictives vues<br>B2 Lignes de cote<br>B3 Lignes d'attache et de rappel<br>B4 Lignes de repère<br>B5 Hachures<br>B6 Contours de sections rabattues sur place<br>B7 Axes courts<br>B8 Constructions géométriques<br>B9 Contours vus pour l'architecture |
| C | Continu fin à main levée (1) | C1 } Limites de vues ou coupes, partielles ou interrompues, si ces limites ne sont pas des traits mixtes fins (axe) |
| D | Continu fin (droit) avec zigzags (2) | D1 |
| E | Interrompu fort (1) (tireté) | E1 Contours cachés (1)<br>E2 Arêtes cachées (1)<br>E3 Arêtes de coffrage phase ultérieure |
| F | Interrompu fin (tireté) | F1 Contours cachés<br>F2 Arêtes cachées |
| G | Mixte fin (3) | G1 Axes de révolution<br>G2 Traces de plans de symétrie<br>G3 Trajectoires<br>G4 Fibres moyennes |
| H | Mixte fin avec éléments fort aux extrémités et aux changements de plans de coupe | H1 Tracés de plans de coupe |
| J | Mixte fort (3) | J1 Indication de lignes ou de surfaces faisant l'objet de spécifications particulières<br>J2 Tracés de plans de référence |
| K | Mixte fin à deux tirets (2) | K1 Contours des éléments voisins<br>K2 Positions intermédiaires et extrêmes des éléments mobiles |
| L | Mixte renforcé à deux tirets application particulière (armature précontrainte) | K4 Contours de parties d'ouvrages à éliminer<br>K5 Parties situées en avant d'un plan de coupe<br>K6 Demi-rabattement |

*(1) Quoique deux variantes soient disponibles, il ne faut utiliser qu'un type de trait sur un même dessin.*
*(2) Ce type de trait est utilisé en particulier pour les dessins exécutés d'une façon automatisée. Il doit légèrement dépasser de l'élément représenté sauf dans les cas particuliers.*
*(3) Un trait mixte commence et se termine toujours par un élément long.*

*Note* : Le trait type K3 spécifié dans la norme NF E 04-520 n'est pas utilisé dans le dessin de bâtiment. Le trait renforcé type A3 n'est utilisé que dans le dessin bâtiment d'architecture et de génie civil afin de contribuer à la bonne compréhension des représentations.

*Tableau 2. Nature des traits.*

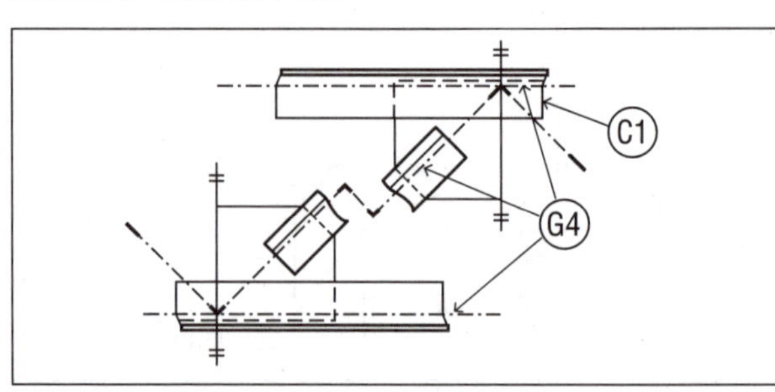


*Fig. 5. Applications caractéristiques des différents types de traits.*

Si plusieurs traits de nature différente coïncident (fig. 6), l'ordre de prévalence est le suivant :

- contours de sections : traits type A3 ;
- arêtes et contours vus : traits type A1 et A2 ;
- arêtes et contours cachés : traits type E ou F ;
- tracés de plans de coupe : traits type H ;
- axes de révolution et tracés de plans de symétrie, fibre moyenne : traits type G ;
- lignes d'attache : traits type B.

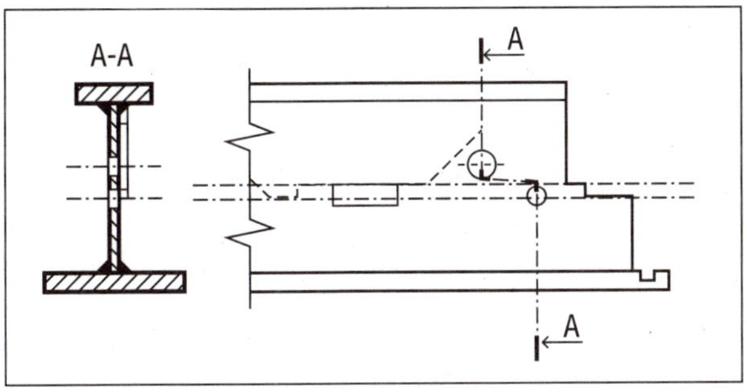


*Fig. 6. Prévalence des traits.*

Les lignes de repères (fig. 7 a, b et c) sont toujours inclinées par rapport aux lignes du dessin environnant.

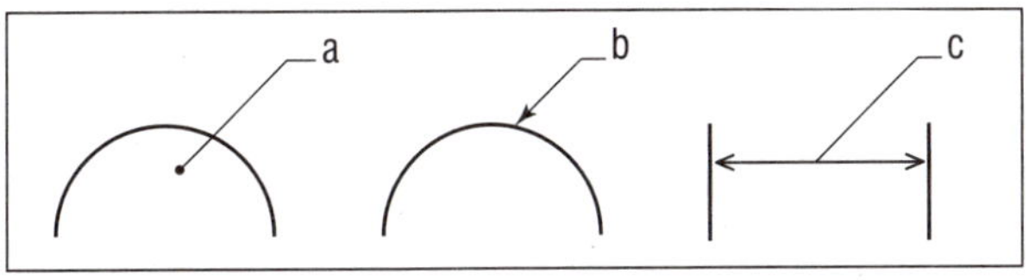


*Fig. 7. Lignes de repère.*

# 6. TERMINOLOGIE DES DESSINS ET VUES

## 6.1. Termes généraux

**Un croquis** est un dessin d'ensemble ou de détail établi sans instrument de guidage ou de mesure. Un croquis coté est partiellement ou complètement dimensionné.

**Un dessin** correspond à une représentation graphique sur support plan.

**Une épure** est un dessin le plus exact possible, à caractère géométrique, exécuté en trait fin.

**L'esquisse** est le dessin préliminaire des grandes lignes d'un ouvrage ou d'une partie d'ouvrage.

**La perspective** est un dessin représentant géométriquement une construction ou un ensemble de constructions, éventuellement dans son contexte, tel qu'il apparaît à l'œil de l'observateur.

**Un schéma** est un dessin simplifié ou symbolique limité aux fonctions des éléments d'ouvrages, des circulations ou des équipements.

**Une vue de dessus** ou **une vue en plan** est une projection orthogonale, sur un plan horizontal, d'un ouvrage.

## 6.2. Termes particuliers

**Le dessin de détails** est un dessin à grande échelle d'une partie d'ouvrage, destiné à donner tous les renseignements utiles sur certains points, impossibles à préciser sur un dessin d'ensemble représentant la construction.

**Le dessin de façade** est une élévation d'une construction.

**Un dessin de récolement** est un dessin établi après achèvement et réception de l'ouvrage pour en donner l'état réel.

**Le plan d'ensemble,** à l'échelle réduite, indique les positions respectives des opérations dans un ensemble et peut comporter des observations relatives aux axes des voies, points d'eau, systèmes d'égouts, jardins…

**Un Plan d'Exécution des Ouvrages (PEO),** accompagné éventuellement de nomenclatures et d'instructions techniques (p. 13), définit sans ambiguïté, conjointement aux spécifications techniques détaillées, les travaux à exécuter des divers corps d'état. Un exemple est détaillé page 13 : le plan de coffrage.

**Le plan de masse** identifie le terrain et précise la disposition des constructions dans celui-ci et par rapport au voisinage.

**Le plan de situation** indique la position et l'orientation des constructions par rapport au lieu d'implantation, aux moyens d'accès, au tracé général du terrain, à l'environnement et aux réseaux d'amenée et d'écoulement.

**Un profil** est une section, par un plan ou un cylindre sécant vertical, généralement établie pour représenter une infrastructure.

**Une série minute** est un ensemble de dessins originaux (avec éventuellement les plans intermédiaires ayant conduit aux dessins portant les derniers indices modificatifs) conformes aux plans des ouvrages établis à un stade d'étude donné.

# 7. VUES (NF E 04-520)

La vue la plus caractéristique de l'ouvrage est choisie comme vue principale. Toute vue autre que cette dernière doit être identifiée comme indiqué (fig. 8 et 9).

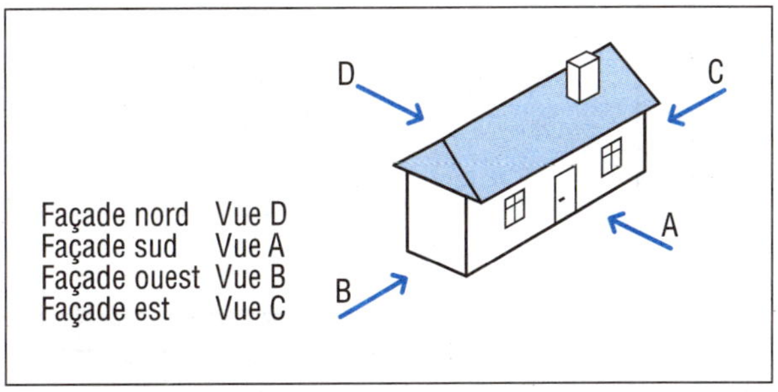


*Fig. 8. Dénomination des vues.*

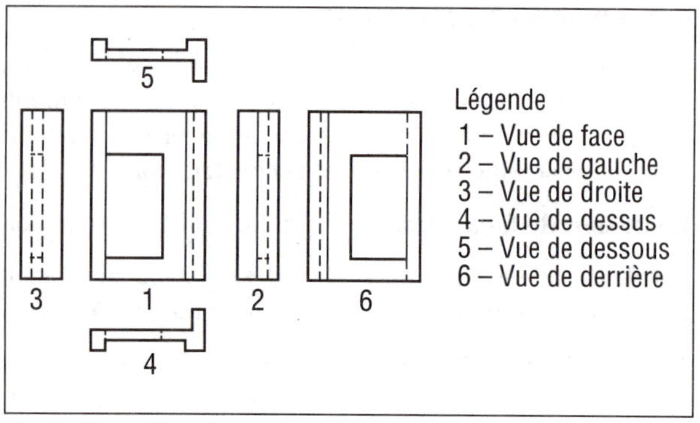


*Fig. 9. Disposition des vues.*

La désignation de la vue est placée en position normale de lecture du dessin, à proximité de la flèche en trait fort, en indiquant la direction et le sens d'observation sur la vue principale.

**Une vue partielle** correspond à une vue incomplète remplaçant la vue entière lorsque la représentation de celle-ci n'est pas indispensable à la compréhension du dessin. Elle est limitée par un trait continu fin à main levée ou droit avec zigzag (fig. 10).

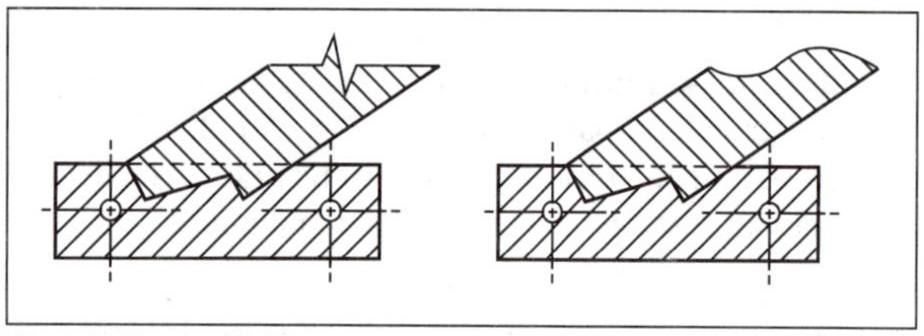

*Fig. 10. Vue partielle.*

**Une vue locale** peut remplacer la vue entière à condition que la représentation soit sans ambiguïté. Elle est dessinée en trait continu fort et reliée à la vue principale par un trait mixte fin (fig. 11 et 12).

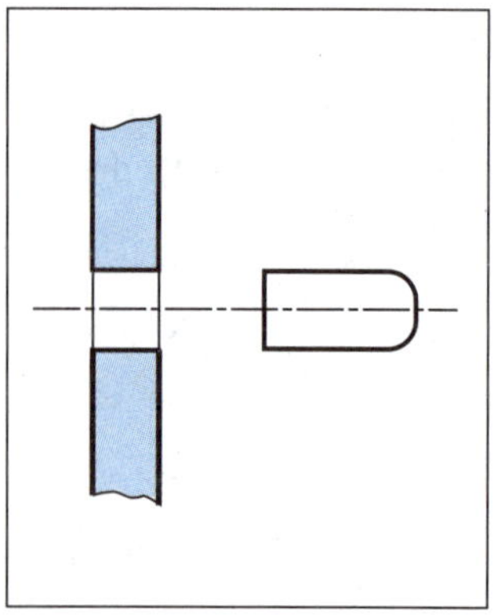

*Fig. 11. Vue locale.*

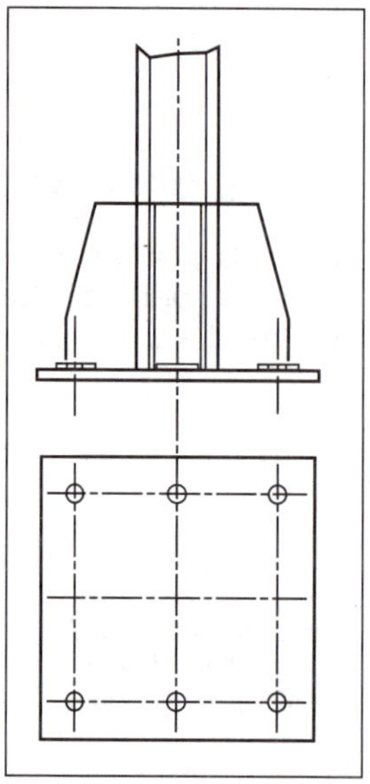

*Fig. 12. Vue locale.*

## 8. SPÉCIFICATIONS RELATIVES À QUELQUES VUES EN PLAN DU BÂTIMENT

Un plan de niveau est une coupe horizontale de tout ou partie d'une construction.

### 8.1. Pour un étage classique

Le plan de coupe (p. 6) est situé conventionnellement à 1 m au-dessus du sol fini, sauf si l'arase supérieure des allèges est situé à plus d'un mètre. Le plan de coupe est alors à 0,10 m au-dessus du rejingot.

On représente, en trait continu, les parties situées dans le plan sécant et les parties situées au-dessous de celui-ci.

### 8.2. Pour un étage voûté ou mansardé

Le plan de coupe se situe au-dessous de la naissance des voûtes. On représente dans le plan d'un étage sous combles la surface laissée par les rampants de toiture, ou les cloisons éventuelles, au niveau d'un plan horizontal passant à 1,30 m au-dessus du sol fini (fig. 13). Le trait limitant la partie vue de la toiture au niveau du plan de coupe est renforcé.

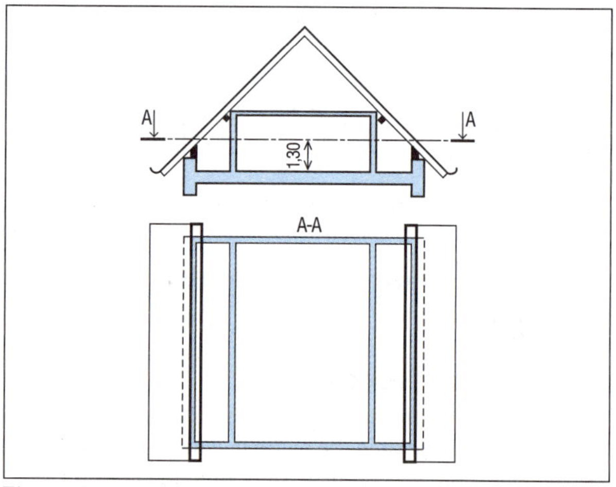


*Fig. 13. Plan d'étage mansardé.*

### 8.3. Représentation conventionnelle des escaliers

*Nota* : le lecteur pourra se reporter à la page 246, pour les explications relatives à la terminologie des escaliers.

On procède en trois phases :

- Couper les escaliers au milieu de la septième contremarche et marquer celle-ci par un trait renforcé ou par deux traits mixtes fins inclinés.
- Limiter la partie vue par un trait fort.
- Indiquer le sens de montée des escaliers par une flèche dirigée vers le haut, placée sur la ligne de foulée, et numéroter les marches sur leur giron, en partant de 1 pour chaque étage jusqu'à la marche palière comprise.

Si l'escalier n'a qu'une volée ou s'il s'agit de la première volée (fig. 14), on représente en trait mixte fin à deux tirets la partie située au-dessus du plan de coupe.

Si l'escalier a plusieurs volées superposées (fig. 15), on figure sur un plan d'étage le départ de la volée supérieure jusqu'à la septième contremarche et toute la partie visible limitée par un trait continu fin y compris l'arrivée à l'étage de la volée inférieure.

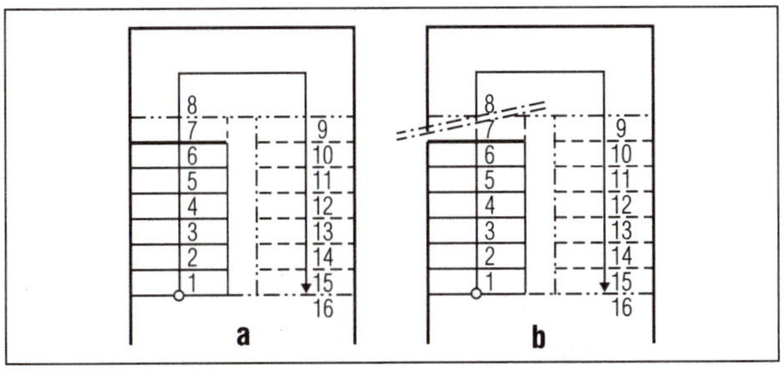


*Fig. 14. Escalier à une volée.*

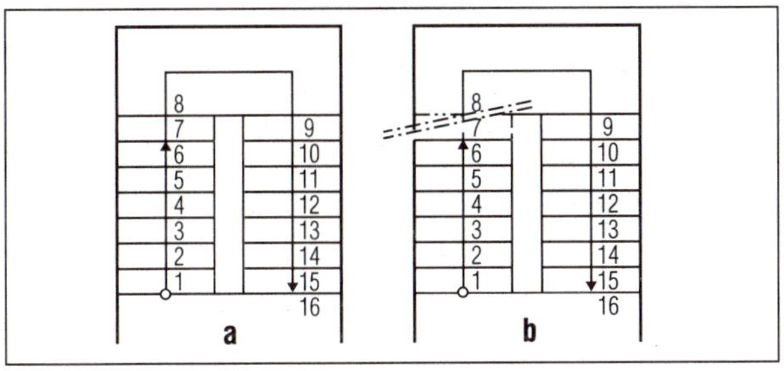


*Fig. 15. Escalier à plusieurs volées.*

## 9. COUPES ET SECTIONS

Elles sont mises en évidence en limitant les contours des sections par des traits renforcés, en utilisant des hachures, des trames, des pochages, des ombrages.

Les sections de faible épaisseur sont entièrement noircies (fig. 16a). On prévoira une séparation (espace blanc ou trait de lumière) entre des sections contiguës (fig. 16b).

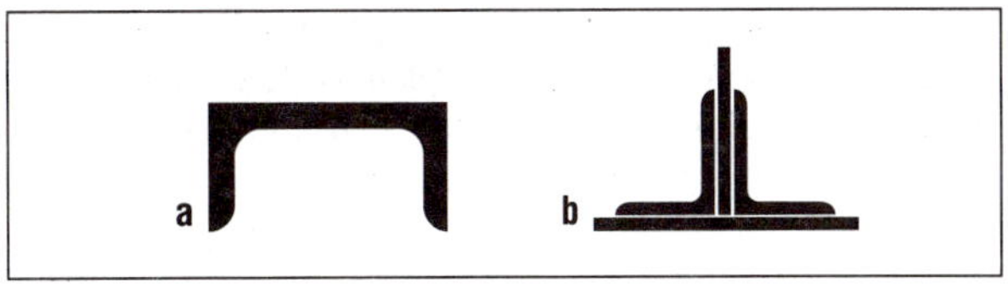


*Fig. 16. Sections.*

Pour une section composite, les différents matériaux utilisés sont mis en évidence en modulant l'épaisseur des traits de contour.

L'intervalle entre traits des hachures (en général, continus fins) est défini selon l'importance de la surface à hachurer.

Les hachures sont inclinées, en général, de 45° par rapport aux lignes principales du contour de la section.

Pour les surfaces importantes (fig. 17), une simple bordure placée à l'intérieur du contour de la surface suffit.

Un graphisme peut figurer à l'intérieur des parties coupées : figure 18. La figure 19 illustre les représentations à adopter pour le hachurage des matériaux courants.

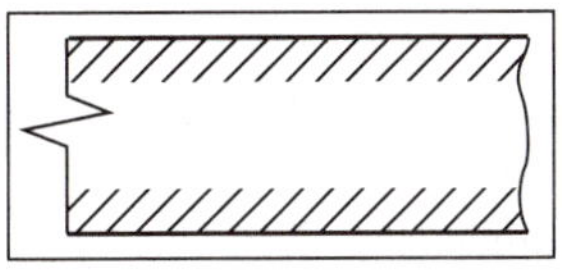

*Fig. 17. Hachurage autorisé pour les surfaces importantes.*

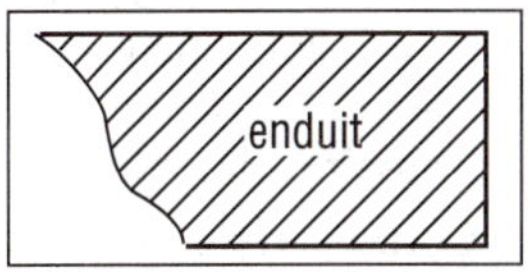


*Fig. 18. Graphisme à l'intérieur d'un hachurage.*

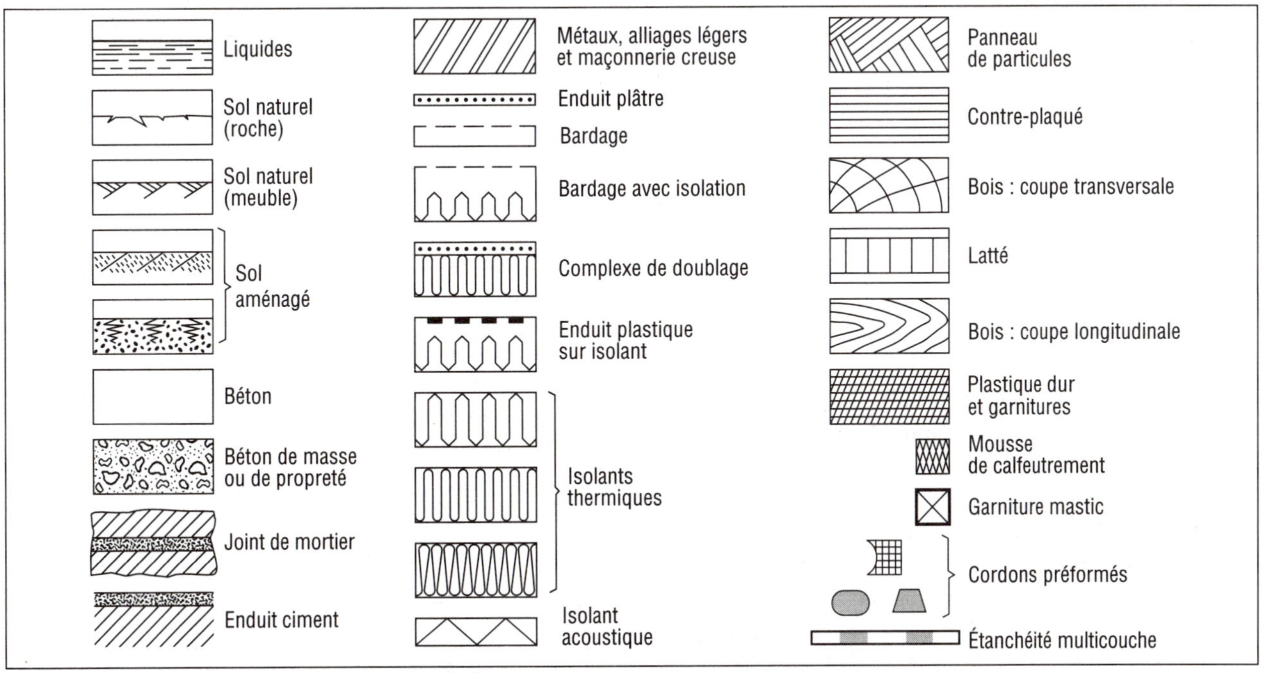


*Fig. 19. Formes et représentations spécifiques aux matériaux pour les identifier sur un dessin.*

## 9.1. Repérage des coupes et des sections

Quand la localisation du plan de coupe est évidente (fig. 20), on ne met pas d'indication particulière. Dans le cas contraire ou s'il y a plusieurs plans de coupe sur la même vue, la position du (des) plan(s) de coupe est indiquée par un trait mixte fin, fort aux extrémités et aux changements de plan de coupe.

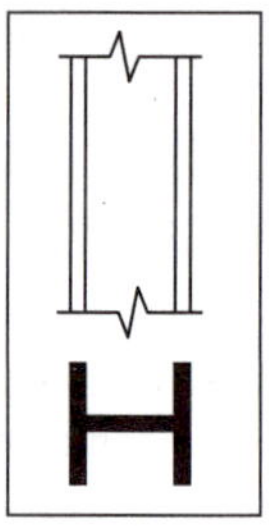

*Fig. 20. Coupes et sections évidentes : pas de repérage.*

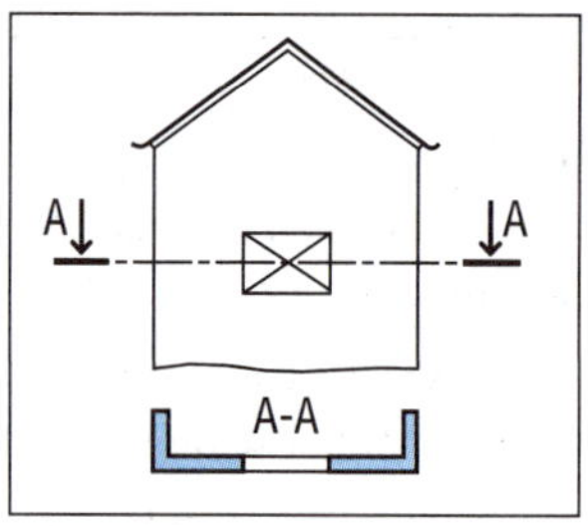


*Fig. 21. Repérage d'un plan de coupe.*

Le plan de coupe est alors repéré (fig. 21), le sens d'observation étant indiqué par les flèches en trait continu fort.

## 9.2. Représentation de coupes et sections particulières

Une coupe (p. 5) représente la partie d'un élément tranché par un plan, située en arrière de ce plan par rapport à l'observateur (situé face à ce plan), limitée à ce qui est nécessaire à la compréhension du dessin.

- **Coupe brisée à plans parallèles** (fig. 22) : dans la vue en coupe, le changement de plan de coupe est matérialisé par un trait mixte fin et, le cas échéant, par un décalage d'alignement des hachures.

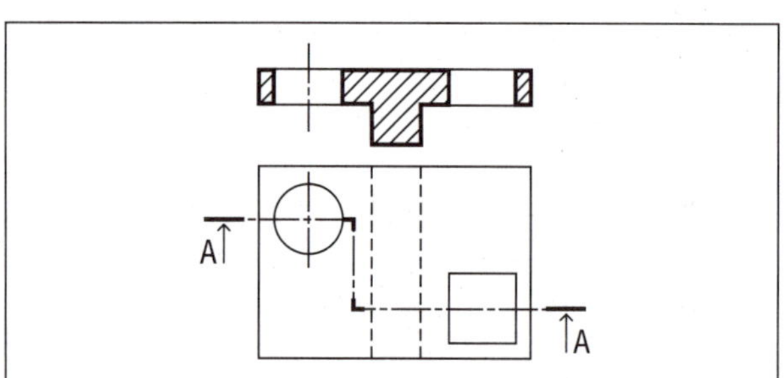


*Fig. 22. Coupe brisée à plans parallèles.*

- **Coupe brisée à plans successifs :** figure 23.
- **Coupe de nervures, d'éléments de fixation ou d'éléments analogues :** ils sont, en principe, représentés non coupés (fig. 24).
- **Coupe par deux plans concourants :** figure 24.
- **Coupes locales :** elles sont limitées par un trait continu fin à main levée (fig. 25a) ou droit avec zigzag (fig. 25b).

  Une section représente exclusivement l'intersection du plan de coupe et de la matière de l'élément.

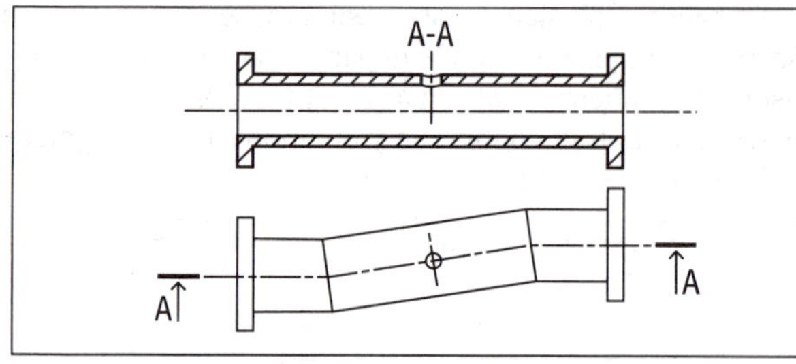


*Fig. 23. Coupe brisée à plans successifs.*

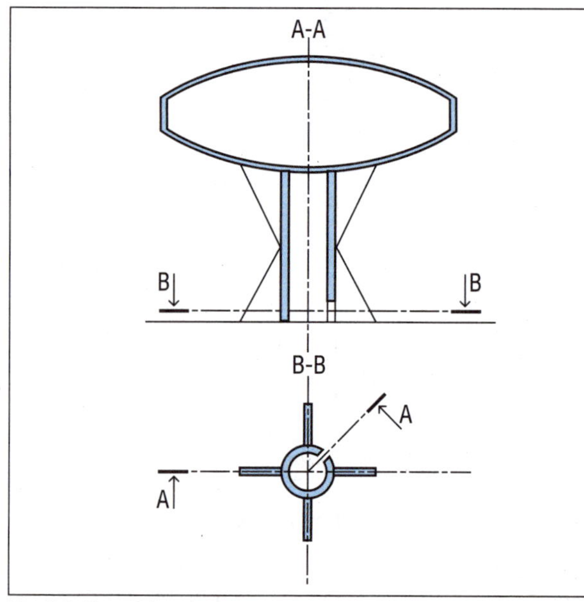


*Fig. 24. Coupe de nervures.*

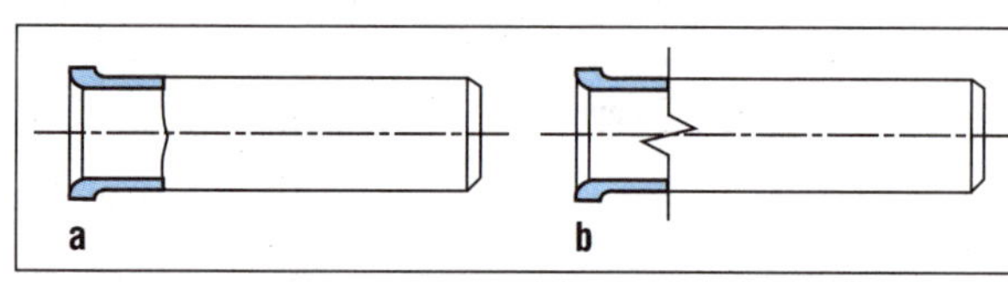


*Fig. 25. Coupe locale.*

- **Sections**
  - Pour une section rabattue sur place, le contour est en trait continu fin (fig. 26).
  - Pour une section sortie, le contour est en trait continu renforcé. La section peut être placée soit dans la position de projection normale (fig. 27), soit dans une position différente identifiée comme indiqué figure 28.
  - Quelques dispositions de sections successives sont données figure 29.

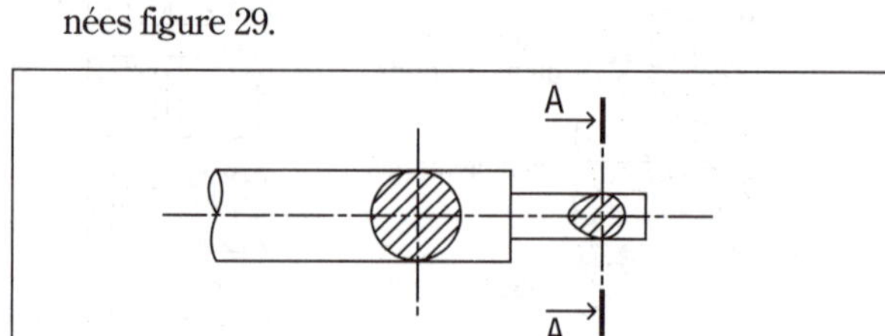


*Fig. 26. Section rabattue sur place.*

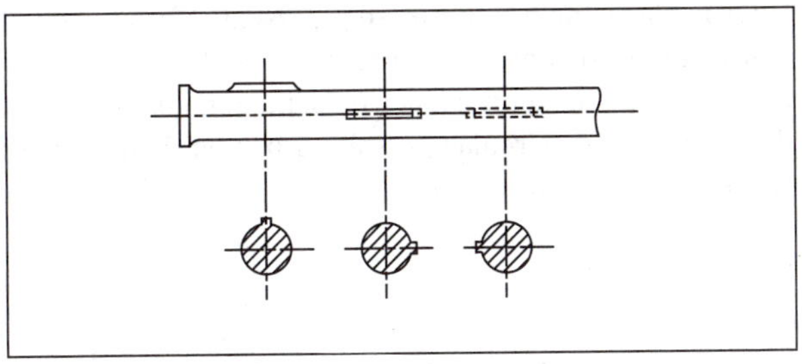

*Fig. 27. Sections sorties.*

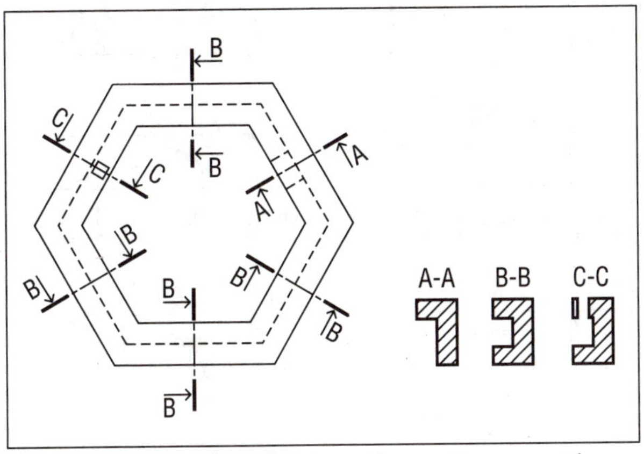


*Fig. 28. Exemple de disposition des sections sorties, avec repérage.*

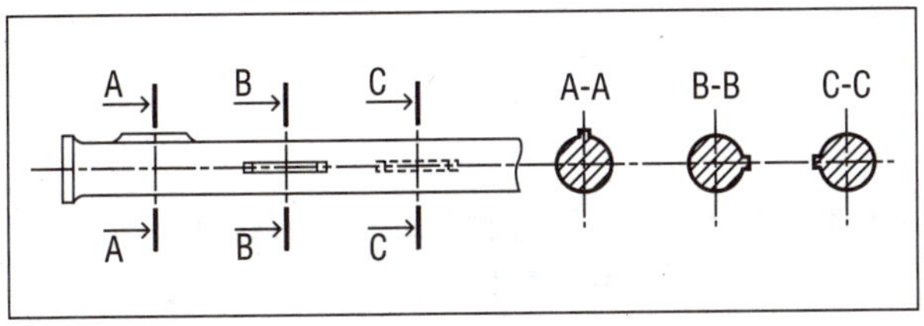


*Fig. 29. Exemple de disposition de sections successives.*

## 10. ÉLÉVATIONS

Une élévation est une projection orthogonale sur un plan vertical, parallèle à une face ou à un axe principal, des parties extérieures d'un ouvrage ou d'une partie d'ouvrage.

La représentation graphique devant être adaptée à la destination du dessin, toute initiative est laissée à l'exécutant. Le rendu de l'image de l'élévation peut faire appel à tous les procédés d'expression.

## 11. PARTIES CONTIGUËS

Les parties contiguës d'un élément voisin seront dessinées (si nécessaire) en trait mixte fin à deux tirets (type K1, p. 2). L'élément voisin ne doit pas cacher l'élément principal mais peut être caché par ce dernier (fig. 30). Dans les coupes, les éléments voisins ne doivent être ni hachurés, ni pochés, ni ombrés.

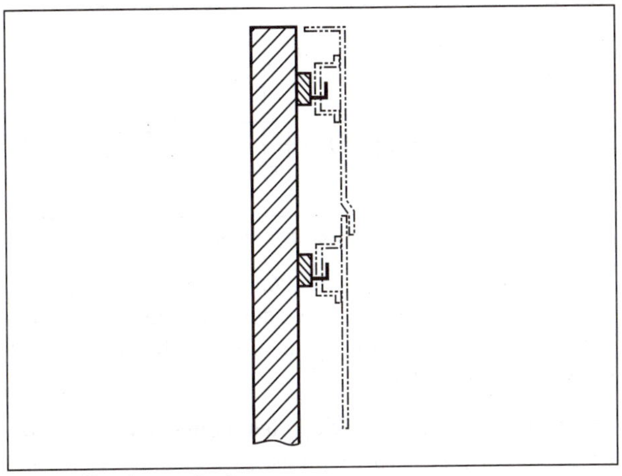

*Fig. 30. Parties contiguës.*

## 12. INTERSECTIONS

### 12.1. Intersections réelles

Les lignes géométriquement réelles d'intersection doivent être exécutées en trait continu fort (type A1, p. 2), si les intersections sont visibles, et en trait interrompu si elles sont cachées (fig. 31).

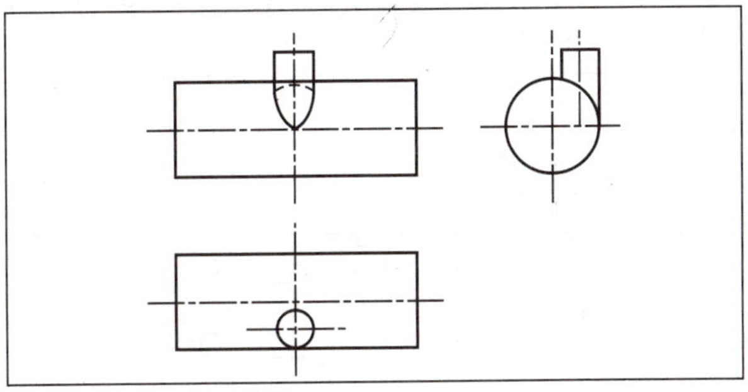

*Fig. 31. Intersection réelle.*

### 12.2. Intersections fictives

Les lignes d'intersections fictives de surfaces raccordées par un congé ou par un arrondi peuvent être représentées dans une vue au moyen d'un trait continu fin (type B, p. 2) ne touchant pas les contours (fig. 32).

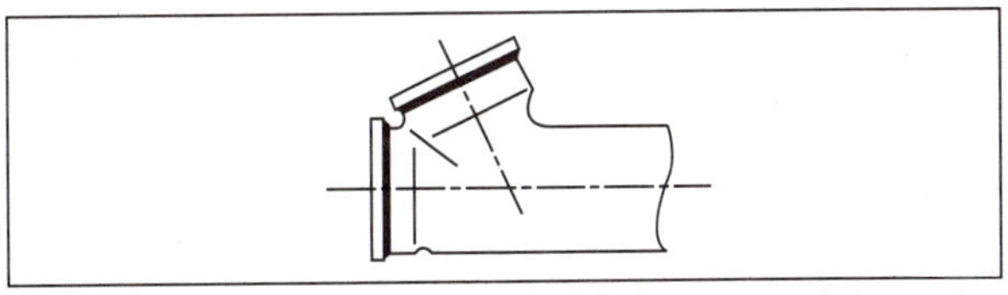

*Fig. 32. Intersection fictive.*

### 12.3. Représentation simplifiée des intersections

Pour les intersections de deux cylindres, la ligne courbe d'intersection est remplacée par une ligne droite (fig. 33a et b) ; pour l'intersection d'un cylindre et d'un prisme rectangulaire, la ligne droite d'intersection est déplacée (fig. 33c et d).

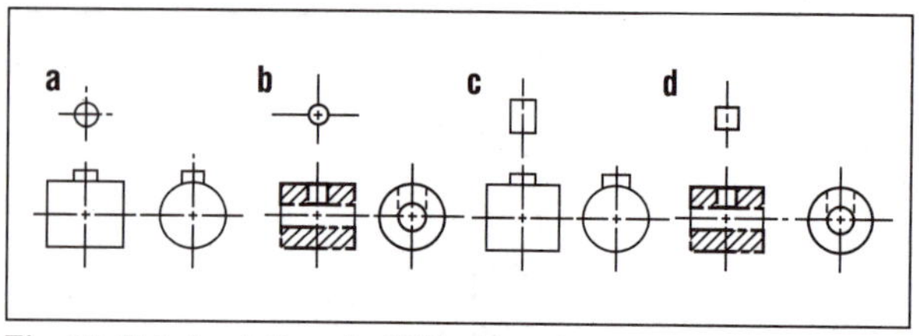


*Fig. 33. Représentation simplifiée de sections.*

On adoptera une représentation simplifiée lorsque les dimensions transversales des deux éléments sont très différentes ; on l'évitera si l'on s'écarte beaucoup de la représentation réelle.

En représentation simplifiée, les lignes d'intersections fictives ne sont pas représentées.

## 13. SURFACES PLANES OU COURBES, TROUS ET TRÉMIES

Pour indiquer, sans vue ou coupe supplémentaire, la forme d'une surface inclinée sur le plan de projection (faces latérales d'un parallélépipède ou d'un tronc de pyramide), on peut tracer des traits continus fins (type B) parallèles et équidistants, perpendiculaires à la ligne de plus grande pente de cette surface plane (fig. 34).

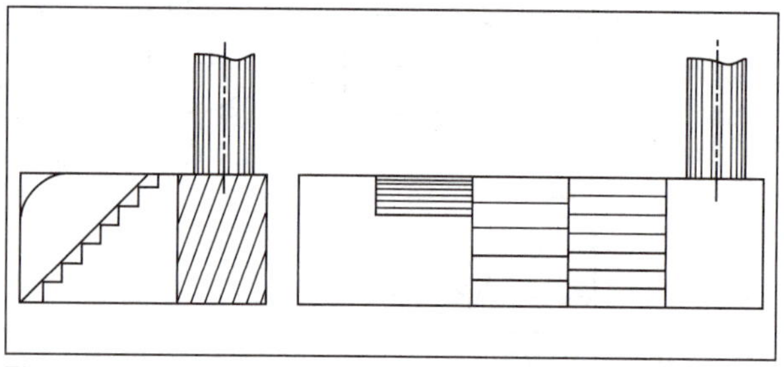

*Fig. 34. Exemple de représentation pour indiquer la forme de surfaces inclinées.*

Pour indiquer, sans vue ou coupe supplémentaire, la forme courbe d'une surface, on peut tracer des traits continus fins figurant les génératrices. Lorsqu'il s'agit d'un élément circulaire interrompu, la représentation de l'extrémité peut être exécutée par une ligne en trait fin (type C1, p. 2) en forme de huit (fig. 35).

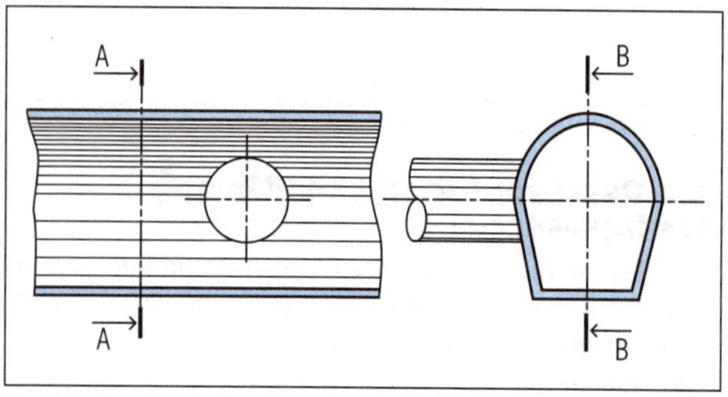


*Fig. 35. Représentation de surfaces courbes.*

Un trou, dans une partie vue, se représente (fig. 36) soit en dessinant des diagonales en trait fin dans des figures polygonales, soit par deux diamètres orthogonaux en trait fin dans des figures circulaires, soit au moyen d'un pochage sur le bord intérieur du trou.

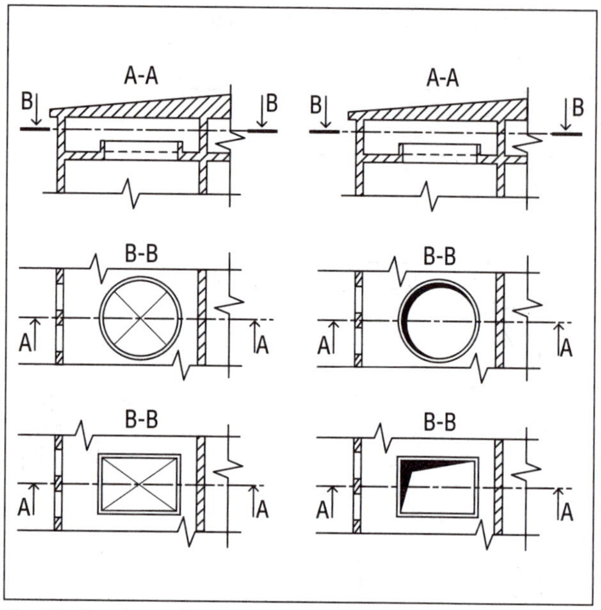


*Fig. 36. Représentation des trous et trémies.*

## 14. PARTIES SITUÉES EN AVANT OU AU-DESSUS DU PLAN DE COUPE

Si la représentation de parties se trouvant en avant ou au-dessus du plan de coupe est nécessaire, on les dessine en trait mixte fin à deux tirets (fig. 37).

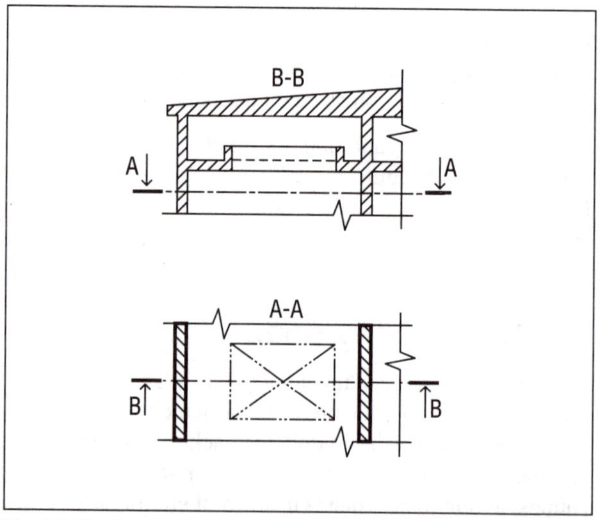


*Fig. 37. Parties situées en avant ou au-dessus du plan de coupe.*

# Règles générales sur la cotation

**NF P 02-005, AFNOR DTU P06-003**

## 1. Définitions

**La cotation** correspond à l'ensemble des opérations aboutissant à l'indication de cotes sur un dessin (choix des dimensions cotées, dispositions et exécution des éléments graphiques, inscription de la valeur de la cote).

**Une cote** est une valeur numérique accompagnée des éléments graphiques qui, sur les dessins, permettent d'identifier la dimension correspondante. Elle est exprimée dans une unité de mesure appropriée, de façon à définir complètement tout ou partie d'une construction, ou des composants qui la constituent.

## 2. Règles générales

Chaque cote est inscrite une seule fois, de préférence sur les vues ou coupes qui représentent le plus clairement possible la dimension cotée.

**L'unité** doit être indiquée dans le cartouche : km, m ou mm.

S'il s'avère nécessaire d'utiliser une autre de ces trois unités sur le même dessin, le symbole de cette unité doit figurer à la suite de la valeur concernée, à l'exception de la cotation des niveaux (p. 12). Dans le cas de cote non à l'échelle (vue interrompue ou modification de valeur), la valeur de la cote est soulignée.

### 2.1. Éléments graphiques de la cote

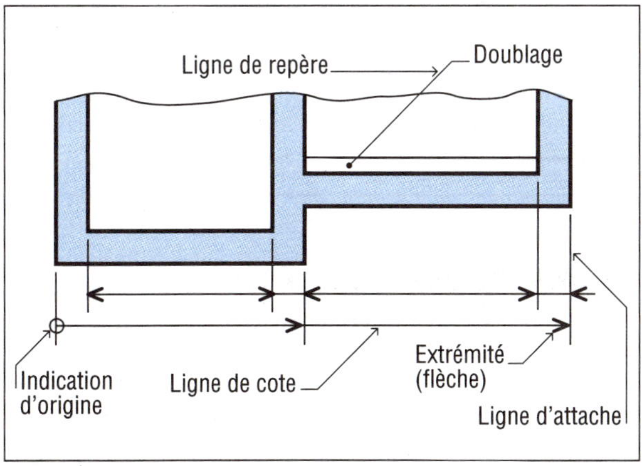


*Fig. 1. Éléments graphiques de la cote.*

**L'épaisseur des traits** à employer est définie page 2.

Dans la mesure du possible, **les lignes d'attache et lignes de cote** ne doivent pas se couper, ni couper d'autres lignes du dessin.

**Les lignes d'attache** (fig. 1) limitent la cote et sont tracées perpendiculairement à l'élément à coter, sauf nécessité (fig. 2).

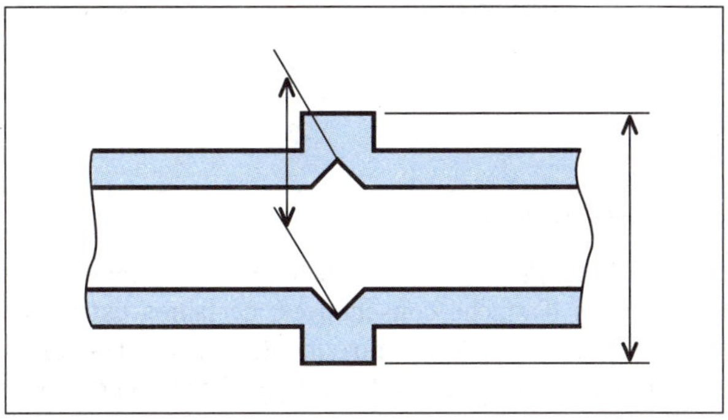

*Fig. 2. Lignes d'attaches inclinées.*

**La ligne de cote** (fig. 1) représentant la dimension cotée qui lui est parallèle, est tracée sans interruption d'une ligne d'attache à l'autre :

– même s'il s'agit d'une vue interrompue (fig. 3) ;
– en dehors de certaines cotations : page 11 (fig. 12).

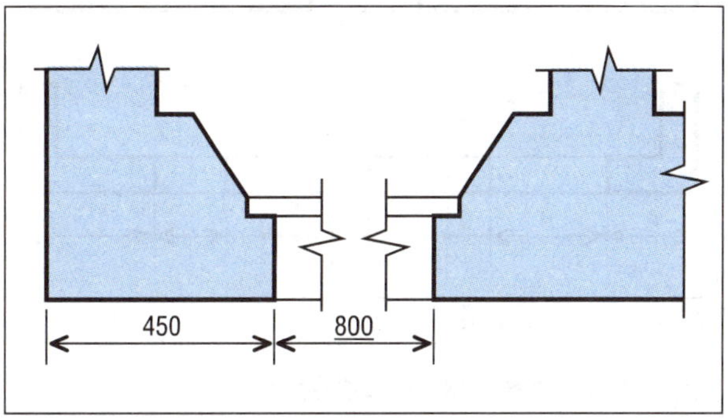


*Fig. 3. Cotation d'une vue interrompue.*

Pour un jeu de dessins donné, on choisit, pour les cotes, un type d'extrémité et ses proportions, en fonction du dessin sur lequel elles figurent (dimension, aspect général). Quatre extrémités sont normalisées.

- **Flèche :** deux branches, en trait fort, formant entre elles un angle de 30° à 60° sont disposées sur la ligne de cote (fig. 4a et c).
- **Barre oblique :** ligne courte, en trait fort, inclinée à 45° par rapport à la ligne de cote (fig. 4b).
- **Point :** figure 4c.

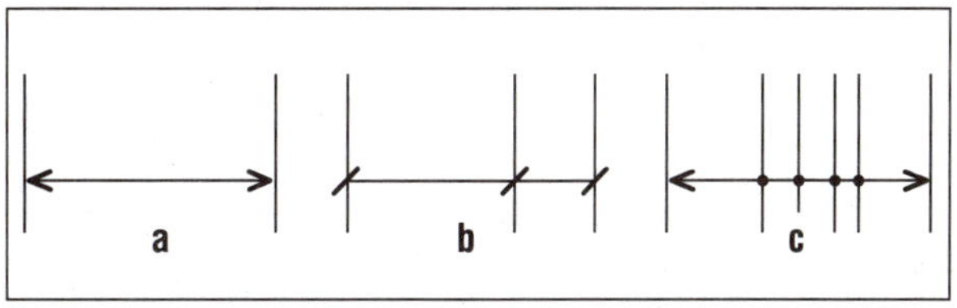


*Fig. 4. Extrémités des cotes.*

- **Cercle d'origine commune :** il identifie l'origine commune des cotes cumulées, et se représente par un cercle en trait fin (Ø = 3 mm) (fig. 5). Les cotes cumulées sont utilisées notamment pour les plans de fondations (p. 14).

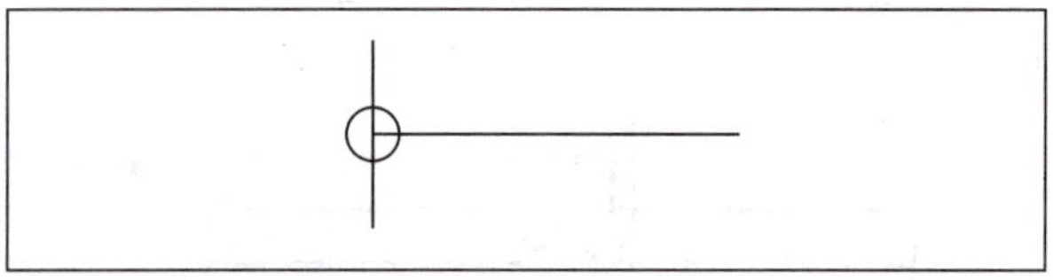

*Fig. 5. Cotation cumulée.*

Lorsque la longueur de la ligne de cote est trop petite entre deux lignes d'attache consécutives, certaines extrémités de lignes de cote peuvent être identifiées par des points, alors que le choix d'ensemble s'est porté sur la flèche ou la barre oblique (fig. 6).

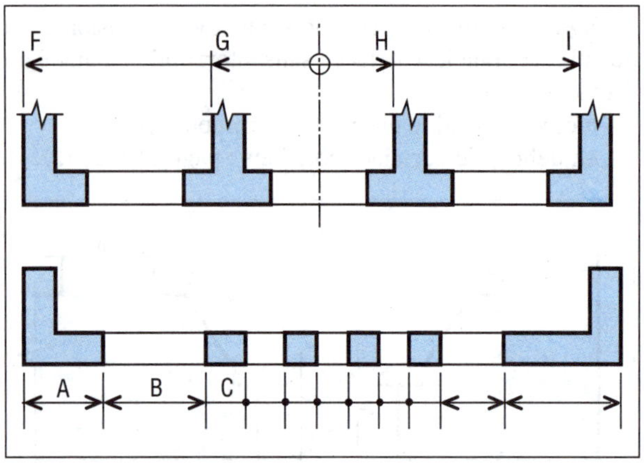


*Fig. 6. Extrémité des petites cotes.*

## 2.2. Cotations particulières

- **Ligne de repère** et symboles accolés à une valeur de cote : figure 7.

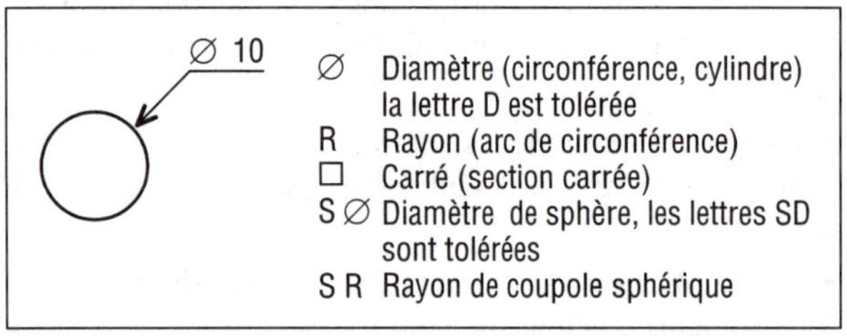


*Fig. 7. Ligne de repère.*

- **Circonférence et arc de circonférence :** figure 8.

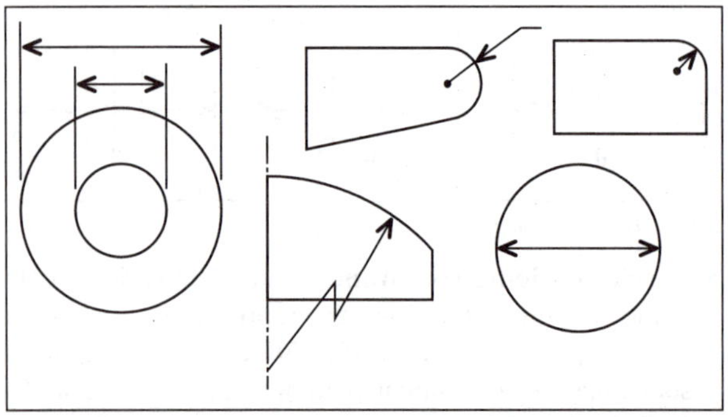

*Fig. 8. Cotation des circonférences et des arcs de circonférence.*

- **Cordes et arcs :** figure 9.

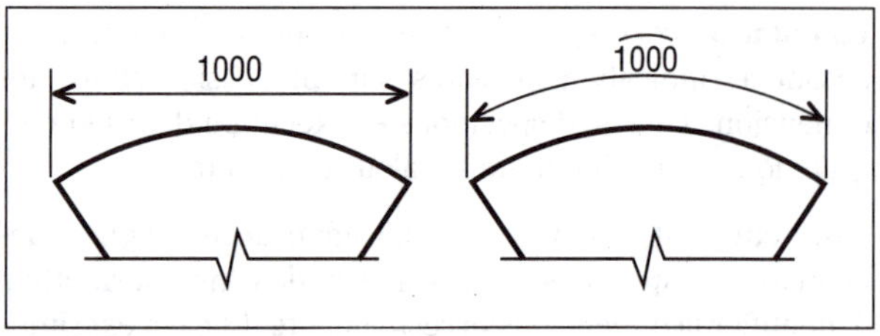


*Fig. 9. Cotation des cordes et des arcs.*

- **Angles et secteurs** (cotés en grades ou degrés) : figure 10.

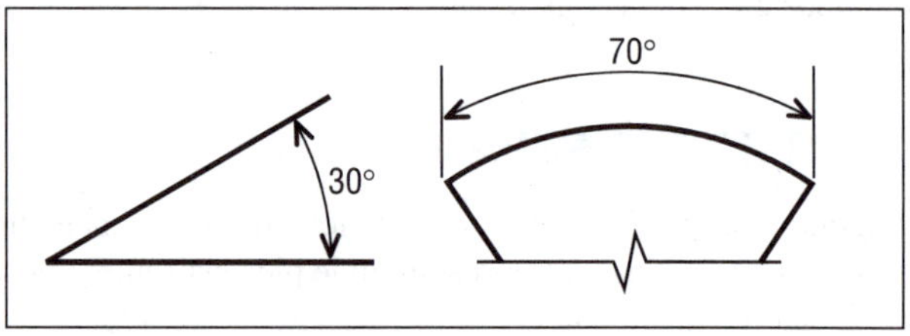


*Fig. 10. Cotation des angles et des secteurs.*

- **Pente et talus :** figure 11.

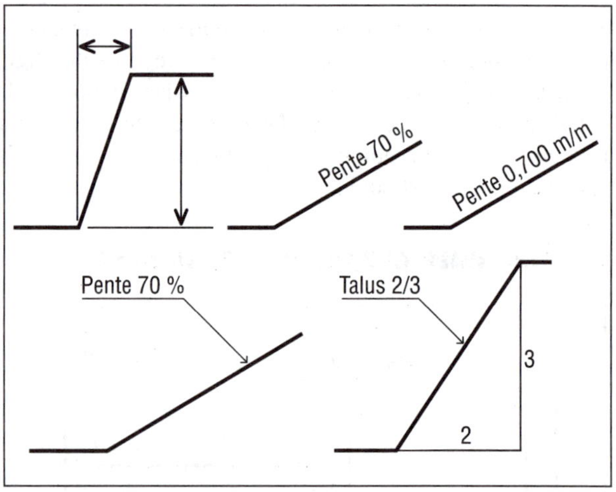


*Fig. 11. Cotation des pentes et talus.*

## 2.3. Inscription, disposition

La disposition des cotes est choisie pour faire ressortir clairement l'objectif du dessin et pour l'interpréter facilement, en fonction de son utilisation (fabrication, implantation, montage). Les valeurs sont inscrites en caractères de dimensions suffisantes (DTU P 06-003) pour assurer une bonne lisibilité du dessin et de ses reproductions (2,5 mm minimum).

La valeur de la cote est placée, pour être lue aisément, dans un endroit dégagé : figure 12.

Suivant les buts assignés aux dessins, on choisit le mode de cotation le plus approprié, mais souvent, sur un même dessin, on est amené à utiliser une combinaison des différents modes de cotation, répondant chacun à un objectif précis et différent.

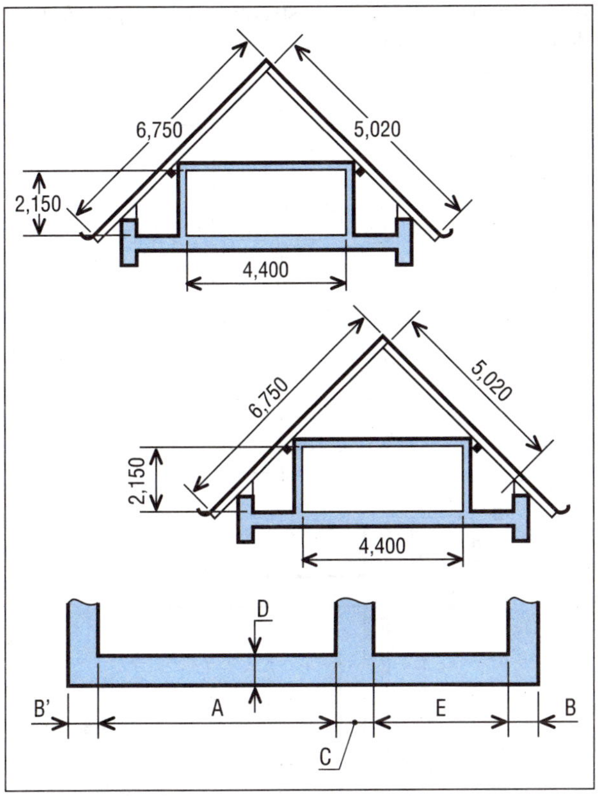


*Fig. 12. Disposition de la valeur d'une cote.*

**Différentes cotations** sont possibles :
- **en série :** figure 13a,
- **en parallèle :** figure 13b,
- **à cotes cumulées :** figure 13c.

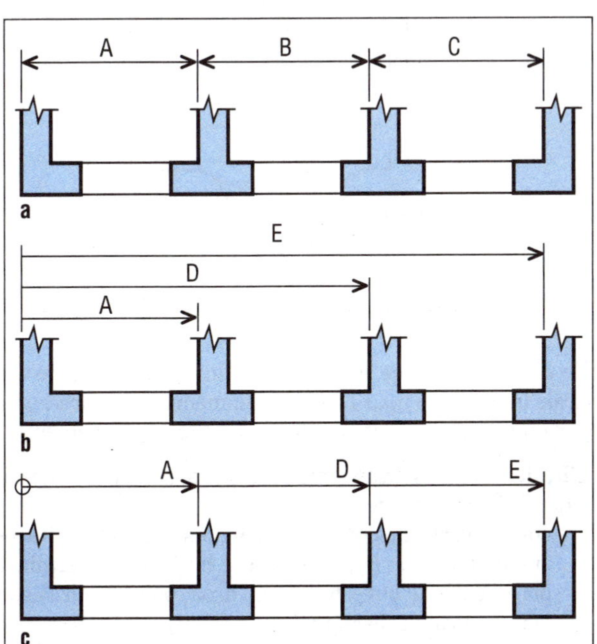


*Fig. 13. Cotation en série, en parallèle et en cumulé.*

La cotation en coordonnées est utilisée dans un plan relatif aux repères (points) d'implantation établis sur le terrain d'un chantier de construction, en vue d'effectuer l'implantation à l'endroit prévu. On peut utiliser les coordonnées cartésiennes ou les coordonnées polaires :
- en coordonnées cartésiennes (fig. 14), chaque point est désigné par deux ou trois coordonnées dans un système cartésien ;
- en coordonnées polaires, chaque point est désigné par une distance et une ou plusieurs orientations dans un système polaire.

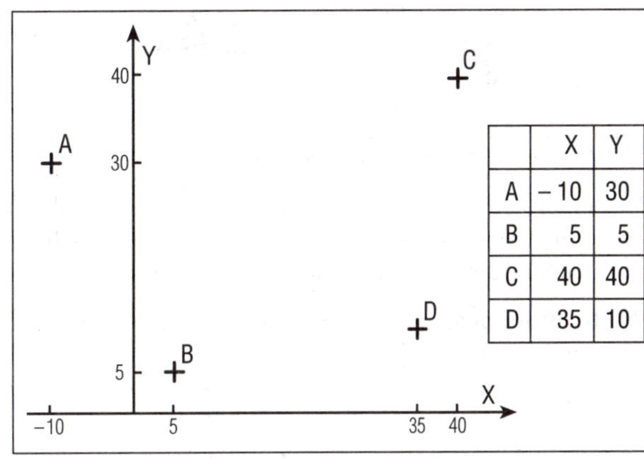


| | X | Y |
|---|---|---|
| A | – 10 | 30 |
| B | 5 | 5 |
| C | 40 | 40 |
| D | 35 | 10 |

*Fig. 14. Cotation en coordonnées cartésiennes.*

**Une cotation simplifiée** peut être utilisée si un élément a des dimensions trop petites pour qu'on puisse clairement mettre en place une cotation en série ou en parallèle. Deux solutions sont possibles :
- les cotes intéressantes ou repères normalisés (fig. 15a et b) sont indiqués à proximité et reliés à l'élément par une ligne de repère ;
- les cotes sont inscrites dans une nomenclature, chaque élément étant repéré par un chiffre, une lettre, ou un repère de fabrication (fig. 15c) figurant dans la nomenclature.

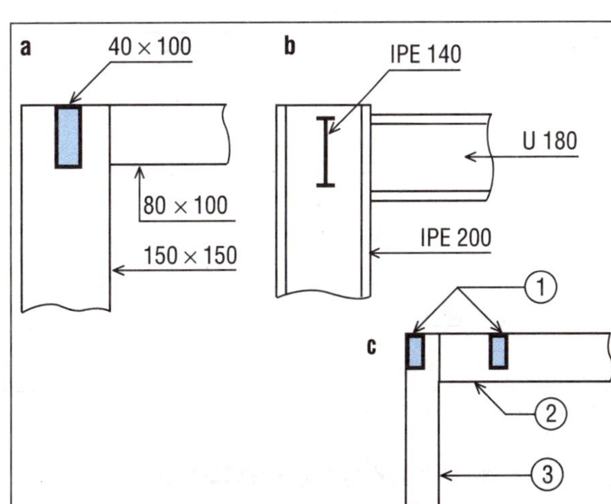


*Fig. 15. Cotations simplifiées.*

## 2.4. Cotation des niveaux

Un niveau est une cotation verticale cumulée (obligatoirement en mètre), positive ou négative, indiquant l'altitude de parties caractéristiques de la construction par rapport à un niveau de référence. La partie horizontale de la ligne de repère permet l'inscription de la cote.

**Le niveau de référence** (fig. 16) désigne le plus souvent un repère géodésique d'altitude du Nivellement Général de la France (NGF).

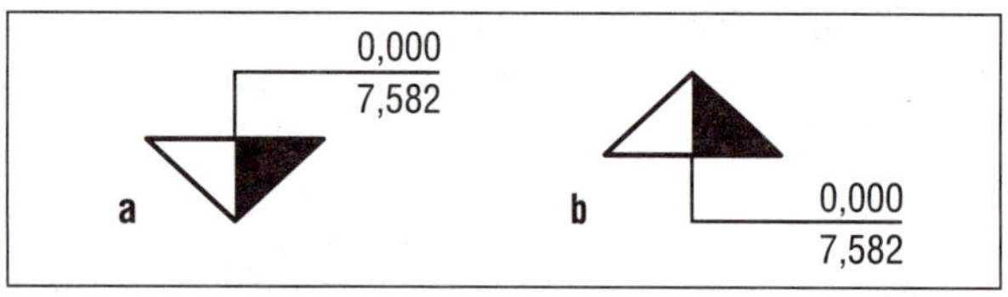


*Fig. 16. Cotation des niveaux de référence.*

Pour un projet (ou une partie d'ouvrage), on peut établir un niveau de référence propre (ex : le sol fini du rez-de-chaussée) appelé 0,000 et rattaché au niveau NGF.

**L'indication des autres niveaux** dépend de la vue sur laquelle ils apparaissent :

- coupes verticales, élévations : on utilise une flèche ouverte à angle droit (fig. 17a et b) ;
- vues en plan (fig. 17c) : les cotes de niveau sont situées à l'intérieur d'un cercle en trait fin ;
- surfaces en pente (fig. 17b et c).

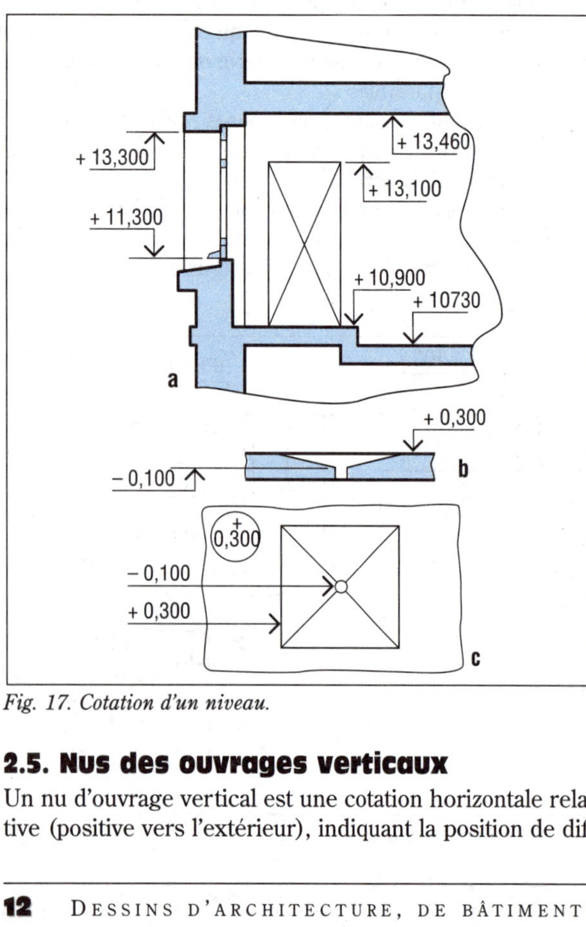


*Fig. 17. Cotation d'un niveau.*

## 2.5. Nus des ouvrages verticaux

Un nu d'ouvrage vertical est une cotation horizontale relative (positive vers l'extérieur), indiquant la position de différents parements de la construction par rapport à un nu de référence (fig. 18 a).

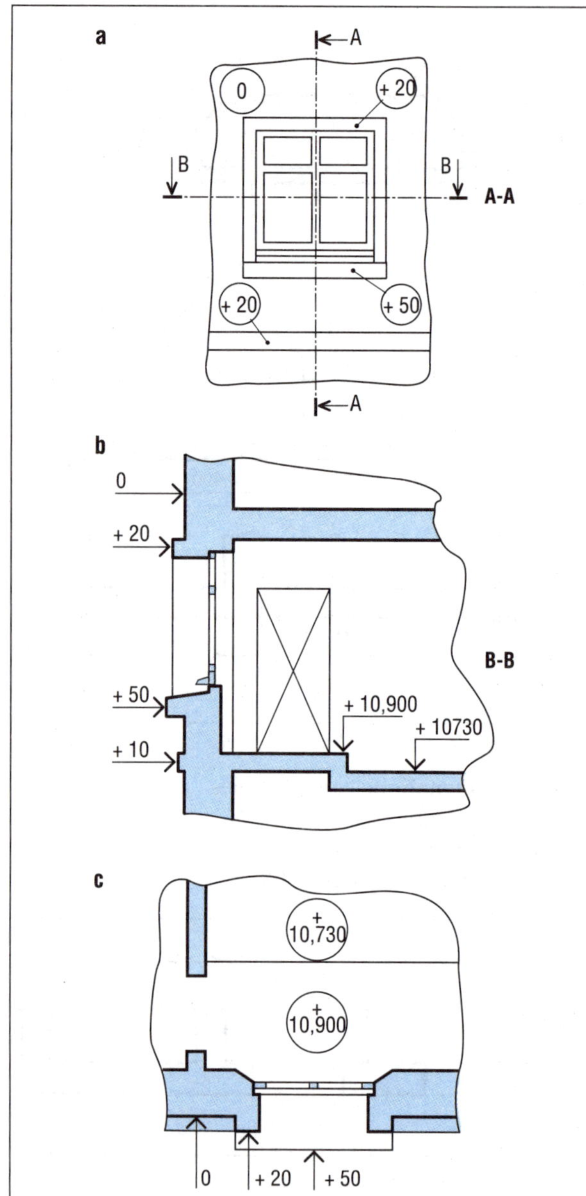


*Fig. 18. Cotation des nus.*

**Le nu de référence** (fig. 18) est défini par une surface verticale importante pour l'ouvrage lui-même (ex. : façade) ou par rapport au nu d'un ouvrage voisin (ex. : alignement).

**L'indication des autres nus** (fig. 18) dépend de la vue sur laquelle ils apparaissent :

- coupes verticales, vues en plan : les cotes sont situées au-dessus d'une ligne de repère horizontale, terminée par une flèche ouverte à angle droit, pointée sur la surface verticale considérée ;
- élévations : la cote est située à l'intérieur d'un cercle en trait fin.

À titre d'illustration, un exemple de dessin de ferraillage d'une dalle est proposé figure 13.

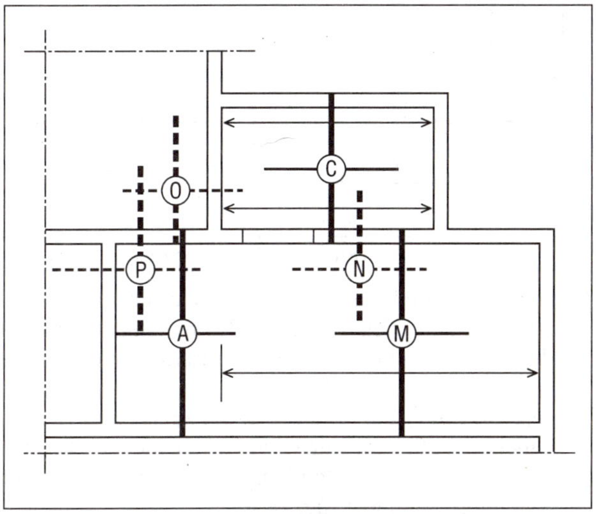


*Fig. 13. Plan d'armature de la dalle (exemple partiel).*

## 4. COUPE

On représente uniquement les armatures situées immédiatement derrière le plan de coupe (voir coupes AA ou BB fig. 14 et fig. 15).

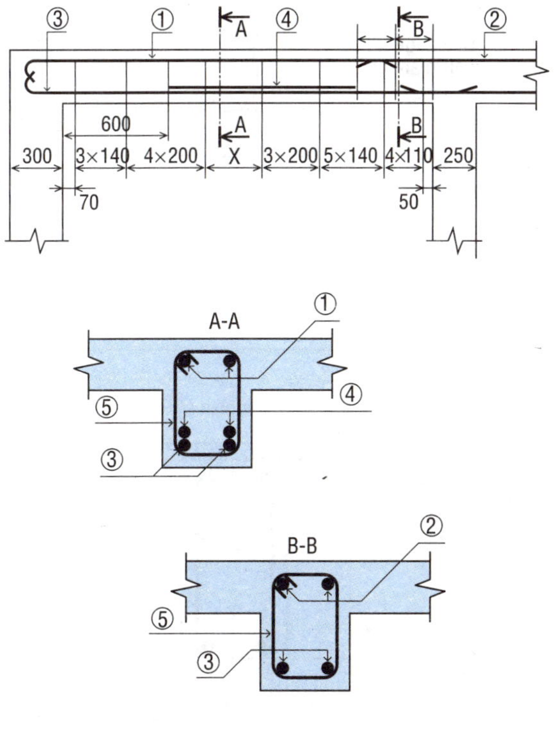


*Nota* : la nomenclature complète associée au repérage n'est pas fournie ici.

*Fig. 14. Plan d'armatures d'une poutre.*

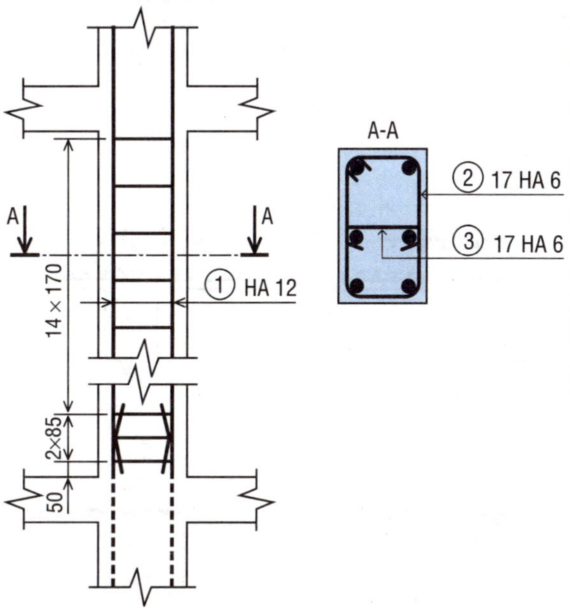


*Nota* : les dessins de façonnage associés au repérage ne sont pas représentés ici.

*Fig. 15. Plan d'armatures d'un poteau.*

## 5. ARMATURES DES POUTRES ET DES POTEAUX

L'épaisseur des traits à utiliser est indiquée page 2.

Une cotation partielle apparaît figures 14 et 15 : elle est à compléter suivant les indications données page 19.

## 6. ARMATURES DES DALLES

Les lits d'armatures sont désignés suivant leur position par rapport au parement extérieur de la pièce en béton, du plus proche (1er lit) au plus éloigné (2e lit, ...) : fig. 16.

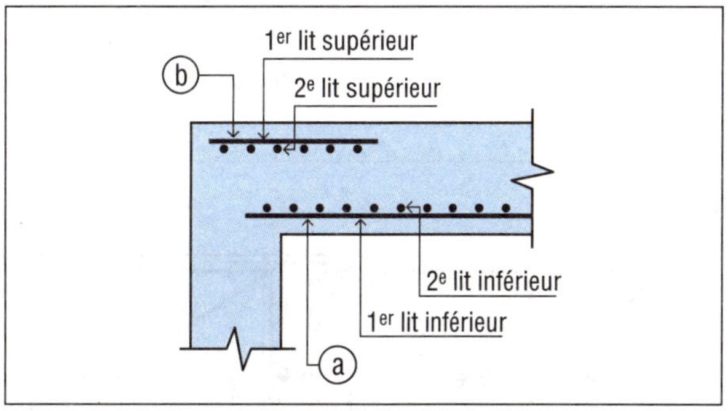


*Fig. 16. Dispositions des lits (coupe AA, Fig. 18).*

Deux types de représentation sont possibles.

- **Type 1** : deux dessins définissent les armatures :
  - pour l'un les lits d'armatures inférieurs ;
  - pour l'autre les lits d'armatures supérieurs.

Dans l'exemple (fig. 17), il s'agit de barres ; mais on pourra adopter cette représentation pour des dalles armées de treillis soudés afin d'obtenir une lecture plus claire des plans.

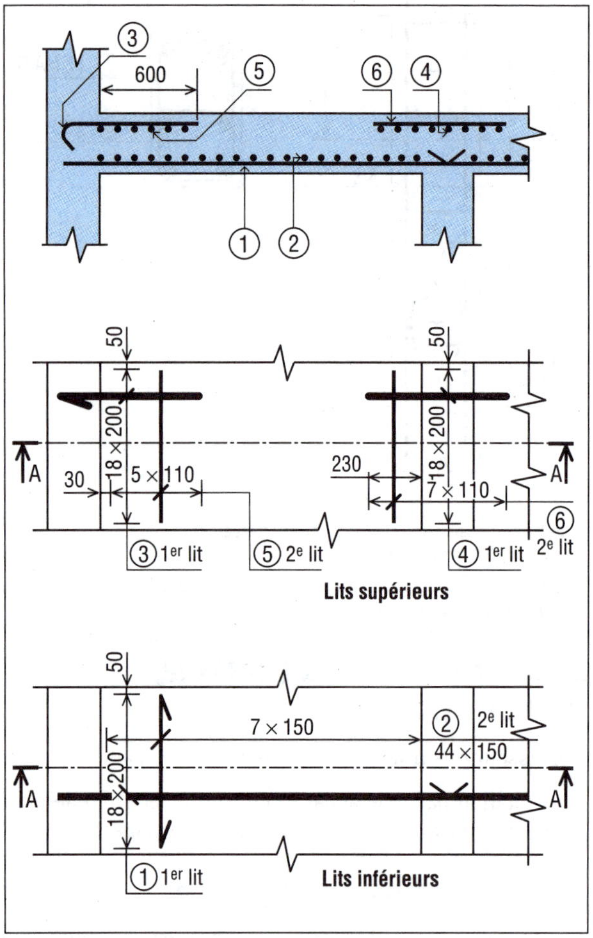


*Fig. 17. Armatures d'une dalle sur deux plans.*

- **Type 2** : un dessin représente toutes les armatures sur une même vue.

Dans ce cas, les lits inférieurs sont en traits continus et les lits supérieurs sont représentés en trait interrompu (fort et renforcé) (fig. 13 et 18).

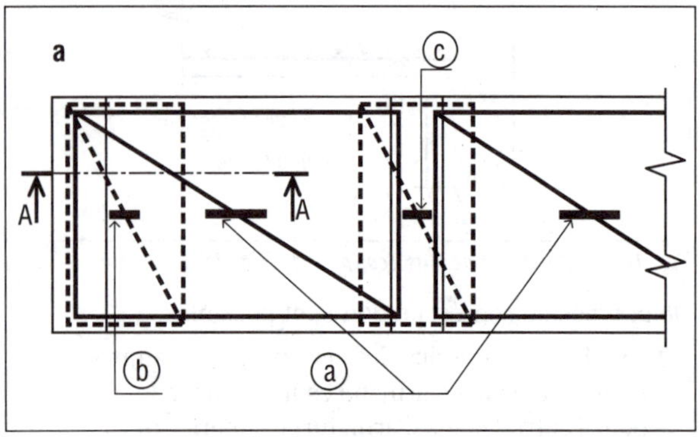


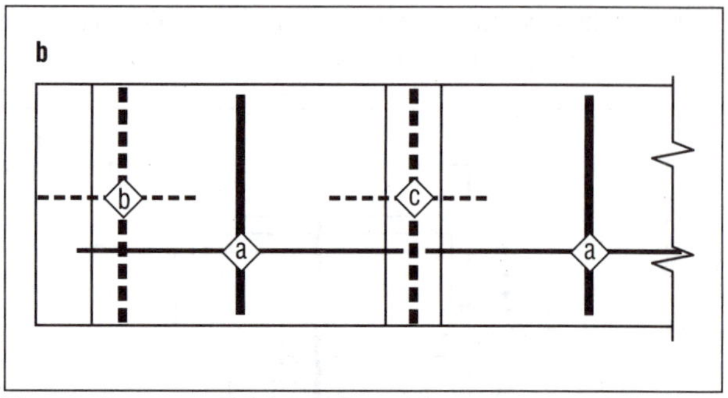


*Fig. 18. Armatures inférieures et supérieures sur un seul plan.*

Ce principe conduit à deux dessins différents :
- représentation des treillis par des rectangles; contour des treillis des lits supérieurs en trait interrompu renforcé (fig. 18a) ;
- représentation des treillis par des croix; pour les lits supérieurs : fil « porteur » ou fil de chaîne en trait interrompu renforcé, fil « de répartition » ou fil de trame en trait interrompu fort (fig. 18b).

## 7. ARMATURES FIGURANT SUR UN AUTRE PLAN

Dans ce cas, il y a deux possibilités : un texte de repérage renvoie à un autre plan (fig. 19) ou bien la représentation est réalisée totalement en trait interrompu fort (fig. 20).

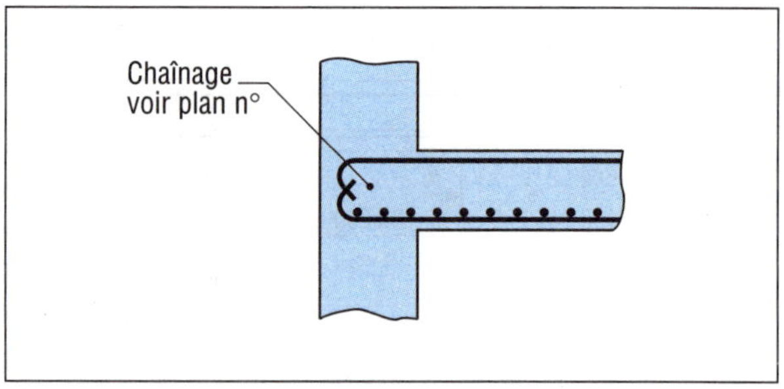


*Fig. 19. Renvoi à un autre plan.*

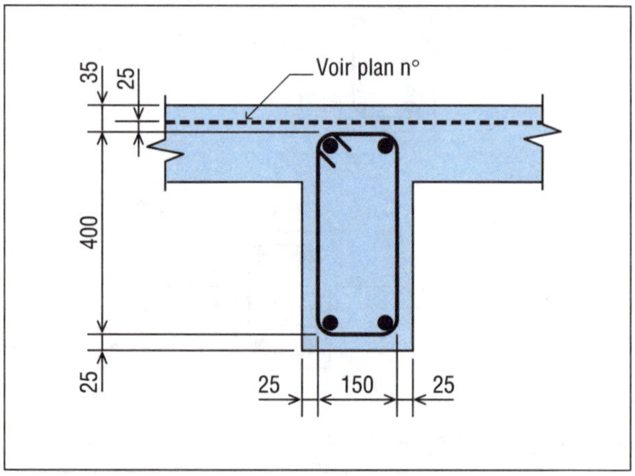


*Fig. 20. Armatures figurant sur un autre plan.*

*Remarque :* les chaînages et les armatures des linteaux, appartenant à la fois au plancher et au voile, sont représentés sur les dessins d'armatures des voiles.

## 8. ARMATURES EN ATTENTE

Ces armatures sont représentées en trait renforcé en position d'attente et les parties dépliées en trait interrompu renforcé en position définitive (fig. 21).

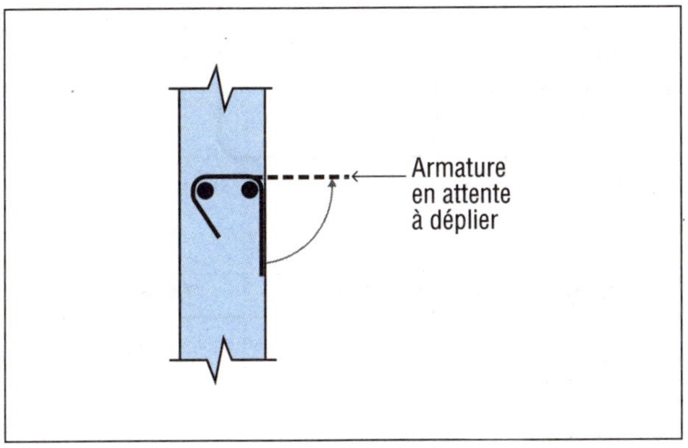


*Fig. 21. Armatures en attente.*

## 9. NOMENCLATURE

Définissant chaque armature, elle figure sur le plan lui-même, ou constitue un cahier séparé. Le tableau 1 illustre un exemple de nomenclature pour les treillis soudés.

| Repère | Type | Nb par élément | Nb d'éléments | Nb total | Dimensions (mm) | Masses totales par repère (kg) | |
|---|---|---|---|---|---|---|---|
| | | | | | | ST 10 | ST 20 |
| 2 | ST 10 | 2 | 5 | 10 | 2 400 × 4 800 | 215,42 | |
| 3 | ST 20 | 1 | 5 | 5 | 2 400 × 4 500 | | 134,30 |
| 4 | ST 10 | 2 | 5 | 10 | 2 400 × 4 000 | 179,52 | |
| | | | | | Masse totale : | 394,94 | 134,30 |

*Tableau 1. Nomenclature de treillis soudés (exemples).*

Le tableau 2 illustre un exemple de nomenclature pour des aciers en barre.

| Repère | Nuance | Diamètre (mm) | Nb par élément | Nb d'éléments | Nb total | Espacement (mm) | Longueur de coupe (mm) | Code forme | Façonnage | Longueur totale | Indice de modification |
|---|---|---|---|---|---|---|---|---|---|---|---|
| 1 | HA | 12 | 4 | 6 | 24 | 200 | 1 750 | 1 043 | 200 1 600 | 42,000 | |

**Légende :**

- *Repère : numéro de repérage de l'acier.*
- *Nuance : ∅ pour les aciers lisses, HA pour les aciers à haute adhérence, type de panneau pour le treillis soudé utilisé (préciser dans la note à quel catalogue de fabricant on se réfère).*
- *Diamètre de l'armature (mm).*
- *Nb par élément : nombre d'armatures pour un élément.*
- *Nb d'éléments : nombre d'éléments identiques.*
- *Nb total : produit des deux quantités précédentes.*
- *Espacement coté en mm.*
- *Longueur de coupe : longueur développée (mm).*
  - ** Ne pas dépasser 12 m.*
  - ** Longueur commerciale courante de 6 à 15 m.*
- *Code forme (p. 21) : facultatif.*
- *Façonnage : page 20.*
- *Longueur totale (m).*

*Tableau 2. Nomenclature pour armatures en barres (exemples).*

## 10. REPÉRAGE

**Au minimum :** chaque armature est repérée par un numéro entouré d'un cercle en trait fin, situé sur une ligne de repère (fig. 22a).

Si la nomenclature n'est pas sur le plan, les numéros repères sont complétés.

Si la nomenclature n'est pas nécessaire, les renseignements permettant de fabriquer l'armature sont portés directement sur le dessin (fig. 22c).

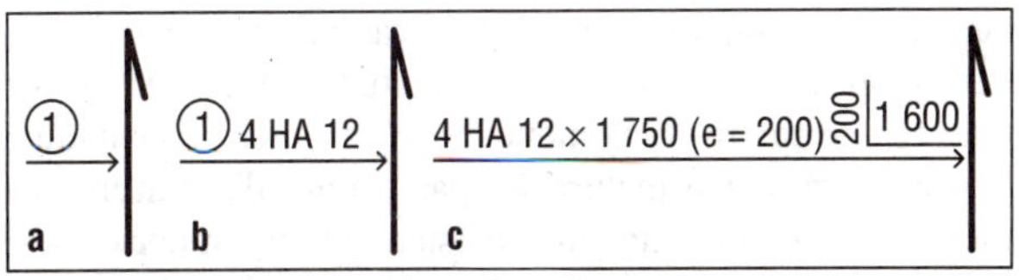


*Fig. 22. Repérages et cotations d'une barre.*

## 11. SCHÉMA DE FAÇONNAGE

Coté hors tout (excepté les rayons de façonnage), il définit la forme et les cotes de fabrication (fig. 23) :

- façonnage par pliage = forme d'allure polygonale ;
- façonnage par cintrage = forme d'allure circulaire.

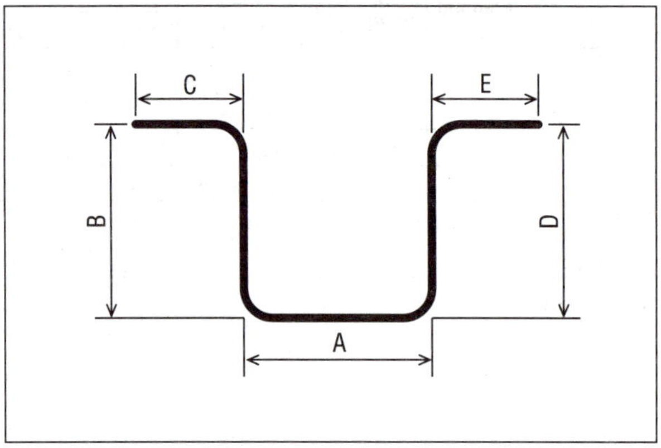


*Fig. 23. Schéma de façonnage (exemple).*

## 12. COTATION

Elle définit la position relative des différentes armatures élémentaires et leur position par rapport à un nu de coffrage, lors de la mise en œuvre.

Hormis les longueurs entre appuis et les longueurs d'appuis des éléments horizontaux, la hauteur libre et les épaisseurs des éléments horizontaux, aucune cote de coffrage ne doit figurer.

La tolérance admise pour la position relative de deux nappes de cadres, étriers ou épingles est limitée à ± 10 mm.

## 13. NOTE

Un dessin d'armatures comportera une note contenant les nuances d'aciers utilisés (ex. : S 235, p. 41), les références relatives aux dénominations des treillis soudés, les enrobages, et les références au dessin de coffrage.

## 14. ÉTIQUETTES

Les armatures sortant de fabrication sont munies, avant leur transport sur le lieu d'utilisation, d'étiquettes comportant au minimum les indications suivantes : le nom du chantier et/ou nom de l'ouvrage (code autorisé), le numéro de plan et le numéro de nomenclature, le repère d'armature. On prévoira, par armature ou par paquet d'armatures de même repère, une étiquette résistant aux intempéries, aux conditions de transport et de manutention (fig. 24).

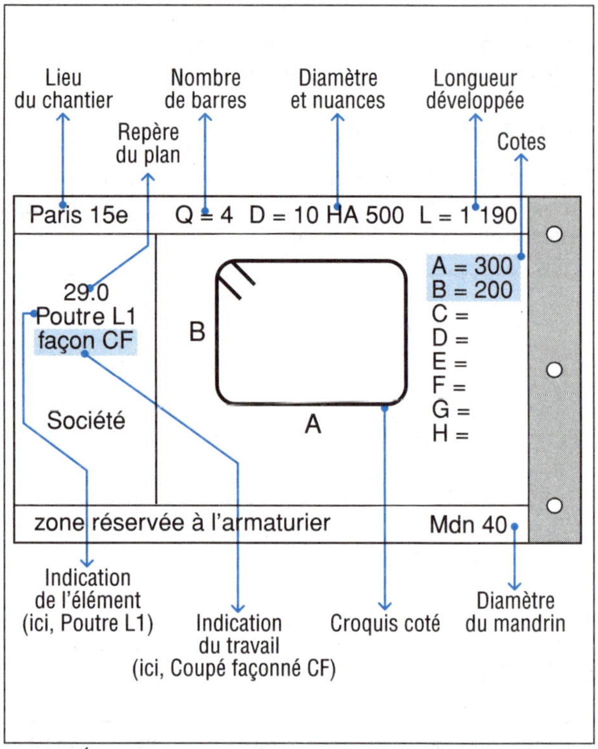


*Fig. 24. Étiquette (exemple).*

## 15. COURBES, COUPES ET ANCRAGES

**Pour les ronds lisses** (∅) des nuances S 220 et S 235 (p. 41), les diamètres des mandrins de cintrage sont supérieurs à 5 ∅ sauf pour les cadres, étriers et épingles (∅ < 16 mm) pour lesquels on prendra 3 ∅, en respectant les valeurs minimales (tableau 3).

**Dans le cas des aciers à haute adhérence**, une armature élémentaire est façonnée à l'aide d'un seul mandrin, en adoptant le plus grand, parmi ceux indiqués par le tableau 3 pour les divers plis.

| Nuance | Forme | Diamètre nominal (mm) | | | | | | | | | | | | | |
|---|---|---|---|---|---|---|---|---|---|---|---|---|---|---|---|
| | | 4 | 5 | 6 | 7 | 8 | 9 | 10 | 12 | 14 | 16 | 20 | 25 | 32 | 40 |
| S 400<br>S 500 | Cadres, étriers, épingles ou ancrages d'extrémités (code 1) | 20 | 20 | 30 | 30 | 30 | 40 | 40 | 50 | 70 | 100 | 150 | sans objet | | |
| | Ancrages (code 2) | 40 | 50 | 70 | 70 | 70 | 100 | 100 | 100 | 150 | 150 | 200 | 250 | 300 | 400 |
| | Coudes (code 3) | Sans objet | | 100 | 100 | 100 | 150 | 150 | 200 | 200 | 250 | 300 | 400 | 500 | 500 |
| S 220<br>S 235 | Cadres, étriers, épingles ou ancrages d'extrémités (code 1) | | | 20 | | 30 | | 30 | 40 | 50 | 50 | | Sans objet | | |
| | Ancrages et courbes | | | 30 | | 40 | | 50 | 70 | 70 | 100 | 100 | 150 | 200 | 200 |

*Tableau 3. Diamètre minimal des mandrins de façonnage.*

Pour rendre possible le façonnage, les longueurs droites sont au moins égales à cinq fois le diamètre de la barre (fig. 25).

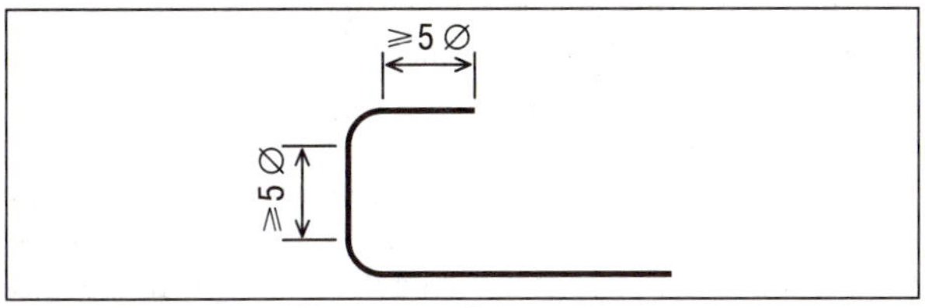


*Fig. 25. Façonnage d'armatures HA.*

**Les tolérances de fabrication** sont les suivantes :

- Sur la longueur droite d'extrémité d'ancrage par courbure : $L_0^{+10}$
- Sur les autres dimensions des éléments coupés façonnés :

$L \leqslant 1$ m : $L_{-10}^{0}$
$1 \leqslant L \leqslant 2$ m : $L_{-20}^{0}$
$2 \leqslant L \leqslant 3$ m : $L_{-30}^{0}$
$3 \leqslant L \leqslant 4$ m : $L_{-40}^{0}$
$L > 4$ m : $L_{-50}^{0}$

**Trois formes d'ancrages par courbure** sont normalisées : figure 26.

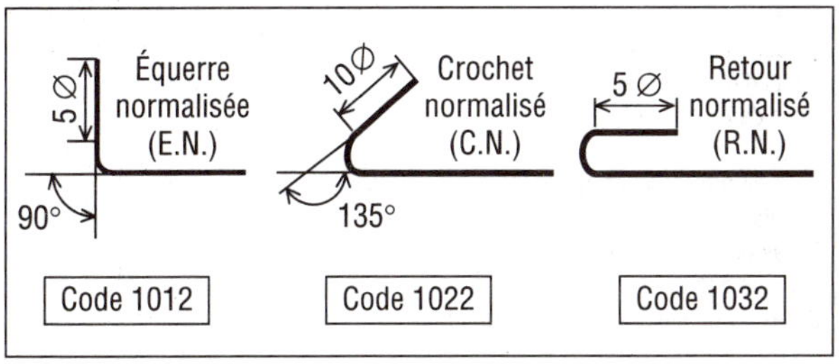


*Fig. 26. Ancrages par courbure normalisés.*

## 16. PRINCIPE DE CODIFICATION DES ARMATURES

Pour faciliter leur fabrication, chaque forme d'armature est repérée par un code comportant quatre chiffres répartis en trois groupes :

- Groupe 1 : un chiffre indique la famille de la « forme »
  - 0 à 7 : nombre de changements de direction,
  - 8 : formes d'allures circulaires,
  - 9 : autres formes.
- Groupe 2 : deux chiffres de 00 à 99 précisent le « numéro d'ordre »
  - 00 à 09 : formes préférentiellement planes,
  - 10 à 19 : formes préférentiellement gauches,
  - 20 à 89 : autres formes codifiées planes,
  - 90 à 98 : autres formes codifiées gauches,
  - 99 : autres formes.
- Groupe 3 : un code (chiffre 1 à 4) détermine le choix des mandrins à utiliser pour le façonnage.
  - 1 à 3 : se reporter tableau 4,
  - 4 : autres cas, préciser le diamètre.

## 17. FORMES PRÉFÉRENTIELLES

Actuellement, le nombre des formes utilisées est grand, alors que la plupart des problèmes techniques pourraient être résolus avec un nombre beaucoup plus réduit. Les formes préférentielles (tableau 4) permettent une évolution dans ce sens, notamment en permettant des économies en cas de fabrication industrielle.

| Code | | Schéma | Observation |
|---|---|---|---|
| 0.00 | | 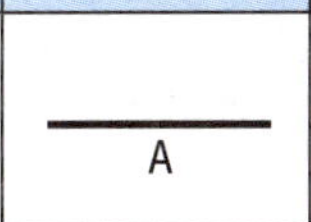  | Barre coupée |
| 0.01 | | 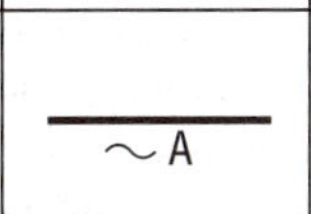  | Grande longueur |
| 1.00 | 3 | 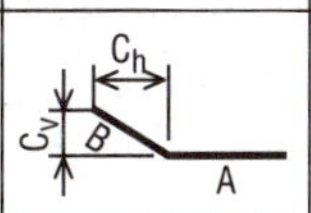  | |
| 1.01 | 2 | 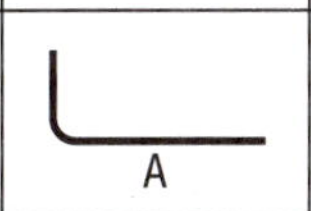  | E.N. |
| 1.02 | 2 | 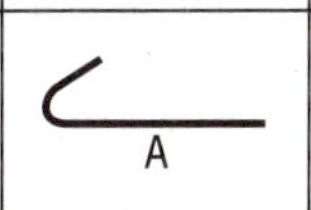  | R.N. |
| 1.03 | 1 | 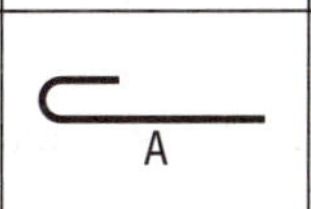  | C.N. |
| 1.04 | 1 2 3 4 | 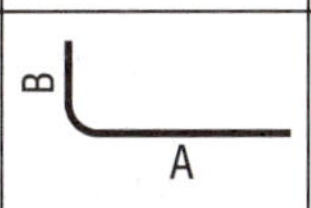  | |
| 1.05 | 1 2 3 4 | 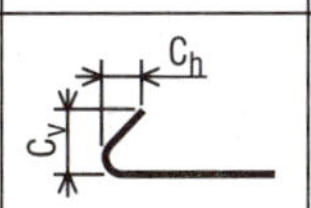  | |
| 2.00 | 1 2 | 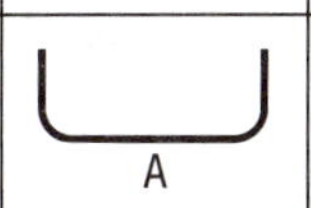  | E.N. |
| 2.01 | 1 | 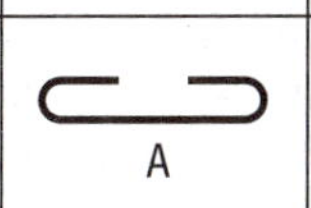  | C.N. |
| 2.02 | 2 | 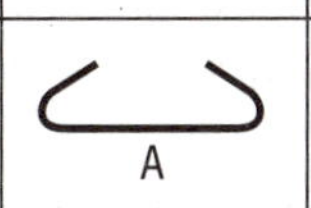  | R.N. |
| 2.03 | 1 | 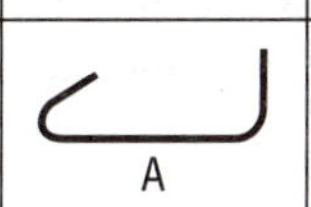  | R.N. |
| 2.04 | 1 2 3 4 | 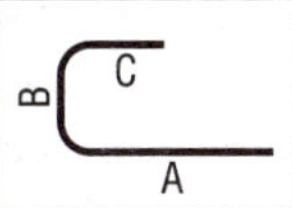  | |
| 2.05 | 3 | 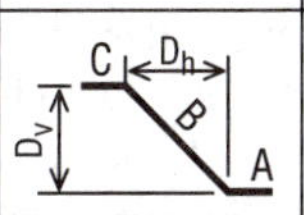  | |
| 3.00 | 1 2 3 4 | 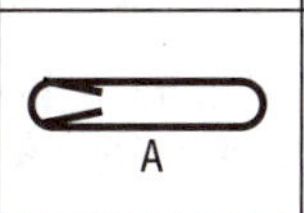  | C.N. |
| 3.01 | 1 2 3 4 | 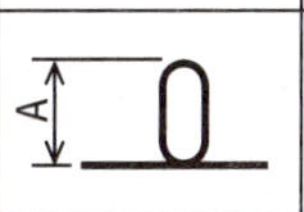  | Retours d'équerre 30 ∅ + r |
| 4.00 | 1 | 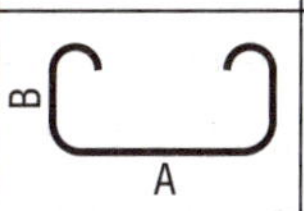  | C.N. |
| 4.10 | 1 | 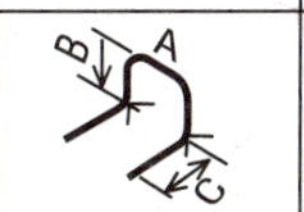  | Vue perspective |
| 4.11 | 1 | 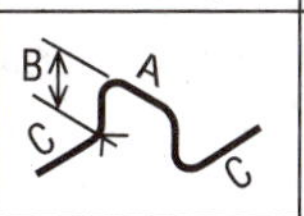  | Vue perspective |
| 5.00 | 1 | 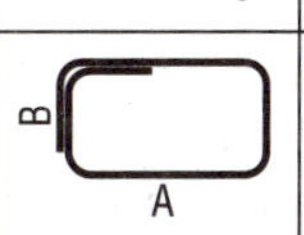  | E.N. |
| 5.01 | 1 | 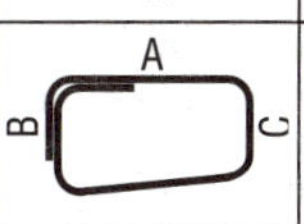  | E.N. |
| 8.00 | 4 | 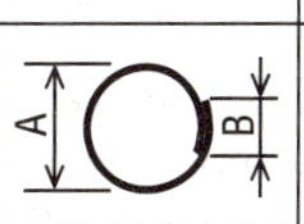  | |
| 8.01 | 4 | 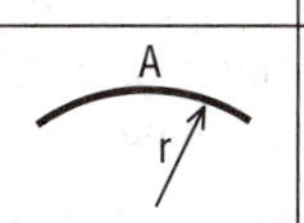  | |
| 8.10 | 4 | 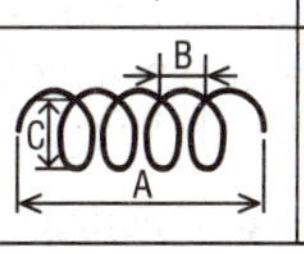  | Vue perspective |

– R.N. : Retour normalisé à 135°
– r : Rayon de cintrage
– C.N. : Crochet normalisé
– E.N. : Équerre normalisée

*Tableau 4 : Formes préférentielles.*

# ACTIONS SUR LES STRUCTURES : CHARGES D'EXPLOITATION Q DES BÂTIMENTS

NF P 06-001

## 1. ACTIONS SUR LES STRUCTURES ; CHARGES D'EXPLOITATION Q DES BÂTIMENTS

Les charges d'exploitation des bâtiments sont celles provoquées par l'occupation des locaux. Elles ont pour origine :

- l'usage normal que les personnes en font ;
- les meubles et les objets mobiles (rangements, cloisons légères amovibles...) ;
- les machines et véhicules ;
- une situation exceptionnelle, par exemple à l'occasion d'un réaménagement des locaux.

Les charges d'exploitation sont en général appliquées sur les planchers. Les charges d'entretien correspondent aux matériels et matériaux qui peuvent être placés sur les ouvrages lors des travaux de réfection et de transformation.

Indépendamment des charges d'exploitation, les autres charges et actions à prendre en compte dans les calculs sont :

- le poids propre des ouvrages, le poids des équipements fixes (p. 26 et 27) ;
- les charges climatiques (vent, neige, pluie, grêle) définies par des textes spécifiques (p. 28 à 35) ;
- les poussées et pressions des solides ou liquides (p. 67) ;
- les déformations imposées dues aux mouvements du sol ;
- les charges dues au procédé d'exécution (résultant des données du projet) ;
- les effets de variation de température, retrait et autres variations dimensionnelles définies par les règles de calcul des divers matériaux structurels (p. 102) ;
- les séismes ou autres actions accidentelles ;
- les autres actions variables non spécifiques (ex. : camion des pompiers défini par le règlement de sécurité des ERP 25-06-1980), les charges données n'ayant pas un caractère exhaustif.

Les charges d'exploitation sont utilisées en tenant compte des surfaces auxquelles elles s'appliquent, des dégressions horizontales ou verticales retenues (p. 24), liées aux types et caractères des charges en cause, des conditions défavorables possibles de leur distribution (ex. : travées partiellement ou totalement déchargées), et de leur mode de prise en compte.

Elles ne comprennent pas les cloisons, plafonds, sols, enduits et revêtements, les gaines et conduits de fumées, les appareils lourds.

Les valeurs indiquées ne tiennent pas compte des phénomènes d'amplification dynamique, dus à des causes particulières, qui sont définis par les **Documents Particuliers du Marché (DPM)**.

Les valeurs données par la norme NF P 06-001 sont nominales. Leurs conditions de prise en compte et de pondération, de même que celles des charges permanentes, sont données par les règles de calcul en vigueur propres à chaque matériau structurel. Elles sont à considérer comme des valeurs caractéristiques pour l'application des règles de calcul à caractère probabiliste ou semi-probabiliste. Sauf indication contraire du Document Particulier du Marché (DPM), elles définissent les obligations contractuelles des constructeurs et les limites d'un usage normal de la construction.

Les principales valeurs sont fournies tableaux 1 et 2.

| Libellé | Q kN/m$^2$ | Nota |
|---|---|---|
| **Habitation** | | |
| Logements y compris combles aménageables. | 1,5 | RH* |
| Balcons. | 3,5 | |
| Escaliers (sauf marches isolées), halls d'entrée. | 2,5 | |
| Combles non aménageables, non accessibles normalement : | | |
| – avec plancher | 1,0 | |
| – sans plancher (partie accessible pour l'entretien) | 1 kN | (ponctuelle) |
| Greniers proprement dits. | 2,5 | |
| Étages des caves. | 2,5 | |
| **Bureaux** | | |
| Bureaux proprement dits. | 2,5 | RH* MH* |
| Bureaux paysagers. | 3,5 | RH* MH* |
| Circulations et escaliers. | 2,5 | |
| Halls de réception | 2,5 | |
| Halls à guichets. | 4,0 | RH* |
| Salle de projection et de conférence (< 50 m$^2$) | 3,5 | |
| Cantines | 2,5 à 3,5 | |
| Salles de réunion avec tables | 2,5 | |
| Zone de dépôts. | 3,5 | |
| Salles d'ordinateurs et de reprographie | 2,5 | (1) |
| **Usages sportifs** | | |
| Habituellement (voir les DPM quand il en existe). | 5 | |
| **Toitures et terrasses** | | |
| Terrasses techniques (DTU n° 43-1). | | |
| À compter, en plus des charges dues à la circulation et au stockage des chariots, balancelles, etc. | 1,5 | |
| Terrasses privées (hors jardinières éventuelles). | 1,5 | |
| Terrasses recevant du public (restaurants, etc.). | | (2) |
| Dalles et jardins privatifs. À compter, en plus du poids des terres. | 1,0 | |
| **Bâtiments scolaires et universitaires** | | |
| Salles avec assistance debout : circulations, escaliers, surfaces polyvalentes de regroupement, d'abri, de jeux. | 4,0 | |
| Cuisines collectives. | 5,0 | MH* |
| Salles de réunions, salles polyvalentes utilisées normalement avec des sièges, bibliothèque, lingerie. | 4,0 | |
| Amphithéâtre, salles de classe remodelables, locaux équivalents, cantines, réfectoires. | 3,5 | |
| Laboratoires, ateliers, dortoirs, locaux médicaux, galeries de liaison, salles de classe et locaux équivalents, garages à vélos. | 2,5 | (1) |
| Hébergement individuel. | 1,5 | RH* MH* |

** RH = réduction pour grande surface (p. 24).*
** MH = majoration pour petites surfaces (p. 24).*
*Nota 1 : équipement lourd non compris !*
*Nota 2 : détermination en fonction de l'usage.*

*Tableau 1. Charge d'exploitation selon le type d'usage du bâtiment.*

| Libellé | Q kN/m² | Nota |
|---|---|---|
| Hébergement en chambres, salles de jeux des crèches. | 1,5 | RH* MH* |
| Dortoirs collectifs ou salles de restaurants, cafés, cantines (100 places assises maxi.). | 2,5 | RH* MH* |
| Bureaux proprement dits, salles de réunions avec tables de travail. | 2,5 | RH* MH* |
| Halles diverses (gares, etc.) où le public se déplace. | 4,0 | RH* |
| Salles avec assistance débout, salles de danse. | 5,0 | |
| Garages et parcs de stationnement de voitures légères (ateliers d'entretien et de réparation exclus). | 2,5 | (1) |
| Salles, tribunes, gradins avec places debout. | 6,0 | |
| Salles d'exposition :<br>– moins de 50 m²;<br>– 50 m² ou plus. | <br>2,5<br>3,5 | <br>RH*<br>RH* |
| Boutiques et annexes. | 5,0 | RH* MH* |
| Salles de lecture des bibliothèques. | 4,0 | RH* MH* |
| Salles de conférences, de théâtre, tribunes et autres lieux avec sièges. | 4,0 | |
| Cuisines des collectivités (hors gros matériel). | 2,5 | |
| Circulations intérieures des bâtiments. | | (3) |
| Balcons :<br>– mini;<br>– maxi : | <br>3,5<br>6,0 | <br><br>(2) |
| Loggias. | | (2) |

** RH = réduction pour grande surface.*
** MH = majoration pour petites surfaces.*
*Nota 1 : coefficient de réduction de 0,6 pour 60 m² de surface intéressée et plus, ramené linéairement à 1 pour 20 m², effet dynamique compris. Charge poinçonnante : 8 kN sur un carré de 10 cm de côté.*
*Nota 2 : la valeur ne sera pas inférieure à celle des locaux desservis pour atteindre 5 kN/m² lorsqu'une accumulation statique d'un grand nombre de personnes y est normalement prévisible.*
*Nota 3 : prendre comme charge celles des locaux contigus.*

*Tableau 2. Détermination de la charge d'exploitation selon la nature des locaux.*

## 2. DESCENTE DES CHARGES VERTICALES

La descente de charge définit le principe de distribution des charges dans chaque plan et dans chaque élévation, du niveau le plus élevé du bâtiment aux fondations.

D'une façon générale, les charges surfaciques sont affectées en fonction des surfaces de planchers [SP] attribuées à chaque élément porteur (refend, poutre, poteau...), appelées **surfaces d'influence**.

On admet dans une première approche que les zones sont délimitées en respectant les lignes de rupture (fissures) les plus probables qu'induirait un essai de la dalle à la rupture : pour les dalles rectangulaires, l'inclinaison à 45° conduit à des découpes en triangles et trapèzes isocèles. La figure 1 illustre différents exemples simples d'application :

- structure à refends transversaux parallèles : figure 1a;
- structure mixte (fig. 1b) : les planchers sont découpés selon le schéma de rupture évoqué ci-dessus (lignes de rupture à 45° dans les angles ou parallèles aux grands côtés).

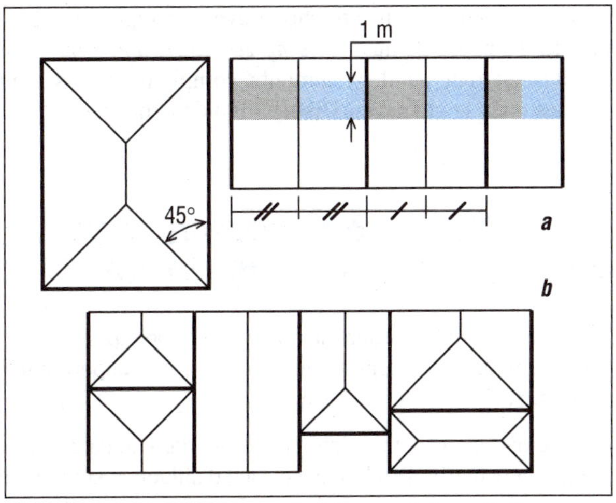


*Fig. 1. Exemples de découpage de dalles en surfaces d'influences.*

Dans le cas des structures dalles-poutres et à titre de simplification la surface d'influence [SP] peut, dans les cas courants, être assimilée à la charge que supporterait l'élément porteur dans les hypothèses suivantes :

- charges uniformément distribuées sur toute la surface susceptible d'être chargée;
- appui simple des poutres sur les poteaux, des poutrelles sur les poutres et des dalles sur les poutrelles et poutres;
- absence de continuité entre les travées successives des poutres, poutrelles et dalles.

Attention, les charges doivent alors être majorées de 10 ou 15 % uniquement, pour l'élément porteur voisin de l'appui de rive (fig. 2), en fonction du nombre de travées.

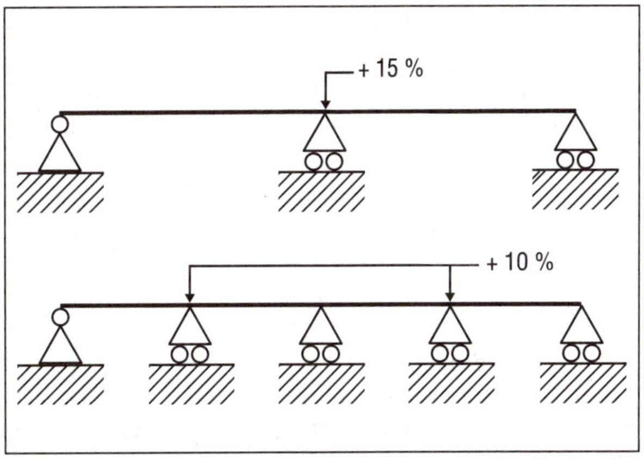


*Fig. 2. Majoration des charges, prenant en compte un effet de continuité sur appui.*

Le cumul des charges est effectué au fur et à mesure, tout **en séparant les actions permanentes et les actions variables**, pour pouvoir leur imputer ensuite les coefficients de combinaison adéquats (p. 103). Après avoir pris connaissance des recommandations du rapport de sol, on peut ensuite dimensionner les fondations de l'ouvrage.

*Nota :* le lecteur, peu familiarisé avec ce type de calcul, pourra se reporter au *Précis de structures de génie civil* AFNOR-Nathan où des éléments complémentaires sont donnés dans le chapitre « Distribution des charges ».

## 3. RÉDUCTION POUR GRANDE SURFACE OU MAJORATION POUR PETITE SURFACE

Les valeurs indiquées dans la norme NF P 06-001 (tableaux 1 et 2), pour les charges d'exploitation, correspondent à une « surface de référence » $S_0 = 15$ m².

La valeur unitaire à prendre en compte dans le calcul d'un élément porteur dépend de la surface d'influence supportée par cet élément (fig. 1). Le coefficient correcteur dépend de la surface d'application : figure 3.

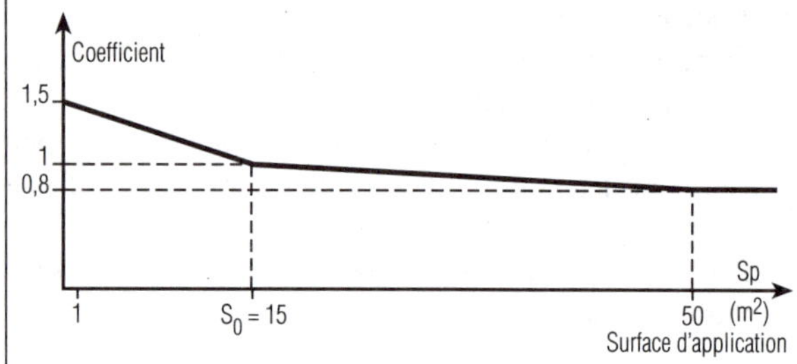


*Fig. 3. Coefficient correcteur sur la valeur de référence $S_0$ de 15 m².*

*Nota :* une valeur relative à une surface inférieure à 1 m² n'est pas à prendre en compte, à condition de définir une charge concentrée pour les conditions de poinçonnement et de flexion locale.

## 4. DÉGRESSION EN FONCTION DU NOMBRE D'ÉTAGES

Une loi de dégression de base (fig. 4) peut être appliquée aux bâtiments à grand nombre de niveaux, dont les occupations des divers niveaux peuvent être considérées comme indépendantes.

Elle n'est pas cumulable avec les réductions pour grande surface, c'est-à-dire qu'elle s'applique à la valeur nominale de référence donnée par la norme NF P 06-001.

Les niveaux occupés par des locaux industriels ou commerciaux ne sont pas comptés dans le nombre d'étages intervenant dans la loi de dégression : les charges sur ces planchers sont prises en compte sans abattement.

**Bâtiment à usage d'habitation ou d'hébergement :**

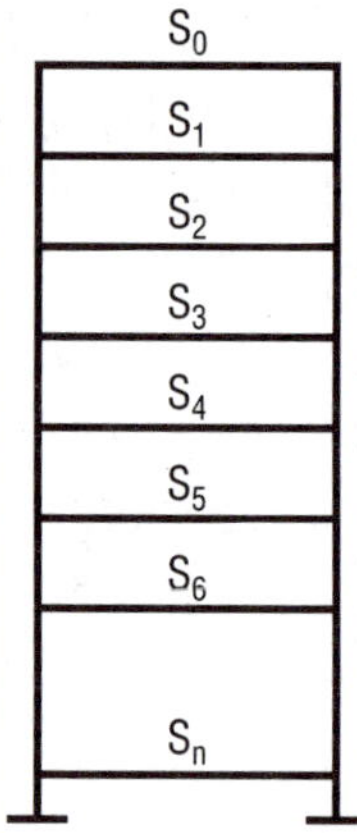


| charges d'exploitation différentes | charges d'exploitation identiques $S_1 = S_2 = S_3 = \ldots = S$ |
|---|---|
| $\Sigma_0 = S_0$ (coefficient de réduction) | $\Sigma_0 = S_0$ |
| $\Sigma_1 = S_0 + S_1$ | $\Sigma_1 = S_0 + S$ |
| $\Sigma_2 = S_0 + 0{,}95(S_1 + S_2)$ | $\Sigma_2 = S_0 + 1{,}9\,S$ |
| $\Sigma_3 = S_0 + 0{,}90(S_1 + S_2 + S_3)$ | $\Sigma_3 = S_0 + 2{,}7\,S$ |
| $\Sigma_4 = S_0 + 0{,}85(S_1 + S_2 + S_3 + S_4)$ | $\Sigma_4 = S_0 + 3{,}4\,S$ |

Ensuite, les expressions suivantes donnent une bonne approximation par excès.

| | |
|---|---|
| $\Sigma_n = S_0 + [(3 + n)/2n]\,[\Sigma_i = {}_{1,n}(S_i)]$ pour $n \geqslant 5$ | $\Sigma_n = S_0 + [(n + 3)/2]S$ pour $n \geqslant 5$ |

Le coefficient de réduction reste limité à 0,5 au minimum.

**Bâtiment à usage de bureau :** la dégression s'applique à la fraction de la charge d'exploitation égale à cette dernière diminuée de 1 kN/m².

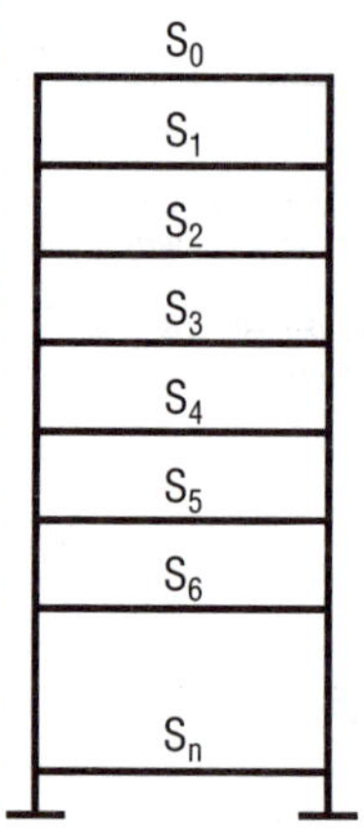


**charges d'exploitation identiques $S_1 = S_2 = S_3 = \ldots = S$ (kN/m²)**

| | coefficient de réduction |
|---|---|
| $\Sigma_0 = S_0$ | |
| $\Sigma_1 = S_0 + S$ | |
| $\Sigma_2 = S_0 + 1{,}9\,S + 0{,}1$ | $(1{,}9 = 0{,}95 \times 2)$ |
| $\Sigma_3 = S_0 + 2{,}7\,S + 0{,}3$ | $(2{,}7 = 0{,}90 \times 3)$ |
| $\Sigma_4 = S_0 + 3{,}4\,S + 0{,}6$ | $(3{,}4 = 0{,}85 \times 4)$ |

Ensuite, l'expression suivante donne une bonne approximation.

$\Sigma_n = S_0 + [(3 + n)/2n]\,(S - 1) + 0{,}2n$
pour $n \geqslant 5$.

Le coefficient de réduction reste limité à 0,5 au minimum.

*Fig. 4. Loi de dégression.*

## 5. CHARGES CONCENTRÉES

La charge concentrée $Q_k$ (représentant l'appui d'un meuble ou d'un équipement) permet de vérifier la résistance locale du plancher (poinçonnement, flexion locale) : elle n'a pas à être combinée avec d'autres charges.

La valeur de la charge concernant les aires de stockage et d'activités industrielles ainsi que la disposition du chargement (action libre ou fixe) doivent être fixées compte tenu des effets dynamiques éventuels pour la condition d'usage la plus défavorable. On peut ainsi se baser sur les valeurs données p. 26, en prenant en compte les hauteurs d'empilage.

Certaines charges doivent être définies plus précisément quand l'action n'est plus uniforme : machine, pont roulant …

Pour un bâtiment d'habitation, on pourra prendre en compte une charge d'une valeur de 2 kN, concentrée sur un appui (∅ 25 mm), appliquée au niveau du sol défini (compte tenu éventuellement des chapes et revêtements de sol dur).

## 6. CHARGES D'ENTRETIEN DES TOITURES (P. 211)

Les charges d'entretien sont à distinguer des charges d'exploitation, du point de vue de leur fréquence, de leur durée et par conséquent des combinaisons d'actions. **Elles ne sont pas cumulées avec les charges climatiques.**

En outre, il est conseillé de se préoccuper de l'accrochage, à des éléments de charpentes ou aux acrotères, des supports de balancelles utilisées pour l'entretien et le ravalement. On doit tenir compte dans certains cas de terrasses et toitures à faible pente, de la possibilité d'accumulation d'eau jusqu'au niveau des trop-pleins.

L'intensité des actions à prendre en compte dépend de la classification de la toiture.

### 6.1. Couvertures sur charpentes

Le chargement à considérer dépend de la portée de l'élément de charpente étudiée :

- portée < 2,00 m : charge unitaire de 1 kN à mi-portée ;
- 2,00 m ≤ portée < 3,00 m : deux charges concentrées de 1 kN, placées à 1,00 m d'intervalle dans les conditions les plus défavorables ;
- 3,00 m ≤ portée : deux charges concentrées de 1 kN appliquées aux 1/3 et 2/3 des portées.

### 6.2. Couvertures en éléments autoportants

Pour des éléments de poids et de dimensions modérés, manipulables sans appareils de levage, deux charges concentrées (1 kN plus le demi-poids de l'élément) doivent être appliquées aux 1/3 et 2/3 des portées.

Pour les éléments de grande portée mis en place avec des moyens spéciaux, une étude particulière est nécessaire.

### 6.3. Terrasses et toitures non accessibles recevant une étanchéité

La charge à considérer correspond à la réfection de l'étanchéité et enveloppe les effets des autres charges d'entretien. Elle s'ajoute au poids propre de la couverture. Elle est placée dans les conditions les plus défavorables. Elle affecte une surface de 10 $m^2$.

Sa valeur au $m^2$ (1 kN minimum) est égale au poids moyen des matériaux constituant l'étanchéité et de ceux placés au-dessus d'elle plus 0,50 kN.

# ACTIONS SUR LES STRUCTURES : CHARGES PERMANENTES G DES BÂTIMENTS

**NF P 06-001 et -004**

Le tableau 2 donne le poids volumique des matériaux de construction. Les matériaux en dépôt sont détaillés tableau 1.

La norme NF P 06-001 précise les valeurs à prendre pour le poids propre des planchers et revêtements de planchers (tableaux 3 et 4), des maçonneries (tableau 5) et des toitures (tableau 6).

*Remarque :* **les cloisons de distribution** (poids linéique < 2,5 kN/m), non porteuses, fixes, sont courantes dans certains types de bâtiments (habitation, bureaux, etc.). Elles peuvent être assimilées à une charge permanente et répartie, prise égale à :

- 0,40 kN/m$^2$ pour les cloisons « très légères » (poids linéique < 1,0 kN/m) ;
- 1,0 kN/m$^2$ pour les cloisons « légères » (poids linéique < 2,5 kN/m).

Pour des bâtiments à refends transversaux porteurs rapprochés (ne comportant pratiquement pas de cloisons parallèles aux refends), ces charges peuvent être réduites à 0,20 kN/m$^2$ et 0,40 kN/m$^2$.

| Corps en dépôt | | Angle de talus naturel ∅ (°) | G (kN/m$^3$) |
|---|---|---|---|
| Avoine en vrac | | 30 | 5,5 |
| Briquettes | – en vrac | – | 5 |
| | – empilées | – | 13 |
| Blé, orge, seigle | | 30 | 8 |
| Bois en bûches | | | |
| – conifères : | – sec | 45 | 4,5 |
| | – humide | 45 | 6,5 |
| – feuillus : | – sec | 45 | 7 |
| | – humide | 45 | 10 |
| Bois en copeaux : | – en vrac | 25 | 2 |
| | – compact | 45 | 3 |
| Cendres | | 35 | 8 |
| Farine : | – en vrac | 25 | 6 |
| | – en sacs | – | 5 |
| Foin et paille : | – en vrac | – | 1 |
| | – bottelé | – | 1,5 |
| Fruits | | 35 | 4,5 |
| Gravier | | 35 | 17 |
| Houille, anthracite | – sèche | 35 | 8 |
| | – humide | 30 | 10 |
| Mâchefer | | 45 | 8 |
| Papier | – empilé | – | 11 |
| | – en rouleau | – | 16 |
| Pommes de terre | | 30 | 7 |
| Sable | | 30 à 35 | 17 à 19 |
| Sel : | – en sacs | – | 10 |
| | – en vrac | 40 | 12 |
| Sucre : | – en sacs | – | 16 |
| | – en vrac | 35 | 9 |
| Terre : | – sèche | 40 | 18 |
| | – humide | 20 | 21 |
| Classeurs, armoire, bibliothèque, compte tenu des vides | | – | 6 |

*Tableau 1. Poids volumiques G (kN/m$^3$) et angle de talus naturel ∅ (°) de divers corps en dépôts.*

| Matériaux | | G (kN/m$^3$) |
|---|---|---|
| Acier | | 78,5 |
| Aluminium | | 27 |
| Asphalte coulé | | 18 |
| Béton bitumineux | | 22 |
| Béton non armé | | 22 |
| Béton armé | | 25 |
| Béton de granulats légers | | 7,5 à 15,5 |
| Blocs de liège | | 4 |
| Bois de conifères séché à l'air | | 6 |
| Bois de feuillus séché à l'air | | 8 |
| Bois durs tropicaux | | 10 |
| Calcaire tendre | | 18 |
| Calcaire compact, marbre, granit | | 28 |
| Calcaire de dureté moyenne | | 22 |
| Fonte | | 72,5 |
| Grès | | 25 |
| Maçonnerie | | |
| – sans enduits : | – en moellons | 23 |
| | – en briques pleines | 19 |
| | – en briques perforées | 13,5 |
| | – en briques creuses | 9 |
| – blocs de béton pleins en granulats lourds | | 21 |
| creux en granulats lourds | | 13,5 |
| – pierre de taille | | 27 |
| Métaux cuivreux | | 89 |
| Plomb | | 114 |
| Verre | | 25 |

*Tableau 2. Poids volumique G (kN/m$^3$) de quelques matériaux de construction utilisés dans l'industrie du bâtiment.*

| Planchers | | G (kN/m$^2$) |
|---|---|---|
| Dalles pleines en béton armé, par cm | | 0,25 |
| Planchers préfabriqués à éléments jointifs de dalles alvéolées, à alvéoles de petites dimensions | | |
| | – 12 cm | 2 à 2,5 |
| | – 16 cm | 2,4 à 2,9 |
| | – 20 cm | 2,8 à 3,3 |
| | – 24 cm | 3,2 à 3,7 |
| Planchers nervurés à poutrelles préfabriquées ou nervures coulées sur place, avec entrevous en béton. | | |
| – Entraxe 60 cm : | | |
| montages avec table de compression | | |
| | – 12 + 4 cm | 2,5 à 2,6 |
| | – 16 + 4 cm | 2,75 à 2,85 |
| | – 20 + 4 cm | 3,1 à 3,3 |
| | – 25 + 5 cm | 3,6 à 4 |
| montages sans table de compression | | |
| | – 16 cm | 2,2 à 2,3 |
| | – 20 cm | 2,6 à 2,8 |
| | – 24 cm | 2,9 à 3,1 |
| Dito avec entrevous en terre cuite | | |
| – Entraxe 60 cm : | | |
| montages avec table de compression | | |
| | – 12 + 4 cm | 2,2 à 2,3 |
| | – 16 + 4 cm | 2,5 à 2,6 |
| | – 20 + 4 cm | 2,8 à 3 |
| | – 25 + 5 cm | 3,2 à 3,6 |
| montages sans table de compression | | |
| | – 16 cm | 1,9 à 2 |
| | – 20 cm | 2,2 à 2,4 |
| | – 24 cm | 2,5 à 2,7 |
| Dito avec entrevous très légers (type polystyrène) ou sans entrevous | | |
| montages avec table de compression | | |
| | – 12 + 4 cm | 1,5 à 1,7 |
| | – 16 + 4 cm | 1,7 à 2 |
| | – 20 + 4 cm | 1,8 à 2,1 |
| | – 25 + 5 cm | 2,4 à 2,8 |

*Tableau 3. Poids surfacique G (kN/m$^2$) de planchers (NF P 06-001).*

| Revêtements de planchers | G (kN/m²) |
|---|---|
| Carrelages scellés, y compris la couche de mortier de pose de 2 cm | |
| – Grès cérame mince (e = 4,5 mm) | 0,5 |
| – Grès cérame (e = 9 mm) | 0,6 |
| – Dallage céramique, pierre dure (15 à 30 mm) | 0,7 à 1 |
| Carrelages ou dallages collés, par cm | 0,2 |
| Chape en mortier de ciment, par cm | 0,2 |
| Chape flottante en asphalte, 2 à 2,5 mm, y compris couche élastique, revêtement de sol non compris | 0,5 |
| Dalle flottante en béton, sous couche élastique comprise par cm | 0,22 |
| Parquets de 23 mm, y compris lambourdes | 0,25 |
| Sols minces textiles ou plastiques (collés ou tendus) et parquets mosaïques, y compris ragréage du support | 0,08 |

*Tableau 4. Poids surfacique G (kN/m²) de revêtements de plancher (NF P 06-001).*

| Maçonneries (enduits non compris) | | G (kN/m²) |
|---|---|---|
| **Parois en terre cuite** | | |
| Briques pleines | – 5,5 cm | 1,5 |
| | – 10,5 cm | 2 |
| | – 21,5 cm | 4,05 |
| | – 33,0 cm | 6,3 |
| Briques creuses | – 5,0 cm | 0,45 |
| | – 10,0 cm | 0,9 |
| | – 15,0 cm | 1,3 |
| | – 20,0 cm | 1,75 |
| | – 25,0 cm | 2,15 |
| | – 30,0 cm | 2,6 |
| Briques perforées | – 5,5 cm | 0,7 |
| | – 10,5 cm | 1,4 |
| | – 21,5 cm | 2,95 |
| | – 33,0 cm | 4,5 |
| Blocs perforés | – 17,5 cm | 2,3 |
| | – 22,5 cm | 2,95 |
| | – 27,5 cm | 3,6 |
| **Parois en blocs de béton** | | |
| Blocs pleins de béton de granulats lourds | | |
| | – 5,0 cm | 1,05 |
| | – 10,0 cm | 2,1 |
| | – 15,0 cm | 3,15 |
| | – 20,0 cm | 4,2 |
| Blocs creux de béton de granulats lourds (parois épaisses) | | |
| | – 5,0 cm | 0,65 |
| | – 10,0 cm | 1,35 |
| | – 15,0 cm | 2 |
| | – 20,0 cm | 2,7 |
| | – 25,0 cm | 3,25 |
| | – 30,0 cm | 3,85 |
| Blocs pleins de béton d'argile ou de schiste expansé, blocs à parois épaisses (béton : 750 à 1 550 kg/m³) | | |
| | – 5,0 cm | 0,45 à 0,8 |
| | – 10,0 cm | 0,9 à 1,6 |
| | – 15,0 cm | 1,35 à 2,4 |
| | – 20,0 cm | 1,8 à 3,2 |
| Blocs creux de béton d'argile ou de schiste expansé, blocs à parois épaisses (béton : 750 à 1 550 kg/m³) | | |
| | – 10,0 cm | 0,6 à 1 |
| | – 15,0 cm | 0,9 à 1,5 |
| | – 20,0 cm | 1,2 à 2 |
| | – 25,0 cm | 1,5 à 2,5 |
| Blocs pleins de béton de laitier expansé ou de pouzzolane (béton : 1 450 kg/m³) | | |
| | – 5,0 cm | 0,75 |
| | – 10,0 cm | 1,5 |
| | – 15,0 cm | 2,25 |
| | – 20,0 cm | 3 |
| Blocs creux de béton de laitier expansé ou de pouzzolane, (béton : 1 450 kg/m³) | | |
| | – 5 cm | 0,75 |
| | – 10 cm | 1,5 |
| | – 15 cm | 2,25 |
| | – 20 cm | 3 |
| Blocs creux de béton de laitier expansé ou de pouzzolane, blocs à parois épaisses, (béton : 1450 kg/m³) | | |
| | – 10 cm | 0,95 |
| | – 15 cm | 1,4 |
| | – 20 cm | 1,9 |
| | – 25 cm | 2,3 |
| Blocs pleins de béton cellulaire autoclavé (béton : 600 kg / m³) | | |
| | – 15 cm | 1,2 |
| | – 20 cm | 1,6 |
| | – 25 cm | 2,05 |
| | – 30 cm | 2,45 |
| Cloisons en carreaux de plâtre à parements lisses | – 1 cm | 0,1 |
| **Pierre de taille** | | |
| Parois pleines | – 20 cm | 5,3 |
| | – 30 cm | 8,1 |
| Revêtements autoportants | – 8 cm | 2,2 |
| Revêtements attachés | – 3 cm | 0,8 |
| Revêtements scellés (y compris le mortier) | | 0,4 |
| **Enduits** | | |
| En plâtre | – 1 cm | 0,1 |
| Au mortier de liants hydrauliques | – 1 cm | 0,18 |

*Tableau 5. Poids surfacique G (kN/m²) de maçonneries diverses (enduits non compris).*

| Toitures | G (kN/m²) |
|---|---|
| **Support de la couverture** | |
| – lattis ou liteaux en sapin | 0,03 |
| – voligeage en sapin | 0,1 |
| – support céramique | 0,45 |
| **Sous-toitures (par cm d'épaisseur)** | |
| – contreplaqués okoumé | 0,05 |
| – panneaux de lin | 0,04 |
| – plaques de plâtre (genre Placoplâtre ou Prégypan) | 0,09 |
| – panneaux de paille compressée | 0,03 |
| **Couvertures métalliques** | |
| – zinc (voligeage et tasseaux compris) | 0,25 |
| – alu 8/10 (plaques ondulées sans support) | 0,03 |
| – alu 8/10 (voligeage et tasseaux compris) | 0,17 |
| – acier inox (voligeage et tasseaux compris) | 0,25 |
| – tôle ondulée d'acier galvanisé 8/10 | 0,06 |
| **Couvertures en ardoises (lattis et voligeage compris)** | |
| – ardoises naturelles ordinaires | 0,28 |
| **Couverture en tuiles (liteaux, voliges ou support compris)** | |
| – tuiles mécaniques à emboîtement | 0,35 à 0,45 |
| – tuiles plates | 0,55 à 0,75 |
| – tuiles canal | 0,4 à 0,6 |
| – tuiles béton | 0,45 |
| **Terrasses** | |
| – asphalte coulé en 0,5 cm, plus 1,5 cm d'asphalte coulé sablé | 0,5 |
| – étanchéité multicouche (e = 2 cm) en ciment volcanique, enduit plastique ou feutre bitumé | 0,12 |
| – gravillon pour protection de l'étanchéité, par cm | 0,2 |
| – protection de l'étanchéité réalisée par une couche d'asphalte gravillonné de 2 cm sur deux feuilles papier kraft | 0,5 |

*Tableau 6. Poids surfacique G (kN/m²) de toitures.*

AFNOR NF P 06-006 (Règles Neige 84), P 06-002 (Règles NV 65 édition 2001)

## 1. ACTIONS DE LA NEIGE $S$

L'accumulation de la neige sur les toits est rarement uniforme. Elle dépend de la forme de la toiture, de ses propriétés thermiques, de la quantité de chaleur engendrée sous la toiture, de la proximité de bâtiments voisins et bien sûr, des conditions météorologique locales.

Pour déterminer la charge de neige ($s$), on considère essentiellement la couche de neige uniforme accumulée lors d'une chute par temps calme ($s_0$), la forme de toiture (coefficient de forme $\mu$) et la répartition de la neige provoquée par le vent.

L'action de la neige s'exerce verticalement. Elle est rapportée à la projection horizontale de la surface de la toiture.

Les déséquilibres de charges peuvent, en outre, être accentués sous l'effet de certains facteurs (enlèvement volontaire de la neige, vent, dégel, congères, etc.). Ces effets sont pris en compte en étudiant différents cas de charge (fig. 2 à 10) correspondant à des répartitions de neige différentes.

### 1.1. Charge de neige sur le sol $s_k$ (kN/m²)

Elle est fonction de la localisation géographique (fig. 1) et de l'altitude du lieu considéré (tableau 1).

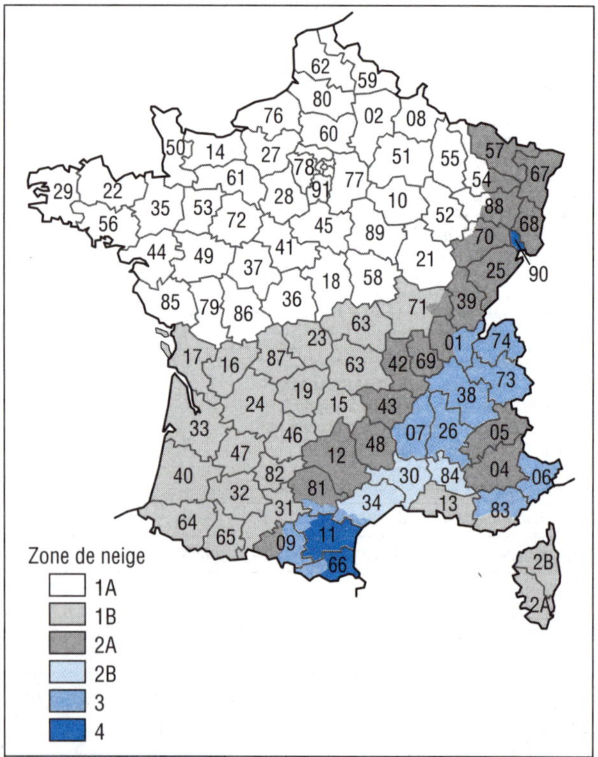


| Zone | 1A | 1B | 2A | 2B | 3 | 4 |
|---|---|---|---|---|---|---|
| $s_{k200}$ (kN/m²) | 0,45 | 0,45 | 0,55 | 0,55 | 0,65 | 0,90 |
| $s_A$ (charge accidentelle) (kN/m²) | – | 1,00 | 1,00 | 1,35 | 1,35 | 1,80 |

*Fig. 1. Carte des régions climatiques.*

| Altitude $h$ (m) | Charge de neige $s_k$ (kN/m²) |
|---|---|
| 200 m < $h \leqslant$ 500 m | $s_k = s_{k200} + \left(\dfrac{0{,}15\,h - 30}{100}\right)$ |
| 500 m < $h \leqslant$ 1 000 m | $s_k = s_{k200} + \left(\dfrac{0{,}3\,h - 105}{100}\right)$ |
| 1 000 m < $h \leqslant$ 2 000 m | $s_k = s_{k200} + \left(\dfrac{0{,}45\,h - 255}{100}\right)$ |

*Tableau 1. Charge de neige sur le sol $s_k$ (kN/m²).*

*Remarques :*

- Les Documents Particuliers du Marché peuvent parfois majorer $s_k$, pour tenir compte de conditions locales défavorables, sans toutefois dépasser, en principe, 50 %.
- Quand le découpage d'une région traverse un département, il faut consulter les règles « Neige et Vent » pour identifier la zone de neige, à partir du canton où se situe l'opération.

### 1.2. Charge de neige S (kN/m²)

L'action s représente la charge de neige sur une toiture ou toute autre surface, soumise à l'accumulation de la neige.

Par unité de surface, en projection horizontale, $s$ vaut :

$$s = \mu_i\, s_k + s_1 \text{ ou } s = \mu_i\, s_A + s_1.$$

- $s_k$ est valeur de la charge de neige (fig. 1).
- $\mu_i$ est un coefficient de forme : sa valeur nominale de base (égale à 0,8) correspond à une toiture plate avec vent faible. Traduisant l'interaction phénomène-construction, il est fonction de la forme de la toiture et prend plusieurs valeurs, selon le cas de charge considéré.
- $s_A$ est l'action accidentelle (fig. 1).
- $s_1$ est une majoration pour faibles pentes égale à :
  – 0,2 kN/m² lorsque la pente du fil d'eau de la partie enneigée de toiture est inférieure ou égale à 3 % ;
  – 0,1 kN/m² lorsque cette pente est comprise entre 3 et 5 %. Cette majoration agit localement, dans toutes les directions, sur une largeur de 2 m autour de la partie de toiture visée ci-dessus.

La prise en compte éventuelle des charges de neige doit se faire selon les principes définis et illustrés pour les toitures courantes, moyennant toute adaptation utile et recours, le cas échéant, à des essais particuliers ou à l'avis de spécialistes.

### 1.3. Cas de charges

Pour les formes ou types de toitures et d'obstacles courants, on distingue essentiellement trois cas de charges :

- **Cas I :** la couche de neige est uniformément repartie sur l'ensemble de la toiture (situation probable lors d'une chute de neige par vent modéré).
- **Cas II :** la distribution initiale est non uniforme (accumulation localisée ou redistribution de neige du côté au vent vers le côté sous le vent de la toiture).

- **Cas III :** la neige se redistribue depuis les parties du bâtiment plus élevées, par glissement, vers les parties en contrebas.

Les deux derniers cas de charges sont particulièrement importants pour les éléments de charpentes (p. 225) sensibles aux modifications de la distribution des charges.

La répartition doit toutefois correspondre à des circonstances plausibles.

### 1.4. Compatibilité des actions de la neige et du vent

Par mesure de simplification, il est admis que les actions (pressions et succions) du vent sur la toiture enneigée sont les mêmes que sur la toiture sans neige.

La compatibilité des actions de la neige et du vent dépend de l'altitude *h* du lieu considéré :

- $h \leqslant 500$ m :
  - Cas I, II : incompatibilité ;
  - Cas III : compatibilité.
- $h > 500$ m :
  - Cas I, II : compatibilité partielle (valeur caractéristique de la charge de neige prise égale à 0,5 s) ;
  - Cas III : compatibilité.

### 1.5. Coefficients de forme

Les valeurs indiquées par la suite (fig. 2 à 10) sont valables pour des formes ou types de toitures et d'obstacles courants.

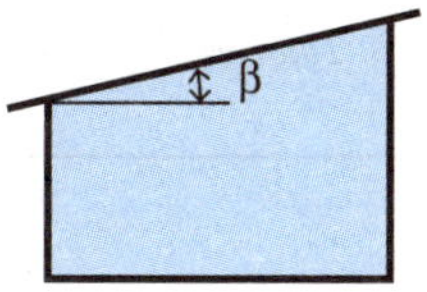


**Cas I** Vent faible

**Toitures courantes**

| | |
|---|---|
| $0 \leqslant \beta \leqslant 30°$ | $\mu_1 = 0{,}8$ |
| $30° < \beta < 60°$ | $\mu_1 = 0{,}8 - 0{,}8\left(\frac{\beta - 30}{30}\right)$ |
| $\beta \geqslant 60°$ | $\mu_1 = 0$ |

**Toitures avec dispositifs de retenue**

| | |
|---|---|
| $0 \leqslant \beta \leqslant 45°$ | $\mu_1 = 0{,}8$ |
| $45° < \beta < 75°$ | $\mu_1 = 0{,}8 - 0{,}8\left(\frac{\beta - 45}{30}\right)$ |
| $\beta \geqslant 75°$ | $\mu_1 = 0$ |

**Cas II** Sans objet

**Cas III** Vent fort : Sans objet sauf si la toiture est sous le vent et si $\beta > 15°$ (les valeurs de $\mu_1$ sont celles du cas I).

*Fig. 2. Toitures simples à un versant plan.*

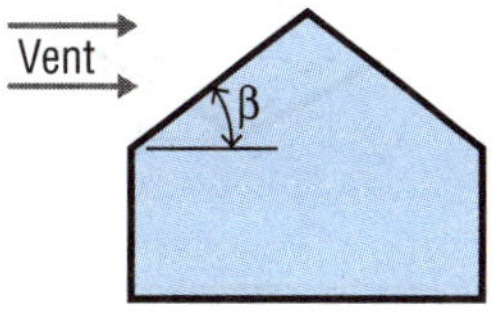


**Cas I** Vent faible
Les valeurs de μ sont celles du cas I : fig. 2.

**Cas II** Vent modéré

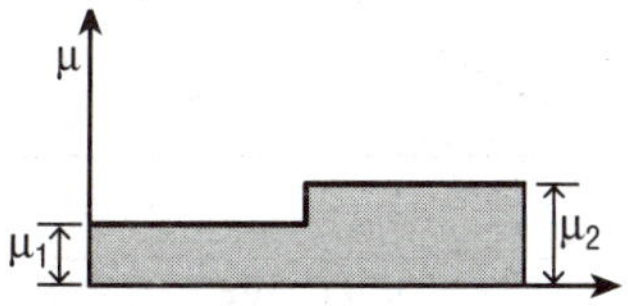


| Toitures courantes (1) | |
|---|---|
| $0 \leqslant \beta \leqslant 15°$ | $\mu_1 = \mu_2 = 0{,}8$ |
| $15° < \beta \leqslant 30°$ | $\mu_1 = 0{,}8 - 0{,}4\left(\frac{\beta - 15}{15}\right)$ <br> $\mu_2 = 0{,}8 + 0{,}4\left(\frac{\beta - 15}{15}\right)$ |
| $30° < \beta \leqslant 60°$ | $\mu_1 = 0{,}4 - 0{,}4\left(\frac{\beta - 30}{30}\right)$ <br> $\mu_2 = 1{,}2 - 1{,}2\left(\frac{\beta - 30}{30}\right)$ |
| $\beta > 60°$ | $\mu_1 = \mu_2 = 0$ |

avec les limitations suivantes pour $22{,}5° < \beta < 35°$ : $\mu_2 = 1$

| Toitures avec dispositifs (2) de retenue | |
|---|---|
| $0 \leqslant \beta \leqslant 15°$ | $\mu_1 = \mu_2 = 0{,}8$ |
| $15° < \beta \leqslant 45°$ | $\mu_1 = 0{,}8 - 0{,}4\left(\frac{\beta - 15}{30}\right)$ <br> $\mu_2 = 0{,}8 + 0{,}4\left(\frac{\beta - 15}{30}\right)$ |
| $45° < \beta \leqslant 75°$ | $\mu_1 = 0{,}4 - 0{,}4\left(\frac{\beta - 45}{30}\right)$ <br> $\mu_2 = 1{,}2 - 1{,}2\left(\frac{\beta - 45}{30}\right)$ |
| $\beta > 75°$ | $\mu_1 = \mu_2 = 0$ |

avec les limitations suivantes pour $30° < \beta < 50°$ : $\mu_2 = 1$

**Cas III** Vent fort

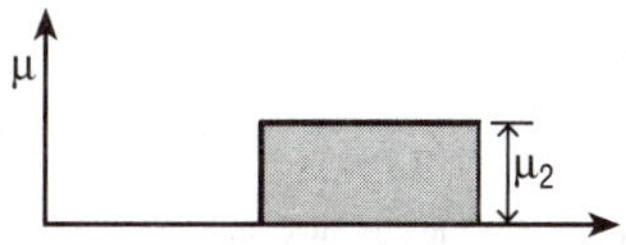


Sans objet sauf si $\beta > 15°$ : $\mu_1 = 0$ ; $\mu_2$ : voir cas II (Vent modéré).

(1) Dans le cas de toitures asymétriques à deux plans, chaque côté de la toiture doit être considéré comme une moitié d'une toiture symétrique correspondante.

(2) Il s'agit de dispositifs tels que crochets, barres à neige intéressant l'ensemble de la surface et empêchant ou réduisant le glissement de la neige en fonction de la pente.

*Fig. 3. Toitures simples à deux versants plans.*

**Cas I** Vent faible

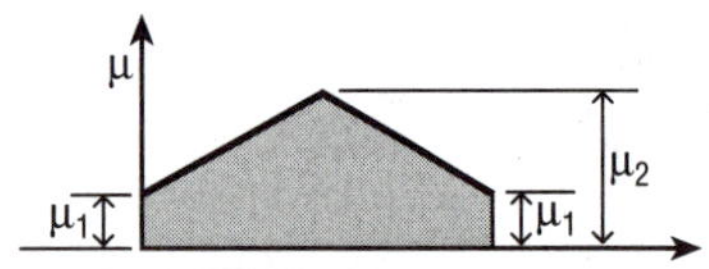


| | |
|---|---|
| **0 ≤ β ≤ 30°** | $\mu_1 = \mu_2 = 0{,}8$ |
| **30° < β ≤ 60°** | $\mu_1 = 0{,}8 - 0{,}8\left(\dfrac{\beta - 30}{30}\right)$<br>$\mu_2 = 0{,}8 + 0{,}8\left(\dfrac{\beta - 30}{30}\right)$ |

**Cas II et III** Vent modéré et fort

| | |
|---|---|
| **0 ≤ β ≤ 15°** | $\mu_1 = \mu_2 = 0{,}8$ |
| **15° < β ≤ 30°** | $\mu_1 = 0{,}8 - 0{,}4\left(\dfrac{\beta - 15}{15}\right)$<br>$\mu_2 = 0{,}8 + 0{,}8\left(\dfrac{\beta - 15}{15}\right)$ |
| **30° < β ≤ 60°** | $\mu_1 = 0{,}4 - 0{,}4\left(\dfrac{\beta - 30}{30}\right)$<br>$\mu_2 = 1{,}6$ |

*Nota :* Pour les versants extérieurs, les valeurs de μ sont, s'il y a lieu, celles de la toiture (fig. 2, p. 29), dans les cas I, II et III, avec dispositif de retenue.

Pour les noues de toits en voûte, les valeurs de μ dans les différents cas peuvent être utilisées le cas échéant.

**Noues des toits multiples dissymétriques**

(avec pente inférieure à 60°)

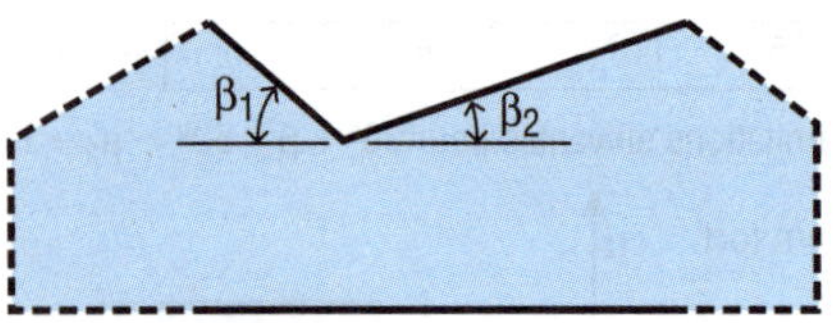


1. $\beta_1$ et $\beta_2 \leq 45°$ : les valeurs de $\mu_1$ et $\mu_2$ sont évaluées dans les différents cas avec :

$$\beta = \frac{\beta_1 + \beta_2}{2}$$

2. $\beta_1$ ou $\beta_2 > 45°$ : une analyse à partir des phénomènes de base (glissement de la neige, redistribution par le vent, ...) est à faire pour la détermination des valeurs de μ.

*Fig. 4. Noues des toits multiples symétriques et dissymétriques avec pentes inférieures à 60°.*

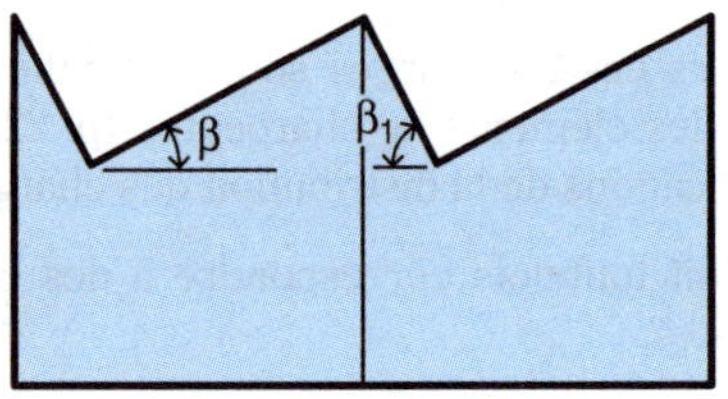


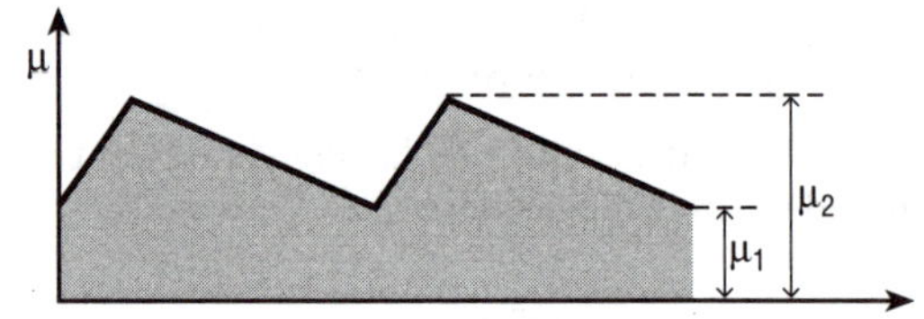


Pour les versants extérieurs, les valeurs de μ sont, s'il y a lieu, celles de la toiture du type (fig. 3, p. 29) dans les cas I, II et III.

Pour les sheds de toits en voûte, les valeurs de μ dans les différents cas peuvent être utilisées le cas échéant.

Si β > 45°, une analyse particulière à partir des phénomènes de base (glissement de la neige, redistribution par le vent) est à faire pour la détermination des valeurs de μ.

Se reporter figure 4, sauf si β > 60° : $\mu_1 = 0$ et $\mu_2 = 1{,}6$.

*Fig. 5. Toitures à redans (sheds)*

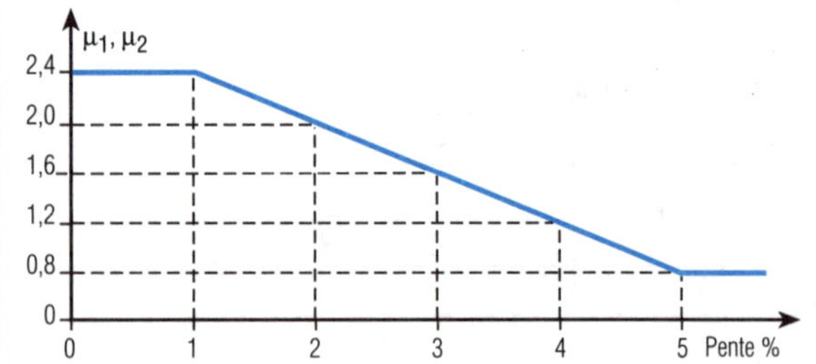


*Nota :* Les coefficients $\mu_1$ et $\mu_2$ des toitures (fig. 2, 3, 4 et 5) sont majorés pour les cas de charge I et II sans toutefois que la charge majorée dépasse :

– 1,3 kN/m² si $s_k \leq 1{,}3$ kN/m²

– $s_k$ si $s_k > 1{,}3$ kN/m².

*Fig. 6. Toitures déformables à très faible pente avec étanchéité.*

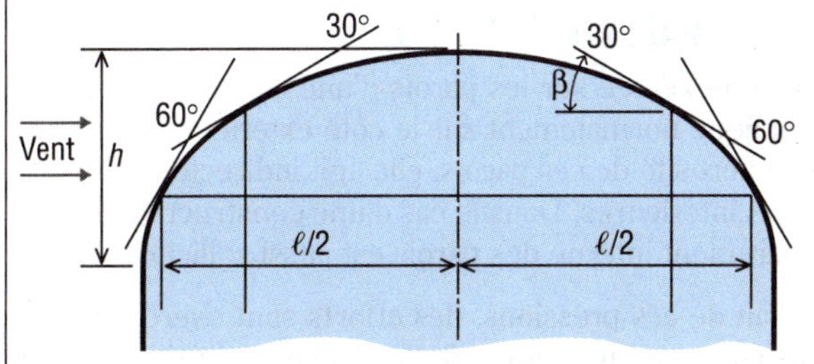


$\mu = 0$ pour les zones où $\beta > 60°$

**Cas I** Vent faible

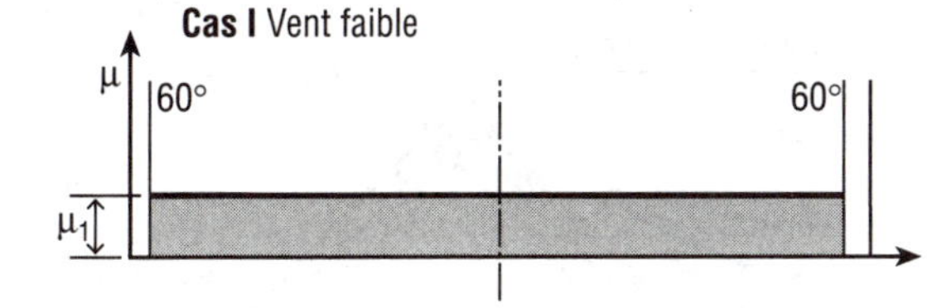


**Cas II** Vent modéré

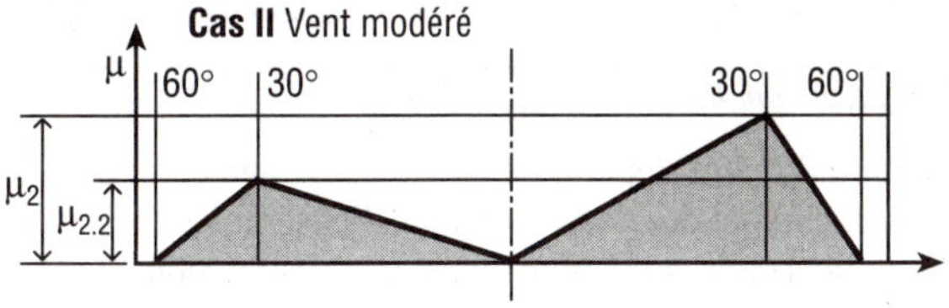


**Cas II** Vent fort

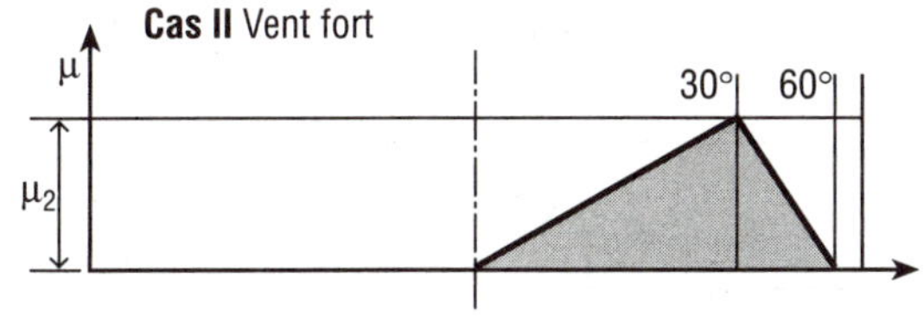


**Cas II et III :** Sans objet si $h / \ell < 1/10$

$\mu_2 = 0{,}3 + 10\, h / \ell \quad (\mu_2 \leqslant 2)$

*Fig. 7. Toitures courbes cylindriques (effectuer des essais pour les coupoles).*

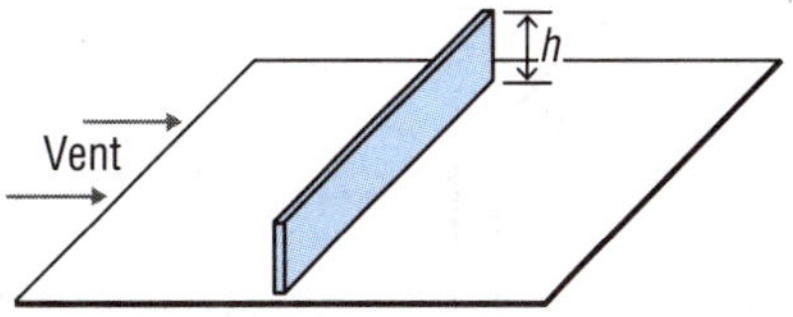


**Cas I** Pas d'influence de l'obstacle

**Cas II** Vent modéré

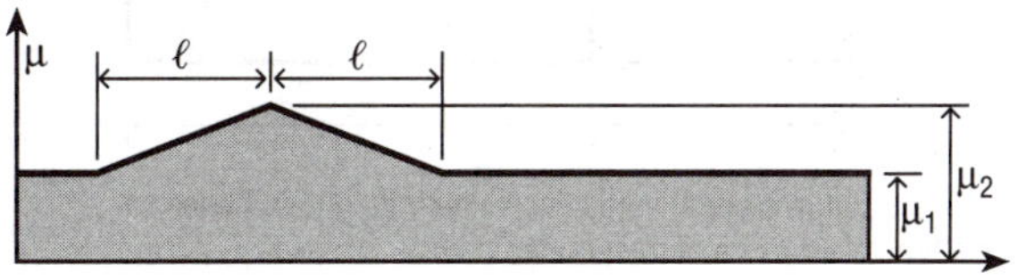


$\mu_2 = 2h/s_0$ (h en m ; $s_k$ en kPa)
$\mu_1 = 0{,}8$
$\ell = 2\,h.$

Limitations :

$0{,}8 \leqslant \mu_2 \leqslant \begin{cases} 2 \text{ (obstacles locaux)} \\ 1{,}6 \text{ (acrotères)} \end{cases}$

$5 \text{ m} \leqslant \ell \leqslant 15 \text{ m}.$

**Cas III** Vent fort

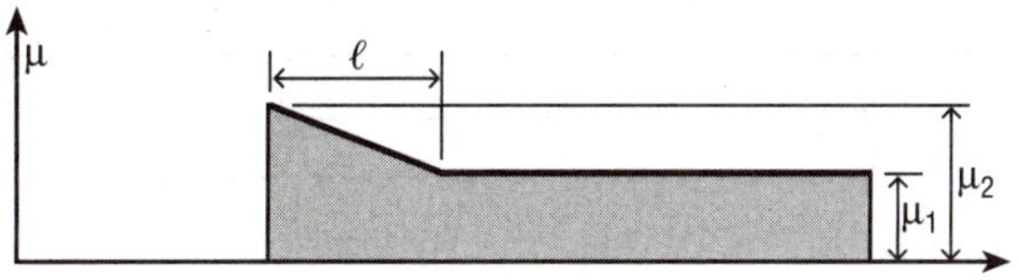


Les valeurs et les limitations de $\mu_1$ et de $\mu_2$ sont celles mentionnées dans le cas II.

*Fig. 8. Saillies et obstacles locaux.*

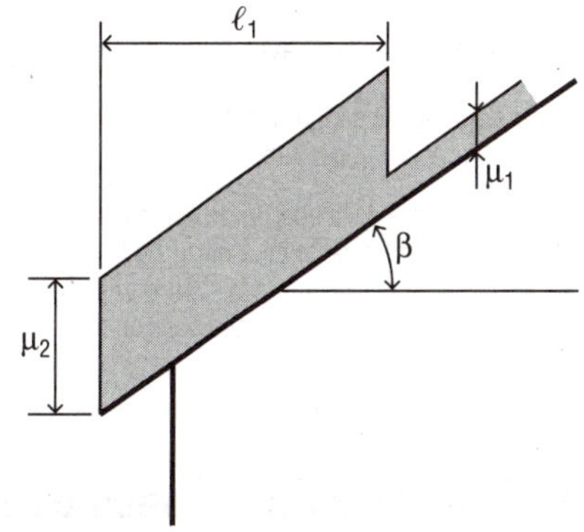


Conditions :
- altitude < 500 m ;
- $\beta > 20°$ ;
- présence d'un obstacle gênant le glissement de la neige (chêneau par exemple).

$\mu_1$ = se reporter page 29, figure 2
$\mu_2 = 1{,}6$
$\ell_1 = 2\,\mu_1 s_0$ ($\ell_1$ en m, $s_0$ en kPa).

*Fig. 9. Bords de toitures courantes.*

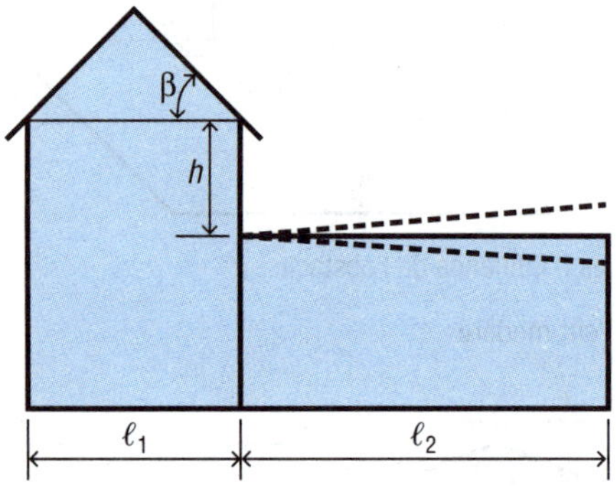


Pour les toitures supérieures, les valeurs de $\mu$ sont celles des types de toiture correspondants.

**Cas I** Vent faible
Chaque niveau de toiture est à considérer indépendamment de l'autre.

**Cas II ou III** Vent modéré ou fort

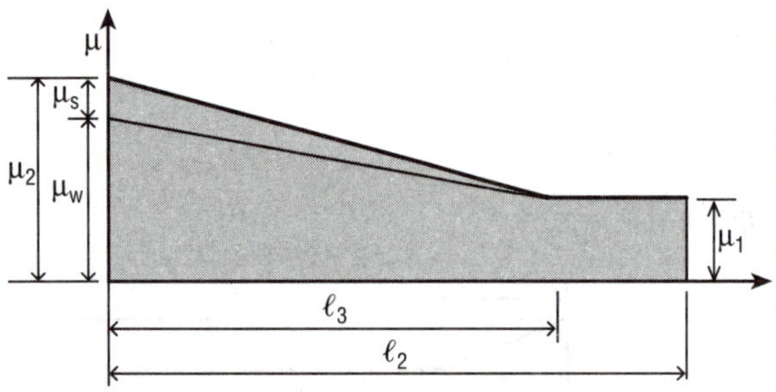


$\mu_1 = 0{,}8$ et $\mu_2 = \mu_s + \mu_w$
où :
- $\mu_s$ est le coefficient de forme de la charge de neige due au glissement
- $\mu_w$ est le coefficient de forme de la charge de neige due au vent

Le coefficient de forme de la charge de neige due au vent prend la valeur suivante :

$\mu_w = \dfrac{2h}{s_k}$ ($h$ en m ; $s_k$ en kPa) avec $0{,}8 \leqslant \mu_w \leqslant 2{,}8$

La longueur de congère est limitée à :
$\ell_3 = 2h$ avec : $5 \text{ m} \leqslant \ell_3 \leqslant 15 \text{ m}$.

Le coefficient de forme de la charge de neige due au glissement vaut :
- pour $\beta > 15°$ : $\mu_s$ est déterminé à partir de la charge additionnelle provenant de la pente adjacente de la toiture supérieure, égale à 50 % de la charge totale maximale possible sur cette pente.
- pour $\beta \leqslant 15°$ : $\mu_s = 0$.

*Fig. 10. Toitures à plusieurs niveaux.*

### 1.6. Accumulations localisées de la neige

Lorsque l'accumulation de la neige est rendue possible dans certaines zones de la couverture, soit par la présence d'obstacles, soit par les formes du toit, on calcule pour ces zones les valeurs normales, extrêmes et éventuellement accidentelles de la charge de neige correspondant à l'accumulation possible. Les Règles (modificatif n° 3) précisent les schémas d'accumulation qu'il convient d'envisager pour les formes et les types de toitures et d'obstacles courants et pour un environnement topographique de la construction considéré comme normal.

Si l'environnement permet une protection efficace de la toiture contre les effets du vent, supprimant pratiquement le déplacement de la neige par le vent, les charges de neige (normale, extrême et accidentelle) doivent être majorées de 25 %.

## 2. ACTION DU VENT *W*

L'action exercée sur les parois d'une construction fermée s'applique normalement sur le côté extérieur, et en raison de la porosité de ces parois, elle agit indirectement sur les parois intérieures. Dans le cas d'une construction ouverte, le parement interne des parois est aussi sollicité.

Du fait de ces pressions, des efforts sont exercés perpendiculairement aux parois de la structure ou des éléments de façade individuels. De plus, lorsque des parois de grande surface sont balayées par le vent, des forces de frottement non négligeables peuvent se développer tangentiellement à la surface : figure 11.

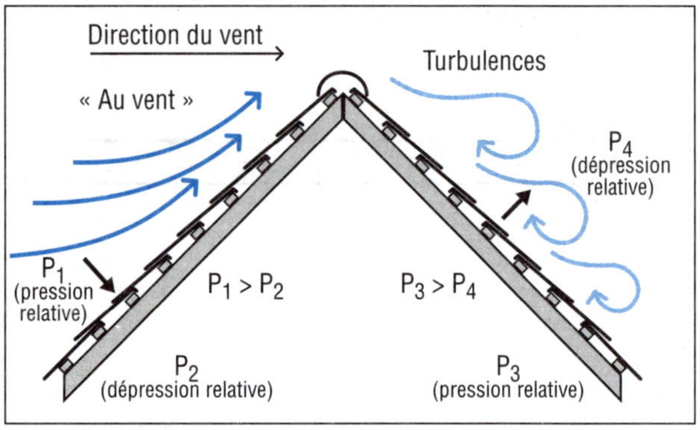


*Fig. 11. Action du vent sur une paroi.*

L'action du vent dépend de sa vitesse, de la catégorie de la construction et de ses proportions d'ensemble, de l'emplacement de l'élément étudié dans la construction et de son orientation par rapport au vent, des dimensions de l'élément considéré et de la forme de la paroi à laquelle appartient l'élément considéré.

La direction moyenne d'ensemble du vent étant supposée horizontale, on distingue des surfaces « au vent » et « sous le vent » (fig. 12).

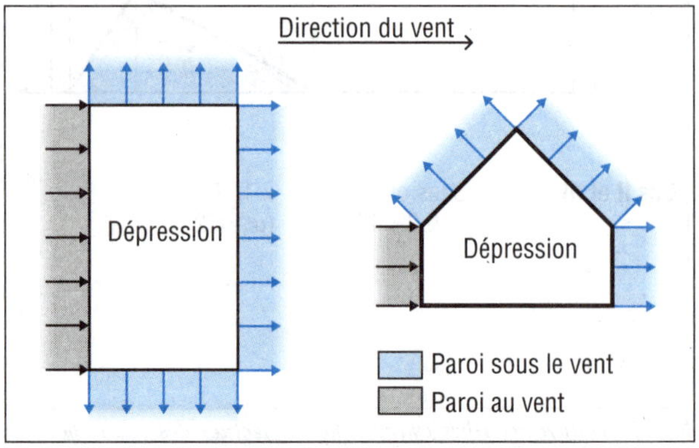


*Fig. 12. Phénomènes de pression-dépression sur une construction.*

Nous nous limiterons à expliquer la méthode simplifiée applicable aux bâtiments courants, plus particulièrement ceux qui ont « une base rectangulaire et une toiture plate ».

Elle permet de négliger les effets de pressions fluctuantes derrière la structure, dues aux effets de sillage, et les forces fluctuantes provoquées par le déplacement de la structure.

Cette méthode concerne plus spécialement les bâtiments à usage d'habitation ou de bureaux, constitués par des blocs parallélépipédiques, composés en pratique d'étages identiques, de hauteur normale, avec murs et cloisons en maçonnerie.

Elle s'applique aux bâtiments dont les dimensions respectent les indications illustrées par la figure 13.

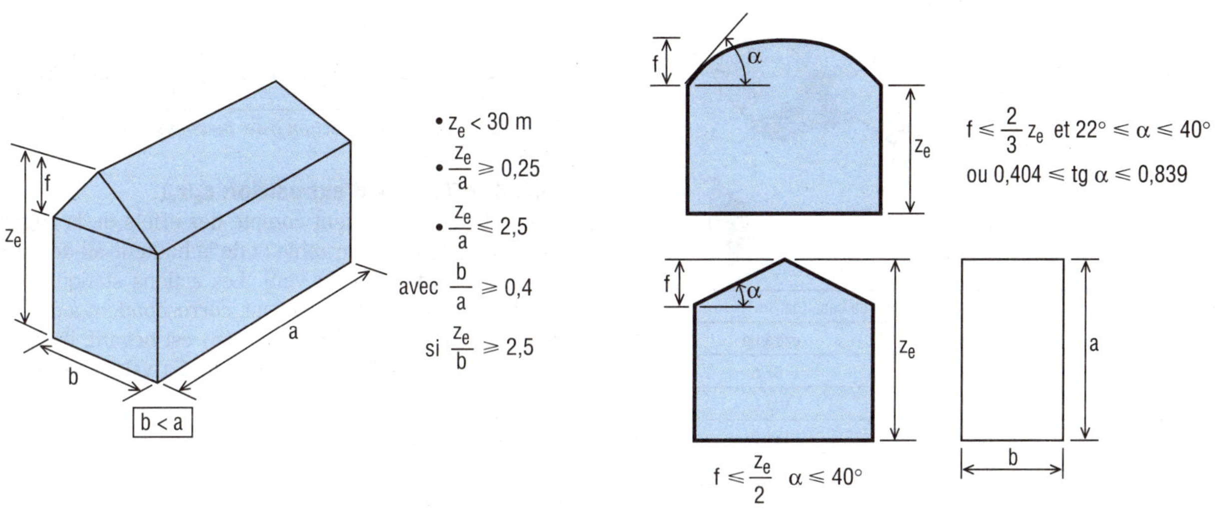


Les parois verticales sont planes sans décrochements et reposent directement sur le sol. Elles présentent une perméabilité $\mu$ inférieure ou égale à 5 %, ou pour une seule d'entre elles égale ou supérieure à 35 %.

La perméabilité $\mu$ des parois a pour définition :

$$\frac{\Sigma\,(\text{surfaces des ouvertures sous le vent et parallèles au vent})}{\Sigma\,(\text{surfaces des ouvertures de la paroi au vent, sous le vent et parallèles au vent})}$$

- Pour un bâtiment d'habitation, la construction est dite « fermée » quand $\mu$ est inférieure ou égale à 5 %.
- Pour une paroi de construction ou d'un compartiment de celle-ci, munie d'une grande baie libre ou de parties ouvrantes pouvant découvrir simultanément plus du tiers de la surface de cette paroi, $\mu$ vaut environ 35 % : la construction est dite « ouverte ».

*Fig. 13. Domaine d'application de la méthode simplifiée.*

Pour un autre cas, il faut se reporter aux règles « Neige et Vent ».

*Nota :* la méthode simplifiée constitue une enveloppe défavorable, par rapport aux règles générales ! Il ne faut jamais combiner ces deux ensembles de règles qui forment chacun un tout.

## 2.1. Action élémentaire unitaire sur une paroi extérieure ($w_e$)

La pression du vent $w_e$ qui s'exerce sur les parois extérieures d'une construction, est calculée par la formule :

$$w_e = c_e(z_e)\ q_{ref}$$

### 2.1.1. Pression dynamique moyenne de référence $q_{ref}$

La pression dynamique $q_{ref}$ exercée par le vent sur une surface plane est normale à sa direction au point frappé par le filet d'air dont la vitesse s'annule. Elle est indépendante de la nature, de la position et des dispositions de la construction.

La pression dynamique de base $q_{ref}$ est fixée conventionnellement pour chaque zone climatique (fig. 14, ci-après).

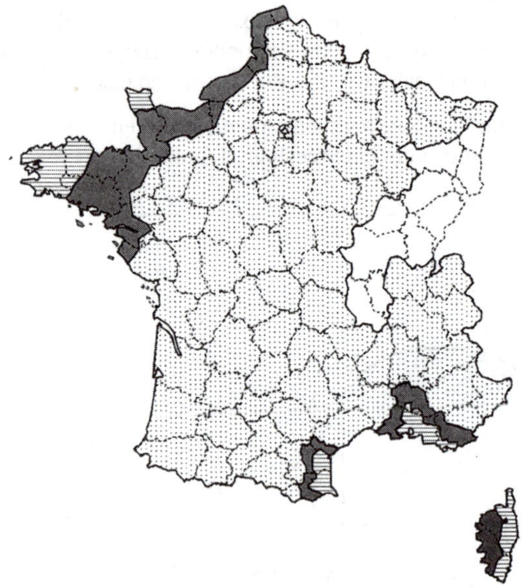

| Zone | Pression dynamique de base (daN/m²) | |
|---|---|---|
| | normale | extrême |
| 1 | 50 | 87,5 |
| 2 | 60 | 105,0 |
| 3 | 75 | 131,0 |
| 4 | 90 | 157,5 |
| 5 (DOM) | 120 | 210,0 |

*Fig. 14. Carte des zones et valeurs de $q_{ref}$.*

Sa valeur est ensuite affectée de coefficients de correction propres au projet étudié en fonction :

- de la zone : $k_r$ (tableau 2) ; la pression normale convient pour les calculs aux états-limites de service, la pression extrême intervenant pour les calculs aux états-limites ultimes ;
- du site (abrité, exposé, ...) : $k_s$ (tableau 2) ;
- d'un effet de masque : une minoration de 25 % de la valeur de $q_{ref}$ est admise pour les surfaces abritées, notamment quand elles sont entièrement abritées par un masque pour toutes les directions du vent dans le plan horizontal ;
- d'un effet des dimensions (réduction pour les grands éléments, fig. 15).

La valeur corrigée est alors égale à :

$$q = q_{ref}\,\delta\,k_r\,k_s$$

| | $k_r$ | | $k_s$ | | |
|---|---|---|---|---|---|
| | Pression | | Site | | |
| Zone | normale | extrême | protégé | normal | exposé |
| 1 | 1 | 1,75 | 0,8 | 1 | 1,35 |
| 2 | 1,2 | 2,10 | 0,8 | 1 | 1,30 |
| 3 | 1,5 | 2,63 | 0,8 | 1 | 1,25 |
| 4 | 1,8 | 3,15 | 0,80 | 1 | 1,20 |
| 5 | 2,4 | 4,20 | – | 1 | 1,20 |

*Tableau 2. Coefficients $k_r$ et $k_s$.*

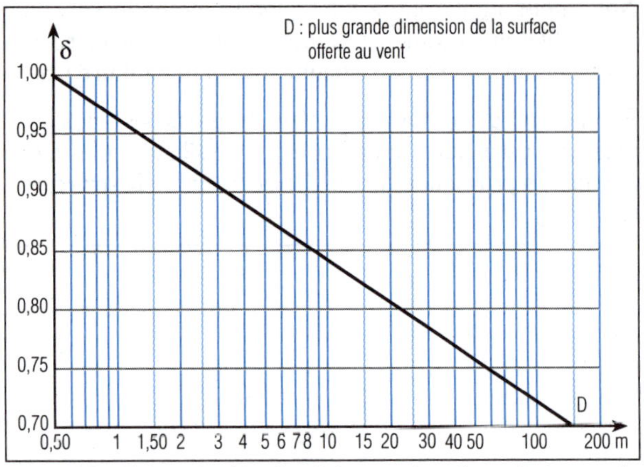


*Fig. 15. Coefficient de réduction δ des pressions dynamiques pour les grandes surfaces.*

### 2.1.2. Coefficient d'exposition $c_e(z_e)$

Le coefficient $c_e(z_e)$ tient compte des effets de la rugosité du terrain, de la topographie et de la hauteur au-dessus du sol $z_e$, sur la vitesse du vent. Les actions statiques **extérieures**, sur une surface au vent, correspondent à des pressions : $c_e(z_e)$ est positif. Quand $c_e(z_e)$ est négatif, il s'agit de succions sur la surface sous le vent. Sa valeur est définie tableau 3 et figure 16.

| | |
|---|---|
| **• Parois verticales :**<br>– au vent :<br>– sous le vent : | <br>+ 0,8<br>– 0,5 |

**• Toitures à versants plans ou en voûte :**

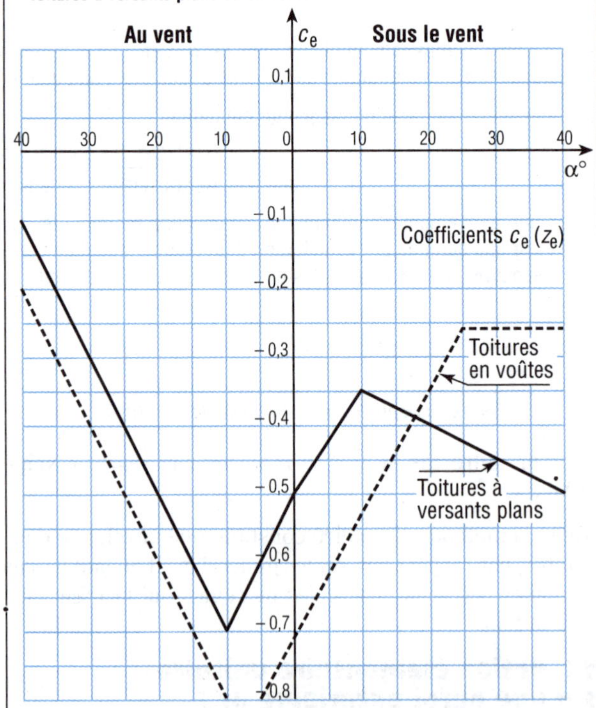


– Vent normal aux génératrices : α désigne l'angle en degrés du versant avec le plan horizontal ou de la tangente à la voûte avec l'horizontale.
– Vent parallèle aux génératrices : $c_e(z_e) = + 0,5$.

*Fig. 16. Coefficient $c_e(z_e)$ des toitures à versants plans ou en voûte.*

## 2.2. Action élémentaire unitaire sur une paroi intérieure ($w_i$)

La pression du vent $w_i$ qui s'exerce sur les parois intérieures d'une construction est calculée par la formule :

$$w_i = c_i(z_e)\ q_{ref}$$

Les actions statiques **intérieures** sont essentiellement fonction de la perméabilité de la paroi. Agissant en même temps que les actions extérieures, elles correspondent à l'état de surpression ou de dépression du volume intérieur de la construction, qui dépend de l'orientation des ouvertures par rapport au vent, de leur importance et de leur perméabilité.

Le tableau 3 donne la valeur de $c_i(z_e)$.

| | | |
|---|---|---|
| Constructions fermées | | ± 0,3 |
| Constructions ouvertes | au vent | + 0,8 |
| | sous le vent | – 0,5 |

*Tableau 3. Coefficient $c_i(z_e)$.*

## 2.3. Action d'ensemble du vent sur la construction

La pression nette (exprimée pour 1 m$^2$) sur une paroi plane est déterminée en combinant de la manière la plus défavorable, pour chaque élément, les actions extérieures et les actions intérieures.

La pression dirigée vers la paroi est positive. La succion s'éloignant de la paroi est négative.

La somme algébrique des actions élémentaires ($p_r$) est égale, pour 1 m$^2$, à :

$$p_r = w_e - w_i.$$

L'action résultante sur une paroi plane de surface S vaut :

$$P = p_r\ S \text{ (P algébrique).}$$

L'action d'ensemble du vent sur la construction, dans une direction donnée, représente la résultante géométrique de toutes les actions P, sur les parois, à l'exception des majorations apportées par les actions locales. Elle se décompose en deux termes T et U (fig. 17) :

- la traînée T : effet d'entraînement et de renversement dans la direction horizontale du vent,
- la portance U : effet de soulèvement, éventuellement de renversement, selon une verticale ascendante.

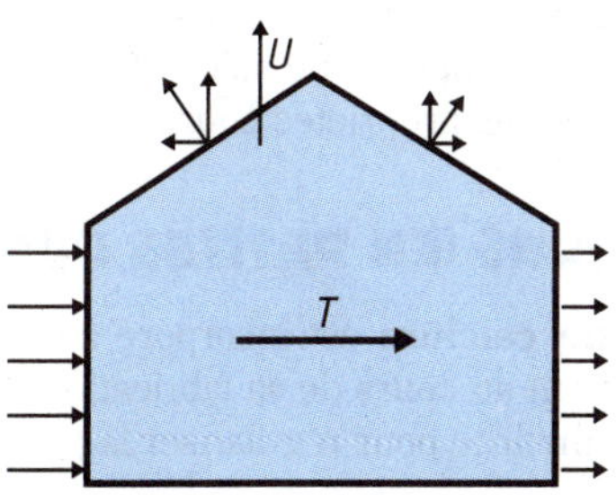


*Fig. 17. Actions d'ensemble.*

## 2.4. Actions locales sur la couverture

Elles s'ajoutent aux actions extérieures moyennes sur les faces intérieures des débords de toiture où les actions intérieures s'ajoutent sans que le coefficient résultant dépasse respectivement (– 2) ou (– 3) : figure 18b.

- Rives de toitures et d'arêtes verticales (fig. 18a) : à partir de la rive ou de l'arête verticale, sur une profondeur égale au 1/10[e] de la plus petite dimension horizontale de la construction b :

  $$c = 2\ c_e(z_e) \text{ (succion).}$$

- Angles des parties communes précédemment définies concernant les rives de toiture :

  $$c = 3\ c_e(z_e) \text{ (succion).}$$

Ces actions locales sont applicables au calcul des éléments de couverture, de revêtement ou de zinguerie, à leurs attaches et appuis dans la zone étudiée.

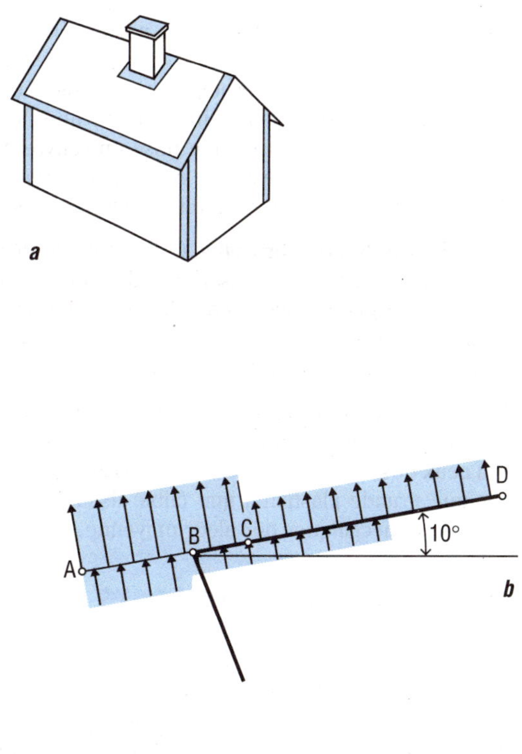


Dans la zone AB, coefficient résultant de – 2,2 limité à – 2.
Dans la zone BC, coefficient résultant de – 1,7.
Dans la zone CD, coefficient résultant de – 1,0.

*Fig. 18. Actions locales.*

# Liants hydrauliques

**NF EN 197-1 (P 15-101-1), FD P 15-010, NF P 15, -300, -301, -311 ET -312, NF P 18-451, NF EN 26591-1 (H 11-002) ET H 13-042, NF Q 12-005**

## 1. Définitions

Un liant hydraulique (noté LH) est un matériau minéral finement moulu. Gâché avec de l'eau, il forme une pâte qui fait prise et durcit par suite de réactions et du processus d'hydratation. Après durcissement, il conserve sa résistance et sa stabilité même dans l'eau.

Les ciments sont des liants hydrauliques formés de constituants anhydres, cristallisés ou vitreux, mélangés intimement après broyage. Ils renferment essentiellement de la silice, de l'alumine et de la chaux (quelques additions en petites quantités sont autorisées).

Le durcissement de la pâte est principalement dû à la formation par combinaison des constituants anhydres du ciment avec l'eau, de silicates et d'aluminates de calcium hydratés très peu solubles dans l'eau.

*Le* Précis de chantier *AFNOR-Nathan (chap. «Béton») détaille p. 103 à 106 la composition, les propriétés et grandeurs caractéristiques (temps de prise, retraits...) des ciments (EN 197-1).*

En mélangeant un ciment conforme à la norme EN 197-1, appelé ciment CEM, avec des granulats et de l'eau de façon appropriée (p. 39), on pourra produire un mortier ou un béton qui conservera son ouvrabilité pendant une durée suffisante pour que soit assurée une mise en œuvre correcte et qui atteindra les niveaux de résistances prescrits tout en présentant une stabilité de volume à long terme.

**Les chaux hydrauliques naturelles** (NHL) sont des liants hydrauliques résultant de la cuisson de calcaires naturels plus ou moins argileux, avec réduction en poudre par extinction, suivie ou non de mouture, avec ou sans addition d'autres constituants : clinker, laitier, pouzzolane.

**Les chaux hydrauliques artificielles** (XHA) sont des liants hydrauliques dont les éléments actifs essentiels, semblables à ceux des ciments, sont choisis et traités pour leur conférer une grande plasticité, une faible fissurabilité et des résistances mécaniques de valeur moyenne.

## 2. Constituants des ciments

Les constituants employés en cimenterie ont :

- soit des **propriétés hydrauliques**, c'est-à-dire qu'ils forment, par réaction avec l'eau, des composés hydratés stables très peu solubles dans l'eau, présentant une forte adhérence entre eux et aux granulats, créant ainsi une cohésion croissante des pâtes, des mortiers et des bétons. Pour se déclencher, ces propriétés nécessitent parfois un catalyseur constitué par une base forte ;
- soit des **propriétés pouzzolaniques**, c'est-à-dire qu'ils forment, à température ordinaire, en présence d'eau, par combinaison avec de la chaux, des composés hydratés stables, analogues à ceux formés par les constituants hydrauliques au cours de leur hydratation ;
- **soit des propriétés physiques** qui améliorent certaines qualités du ciment (accroissement de la maniabilité et de la compacité, diminution de la perméabilité...).

Un même constituant peut avoir plusieurs de ces propriétés.

Les constituants du ciment sont des produits industriels spécialement fabriqués et/ou des produits naturels. Certains sous-produits industriels peuvent être aussi employés.

### 2.1. Produits spécialement fabriqués

**Le clinker Portland (K)** est constitué de silicates et d'aluminates de calcium anhydres. Il est obtenu par cuisson jusqu'à fusion partielle (clinkérisation) d'un mélange dosé et homogénéisé de matières crues (argile et calcaire) ayant principalement comme composants : la chaux ($CaO$), la silice ($SiO_2$) et en proportions moindres, l'alumine ($Al_2O_3$) et des oxydes de fer ($Fe_2O_3$).

**Les pouzzolanes artificielles (Q)** (composées essentiellement de silice, d'alumine et d'oxyde de fer) ont subi un traitement thermique leur conférant des propriétés pouzzolaniques.

### 2.2. Sous-produits sélectionnés et provenant d'autres industries

**Le laitier granulé de haut fourneau (S)** est un produit granulé obtenu par refroidissement (trempe à l'eau généralement) de la scorie en fusion provenant principalement du traitement des minerais de fer en haut-fourneau.

**Les cendres volantes de houilles ou de lignite (V, W)** sont des produits pulvérulents résidus de la combustion en centrale thermique de houille ou de lignite pulvérisée. Elles sont obtenues par précipitation électrostatique ou mécanique de particules pulvérulentes contenues dans les fumées des chaudières alimentées en charbon pulvérisé.

### 2.3. Produits naturels

**Les fillers (F)** sont obtenus par broyage fin ou par pulvérisation de roches naturelles ou non (calcaire, basalte, laitiers, bentonite, kieselguhr...). Ils augmentent la maniabilité et diminuent la perméabilité, la fissurabilité et la capillarité de la pâte de ciment. Ils peuvent être inertes ou avoir des propriétés hydrauliques ou pouzzolaniques.

**Les pouzzolanes naturelles (P)** sont des produits d'origine volcanique composés de silice, d'alumine et d'oxyde de fer. Elles ont des propriétés pouzzolaniques.

## 3. Additions (en petites quantités)

**Le sulfate de calcium** est incorporé aux autres constituants du ciment au cours de sa fabrication sous forme de gypse ou d'anhydrite pour régulariser la prise.

**Les agents de mouture** sont incorporés pour séparer les grains et favoriser le broyage.

## 4. PRINCIPALES CATÉGORIES DE CIMENT

On distingue les cinq catégories de ciment suivantes :

*Nota :* CEM représente les trois premières lettres de CEMENT (ciment en anglais).

- **Ciment Portland : CEM I**
- **Ciment Portland composé : CEM II**
- **Ciment de haut-fourneau : CEM III**
- **Ciment de laitier au clinker : CEM IV**
- **Ciment au laitier et aux cendres : CEM V**

Leur composition est donnée tableau 1.

Une désignation plus précise est définie page 38.

| Notation | K | S | Z | V | Divers |
|---|---|---|---|---|---|
| CEM I | 95-100 | | | | 0-5 |
| CEM II/A-S<br>CEM II/B-S | 80-94<br>65-79 | 6-20(1) (2)<br>21-35(1) (2) | | | |
| CEM III/A<br>CEM III/B<br>CEM III/C | 35-64<br>20-34<br>5-19 | 36-65(1)<br>66-80(2)<br>81-95 | | | 0-5 |
| CEM V/A<br>CEM V/B | 40-64<br>20-38 | 18-30<br>31-50 | 18-30(1)<br>31-50 | | 0-5 |

Les pourcentages s'entendent tolérances comprises, avant incorporation des produits d'addition, notamment le sulfate de calcium.
(1) Le fabricant est tenu à une déclaration de composition et s'engage à faire varier les constituants dans une proportion de ± 5 % au plus.
(2) Au maximum 5 % de fillers (F).

*Tableau 1. Composition des ciments (pourcentage en masse des principaux constituants).*

## 5. DOSAGES DES LIANTS HYDRAULIQUES EN FONCTION DES RÉSISTANCES À OBTENIR ET DES CONDITIONS DE FABRICATION DES BÉTONS (BAEL 99 ART. B6)

Les liants hydrauliques sont classés selon leur **classe de résistance** (NF EN 197-1) exprimée en MPa (tableau 2), à partir d'essais effectués à 28 jours d'âge (NF EN 196-1) et donnant leur **résistance à la compression**. Des sous-classes apparaissent parfois pour différencier les ciments selon leur résistance à 2 jours.

La norme NF EN 197-1 est applicable à compter du 05/02/2001. Tous les documents parus antérieurement comme par exemple les DTU ou le BAEL prendront en compte, au fur et à mesure des révisions, les modifications. En attendant cette homogénéisation, nous laissons figurer dans l'ouvrage la désignation qui figure encore dans le document concerné.

Ainsi, le tableau 3 est issu du BAEL 99.

| | Classe | Sous-classe | Résistance à la compression (MPa) — Résistance à court terme — à 2 jours | à 7 jours | Résistance à 28 jours | |
|---|---|---|---|---|---|---|
| Ciment (NF P 15-301) | 32,5 | N (normal)<br>R (rapide) | –<br>≥ 13,5 | ≥ 16,0 | ≥ 32,5 | ≤ 52,5 |
| | 42,5 | N (normal)<br>R (rapide) | ≥ 10,0<br>≥ 20 | | ≥ 42,5 | ≤ 62,5 |
| | 52,5 | N (normal)<br>R (rapide) | ≥ 20<br>≥ 30 | | ≥ 52,5 | – |
| Chaux (NF P 15-301 et -302) | **Classe** | | **Résistance à la compression** | | | |
| | **XHA** | **NHL** | **à 7 jours** | | **à 28 jours** | |
| | | 2 | | | | 2 à 5 |
| | **60** | 3,5 | **3** | ≥ 1,5 | **6** | 3,5 à 10 |
| | **100** | 5 | **5** | ≥ 2 | **10** | 5 à 15 |

• Exemple de désignation d'un ciment (NF P 15-301) :
– CEM I 42,5 R : ciment Portland de classe de résistance 42,5 ayant une résistance élevée à court terme.
– CEM II/B-S 32,S R : ciment Portland composé contenant 65 à 79% de clinker ; classe 32,5, résistance à court terme ordinaire.
• Exemple de désignation d'une chaux XHA 100, NF P 15-310 ; NHL 3,5, NF P 15-311.

*Tableau 2. Exigences mécaniques pour les ciments et chaux courants.*

Le tableau 3 indique les dosages, en ciment d'un béton, exprimés en kg/m$^3$, permettant d'atteindre dans la grande majorité des cas les résistances caractéristiques indiquées. Les indications correspondent à des bétons plastiques présentant un affaissement de l'ordre de 10 cm au cône d'ABRAMS.

| Classes du ciment | | 32,5 et 32,5R | | 42,5 et 42,5R | |
|---|---|---|---|---|---|
| Conditions de fabrication | | CC | AS | CC | AS |
| Résistance à la compression mesurée à 28 j $f_{c28}$ | 16 MPa | 300 | | | |
| | 20 MPa | 350 | 325 | 325 | 300 |
| | 25 MPa | (1) | 400 | 375 | 350 |
| | 30 MPa | | (1) | (1) | (1) |

(1) : dosage à justifier par une étude appropriée.
– CC : conditions courantes de fabrication.
– AS : CC avec autocontrôle surveillé.

*Tableau 3. Indications sur le choix des bétons en fonction des résistances à obtenir et des conditions de fabrication (BAEL 99).*

## 6. PRÉCONISATIONS D'EMPLOI DES CIMENTS COURANTS (NF P 15-010)

• **CEM I 52,5 et 52,5 R :** destinés à la confection de bétons armés ou précontraints(1), ils permettent d'obtenir des résistances élevées à court et à long terme.

Ils sont particulièrement adaptés à la préfabrication et à la réalisation de bétons hautes performances.

• **CEM I 42,5 et 42,5 R :** adaptés à la confection de bétons armés ou précontraints (1), ils sont destinés au bâtiment et aux ouvrages d'arts courants. Ils permettent la réalisation de bétons préfabriqués avec ou sans traitement thermique.

*(1) Pour une utilisation dans les bétons précontraints non soumis à un traitement thermique, vérifier que le ciment répond à la norme NF P 15-318 (CP).*

• **CEM II/A ou B 42,5 :** adaptés aux travaux courants de génie civil ou de bâtiment, ils assurent un bon compromis entre rapidité de décoffrage, résistances mécaniques à terme et qualité de parement.

• **CEM II/A ou B 32,5 et 32,5 R :** destinés aux travaux courants de bâtiment, en béton armé ou non, ils conviennent particulièrement à la formulation de béton prêt à l'emploi et à la réalisation de travaux de maçonnerie (enduits, mortiers bâtards).

• **CEM III/A ou B 32,5 PM ES :** ces ciments répondent à la plupart des besoins du béton prêt à l'emploi pour les bétons courants, les parties d'ouvrages d'art soumises aux environnements agressifs et les ouvrages massifs.

• **CEM III/A 52,5 PM ES :** utilisé en milieux agressifs et pour des ouvrages nécessitant des parements de teinte claire et des performances mécaniques élevées, il est adapté à la réalisation d'éléments préfabriqués en béton architectonique.

• **CEM III/C 32,5 PM ES :** il est particulièrement destiné à une utilisation en milieux agressifs (eaux de mer, eaux acides, milieux agricoles…) ainsi que pour la réalisation des ouvrages massifs (barrages, fondations…). Il est également utilisé pour certains travaux d'injection ou de stabilisation de sols.

• **CEM V/A 32,5 PM ES :** il convient pour la confection de bétons armés ou non en contact avec des milieux agressifs. Il est également utilisé pour des travaux souterrains et pour des bétons en grande masse. Ce ciment confère généralement aux bétons une maniabilité permettant une mise en place aisée.

## 7. EMBALLAGE ET MARQUAGE

**L'inviolabilité des emballages est garantie** (NF P 15-300) par les techniques de fabrication des sacs en papier (NF H 11-002, H 13-042, et Q 12-005 : fermeture de la valve permettant un remplissage par injection du sac de ciment) et par un scellé pour les conteneurs.

Les sacs portent les indications suivantes (fig. 1) : NF EN 197-1, la classe du ciment, éventuellement le signe NF VP. Des indications complémentaires peuvent apparaître : sel soluble (formule chimique et teneur en sel anhydre), cendres hydrauliques, adjuvant incorporé, prise mer. La masse nette du sac ainsi que les noms du fabricant et de l'usine productrice doivent être marqués de façon explicite.

| Ouvrages à réaliser | Contraintes particulières | | | Dosages courants |
|---|---|---|---|---|
| | Usage courant | Bétonnage par temps froid | Bétonnage en milieux agressifs | |
| **Fondations superficielles** | CEM II 32,5 R<br>CEM II 42,5 | CEM I 42,5 R<br>CEM I 52,5 | CEM V<br>CEM III<br>CEM I 52,5 PM-ES | Béton de propreté (BP) : 250 kg/m³<br>Semelles : 350 kg/m³ |
| **Ouvrages en béton armé : murs, linteaux, poteaux, dalles de compression** | CEM II 32,5 R<br>CEM II 42,5 | CEM I 42,5 R<br>CEM I 52,5 | CEM V<br>CEM III<br>CEM I 52,5 PM-ES | Ouvrages courants : 350 kg/m³<br>Ouvrages en milieux agressifs : 400 kg/m³ |
| **Dallage en béton armé** | CEM II 32,5 R<br>CEM II 42,5 | CEM I 42,5 R<br>CEM I 52,5 | CEM V<br>CEM I 52,5 PM-ES | 350 kg/m³ |
| **Montage de maçonneries :**<br>**– blocs**<br>**– briques** | CEM II 32,5 R<br>Bâtard chaux - ciment avec 20 kg CEM II 32,5 R + 30 kg NHL 3,5 | CEM I 42,5 R<br>CEM I 52,5 | | 300 à 350 kg/m³<br>400 kg/m³ |
| **Chape en mortier** | CEM II 32,5 R | | | 350 kg/m³ |

*Tableau 4. Recommandations pour l'utilisation des ciments (exemples).*

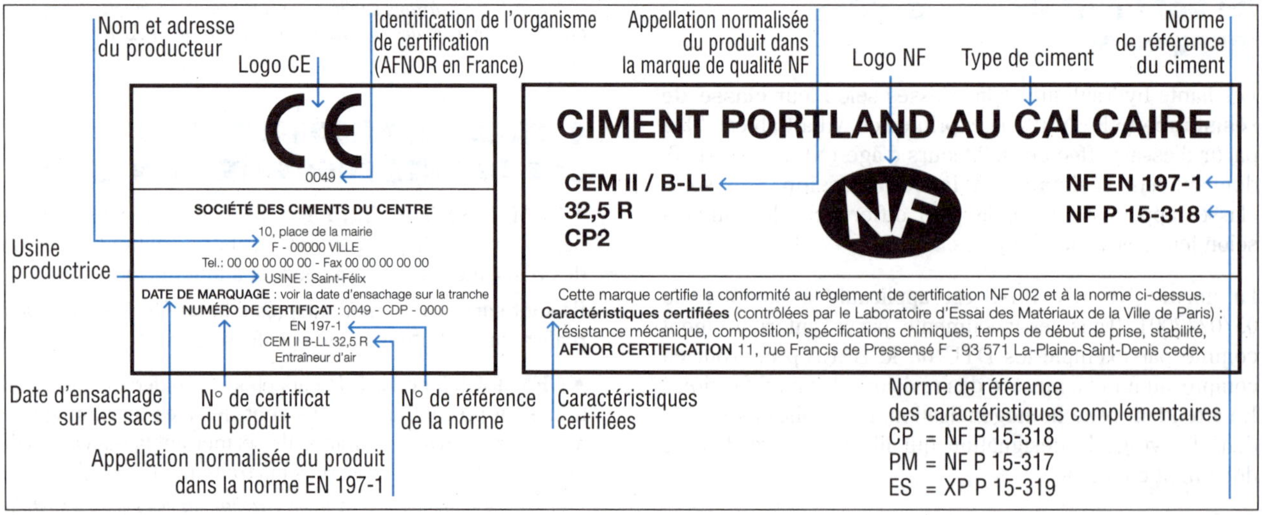


*Fig. 1. Double marquage (exemple).*

# Composition des bétons

## 1. Généralités

Nous nous limiterons ici à l'exposé d'une méthode rapide de composition de béton permettant d'obtenir un béton courant, de résistance caractéristique à la compression $f_{c28}$ moyenne.

Le lecteur trouvera dans le *Précis de chantier* une méthode de composition plus élaborée ainsi que des données complémentaires concernant le béton prêt à l'emploi (BPE), les bétons à hautes performances (BHP) et les bétons de fibres.

## 2. Composition d'un béton courant

Le béton est un mélange intime de granulats inertes, de liants hydrauliques et d'eau, qui, après sa mise en œuvre, durcit dans l'eau grâce au liant qu'il contient.

La composition d'un béton dépend de l'ouvrage à construire et des moyens utilisés pour le mettre en œuvre.

Il est nécessaire de fixer les trois critères suivants :

- la **résistance** que devra atteindre le béton en service (aptitude du matériau à résister aux actions mécaniques appliquées sur la pièce) ;
- l'**ouvrabilité** qu'il devra avoir au moment du coulage (aptitude du béton à une bonne mise en œuvre avec un bon enrobage des armatures et un parfait remplissage du coffrage) ;
- la **dimension maximale des granulats** (D) utilisés : on a toujours intérêt à utiliser, pour commencer une composition granulométrique d'un béton, le plus gros granulat possible. Il faut toutefois que ces grains puissent passer entre les mailles du ferraillage (p. 123).

Il faudra choisir le meilleur compromis par rapport aux objectifs à atteindre. On devra viser la résistance, l'ouvrabilité et la durabilité du béton les plus adaptées au cas traité.

La méthode, utilisant des abaques établis par G. Dreux, fournit, dans chaque cas particulier, une solution (béton de résistance ou d'ouvrabilité données, admettant une grosseur maximale des granulats) qui satisfait aux nécessités du chantier, après une légère mise au point éventuelle (fig. 1, p. 40).

Elle aboutit à un dosage en masse, moyennant une estimation préalable de l'humidité contenue dans les granulats.

On peut distinguer quatre états caractérisant la teneur en eau des granulats :

- **sec** (cas rare) : aspect mat, laissant la main un peu poussiéreuse ;
- **humide** (cas fréquent) : aspect brillant, laissant la main mouillée. Les grains de sable y adhèrent légèrement et on peut en faire une boulette en le comprimant ;
- **mouillé** : granulats après une pluie importante ;
- **trempé** (cas rare) : granulats complètement saturés, à peine égouttés.

Cette évaluation peut être effectuée par une méthode classique de pesée avant et après dessiccation, ou en appliquant les valeurs forfaitaires du tableau 1.

| | Sec | Humide | Mouillé | Trempé |
|---|---|---|---|---|
| Dans le sable | 0 à 3 % | 4 à 7 % | 8 à 11 % | 12 à 15 % |
| Dans le gravier | 1 % | 3 % | 5 % | 6 % |

*Tableau 1. Degré d'humidité des granulats (pourcentage d'eau en masse).*

**Exemple d'utilisation pratique**

Abaque n° 2 (p. 40) : béton normal avec D = 25 mm

On désire un béton mou d'affaissement 11 cm au cône d'ABRAMS (1), avec une résistance caractéristique à la compression de 35 MPa (2). On obtient la composition :

(3) Ciment (classe 52,5 R) : 400 kg/m$^3$ + adjuvant.
(4) Sable 0/5 mm (à l'état sec) : 435 litres.
(5) Gravillon 5/25 mm : 795 litres.
(6) Dosage en eau avec adjuvant : point E'.
(7) Les granulats sont humides.
(8) Rajouter 105 litres d'eau.

*Nota :* Il est souhaitable de vérifier les résultats sur des éprouvettes par des essais de convenance [*Précis de chantier* (AFNOR-Nathan) : chap. « Béton »], tant pour la résistance que pour l'ouvrabilité.

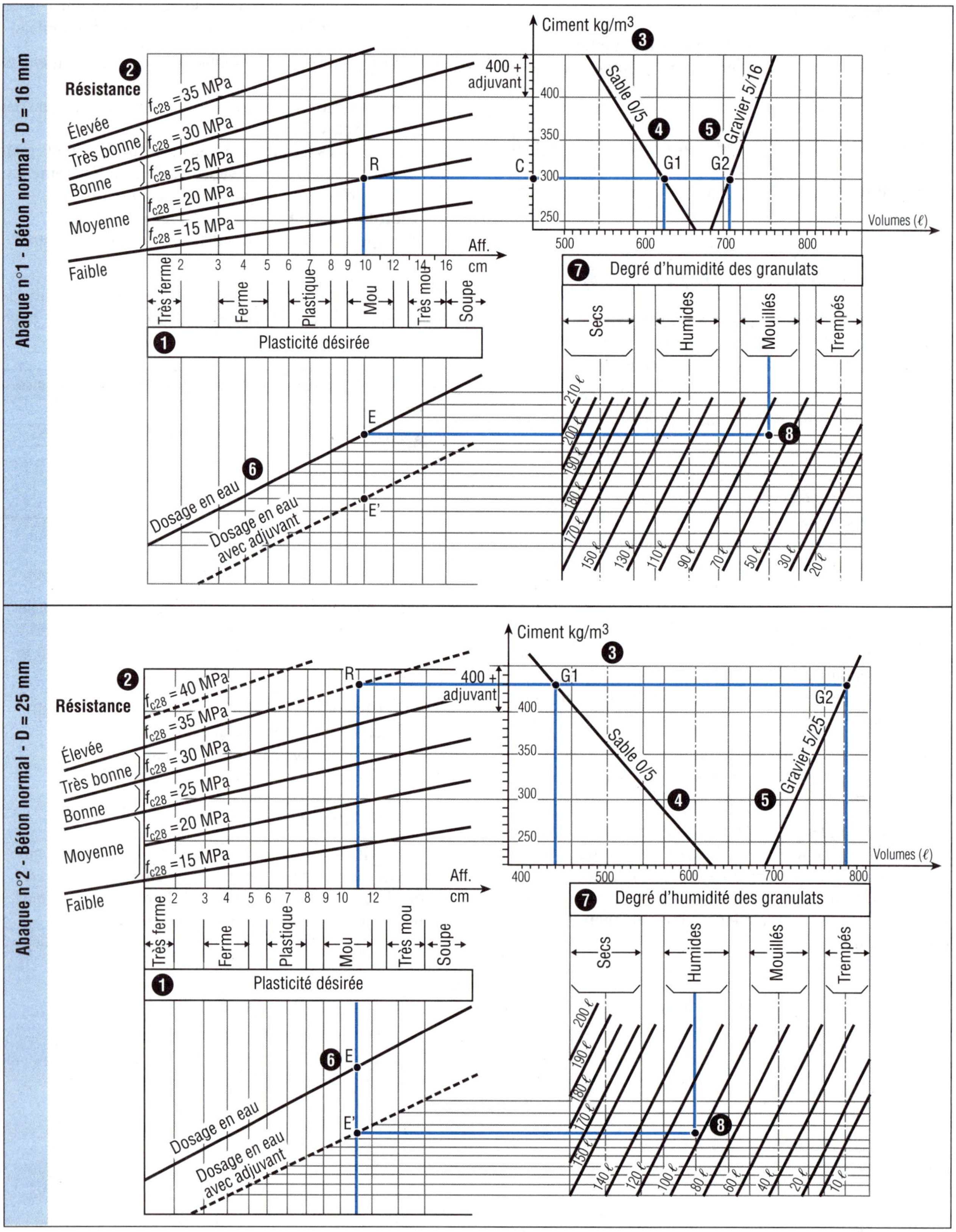


*Fig. 1. Abaques n° 1 et n° 2 établies par G. Dreux.*

# ARMATURES POUR BÉTON ARMÉ

**NF P 35-015, -016, -019, -022 et -024, AFNOR NF P 18-702 (RÈGLES BAEL 99)**

## 1. GÉNÉRALITÉS

Le tableau 1 donne les caractéristiques mécaniques garanties des armatures en barres et des treillis soudés.

| | Barres lisses (NF A 35-015) | | Barres à haute adhérence (NF P 35-015 à 019) | Treillis soudés |
|---|---|---|---|---|
| **Symbole** | Ø | | HA | TS |
| **Nuance S** | 220 | 235 | 500 | 500 |
| **Limite d'élasticité (MPa)** | 220 | 235 | 500 | 500 |
| **Résistance en traction (MPa)** | 330/410 | 410/490 | 550 | 550 |
| **Allongement de rupture** | 22 % | 25 % | 12 % | 8 % |

*Tableau 1. Caractéristiques mécaniques garanties.*

L'association acier-béton est caractérisée par les coefficients de fissuration η et de scellement $\psi_S$. Les valeurs à prendre en compte sont données tableau 2.

| **Barres (tous diamètres)** | | | |
|---|---|---|---|
| | lisses | HA | |
| $\Psi_s$<br>η | 1 | 1,5<br>1,6 en général | |
| **Treillis soudés (tous types standard)** | | | |
| | TSL | TSHA | |
| | | Ø < 6 mm | Ø ⩾ 6 mm |
| $\Psi_s$<br>η | 1 | 1,5<br>1,3 | 1,5<br>1,6 |

*Tableau 2. Caractéristiques d'adhérence.*

Pour les ancrages rectilignes, la longueur de scellement droit peut être obtenue à l'aide du tableau 3.

| **Valeurs calculées** | | | | | |
|---|---|---|---|---|---|
| La longueur de scellement droit $\ell_s$ est donnée en fonction de la résistance courante des bétons : $\ell_s$ = k Ø | | | | | |
| k | fc 28 (MPa) | 20 | 25 | 30 | 35 |
| HA | S 500 | 52 | 44 | 39 | 34 |
| Ø | S 220 | 49 | 42 | 39 | 34 |
| | S 235 | 54 | 46 | 42 | 37 |

**Valeurs forfaitaires**

– Barres — HA (S 400 et $\psi_s \geqslant 1{,}5$) : $\ell_s = 40$ Ø ; lisses et HA (S 500 et $\psi_s \geqslant 1{,}5$) : $\ell_s = 50$ Ø

– Treillis = 3 soudures pour les fils porteurs (fils de chaîne) et 2 soudures pour les fils de répartition (fils de trame).

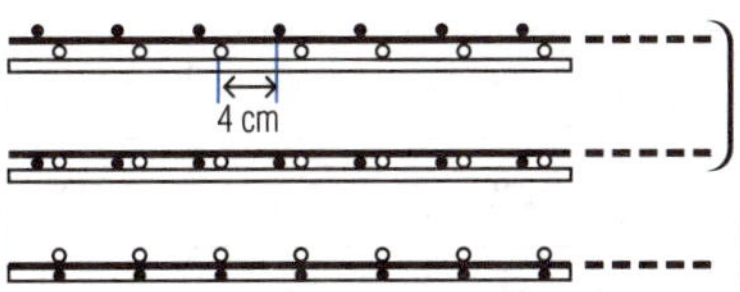


nappes en recouvrement dans les plans distincts

nappes en recouvrement dans le même plan

*Tableau 3. Ancrages rectilignes (BAEL 99 : Art. A. 6.1. et 6.2.).*

Le tableau 4 donne les caractéristiques dimensionnelles des armatures en barres.

| Ø mm | Nombre de barres 1 | 2 | 3 | 4 | 5 | 6 | 7 | 8 | 9 | Masse (kg/m) |
|---|---|---|---|---|---|---|---|---|---|---|
| 6 | 0,28 | 0,57 | 0,85 | 1,13 | 1,41 | 1,69 | 1,98 | 2,26 | 2,54 | 0,222 |
| 8 | 0,50 | 1,00 | 1,50 | 2,01 | 2,51 | 3,01 | 3,51 | 4,02 | 4,52 | 0,395 |
| 10 | 0,79 | 1,57 | 2,35 | 3,14 | 3,92 | 4,71 | 5,45 | 6,28 | 7,07 | 0,617 |
| 12 | 1,13 | 2,26 | 3,39 | 4,52 | 5,65 | 6,78 | 7,92 | 9,04 | 10,18 | 0,888 |
| 14 | 1,54 | 3,08 | 4,62 | 6,16 | 7,70 | 9,24 | 10,78 | 12,32 | 13,85 | 1,210 |
| 16 | 2,01 | 4,02 | 6,03 | 8,04 | 10,05 | 12,10 | 14,07 | 16,13 | 18,15 | 1,580 |
| 20 | 3,14 | 6,28 | 9,42 | 12,57 | 15,71 | 18,85 | 21,99 | 25,13 | 28,27 | 2,466 |
| 25 | 4,91 | 9,82 | 14,73 | 19,63 | 24,54 | 29,45 | 34,36 | 39,27 | 44,18 | 3,850 |
| 32 | 8,04 | 16,08 | 24,13 | 32,17 | 40,21 | 48,25 | 56,30 | 64,34 | 72,38 | 6,313 |
| 40 | 12,57 | 25,13 | 37,70 | 50,27 | 62,83 | 75,40 | 87,96 | 100,53 | 113,10 | 9,864 |

*Tableau 4. Caractéristiques dimensionnelles des armatures en barres.*

## 2. PRÉCONISATIONS D'EMPLOI DES TREILLIS SOUDÉS (ADETS)

Cette gamme a pour objectif d'être réglementaire et donc de satisfaire aux exigences du BAEL 99 et des règles antisismiques en vigueur : tableau 5.

Tout dimensionnement de section de treillis soudé doit être établi par un bureau d'études compétent.

| Utilisation | Produits |
|---|---|
| Dallage à usage d'habitation | PAF R<br>PAF V<br>ST 10<br>RAF C – RAF R |
| Voile | PAF V<br>ST 10 |
| Plancher poutrelles hourdis | ST 10 |
| (Tables de compression) | PAF C / PAF R<br>RAF C / RAF R |
| Dalle béton armé | Tous panneaux de structure (ST) |
| Réservoir type station d'épuration | ST 65 C<br>ST 60 |
| Autres applications | Tous treillis de structure (ST) |

*Tableau 5. Conseils pour la mise en œuvre.*

Le tableau 6 donne les caractéristiques dimensionnelles des treillis soudés de l'Association pour le Développement et l'Emploi du Treillis Soudé (ADETS).

Largeur unique 2,40 m
(désignation ADETS, 09-2000)

L : Longueur du panneau
ℓ : Largeur unique 2,40 m
D : Diamètre du fil de chaîne
d : Diamètre du fil de trame
E : Espacement du fil de chaîne
e : Espacement fil de trame

AR : About arrière
AV : About avant
ad = ag : About de rive

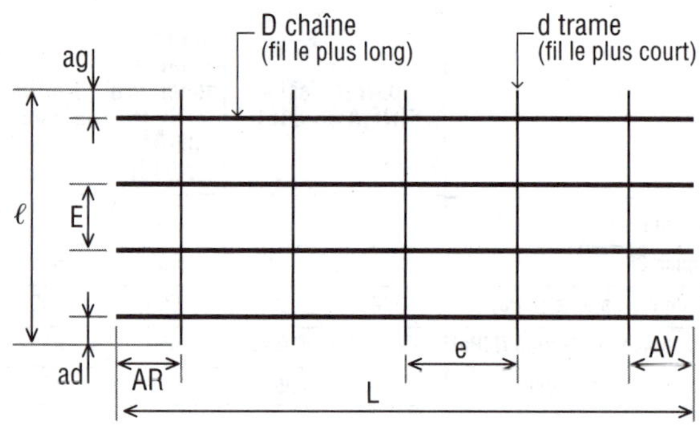


| | Désignation ADETS | Section S (cm²/m) | S s (cm²/m) | E e (mm) | D d (mm) | Abouts AV AR ad ag (mm/mm) | Nombre de fils N (n) | Longueur Largeur L l (m) | Masse nominale (kg/m²) | Surface 1 rouleau ou 1 panneau (m²) | Masse 1 rouleau ou 1 panneau (kg) |
|---|---|---|---|---|---|---|---|---|---|---|---|
| Treillis antifissuration (NF A 35-024) | RAF R | 0,80 | 0,80<br>0,53 | 200<br>300 | 4,5<br>4,5 | 100 / 100<br>100 / 100 | 12<br>167 | 50,00<br>2,40 | 1,043 | 120,00 | 125,10 |
| | PAF R | 0,80 | 0,80<br>0,53 | 200<br>300 | 4,5<br>4,5 | 150 / 150<br>100 / 100 | 12<br>12 | 3,60<br>2,40 | 1,042 | 8,64 | 9,00 |
| | RAF C | 0,80 | 0,80<br>0,80 | 200<br>200 | 4,5<br>4,5 | 100 / 100<br>100 / 100 | 12<br>200 | 40,00<br>2,40 | 1,250 | 96,00 | 120,00 |
| | PAF C | 0,80 | 0,80<br>0,80 | 200<br>200 | 4,5<br>4,5 | 100 / 100<br>100 / 100 | 12<br>18 | 3,60<br>2,40 | 1,250 | 8,64 | 10,80 |
| | PAF V | 0,99 | 0,80<br>0,99 | 200<br>160 | 4,5<br>4,5 | 135 / 25<br>100 / 100 | 12<br>16 | 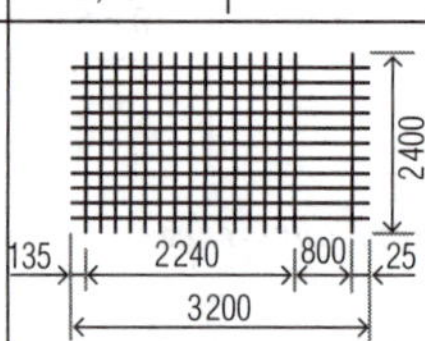  | | 7,68 | 9,60 |
| Treillis de structure (NF A 35-016) | ST 10 | 1,19 | 1,19<br>1,19 | 200<br>200 | 5,5<br>5,5 | 100 / 100<br>100 / 100 | 12<br>24 | 4,80<br>2,40 | 1,870 | 11,52 | 21,54 |
| | ST 20 | 1,89 | 1,88<br>1,28 | 150<br>300 | 6<br>7 | 150 / 150<br>75 / 75 | 16<br>20 | 6,00<br>2,40 | 2,487 | 14,40 | 35,81 |
| | ST 25 | 2,57 | 2,57<br>1,28 | 150<br>300 | 7<br>7 | 150 / 150<br>75 / 75 | 16<br>20 | 6,00<br>2,40 | 3,020 | 14,40 | 43,49 |
| | ST 30 | 2,83 | 2,83<br>1,28 | 100<br>300 | 6<br>7 | 150 / 150<br>50 / 50 | 24<br>20 | 6,00<br>2,40 | 3,236 | 14,40 | 46,46 |
| | ST 35 | 3,85 | 3,85<br>1,28 | 100<br>300 | 7<br>7 | 150 / 150<br>50 / 50 | 24<br>20 | 6,00<br>2,40 | 4,026 | 14,40 | 57,98 |
| | ST 45 | 4,24 | 4,24<br>1,68 | 150<br>300 | 9<br>8 | 150 / 150<br>75 / 75 | 16<br>20 | 6,00<br>2,40 | 4,643 | 14,40 | 66,86 |
| | ST 50 | 5,03 | 5,03<br>1,68 | 100<br>300 | 8<br>8 | 150 / 150<br>50 / 50 | 24<br>20 | 6,00<br>2,40 | 5,267 | 14,40 | 75,84 |
| | ST 60 | 6,36 | 6,36<br>2,51 | 100<br>200 | 9<br>8 | 100 / 100<br>50 / 50 | 24<br>30 | 6,00<br>2,40 | 6,965 | 14,40 | 100,3 |
| | ST 25 C | 2,57 | 2,57<br>2,57 | 150<br>150 | 7<br>7 | 75 / 75<br>75 / 75 | 16<br>40 | 6,00<br>2,40 | 4,026 | 14,40 | 57,98 |
| | ST 40 C | 3,85 | 3,85<br>3,85 | 100<br>100 | 7<br>7 | 50 / 50<br>50 / 50 | 24<br>60 | 6,00<br>2,40 | 6,040 | 14,40 | 86,98 |
| | ST 65 C | 6,36 | 6,36<br>6,36 | 100<br>100 | 9<br>9 | 50 / 50<br>50 / 50 | 24<br>60 | 6,00<br>2,40 | 9,980 | 14,40 | 143,71 |

*Tableau 6. Caractéristiques dimensionnelles des treillis soudés (produits standard sur stock ADETS).*

NF P 13-301 et -305, AFNOR NF P 10-202 (DTU N° 20-1)

## 1. GÉNÉRALITÉS

Obtenues par façonnage, filage et/ou pressage, séchage et/ou cuisson d'une pâte argileuse, les briques traitées ici sont employées dans les ouvrages de maçonnerie courante : murs, cloisons, doublages...

Selon le type de produit, sa destination, son rôle et les règles de l'art (AFNOR DTU P 10-202 : DTU n° 20-1), la géométrie d'un élément et ses dimensions varient.

On trouve notamment des formes particulières adaptées aux points singuliers et donnant les mêmes caractéristiques qu'en partie courante : brique d'angle, bloc à feuillure, planelle, brique linteau, plaquettes destinées à revêtir certains éléments d'ouvrage (chaînage, poteau...).

## 2. BRIQUES CREUSES (NF P 13-301)

Les caractéristiques des briques (C) à faces de pose continues, montées à joints de mortier horizontaux continus et des briques (RJ) à rupture de joint, montées à joints de mortier horizontaux discontinus pour améliorer le comportement thermique du mur sont données figure 1.

1. Brique (RJ) à rupture de joint : la mise en œuvre respectant la discontinuité du joint de pose horizontal reste difficile à maîtriser.
2. Brique plâtrière utilisée pour les cloisons de distribution ou de doublages (p. 169).
3. Utilisée en façade ou refend, en remplissage ou en porteur, selon l'épaisseur.
4. Brique creuse à pouvoir isolant élevé.

*Fig. 1. Exemples de briques creuses en terre cuite.*

Ces produits, ouverts aux deux extrémités, comportent des cloisonnements intérieurs longitudinaux continus sur toute leur longueur. Un marquage garantit la fourniture de matériaux de qualité, de caractéristiques bien définies et identiques : il est présent sur 25 % au moins des briques creuses ainsi que le nom de l'usine productrice, l'année et le mois de fabrication. 10 % au moins portent la catégorie de résistance.

Les cotes de fabrication courantes sont données tableau 1.

| Famille | E × H × L (cm) | |
|---|---|---|
| Briques plâtrières | 3,5 × 20 × 40<br>3,5 × 20 × 40<br>4 × 20 × 40<br>4 × 25 × 40<br>5 × 20 × 40<br>5 × 25 × 40 | 5 × 40 × 50<br>6 × 40 × 50<br>6 × 25 × 40<br>7 × 20 × 40<br>7 × 25 × 40<br>7,5 × 20 × 40<br>7,5 × 25 × 40 |
| Briques de moyen et grand format | 8 × 20 × 40<br>8 × 25 × 40<br>10 × 20 × 40<br>10 × 25 × 40<br>11 × 20 × 40<br>11 × 25 × 40 | 15 × 20 × 40<br>15 × 30 × 57<br>20 × 20 × 40<br>20 × 30 × 57<br>25 × 20 × 40<br>30 × 20 × 40 |
| Briques à rupture de joint | 20 × 20 × 40<br>22 × 20 × 40<br>22,5 × 20 × 40 | 25 × 20 × 40<br>27,5 × 20 × 40 |

*Tableau 1. Dimensions courantes des briques creuses.*

On distingue les briques à résistance garantie (caractérisées d'après leur résistance R moyenne et minimale à l'écrasement, rapportée à la surface brute de la brique, et exprimée en MPa dans l'une des classes de résistance), des briques ordinaires : tableau 2.

| Briques à résistances garanties | | | |
|---|---|---|---|
| Résistance à l'écrasement R (MPa) | Désignation | | |
| | C ou RJ40 | C ou RJ60 | C ou RJ80 |
| Moyenne<br>Minimale | 4<br>3,2 | 6<br>4,8 | 6<br>6,4 |
| **Briques ordinaires** (1) | | | |
| Moyenne<br>Minimale | R ⩾ 2 MPa<br>R ⩾ 1,6 MPa | | |
| *Nota (1) : La catégorie de résistance n'est pas garantie.* | | | |

*Tableau 2. Classes de résistance des briques.*

Des exemples de désignation sont donnés ci-après :
- **Brique C 40**, 16 trous de 15 × 20 × 40 cm, NF P 13-301.
- **Brique RJ 60** à 5 rangées verticales d'alvéoles de 22,5 × 20 × 40 cm, NF P 13-301.

## 3. BRIQUES PLEINES OU PERFORÉES ET BLOCS PERFORÉS EN TERRE CUITE À ENDUIRE (NF P 13-305)

Les briques pleines ou perforées verticalement sont montées à joints de mortier épais : figure 2 ci-après.

Employées pour l'habitation, elles sont généralement enduites ou protégées extérieurement, afin d'améliorer des caractéristiques physiques du mur (thermique, acoustique, feu) ou pour rattraper des irrégularités de surface afin d'obtenir une surface plane destinée à recevoir ultérieurement un parement décoratif.

On distingue plusieurs modèles :
- la brique pleine : format le plus courant 6 × 11 × 22 cm ;
- la brique perforée : largeur inférieure à 14 cm, somme des perforations inférieures à 50 % de la section perpendiculaire à la face de pose ;
- le bloc perforé, permettant de réaliser toute l'épaisseur brute du mur avec un seul élément (de grand format).

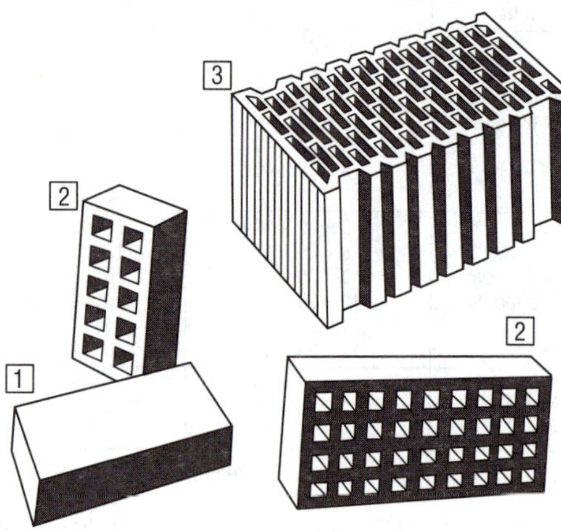


1. Brique pleine.
2. Brique creuse.
3. Bloc creux à pouvoir isolant élevé.

*Nota : Un mulot est un élément de décoration d'un parement (épaisseur plus faible).*

*Fig. 2. Exemples de briques pleines ou perforées.*

La classification mécanique de ces produits est indiquée tableau 3.

| Catégorie | Résistance à l'écrasement R rapportée à la surface brute (MPa) | | | |
|---|---|---|---|---|
| | Brique (largeur ⩽ 14 cm) | | Bloc (largeur ⩾ 14 cm) | |
| | Moyenne | Minimale | Moyenne | Minimale |
| **Ordinaire** | 12,5 | 10 | 10 | 8 |
| **BP 150** | – | – | 15 | 12 |
| **BP 200** | 20 | 16 | 20 | 16 |
| **BP 300** | 30 | 24 | 30 | 24 |
| **BP 400** | 40 | 32 | 40 | 32 |

*Tableau 3. Résistance à l'écrasement des briques et blocs pleins et perforés.*

Les cotes de fabrication courantes sont données tableau 4.

| Type | Épaisseur (mm) | Largeur (mm) | Longueur (mm) | Autres types |
|---|---|---|---|---|
| **Briques pleines ou perforées** | 40<br>55<br>60<br>55 | 105 | 220<br>220<br>220<br>330 | Bloc perforé :<br>largeur ⩾ 14 cm<br>hauteur ⩽ 30 cm<br>longueur ⩽ 60 cm |
| **Mulots pleins ou perforés** | 40<br>55<br>60<br>60 | 50<br>50<br>55<br>60 | 220 | Perforations :<br>section<br>des perforations<br>< 60 % de la section<br>perpendiculaire<br>à la face de pose. |

*Tableau 4. Dimensions courantes des briques et des blocs pleins ou perforés.*

Des exemples de désignation sont donnés ci-après :

- **Brique pleine pressée BP 200**, 5,5 × 10,5 × 22, NF P 13-305.
- **Bloc perforé BP 150**, 22,5 × 8,5 × 25, NF P 13-305.

Attention, les dimensions en cm indiquent :

- pour une brique : la hauteur, la largeur et la longueur ;
- pour un bloc : la largeur, la longueur et la hauteur.

## 1. BLOCS COURANTS

Un bloc (pour mur et cloison), de forme généralement parallélépipédique, est produit industriellement en béton homogène, non armé, pour être monté sur chantier à joints de mortier ou plus rarement à joints secs.

Lorsqu'ils sont employés pour la construction de bâtiments à usage d'habitation, ils sont généralement enduits ou protégés extérieurement, soit pour contribuer à améliorer certaines caractéristiques physiques du mur (thermique, acoustique, feu), soit pour rattraper les irrégularités de surface afin d'obtenir une surface plane destinée à recevoir ultérieurement un parement décoratif.

Les blocs les plus couramment utilisés sont estampillés de la marque NF (fig. 1), qui garantit la fourniture de matériaux de qualité, aux caractéristiques bien définies et identiques. Ils sont dits « de granulats courants » lorsque la masse volumique réelle du béton qui les constitue, est supérieure à 1 700 kg/m$^3$ ; sinon, ils sont dits « de granulats légers ».

NF

Date de fabrication, identification
de l'usine et sigle NF
sur au moins 5 % des fabrications

*Fig. 1. Marquage des blocs.*

### 1.1. Généralités

Les différentes catégories de blocs présentés ci-dessous sont disponibles de façon courante.

• **Les blocs standard (creux, pleins ou perforés)** sont utilisés pour constituer les parties courantes des murs et des cloisons.

• **Les blocs d'angle** permettent la réalisation des chaînages verticaux dans les angles rentrants ou saillants des maçonneries, conformément aux règles de construction (DTU n° 20.1) (fig. 2).

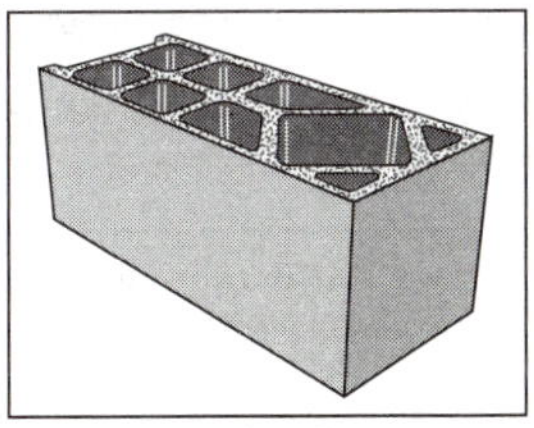

*Fig. 2. Bloc d'angle.*

*Fig. 3. Bloc de coupe.*

• **Les blocs de coupe** (fig. 3) correspondent à de multiples utilisations : trumeaux, murs de longueur non modulaire... Des rainures sont prévues pour faciliter la coupe sur chantier. Les coupes correspondent en général au demi ou au quart du bloc. Généralement fabriqués en même temps que les blocs courants, ils peuvent, le cas échéant, les remplacer sans problème, leurs caractéristiques mécaniques étant supérieures du fait des nervures supplémentaires.

• **Les blocs à feuillure** facilitent la pose des ouvrants qui nécessite l'encastrement du dormant dans le gros œuvre de la maçonnerie, en permettant la réalisation aisée d'une feuillure. Ce bloc comporte, le plus souvent, au moins une alvéole médiane offrant la possibilité d'obtenir des demi-blocs.

• **Les blocs d'about** facilitent la réalisation des ouvertures ou des angles, lorsque les chaînages verticaux ne sont pas indispensables. Ils permettent en outre une meilleure finition de la maçonnerie et une application simplifiée des enduits (pas de « rechargement »). Ils possèdent généralement une alvéole médiane, afin de pouvoir être coupés aisément.

• **Les blocs d'about de plancher ou planelles** (fig. 4) sont destinés à habiller extérieurement le chaînage horizontal continu qui ceinture les façades à chaque étage d'une construction, au niveau des planchers. De même nature et de même structure que la maçonnerie courante, ils permettent d'éviter les risques de fissuration des enduits. Disposés en fond de coffrage lors du coulage du plancher et du chaînage, leur clavetage mécanique est assuré par des rainures (de type tenon-mortaise).

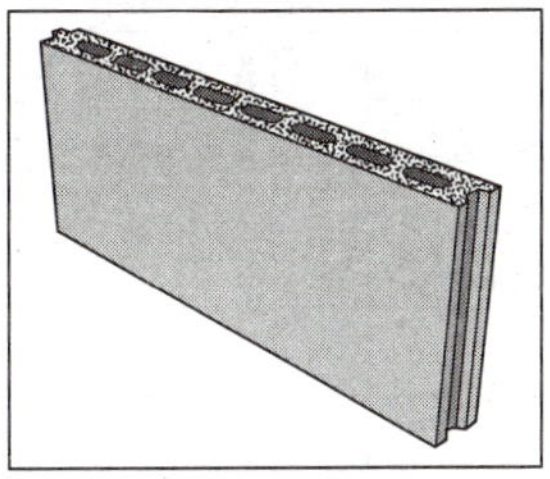

*Fig. 4. Bloc d'about de plancher ou planelle.*

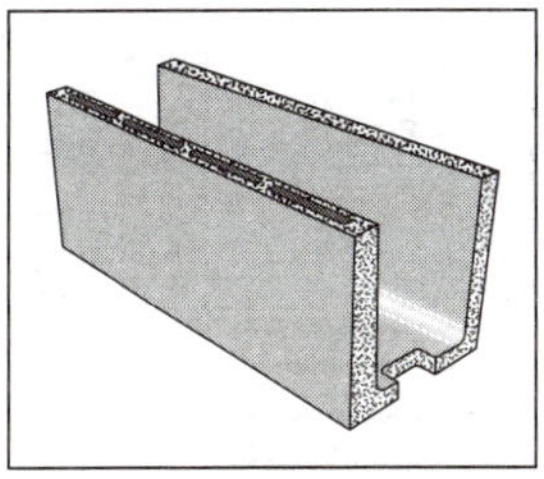

*Fig. 5. Bloc linteau.*

• **Les blocs linteaux** (fig. 5) simplifient la réalisation des linteaux sur chantier. Constituant un coffrage perdu, ils permettent de respecter l'homogénéité d'aspect et de structure de la façade. Ils évitent ainsi la fissuration de l'enduit à la jonction de la maçonnerie et du linteau. Il existe des blocs adaptés à toutes les hauteurs de linteaux (20, 25, voire 30 cm).

• **Les blocs avec emboîtements verticaux** se différencient des blocs standard par leurs abouts, dont la caractéristique principale est de permettre la suppression des joints verticaux.

• **Les blocs à tolérances réduites (blocs montés à joints minces de mortier colle)** sont des blocs, dont la fabrication fait l'objet d'une précision dimensionnelle renforcée et plus particulièrement pour la hauteur. Les tolérances sont très inférieures à celles pratiquées pour la fabrication des blocs standard.

• **Les blocs restant apparents** ont au moins une face, destinée à rester apparente dans le mur fini (tolérance ± 1,5 mm).

• **Les blocs pour pans coupés** sont destinés à la réalisation des angles qui ne sont pas droits. Ce type de bloc est composé de deux éléments à maçonner permettant de modifier le degré d'ouverture de l'angle de 45° à 135° par emboîtement des abouts (p. 47).

• **Les blocs à joints horizontaux masqués** ont un profil qui permet lors de la mise en œuvre de la paroi de masquer le joint horizontal tout en assurant normalement l'appui nécessaire au montage de blocs.

## 1.2. Classes de résistance

On distingue plusieurs classes de résistance, selon leur résistance nominale garantie R (rapportée à la section brute), exprimée en MPa correspondant à chacune des classes de résistance (tableau 1).

| Catégories de blocs | Types de granulats | Identification | Types de blocs | Classes de résistance | | | | | |
|---|---|---|---|---|---|---|---|---|---|
| Résistances nominales garanties en MPa | | | | 4,0 | 6,0 | 8,0 | 12,0 | 16,0 | 20,0 |
| À enduire | courants (1) | B | creux | B40 | B60 | B80 | | | |
| | | | perforés | | | B80 | B120 | B160 | |
| | | | pleins | | | B80 | B120 | B160 | |
| Apparents | courants (1) | P | creux | | P60 | P80 | P120 | | |
| | | | perforés | | | | P120 | P160 | P200 |
| | | | pleins | | | | P120 | P160 | P200 |

*Nota (1)* : masse volumique des blocs supérieure à 1 700 kg/m³.

*Tableau 1. Classes de résistance des blocs en béton de granulats courants (marque NF).*

| Profils Blocs creux | Dimensions de coordination modulaire (e × h × l) | Masse indicative en kg | Nbre de rangées d'alvéoles | Types d'ouvrages: Façades | Refends | Soubassements enterrés | Cloisons | Abouts de planchers |
|---|---|---|---|---|---|---|---|---|
|  | 5×20×50 | 7,5 | 1 | | | | • | • |
|  | 7,5×20×50 | 9 | 1 | | | | • | • |
|  | 10×20×50 | 10 | 1 | •(1) | | | • | |
|  | 12,5×20×50 | 13 | 1 | •(1) | | | • | |
|  | 15×20×50<br>15×25×50 | 14<br>15 | 1<br>1 | •(2)<br>• | •<br>• | | •<br>• | |
|  | 15×20×50<br>15×25×50 | 15<br>16 | 1<br>2 | •(2)<br>•(2) | •<br>• | | •<br>• | |
|  | 17,5×20×50 | 16 | 2 | •(2) | • | | • | |
|  | 20×20×50<br>20×25×50 | 17<br>18 | 2<br>2 | •<br>• | •<br>• | •<br>• | •<br>• | |
|  | 20×20×50 | 20 | 3 | • | • | • | | |
| 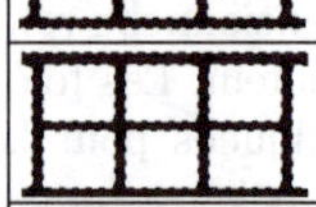 | 22,5×20×50 | 23 | 2 | • | • | • | | |
|  | 25×20×50 | 24 | 3 | • | • | • | | |
| 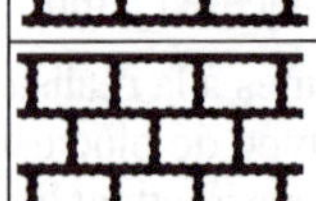 | 27,5×20×50 | 29 | 3 | • | • | • | | |

Les blocs de 20 – 22,5 – 25 – 27,5 peuvent être utilisés en cloison.

(1) Cas particulier des façades dont l'épaisseur est inférieure à 15 cm en cas de murs de remplissage isolés par l'extérieur.

(2) Cas particulier des façades dont l'épaisseur est inférieure à 20 cm en cas de murs porteurs isolés par l'extérieur ou de murs doubles.

*Tableau 2. Profils, dimensions et domaines d'utilisation des blocs standard creux en béton de granulats courants.*

| Profils Blocs pleins et perforés | Dimensions de coordination modulaire (e × h × l) | Masse indicative en kg | Nbre de rangées d'alvéoles | Types d'ouvrages: Façades | Refends | Soubassements enterrés | Cloisons | Abouts de planchers |
|---|---|---|---|---|---|---|---|---|
|  | 5×20×40<br>5×20×50 | 7,5<br>9,5 | | | | | •<br>• | •<br>• |
|  | 5×20×40<br>5×20×50 | 6<br>8 | | | | | | |
|  | 7,5×20×40<br>7,5×20×50 | 11<br>14 | | | | | •<br>• | •<br>• |
|  | 7,5×20×40<br>7,5×20×50 | 8,5<br>11 | | | | | | |
|  | 10×20×40<br>10×20×50 | 14<br>17,5 | •(1)<br>•(1) | | | | •<br>• | |
|  | 10×20×40<br>10×20×50 | 11,5<br>14 | •(1)<br>•(1) | | | | •<br>• | |
|  | 12,5×20×40<br>12,5×20×50 | 17<br>22 | •(1)<br>•(1) | | | | •<br>• | |
|  | 12,5×20×40<br>12,5×20×50 | 14<br>17,5 | •(1)<br>•(1) | | | | •<br>• | |
| 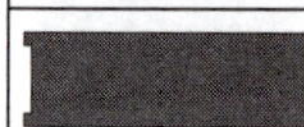 | 15×20×40<br>15×20×50 | 21<br>28 | •(2)<br>•(2) | •<br>• | | | •<br>• | |
| 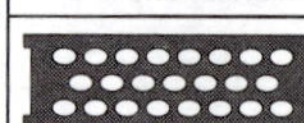 | 15×20×40<br>15×20×50 | 18<br>22 | •(2)<br>•(2) | •<br>• | | | •<br>• | |
|  | 17,5×20×40<br>17,5×20×50 | 25<br>30 | •(2)<br>•(2) | •<br>• | | •<br>• | •<br>• | |
|  | 17,5×20×40<br>17,5×20×50 | 21<br>25 | •(2)<br>•(2) | •<br>• | | •<br>• | •<br>• | |
|  | 20×20×40<br>20×20×50 | 31<br>34 | •<br>• | •<br>• | •<br>• | •<br>• | •<br>• | |
|  | 20×20×40<br>20×20×50 | 27<br>30 | •<br>• | •<br>• | •<br>• | •<br>• | •<br>• | |

(1) Cas particulier des façades dont l'épaisseur est inférieure à 15 cm en cas de murs de remplissage isolés par l'extérieur.

(2) Cas particulier des façades dont l'épaisseur est inférieure à 20 cm en cas de murs porteurs isolés par l'extérieur ou de murs doubles.

*Tableau 3. Profils, dimensions et domaines d'utilisation des blocs standard pleins et perforés en béton de granulats courants.*

La désignation d'un bloc destiné à être enduit indique les dimensions d'appellation d'un bloc, exprimées en cm. Elles diffèrent des dimensions de fabrication et prennent en compte l'épaisseur moyenne des joints horizontaux (1 cm) et verticaux (0,6 cm).

Leur désignation peut s'écrire ainsi (exemple) : bloc en béton de granulats courants, perforés, B 80, 20 × 20 × 50, NF P 14-301, marque NF.

Les produits les plus fréquemment disponibles sont donnés tableau 2 pour les blocs creux, et tableau 3 pour les blocs pleins et perforés.

## 2. BLOCS À JOINTS MINCES

Ce type de bloc en béton (d'aspect identique au bloc courant) est destiné au montage de maçonnerie à l'aide de mortier-colle.

L'épaisseur définitive du joint après montage est de l'ordre de 3 à 4 mm alors que l'épaisseur du joint traditionnel peut varier de 10 à 15 mm. Par ailleurs, un outil (profil cranté) adapté à cette technique permet d'étaler et de régler le joint de mortier-colle lors de sa distribution sur le voile de pose du bloc. Certains blocs présentent des systèmes de « poignées » permettant la préhension du produit à la pose.

- **Caractéristiques :**
  - blocs creux à deux rangées d'alvéoles, destinés à être enduit avec voile de pose :
    longueur : 496 ± 2 mm,
    largeur : 150 ou 200 ± 2 mm,
    hauteur : 190 mm ± 1,5 mm ;
  - poids similaire aux blocs courants de même épaisseur ;
  - classe de résistance : B40, B60 ou B80 ; emboîtement vertical possible, blocs livrés retournés.

- **Avantages :**
  - blocs conformes aux spécifications particulières de la marque NF blocs en béton (NF P 14-301),
  - augmentation des performances de résistance mécanique du mur, en particulier en traction/flexion,
  - diminution importante du temps de pose, adaptation rapide par les hommes de chantier à la technique de pose.

## 3. BLOCS SPÉCIAUX

Les blocs pour pans coupés sont destinés à la réalisation des angles compris entre 45° et 135°.

Les blocs présentés ci-après sont toujours montrés à l'inverse de leur sens de pose pour une meilleure compréhension de leur constitution.

### 3.1. Blocs pour pans coupés

Ce type de bloc est composé de deux éléments à maçonner permettant de modifier le degré d'ouverture de l'angle de 45° à 135° par emboîtement des abouts. La réalisation des chaînages verticaux est rendue possible par le remplissage à l'aide de béton, d'un évidement cylindrique de 14 cm environ de diamètre intérieur, situé sur l'élément le plus long (fig. 6).

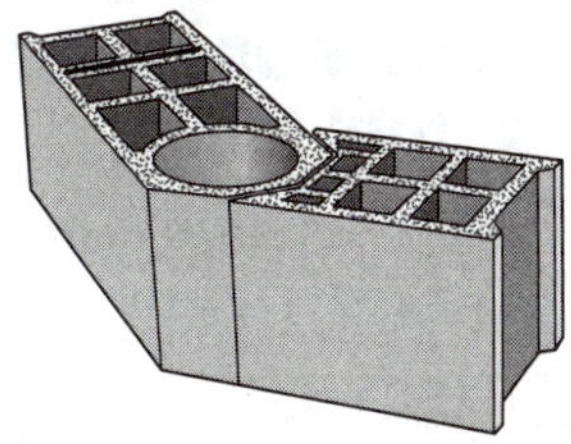

*Fig. 6. Blocs pour pans coupés.*

- **Caractéristiques :**
  Blocs creux à deux rangées d'alvéoles à voile de pose, destinés à être enduits.
  - Élément A : dimensions : 20 × 20 × 49 ; masse 19 kg.
  - Élément B : dimensions : 20 × 20 × 26 ; masse 9 kg.
  - Classe de résistance B40 (B60 ou B80 sur demande).

- **Avantages :**
  - gain de temps de pose,
  - suppression de coffrage des angles à réaliser,
  - structure d'angle homogène,
  - absence du spectre du béton sous crépi,
  - blocs conformes aux spécifications particulières de la certification de la marque NF blocs en béton.

### 3.2. Blocs à joints horizontaux masqués

La principale particularité de ce produit réside dans le profil du voile de pose et de la face d'appui.

Destinés plus particulièrement à la réalisation des murs extérieurs, les blocs à joints horizontaux permettent, lors du montage, de masquer le joint horizontal tout en assurant l'appui nécessaire d'un bloc sur l'autre au travers du joint horizontal maçonné.

- **Caractéristiques :**
  - blocs creux à 3 rangées d'alvéoles et voile de pose profilé destinés à être enduits :
    longueur : 49 cm,
    largeur : 19,6 cm,
    hauteur : 19,8 cm,
    masse : 19 kg ;
  - classe de résistance : B40, B60 ou B80.

- **Avantages :**
  - joints horizontaux masqués,
  - surface du mur homogène,
  - absence du spectre sous crépis,
  - présence de lames d'air permettant une aération du mur en surface et un barrage à la pénétration de l'eau de pluie,
  - blocs conformes aux spécifications particulières de la marque NF blocs en béton.

## 4. BLOCS EN BÉTON DE GRANULATS LÉGERS RELEVANT DES NORMES ET DE LA MARQUE NF

Le tableau 4 récapitule les classes de résistance les plus fréquentes.

| Catégories de blocs | Types de granulats | Identification | Types de blocs | Classes de résistance | | | | | |
|---|---|---|---|---|---|---|---|---|---|
| Résistances nominales garanties en MPa | | | | 2,5 | 3,5 | 4,0 | 4,5 | 5,5 | 7,0 |
| À enduire | courants | L | creux | L25 | | L40 | | | |
| | | | perforés | | L35 | | L45 | | L70 |
| | | | pleins | | L35 | | L45 | | L70 |
| Apparents | courants | LP | creux | | | LP40 | | LP55 | |
| | | | perforés | | | | LP45 | | LP70 |
| | | | pleins | | | | LP45 | | LP70 |

*Tableau 4. Classes de résistances des blocs standard en béton de granulats légers.*

Les tableaux 5 et 6 illustrent les profils, les dimensions et les domaines d'utilisation des blocs standard en béton de granulats légers.

| Profils Blocs pleins et perforés | Dimensions de coordination modulaire ($e \times h \times l$) | Masse indicative en kg | Types d'ouvrages: Façades | Refends | Soubassements enterrés | Cloisons | Abouts de planchers |
|---|---|---|---|---|---|---|---|
|  | 10×30×50 | 10,5 | • | | | • | • |
| 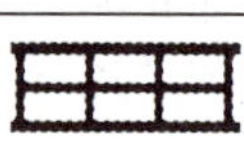 | 15×30×50 | 15 | • | • | | • | |
| 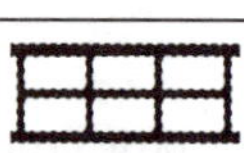 | 17,5×25×50<br>17,5×30×50 | 14,5<br>17,5 | • | • | | • | |
| 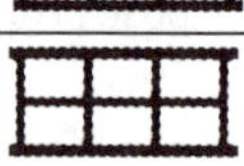 | 20×20×50<br>20×30×50 | 13<br>18 | • | •(1) | • | | |
| 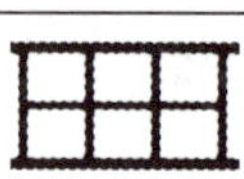 | 22,5×30×50 | 19 | • | • | • | | |

(1) Soubassement de 2e catégorie.

*Tableau 5. Profils, dimensions et domaines d'utilisation des blocs standard creux en béton de granulats légers.*

| Profils Blocs pleins et perforés | Dimensions de coordination modulaire ($e \times h \times l$) | Masse indicative en kg | Types d'ouvrages: Façades | Refends | Soubassements enterrés | Cloisons | Abouts de planchers |
|---|---|---|---|---|---|---|---|
|  | 5×22,5×50 | 7,5 | • | | | • | • |
| 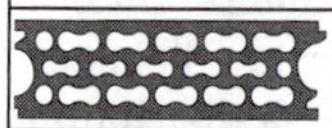 | 15×33×60 | 19(1) | • | • | | | • |
| 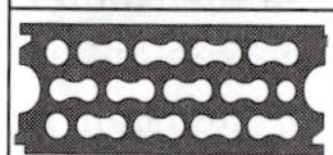 | 20×33×60 | 20 | • | • | • | | |
| 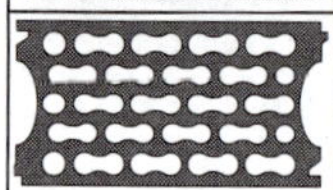 | 25×33×60 | 26 | • | • | | | |

(1) Façades dont l'épaisseur est inférieure à 20 cm en cas de murs porteurs isolés par l'extérieur.

*Tableau 6. Profils, dimensions et domaines d'utilisation des blocs perforés en béton de granulats légers.*

## 5. BLOCS À BANCHER

Destinés à être utilisés lorsque les murs sont soumis à des efforts importants, les blocs à bancher servent de coffrage perdu au béton coulé en œuvre ; ils doivent être montés au mortier. Ils permettent également la réalisation de murs porteurs extérieurs et intérieurs dans les constructions traditionnelles.

Les blocs à bancher sont constitués de deux parois extérieures en béton de granulats courants ou légers reliées entre elles par deux ou trois entretoises. La disposition de celles-ci forme à l'empilage des alvéoles perpendiculaires au plan de pose, qui constituent des coffrages et permettent donc de remplacer les banches traditionnelles. La distribution des parois et des entretoises d'un bloc à bancher permet de distinguer les différents modèles. Les structures et les formes dépendent essentiellement des fabricants qui intègrent ou non, au moment de la conception du produit :

- le positionnement des armatures horizontales,
- l'emboîtement vertical des abouts,
- le cheminement de la coulée de béton.

Les blocs à bancher, à maçonner, sont considérés comme des produits traditionnels. Leurs caractéristiques physiques répondent aux spécifications générales concernant les blocs en béton sauf en ce qui concerne le voile de pose et les formes d'about.

# BOIS MASSIFS ET PANNEAUX DE CONTREPLAQUÉ

NF B 50-002, AFNOR NF P 21-701 (RÈGLES CB 71)

## 1. BOIS MASSIFS

Les termes usuels définis par la norme NF B 50-002 sont explicités ci-dessous :

- l'**aubier** est la région externe du bois correspondant aux couches les plus récemment formées et comportant encore des cellules vivantes ;
- le **cœur** de l'arbre est la partie centrale du tronc et de ses ramifications ;
- une **couche d'accroissement** correspond à la quantité de bois produite pendant une période de végétation ;
- un **nœud** est la partie d'une branche englobée dans le bois ;
- le **contre-fil** est la partie de bois dont les fibres sont successivement inclinées en sens différents par rapport à l'axe de l'arbre ;
- une **fente** correspond à la séparation d'éléments contigus du bois dans le sens longitudinal ;
- une **grume** est le tronc d'un arbre abattu et recouvert ou non de son écorce.

Les essences les plus couramment utilisées et préconisées par le DTU P 21-701 (règles CB 71) pour les charpentes sont présentées dans le tableau 2.

Les débits des bois de construction, qui peuvent varier avec l'essence, sont donnés dans le tableau 3.

Un classement technologique permet de différencier les bois selon leur qualité. Trois catégories existent :

- catégorie 1 : bois de haute résistance, sain et scié à vives arêtes, nœuds vifs de diamètre inférieur à 30 mm,
- catégorie 2 : bois de bon choix, sain et scié à vives arêtes, nœuds de diamètre inférieur à 40 mm,
- catégorie 3 : bois de qualité courante.

Le tableau 1 donne des spécifications des bois (résineux et chêne) selon sa catégorie.

| | | Résineux | | | Chêne | | |
|---|---|---|---|---|---|---|---|
| **Catégorie** | | 1 | 2 | 3 | 1 | 2 | 3 |
| Épaisseur moyenne des accroissements (mm) | | ⩽ 3 | ⩽ 5 | < 10 | > 7 | > 4 | – |
| Densité minimale à 20 % d'humidité | | 0,5 | 0,45 | – | 0,8 | 0,75 | – |
| Pente du fil (%) | (1) | 7 | 12 | 18 | 7 | 12 | 18 |
| | (2) | 10 | 20 | 23 | 10 | 20 | 23 |

*(1) maximum)*
*(2) maximum localement*

*Tableau 1. Spécifications des bois (résineux et chêne) selon leur catégorie.*

| Nom officiel | Description sommaire | Densité à 15 % d'humidité | Durabilité | Observations |
|---|---|---|---|---|
| Épicéa | Tendre, hétérogène, blanc ou légèrement rosé, lustré, odeur résineuse, aubier non distinct. | 0,40 à 0,50 | Assez bonne | Rechercher les accroissements serrés. Bois d'utilisation courante pour les charpentes (très résistant pour sa densité). |
| Pin maritime | Mi-dur, très hétérogène, cœur rougeâtre très résineux, aubier abondant, blanchâtre. | 0,55 à 0,75 | Assez bonne (très bonne si gemmés) | Rechercher les accroissements serrés. Convient pour les charpentes légères. Sciages de longueur limitée. |
| Pin sylvestre | Mi-dur, hétérogène, cœur rougeâtre, peu résineux, aubier plus pâle. | 0,50 à 0,60 | Bonne | Rechercher les accroissements serrés. Bois de choix pour les charpentes. |
| Sapin | Tendre, hétérogène, blanc mat ou légèrement rougeâtre non résineux, aubier peu ou pas distinct. | 0,45 à 0,55 | Moyenne | Rechercher les accroissements serrés. Convient pour les charpentes abritées. |
| Chêne | Ferme, hétérogène, maillé sur quartier, cœur brun jaunâtre, aubier distinct. | 0,60 à 0,75 | Très bonne (sauf l'aubier) | Rechercher les accroissements larges. Éliminer l'aubier. Convient pour les charpentes lourdes en gros équarrissages (aubier sujet à la piqûre s'il n'est pas traité préventivement). |

*Tableau 2. Quelques caractéristiques des essences les plus couramment utilisées.*

| Débit | Rapport des côtés ($r$) | Longueur (cm) | Section ($e$ = épaisseur ; $l$ = largeur) $e$ et $l$ sont données en mm |
|---|---|---|---|
| Planche | $r \geqslant 4$ | 300 et plus, par tiers de mètre | $22 \leqslant e \leqslant 55$ |
| Madrier | $2 \leqslant r \leqslant 3$ | 200 et plus, par tiers de mètre | $75 \times 205$ à $105 \times 225$ |
| Bastaing | $2 \leqslant r \leqslant 3$ | | $55 \times 155$ à $65 \times 185$ |
| Chevron | $r \approx 1$ | | $40 \leqslant l \leqslant 120$ |
| Lambourde | | 100 et plus, par multiple de 10 | $26 \times 65$ à $45 \times 105$ |
| Frise | | 200 et plus, par tiers de mètre | $18 \leqslant e \leqslant 35$ ; $40 \leqslant l \leqslant 120$ |
| Volige | $r \geqslant 4$ | 200 et plus, par tiers de mètre | $e \leqslant 22$ |
| Liteau | | | $18 \times 35$ à $30 \times 40$ |
| Latte | | | $5 \leqslant e \leqslant 12$ ; $26 \leqslant l \leqslant 55$ |

*Tableau 3. Débits des bois de construction.*

Les contraintes admissibles dans les bois massifs à 15 % d'humidité données tableau 5, page suivante, sont des valeurs forfaitaires prenant en compte les défauts du bois. Elles sont fonction de l'essence, du classement technologique (catégorie) et de l'humidité des bois.

Le tableau 4, extrait du cahier CTB (Centre Technique du Bois) n° 50 de février 1962, donne les **charges totales en daN** susceptibles d'être supportées par des bois posés sur chant en fonction de la section et de la portée sachant que :

- les poutres sont posées librement sur leurs appuis et la charge est appliquée sur 5 ou 6 points équidistants ;
- le bois est de catégorie 3 et son humidité est de 15 % ;
- le **nombre supérieur** correspond à la charge totale admissible pour la portée indiquée. Le **nombre inférieur, en gras**, correspond, dans les mêmes conditions, à la charge totale admissible pour une déformation permanente de 1/300[e] de la portée.

| | Portées (m) | | | | | | | | | | | | | | |
|---|---|---|---|---|---|---|---|---|---|---|---|---|---|---|---|
| *b* × *h* (mm) | 0,50 | 0,75 | 1,00 | 1,25 | 1,50 | 1,75 | 2,00 | 2,50 | 3,00 | 3,50 | 4,00 | 4,50 | 5,00 | 6,00 | 7,00 |
| 27 × 27 | 30<br>**19** | | | | | | | | | | | | | | |
| 27 × 50 | 110<br>**107** | 74<br>**48** | 55<br>**27** | | | | | | | | | | | | |
| 27 × 130 | | | | | 255<br>**213** | 218<br>**156** | 191<br>**120** | 153<br>**77** | 127<br>**53** | | | | | | |
| 27 × 165 | | | | | | | 301<br>**239** | 241<br>**153** | 200<br>**106** | 172<br>**78** | 150<br>**60** | | | | |
| 35 × 35 | 70<br>**46** | 47<br>**21** | 35<br>**11** | | | | | | | | | | | | |
| 35 × 50 | 150<br>**134** | 100<br>**60** | 75<br>**33** | 60<br>**21** | | | | | | | | | | | |
| 35 × 130 | | | | | 335<br>**272** | 287<br>**200** | 251<br>**153** | 201<br>**98** | 167<br>**68** | 143<br>**50** | | | | | |
| 35 × 165 | | | | | | | 402<br>**311** | 322<br>**199** | 267<br>**138** | 229<br>**102** | 200<br>**78** | | 160<br>**50** | | |
| 35 × 180 | | | | | | | 478<br>**407** | 382<br>**260** | 317<br>**181** | 272<br>**133** | 237<br>**102** | | 190<br>**65** | | |
| 35 × 225 | | | | | | | | 593<br>**508** | 493<br>**353** | 422<br>**259** | 369<br>**199** | | 295<br>**127** | | |
| 50 × 50 | | 134<br>**106** | 100<br>**59** | 80<br>**38** | 67<br>**26** | | | | | | | | | | |
| 50 × 180 | | | | | | | 678<br>**586** | 543<br>**375** | 451<br>**260** | 386<br>**191** | 337<br>**147** | 300<br>**116** | 270<br>**94** | | |
| 50 × 225 | | | | | | | | 844<br>**727** | 701<br>**505** | 601<br>**371** | 525<br>**284** | 466<br>**225** | 420<br>**182** | 347<br>**127** | |
| 50 × 300 | | | | | | | | | 1 252<br>**1 196** | 1 072<br>**879** | 937<br>**673** | 832<br>**532** | 750<br>**431** | 622<br>**299** | 532<br>**220** |
| 65 × 165 | | | | | | | 753<br>**586** | 603<br>**375** | 501<br>**260** | 429<br>**191** | 375<br>**147** | 333<br>**116** | 300<br>**94** | | |
| 65 × 180 | | | | | | | 878<br>**754** | 703<br>**482** | 584<br>**335** | 500<br>**246** | 437<br>**188** | 388<br>**149** | 350<br>**121** | | |
| 75 × 75 | 281<br>**160** | 234<br>**111** | 201<br>**81** | 175<br>**62** | 141<br>**40** | | | | | | | | | | |
| 75 × 180 | | | | | | | | 804<br>**559** | 668<br>**388** | 572<br>**285** | 500<br>**218** | 444<br>**173** | 400<br>**140** | | |
| 75 × 225 | | | | | | | | 1 266<br>**1 087** | 1 052<br>**755** | 901<br>**555** | 787<br>**425** | 699<br>**336** | 630<br>**272** | 523<br>**189** | |
| 75 × 330 | | | | | | | | | | 1 945<br>**1 754** | 1 700<br>**1 343** | 1 510<br>**1 062** | 1 360<br>**860** | 1 129<br>**597** | 966<br>**439** |
| 100 × 150 | | | | | | | 941<br>**673** | 754<br>**431** | 626<br>**299** | 536<br>**220** | 469<br>**168** | | | | |
| 100 × 250 | | | | | | | | | 1 737<br>**1 382** | 1 487<br>**1 016** | 1 300<br>**778** | 1 154<br>**614** | 1 040<br>**498** | 863<br>**346** | |
| 100 × 300 | | | | | | | | | 2 505<br>**2 392** | 2 145<br>**1 758** | 1 875<br>**1 346** | 1 665<br>**1 063** | 1 500<br>**861** | 1 245<br>**598** | 1 065<br>**439** |
| 150 × 250 | | | | | | | | | 2 605<br>**2 073** | 2 231<br>**1 523** | 1 950<br>**1 166** | 1 732<br>**922** | 1 560<br>**746** | 1 295<br>**518** | |
| 150 × 300 | | | | | | | | | | 4 290<br>**4 187** | 3 750<br>**3 206** | 3 330<br>**2 533** | 3 000<br>**2 052** | 2 490<br>**1 425** | 2 130<br>**1 047** |
| Légende | 281<br>**160** | charge totale admissible pour la portée indiquée<br>charge totale admissible pour une déformation permanente au plus égale à 1/300[e] de la portée. | | | | | | | | | | | | | |

*Tableau 4. Charges totales admissibles (exprimées en daN) pour des poutres en bois massif selon leur section et leur portée.*

| Sollicitations | | Contraintes admissibles forfaitaires (MPa) | | | | | |
|---|---|---|---|---|---|---|---|
| | | Résineux | | | Chêne | | |
| | | 1 | 2 | 3 | 1 | 2 | 3 |
| Compression axiale |  | 13,1 | 10,3 | 8,2 | 13,6 | 10,9 | 9,8 |
| Traction axiale |  | 15,2 | 8,7 | (2,7) | 16,4 | 9,8 | (3,8) |
| Flexion statique |  | 14,2 | 10,9 | 8,7 | 14,7 | 12,5 | 10,9 |
| Cisaillement longitudinal |  | 1,5 | 1,3 | 1,1 | 2,2 | 1,6 | 1,3 |
| Traction transversale | 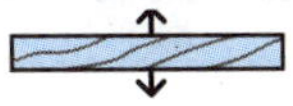 | 0,9 | 0,7 | 0 | 1,3 | 1,1 | 0 |
| Compression transversale |  | 2,7 | 2,2 | 1,7 | 4,9 | 4,3 | 3,2 |
| | | *Nota : ( ) emploi à éviter.* | | | | | |

*Tableau 5. Contraintes admissibles des bois (résineux et chêne).*

## 2. PANNEAU EN CONTREPLAQUÉ

Le contreplaqué résulte du collage de plis superposés à fils croisés. En général, les plis extérieurs et intérieurs sont placés symétriquement de chaque côté d'un pli central ou d'une âme. Si l'âme est constituée d'un matériau autre que le bois massif ou de placages croisés de part et d'autre de cette âme, il doit exister au moins deux placages croisés de part et d'autre de cette âme.
Le contreplaqué PIN DES LANDES peut être utilisé en plancher ou en toiture. Dans les deux cas, ces panneaux sont posés sur 3 appuis et plus : petits côtés supportés en continu, grands côtés (sens du fil du bois des faces) non supportés mais assemblés rainés bouvetés ou par fausse languette en contreplaqué (sens du fil du bois des faces perpendiculaires aux appuis).
Le tableau 6 permet de choisir la portée minimale d'un contreplaqué utilisé en plancher porté sur 3 appuis ou plus et supportant des charges uniformément réparties.

| | Flèches (mm) | | Épaisseur du panneau (mm) | | | | | |
|---|---|---|---|---|---|---|---|---|
| | 2 | 1 | 15 | 18 | 21 | 25 | 27 | 31 |
| Charge en daN/m² | 300 | 150 | 72,8 | 83,5 | 93,7 | 101,4 | 107,4 | 119,1 |
| | 400 | 200 | 67,7 | 77,5 | 87,2 | 94,3 | 100 | 110,9 |
| | 500 | 250 | 64,1 | 73,5 | 82,5 | 89,2 | 94,5 | 104,9 |
| | 600 | 300 | 61,2 | 70,2 | 78,7 | 85,2 | 90,4 | 102,2 |
| | 800 | 400 | 57,0 | 65,4 | 73,4 | 79,4 | 84,1 | 93,2 |
| | 1 000 | 500 | 54,4 | 61,8 | 69,4 | 75,0 | 79,5 | 88,2 |
| | 1 500 | 750 | 48,7 | 55,9 | 62,6 | 67,8 | 71,8 | 79,7 |
| Pour des panneaux de plancher dont les 4 côtés sont supportés en continu et avec au moins un appui continu, intermédiaire, multiplier les distances entre appui par 1,10. | | | | | | | | |

*Tableau 6. Portée minimale en cm d'un panneau en contreplaqué (PIN DES LANDES) utilisé en plancher en fonction de la charge uniforme appliquée en daN/m², de la flèche admissible et de l'épaisseur du panneau.*

Le tableau 7 permet de choisir la portée minimale d'un contreplaqué utilisé en support de couverture.

| | | Épaisseur (mm) | | |
|---|---|---|---|---|
| | | 15 | 18 | 21 |
| Charge en daN/m² | 100 | 62,5 | 83,3 | 125 |
| | 150 | 62,5 | 83,3 | 83,3 |
| | 200 | 50 | 83,3 | 83,3 |
| | 300 | – | 62,5 | 62,5 |
| | 400 | – | 62,5 | 62,5 |
| | 900 | – | – | 50 |

*Tableau 7. Portée minimale en cm d'un panneau de contreplaqué (PIN DES LANDES) support de couverture (flèches : 1/400ᵉ de la portée).*

## 3. PANNEAU DE PARTICULES

Ce matériau en plaque est fabriqué sous pression essentiellement à partir de particules de bois avec ou sans apport de liant (liants hydrauliques exclus).

Les dimensions courantes des panneaux sont les suivantes :
- épaisseurs (mm) : 6, 8, 10, 12, 16, 19, 22, 25, 35, 50 et 70,
- longueurs : 200 à 610 cm,
- largeurs : 120 à 185 cm.

# Caractéristiques thermiques des principaux matériaux utilisés en bâtiment

**Règles Th-U, NF B 20-001 à -009, NF B 51-100, NF T 56-201, -202, -203 et -204, NF EN 12524**

## 1. Généralités

Les valeurs des caratéristiques thermiques utiles indiquées ci-dessous sont extraites de la réglementation thermique 2000 (Règles th-U). Toutefois, les caractéristiques des produits qui sont indiqués dans une certification de produit type ACERMI, par exemple, et dans les avis techniques du CSTB, priment sur ces valeurs.

La résistance thermique totale d'une paroi est égale à la somme des résistances superficielles et des résistances en conduction (p. 313), soit : $R = R_{si} + \Sigma R_c + R_{se}$

## 2. Matériaux homogènes

Ils sont caractérisés par le coefficient de conductivité thermique $\lambda$ (W/m·K). La résistance à la conduction d'une paroi homogène d'épaisseur *e* est obtenue en divisant *e* par $\lambda$. Le tableau 1 donne quelques valeurs.

*Nota :* le marquage CE seul ne constitue pas une certification sur le plan thermique. Une majoration de 20 % doit être systématiquement appliquée aux valeurs déclarées.

| | Matériau | Masse volumique sèche ($\rho$) kg/m³ | Conductivité thermique utile ($\lambda$) W/(m · K) |
|---|---|---|---|
| Isolants plastiques | Plaques conformes à la norme NF T 56-201, moulées en continu : | | |
| | référence BC | $\rho \geqslant 10$ | 0,047 |
| | référence CC | $\rho \geqslant 13$ | 0,043 |
| | référence DC | $\rho \geqslant 15$ | 0,041 |
| | référence EC | $\rho \geqslant 20$ | 0,039 |
| | référence FC | $\rho \geqslant 25$ | 0,037 |
| | référence GC | $\rho \geqslant 30$ | 0,036 |
| | • Polystyrène extrudé | | 0,035 à 0,042 |
| | • Mousse rigide de PVC (NF T 56-202) | | |
| | qualité Q2 | | 0,031 |
| | qualité Q3 | | 0,034 |
| | • Mousse rigide de polyuréthane (NF T 56-203) moulée en continu projetée sur un parement rigide (plâtre, dérivés du bois,...), expansée avec des hydrochlorocarbures ou aux pentanes. | $30 \leqslant \rho \leqslant 50$ | 0,035 |
| | • Mousse rigide formo-phénolique (NF T 56-204) | | 0,050 |
| | • Isolant fabriqué à partir d'autres matières plastiques alvéolaires | | 0,065 |
| Isolants en laine minérale manufacturé | • Laine de verre (NF B 20-001 et -109) | | |
| | classe VA | | 0,034 à 0,047 |
| | classe VB | | 0,035 à 0,051 |
| | classe VC | | 0,036 à 0,056 |
| | classe VD | | 0,043 à 0,054 |
| | classe VE | | 0,037 à 0,039 |
| | • Laine de roche | | |
| | classe RA | | 0,038 à 0,047 |
| | classe RB | | 0,039 à 0,041 |
| | • Autres laines minérales | | 0,065 |
| Isolants divers | • Verre cellulaire | | 0,050 |
| | • Panneau type Fibralith de fibres de bois (NF B 51-100) | | 0,060 à 0,067 |
| | • Panneau de perlite expansée + cellulose | | 0,060 |
| Matériaux de structure | • Granit | | 2,80 |
| | • Pierres lourdes | | 3,50 |
| | • Pierres calcaires fermes | | 1,40 |
| | • Béton – plein | | 2,00 |
| | – caverneux | | 1,35 |
| | – léger pouzzolane | | 0,52 |
| | – léger d'argile expansé | | 1,05 |
| | – léger de perlite | | 0,31 |
| | • Béton armé | | 2,30 |
| | • Verre | | 1,10 |
| | • Acier | | 52 |
| | • Aluminium | | 230 |
| | • Zinc | | 110 |
| | • Plomb | | 35 |
| | • Bois feuillus mi-lourd | | 0,18 |
| | • Bois feuillus léger | | 0,15 |
| | • Bois résineux mi-lourd | | 0,15 |
| Matériaux de parement | • Enduit | | |
| | – ciment | | 1,15 |
| | – plâtre gâché serré | | 0,43 |
| | • Plaque de plâtre | | 0,25 |
| | • Panneaux de particules de bois (500 kg/m³) | | 0,14 |
| | • Panneaux contreplaqué ou latté (500 à 600 kg/m³) | | 0,15 |

*Tableau 1. Caractéristiques thermiques utiles de matériaux homogènes.*

## 3. CARACTÉRISTIQUES THERMIQUES DES MURS EN BLOCS DE BÉTON

Les exemples donnés tableaux 2 à 4 correspondent à des murs enduits isolés avec un complexe de doublage constitué d'un isolant de conductivité thermique $\lambda = 0{,}04$ W/m · K, et d'une plaque de plâtre cartonnée dans le cas d'une isolation par l'intérieur.

| Types de blocs | | Pleins | Perforés | Creux |
|---|---|---|---|---|
| Épaisseur (cm) | | 20 | 20 | 20 |
| R du mur seul (m² K/W) | | 0,11 | 0,15 | 0,22 |
| Coefficient surfacique (U) du mur fini avec isolant (*e*) cm | | $\frac{1}{0{,}33 + 0{,}25e}$ | $\frac{1}{0{,}37 + 0{,}25e}$ | $\frac{1}{0{,}44 + 0{,}25e}$ |
| Exemples U (W/m² · K) | *e* = 6 cm | 0,55 | 0,53 | 0,52 |
| | *e* = 8 cm | 0,43 | 0,42 | 0,41 |
| | *e* = 10 cm | 0,35 | 0,35 | 0,34 |

*Tableau 2. Murs de façade isolés par l'intérieur en blocs de granulats courants enduits.*

| Types de blocs | | Pleins | Perforés | Creux |
|---|---|---|---|---|
| Épaisseur (cm) | | 19 | 19 | 19 |
| R du mur seul (m² K/W) | | 0,11 | 0,16 | 0,16 |
| Coefficient surfacique (U) du mur fini avec isolant (*e*) cm | | $\frac{1}{0{,}32 + 0{,}25e}$ | $\frac{1}{0{,}38 + 0{,}25e}$ | $\frac{1}{0{,}37 + 0{,}25e}$ |
| Exemples U (W/m² · K) | *e* = 6 cm | 0,55 | 0,53 | 0,53 |
| | *e* = 8 cm | 0,43 | 0,42 | 0,42 |
| | *e* = 10 cm | 0,35 | 0,35 | 0,35 |

*Tableau 3. Murs de façade en blocs apparents porteurs avec doublages intérieurs.*

| Types de blocs | | Perforés | | Creux | |
|---|---|---|---|---|---|
| Épaisseur (cm) | | 20 | 25 | 20 | 22,5 |
| R du mur seul (m² K/W) | | 0,49 | 0,65 | 0,39 | 0,46 |
| Densité | | $0{,}7 < d < 1$ | $0{,}7 < d < 1$ | $1 < d < 1{,}2$ | $1 < d < 1{,}2$ |
| Coefficient surfacique (U) du mur fini avec isolant (*e*) cm | | $\frac{1}{0{,}72 + 0{,}25e}$ | $\frac{1}{0{,}87 + 0{,}25e}$ | $\frac{1}{0{,}9 + 0{,}25e}$ | $\frac{1}{0{,}68 + 0{,}25e}$ |
| Exemples U (W/m² · K) | *e* = 6 cm | 0,45 | 0,42 | 0,42 | 0,46 |
| | *e* = 8 cm | 0,37 | 0,35 | 0,34 | 0,37 |

*Tableau 4. Murs de façade isolés par l'intérieur en blocs de granulats légers enduits.*

Les exemples donnés tableaux 5 et 6 correspondent à un mur en blocs de béton comportant un isolant de conductivité thermique $\lambda = 0{,}04$ W/m · K, un enduit extérieur et une plaque de plâtre cartonnée à l'intérieur.

| Types de blocs | | Pleins | Perforés | Creux | |
|---|---|---|---|---|---|
| Épaisseur (cm) | | 15 | 15 | 20 | 20 |
| R du mur seul (m² K/W) | | 0,09 | 0,11 | 0,15 | 0,22 |
| Coefficient surfacique (U) du mur fini avec isolant (*e*) cm | | $\frac{1}{0{,}31 + 0{,}25e}$ | $\frac{1}{0{,}33 + 0{,}25e}$ | $\frac{1}{0{,}37 + 0{,}25e}$ | $\frac{1}{0{,}44 + 0{,}25e}$ |
| Exemples U (W/m² · K) | *e* = 6 cm | 0,55 | 0,55 | 0,53 | 0,52 |
| | *e* = 8 cm | 0,43 | 0,43 | 0,42 | 0,41 |
| | *e* = 10 cm | 0,36 | 0,35 | 0,35 | 0,34 |

*Tableau 5. Murs de façade porteurs isolés par l'extérieur.*

| Types de blocs | | Pleins | Perforés | Creux | |
|---|---|---|---|---|---|
| Épaisseur (cm) | | 10 | 15 | 20 | 20 |
| R du mur seul (m² K/W) | | 0,06 | 0,09 | 0,11 | 0,22 |
| Coefficient surfacique (U) du mur fini avec isolant (*e*) cm | | $\frac{1}{0{,}28 + 0{,}25e}$ | $\frac{1}{0{,}31 + 0{,}25e}$ | $\frac{1}{0{,}33 + 0{,}25e}$ | $\frac{1}{0{,}44 + 0{,}25e}$ |
| Exemples U (W/m² · K) | *e* = 6 cm | 0,56 | 0,55 | 0,55 | 0,52 |
| | *e* = 8 cm | 0,44 | 0,43 | 0,43 | 0,41 |
| | *e* = 10 cm | 0,36 | 0,36 | 0,35 | 0,34 |

*Tableau 6. Murs de façade de remplissage isolés par l'extérieur.*

## 4. CARACTÉRISTIQUES THERMIQUES DES MURS EN BRIQUES

Quelques exemples sont donnés tableau 7.

| Matériau | Épaisseur (cm) | R (m² K/W) |
|---|---|---|
| • Brique pleine (NF P 13-304) | 11 | 0,12 |
| • Brique creuse (XP P 13-305) | 8<br>10<br>12<br>15<br>20<br>25 | 0,17<br>0,22<br>0,26<br>0,33<br>0,51<br>0,56 |
| • Brique « G » (NF P 13-301) | 20<br>27<br>30 | 0,67<br>0,84<br>0,86 |

*Tableau 7. Caractéristiques thermiques des murs en maçonneries de terre cuite (p. 43).*

## 5. CARACTÉRISTIQUES THERMIQUES DES CLOISONS

Les cloisons n'ont en général pas de fonction d'isolation thermique sauf lorsqu'elles sont harpées dans des façades ou pignons isolés par l'intérieur. Dans ce cas, des déperditions linéiques sont à prendre en compte (p. 317).

Les tableaux 8 et 9 donnent quelques valeurs courantes.

| Matériau | Épaisseur (cm) | R (m² K/W) |
|---|---|---|
| • Carreaux de plâtre (NF P 72-301) | 5<br>6<br>7<br>10 | 0,14<br>0,17<br>0,20<br>0,29 |
| • Plaque de plâtre à parement de carton | 1<br>1,25 à 1,50 | 0,04<br>0,05 |
| • Cloisons sèches | Voir doc. fabricant | |
| • Cloisons de doublage | Voir doc. fabricant<br>sinon $R = R_{isolant} + R_{doublage}$ | |

*Tableau 8. Caractéristiques thermiques des cloisons à base de plâtre.*

Le tableau 9 propose des caractéristiques de cloisons en blocs de béton.

| Types de blocs | Pleins | | Creux | | |
|---|---|---|---|---|---|
| Épaisseur (cm) | 7,5 | 10 | 5 | 7,5 | 10 |
| R du mur seul (m² K/W) | 0,05 | 0,05 | 0,08 | 0,09 | 0,11 |
| Masse (kg/m²) de la cloison avec 2 enduits plâtre | 170 | 210 | 100 | 140 | 155 |

*Tableau 9. Caractéristiques thermiques de cloisons en blocs béton.*

## 6. PLAFONDS

Plusieurs techniques sont envisageables pour isoler un plafond léger.

### 6.1. Matelas isolant de laine minérale sur ossature bois

En partie courante, le coefficient surfacique U est évalué en prenant successivement en compte la (les) couche(s) d'isolant, la lame d'air éventuelle et les parements.

La présence d'une ossature en bois, de rails ou de suspentes métalliques induit des ponts thermiques dont l'impact sur U est de 5 à 25 %.

### 6.2. Matériaux déposés en vrac sur les planchers hauts sous combles perdus

Ces matériaux sont déposés par déversement manuel ou soufflage à la machine.

Le tableau 10 donne les valeurs de résistances thermiques utiles à prendre en compte.

| Épaisseur moyenne de la couche déposée (cm) | 10 | | 15 | | 20 | |
|---|---|---|---|---|---|---|
| • Copeaux de mousse de PVC | 1,8 | 2,3 | 2,7 | 3,4 | 3,6 | 4,5 |
| • Granulat de verre expansé (granulométrie 3/8) | 1,3 | 1,4 | 1,9 | 2,1 | 2,5 | 2,9 |
| • Vermiculite granulométrie < 4 | 1,3 | 1,5 | 2,0 | 2,2 | 2,6 | 3,0 |

□ Plafond plat

■ Plafond à solives

*Tableau 10. Résistance thermique utile de matériaux déposés en vrac sur un plancher haut sous comble.*

### 6.3. Matériaux projetés

Cette technique est utilisée pour isoler en sous-face de plancher bas sur passage ouvert, vide sanitaire ou local ventilé. L'isolant du type laine minérale est mélangé à un liant synthétique ou hydraulique (AFNOR DTU P 15-201-1).

Le tableau 11 propose des valeurs de résistances thermiques utiles en fonction de l'épaisseur moyenne de la projection.

| Épaisseur moyenne mesurée de la projection $e_m$ (mm) | | 30 | 40 | 50 | 60 | 70 | 80 | 90 | 100 |
|---|---|---|---|---|---|---|---|---|---|
| Épaisseur moyenne réelle de la projection $e_r$ (mm) | | 25 | 35 | 45 | 55 | 65 | 75 | 85 | 95 |
| Laine de laitier ou de roche avec liant hydraulique | Masse volumique en œuvre : 140 à 200 kg/m³ | 0,55 | 0,75 | 1,00 | 1,20 | 1,45 | – | – | – |
| | Masse volumique en œuvre : 200 à 300 kg/m³ | 0,50 | 0,70 | 0,90 | 1,10 | 1,30 | – | – | – |
| | Masse volumique en œuvre : 300 à 500 kg/m³ | 0,35 | 0,50 | 0,65 | 0,80 | – | – | – | – |

*Tableau 11. Résistance thermique (R) en $m^2 \cdot K/W$ de matériaux projetés.*

L'application d'autres matériaux est possible mais elle relève alors de la procédure de l'Avis technique.

## 7. LAME D'AIR

Le tableau 12 propose des valeurs par défaut de la résistance thermique de lames d'air non ventilées.

| Épaisseur de la lame d'air (mm) | Résistance thermique R (m² · K)/W | | |
|---|---|---|---|
| | Flux ascendant | Flux horizontal | Flux descendant |
| 0 | 0,00 | 0,00 | 0,00 |
| 5 | 0,11 | 0,11 | 0,11 |
| 7 | 0,13 | 0,13 | 0,13 |
| 10 | 0,15 | 0,15 | 0,15 |
| 15 | 0,16 | 0,17 | 0,17 |
| 25 | 0,16 | 0,18 | 0,19 |
| 50 | 0,16 | 0,18 | 0,21 |
| 100 | 0,16 | 0,18 | 0,22 |
| 300 | 0,16 | 0,18 | 0,23 |
| Ces valeurs correspondent à une température moyenne de la lame d'air de 10°C. Les valeurs intermédiaires peuvent être obtenues par interpolation linéaire. | | | |

*Tableau 12. Résistance thermique de lames d'air non ventilées.*

# 8. PLANCHERS À POUTRELLES ET ENTREVOUS (ENTRAXE DES POUTRELLES DE 60 À 70 CM)

Les fabricants de poutrelles indiquent la résistance thermique des planchers qu'ils proposent. On se réfèrera de préférence à ces valeurs.

Le tableau 13 donne des ordres de grandeur de résistance thermique utile pour des planchers à entrevous béton (ou terre cuite).

| Entrevous | | R (m²·K/W) | | | |
|---|---|---|---|---|---|
| Nature de l'entrevous | Nombre d'alvéoles | Hauteur de l'entrevous | | | |
| | | 12 | 16 | 20 | 25 |
| • Terre cuite alvéolée 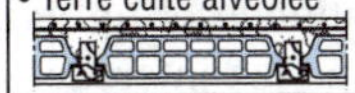 | 2 | 0,24 | 0,28 | 0,31 | 0,35 |
| | 3 | – | 0,30 | 0,33 | 0,37 |
| • Béton de gravillons  | 1 | 0,14 | 0,16 | 0,18 | 0,21 |
| | 2 | – | – | 0,23 | 0,27 |

*Tableau 13. Résistances thermiques utiles de planchers poutrelles et entrevous béton (ou terre cuite).*

Les tableaux 14 et 15 proposent des valeurs de résistances thermiques utiles pour des entrevous isolants en polystyrène.

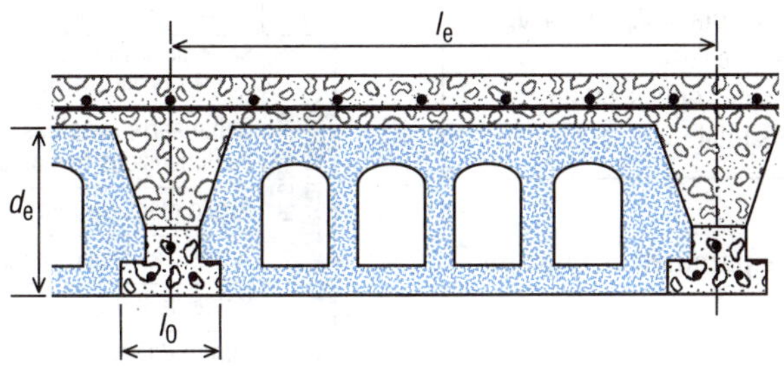


| Hauteur des entrevous $d_e$ (mm) | Largeur du talon de la poutrelle $l_0$ (mm) | Entraxe des poutrelles $l_e$ (mm) | | | | | |
|---|---|---|---|---|---|---|---|
| | | $550 \leq l_e < 600$ | | $600 \leq l_e < 630$ | | $l_e \geq 630$ | |
| | | 1 rangée d'alvéoles | 2 rangées et + | 1 rangée d'alvéoles | 2 rangées et + | 1 rangée d'alvéoles | 2 rangées et + |
| 120 à 170 | $95 \leq l_0 \leq 125$<br>$125 < l_0$ | 0,50<br>0,44 | 0,53<br>0,46 | 0,54<br>0,48 | 0,58<br>0,51 | 0,56<br>0,50 | 0,61<br>0,55 |

*Tableau 14. Résistances thermiques utiles de planchers à poutrelles et entrevous polystyrène (entrevous rectangulaires chanfreinés).*

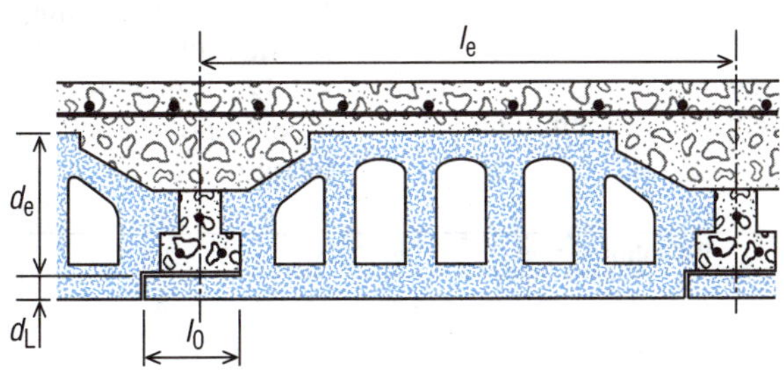


| Épaisseur de la languette $d_L$ (mm) | Hauteur des entrevous $d_e$ (mm) | Largeur de talon de la poutrelle $l_0$ (mm) | Entrave des poutrelles $l_e$ (mm) | | | | | |
|---|---|---|---|---|---|---|---|---|
| | | | $550 \leq l_e < 600$ | | $600 \leq l_e < 630$ | | $l_e \geq 630$ | |
| | | | 1 rangée d'alvéoles | 2 rangées et + | 1 rangée d'alvéoles | 2 rangées et + | 1 rangée d'alvéoles | 2 rangées et + |
| 30 | 120 à 170 | $95 \leq l_0 \leq 125$<br>$125 < l_0 \leq 140$ | 1,42<br>1,40 | 1,62<br>1,52 | 1,45<br>1,42 | 1,68<br>1,56 | 1,46<br>1,43 | 1,71<br>1,59 |
| 40 | 120 à 170 | $95 \leq l_0 \leq 125$<br>$125 < l_0 \leq 140$ | 1,68<br>1,65 | 1,88<br>1,78 | 1,70<br>1,67 | 1,94<br>1,82 | 1,72<br>1,69 | 1,97<br>1,85 |
| 50 | 120 à 170 | $95 \leq l_0 \leq 125$<br>$125 < l_0 \leq 140$ | 1,91<br>1,90 | 2,14<br>2,03 | 1,95<br>1,92 | 2,20<br>2,08 | 1,97<br>1,94 | 2,23<br>2,10 |
| 60 | 120 à 170 | $95 \leq l_0 \leq 125$<br>$125 < l_0 \leq 140$ | 2,15<br>2,14 | 2,38<br>2,27 | 2,19<br>2,16 | 2,44<br>2,32 | 2,21<br>2,18 | 2,47<br>2,35 |

*Tableau 15. Résistances thermiques utiles de planchers à poutrelles et entrevous polystyrène à languette.*

# *IDENTIFICATION ET CLASSIFICATION DES SOLS*

**NF P 94-051, -055, -070, -074, -110, -112, -113, -114 et -155**

## 1. DÉFINITIONS

Le sol est un matériau constitué de grains **(squelette)** provenant de la désagrégation d'une roche mère ou d'un végétal, comportant entre eux de l'eau interstitielle et un gaz **(air)** (fig. 1). Un sol est saturé quand tous les interstices sont remplis d'eau.

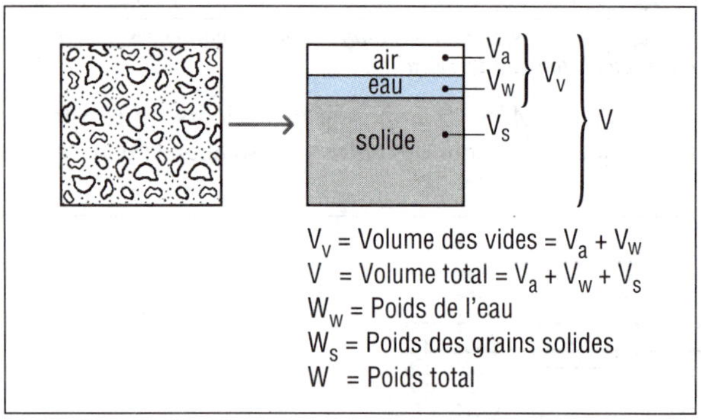


*Fig. 1. Constitution d'un sol.*

Pour identifier un sol, on utilise les paramètres suivants.

**La porosité *n* :**
$n$ = Volume des vides / Volume total
$n$ = Volume (air + eau) / Volume total = $(V_a + V_w) / V$

**L'indice des vides *e* :**
$e$ = Volume des vides / Volume des grains
$e$ = Volume (air + eau) / Volume des grains = $(V_a + V_w) / V_s$

**Le degré de saturation $S_r$ en % a pour valeur :**
$S_r = (V_w / V_v) \times 100$

**La teneur en eau *w* en % vaut :**
$w$ = (Poids de l'eau / Poids des grains) × 100
$w = (W_w / W_s) \times 100$

**Le poids volumique** (symbole $\gamma$) peut être :
– le poids volumique du sol apparent (ou du sol humide) :
$\gamma = W / V$
– le poids volumique du sol sec : $\gamma_d = W_s / V_s$
– le poids volumique des grains du sol : $\gamma_s = W_s / V_s$

On l'exprime couramment en $kN/m^3$.

Pour un sol courant, $\gamma_s$ est compris entre 26 et 27 $kN/m^3$. Pour un sable, $\gamma_d$ peut varier de 16 à 21 $kN/m^3$ selon l'état de compacité du sol.

Les principales relations entre ces paramètres sont données tableau 1.

Le tableau 2 donne les valeurs de ces paramètres pour quelques sols.

| | Sols types | Paramètres physiques | | | |
|---|---|---|---|---|---|
| | | *e* | w % | $\gamma_d$ kN/m³ | $\gamma$ kN/m³ |
| reconstitués et saturés | Sable lâche avec des grains de mêmes dimensions | 0,85 | 32 | 14,3 | 18,9 |
| reconstitués et saturés | Sable serré avec des grains de dimensions très différentes | 0,43 | 16 | 18,6 | 21,6 |
| reconstitués et saturés | Argile glaciaire raide | 0,6 | 22 | 17,0 | 20,7 |
| reconstitués et saturés | Argile très molle (bentonite) | 5,2 | 194 | 4,3 | 12,7 |
| naturels et saturés | Sable de Loire | 0,52 | 24 | 15,3 | 19 |
| naturels et saturés | Limon d'Orly | 1,20 | 22 | 16,4 | 20 |
| naturels et saturés | Argile verte (région parisienne) | 0,98 | 30 | 14,6 | 19 |
| naturels et saturés | Argile molle de Cran (Bretagne) | 2,90 | 100 | 8 | 16 |
| naturels et saturés | Vase (Caen) | 2,88 | 120 | 6,3 | 13,9 |
| naturels et saturés | Craie (région parisienne) | – | 22 | 16,4 | 20 |
| naturels et saturés | Tourbe (Caen) | 6,88 | 320 | 2,8 | 11,8 |

*Tableau 2. Valeurs des paramètres physiques de quelques sols.*

## 2. IDENTIFICATION DES SOLS

Les cartes géologiques ou les prélèvements d'échantillons permettent d'établir une reconnaissance géotechnique du sol. Les sondages carottés (fig. 2 et 3) permettent de définir avec précision la succession des différentes couches de terrain.

| Paramètres | Définition | *n* | *e* | $\gamma$ | $\gamma_d$ |
|---|---|---|---|---|---|
| Teneur en eau *w* (%) | $w = \frac{W_w}{W_s}$ | $w = \frac{n\, S_r\, \gamma_w}{(1-n)\gamma_s}$ | $w = \frac{e\, S_r\, \gamma_w}{\gamma_s}$ | $w = \frac{\gamma - \gamma_d}{\gamma_d}$ | $w = \left(\frac{1}{\gamma_d} - \frac{1}{\gamma_s}\right)\gamma_w$ |
| Porosité *n* | $n = \frac{V_v}{V} = \frac{V_w + V_a}{V}$ | – | $n = \frac{e}{1+e}$ | $n = 1 - \frac{\gamma}{(1+w)\gamma_s}$ | $n = \frac{\gamma_s - \gamma_d}{\gamma_s}$ |
| Indice des vides *e* | $e = \frac{V_v}{V_s} = \frac{V_w + V_a}{V_s}$ | $e = \frac{n}{1-n}$ | – | $e = \frac{\gamma_s(1+w)}{\gamma} - 1$ | $e = \frac{\gamma_s - \gamma_d}{\gamma_d}$ |
| Poids volumique apparent $\gamma$ (kN/m³) | $\gamma = \frac{W}{V} = \frac{W_s + W_w}{V_s + V_w + V_a}$ | $\gamma = (1-n)(1+w)\gamma_s$ | $\gamma = \frac{(1+w)}{1+e}\gamma_s$ | – | $\gamma = (1+w)\gamma_d$ |
| Poids volumique apparent sec : $\gamma_d$ (kN/m³) | $\gamma_d = \frac{W_s}{V_s + V_w + V_a}$ | $\gamma_d = (1-n)\gamma_s$ | $\gamma_d = \frac{\gamma_s}{1+e}$ | $\gamma_d = \frac{\gamma}{1+w}$ | – |
| Poids volumique des grains : $\gamma_s$ (kN/m³) | $\gamma_s = \frac{W_s}{V_s}$ | $\gamma_s = \frac{\gamma}{(1-n)(1+w)}$ | $\gamma_s = (1+e)\gamma_d$ | $\gamma_s = \frac{\gamma}{(1-n)(1+w)}$ | $\gamma_s = \frac{\gamma_d}{(1-n)}$ |

*Tableau 1. Relation entre les paramètres d'identification du sol.*

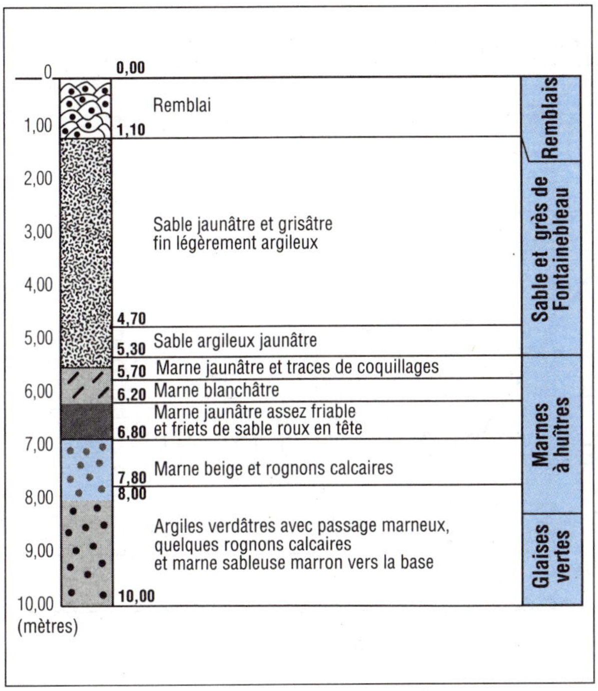


*Fig. 2. Exemple de résultat d'un sondage carotté.*

Mais cette identification n'est pas suffisante en mécanique des sols. L'échantillon de sol prélevé (fig. 3), le plus intact possible à l'aide d'un carottier (la carotte étant placée dans une gaine métallique scellée à la cire pour éviter la dessication), est analysé au laboratoire.

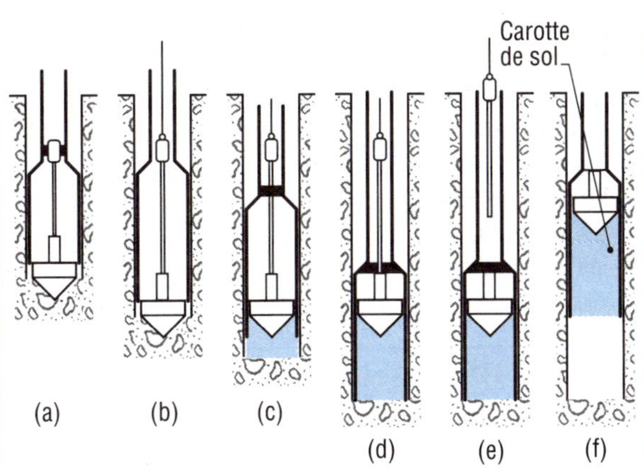


(a) fonçage piston verrouillé
(b) arrêt de fonçage et déverrouillage du piston
(c) fonçage du carottier, piston maintenu fixe par le câble
(d) verrouillage du piston en fin de course et déverrouillage de la tige du piston
(e) remontée de la tige du piston et enlèvement du câble
(f) remontée du carottier

*Fig. 3. Fonctionnement du carottier à piston stationnaire à câble.*

**On distingue deux grandes catégories d'essais :**
- les essais effectués en laboratoire sur des échantillons de sols les moins remaniés possible,
- les essais effectués sur place (*in situ*) à l'endroit même des ouvrages à construire.

## 2.1. Analyse granulométrique

Un premier classement existe pour les grains de sol, en fonction de leur diamètre (fig. 4), mais il est insuffisant pour caractériser un sol.

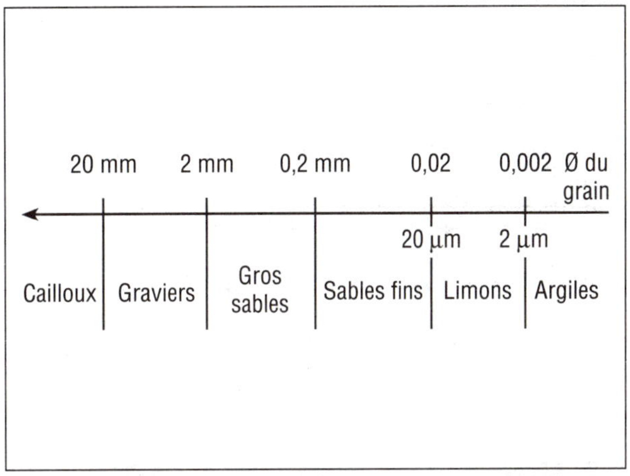


*Fig. 4. Classification selon le diamètre du grain (granulométrie)*

On réalise donc une analyse granulométrique pour représenter la répartition en poids des différents éléments contenus dans le sol (fig. 5).

**Un tamisage** permet de trier les particules de diamètre supérieur à 80 µm.

**Une sédimentométrie** (basée sur le temps de dépôt des particules des particules solides en suspension dans un fluide) permet ensuite d'analyser la répartition des éléments de diamètre inférieur à 80 µm.

Cette analyse granulométrique se traduit par le tracé de la courbe granulométrique : figure 5, page suivante.

La forme de cette courbe est caractérisée par deux coefficients sans dimension :

– le coefficient d'uniformité $C_u = \dfrac{D_{60}}{D_{10}}$

– le coefficient de courbure $C_c = \dfrac{D_{30}^2}{D_{60} \times D_{10}}$

où $D_n$ est la dimension à laquelle sont inférieurs $n$ % des grains.

Dans l'exemple représenté figure 5, on obtient :

$$D_{60} = 0{,}17 \text{ mm} \; ; \; D_{30} = 52 \text{ µm} \; ; \; D_{10} = 14 \text{ µm} \; ;$$

d'où $C_u = 12{,}14$ et $C_c = 1{,}14$.

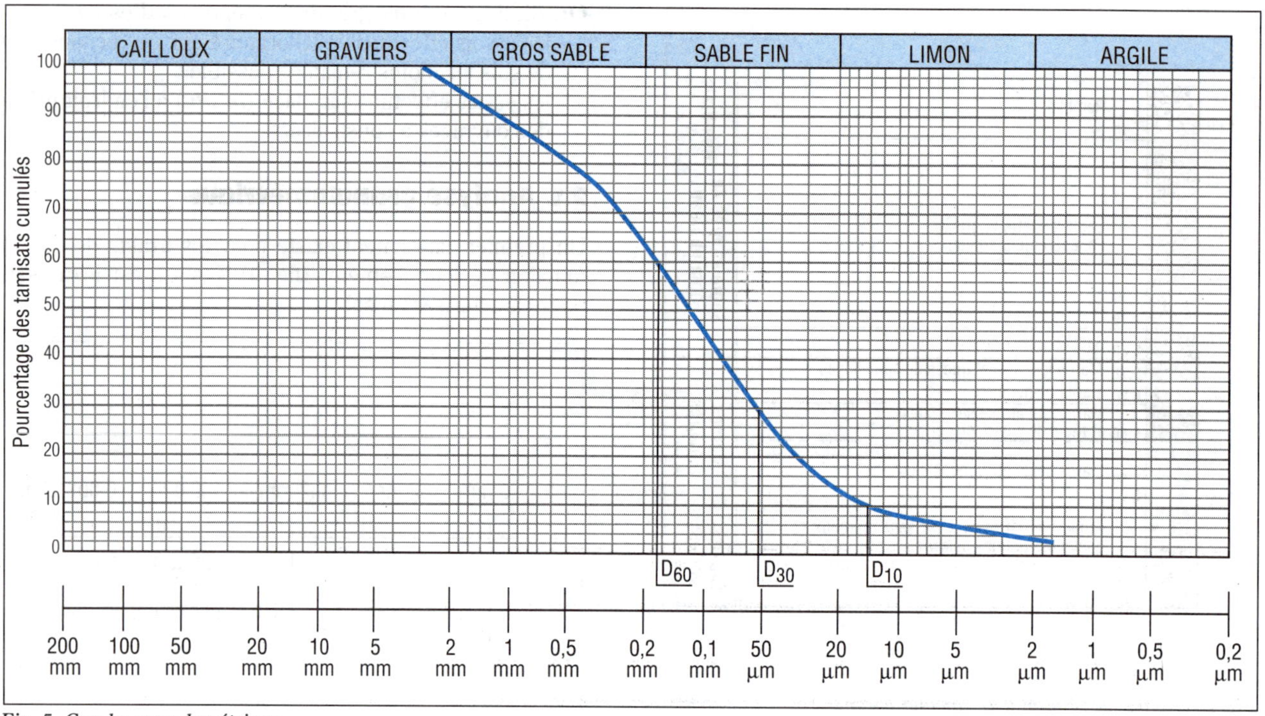


*Fig. 5. Courbe granulométrique.*

## 2.2. Limites d'Atterberg (NF P 94-051)

Ces essais sont conduits uniquement sur les éléments fins du sol (fraction passant au tamis de 0,4 mm). Ils consistent à faire varier la teneur en eau de cette fraction de sol en observant sa consistance : figure 6.

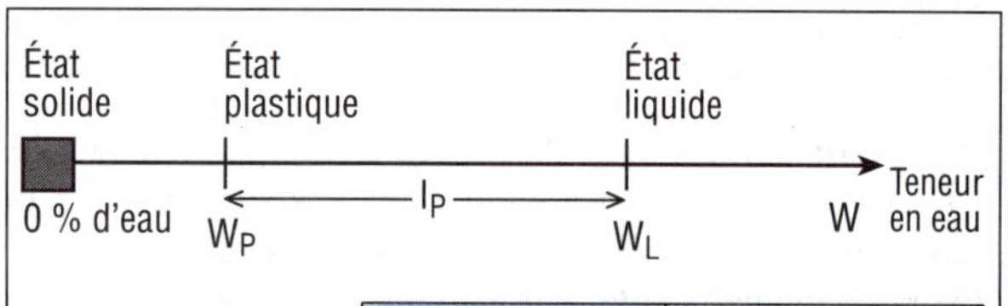


| Indice de plasticité $I_P$ | Degré de plasticité du sol considéré |
|---|---|
| 0 – 5 | non plastique |
| 5 – 15 | peu plastique |
| 15 – 40 | plastique |
| > 40 | très plastique |

*Fig. 6. Limites d'Atterberg.*

On utilise principalement deux limites : **$W_L$ limite de liquidité** et **$W_p$ limite de plasticité**.

De ces deux limites, on déduit l'indice de plasticité $I_P$ :
$I_P = W_L - W_P$ (intervalle dans lequel le sol est plastique).

## 2.3. Matières organiques

Certains sols (tourbes, vases...) sont essentiellement composés de matières organiques en décomposition plus ou moins avancée. La présence dans le sol de ces matières entraîne une grande plasticité et une grande compressibilité dues à une importante rétention d'eau.

Deux méthodes (trop longues à exposer ici) permettent de connaître la quantité de matière organique, exprimée par MO : poids des matières organiques / poids du sol.

## 2.4. Classification des sols (fig. 7 et tableau 3)

À partir de ces différents essais, le Laboratoire Central des Ponts et Chaussées (LCPC) propose un classement comportant 3 grandes classes de sols :

- les sols grenus,
- les sols fins,
- les sols organiques.

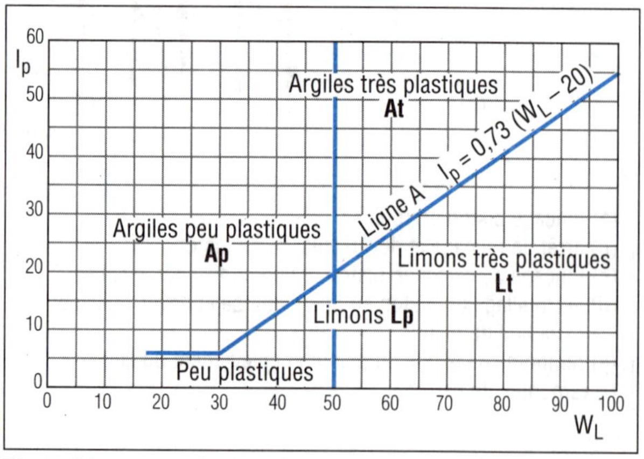


*Fig. 7. Diagramme de plasticité.*

| | | | | |
|---|---|---|---|---|
| + de 50 % des éléments de dimensions ⩾ 0,08 mm **Sols grenus** | + de 50 % des éléments de dimensions ⩾ 0,08 mm sont retenus au tamis de 2 mm **Grave** | – de 5 % des éléments de dimensions < 0,08 mm et examiner la courbe granulométrique (1) | $C_u > 4$ et $1 < C_c < 3$ | Grave bien graduée (Gb) |
| | | | $C_u < 4$ ou $C_c > 3$ ou $C_C < 1$ | Grave mal graduée (Gm) |
| | | + de 12 % des éléments < 0,08 mm et faire les limites d'Atterberg, déterminer $W_L$ et $W_p$ et situer le point $I_p$-$W_L$ (1) | Point situé au-dessous de la ligne A du diagramme de plasticité | Grave limoneuse (GL) |
| | | | Point situé au-dessus de la ligne A du diagramme de plasticité | Grave argileuse (GA) |
| | + de 50 % des éléments de dimensions ⩾ 0,08 mm passent au tamis de 2 mm **Sable** | – de 5 % des éléments < 0,08 mm et examiner la courbe granulométrique (1) | $C_u > 6$ et $1 < C_c < 3$ | Sable bien gradué (Sb) |
| | | | $C_u < 6$ ou $C_c < 1$ ou $C_C > 3$ | Sable mal gradué (Sm) |
| | | + de 12 % des éléments < 0,08 mm et faire les limites d'Atterberg, déterminer $W_L$ et $W_p$ et situer le point $I_p$-$W_L$ dans le diagramme de plasticité (1) | Point situé au-dessous de la ligne A du diagramme de plasticité | Sable limoneux (SL) |
| | | | Point situé au-dessus de la ligne A du diagramme de plasticité | Sable argileux (SA) |
| MO(2) ⩽ 10 % et + de 50 % des éléments de dimensions < 0,08 mm **Sols fins** | MO ⩽ 3 % **Argile (A)** ou **Limon (L)** | Faire les limites d'Atterberg, déterminer $W_L$ et $W_P$ et situer le point $I_P$-$W_L$ dans le diagramme de plasticité | Point situé au-dessous de la ligne A du diagramme de plasticité et $W_L < 50$ | Limon peu plastique (Lp) |
| | | | Point situé au-dessous de la ligne A du diagramme de plasticité et $W_L > 50$ | Limon très plastique (Lt) |
| | | | Point situé au-dessus de la ligne A du diagramme de plasticité et $W_L < 50$ | Argile peu plastique (Ap) |
| | | | Point situé au-dessus de la ligne A du diagramme de plasticité et $W_L > 50$ | Argile très plastique (At) |
| | 3 % < MO ⩽ 10 % **Sol faiblement organique (fo)** | Faire les limites d'Atterberg, déterminer $W_L$ et $W_P$ et situer le point $I_P$-$W_L$ dans le diagramme de plasticité | Point situé au-dessous de la ligne A du diagramme de plasticité et $W_L < 50$ | Sol faiblement organique limoneux peu plastique (fo-Lp) |
| | | | Point situé au-dessous de la ligne A du diagramme de plasticité et $W_L > 50$ | Sol faiblement organique limoneux très plastique (fo-Lt) |
| | | | Point situé au-dessus de la ligne A du diagramme de plasticité et $W_L < 50$ | Sol faiblement organique argileux peu plastique (fo-Ap) |
| | | | Point situé au-dessus de la ligne A du diagramme de plasticité et $W_L > 50$ | Sol faiblement organique argileux très plastique (fo-At) |
| MO > 10 % **Sols organiques** | 10 % < MO < 30 % | | | Sol moyennement organique (mo) |
| | MO ⩾ 30 % | | | Sol très organique (to) |

(1) entre 5 et 12 % d'éléments < 0,08 mm : cas limite nécessitant le double symbole adapté aux caractéristiques de la courbe granulométrique et de plasticité.
Exemple : Gb-GL = grave bien graduée – grave limoneuse
Sb-SL = sable bien gradué – sable limoneux
(2) MO : matières organiques (p. 58)

*Tableau 3. Classification des sols selon le Laboratoire Central des Ponts et Chaussées.*

# 3. LES ESSAIS DE RÉSISTANCE DES SOLS

**Les études de sols seront de deux types :**

- une première sera conduite quand le sol est complètement drainé (long terme pour les sols cohérents, long et court terme pour les sols pulvérents) ;
- une seconde sera faite lorsque le sol n'est pas encore drainé (court terme).

En effet, l'eau induit des forces de cohésion entre les grains du squelette : s'ils sont de dimensions importantes, les forces sont faibles devant le poids propre des grains et l'eau a donc une faible influence (cas des sols purement pulvérents).

S'ils sont de petites dimensions, les efforts de cohésion sont importants devant le poids propre des particules et l'eau a un effet prépondérant (cas des sols cohérents) : figure 8.

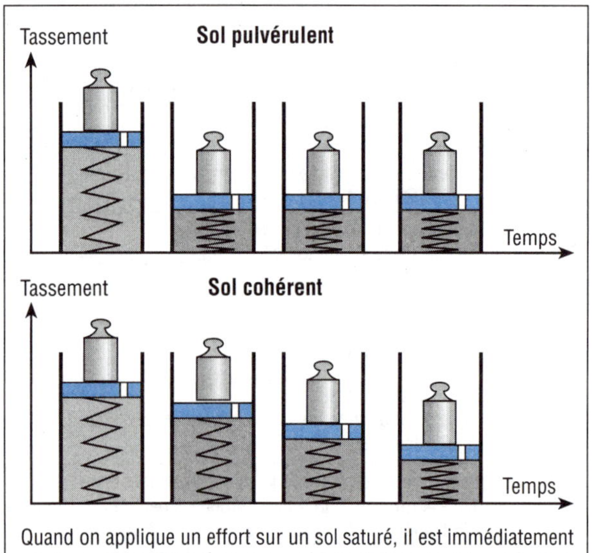


Quand on applique un effort sur un sol saturé, il est immédiatement repris par l'eau. Elle s'évacuera rapidement dans un sol pulvérulent, mais mettra beaucoup plus de temps dans un sol purement cohérent.

*Fig. 8. Évolution du tassement en fonction du temps.*

## 3.1. Les essais de laboratoire

Les plus utilisés sont **l'essai de cisaillement direct** (fig. 9), et **l'essai triaxial** (fig. 11).

Chaque essai comporte deux phases :

- **phase 1 :** recompression du sol, avec ou sans drainage de l'eau contenue dans l'échantillon (essai consolidé ou non consolidé) ;
- **phase 2 :** conduite du sol à la rupture par cisaillement, avec ou sans drainage.

L'essai de cisaillement, non consolidé non drainé, correspond au comportement des sols à court terme. On utilise une boîte de cisaillement schématisée à la figure 9.

L'essai de cisaillement, consolidé et drainé, correspond au comportement à long terme.

### 3.1.1. Essai de cisaillement direct

L'échantillon de sol à étudier est placé entre deux demi-boîtes (de section S) qui peuvent se déplacer l'une par rapport à l'autre.

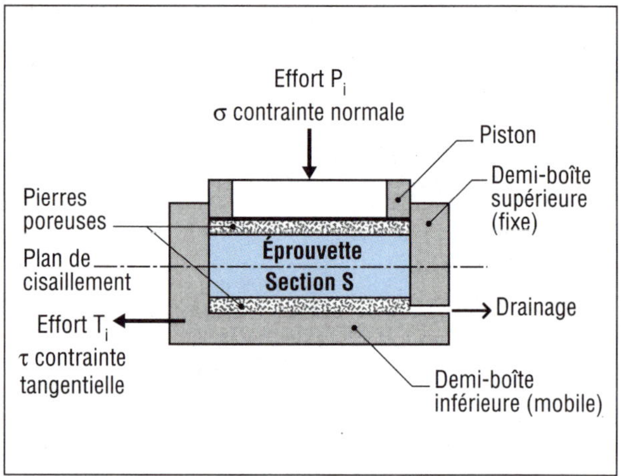


*Fig. 9. Schéma de la boîte de cisaillement (NF P 94-070).*

Un piston permet d'exercer un effort de compression vertical sur l'échantillon. La demi-boîte inférieure, se déplaçant au cours de l'essai, cisaille le sol suivant un plan bien défini. On réalise plusieurs fois l'essai en faisant varier l'effort de compression $P_i$, et on note l'effort de cisaillement $T_i$. On reporte ensuite sur un graphique la contrainte de compression $\sigma = P_i / S$ et celle de cisaillement $\tau = T_i / S$.

La droite d'équation : $\tau = C + \sigma \tan \Phi$ est la courbe intrinsèque du sol : figure 10.

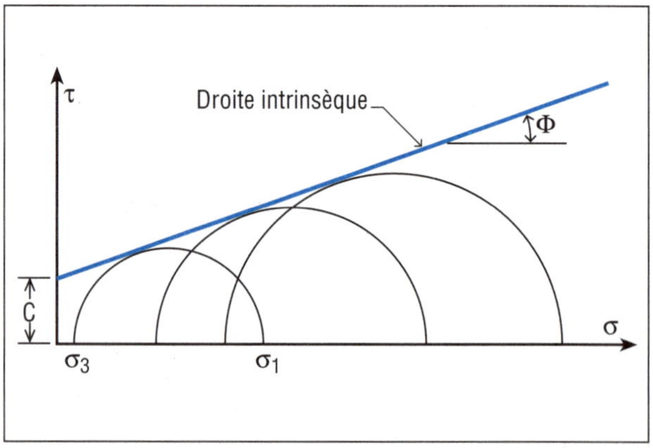


*Fig. 10. Représentation de Mohr-Coulomb.*

Cet essai donne de bons résultats sur les sols plutôt pulvérents (sol grenu). À une vitesse de cisaillement de 1,5 mm /min, l'essai est alors drainé. On peut utiliser ces résultats pour des études à long terme. Sur des sols cohérents (argile, limon, sable fin argileux), l'interprétation est difficile et on préfère utiliser l'essai triaxial.

### 3.1.2. Essai triaxial

Cet essai consiste à soumettre une éprouvette cylindrique de sol à une étreinte latérale (simulant la pression des terres autour de l'échantillon) et à augmenter l'effort de compression vertical jusqu'à la rupture de l'éprouvette.

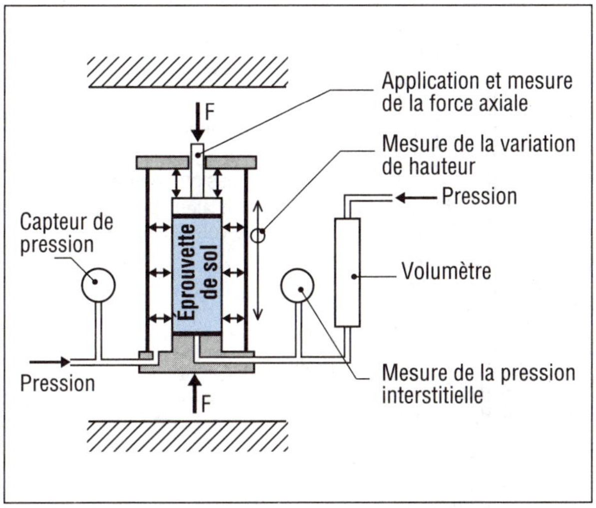


*Fig. 11. Schéma de la cellule triaxiale.*

On réalise plusieurs essais en faisant varier l'étreinte latérale. On trace la courbe intrinsèque du sol pour obtenir l'angle de frottement interne Φ' et la cohésion C'. Si le chargement se fait très lentement, on peut avoir un essai consolidé et drainé. On retrouve la droite d'équation : $\tau = C' + \sigma' \tan \Phi'$ (fig. 10). Les paramètres C' et Φ' permettent alors de faire des études à long terme.

Sur les sols cohérents, en appliquant l'étreinte latérale et la compression à drainage fermé, on recrée le comportement à court terme. La résistance du sol est constante (droite intrinsèque parallèle à l'axe des abscisses σ) et vaut $C_u$ (cohésion non drainée).

## 3.2. Essais en place (*in situ*)

Nous nous limitons ici aux essais utilisant les appareils les plus courants : pénétromètres et pressiomètres.

### 3.2.1. Pénétromètres

On enfonce un train de tiges (diamètre de 3 à 6 cm) dans le terrain. Selon le mode de pénétration, on distingue :
- le **pénétromètre statique** qui est enfoncé à l'aide d'un vérin installé sur un véhicule lourd.
- le **pénétromètre dynamique** qui est enfoncé par battage d'une masse connue, soulevée d'une hauteur connue, et qui percute le train de tiges,

**Le pénétromètre statique**, dont le train de tiges est terminé par une pointe, est enfoncé dans le sol à vitesse lente et constante. Son diamètre varie selon les modèles de 3,6 à 5 cm. Il permet d'obtenir séparément $q_c$ (contrainte sous la pointe) et $f_s$ (résistance au frottement latéral). Les résultats sont représentés par des graphiques donnant $q_c$ et $f_s$ en fonction de la profondeur (fig. 12). Cet essai donne des résultats exploitables pour le dimensionnement des fondations superficielles.

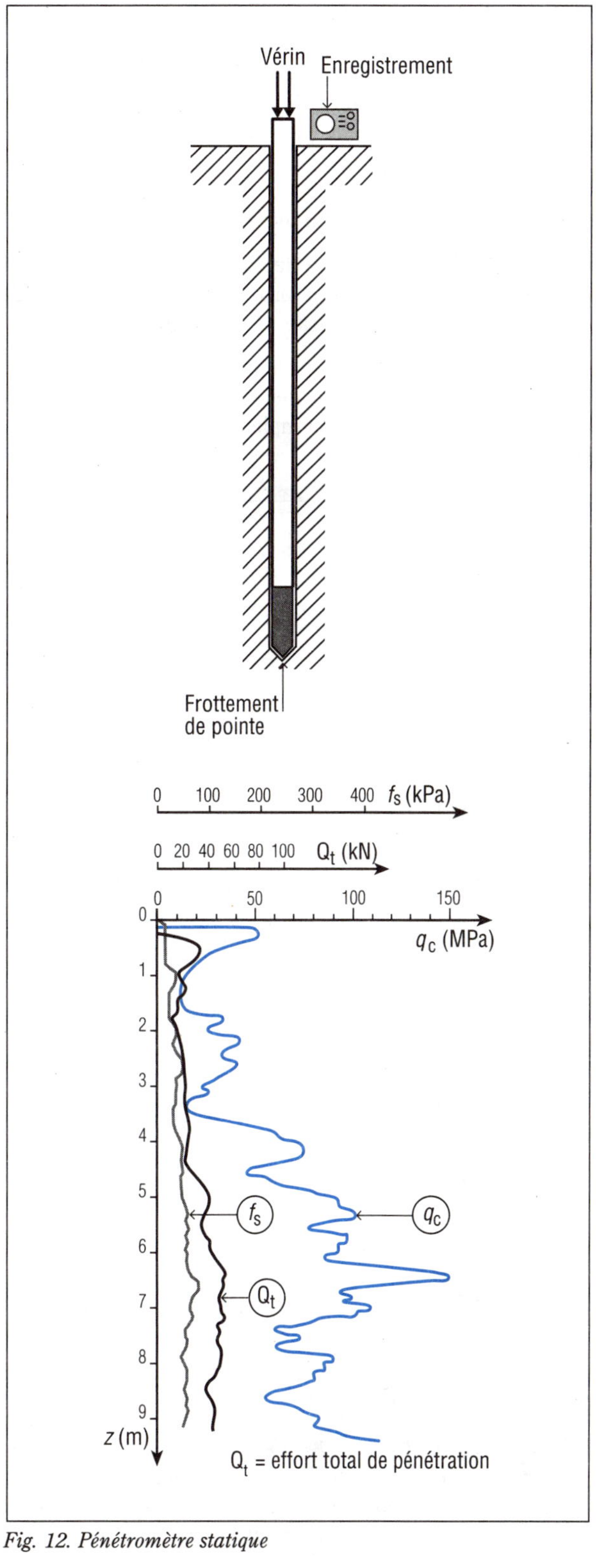


*Fig. 12. Pénétromètre statique*

**Le pénétromètre dynamique** est enfoncé à l'aide d'un mouton de petites dimensions. On compte le nombre de coups N nécessaires pour enfoncer le train de tige de 10 cm. On en déduit la résistance en pointe grâce à la formule des Hollandais (fig. 13), avec :

M = masse frappante appelée mouton (kg).

M' = masse frappée composée du pénétromètre et de ses accessoires (train de tiges, enclume, guide) (kg).

*e* = pénétration moyenne par coup (10 cm divisé par le nombre de coups N).

*g* = accélération de la pesanteur (9,81 m/s²).

H = hauteur de chute de la masse frappante (m).

On reporte alors le nombre de coups ou la résistance en pointe ($R_p$) en fonction de la profondeur. De la résistance en pointe, on déduit la contrainte de pointe $q_d$.

On peut utiliser cet essai pour le prédimensionnement des fondations superficielles sur des terrains grenus. Dans les autres cas, l'essai doit être complété par des essais tels que l'essai pressiométrique.

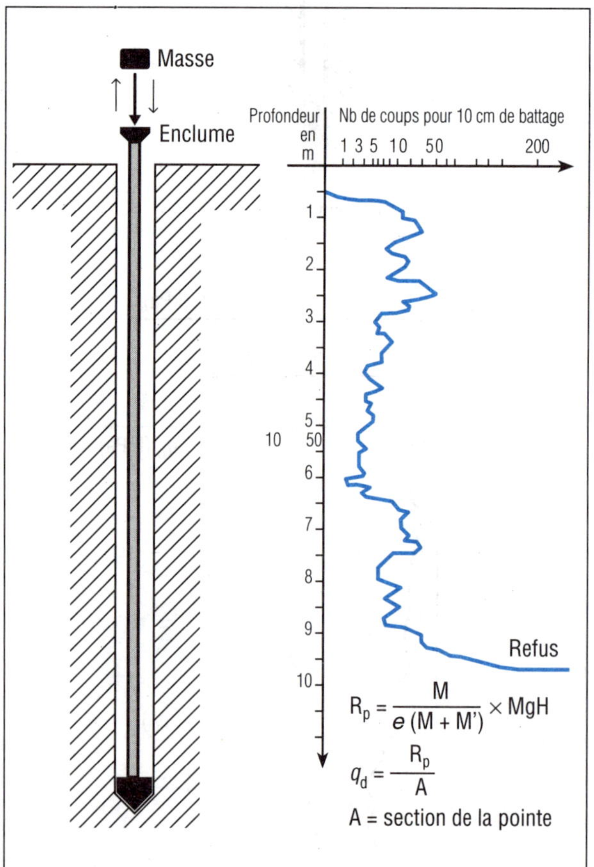


*Fig. 13. Pénétromètre dynamique.*

### 3.2.2. Pressiomètres (fig. 14)

C'est un essai réalisé grâce à l'expansion d'une cellule cylindrique descendue dans le sol, soit dans un avant-trou foré au préalable, soit de façon autonome par autoforage.

L'essai est effectué tous les mètres. On mesure la pression et le volume de liquide envoyé dans la cellule. On obtient des courbes pressions-volumes.

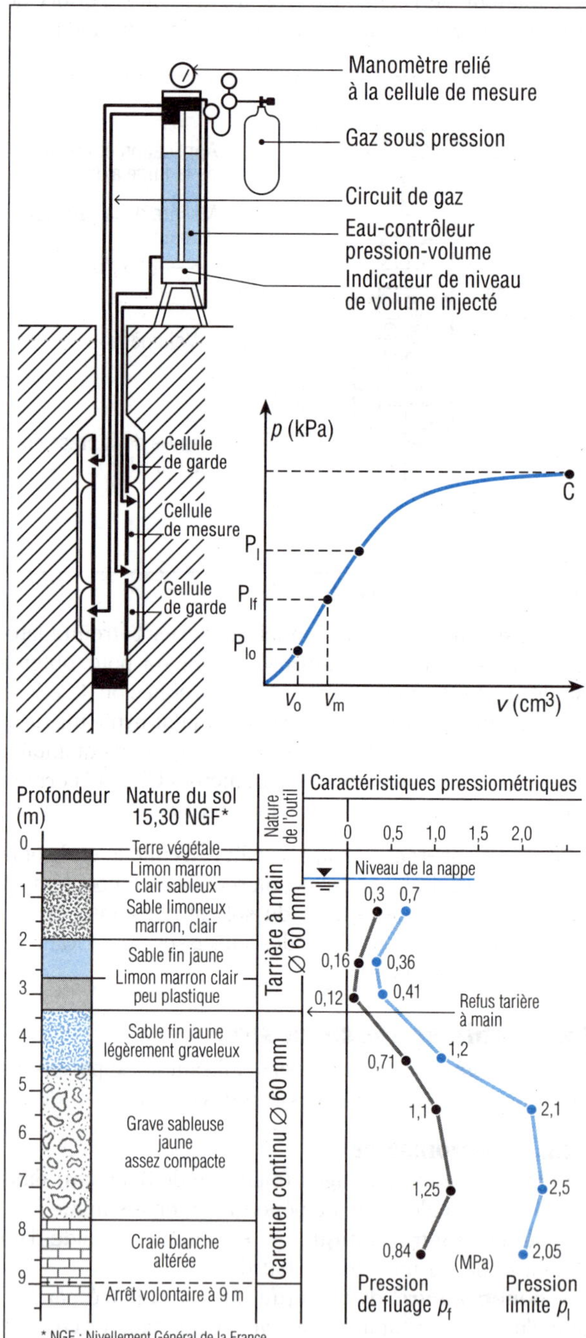


$p_f$ = pression de fluage qui correspond à une certaine « rupture » du sol.

$p_l$ = pression limite correspondant au doublement de volume de la cellule.

*Figure 14. Pressiomètre (appareillage, courbe d'essai).*

# Fondations superficielles : définition, principes du dimensionnement

**AFNOR NF P 11-711 et -211 (DTU n° 13-11 et 13-12), FD P 15-010**

## 1. Fonctions, définitions

Les fondations d'un ouvrage sont les éléments de la structure assurant la transmission des efforts de cette structure sur le sol.

La descente de charge permet de connaître les actions de la structure sur les fondations (p. 23). La mécanique des sols permet, de son côté, de connaître l'action du sol sur les fondations.

Vis-à-vis du sol, la fondation assumera sa fonction tant que :
- son équilibre statique est assuré (pas de glissement, de basculement ou d'enfoncement de la fondation) ;
- le tassement n'entraîne pas de désordre dans la structure.

Selon la valeur du rapport D / B, la fondation sera considérée comme superficielle ou profonde : figure 1.

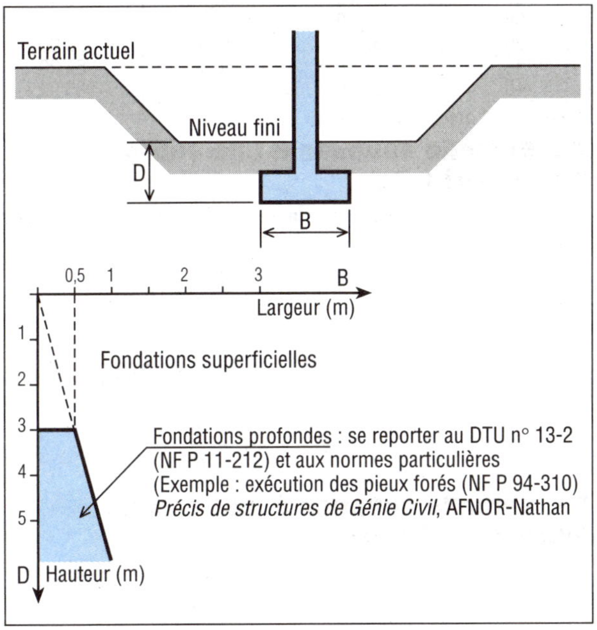


*Fig. 1. Domaine de définition des fondations superficielles.*

Les semelles de fondations peuvent être filantes (sous un mur) ou isolées (sous un poteau).

## 2. Principes du dimensionnement

### 2.1. Contrainte de calcul du sol

Pour déterminer une fondation superficielle, on utilise une contrainte de calcul $q$ (contrainte verticale pouvant être mobilisée sous la fondation sans danger de tassement et de rupture).

Cette contrainte $q$ est :

- soit déduite de l'expérience acquise sur des réalisations voisines ou sur des sols bien répertoriés :
  - *a priori*, on pourra prendre comme valeur de $q$ (DTU n° 13.11) celle du tableau 1 ;

| Nature du sol | $q$ (MPa) |
|---|---|
| Roches peu fissurées saines non désagrégées de stratification favorable | 0,75 à 4,5 |
| Terrain non cohérent à bonne compacité | 0,35 à 0,75 |
| Terrain non cohérent à moyenne compacité | 0,20 à 0,40 |
| Argile | 0,03 à 0,30 |

*Tableau 1. Valeur de q (MPa) en fonction de la nature du sol.*

  - ou encore, en consultant la carte géologique locale, on pourra estimer la valeur $q$ à l'aide du tableau 2 (d'après A. Coin) ;

| Nature géologique du sol | $q$ (MPa) |
|---|---|
| Limon de plateaux | 0,15 à 0,30 |
| Terre à meulière | 0,30 à 0,45 |
| Marne verte, argile | 0,07 à 0,45 |
| Alluvions anciennes, sables et graviers | 0,60 à 0,90 |
| Sables de Beauchamp | 0,75 à 1,50 |
| Craie | 0,90 à 1,00 |
| Marne + caillasse | 0,75 à 1,50 |
| Calcaire grossier | 1,80 à 4,50 |

*Tableau 2. Valeur de q (MPa) d'après A. Coin.*

- soit déterminée à partir des essais de mécanique des sols : la mécanique des sols permet de connaître la contrainte ultime $q_u$ que peut supporter le sol sous une fondation. La contrainte de calcul $q$ est la plus petite des deux valeurs suivantes : $q_u / 2$ où la contrainte n'entraîne pas de tassements différentiels trop importants dans la structure. Dans la majorité des sols et pour les bâtiments courants, on pourra *a priori* prendre $q = q_u / 2$. Il conviendra de se préoccuper des tassements quand les charges apportées seront importantes (silos, réservoirs, piscines, etc.) et quand le sol sera constitué d'argiles, limons et autres sols organiques.

### 2.2. Effort de la structure sur les fondations

La descente de charge effectuée sur la structure porteuse donne l'effort ultime au pied des poteaux et des murs. En y ajoutant le poids propre des fondations (pondéré par le coefficient 1,35), on trouve l'effort $N_u$ apporté par l'ouvrage sur le sol.

### 2.3. Détermination de la surface de la semelle de fondation

La surface S de la semelle devra satisfaire la relation suivante :

$$S \geqslant N_u / q.$$

On distingue deux cas :

– **Pour une semelle filante**, l'étude porte sur un mètre de longueur de la semelle donc :

$$B \geqslant \frac{N_u}{q}$$ avec B en m, $N_u$ en kN/m et $q$ en kPa.

– **Pour une semelle ponctuelle**, il vient : $B_x \times B_y \geqslant \frac{N_u}{q}$

avec $B_x$ et $B_y$ en m, $N_u$ en kN et $q$ en kPa.

Les dimensions de la semelle seront alors déterminées en fonction des indications de la figure 2.

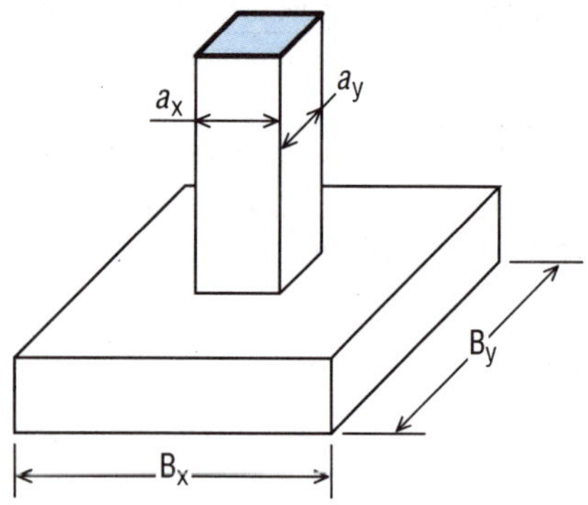


– Si $a_y < 3a_x$ : semelle homothétique, c'est-à-dire :

$$\frac{a_x}{B_x} = \frac{a_y}{B_y}$$

– Si $a_y \geqslant 3a_x$ : semelle à débord constant $d_0$, c'est-à-dire :

$$\begin{cases} B_x = a_x + 2d_0 \\ B_y = a_y + 2d_0 \end{cases}$$

*Fig. 2. Semelle isolée sous poteau.*

## 3. DIMENSIONNEMENT À L'AIDE DES ESSAIS DE LABORATOIRE

Ces essais, définis p. 56, permettent de déterminer les paramètres d'un sol : $\gamma$ (poids volumique), C (cohésion) et $\Phi$ (angle de frottement interne).
Dans le cas de terrains pulvérulents (grave et sable), le calcul se fait à long terme avec C' et $\Phi$' (valeurs de C et $\Phi$ drainés).

Dans le cas de sols cohérents (argileux), on fait un double calcul, à court terme avec $C_u$ et $\Phi_u$, et à long terme avec C' et $\Phi$'.

Les résultats obtenus avec cette théorie sont parfois assez éloignés des valeurs mesurées expérimentalement. Pour la détermination de la capacité portante d'une fondation, on utilisera de préférence des essais plus adaptés tels que les essais au pénétromètre statique ou au pressiomètre.

Plaçons-nous dans le cas d'une semelle de largeur B, de longueur L, d'encastrement D, fondée sur un terrain horizontal.

### 3.1. Semelle soumise à une charge centrée

On a alors :

$$q_u = \{\gamma \cdot D\} \times N_q + \left\{\left(1 - 0{,}2\frac{B}{L}\right)\frac{\gamma B}{2}\right\} \times N_\gamma + \left\{\left(1 + 0{,}2\frac{B}{L}\right)C\right\} \times N_c$$

$N_q$, $N_c$ et $N_\gamma$ sont les facteurs de portance dont les valeurs sont données dans le tableau 3.

| $\Phi$ en degrés | $N_c$ | $N_\gamma$ | $N_q$ |
|---|---|---|---|
| 0 | 5,14 | 0 | 1,00 |
| 5 | 6,50 | 0,10 | 1,60 |
| 10 | 8,40 | 0,50 | 2,50 |
| 15 | 11,00 | 1,40 | 4,00 |
| 20 | 14,80 | 3,50 | 6,40 |
| 21 | 15,80 | 4,10 | 7,10 |
| 22 | 16,90 | 4,90 | 7,80 |
| 23 | 18,10 | 5,80 | 8,70 |
| 24 | 19,30 | 6,90 | 9,60 |
| 25 | 20,70 | 8,10 | 10,70 |
| 26 | 22,20 | 9,50 | 11,80 |
| 27 | 24,00 | 11,40 | 13,20 |
| 28 | 25,80 | 13,20 | 14,70 |
| 29 | 27,90 | 15,50 | 16,40 |
| 30 | 30,00 | 18,10 | 18,40 |
| 31 | 32,70 | 21,30 | 20,60 |
| 32 | 35,50 | 25,10 | 23,20 |
| 33 | 38,70 | 29,50 | 26,10 |
| 34 | 42,20 | 34,80 | 29,40 |
| 35 | 46,00 | 41,10 | 33,30 |
| 36 | 50,60 | 49,00 | 37,80 |
| 37 | 55,70 | 58,50 | 42,90 |
| 38 | 61,40 | 70,00 | 48,90 |
| 39 | 67,90 | 84,00 | 56,00 |
| 40 | 75,30 | 100,00 | 64,20 |
| 45 | 134,00 | 254,00 | 135,00 |

*Tableau 3. Facteurs de portance :* $N_c$, $N_\gamma$, $N_q$.

### 3.2. Semelle soumise à une charge inclinée (fig. 3a)

Si la charge est inclinée sur la verticale d'un angle $\delta$, la formule ci-dessus devient :

$$q_u = i_q\{\gamma \cdot D\} \times N_q + i_\gamma\left\{\left(1 - 0{,}2\frac{B}{L}\right)\frac{\gamma B}{2}\right\} \times N_\gamma + i_c\left\{\left(1 + 0{,}2\frac{B}{L}\right)C\right\} \times N_c$$

$$\text{avec : } i_c = i_q = \left(1 - \frac{2\delta}{\pi}\right)^2 \text{ et } i_\gamma = \left(1 - \frac{\delta}{\Phi}\right)^2$$

### 3.3. Semelle soumise à une charge excentrée (fig. 3b)

Si la charge est excentrée d'une valeur $e$, on remplacera B dans les formules ci-dessus par la valeur fictive $B' = B - 2e$.

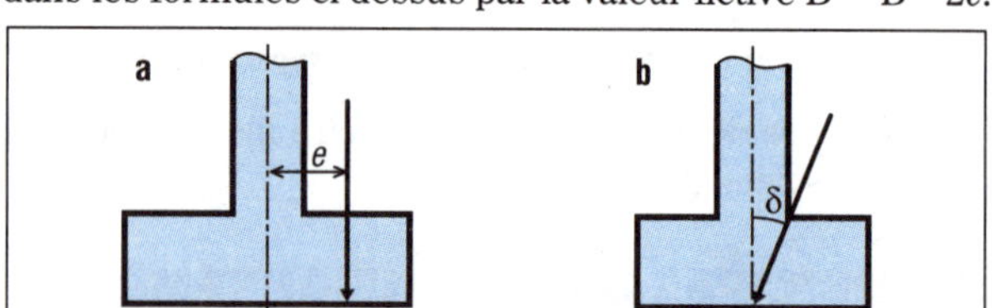


*Fig. 3. Semelle soumise à une charge centrée excentrée (a) ou inclinée (b).*

## 4. DIMENSIONNEMENT À L'AIDE DES ESSAIS EN PLACE (*IN SITU*)

### 4.1. Pénétromètre dynamique (fig. 13 p. 62)

On déduit la résistance du sol sous la pointe $R_p$ puis la contrainte $q_d = R_p$ / (section droite de la pointe), à partir du nombre de coups nécessaires pour traverser une couche.

Pour une semelle soumise à une charge verticale centrée, la contrainte $q_u$ vaut $q_d / 7$.

## 4.2. Pénétromètre statique (fig. 4)

Pour une semelle de largeur B, de longueur L, soumise à un chargement centré, la contrainte $q_u$ vaut :

$$q_u = k_c\, q_{ce} + \gamma\, D$$

où $\gamma$ représente le poids volumique du sol et $q_{ce}$ la résistance de pointe équivalente sous la fondation.

Sur une profondeur de 1,5 B, on calcule la moyenne $q_{cm}$ des résistances de pointe mesurées :

$$q_{cm} = S^* / 1{,}5\, B$$

où S* est la surface hachurée (fig. 4). La résistance de pointe équivalente $q_{ce}$ est calculée comme la valeur moyenne des résistances de pointe mesurées, après avoir écrêté les valeurs supérieures à 1,3 $q_{cm}$ :

$$q_{ce} = S^{**} / 1{,}5\, B$$

$$\text{où} \quad S^{**} = S^* - [\text{surface } (q_c > 1{,}3\, q_{cm})].$$

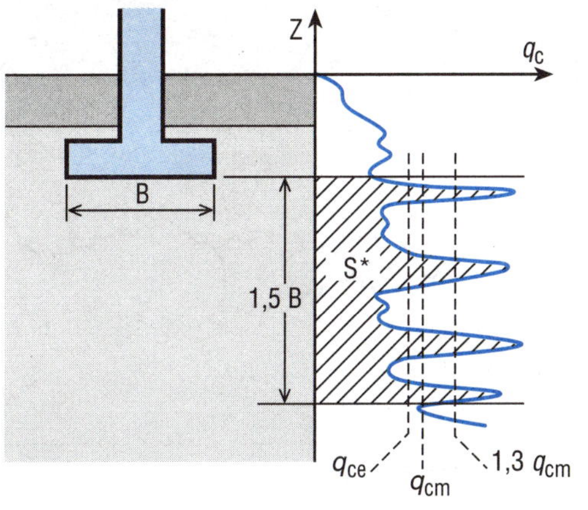


| Type de sol | | |
|---|---|---|
| **I** Argiles Limons | **II** Sables Graviers | **III** Craie Marnes Marno-calcaire Roches altérées ou fragmentées |

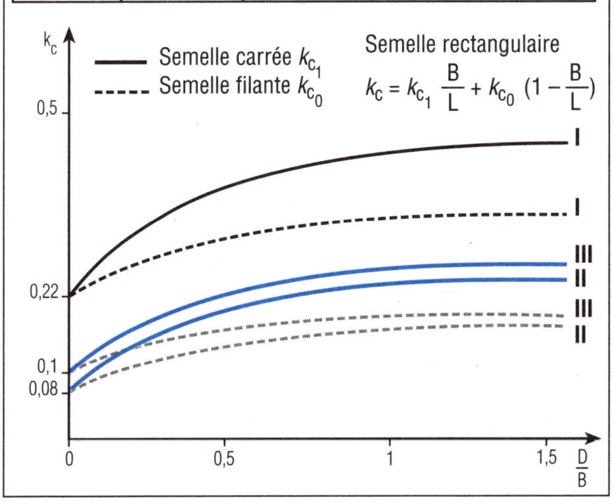


*Fig 4. Pénétromètre statique.*

On trace une droite à 1,3 $q_{cm}$, pour éliminer toutes les valeurs supérieures. On obtient :

$$q_{ce} = \text{nouvelle surface} / 1{,}5\, B$$

$k_c$ est le facteur de portance qui est fonction du type de sol, des dimensions de la fondation (B et L) et de l'encastrement relatif (D / B).

Pour les valeurs de D / B supérieures à 1,5, le coefficient $k_c$ garde la valeur qu'il avait pour D / B = 1,5.

*Remarque :* dans le cas où le profil de pénétration fait apparaître, sous la fondation, des valeurs de résistance en pointe inférieures à 0,5 MPa, il sera prudent de faire une étude complémentaire (autre type de fondation, autre niveau, etc.).

## 4.3. Pressiomètre (fig. 5)

Pour une semelle de largeur B, de longueur L, soumise à un chargement centré, la contrainte $q_u$ vaut :

$$q_u = K_p\, pl_e + \gamma D \quad \text{où :}$$

- $\gamma$ est le poids volumique du sol ;
- $pl_e$ est la pression limite nette équivalente (pression moyenne calculée sur une hauteur de 1,5 B sous la fondation, en plafonnant les valeurs maximales, à 1,5 fois les valeurs minimales) ;
- $K_p$ est le facteur de portance qui est fonction :
  * du type de sol ;
  * des dimensions de la fondation (B et L) ;
  * de l'encastrement relatif (D / B).

Pour les valeurs de D / B supérieures à 1,5, le coefficient $K_p$ garde la valeur qu'il avait pour D / B = 1,5.

| Type de sol | | |
|---|---|---|
| **I** Argiles Limons | **II** Sables Graviers | **III** Craie Marnes Marno-calcaire Roches altérées ou fragmentées |

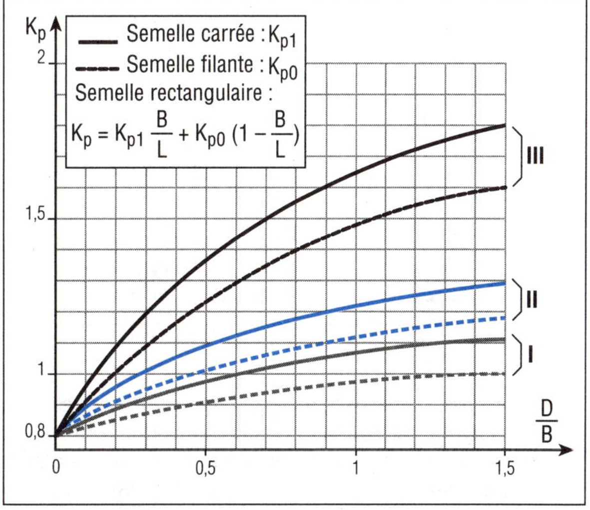


*Fig. 5. Pressiomètre.*

## 4.4. Cas particuliers

### 4.4.1. Charges inclinées

Dans le cas de charges inclinées d'un angle δ par rapport à la verticale, la valeur respectivement $k_c\ q_{ce}$ pour l'essai pénétrométrique, $K_p\ pl_e$ pour l'essai pressiométrique, sera affectée d'un coefficient minorateur donné figure 6.

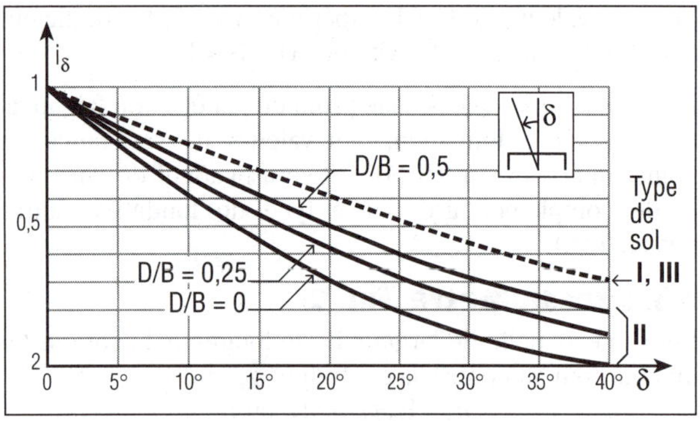


*Fig. 6. Correction pour les charges inclinées.*

### 4.4.2. Charges excentrées

Si e est l'excentrement de la charge, on prendra en compte une largeur $B' = B - 2e$ à la place de B.

# 5. DISPOSITIONS PARTICULIÈRES

On distingue quatre cas pour lesquels des dispositions particulières sont à prendre.

- **Fondations sur un terrain incliné ou à des niveaux différents**

  En règle générale, pour des fondations à des niveaux différents, on adoptera la disposition de la figure 7.

  Pour plus de détails, on pourra consulter l'ouvrage du SETRA : « Fond 72 ».

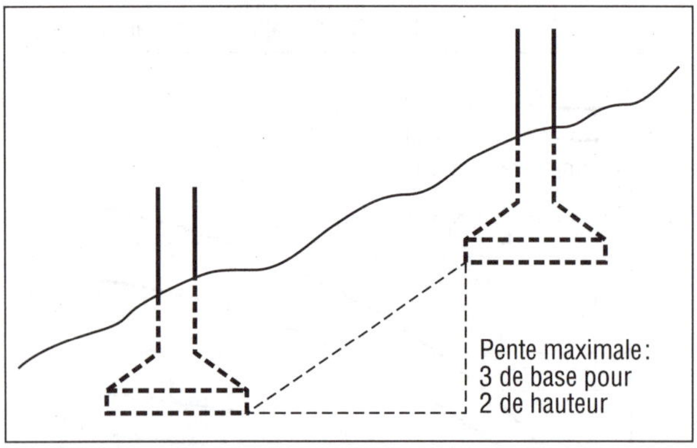


*Fig 7. Fondations à des niveaux différents.*

- **Fondations dans des milieux agressifs :** il est souhaitable d'effectuer des prélèvements d'eau et de sol en vue de déterminer l'agressivité du milieu. On en déduira principalement le choix du ciment (p. 38), voire un dosage en ciment (NF 15-010).

- **Précautions contre le gel (fig. 8) :** le niveau d'assise des fondations devra être descendu à un niveau de sol non soumis au gel. Cette profondeur varie en France métro-politaine entre 0,50 m et 1 m selon la zone climatique et l'altitude.

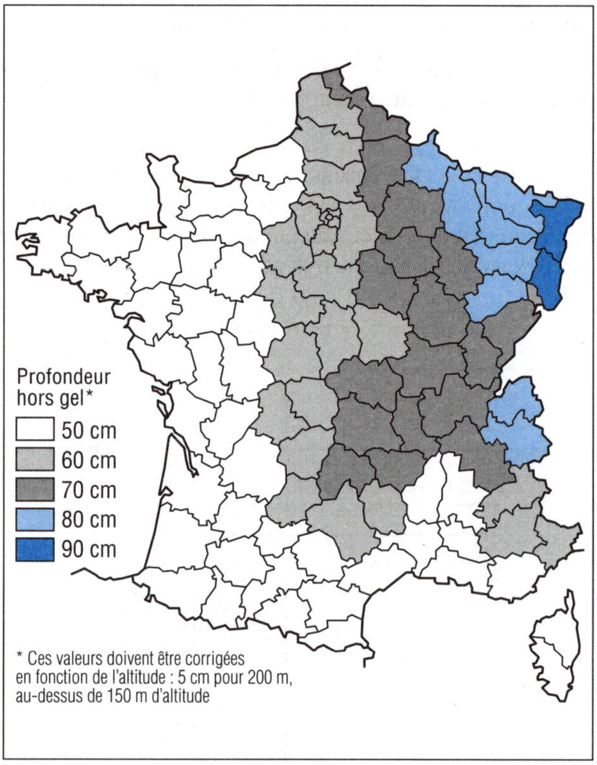


*Fig 8. Profondeur hors gel.*

- **Fondations au voisinage de fouilles, de pieux (fig. 9) :** quand il existe des ouvrages ou des fouilles, à proximité immédiate de la fondation, il convient de vérifier que les efforts supplémentaires apportés par ces fondations peuvent être supportés sans dommage.

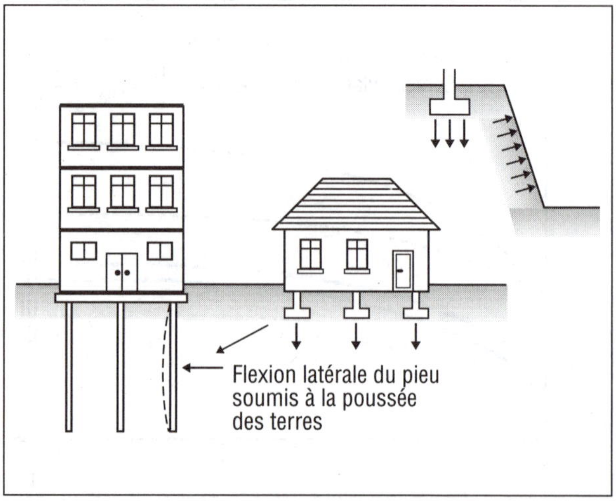


*Fig 9. Pieux et fouilles au voisinage des fondations.*

# MURS DE SOUTÈNEMENT : CONCEPTION ET MISE EN ŒUVRE

AFNOR DTU P 11-711 (DTU n° 13-12)

## 1. INTRODUCTION

Les ouvrages de soutènement sont des constructions destinées à éviter l'éboulement ou le glissement d'un talus de terrain trop pentu. Ils sont employés en sites montagneux pour protéger les chaussées contre les éboulements de terre (et avalanches), et en site urbain pour réduire l'emprise des talus.

À l'arrière du mur, les terres retenues engendrent sur l'écran un effort de **poussée**. Le terrain situé devant le mur pourra mobiliser un effort de **butée** : figure 1.

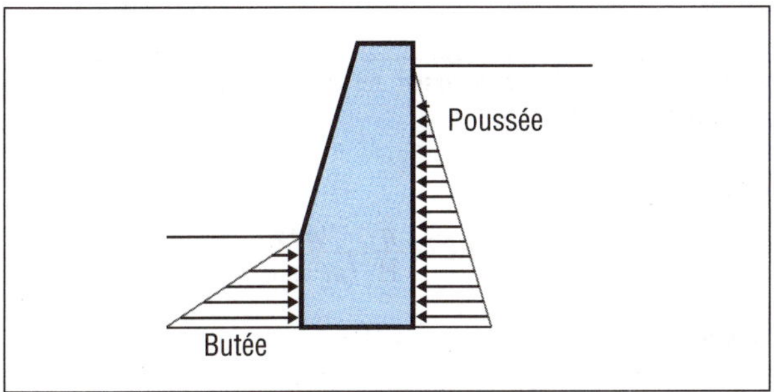


*Fig. 1. Poussée-butée.*

La mécanique des sols permet de calculer les efforts exercés par le sol sur ces ouvrages.

## 2. RÉPARTITION DES CONTRAINTES DANS LE SOL (Fig. 2)

Dans un terrain horizontal, à l'équilibre et non chargé (pas de fondations à proximité par exemple), le sol étant homogène (poids volumique $\gamma$), un point P à la profondeur $z$ subit une contrainte verticale $\sigma_v$ et une contrainte horizontale $\sigma_h$ (fig. 2).

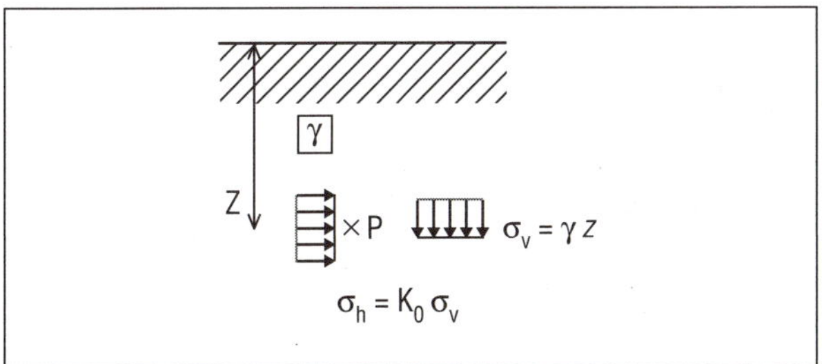


*Fig. 2. Contraintes dans le sol au repos.*

– La contrainte verticale a pour expression : $\sigma_v = \gamma z$.

– La contrainte horizontale (étreinte latérale) vaut :
$\sigma_h = K_o \gamma z = K_o \sigma_v$ ; $K_o$ est le coefficient de poussée des terres au repos.

La formule de Jaky donne une valeur de $K_o$ en fonction de l'angle de frottement $\phi$ : $K_o = 1 - \sin \Phi$.

Les tableaux 1 et 2 donnent des valeurs courantes de $K_o$ pour différents sols ($K_a$ et $K_p$ sont définis p. 68).

| Type de sol | $K_0$ |
|---|---|
| Sable lâche | 0,45 à 0,50 |
| Sable compact | 0,40 à 0,45 |
| Argile normalement consolidée | 0,50 |
| Argile surconsolidée | > 0,50 |

*Tableau 1 : Valeur de $K_o$.*

| Φ en ° | $K_a$ | $K_0$ | $K_p$ |
|---|---|---|---|
| 20 | 0,490 | 0,658 | 2,04 |
| 25 | 0,406 | 0,577 | 2,46 |
| 30 | 0,333 | 0,500 | 3,00, |
| 35 | 0,271 | 0,426 | 3,66 |
| 40 | 0,217 | 0,357 | 4,60 |

*Tableau 2 : Valeurs de $K_a$, $K_o$, $K_p$, pour divers angles de frottement Φ.*

On a donc, pour un sol homogène soumis uniquement à son propre poids, une répartition des contraintes dans le sol triangulaire ($\sigma_h$ et $\sigma_v$) illustrée figure 3.

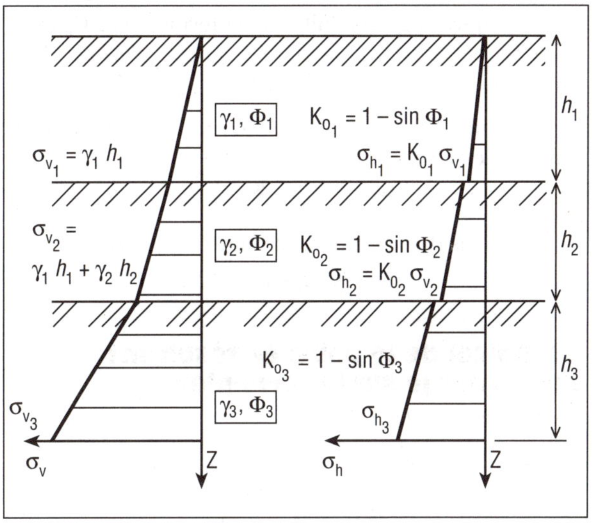


*Fig. 3. Contraintes dans le sol.*

### 2.1. Cas des sols pulvérulents ($C = 0$ et $\Phi \neq 0$)

Les surfaces de rupture du sol, quelle que soit la profondeur, sont planes et font un angle $\left(\frac{\pi}{4} + \frac{\Phi}{2}\right)$ avec l'horizontale (fig. 4).

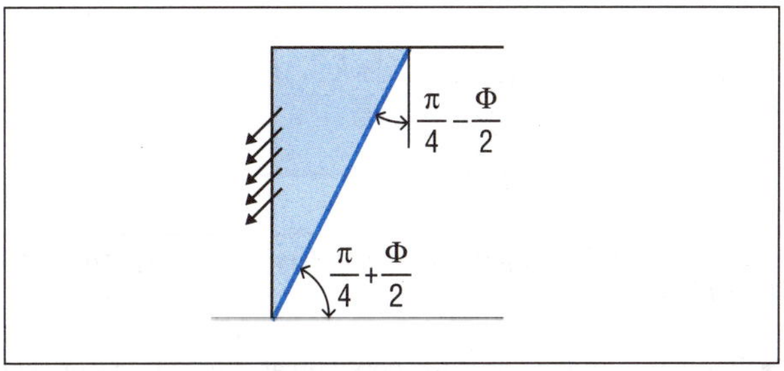


*Fig. 4. Plan de rupture des sols par poussée des terres, pour les sols pulvérulents et les sols cohérents.*

La rupture par poussée se traduit par un déplacement, le sol n'est plus alors au repos et la contrainte horizontale prend la valeur suivante :

$$\sigma_h = K_a \, \sigma_v$$

$K_a$ appelé coefficient de poussée vaut :

$$K_a = \tan^2\left(\frac{\pi}{4} - \frac{\Phi}{2}\right).$$

Quand il y a rupture du sol par butée, la contrainte horizontale dans le sol vaut :

$$\sigma_h = K_p \, \sigma_v$$

$K_p$ appelé coefficient de butée vaut :

$$K_p = \tan^2\left(\frac{\pi}{4} + \frac{\Phi}{2}\right).$$

Quelques valeurs des coefficients $K_a$ et $K_p$ sont fournies tableau 2 (p. 67).

### 2.2. Cas des sols cohérents ($C \neq 0$)

Le calcul devra être conduit à court terme (avec $C_u$ et $\Phi_u$) et à long terme (avec C' et Φ'). En général, c'est le calcul à long terme qui donne les résultats les plus défavorables.

La contrainte dans le sol, dans le cas d'une rupture par poussée des terres, vaut :

$$\sigma_h = K_a \, \sigma_v - 2C\sqrt{K_a}$$

et dans le cas d'une rupture par butée des terres :

$$\sigma_h = K_p \, \sigma_v + 2C\sqrt{K_p}$$

### 2.3. Calcul de la poussée résultant d'une charge sur le terre-plein

On distingue ici deux cas.

- Quand la charge sur le terre-plein $q$ est uniformément répartie, la contrainte horizontale supplémentaire est uniforme le long de l'écran (fig. 5).

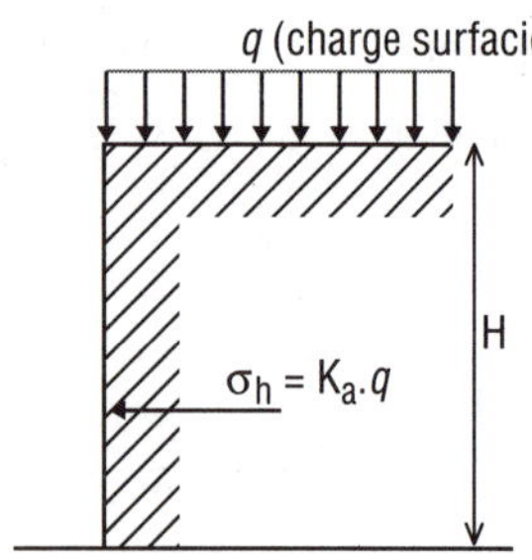


*Fig. 5. Calcul de la poussée résultant d'une charge répartie sur le terre-plein.*

- Pour une charge linéaire concentrée (fig. 6), la poussée est donnée par l'expression proposée par Terzaghi.

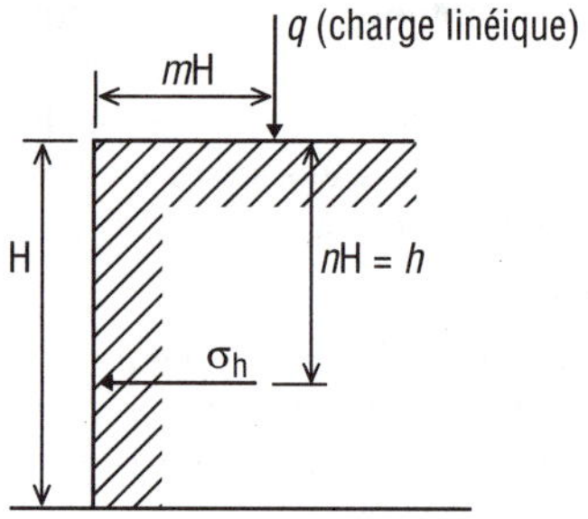


*Fig. 6. Calcul de la poussée résultant d'une charge linéaire concentrée.*

– Si $m > 0{,}4$ :

$$\sigma_h = 1{,}273 \, \frac{q}{H} \, \frac{m^2 n}{(m^2 + n^2)^2}$$

– Si $m < 0{,}4$ :

$$\sigma_h = 0{,}203 \, \frac{q}{H} \, \frac{n}{(0{,}16 + n^2)^2}$$

## 3. ÉTUDE DES MURS DE SOUTÈNEMENT

### 3.1. Différents types d'ouvrages

On distingue plusieurs catégories d'ouvrages de soutènement (fig. 7) selon la façon de reprendre les efforts de poussée :

- **La poussée est « reprise » par le poids de l'ouvrage :**
  - mur poids en béton ou en maçonnerie,
  - mur en terre armée.
- **La poussée est « reprise » par encastrement de l'ouvrage dans le terrain :**
  - mur cantilever en béton armé,
  - paroi moulée (p. 76),
  - rideau de palplanches, paroi berlinoise (p. 74).
- **La poussée est « reprise » par l'ancrage du mur :**
  - mur en béton armé ancré,
  - paroi moulée ancrée (p. 78),
  - rideau de palplanches ancré (p. 79),
  - paroi clouée.
- **La poussée est « reprise » par des butons :**
  - paroi moulée butonnée par les planchers (ouvrage définitif),
  - paroi berlinoise, rideau de palplanches butonné (ouvrage provisoire pendant la réalisation d'une fouille blindée). Dans ce cas, comme les possibilités de déplacement de l'ouvrage n'existent pas, le calcul de la poussée se fera avec le coefficient $K_o$.

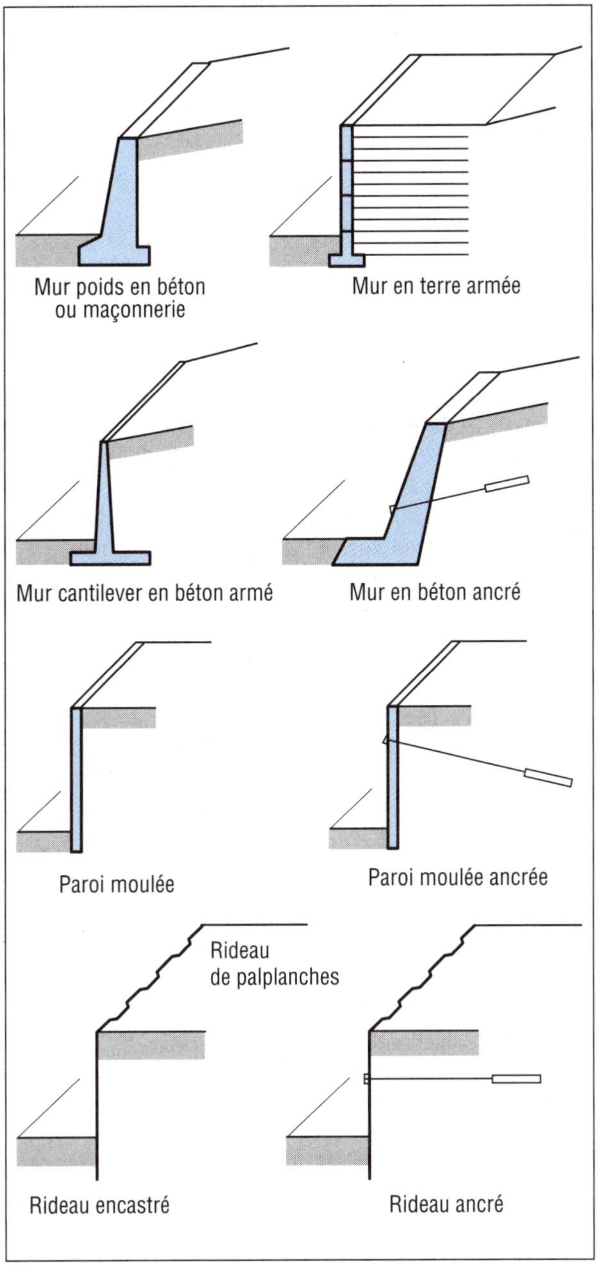


*Fig 7. Quelques types d'ouvrages de soutènement.*

## 3.2. Dimensionnement des murs en BA (Béton Armé)

Cela consiste à déterminer la géométrie ainsi que la structure (armatures) pour les murs en béton armé. Ce type d'ouvrage représente la grande majorité des murs de soutènement dans le domaine du bâtiment.

### 3.2.1. Prédimensionnement

À défaut d'études plus poussées et dans le cas de terrain horizontal, on pourra prendre comme dimensions celles données figure 8.

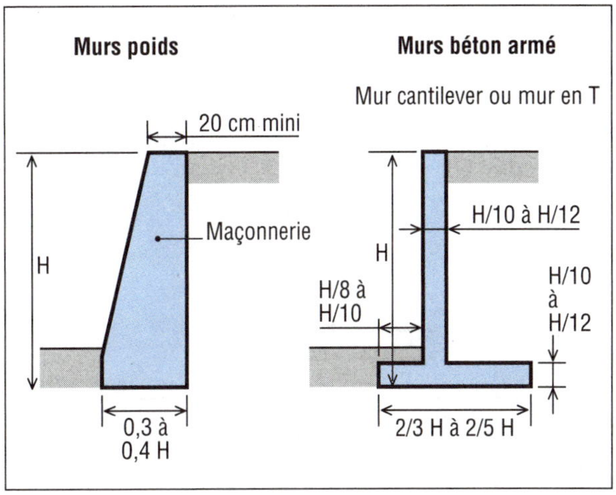


*Fig 8. Prédimensionnement des murs.*

Quand la hauteur devient importante (6 à 8 m), il peut être rentable de prévoir des contreforts devant ou derrière le voile. L'épaisseur de celui-ci s'en trouvera réduite : figure 9.

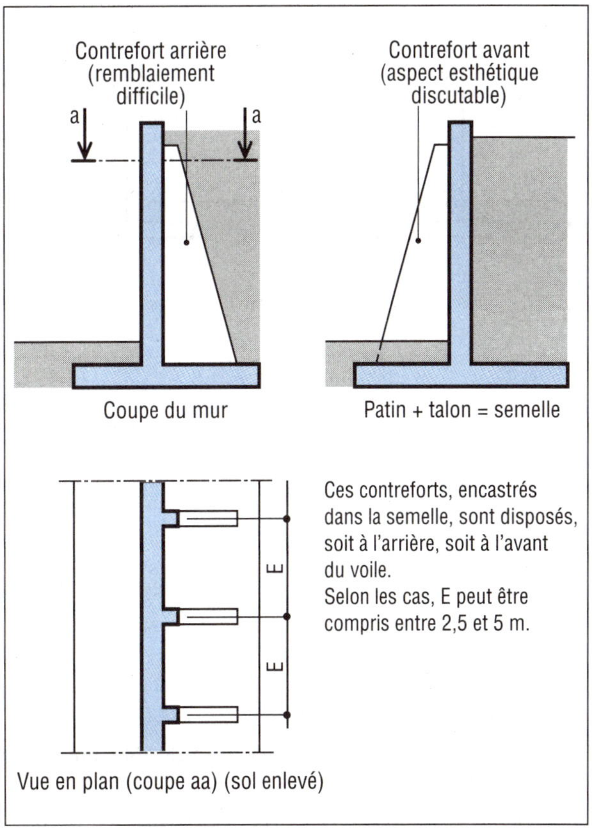


*Figure 9. Mur à contreforts en béton armé.*

Le mur à console (fig. 10) permet :

- de diminuer la flexion du voile et donc son épaisseur,
- de réduire l'effet de la poussée.

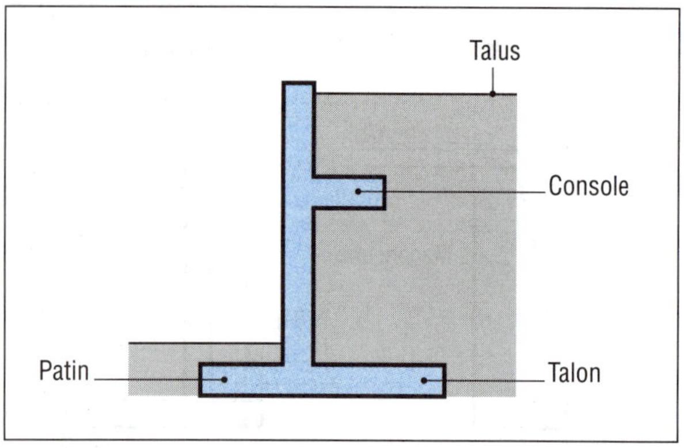


*Fig. 10. Mur en béton armé à console.*

### 3.2.2. Principe du calcul

Ces ouvrages doivent être calculés pour éviter :

- le glissement de la fondation sur le sol (on pourra ajouter une bêche pour mobiliser un effort de butée supplémentaire : figures 11 et 12 ;

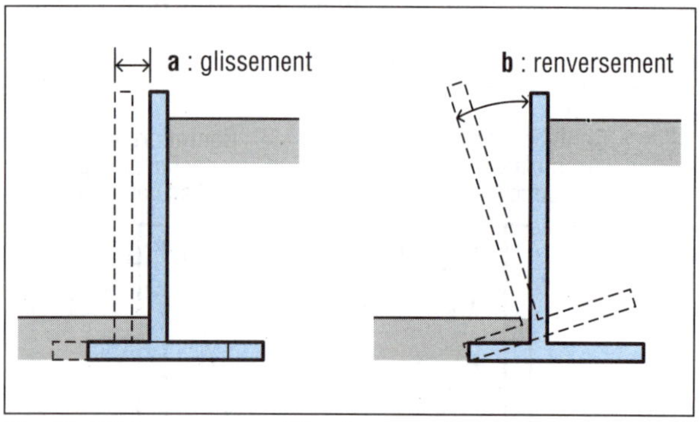


*Fig. 11. Déplacements possibles d'un mur (à éviter).*

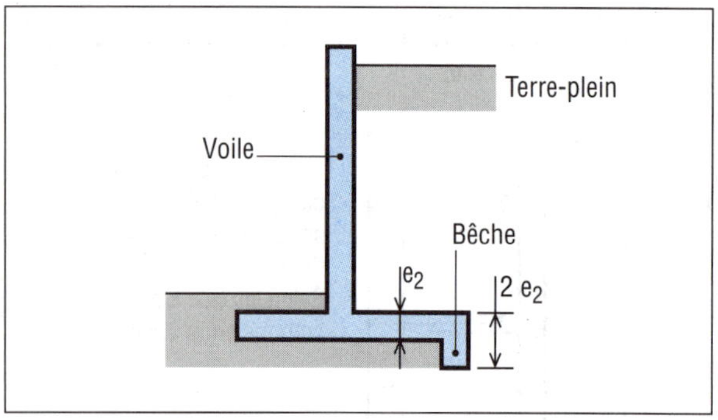


*Fig. 12. Mur en béton armé avec bêche.*

- le renversement ou le basculement du mur autour de l'extrémité avant de la fondation (fig. 11) ;
- le poinçonnement du sol sous la fondation (semelle avec force excentrée : p. 64) ;
- le glissement de l'ensemble ouvrage + sol (p. 71). Ce cas est parfois déterminant pour un mur de grande hauteur. La vérification de ce type de glissement (fig. 13) dépasse le cadre de cet ouvrage.

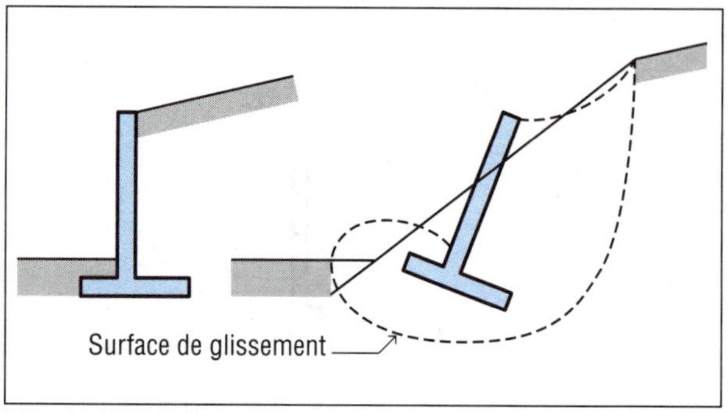


*Fig. 13. Grand glissement.*

L'étude statique du mur met en évidence le phénomène de **butée** (B) et de **poussée** (P). Il est d'usage, par sécurité, de négliger l'effort de **butée** (effort difficilement mobilisable et pouvant être supprimé par des travaux de terrassements ultérieurs). R représente la résultante des actions exercées par le sol sur la semelle. On raisonnera sur le schéma mécanique de la figure 14.

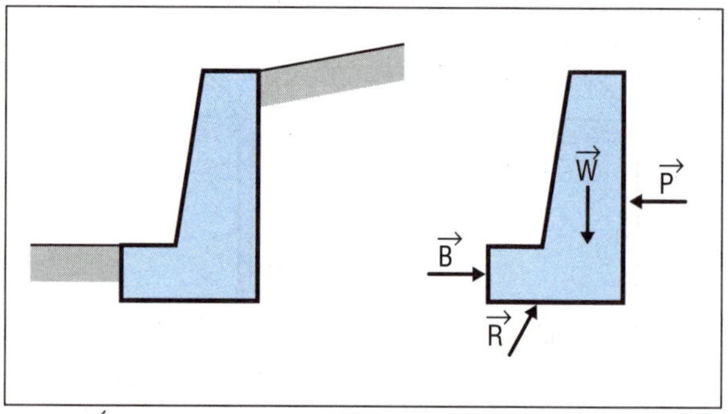


*Fig. 14. Équilibre du mur : schéma mécanique.*

### 3.2.3. Dimensionnement (fig. 1, p. 133)

Les efforts sollicitant cet ouvrage sont :

- le poids du mur $W_m$, et éventuellement le poids des terres sur le talon $W_t$,
- la charge totale sur le terre-plein Q,
- la poussée des terres $P_t$ et la poussée due à la charge $q$ sur le terre-plein $P_q$,
- la butée B qu'on négligera en général,
- l'action du sol R sur la fondation.

Les caractéristiques d'un remblai peuvent présenter des écarts sensibles par rapport à leur valeur moyenne, notamment le poids volumique et l'angle de frottement interne.

On considère donc dans les vérifications aux états-limites, en application de l'article A.3 du BAEL 99, deux valeurs du poids volumique et deux valeurs du coefficient de poussée.

- **Combinaisons d'actions à considérer**

En pratique, la poussée est déterminée avec le coefficient de poussée maximal (obtenu pour un angle de frottement interne minimal). Le poids du remblai et la poussée qui en résultent sont déterminés, dans la même combinaison, avec les mêmes valeurs de poids volumique du remblai. On retiendra les combinaisons d'actions suivantes :

E.L.S. : « $G_{max} + G_{min} + Q_1$ »
E.L.U. : « $1{,}35\ G_{max} + G_{min} + 1{,}5\ Q_1$ »

- **État-limite ultime de résistance (vérification du non-poinçonnement du sol)**
La détermination des contraintes verticales appliquées sur le sol par la semelle du mur de fondation est effectuée à partir des combinaisons aux E.L.U. Le sol est supposé élastique et la semelle infiniment rigide.

Le diagramme des contraintes sur le sol est donc linéaire, et se présente sous deux formes selon l'intensité et la position de la résultante $N_u$.

La contrainte $p_{3/4}$ doit être inférieure à la contrainte de calcul $q$ : figure 15.

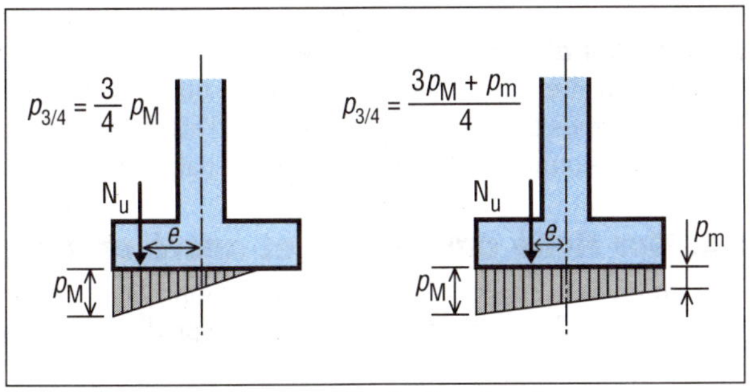


*Fig. 15. Calcul de $p_{3/4}$ suivant la réaction du sol.*

- **État-limite ultime d'équilibre statique vis-à-vis du glissement (condition de non-glissement de la fondation sur le sol)**
Il faut vérifier que la composante horizontale des actions de calcul est inférieure à une valeur « admissible », en prenant en compte un coefficient de sécurité. On considérera que le coefficient de frottement « sol sur béton de la fondation » est donné par :

$$f_{sb} = 0{,}5 \text{ (ou } 0{,}67 \tan \Phi)$$

où $\phi$ représente l'angle de frottement interne du sol sous la fondation.

Le seul effort qui va pouvoir s'opposer au glissement est l'effort de frottement de la semelle sur le sol. Si on néglige la butée et les efforts de cohésion du sol sous la fondation, on doit vérifier :
$(W_m + W_t)_{min} \times f_{sb} \geqslant 1{,}1(1{,}35\ P_t + 1{,}5\ P_q)$ (fig. 1, p. 133)

- **État-limite ultime d'équilibre statique vis-à-vis du renversement**
La vérification consiste à s'assurer que, sous la combinaison d'actions la plus favorable, le basculement du mur autour de son arête la plus comprimée ne peut se réaliser, en tenant compte d'une majoration de 20 % des actions motrices.

On néglige le poids de la terre sur le patin avant de la fondation.

On vérifie que $(W_m e_m + W_t e_t) \geqslant 1{,}1\ (1{,}35 P_t h_t + 1{,}5 P_q h_q)$ (fig. 1, p. 133).

- **État-limite d'équilibre statique vis-à-vis du grand glissement**
Le calcul est long et compliqué. Cela correspond au type de rupture décrit par la figure 1.

*Nota :* **la détermination des armatures** est détaillée page 133.

## 4. RÉALISATION ET RECOMMANDATIONS

On réalise tout d'abord un talus, ce qui nécessite des travaux de terrassement, en général en déblai. Après réalisation de l'ouvrage, on remblaie derrière le mur par couches compactées de 50 cm d'épaisseur. Le matériau de remblai sera constitué par un sol pulvérulent, perméable. On prévoira un système de drainage et d'évacuation pour les eaux susceptibles de s'accumuler derrière le mur : figure 16 et page 304.

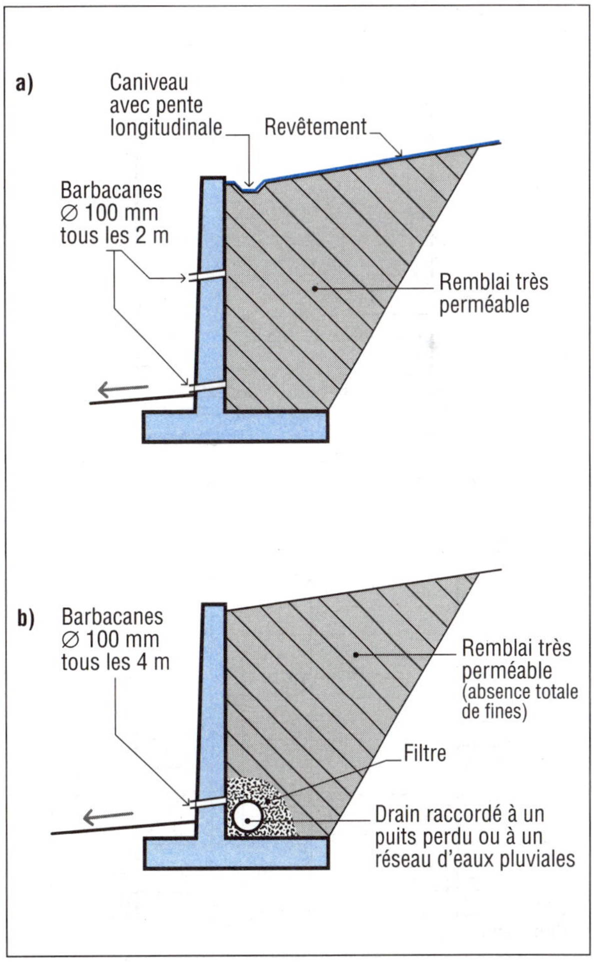


*Fig. 16. Système de drainage et d'évacuation (schéma de principe).*

# ÉCRANS DE SOUTÈNEMENT : CONCEPTION ET MISE EN ŒUVRE

**NF P 94-051, -055, -070, -074, -110, -112, -113, -114 et -115, NF EN 1537 (P 94-321) et EN 12063 (P 94-322)**

## 1. INTRODUCTION

Nous regroupons, dans ce sous-chapitre, différentes solutions, pour le **blindage des fouilles** (phase provisoire) et pour la réalisation de voiles contre terre de l'infrastructure d'un bâtiment dont les modes de fonctionnement sont semblables du point de vue de la mécanique des sols.

On distingue trois cas :

- les murs encastrés en pied, donc maintenus uniquement par leur fiche dans le sol,
- les murs fichés dans le sol et maintenus en tête par une rangée de tirants ou de butons,
- les murs à plusieurs rangées d'ancrages ou de butons.

## 2. PRÉDIMENSIONNEMENT DES VOILES ET DES RIDEAUX

On considère qu'il n'y a pas frottement de la terre sur le voile et donc que la poussée et la butée sont des efforts horizontaux.

### 2.1. Mur uniquement encastré en pied

Les contraintes appliquées sur ce mur se répartissent selon la figure 1. En simplifiant, on peut admettre le schéma mécanique de la figure 2. On suppose que l'effort de contre-butée C est appliqué en O.

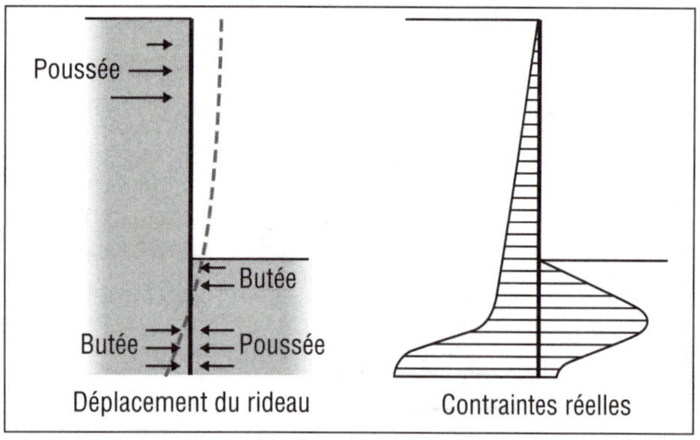


*Fig. 1. Rideau non ancré, efforts et déplacements.*

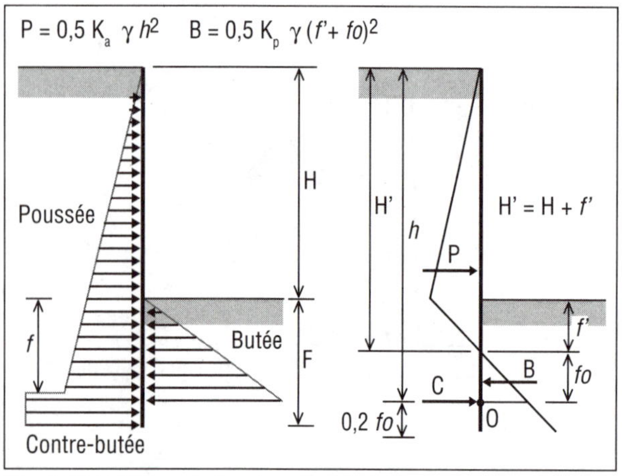


*Fig. 2. Hypothèses admises pour le calcul d'un rideau non ancré.*

#### 2.1.1. Calcul de la profondeur de la fiche F

$$F = f + 0{,}2\,fo = f' + fo + 0{,}2\,fo$$

$$\text{avec } f' = \frac{K_a}{K_p - K_a} \times H$$

Il suffit donc de connaître *fo*.

Les équations de la statique et en particulier, le moment par rapport au point O, nous donnent l'équation du troisième degré de la forme suivante à résoudre :

$$\left(\frac{K_p}{2} - K_a\right) f_0^3 + 3\left(f' \frac{K_p}{2} - H'K_a\right) f_0^2 + 3\left(f'^2 - H'^2 K_a\right) f_0 + \frac{K_p}{2} f'^3 - K_a H'^3 = 0$$

*Remarque :* un coefficient de sécurité de 2 a été pris sur la butée.

#### 2.1.2. Calcul du voile ou du rideau

On peut ensuite calculer l'effort de contre-butée C et tracer les diagrammes de moment fléchissant et d'effort tranchant, pour dimensionner le mur ou le rideau de palplanches.

### 2.2. Mur fiché dans le sol et ancré en tête

Deux modélisations classiques sont utilisables :

- 1er cas : le rideau est simplement buté en pied et ancré en tête ;
- 2e cas : le rideau est encastré en pied et ancré en tête.

En pratique, on prendra comme fiche réelle une valeur moyenne comprise entre les deux valeurs de fiches déterminées par les méthodes ci-dessus.

#### 2.2.1. Rideau ancré simplement buté en pied (fig. 3)

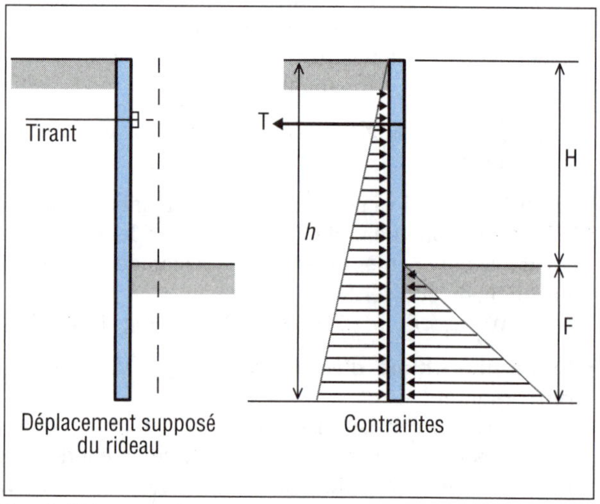


*Fig. 3. Rideau ancré.*

On considère qu'il n'y a pas de contre-butée dans le sol. On est donc en butée simple. Le schéma mécanique est alors celui de la figure 4.

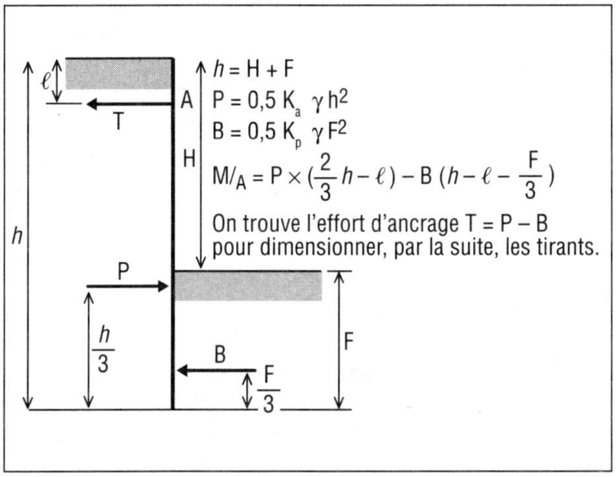


*Fig. 4. Hypothèses admises pour le calcul d'un rideau ancré.*

Pour calculer la fiche F, on traduit l'équilibre du mur. L'équation de moment par rapport au point d'ancrage nous conduit à une équation du troisième degré de la forme :

$$(H + F)^2 K_a\left(\frac{2}{3}H + \frac{2}{3}F - \ell\right) - F^2\frac{K_p}{2}\left(H + \frac{2}{3}F - \ell\right) = 0$$

*Remarque :* comme précédemment, on a pris un coefficient de sécurité de 2 sur la butée pour obtenir la longueur de fiche réelle.

### 2.2.2. Rideau encastré en pied et ancré en tête

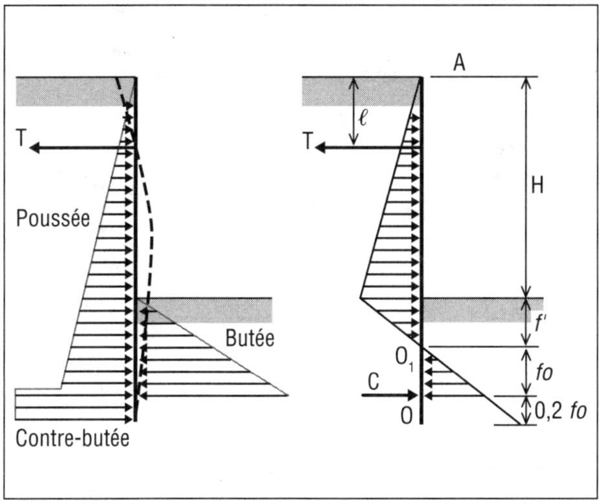


*Fig. 5. Déplacement du rideau et contraintes.*

On tient compte de l'effort de contre-butée. Le schéma mécanique (fig. 5) ne permet pas de résoudre directement le problème. Il faut faire l'hypothèse supplémentaire suivante : le point où le moment de flexion est nul et le point de pression résultante nulle sont confondus. Le schéma mécanique du mur est équivalent à celui de deux poutres indépendantes et juxtaposées. On déterminera la fiche réelle selon le processus suivant (fig. 6) :

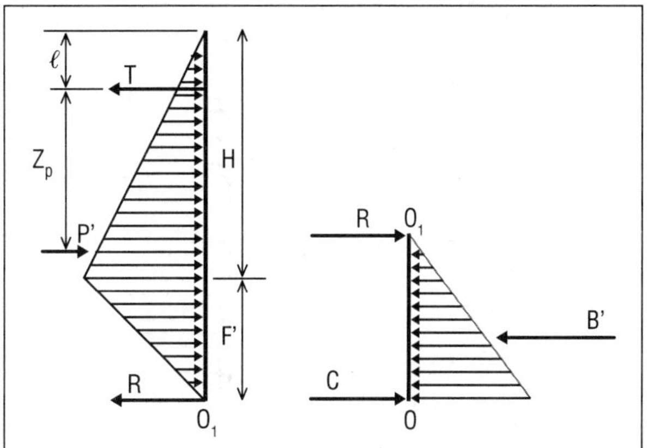


Poutre supérieure :

$$R = \frac{1}{H + f' - \ell} \times [\,0{,}5\,K_a\,\gamma\,(H + f')^2\,(\frac{2}{3}H + \frac{2}{3}f' - \ell) - 0{,}5\,K_p\,\gamma\,f'^2(H - \ell + \frac{2}{3}f')]$$

$$T = 0{,}5\,K_a\,\gamma\,(H + f') - 0{,}5\,K_p\,f' - R$$

Poutre inférieure :

$$C = \frac{2}{3}B' \text{ et } R = \frac{B'}{3}$$

Avec P' = résultante des contraintes du sol sur la poutre supérieure et B' = résultante des contraintes du sol sur la poutre inférieure.

*Fig. 6. Schéma de calcul et résolution pour un rideau encastré en pied, ancré en tête.*

– $f'$ est calculé de la même façon que page 72.
– En écrivant l'équilibre de la poutre supérieure, on obtient :

$$(H - \ell + f') \times R = Z_p \times P'$$

R est donc connue et T = P' – R.

– En reportant la valeur de R dans les équations d'équilibre de la poutre inférieure, on obtient :

$$f_0 = \sqrt{\frac{6R}{\gamma K_p}}$$

car $B' = 0{,}5\,K_p\,fo^2$ et B' = 3 R, d'où $F_{réel} = f' + 1{,}2\,f_0$.

*Remarque :* on ne prend pas de coefficient de sécurité.

### 2.2.3. Dimensionnement du mur

Après avoir déterminé les efforts d'ancrage, on trace le diagramme du moment fléchissant le long de la « poutre » pour en déduire les caractéristiques mécaniques de l'écran.

## 2.3. Mur à plusieurs rangées d'ancrage

Dans le cas d'ouvrages se déplaçant très peu (ancrage par plusieurs rangées de tirants précontraints ou d'étrésillons par exemple), la poussée et la butée ne peuvent plus être connues par les méthodes classiques qui correspondent à la rupture du sol et donc à de grands déplacements.

À défaut de moyens de traitement automatisé, on adoptera la répartition de contraintes donnée figure 7.

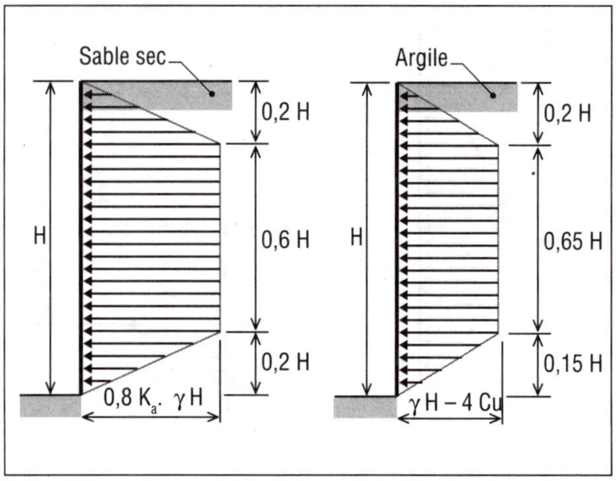


*Fig. 7. Diagramme des contraintes derrière un mur à plusieurs rangées d'ancrage ou de butonnage.*

L'effort de poussée est essentiellement repris par les tirants ou les butons, et la profondeur de la fiche ne joue plus le rôle principal décrit précédemment.

En résolvant le système hyperstatique qui en découle, on pourra trouver le moment de flexion maximum, qui permettra de dimensionner l'ouvrage.

## 3. LES SOLUTIONS TECHNOLOGIQUES

Plusieurs solutions sont envisageables :

- la paroi berlinoise ou parisienne, qui peut parfois être utilisée ultérieurement dans la structure porteuse : fig. 9 b. Selon l'importance de la fouille, les poussées sur l'écran peuvent nécessiter un étaiement et/ou la mise en place de tirants d'ancrage (fig. 8) ;
- le rideau de palplanches métalliques (p. 79) ;
- la paroi moulée ou préfabriquée (p. 76).

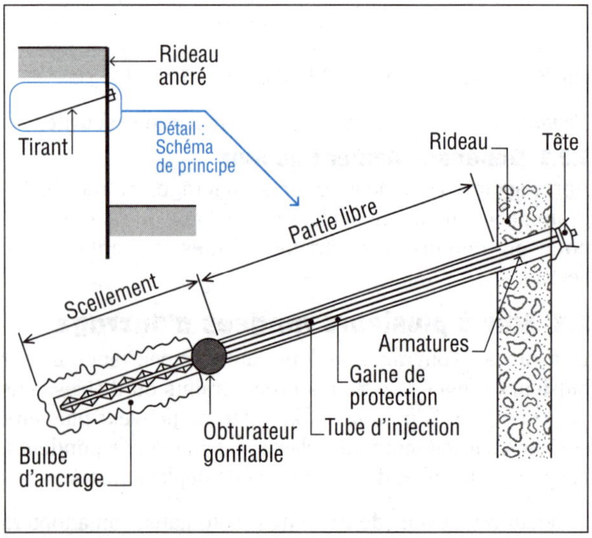


*Fig. 8. Tirants d'ancrage.*

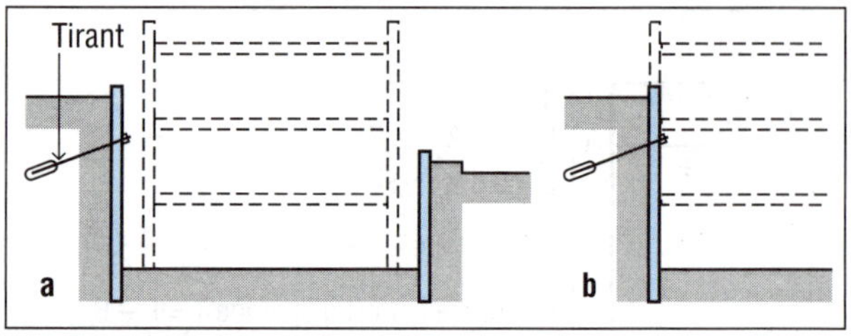


*Fig. 9. Mise en place de tirant d'ancrage.*

### 3.1. Paroi berlinoise

Ce type de paroi est constitué de profilés métalliques (I ou H), descendus dans des forages et scellés en pied, entre lesquels on vient placer, au fur et à mesure de la progression de l'excavation, des planches en bois, des panneaux métalliques ou encore du béton. On évite de laisser un vide entre les planches et le sol afin d'empêcher une décompression du terrain.

Les profilés sont ensuite maintenus à l'aide de tirants ou de butons. De nombreuses variantes existent : figure 11. L'espacement des profilés est de l'ordre de 2,50 m. Le mode opératoire est détaillé figure 10.

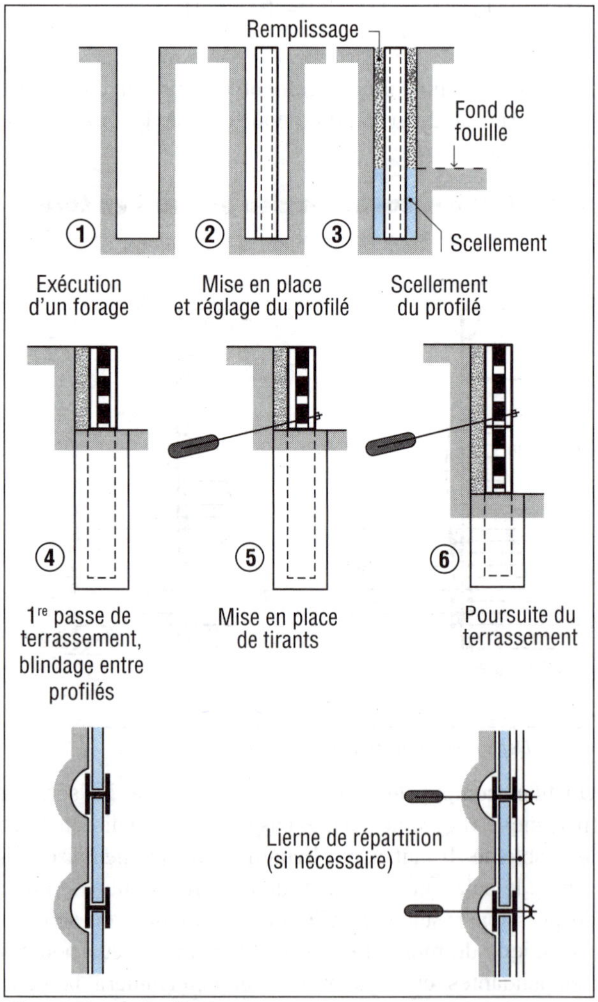


*Fig. 10. Paroi « berlinoise ».*

On peut aussi effectuer le remplissage entre les profilés par des voiles en béton armé préfabriqués ou réalisés en béton projeté. On laissera des armatures en attente pour les futures dalles de plancher : figure 11.

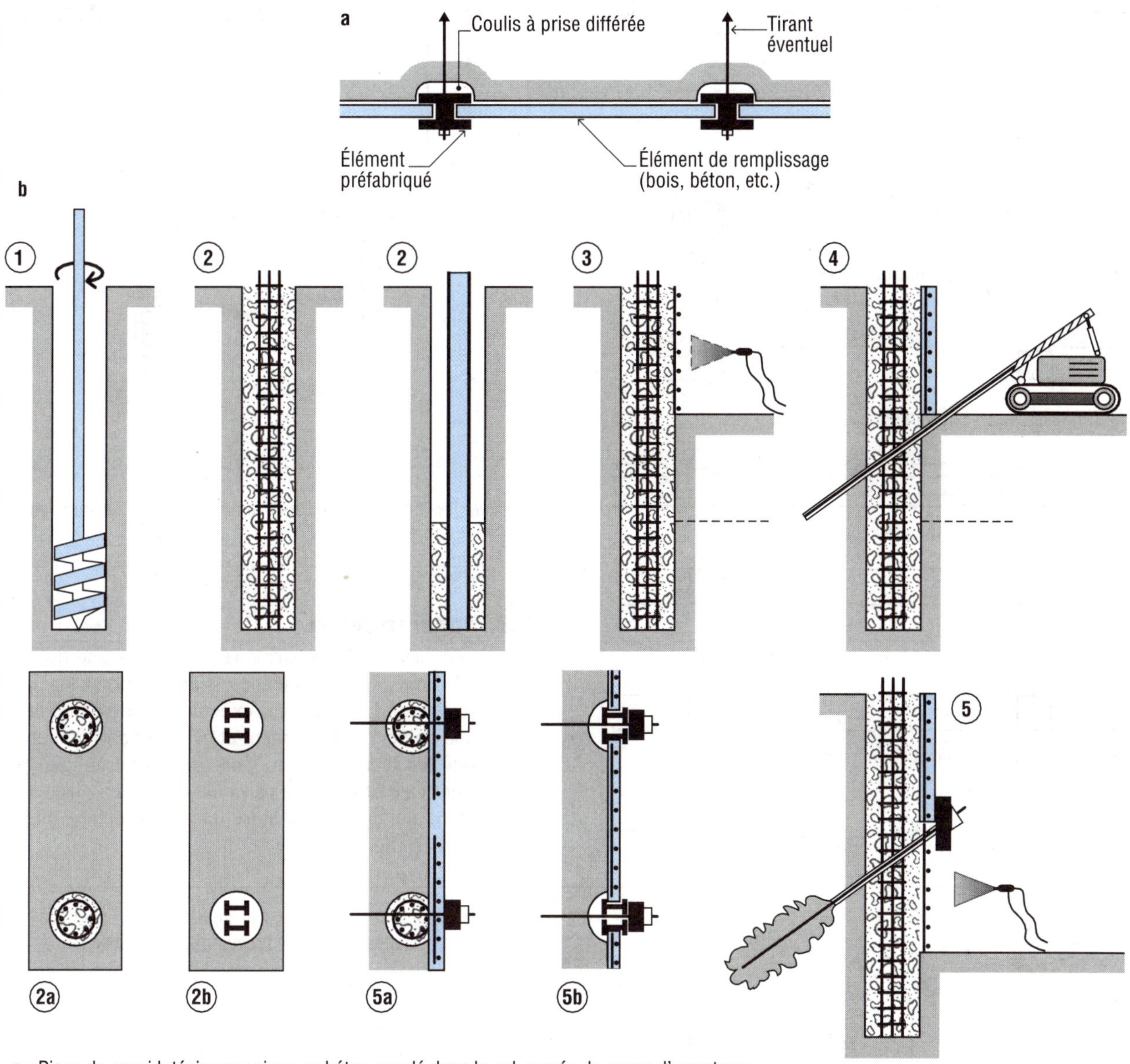


**a** : Pieux de paroi lutécienne : pieux en béton moulé dans le sol, armés de cages d'armatures

**b** : Pieux de paroi berlinoise : profilés métalliques mis en place dans un forage, scellés en partie basse
(Parisienne : poteau béton armé mis en place dans un forage, scellé en partie basse)

(1) Forage (voir pieux forés : *Précis de structures de Génie Civil*, AFNOR-Nathan)

(2) **a** : Lutécienne : Mise en place de la cage d'armature
Mise en place du béton

**b** : Berlinoise : Mise en place du béton de scellement
Mise en place et réglage des profilés, remplissage de l'espace annulaire

(3) Première passe de terrassement, blindage par équipement du voile (treillis soudés) et projection de béton

(4) Forage des tirants puis injection (ou pose de butons)

(5) Après séchage et mise en tension des tirants, seconde passe de terrassement puis second blindage…

*Fig. 11. Variantes de réalisation d'une paroi berlinoise (exemples).*

### 3.2. Paroi parisienne

C'est une méthode dérivée de la paroi berlinoise. Les poteaux en béton armé placés dans le forage sont préfabriqués. Les voiles, entre les poteaux, sont coulés en place après mise en place d'une cage d'armatures reliée aux aciers en attente (fig. 12 et 13).

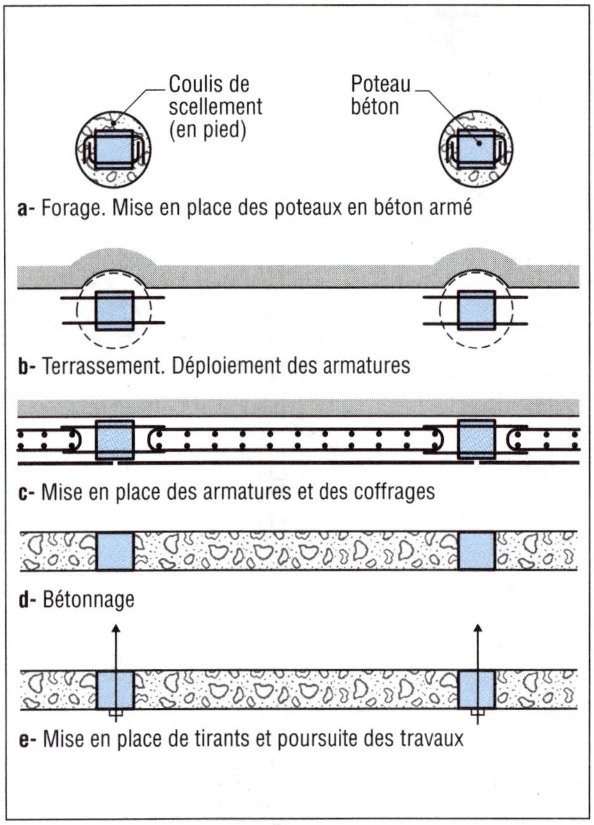


*Fig. 12. Schéma d'une paroi « parisienne » : vue de dessus.*

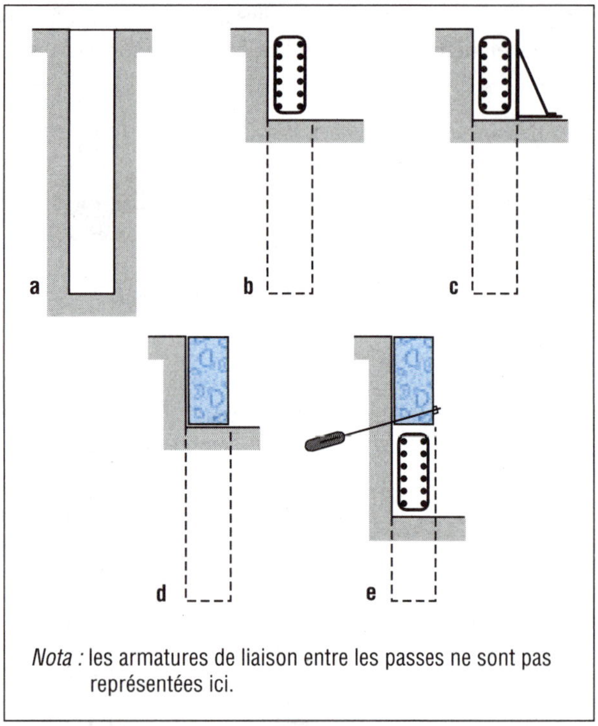


*Fig. 13. Schéma d'une paroi « parisienne » : coupe.*

### 3.3. Paroi moulée

C'est une paroi en béton armé réalisée dans une tranchée forée à la boue, dont la fonction est de maintenir les parois de l'excavation. Le forage est exécuté à l'aide d'une benne preneuse guidée verticalement et éventuellement d'un trépan pour les terrains durs. Une fraise hydraulique peut également être utilisée. La paroi est coulée en place après descente d'une cage d'armature dans la tranchée, ou bien préfabriquée (fig. 14).

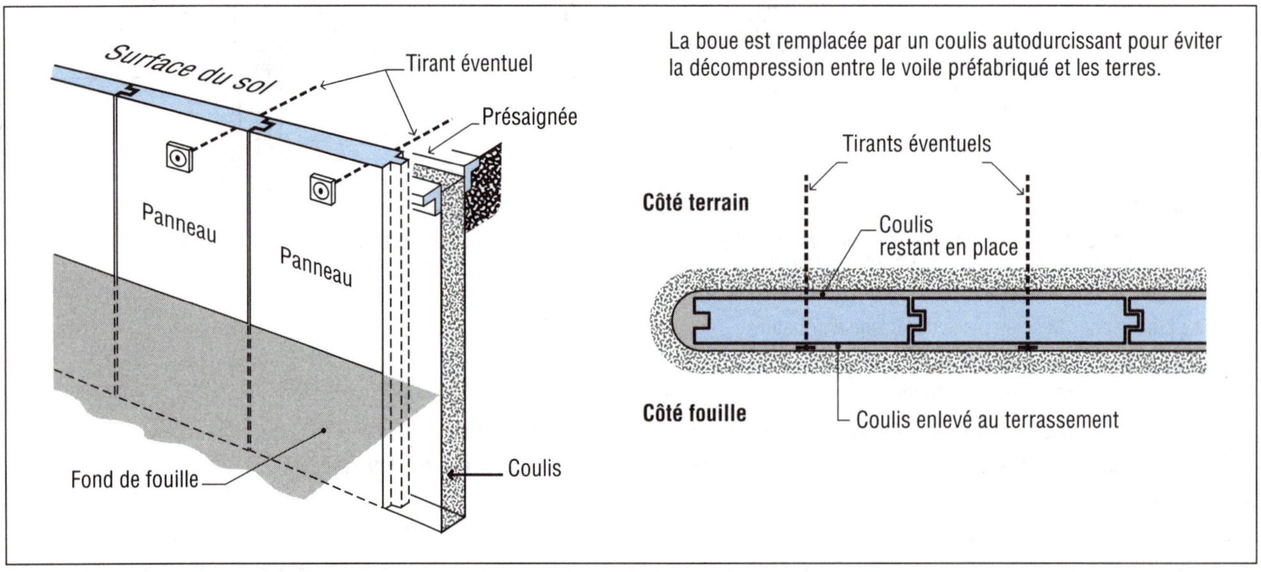


*Fig. 14. Paroi moulée préfabriquée (exemple).*

Les parois moulées préfabriquées (fig. 14) permettent d'obtenir une bonne qualité de parement de l'ouvrage. Elles se composent de panneaux identiques s'emboîtant les uns dans les autres grâce à un système de rainures et languettes permettant aussi le guidage vertical lors de la descente des éléments. La mise en place se faisant à la grue, le poids est limité à une cinquantaine de tonnes.

Leurs dimensions varient dans les fourchettes suivantes :

– épaisseur : 30 à 80 cm,
– hauteur : 10 à 20 m,
– largeur : 1,5 à 2,5 m.

Les bennes utilisées pour l'excavation ont une largeur de 2,80 m et une épaisseur variant de 0,52 à 1,52 m. On atteint, habituellement, des profondeurs de 30 m, exceptionnellement 60 à 80 m. Le mode opératoire de réalisation est détaillé figure 15. Ce procédé permet de réaliser une enceinte étanche.

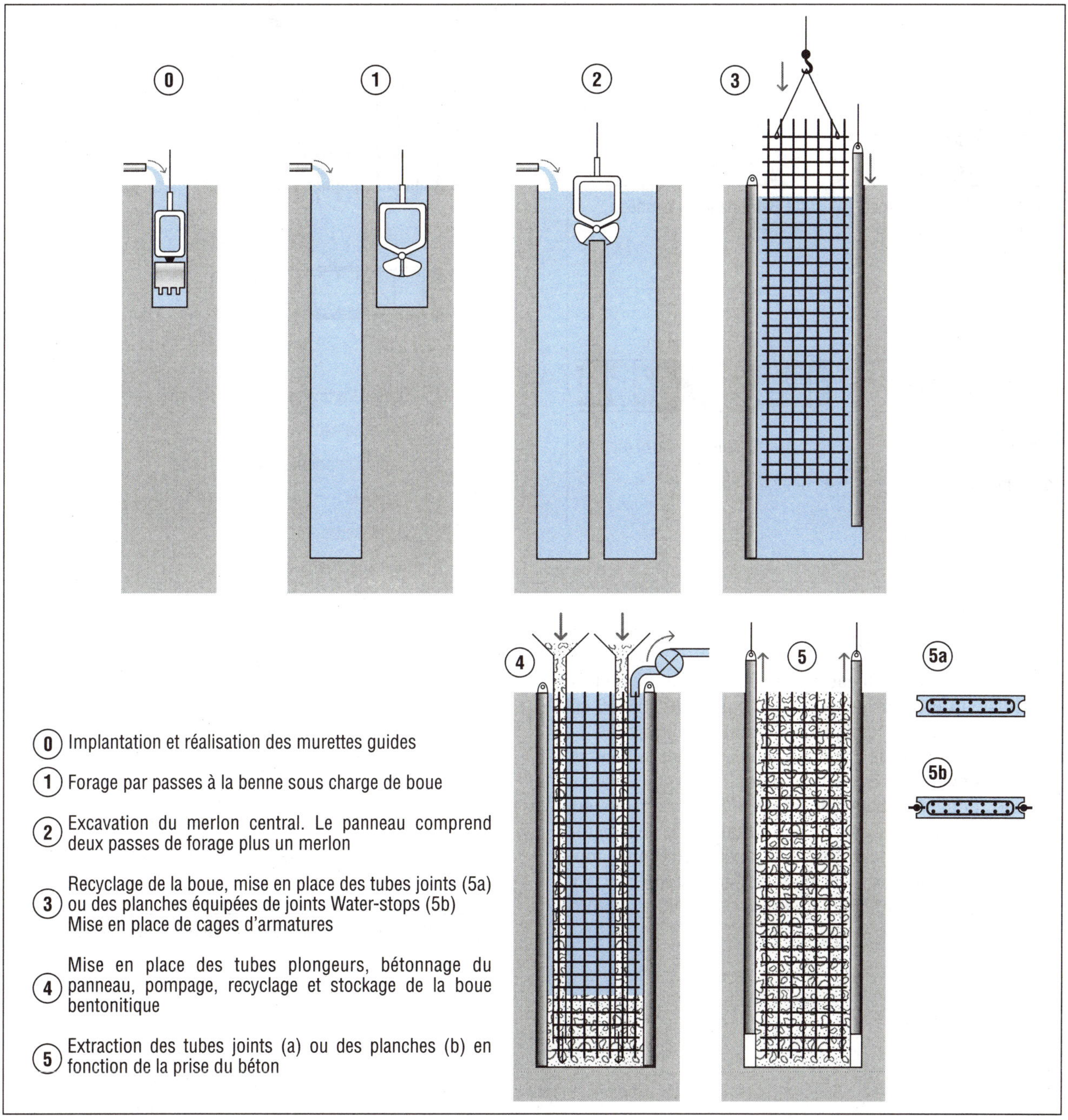


*Fig. 15. Principe d'exécution d'une paroi moulée.*

Quand la paroi excède une certaine longueur (une dizaine de mètres), on la divise en éléments ou panneaux de longueur moyenne comprise entre 5 et 6 m que l'on réalise soit alternativement (panneau primaire, panneau secondaire), soit à la suite l'un de l'autre.

La continuité entre panneaux est assurée, dans les systèmes traditionnels par un tube métallique aménageant une cavité qui est ensuite bétonnée ou injectée : figure 16.

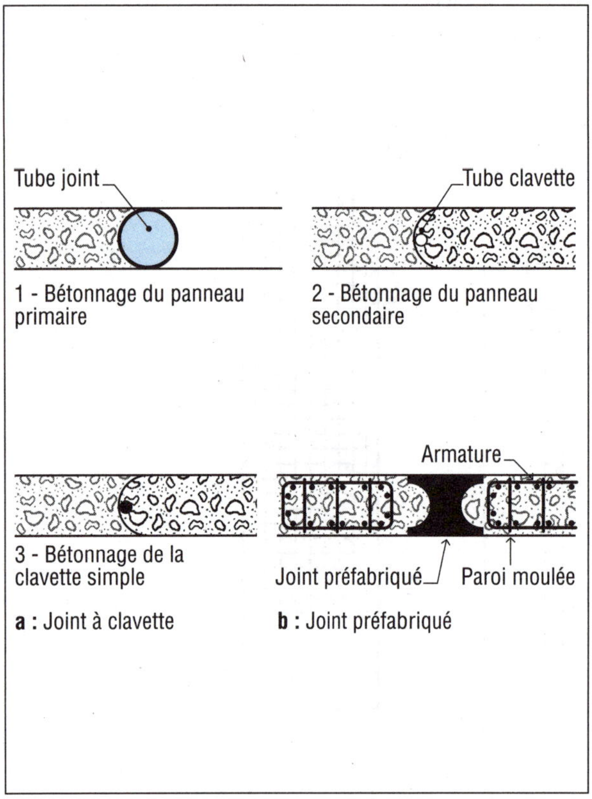


*Fig. 16. Joints entre panneaux.*

Le bétonnage d'un panneau doit se faire en une seule fois. On utilise un (ou plusieurs) tube plongeur de 20 à 30 cm de diamètre qui descend jusqu'au fond de la tranchée. Le béton remonte dans la tranchée en repoussant la boue de forage. La partie supérieure de béton, en contact avec la boue et donc de mauvaise qualité, sera détruite sur l'épaisseur polluée (c'est ce qu'on nomme le recépage). Le béton ne sera jamais vibré. Un ferraillage et une composition de béton type sont donnés fig. 17 conférant à la paroi une résistance caractéristique $f_{c28}$ égale à 23 MPa (BAEL 99).

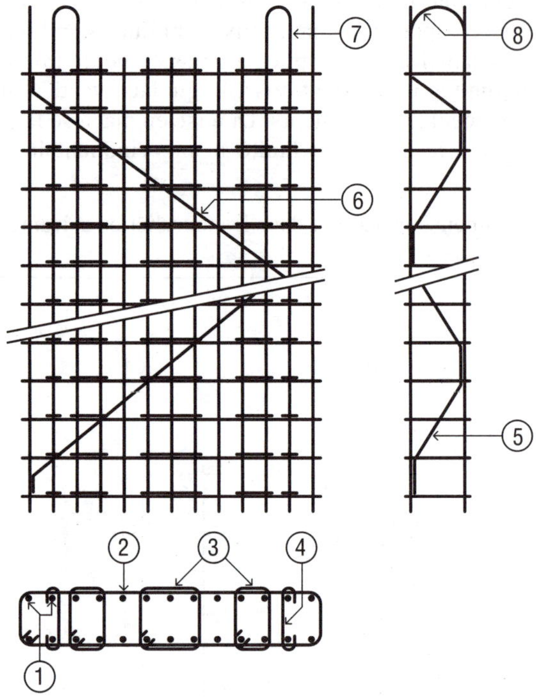


(1) Barres verticales HA 16, HA 25
(2) Cadre caisson HA 16
(3) Cadres intérieurs HA 14, HA 16
(4) Épingles ∅ 10 à ∅ 16
(5) (6) Raidisseurs ∅ 16
(7) Anse de positionnement
(8) Anse de levage

| Composition de béton type | |
|---|---|
| granulats 0-5 mm<br>5-25 mm | 900-950 kg<br>900-950 kg |
| ciment CEM IV 42,5 | 350-400 kg |
| eau | 200 ℓ |
| Des retardateurs de prise permettent de poursuivre un bétonnage pendant plusieurs heures | |

*Fig. 17. Caractéristiques des parois moulées : ordres de grandeur.*

**FD A 45-025 ET -35, NF EN 996 (E 58-200), 1537 (P 94-321), 10079 (A 40-001), et 10249-1 (A 37 201-1) et 10249-2 (A 37 201-2)**

## 1. INTRODUCTION

Les palplanches, profilés en acier laminé (NF EN 10248, 10249 et 10079), s'assemblent entre elles par coulissage (directement ou par agrafes spéciales) : figure 1.

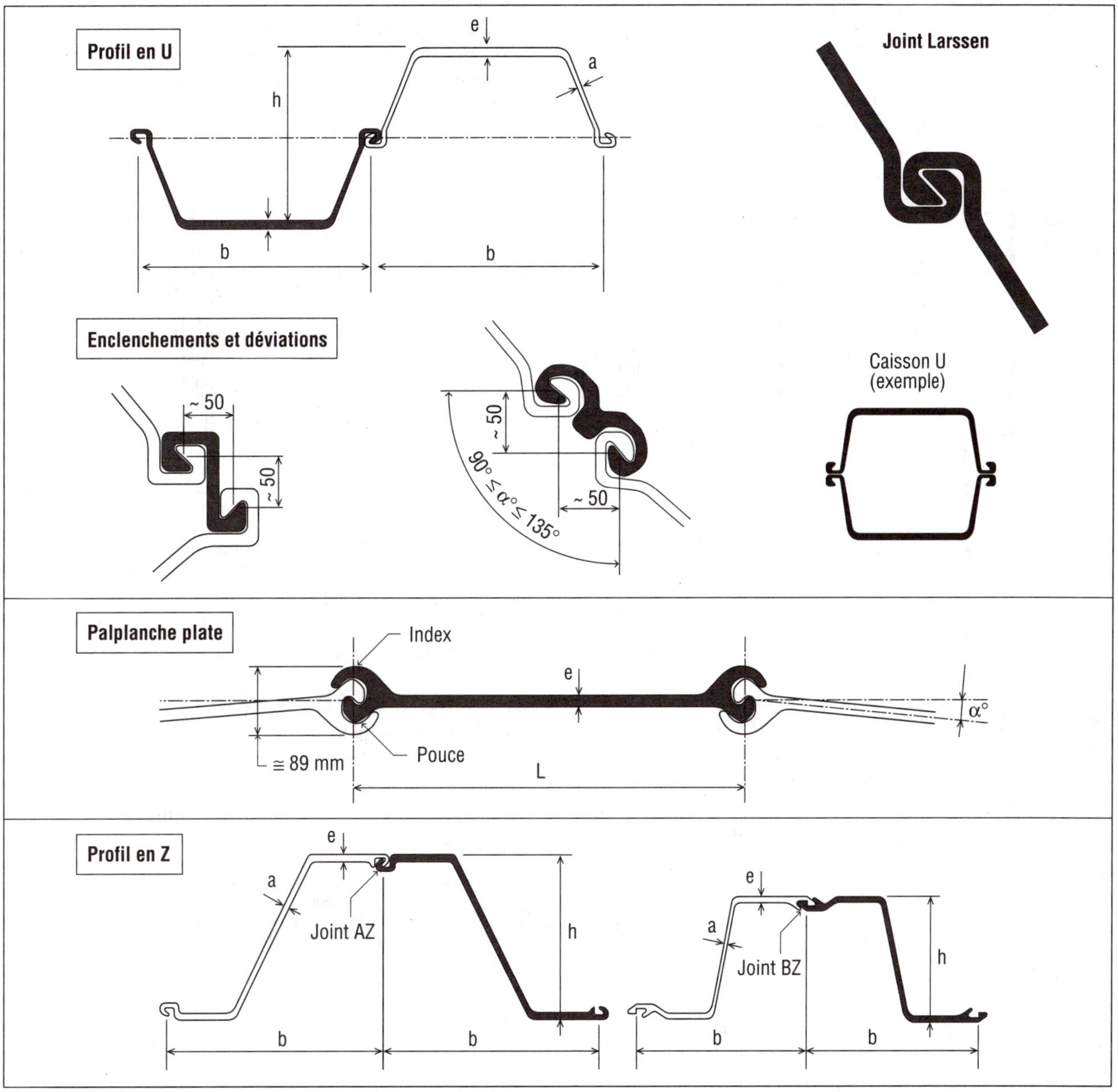


*Fig. 1. Palplanches : caractéristiques courantes d'éléments et de liaisons.*

L'ensemble de palplanches, assemblées par enclenchement des serrures ou emboîtement de rainures longitudinales, forme une paroi continue appelée rideau, utilisée pour réaliser des soutènements simples, notamment des berges de canaux, des gabions, des culées de pont ou des appuis intermédiaires en rivière… L'emploi des palplanches se cantonne généralement à des sites maritimes, fluviaux ou aux grands chantiers de Travaux Publics, en raison des nuisances induites par la mise en fiche des palplanches (bruits, vibrations, chocs, …) qui s'accommodent mal d'un environnement urbain.

Si des rideaux de palplanches sont utilisés pour soutenir des excavations profondes dans lesquelles un rabattement important doit être maintenu, la situation hydrologique peut être influencée défavorablement à de grandes distances de l'excavation. Très souvent, des prescriptions spéciales concernant l'étanchement de ces rideaux de palplanches seront appliquées.

Quand la hauteur du soutènement n'est pas très élevée, (4 m maximum), un encastrement en pied du rideau peut convenir. Au-delà, les sollicitations mécaniques dans les palplanches augmentent rapidement et la fiche en pied, d'une part, la flèche en tête du rideau d'autre part, seront incompatibles avec les conditions de mise en œuvre et de service de l'ouvrage.

Il est donc nécessaire de raidir le rideau par butonnage ou ancrage par au moins une nappe de tirants, passifs ou actifs : figure 2.

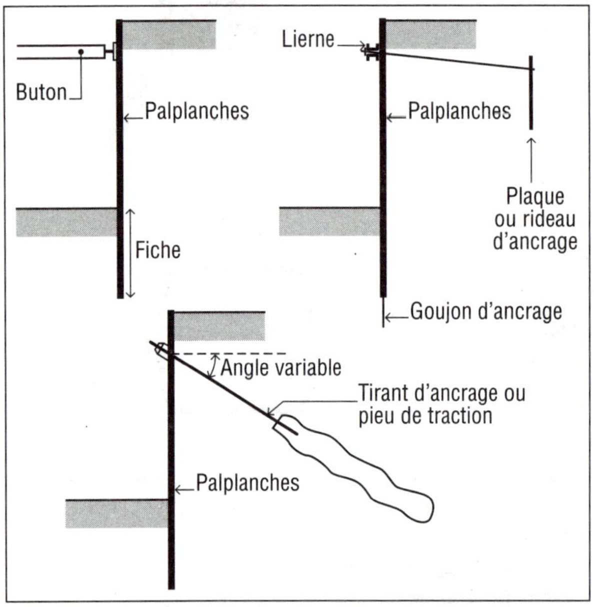


*Fig. 2. Méthodes de stabilisation d'un rideau de palplanches.*

Quand les tirants sont espacés de plus de deux palplanches, il est nécessaire de prévoir une lierne de répartition.

Cette poutre horizontale, généralement en acier ou en béton armé, est fixée au rideau de palplanches. Elle est liée par des tirants aux ancrages, ou appuyée sur des butons, afin de répartir uniformément les efforts d'ancrage ou de butonnage sur l'ensemble du rideau de palplanches.

Du fait des irrégularités de fonçage, de battage ou de recépage des palplanches, un rideau apparent et définitif est souvent surmonté d'un couronnement, qui pourra servir à maintenir un garde-corps ou une glissière de sécurité : figure 3.

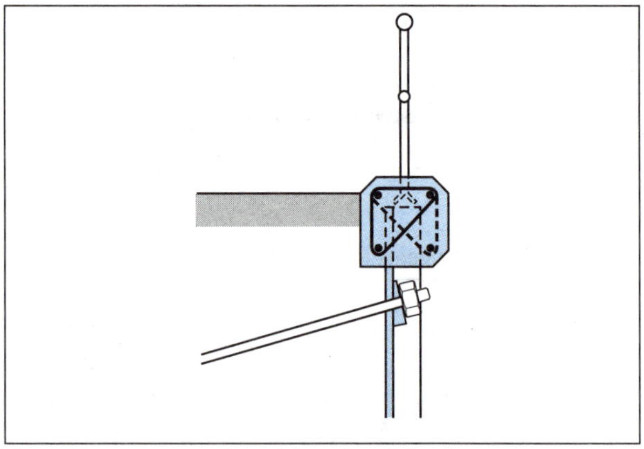

*Fig. 3. Couronnement d'un rideau de palplanches.*

La suite du chapitre est consacrée aux exigences et recommandations concernant l'exécution d'ouvrages permanents ou temporaires en rideaux de palplanches en acier : critères de choix, modes opératoires. Le lecteur se reportera p. 72 pour dimensionner un rideau.

## 2. PRODUITS COURANTS

On distingue les palplanches à module (d'inertie), c'est-à-dire avec un profilage qui permet d'offrir une résistance à la flexion (tableau 1) et les palplanches plates qui travaillent essentiellement à la traction (tableau 2). Leur longueur maximale avoisine les 30 m.

| | | Largeur utile *b* mm | Hauteur *h* mm | Épaisseur *e* mm | Épaisseur *a* mm | Section $cm^2/m$ | Masse Palplanche simple kg/m | Masse Rideau $kg/m^2$ | Module de résistance $cm^3/m$ | Moment d'inertie $cm^4/m$ |
|---|---|---|---|---|---|---|---|---|---|---|
| PROFIL U | **PU 6** | 600 | 226 | 7,5 | 6,4 | 96 | 45,3 | **75** | **600** | 6 720 |
| | **PU 8** | 600 | 280 | 8,0 | 8,0 | 116 | 54,5 | **91** | **830** | 11 610 |
| | **PU 12** | 600 | 360 | 9,8 | 9,0 | 140 | 65,9 | **110** | **1 200** | 21 550 |
| | **PU 16** | 600 | 380 | 12,0 | 9,0 | 159 | 74,7 | **124** | **1 600** | 30 520 |
| | **PU 20** | 600 | 430 | 12,4 | 10,0 | 180 | 84,3 | **141** | **2 000** | 43 000 |
| | **PU 25** | 600 | 452 | 14,2 | 10,0 | 200 | 94,1 | **157** | **2 500** | 56 500 |
| | **PU 32** | 600 | 452 | 19,5 | 11,0 | 243 | 114,6 | **191** | **3 200** | 72 260 |
| | **L2S** | 500 | 340 | 12,3 | 9,0 | 177 | 69,7 | **139** | **1 600** | 27 200 |
| | **L3S** | 500 | 400 | 14,1 | 10,0 | 201 | 78,9 | **158** | **2 000** | 40 010 |
| | **L4S** | 500 | 440 | 15,5 | 10,0 | 219 | 86,2 | **172** | **2 500** | 55 010 |
| | **JSP2** | 400 | 200 | 10,5 | – | 153 | 48,0 | **120** | **874** | 8 740 |
| | **JSP3** | 400 | 250 | 13,0 | – | 191 | 60,0 | **150** | **1 340** | 16 800 |
| PROFIL Z | **AZ 13** | 670 | 303 | 9,5 | 9,5 | 137 | 72,0 | **107** | **1 300** | 19 700 |
| | **AZ 18** | 630 | 380 | 9,5 | 9,5 | 150 | 74,4 | **118** | **1 800** | 34 200 |
| | **AZ 26** | 630 | 427 | 13,0 | 12,2 | 198 | 97,8 | **155** | **2 600** | 55 510 |
| | **AZ 36** | 630 | 460 | 18,0 | 14,0 | 247 | 122,2 | **194** | **3 600** | 82 800 |
| | **BZ 7** | 550 | 190 | 8,0 | 8,0 | 118 | 51,0 | **93** | **760** | 7 160 |
| | **BZ 42** | 500 | 354 | 24,0 | 14,0 | 345 | 135,3 | **271** | **4 200** | 73 920 |

*Tableau 1. Palplanches de type Larsen (LS ou Z) : fig. 1.*

| Profil plat | Largeur nominale $L$ mm | Épaisseur Ame $e$ mm | Angle de débattement $\alpha$ | Périmètre d'une palplanche cm | Section d'une palplanche $cm^2$ | Masse linéique kg/m | Masse surfacique $kg/m^2$ | Module de résistance $cm^3$ | Moment d'inertie $cm^4$ | Surface à traiter $m^2/m$ |
|---|---|---|---|---|---|---|---|---|---|---|
| **AS500-12,0** | 500 | 12,0 | 6 | 138 | 92,1 | 72,3 | **145** | 47 | 180 | 1,14 |
| **AS500-12,5** | 500 | 12,5 | 6 | 138 | 94,8 | 74,4 | **149** | 47 | 180 | 1,14 |
| **AS500-12,7** | 500 | 12,7 | 6 | 138 | 95,8 | 75,2 | **150** | 47 | 180 | 1,14 |

*Tableau 2. Palplanches plates : fig. 1.*

## 3. MISE EN ŒUVRE

Il faut tout d'abord effectuer une étude approfondie du sol, des niveaux de la nappe phréatique et de la nappe libre ainsi qu'une vérification de l'aptitude au fonçage des palplanches au lieu particulier du chantier. L'étude de la conception du rideau ou du gabion doit permettre le choix et le dimensionnement des palplanches, des éléments de rigidification, ainsi qu'un schéma détaillé des différentes phases de construction. Débute alors la partie « exécution sur chantier ».

### 3.1. Critères de choix des procédés de fonçage

Le fonçage par vibration est généralement le procédé le plus efficace et le plus précis pour atteindre la profondeur requise. Cependant, si on doit traverser des sables très denses et des graviers au-dessus du niveau de la nappe ou des couches d'argile raide, la vibration peut être inefficace et une aide au fonçage ou un fonçage par battage s'avère nécessaire. Lorsque des obstacles sont rencontrés, les meilleurs procédés à utiliser sont le pré-forage et le fonçage par battage soigné.

En général, le fonçage avec un vibrateur provoque dans le voisinage des vibrations plus élevées que le fonçage par battage. Des vibrateurs à haute fréquence, pour lesquels l'excentricité de la masse tournante peut varier au cours des phases de démarrage et de ralentissement du fonçage, peuvent considérablement réduire les effets défavorables de ce procédé.

Le risque d'inclinaison des palplanches en cours de fonçage est en général plus faible avec le procédé par vibration qu'avec le procédé par battage.

Lorsque l'enfoncement du rideau crée des vibrations et des bruits trop importants, la solution peut consister en un fonçage par vérinage des palplanches dans le sol. En règle générale, le vérinage est efficace dans les sols cohérents. Dans le cas de conditions de sols difficiles, un pré-forage et parfois un lançage à l'eau peuvent s'avérer efficaces comme aide au fonçage pour atteindre la profondeur requise.

### 3.2. Matériels courants (EN 996)

Les équipements de fonçage de palplanches les plus courants disponibles sur le marché sont :
- les moutons à chute libre, diesel, hydrauliques (à simple ou double effet) ou à air comprimé (fig. 4),
- les vibrateurs classiques ou à haute fréquence à excentricité de la masse tournante variable,
- les systèmes de vérinage pour palplanches simples ou multiples.

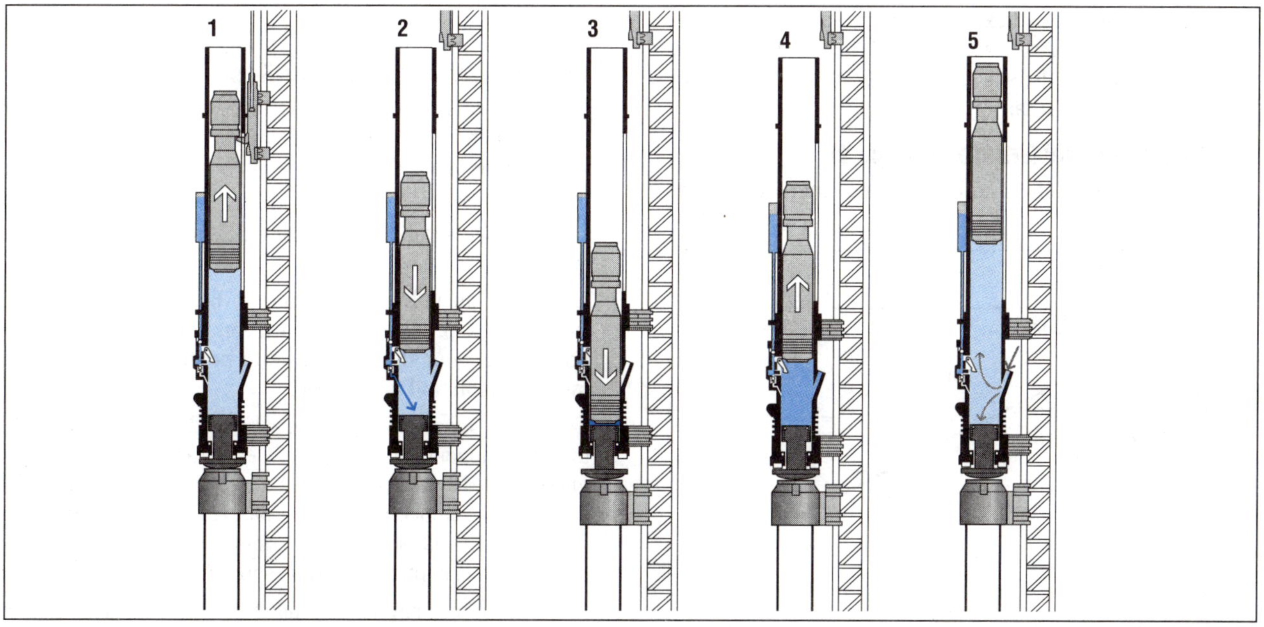


*Fig. 4. Principe de fonctionnement d'un mouton diesel.*

# Les fouilles et reprises en sous-œuvre

**AFNOR NF P 11-201 (DTU N° 12)**

## 1. Les fouilles

Après démolition éventuelle d'ouvrages existants, la construction d'un ouvrage commence par les travaux de terrassement, c'est-à-dire par des mouvements de terre. Les travaux débutent par le décapage de la terre végétale (épaisseur minimale : 20 cm). Elle sera généralement stockée pour être remise en place à la fin du chantier pour modeler des espaces verts.

Le déblai est réalisé par excavation du sol. Les terres excavées sont placées en couches successives sur le terrain, on constitue alors un remblai (fig. 1).

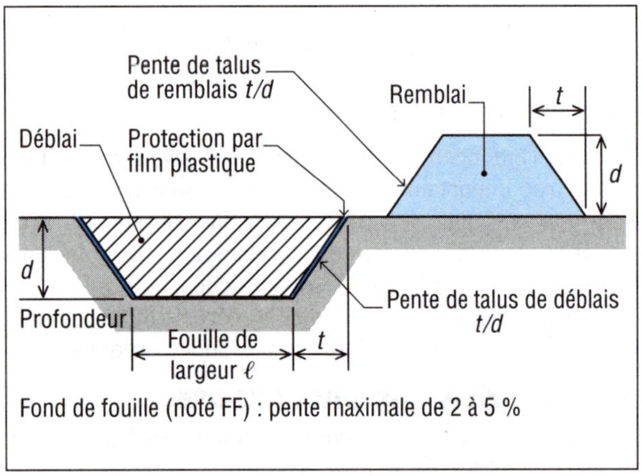


*Fig. 1. Fouille et talus.*

L'excavation est réalisée par les engins de production qui chargent les engins de transport. Des engins d'assistance assurent la finition de la fouille ou la mise en place des remblais. La présence de mitoyens nécessite des travaux particuliers (p. 83).

*Nota :* les travaux liés à l'exécution d'une route et les matériels utilisés pour ces travaux, ainsi que leur mise en œuvre, sont étudiés dans le chapitre « Routes » du *Précis de chantier* (AFNOR-Nathan).

### 1.1. Quelques définitions (fig. 2)

La dénomination d'une fouille est directement liée à ses dimensions.

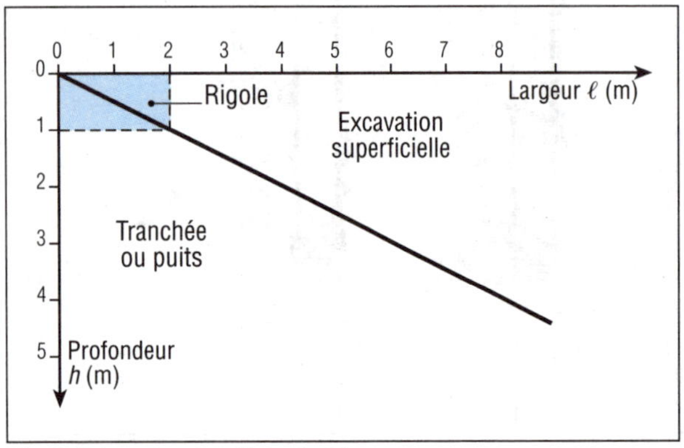


*Fig. 2. Dénomination d'une fouille.*

- Une fouille est dite en « rigole » lorsque sa largeur $\ell$ et sa profondeur $h$ satisfont aux relations suivantes :
  $\ell \leqslant 2$ m et $h \leqslant 1$ m.
- Une fouille est dite en « tranchée » lorsque ses dimensions ($\ell$ et $h$) satisfont aux relations suivantes :
  1er cas : $\ell \leqslant 2$ m ; on doit alors avoir : $h > 1$ m.
  2e cas : $l \geqslant 2$ m ; on doit alors avoir : $h > \ell/2$.

Quand la longueur L et la largeur $\ell$ sont du même ordre de grandeur, on distingue deux cas :
- quand $h > 1$ m, c'est **un puits**.
- quand $h \leqslant 1$ m, c'est **une fouille en trou**.

Une tranchée ou un puits, dont la profondeur et la largeur définissent un point situé sous la droite de la figure 3, doit être blindé, étrésillonné ou étayé lorsque les parois sont sensiblement verticales (décret du 8.01.65).

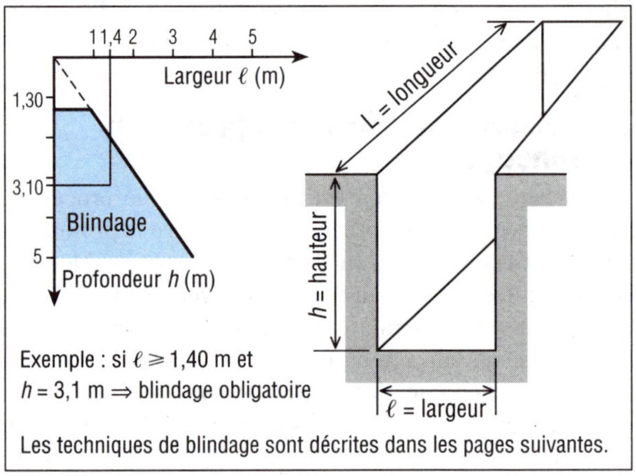


*Fig. 3. Type de terrassement.*

- Une fouille est dite en « excavation superficielle » lorsque sa largeur $\ell$ et sa profondeur h satisfont aux relations :
  $\ell \geqslant 2$ m et $h \leqslant \ell/2$

### 1.2. Exécution des fouilles

Les fonds de fouilles doivent être dressés horizontalement, sauf si on craint des venues d'eau. Il est alors préférable de prévoir une pente de 2 à 5% de l'ensemble de la fouille, ou des rigoles.

Les parois des fouilles sont soit étayées (p. 83), soit taillées avec fruit.

La nature du sol, sa cohésion (p. 60), sa granulométrie (p. 57) et la présence ou non d'eau sont des paramètres importants pour déterminer cette pente et plus généralement la stabilité d'une fouille.

En effet, le mode de rupture classique d'un talus raide dans un sol homogène n'est pas simple et se rapproche d'un grand glissement des terres (p. 70). La surface de glissement des terres est assimilée à un cercle passant par le pied du talus. Quelques résultats succincts issus des travaux de Biarez concernant la rupture des talus sont présentés tableau 1.

La sécurité à la rupture du talus est assurée si le rapport $C/\gamma H$ est supérieur à la valeur minimale fournie tableau 1.

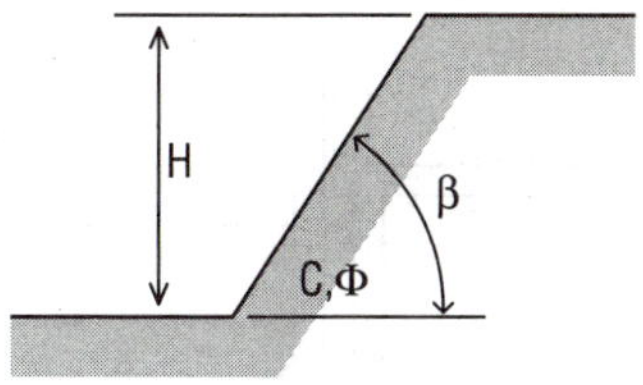


| Φ \ β | 80° | 70° | 60° | 45° |
|---|---|---|---|---|
| 35° | 0,105 | 0,075 | 0,050 | 0,020 |
| 30° | 0,120 | 0,090 | 0,070 | 0,030 |
| 25° | 0,135 | 0,105 | 0,080 | 0,045 |
| 20° | 0,150 | 0,125 | 0,100 | 0,065 |
| 15° | 0,165 | 0,140 | 0,120 | 0,090 |

*Tableau 1. Valeur de C/γ H, d'après Biarez.*

- **Cas particulier des talus verticaux**
  Dans le cas de sols cohérents ($C \neq 0$), on peut dresser un talus vertical stable à court terme. Cette hauteur verticale limite est de l'ordre de $h = 3{,}85\ C/\gamma$. Pour des raisons de sécurité, on réduira cette valeur à $h = 2\ C/\gamma$.

Quand on se trouve en présence d'un terrain sensible à l'eau (marnes, schistes, argiles...), la finition d'un fond de fouille (noté FF) doit intervenir peu de temps avant l'exécution des soutènements ou des fondations. Il faut couler au moins le béton de propreté dans les heures qui suivent la découverte du terrain, sous peine de voir les sols se détremper sous l'action de la pluie, éventuellement gonfler, se soulever dans certains cas (AFNOR NF P 11-201).

### 1.3. Tolérances d'exécution (fig. 4)

Les surprofondeurs par rapport aux niveaux fixés sont inférieures à 5 cm pour des terrains non rocheux et à 10 cm pour les terrains rocheux (20 cm pour les roches très dures).

Pour l'implantation, des écarts par excès sont admis, tout en étant inférieurs à 10 cm pour les fouilles en tranchée, en puits ou en excavation superficielle, et à 5 cm pour les fouilles en rigole dans les terrains non rocheux.

### 1.4. Foisonnement des terres

En excavant les terres, le volume occupé par celles-ci augmente lors de la décompression du sol. C'est le phénomène de foisonnement.

On définit un coefficient de foisonnement (en %) qui correspond à :

$$f = \frac{V - V_0}{V_0} \times 100 \text{ ou } f = \frac{\rho_0 - \rho}{\rho} \times 100$$

avec $V_0$ : volume initial (en place)
$V$ : volume final
$\rho_0$ : masse volumique initiale
$\rho$ : masse volumique finale.

Des exemples de valeurs sont donnés tableau 2.

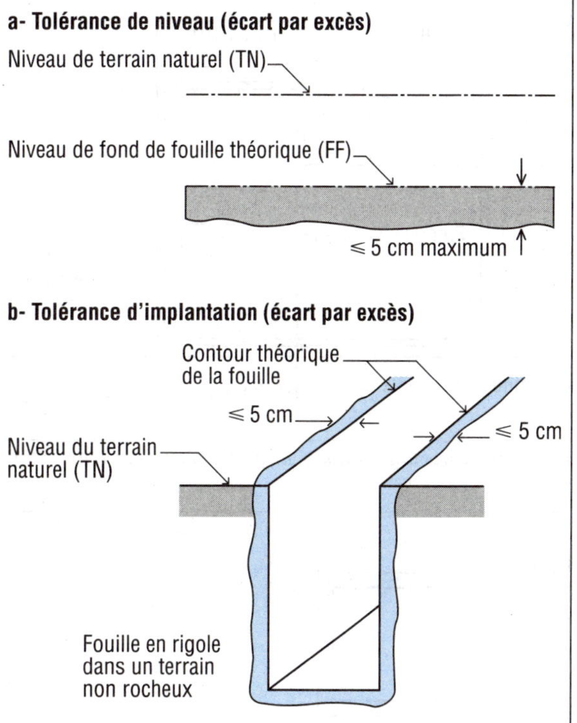


*Fig. 4. Tolérances d'exécution des fouilles, dans un terrain non rocheux.*

| Type de sol | Foisonnement (%) |
|---|---|
| Argile | 35 % |
| Terre végétale | 25 % |
| Sable, gravier | 12 à 15 % |
| Rochers | 65 à 70 % |

*Tableau 2. Valeurs moyennes de foisonnement.*

*Le Précis de chantier* (AFNOR/Nathan) détaille ces valeurs et leur utilisation pour déterminer le matériel nécessaire à une opération de terrassement.

## 2. MURS CONTRE TERRE ET REPRISE EN SOUS-ŒUVRE

Quand la construction projetée possède plusieurs niveaux de sous-sols, et qu'elle doit être mise en œuvre à proximité d'un bâtiment existant ou près de la limite de propriété, une fouille classique avec un fruit (fig. 5 et 6) ne peut pas être réalisée. En effet, les terrains retenus par les ouvrages de soutènement ou les bâtiments mitoyens exercent une poussée sur l'écran réalisé (p. 67). Pour réaliser l'excavation en toute sécurité, il faut terrasser sans décomprimer le sol derrière l'écran.

Il est parfois possible de creuser une tranchée verticalement jusqu'à sa profondeur finale, uniquement quand le terrain présente une cohésion à court terme notée Cu suffisante.

En général, il faut donc blinder, étrésillonner ou étayer la fouille si les parois sont quasi verticales.

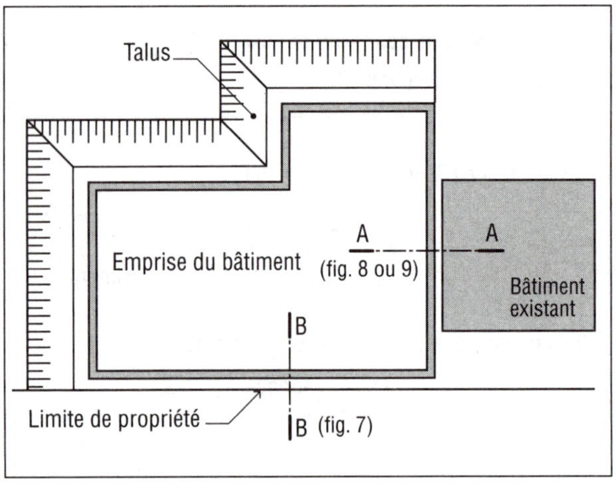


*Fig. 5. Infrastructure en limite de propriété ou contre un bâtiment existant.*

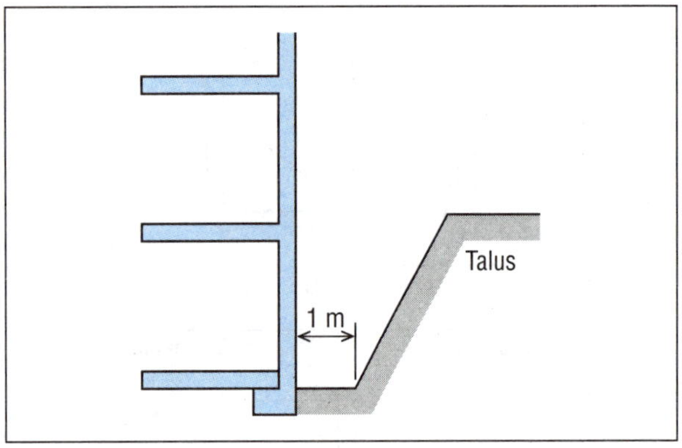


*Fig. 6. Fouille classique.*

En limite de propriété (fig. 5, coupe B.B), on place un voile qui reprend les efforts du futur bâtiment ainsi que la poussée des terres adjacentes (fig. 7).

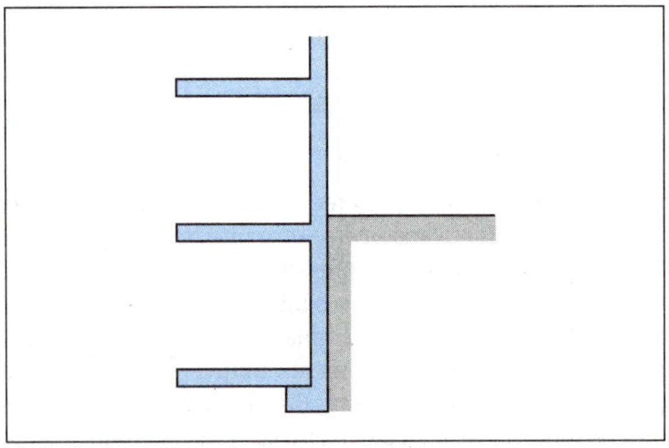

*Fig. 7. Voile réalisé en limite de propriété.*

Au droit d'un mur existant (fig. 5, coupe AA), quand la fondation est à proximité d'une construction existante, on peut soit utiliser la méthode précédente (fig. 8), soit faire une reprise en sous-œuvre du mur existant pour descendre sa fondation au niveau de la nouvelle construction (fig. 9). Pour plus de sécurité, on devra étayer l'ancien bâtiment.

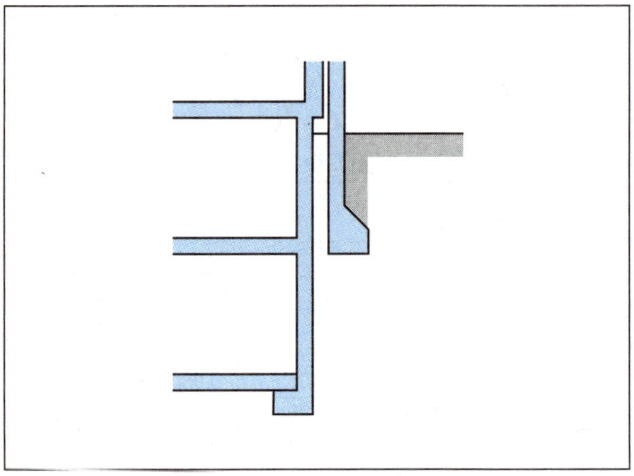

*Fig. 8. Voile masque au droit d'un mur existant.*

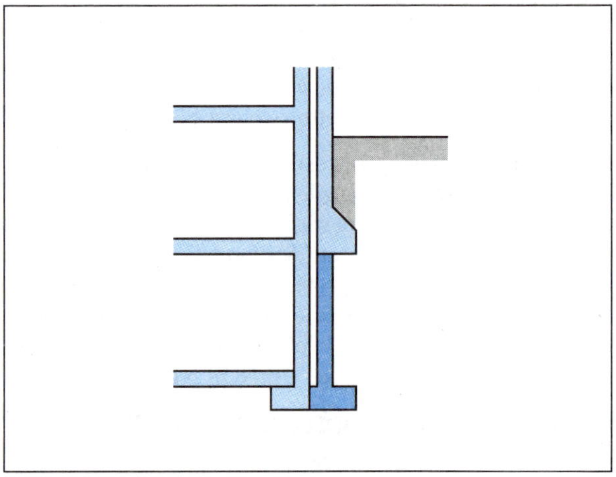

*Fig. 9. Reprise en sous-œuvre du mur existant.*

Avant de choisir une technique de soutènement, il convient de procéder à une étude préalable détaillée de l'opération.

Nous invitons le lecteur peu familiarisé avec ces études à se reporter au *Précis de chantier* (AFNOR-Nathan) qui consacre le chapitre « Étaiements et blindages » à l'étude des paramètres les plus importants.

*Remarque :* le choix du procédé et le dimensionnement de l'écran dépendent de la présence d'eau (p. 72) dans le terrain (la pression de l'eau modifie la poussée et la butée sur l'écran). Si aucune injection d'étanchéité n'a été pratiquée dans le sol, il faut alors assurer la stabilité et l'étanchéité du fond de la fouille.

## 2.1. Murs contre terre ou voile masque

C'est la méthode la plus courante. Les efforts induits par des fondations existantes et la poussée des terres sont repris par un ouvrage en béton armé. Le mur voisin est laissé intact et le sol sous l'ancien bâtiment n'est pas décomprimé.

Les solutions recensées sont les suivantes :

- pour trois niveaux de sous-sols et plus, on peut réaliser des parois moulées (p. 76), le terrassement étant effectué après exécution de la paroi. Une autre solution consiste à réaliser des parois parisiennes ou berlinoises (p. 74) ;
- pour moins de trois niveaux, on réalise un voile contre terre. La difficulté est alors de pouvoir terrasser, au niveau du mur à couler, sans décomprimer le sol. On procède en général par tranches, les efforts se reportant, sur le terrain résistant, par des voûtes de décharge : figure 10.

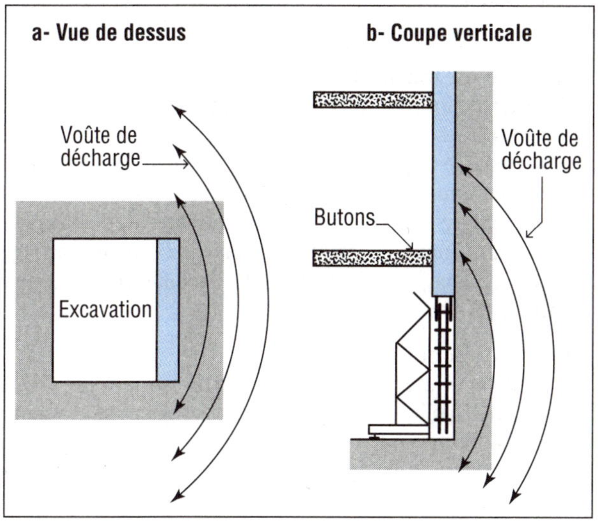


*Fig. 10. Voile masque.*

### 2.1.1. Réalisation par puits alternés ou avant exécution du gros de la fouille

On ouvre des puits à la limite de l'ouvrage à réaliser. Les puits sont blindés au fur et à mesure de la descente grâce à des planches verticales (2 m de long, largeur 30 cm) et des cadres (espacement de 1,20 m à 1,50 m) : figure 11. La longueur du puits est comprise entre 1,30 m et 2,50 m.

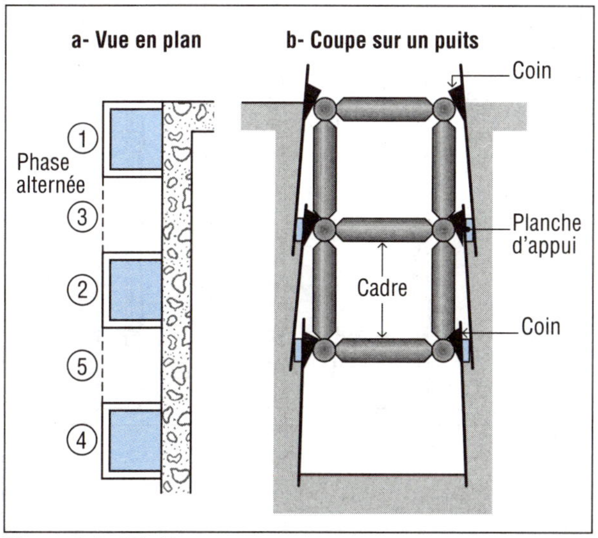


*Fig. 11 Puits blindé.*

On bétonne le mur, par passe de 2,50 m de haut environ, soit en descendant, soit en remontant après avoir atteint le niveau désiré. En remontant, il faudra le plus souvent laisser le blindage au fond du coffrage. En descendant, on pourra couler directement contre terre si la surface bétonnée est faible.

Les liaisons avec la reprise adjacente se font à l'aide d'armatures en attente sur le pourtour du voile :

- soit, en repliant les aciers dans la partie bétonnée, qu'on ressortira par la suite,
- soit, en fichant les aciers en terre qu'on dégagera en retirant le terrain.

Ces puits sont exécutés suivant un ordre bien défini. On commence de préférence par les angles du bâtiment existant et on alterne comme indiqué sur la figure 11.

Les murs ainsi réalisés sont maintenus à l'aide de butons, tant que la structure du bâtiment, susceptible de reprendre les efforts de poussée des terres, n'est pas en place.

### 2.1.2. Réalisation par talus banquette ou après exécution du gros de la fouille (deux niveaux maximum)

On réserve pendant le terrassement général une banquette talutée en avant du mur à reprendre ou en avant du mur périphérique de l'ouvrage.

On exécute ensuite une tranchée blindée de faible largeur, dans le talus, jusqu'à la limite à atteindre, pour pouvoir alors couler un élément du mur contre terre. On réalise le voile soit en remontant, soit en descendant (on terrasse alors la tranchée en autant de fois que de phases de bétonnage) (fig. 12).

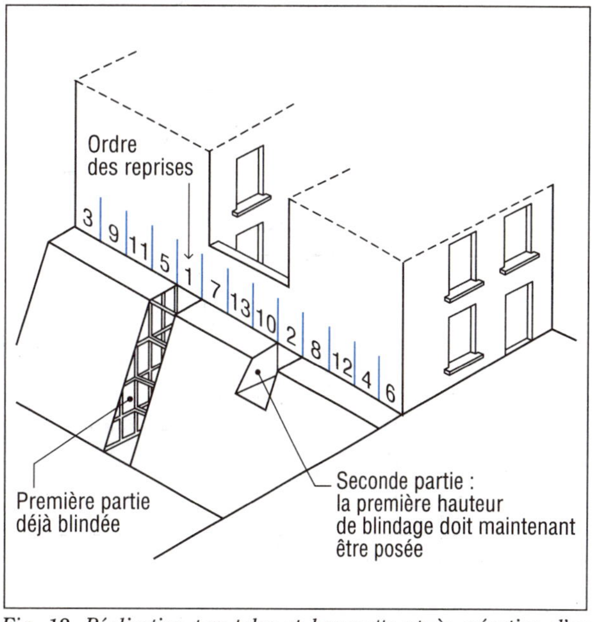


*Fig. 12. Réalisation par talus et banquette après exécution d'un terrassement en grande masse.*

On pourra commencer par la réalisation des niveaux de sous-sols situés dans la partie centrale de l'ouvrage, la structure ainsi réalisée servant par la suite à reprendre la poussée des terres sur les murs extérieurs, dès que les butons sont retirés.

### 2.2. Tranchée blindée

Réalisé à l'intérieur d'une tranchée blindée, le mur est banché (p. 155) au fur et à mesure de l'avancement de la tranchée.

Généralement, on utilise des éléments modulaires manuportables de petites dimensions pour coffrer le voile (fig. 13c).

Cette technique permet de terrasser sur des profondeurs relativement limitées (sauf si on prévoit le maintien des voiles par des tirants d'ancrage).

Très délicate à réaliser, l'exécution de ces tranchées est le plus souvent réservée à des entreprises spécialisées.

*Nota :* un fascicule de l'OPPBTP intitulé *Travaux de fouilles en tranchées* est spécialement consacré à la mise en œuvre de ce type de blindage.

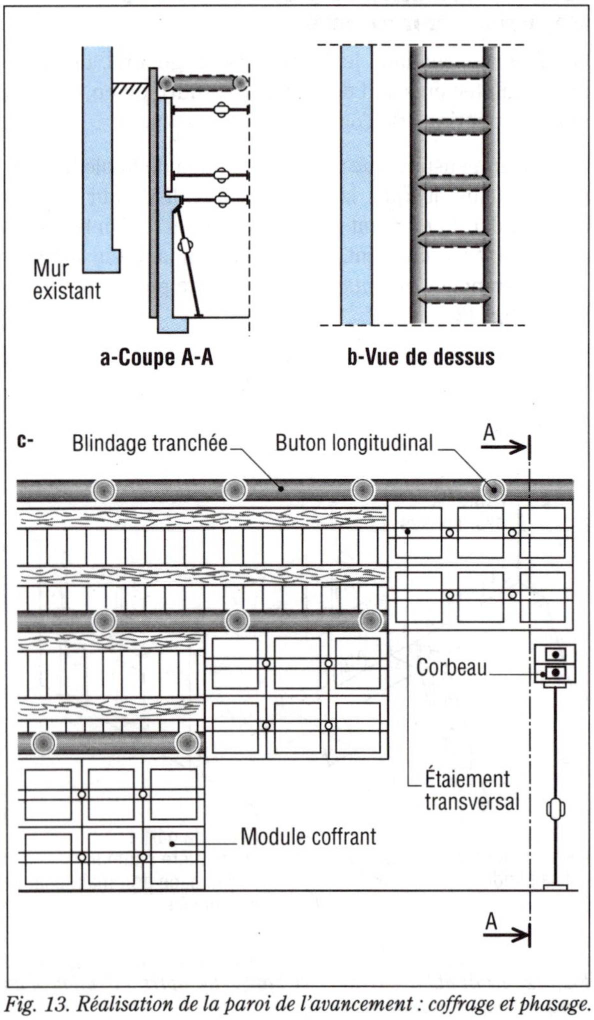


*Fig. 13. Réalisation de la paroi de l'avancement : coffrage et phasage.*

### 2.3. Reprise en sous-œuvre

Elle consiste à réaliser sous le mur existant, en mitoyenneté, de nouvelles fondations, ayant le même niveau d'assise que le futur ouvrage (fig. 14).

Selon la profondeur, le type de sol et l'emprise du chantier, on adopte l'une des méthodes évoquées précédemment à l'exception de la paroi berlinoise (*Précis de chantier*, AFNOR-Nathan).

À l'origine, une reprise en sous-œuvre était réalisée en maçonnerie de moellons. Le béton armé coulé en place est de plus en plus employé.

- **Reprise en maçonnerie**
  On procède en remontant à partir du fond de l'excavation par tranchées blindées. Le blindage est abandonné dans le sol, contre la paroi. Un mortier est maté en tête entre le nouveau mur et l'ancienne fondation, pour éviter tout tassement de cette dernière, qui entraînerait des fissurations dans l'ouvrage existant. Il faut prévoir un harpage ou un chaînage pour assurer la liaison avec la future tranche de la reprise.

- **Reprise en béton armé**
  Le coffrage est aménagé en partie supérieure. Une ouverture inclinée (appelée goulotte) permet de venir couler le béton entre la paroi et le coffrage. Le mur est donc réalisé en descendant. Des armatures en attentes sont prévues pour rétablir la continuité avec les tronçons adjacents.

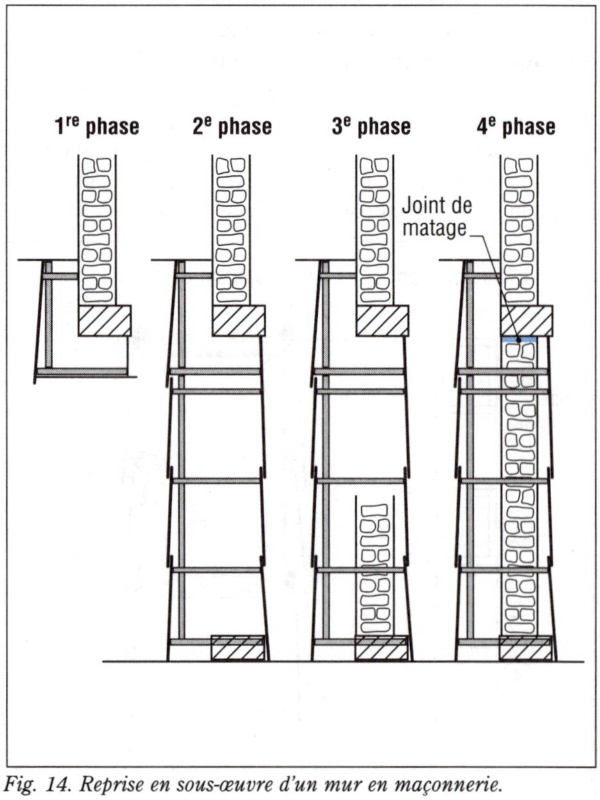


*Fig. 14. Reprise en sous-œuvre d'un mur en maçonnerie.*

# CHAUSSÉES ET DÉPENDANCES : LES RÉSEAUX D'ASSAINISSEMENT

**Fascicule 70 : « Ouvrages d'assainissement », Guide Technique de remblayage des tranchées (SETRA - LCPC), NF P 98-331**

## 1. INTRODUCTION

La loi sur l'eau du 3 janvier 1992 fixe à 2005 la collecte et le traitement des eaux usées de toutes les communes de plus de 2 000 habitants.

Le résultat de cette démarche pourra s'évaluer selon trois critères :

- la préservation du milieu naturel, en traitant les affluents ;
- l'optimisation des investissements publics : une bonne définition du besoin conduit à la rédaction d'un cahier des charges et permet d'optimiser les investissements publics, dans un contexte où la durée de vie des infrastructures communément souhaitée est d'au moins 50 ans ;
- la pérennité de fonctionnement des réseaux : il faut s'assurer d'une maîtrise des flux entrants par un dimensionnement correct des installations depuis les points de captage, jusqu'à la station d'épuration. Un suivi rigoureux lors des phases de mise en œuvre (p. 88), puis de fonctionnement, permet d'éviter que les installations ne soient sollicitées en dehors de leur domaine d'emploi.

Les eaux à évacuer comprennent les eaux de pluies de ruissellement et les eaux usées domestiques : eaux vannes (WC) et eaux ménagères.

## 2. STRUCTURE D'UN RÉSEAU D'ASSAINISSEMENT

Le réseau est conçu pour assurer la protection de la santé publique. Les principes directeurs, précisés dans la circulaire du 10 juin 1976 du ministère de la Santé (J.O. du 20 août 1976), sont les suivants :

- évacuation continue, hors des habitations, de tous les effluents d'origine humaine ;
- protection des eaux des nappes souterraines, des cours d'eau, des lacs, des étangs...

### 2.1. Composition des réseaux

Un réseau est constitué par l'ensemble des canalisations et des ouvrages annexes :

- les canalisations se présentent sous la forme de tuyaux cylindriques préfabriqués, de tuyaux ovoïdes et d'ouvrages particuliers (égouts ordinaires à cuvette, collecteurs à banquette, émissaires d'évacuation), parfois visitables.

- les ouvrages annexes comprennent les regards, les bouches d'égout, les avaloirs, les dispositifs de raccordement des branchements sur les canalisations...

### 2.2. Les deux grands systèmes

On distingue deux grandes familles :

- le système séparatif,
- le système unitaire.

Dans ce deuxième cas, un seul réseau assure l'évacuation des eaux pluviales (EP) et usées (EU).

La figure 1 illustre, en plan, un système séparatif.

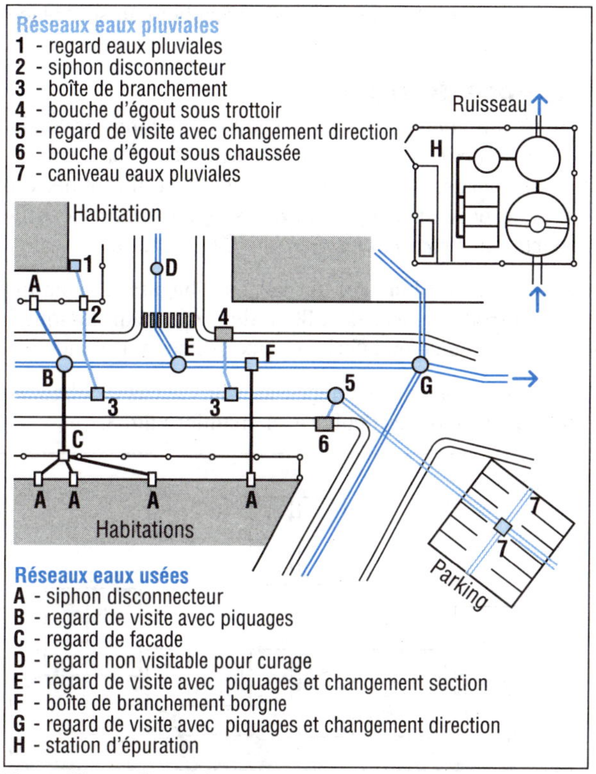


*Fig. 1. Réseau d'assainissement.*

La figure 2 représente un détail de branchement aux réseaux eaux pluviales (EP) et eaux usées (EU) en zone urbaine.

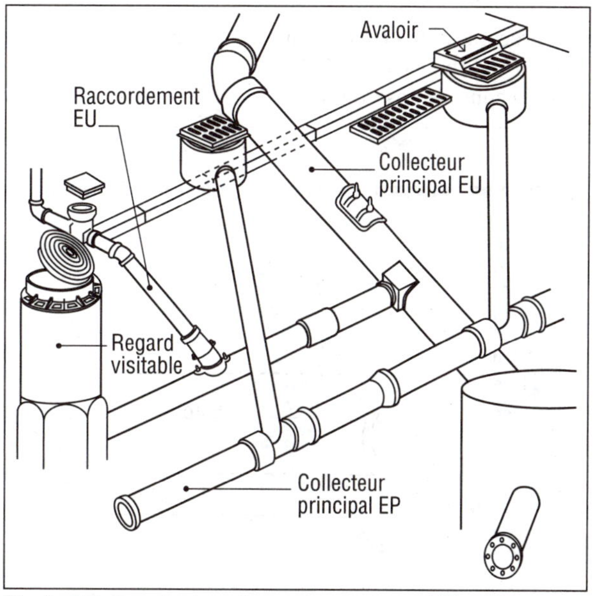


*Fig. 2. Détail sur les branchements aux réseaux EU et EP : vue en perspective.*

## 3. RÉALISATION DU RÉSEAU

### 3.1. Implantation

Les canalisations sont généralement implantées le long des voies. Les regards et les boîtes de branchement sont placés sous le trottoir ou l'accotement.

### 3.2. Pose de tuyaux

Les tuyaux doivent être descendus en fond de fouille conformément aux règles de sécurité liées à la manutention de charges lourdes, et notamment en utilisant des crochets de pose spécifiques et des sangles appropriées (se reporter au *Précis de chantier* AFNOR-Nathan).

La présence de blindage (p. 94) est obligatoire dans une fouille étroite à partir de 1,30 m de profondeur, lorsque la largeur est égale ou inférieure aux 2/3 de la profondeur.

La longueur des tuyaux nécessite, dans le cas de blindage, une organisation particulière au chantier : fig. 3.

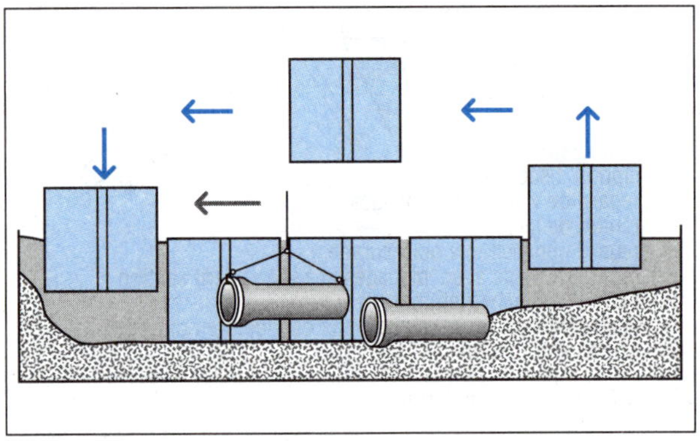

*Fig. 3. Principe d'avancement.*

La tenue mécanique des canalisations est liée au mode de mise en œuvre du remblaiement de la tranchée.

Les préconisations du fascicule 70, « Ouvrages d'assainissement », diffusé par le MELTT(1), concernent essentiellement la zone de pose (fig. 4).

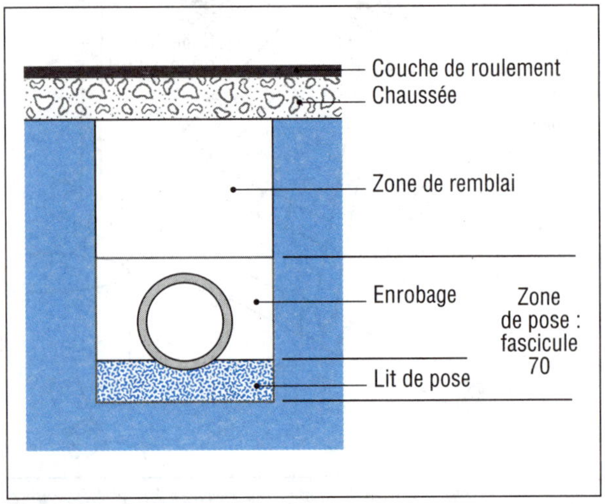


*Fig. 4. Zone de pose.*

Les dimensions de la zone d'enrobage dépendent de la rigidité relative de la canalisation et du sol environnant (fig. 5).

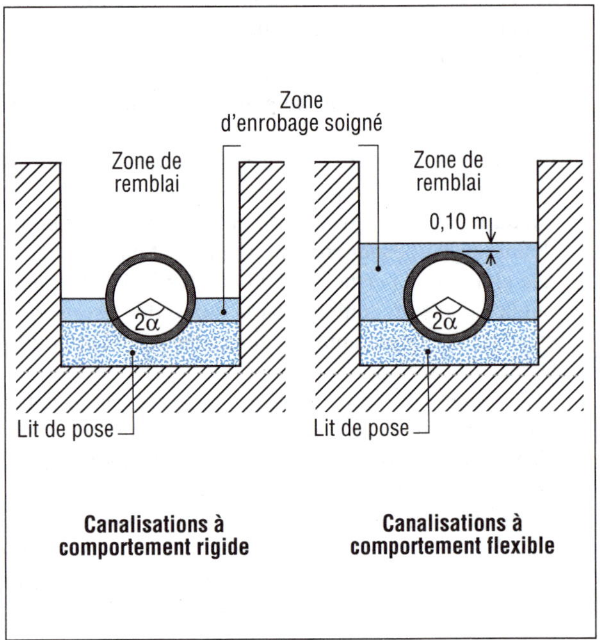


*Fig. 5. Zone d'enrobage.*

Le mode de mise en œuvre, défini par le fascicule 70, associé aux prescriptions du « Guide technique de remblayage des tranchées » (SETRA – LCPC), permet de retenir trois types de pose correspondant aux pratiques les plus courantes.

Trois principaux paramètres interviennent dans la préconisation d'un type de pose :

- la nature du sol,
- le mode de compactage (NC, CC, CCV)*,
- le mode de retrait de blindage.

* **Mode de compactage :**

- Non Compacté (NC) : on ne fait pas appel à des moyens de compactage appropriés, ou on ne fait pas de contrôle ou de vérification des prescriptions de compactage ;
- Compacté Contrôlé (CC) : on contrôle les moyens de compactage mis en œuvre. Dans ce cas, l'entrepreneur soumet pour avis au maître d'œuvre le mode d'exécution et le justificatif des dispositions prévues pour le compactage ;
- Compacté Contrôlé et Vérifié (CCV) : comme ci-dessus, avec en plus la vérification des résultats obtenus (⩾ 90 % OPN – Optimum Proctor Normal).

Pour un environnement donné, l'association des trois facteurs permet d'établir des solutions optimales de pose.

La pose standard correspond à une pose de type compacté contrôlé (les moyens de compactage sont contrôlés, le maître d'œuvre donne son aval sur le mode d'exécution retenu) avec retrait de blindage par couche après compactage (fig. 6).

(1) MELTT : Ministère de l'Équipement, du Logement, des Transports et du Tourisme.

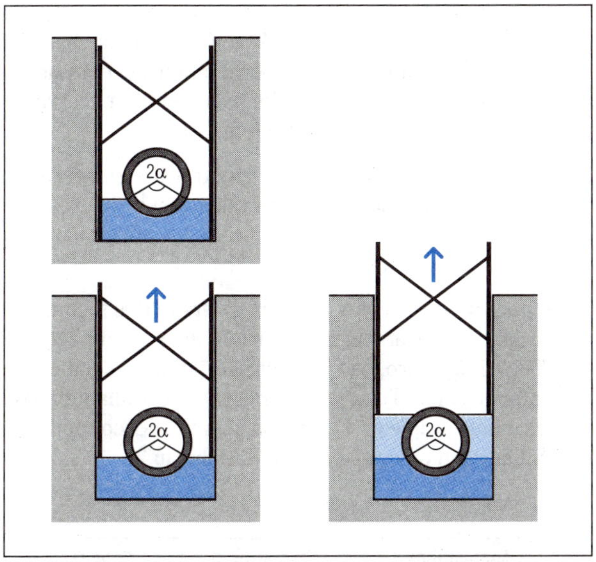


*Fig. 6. Pose standard.*

Lorsque le compactage de l'assise est prévu, il sera réalisé avec des engins légers (dames...) de part et d'autre de la canalisation afin de ne pas provoquer de déviation en plan ou de niveau de la canalisation.

Pour le remblaiement, le choix des engins de compactage vibrants ou damants sera réalisé en fonction de la qualité des sols, des dispositifs de blindage et de la hauteur de remblai au-dessus de l'extrados.

Dans le cas d'une canalisation posée en tranchée sous chaussée, on pourra se reporter au document édité par le ministère de l'Équipement, du Logement, des Transports et du Tourisme, intitulé : « Guide technique sur le remblayage des tranchées et réfection des chaussées » rassemblant les résultats d'une étude menée par le Laboratoire Central des Ponts et Chaussées (LCPC) pour le Setra (édition mai 1994). Les instructions issues de ce guide de mise en œuvre s'appuient sur la norme NF P 98-331 : « Tranchée : ouverture, remblayage, réfection », détaillée p. 90.

## 4. ÉPREUVES D'ÉTANCHÉITÉ

Les réseaux d'assainissement doivent être étanches. La loi l'exige afin d'éviter les fuites d'eaux usées qui polluent les nappes d'eau souterraines utilisées pour la production d'eau potable et les entrées d'eaux parasites dans la canalisation qui perturbent le fonctionnement des stations d'épuration. Les épreuves des canalisations sous pression sont réalisées suivant les prescriptions du fascicule 70.

Les épreuves des réseaux à écoulement libre ont pour objectif de vérifier l'absence de fuites dans le système de collecte, à savoir l'ensemble tuyaux-regards-branchements. La méthode traditionnelle consiste à utiliser de l'eau pour ce test puisque le réseau est destiné à en transporter. Une norme européenne en cours d'élaboration modifie les conditions de l'essai à l'eau (fig. 7) et introduit les essais à l'air (fig. 8).

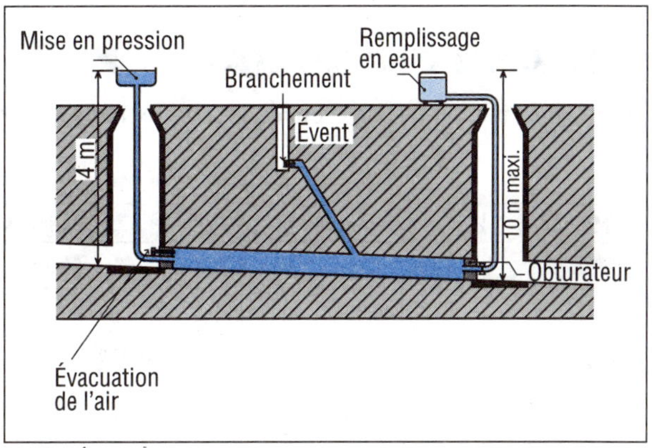


*Fig. 7. Épreuve à l'eau d'un tronçon de canalisation seul : schéma de principe.*

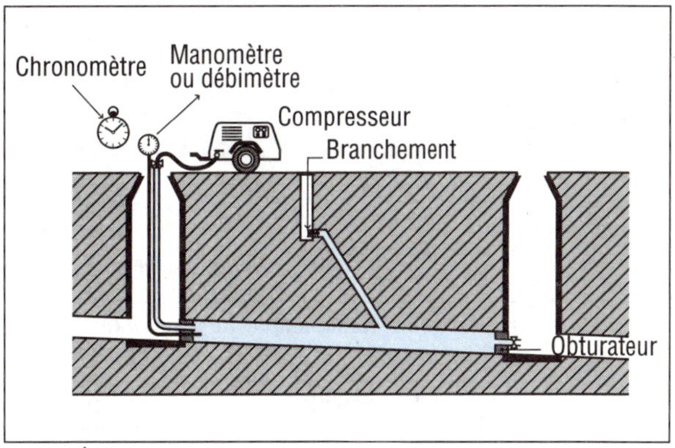


*Fig. 8. Épreuve à l'air d'un tronçon : schéma de principe.*

Dans le cas d'une épreuve à l'air négative, un recours à une épreuve à l'eau est admis et le résultat de l'épreuve à l'eau est seul décisif.

# Chaussées et dépendances : tranchées (ouverture, remblayage, réfection)

**NF B 10-601, NF P 98-115, -130, -132, -136, -137, -145, -160, -303, -306, -331, -335, -336, -705 et -736, NF T 54-080, Fascicule 70, Guide technique pour le remblayage des tranchées (SETRA-CCPC)**

## 1. INTRODUCTION

La gestion des voiries implique des exigences de coordination et de cohérence technique vis-à-vis des différents intervenants du domaine public ou privé, du fait des contraintes juridiques, techniques et économiques engendrées par la réalisation des tranchées.

L'intervenant sur voirie, qui ouvre une tranchée, la remblaie puis refait la chaussée, doit respecter le code de la voirie routière, les prescriptions de la norme NF P 98-331, la procédure de coordination des travaux et celles du règlement de voirie.

## 2. DOMAINE D'APPLICATION

La norme NF P 98-331 concerne les techniques et contraintes relatives à l'ouverture et au remblayage des fouilles ou tranchées, ainsi que la réfection de la chaussée et de ses dépendances, en agglomération ou hors agglomération. Ces travaux successifs sont rendus nécessaires par la mise en place ou l'entretien des réseaux.

La norme NF P 98-331 s'applique aux travaux entrepris par des personnes physiques ou morales telles que les propriétaires du domaine public ou privé, les affectataires de voiries, les concessionnaires…

Vu le nombre de normes NF et la diversité des techniques de travaux sans tranchées, un article de la revue *Travaux* (n° 738, 01/98) propose une classification de toutes les techniques selon l'objet des travaux : installation d'ouvrages neufs (tableau 1), remplacement de conduites et réhabilitation d'ouvrages existants (tableau 2).

| Méthodes | Particularités | Techniques | Applications | Diamètres | Longueurs |
|---|---|---|---|---|---|
| Non dirigées | Déplacement du sol | Fusée | Traversées | De 30 à 250 mm | De 5 à 25 m |
| | | Battage de tubes fermés | | De 50 à 500 mm | Jusqu'à 50 m |
| | | Fonçage de barres pilotes | | De 30 à 250 mm | De 5 à 25 m |
| | Excavation du sol | Fonçage de tubes ouverts | | De 50 à 1 500 mm | Jusqu'à 70 m |
| | | Fonçage à la tarrière | Traversées et branchements | De 50 à 1 500 mm | Jusqu'à 80 m |
| Dirigées | Par découpe et évacuation | Forage guidé à sec | Traversées et pose en ligne | < à 200 mm | Jusqu'à 240 m |
| | | Microtunnelier à vis | | De 250 à 800 mm | Jusqu'à 150 m |
| | | Forage horizontal dirigé | | 100 mm à 1 200 mm | Jusqu'à 1 700 m |
| | | Microtunnelier à marinage pneumatique | | De 300 mm à 900 mm | Jusqu'à 150 m |
| | Par découpe et suspension | Forage guidé « humide » | | à 600 mm | Jusqu'à 500 m |
| | | Microtunnelier à marinage hydraulique | | De 250 mm à 1 200 mm | Jusqu'à 150 m |

*Tableau 1 : Caractéristiques des techniques de pose d'ouvrages neufs sans tranchée.*

| Particularités | Familles de techniques | Champs d'application | Matériels | Diamètres | Section | Nature |
|---|---|---|---|---|---|---|
| Conduite ancienne conservée dans le sol | Éclatement | Toutes conduites sauf béton armé et acier | Fusées | De 100 à 900 mm | Légèrement supérieure à la conduite existante | PE et PVC |
| | | | Éclateur à expansion latérale pneumatique | De 100 à 900 mm | Légèrement supérieure à la conduite existante | PE et PVC |
| | | | Éclateur à expansion latérale hydraulique | De 100 à 900 mm | Légèrement supérieure à la conduite existante | PE et PVC |
| Conduite ancienne évacuée | Microtunnelier | | Tous types de marinages | Jusqu'à 1 200 mm | Pas de restriction | Béton, grès et composites |
| | Fonçage de tubes | | | Jusqu'à 1 500 mm | Pas de restriction | Acier |
| | Extraction | | | Inf. à 100 mm | Légèrement supérieure à la conduite existante | PEHD |

*Tableau 2 : Caractéristiques des techniques de remplacement d'un ouvrage existant sans tranchée.*

Pour les tranchées étudiées dans ce chapitre, le terrassement est supposé être exécuté en une seule passe par une pelle hydraulique travaillant en rétro (p. 94). Lorsque la profondeur dépasse les capacités des engins courants, il est alors possible, parfois, de réaliser une première passe en talutant. La pelle exécute ensuite la tranchée étroite à parois verticales.

## 3. DÉFINITIONS

Un réseau enterré est un ensemble de dispositifs (canalisations, regards, câbles, gaines, chambres...) permettant soit la collecte et l'évacuation des eaux, soit la distribution de fluides et d'énergie (eau, gaz, électricité, chauffage...), soit la distribution et l'échange d'informations (télécommunications, télévision par câble, télégestion...).

La zone de pose correspond à l'enrobage (lit de pose compris) de la conduite ou du réseau, l'enrobage pouvant atteindre une hauteur de 10 à 30 cm au-dessus de la génératrice supérieure de la conduite ou du réseau. Le remblayage correspond à la mise en œuvre du remblai entre la zone de pose et la structure de chaussée (fig. 1).

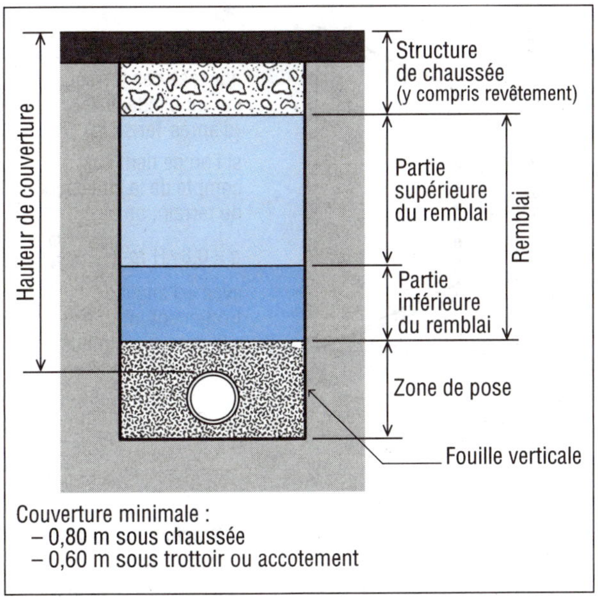


*Fig. 1. Coupe type de tranchée.*

*Remarque :* quand il est impossible de respecter les valeurs de couverture minimale, dans le cas de terrassement dans le rocher ou d'encombrement du sous-sol ou de tranchées étroites, la couverture doit au moins être égale à l'épaisseur de la structure de la chaussée à remettre en place, majorée de 0,10 m. Un dispositif avertisseur doit aussi être mis en place. Une banquette (0,40 m de largeur au moins) est aménagée le long de la fouille en surface, pour assurer la circulation du personnel et éviter la chute de matériaux dans la tranchée. Tout affouillement latéral accidentel impose une nouvelle découpe du revêtement et une reprise des terrassements à bord vertical.

## 4. RÈGLES D'IMPLANTATION

L'implantation du tracé prend en compte des contraintes administratives et techniques. On peut citer l'affectation principale et le statut de la voirie, les prescriptions administratives et réglementaires des gestionnaires de réseaux, les espaces disponibles adjacents (accotements, parkings, trottoirs...), les plantations.

D'une manière générale, et sauf impossibilité, les réseaux de raccordement et de distribution sont implantés hors chaussée. Pour faciliter l'exploitation et l'entretien des ouvrages, les canalisations longitudinales nécessitant des ouvrages enterrés visitables, doivent être implantées de manière à ne pas perturber les conditions d'exploitation de la chaussée.

## 5. CONTRAINTES RELATIVES À DES TRAVAUX EN SOUS-SOL, AU VOISINAGE DE RÉSEAUX

### 5.1. Déclaration d'Intention de Commencement des Travaux (DICT)

Tout intervenant qui veut exécuter des travaux au droit ou au voisinage d'ouvrages souterrains, tels que canalisations et câbles dépendant de divers gestionnaires de réseaux, doit demander les renseignements sur la localisation de ces ouvrages pour éviter tout dommage accidentel. L'ensemble de cette recherche est facilité par une Déclaration d'Intention de Commencement des Travaux (DICT) adressée 10 jours avant le début des travaux aux destinataires concernés.

### 5.2. Signalisation temporaire

Pour protéger les usagers de la voirie et le personnel de chantier, une signalisation temporaire doit être mise en place : ses éléments constitutifs sont détaillés dans le chapitre « Installations de chantier » du *Précis de chantier* (AFNOR-Nathan).

### 5.3. Dispositifs avertisseurs de réseaux souterrains

Au cours de l'excavation, des dispositifs avertisseurs (NF T 54-080) permettent le repérage des différents types de canalisations déjà enterrées. Ils sont constitués d'une bande ajourée ou d'un grillage en matière plastique imputrescible. À chaque type de réseau correspond une couleur de dispositifs (tableau 3).

| Destination | Couleur |
|---|---|
| Électricité | Rouge |
| Gaz | Jaune |
| Télécommunication | Vert |
| Eaux sous pression<br>Irrigation | Bleu |

*Tableau 3. Couleurs conventionnelles des dispositifs avertisseurs pour canalisations enterrées.*

Ces dispositifs doivent être posés entre 20 et 30 cm au-dessus de l'ouvrage à signaler. Si des canalisations sont superposées, un dispositif avertisseur doit être posé au-dessus de chacune d'elles, quand elles sont de natures différentes, ou avec des domaines de tensions différents, ou espacées de plus de 10 cm.

*Remarque :* ces dispositifs peuvent avoir été oubliés dans le passé, ils ont pu se déplacer ou être détruits. Il faut donc mettre en garde les exécutants et les guider afin de prévenir tout risque d'incident dès qu'un outil s'approche d'une canalisation électrique, notamment à moins de 1,50 m. Si on doit travailler à moins de 0,50 m d'une canalisation électrique, il convient d'utiliser uniquement des outils portatifs manuellement. La figure 2 indique la zone dangereuse, pour une excavation en terrain ordinaire sans usage d'explosifs, en présence de canalisations de gaz.

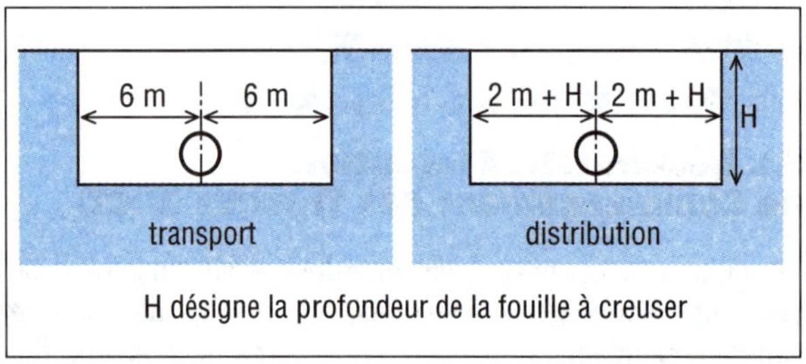


*Fig. 2. Dimension de la zone dangereuse en présence d'une canalisation de gaz.*

### 5.4. Mitoyenneté

La tranchée ne doit pas être située à proximité immédiate de constructions (y compris bordures et caniveaux) pour ne pas les déstabiliser. Il faut respecter une distance minimale de 0,30 m.

Il est interdit d'implanter un réseau, sans protection particulière, à moins de deux mètres d'un arbre, et à moins d'un mètre dans le cas de végétaux en massifs ou en haies.

Chaque tronc d'arbre au voisinage de travaux doit être protégé sur toute sa hauteur par la mise en place de planches jointives autour du tronc.

## 6. OUVERTURE DE LA FOUILLE

### 6.1. Découpe ou dépose du revêtement

La découpe des revêtements en enrobés doit être franche et rectiligne. Les revêtements destinés à un réemploi tels que pavés, dalles ou gazon, doivent être soigneusement déposés et stockés.

### 6.2. Exécution de la fouille

#### 6.2.1. Règles de précautions générales

Les fouilles de tranchées d'une profondeur supérieure à 1,30 m, de largeur inférieure ou égale aux deux tiers de la profondeur, doivent être blindées (p. 88).

Le dimensionnement et le choix du matériel de blindage prennent en compte divers paramètres :

- la nature des terrains (cohésion, angle de frottement, sensibilité de l'eau, pendage des couches...),
- la présence d'une nappe phréatique,
- les charges susceptibles d'agir en crête des tranchées (circulations, zones de stockage de matériaux, constructions existantes...).

Cette étude devra aussi concerner les risques d'éboulement des parois transversales, notamment aux extrémités des fouilles.

Les blindages doivent pouvoir être mis en place à partir du haut de la fouille, ou bien être réalisés à l'avancement, de manière à ne jamais exposer un ouvrier au risque d'un éboulement. La dépose de ces éléments doit pouvoir s'effectuer dans les mêmes conditions de sécurité pour le personnel.

Ils doivent être suffisamment résistants pour s'opposer, sans se déformer excessivement et sans risque de rupture, à la pression exercée par le sol sur les parois (fig. 3).

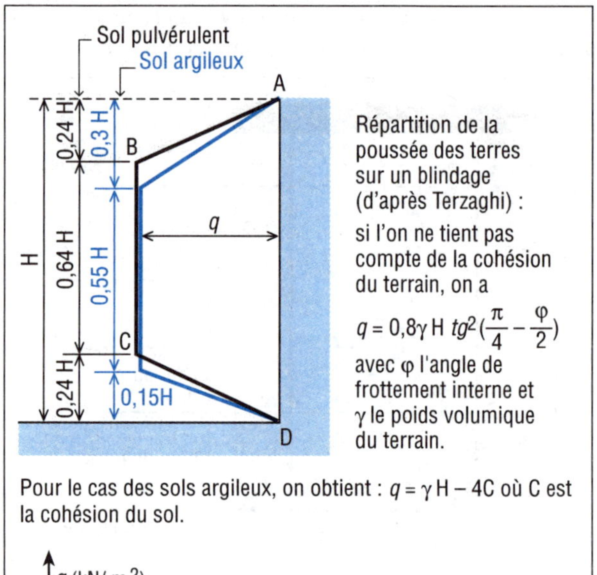


*Fig. 3. Estimation des pressions sur un blindage.*

Le blindage doit constituer un ensemble où tous les éléments sont reliés entre eux et forment une structure rigide et résistante (fig. 4).

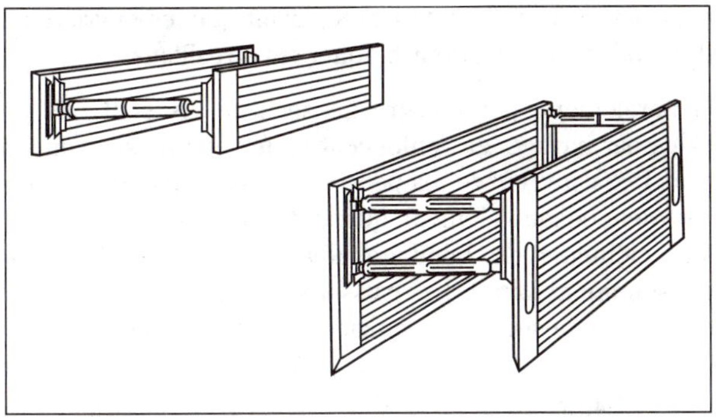

*Fig. 4. Exemple de blindage.*

*Remarque 1 :* en présence d'eau, les tranchées sont réalisées avec assèchement de la fouille. Un matériel de pompage doit être employé : *Précis de chantier* (AFNOR-Nathan).

*Remarque 2 :* le fond de fouille est réalisé selon les contraintes propres à chaque réseau à implanter, pour assurer une portance suffisante pour la mise en place des réseaux et des remblais, pour la circulation du personnel et des matériels de chantier. Les déblais non réutilisés doivent être évacués au fur et à mesure de l'ouverture de la tranchée.

### 6.2.2. Dimensions

Le fascicule 70 du Cahier des Clauses Techniques Générales (CCTG) applicables aux marchés de Travaux Publics passés au nom de l'État fixe les dimensions des tranchées (fig. 5) et peut servir de référence en l'absence d'indications dans les pièces du marché.

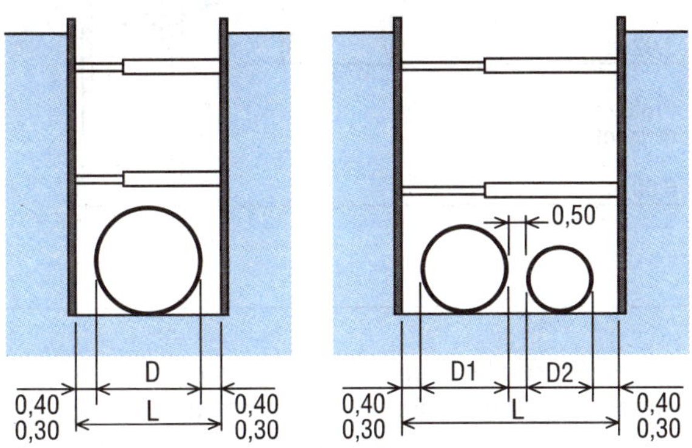


| | 1 canalisation : | *n* canalisations : |
|---|---|---|
| D ⩽ 0,60 | L = 0,60 + D | L = 0,60 + (*n* – 1) 0,50 + $\Sigma D_i$ |
| D > 0,60 | L = 0,80 + D | L = 0,80 + (*n* – 1) 0,50 + $\Sigma D_i$ |

*Fig. 5. Dimensions des tranchées (Cahier des Clauses Techniques Générales : fascicule 70).*

### 6.2.3. Matériels courants

**a) Blindage mis en place manuellement**

- **Tranchée blindée :** long et délicat à mettre en œuvre, ce procédé est limité, en zone urbaine, aux excavations pour lesquelles il faut absolument éviter toute décompression du terrain adjacent (p. 86).

- **Blindages préfabriqués :** ils sont essentiellement mis en place après exécution de la tranchée.

Il faut donc que le terrain ait une cohésion suffisante en phase provisoire. Les panneaux en bois à planches jointives, fabriqués à l'avance, ont une longueur d'environ deux mètres. Leur hauteur est supérieure de 0,15 à 0,20 m à la hauteur de la tranchée. Des étresillons provisoires viennent bloquer les panneaux. Des ouvriers peuvent alors descendre dans la tranchée, poser et bloquer des étresillons définitifs entre les montants des panneaux : fig. 6a.

Ce travail fastidieux peut être facilité par l'utilisation de cadres légers, équipés de vérins hydrauliques, manœuvrables depuis le haut de la tranchée, qui bloquent les panneaux contre le terrain, permettant ainsi aux ouvriers de descendre dans la tranchée afin de mettre en place les étresillons définitifs : fig. 6b.

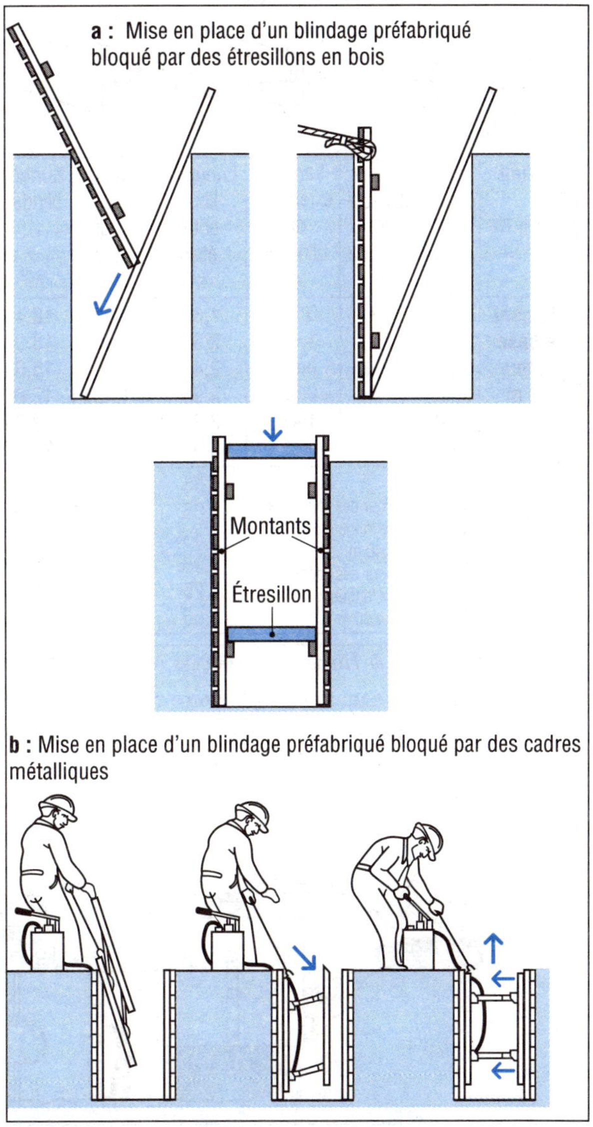


*Fig. 6. Mise en place de blindages préfabriqués.*

**b) Blindage mis en place mécaniquement**

• **Caissons métalliques** (fig. 7) : les éléments complets du blindage sont descendus dans la tranchée. Ils sont entièrement métalliques, et ils permettent d'atteindre des dimensions bien au-delà du domaine d'emploi des blindages bois. Leur mise en œuvre est généralement assez rapide et favorise leur utilisation dans les entreprises.

Quand le terrain a une bonne tenue à court terme, et si la fouille n'est pas très profonde, ces éléments peuvent être déposés au fond de la tranchée, avant que les ouvriers ne descendent au fond pour bloquer les étrésillons.

Généralement, par mesure de sécurité, ils sont mis en place par havage, et s'enfoncent au fur et à mesure que la tranchée est creusée. La pelle mécanique enfonce successivement chaque élément, qui peut se déplacer par rapport aux éléments de blindage adjacents. Le blindage est constamment jointif. Les caissons sont ensuite récupérés, au fur et à mesure du remblaiement de la tranchée.

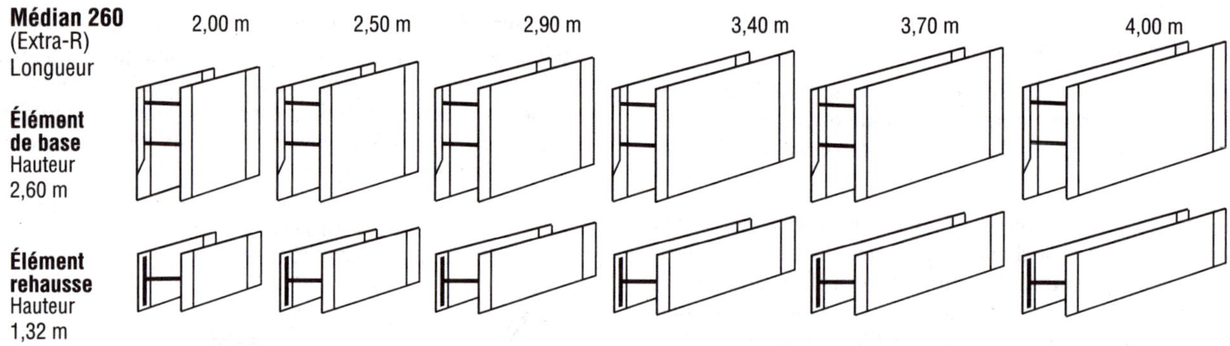


| Médian 260 (Extra-R) | Longueur m | Largeur intérieure du blindage m | Largeur extérieure du blindage m | Longueur libre entre étais m | Hauteur libre sous étais m | Surface blindée m² | Masse kg |
|---|---|---|---|---|---|---|---|
| **Élément de base** | 2,00 | 0,78 | 0,94 – | 1,55 | 1,455 | 10,40 | 1 300 |
| Hauteur | 2,50 | 1,22 | 1,41* | 2,05 | 1,455 | 13,00 | 1 455 |
| 2,60 m | 2,90 | | ou | 2,45 | 1,455 | 15,08 | 1 581 |
| | 3,40 | | 0,99 – | 2,95 | 1,455 | 17,68 | 1 743 |
| | 3,70 | | 1,43** | 3,25 | 1,455 | 19,24 | 2 037 |
| | 4,00 | | | 3,55 | 1,455 | 20,80 | 2 336 |
| **Élément rehausse** | 2,00 | | | 1,55 | | 2,28 | 779 |
| Hauteur | 2,50 | | | 2,05 | | 6,60 | 867 |
| 1,32 m | 2,90 | | | 2,45 | | 7,66 | 938 |
| | 3,40 | | | 2,95 | | 8,98 | 1 026 |
| | 3,70 | | | 3,25 | | 9,77 | 1 170 |
| | 4,00 | | | 3,55 | | 10,56 | 1 326 |

* Pour des panneaux de longueur 2,00 à 3,40 m
** pour des panneaux de longueur 3,70 à 4,00 m

**Combinaisons Médian 260**

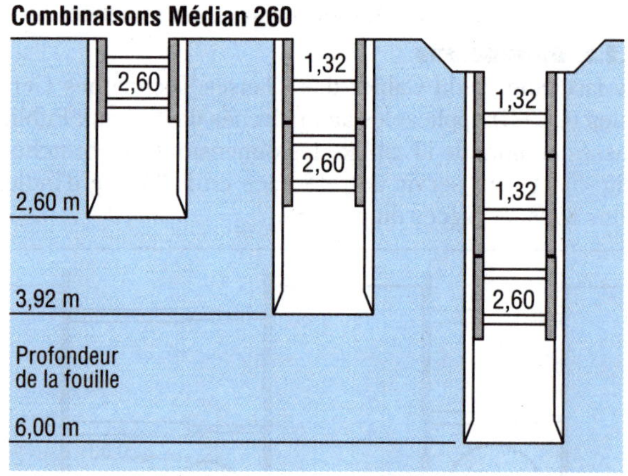


*Fig. 7. Caractéristiques de blindages mécaniques (doc. Esbau-Matec).*

La figure 8 représente un mode opératoire courant, laissant apparaître quatre phases de travail :

- phase 1 : mise en place du blindage,
- phase 2 : pose des éléments de la canalisation,
- phase 3 : remblaiement de la tranchée,
- phase 4 : récupération des éléments du blindage dans la zone partiellement remblayée et stable, pour un réemploi à l'avancement.

*Fig. 8. Cycle de travail courant.*

• **Ceintures et palplanches :** deux rideaux de palplanches sont enfoncés dans le sol avant le début du terrassement. La fiche du rideau en pied permet de s'affranchir des étrésillons inférieurs, pour assurer la stabilité en pied de la tranchée. Le cadre supérieur de l'ossature du blindage a une forte inertie (longrines importantes, étrésillons de grande capacité). Ces éléments sont plus espacés que dans les solutions précédentes libérant ainsi l'emprise de la tranchée et facilitant le travail des engins mécaniques. Le matériel utilisé pour mettre en place les palplanches est évoqué p. 81. Quand la tranchée atteint 5 à 6 m de profondeur, il faut souvent prévoir une deuxième rangée de cadres de maintien. Les palplanches sont arrachées une fois la tranchée totalement remblayée.

## 6.3. Remblayage

Les matériaux naturels contenant des matières organiques, les matériaux susceptibles de provoquer des tassements ultérieurs irréguliers (tourbe, vase...) et les matériaux gelés ou gélifs sont interdits en remblais de chaussées, trottoirs ou accotements supportant des charges lourdes.

### 6.3.1. Zone de pose

Pour assurer la protection et la stabilité de la canalisation, les matériaux constituant l'enrobage, doivent permettre d'atteindre un degré de compactage correspondant à un objectif de densification minimal q4 (p. 96).

### 6.3.2. Remblai sous chaussée

Les matériaux réutilisables ou d'apport ont une granulométrie 0/D, où D reste inférieur à un tiers de la largeur de la tranchée, et à deux tiers de l'épaisseur de la couche compactée.

- **Partie inférieure du remblai ($e$ > 0,15 m) :** on doit obtenir une densification q4. Si l'épaisseur minimale ne peut être atteinte, le remblai est réalisé avec le même matériau que celui de la partie supérieure (tableau 4).

*Remarque :* il est courant d'utiliser des matériaux d'apport (0/40, 0/80...) plus ou moins élaborés provenant de carrières, mais n'entrant pas dans les normes correspondant aux matériaux de chaussée. Ces matériaux sont classés en fonction de leur difficulté de compactage (Guide technique sur le remblayage des tranchées : § B.6) et mis en œuvre selon les modalités indiquées tableaux 6.1. et 6.2. de ce même guide.

| Appellation selon NF P 11-300[1] | Symbole des classes de sols |
|---|---|
| Sols fins | A1m ; A1h ; A1s ; A2h ; A2m |
| Sols sableux et graveleux avec fines | B1 ; B2h ; B2m ; B3 ; B4h ; B4m ; B4s ; B5h ; B5m ; B5s ; B6h ; B6m |
| Sols comportant des fines et des gros éléments | C1A1h ; C1A1m ; C1A2h ; C1A2m ; C2A1m ; C2A2h ; C2A2m ; C1B2h ; C1B2m ; C1B4h ; C1B4m ; C1b5h ; C1B5m ; C1B6h ; C1B6m ; C2B2h ; C2B2m ; C2B4h ; C2B4m ; C2B5h ; C2B5m ; C2B6h ; C2B6m |

| Appellation selon NF P 11-300[1] | Symboles des sous-produits industriels : sous-classes non précisées dans la norme NF P 11-300 |
|---|---|
| **F2** Cendres volantes et cendres de foyer, silico-alumineuses de centrales thermiques | F2h : Cendres volantes humides<br>$4 < IPI \leqslant 10$<br>$1{,}2\ W_{OPN} \leqslant W_n < 1{,}3\ W_{OPN}$ |
| | F2m : Cendres volantes à teneur en eau moyenne<br>$0{,}85 W_{OPN} \leqslant W_n < 1{,}2\ W_{OPN}$ |
| | F2s : Cendres volantes sèches<br>$0{,}75\ W_{OPN} \leqslant W_n < 0{,}85\ W_{OPN}$ |
| **F3** Schistes houillers | F31 : Schistes houillers totalement brûlés (couleur : du rouge au violet) |
| | F32 : Schistes houillers incomplètement ou non brûlés (couleur : du noir à l'orange) |
| **F4** Schistes des mines de potasse | F41 : Schistes des mines de potasse à faible teneur en NaCl (% NaCl ⩽ 10) |

*Nota (1)* : le lecteur peu familiarisé avec ces désignations se reportera au *Précis de chantier* AFNOR-Nathan.

*Tableau 4. Sols, matériaux rocheux et sous-produits industriels utilisables en partie inférieure du remblai (extrait).*

- **Partie supérieure du remblai** (tableau 5) **:** on doit obtenir une densification q3 (p. 96).

Pour des tranchées étroites, le remblayage est réalisé exclusivement avec des graves non traitées ou traitées au liant hydraulique.

| Importance du trafic | Type de matériaux utilisables[*] | Épaisseur des matériaux en q3 Partie supérieure du remblai (m) |
|---|---|---|
| Trafic fort | B1 ; B3 ; C1B1 ; C1B3 ; C2B1 ; C2B3 ; C1B4[1] ; C2B4[1] ; D1 ; D2 ; D3 ; R11 ; R21 ; R22 ; R41 ; R42 ; R61 ; R62 ; F31 ; F61 ; F62 ; F71 ; F8. Matériaux élaborés | ⩾ 0,60[2] |
| Trafic moyen | B1 ; B3 ; C1B1 ; C1B3 ; C2B1 ; C2B3 ; C1B4[1] ; C2B4[1] ; D1 ; D2 ; D3 ; R11 ; R21 ; R22 ; R41 ; R42 ; R61 ; R62 ; F31 ; F61 ; F62 ; F71 ; F8. Matériaux élaborés | ⩾ 0,45[2] |
| Trafic faible | B1 ; B3 ; C1B1 ; C1B3 ; C2B1 ; C2B3 ; C1B4[1] ; C2B4[1] ; D1 ; D2 ; D3 ; R11 ; R21 ; R22 ; R41 ; R42 ; R61 ; R62 ; F31 ; F61 ; F62 ; F71 ; F8. Matériaux élaborés | ⩾ 0,30 |

(1) Après élimination de la fraction fine 0/D.

(2) Cette épaisseur ne peut se trouver tronquée lorsque la profondeur de la tranchée est limitée. Elle peut être modulée (coefficient multiplicateur 2/3) si les matériaux de la partie inférieure de remblai sont de même nature que ceux de la partie supérieure.

*Nota*[*] : le lecteur peu familiarisé avec ces désignations se reportera au Précis de Chantier AFNOR-Nathan.

*Tableau 5. Types de matériaux utilisables en partie supérieure du remblai.*

#### 6.3.3. Matériaux sous trottoirs, accotements ou espaces verts

Sous un trottoir ou un accotement, les matériaux extraits des tranchées peuvent être réutilisés en remblai s'ils sont effectivement compactables et permettent d'obtenir l'objectif de densification retenu.

Sous un espace vert engazonné, la terre végétale est mise en œuvre sur une épaisseur au moins égale à celle avant travaux.

#### 6.3.4. Compactage

Le remblayage doit garantir la stabilité du réseau enterré et celle des terrains adjacents non excavés, tout en permettant la réfection de la surface sans délai. Il s'effectue au fur et à mesure de l'avancement des travaux. Les couches successives, régulières, sont compactées à l'aide d'engins appropriés (p. 89 : NF P 98-705 et -736) pour atteindre les objectifs de densification.

Les blindages sont retirés au fur et à mesure du remblayage et les vides laissés après retrait du blindage sont soigneusement comblés. Ils sont recépés sous le niveau de la couche de base de la chaussée, en cas d'abandon en fouille, avec l'accord du gestionnaire du domaine public ou privé.

#### 6.3.5. Objectif de densification (NF P 98-115)

Le tableau 6 définit la valeur à atteindre en fonction de la couche compactée.

| Niveau | Couche étudiée | Masse volumique sèche(1) | |
|---|---|---|---|
| | | Moyenne (pdm) | En fond de couche (pdfc) |
| q4 | Parties inférieures du remblai non sollicitées par des charges lourdes | 95 % | 92 % |
| q3 | Partie supérieure du remblai subissant des sollicitations dues à l'action du trafic | 98,5 % | 96 % |
| q2 | Couches de chaussée | 97 % | 95 % |
| q1 | Inaccessible au petit matériel de compactage | | |

(1) Elle est exprimée ici en % de la masse volumique de référence à l'Optimum Proctor Normal (OPN)

*Tableau 6. Objectifs de densification.*

On peut distinguer quatre cas illustrés figure 9.

#### 6.3.6. Contrôle de compactage

On peut distinguer différentes vérifications qui influent sur le degré de compactage : l'épaisseur de mise en œuvre des différentes couches de matériaux, la séparation des matériaux nécessitant des compactages différents, l'emploi d'un matériel de compactage adapté, le respect du nombre de passes du matériel sur chaque couche compactée, la vérification périodique de la teneur en eau des matériaux à la mise en œuvre et de la masse volumique résultante après compactage.

Généralement, les niveaux de qualité de compactage du remblai sont vérifiés lorsque la totalité (ou une partie conséquente de la longueur de la tranchée) est remblayée, et avant réfection du corps de chaussée des trottoirs.

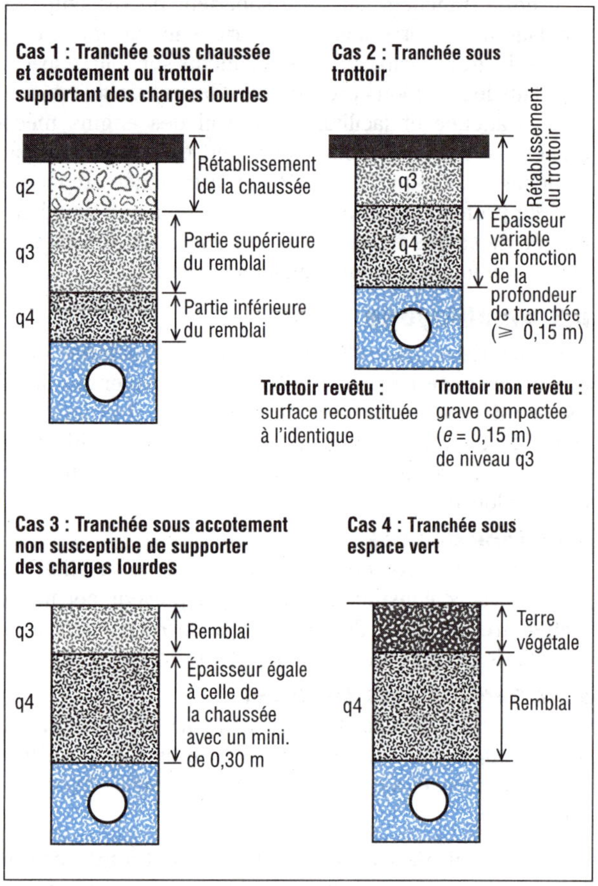


*Fig. 9. Quatre cas courants.*

## 7. RÉFECTION DE LA CHAUSSÉE ET DE SES DÉPENDANCES

La réfection peut être définitive et immédiate, ou provisoire et suivie d'une réfection ultérieure dans un délai maximal d'un an. La qualité du remblayage et des couches de corps de chaussée est identique. La seule différence concerne la couche de roulement provisoire qui sera reprise au moment de la réfection définitive, dans la seconde solution.

### 7.1. Matériaux de corps de chaussée

Le corps de chaussée doit être reconstitué qualitativement au moins à l'identique. On emploie couramment :
- des matériaux non traités : grave reconstituée humidifiée (GRH) et grave non traitée,
- des matériaux traités aux liants hydrauliques : grave-ciment, grave-laitier, béton compacté…
- des bétons de ciment,
- des matériaux traités aux liants hydrocarbonés : grave-bitume, grave-émulsion…

## 7.2. Matériaux de réfection de surface

On distingue deux cas.

### 7.2.1. Cas d'une réfection définitive

En général, la surface de chaussée, trottoir ou accotement est reconstruite à l'identique qualitativement (avec un matériau de caractéristiques équivalentes et de même aspect que celui en place avant travaux).

Les enduits superficiels (NF P 98-160) à l'émulsion de bitume susceptibles d'être réalisés sont des enduits monocouches, monocouches à double gravillonnage et bicouches.

Les produits bitumeux à chaud utilisables (NF P 98-130, -132, -136 & -137) sont des bétons bitumeux 0/6, 0/10 ou 0/14, des enrobés coulés à froid (ECF) et des coulis.

*Nota :* les enrobés à froid, stockables, sont réservés aux réfections provisoires.

L'asphalte coulé (NF P 98-145) est généralement utilisé sur un support béton.

Les pavés en roche naturelle, en béton (marque NF) ou en terre cuite, et les dalles en roche naturelle ou en béton (marque Qualif-IB) (NF P 98-303 & -336, NF B 10-601) sont déposés avant la réalisation de la tranchée et réutilisés pour la réfection.

En cas de remplacement ou de casse de certains éléments, un panachage des anciens et des nouveaux produits permet d'atténuer des différences de teintes.

### 7.2.2. Cas d'une réfection provisoire

La couche de surface doit supporter la circulation pendant au plus un an et empêcher les entrées d'eau dans le corps de chaussée en suivant les déformations éventuelles. On peut utiliser des matériaux différents de ceux employés pour la réfection définitive : grave-bitume, grave-émulsion, enrobés à froid stockables, pavés…

## 7.3. Reconstitution de chaussées, trottoirs et accotements

### 7.3.1. Corps de chaussée

Les graves non traitées sont uniquement mises en œuvre pour réaliser des surfaces supportant un trafic faible ou moyen.

Les graves traitées aux liants hydrauliques doivent être mises en œuvre en tenant compte du temps de prise de ces matériaux. Les couches sont régulières entre 20 et 30 cm. Le réglage fin est réalisé par rabotage. Un enduit de cure est mis en œuvre pour éviter la dessiccation de la couche superficielle.

Les matériaux traitées aux liants hydrocarbonés sont mis en œuvre en respectant certaines conditions détaillées dans le tableau 7.

| Produit | Température du produit | Épaisseur de la couche | Climat | Autres |
|---|---|---|---|---|
| **Grave Émulsion** | | 0,10 à 0,20 m | Température supérieure à 5 °C. Interdit par forte pluie. | Délai d'attente 30 mn à 1 h entre les différentes couches. |
| **Grave Bitume et sable fin** | Température supérieure à 130 °C lors du compactage. | Une couche si *e* est inférieure à 0,20 m. Deux couches si *e* comprise entre 0,20 et 0,30 m. | | |
| **Enrobés pour couche de liaison** | Température supérieure à 130 °C lors du compactage. | Une couche comprise entre 0,05 et 0,10 m. | | |

*Tableau 7. Conditions de mise en œuvre des produits.*

### 7.3.2. Chaussée et trottoirs

Pour les tranchées de largeur supérieure à 0,30 m, les bords des revêtements existants doivent être découpés de manière rectiligne, à 0,10 m du bord des deux lèvres de la tranchée.

Plusieurs produits sont utilisables :

- Enrobés (NF P 98-130, -132, -136 & -137) : une couche d'accrochage est toujours réalisée, éventuellement à la lance manuelle. Les deux lèvres sont badigeonnées à l'émulsion de bitume. La mise en place de l'enrobé se fait avec un petit finisseur ou manuellement. Le compactage est effectué par un cylindre vibrant, la dernière passe n'étant pas vibrée.
- Enduit superficiel (NF P 98-160) : épandage du liant à la lance et mise en place de gravillons à la main pour les tranchées étroites transversales à la chaussée. Dans tous les autres cas (tranchées larges ou de grande longueur), on utilise une répandeuse pour étaler le liant, immédiatement suivi des granulats. Le compactage est assuré par un petit cylindre sans vibration.
- Pavés et dalles (NF P 98-303, -335 & -336, B 10-601) : la pose respecte le cale-pied de la chaussée environnante. Les coupes sont limitées au strict minimum. Un panachage des produits doit être envisagé le cas échéant.

### 7.3.3. Trottoirs et accotements

Les travaux relatifs aux bordures et caniveaux ont pour texte de référence le fascicule 31 du CCTG « Bordures et caniveaux en pierre naturelle ou en béton et dispositifs de retenue en béton », qui exige la conformité à la norme française « Bordures et caniveaux en béton ».

On peut décomposer la mise en œuvre en huit phases.

- **Terrassement**

  Un compactage du fond de fouille est généralement nécessaire dans le cas d'ouvrages franchissables. Il faut souvent prendre des dispositions complémentaires : augmentation des dimensions de la fondation ou réalisation de semelles armées.

- **Fondations**

  Dans le cadre des marchés publics (fascicule 31), le massif de fondation réalisé avec un béton B16 ($f_{c28}$ = 16 MPa, p. 101) doit présenter les caractéristiques minimales illustrées fig. 10.

  *Nota :* les bordures de caniveau sous trafic lourd doivent faire l'objet d'une étude spécifique.

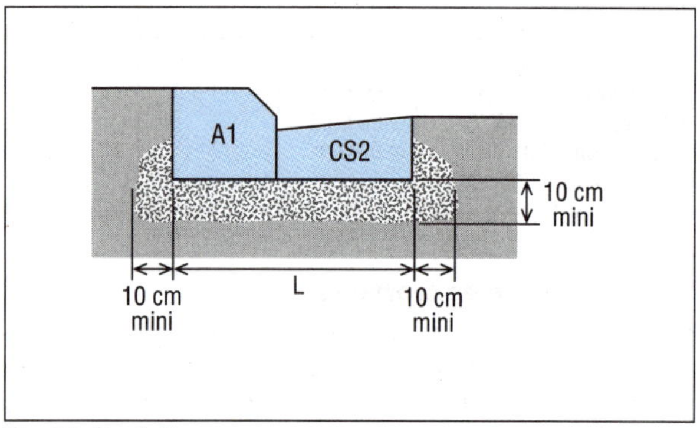


*Fig. 10. Fondations.*

- **Réception des produits**

  Les bordures et trottoirs couramment mis en œuvre sont illustrés fig. 11.

- **Manutention**

  La pose mécanisée permet de s'affranchir du poids des produits tout en améliorant la productivité.

- **Pose**

  Les bordures sont posées :
  - soit sur un lit de béton frais ($f_{c28}$ = 16 MPa) ;
  - soit après confection d'une fondation en béton et interposition d'un mortier d'au moins 3 cm d'épaisseur dosé à 250 kg de ciment par m$^3$;
  - soit sur bordure de calage de rive avec interposition d'un bain de mortier identique au précédent.

- **Calage**

  Le calage arrière dont le rôle est de s'opposer au déplacement et au renversement des bordures est impératif.

  Il peut être réalisé par un solin continu, un épaulement au niveau de chaque joint comme présenté ci-après, une bordure de calage de rive (fig. 12).

  Dans le cas d'un épaulement ou d'un solin, la hauteur « *h* » est au moins égale à la moitié de celle de la bordure mise en œuvre. Le béton doit être le même que celui utilisé pour les fondations.

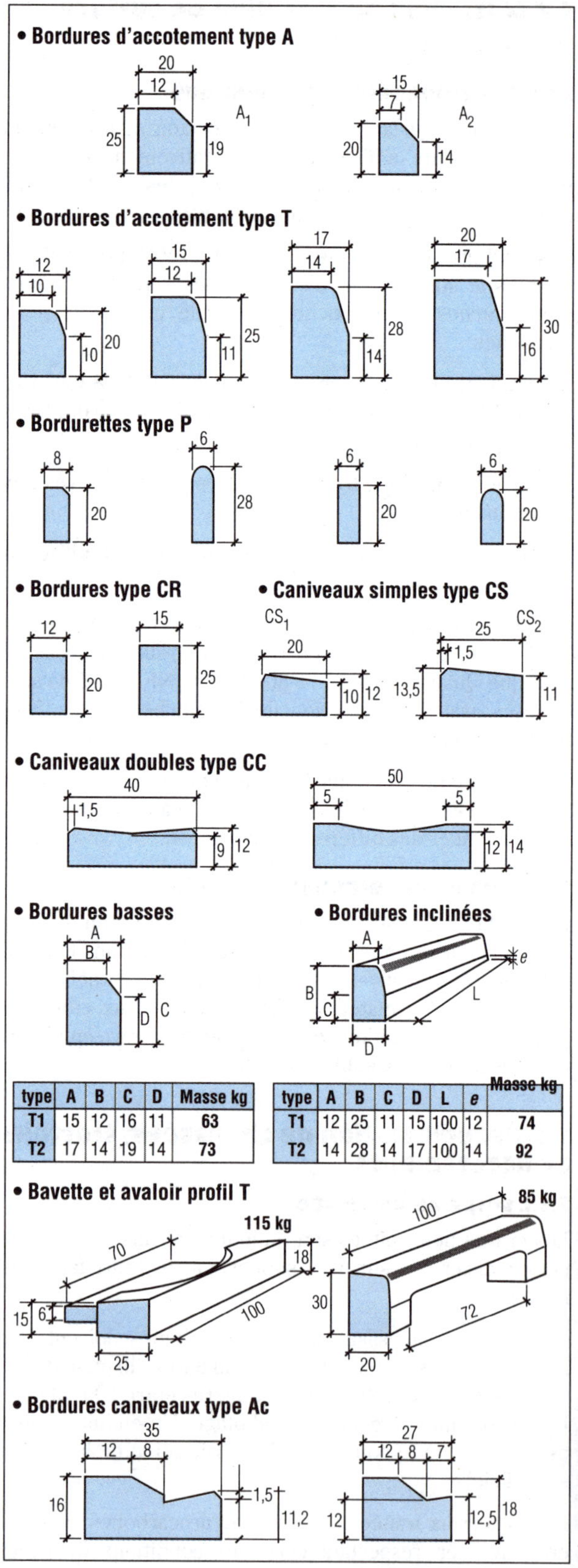


| type | A | B | C | D | Masse kg |
|---|---|---|---|---|---|
| T1 | 15 | 12 | 16 | 11 | 63 |
| T2 | 17 | 14 | 19 | 14 | 73 |

| type | A | B | C | D | L | e | Masse kg |
|---|---|---|---|---|---|---|---|
| T1 | 12 | 25 | 11 | 15 | 100 | 12 | 74 |
| T2 | 14 | 28 | 14 | 17 | 100 | 14 | 92 |

*Fig. 11. Dimensions de bordures et caniveaux de trottoir (cm).*

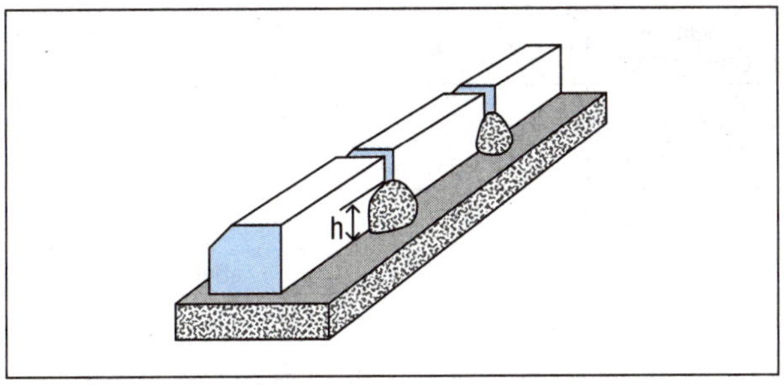


*Fig. 12. Exemple de calage.*

L'absence de calage peut conduire à des désordres : désalignement, rupture de bordures...

- **Joints**

Les joints entre bordures et caniveaux assurent des fonctions multiples :
- possibilité de dilatation de l'ouvrage sous l'effet des variations thermiques;
- protection des arêtes vis-à-vis des actions mécaniques (par exemple liées au trafic).

Ils sont réalisés :
- soit avec un espace d'environ 1 cm rempli en partie ou en totalité d'un mortier faiblement dosé (200 à 250 kg de ciment par m$^3$) ;
- soit sans joint avec un espacement de 2 à 3 mm sans remplissage avec un joint de dilatation de 0,5 cm minimum tous les 10 mètres (l'absence de joint de dilatation peut conduire à des désordres : soulèvements, épaufrures...).

La dilatation d'un ouvrage linéaire tel que les bordures en béton est d'environ $10^{-5}$/K, qu'il convient d'absorber grâce aux joints pour prévenir les désordres au droit des arêtes.

Le respect du dosage en ciment du mortier des joints est impératif. En effet, le rôle du mortier est d'autoriser la libre dilatation de l'ouvrage sans générer de contraintes excessives sur les arêtes de bordures. Ce rôle « d'amortisseur » ne peut être obtenu qu'avec des mortiers de faible module d'élasticité.

- **Réception de l'ouvrage**

Les tolérances maximales en altitude et en alignement ne doivent pas dépasser ± 2 cm par rapport au projet.

Les désafleurements entre bordures doivent rester inférieurs à 0,5 cm.

Un délai de sept jours minimum est nécessaire entre la pose des bordures franchissables et l'ouverture à la circulation.

# DOMAINE D'APPLICATION DES RÈGLES BAEL 99

**RÈGLES BAEL 99, AFNOR P 18-011**

## 1. DOMAINE D'APPLICATION

Les pièces prismatiques de structures en béton armé (fig. 1) telles que dalles, poutres, poteaux, voiles... sont obtenues par moulage du béton (matériau fragile issu d'un mélange ciment-granulat-eau durci (p. 39)) dans un coffrage à l'intérieur duquel des armatures en acier ont été disposées au préalable. Du fait de la faible résistance à la traction des bétons ordinaires, leur présence dans les zones tendues (où le béton est fissuré) est nécessaire pour équilibrer les efforts internes engendrés par les charges appliquées à la pièce. En l'absence d'armatures, les efforts internes pourraient entraîner une rupture brutale de la pièce.

*Fig. 1. Structure en béton armé.*

Le domaine d'application du présent chapitre est principalement limité aux constructions :
- **courantes** (bâtiments à usage d'habitation, d'hébergement, de bureaux, constructions scolaires et hospitalières, bâtiments à usage commercial – excepté le stockage –, salles de spectacles) : tableau 1 ;
- **industrielles** (bâtiments industriels – usines, ateliers – et entrepôts) : tableau 1 ;
- **spéciales** qui comprennent à la fois des éléments de structure du type constructions « courantes » et « industrielles » (construction comportant des parkings pour véhicules légers couverte par un plancher sous chaussée, par exemple) ;
- **contreventées** dans le cas des bâtiments à étages, par un système de pans verticaux dont la rigidité est assurée par des triangulations, des voiles en béton armé, des panneaux en maçonnerie porteuse (ou même des panneaux de remplissage) de résistance suffisante.

*Nota :* le lecteur souhaitant approfondir ses connaissances sur la stabilité des ouvrages, pourra se reporter au *Précis de structures de génie civil* (Afnor-Nathan).

Une fois les dispositions des ouvrages et leurs dimensions définies, la justification par le calcul des ossatures et éléments courants de structure en béton armé relève des règles BAEL 99.

| Type de construction | $Q_B$ | Fi |
|---|---|---|
| courantes (Art. B.2.1) | $\leqslant \begin{cases} 2\,G \\ \text{ou} \\ 5\,kN/m^2 \end{cases}$ | $\leqslant \text{Max} \begin{cases} 2\,kN \\ 0{,}25\,Q_{BT} \end{cases}$ |
| industrielles (Art. B.2.2) | $> \begin{cases} 2G \\ \text{ou} \\ 5\,kN/m^2 \end{cases}$ | importantes si Fi mobiles, effets dynamiques |

G : charges permanentes, $Q_B$ : charges d'exploitation } valeurs indiquées p. 22 et suivantes
Fi : charge localisée appliquée à un élément de plancher (dalle, poutrelle, poutre)
$Q_{BT}$ : charge d'exploitation totale appliquée à cet élément
Fi est associée implicitement aux charges réparties telles que charges mobiles de faible importance, action d'un cric, charges de meubles, de cloisonnements ou d'autres équipements de faible poids (appareils ménagers, canalisations).

*Tableau 1. Types de construction.*

## 2. DÉMARCHE À SUIVRE

Les calculs justificatifs sont conduits **selon la théorie des états-limites** dans lesquels, en général, une condition de déformation limite du béton et de l'acier ou d'une structure (ou d'un de ses éléments) est strictement satisfaite. Dans la plupart des cas, une condition complémentaire de contrainte limite est requise.

Les calculs relèvent de **deux catégories d'états-limites :**
- les états-limites ultimes (ELU) au-delà desquels la sécurité à la rupture n'est plus garantie :
  - ELU de l'équilibre statique,
  - ELU de la résistance du béton ou de l'acier,
  - ELU de stabilité de forme (flambement...) ;
- les états-limites de service (ELS) au-delà desquels les conditions normales d'exploitation et de durabilité de la construction ou d'un de ses éléments ne sont plus satisfaites :
  - ELS de déformation (instantanée ou différée),
  - ELS d'ouverture des fissures.

Les calculs sont menés **selon le processus suivant :**
- on détermine les caractéristiques d'exposition de la construction (ou d'un de ses éléments) par rapport à son environnement, si aucune précision n'est fournie dans le cahier des clauses techniques particulières (CCTP) ;
- on fait un premier choix des caractéristiques du béton et de l'acier ;
- on dresse l'inventaire des actions et on détermine les actions simultanées, les combinaisons d'actions correspondantes et les valeurs des coefficients de pondération sur les actions (selon que l'ouvrage est étudié en situation durable ou transitoire) ;
- on effectue le calcul des sollicitations avec recherche, pour chaque combinaison, du cas de charge le plus défavorable conduisant, pour des situations ne relevant pas de dispositions forfaitaires (définies dans les règles BAEL), à l'établissement de courbes-enveloppes ;

– on procède à la justification des pièces vis-à-vis des sollicitations normales et tangentes aux différents états-limites.

Cette détermination par le calcul, alliée à une bonne connaissance des « règles de l'art » et au respect des dispositions constructives réglementaires, doit nécessairement aboutir à l'établissement de dessins d'armatures permettant une mise en œuvre de qualité (p. 15).

## 3. CARACTÉRISTIQUES D'EXPOSITION BAEL 99 : [ART. B.2.4]

Elles permettent de définir les trois degrés de nocivité des ouvertures de fissures, caractéristiques des vérifications effectuées aux ELS vis-à-vis de la durabilité de la structure.

**La fissuration est réputée préjudiciable (FP)** dans le cas où les éléments sont exposés aux intempéries, ou à des condensations, ou alternativement noyés et émergés en eau douce.

**La fissuration est considérée comme très préjudiciable (FTP)** (AFNOR P 18-011) dans le cas où les éléments sont exposés à un milieu agressif (eau de mer, embruns, brouillards salins, eau très pure, gaz ou sols particulièrement corrosifs) ou doivent assurer une étanchéité.

On admet que **la fissuration est peu préjudiciable (FPP)** dans les autres cas, par exemple, pour des éléments situés dans des locaux couverts et clos, non soumis à des condensations, ou pour des parements non visibles ou pour lesquels des conditions spécifiques d'ouvertures de fissures n'ont pas été requises.

## 4. CHOIX DES CARACTÉRISTIQUES DU BÉTON ET DE L'ACIER BAEL 99 : [ART. A.2. ; ART. B.1., ANNEXE F]

### 4.1. Béton

#### 4.1.1. Résistance caractéristique à la compression

Pour l'établissement des projets, le béton est défini par la valeur de sa résistance à la compression à l'âge de 28 jours ($j = 28$), dite valeur caractéristique requise et notée $f_{c28}$.

$f_{c28}$ est obtenue à partir d'une exploitation statistique des résultats d'essais de compression axiale sur éprouvettes cylindriques de béton prélevé lors du coulage (section 200 cm$^2$, hauteur 32 cm, diamètre 16 cm) : *Précis de chantier* AFNOR-Nathan (p. 122).

C'est pourquoi on attribuera, d'emblée, une valeur à $f_{c28}$, sachant que, suivant la qualité du contrôle escompté sur chantier, les valeurs de $f_{c28}$ facilement atteintes varient de 20 à 35 MPa ; un tableau (p. 37) donne des valeurs de $f_{c28}$ admises, a priori, pour des bétons courants, selon le dosage en ciment.

Les bétons à hautes performances (BHP : $40 < f_{c28} \leqslant 80$ MPa) sont traités à l'annexe F du BAEL. Par convention, on distingue par le vocable BHP avec fumées de silice, les bétons dont le rapport pondéral fumées de silice / ciment est supérieur à 5 %.

La résistance $f_{cj}$ (à j jours) des bétons non traités thermiquement est donnée tableaux 2 et 3.

| $f_{cj}$ | $j \leqslant 28$ | $28 < j < 60$ | $j \geqslant 60$ |
|---|---|---|---|
| $f_{c28} \leqslant 40$ MPa | $\dfrac{j}{4{,}76 + 0{,}83\,j} f_{c28}$ (1)* | $f_{c28}$ ou expression (1)* | $f_{c28}$ ou $1{,}1\,f_{c28}$* |
| $f_{c28} > 40$ MPa | $\dfrac{j}{1{,}40 + 0{,}95\,j} f_{c28}$* | | |
| * pour les vérifications autres que la justification de la résistance des sections | | | |

*Tableau 2. Lois de variation de la résistance en compression $f_{cj}$.*

| $f_{cj} / f_{c28}$ | $j = 2$ | $j = 7$ | $j = 14$ | $j = 21$ |
|---|---|---|---|---|
| $f_{c28} \leqslant 40$ MPa | 0,3115 | 0,6623 | 0,8547 | 0,9464 |
| $f_{c28} > 40$ MPa | 0,6061 | 0,8696 | 0,9524 | 0,9836 |

*Tableau 3. Valeurs intermédiaires de $f_{cj} / f_{c28}$.*

#### 4.1.2. Résistance caractéristique à la traction à $j$ jours

La valeur conventionnelle $f_{tj}$ de la résistance caractéristique à la traction à $j$ jours est donnée par :

$$f_{tj} = 0{,}6 + 0{,}06\, f_{cj} \text{ si } f_{cj} \leqslant 60 \text{ MPa}$$
$$f_{tj} = 0{,}275\, f_{cj}^{2/3} \text{ pour } 60 < f_{cj} \leqslant 80 \text{ MPa}$$

Les valeurs de $f_{t28}$ sont données tableau 4.

| $f_{c28}$ (MPa) | 20 | 25 | 30 | 35 | 40 | 45 | 50 | 55 | 60 | 65 | 70 | 75 | 80 |
|---|---|---|---|---|---|---|---|---|---|---|---|---|---|
| $f_{t28}$ (MPa) | 1,8 | 2,1 | 2,4 | 2,7 | 3 | 3,3 | 3,6 | 3,9 | 4,2 | 4,5 | 4,7 | 4,9 | 5,1 |

*Tableau 4. Résistance caractéristique à la traction $f_{t28}$.*

#### 4.1.3. Déformations longitudinales

- Le module de déformation longitudinale instantanée, qui correspond à une durée d'application des contraintes normales inférieure à 24 heures, à $j$ jours, vaut :

$$E_{ij} = 11\,000\ (f_{cj})^{1/3}$$

- Le module de déformation différée (effets du fluage) est donné tableau 5.

| $f_{c28}$ | $E_{vj}$ (MPa) | |
|---|---|---|
| < 60 | $3\,700\ (f_{cj})^{1/3}$ | |
| ⩾ 60 | BHP sans fumées de silice | BHP avec fumées de silice |
| | $4\,400\ (f_{cj})^{1/3}$ | $6\,100\ (f_{cj})^{1/3}$ |

*Tableau 5. Module de déformation différé $E_{vj}$.*

*Nota :* l'incidence d'une faible proportion volumique de granulats (inférieure à 66 %) dans la composition d'un BHP doit être prise en compte (pour plus de détails, se reporter à l'annexe 1 modifiée du BPEL).

Le raccourcissement unitaire $\varepsilon_r$ dû au retrait est donné tableau 6.

| **Climat** | Très humide | Humide (France sauf quart SE) | Tempéré sec (quart SE de la France) | Chaud et sec | Très sec désertique |
|---|---|---|---|---|---|
| $\varepsilon_r\ 10^4$ | 1,5 | 2 | 3 | 4 | 5 |

*Tableau 6. Raccourcissement unitaire $\varepsilon_r$.*

### 4.1.4. Coefficient de Poisson ν

Le coefficient de Poisson ν est donné par : $\nu = \frac{\varepsilon\perp}{\varepsilon//}$.

- $\varepsilon//$ : déformation, allongement ou raccourcissement relatif, d'une pièce selon une direction principale de traction ou compression,
- $\varepsilon\perp$ : déformation, raccourcissement ou allongement relatif, perpendiculaire à la direction précédente.

ν vaut 0 pour le calcul des sollicitations, et 0,2 pour le calcul des déformations.

### 4.1.5. Coefficient de dilatation thermique

Le coefficient de dilatation thermique linéaire $\alpha_t$ est la déformation, allongement ou raccourcissement relatif, d'une pièce pour une variation de température de 1 K. Les dilatations linéaires peuvent être évaluées en admettant forfaitairement : $\alpha_t = 10^{-5}$/K.

## 4.2. Aciers

Les aciers utilisés comme armatures d'éléments en béton armé sont définis p. 41. Les caractéristiques à prendre en compte dans les calculs sont la section nominale de l'armature, la limite d'élasticité garantie $f_e$, les coefficients de fissuration η et de scellement $\psi_s$, le module de déformation longitudinale ($E_s = 2 \cdot 10^5$ MPa) et le diagramme contraintes-déformations figure 2.

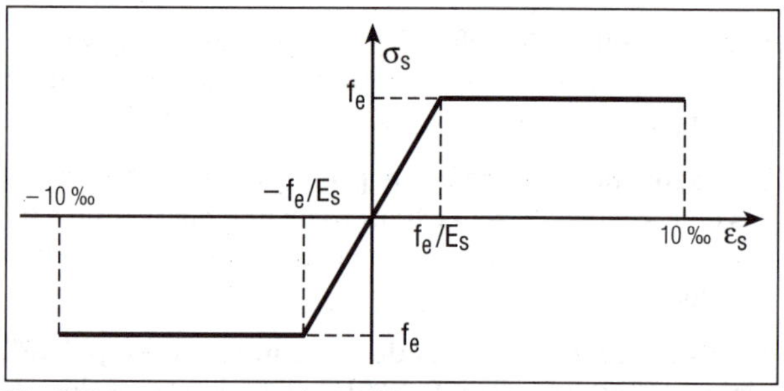


*Fig. 2. Diagramme contraintes-déformations conventionnel de l'acier.*

Les articles du BAEL traitant des actions sont récapitulés ci-après : [Art. A.3. ; B.3.1. ; B.5.1. ; B.5.2. ; B.6.1. ; B.6.2.1. ; B.8.1. ; B.8.2. ; B.9.2. ; annexes D.1.2. et D.2.2.].

## 1. NATURE DES ACTIONS

Les actions sont les forces et moments appliqués à une structure directement (charges permanentes, climatiques, d'exploitation, etc.) ou indirectement (du fait de déformations imposées : retrait, fluage, variations de température, tassements d'appuis, etc.).

### 1.1. Actions permanentes G

Elles ont une intensité constante ou peu variable dans le temps. Les valeurs conventionnelles sont données p. 26.

Elles comprennent :
- le poids propre des structures et des équipements fixes (cloisons, revêtements…) ;
- les efforts (poids, poussées, pressions) dus à des terres ou liquides dont les niveaux varient peu ;
- les efforts dus aux déformations imposées en permanence à la construction.

### 1.2. Actions variables $Q_i$

Leur intensité varie fréquemment et de façon importante dans le temps. On distingue quatre types d'actions variables :
- **les charges d'exploitation** $Q_B$ définies p. 22 ;
- **les charges climatiques** (neige $S_n$ et vent W) détaillées p. 28 ;
  - la valeur nominale de $S_n$ est égale :
    - à la « neige normale » des règles NV 65 révisées et Neige 96, si $S_n \leq 0{,}5$ kN/m$^2$,
    - à la « neige normale » majorée de la quantité $0{,}12(S_n - 0{,}5)$ en $k$N/m$^2$, si $S_n > 0{,}5$ $k$N/m$^2$ ;
  - la valeur nominale de W est égale au « vent normal » des règles NV 65 révisées, aux ELS, et 1,2 fois cette valeur aux ELU ;
  - pour une altitude inférieure à 500 m, les actions de la neige et du vent sont considérées comme incompatibles dans la majorité des cas (p. 29) ;
- **les charges appliquées en cours d'exécution**, dues aux ouvrages provisoires ou aux procédés de construction ;
- **les actions dues à la température** (déterminées à partir de variations uniformes de température égales à + 30 °C et à – 40 °C dont une partie de ± 10 °C rapidement variable).

Dans les constructions, courantes et industrielles, les effets des retraits et des variations de température ne sont pas pris en compte pour des éléments de dimensions maximales entre joints de :
- 25 m dans les régions sèches et à fort contraste thermique (départements voisins de la Méditerranée),
- 30 à 35 m dans les régions de l'Est, les Alpes et le Massif central,
- 40 m dans la région parisienne,
- 50 m dans les régions humides et tempérées (départements de l'Ouest).

### 1.3. Actions accidentelles

Il s'agit d'actions résultant de séismes, d'explosions et d'incendies.

Pour les séismes, on se référera aux règles parasismiques 92 (AFNOR DTU P 06-003) et aux règles PS-MI 89 (AFNOR DTU P 06 008).

*Nota :* le *Précis de structures de génie civil* (AFNOR-Nathan) détaille l'application de ces règles aux maisons individuelles et bâtiments assimilés.

## 2. COMBINAISONS D'ACTIONS

Les justifications sont menées à partir des combinaisons d'actions les plus défavorables. Elles conduisent à associer aux actions permanentes G (pondération 1,35 ou 1) une action variable de base $Q_1$ (pondération $\gamma_{Q1}$) et des actions variables d'accompagnement $Q_i$ (pondération $\gamma_{Qi}$).

Certaines combinaisons font intervenir $G_{max}$ et $G_{min}$ (actions permanentes défavorables et favorables) qui désignent alors des actions d'origine et de nature différentes (exemple : pour caractériser l'action d'un remblai, on prend la valeur minimale du poids $G_{min}$ – effet favorable – et la valeur maximale de la poussée $G_{max}$ – effet défavorable – car les incertitudes sur ces deux éléments ont des origines physiques différentes. Mais le poids propre d'un élément de structure sera introduit avec le même coefficient sur toute sa longueur).

### 2.1. Combinaisons fondamentales

- Aux ELU de résistance, elles sont données par :

$$1{,}35\ G_{max} + G_{min} + \gamma_{Q1}\ Q_1 + \Sigma\ 1{,}3\ \psi_{0i}\ Q_i \text{ (tableau 1)}$$

| Actions permanentes | Actions variables | | |
|---|---|---|---|
| $1{,}35\ G_{max} + G_{min}$ | de base $\gamma_{Q1}\ Q_1$ | d'accompagnement $1{,}3\ \psi_{02}\ Q_2$ [2] | d'accompagnement $1{,}3\ \psi_{03}\ Q_3$ [1] |
| 1,35 G ou G | $1{,}5\ Q_B$ | 0 ou W ou $S_n$ ou W + $S_n$ | 0 ou 0,8 T |
| | 1,5 W | 0 ou $1{,}3\ \psi_0\ Q_B$ ou $S_n$ ou $1{,}3\ \psi_0\ Q_B + S_n$ | 0 ou 0,8 T |
| | $1{,}5\ S_n$ | 0 ou $1{,}3\ \psi_0\ Q_B$ ou W ou $1{,}3\ \psi_0\ Q_B$ + W | 0 ou 0,8 T |

[1] Les effets de la température ne sont généralement pas pris en compte : s'ils doivent intervenir en tant qu'action de base, ils sont introduits avec le coefficient 1,35.

*Tableau 1. Combinaisons fondamentales aux ELU de résistance.*

- Aux ELS, elles sont données par :

$$G_{max} + G_{min} + Q_1 + \Sigma\ \psi_{0i}\ Q_i \text{ (tableau 2)}$$

| Actions permanentes | Actions variables | |
|---|---|---|
| $G_{max} + G_{min}$ | de base $Q_1$ [3] | d'accompagnement $\psi_{02}\ Q_2$ [2] |
| G | $Q_B$ | 0 ou 0,77 W ou 0,77 $S_n$ |
| | W | 0 ou $\psi_0\ Q_B$ |
| | $S_n$ | 0 ou $\psi_0\ Q_B$ |

[2] $\psi_0 = 0{,}77^{(+)}$ pour tous les locaux excepté les archives et les parcs de stationnement où $\psi_0 = 0{,}9$.
(+) Lorsque l'action de base est la neige et pour une altitude supérieure à 500 m, il faut majorer $\psi_0$ de 10 %.
[3] Lorsqu'il y a lieu d'introduire la température en tant qu'action de base, elle intervient avec la valeur nominale.

*Tableau 2. Combinaisons fondamentales aux ELS.*

Les combinaisons à considérer pour les **éléments de planchers** sont données dans les tableaux 3 et 4.

| Combinaisons | Travées chargées | Travées déchargées |
|---|---|---|
| (1) | 1,35 G + 1,5 $Q_B$(**) | 1,35 G |
| (2)(*) | G + 1,5 $Q_B$ | G |

(*) La combinaison (2) ne doit être prise en compte que dans le cas d'une travée prolongée par un porte-à-faux.
(**) L'action $Q_B$ est prise en compte par travées entières.

*Tableau 3. Combinaisons faisant intervenir G et $Q_B$ (ELU).*

| Combinaisons | Travées chargées | Travées déchargées |
|---|---|---|
| (1) | 1,35 G + 1,5 $Q_B$ | 1,35 G |
| (2) | G + 1,5 $Q_B$ | G |
| (3) | 1,35 G + 1,5 $Q_B$ + W | 1,35 G + W |
| (4) | G + 1,5 $Q_B$ + W | G + W |
| (5) | 1,35 G + 1,5 W + 1,3 $\psi_0$ $Q_B$ | 1,35 G + 1,5 W |
| (6) | G + 1,5 W + 1,3 $\psi_0$ $Q_B$ | G + 1,5 W |

*Tableau 4. Combinaisons faisant intervenir G, $Q_B$ et une action climatique (W ou $S_n$) (ELU).*

Quand un plancher est soumis aux actions de la neige $S_n$ en plus des actions permanentes G et des charges d'exploitation $Q_B$, les combinaisons sont données dans le tableau 4 en remplaçant W par $S_n$ sauf pour les toitures-terrasses des immeubles où est prise en compte, soit $Q_B$, soit $S_n$, mais non les deux simultanément.

Les combinaisons, dans le cas des **poteaux sollicités en « compression centrée »**, sont données dans les tableaux 3 et 4. On distingue deux cas.

- **Cas 1 :** le poteau est uniquement soumis à des charges permanentes G et à des charges d'exploitation $Q_B$.
  $Q_B$ représente ici l'action des charges d'exploitation au niveau considéré en appliquant, s'il y a lieu, la loi de dégression verticale dans les bâtiments à étages (p. 24), dont les effets ne sont pas cumulables avec ceux de la règle de réduction pour grandes surfaces (p. 24).

  Sauf si des porte-à-faux importants sont susceptibles de provoquer des efforts de soulèvement dans certains poteaux, l'unique combinaison à considérer, dans la plupart des cas, est :

  $$1{,}35\ G + 1{,}5\ Q_B$$

- **Cas 2 :** le poteau est aussi sollicité par des actions climatiques dues au vent W (poteau constituant la membrure d'un dispositif de contreventement).

  Dans les cas les plus courants, les 4 combinaisons à considérer sont :
  (1) 1,35 G + 1,5 $Q_B$
  (2) 1,35 G + 1,5 $Q_B$ + W
  (3) 1,35 G + 1,5 W + 1,3 $\psi_0$ $Q_B$ (tableau 1)
  (4) G + 1,5 W.

  Le cas des autres poteaux – ceux d'ossatures calculées en portiques sous l'action de G, $Q_B$ et W – est traité dans le tableau 4.

Pour les **fondations**, on distingue deux cas :
- si le point d'appui est soumis à une charge dite « centrée » ne faisant intervenir que G et $Q_B$, l'unique combinaison à considérer dans la plupart des cas est : 1,35 G + 1,5 $Q_B$.
  $Q_B$ est définie au paragraphe précédent, cas 1 ;
- sinon, les combinaisons d'actions à considérer pour déterminer les efforts transmis aux points d'appui sont définies tableau 4.

## 2.2. Simplifications admises

Elles concernent l'évaluation des charges s'exerçant sur des éléments de structure de constructions courantes (planchers, poteaux, fondations).

### 2.2.1. Généralités

Les charges qui agissent sur un élément porteur sont celles qui lui sont directement appliquées, et celles qui sont transmises par les éléments qu'il supporte, compte tenu de leur continuité éventuelle (encastrements partiels selon la rigidité de torsion des appuis).

À titre d'exemple (fig. 1), les charges provenant de la dalle (ou hourdis) d'épaisseur $h_0$, sont transmises aux porteurs verticaux soit par l'intermédiaire d'un réseau de poutres (PP et PS) qui les reportent sur les poteaux ($P_1$, $P_2$...) ou sur les voiles ($V_1$, $V_2$...), soit directement sur les voiles. Ces charges sont affectées conventionnellement selon un découpage par zones délimitées par les fissures probables qu'induirait un essai de la dalle à la rupture : pour les dalles rectangulaires, l'inclinaison à 45° conduit à des découpes en triangles et trapèzes isocèles (p. 23).

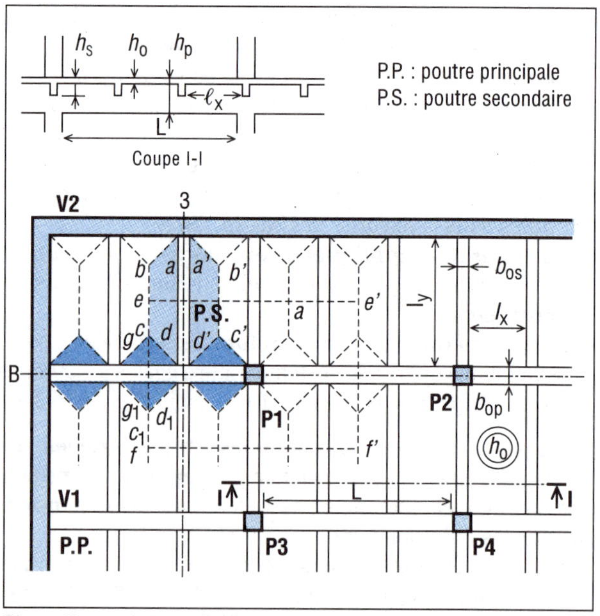


*Fig. 1. Transmission des charges d'un plancher aux porteurs verticaux.*

### 2.2.2. Charges transmises par les hourdis aux poutres (secondaires ou principales)

La continuité est négligée (fig. 2).

On note $p_{eq}$ la charge répartie équivalente :

$$p_{eq} = p\ell_x \left[1 - \frac{1}{3}\left(\frac{\ell_x}{\ell_y}\right)^2\right]$$

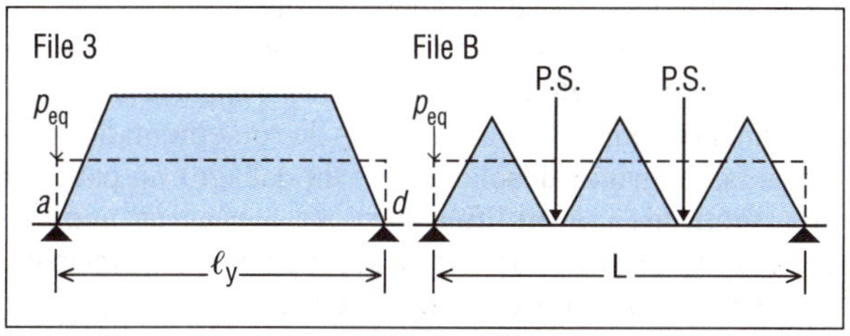


*Fig. 2. Charges transmises par les hourdis aux poutres (exemple).*

*Exemple :*

- zone (*abcd, a'b'c'd'*) pour la poutre secondaire axée file 3,
- 3 zones (*cdg*, $c_1\ d_1\ g_1$) pour la poutre principale file B.

### 2.2.3. Charges transmises par les poutres secondaires (ou poutrelles) aux poutres principales (fig. 1)

Pour les planchers à charge d'exploitation $Q_B$ modérée (p. 109), la continuité est négligée sauf pour les travées de rive prolongées par une console où l'on tient compte de l'effet de console, et pour les travées de rive des poutres secondaires (ou poutrelles) et des poutres principales où l'on tient compte de la solidarité sur le premier appui intermédiaire :

- soit en prenant en compte les moments de continuité adoptés (fig. 6, p. 108),
- soit en majorant forfaitairement les réactions correspondant aux travées indépendantes (continuité négligée)
  de 15 % s'il s'agit de poutres à 2 travées,
  de 10 % s'il s'agit de poutres de plus de 2 travées.

Pour les planchers à charges d'exploitation $Q_B$ relativement élevée (fig. 10, p. 110), on tient compte de la continuité des poutres secondaires en appliquant $Q_B$ sur les travées de part et d'autre de la poutre principale sans pousser plus loin l'étude des chargements par travées alternées. Les moments de continuité sont alors évalués comme indiqué p. 110.

### 2.2.4. Charges verticales agissant sur les poteaux

Elles peuvent être évaluées de deux manières :

- en appliquant la loi de dégression sur $Q_B$ (pour les bâtiments à étages) définie page 24 ;
- en admettant la discontinuité des différents éléments de plancher (hourdis, poutrelles, poutres), ce qui conduit, pour les bâtiments comportant des travées solidaires supportées par deux files de poteaux de rive et une ou plusieurs files de poteaux centraux, à majorer ces charges, dans certains cas, de 10 à 15 % : figure 3.

*Exemple :* zone *eff'e'* pour le poteau $P_1$ (fig. 1) :

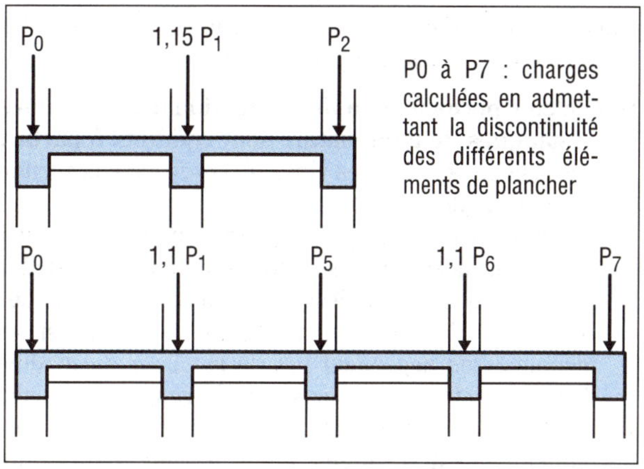


*Fig. 3. Charges verticales agissant sur les poteaux.*

Pour des éléments de rive prolongés par des porte-à-faux, on tient compte de l'effet de console pour évaluer les charges transmises aux poteaux en admettant la discontinuité des travées au droit des poteaux voisins des poteaux de rive.

### 2.2.5. Charges transmises aux fondations

Les charges apportées par les éléments de la structure (poteaux, murs, voiles...) sont évaluées selon les méthodes exposées précédemment et sont appliquées aux fondations qui les transmettent au sol directement (semelles reposant sur le sol, radiers...), ou par l'intermédiaire d'autres organes (semelles sur pieux).

# CALCUL DES SOLLICITATIONS

## RÈGLES BAEL 99

Les principaux articles du BAEL traitant du calcul des sollicitations, sont les suivants : [Art. A.3. ; B.3. ; B.6.1. ; A.4.1. ; A.5.2.1. ; A.8.2. ; B.7.1. ; B.8.1. ; B.9. ; E1 ; E2][1].

## 1. INTRODUCTION

Les sollicitations (éléments de réduction des efforts intérieurs déterminés au centre de gravité d'une section droite de la pièce : **efforts normal N et tranchant V, moments de flexion M et de torsion T**) sont calculées à partir des combinaisons d'actions indiquées précédemment en utilisant, pour la structure, un modèle généralement élastique et linéaire, et selon les lois de la résistance des matériaux dans la mesure où ils sont applicables ou selon des méthodes simplifiées citées par la suite.

**Les calculs permettant la détermination des inconnues hyperstatiques de toute nature sont conduits à partir :**
- des sections brutes (les vides réservés dans la section ne sont pas déduits) ;
- des constantes mécaniques (aires, moments d'inertie...) calculées sur les sections de béton seul des pièces supposées non fissurées (sans tenir compte des sections d'acier) : cette simplification est admise si ces inconnues ne dépendent pas de la valeur du module d'élasticité et si les rapports des déformabilités des différentes pièces composant la structure ne sont pas fondamentalement changés (déformabilité d'un tirant après fissuration).

**D'autres simplifications sont admises :**
- les sollicitations du second ordre (par exemple, moment de flexion résultant de la déformation due à un moment du premier ordre) peuvent souvent être négligées (ou prises en compte forfaitairement), sauf pour les vérifications d'ELU de stabilité de forme ;
- pour des pièces telles que poutres, dalles... dont les conditions d'encastrement sur des éléments plus massifs sont difficiles à apprécier, **les moments d'encastrement peuvent être pris égaux à des fractions forfaitaires des moments fléchissants maximaux supportés par la pièce supposée articulée sur ses appuis.**

**Les règles BAEL distinguent les justifications vis-à-vis des sollicitations normales** (contraintes correspondant à l'effort normal N et au moment de flexion M) et **tangentes** (contraintes correspondant à l'effort tranchant V et au moment de torsion T).

## 2. SOLLICITATIONS DE CALCUL DANS LES ÉLÉMENTS COURANTS DE STRUCTURE EN BÉTON ARMÉ

Elles résultent des combinaisons fondamentales d'actions définies p. 103 et sont évaluées à partir des méthodes simplifiées des règles BAEL 99, pour la plupart des constructions visées dans ce chapitre.

### 2.1. Sollicitations dans les poutres simplement fléchies

Seules seront étudiées les sollicitations dans les poutres hyperstatiques. Ces sollicitations seront évaluées par une **méthode de calcul en continuité théorique (théorème des trois moments)** pour les poutres n'appartenant pas à un plancher (poutres sous chemins de roulement, de ponts roulants, longrines désolidarisées du dallage) ou par l'une **des méthodes simplifiées** exposées ci-après pour les poutres de plancher (poutres secondaires et principales surmontées par une dalle générale à laquelle elles sont liées). Il faut toutefois signaler le cas isostatique de la poutre de plancher sur appuis simples prolongée par un porte-à-faux où les cas de charges à considérer sont donnés figure 1.

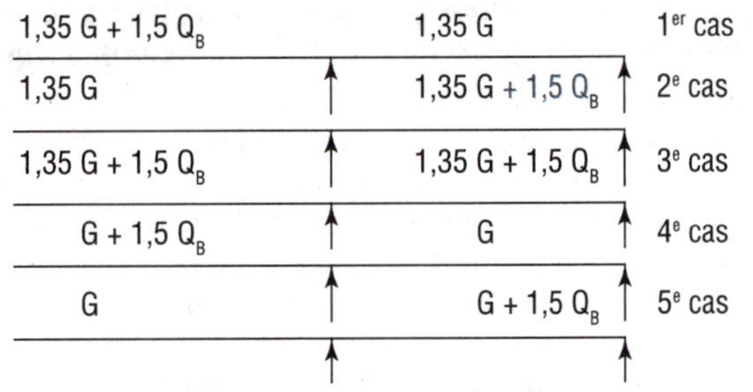


Le quatrième cas de charge est déterminant pour le calcul de la longueur des armatures en chapeaux du côté de la travée. Il doit être pris en considération pour la justification de l'équilibre statique, mais avec 0,9 G dans la travée entre appuis (art. B.3.3.1).
Le cinquième cas de charge est éventuellement déterminant pour la vérification du moment positif en travée.

*Fig. 1. Cas de chargement d'une poutre prolongée par un porte-à-faux.*

**Les caractéristiques géométriques des poutres nécessaires au calcul des sollicitations** sont la section et la portée[1]. Dans le cas de poutres munies d'appareils d'appui (fig. 2), la portée correspond à la distance mesurée entre points d'application des résultantes des réactions d'appui.

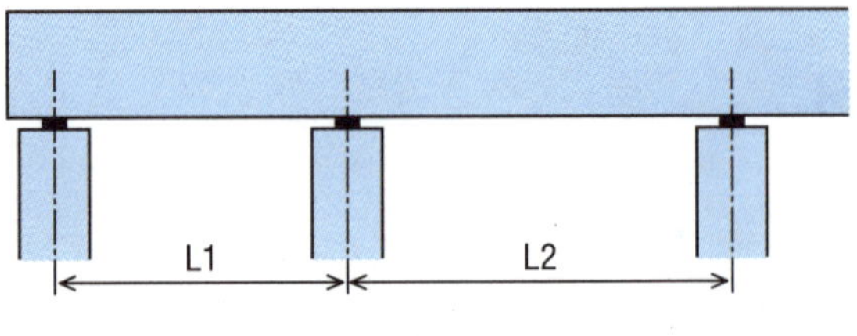


*Fig. 2. Portées de poutres reposant sur appareils d'appui.*

1. Voir article de H. Thonier, *Annales de l'ITBTP* n° 455, série Béton 247.

Quand la poutre repose sur des massifs ou des murs en maçonnerie, la position des points d'application est déterminée en admettant une répartition triangulaire des pressions dont la valeur maximale est la contrainte admissible de la maçonnerie (fig. 3).

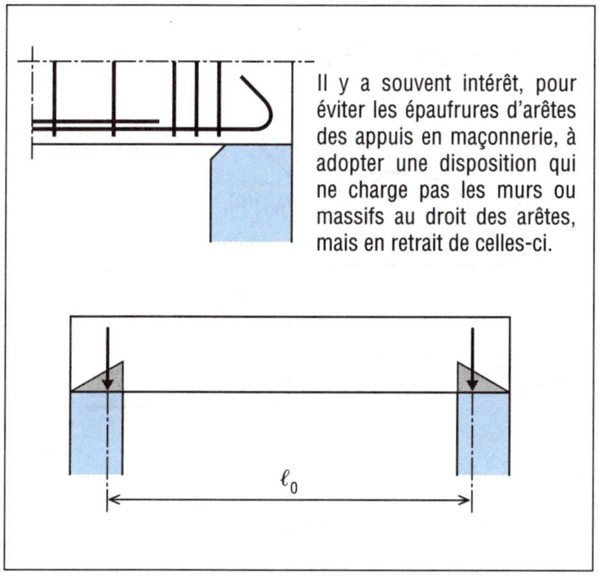


*Fig. 3. Portée d'une poutre reposant sur des appuis (murs ou massifs) en maçonnerie.*

Si les éléments de planchers reposent sur des appuis en béton armé (poutres, poteaux ou voiles), la portée est mesurée entre nus des appuis (fig. 4).

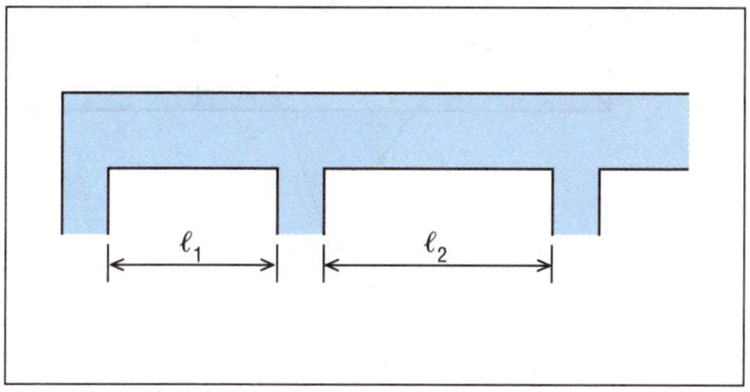


*Fig. 4. Portées de poutres reposant sur des appuis en béton armé.*

Dans ce cas, les sections d'appuis dont on doit justifier la résistance aux moments d'encastrement sont celles des nus intérieurs des appuis sous réserve de vérifier les effets des réactions sur les appuis ou sur les nœuds qui doivent équilibrer les moments correspondants : lorsque, notamment, le schéma de calcul des sollicitations fait intervenir les portées entre axes des appuis (par exemple calcul en portique) et que les appuis ont une grande rigidité, les moments de continuité (M') aux nus intérieurs des appuis peuvent être notablement plus faibles que les moments (M) obtenus dans l'axe de ces appuis.

Si M" est le moment d'encastrement dans la section au nu de l'appui de la travée concernée supposée parfaitement encastrée, le moment $M_u$ nécessaire à la justification d'ELU est :

$$M_u = \max [M' ; \min (M, M")] \text{ (fig. 5)}$$

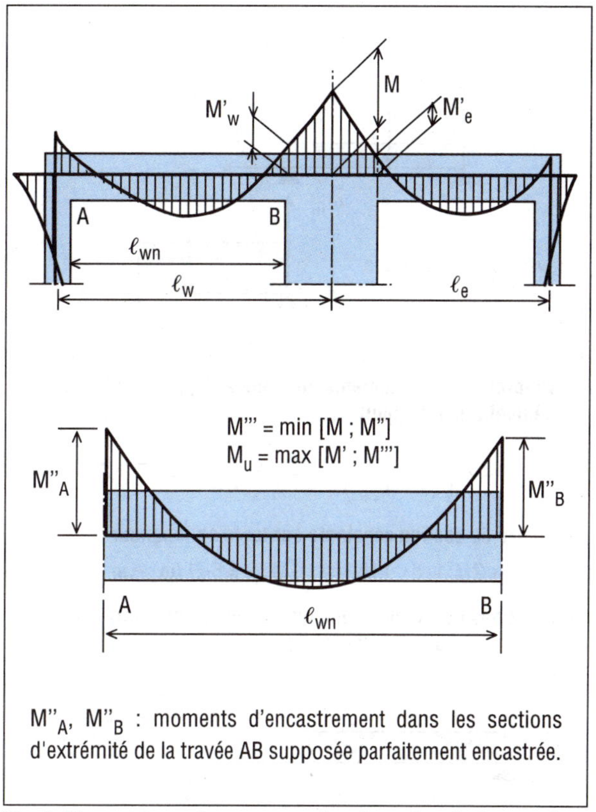


*Fig. 5. Moment à prendre en compte dans le cas de calcul en portique.*

### 2.1.1. Méthode de calcul en continuité théorique

Le théorème des trois moments (fig. 6 ci-après) permet d'obtenir les moments de flexion aux appuis d'une poutre continue pour en déduire les moments de flexion et les efforts tranchants le long de la poutre.

Il établit une relation entre les moments de flexion au droit des appuis de deux travées consécutives d'une poutre continue, les charges s'exerçant sur ces travées et les déplacements d'appuis (translation et rotation).

Le théorème utilise les relations simples existant entre les sollicitations et déplacements d'une travée d'une poutre continue et ceux de la « travée de comparaison » (travée indépendante isostatique, libre à ses extrémités, de mêmes caractéristiques géométriques que la travée considérée et soumise aux mêmes charges).

Une application au cas d'une poutre à deux travées soumise à des charges uniformément réparties, puis à des charges « ponctuelles » conduit aux résultats particuliers donnés figure 7.

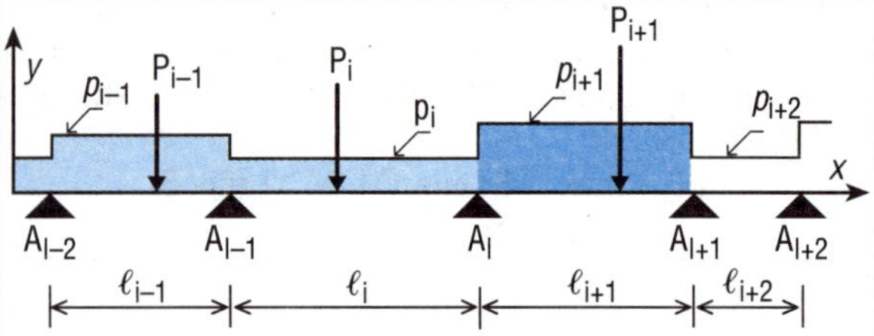


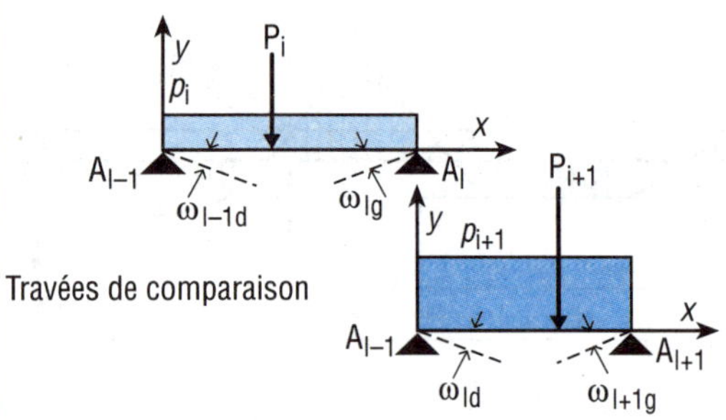


- **Théorème des 3 moments appliqué à l'appui $A_l$ (s'il n'y a pas dénivellation d'appui)**

$$\frac{\ell_i}{I_i}\ M_{al-1} + 2\left(\frac{\ell_i}{I_i} + \frac{\ell_{i+1}}{I_{i+1}}\right) M_{al} + \frac{\ell_{i+1}}{I_{i+1}}\ M_{al+1} = 6\,E\,(\omega_{ld} - \omega_{lg}) \quad (1)$$

- **Poutre de section constante sur toute sa longueur :**

$$\ell_i\, M_{al-1} + 2(\ell_i + \ell_{i+1})\, M_{al} + \ell_{i+1}\, M_{al+1} = 6\,EI\,(\omega_{ld} - \omega_{lg}) \quad (2)$$

- **Rotations aux appuis dans les travées de comparaison :**

– Charges uniformément réparties

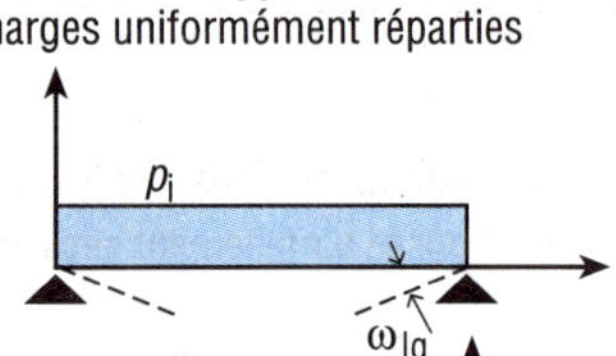


$$\omega_{lg} = \frac{p_i\,\ell_i^3}{24\,E\,I_i}$$

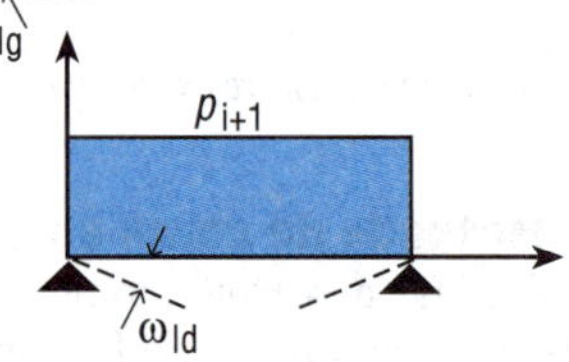


$$\omega_{ld} = -\frac{p_{i+1}\,\ell^3_{i+1}}{24\,E\,I_{i+1}}$$

– Charges ponctuelles

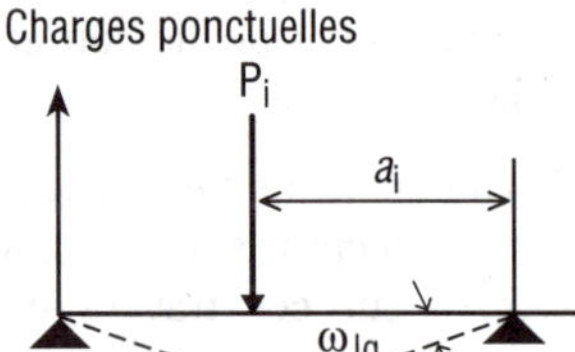


$$r_i = \frac{a_i}{\ell_i}$$

$$r_{i+1} = \frac{a_{i+1}}{\ell_{i+1}}$$

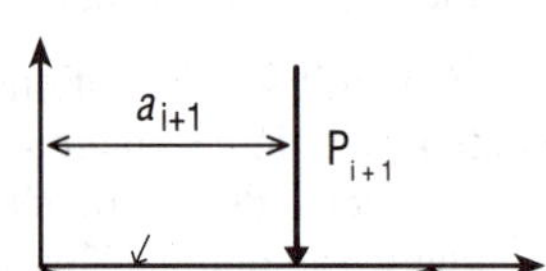


$$\omega_{lg} = \frac{P_i\,\ell_i^2}{6\,E\,I_i} \cdot r_i \cdot (1 - r_i)\,(2 - r_i)$$

$$\omega_{ld} = -\frac{P_{i+1}\,\ell^2_{i+1}}{6\,E\,I_{i+1}} \cdot r_{i+1} \cdot (1 - r_{i+1}) \cdot (2 - r_{i+1})$$

*Fig. 6. Théorème des trois moments.*

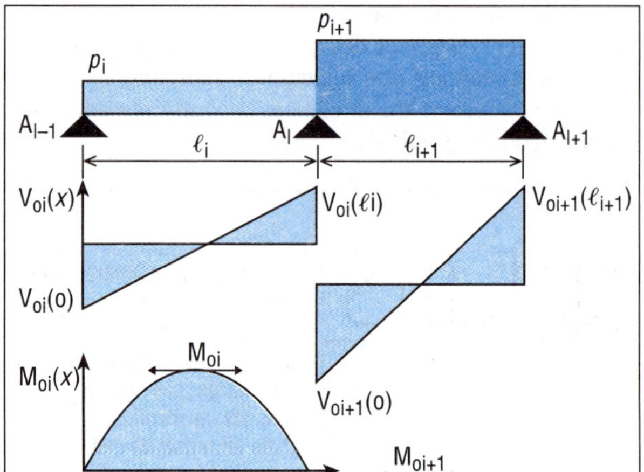


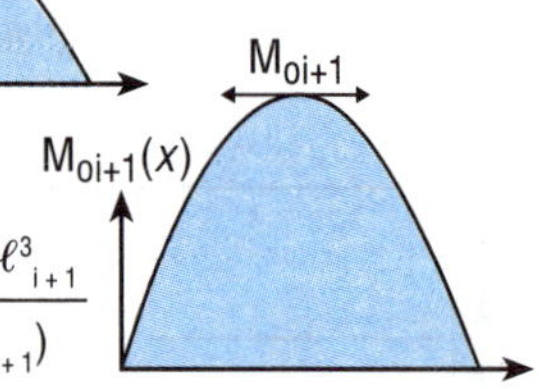


$$(2) \Rightarrow M_{al} = -\frac{p_i\ell_i^3 + p_{i+1}\ell^3_{i+1}}{8\,(\ell_i + \ell_{i+1})}$$

- $V_i(x) = V_{oi}(x) + \dfrac{M_{al-1} - M_{al}}{\ell_i}$
- $M_i(x) = M_{oi}(x) + \ M_{al-1}\left(1 - \dfrac{x}{\ell_i}\right) + M_{al}\left(\dfrac{x}{\ell_i}\right)$

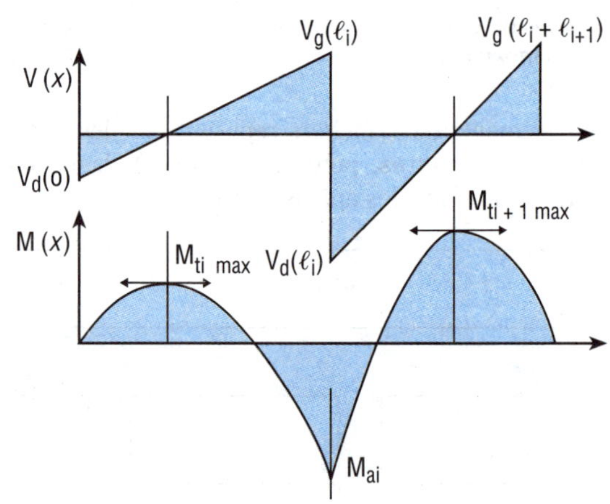


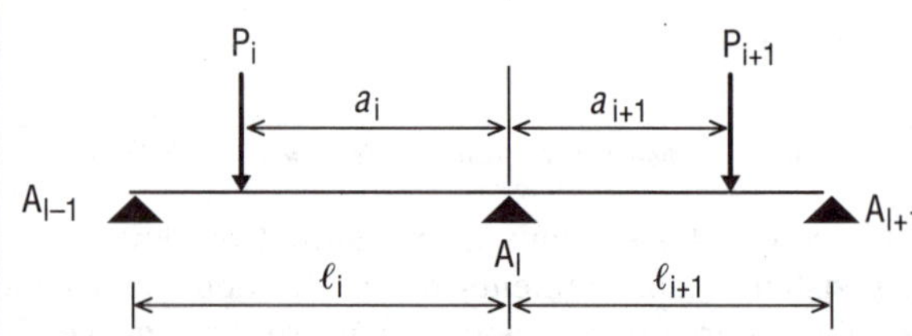


$$k_{ri} = \frac{r_i}{2} \cdot (1 - r_i) \cdot (2 - r_i) \qquad r_i = \frac{a_i}{\ell_i}$$

$$k_{ri+1} = \frac{r_{i+1}}{2} \cdot (1 - r_{i+1}) \cdot (2 - r_{i+1}) \qquad r_{i+1} = \frac{a_{i+1}}{\ell_{i+1}}$$

- $M_{al} = -\,k_{ri}\,\dfrac{P_i\,\ell_i^2}{\ell_i + \ell_{i+1}} - k_{ri+1}\,\dfrac{P_{i+1}\,\ell^2_{i+1}}{\ell_i + \ell_{i+1}}$

*Fig. 7. Application du théorème au cas d'une poutre à deux travées.*

### 2.1.2. Méthodes simplifiées

Les règles BAEL 99 proposent deux méthodes (l'une, réservée aux « constructions courantes », l'autre principalement destinée aux « constructions industrielles ») dont les domaines d'application sont essentiellement définis par la valeur du rapport $Q_B/G$. Elles s'appliquent aux vérifications ELU (et ELS éventuellement).

**Les courbes enveloppes** pour des éléments de planchers uniquement sollicités par G et $Q_B$ seront établies à partir des combinaisons définies tableau 3 page 104.

**a) Méthode de calcul applicable aux planchers à charge d'exploitation modérée dite « méthode forfaitaire »**

Cette méthode est applicable si les cinq conditions suivantes sont vérifiées :

- C1 : le bâtiment est classé « constructions courantes » : tableau 1 (p. 100),
- C2 : les éléments de plancher sont sollicités en flexion simple (poutre ou dalle en flexion portant « dans un seul sens »),
- C3 : les moments d'inertie des sections transversales sont identiques dans les différentes travées en continuité,
- C4 : le rapport des portées successives est compris entre 0,8 et 1,25,
- C5 : la fissuration est peu préjudiciable.

Si l'une des conditions C3, C4 ou C5 n'est pas satisfaite, on peut appliquer la méthode « Caquot » minorée : page 110.

**Calcul des sollicitations.**

Pour la travée « *i* », de longueur $\ell_i$, pour laquelle la valeur absolue maximale du moment fléchissant dans la « travée de comparaison » (fig. 6) est $|M_{0i}|$, les valeurs absolues maximales :

- du moment sur l'appui « I–1 » $|M_{aI-1}|$ appelé $M_{wi}$,
- du moment en travée $|M_{ti}|$,
- du moment sur l'appui « I » $|M_{aI}|$ appelé $M_{ei}$,

peuvent être fixées forfaitairement **selon les conditions 1 et 2 suivantes** :

**1.** $|M_{ti}| + (M_{wi} + M_{ei})/2 \geqslant F_{0i} \cdot M_{0i}$ (fig. 8)
avec $F_{0i} = \max\ [(1 + 0,3\ \alpha)\ ;\ 1,05]$ (fig. 9)
et $\alpha = \theta / (1 + \theta)$ avec $\theta = q_B / g$,

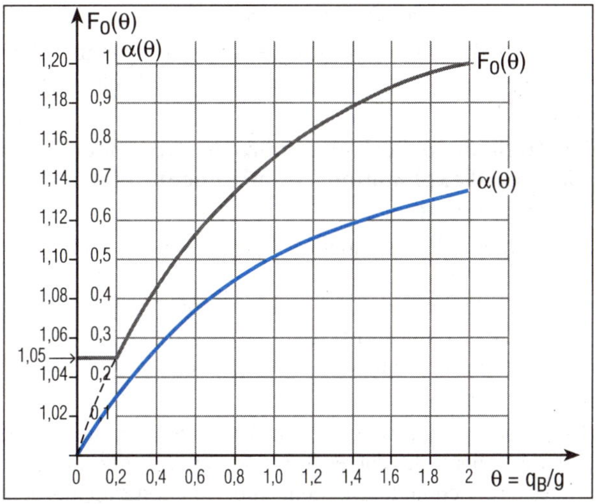


*Fig. 9. Abaque donnant $F_o$ (θ) et α (θ).*

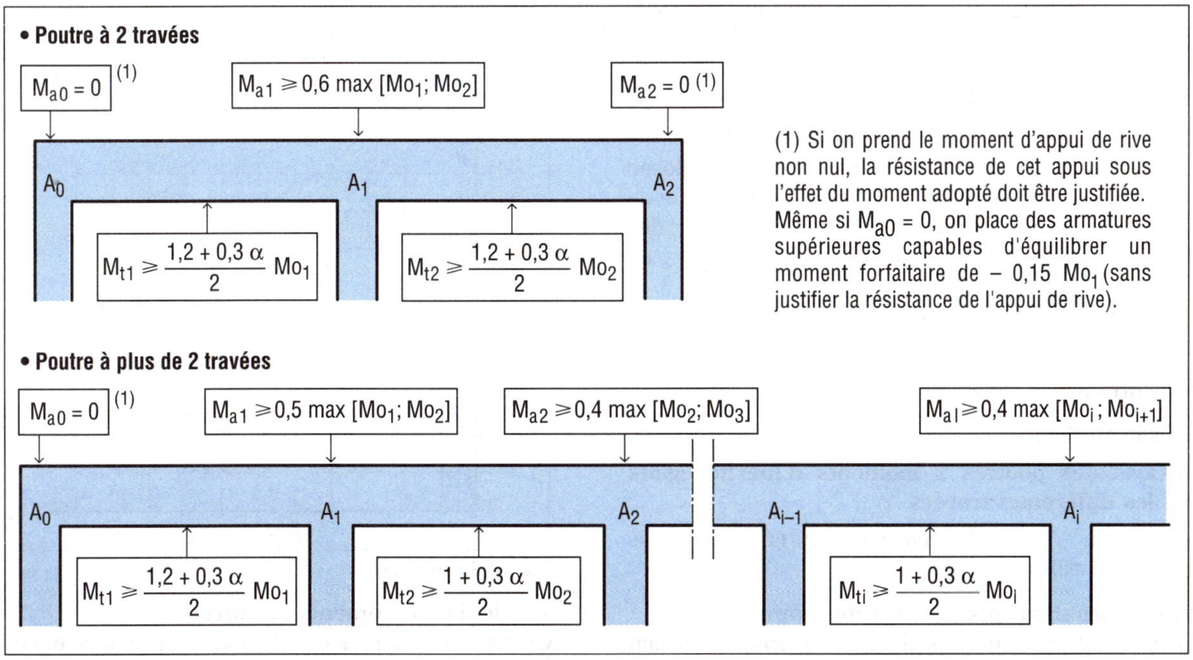


*Fig. 8. Valeurs minimales des moments d'appui et de travée.*

2. $|M_{ti}|$, $M_{wi}$, $M_{ei}$ ne sont pas inférieures aux valeurs données figure 8.

Le calcul des efforts tranchants est précisé tableau 1.

| | Travée de rive | | Travée intermédiaire |
|---|---|---|---|
| $V_i(x)$ | $V_{0_i}(x)^{(2)} + (Ma_{i-1} - Ma_i)/\ell_i$ | | $V_{0_i}(x)$ |
| $V_i(0)$calculé [ou $V_i(\ell_i)$] | $V_{0_i}(0) + (Ma_{i-1} - Ma_i)/\ell_i$ | | $V_0(0)$ |
| $V_i(0)$ évalué forfaitairement [ou $V_i(\ell_i)$] | Poutre à 2 travées | Poutre à plus de 2 travées | |
| | $1{,}15\ V_{0_i}(0)^{(3)}$ | $1{,}10\ V_{0_i}(0)^{(3)}$ | |

(2) $Vo_i(x)$ : effort tranchant dans la « travée de comparaison ».
(3) Pour un appui voisin d'un appui de rive.

*Tableau 1. Calcul des efforts tranchants.*

**Les courbes enveloppes** ne sont pas à établir lorsque $q_B \leqslant g$, sinon on appliquera la méthode exposée page 111.

### b) Méthode de calcul applicable aux planchers à charge d'exploitation relativement élevée dite « méthode Caquot »

Cette méthode est applicable si les deux conditions suivantes sont vérifiées :

- C6 : le bâtiment est classé « constructions industrielles » : tableau 1 p. 100.
- C7 : une des conditions C3 ou C4 ou C5 (p. 109) n'est pas satisfaite.

La méthode « Caquot » est une méthode de continuité simplifiée qui apporte des corrections à la méthode théorique par :

- une réduction des moments théoriques sur appuis et un accroissement des moments en travée (dû à la variation du moment d'inertie des sections transversales (en T) le long de la ligne moyenne de la poutre par suite de la variation de la largeur efficace de la dalle supérieure) ;
- une limitation du nombre de travées recevant les charges d'exploitation (due à l'amortissement des effets des chargements des travées successives).

*Nota 1 :* la méthode « Caquot » minorée est employée lorsque l'une des conditions C3, C4 ou C5 de la méthode forfaitaire n'est pas satisfaite. Elle réduit la part des moments d'appui due aux seules charges permanentes, en la multipliant par un coefficient compris entre 1 et 2/3, et majore corrélativement les moments en travée.

*Nota 2 :* nous n'exposerons ici que la méthode applicable aux poutres non solidaires des poteaux.

On distingue deux cas :

#### b. 1) Cas des poutres à moments d'inertie égaux dans les différentes travées

On détermine d'abord les moments aux nus des appuis puis les moments en travée.

**• Calcul des moments aux nus des appuis**

Le moment au nu de l'appui « I » est calculé en isolant une « poutre » fictive à deux travées (fig. 10) :

- de portée $\ell'_w$ à gauche et $\ell'_e$ à droite de l'appui « I » telles que :
  - $\ell' = \ell$ pour une travée de rive, simplement appuyée en rive,
  - $\ell' = 0{,}8\ \ell$ pour une travée intermédiaire ;
- soumise à des charges :
  - uniformément réparties par unité de longueur $p_w$ $(g, q)$ à gauche et $p_e$ $(g, q)$ à droite de l'appui « I »,
  - concentrées telles $P_w$ (G, Q) et $P_e$ (G, Q) respectivement à la distance $a_w$ à gauche et $a_e$ à droite de l'appui « I ».

Les moments d'appui sont donnés figure 10 ; $k$ peut être déterminé grâce à l'abaque de la figure 11 ou par l'expression suivante :

$$k = [8r\,(1 - r)\,(2 - r)]\,/\,17, \text{ avec } r = a/\ell'.$$

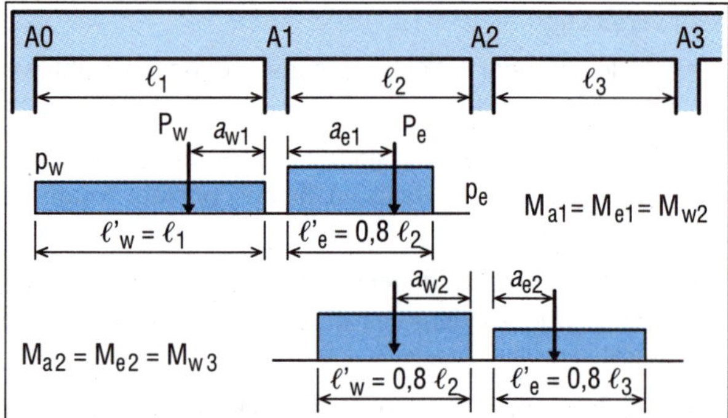


• $I_w = I_e$ (travées de même inertie) :

$$M_{ei-1} = M_{wi} = -\frac{p_w\,\ell'^{\,3}_w + p_e\,\ell'^{\,3}_e}{8{,}5\,(\ell'_w + \ell'_e)} - \frac{k_w\,P_w\,\ell'^{\,2}_w + k_e\,P_e\,\ell'^{\,2}_e}{\ell'_w + \ell'_e}$$

• $I_w \neq I_e$ (través d'inertie différentes) : β donnée p. 111

$$M_{ei-1} = M_{wi} = -\frac{p_w\,\ell'^{\,2}_w + \beta p_e\,\ell'^{\,3}_e}{8{,}5\,(1 + \beta)} - \frac{k_w\,P_w\,\ell'_w + k_e\,P_e\,\ell'_\beta}{1 + \beta}$$

*Fig. 10. Méthode Caquot : calcul des moments aux nus des appuis.*

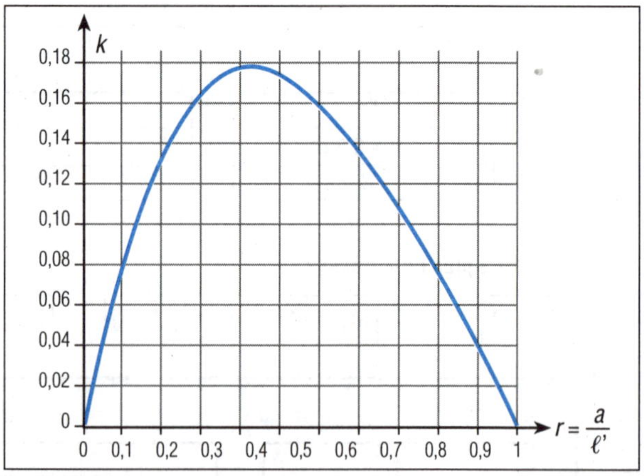


*Fig. 11 Abaque k(r).*

**• Calcul des moments en travée**

On trace les courbes de moments dans la travée indépendante de portée $\ell$ (et non $\ell'$), issues des combinaisons de charges (permanentes seules, ou permanentes et d'exploitation) pondérées aux ELU (ou ELS éventuellement).

- **Calcul des efforts tranchants d'appui**
  On emploie la méthode générale applicable aux poutres continues, en utilisant les moments d'appui.

**Remarque :** une méthode de calcul rapide du moment en travée $M_i(x_2)$ est applicable dans le cas de charges réparties uniformément $p_i$, connaissant $M_i(x_1)$, $V_i(x_2)$ et $V_i(x_1)$ :

$$M_i(x_2) = M_i(x_1) - \frac{[V_i(x_2) + V_i(x_1)] \cdot (x_2 - x_1)}{2}$$

- **Tracé des courbes enveloppes :** les sollicitations maximales dans chaque section sont obtenues à partir des moments d'appui calculés en retenant les dispositions les plus défavorables des charges d'exploitation : hormis les travées prolongées par un porte-à-faux, on considère les charges permanentes pondérées 1,35 g dans toutes les travées (avec 1,35 G s'il y a lieu) et les charges d'exploitation pondérées 1,5 $q_B$ (avec 1,5 $Q_B$ s'il y a lieu) ou 0 (charge d'exploitation nulle) appliquées par travées entières en se limitant aux cas de charges déterminants : tableau 2.

| Travée *i*–1 | Travée *i* | Travée *i* + 1 | Sollicitations extrêmales |
|---|---|---|---|
| Appui I–1 | appui I | | |
| 1,35 g + 1,5 q | 1,35 g + 1,5 q | 1,35 g | $M_{ai}$ max<br>$\|V_{ig}\|$ max<br>$\|V_{id}\|$ max |
| 1,35 g | 1,35 g | 1,35 g | $M_{ai}$ min |
| 1,35 g | 1,35 g + 1,5 q | 1,35 g | $M_{ti}$ max |
| 1,35 g + 1,5 q | 1,35 g | 1,35 g + 1,5 q | $M_{ti}$ min |

*Tableau 2. Exemples de sollicitations extrêmales obtenues en fonction des cas de charge.*

**b. 2) Cas des poutres à moments d'inertie variables d'une travée à l'autre**

Par rapport au cas précédent, seul diffère le calcul des moments d'appui.

En posant $\beta = (\ell'_e I_w) / (\ell'_w I_e)$, avec $I_w$ et $I_e$, moments d'inertie des travées respectivement à gauche et à droite de l'appui « I », les moments d'appui sont donnés figure 10.

## 2.2. Sollicitations dans les dalles de plancher de bâtiment

Les dalles sont des plaques généralement rectangulaires (grande portée $\ell_y$, petite portée $\ell_x$, épaisseur $h_0$ : fig. 12) dont les appuis sont des poutres ou des voiles en béton armé (dalles partiellement ou totalement encastrées sur leur contour) ou des murs en maçonnerie (dalles articulées sur leur contour).

Les sollicitations sont évaluées en utilisant :
- soit, un modèle élastique et linéaire (théorie des plaques minces),
- soit, sous réserve de satisfaire aux règles énoncées au commentaire de l'article A.3.2.5, la méthode des lignes de rupture.

Pour des dalles de forme plus complexe, on détermine les sollicitations de manière simplifiée, en recherchant le rectangle inscrit ou circonscrit se rapprochant le plus de la forme de la dalle, à défaut d'utiliser des méthodes de calcul à la rupture.

Excepté le cas des poutres-dalles (dalles présentant 2 bords libres sensiblement parallèles et distants d'au moins 3 fois l'épaisseur de la dalle), les moments de flexion $M_x$ et $M_y$ (pour des bandes de 1 m de largeur, fig. 12) au centre de la dalle sont calculés selon le mode d'appui de son contour à partir d'abaques (Bulletin technique n° 1 et complément du SETRA DOA (1), abaques de Marcus et de Pücher).

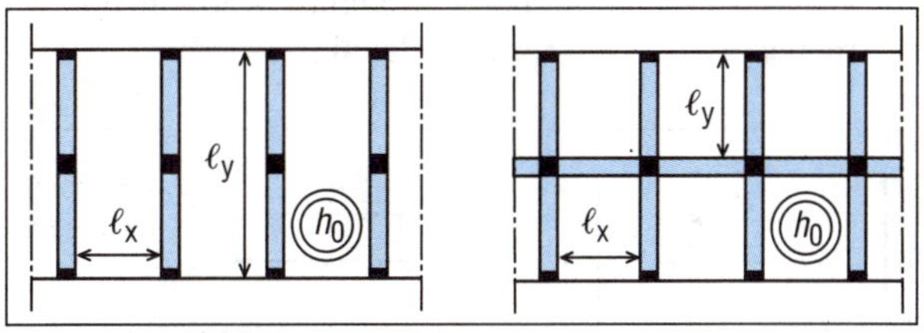


*Fig. 12. Caractéristiques des dalles.*

**Les planchers de bâtiment sont généralement constitués de dalles sur appuis continus** (dalles partiellement ou totalement encastrées sur leur contour) ; hormis les panneaux de dalles rectangulaires tels que $\alpha = \ell_x / \ell_y < 0{,}4$ (calcul en poutre-dalle selon la méthode exposée p. 109), les moments de flexion dans les dalles telles que $0{,}4 \leqslant \alpha \leqslant 1$, sont calculés en 2 étapes.

**Étape 1 :** On calcule des moments de flexion maximaux $M_{0x}$ et $M_{0y}$ au centre de la dalle en la considérant articulée sur son contour.

- Cas des panneaux uniformément chargés (charge par unité d'aire $p$ = 1,35 G + 1,5 Q à l'ELU et $p$ = G + Q à l'ELS)

$M_{0x}$ et $M_{0y}$ sont donnés par les expressions suivantes :

$$M_{0x} = \mu_x \cdot p\ell_x^2 \text{ et } M_{0y} = \mu_y \cdot M_{0x},$$

$\mu_x$ et $\mu_y$ sont donnés tableau 13 en fonction de $\alpha$.

| $\alpha = \frac{\ell_x}{\ell_y}$ | $\nu = 0$ (*) $\mu_x = \frac{M_{0x}}{p\ell_x^2}$ | $\mu_y = \frac{M_{0y}}{M_{0x}}$ |
|---|---|---|
| 0,40 | 0,110 | |
| 0,45 | 0,102 | |
| 0,50 | 0,095 | |
| 0,55 | 0,088 | |
| 0,60 | 0,081 | 0,305(**) |
| 0,65 | 0,0745 | 0,369 |
| 0,70 | 0,068 | 0,436 |
| 0,75 | 0,062 | 0,509 |
| 0,80 | 0,056 | 0,595 |
| 0,85 | 0,051 | 0,685 |
| 0,90 | 0,046 | 0,778 |
| 0,95 | 0,041 | 0,887 |
| 1,00 | 0,037 | 1,000 |

(*) Il est rappelé que, sauf cas particulier, le coefficient de Poisson du béton est pris égal à 0 pour le calcul des sollicitations, et à 0,2 pour le calcul des déformations (Art. 2.1.3.)
(**) Les valeurs de $\mu_y$ inférieures à 0,25 (correspondant à $\alpha \leqslant 0{,}557$) ne sont pas à prendre en considération en application de l'article 8.2.41.

*Tableau 3 : $\mu_x(\alpha)$ et $\mu_y(\alpha)$.*

(1) *SETRA DOA* : Service d'études techniques des routes et autoroutes, Département des ouvrages d'art.

- Cas des charges concentrées :
  - si la surface d'impact de la charge est concentrique au contour du panneau (dimensions $u \,//\, \ell_x$ et $v \,//\, \ell_y$ sur le feuillet moyen de la dalle, fig. 13), $M_{0x}$ et $M_{0y}$ sont calculés à partir d'expressions de la forme :

$$M_{0x} \text{ (ou } M_{0y}) = (M_1 + \nu \cdot M_2)\, P;$$
$$M_{0y} = (\nu \cdot M_1 + M_2)\, P.$$

où P est la charge concentrée totale appliquée à la dalle après pondération. $M_1$ et $M_2$ sont donnés par les abaques de Pigeaud ou de Mougin (1) en fonction des rapports $u/\ell_x$ et $v/\ell_y$ ; ν est défini page 102.

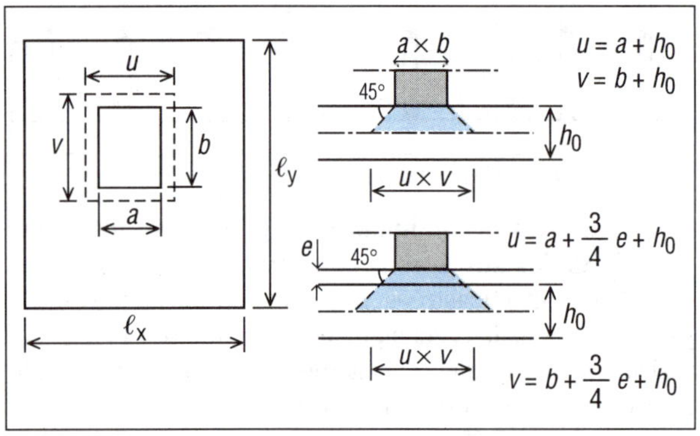


*Fig. 13. Surface d'impact d'une charge concentrique au contour du panneau.*

  - si la surface d'impact de la charge n'est pas concentrique au contour du panneau, $M_{0x}$ et $M_{0y}$ sont calculés par combinaison de résultats provenant de surfaces concentriques successives : fig. 14.

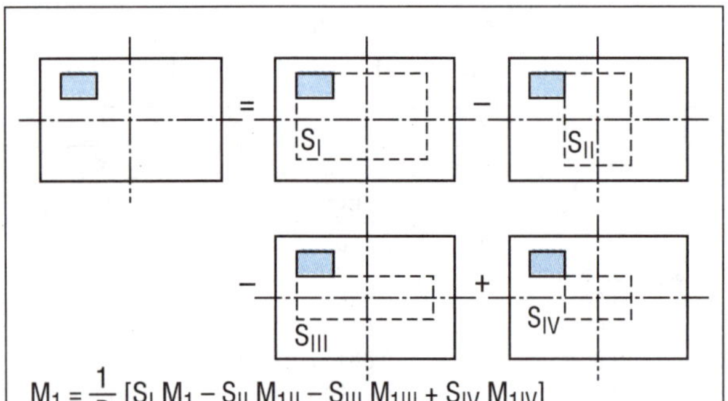


$$M_1 = \frac{1}{D}\,[S_I\, M_{1I} - S_{II}\, M_{1II} - S_{III}\, M_{1III} + S_{IV}\, M_{1IV}]$$
$$D = 4\,(S_I - S_{II} - S_{III} + S_{IV})$$

*Fig. 14. Cas d'une charge non concentrique.*

**Étape 2 :** On affecte des fractions forfaitaires de $M_{0x}$ et $M_{0y}$ selon le processus suivant :

- en travée :

$$(0{,}85 \text{ à } 0{,}75)\, M_{0x} \leqslant M_{tx} \leqslant M_{0x}$$
$$(0{,}85 \text{ à } 0{,}75)\, M_{0y} \leqslant M_{ty} \leqslant M_{0y}$$

selon les conditions d'encastrement (dalle de rive ou intermédiaire) ;

(1) *Annales de l'ITBTP* n° 456 / série béton 275.

- sur appuis :

$$M_{ax} = M_{ay} \geqslant (0{,}4 \text{ à } 0{,}5)\, M_{0x},$$

en respectant les conditions :

$$M_{tx} + (M_{wx} + M_{ex}) / 2 \geqslant 1{,}25 \cdot M_{0x}$$
$$M_{ty} + (M_{wy} + M_{ey}) / 2 \geqslant 1{,}25 \cdot M_{0y}$$
$$\text{et } M_t \leqslant M_o \text{ (exemple : fig. 15)}$$

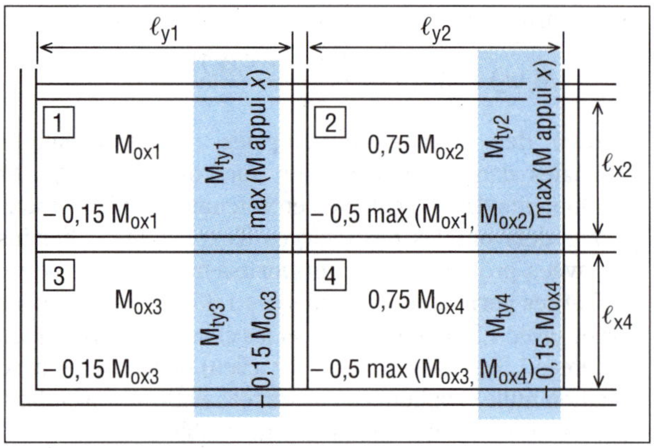


*Fig. 15. Répartition forfaitaire des moments sur appuis et en travée dans le cas de dalles sur appuis continus.*

**Les planchers, constitués de dalles rectangulaires appuyées sur 4 côtés** telles que $\alpha = \ell_x / \ell_y < 0{,}4$ et qui ne sont soumises qu'à des charges réparties, peuvent être calculés comme des poutres-dalles dans le sens de la petite portée (p. 109) en affectant, sur les petits côtés, des moments d'encastrement du même ordre que sur les grands côtés.

L'étude de ces planchers soumis à des charges concentrées est traitée ci-contre.

**Les efforts tranchants par unité de longueur sur les bords de la dalle** (calcul à l'ELU) sont donnés par les expressions suivantes :

- charges réparties (par unité d'aire) $p$
  - au milieu du grand côté : $V_{rx} = p_u\, \ell_x\, \ell_y / (2\ell_y + \ell_x)$,
  - au milieu du petit côté : $V_{ry} = p_u\, \ell_x / 3$ ;
- charges concentrées P (cas où $u > v$)
  - au milieu de $u$ : $V_{cu} = P / (2u + v)$,
  - au milieu de $v$ : $V_{cv} = P / 3u$.

Si $u < v$, il faut échanger $u$ et $v$ dans $V_{cu}$ et $V_{cv}$.

Si la dalle est coulée sans reprise de bétonnage sur toute son épaisseur et si la contrainte tangente $\tau_u \leqslant 0{,}07\, f_{cj} / \gamma_b$ (p. 120) ($\tau_u \leqslant 0{,}44\, f_{cj}^{1/2} / \gamma_b$ pour les BHP), aucune armature d'effort tranchant n'est requise.

## 2.3. Sollicitations dans les poteaux

Elles sont évaluées à partir des combinaisons d'actions définies p. 104.

## 2.4. Sollicitations dans les fondations

Elles sont évaluées à partir des combinaisons d'actions définies p. 104.

Les justifications des pièces vis-à-vis des ELU (de résistance) et des ELS (vis-à-vis de la durabilité de la structure) sont abordées dans les articles du BAEL donnés ci-après : [A.4. ; A.5. ; B.6.6. ; B.6.7. ; B.8.3. ; B.8.4. ; E1 ; E3 ; F].

## 1. PRINCIPE DES JUSTIFICATIONS

Les paragraphes précédents permettent de déterminer les sollicitations agissantes de calcul telles que $N_u$, $V_u$, $M_u$ à l'ELU, $N_{ser}$, $V_{ser}$, $M_{ser}$ à l'ELS d'après les combinaisons d'actions appliquées à la pièce.

Les caractéristiques de la pièce (formes et dimensions du béton, quantité et disposition des armatures) doivent être conçues de sorte que :

- à l'ELU, les sollicitations résistantes de calcul $N_{uR}$, $V_{uR}$ et $M_{uR}$ déterminées conventionnellement à partir des hypothèses sur le comportement des matériaux soient supérieures ou égales à $N_u$, $V_u$, $M_u$ ;
- à l'ELS,
  - la contrainte de compression du béton $\sigma_{bc}$ soit inférieure ou égale à $f_{bser} = 0{,}6\,f_{cj}$,
  - l'ouverture des fissures (fonction du pourcentage des armatures tendues, des diamètres de ces armatures à proportionner aux dimensions transversales des pièces, de leur répartition, de leur contrainte de traction sous les combinaisons définies p. 103) soit délimitée selon le degré de nocivité donné p. 101.

## 2. HYPOTHÈSES ET DONNÉES NÉCESSAIRES AU CALCUL

Pour l'ELU de résistance (sollicitations normales), les hypothèses retenues sont les suivantes :

- **hU1 :** après déformation, les sections droites restent planes (déformation des fibres proportionnelle à leur distance à l'axe neutre de la déformation),
- **hU2 :** il n'y a pas de glissement relatif entre les armatures et le béton (mêmes déformations pour les 2 matériaux à l'interface acier-béton),
- **hU3 :** la résistance à la traction du béton est négligée,
- **hU4 :** le diagramme contraintes ($\sigma_{bc}$) – déformations ($\varepsilon_{bc}$) du béton utilisable est :
  - dans tous les cas : le **diagramme « parabole-rectangle »** (fig. 1).

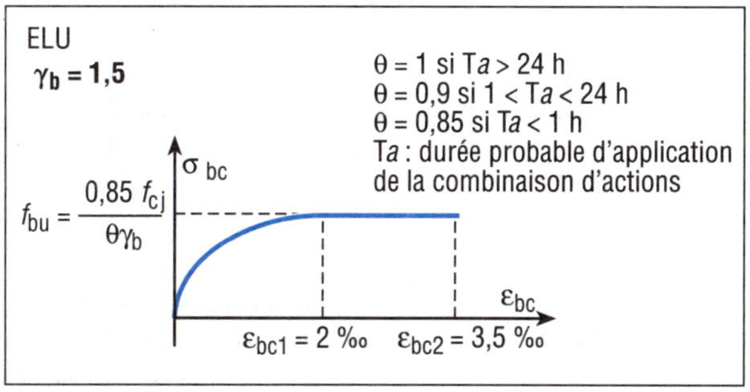


*Fig. 1. ELU : Béton : diagramme parabole-rectangle.*

Pour les BHP : $\varepsilon_{bc1} = 2 \cdot 10^{-3}$ et $\varepsilon_{bc2} = (4{,}5 - 0{,}025\,f_{cj}) \cdot 10^{-3}$ (tableau 1).

| $f_{cj}$ | 40 | 50 | 60 | 70 | 80 |
|---|---|---|---|---|---|
| $\varepsilon_{bc2}$ ($10^{-3}$) | 3,5 | 3,25 | 3 | 2,75 | 2,5 |

*Tableau 1. BHP : $\varepsilon_{bc2} = f(f_{cj})$.*

- **le diagramme rectangulaire simplifié** (fig. 2) uniquement lorsque la section n'est pas entièrement comprimée.

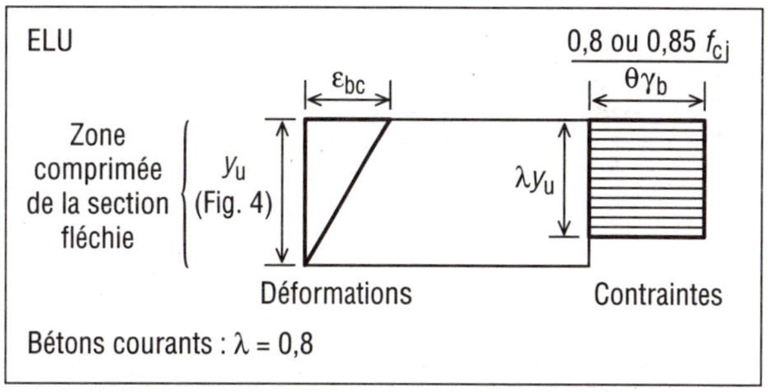


*Fig. 2. ELU : Béton : diagramme rectangulaire simplifié.*

Pour les BHP : $\lambda$ est donné tableau 2.

| $f_{cj}$ | 40 | 50 | 60 | 70 | 80 |
|---|---|---|---|---|---|
| $\lambda$ | 0,8 | 0,78 | 0,77 | 0,75 | 0,72 |

*Tableau 2. BHP : $\lambda = f(f_{cj})$.*

- **hU5 :** le diagramme contraintes ($\sigma_s$) – déformations ($\varepsilon_s$) de calcul des aciers est donné fig. 3.

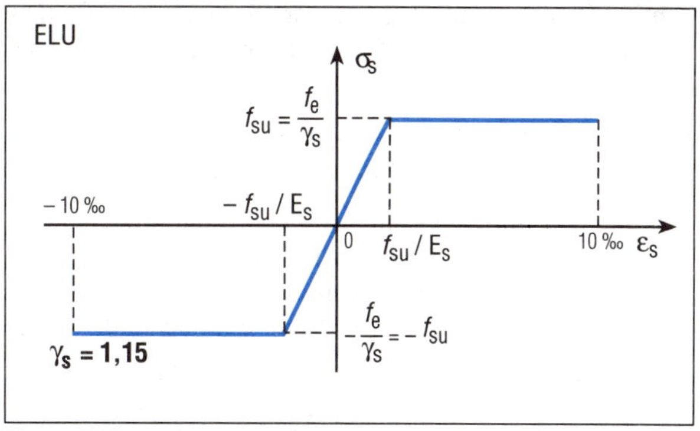


*Fig. 3. ELU : Acier : diagramme contraintes-déformations.*

- **hU6 :** la section d'un groupe de barres (tendues ou comprimées) est supposée concentrée en son centre de gravité si l'erreur commise $\delta\varepsilon_s/\varepsilon_s$ reste inférieure à 15 %.
- **hU7 :** les déformations des sections sont limitées :
  - pour l'allongement unitaire de l'acier, à 10 ‰ (idem en cas d'emploi de BHP),
  - pour le raccourcissement unitaire du béton, à 3,5 ‰ en flexion et à 2 ‰ en compression simple (respectivement $\varepsilon_{bc2}$ et $\varepsilon_{bc1}$ pour les BHP, fig. 1).

Les diagrammes possibles résultant de ces déformations limites définissent 3 domaines à partir des pivots A, B et C (fig. 4).

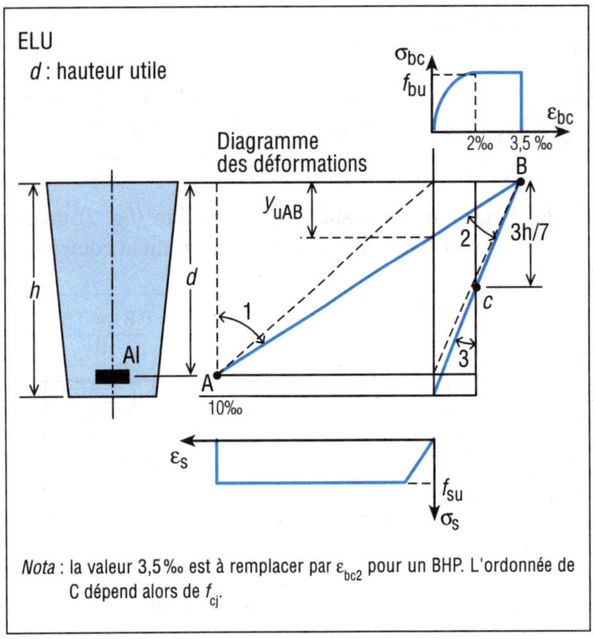


*Fig. 4. ELU : diagramme des 3 pivots.*

Pour l'ELS (durabilité de la structure), les hypothèses sont :

- **hS1 :** idem hU1 ;
- **hS2 :** idem hU2 ;
- **hS3 :** idem hU3 ;
- **hS4 :** l'acier et le béton sont considérés comme des matériaux linéairement élastiques (retrait et fluage du béton négligés) ;
- **hS5 :** par convention, le rapport du module d'élasticité longitudinale de l'acier à celui du béton ou « coefficient d'équivalence » $n = E_s / E_b$ est pris égal à 15.

Cas des BHP : quand $f_{c28}$ est supérieure à 60 MPa, $n$ vaut 9 que le béton contienne ou non de la fumée de silice.

- **hS6 :** les contraintes dans la section sont limitées :
  - en compression, pour le béton, à $0{,}6\,f_{c28}$,
  - en traction, pour l'acier, dans le cas où la fissuration est préjudiciable ou très préjudiciable (tableau 3).

| | | | | | | | | | | | | | | |
|---|---|---|---|---|---|---|---|---|---|---|---|---|---|---|
| $f_{c28}$ (MPa) | | 20 | 25 | 30 | 35 | 40 | 45 | 50 | 55 | 60 | 65 | 70 | 75 | 80 |
| $f_{t28}$ (MPa) | | 1,8 | 2,1 | 2,4 | 2,7 | 3 | 3,3 | 3,6 | 3,9 | 4,2 | 4,5 | 4,7 | 4,9 | 5,1 |
| $f_{bser}$ (MPa) | | 12 | 15 | 18 | 21 | 24 | 27 | 30 | 33 | 36 | 39 | 42 | 45 | 48 |
| $f_{sser}$ FP. $\eta$ = 1,6 | 400<br>500 | 200<br>250 | 201,6<br>250 | 215,6<br>250 | 228,6<br>250 | 241<br>250 | 252,8 | 264 | 274,8 | 285,5 | 293,5 | 300,7 | 307,7 | 314,5 |
| $f_{sser}$ FTP. $\eta$ = 1,6 | 400<br>500 | 160<br>200 | 161,3<br>200 | 172,5<br>200 | 182,9<br>200 | 192,8<br>200 | 202,2 | 211,2 | 219,8 | 228,4 | 234,8 | 240,6 | 246,2 | 251,6 |

Fissuration préjudiciable (FP)
Fissuration très préjudiciable (FTP)

FP : $f_{sser} \leqslant \xi = \min\left[\frac{2}{3} f_e ; \max\left(0{,}5 f_e ; 110\sqrt{\eta f_{t28}}\right)\right]$ FTP : $f_{sser} \leqslant 0{,}8\,\xi$

*Tableau 3. ELS : contraintes limites du béton et de l'acier.*

Les diagrammes possibles résultant de ces contraintes limites définissent 2 domaines : fig. 5.

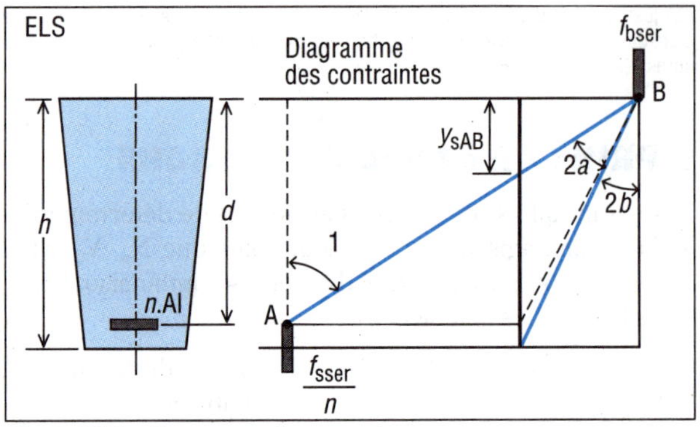


*Fig. 5. ELS : diagramme des contraintes.*

## 3. PIÈCES SOLLICITÉES EN FLEXION SIMPLE : DALLES ET POUTRES DE PLANCHER

### 3.1. Armatures longitudinales $A_l$

Il est nécessaire de connaître :

**a) les caractéristiques géométriques de la pièce**

- la portée (p. 106) ;
- la section à prendre en compte est (fig. 6) :
  - pour les dalles, une section rectangulaire [SR] de largeur unitaire et de hauteur $h_0$,
  - pour les poutres, une section en T [ST].

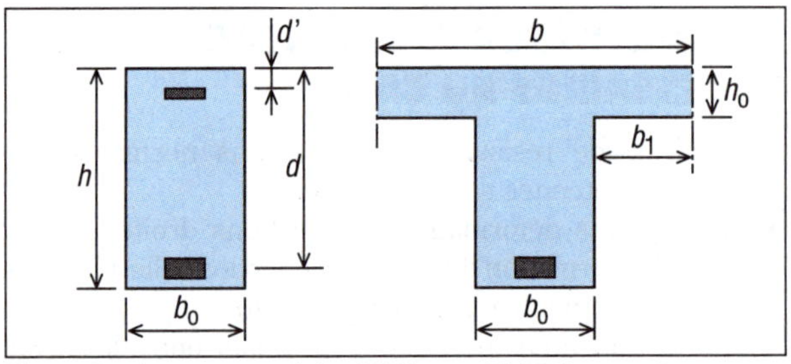


*Fig. 6. Sections rectangulaire [SR] et en T [ST] : notations.*

*Nota :* la table ($b \times h_0$) est définie figure 7. La largeur de hourdis $b_1$ associée, à prendre en compte de chaque côté de la nervure à partir de son parement, est définie par :

$$b_1 \leqslant \text{Min}\,\{\ell_x/2 ;\ \ell_y/10 ;\ 2x_0/3\}.$$

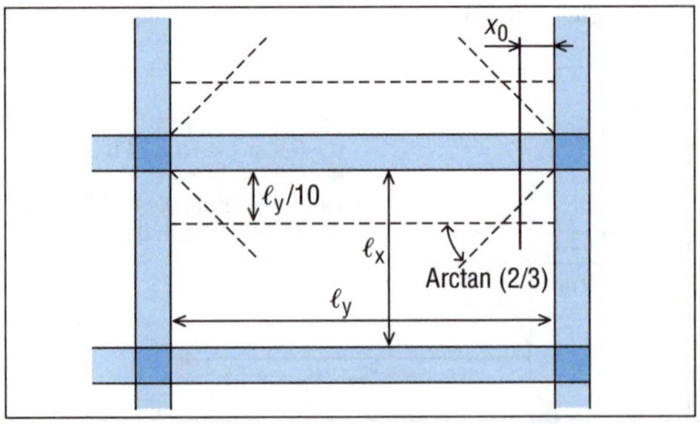


*Fig. 7. Section en T [ST] : largeur de hourdis associée.*

**Remarque :** seules sont prises en compte les sections nettes (vides déduits) sauf précautions spéciales prévues lors du rebouchage.

Le calcul de la section en T dépend de la position de la zone de béton comprimée (aire B$c$). Si celle-ci est située :

- en partie basse de la nervure (section sur appui), calculer en **SR** ($b_0 \times h$),
- en partie haute de la section en T (section en travée), calculer en **SR** ($b \times h$) si B$c \leqslant (b \times h_0)$, sinon calculer en **ST** ;

**b) les caractéristiques mécaniques du béton et de l'acier (diagramme contraintes-déformations, $f_{c28}$, $f_e$) ;**

**c) le moment de flexion $M_f$ au centre de gravité de la section de béton** (évalué d'après les combinaisons d'actions).

On détermine la section des armatures longitudinales $A_l$ à partir de l'équilibre de la section (fig. 8) :

$$A_l = M_f / z.\ \sigma_{st}$$

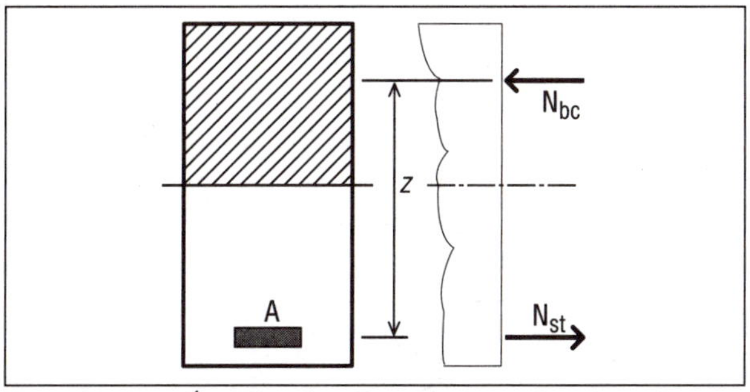


*Fig. 8. Flexion : Équilibre des efforts résultants dans la section.*

Il est possible de conduire un calcul ELU donnant $A_{lu}$ puis un calcul ELS donnant $A_{lser}$ et d'adopter $A = \text{Max}(A_{lu}, A_{lser})$, mais des études comparatives ont montré qu'il y a généralement un état-limite déterminant selon les conditions de fissuration :

- en fissuration peu préjudiciable (FPP) : ELU,
- en fissuration préjudiciable (FP) ou très préjudiciable (FTP) : ELS.

### 3.1.1. Détermination des armatures à l'ELU

La section totale des armatures est calculée à partir de la condition $M_u \leqslant M_{uR}$ ; mais la section de la pièce comportant les armatures (diamètres et positions choisis) doit, en plus, vérifier à l'ELS la condition suivante :

$\sigma_{bc}$ (contrainte de compression du béton) $\leqslant 0{,}6 f_{c28}$. (1)

Cette condition peut être prépondérante pour des sections rectangulaires fortement armées : $A_l / b_0 d \geqslant 1{,}5\,\%$.

Les abaques ci-après, établis pour une pièce de section rectangulaire, permettent d'obtenir une section des armatures $A_{lu}$ satisfaisant simultanément à la condition (1), en posant :

$$k_{uM} = M_u / b_0 d^2 f_{c28}.$$

À la condition que $k_{uM} \leqslant \overline{k_{uM}}$ ($\overline{k_{uM}}$ est obtenu fig. 9 en fonction de $\gamma = M_u / M_{ser}$), la section $A_{lu}$ est obtenue fig. 10 à partir de $\theta_u$, en fonction de la valeur $k_{uM}$.

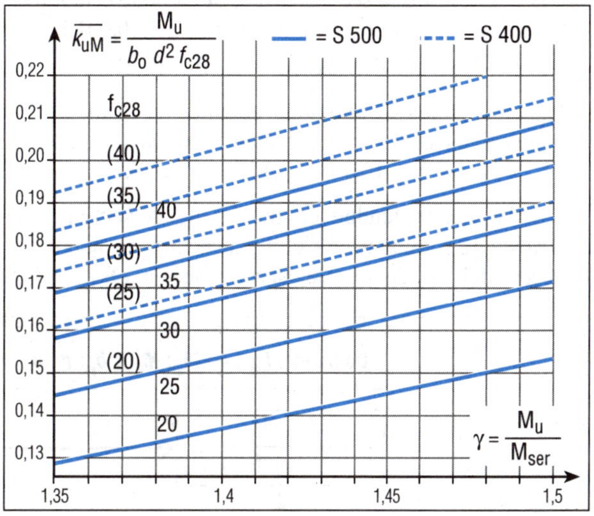


*Fig. 9. ELU : abaque* $\overline{k_{uM}} = f(\gamma)$ $b_0$, d *en* m ; $M_u$ *en* mMN ; $f_{c28}$ *en MPa.*

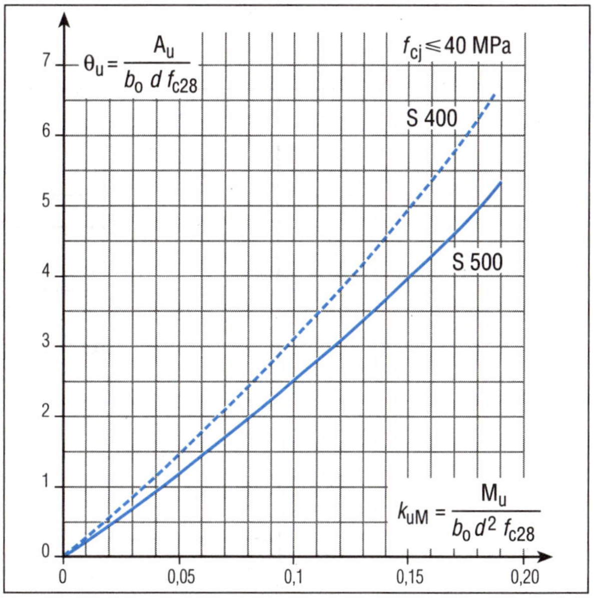


*Fig. 10. ELU : abaque* $\theta_u = f(k_{uM})$.

*Nota* : – $A_{lu}$ est obtenue directement en cm² ; $b_0$, $d$ en m ; $M_u$ en mMN ; $f_{c28}$ en MPa.
– Coefficient de $f_{bu}$ : $\gamma_b = 1{,}5$ et $\theta = 1$.
– Coefficent de $f_{su}$ : $\gamma_s = 1{,}15$.

**Remarque :** on admet qu'aucune vérification d'EL d'ouverture de fissures n'est requise dans le cadre de FPP sauf pour les ouvrages dont certains éléments peuvent être en contact avec l'eau (réservoir, cuve).

### 3.1.2. Conditions de non-fragilité

Toute section fléchie doit être armée de telle sorte que la sollicitation, provoquant la fissuration du béton dans le plan de la section considérée, entraîne, dans les aciers, une contrainte au plus égale à leur limite d'élasticité garantie.

Pour une section rectangulaire, la condition est :

$$A_{lmin} \geqslant (0{,}23\ b_0\ d\ f_{t28})/f_e$$

- Si B est l'aire de la section droite de la poutre (comportant une zone tendue), on doit avoir $A_{lmin} \geqslant 0{,}001$ B.

$$\text{Pour les BHP, } A_{lmin} \geqslant 3{,}3 \cdot 10^{-4} \cdot f_{tj} \cdot B$$

- Pour les poutres continues, aucune vérification n'est requise dans les sections sur appui (sauf porte-à-faux) si : $A_{lt} \geqslant A_{l0}$ ou $A_{lt} + (A_{lai} + Al_{ai+1})/2 \geqslant 0{,}002$ B.

$A_{lt}$ est la section tendue en travée, $A_{l0}$ la section dans la « travée de comparaison » et $A_{la}$ la section sur appui. Pour les BHP, la valeur 0,002 est remplacée par $6{,}7 \cdot 10^{-4} \cdot f_{tj}$.

Il n'y a pas de vérification à produire si $A_l$ est majorée de 20 %.

- Pour les dalles, on se reportera à la p. 195.

- Si $k_{uM} > \overline{k_{uM}}$, des armatures comprimées sont nécessaires et il faut alors se reporter à la démarche générale du calcul détaillée fig. 11 en rappelant que :
  - seules sont prises en compte dans les calculs de résistance, les armatures longitudinales $Ø_l$ comprimées maintenues par des armatures transversales distantes d'au plus $15 \cdot Ø_l$ ;
  - $M_{uC} < 0{,}4 \cdot M_u$, $M_{uC}$ étant la part du moment de flexion équilibrée en compression par ces armatures.

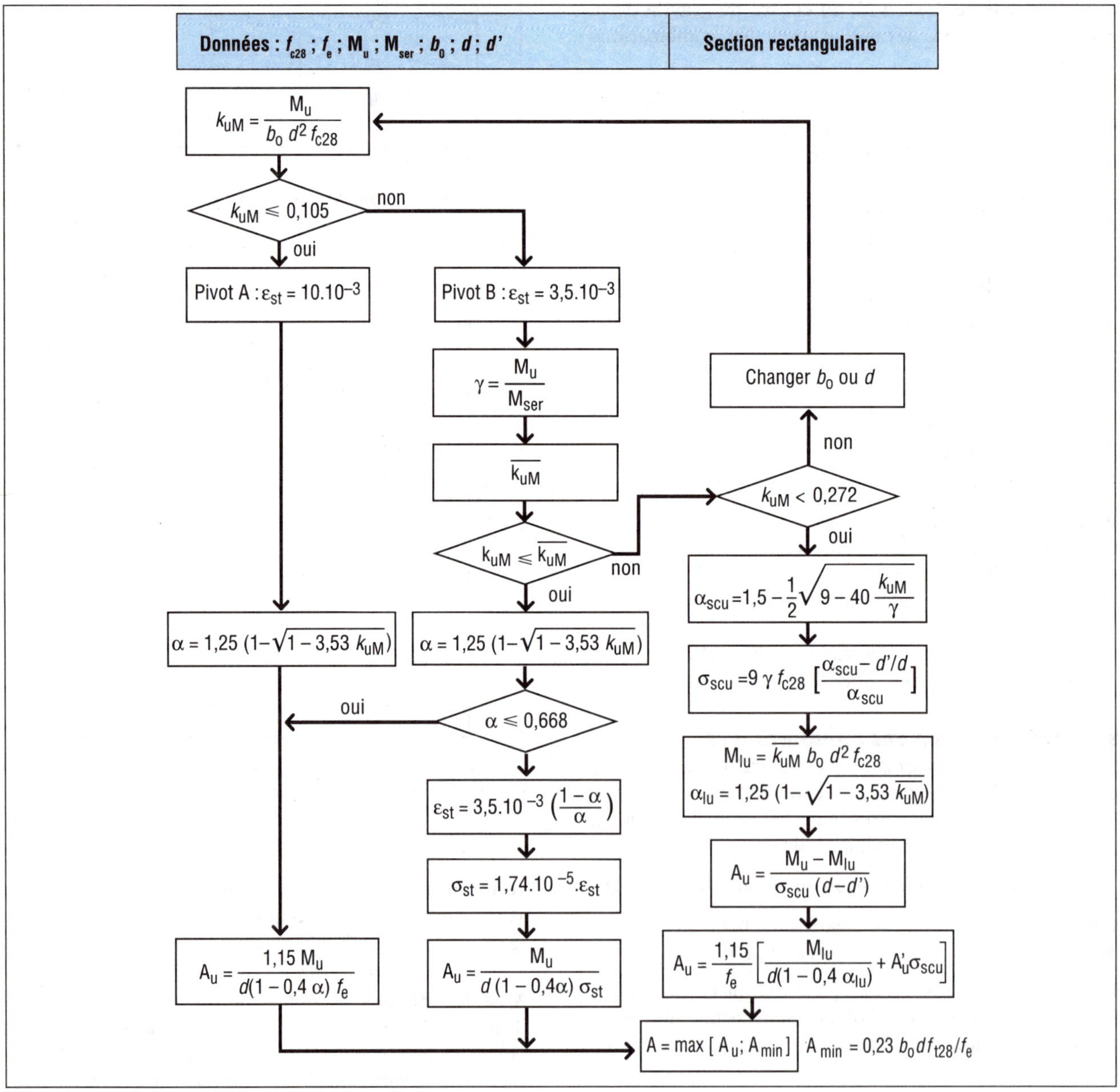


*Fig. 11. ELU : dimensionnement d'une section rectangulaire. Organigramme de calcul.*

Le calcul en section en T nécessite l'évaluation du moment résistant ultime équilibré par la table $M_{uRT}$ :
- si $M_u \leqslant M_{uRT}$, calcul en **SR** ($b \times h$),
- si $M_u > M_{uRT}$, calcul en **ST**.

La démarche complète du calcul est donnée fig. 12.

La détermination de $A_{lmin}$ pour une section en T peut être obtenue :
- forfaitairement en majorant de 50 % $A_{lmin}$ calculée pour la section rectangulaire ($b_0 \times h$),
- en fonction de $b_0/b$ et $h_0/h$(1).

(1) Abaques de H. Thonier, *Annales ITBTP* n° 446 / série Béton n° 241.

### 3.1.3. Détermination des armatures à l'ELS

Ce calcul n'est possible qu'en fissurations préjudiciable et très préjudiciable (FP et FTP) en choisissant $\sigma_{st} = f_{sser}$ (tableau 3 p. 114) pour limiter la section d'armatures à employer. Il est mené à partir de la condition $\sigma_{bc} \leqslant f_{bser}$.

Lorsque les contraintes limites $f_{bser}$ et $f_{sser}$ sont atteintes simultanément, le diagramme des contraintes est représenté par la droite de référence AB. On peut alors calculer la hauteur relative de l'axe neutre :

$\alpha_{AB} = (y_{AB}/d) = n \cdot f_{bser}/(n \cdot f_{bser} + f_{sser})$

et en déduire le coefficient

$\overline{k_{serM}} = [\alpha_{AB}^2 \cdot (3 - \alpha_{AB})]/90 \cdot (1 - \alpha_{AB})$.

En posant $k_{serM} = M_{ser}/(b_0 \cdot d^2 \cdot f_{sser})$ et si $k_{serM} \leqslant \overline{k_{serM}}$, la section d'acier $A_{lser}$ peut être obtenue à partir de $\theta_{ser}$ en fonction de $k_{serM}$ sur l'abaque fig. 13 pour une section rectangulaire.

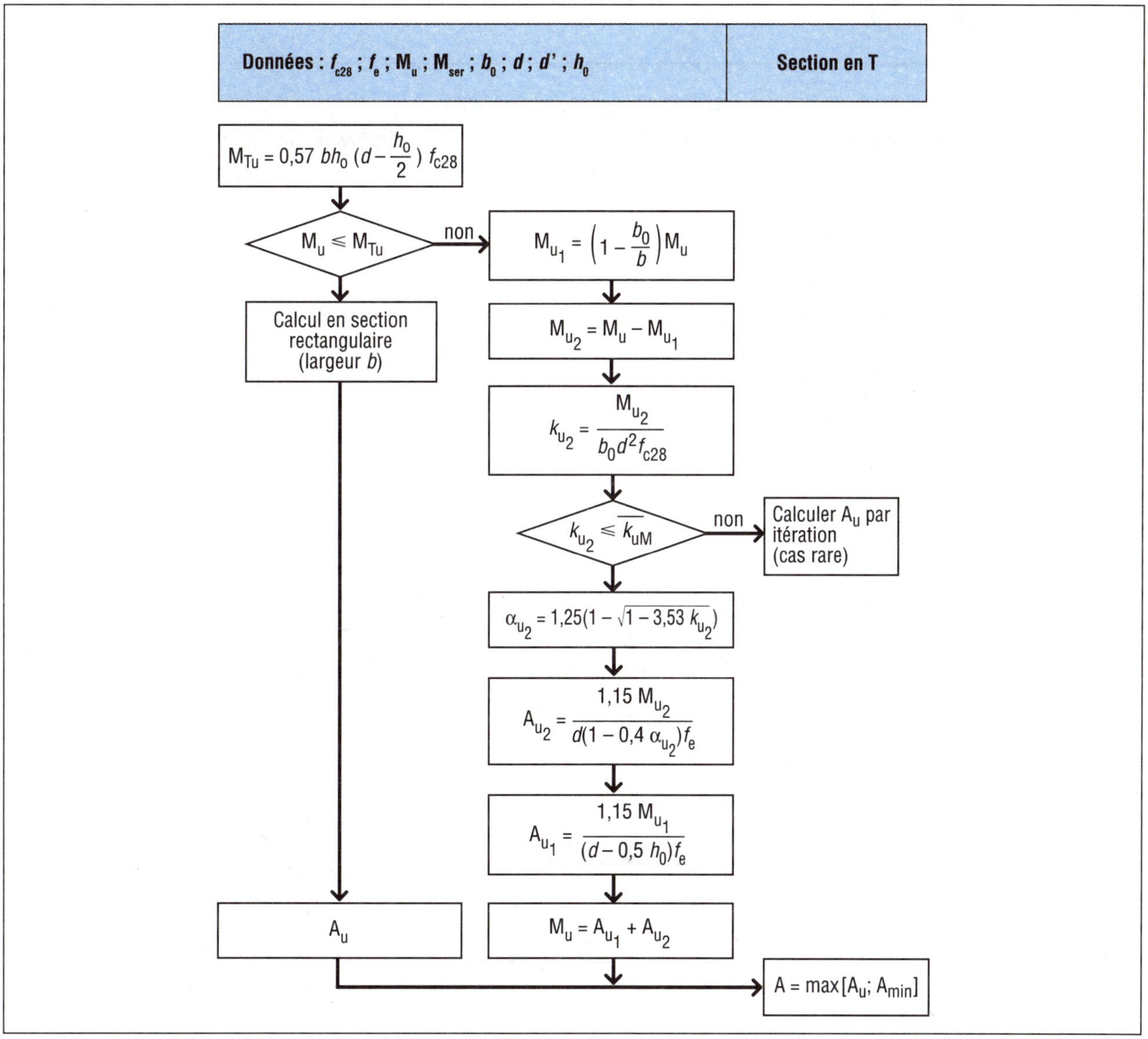


*Fig. 12. ELU : dimensionnement d'une section en T. Organigramme de calcul.*

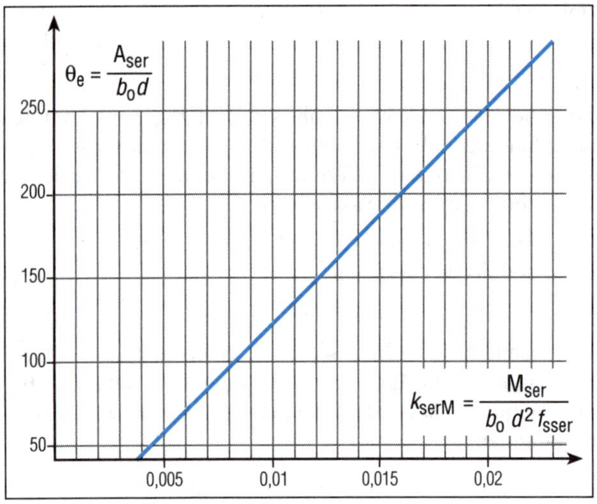


*Fig. 13. ELS : Abaque $\theta_e = f(k_{serM})$.*

Si $k_{serM} > \overline{k_{serM}}$, des armatures comprimées sont nécessaires (se reporter à la démarche détaillée fig. 14).

Les conditions de non-fragilité sont détaillées p. 115.
Le calcul en section en T nécessite l'évaluation du moment résistant de service équilibré par la table $M_{serRT}$

– si $M_{ser} \leq M_{serRT}$, calcul en **SR** ($b \times h$),
– si $M_{ser} > M_{serRT}$, calcul en **ST**.

La démarche complète du calcul est donnée fig. 15.
Pour la détermination de $A_{lmin}$, on se reportera p. 115.

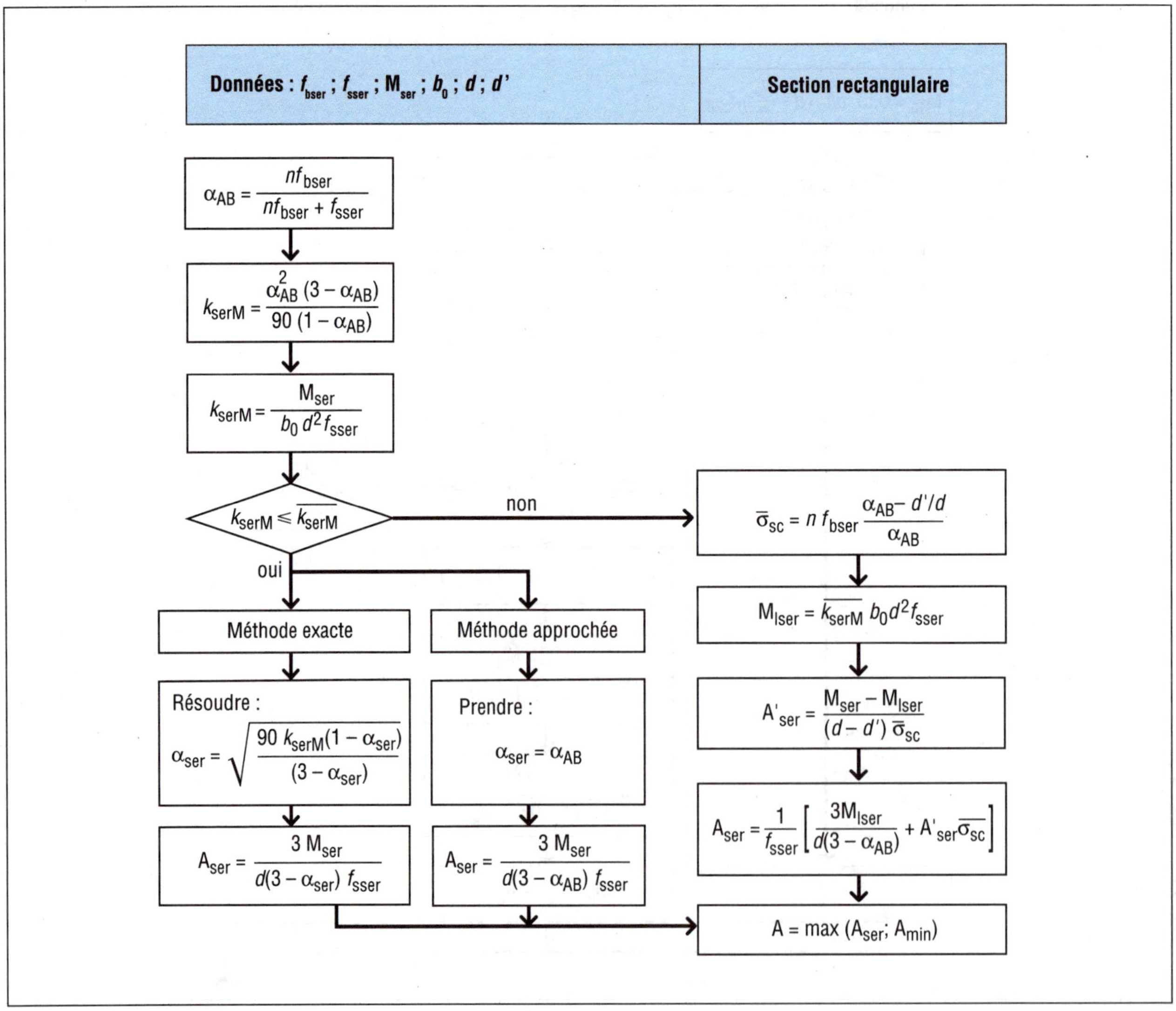


*Fig. 14. ELS : dimensionnement d'une section rectangulaire. Organigramme de calcul.*

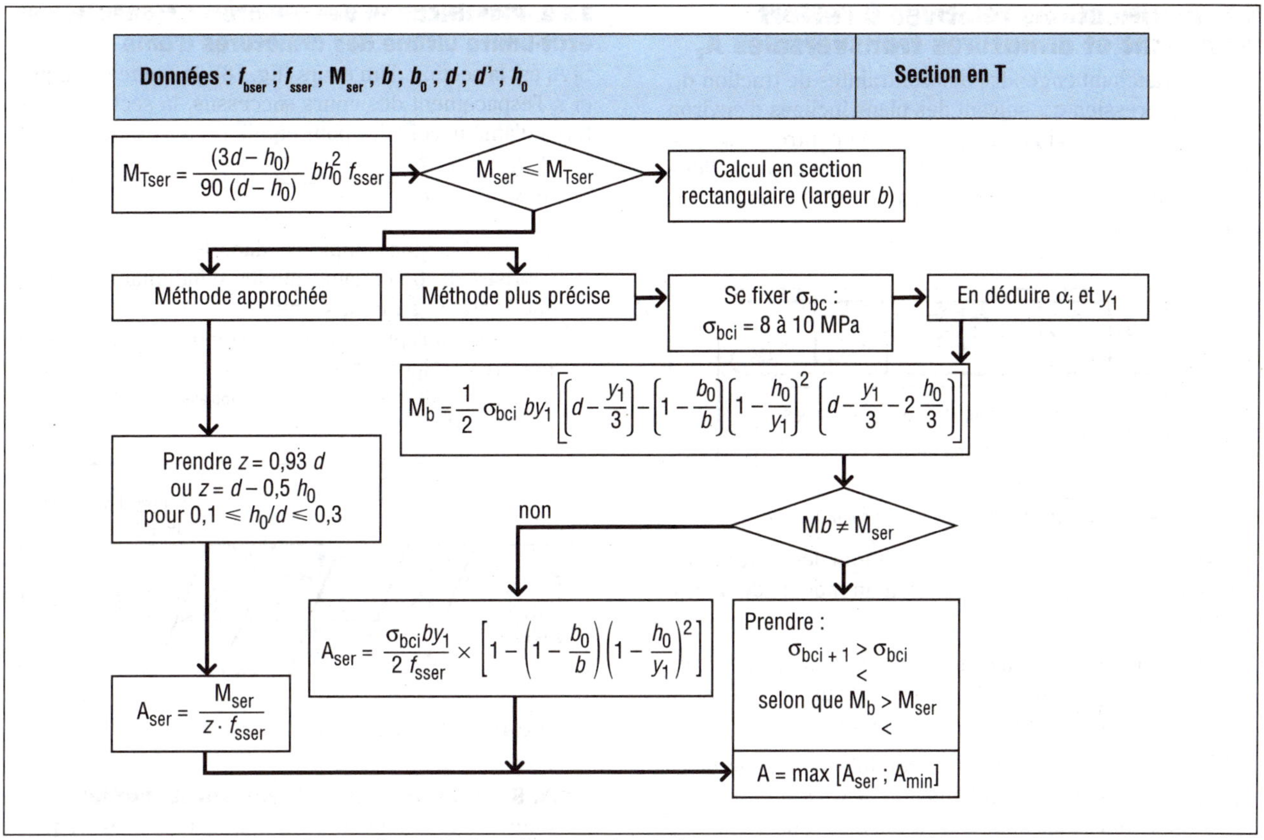


*Fig. 15. ELS : dimensionnement d'une section en T. Organigramme de calcul.*

**La vérification des contraintes d'une section** (fig. 16) de caractéristiques connues soumise à un moment $M_{ser}$ (matériaux de caractéristiques $f_{c28}$ et $f_e$) s'exprime par :

$$\sigma_{bc} = (M_{ser}/I_1) \cdot y_1 \leqslant 0{,}6 \cdot f_{c28}.$$

Dans le cas de fissuration préjudiciable et très préjudiciable, on vérifie aussi que :

$$\sigma_{st} = 15 \cdot (M_{ser}/I_1) \cdot (d - y_1) \leqslant f_{sser}$$

$$\sigma_{sc} = 15 \cdot (M_{ser}/I_1) \cdot (y_1 - d') \leqslant f_{sser}$$

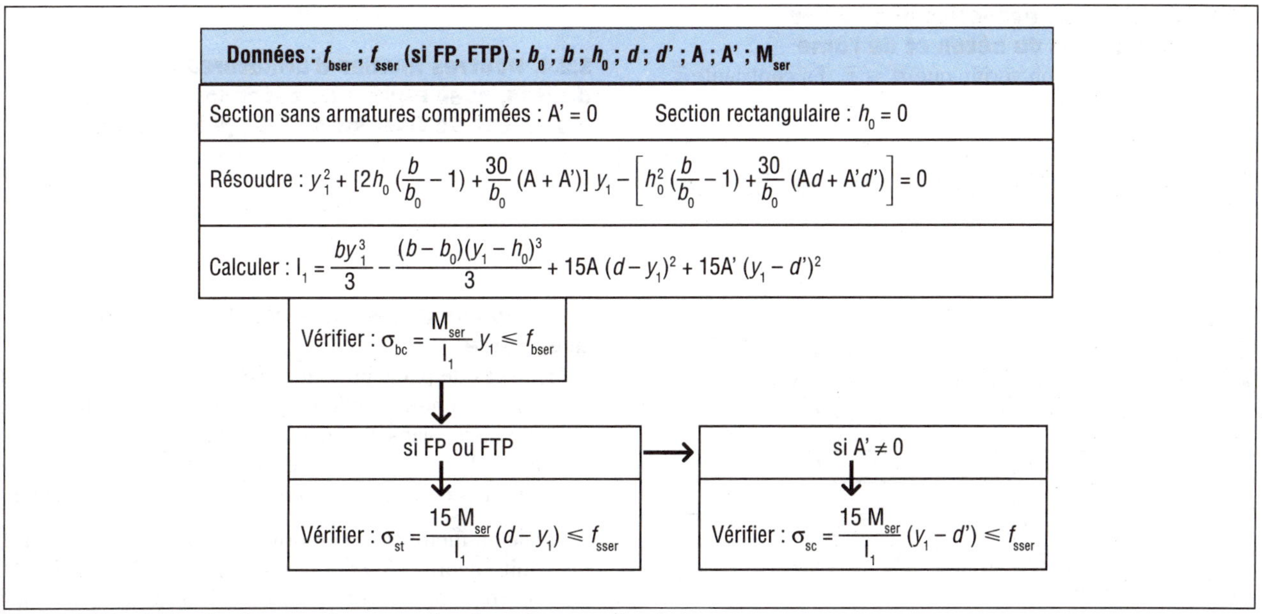


*Fig. 16. ELS : vérification des contraintes normales. Organigramme de calcul.*

## 3.2. Justifications relatives à l'effort tranchant et armatures transversales $A_t$

L'effort tranchant engendre des contraintes de traction $\sigma_{bt}$ et de compression $\sigma_{bc}$ suivant des plans inclinés d'environ 45° par rapport à la ligne moyenne de la poutre. Après fissuration, il se produit des fissures délimitant des « bielles » de béton comprimées qui sont cousues entre elles par des armatures d'âme (fig. 17).

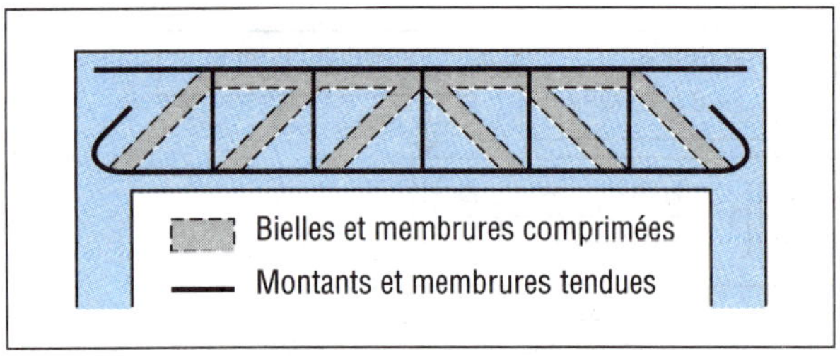


*Fig. 17. Modèle d'une poutre justifiée par la méthode du treillis.*

L'ensemble (bielles, armatures longitudinales et transversales) mène à des justifications selon un modèle de poutre en treillis.

Les armatures transversales sont parallèles au plan moyen de l'âme, ancrées dans les deux « membrures » et font un angle α avec l'axe longitudinal de la poutre.

Les justifications de l'âme sont conduites à partir de la contrainte tangente conventionnelle $\tau_u = V_u/b_0 d$, $V_u$ étant la valeur de l'effort tranchant dans la section considérée.

**Remarque :** pour la vérification du béton et des armatures d'âme, les charges entrant dans l'évaluation de $Vu$ et situées à une distance $a$ de l'appui sont :
- négligées si $a \leqslant h/2$,
- multipliées par $2a/3h$ si $a$ est compris entre $h/2$ et $3h/2$.

### 3.2.1. Compression excessive des bielles : état-limite ultime du béton et de l'âme

Selon la fissuration, on vérifie que $\tau_u \leqslant \overline{\tau}_u$. La contrainte $\overline{\tau}_u$ est donnée tableaux 4 et 5.

| | | $\overline{\tau}_u$ (MPa) | | | | | | | | |
|---|---|---|---|---|---|---|---|---|---|---|
| $f_{c28}$ | | 20 | 25 | 30 | 35 | 40 | 50 | 60 | 70 | 80 |
| α = 90° (4) | FPP (1) | 2,67 | 3,33 | 4 | 4,67 | 5 | 5,79 | 6,54 | 7,25 | 7,92 |
| | FP FTP (2) | 2 | 2,5 | 3 | 3,5 | 4 | 4,61 | 5,21 | 5,77 | 6,31 |
| α = 45° (3) | | 3,6 | 4,5 | 5,4 | 6,3 | 7 | 8,14 | 9,20 | 10,19 | 11,14 |
| 45 < α < 90° | | Interpoler entre les 2 cas précédents | | | | | | | | |

*Tableau 4. Valeurs de $\overline{\tau_u}$ en fonction de $f_{c28}$ [$\gamma_b$ = 1,5].*

| $\overline{\tau}_u$ | Bétons courants | BHP |
|---|---|---|
| **(1)** | Min [0,133 $f_{cj}$ ; 5 MPa] | 0,427 $f_{cj}^{2/3}$ |
| **(2)** | Min [0,1 $f_{cj}$ ; 4 MPa] | 0,34 $f_{cj}^{2/3}$ |
| **(3)** | Min [0,18 $f_{cj}$ ; 7 MPa] | 0,6 $f_{cj}^{2/3}$ |
| **(4)** | α : voir fig. 18 | |

*Tableau 5. Expressions donnant $\overline{\tau}_u$.*

### 3.2.2. Plastification des armatures transversales : état-limite ultime des armatures d'âme

Si $A_t$ est la section d'un cours (fig. 18) de limite élastique $f_{et}$ et $s_t$ l'espacement des cours successifs, la section d'armatures d'âme nécessaire pour équilibrer $V_u$ est donnée par :

$$\frac{A_t f_{et}}{b_0\, s_t} \geqslant \frac{1{,}278\,(\tau_u - 0{,}3 f_{tj}\, k)}{\cos\alpha + \sin\alpha} \quad \textbf{[1]} \text{ avec } f_{tj} \leqslant 3{,}3 \text{ MPa}$$

- $k$ = 1 en flexion simple ou dans le cas de surface de reprises de bétonnage munies d'indentations dont la saillie atteint au moins 5 mm,
- $k$ = 0 s'il y a reprise de bétonnage ou en cas de fissuration très préjudiciable.

*Note* : Pour les BHP, le terme 0,3 $f_{tj}$ $k$ est remplacé par $0{,}14 \cdot k\, f_{cj}^{1/2}$ dans la relation **[1]**.

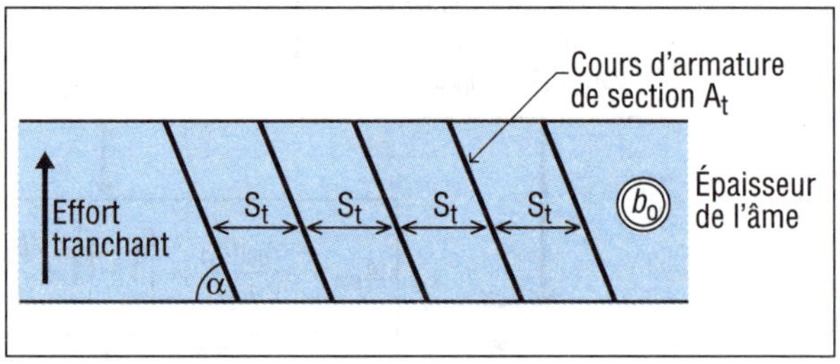


*Fig. 18. Armatures transversales. Notations.*

### 3.2.3. Section minimale d'armatures d'âmes

Un pourcentage minimal d'armatures d'âmes est requis :

$\frac{A_t f_{et}}{b_0\, s_t} \geqslant 0{,}4$ MPa **[2]** (dérogation pour poutre large : $b_0 > h$).

*Note* : pour les BHP, la valeur 0,4 MPa est remplacée par 0,13 $f_{tj}$.

L'espacement maximal des nappes d'armatures transversales est donné par la relation :

$$s_t \leqslant \text{Min}\ [0{,}9d\,;\ 40 \text{ cm}].$$

### 3.2.4. Poutres munies d'armatures d'âmes droites, avec reprise de bétonnage non traitée (ou en cas de fissuration très préjudiciable)

Les relations **[1]** et **[2]** conduisent à :

$$\frac{A_t f_{et}}{b_0\, s_t} \geqslant \text{Max}\ [1{,}278\ \tau_u\,;\ 0{,}4 \text{ MPa}]$$

*Note* : pour les BHP, la valeur 0,4 MPa est remplacée par 0,13 $f_{tj}$.

### 3.2.5. Liaison des membrures d'une poutre avec l'âme

Dans le cas de plans intérieurs de pièces en béton sur lesquels s'exercent des actions tangentes (surface de reprise de bétonnage, plans d'attache de deux pièces entre elles ou à la limite d'un changement de section), on utilise la règle des coutures pour dimensionner les armatures d'attache.

À la liaison membrure comprimée (table) – âme (fig. 19), on doit avoir $(A_{ti}/s_{ti} + A_{ts}/s_{ts}) \geqslant (A_t/s_t) \cdot (b_1 / b)$. Une dérogation figure à l'article B.6.7,2 et ainsi qu'à l'annexe F pour les BHP.

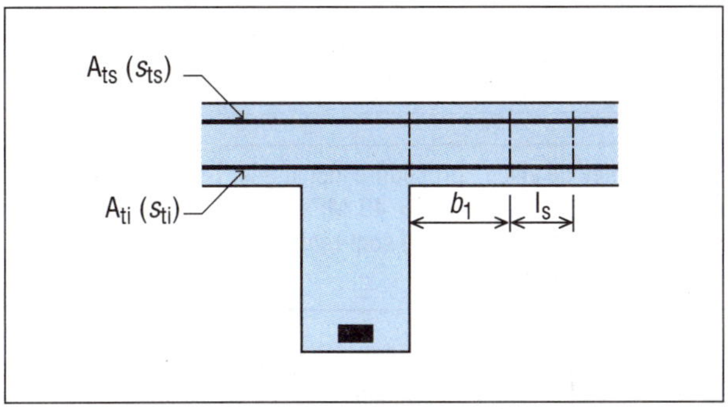


*Fig. 19. Liaison membrure comprimée avec l'âme.*

– liaison membrure tendue (talon) – âme (fig. 20) : on doit avoir : $A_{tt}/s_{tt} \geqslant (A_t/s_t) \cdot (A_1/A)$.

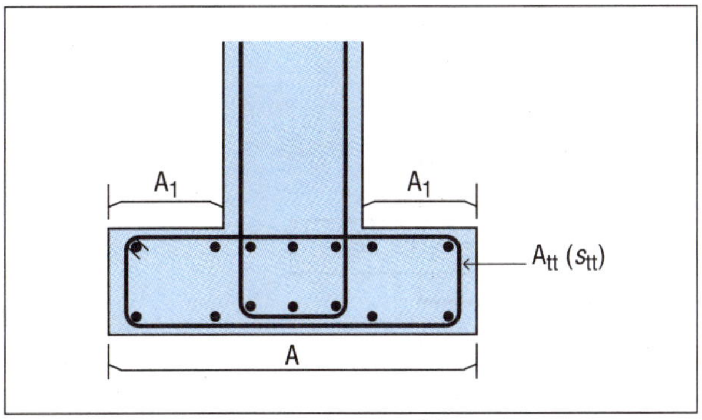


*Fig. 20. Liaison membrure tendue avec l'âme.*

### 3.2.6. Rupture d'adhérence entre le béton et les armatures longitudinales : état-limite ultime d'entraînement des barres

Les efforts appliqués au béton se transmettent aux armatures par adhérence : il est donc nécessaire de limiter la contrainte d'adhérence d'entraînement $\tau_{se}$ pour ne pas endommager la liaison béton-acier.

Pour un paquet de barres de section $A_{si}$ et de périmètre $u_i$ (fig. 21), on vérifie que :

$$\tau_{se} = (V_u/0{,}9 \cdot d \cdot u_i) \cdot (A_{si}/A_s) \leqslant \tau_{se \cdot u} \quad \text{avec}$$

– $A_s$ section totale des armatures tendues,
– $\tau_{se \cdot u} = \psi_s \cdot f_{tj}$ ($\psi_s$ coefficient de scellement défini p. 41) ou à défaut, prendre : $\tau_{se \cdot u} = 2$ MPa (pour les ronds lisses) et 3 MPa (pour les barres HA telles $\psi_s \geqslant 1{,}5$).

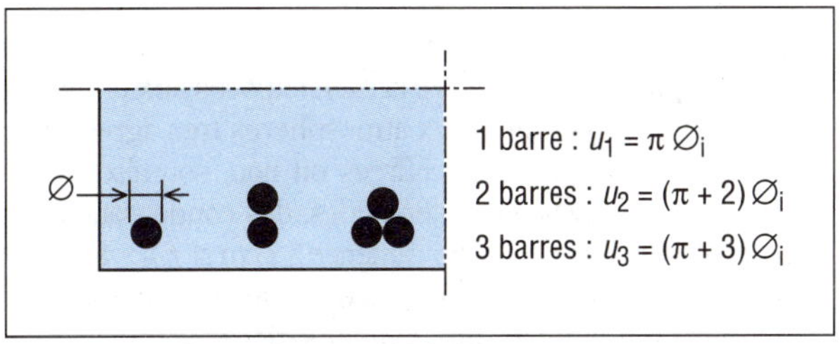


*Fig. 21. Périmètre $u_i$ des paquets de barres.*

Le cas des dalles est traité p. 195.

## 4. POTEAUX DE SECTION RECTANGULAIRE [(A × B) ET A ≤ B] ET DE SECTION CIRCULAIRE [Ø] SOLLICITÉS EN COMPRESSION « CENTRÉE »

Ces poteaux sont sollicités principalement par un effort normal de compression à l'ELU, $N_u$, et l'imperfection de rectitude $e_r$ est limitée : $e_r \leqslant \max\,[1\text{ cm}; \ell_0/500]$, $\ell_0$ longueur libre du poteau (fig. 22).

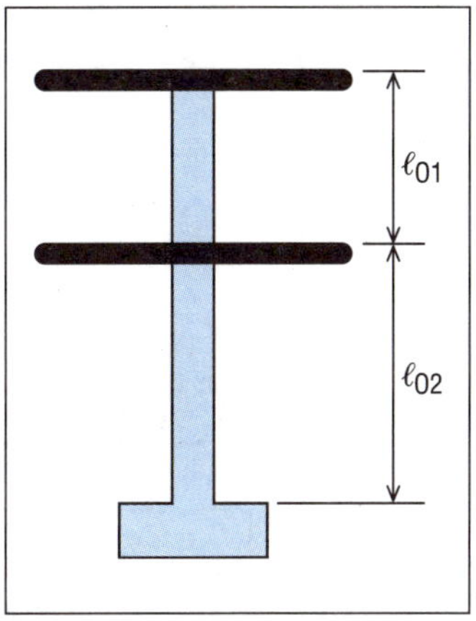


*Fig. 22. Longueurs libres de poteaux.*

### 4.1. Armatures longitudinales (A')

A' est déduit de l'inéquation $N_u \leqslant N_{ulim}$ où

$$N_{ulim} = \alpha \left[ \frac{B_r f_{cj}}{1{,}35} + A' f_{su} \right] \text{avec}$$

– $B_r = (a - 0{,}02) \cdot (b - 0{,}02)$, (m²) pour une section rectangulaire,
– $B_r = (\pi(Ø - 0{,}02)^2)/4$ pour une section circulaire,
– $\alpha$ est un coefficient réducteur fonction de l'élancement mécanique $\lambda$ (tableau 6), avec $\lambda = \ell_f/i$.

| $\lambda$ | 0 | | 50 | | 70 |
|---|---|---|---|---|---|
| $\alpha$ | 0,85 | $\dfrac{0{,}85}{1 + 0{,}2\left(\dfrac{\lambda}{35}\right)^2}$ | 0,6 | $0{,}6\left(\dfrac{50}{\lambda}\right)^2$ | 0,306 |

*Tableau 6. $\alpha = f(\lambda)$.*

- $i$ est le rayon de giration de la section B calculé dans le plan de flambement ($i = a/\sqrt{12}$ pour une section rectangulaire, $i = Ø/4$ pour une section circulaire).
- $\ell_f$ (longueur de flambement) vaut $0{,}7 \cdot \ell_0$ si le poteau est à ses extrémités, soit encastré dans un massif de fondation, soit assemblé à des poutres de raideur analogue ; sinon, $\ell_f$ vaut $\ell_0$.

La section A' doit en plus remplir les conditions complémentaires suivantes :

$$\text{Max}\,[8 \cdot (a + b)\,;\, 20 \cdot a \cdot b] \leqslant A' \leqslant 500 \cdot a \cdot b,$$

avec $a$ et $b$ en m, A' en cm².

La procédure de calcul détaillée pour une section rectangulaire est exposée fig. 23.

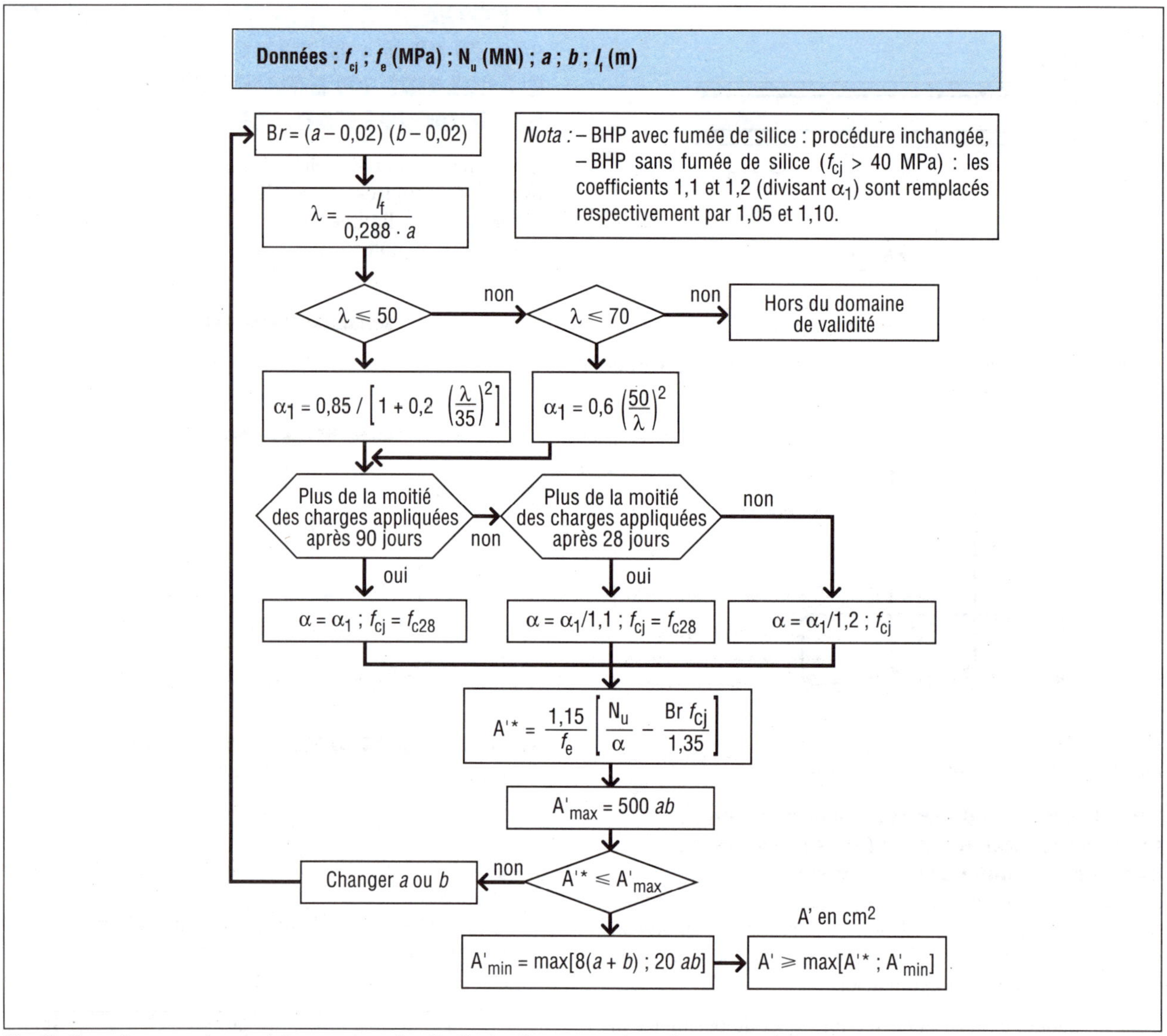


*Fig. 23. Organigramme de calcul des armatures longitudinales d'un poteau de section rectangulaire.*

### 4.2. Armatures transversales ($Ø_t$, $st$)

Le diamètre $Ø_t$ est supérieur ou égal à la valeur normalisée la plus proche de $Ø_l/3$, où $Ø_l$ représente le diamètre le plus important des armatures longitudinales $A_l$.

L'espacement est tel que :

$$st \leqslant \text{Min}\ [15 \cdot Ø_l\,;\, 40\ \text{cm}\,;\, a + 10\ \text{cm}].$$

## 5. DISPOSITIONS CONSTRUCTIVES ET VÉRIFICATIONS RÉGLEMENTAIRES CONCERNANT LES ÉLÉMENTS COURANTS

Ces dispositions sont détaillées dans les articles suivants du BAEL 99 : [A.7. ; A.8.1. ; A.4.1,5. ; A.6.1. ; A.5.1. ; A.8.3. ; annexe F.]

### 5.1. Dispositions communes

#### 5.1.1. Protection des armatures contre la corrosion et possibilité de bétonnage correct

Ces deux conditions nécessitent pour toute armature le respect d'un enrobage minimal (fig. 24) :

$$e_l \text{ (ou } e_t) = \text{Max}\ [e_p\,;\, Ø \text{ (ou } Ø_t)\,;\, a\,;\, u]$$

- $e_p$ est supérieur ou égal à :
  - 5 cm pour les ouvrages à la mer, exposés aux embruns, aux brouillards salins, aux atmosphères très agressives,
  - 3 cm pour les parois coffrées ou non, soumises à des actions agressives, des intempéries, des condensations, au contact d'un liquide (valeur ramenée à 2 cm si $f_{c28} > 40$ MPa),
  - 1 cm pour les parois situées dans des locaux couverts et clos, non exposés aux condensations ;
- $a$ représente la largeur du paquet de barres ;
- $u$ est défini selon les critères de résistance au feu (p. 301).

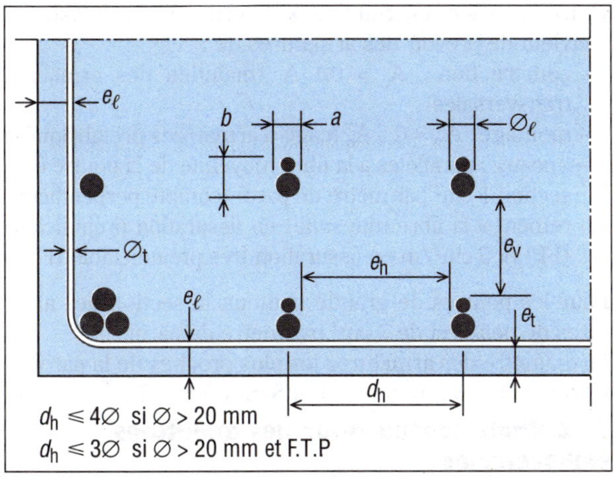


*Fig. 24. Enrobage minimal et distances minimales entre armatures.*

Le bétonnage nécessite de prévoir un espacement suffisant entre les barres de diamètre $\text{Ø}_l$, d'où les prescriptions suivantes (fig. 24) :

- pour les dalles : $\text{Ø}_l \leqslant h_0/10$ (fig. 12, p. 111),
- pour les poutres : $\text{Ø}_l/3 \leqslant \text{Ø}_t \leqslant \max\,[\text{Ø}_\ell\,;\,h/35\,;\,b_0/10]$ (fig. 6, p. 114),
- $e_h \geqslant \max\,[\text{Ø}_\ell\,;\,a\,;\,1{,}5\,c_g]$, où $c_g$ est la grosseur du plus gros granulat utilisé (par exemple, 25 mm),
- $e_v \geqslant \max\,[\text{Ø}_\ell\,;\,a\,;\,c_g]$.

En cas de maillage dense, on se reportera aux articles suivants : BAEL A.7.2,6 à A.7.2,8.

### 5.1.2. Poussées au vide

Une barre courbe proche du parement d'une pièce et sollicitée selon sa ligne moyenne (ancrage par courbure) engendre une poussée dirigée vers l'extérieur qui doit être équilibrée, soit en disposant une ligature ancrée dans la masse du béton, soit en inclinant les retours rectilignes vers la masse du béton (fig. 25).

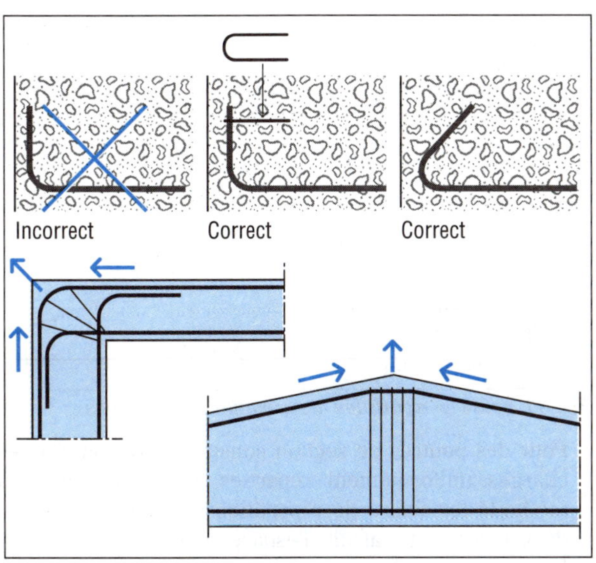


*Fig. 25. Poussée au vide.*

### 5.1.3. Ancrages

L'ancrage d'une barre droite dans la masse du béton est réalisée quand l'effort axial maximal transmis : $F_G = A_{si} f_e$ est au plus égal à l'effort d'adhérence : $u_i\, \ell_s\, \tau_{su}$, soit :

$$\ell_s \geqslant \text{Ø}\, f_e/4\, \tau_{su} \text{ (fig. 26) avec}$$

$$\tau_{su} = 0{,}6\, \psi_s^{\,2} f_{tj}, \text{ (tableau 7) et } u_i : \text{fig. 21.}$$

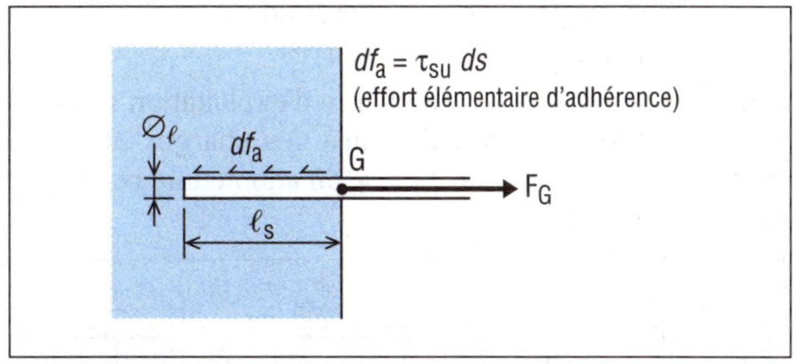


*Fig. 26. Ancrage d'une barre droite.*

| $f_{ci}$ (MPa) | | 20 | 25 | 30 | 35 | 40 | 45 | 50 | 55 | 60 | 65 | 70 | 75 | 80 |
|---|---|---|---|---|---|---|---|---|---|---|---|---|---|---|
| $f_{tj}$ (MPa) | | 1,8 | 2,1 | 2,4 | 2,7 | 3 | 3,3 | 3,6 | 3,9 | 4,2 | 4,5 | 4,7 | 4,9 | 5,1 |
| $\tau_{su}$ | $\psi_s = 1$ | 1,1 | 1,3 | 1,4 | 1,6 | 1,8 | 2,0 | 2,2 | 2,3 | 2,5 | 2,7 | 2,8 | 2,9 | 3,1 |
| (MPa) | $\psi_s = 1{,}5$ | 2,4 | 2,8 | 3,2 | 3,6 | 4,0 | 4,5 | 4,9 | 5,3 | 5,7 | 6,1 | 6,3 | 6,6 | 6,9 |

*Tableau 7. Valeurs de $\tau_{su}$ en fonction $f_{cj}$.*

Des valeurs forfaitaires de $\ell_s$ sont fournies p. 41. Si $f_{cj}$ est proche de 60 MPa, on peut adopter la valeur $\ell_s/2$.

Pour les ancrages courbes, on se reportera au BAEL Art. : A.6.1,25. Les valeurs forfaitaires et les conditions de cintrage sont données p. 20.

### 5.1.4. Recouvrements

Lorsque la jonction de deux barres parallèles n'est pas réalisée par des procédés tels que manchons ou soudure, les extrémités des barres doivent se chevaucher sur une longueur $\ell_r = \ell_s$ si $c < 5\text{Ø}$, sinon $\ell_r \geqslant \ell_s + c$ (fig. 27).

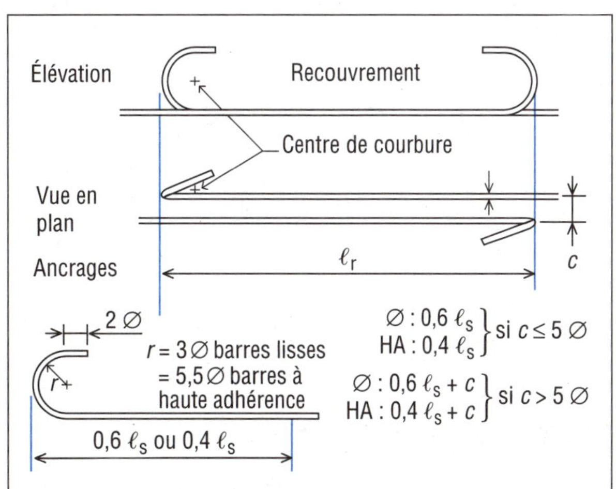


*Fig. 27. Recouvrements.*

Les jonctions de barres comprimées sont obligatoirement rectilignes sur la longueur de recouvrement : $\ell'_r = 0{,}6 \cdot \ell_s$.

## 5.2. Poutres

### 5.2.1. Choix et répartition des armatures longitudinales

Après avoir déterminé les armatures $A_\ell$ dans les sections les plus sollicitées (sur appui et en travée), on choisit les diamètres en évitant une trop grande dispersion. On place les barres dans la section en fonction des règles données p. 123. Puis on procède à la répartition des armatures le long de la poutre par arrêt des barres.

Dans le cas de planchers à charge d'exploitation modérée et si la poutre n'est soumise qu'à des charges uniformément réparties telles que $q_B \leqslant g$, on adopte une répartition forfaitaire (fig. 28).

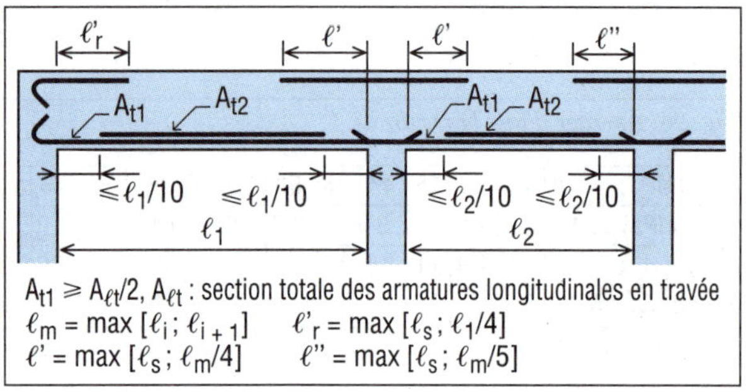


*Fig. 28. Répartition forfaitaire des armatures longitudinales d'une poutre (Annexe E.1.3. du BAEL).*

Sinon, il faut établir une épure d'arrêt des barres :

- à partir de la courbe enveloppe des moments, décalée de 0,8h dans la direction où le moment augmente en valeur absolue (fig. 29), pour tenir compte forfaitairement de l'effet de l'effort tranchant sur la membrure tendue (calcul à l'ELU en FPP, à l'ELS en FP et FTP) ;
- en traçant les droites des moments admissibles suivant le nombre de lits utilisés avec : $M_{uRi} = A_{li}\, z_u f_{su}$, où $A_{li}$ est la section du lit considéré et $z_u$, le bras de levier minimal de la section à l'ELU (même principe de calcul à l'ELS),
- en ancrant intégralement chaque barre arrêtée.

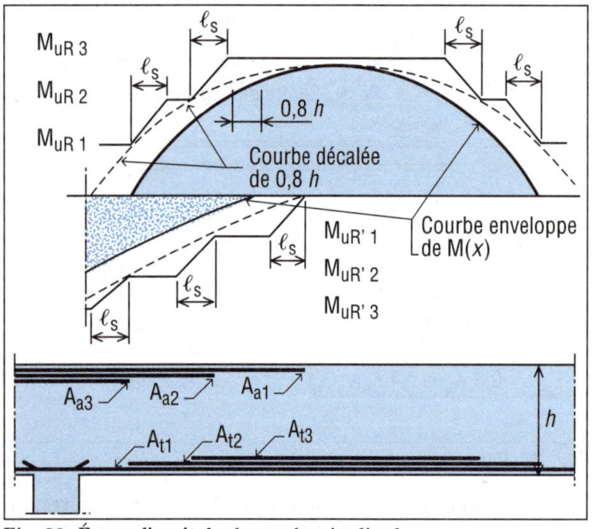


*Fig. 29. Épure d'arrêt des barres longitudinales.*

Outre les aciers longitudinaux déterminés par le calcul, il convient de prévoir des armatures de :

- construction : $A_c \approx 0{,}1\ A_l$ (maintien des armatures transversales),
- montage : $A_m \approx 0{,}5\ A_c$ (cage d'armatures préfabriquée),
- « peau » : parallèles à la fibre moyenne de la poutre et de section 1 cm² par mètre de paroi (compté perpendiculairement à la fibre moyenne) en fissuration préjudiciable (FP) et 5 cm²/m en fissuration très préjudiciable (FTP).

Pour les poutres de grande hauteur, la section des armatures de peau est de 3 cm² par mètre de paroi.
Le diamètre des armatures les plus proches de la paroi est tel que : Ø ⩾ 6 mm (en FP) et 8 mm (en FTP).

### 5.2.2. Choix et répartition des armatures transversales

Le choix dépend principalement du nombre et de la position des barres longitudinales du premier lit. Les conditions réglementaires énoncées p. 120 permettent alors de déterminer l'espacement maximal des cours le long de la poutre :

$$s_t \leqslant \min\,[s_{t1}\,;\, s_{t2}\,;\, s_{t3}] \text{ avec}$$

$$s_{t1} \leqslant \frac{0{,}783\, A_t f_{et}}{b_0 \cdot (\tau_u - 0{,}3\, f_{tj}\, k)}\ ;\ s_{t2} \leqslant \frac{A_t f_{et}}{0{,}4\ b_0}$$

$$\left(\text{BHP} : s_{t1} \leqslant \frac{0{,}783\, A_t f_{et}}{b_0\,(\tau_u - 0{,}14 k\, f_{cj}^{1/2})}\ ;\ s_{t2} \leqslant \frac{A_t f_{et}}{b_0\, 0{,}13\, f_{tj}}\right)$$

$$s_{t3} \leqslant \min\,[0{,}9\, d\,;\, 40 \text{ cm}].$$

Si $k = 0$ et $\tau_u = V_u/b_0\, d$, $s_{t1}(x) \leqslant (0{,}783\, A_t f_{et}\, d)/V_u(x)$ et l'épure donne la suite des espacements : fig. 30.

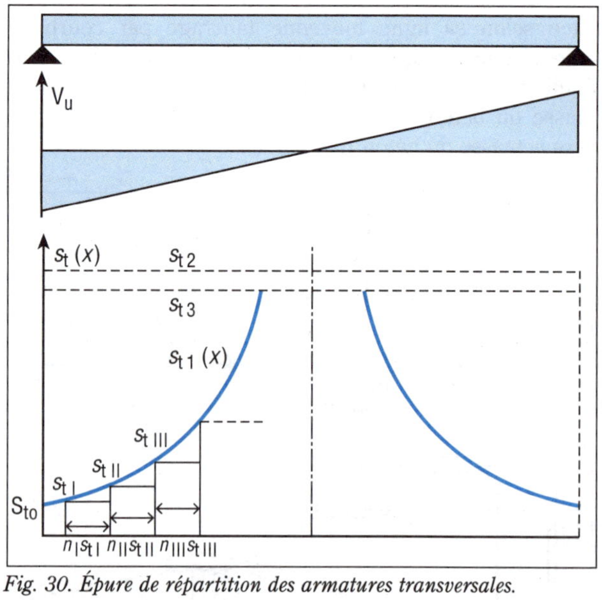


*Fig. 30. Épure de répartition des armatures transversales.*

- Pour des poutres de section constante, soumises à des charges uniformément réparties, on peut utiliser la méthode forfaitaire de répartition des espacements $s_{t1}$ de Caquot : on calcule l'espacement à l'appui $s_{t1}$ (0). Le premier cours est placé à $s_{t1}$ (0)/2 du nu de l'appui.

L'espacement des cours suivants est la première valeur inférieure à $s_{t1}$ (0) choisie dans la suite des nombres (en cm)

7 8 9 10 11 13 16 20 25 35

en répétant la valeur adoptée autant de fois qu'il y a de mètres dans la demi-portée.

- On peut ne pas prévoir d'armatures d'âme dans les poutres secondaires, de portée $\ell$, sur une zone centrale de longueur égale à max $[\ell/2 ; \ell - 4\text{ h}]$ si dans cette zone, $\tau_u < 0{,}03 f_{c28}$.

### 5.2.3. Zones d'application des efforts

**• Appui simple d'about d'une poutre**

On admet que les charges sont transmises par l'intermédiaire d'une bielle (d'about) inclinée à 45° sur l'axe de la poutre (fig. 31). On doit avoir :

– $A_{1i} \geqslant A_s = V_{ua}/f_{su}$, (équilibre de la bielle) avec :

$A_{1i}$ : section du premier lit inférieur des armatures longitudinales,

$V_{ua}$ : effort tranchant au nu de l'appui.

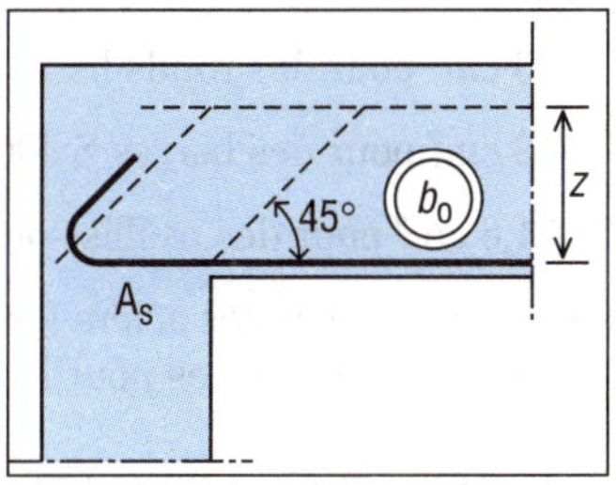


*Fig. 31. Appui simple d'about.*

– $a \geqslant 3{,}75\ V_{ua}/b_0 f_{ci}$ (longueur d'appui de la bielle).

Pour les BHP : $a \geqslant 1{,}1\ V_{ua}/b_0 f_{cj}^{2/3}$.

Les valeurs de $a$ à utiliser dans les cas courants sont données fig. 32.

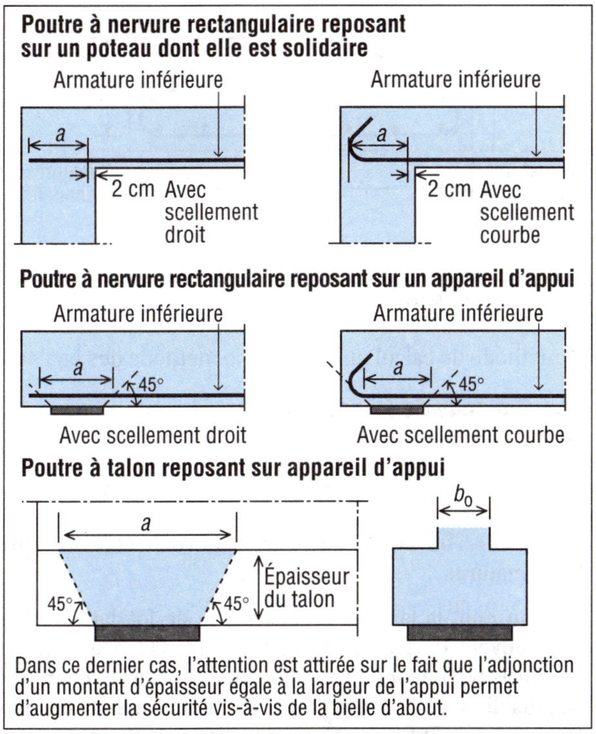


*Fig. 32. Valeurs de la longueur d'appui a à utiliser dans les cas les plus courants.*

**• Appui intermédiaire (ou appui d'about encastré)**

– Si $|M_u| \leqslant 0{,}9\ V_{ua}\ d$, on doit avoir (fig. 33) :

$A_{1i} \geqslant A_s = (V_{ua} + M_u/0{,}9 \cdot d)/f_{su}$, (généralement, $V_{ua} > 0$ et $M_u < 0$).

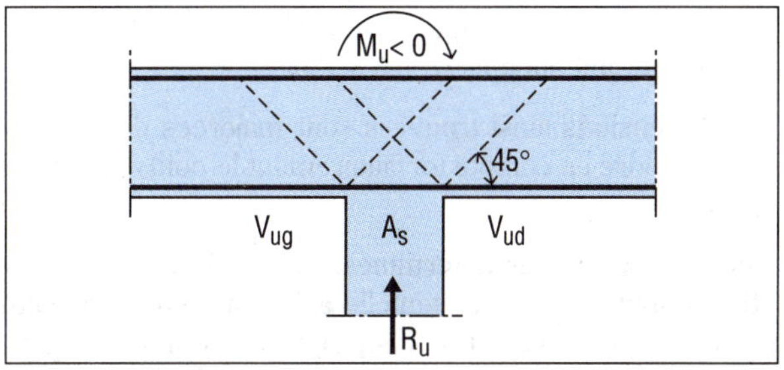


*Fig. 33. Appui intermédiaire.*

– $a$ doit être vérifiée pour chacune des travées adjacentes.

– Vérification de la contrainte moyenne de compression de l'aire d'appui : on doit avoir : $\sigma_{cm} = R_u/a\ b_0 \leqslant 0{,}867 f_{cj}$, avec $R_u$ valeur de calcul ultime de la réaction d'appui.

## 5.3. Dalles (voir p. 195)

## 5.4. Poteaux

- La distribution des armatures doit être telle que :

$$d_1 \leqslant \min\ [a + 10\text{ cm} ; 40\text{ cm}]$$

- Il faut prévoir au moins trois cours d'armatures transversales dans les zones de recouvrement ($l'_r$).
- Les principales dispositions constructives sont données fig. 34.

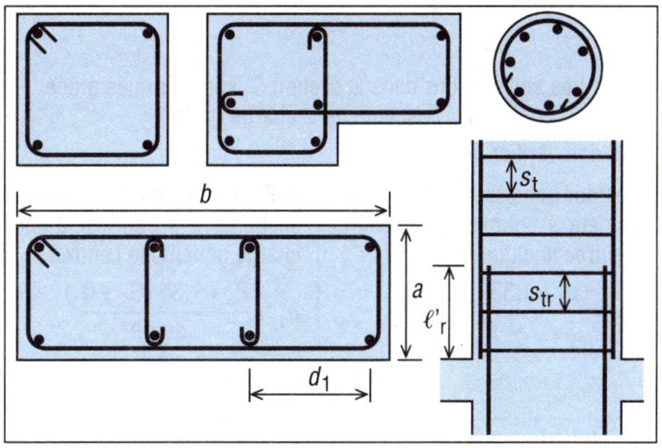


*Fig. 34. Poteau : principales dispositions constructives.*

# 6. DÉFORMATIONS

L'étude des déformations est abordée dans les articles [A.4.6. ; B.6.5.] du BAEL 99.

Aucune justification n'est à fournir si $h/l \geqslant \max\ [1/16 ; M_t/10\,M_0]$ avec $h$, hauteur de la section, $l$, portée libre, $M_0$, moment maximal de la travée isostatique de comparaison (fig. 6, p. 108), $M_t$ moment de flexion maximal en travée et sous réserve que :

$$A/b_0\ d \leqslant 4{,}2/f_e$$

Dans le cas contraire, on se reportera à l'article B.6.5.2. du BAEL 99.

# FONDATIONS SUPERFICIELLES

Règles BAEL 99 (A.8, B.9, A.5.2) AFNOR NF P 11-211 et 711 (DTU N° 13-11 et 13-12)

## 1. INTRODUCTION

Après avoir déterminé la contrainte de calcul du sol $q_c$ (p. 63) et en supposant une répartition uniforme de l'action sol-semelle, la surface d'appui de la semelle est dimensionnée dans le cas classique d'une charge centrée sur la semelle comme indiqué p. 128 à 129.

Les dimensions ainsi trouvées sont majorées de 5 à 10% pour prendre en compte forfaitairement le poids propre de la semelle.

Une fois la hauteur déterminée, on vérifie alors que les efforts appliqués sur la semelle augmentés de son poids propre $g_0$ (ou $G_0$) et du poids propre du remblai surmontant la semelle, $g_1$ (ou $G_1$), n'entraînent pas de dépassement de la contrainte $q_c$ du sol. Les vérifications sont exposées fig. 1.

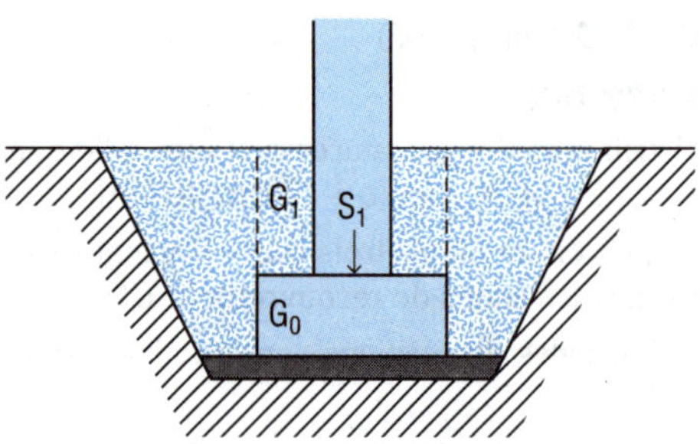


Les sollicitations dans la section $S_1$ sont connues grâce à la descente de la charge (p. 23).

On doit vérifier que :

| ⓐ Pour une semelle filante de largeur $a'$ soumise à une charge centrée linéique $p_u$ | ⓑ Pour une semelle isolée de section $a' \times b'$ soumise à une charge ponctuelle centrée $P_u$ |
|---|---|
| $q_c \geqslant \dfrac{p_u + 1{,}35\,(g_0 + g_1)}{a'}$ | $q_c \geqslant \dfrac{P_u + 1{,}35\,(G_0 + G_1)}{a' \times b'}$ |

*Fig. 1. Vérification de la contrainte exercée sur le sol par une semelle.*

*Nota :* l'étude des fondations profondes est traitée dans le *Précis de structures de génie civil*, AFNOR-Nathan.

## 2. SEMELLE CONTINUE SOUS MUR SOUMISE À UNE CHARGE UNIFORME ET CENTRÉE

### 2.1. Semelle sans armature transversale

Ces semelles « non armées » se rencontrent quand la hauteur $h$ est supérieure à 2 $d_0$ : figure 2.

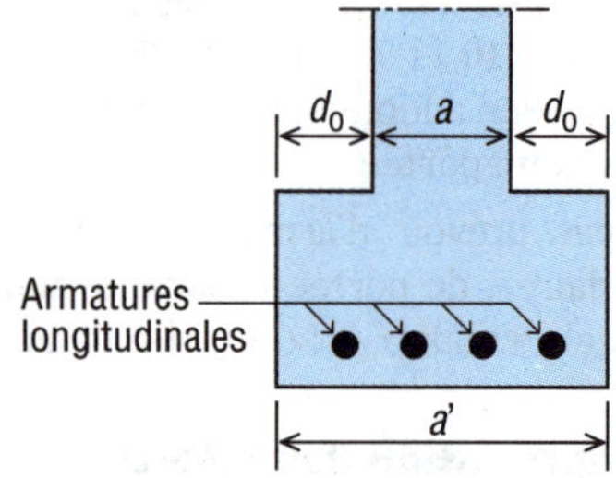


*Fig. 2. Semelle non armée.*

La section minimale des armatures longitudinales de chaînage est de :

- 3 cm² pour des ronds lisses S 215, (4 Ø 10 ou 3 Ø 12),
- 2 cm² pour des barres S 400, (4 HA 8 ou 3 HA 10),
- 1,6 cm² pour des treillis soudés (TS) ou barres S 500.

Le recouvrement des aciers longitudinaux est au moins de 35 Ø ou trois soudures pour les treillis (p. 41).

### 2.2. Semelle armée (fig. 3)

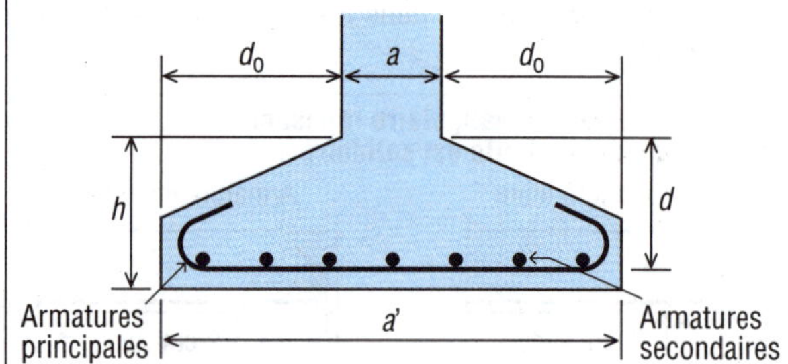


*Fig. 3. Semelle armée.*

La méthode de calcul utilisée est « la méthode des bielles ».

#### 2.2.1. Hauteur de la semelle : *h*

Cette méthode implique la condition suivante :

$$\frac{d_0}{2} < d < 2\,d_0 \quad \text{ou} \quad \frac{a' - a}{4} < d < a' - a$$

avec $h = d + 5$ ou 6 cm selon l'enrobage voulu et le diamètre des armatures.

Sous un mur, la largeur de la semelle de fondation est le plus souvent de l'ordre de 1,50 à 2 m. On peut réaliser des glacis pour économiser le béton mais la mise en œuvre est plus difficile. Dans ce cas, la hauteur minimale des piédroits est de 6 Ø + 6 cm, Ø étant le diamètre des armatures en cm.

#### 2.2.2. Armatures

Les armatures principales sont transversales, les armatures secondaires (longitudinales) servent de chaînage et d'armatures de répartition. La descente de charge, conduite à l'ELU sur une longueur de 1 m, donne la charge linéique $p_u$ (en kN/m) sur la semelle. La section des armatures principales A, pour un mètre, vaut :

$$A = p_u \frac{a' - a}{8d} \frac{\gamma_s}{f_e} \text{ ou } A = p_u \frac{d_0}{4d} \frac{\gamma_s}{f_e}$$

En cas de fissuration préjudiciable (FP) ou très préjudiciable (FTP), on adopte les sections suivantes :

$$A_{FP} = 1{,}1\ A \text{ et } A_{FTP} = 1{,}5\ A$$

On prend pour les armatures de répartition :

$A_r$ = max (A/4, section minimale pour chaînage).

L'espacement maximal entre deux armatures (A ou $A_r$) est de l'ordre de 30 cm (ou 3 barres par mètre).

#### 2.2.3. Condition de non-poinçonnement

Quand la contrainte de calcul du sol est élevée ($q > 0{,}6$ MPa) et que la hauteur $h$ est inférieure au débord $d_0$, la condition de non-poinçonnement est vérifiée si :

$$p_u - \frac{(p_u + 1{,}35\ g_0)\ (a + 2h)}{a'} < \frac{0{,}13}{\gamma_b}\ h\ f_{c28}$$

Dans la majorité des cas, on néglige $g_0$ (fig. 1).

#### 2.2.4. Liaison mur-fondation

On distingue deux cas :

- mur en maçonnerie : il est construit directement sur la semelle et le ferraillage de la fondation se ramène le plus souvent à un chaînage horizontal ;
- mur en béton armé soumis seulement à un effort de compression : on prévoit des armatures droites en attente au niveau de la reprise de bétonnage entre la semelle et le mur. S'il faut aussi reprendre un effort de flexion, les armatures en attente sont recourbées (fig. 4).

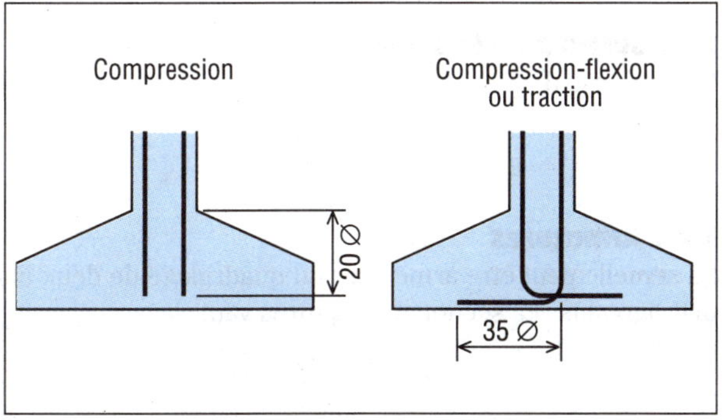


*Fig. 4. Liaison mur-fondation*

#### 2.2.5. Ancrage et arrêt des armatures principales (fig. 5)

L'ancrage des armatures principales dépend de la valeur de la contrainte maximale d'adhérence acier-béton $\tau_s$.

$\tau_s$ est donnée par l'expression :

$$\tau_s = \frac{p_u(a' - a)}{2a'd} \cdot \frac{1}{n\pi Ø_a}$$

où $n$ est le nombre d'armatures principales par mètre et $Ø_a$, le diamètre des armatures principales.

On compare alors $\tau_s$ à sa valeur limite ultime $\tau_{su}$ (p. 123) :

- si $\tau_s > \tau_{su}$ les extrémités des barres doivent être munies d'ancrages normalisés ou équivalents (fig. 5a),
- si $0{,}5\ \tau_{su} < \tau_s \leqslant \tau_{su}$, l'ancrage par courbure n'est pas nécessaire (fig. 5b),
- si $\tau_s \leqslant 0{,}5\ \tau_{su}$, il est possible d'arrêter les barres comme indiqué fig. 5c, la longueur minimale des armatures restant supérieure à 80 $Ø_a$.

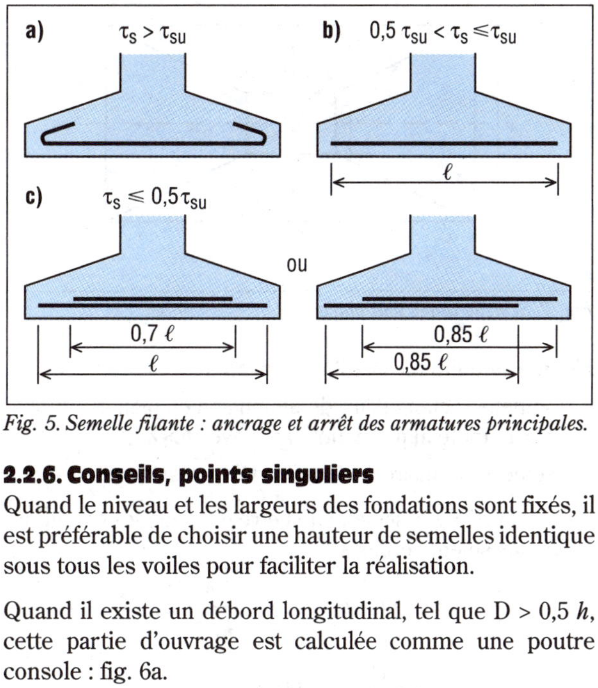


*Fig. 5. Semelle filante : ancrage et arrêt des armatures principales.*

#### 2.2.6. Conseils, points singuliers

Quand le niveau et les largeurs des fondations sont fixés, il est préférable de choisir une hauteur de semelles identique sous tous les voiles pour faciliter la réalisation.

Quand il existe un débord longitudinal, tel que D > 0,5 $h$, cette partie d'ouvrage est calculée comme une poutre console : fig. 6a.

Quand la largeur des ouvertures L est supérieure à $h$, il faut armer la semelle comme une poutre : fig. 6b.

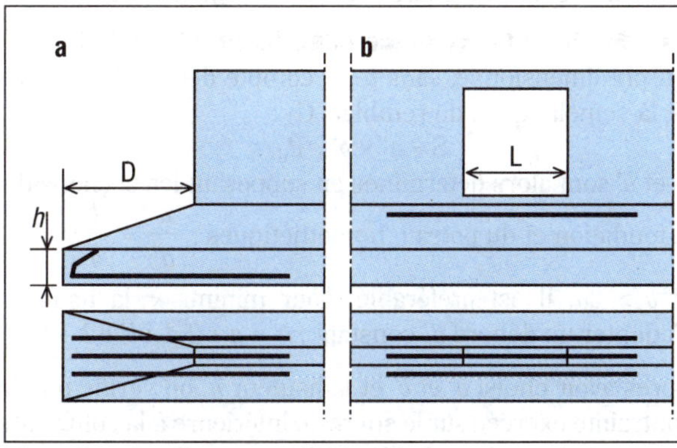


*Fig. 6. Semelles filantes : points singuliers.*

# 3. SEMELLE ISOLÉE SOUS POTEAU SOUMIS À UN EFFORT NORMAL CENTRÉ

La méthode de calcul utilisée est la « méthode des bielles ».

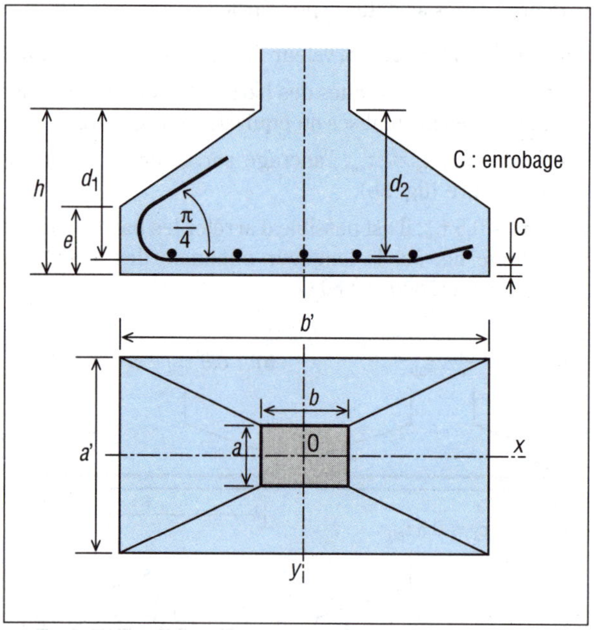


*Fig. 7. Semelle isolée sous poteau.*

L'étude sera limitée aux 2 cas suivants :

– semelle rectangulaire de dimension en plan $a' \times b'$ avec $b' > a'$ (poteau de section $a \times b$ avec $b > a$),

– semelle circulaire de diamètre Ø' (poteau de diamètre Ø)

La hauteur $h$ de la semelle doit être telle que les conditions suivantes soient vérifiées :

$$\frac{a'-a}{4} < d_2 < (a'-a) \quad \text{et} \quad \frac{b'-b}{4} < d_1 < (b'-b)$$

ou

$$\left[\frac{Ø'-Ø}{4} < d_1 \text{ (ou } d_2) < Ø'-Ø\right]$$

## 3.1. Semelle et poteau rectangulaires

### 3.1.1. Surface en contact avec le sol : $S = a' \times b'$

On prédimensionne, sans tenir compte des poids propres de la semelle $G_0$ et du remblais $G_1$ :

$$S = a' \times b' > P_u / q$$

$a'$ et $b'$ sont alors déterminés en supposant les sections de la fondation et du poteau, homothétiques : $\frac{a}{a'} = \frac{b}{b'}$.

Si $b > 3a$, il est préférable, pour minimiser la hauteur, d'adopter un débord $d_0$ constant : $a' = a + 2\,d_0$ ; $b' = b + 2\,d_0$.

Après avoir choisi $a'$ et $b'$ et la hauteur $h$, on vérifie que la contrainte exercée sur le sol reste inférieure à la contrainte de calcul (formule b, fig. 1, p. 126).

### 3.1.2. Armatures

Les armatures sont disposées en deux lits perpendiculaires, définissant les distances $d_1$ et $d_2$ (fig. 7).

– La section des armatures placées parallèlement au grand côté $b'$ à répartir sur la largeur $a'$, est donnée par :

$$A_x = A_b = \frac{P_u\,(b'-b)}{8\,d_1} \cdot \frac{\gamma_s}{f_e}$$

– La section des armatures placées parallèlement au petit côté $a'$ à répartir sur la largeur $b'$, est donnée par :

$$A_y = A_a = \frac{P_u\,(a'-a)}{8\,d_2} \cdot \frac{\gamma_s}{f_e}$$

Les armatures du lit le plus bas sont parallèles au plus grand côté : fig. 7.

Les conditions d'enrobage sont données page 123 ainsi que la hauteur minimale du piédroit si l'on prévoit un glacis.

### 3.1.3. Condition de non-poinçonnement

La condition de non-poinçonnement est vérifiée par :

$$P_u - \frac{(P_u + 1{,}35G_0)\,(a+2h)\,(b+2h)}{a'b'} < \frac{0{,}13h}{\gamma_b}\,(a+b+2h)\,f_{c28}$$

### 3.1.4. Ancrages et arrêts des armatures

Les conditions d'ancrage et d'arrêt des barres sont identiques à celles de la page 127.

$\tau_s$ vaut ici :

$$\tau_{sa} = \frac{P_u\,(a'-a)}{2a'd_2} \cdot \frac{1}{n\pi Ø_a}$$

$$\text{et } \tau_{sb} = \frac{P_u\,(b'-b)}{2b'd_1} \cdot \frac{1}{n\pi Ø_b}$$

## 3.2. Semelle et poteau circulaires

### 3.2.1. Surface de la semelle

Le diamètre de la semelle est tel que :

$$q > \frac{P_u + 1{,}35\,(G_0 + G_1)}{\pi Ø'^2} \cdot 4$$

### 3.2.2. Armatures

La semelle peut être armée par un quadrillage de deux lits orthogonaux. La section d'armatures vaut :

$$A = P_u \times \frac{Ø'-Ø}{3\pi d} \cdot \frac{\gamma_s}{f_e}$$

Dans le cas de diamètre inférieur à 1 m, les armatures sont uniformément réparties.

Dans le cas de diamètres compris entre 1 et 3 m, les armatures sont réparties en deux lits perpendiculaires identiques selon les indications de la figure 8.

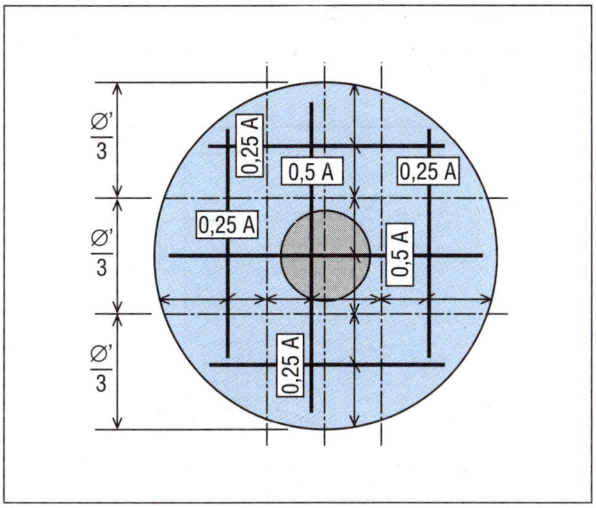


*Fig. 8. Semelle circulaire : ferraillage type pour 1 < Ø' ⩽ 3 m.*

#### 3.2.3. Condition de non-poinçonnement

La condition de non-poinçonnement est vérifiée si :

$$P_u - \frac{(P_u + 1{,}35\,G_0)\,(2h + Ø)^2}{Ø'^2} < \frac{0{,}065\,h\,\pi}{\gamma_b} \cdot (2h + Ø)\,f_{c28}$$

### 3.3. Liaison semelle-poteau

Les dispositions sont analogues à celles données page 127.

## 4. SEMELLE SOUMISE À UN EFFORT NORMAL $P_u$ ET À UN MOMENT FLÉCHISSANT $M_u$

Le moment fléchissant $M_u$ est équivalent à un effort $P_u$ excentré de $e$ (fig. 9).

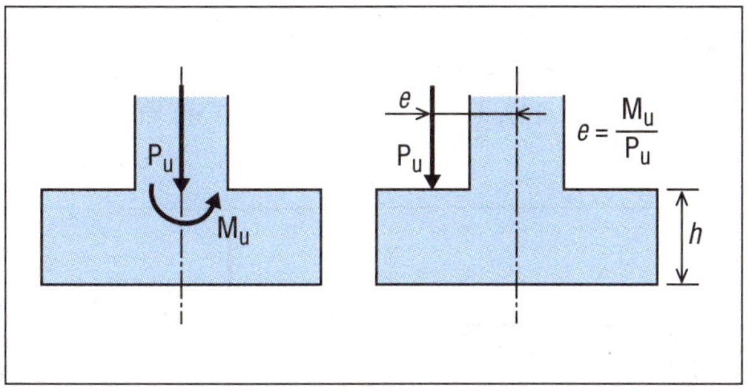


*Fig. 9. Semelles rectangulaires soumises à un système (Mu, Pu).*

En admettant, pour le dimensionnement et la vérification des ouvrages, une répartition uniforme des contraintes sur le sol, on obtient (fig. 10) :

$$\sigma_s = \frac{P_u}{a' - 2e}$$

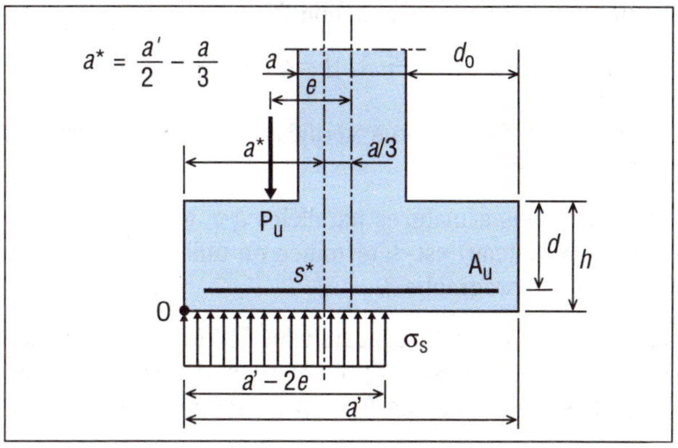


*Fig. 10. Semelle sous voile soumise à un effort $P_u$ excentré de e.*

### 4.1. Semelle sous voile d'épaisseur *a*

Les dimensions en plan et en élévation sont obtenues par les relations suivantes :

$$S' = a' - 2e \geqslant P_u/q \qquad \text{et} \qquad \frac{d_0}{2} \leqslant d \leqslant 2\,d_0$$

$a'$ est fixée après vérification de la contrainte exercée sur le sol en prenant en compte $g_0$ et $g_1$ (formule a, fig. 1, p. 126).

La section des armatures principales $A_u$ est obtenue en appliquant la relation :

$$A_u = \frac{M_u{}^*}{z_u f_{su}}.$$

$z_u$ et $f_{su}$ sont définies p. 115 et 113.

$$M_u{}^* = \tau_s\,\frac{a^{*2}}{2} \quad \text{si } e < \frac{1}{2}\,(a' - a^*),$$

$$M_u{}^* = P_u\,(e - \frac{a}{3}) \quad \text{si } e \geqslant \frac{1}{2}\,(a' - a^*),$$

*Rappel :* $A_{FP} = 1{,}1 \cdot A_u$ et $A_{FTP} = 1{,}5 \cdot A_u$

### 4.2. Semelle sous poteau de section *a* × *b* (*a* ⩽ *b*) (le plan de flexion est le plan moyen vertical parallèle à *b*)

Les dimensions en plan sont obtenues par les relations suivantes :

$$S' = a'\,(b' - 2e) \geqslant \frac{P_u}{q} \qquad \text{et} \qquad \frac{a}{a'} = \frac{b}{b'} \text{ (fig. 11).}$$

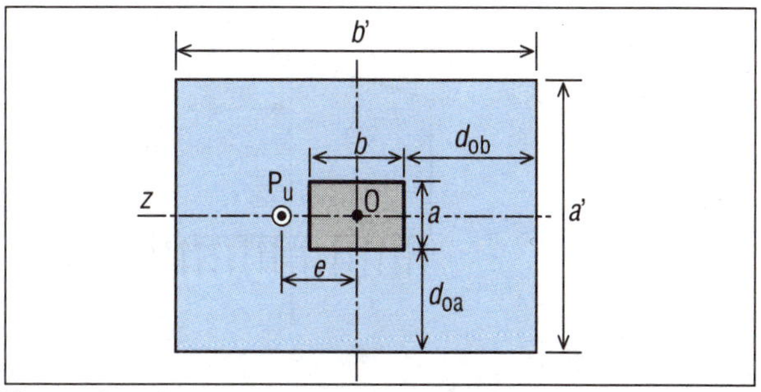


*Fig. 11. Semelle sous poteau soumise à un effort $P_u$ excentré de e suivant $O_z$.*

La hauteur est déduite de la condition :

$$\frac{\max(d_{0a}\,;d_{0b})}{2} \leqslant d \leqslant 2\min(d_{0a}\,;d_{0b})$$

$a'$ et $b'$ sont fixées après vérification donnée formule b, fig. 1, (p. 126).

La section des armatures parallèles à $b'$ (donc au plan de flexion du poteau) est déterminée en utilisant la méthode exposée au paragraphe 3.

La section des armatures, parallèles à $a'$ (donc perpendiculaires au plan de flexion du poteau) est déterminée en utilisant la relation donnant $A_a$ au paragraphe 3.1.2.

*Nota :*

– à titre de simplification, si $e$ est inférieure à $b'/6$, on calcule les sections d'armatures, dans les deux directions, par la méthode des bielles, en remplaçant $P_u$ par une charge fictive $P'_u$ :

$$P'_u = p\,(a' \times b') \text{ avec } p = \frac{P_u + 1{,}35\,(G_0 + G_1)}{a'\,(b' - 2e)}$$

– des armatures d'effort tranchant ne sont pas nécessaires tant que :

$$\tau_{sv} = \frac{V_u\,(a_v)}{a'd} \leqslant \frac{f_{cj}}{20}$$

$V_u\,(a_v)$ est l'effort tranchant calculé en $a_v = \frac{1}{2}\,(a' - a - d)$, compté à partir de 0 (fig. 10).

## 5. SEMELLE EXCENTRÉE (Fig. 12)

C'est le cas courant de semelles sous poteau ou sous voile, situées en limite de propriété quand la fondation, sous l'effet des seuls efforts verticaux, ne peut être en équilibre ; il faut alors mobiliser des efforts complémentaires horizontaux. Deux familles de solutions existent.

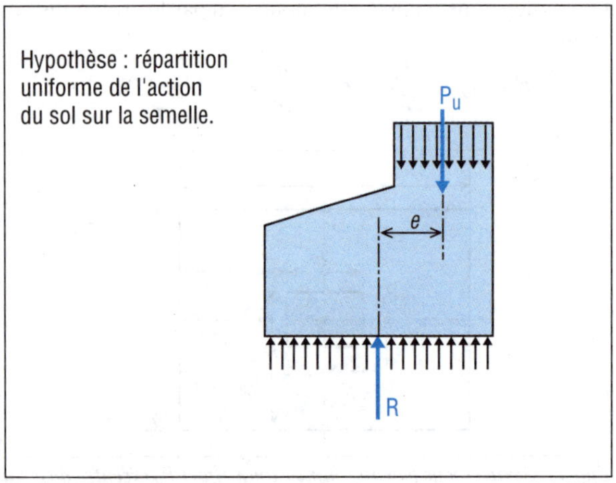


*Fig. 12. Efforts s'exerçant sur une semelle excentrée, non en équilibre.*

### 5.1. Méthode de la butée

L'équilibre peut être obtenu en mobilisant un effort de butée $H_u$ selon le schéma mécanique défini fig. 13.

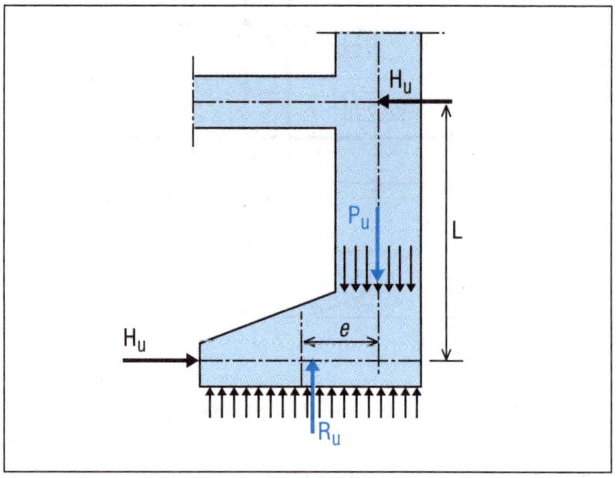


*Fig. 13. Semelle excentrée : méthode de la butée.*

#### 5.1.1. Surface en contact avec le sol : $a' \times b'$

En admettant une répartition des contraintes sous la semelle constante, la surface en contact avec le sol doit vérifier :

$$\frac{P_u + 1{,}35\,(G_0 + G_1)}{a'b'} < q$$

On utilise alors la méthode des bielles pour déterminer la hauteur $h$ et les sections d'armatures.

#### 5.1.2. Dimensionnement du buton

L'étude de l'équilibre de la structure permet de déterminer l'effort de butée :

$$H_u = P_u \times e/L$$

Si cet effort est faible, le frottement sol-fondation peut suffire pour l'équilibrer à condition que :

$$P_u \times \tan\delta > H_u \text{ avec } \tan\delta = 0{,}5 \text{ (ou } 2/3 \tan\Phi)$$

Dans le cas contraire, on réalise un buton qui prend appui sur une fondation voisine. L'ensemble travaillant comme un cadre (fig. 14), le buton est sollicité en compression simple.

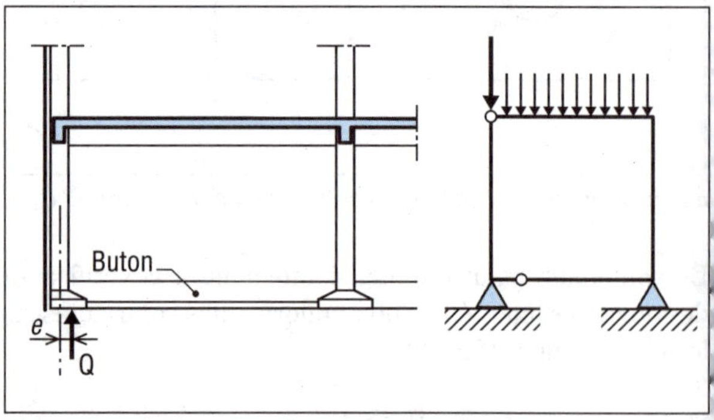


*Fig. 14. Reprise des efforts horizontaux par buton.*

### 5.1.3. Poteau de rive

Il ne travaille plus en compression simple, mais en flexion composée, avec un effort normal ($P_u$) et un moment constant sur toute sa hauteur ($M_u = P_u e$). L'étude de ce type de structure déborde du cadre de cet ouvrage.
On pourra alors se reporter au *Précis de structures de génie civil*, AFNOR-Nathan.

## 5.2. Méthode des longrines de redressement

Une longrine est une poutre reposant sur des fondations et permettant la transmission des efforts de la structure aux semelles.

### 5.2.1. Étude de la solution 1

La longrine est en appui sur la semelle $S_2$ comme indiqué fig. 15.

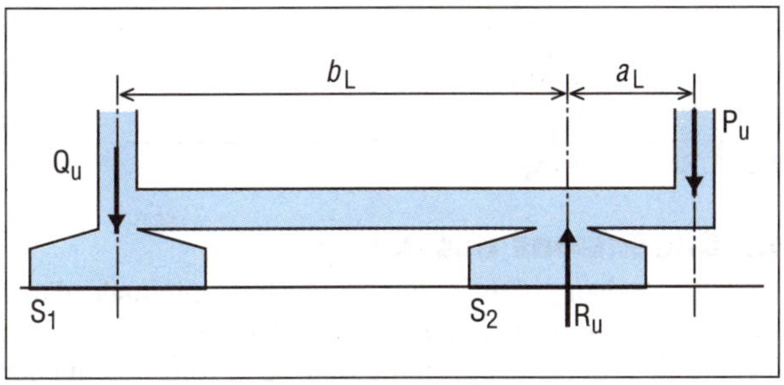


*Fig. 15. Longrine de redressement. Solution 1.*

L'effort exercé sur la fondation $S_2$ est :

$$R_u = P_u\left(1 + \frac{a_L}{b_L}\right)$$

Le calcul de cette semelle est classique. L'effort de compression du poteau « associé » doit être supérieur à $Q_{u1} = P_u \times a_L / b_L$, sinon il y a risque de soulèvement de la semelle.

On se reportera p. 115, pour le dimensionnement de la section des armatures de la longrine.

### 5.2.2. Étude de la solution 2

La longrine est encastrée dans la semelle $S_2$ comme indiqué fig. 16.

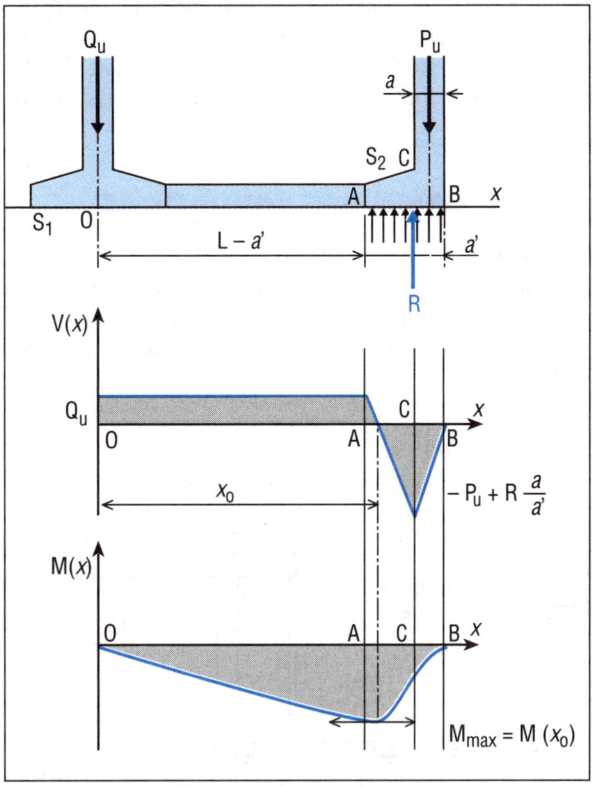


*Fig. 16. Longrine de redressement. Solution 2.*

Les efforts exercés sur les fondations $S_1$ et $S_2$ sont respectivement :

$$Q_u = P_u \frac{a' - a}{2L - a'} \quad \text{et} \quad R = P_u \frac{2L - a}{2L - a'}$$

L'effort de compression du poteau « associé » est diminué de $Q_u$.

La répartition des sollicitations le long de la longrine est donnée fig. 16. Pour le calcul des armatures, on se reportera p. 115 à 119.

### 5.2.3. Poteau

Il travaille en compression simple. La démarche du calcul est exposée p. 121.

# FONDATIONS SUPERFICIELLES : RECOMMANDATIONS DIVERSES

En plus des dispositions particulières liées à la configuration du site et de son environnement (p. 66), les fondations superficielles, tant au stade de la conception que de la réalisation, font l'objet de dispositions constructives spécifiques.

## 1. CONCEPTION DES FONDATIONS

### 1.1. Joints

Les joints de rupture (fig. 1) sont à prévoir entre deux ouvrages voisins quand il existe des risques de tassement différents, par exemple, quand il y a des différences importantes :

- de charge,
- de nature du sol,
- de type de fondation (superficielle, profonde).

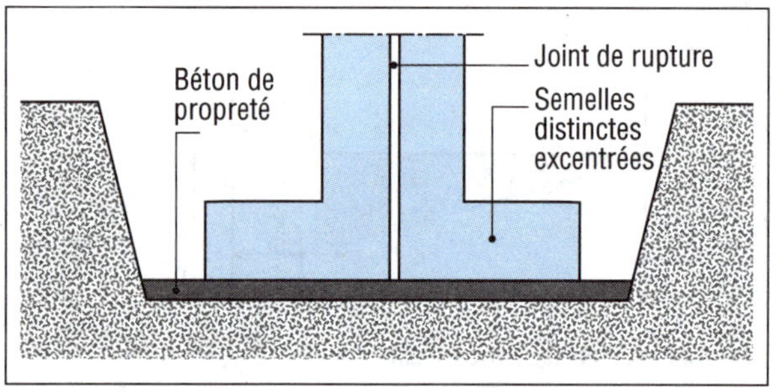


*Fig. 1. Joint de rupture.*

Les joints de dilatation (fig. 2) sont à prévoir pour les bâtiments de grande longueur. Ils sont espacés d'environ 30 m en régions tempérées. Quand le chargement et le sol sont semblables de part et d'autre de ce joint, il n'est pas utile de couper la fondation. Les porteurs de part et d'autre du joint sont alors fondés sur une même semelle.

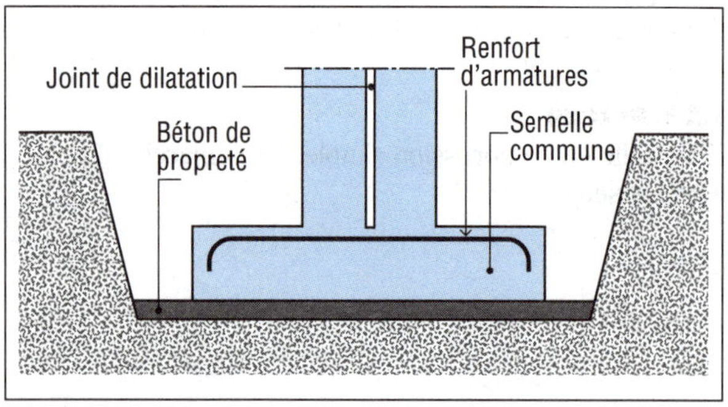


*Fig. 2. Joint de dilatation (espacements donnés p. 103).*

### 1.2. Redans (fig. 3)

Ils sont exécutés en gros béton (dosage en ciment de l'ordre de 250 kg/m$^3$) et sont de largeur identique à celle des semelles quand les fondations situées à des niveaux différents ne satisfont pas la condition de pente inférieure à 2/3 (p. 66).

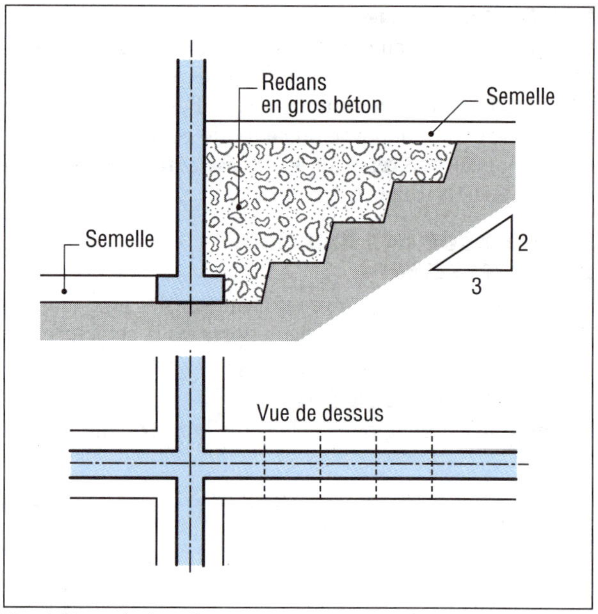


*Fig. 3. Exemple de redans.*

### 1.3. Dimensions des semelles

Pour des raisons d'exécution, la section minimale d'une semelle en béton est de 20 × 40 cm. Dans les autres cas, la largeur de la semelle est un multiple de 5, voire 10 cm pour les grandes fondations.

## 2. RÉALISATION DES FONDATIONS

### 2.1. Béton de propreté

C'est un béton maigre (dosage en ciment minimal de 150 kg/m$^3$), placé en fond de fouille pour éviter la pollution du béton de la fondation par le sol et obtenir une surface plane. Si sa largeur est supérieure à celle de la semelle, on peut l'utiliser pour implanter la fondation. Son épaisseur minimale est de 4 cm. Dans certains cas, on peut le remplacer par un film plastique étanche en fond de fouille.

### 2.2. Béton utilisé

Pour des semelles uniquement armées d'un chaînage, le dosage minimal de ciment est de 300 à 350 kg/m$^3$. Dans les autres cas, on prévoira 350 kg/m$^3$.

On emploie généralement, par précaution contre le risque d'eaux agressives, un ciment du type CEM IV, CEM V ou encore CEM III (p. 37).

### 2.3. Réalisation de la semelle

Elle peut être coffrée latéralement ou directement coulée dans la fouille, selon ses dimensions et la tenue des terres. L'enrobage des armatures ne doit jamais être inférieur à 3 cm (5 cm dans le cas de terrain agressif). Le bétonnage de la semelle se fait en une seule fois sans reprise de bétonnage.

## 1. INTRODUCTION

L'étude de la stabilité externe du mur que l'on doit vérifier en priorité est traitée p. 70 et suivantes. Cette étude préliminaire ayant permis de déterminer l'ensemble des actions mécaniques s'exerçant sur le mur (fig. 1), on se limite ici à l'étude de la stabilité interne qui conduit à la détermination des armatures du mur de soutènement.

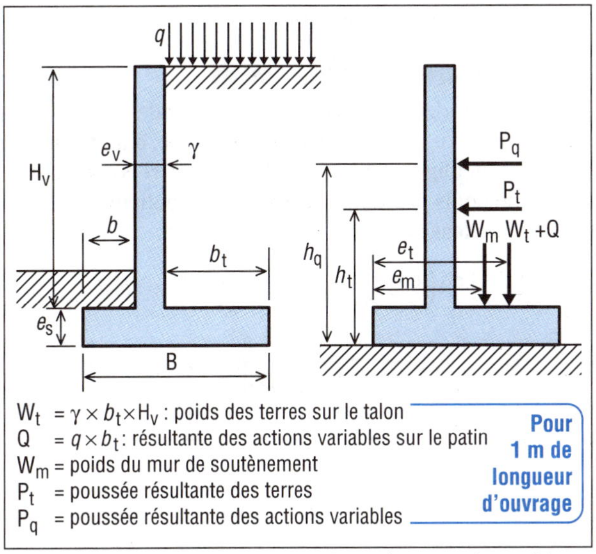


*Fig. 1. Efforts s'exerçant sur un mur de soutènement (exemple).*

Le dimensionnement des armatures du mur est effectué aux ELU si la fissuration est peu préjudiciable, aux ELS si la fissuration est préjudiciable ou très préjudiciable.

Aux ELU, les sollicitations extrêmales sont obtenues à partir des combinaisons d'actions où les actions permanentes sont pondérées par 1,35 pour les actions défavorables et par 1,35 ou 1 pour les favorables. Les actions variables, ou leurs effets sur le mur, sont majorées par le coefficient 1,5.

Exemple (fig. 1) :

- le poids propre du mur et le poids des terres retenues ($W_m$ + $W_t$) sont pondérés par 1,35 ou 1, tandis que la poussée des terres $P_t$ est multipliée par 1,35 ;
- la poussée $P_q$ est majorée par 1,5.

## 2. ARMATURES DU VOILE

Le voile vertical, retenant les terres, est armé sur les deux faces :

- côté terre (fig. 3) : les armatures principales sont placées verticalement dans la zone tendue pour permettre au mur en béton armé de résister aux efforts de poussée. Les armatures de répartition sont horizontales ;
- sur la face avant (face vue) : on place des armatures de peau (ferraillage forfaitaire) pour limiter la fissuration due à différents phénomènes : le soleil qui crée sur l'ouvrage un gradient thermique dans l'épaisseur du voile, les inégalités de la poussée des terres, les tassements différentiels possibles…

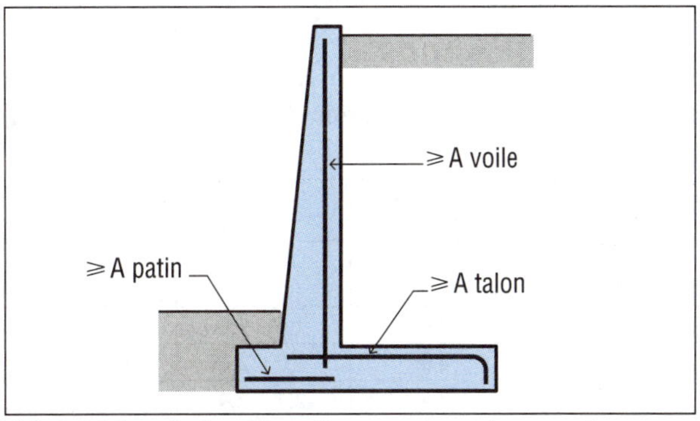


*Fig. 2. Schéma de ferraillage d'un mur de soutènement (armatures principales).*

### 2.1. Armatures principales

La butée et le poids propre du mur étant négligés dans une première approche, le voile est soumis à une sollicitation mécanique de flexion simple.

À partir du schéma mécanique de principe (fig. 1), à la différence de l'étude de la stabilité externe, on considère que les poussées s'exercent directement de manière répartie sur le voile et non plus sur un écran vertical fictif, situé à l'arrière du talon.

Pour les voiles de hauteur inférieure à 2 ou 3 m, on se limite au calcul des sections d'armatures à l'encastrement voile/semelle (section $S_1$) indiqué figure 3. Pour un dimensionnement plus précis ou pour un mur de plus grande hauteur, on étudie aussi les sections $S_2$ et $S_3$ (fig. 3).

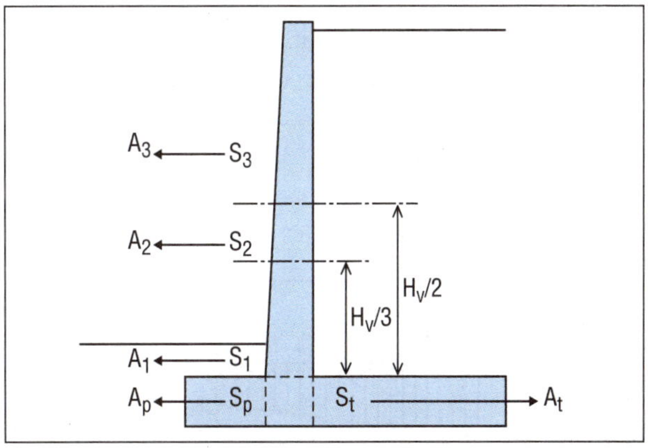


*Fig. 3. Sections de calcul des armatures.*

Par exemple, au niveau de la section 1, on obtient :

$$M_u = 1{,}35\ P_t\,(h_t - e_s) + 1{,}5\ P_q\,(h_q - e_s),$$
$$V_u = 1{,}35\ P_t + 1{,}5\ P_q.$$

Les armatures transversales (cadres et étriers) ne sont pas nécessaires si $V_u < 0{,}07 \cdot d \cdot f_{c28}/\gamma_b$.

### 2.2. Armatures complémentaires (tableau 1)

Sur la face avant, *e* étant l'épaisseur du voile en cm, on dispose des armatures horizontales de section $A_h$ et des armatures verticales de section $A_v$ telles que :

$$A_h > 0{,}08\,e \quad \text{et} \quad A_v > 0{,}08\,e \text{ (en cm}^2\text{/m)}.$$

Sur la face arrière (côté terre), on dispose des armatures de répartition horizontalement. La section $A_h$ (cm²/m) sera supérieure à 0,08 *e*.

| Épaisseur de la base du voile (cm) | Armature côté terre | Armature face avant | |
|---|---|---|---|
| | $A_h$ (cm²/m) | $A_h \times A_v$ (cm²/m) | Choix T · S(1) |
| 20 | 1,6 | 1,6 × 1,6 | ST 25C |
| 25 | 2,0 | 2,0 × 2,0 | ST 25C |
| 30 | 2,4 | 2,4 × 2,4 | ST 25C |
| 35 | 2,8 | 2,8 × 2,8 | ST 40C |
| 40 | 3,2 | 3,2 × 3,2 | ST 40C |

(1) Treillis soudés standard sur stock.
$A_h$ = section armatures horizontales. $A_v$ = section armatures verticales

*Tableau 1. Section des armatures complémentaires.*

Un chaînage de section minimale 4 cm² doit être disposé en tête de mur (fig. 7a). On peut utiliser :

- une bande (80 cm développée) de treillis soudé type ST 50 repliée en forme de U,
- des barres maintenues par des armatures transversales (fig. 7b) : 2 HA 16, 4 HA 12 ou encore 6 HA 10.

## 3. ARMATURES DE LA SEMELLE

Aux ELU, au centre de gravité G de la base de la semelle (fig. 4), la résultante des actions mécaniques verticales $N_u$ et le moment résultant $M_u$ sont donnés par les relations suivantes :

$$N_u = 1{,}35\,(W_m + W_t) + 1{,}5\,Q \text{ (fig. 1 p. 133)}$$

$$M_u = 1{,}35\,(W_m e'_m + W_t e'_t + P_t h_t) + 1{,}5\,(Q e'_t + P_q h_q)$$

$$e'_m = e_m - B/2 \quad \text{et} \quad e'_t = e_t - B/2.$$

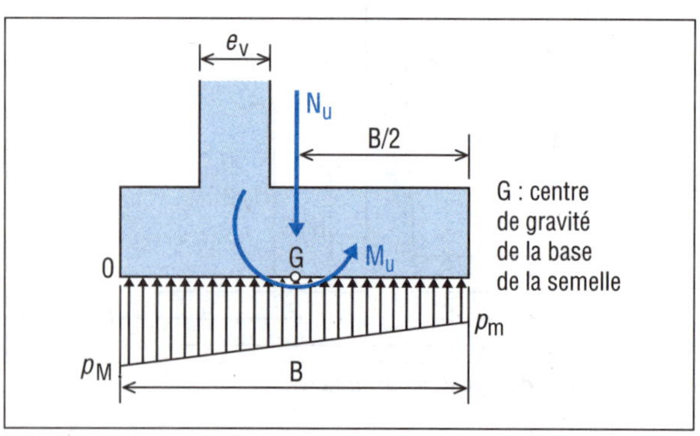


*Fig. 4. Actions sous la base de la semelle.*

On en déduit, en retenant la combinaison d'actions la plus défavorable, les contraintes exercées sur le sol par l'ouvrage et les diagrammes à partir desquels on calcule les sollicitations.

La contrainte maximale vaut : $p_M = N_u/B + 6\,M_u/B^2$.

La contrainte minimale vaut : $p_m = N_u/B - 6\,M_u/B^2$.

*Nota :* on vérifie que la pression $p_{3/4} = (3\,p_M + p_m)/4$ reste inférieure à $q_c$, la contrainte de calcul du sol. Le calcul est mené en tenant compte de l'inclinaison des actions mécaniques engendrées par la poussée comme indiqué p. 67.

Aux ELS, $N_{ser}$ et $M_{ser}$, puis $p_M$ et $p_m$ sont obtenus en remplaçant par 1 les coefficients 1,35 et 1,5.

### 3.1. Armatures dans le patin

La semelle horizontale encastrée sur le voile est généralement composée d'un patin à l'avant du voile, d'un talon côté terre. En négligeant le poids des terres reposant sur le patin et le poids propre de la semelle, on obtient le schéma mécanique dessiné figure 5. On en déduit :

$$M_{up} = \left[p_M\left(1 - \frac{b}{B}\right) + p_m\frac{b}{B}\right]\frac{b^2}{2} + (p_M - p_m)\,\frac{b^3}{3B}$$

$$V_{up} = \left[p_M\left(1 - \frac{b}{B}\right) + p_m\frac{b}{B}\right]b + (p_M - p_m)\,\frac{b^2}{2B}$$

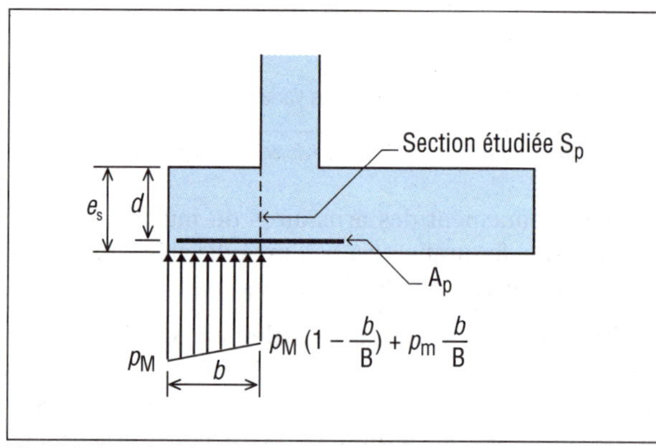


*Fig. 5. Détermination des armatures $A_p$ dans le patin.*

On calcule à partir de $M_{up}$ la section des armatures principales $A_p$ (partie basse du patin) et on en déduit les armatures de répartition.

Pour le calcul des sections d'armatures, on prendra pour *d*, le minimum de $e_s$ – 5 cm et de 0,9 $e_s$.

### 3.2. Armatures dans le talon

On néglige toujours le poids propre de la semelle. On obtient à partir du schéma mécanique dessiné fig. 6 :

$$M_{ut} = (1{,}35\,W_t + 1{,}5\,Q)\,\frac{b_t}{2} - p_m\,\frac{b_t^2}{2} - (p_M - p_m)\,\frac{b_t^3}{6B}$$

$$V_{ut} = 1{,}35\,W_t + 1{,}5\,Q - p_m\,b_t - (p_M - p_m)\,\frac{b_t^2}{2B}$$

où $W_t$ et Q sont les résultantes des efforts verticaux $w_t$ et $q$ sur le talon.

À partir de $M_{ut}$, on calcule les sections d'armatures principales $A_t$ du talon. On en déduit les armatures de répartition.

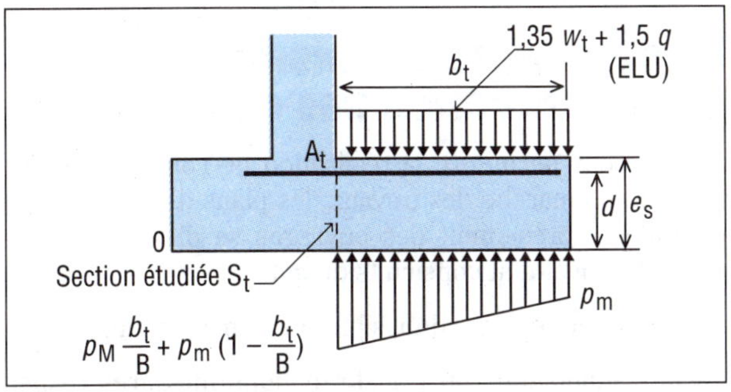


*Fig. 6. Détermination des armatures $A_t$ dans le talon.*

*Nota*

- Les calculs peuvent être notablement simplifiés en remplaçant la répartition trapézoïdale par une répartition uniforme des contraintes sur le sol $\sigma_s$, limitée à (B – 2$e$) à partir de 0 (voir fig. 10, p. 129) où $e = M_u/N_u$ et $\sigma_s = N_u/(B - 2e)$.
- Quand la fissuration est jugée préjudiciable, si la section est calculée aux ELU ($A_u$), elle doit être majorée de 10 %, d'où :

$$A = 1,1\ A_u.$$

Si la fissuration est très préjudiciable, la majoration est de 50 %, d'où :

$$A = 1,5\ A_u.$$

## 4. SOLUTIONS TECHNOLOGIQUES (Fig. 7)

Les armatures déterminées ci-dessus doivent être ancrées à l'encastrement voile/semelle.

Pour laisser la dilatation s'effectuer librement, on prévoit des joints ($e$ = 1 à 2 cm) tous les 20 à 30 m selon la région climatique (p. 103). Ils sont espacés de 8 à 10 m si l'on craint les tassements différentiels.

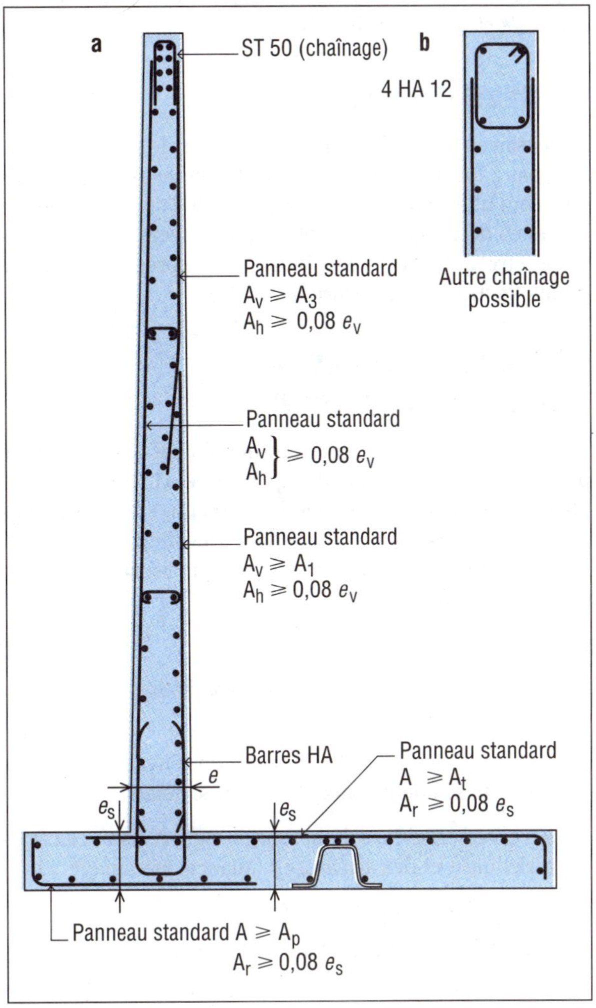


*Fig. 7. Mur de soutènement : plan d'armatures type.*

# Exécution des travaux en béton

NF P 15-301 ; NF-VP ; NF P 18-103 ; NF P 18-301 à -303 ; -331 à -338 ; NF A 35-015 à 022, AFNOR NF 18-201 (DTU N°21)

Ce chapitre rassemble les prescriptions normatives relatives à la préparation et à l'exécution des travaux en béton.

Des informations complémentaires sont fournies dans le *Précis de chantier,* AFNOR-Nathan.

## 1. Notes de calculs

Nécessaires à l'établissement du dossier de plans, elles ne sont pas à fournir en principe. Les hypothèses et méthodes de calcul utilisées pour tout ou partie de l'ouvrage, comme les notes de calcul des éléments particuliers, peuvent toutefois être demandées sur indication expresse des Documents Particuliers du Marché (DPM).

## 2. Plans d'exécution des ouvrages (PEO)

Les ouvrages à construire sont définis par un dossier de plans établis à une échelle appropriée (1/50e) pour les plans de bâtiment en général, 1/10e ou 1/20e pour des détails, fournissant sans redondance les indications nécessaires, compte tenu des usages et connaissances du personnel exécutant les ouvrages.

Ce dossier des PEO précise :

- les hypothèses de charges d'exploitation retenues au projet, la portance du sol…,
- les conditions spéciales de mise en œuvre (préfabrication, phases de travaux, étaiements, délais…),
- les caractéristiques du béton (dosage, résistance caractéristique) et des armatures (nuance, façonnage…),
- les enrobages fondamentaux :
  - pour la stabilité (balcons, poteaux très élancés…),
  - pour la conservation des parements exposés aux intempéries et autres actions agressives,
  - pour la sécurité (sécurité au feu, garde-corps…),
- les noms et signatures de l'exécutant et du vérificateur des plans.

## 3. Matériaux

Les caractéristiques des matériaux mis en œuvre doivent respecter les normes suivantes :

- Ciment : NF P 15-301, NF-VP (p. 37).
- Granulats : NF P 18-301 ou –302.
- Armatures : NF A 35-015 à –022 (p. 41).
- Adjuvants : NF 18-103, -331 à -338, marque NF ou figurant sur les listes de la COPLA (Commission permanente des liants hydrauliques et des adjuvants).
- Eau : NF P 18-303.
- Béton : sa composition dépend des exigences de l'ouvrage (résistance, environnement…), de la mise en œuvre et des conditions climatiques (choix d'un dosage en ciment : p. 37, composition de béton : p. 39).

## 4. Tolérances dimensionnelles de construction des ouvrages

Établis pour permettre la réalisation de l'ouvrage conformément au marché des travaux, les plans d'exécution des ouvrages représentent des ouvrages se différenciant de ceux effectivement construits du fait :

- des divers écarts admissibles de construction,
- des adaptations ou transformations mineures respectant les règles de l'art, qui, conformément aux usages et après consultation, le cas échéant, de l'ingénieur d'études, sont à l'initiative du responsable technique des travaux.

Il n'existe pas d'ouvrages réalisés exactement comme mentionnés sur les plans cotés. Les tolérances (limites acceptables de l'inexactitude : NF P 01-001) sont précisées, pour le gros œuvre, dans les DTU n° 21 et 23-1 (Afnor DTU P 18-201 et -210) et dans un document de l'ITBTP (juin 1977, supplément au n° 351). Elles ne comprennent pas les déformations sous sollicitations agissantes se produisant après la mise en service de l'ouvrage.

### 4.1. Tolérances d'implantation et de dimensions

Pour que les procédures de contrôle dimensionnel des ouvrages finis soient satisfaites, il faut que les tolérances d'implantation et de dimension suivantes soient respectées :

- Écart d'implantation des murs : figure 1.

**Écart d'implantation de deux parois verticales ayant même plan axial :**

- $e_1 \leq \min(b_1, b_2)/15$ ou 3 cm.
- $e_2 \leq 2$ cm.
- Cumul des écarts sur la hauteur totale d'un mur inférieur ou égal 6 cm pour le plan axial.

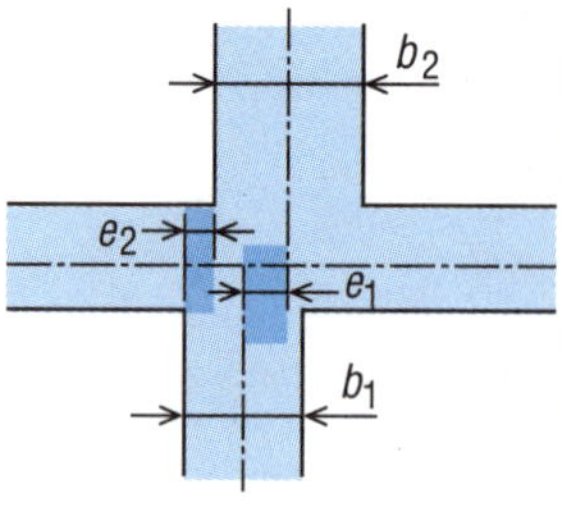


*Fig. 1. Écart d'implantation des murs.*

- Distance entre nus : ± 2 cm.
- Dimension (épaisseur, hauteur, longueur…) : ± 1 cm.
- Verticalité (sur un niveau) ou horizontalité d'un parement (sur une trame) : ± 2 cm.
- Positionnement et dimensions d'une réservation : ± 2 cm.

### 4.2. Parement des parois latérales et des sous-faces

La qualité des parements, des parois latérales et des surfaces est définie comme suit :

- élémentaire ou ordinaire (mur en béton non armé ou armé ; locaux utilitaires, murs doublés par une cloison),
- courant (murs devant recevoir un papier peint ou des peintures moyennant rebouchages et application d'un enduit garnissant),
- soigné (mur extérieur ; brut ou recouvert d'une peinture ; exposé à la pluie).

Le tableau 1 donne les défauts maximaux de planéité relatifs aux parements des sous-faces et parois latérales.

| Parements des sous-faces et parois latérales | | |
|---|---|---|
| Parement | Défaut maximal de planéité (mm) | |
| | Règle de 2 m | Règle de 0,20 m |
| • Élémentaire | Pas de spécifications particulières | |
| • Ordinaire | 15 | 6 |
| • Courant | 7 | 2 |
| • Soigné | 5 | 2 |

*Tableau 1. Défaut maximal de planéité pour parements des sous-faces et parois latérales.*

### 4.3. Parement des surfaces de dalles

Le tableau 2 donne les défauts maximaux de planéité relatifs aux parements des surfaces de dalles et planchers.

| Parements des surfaces de dalles et planchers | | |
|---|---|---|
| Surface | Défaut maximal de planéité (mm) | |
| | Règle de 2 m | Règle de 0,20 m |
| • Béton brut | Pas de spécifications particulières | |
| • Béton surfacé | | |
| – parement courant | 10 | 3 |
| – parement soigné | 7 | 2 |
| • Chape incorporée | 7 | 2 |
| • Chape rapportée | 5 | 2 |
| • Dalles préfabriquées | | |
| – parement courant | 7 | 2 |
| – parement soigné | 5 | 1 |

*Tableau 2. Défaut maximal de planéité pour parements des surfaces de dalles et planchers.*

### 4.4. Position des armatures

Elle doit être maintenue avec précision durant le coulage du béton (chapeaux assurant la stabilité des balcons, armatures concernées par la tenue au feu, des parements exposés aux intempéries et autres actions agressives…) afin de respecter les prescriptions d'enrobage et d'écartement (p. 123). L'attention du projeteur doit être attirée sur les dispositions à prendre pour prévenir, au stade de l'exécution, les blessures causées au personnel du chantier par des armatures en attente.

# TECHNOLOGIE ET MISE EN ŒUVRE DU BÉTON PRÉCONTRAINT

**Fascicule n° 4 titre « CCTG : Armatures à haute résistance pour construction en béton précontraint par pré- et post-tension », Fascicule n° 65-A titre : « CCTG : exécution des ouvrages en béton armé ou en béton précontraint par post-tension » et additif.**

## 1. INTRODUCTION

La précontrainte d'une structure en béton consiste à appliquer sur l'ouvrage un effort permanent de compression. La force de précontrainte, ainsi transmise à l'ouvrage, crée à l'intérieur de la structure un état de contrainte qui permet, d'une part, d'utiliser les matériaux de manière optimale, d'autre part, de limiter et de contrôler les déformations à l'état de service.

L'effort de précontrainte peut être appliqué à l'intérieur (par des câbles dans des gaines injectées, des torons ou fils adhérents, des barres) ou à l'extérieur (par des câbles ou des vérins) de la pièce de béton. Cet effort est transmis à la pièce, soit localement aux extrémités (zones d'ancrage des câbles ou d'appuis des vérins), soit par contact linéique le long des gaines contenant les câbles ou des torons, ou par adhérence le long des armatures. La mise en tension des armatures, qui engendre l'effort de précontrainte, est effectuée avant ou après coulage et durcissement du béton. Selon le cas, les pièces sont dites précontraintes par **pré- ou post-tension**. Enfin, la précontrainte est dite « intérieure » si les câbles sont inclus dans la section béton, et « extérieure » dans le cas contraire.

Diverses solutions technologiques sont exposées ainsi que leurs applications dans le domaine du génie civil (p. 139). Les calculs d'éléments en béton précontraint sont évoqués p. 150 et suivantes. Les spécifications d'un procédé de précontrainte par post-tension sont données à partir de la page 142. Des exemples de poutres et de dalles comportant des éléments précontraints par pré-tension sont donnés dans le *Précis de structures de génie civil*, AFNOR-Nathan, p. 76.

## 2. PRINCIPES DE LA PRÉCONTRAINTE

Nous allons étudier une poutre en béton de section rectangulaire (fig. 1) soumise à des actions permanentes (G : poids propre…) et à des actions variables (Q : charge d'exploitation…). Dans sa section médiane, elle est sollicitée par les moments fléchissants qui résultent de ce chargement ($M_G$ et $M_Q$). Cette étude nous permet de quantifier l'effet d'une action de précontrainte excentrée.

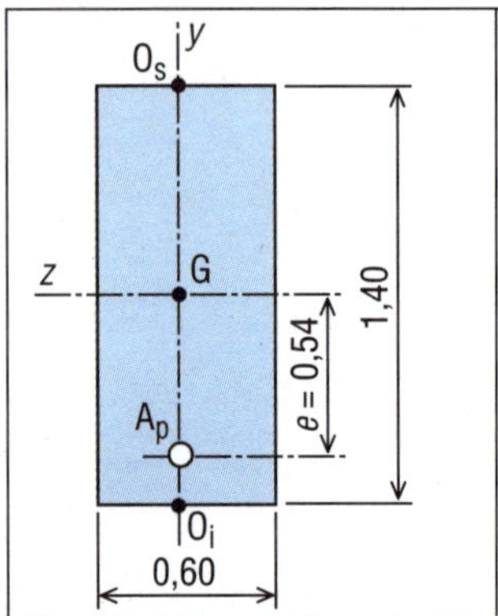


**Section étudiée**

- **Matériau**
  **Béton : $f_{c28}$ = 30 MPa**
  $\overline{\sigma_{bc}}$ = 18 MPa
  $\overline{\sigma_{bt}}$ = 1 MPa
- **Actions et sollicitations**
  Précontrainte P = 6,2 MN
  $M_G$ = 1,94 MN m
  $M_Q$ = 2,83 MN m
- **Section Béton**
  Aire B = 0,84 m²
  $I/v_s = I/v_i = 0{,}196\ m^3$

*Fig. 1. Poutre étudiée.*

*Nota*

- I est le moment quadratique de la section de béton par rapport à l'axe $G_z$.
- $v_s = GO_s$ ; $v_i = GO_i$.
- $\overline{\sigma_{bc}}$ et $\overline{\sigma_{bt}}$ sont les résistances admissibles en compression et en traction du béton.
- Pour plus de détails sur les caractéristiques géométriques des sections, et sur les vérifications en flexion composée, on se reportera au *Précis de structures de génie civil*, AFNOR-Nathan.

### 2.1. Effet de la précontrainte seule

La contrainte normale, due à la précontrainte seule, a pour valeur :

- fibre supérieure : $y = v_s$

$$\sigma_{sup} = \frac{P}{B} - \frac{Pe}{(I/v_s)} = 7{,}38 - 17{,}08 = -9{,}7 \text{ MPa}$$

- fibre inférieure : $y = -v_i$

$$\sigma_{inf} = \frac{P}{B} + \frac{Pe}{(I/v_i)} = 7{,}38 + 17{,}08 = 24{,}46 \text{ MPa}$$

Le diagramme de Navier correspondant est représenté figure 2 (section non fissurée).

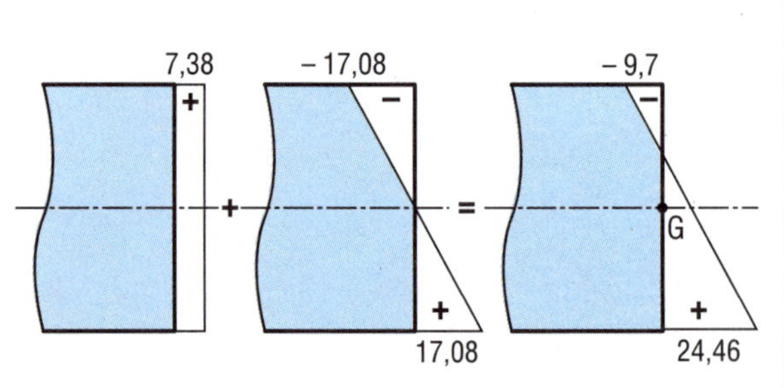


*Fig. 2. Effet d'un effort normal de compression excentré « P » (MPa).*

### 2.2. Effet des charges permanentes seules

La contrainte normale, due aux charges permanentes seules, a pour valeur :

- fibre supérieure : $y = v_s$

$$\sigma_{sup} = \frac{M_G}{I/v_s} = 9{,}9 \text{ MPa}$$

- fibre inférieure : $y = -v_i$

$$\sigma_{inf} = \frac{M_G}{I/v_i} = -9{,}9 \text{ MPa}$$

Le diagramme de Navier correspondant est représenté figure 3 (section non fissurée).

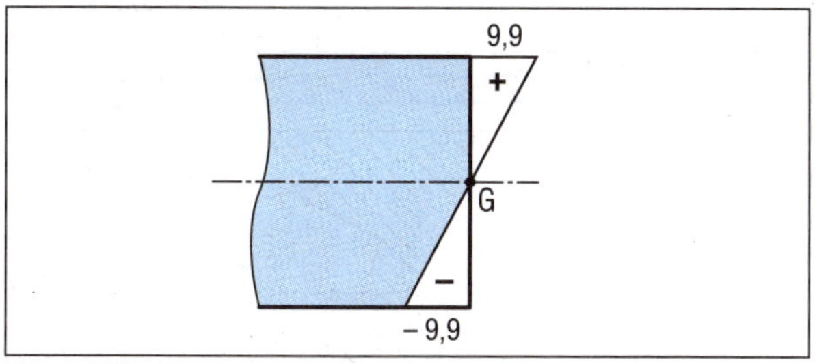


*Fig. 3. Effet des charges permanentes seules « G » (MPa).*

### 2.3. Effet des actions variables seules

La contrainte normale due aux actions variables considérées a pour valeur :

• fibre supérieure : $y = v_s$

$$\sigma_{sup} = \frac{M_Q}{I/v_s} = 14{,}44 \text{ MPa}$$

• fibre inférieure : $y = -v_i$

$$\sigma_{inf} = \frac{M_Q}{I/v_i} = -14{,}44 \text{ MPa}$$

Le diagramme de Navier correspondant est représenté figure 4 (section non fissurée).

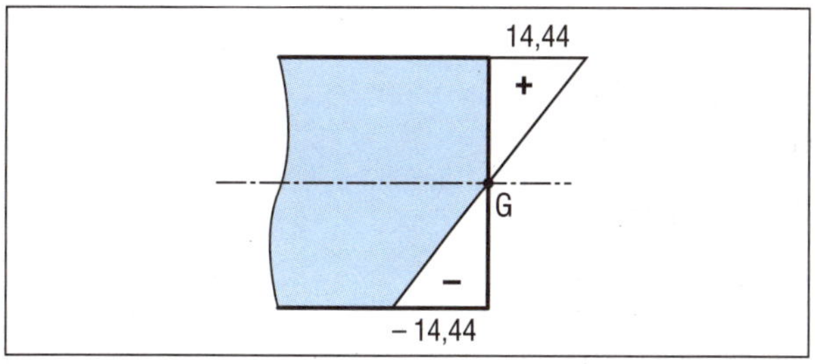


*Fig. 4. Effet des actions variables seules « Q » (MPa).*

### 2.4. Superpositions « à vide » et « en charge »

Il convient de faire attention, dans les calculs, aux différentes phases de la vie de l'ouvrage : à vide, il est soumis aux effets de la précontrainte et du poids propre sans négliger les charges de chantier en phase transitoire ! En charge, sous l'effet des actions variables, la position de la zone la plus comprimée se trouve inversée.

Un bon dimensionnement des unités de précontrainte dans un élément donné consiste à se rapprocher, pour chaque situation de la vie de l'ouvrage, des contraintes maximales admissibles pour le béton.

#### 2.4.1. Superposition « à vide »

Les contraintes maximales des diagrammes de Navier (fig. 2 et 3) s'additionnent :

• fibre supérieure : $y = v_s$

$-9{,}7 + 9{,}9 = 0{,}2$ MPa

• fibre inférieure : $y = -v_i$

$24{,}46 - 9{,}9 = 14{,}56$ MPa

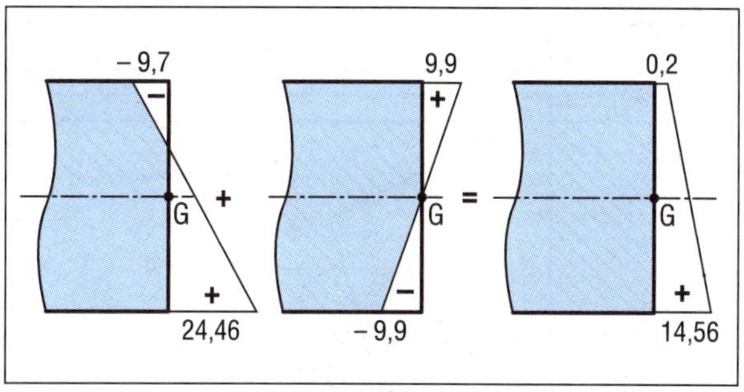


*Fig. 5. Superposition « à vide » (MPa).*

#### 2.4.2. Superposition « en charge »

Les contraintes maximales des diagrammes de Navier (fig. 4 et 5) s'additionnent (fig. 6) :

• fibre supérieure : $y = v_s$

$0{,}2 + 14{,}44 = 14{,}64$ MPa

• fibre inférieure : $y = -v_i$

$14{,}56 - 14{,}44 = 0{,}12$ MPa

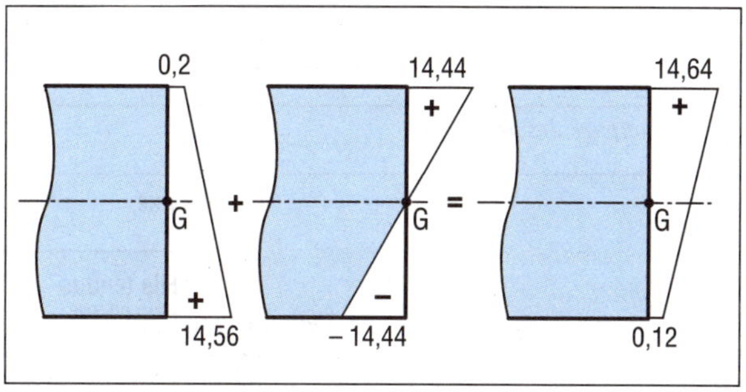


*Fig. 6. Superposition « en charge » (MPa).*

*Remarque :* en faisant varier la position du câble, on peut, pour une section donnée, contrôler l'évolution des contraintes extrêmes. Avec une excentricité variant dans chaque section, on peut suivre au mieux l'évolution du moment fléchissant : l'excentricité doit être maximale dans les zones où le moment fléchissant est maximal, pour diminuer progressivement ailleurs.

## 3. TECHNIQUES RELATIVES AUX DEUX MODES DE PRÉCONTRAINTE

### 3.1. Précontrainte par pré-tension (« fils adhérents »)

#### 3.1.1. Principe

Des fils ou des torons rectilignes, disposés dans un coffrage d'éléments en béton (poutres, poteaux, prédalles, éléments de plancher alvéolaires...), sont tendus (en restant dans le domaine élastique) entre deux points, par un vérin prenant appui sur une culée (massif d'ancrage) fixe (fig. 7 et 9).

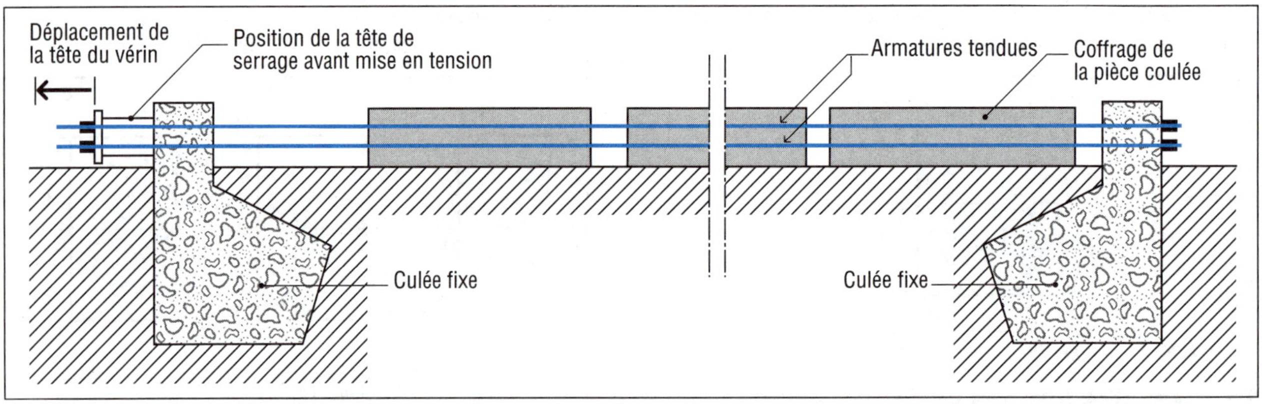


*Fig. 7. Mise en œuvre des fils ou torons.*

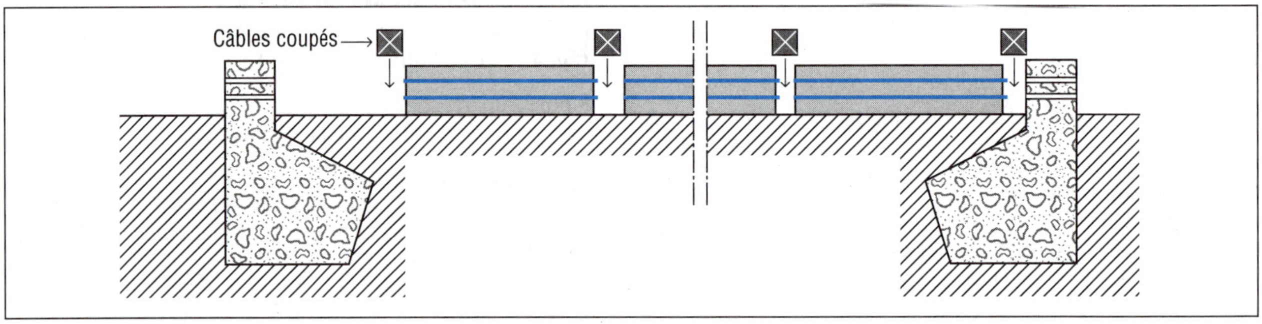


*Fig. 8. Coupure des armatures.*

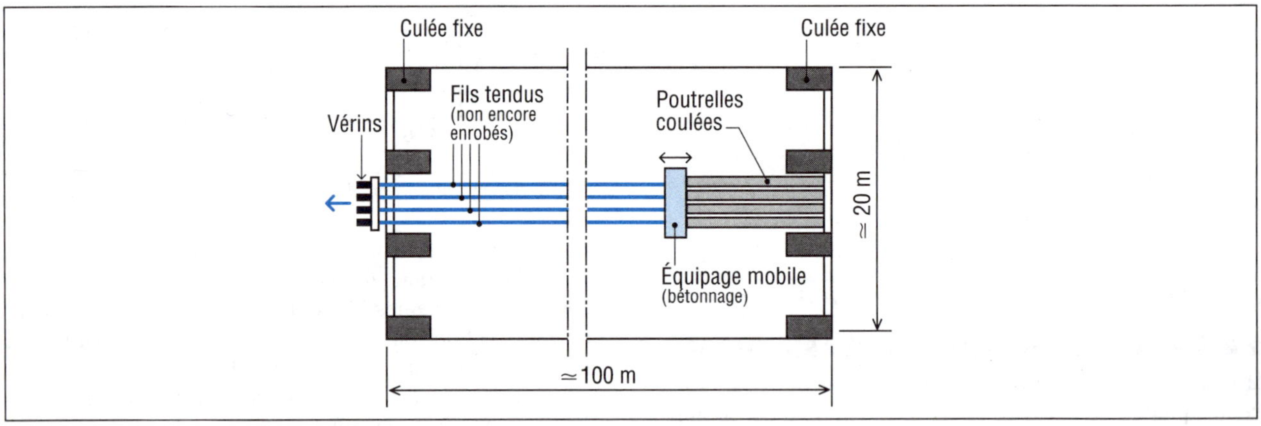


*Fig. 9. Coulage des pièces (vue en plan).*

On augmente la productivité de l'installation en procédant à un étuvage des pièces coulées de manière à accélérer la maturation du béton.

Quand la résistance du béton est jugée suffisante, on coupe les fils ou les torons de part et d'autre de chaque pièce (fig. 8). Chaque armature a tendance à vouloir reprendre son état initial. L'adhérence acier-béton empêche ce phénomène. Le béton se trouve alors comprimé.

Du fait même de sa technique de mise en œuvre (tension de torons entre deux extrémités d'un banc), la précontrainte par pré-tension ne permet pas facilement de faire varier l'excentrement des torons. La précontrainte pourra être ajustée à la variation du moment fléchissant le long de l'élément en gainant certaines armatures, en utilisant des déviateurs pour décaler la position de certaines armatures, ou en fabriquant des composants de hauteur (donc d'inertie) variable.

### 3.1.2. Caractéristiques techniques

Cette technique nécessite des installations fixes dans une usine de préfabrication. Pour amortir les frais engagés, les fabricants proposent en grande série des éléments (poutres, poteaux, prédalles...) que l'on peut choisir sur catalogue.

Ils mettent à disposition des bureaux d'études, leurs moyens de calcul pour répondre à des demandes plus spécifiques ou pour optimiser une solution.

## 3.2. Principe de la précontrainte par post-tension

Nous allons décrire le principe de cette solution pour un câble (fig. 10).

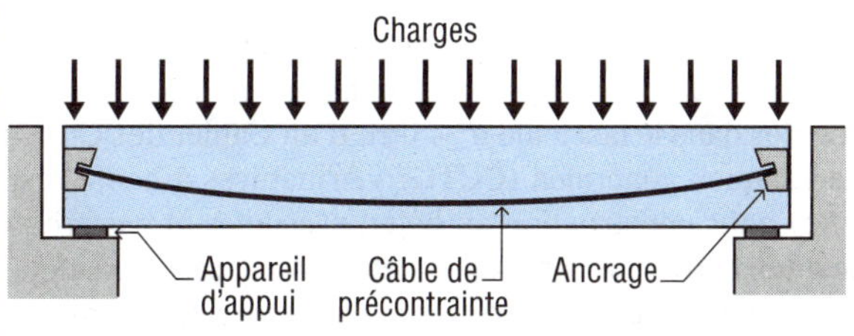


*Fig. 10. Schéma de principe d'une pièce précontrainte par post-tension.*

À l'intérieur de la pièce à précontraindre, des gaines ou des tubes (p. 142) sont installés, avant le coulage du béton. Une fois le béton mis en œuvre et lorsque le béton durci a atteint une résistance mécanique compatible avec les efforts que l'on souhaite lui appliquer, un câble (p. 143) est introduit dans la réservation (gaine ou tube) par enfilage ou par poussage (p. 143). Une extrémité du câble est fixe (p. 143), l'autre est mobile ou active. On procède alors à la mise en tension (p. 144) à partir de l'extrémité active. Au fur et mesure, le béton est comprimé.

Plus l'allongement du câble croît, plus l'effort engendré est important. Une fois atteinte la valeur nominale recherchée, on bloque l'extrémité du câble, par exemple à l'aide de clavettes (p. 144). On peut alors démonter le vérin et procéder à la mise en tension d'un autre câble.

La mise en tension des autres câbles sera effectuée en respectant la symétrie de la section.

Compte tenu des différentes phases de mise en œuvre d'un ouvrage, il est courant de ne pas mettre en tension tous les câbles en même temps, à leur tension maximale. La maturité du béton ne le permettrait pas. La précontrainte est donc généralement appliquée au fur et à mesure des besoins. On peut revenir sur la tension d'un câble pour l'augmenter ou la supprimer, si besoin, tant que l'injection (p. 145) n'a pas été réalisée.

## 3.3. Autres applications de la précontrainte

Elles sont illustrées à l'aide d'exemples issus du domaine des ouvrages d'art.

### 3.3.1. Principe de la précontrainte extérieure (fig. 11)

Cette application rencontre un succès croissant pour les raisons suivantes : il est possible d'inspecter les câbles facilement, les câbles extérieurs conviennent bien pour renforcer un ouvrage existant dans lequel il n'y a pas de gaines vides.

*Fig. 11. Pont sur l'Yonne (doc. VSL).*

Le câble extérieur se compose des éléments suivants (fig. 12) :

- un faisceau de torons métalliques,
- une gaine en polyéthylène ou en acier,
- des ancrages d'extrémités, intermédiaires et des coupleurs,
- une injection.

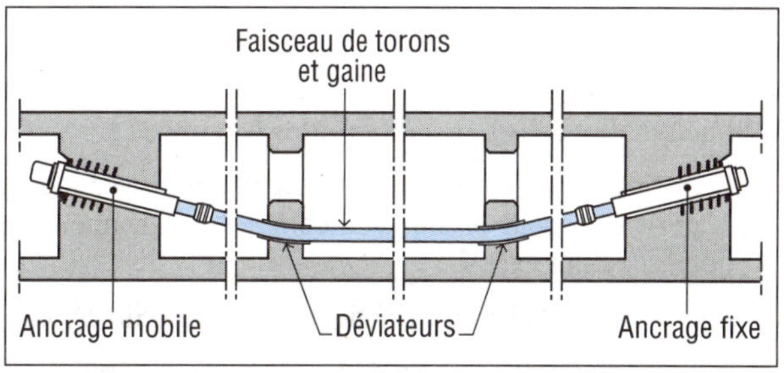


*Fig. 12. Schéma de principe d'un câble extérieur (doc. VSL).*

Ces câbles présentent de grandes similitudes avec les haubans et les tirants permanents en rocher et en terrains meubles.

### 3.3.2. Haubans

Les ponts haubanés ont connu un grand essor ces dernières années, pour des raisons économiques et esthétiques, les portées franchies étant de plus en plus importantes (fig. 13).

*Fig. 13. Pont haubané : Kemijoki River Bridge (Finlande) (doc. VSL).*

Un hauban (procédé VSL) se compose des éléments suivants (fig. 14) :

- un faisceau de monotorons Ø 15 mm,
- une gaine en polyéthylène ou en tube métallique,
- des ancrages d'extrémités et une injection.

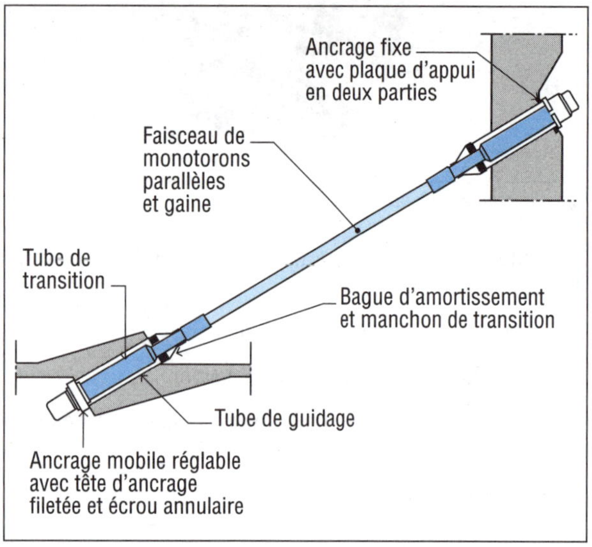


*Fig. 14. Schéma de principe d'un hauban (doc. VSL).*

Un hauban doit satisfaire à différentes exigences :

- l'acier utilisé doit présenter une excellente résistance à la corrosion pour prendre en compte l'environnement généralement exposé ;
- une résistance élevée à la fatigue favorise sa durabilité ;
- le procédé mis en œuvre doit permettre le contrôle et le réglage de sa tension ;
- il faut que le remplacement d'un hauban complet (ou seulement monotoron par monotoron) soit possible à la suite d'une inspection.

#### 3.3.3. Caractéristiques techniques

On se reportera à la documentation et aux services techniques d'une société diffusant ces types de matériels.

## 4. PRÉCONTRAINTE PAR POST-TENSION

L'entreprise chargée de mettre en œuvre la précontrainte d'une pièce fournit un ou plusieurs systèmes ainsi que des prestations annexes. Elle est à même d'exécuter les travaux, avec son personnel et son matériel, d'offrir assistance et conseils au niveau de la planification du chantier. Plus généralement, les prestations vont de l'assistance depuis l'étude jusqu'à la réalisation de projets d'exécution complets, en passant par l'élaboration d'avant-projets et de variantes.

Il ne nous a pas été possible ici de donner toutes les spécifications de tous les procédés existants.

**Nous donnons ici les spécifications des procédés de précontrainte VSL actuellement disponibles (nov. 2001).**

### 4.1. Éléments constitutifs d'un câble

#### 4.1.1. Armature

Les câbles sont exclusivement en acier à haute résistance. Ils se présentent sous la forme de monotorons ou de faisceaux de torons. Les caractéristiques mécaniques sont définies dans le fascicule n° 4 titre II du Cahier des Clauses Techniques générales (CCTG) « Armatures à haute résistance pour construction en béton précontraint par pré- ou post-tension ». Le tableau 1 détaille ces caractéristiques mécaniques. En faisant varier le diamètre des torons, leur nombre ou leur classe, il est possible d'obtenir une grande plage de force de précontrainte.

La dénomination des unités de précontraintes se lit ainsi :

- le premier chiffre indique le diamètre des torons :
  5 = Ø 0,5" = T 13 = Ø 12,5 mm,
  6 = Ø 0,6" = T 15 = Ø 15,2 mm ;
- le second chiffre indique le nombre de torons constituant l'unité.

L'unité 5-12 correspond à un câble composé de 12 torons Ø 0,5", appelé aussi 12 T 13.

| Nombre (1) | Toron Ø 12,5 - T13 - 5N | | | | | Toron Ø 12,9 - T13S - 5S | | |
|---|---|---|---|---|---|---|---|---|
| | Section de l'armature $A_p$ | Classe ($f_{prg}$) MPa 1860 | | Classe ($f_{prg}$) MPa 1770 | | Section de l'armature $A_p$ | Classe ($f_{prg}$) MPa 1860 | |
| | mm² | $F_r$ (2) kN | $F_{0,0max}$ kN | $F_r$ kN | $F_{0,0max}$ kN | mm² | $F_r$ kN | $F_{0,0max}$ (3) kN |
| 1 | 93 | 173,0 | 138,4 | 164,6 | 131,7 | 100 | 186 148,8 | |

| Nombre (1) | Toron Ø 15,2 - T15 - 6N | | | | | Toron Ø 15,7 - T15S - 6S | | | | |
|---|---|---|---|---|---|---|---|---|---|---|
| | Section de l'armature $A_p$ | Classe MPa 1860 | | Classe MPa 1770 | | Section de l'armature $A_p$ | Classe MPa 1860 | | Classe MPa 1770 | |
| | mm² | $F_r$ (2) kN | $F_{0,0max}$ kN | $F_r$ kN | $F_{0,0max}$ kN | mm² | $F_r$ kN | $F_{0,0max}$ kN | $F_r$ kN | $F_{0,0max}$ kN |
| 1 | 139 | 258,5 | 206,8 | 246,0 | 196,8 | 150 | 279,0 | 223,2 | 265,5 | 212,4 |

(1) Les caractéristiques indiquées sont à multiplier par le nombre de torons.
(2) $F_r$ (ou $F_{prg}$) est la charge de rupture garantie du câble et vaut $A_p \cdot f_{prg}$ (p. 150).
(3) $F_{0,0max}$ est l'effort de précontrainte correspondant à la valeur maximale de la tension à l'origine, ici, $F_{0,0max} = 0,8\ F_r$.

*Tableau 1. Caractéristiques des câbles VSL (nov. 2001).*

#### 4.1.2. Gaine

Les armatures sont isolées du béton par des gaines nervurées en feuillards. Les plus courantes sont en acier éventuellement zingué ($e$ > 0,25 mm). Elles sont fabriquées en longueur de 4 à 6 m. Elles sont accouplées sur chantier et doivent assurer une continuité de l'étanchéité pour conserver le produit d'injection et protéger le câble.

Les gaines nervurées en polyéthylène sont mieux adaptées aux projets de structures soumises à un environnement particulièrement agressif ou fortement sollicitées en fatigue (ponts ferroviaires, garage…).

#### 4.1.3. Ancrages

On distingue deux familles.

- **Ancrage actif ou mobile**

  Ces organes sont destinés à ancrer les armatures à l'extrémité où s'effectue la mise en tension (fig. 15).

  La tête d'ancrage cylindrique est percée au moins d'autant de trous tronconiques que de torons à ancrer (Gamme : 1, 2, 3, 4, 6, 7, 12, 19, 22, 31, 37, 42, 55). Chaque toron est ancré individuellement à l'aide de clavettes. L'ancrage est assuré par le mouvement des torons lors du relâchement de la pression dans le vérin.

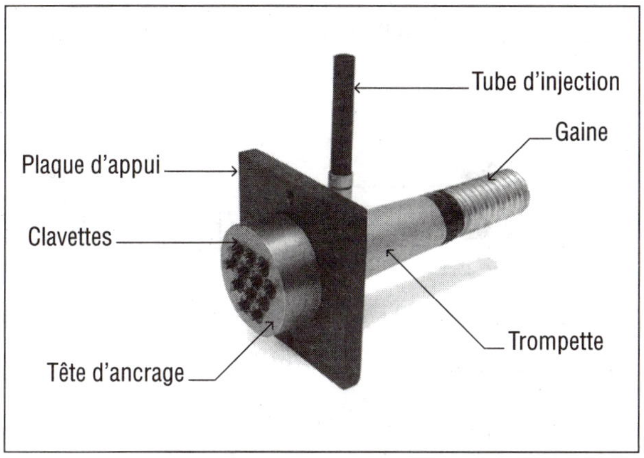


*Fig. 15. Ancrage actif ou mobile « A » type E.*

- **Ancrage fixe**

  Il s'agit des organes assurant le blocage des armatures à l'extrémité desquelles on n'exerce pas d'effort de traction à l'aide du vérin. Dans les deux exemples décrits ci-après, l'ancrage est incorporé au béton de l'ouvrage (fig. 16 et 17).

  Le fonctionnement d'un ancrage par adhérence repose essentiellement sur l'adhérence des torons épanouis dans le béton sur une longueur droite augmentée de l'ancrage par courbure des fils en bouts de torons (fig. 16).

  Les fils doivent donc être convenablement dégraissés avant le bétonnage.

  La dimension des agrégats est limitée à 30 mm.

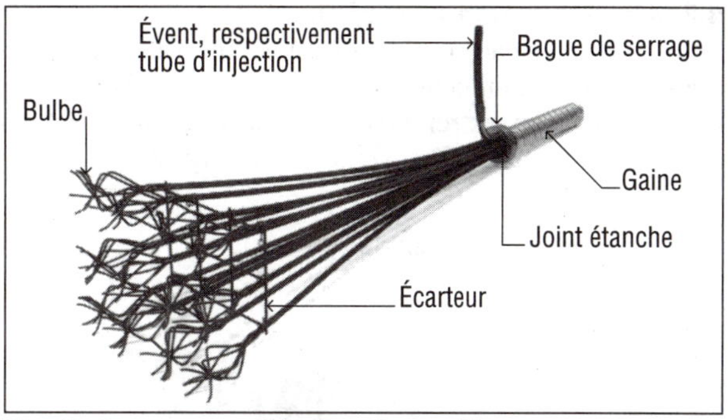


*Fig. 16. Ancrage par adhérence « G » type H.*

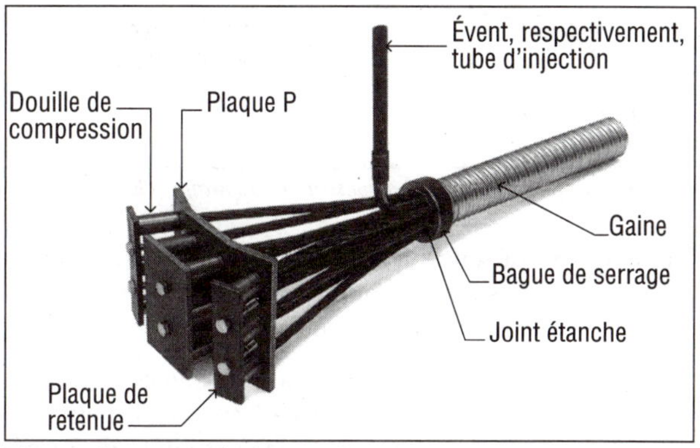


*Fig. 17. Ancrage noyé « N » type P.*

### 4.2. Mise en œuvre des câbles

Selon l'importance et la situation du chantier, la place disponible et le calendrier des travaux, on peut adopter plusieurs solutions :

- câbles façonnés à l'avance (armatures et gaines) en atelier : ils sont livrés à pied d'œuvre sur le chantier pour pose et fixation dans la cage formée par les armatures de construction, de montage et transversales ;
- armatures façonnées dans un atelier forain à proximité du chantier, tractées avant ou après bétonnage dans les gaines déjà fixées à la cage.

#### 4.2.1. Enfilage par poussage

Les torons sont extraits d'une bobine et poussés individuellement dans les gaines. La mise en place par poussage peut être effectuée avant ou après le bétonnage (fig. 18).

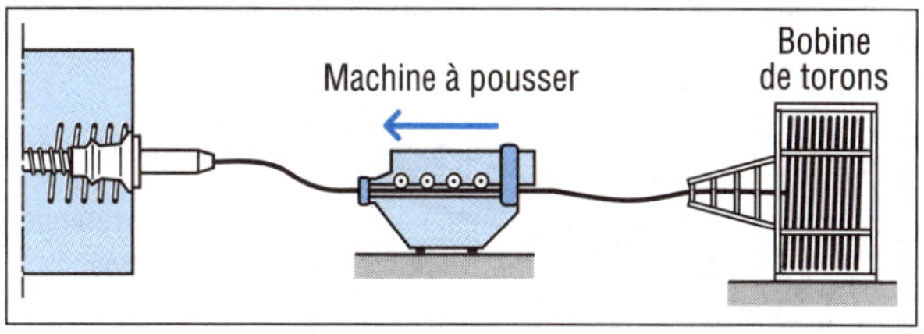


*Fig. 18. Enfilage par poussage.*

#### 4.2.2. Enfilage par traction

Cette méthode consiste à tirer l'ensemble du câble à l'intérieur de la gaine, après bétonnage de l'ouvrage (fig. 19).

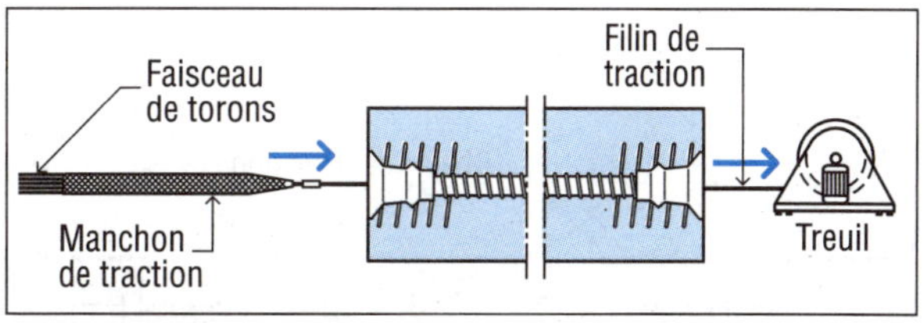


*Fig. 19. Enfilage par traction.*

#### 4.2.3. Préfabrication des câbles

Les câbles préfabriqués en usine sont posés avant le bétonnage. Cette méthode est avantageuse pour des câbles de faible longueur, quand les distances de transport sont courtes.

#### 4.2.4. Prolongation d'un câble

Pour prolonger par un nouveau câble, un câble déjà posé mais non tendu, on peut rabouter deux tronçons distincts d'armatures aux extrémités desquelles on n'exerce pas d'efforts de traction au moyen du vérin (fig. 20).

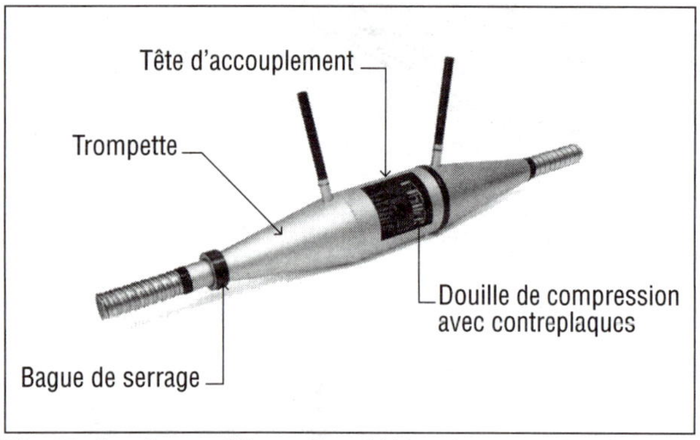


*Fig. 20. Coupleur mobile ou dispositif de raboutage « K » type V.*

Des ancrages de jonction permettent la mise en tension de câbles annulaires ou de câbles dont les extrémités ne peuvent être munies d'ancrages mobiles (fig. 21 et 22).

Le corps d'ancrage est commun pour les deux extrémités coaxiales de l'armature ou des deux tronçons. Un outillage spécial assure la déviation d'une des extrémité de l'armature vers le vérin de mise en tension et prend appui sur l'ancrage ou l'autre extrémité qui est pré-bloquée. Cela conduit à la tension des deux extrémités.

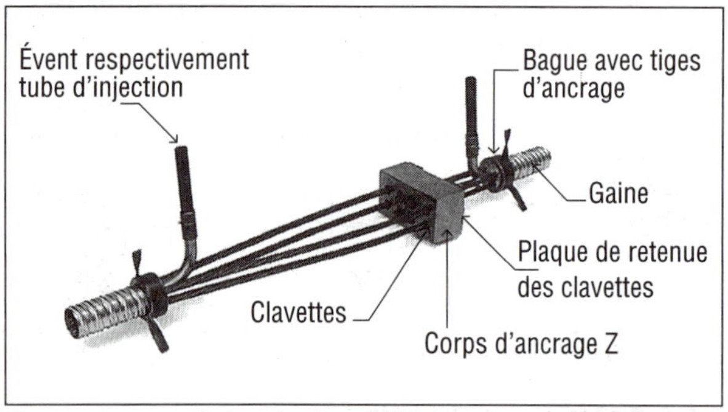


*Fig. 21. Ancrage de jonction intermédiaire « J » type Z ou ZU.*

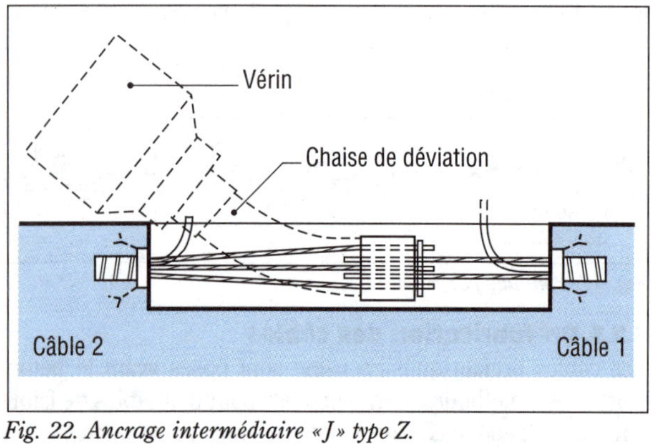


*Fig. 22. Ancrage intermédiaire « J » type Z.*

### 4.3. Mise en tension

Les vérins à double effet à trou central permettent de tendre le câble en une ou plusieurs étapes, et le cas échéant, de le détendre. Une chaise à l'avant s'appuie sur la tête d'ancrage (fig. 23a).

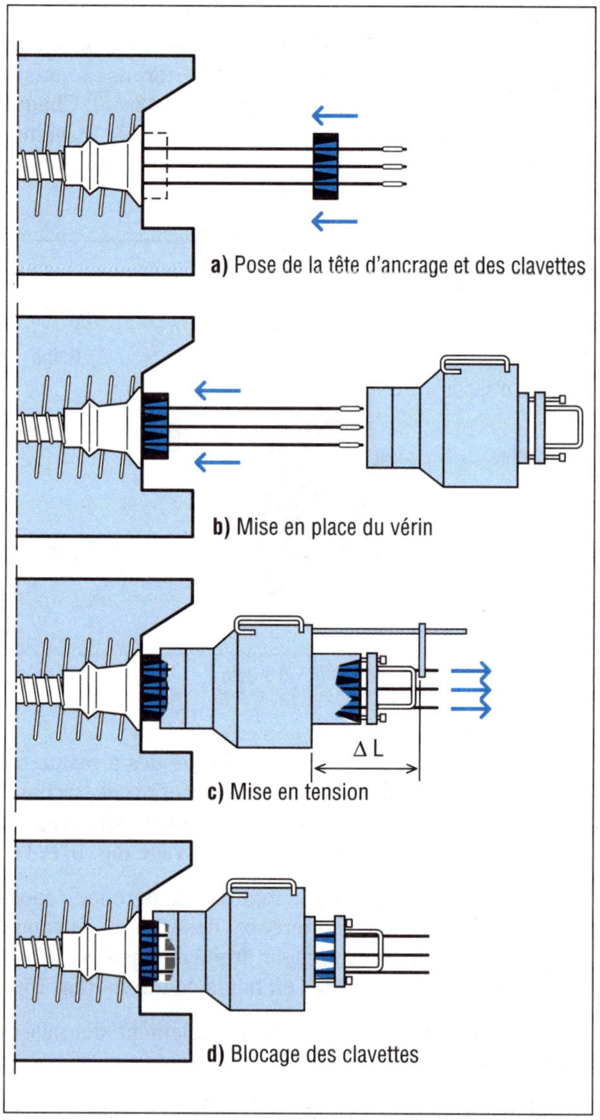


*Fig. 23. Mise en tension d'un câble.*

Une batterie de tubes métalliques guide, dans le trou central du vérin, les torons vers l'arrière du vérin. Un ancrage auxiliaire à l'arrière avec sa plaque à clavettes facilite la mise en œuvre par étapes (fig. 23b). Le déclavetage des clavettes auxiliaires à l'arrière du vérin est automatique.

Au cours de la mise en tension (fig. 23c), les clavettes restent constamment en contact avec les torons.

Les clavettes se bloquent automatiquement dans les trous tronconiques de la tête d'ancrage lorsque la pression au vérin est relâchée (fig. 23d).

## 4.4. Injection

Destinée à protéger les armatures et à assurer leur liaison éventuelle à la structure, elle est généralement effectuée dès que possible après la mise en tension.

La nature et la composition des produits d'injection dépendent seulement du projet et de la destination de l'ouvrage. On peut utiliser des produits rigides (ciment ou résine synthétique), souples (cire, graisse). Les coulis d'injection à base de ciment sont les plus couramment employés. Pour plus de détails, on se reportera à la directive sur les injections et au fascicule 65, qui fixent les dispositions à prendre.

*Nota :* en première approche, les quantités de produits d'injection par mètre de longueur de câble sont estimées à : (section intérieure de la gaine – section de l'armature) × (1 + $z$) où $z$ vaut 0,1 à 0,2 dans le cas de coulis à base de ciment hydraulique (prise en compte de la forme de la gaine, des pertes de chantier…).

Une fois les gaines injectées, on protège les ancrages d'extrémités apparents par des cachetages au moyen de capots étanches.

## 4.5. Détails constructifs

### 4.5.1. Dimensions des ancrages actifs « A » type E et Ec

Le tableau 2 donne les dimensions d'ancrages actifs (doc. VSL) pour l'ensemble des unités proposées.

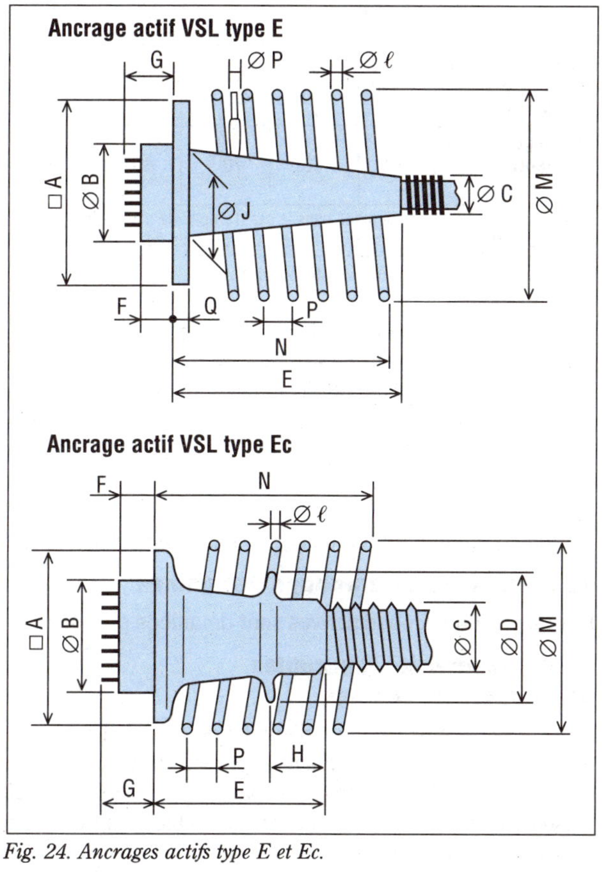


*Fig. 24. Ancrages actifs type E et Ec.*

| Unités de câbles | ØA | ØB | ØC | ØD | E | F | G | H | ØI | ØJ | L | ØM | N | ØP | P | Q |
|---|---|---|---|---|---|---|---|---|---|---|---|---|---|---|---|---|
| 5-1 | 70 | 42 | 30 | | 70 | 45 | 75 | | 8 | 15 | $2^{1/2}$ | 80 | 100 | 16/20 | 45 | 10 |
| 5-3 | 120 | 90 | 48 | | 190 | 50 | 80 | | 10 | 50 | $3^{1/2}$ | 145 | 150 | 16/20 | 45 | 15 |
| 5-3 | 120 | 90 | 58 | 90 | 130 | 50 | 80 | 45 | 10 | | 3 | 145 | 145 | | 45 | |
| 5-4 | 140 | 95 | 53 | | 190 | 50 | 80 | | 10 | 55 | $3^{1/2}$ | 170 | 170 | 21/25 | 50 | 20 |
| 5-4 | 135 | 95 | 65 | 100 | 125 | 50 | 80 | 50 | 10 | | 3 | 160 | 145 | | 45 | |
| 5-7 | 180 | 110 | 63 | | 190 | 55 | 85 | | 12 | 74 | $4^{1/2}$ | 230 | 225 | 28/32 | 50 | 25 |
| 5-7 | 165 | 110 | 77 | 125 | 155 | 55 | 85 | 55 | 12 | | 4 | 200 | 210 | | 50 | |
| 5-12 | 250 | 150 | 75 | | 240 | 60 | 90 | | 14 | 104 | $5^{1/2}$ | 310 | 310 | 28/32 | 55 | 35 |
| 5-12 | 215 | 150 | 96 | 160 | 215 | 60 | 90 | 55 | 14 | | 5 | 270 | 285 | | 55 | |
| 5-19 | 300 | 180 | 90 | | 400 | 75 | 105 | | 16 | 135 | $6^{1/2}$ | 395 | 375 | 28/32 | 55 | 45 |
| 5-19 | 270 | 180 | 115 | 200 | 285 | 75 | 105 | 55 | 16 | | 6 | 350 | 345 | | 55 | |
| 5-22 | 330 | 190 | 95 | | 480 | 85 | 115 | | 18 | 150 | $6^{1/2}$ | 430 | 410 | 28/32 | 60 | 50 |
| 5-22 | 290 | 190 | 120 | 220 | 335 | 85 | 115 | 60 | 18 | | 6 | 370 | 380 | | 60 | |
| 5-31 | 400 | 230 | 110 | | 550 | 95 | 125 | | 18 | 172 | $7^{1/2}$ | 500 | 480 | 28/32 | 60 | 60 |
| 5-31 | 340 | 230 | 135 | 255 | 365 | 95 | 125 | 65 | 20 | | 7 | 440 | 440 | | 60 | |
| 5-37 | 420 | 240 | 130 | | 570 | 105 | 135 | | 20 | 188 | $7^{1/2}$ | 550 | 520 | 28/32 | 65 | 65 |
| 5-37 | 370 | 240 | 155 | 275 | 360 | 105 | 135 | 75 | 22 | | 7 | 480 | 475 | | 65 | |
| 5-42 | 450 | 260 | 140 | | 590 | 110 | 140 | | 22 | 201 | $7^{1/2}$ | 590 | 550 | 28/32 | 70 | 60 |
| 5-42 | 395 | 260 | 165 | 295 | 380 | 110 | 140 | 75 | 22 | | 8 | 510 | 540 | | 65 | |
| 5-55 | 520 | 290 | 153 | | 680 | 130 | 160 | | 22 | 230 | $8^{1/2}$ | 680 | 635 | 28/32 | 70 | 75 |
| 5-55 | 430 | 290 | 175 | 320 | 460 | 130 | 160 | 80 | 22 | | 9 | 550 | 605 | | 65 | |
| 6-1 | 80 | 53 | 38 | | 70 | 50 | 80 | | 8 | 18 | $2^{1/2}$ | 100 | 110 | 16/20 | 50 | 10 |
| 6-2 | 120 | 90 | 48 | | 190 | 50 | 80 | | 10 | 50 | $3^{1/2}$ | 145 | 165 | 16/20 | 50 | 15 |
| 6-3 | 150 | 95 | 54 | | 190 | 50 | 80 | | 10 | 56 | $3^{1/2}$ | 185 | 175 | 21/25 | 50 | 25 |
| 6-3 | 135 | 95 | 65 | 100 | 125 | 50 | 80 | 65 | 10 | | 3 | 165 | 145 | | 45 | |
| 6-4 | 170 | 110 | 58 | | 190 | 55 | 85 | | 12 | 65 | $4^{1/2}$ | 215 | 225 | 28/32 | 50 | 25 |
| 6-4 | 150 | 110 | 77 | 115 | 155 | 55 | 85 | 77 | 12 | | 4 | 200 | 210 | | 50 | |
| 6-7 | 220 | 135 | 70 | | 190 | 60 | 90 | | 14 | 84 | $5^{1/2}$ | 290 | 285 | 28/32 | 50 | 35 |
| 6-7 | 190 | 135 | 96 | 145 | 170 | 60 | 90 | 96 | 14 | | 5 | 250 | 260 | | 50 | |
| 6-12 | 300 | 170 | 90 | | 370 | 75 | 105 | | 16 | 118 | $6^{1/2}$ | 380 | 375 | 28/32 | 55 | 45 |
| 6-12 | 250 | 170 | 115 | 190 | 245 | 75 | 105 | 115 | 16 | | 6 | 330 | 345 | | 55 | |
| 6-19 | 370 | 200 | 105 | | 530 | 95 | 125 | | 18 | 150 | $7^{1/2}$ | 480 | 475 | 28/32 | 60 | 55 |
| 6-19 | 310 | 200 | 135 | 235 | 305 | 95 | 125 | 135 | 18 | | 7 | 400 | 440 | | 60 | |
| 6-22 | 400 | 220 | 120 | | 650 | 100 | 130 | | 18 | 172 | $7^{1/2}$ | 520 | 480 | 28/32 | 60 | 60 |
| 6-31 | 470 | 260 | 140 | | 690 | 120 | 150 | | 20 | | $8^{1/2}$ | 620 | 595 | 28/32 | 65 | 75 |
| 6-31 | 390 | 260 | 165 | 295 | 350 | 120 | 150 | 165 | 22 | 192 | 8 | 510 | 540 | | 65 | |
| 6-37 | 520 | 270 | 153 | | 830 | 135 | 165 | | 22 | | $9^{1/2}$ | 680 | 665 | 28/32 | 65 | 80 |
| 6-37 | 430 | 270 | 175 | 320 | 450 | 135 | 165 | 175 | 22 | 215 | 9 | 550 | 605 | | 65 | |

□ dimensions des ancrages actifs type E
▒ dimensions des ancrages actifs type Ec
L : nombre de spires

*Tableau 2. Principales dimensions (mm) des ancrages actifs « A » type E et Ec (doc. VSL).*

### 4.5.2. Dimensions des niches et dégagements autour des vérins de mise en tension (fig. 25)

Pour permettre au personnel de circuler facilement autour de la zone de mise en tension, à proximité des ancrages actifs, il convient, lors de l'étude du platelage de travail, de tenir compte des dimensions d'encombrement des vérins (tableau 3).

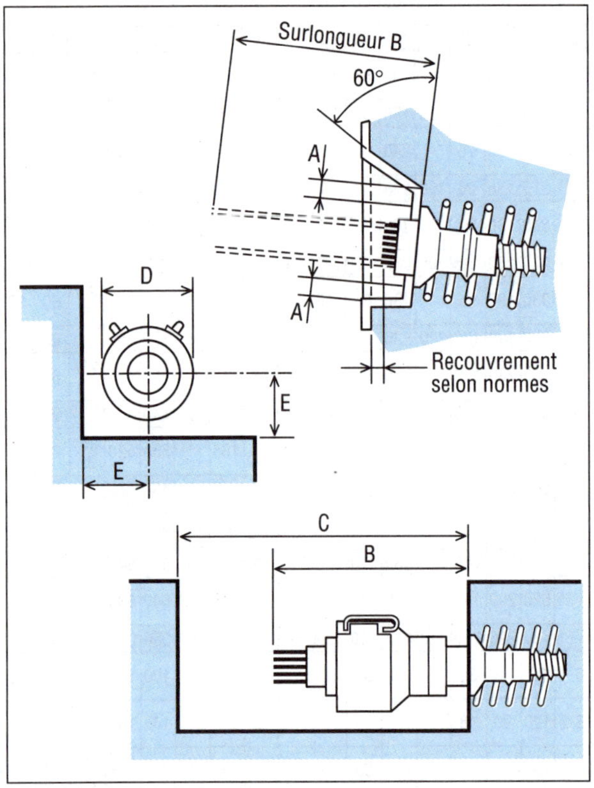


*Fig. 25. Vérin de mise en tension.*

| Désignation | ZPE-23Fj | ZPE-30 | ZPE-3 | ZPE-60 | ZPE-7/A | ZPE-12/St2 | ZPE-200 | ZPE-19 | ZPE-460/31 | ZPE-500 | ZPE-750 | ZPE-1000 | ZPE-1250 |
|---|---|---|---|---|---|---|---|---|---|---|---|---|---|
| Longueur (mm) | 790 | 720 | 475 | 615 | 690 | 550 | 960 | 750 | 580 | 1000 | 1185 | 1200 | 1290 |
| Diamètre (mm) | 116 | 140 | 200 | 180 | 280 | 310 | 315 | 390 | 485 | 550 | 520 | 790 | 620 |
| Course (mm) | 200 | 250 | 160 | 250 | 160 | 100 | 300 | 100 | 100 | 200 | 150 | 200 | 150 |
| Surface du piston ($cm^2$) | 47,10 | 58,32 | 103,6 | 126,4 | 203,6 | 309,4 | 325,7 | 500,3 | 804,0 | 894,6 | 1247,0 | 1809,5 | 2168,0 |
| Force max. (kN) | 230 | 320 | 500 | 632 | 1064 | 1850 | 2000 | 2900 | 4660 | 5000 | 7500 | 10000 | 12500 |
| Pression MPa | 48,8 | 54,9 | 48,3 | 50,0 | 52,3 | 59,8 | 61,4 | 58,0 | 58,0 | 55,9 | 60,1 | 55,3 | 57,7 |
| Poids (daN) | 23 | 28 | 47 | 74 | 115 | 151 | 305 | 294 | 435 | 1064 | 1100 | 2290 | 1730 |
| Utilisation pour câbles 0,5" | 5-1 | 5-1 | 5-2<br>5-3 | 5-2<br>à<br>5-4 | 5-6<br>5-7 | 5-12 | 5-12 | 5-18<br>5-19 | 5-22<br>5-31 | 5,22<br>5-31 | 5-31<br>5-37 | 5-37<br>à<br>5-55 | 5,37<br>à<br>5-55 |
| Utilisation pour câbles 0,6" | 6-1 | 6-1 | 6-2 | 6-2<br>6-3 | 6-4 | 6-6<br>6-7 | 6-6<br>6-7 | 6-12 | 6-18<br>6-19 | 6-18<br>à<br>6-22 | 6-31 | 6-31<br>à<br>6-43 | 6-31<br>à<br>6-55 |
| A | - | 30 | 30 | 30 | 30 | 50 | 50 | 50 | 60 | 80 | 80 | 80 | 90 |
| B | 300 | 600 | 550 | 650 | 800 | 700 | 1100 | 850 | 700 | 1150 | 1350 | 1300 | 1350 |
| C | 1200 | 1100 | 1000 | 1100 | 1200 | 1300 | 2100 | 1500 | 1500 | 2000 | 2300 | 2200 | 2250 |
| D | 116 | 140 | 200 | 180 | 300 | 310 | 330 | 390 | 485 | 585 | 570 | 790 | 660 |
| E | 90 | 100 | 150 | 140 | 200 | 200 | 210 | 250 | 300 | 330 | 365 | 450 | 375 |

*Tableau 3. Dimensions des niches et dégagements autour des vérins de mise en tension.*

### 4.5.3. Enrobage latéral et entraxe des ancrages

Si l'on désigne par $a_0$, l'entraxe minimal entre deux ancrages, et $b_0$, la distance minimale entre l'axe d'un ancrage et la paroi (valeurs définies dans la notice technique du procédé agréé ou autorisé), on doit avoir :

$$a, a' \geqslant a_0$$
$$b, b' \geqslant b_0 \qquad \text{(fig. 26)}$$

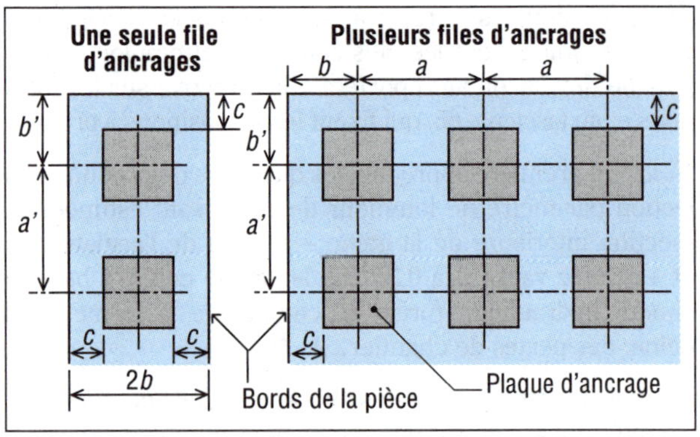


*Fig. 26. Enrobage latéral et entraxe des ancrages.*

– Pour une seule file d'ancrages :

$$a' \times b \geqslant 1{,}6\, b_0^2$$

– Pour plusieurs files d'ancrages :

$$a \times b' \geqslant 1{,}6\, b_0^2 \qquad a \times a' \geqslant 3\, b_0^2$$
$$a' \times b \geqslant 1{,}6\, b_0^2 \qquad a \times a' \geqslant 3\, b_0^2$$

| Force à l'ancrage à la mise en tension (kN) | < 500 | 500 à 1 500 | 1 500 à 3 000 | 3 000 à 4 000 | > 4 000 |
|---|---|---|---|---|---|
| Enrobage minimal théorique *c* (mm) | 30 | 50 | 70(1) | 80(1) | 100(1) |
| (1) L'enrobage peut être diminué dans le cas d'emploi de plaques de dimensions plus grandes sans descendre toutefois en dessous de 50 mm. | | | | | |

*Tableau 4. Enrobage minimal théorique* c.

Les distances minimales d'enrobage et les entraxes de plaques d'ancrage sont déterminés en :
- respectant les dispositions figurant dans les agréments en fonction de la résistance requise pour le béton dans la zone d'ancrage ;
- justifiant les contraintes locales conformément au BPEL 2000 ;
- tenant compte du ferraillage passif disposé localement.

### 4.5.4. Entraxes et enrobage des gaines

Les dispositions constructives sont détaillées p. 154.

### 4.5.5. Excentricité des câbles par rapport au conduit

Dans le cas le plus fréquent d'emploi de gaines rigides, cintrables à la main pour l'enfilage toron par toron (p. 143), les excentricités des câbles (e) par rapport au conduit (distance entre centres de gravité du câble et du conduit) sont données tableau 5.

| Unités de câbles | Ø gaine (mm) | Excentricité (mm) |
|---|---|---|
| 5-1 | 20/25 | 4 |
| 5-3 | 35/40 | 7 |
| 5-4 | 40/45 | 7 |
| 5-7 | 50/57 | 8 |
| 5-12 | 65/72 | 11 |
| 5-19 | 80/87 | 13 |
| 5-22 | 85/92 | 12 |
| 5-31 | 100/107 | 14 |
| 5-37 | 120/127 | 23 |
| 5-42 | 130/137 | 26 |
| 5-55 | 140/150 | 23 |
| 6-1 | 25/30 | 5 |
| 6-2 | 35/40 | 6 |
| 6-3 | 40/45 | 6 |
| 6-4 | 45/50 | 6 |
| 6-7 | 60/67 | 10 |
| 6-12 | 80/87 | 14 |
| 6-19 | 100/107 | 17 |
| 6-31 | 130/137 | 22 |
| 6-37 | 140/150 | 25 |

*Tableau 5. Excentricité du câble par rapport à la gaine.*

### 4.5.6. Géométrie du câble

Les rayons de courbure minimaux R des câbles et le tronçon rectiligne L derrière l'ancrage sont définis fig. 27 et 28.

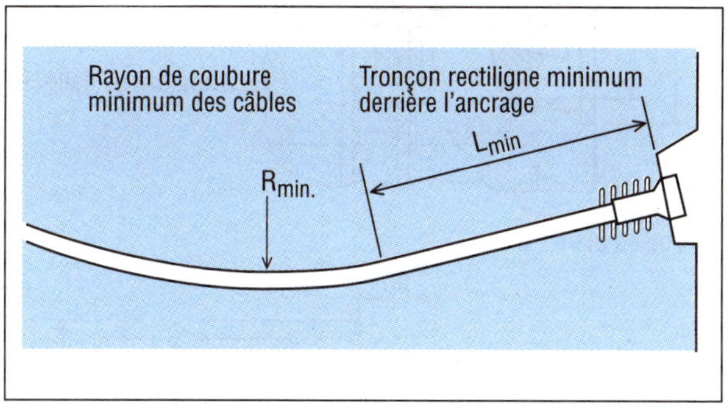


*Fig. 27. Définition de R et L.*

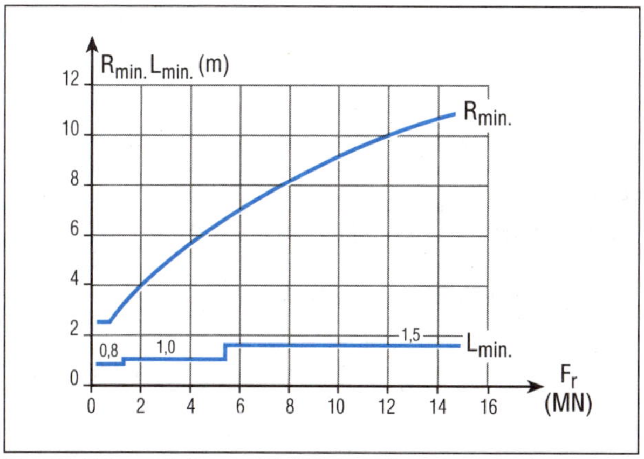


*Fig. 28. Valeurs de R et L ($F_r$ définie tableau 1 p. 142).*

### 4.5.7. Support des câbles

L'espacement recommandé des supports de câbles est le suivant :

- gaine métallique normale : 0,8 à 1,2 m,
- gaine en polyéthylène : 0,8 à 1,0 m.

### 4.5.8. Force de précontrainte dans les câbles et notion de pertes

La force de précontrainte initiale exercée à l'extrémité d'un câble diminue le long de celui-ci et décroît dans le temps.

Les pertes par frottement dans le système d'ancrage sont dues aux déviations des torons et au frottement de ceux-ci sur les clavettes. Suivant ce type d'ancrage et l'unité de câble, elles varient entre 2 et 4 % de la précontrainte initiale. Les pertes par frottement dues aux déviations du câble se calculent selon la formule de Coulomb :

$$P_0(x) = P_0\, e^{-f\alpha - \varphi x}$$

où :

- $P_0(x)$ est la force de précontrainte dans la section étudiée d'abscisse $x$,
- $P_0$ est la force de précontrainte à l'ancrage mobile,
- $f$ est le coefficient de frottement en courbe, exprimé en $rd^{-1}$,
- $\alpha$ est la somme de toutes les déviations angulaires du câble jusqu'à la section étudiée (en radians),
- $\varphi$ est le coefficient de perte de tension par unité de longueur (tolérances de pose), exprimé en $m^{-1}$.

Les valeurs de $f$ et $\varphi$ dépendent du type d'acier de précontrainte et de l'état de surface, du type de gaine utilisé, de son diamètre, de son état, ainsi que du mode de mise en œuvre du câble (tableau 6).

| | Type de gaine | |
|---|---|---|
| | Métallique | Polyéthylène |
| $f$ ($rd^{-1}$) | 0,2 | $0{,}8 \cdot 10^{-3}$ |
| $\varphi$ ($m^{-1}$) | 0,14 | $10^{-3}$ |

*Tableau 6. Valeurs de $f$ et $\varphi$.*

Pour le calcul des pertes dues au retrait et fluage du béton, il convient de se reporter aux normes applicables au projet (p. 151).

La relaxation de l'acier de précontrainte dépend essentiellement du type d'acier, de la tension initiale et de la température. Les torons les plus fréquemment utilisés sont dits à Très Basse Relaxation (TBR). Pour ce type de toron, la perte à 1 000 h (température de 20 °C et tension initiale de 70 % de la résistance nominale à la traction (p. 142)) se monte au maximum à 2,5 %. Des spécifications plus détaillées sont données dans les normes relatives aux aciers de précontrainte.

Lors du blocage des torons dans l'ancrage, les clavettes se déplacent d'une cote constante de 6 mm, indépendamment du type de vérin utilisé et de l'unité de câble. Cette rentrée des clavettes peut être compensée si nécessaire.

# 5. PRÉCONTRAINTE DES DALLES

## 5.1. Système VSL

Il s'applique à tous les types de dalles de bâtiments ainsi qu'aux tabliers de ponts et autres structures analogues.

Les câbles de précontrainte utilisés sont composés de 4 torons au maximum (Ø 13 ou 15 mm) contenus dans une gaine plate qui sera injectée (fig. 29).

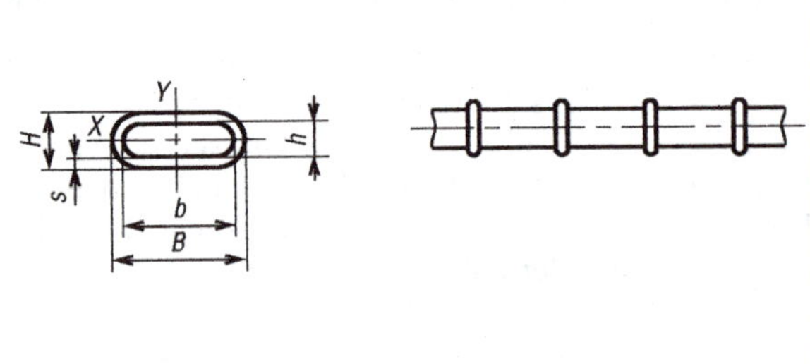


| Type de torons | Unités de câbles | Nombre de torons | Charge de rupture garantie | |
|---|---|---|---|---|
| | | | Buronorm 138-79 ou BS5896-1980 Super (kN) | ASTM A 416-85 Grade 270 (kN) |
| 13 mm (0,5") | 5-4 | 4 | 744 | 735 |
| 15 mm (0,6") | 6-4 | 4 | 1060 | 1043 |

| | Unités de câbles | h | H | b | B | s |
|---|---|---|---|---|---|---|
| Gaine métallique | 5-4<br>6-4 | 18 | 21 | 72 | 75 | 0,3 |
| Gaine en polyéthylène PT-PLUS | 5-4<br>6-4 | 21 | 35 | 72 | 86 | 2 |

Dimensions en mm

*Fig. 29. Dimensions des gaines et caractéristiques des câbles.*

Les torons sont mis en tension et bloqués individuellement. L'installation des câbles et l'injection sont similaires au système à torons. Les dimensions des ancrages sont fonction du diamètre des torons.

## 5.2. Dispositions constructives

Les principales dispositions relatives à la précontrainte des dalles sont indiquées ci-après :

- Espacement des supports de câbles : 0,8 à 1,0 m;
- Rayon de courbure minimal des gaines plates : 2,5 m autour de l'axe X, 6 m autour de l'axe Y (fig. 30) ;
- Partie droite derrière l'ancrage : 0,5 m;
- Les coefficients de frottement à prendre en compte pour le dimensionnement sont identiques à ceux pris pour les torons;
- Dégagements autour des vérins : fig. 31;
- Dimensions des ancrages et des coupleurs : fig. 32.

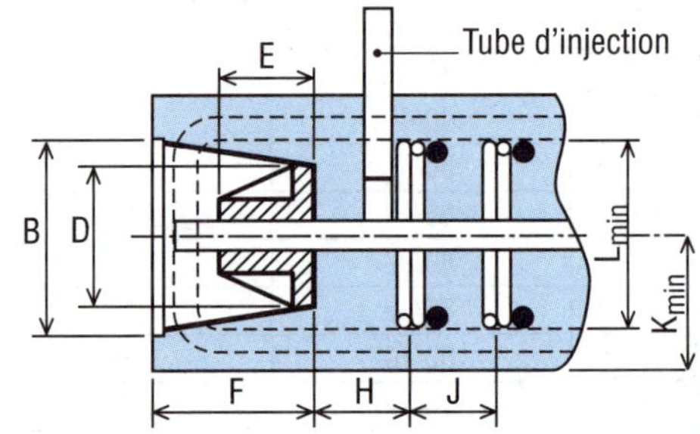


Les détails de l'armature dans la zone d'ancrage sont à définir par l'auteur du projet. La disposition présentée est celle habituellement utilisée dans les dalles de bâtiment.

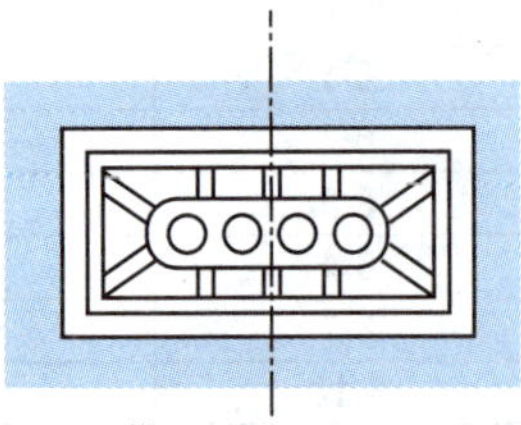

X = entraxe
$X_R$ = distance du bord
$X_R$ = (0,5 X) + recouvrement de l'armature selon norme

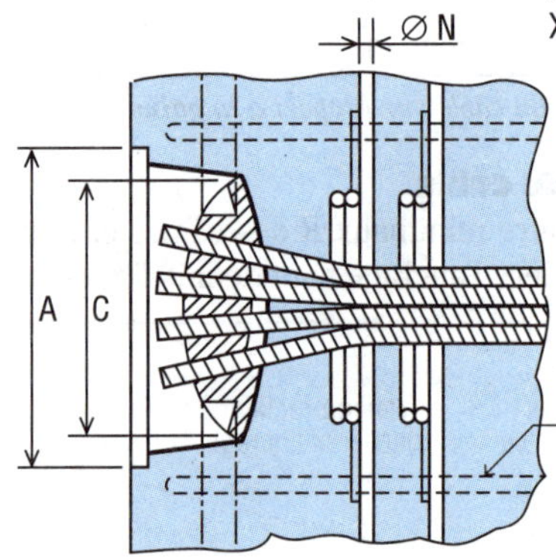


Vue en plan

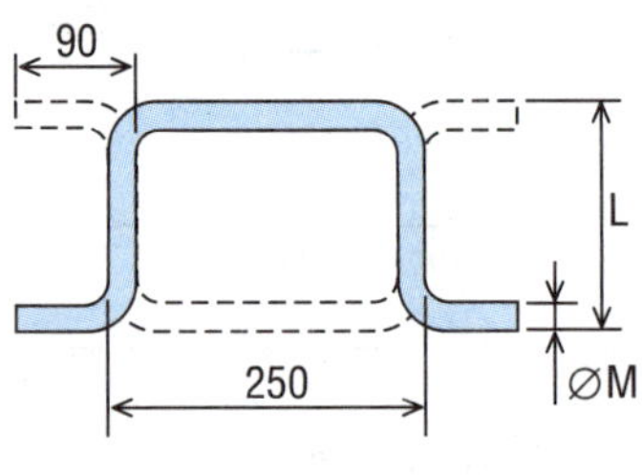


| Type | A | B | C | D | E | F | H(1) | J | $K_{min}$ | $L_{min}$(2) | ØM | ØN | X |
|---|---|---|---|---|---|---|---|---|---|---|---|---|---|
| SO5-4 | 306 | 144 | 250 | 96 | 65 | 103 | K-30 | 75 | 110 | 1,5 × K | 10 | 15 | 370 |
| SO6-4 | 330 | 168 | 280 | 115 | 75 | 127 | K-30 | 75 | 120 | 1,5 × K | 12 | 16 | 400 |

Dimensions en mm.
Béton de résistance nominale à la compression ⩾ 25 MPa (sur cube) resp. 20 MPa (sur cylindre) à 28 jours.
(1) Utiliser la valeur effective de K pour calculer H.
(2) Choisir L aussi grand que possible compte tenu de l'épaisseur de la dalle et du recouvrement ($L_{min} = 1,5 \times K$).

*Fig. 30. Rayon de courbure minimal des gaines plates.*

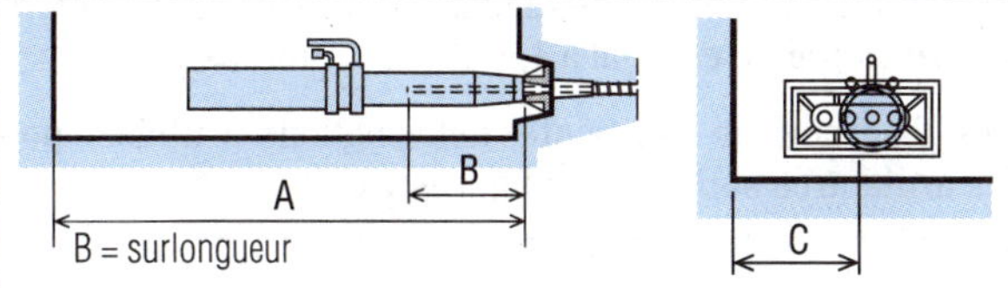


| Type de vérins | Unités de câbles | A (mm) | B (mm) | C (mm) |
|---|---|---|---|---|
| ZPE-23 FJ | 5-4<br>6-4 | 1100 | 260 | 280<br>300 |
| DKP-5 | 5-4 | 1000 | 260 | 270 |
| DKP-6 | 6-4 | 1200 | 400 | 300 |

*Fig. 31. Dégagements autour des vérins.*

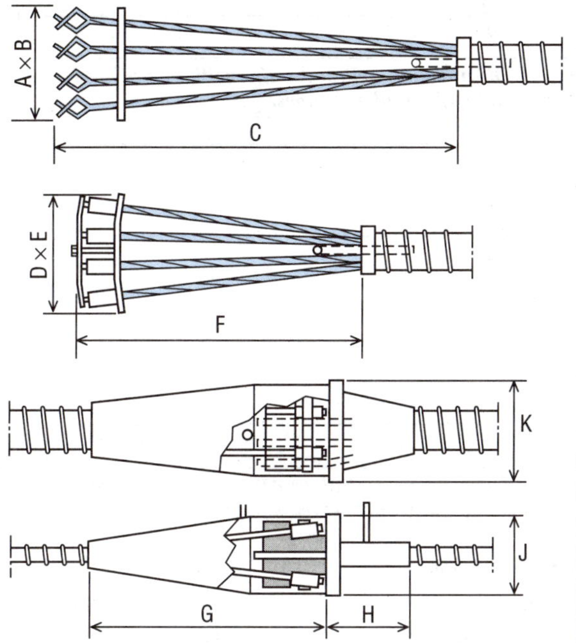


Dimensions en mm.
Dimensions valables pour bétons de résistance nominale à la compression ⩾ 25 MPa (sur cube) à 28 jours.
Précontrainte totale applicable pour une résistance du béton ⩾ 80 % de la résistance nominale à la compression.
Force de précontrainte max. 75 % de la charge de rupture garantie du câble (surtension momentanée à 80 %).

| Type | A | B | C |
|---|---|---|---|
| H 5-4 | 310 | 70 | 930 |
| H 6-4 | 390 | 90 | 950 |

| Type | D | E | F |
|---|---|---|---|
| P 5-4 | 230 | 65 | 360 |
| P 6-4 | 260 | 80 | 430 |

| Type | G | H | J | K |
|---|---|---|---|---|
| SK 5-4 | 408 | 150 | 140 | 170 |

*Fig. 32. Dimensions des ancrages et des coupleurs.*

# 6. PRÉCONTRAINTE PAR MONOTORONS

## 6.1. Système VSL

Il est similaire au système utilisé pour les dalles (p. 148). En revanche, il s'agit d'un système sans injection (fig. 33).

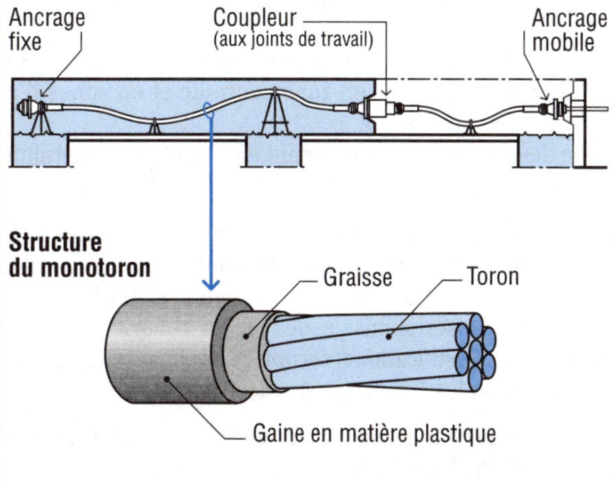


*Fig. 33. Schéma de principe d'un câble monotoron.*

Les torons utilisés ont un diamètre de 15 mm. Ils sont recouverts en usine d'un film de graisse assurant une protection durable contre la corrosion et empêchant, d'autre part, toute liaison entre le toron et le béton. La gaine est généralement en polyéthylène ou polypropylène (Ø ext. = 18 mm, $e$ = 1 mm).

Les monotorons sont disposés séparément ou groupés par faisceaux de 2, 3 ou 4 torons. Chaque toron est ancré, mis en tension et bloqué individuellement. L'utilisation de manchons spéciaux dans la zone de transition entre ancrages et torons et la pose d'un capuchon sur les ancrages garantissent une protection continue contre la corrosion.

Les pertes par frottement sont très faibles. Ils permettent d'excentrer au maximum l'effet de la précontrainte.

## 6.2. Dispositions constructives

Les principales dispositions relatives à la précontrainte par monotorons sont indiquées ci-après :

- Espacement des supports de câbles : 0,6 à 1,5 m ;
- Rayon de courbure minimal : 2,5 m ;
- Partie droite derrière l'ancrage : 0,5 m ;
- Les coefficients de frottement à prendre en compte pour le dimensionnement sont les suivants :

$$f = 0{,}06\ \text{rd}^{-1}\ \text{(p. 147)}$$
$$\varphi = 0{,}5 \cdot 10^{-3}\ \text{m}^{-1}$$

Il en résulte, dans les cas courants de dalles de bâtiments, une perte de tension de 2,5 % pour 10 m de longueur de monotoron.

# BASES DE CALCUL

Règles BPEL 2000, AFNOR P 18-703

## 1. INTRODUCTION

Le processus de détermination des ouvrages en béton précontraint comporte quatre phases principales :

- l'analyse et la modélisation de la structure et des actions qui lui sont appliquées (§ 2.2.),
- le choix d'une méthode de calcul des sollicitations adaptée (p. 151),
- la détermination des armatures de précontrainte et des armatures passives en zone courante et en zones d'extrémités (appuis,...),
- le dessin d'armatures prenant en compte les contraintes d'exécution sur chantier.

Les calculs de béton précontraint sont menés selon les règles BPEL 2000 (Béton Précontraint aux États-Limites) en tenant compte de l'annexe 14 pour les BHP, en appliquant des prescriptions issues de la théorie des états-limites : les justifications seront conduites selon les E-L ultimes et/ou les E-L de service (p. 152).

Le lecteur pourra se reporter au *Précis de structures de génie civil* (AFNOR-Nathan) pour tout ce qui concerne la modélisation des structures.

## 2. BASES DE CALCUL

La lecture et l'analyse des plans, du Cahier des clauses techniques particulières (CCTP), du rapport de sol et la connaissance de conditions spéciales de mise en œuvre permettent de déterminer les caractéristiques nécessaires (p. 145) avant de démarrer la procédure de calcul.

### 2.1. Matériaux

On se reportera p. 101 pour déterminer les caractéristiques du béton employé selon les performances à atteindre en phase définitive puis en phase de travaux (coulage, prise, durcissement, décoffrage, mise en tension, désétaiement, manutention et stockage éventuellement).

Les caractéristiques des armatures sont similaires à celles utilisées pour le béton armé à l'exception des armatures actives de précontrainte (fils, torons, barres) [BPEL Art. 2.2.], détaillées tableau 1.

| Désignation | Diamètre nominal (mm) et désignation | Section nominale ($mm^2$) | Masse nominale (kg/m) | $f_{prg}$ (résistance maximale à rupture) : classe en MPa / $f_{peg}$ (limite élastique conventionnelle à 0,1 %) (MPa) | | | |
|---|---|---|---|---|---|---|---|
| | | | | 1570 | 1670 | 1770 | 1860 |
| Fils | 7 | 38,5 | 0,302 | 1403* 1377** | 1481 | | |
| | 8 | 50,3 | 0,395 | 1377** 1392** | 1491 | | |
| Torons 7 fils standard | 12,5 (T13) | 93 | 0,73 | | | 1570 | 1656 |
| | 15,2 (T15) | 139 | 1,091 | | 1489 | 1583 | 1660 |
| Torons 7 fils super | 12,9 (T13 S) | 100 | 0,785 | | | | 1660 |
| | 15,7 (T15 S) | 150 | 1,178 | | | 1573 | 1660 |

*Nota :* * = tréfilé à froid, ** = trempé et revenu.

*Tableau 1. Caractéristiques des armatures actives de précontrainte.*

Le module d'élasticité longitudinale $E_p$ des armatures actives de précontrainte est égal à $1{,}9 \cdot 10^5$ MPa (torons).

Les diagrammes contraintes-déformations à utiliser pour les armatures sont donnés figures 1 et 2.

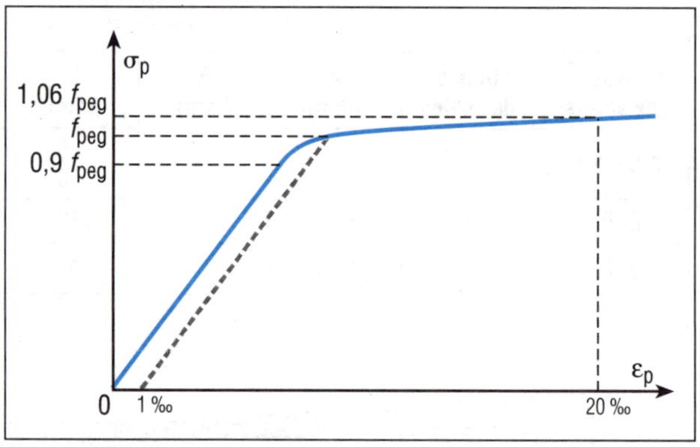


*Fig. 1. Diagrammes contraintes-déformations des armatures de précontrainte (fils tréfilés et torons).*

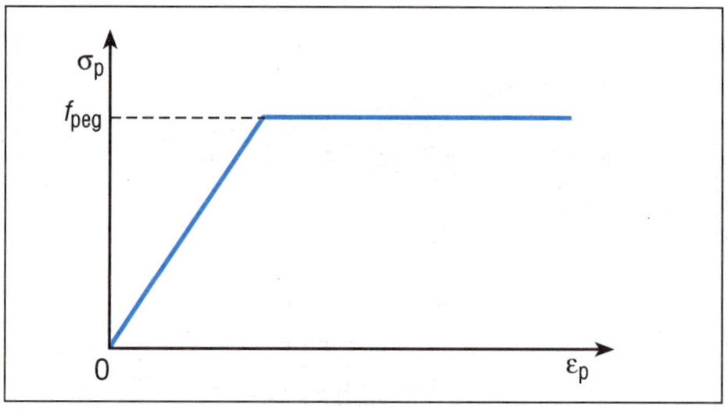


*Fig. 2. Diagramme contraintes-déformations des armatures de précontrainte (fils trempés et revenus, et barres).*

### 2.2. Actions

L'évaluation des actions à prendre en compte est menée soit par calcul direct (poids propre, équipements fixes, poussée,...), soit d'après des valeurs conventionnelles (actions d'exploitation, climatiques,...) [BPEL Art. 4.1., annexe 8 A] : p. 22.

*Nota :* pour les cas particuliers des ponts-routes, on se reportera au document « CPC, fascicule 61, titre II ».

#### 2.2.1. Actions dues à la précontrainte : tension à l'origine

La tension à l'origine [BPEL Art. 3.2.] a pour expression :

$$\sigma_{p0} = \text{Min}\ [T_0\,;\, 0{,}8\,f_{prg}\,;\, 0{,}9\,f_{peg}]$$

où $T_0$ est une valeur fixée par agréments du procédé de précontrainte employé.

Pour les justifications aux ELS, la valeur de calcul $P_d$ est la plus défavorable des deux valeurs caractéristiques en post-tension (p. 142) :

$$P_1\,(x,t) = 1{,}02\,P_0 - 0{,}8\,\Delta P\,(x,t)$$
$$P_2\,(x,t) = 0{,}98\,P_0 - 1{,}2\,\Delta P\,(x,t)$$

où $P_0$ représente la valeur de la précontrainte à l'origine (tension $\sigma_{p0}$) et $\Delta P\ (x, t)$ la perte de précontrainte à l'abscisse $x$ et à l'instant $t$.

Pour les justifications aux ELU, la valeur de calcul $P_d$ est égale à sa valeur probable $P_m$ :

$$P_m\ (x, t) = P_0 - \Delta P\ (x, t)$$

### 2.2.2. Actions dues à la précontrainte : évaluation des pertes

Les pertes de tension en précontrainte par post-tension (BPEL Art. 3.3.) se décomposent en pertes instantanées et en pertes différées :

Les pertes instantanées se produisent :

- par frottement de l'armature (BPEL annexe 3) ; valeur courante pour le coefficient de frottement en courbe : $f = 0{,}18\ \mathrm{rd}^{-1}$ et pour le coefficient de perte de tension par unité de longueur : $\varphi = 0{,}002\ \mathrm{m}^{-1}$ ;
- par un recul d'ancrage : une valeur $g$ (mm) est donnée par l'agrément du procédé. On en déduit une distance d'influence du recul d'ancrage : $dr = \left[\dfrac{g \cdot Ep}{\delta}\right]^{1/2}$ où $\delta = \dfrac{\Delta\sigma}{\Delta\ell}$
- par des déformations instantanées du béton.

Les pertes différées se produisent :

- par retrait du béton (BPEL annexe 1.3. et annexe 14 art. 3.3., 21 pour les BHP),
- par fluage du béton (BPEL annexe 1.4. et annexe 14 art. 3.3., 22 pour les BHP),
- par relaxation de l'acier (BPEL annexes 2.3. ; 2.4. ; 2.5.).

Le tableau 2 donne la valeur à considérer pour évaluer ce phénomène.

| | Très basse relaxation (TBR) | Relaxation normale (RN) |
|---|---|---|
| $\rho_{1000}$ | 2,5 % | 8 % |

*Tableau 2. Relaxation (BPEL art. 2.2.2.) à 1 000 heures.*

Les pertes de tension en précontrainte par pré-tension sont données dans les règles BPEL à l'article 3.4.

## 2.3. Sollicitations N, V, M

Les combinaisons d'actions (BPEL art. 4.5. ; 4.6. et annexe 8B) sont similaires à celles employées pour le béton armé : p. 103.

Les sollicitations sont généralement calculées en utilisant pour la structure un modèle élastique et linéaire, selon des méthodes issues de la résistance des matériaux [BPEL art. 4.3. et 4.4.] à partir des sections de béton seul (sections brutes [BPEL art. 5.1.] : les vides ne sont pas déduits, les armatures ne sont pas prises en compte) et en supposant les pièces non fissurées.

- **Sollicitations de calcul ELU** (p. 106) : BPEL art. 4.5. (justifications à partir de $P_m$).

On s'intéresse aux combinaisons fondamentales et accidentelles et la combinaison la plus courante est la suivante :

$$1{,}35\ G + 1{,}5\ Q + P_m$$

- **Sollicitations de calcul ELS** (p. 106) : BPEL art. 4.6. (vérifications à partir de la valeur de la précontrainte $P_1$, à la mise en exploitation et, à partir de la valeur de la précontrainte $P_2$, à long terme).

On s'intéresse alors aux combinaisons rares, fréquentes et quasi permanentes. La combinaison la plus courante est la suivante :

$$G + Q + P_d$$

où $P_d$ représente la valeur maximale entre $P_1$ et $P_2$.

*Nota :* pour les cas des situations d'exécution, on se reportera au BPEL, à l'article 4.6.

## 2.4. Justification des sections sous sollicitations normales

Les justifications sont conduites selon les États-Limites Ultimes (ELU) et/ou les États-Limites de Service (ELS).

### 2.4.1. Justification des sections sous sollicitations normales aux ELS

On distingue quatre types de sections de référence pour le calcul des contraintes :

- la section non fissurée ;
- la section nette, égale à la section brute dont on déduit les vides longitudinaux et transversaux. Les armatures passives peuvent être prises en compte avec un coefficient d'équivalence $n_i = 5$ (pour le calcul avec charges instantanées) ou $n_v = 15$ (pour le calcul avec charges de longue durée)[(1)]. Cette section est prise en compte pour le calcul des contraintes dues aux actions permanentes ;
- la section homogène, égale à la section nette à laquelle on ajoute $n_i$ fois les sections des armatures longitudinales de précontrainte (calcul des contraintes dues aux actions variables, avec $n_i = 5$). Les armatures passives peuvent être prises en compte selon les mêmes prescriptions que celles déjà citées pour les sections nettes ;
- la section fissurée où l'on prend en compte la section comprimée de béton, $n_v$ fois la section des armatures passives, $\rho \cdot n_v$ fois la section des armatures de précontrainte avec $\rho = 1$ en pré-tension, $\rho = 0{,}5$ en post-tension si le système de précontrainte mis en œuvre requiert coulis d'injection et gaines, sinon $\rho = 0$.

La section d'enrobage (BPEL : commentaire art. 5.3.) est illustrée fig. 3.

(1) Pour les BHP de résistance supérieure ou égale à 60 MPa, $n_v = 9$.

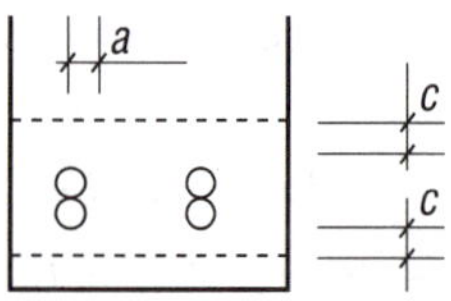


Épaisseur de la section d'enrobage : $2 \cdot c$ + épaisseur des armatures de précontrainte
En précontrainte par post-tension, on prendra :

$$c \geqslant \max \left[ \frac{3a}{4} ; \Phi \text{ (limité à 80 mm)} ; 40 \text{ mm} \right]$$

*Fig. 3. Section d'enrobage (BPEL : commentaire art. 5.3.).*

Dans le cas des États-Limites de Service (ELS : BPEL art. 6.1.), le règlement distingue trois classes de vérifications des sections illustrées tableau 3 et correspondant aux contraintes limites des matériaux. Quelle que soit la classe de vérification retenue, les contraintes de compression et de traction du béton sont limitées aux valeurs figurant dans le tableau 3.

Abréviations :

- Situation d'exploitation :
  - combinaison quasi permanente CQP
  - combinaisons rares CR
  - combinaisons fréquentes CF
- Situation d'exécution EXEC
- Section d'enrobage ENRO (fig. 3)
- Le reste de la section REST (fig. 3)
- Fissuration préjudiciable FP

| | | | Classe I | Classe II | Classe III |
|---|---|---|---|---|---|
| Béton Compression | CQP | | $0{,}5 \cdot f_{c28}$ | | |
| | CF | | $0{,}6 \cdot f_{c28}$ | | |
| | CR | | $0{,}6 \cdot f_{c28}$ | | |
| | EXEC | | $0{,}6\ f_{cj}$ | | |
| Béton Traction | CQP | ENRO | 0 | 0 | 0 |
| | | REST | 0 | $1{,}5\ f_{tj}$ | |
| | CF | ENRO | 0 | 0 | |
| | | REST | 0 | $1{,}5\ f_{tj}$ | |
| | CR | ENRO | 0 | $f_{tj}$ | |
| | | REST | 0 | $1{,}5\ f_{tj}$ | |
| | EXEC | ENRO | $0{,}7 \cdot f_{tj}$ | $0{,}7 \cdot f_{tj}$ | |
| | | REST | $0{,}7 \cdot f_{tj}$ | $1{,}5 \cdot f_{tj}$ | |
| Armatures Précontrainte Surtension | CQP | | | | 100 MPa |
| | CF | | | | |
| | CR | | | | $< 0{,}10\ f_{prg}$ |
| | EXEC | | | | $< 0{,}10\ f_{prg}$ |
| Aciers Passifs | CQP | | | | |
| | CF | ENRO | | | $0{,}35\ f_e$ |
| | | REST | | | |
| | CR | | | | $f_{sser}$ FP |
| | EXEC | | | | $f_{sser}$ FP |

*Tableau 3. Calcul des contraintes aux ELS selon la classe de vérification envisagée.*

*Nota :* suivant la classe de vérification envisagée, le calcul des contraintes pour les classes I et II sera effectué en section non fissurée nette (contraintes dues aux actions permanentes) ou homogène (contraintes dues aux actions variables, coef. $n_i = 5$), et pour la classe III, en section fissurée.

#### 2.4.2. Règles complémentaires relatives aux armatures passives

Diverses armatures passives doivent être mises en place [BPEL art. 6.1.3.] :

- **des armatures de peau :**
  - la section des armatures longitudinales de peau ($A_l$), disposée parallèlement à la fibre moyenne, est égale à 3 cm² par mètre de parement mesuré perpendiculairement à la fibre moyenne,
  - la section des armatures transversales ($A_t$), disposée perpendiculairement à la fibre moyenne, est égale à 2 cm² par mètre de parement mesuré parallèlement à la fibre moyenne,
  - la section totale d'armatures longitudinales ($A_{l\ totale}$) doit être supérieure à 0,10 % de la section de béton B ;
- **un ferraillage minimal $A_s$ :**

$$A_s = B_t/1\,000 + N_{bt} \cdot f_{tj}/f_e \cdot \sigma_{Bt}$$

où

- $B_t$ représente la section de béton tendu,
- $f_{tj}$ est égale à la résistance en traction du béton à *j* jours (p. 101),
- $f_e$ correspond à la nuance de l'acier utilisé (p. 41),
- $\sigma_{Bt}$ est la valeur absolue de la contrainte maximale de traction,
- $N_{Bt}$ est la résultante des efforts de traction déterminée à partir des diagrammes des contraintes définies aux ELS.

### 2.5. Justification des sections sous sollicitations normales aux ELU [BPEL Art. 6.3.]

Les sollicitations de calcul $S_u$ [$N_u$, $M_u$] déterminées conventionnellement à partir des hypothèses sur le comportement des matériaux (modèle élastique et linéaire) doivent être intérieures à un domaine résistant $S_{lim \cdot u}$ [$N_{lim \cdot u}$, $M_{lim \cdot u}$] (BPEL commentaire art. 6.3.2.).

Le diagramme des déformations limites de la section appelé aussi « diagramme des 3 pivots A, B et C » est décrit p. 114.

Le diagramme des déformations-contraintes du béton est donné p. 113.

On se reportera aux figures 1 et 2 pour les diagrammes déformations-contraintes des armatures passives et de précontrainte.

# 3. JUSTIFICATION DES SECTIONS SOUS SOLLICITATIONS TANGENTES

L'effort tranchant réduit, pour une poutre droite isostatique, a pour expression :

$$V_{red} = V_{max} - P \sin \alpha$$

où

- P représente l'effort de précontrainte dans la section considérée,
- $\alpha$ est l'angle de relevage du câble illustré fig. 4.

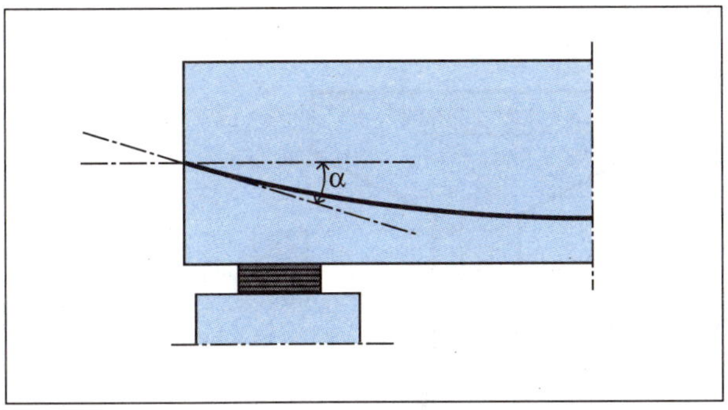


*Fig. 4. Angle de relevage du câble.*

## 3.1. Justification des sections sous sollicitations tangentielles aux ELS [BPEL Art. 7.2.]

On doit vérifier pour une poutre sans étriers actifs la relation suivante :

$$\tau_{red} = V_{red}\, S/I \cdot b_n \leqslant \text{Min}\ (\tau_{1adm}, \tau_{2adm})$$

où l'épaisseur nette $b_n = b_0 - n\Phi/2$

$n$ est le nombre de câbles,

Ø est le diamètre des gaines injectées.

$\tau_{1adm} = [0{,}4 f_{tj}\ (f_{tj} + 2\sigma_x/3)]^{1/2}$ avec $\sigma_x = P/B$

$\tau_{2adm} = [[2 f_{tj}\ (0{,}6 f_{cj} - \sigma_x)\ (f_{tj} + 2\sigma_x/3)]/f_{cj}]^{1/2}$

## 3.2. Justification des sections sous sollicitations tangentielles aux ELU [BPEL Art. 7.3.]

On doit vérifier pour une poutre sans étriers actifs et avec des armatures passives verticales, la relation suivante :

$$\tau_{red} \leqslant \tau_{u\,lim}$$

Cette relation permet de déterminer les armatures transversales :

$$A_t f_e / b_n\, s_t\, \gamma_s \geqslant (\tau_u - f_{tj}/3) \tan \beta_u \quad (1)$$

$$\tan 2\beta_u = 2\, \tau_u/\sigma_x$$

Il faut prévoir un pourcentage minimum d'armatures transversales tel que :

$$A_t/s_t \geqslant 0{,}4\, b_n\, \gamma_s/f_e \quad (2)$$

Pour les BHP, le terme $f_{tj}/3$ dans la relation (1) est remplacé par $0{,}16 f_{cj}^{1/2}$ et la valeur 0,4 dans la relation (2) est remplacée par $0{,}13 f_{tj}$.

L'espacement maximal des nappes d'armatures $s_t$ est limité :

$$s_t < \min\ [0{,}8\, h\, ;\, 3\, b_0\, ;\, 1\ \text{m}]$$

*Nota*

- Au voisinage de la zone d'appui à l'about d'une poutre, du fait de la distribution particulière des contraintes, il est nécessaire d'effectuer les justifications complémentaires suivantes :
  - justification de la bielle d'about (BPEL art. 7.5.1.)
  - justification de l'équilibre du coin inférieur (BPEL art. 7.5.2.)
- Les principes de justification et les dispositions constructives spécifiques aux zones d'introduction des forces de précontrainte sont exposés dans le chapitre 8 et l'annexe 4 du BPEL.

# 4. DISPOSITIONS CONSTRUCTIVES [BPEL CHAP. 10]

## 4.1. Cas de la précontrainte par post-tension

Le tracé, la position et l'enrobage des armatures de précontrainte doivent respecter des conditions permettant d'assurer une qualité d'exécution compatible avec les exigences de durabilité admises pour ce type de pièces.

Le dimensionnement d'ensemble des pièces et de leurs assemblages résulte des justifications fournies p. 152, les sollicitations correspondantes étant celles définies p. 153.

Leur dimensionnement de détail doit être examiné, à tout stade de l'exécution et en service, de façon à déceler tous les risques d'apparition de traction, de compressions excessives ou d'instabilité.

Ce dimensionnement de détail doit également être fixé, dans certains cas, en fonction des conditions de mise en œuvre.

Ces conditions peuvent conduire à fixer par exemple :

- les épaisseurs d'âmes (des épaississements locaux pouvant s'avérer nécessaires) ;
- le dessin des goussets de raccordement des âmes aux membrures (leur pente devant permettre un bétonnage facile avec les moyens de mise en œuvre escomptés) ;
- les dispositions particulières de coffrage à prévoir dans les zones d'ancrage des armatures de précontrainte ;
- des dégagements compatibles avec l'encombrement du matériel de mise en tension des armatures ;
- des réservations pour fixation et passage de coffrages et échafaudages, sous réserve que ces réservations ne soient pas dommageables pour la qualité des ouvrages.

### 4.1.1. Tracé des armatures de précontrainte

Les dessins généraux définissant le tracé des armatures de précontrainte doivent être accompagnés dans les zones délicates de dessins de détail représentant à une échelle suffisante la position relative des conduits de précontrainte et des armatures passives à l'intérieur des coffrages.

### 4.1.2. Groupement des armatures de précontrainte

Le groupement des armatures de précontrainte doit satisfaire aux conditions suivantes :

- le nombre de conduits dans chaque paquet est limité :
  - dans le sens horizontal à :

    2 si Ø ⩽ 5 cm
    1 si Ø > 5 cm

  - dans le sens vertical à :

    3 si Ø ⩽ 5 cm
    2 si 5 cm < Ø < 10 cm
    1 si Ø ⩾ 10 cm

  Ø désignant le diamètre d'encombrement maximal des conduits intéressés ;
- la stabilité des paquets de conduits et leur immobilité pendant le bétonnage doivent être soigneusement assurées.

### 4.1.3. Espacement des armatures de précontrainte

En section courante, l'espacement (espacement horizontal : $e_H$, espacement vertical : $e_V$) des conduits isolés ou des paquets de conduits doit satisfaire aux conditions illustrées fig. 5.

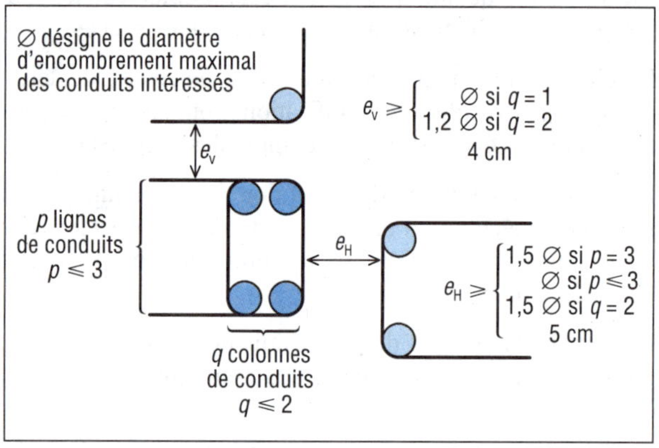


*Fig. 5. Espacement des armatures de précontraintes.*

Ces exigences visent à assurer une bonne mise en place du béton entre des conduits ou paquets satisfaisant aux conditions exposées au paragraphe précédent. Elles ne sont toutefois pas toujours suffisantes pour permettre le passage des aiguilles vibrantes. Des cheminées de vibration, de largeur supérieure au diamètre des aiguilles utilisées, doivent alors être prévues.

### 4.1.4. Distance des armatures de précontrainte aux parements

La distance minimale c entre un conduit ou un paquet de conduits de diamètre Ø (mm) et un parement, doit satisfaire aux conditions ci-après (fig. 6) :

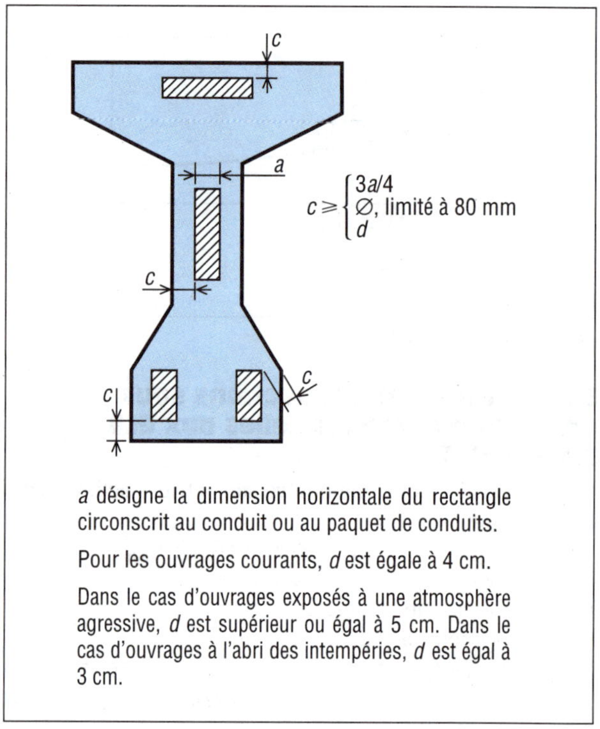


*Fig. 6. Distance des armatures de précontrainte aux parements.*

## 4.2. Cas de la précontrainte par pré-tension

On se reportera au BPEL Art. 10.3.

# Conception et caractéristiques principales des parois verticales

AFNOR NF P 10-202 (DTU N° 20-1), NF P 18-201 (DTU N° 21) ET -210 (DTU N° 23-1)

## 1. INTRODUCTION

À l'exception des maçonneries de remplissage en façade, des façades légères (non traitées dans cet ouvrage) et des cloisons et doublages les parois verticales ont un rôle porteur dans l'ouvrage (la descente des charges est abordée p. 23). Elles comportent souvent des ouvertures intérieures (portes traitées p. 190) ou extérieures (fenêtres traitées p. 177).

De plus, les murs de façade (fig. 1) protègent un espace habité du milieu extérieur (intempéries, gel...). Ces parois comportent généralement :
- sur la peau extérieure : un enduit traditionnel (relevant du DTU n° 26-1) ou pelliculaire (relevant d'un avis technique) assurant l'étanchéité de la paroi ;
- sur la peau intérieure : une double paroi ou un complexe isolant (fig. 1) améliorant les caractéristiques thermiques et acoustiques de la paroi (p. 52, 314 et 361).

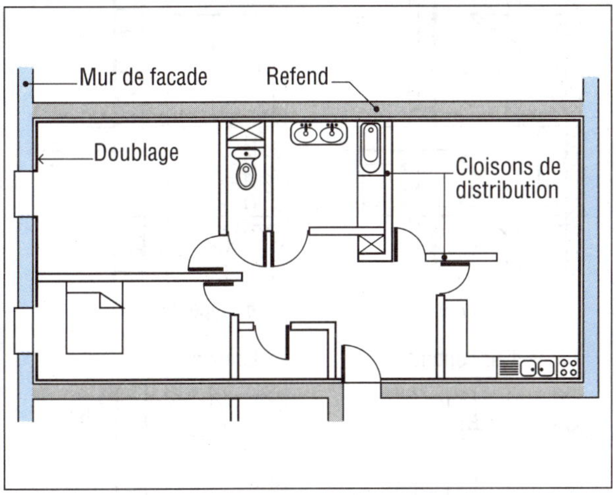


*Fig. 1. Différents murs d'une construction.*

Les murs de refend (fig. 1) servant à séparer des logements, entre eux ou avec une partie commune, ont un rôle porteur.

Certains murs sont réalisés en mettant en place des éléments d'une hauteur d'étage en béton (p. 165) ou en maçonnerie (non abordé ici).

À chaque type de mur, correspondent des exigences particulières à observer vis-à-vis de l'étanchéité à l'eau (p. 156), des problèmes acoustiques (p. 364), de la réglementation thermique (p. 335) ou des risques d'incendie (p. 301).

Les murs périphériques appartenant à l'infrastructure d'une construction sont à étudier particulièrement vis-à-vis des risques d'infiltration : page 305.

Les cloisons de distribution, éléments verticaux de faible épaisseur destinés pour l'essentiel à délimiter des volumes sans rôle porteur (fig. 1) sont traitées page 169.

## 2. MATÉRIAUX USUELS

• **Pour une construction individuelle ou un petit immeuble collectif (3 à 4 étages maximum : fig. 2),** les murs porteurs sont le plus souvent réalisés en maçonnerie traditionnelle de petits éléments assemblés, sur le chantier, à joints de mortier. Les règles de l'art (conception, calcul et exécution) sont regroupées dans le DTU n° 20-1 (p. 162).

*Fig. 2. Habitat collectif en maçonnerie des petits éléments.*

Les produits principalement utilisés sont :
- les briques creuses ou pleines de terre cuite (détaillées p. 43),
- les blocs creux ou pleins en béton de granulats courants ou légers (détaillés p. 45),
- les blocs de béton cellulaire assemblés au mortier ou à joints minces de colle,
- les moellons d'usage courant ou en pierre de taille, plus rarement utilisés.

• **En habitat collectif, (fig. 3), les murs porteurs sont la plupart du temps réalisés en béton banché,** c'est-à-dire coulés à leur emplacement définitif entre deux banches (fig. 4). Les règles de l'art (conception, calcul et exécution) sont définies dans les DTU n° 21 et 23-1 (AFNOR DTU P 18-201 et 210) dont les éléments principaux sont détaillés p. 158.

*Fig. 3. Murs en béton banché.*

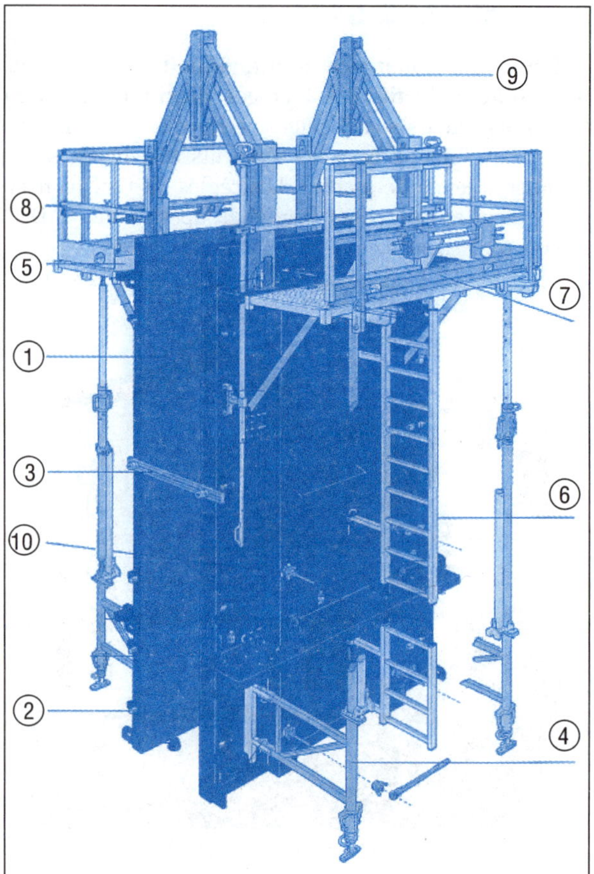


1 : Panneau de banche standart H : 2,520 m
2 : Taquet de positionnement
3 : Barrette d'about de voile
4 : Fermes tubulaires
5 : Passerelle de circulation
6 : Échelles
7 : Garde-corps normalisés
8 : Portillon Lg. 0,535 m
9 : Compas d'écartement
10 : Entretoise Ø24 FR complète Lg. 1,000 m

*Fig. 4. Banches métalliques à compas.*

Le matériel destiné à coffrer des éléments verticaux (ou horizontaux) est détaillé dans le *Précis de chantier* (AFNOR/Nathan), chapitre «Techniques de réalisation des porteurs verticaux (horizontaux)».

Toute autre technique de réalisation (maçonnerie, panneaux préfabriqués, etc.) peut être également retenue.

## 3. GUIDE POUR LE CHOIX D'UN MUR DE FAÇADE

On peut choisir, à l'aide du tableau 1, le type de mur de façade (fig. 5) à retenir en fonction de trois paramètres (situation, exposition, et hauteur de la construction).

| Hauteur du mur au-dessus du sol (m) | Façades Situation a, b, c | | | | Façades Situation d | | | | | |
|---|---|---|---|---|---|---|---|---|---|---|
| | Abritées | | Non abritées | | Abritées | | Non abritées | | | |
| | | | | | | | Zone littorale | | Front de mer | |
| < 6 | I | I | I ou IIa | I | I | I | IIa | II | IIb | II |
| $6 \leqslant H < 18$ | I | I | IIa | II | I | I | IIa | II | IIb | II |
| $18 \leqslant H < 28$ | I | I | IIa | II | I | I | IIb | II | III | III |
| $28 \leqslant H < 50$ | | | IIa ou IIb | II | | | III | III | III | III |
| $50 \leqslant H < 100$ | | | III ou IV | II à IV | | | IV | IV | IV | IV |

(colonne bleue) Maçonneries destinées à recevoir un enduit ou revêtement extérieur traditionnel — (colonne blanche) Béton banché

*Tableau 1. Choix d'un type de mur selon son exposition à la pluie.*

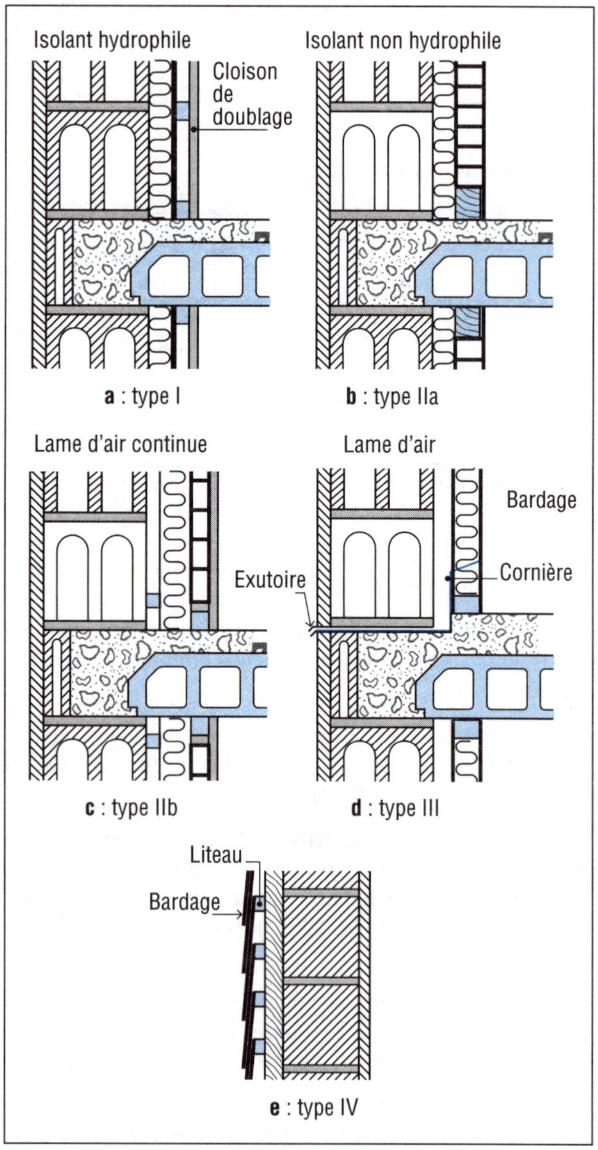


*Fig. 5. Différents types de mur selon les DTU n° 20-1 et 23-1.*

Les DTU n° 20.1 et n° 23.1 distinguent quatre types de murs, selon le rôle dévolu à la paroi en maçonnerie ou en béton dans le comportement à l'étanchéité à la pluie du mur complet :

- **Type I** (fig. 5 a) : pas de revêtement étanche sur le parement extérieur, aucune coupure de capillarité pour s'opposer au cheminement jusqu'à l'intérieur du mur d'une infiltration accidentelle d'eau de pluie. La conservation en bon état de la paroi elle-même est donc essentielle. Un enduit de parement plastique ou traditionnel ne change pas le type de la paroi.
- **Type II** (fig. 5 b et c) : type I avec une coupure de capillarité continue dans son épaisseur constituée par :
  - type IIa : un complexe de doublage comportant un isolant non hydrophile (polystyrène expansé, mousse de PVC ou de polyuréthane...) ou un isolant non hydrophile placé en sandwich entre la paroi et une cloison de doublage,
  - type IIb : une lame d'air continue.
- **Type III** (fig. 5 d) : mur de type I doublé par une seconde paroi séparée de la première par une lame d'air continue à la base de laquelle sont prévus des dispositifs de collecte et d'évacuation vers l'extérieur des eaux d'infiltration éventuelles. Le vide franc ne sera pas altéré si des précautions sont prises pour que les dispositifs d'attaches éventuels du complexe isolant ou d'un revêtement de façade type pierre agrafée n'offrent pas un chemin privilégié à l'eau, au-delà des relevés étanches.
- **Type IV** (fig. 5 e) : l'étanchéité à l'eau est assurée par un revêtement étanche (dérivé des techniques d'étanchéité ou de couverture) situé à l'extérieur de la paroi, comme les bardages (p. 324).

• **Quatre sites-types** sont répertoriés :
- site a : l'intérieur des grands centres urbains (la moitié des ouvrages sont au moins des R + 4),
- site b : petites ou moyennes villes, à la périphérie d'un grand centre urbain,
- site c : constructions isolées en rase campagne,
- site d : bord de mer, dans une ville côtière, en bordure d'un estuaire. Cette zone a une profondeur limitée couramment à 15 fois la hauteur réelle du bâtiment au-dessus du sol, mais peut atteindre parfois 10 km à l'intérieur des terres, dans des zones exposées à des vents dominants importants.

• **L'exposition** est « abritée » si la hauteur H au-dessus du sol d'une paroi ne dépasse pas 28 m dans l'un des cas mentionnés fig. 6. Des parties de façades comportant des balcons continus ou des loggias peuvent être considérées comme abritées aux conditions suivantes : H inférieure à 18 m, en site a, b ou c, hauteur libre sous balcon ou loggia supérieure au double du débord du balcon.

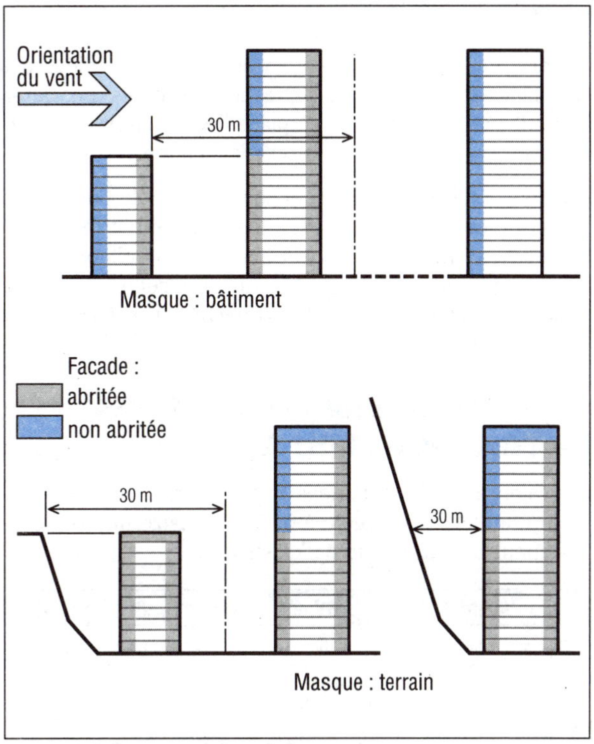


*Fig. 6. Exposition d'une façade.*

• **La hauteur de la construction** est déterminée en tenant compte de la présence éventuelle d'une dénivellation : figure 7.

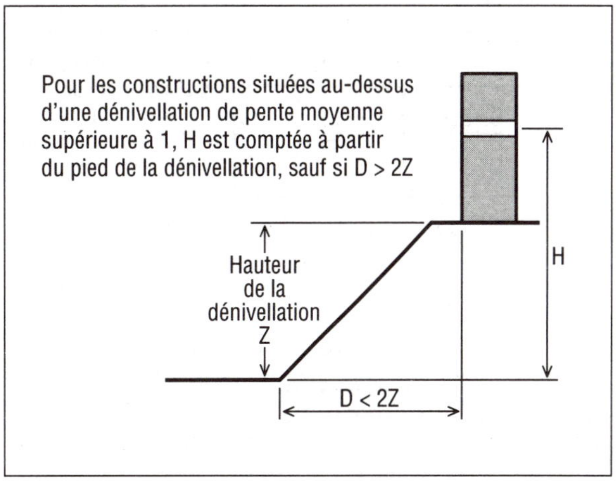


*Fig. 7. Hauteur d'une construction.*

Plus généralement, on s'efforce d'apprécier le climat local, l'environnement de la construction, notamment la pérennité des masques.

Les épaisseurs minimales admissibles pour chaque type de paroi sont indiquées dans leurs règles de calcul respectives : AFNOR DTU P 10-202 (DTU n° 20-1) pour les maçonneries, AFNOR DTU P 18-210 (DTU n° 23-1) pour le béton banché (respectivement p. 158 à 164).

# MURS EN BÉTON BANCHÉ

AFNOR NF P10-202 (DTU N° 20-1), NF P 18-201 ET NF P 18-210 (DTU N° 21 ET 23-1). Règles BAEL 99

## 1. INTRODUCTION

La mise en œuvre des murs en béton banché relève des spécifications relatives aux travaux exécutés en béton (p. 136) : matériaux, mise en place des armatures, état de surface du parement, tolérances d'exécution…

Les murs en béton banché ont souvent un rôle porteur. Ils comprennent des armatures de comportement fixées forfaitairement (mur dit « non armé ») et, éventuellement, des armatures calculées (mur dit « armé ») selon les règles indiquées par le DTU n° 23-1 (AFNOR DTU P 18-210) et les règles BAEL 99.

## 2. ARMATURES MINIMALES DITES DE COMPORTEMENT

Les valeurs indiquées tableau 1 correspondent à des aciers de limite d'élasticité égale à 500 MPa (faire une règle de trois pour une autre limite d'élasticité).

| Valeurs | RV | CV | CH | $RH_1$ |
|---|---|---|---|---|
| Section en cm² (S 500) | 0,68 | 1,2 | 1,2 ou 0,28 L | 0,8 |
| RH | – mur intérieur : RH = 1,2 cm²<br>– mur extérieur : RH = 1,88 cm² | | | |
| AT | – 1 cm² | | | |

*Tableau 1. Sections des armatures de comportement d'un mur en béton banché.*

• **Un chaînage de section (CH)** est disposé dans la zone d'intersection (fig. 1) de chaque mur avec un plancher en façade (s'il est visible ou si la façade est maçonnée).

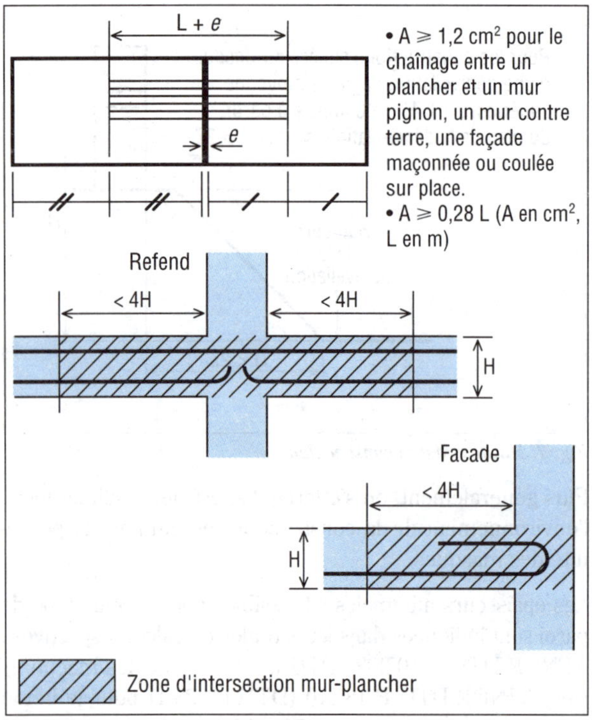


*Fig. 1. Section des armatures de chaînage CH (cm²).*

• **Pour un mur intérieur** qui n'est pas directement exposé aux intempéries, les armatures suivantes suffiront (fig. 2) :
- **pour les linteaux des ouvertures :** des aciers résultant des calculs du béton armé (p. 113) sont disposés dans le plancher s'il n'y a pas de retombées ;
- **pour les étages courants,** on mettra en place un renfort vertical local (RV) dans les angles des ouvertures ;
- **pour l'étage sous terrasse**, des chaînages verticaux (CV) sont disposés aux extrémités des murs. Ils partent du plancher bas sous terrasse et sont ancrés par retour dans le plancher de la terrasse. Des aciers horizontaux complémentaires (RH) sont placés dans la partie du mur au-dessus des ouvertures (sur 0,50 m au plus) sous le plancher ou dans le plancher lui-même ;
- **des armatures en attente (AT)** sont localisées dans des potelets (tous les 2 ou 3 m) ou réparties sous forme d'un treillis soudé participant à la stabilité de la construction.

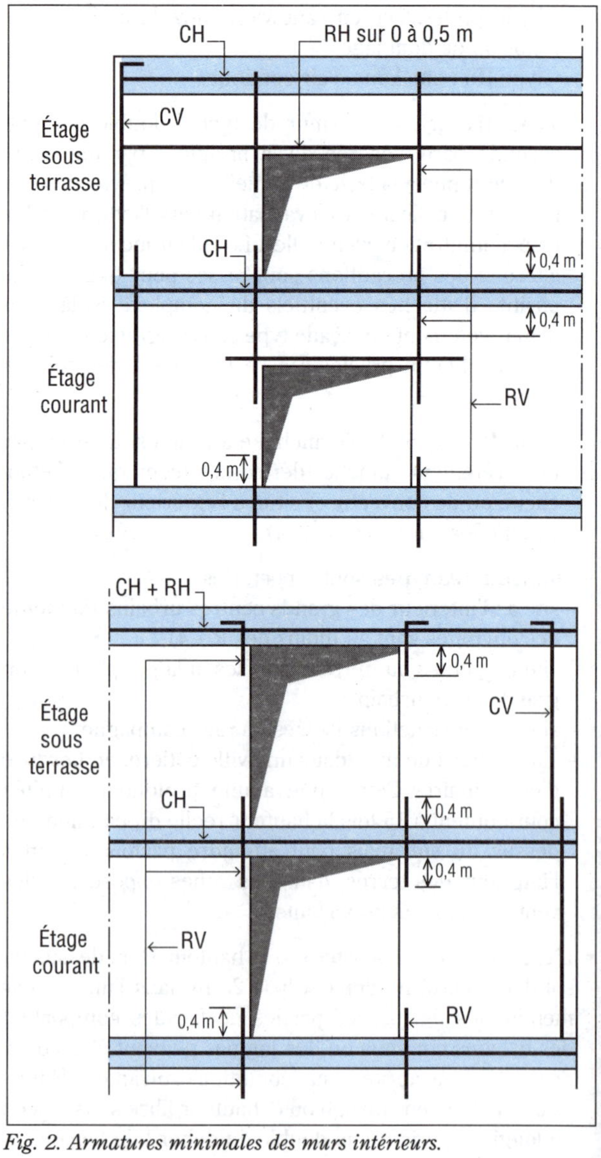


*Fig. 2. Armatures minimales des murs intérieurs.*

• **Un mur extérieur** (épaisseur minimale : 15 cm) est armé (fig. 3) par un treillis de peau placé côté extérieur (enrobage minimal de 3 cm), avec recouvrement d'étage à étage : 0,96 cm²/m pour les fils horizontaux principaux (espacés au plus de 33 cm), 0,48 cm²/m pour les fils verticaux de répartition (espacés au plus de 50 cm), et par les renforts décrits pour les murs intérieurs. Les panneaux de treillis soudés sont donnés p. 42.

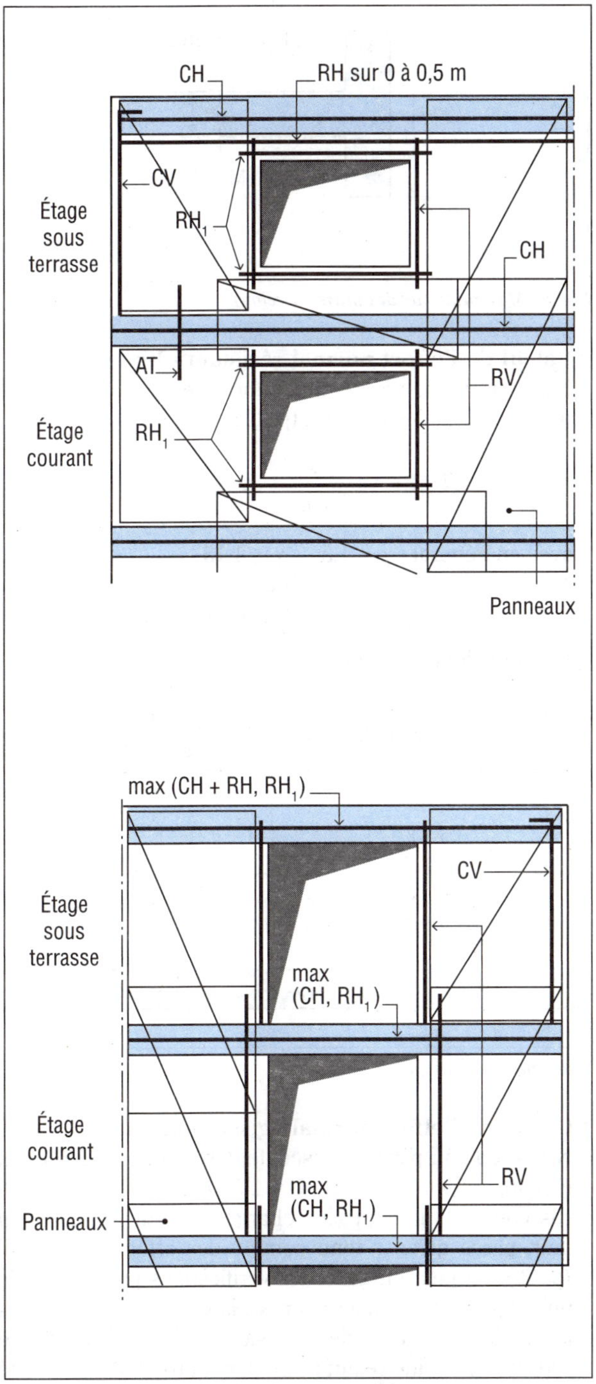

*Fig. 3. Armatures minimales des murs extérieurs.*

## 3. JUSTIFICATION DE LA RÉSISTANCE

*Nota :* la terminologie employée dans ce paragraphe emprunte de nombreuses expressions relatives aux règles de calcul du béton armé (BAEL 99). Le lecteur non averti aura intérêt à lire d'abord le chapitre relatif aux calculs d'éléments de structure en béton armé p. 100.

Un mur en béton armé peut éventuellement être justifié comme un poteau (p. 121), par application du BAEL 99, mais cette solution n'est retenue généralement que lorsque le domaine de validité du DTU n° 23-1 n'est plus respecté.

### 3.1. Domaine de validité

Les murs sont appuyés d'un bout à l'autre, soit directement sur des fondations, soit sur une longrine horizontale de grande raideur.

Ils sont chargés dans leur plan moyen. L'équilibre statique du mur est assuré par au moins trois plans de contreventement non parallèles permettant de considérer que les zones d'intersection mur-plancher sont peu déplaçables.

Les déformations du gros œuvre sont habituellement négligées dans les calculs aux États-Limites Ultimes (ELU) des constructions courantes, sous réserve de respecter les dispositions constructives suivantes :

- joints entre blocs distants au maximum de 25 m dans les départements voisins de la Méditerranée, 30 à 35 m dans les régions de l'Est, les Alpes et le Massif central, 40 m en région parisienne et 50 m dans les régions de l'Ouest;
- section minimale des armatures longitudinales dans les éléments exposés :
  - acrotères, bandeaux saillants : page 214,
  - balcons, loggias : BAEL 99 Art. B 5.3;
- hauteur maximale hors infrastructure : 40 m si les cloisons sont rigides et fragiles, 100 m autrement avec des portées entre nus des parois horizontales au moins égales à 6 m.

**Les murs enterrés** (soumis à des charges verticales et à des actions latérales, notamment dues à la poussée des terres) ne sont pas concernés sauf si l'équilibre interne peut être justifié :

- soit, par le diagramme des contraintes ne comportant que des contraintes de compression;
- soit, par le diagramme de contrainte avec traction dans le cas où la hauteur de terre est inférieure à 2,5 m, et s'il n'y a pas de reprise de bétonnage. La contrainte maximale de traction calculée aux États-Limites de Service (ELS) doit aussi être inférieure au dixième de la résistance caractéristique en traction à 28 jours, ce qui est habituellement le cas des murs de vide sanitaire ou dans le cas d'un seul sous-sol. Il faudra également vérifier les conditions énoncées fig. 4.

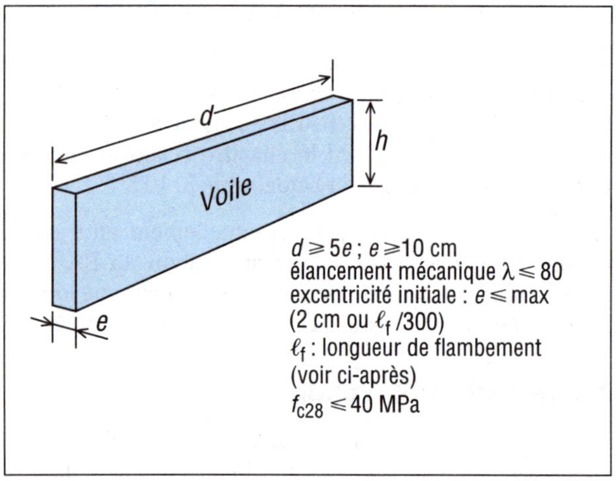


*Fig. 4. Conditions à vérifier pour les voiles en béton banché relevant du DTU n° 23.1.*

*Nota :* les parties de mur au-dessus des ouvertures comportent en fait des voûtes de décharges et ne sont pas concernées par ces calculs, dans cette zone.

## 3.2. Justification sous sollicitations normales

La vérification consiste à comparer la contrainte normale, ultime de compression $\sigma_u$ à une valeur $\sigma_{ulin}$ déduite de l'effort normal résistant $N_{ulim}$ :

$$\sigma_{ulim} = \frac{N_{ulim}}{de}$$

avec :
- $N_{ulim}$ donné par (1), ci-contre ;
- $d$ : longueur du voile correspondant à la longueur d'application de $N_{ulim}$ ;
- $e$ : épaisseur du voile.

- **Détermination de la longueur de flambement $\ell_f$**

Elle se déduit de la hauteur libre du mur $h$, par examen de ses liaisons avec les planchers et les fondations et vaut : $\ell_f = k \cdot h$ avec $k$ donné au tableau 2.

L'élancement λ du mur se déduit alors de $\ell_f$ par application de la formule suivante :

$$\lambda = \frac{\sqrt{12}}{e} l_f$$

| Mur non raidi | armé verticalement | non armé verticalement |
|---|---|---|
| – encastré en tête et en pied avec un plancher : | | |
| • de part et d'autre | 0,80 | 0,85 |
| • d'un seul côté | 0,85 | 0,90 |
| – articulé en tête et en pied. | 1,00 | 1,00 |

*Tableau 2. Valeurs de k.*

Lorsque le mur est latéralement raidi par des murs en retour (fig. 5), la longueur de flambement peut être approchée plus précisément, par exemple, en consultant le fascicule *Les Murs en béton* édité par l'ADETS (Association technique pour le Développement de l'Emploi du Treillis Soudé).

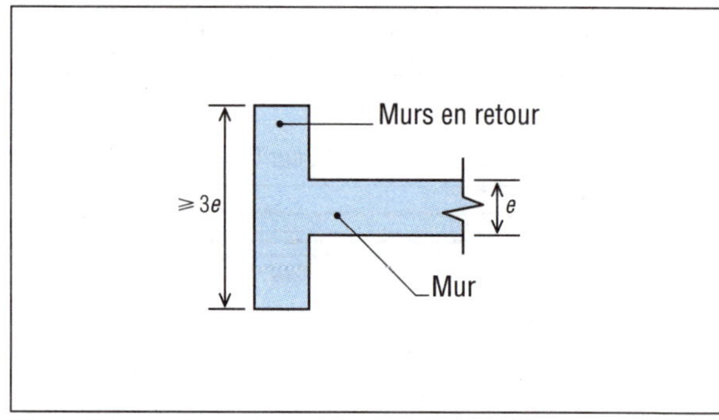


*Fig. 5. Mur raidi par des murs en retour.*

- **Calcul de l'effort normal résistant ultime**

$N_{ulim}$ est donné par la même formule que celle utilisée pour le calcul des poteaux (p. 121) :

$$N_{ulim} = \alpha\left(\frac{B_r f_{c28}}{0{,}9\gamma_b} + A'\frac{f_e}{\gamma_s}\right) \quad (1)$$

avec en général : $\gamma_b = 1{,}5$ $\gamma_s = 1{,}15$
$f_e = 500$ MPa
$B_r = d(e - 2\text{ cm})$ en cm²

Le coefficient α est donné dans le tableau 3.

| | Mur non armé (A' = 0) | Mur armé (A' ≠ 0) | |
|---|---|---|---|
| | | λ ⩽ 50 | λ > 50 |
| α | $\dfrac{0{,}65}{1 + 0{,}2\left(\frac{\lambda}{30}\right)^2}$ | $\dfrac{0{,}85}{1 + 0{,}2\left(\frac{\lambda}{35}\right)^2}$ | $0{,}6\left(\frac{50}{\lambda}\right)^2$ |

*Nota :* on divisera ces valeurs de α par *m* selon la date d'application des charges si plus de la moitié des charges est appliquée avant 90 jours.

| *j* | ⩽ 28 | compris entre 28 et 90 jours |
|---|---|---|
| *m* | 1,2 | 1,1 |

*Tableau 3. Valeurs de m.*

- **Calcul de l'effort normal agissant ultime**

$N_u$ est obtenu par une descente des charges (p. 23) aux ELU (Combinaison : 1,35 G + 1,5 Q en général, dans un cas courant). Lorsque les charges varient le long d'un mur, parce qu'on a tenu compte des effets du vent W (p. 32), on peut effectuer les vérifications par bandes de mur (fig. 6), en prenant pour $N_u$, la valeur moyenne dans la bande. Pour plus de précision, le lecteur pourra se reporter au guide relatif à l'emploi du treillis soudé édité par l'ADETS.

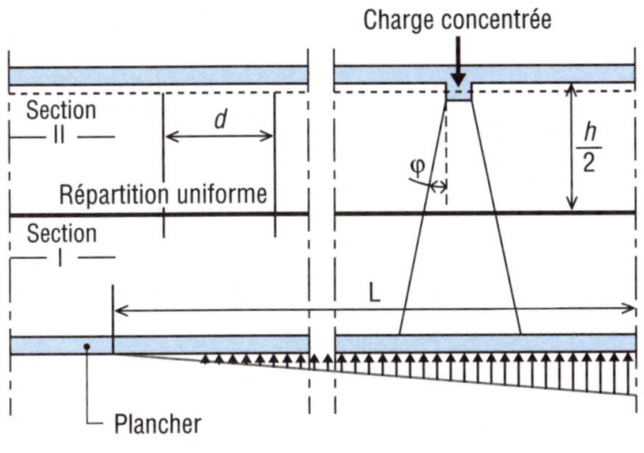


| φ | Mur non armé | Mur armé |
|---|---|---|
| tg φ | 1/3 | 2/3 |
| largeurs de bande possible $d < \min (h/2, 2/3\ L)$ | | |

– Section I : $\sigma_u \leqslant \sigma_{ulim}$
– Section II : $\sigma_u < \sigma_{ulim} / \alpha$
$\sigma_u$ évaluée en tenant compte de $N_u$ et des contraintes locales.

*Fig. 6. Vérification des contraintes.*

- En présence de charges localisées verticales (réaction d'appui d'une poutre ou d'un linteau, charge répartie amenée par une dalle), le supplément local de contrainte est évalué en supposant que l'aire de la surface d'appui de l'élément porté sur le mur (fig. 7) est limitée.

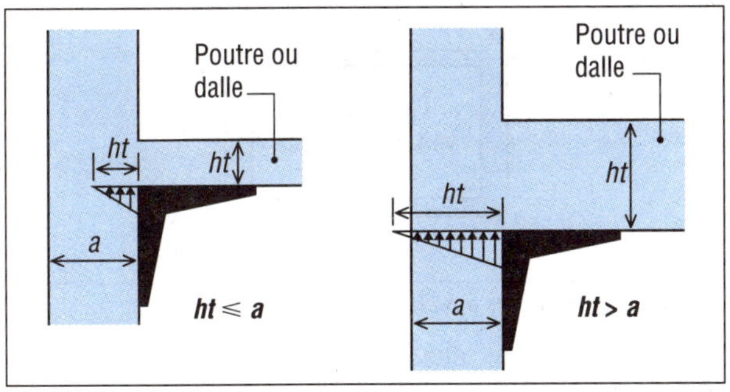


*Fig. 7. Supplément local de contraintes dans le cas d'une charge localisée.*

- **Les armatures minimales** comprennent (fig. 8) :
  - des armatures verticales ($A_v$) espacées au plus de 33 cm ou 2 *e*. Le pourcentage minimal $\rho_v$, rapporté au volume de la bande étudiée, varie selon l'intensité moyenne de la contrainte de cette bande et la section d'armatures ($A_v$) se trouve répartie pour moitié sur chaque face ;
  - des armatures horizontales ($A_h$) parallèles aux faces du mur espacées au plus de 33 cm. Ces armatures déduites du pourcentage minimal $\rho_h$ sont uniformément réparties ;
  - des armatures transversales ($A_t$) dont le rôle est de maintenir les armatures verticales prises en compte pour le calcul de $N_{ulim}$.

$$\rho_v \geqslant \max \begin{cases} 0{,}001 \\ 0{,}015\,\dfrac{400 \cdot \theta}{fe}\left(\dfrac{3\sigma_u}{\sigma_{ulim}} - 1\right) \end{cases}$$

• θ = 1 Mur intermédiaire
• θ = 1,4 Mur de rive

$\rho_h \geqslant \max (2/3\ \rho_v$ ou $0{,}001)$ ($\rho_v$ pour la bande la plus armée)

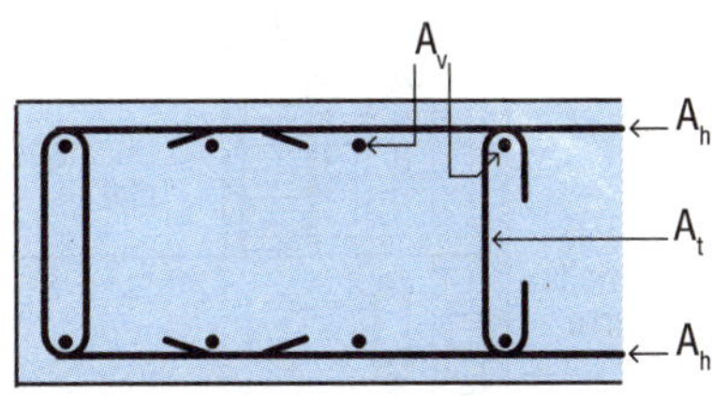


| Øv (mm) | At | |
|---|---|---|
| | nombre | Øt (mm) |
| ⩽ 12<br>12 < – ⩽ 20<br>> 20 | 4/m²<br>$e \leqslant 15\ Ø_v$<br>$e \leqslant 15\ Ø_v$ | 6<br>6<br>8 |

*Fig. 8. Armatures minimales.*

# MURS PORTEURS EN MAÇONNERIE TRADITIONNELLE DE PETITS ÉLÉMENTS

**AFNOR NF P10-202 (DTU N° 20-1), NF P 18-201 ET NF P 18-210 (DTU N° 21 ET N° 23-1)**

Le DTU n° 20-1 donne les dispositions constructives minimales applicables pour ces murs. Nous nous limiterons ici aux chaînages et au dimensionnement d'une paroi en maçonnerie.

## 1. CHAÎNAGES

La stabilité (liaisons entre parois, contreventement) d'une construction en maçonnerie de petits éléments est obtenue grâce aux chaînages horizontaux et verticaux.

- **Un chaînage horizontal (CH)** continu, en béton armé, ceinture la construction à chaque plancher ainsi qu'en couronnement, reliant les façades aux refends (fig. 1). Sa section transversale est restreinte pour limiter des désordres éventuels (fig. 2). Une planelle, de même nature que la maçonnerie, est souhaitable pour obtenir une continuité du support d'enduit et une réduction du pont thermique. La continuité de ce chaînage doit être assurée sur son périmètre et notamment dans les angles.

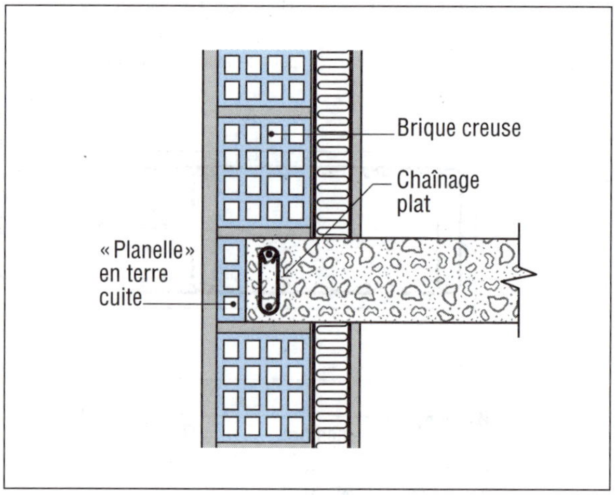


*Fig. 1. Chaînage horizontal.*

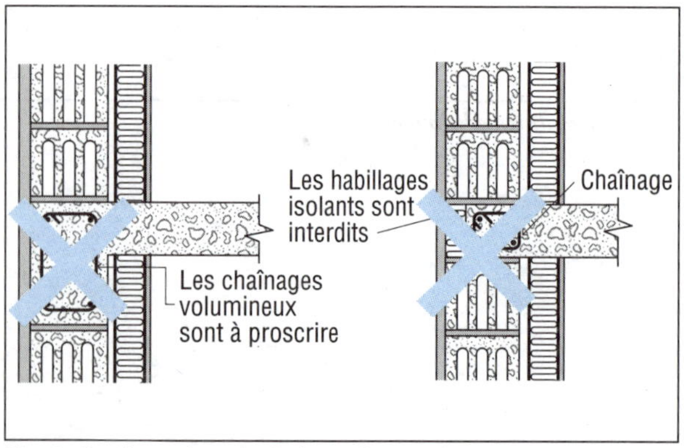


*Fig. 2. Configurations de chaînage à proscrire.*

- **Un chaînage vertical** est réalisé à chaque intersection (angle, té) (fig. 3), dans la hauteur du dernier étage, quand le dernier plancher est en béton armé ou précontraint (fig. 4).

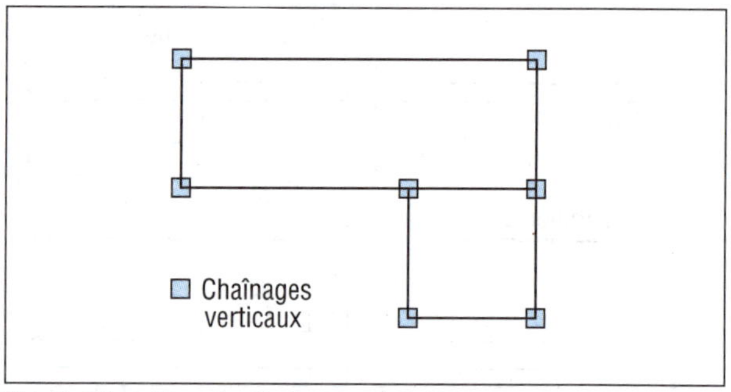


*Fig. 3. Disposition des chaînages verticaux.*

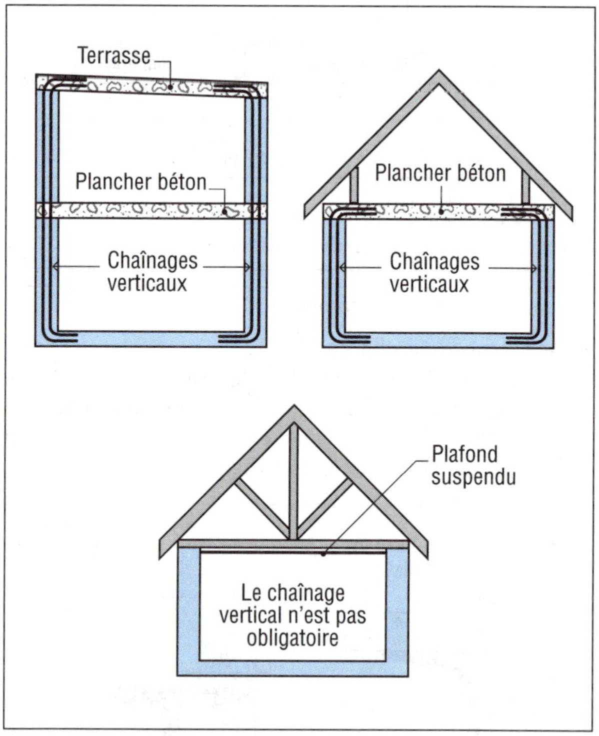


*Fig. 4. Configurations des chaînages verticaux.*

Des blocs spéciaux dits blocs d'angle ou bloc d'about de plancher (bloc linteau…) facilitent la mise en œuvre de ces chaînages (fig. 5).

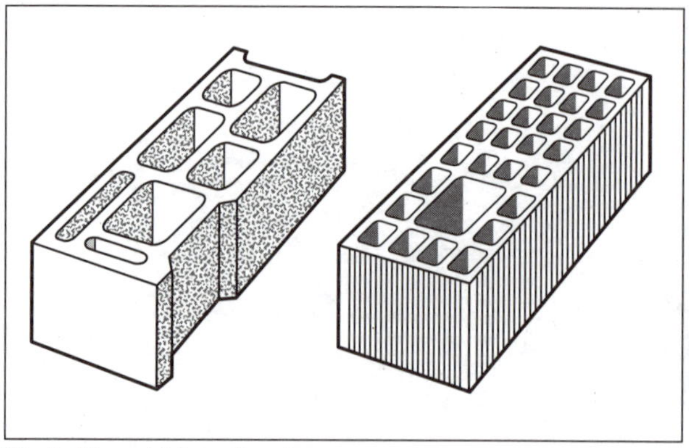

*Fig. 5. Blocs spéciaux d'angle.*

Des recouvrements des chaînages horizontaux entre eux et avec les chaînages verticaux (ancrés par retour d'équerre dans les chaînages horizontaux) sont impératifs (fig. 6).

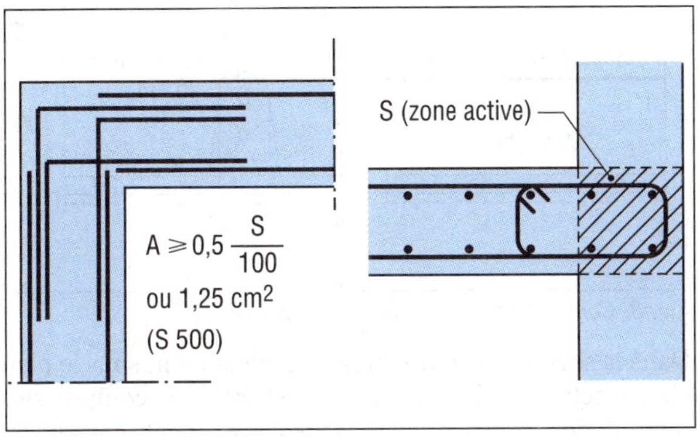


*Fig. 6. Recouvrement des chaînages.*

## 2. DIMENSIONNEMENT ET STABILITÉ MÉCANIQUE

L'épaisseur (en général supérieure à 20 cm, quel que soit le type de maçonnerie) et la classe de résistance des blocs à utiliser dépendent de deux paramètres :

- le type de maçonnerie et ses dimensions : la page 45 donne, pour les blocs en béton, des indications pour le choix des dimensions et le type des blocs;
- les sollicitations mécaniques (descente des charges : p. 23).

Ces paramètres étant déterminés, on peut calculer les contraintes en partie courante pour les comparer aux contraintes admissibles ou à la portance de la paroi.

### 2.1. Contrainte normale admissible

La stabilité mécanique dépend de deux paramètres :

- **l'élancement L** (tableau 1) pour les murs porteurs, vaut :

$$L = \frac{H}{e} \neq \lambda \text{ (élancement mécanique, p. 160)}$$

avec H : hauteur libre entre plancher,
*e* : épaisseur brute du mur porteur;

- **la nature du cas de charge** : centré (murs de refends intérieurs...) ou excentré (mur de façade...).

La contrainte de compression admissible C, supposée uniforme en partie courante pour une paroi porteuse, vaut :

$$C = R/N$$

avec

- R : résistance nominale à l'écrasement du matériau constitutif;
- N : coefficient de sécurité qui varie avec la maçonnerie et le cas de charge.

Les contraintes admissibles C (en MPa) et la portance des parois (en kN/m) sont données tableau 2 pour les maçonneries en blocs de béton courants et tableau 3 pour les maçonneries en briques de terre cuite.

- Pour d'autres éléments en terre cuite (p. 43), N vaut :
  - briques creuses à rupture de joint : N = 9 ou 11;
  - briques pleines ou perforées et blocs perforés destinés à être enduits : N = 7 ou 9.

| L | Épaisseur *e* de la paroi (cm) | | | | | | | |
|---|---|---|---|---|---|---|---|---|
| | 15 | 17,5 | 20 | 22,5 | 25 | 27,5 | 30 | Exemple |
| 15 | 2,25 | 2,63 | 3,00 | 3,38 | 3,75 | 4,13 | 4,50 | $L = \frac{H}{e}$ |
| 16 | 2,40 | 2,80 | 3,20 | 3,60 | 4,00 | 4,40 | 4,80 | |
| 17 | 2,55 | 2,98 | 3,40 | 3,83 | 4,25 | 4,68 | 5,20 | |
| 18 | 2,70 | 3,15 | 3,60 | 4,05 | 4,50 | 4,95 | 5,40 | H = 2,50 m |
| 19 | 2,85 | 3,33 | 3,80 | 4,28 | 4,75 | 5,23 | 5,70 | *e* = 15 cm |
| 20 | 3,00 | 3,50 | 4,00 | 4,50 | 5,00 | 5,50 | 6,00 | L = 16,66 |

*Tableau 1. Hauteur maximale libre en m.*

| Élancement $L = \frac{H}{e}$ | Coefficient de sécurité pour charges | | L 35 | | B 40 | |
|---|---|---|---|---|---|---|
| | | | Valeurs admissibles | | | |
| | Centrées | Excentrées | MPa | kN/m *e* = 15 | MPa | kN/m *e* = 20 |
| 15 | 6,0 | | 0,58 | 87,5 | 0,67 | 133,3 |
| | | 8,0 | 0,44 | 65,6 | 0,50 | 100,0 |
| 16 | 6,4 | | 0,55 | 81,8 | 0,62 | 124,6 |
| | | 8,6 | 0,41 | 61,3 | 0,47 | 93,5 |
| 17 | 6,8 | | 0,52 | 77,4 | 0,59 | 118,0 |
| | | 9,0 | 0,39 | 58,1 | 0,44 | 88,5 |
| 18 | 7,2 | | 0,49 | 72,9 | 0,56 | 111,1 |
| | | 9,6 | 0,36 | 54,7 | 0,42 | 83,3 |
| 19 | 7,6 | | 0,46 | 68,9 | 0,52 | 105,0 |
| | | 10,2 | 0,34 | 51,7 | 0,39 | 78,7 |
| 20 | 8,0 | | 0,44 | 65,8 | 0,50 | 100,3 |
| | | 10,6 | 0,32 | 49,3 | 0,38 | 75,2 |

*Tableau 2. Contrainte admissible et portance des murs en maçonnerie de blocs de béton courant.*

| Élancement L | Coefficient de sécurité pour charges | | Brique ordinaire R = 2,8 MPa | | Brique R = 4 MPa | |
|---|---|---|---|---|---|---|
| | | | Valeurs admissibles | | | |
| | Centrées | Excentrées | MPa | kN/m *e* = 15 | MPa | kN/m *e* = 20 |
| 15 | 7,0 | | 0,40 | 60,0 | 0,57 | 114,3 |
| | | 10,0 | 0,28 | 42,0 | 0,40 | 80,0 |
| 16 | 7,5 | | 0,37 | 56,1 | 0,53 | 106,8 |
| | | 10,7 | 0,26 | 39,3 | 0,37 | 74,8 |
| 17 | 7,9 | | 0,35 | 53,1 | 0,51 | 101,1 |
| | | 11,3 | 0,25 | 37,2 | 0,35 | 70,8 |
| 18 | 8,4 | | 0,33 | 50,0 | 0,48 | 95,2 |
| | | 12,0 | 0,23 | 35,0 | 0,33 | 66,7 |
| 19 | 8,9 | | 0,31 | 47,2 | 0,45 | 90,0 |
| | | 12,7 | 0,22 | 33,1 | 0,31 | 63,0 |
| 20 | 9,3 | | 0,30 | 45,1 | 0,43 | 85,9 |
| | | 13,3 | 0,21 | 31,6 | 0,30 | 60,2 |

*Tableau 3. Contrainte admissible et portance des murs en maçonnerie de briques de terre cuite.*

## 2.2. Contraintes normales sous charges verticales

On admet que la distribution des contraintes dans une paroi est uniforme.

En outre, les points d'appuis (trumeaux, linteaux, poutres ou planchers) sont soumis à une répartition triangulaire de contraintes locales (fig. 7 a et b).

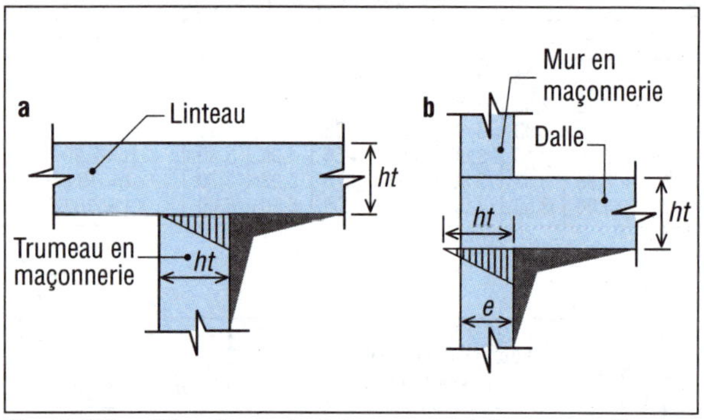


*Fig. 7. Répartition des contraintes sur appui (trumeaux, linteaux, planchers...).*

La contrainte en partie courante est égale au rapport des actions mécaniques agissantes $N_u$ sur la surface S (fig. 8a).

Les vérifications sont effectuées à mi-hauteur (section I) :

- pour une charge répartie uniforme : $\sigma_{uI} = \frac{p_u}{e} \leqslant C$

  ($e$ épaisseur du mur) ;
- pour une charge concentrée : le supplément de contraintes est donné par : $\Delta\,\sigma_{uI} = \frac{P_u}{b_0 \cdot d_I}$ avec $d_I = b_0 + \frac{h}{4}$

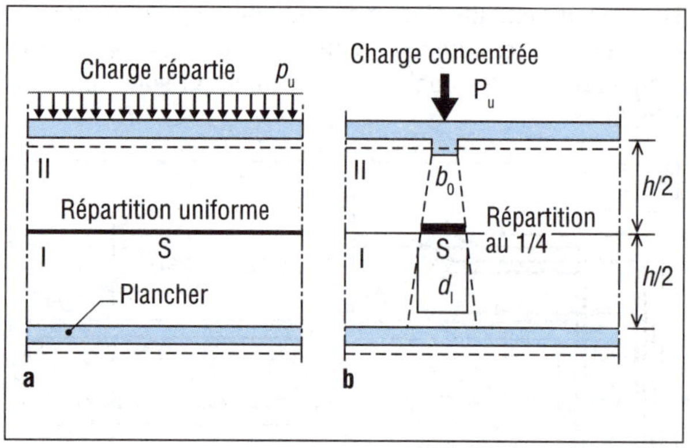


*Fig. 8. Contraintes normales sous charges verticales.*

Dans la section du mur située immédiatement sous le plancher (section II), les contraintes extrêmes de compression (cumul des contraintes réparties provenant des étages supérieurs et des contraintes locales maximales correspondant aux charges apportées par le plancher) doivent être inférieures à R/4. Sinon, une semelle de répartition sera créée pour respecter cette condition.

# 3. OUVRAGES DIVERS

- Appui d'un linteau isolé : 0,20 m minimum.
- Appui d'un plancher : 2/3 de l'épaisseur de la paroi brute minimum.
- Ouvrages exposés : les acrotères ont été traités p. 213. Les corniches, balcons, loggias et coursives doivent être recoupés par des joints diapasons et comportent un pourcentage minimal d'armatures : BAEL 99.

# PANNEAUX PRÉFABRIQUÉS DE GRANDES DIMENSIONS EN BÉTON ORDINAIRE

**AFNOR NF P 10-210 (DTU N° 22-1), NF EN ISO 7437 (P 02-203)**

## 1. INTRODUCTION

La préfabrication permet de fabriquer en usine tout ou partie des éléments d'un ouvrage, dans de bonnes conditions notamment vis-à-vis des aléas climatiques. Des traitements thermiques peuvent être mis en œuvre facilement, pour diminuer le temps de prise (réactions exothermiques) et augmenter dans les premières heures l'accroissement de la résistance du béton constituant le panneau, ce qui facilite un démoulage précoce. L'intégration à la fabrication d'éléments de second œuvre (menuiseries, revêtements extérieurs, canalisations, grille de ventilation…) diminue notablement les temps d'intervention sur chantier des différents corps d'état concernés.

Pour être efficace, il faut, dès le stade du projet, prévoir une décomposition du bâtiment en petits éléments aussi semblables que possible, pour augmenter la répétitivité de leur exécution (exemples : fig. 1). La mise en œuvre de ces éléments est facilitée par des dispositifs particuliers en rive des panneaux, constituant des coffrages pour les liaisons horizontales et verticales coulées en place et destinées à assurer :

- la stabilité mécanique de l'élément et de l'ouvrage,
- l'étanchéité de la construction projetée, dans le cas de panneaux de façade.

Ce découpage fait apparaître des points singuliers qu'il convient de définir souvent par des croquis à grande échelle : fig. 1.

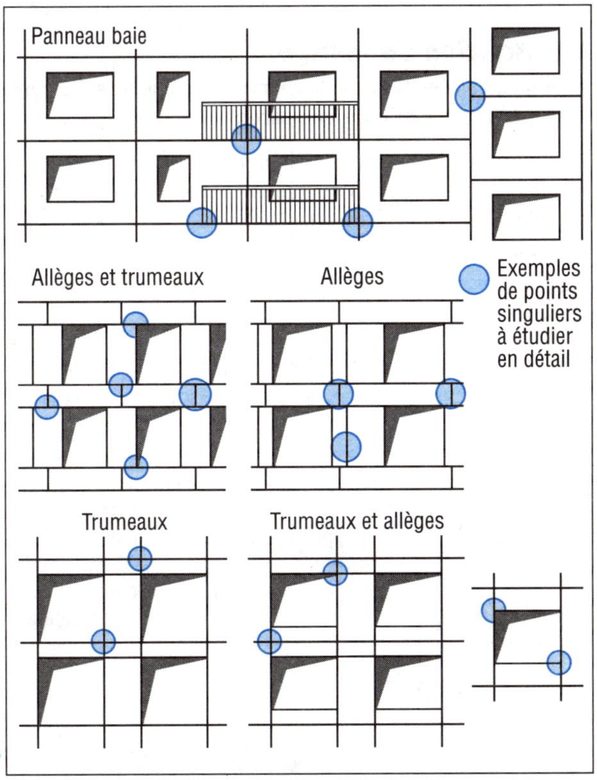


*Fig. 1. Exemples de découpage et de points singuliers.*

Nous traitons dans cette partie des travaux de murs extérieurs en panneaux préfabriqués de grandes dimensions du type plaque pleine ou nervurée en béton de granulats lourds courants relevant du DTU n° 22-1.

Sans reprendre en détail toutes les dispositions particulières, on dégage les grandes lignes sur la façon de concevoir ces panneaux.

On peut rencontrer d'autres types de panneaux, relevant essentiellement de la procédure des avis techniques délivrés par le CSTB (Centre Scientifique et Technique du Bâtiment) :

- panneaux sandwich : deux voiles de béton armé, liaisonnés entre eux par des nervures transversales périphériques et en encadrement de baie, enserrent une couche d'isolant thermique (ponts thermiques importants au droit de chaque nervure, dilatation différentielle des deux peaux en béton…) ;
- panneaux sandwich à voile extérieur librement dilatable, simplement accroché au voile intérieur par des armatures transversales (épingles), sans nervures traversantes rigides. L'isolant est disposé sur toute la surface médiane du panneau : le pont thermique est annulé.

Les panneaux peuvent être des éléments de la structure ou des éléments de remplissage. Ils sont généralement destinés à recevoir par la suite un complexe de doublage isolant ou une contre-cloison.

Les matériaux utilisés pour fabriquer ces panneaux, correspondent aux spécifications du DTU n° 21 (p. 136) concernant l'exécution des travaux en béton.

## 2. CALEPINAGE DES FAÇADES

On rencontre trois grandes familles (fig. 1), d'autres découpages étant possibles.

Les singularités dues à des irrégularités de la façade (refend saillant par exemple, balcons) ou à des croisements de joints sont nombreuses, sans que cette liste soit exhaustive.

## 3. DOMAINE D'APPLICATION DU DTU N° 22-1

Un mur en panneaux préfabriqués de grandes dimensions est un ouvrage vertical réalisé par assemblage de parties de murs, préfabriquées, dont les caractéristiques dimensionnelles sont les suivantes :

- longueur maximale de l'ordre de 8 m,
- hauteur utile : un étage courant, avec éventuellement prise en compte d'un acrotère et d'une retombée,
- surface inférieure à 30 m$^2$,
- autres dimensions : voir fig. 2.

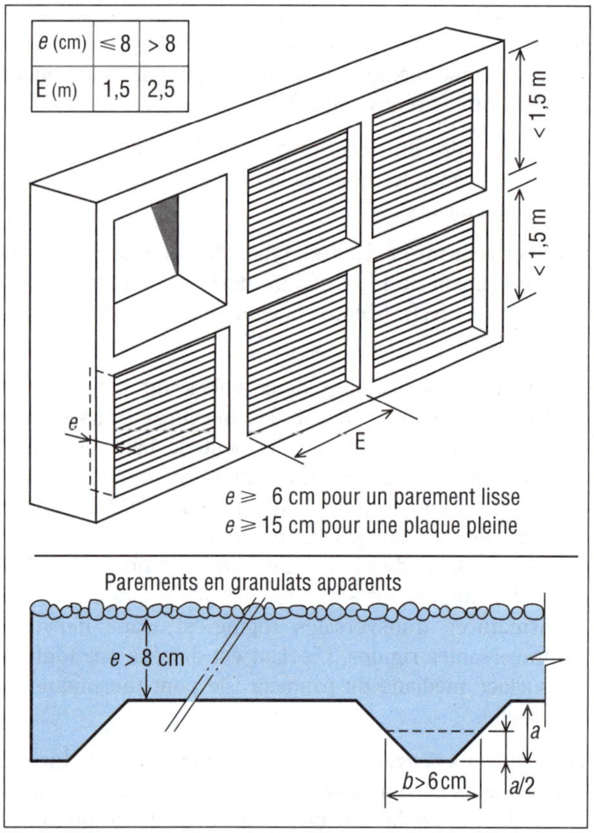


*Fig. 2. Quelques dimensions concernant les panneaux préfabriqués de type plaque pleine nervurée.*

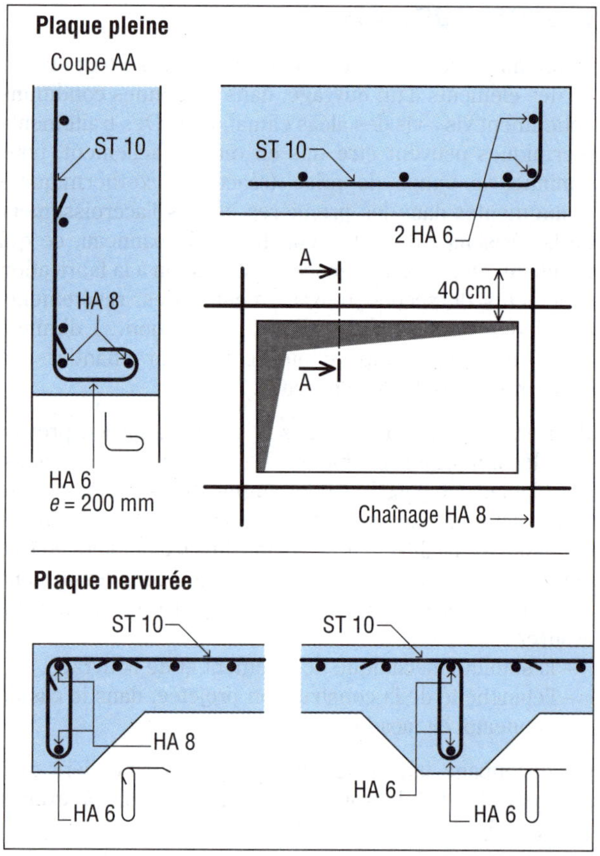


*Fig. 3. Armatures minimales des panneaux selon le DTU n° 22-1.*

# 4. DISPOSITIONS CONSTRUCTIVES MINIMALES

Les plans d'exécution des composants de structure préfabriqués (NF P 02-203) doivent définir complètement la forme et la composition des composants : désignation du composant, armatures, exigences de surface, nature et position des parties incorporées, dispositions permettant le démoulage, dispositifs pour le levage, la manutention, le transport et le stockage…

## 4.1. Armatures

Le DTU n° 23-1 s'applique aux murs préfabriqués si la préfabrication ne modifie pas sensiblement leur comportement final par rapport à celui qu'auraient les mêmes murs coulés en place.

Le DTU n° 22-1 prévoit les armatures minimales données dans la figure 3.
Des armatures en attente dans les tranches de panneaux assurent dans certains procédés les liaisons avec les chaînages coulés en place : page 158.

On adoptera les enrobages minimums suivants :
- côté face extérieure : 3 cm (3,5 cm pour des parements en gravillons lavés) ;
- côté face intérieure : 1,5 cm.

## 4.2. Boucles de levage

Elles sont placées au droit des nervures, en dehors des zones fragiles du panneau (rejingot, parties minces en tête…).

La longueur d'ancrage des boucles et les renforts d'ancrage éventuels sont déterminés en appliquant les règles de calcul du béton armé (p. 123). Un crochet est lié aux armatures du panneau.

Rappelons que la longueur d'un scellement droit peut être lue p. 41.

Les boucles seront en acier doux S 235 (Ø minimum 10 mm) et leur diamètre intérieur sera tel que : D > 4 Ø (fig. 4).

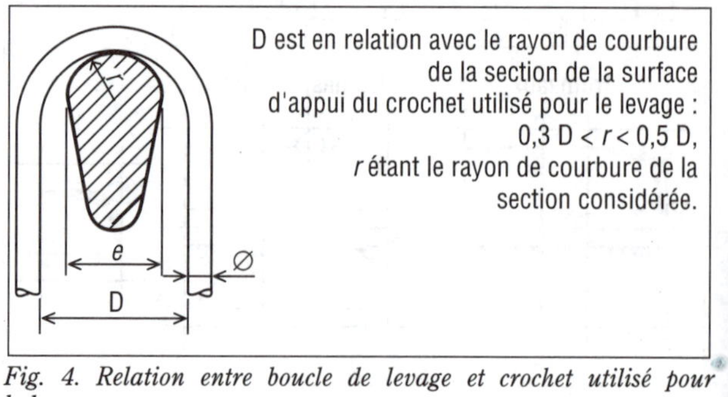


*Fig. 4. Relation entre boucle de levage et crochet utilisé pour le levage.*

La figure 5 indique la force portante par boucle, pour un palonnier à deux brins parallèles.

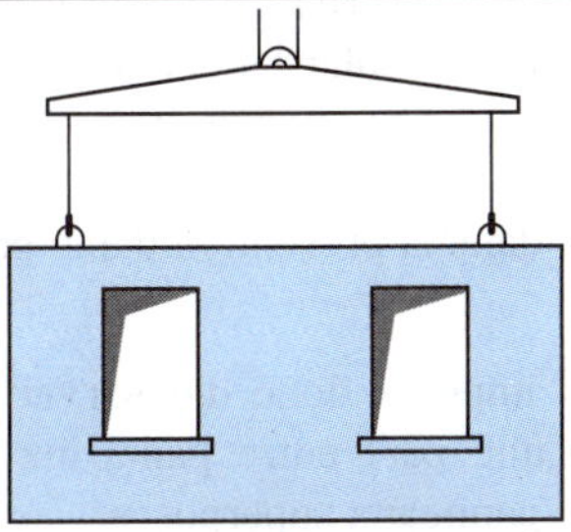

| Ø (mm) | 10 | 12 | 14 | 16 | 20 |
|---|---|---|---|---|---|
| F (kN) | 15 | 22 | 30 | 40 | 60 |

*Fig. 5. Force portante maximale par boucle, pour un palonnier à deux brins parallèles.*

Quand la manutention s'effectue à l'aide d'élingues, la charge réelle est affectée par un coefficient multiplicateur, en fonction de l'angle entre les deux brins : figure 6. Les élingues subissent une « surtension » et le panneau subit des efforts de compression horizontaux en tête.

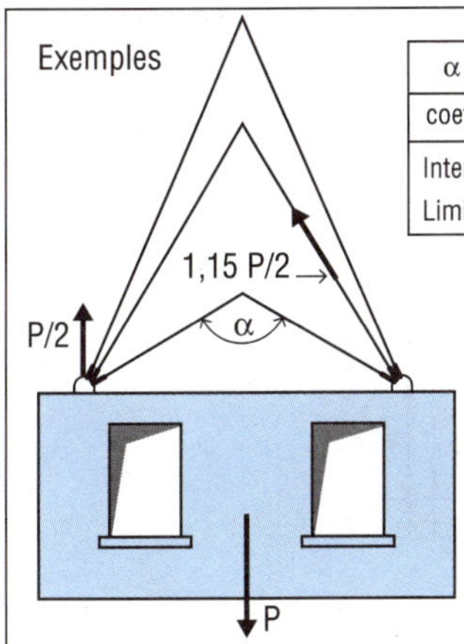


| α | 45° | 60° | 90° | 120° |
|---|---|---|---|---|
| coef. | 1,08 | 1,15 | 1,41 | 2 |

Interdit de dépasser 120° (bleu)
Limite supérieure conseillée (gris)

*Fig. 6. Coefficient multiplicateur de l'effort dans l'élingue dû à l'angle α.*

Quand le nombre de boucles est supérieur à deux, il faut prévoir un dispositif automatique assurant une répartition équilibrée des efforts dans les élingues et les boucles.

Le *Précis de chantier* (AFNOR-Nathan) détaille différents dispositifs de manutention au chapitre « Levage et manutention : technologie, caractéristiques… ».

### 4.3. Tolérances de fabrication

Elles sont compatibles avec les procédés de fabrication des panneaux eux-mêmes mais aussi de l'ossature destinée à les recevoir. Elles permettent d'assurer une amplitude des joints adaptée au procédé de calfeutrement.

Les principales tolérances à retenir sont les suivantes :
- hauteur et longueur : ± 1 cm,
- différence des diagonales limitée à 0,15 % de leur longueur (écart de verticalité des rives latérales inférieur ou égal à 5 mm),
- épaisseur des panneaux, des languettes ou du voile : ± 6 mm,
- rectitude des arêtes ou planéité d'ensemble : ± 4 mm.

## 5. LIAISONS

Les problèmes spécifiques de la préfabrication proviennent essentiellement de la conception et de la réalisation des joints de construction entre panneaux superposés, panneaux et planchers ou refends.

Le bétonnage correct du nœud implique certaines précautions (composition granulaire, serrage…), notamment lorsque les liaisons entre pièces sont réalisées dans l'épaisseur du plancher ou des refends, par un clavetage bétonné en place dont les dimensions sont telles qu'il est possible de réaliser les continuités d'armatures nécessaires (p. 168).

Nous étudierons ici plus particulièrement les panneaux dont les rives constituent des coffrages continus ou partiels pour les liaisons coulées en place. Les liaisons assurent la stabilité mécanique du panneau tout en permettant d'obtenir que la construction soit étanche lorsqu'il s'agit de panneaux de façade.

Le DTU n° 22-1 propose d'autres types de liaison (brochage, boulonnage, soudage) qu'on ne peut reprendre ici en détail. Il fixe le choix minimal du type des liaisons et leur répartition, pour des panneaux porteurs ou non porteurs, des allèges et des acrotères indépendants.

### 5.1. Chainages (fig. 7)

Les liaisons horizontales continues qui forment un chaînage, comportent des armatures conformément aux indications données page 158.

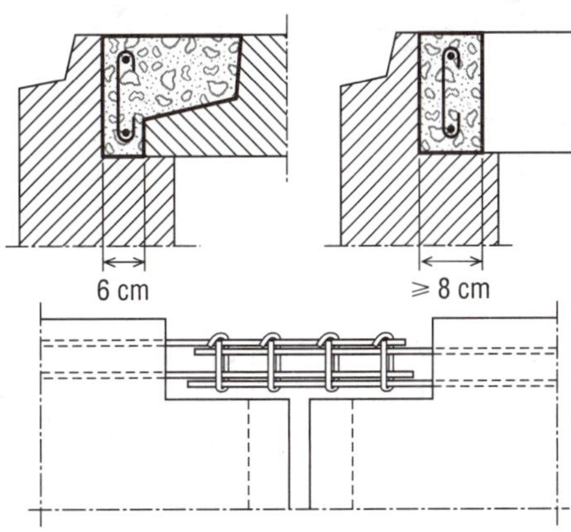


- Armatures bien enrobées sans être déviées. (Pas de canalisations ou équipements filants…)
- Les dispositifs de montage et d'assemblage situés dans les joints ne font pas obstacle à la réalisation de ces chaînages.
- Recouvrement avec armatures transversales ou par un autre dispositif équivalent.

*Fig. 7. Chaînage horizontal (cotes en cm).*

### 5.2. Étanchéité à la pluie

Elle est essentiellement obtenue par la forme de la jonction. Un assemblage bout à bout n'est pas satisfaisant, même avec un produit de calfeutrement, sans dispositions complémentaires.

Pour être étanche, les joints horizontaux et verticaux devront être conçus selon les indications suivantes :

- **joint horizontal** (fig. 8) : un rejingot (4) en tête du panneau inférieur (2) est recouvert par une retombée (5) formant larmier en pied du panneau supérieur (3). La lame d'air limite les remontées capillaires. Un dispositif, par exemple un cordon préformé (6), empêche la chute du mortier de pose ou du béton de clavetage dans l'espace formant le joint tout en assurant une étanchéité à l'air ;

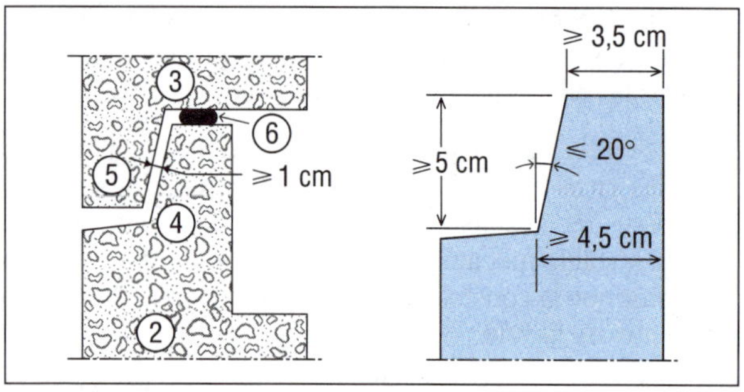


*Fig. 8. Joint horizontal étanche.*

- **joint vertical** : dispositif à chambre de décompression (fig. 9a) ou système à glissière et languette (fig. 9b). Le mastic (1) sur fond de joint (2) assure une forme pare-pluie. Une chambre de décompression (3), associée à une bande étanche (4), joue le rôle d'étanchéité à l'air ;

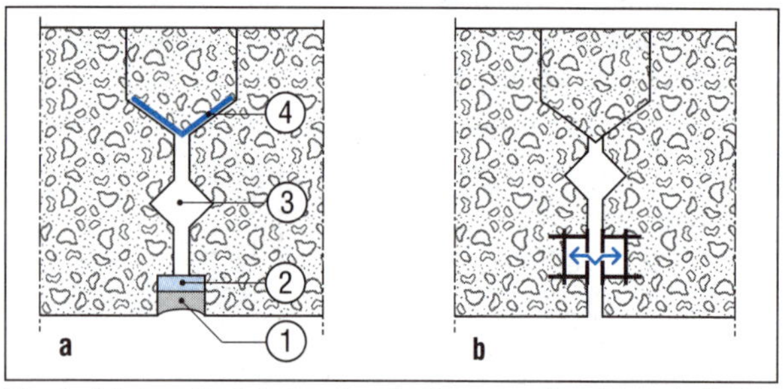


*Fig. 9. Joint vertical à chambre de décompression (a) et à glissière et languette (b).*

- **croisement des joints horizontaux et verticaux** : une bavette (a) (bande bitumineuse) recouvre la partie supérieure du joint vertical des panneaux inférieurs. Elle est recouverte par la bande étanche (b) des panneaux supérieurs.

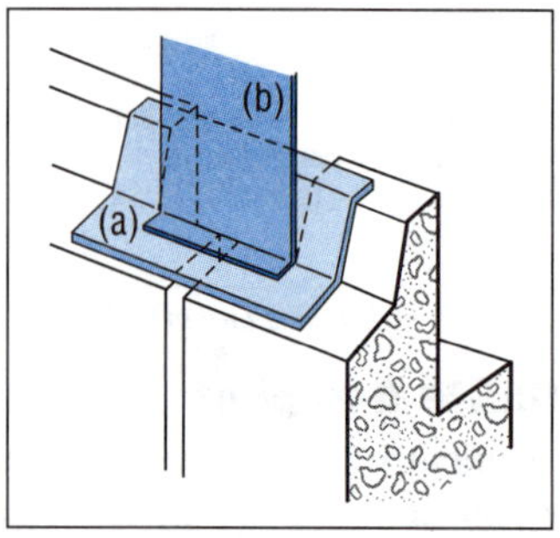


*Fig. 10. Étanchéité au droit du croisement des joints horizontaux et verticaux.*

## 5.3. Liaisons coulées en place

Les liaisons mécaniques équilibrent principalement le poids des éléments, les moments de renversement dus à l'action de l'homme ou du vent, les sollicitations dues aux limitations des déformations hygrothermiques et de retrait... Elles interviennent éventuellement dans l'isolement acoustique du local ou dans la prévention d'une propagation d'incendie.

Pour définir une liaison, il importe donc d'observer la transmission des efforts, d'une part entre panneaux et planchers, d'autre part entre panneaux superposés.

La figure 11 propose certaines liaisons coulées en place définies par le DTU n° 22-1.

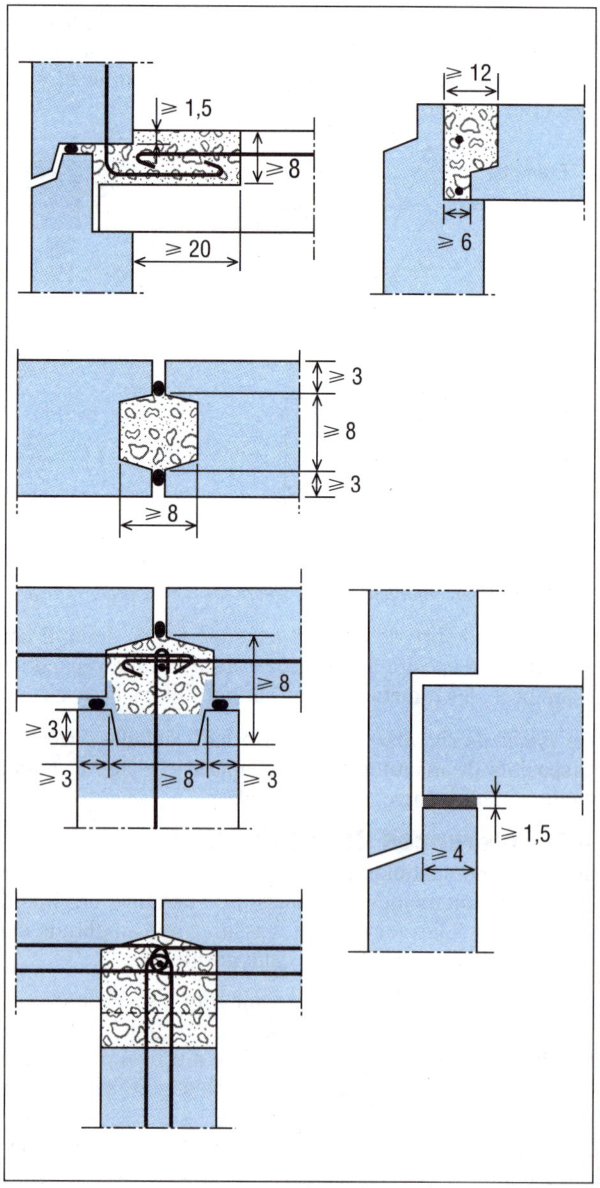


*Fig. 11. Exemples de liaisons coulées en place (cotes en cm).*

AFNOR NF P 10-202 (DTU N° 20-1), NF P 72-202 (DTU N° 25-31), NF P 72-203 (DTU N° 25-41), NF P 72-301 ET -302

## 1. DONNÉES GÉNÉRALES

Sont abordées ici les cloisons de distribution de faible épaisseur et non porteuses (ouvrages de second œuvre) régnant sur toute la hauteur sous plafond. Elles peuvent donc être déposées, démontées ou remplacées sans que cela nuise à la stabilité de l'ossature. Elles ont plusieurs destinations :

- les cloisons de distribution partagent l'intérieur des locaux, et délimitent les volumes où des activités différentes s'exercent;
- les cloisons de séparation sont placées entre logements, ou en logements et une partie commune (des exigences particulières sont à observer vis-à-vis des risques d'incendie (p. 334) et des problèmes acoustiques (p. 364).

Les cloisons de doublage renforcent les propriétés d'une paroi (mur séparatif ou extérieur) du point de vue thermique et/ou acoustique. Des prescriptions à respecter, pour la mise en œuvre d'un doublage de murs séparatifs ou extérieurs avec participation à l'étanchéité à l'eau (pour les murs de type II ou III : p. 157), sont indiquées page 321.

Les cloisons peuvent être classées en deux grandes familles, celles qui dépendent d'un DTU et les autres.

### 1.1. Cloisons traditionnelles (relevant d'un DTU)

Les cloisons réalisées en maçonnerie de petits éléments ou à l'aide de plaques de parement en plâtre à faces cartonnées ou à l'aide de carreaux de plâtre à parement lisses sont régies chacune par un DTU.

- **Cloison en maçonnerie de petits éléments**

Ces éléments sont des blocs creux ou pleins :

- en terre cuite (caractéristiques : p. 43) : on peut citer plus particulièrement les briques plâtrières, alvéolées horizontalement, hourdées au plâtre et recevant de part et d'autre un enduit plâtre. Les carreaux de terre cuite alvéolés, à faces lisses, sont assemblés au mortier colle, et reçoivent ensuite un enduit pelliculaire;
- en béton de granulats courants ou légers (caractéristiques p. 46).

Pour ces deux familles de produits, les règles de l'art en matière de conception, calcul et exécution des maçonneries sont regroupées dans le DTU n° 20-1 (AFNOR DTU P 10-202).

- **Plaques de parement en plâtre à faces cartonnées : NF P 72-302 (fig. 1).**

Sur le chantier, elles sont fixées de part et d'autre d'une ossature en bois ou métallique, délimitant un vide de construction (permettant éventuellement l'incorporation d'une isolation thermique, de matelas absorbant, de gaines électriques...). Les bords amincis des plaques permettent de réaliser des ouvrages sans joints apparents.

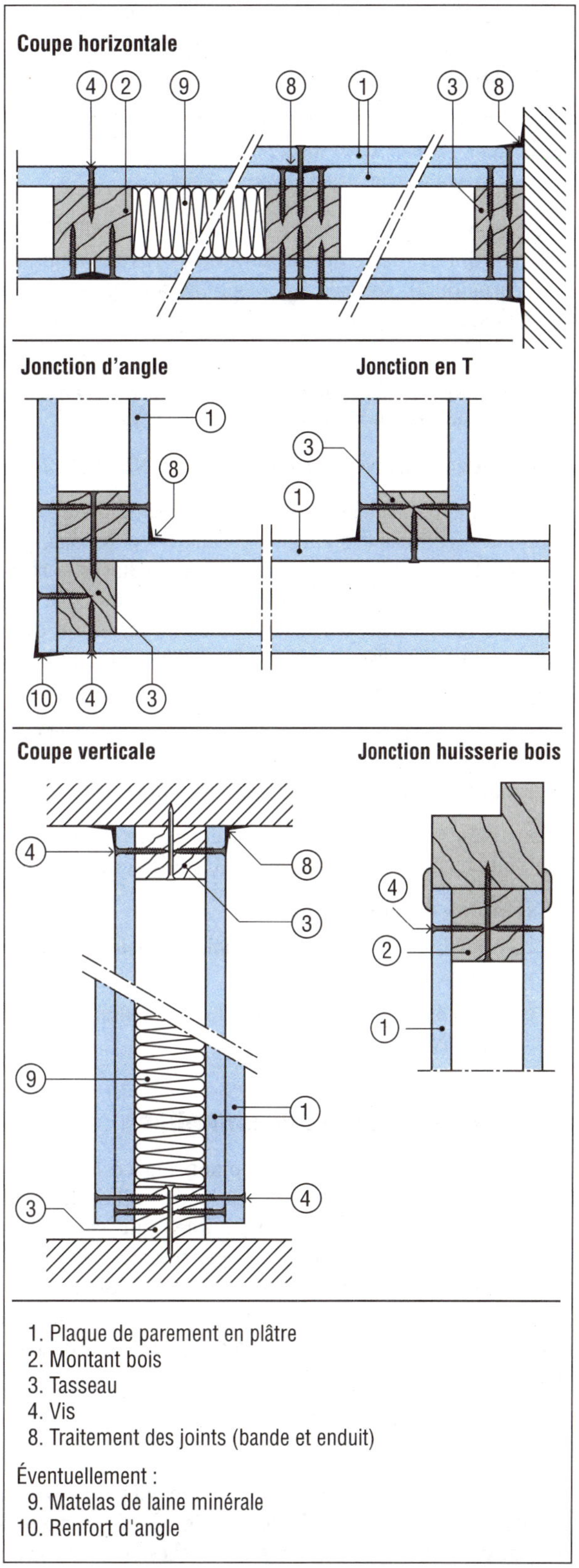


*Fig. 1. Cloisons de distribution réalisées à l'aide de plaques de plâtre fixées sur ossature bois.*

Les règles de l'art en matière de conception, calcul et mise en œuvre sont regroupées dans le DTU n° 25-41 (AFNOR DTU P 72-203).

Les dimensions courantes des plaques de plâtre sont :
- largeur : 900 et 1 200 mm,
- longueurs : 2 000, 2 600, 3 600 et 4 300 mm.

Selon leur usage, plusieurs catégories sont utilisables : standard, HD (haute dureté vis-à-vis de l'action de chocs de corps durs), spéciale feu (tenue au feu appréciée par essais sur ouvrage complet) et hydrophobe (pour locaux humides).

**Exemple de désignation** : plaque de parement en plâtre à bords amincis de 10-2 600, 1 200 - NF P 72-302.

- **Carreaux en plâtre à parements lisses (NF P 72-301).**

De forme parallélépipédique, ils présentent sur leurs tranches latérales des gorges ou rainures et tenons, destinés à faciliter la mise en œuvre et à améliorer la résistance des joints. Ils sont assemblés avec une colle spéciale à base de plâtre (avis technique). Les deux parements sont lisses et finis. Des points singuliers de pose sont détaillés à la page 172.

Les règles de l'art en matière de conception, calcul et mise en œuvre des carreaux de plâtre à parements lisses sont regroupées dans le DTU n° 25-31 (AFNOR DTU P 72-202).

Leur plus grande dimension est inférieure à 70 cm. Ils ont une épaisseur courante de 5, 6, 7 et 10 cm.

**Exemples de désignation :**
- carreau lisse en plâtre pour cloison, plein, de 66 cm × 50 cm × 7 cm, NF P 72-301 ;
- carreau lisse en plâtre pour cloison, plein de 7 cm, 3 au $m^2$, NF P 72-301.

## 1.2. Cloisons non traditionnelles

Mis en œuvre de façon courante ou non, mais relevant d'un avis technique, la majorité de ces procédés utilise des composants finis ou semi-finis, disponibles sur catalogues, assemblés à sec (cloisons sèches), par des dispositifs mécaniques (vérins par exemple) ou avec des mortiers-colles... Les éléments sont monoblocs ou constitués de plaques à assembler sur le chantier, le plus souvent d'une hauteur d'étage.

Elles peuvent être mobiles, démontables ou amovibles sans dégradations.

On peut particulièrement citer les éléments à parois en plaques de plâtre et âme alvéolaire (fig. 2) : deux plaques de plâtre cartonné sont reliées entre elles par une structure alvéolaire en carton, lin ou bois constituant des panneaux de hauteur d'étage, en 5, 6 ou 7 cm d'épaisseur.

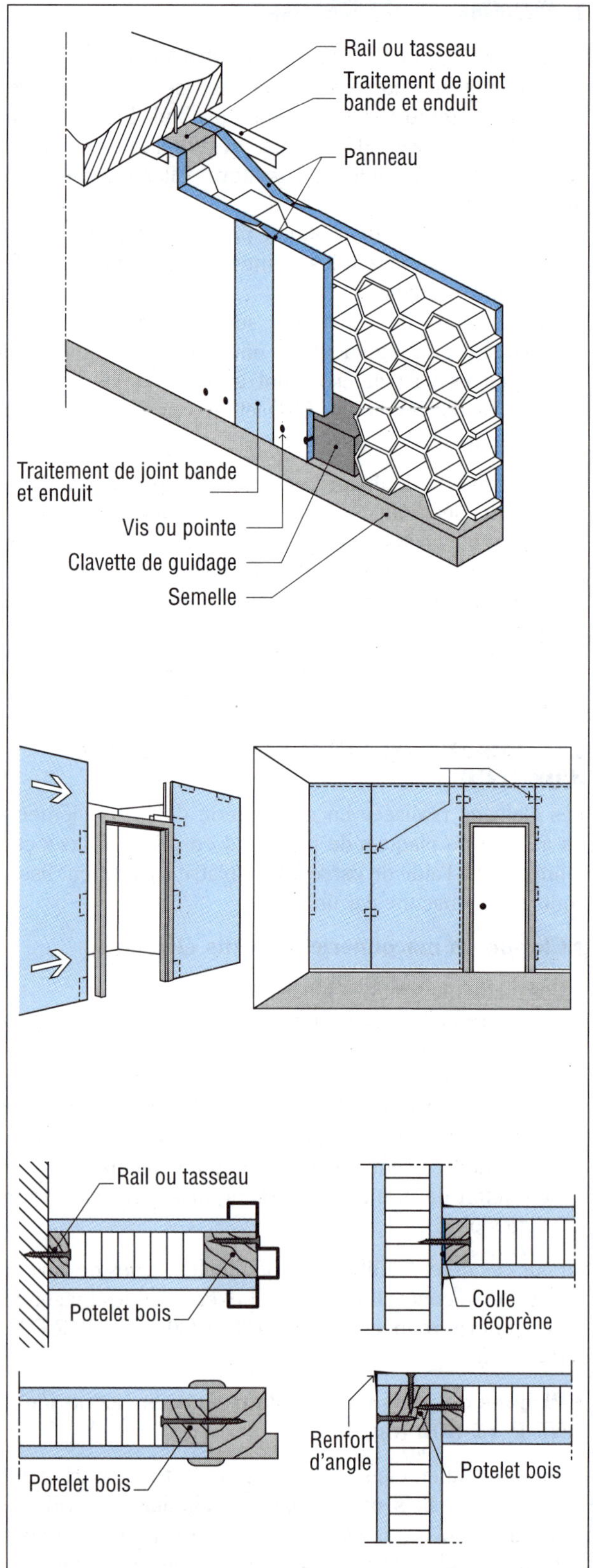


*Fig. 2. Cloisons en plaques de plâtre et âme alvéolaire (panneaux préfabriqués de hauteur d'étage).*

## 2. ÉLÉMENTS POUR LE CHOIX D'UN TYPE DE CLOISON

### 2.1. Chantier

L'état d'avancement des travaux doit mettre les éléments constitutifs des cloisons à l'abri des intempéries. Il est souhaitable que les cloisons soient mises en œuvre dans des conditions hygrométriques aussi proches que possible des conditions d'utilisation.

Si les travaux ont lieu en milieu occupé, il faut choisir le type de cloison occasionnant le moins de nuisances pour les usagers : moins de poussière, minimiser les techniques de pose humide demandant des apports d'eau, rechercher le temps d'intervention *in situ* le plus court.

Certains chantiers sont difficiles d'accès ou ne disposent pas de moyens de manutention importants : on sera conduit au choix d'éléments légers et/ou de petites dimensions.

### 2.2. Condition d'utilisation des locaux

#### 2.2.1. Humidité

Des précautions particulières sont prises dans les pièces humides, pour éviter toute propagation d'eau en parement (revêtement imperméable) ou par contact avec le chant inférieur (liaisons au sol). Les portions de cloisons au voisinage des appareils sanitaires devront être bien protégées des risques d'infiltration, notamment celles devant être cachées définitivement par un habillage. On distingue les locaux :

- secs (chambre, séjour, bureau...) : aucune précaution particulière à prévoir,
- humides (installations sanitaires à usage privé) : on prévoira une coupure de capillarité entre le soubassement de la cloison et le sol (fig. 3),
- très humides (installations sanitaires à usage collectif) : les cloisons en plâtre ne sont pas autorisées dans ce type de locaux, sauf pour certains produits avec avis technique.

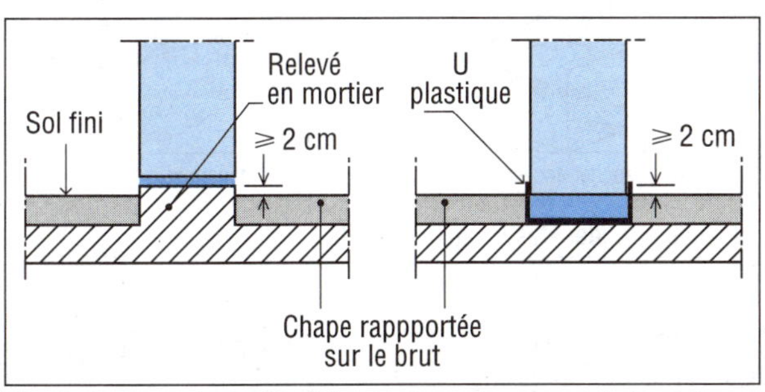


*Fig. 3. Coupure de capillarité entre le soubassement de la cloison et le sol : exemples de solutions (cloisons en terre cuite ou béton).*

#### 2.2.2. Confort d'été

En saison chaude, pour des logements présentant une inertie insuffisante, et exposés au bruit, on pourrait être conduit à prévoir une climatisation, de façon à assurer le confort fenêtres fermées.

Cela peut amener à choisir des cloisons de masse surfacique plus importante, augmentant l'inertie thermique du local, pour amortir l'onde quotidienne de température et d'ensoleillement, en étalant les variations de température sur une dizaine de jours.

### 2.3. Stabilité mécanique

Elle dépend de trois paramètres : la hauteur, l'épaisseur brute (hors enduits éventuels) de la cloison et l'espacement de raidisseurs : figure 4.

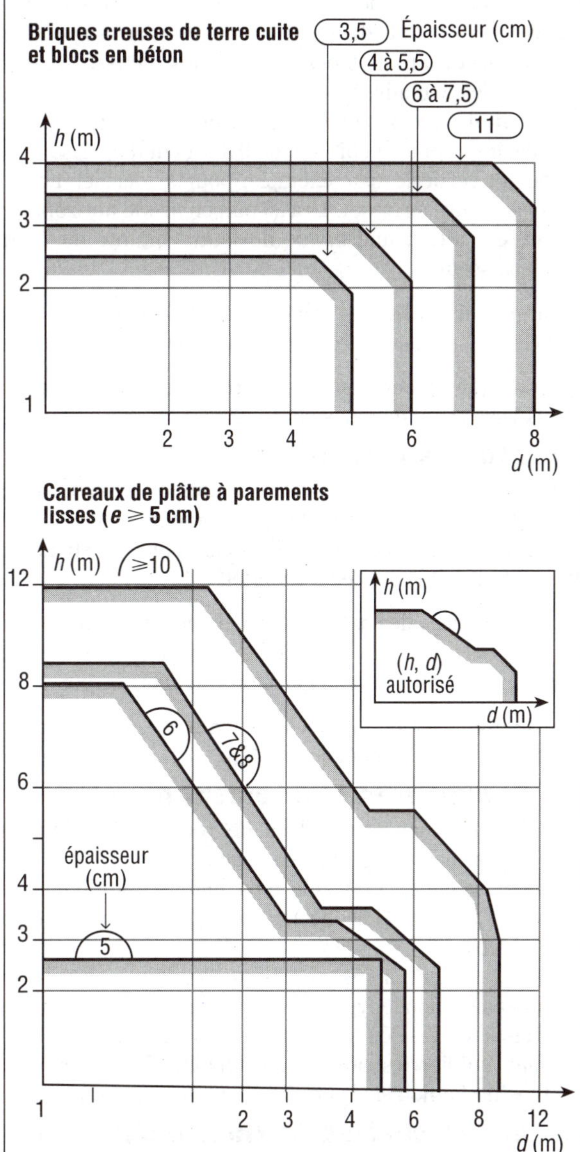


*d* : distance maximale entre éléments raidisseurs (poteau, retour de cloison ou paroi perpendiculaire).
*e* : épaisseur de la paroi.
*h* : hauteur maximale (moyenne sans support).

*Fig. 4. Stabilité mécanique d'une cloison.*

Habituellement en bois ou en métal, disposés dans la cloison, la paroi perpendiculaire ou le retour de cloison, ces raidisseurs assurent la stabilité de l'ouvrage. Un raidisseur bois a une section rectangulaire, de l'épaisseur de la cloison (p. 169, fig. 1). En métal, on utilise des profilés en H ou en U.

Les cloisons, n'ayant pas de rôle porteur, sont désolidarisées du gros œuvre, de façon à éviter que les déformations différées dues au matériau constitutif de la structure (plancher...) ou résultant de sollicitations d'origine thermique ne provoquent un chargement excessif de la cloison.

Pour les cloisons traditionnelles, on prévoit des bandes « résilientes » (bande de matériau se déformant sous l'effet d'une charge), et des blocages avec des mousses expansées souples. On utilise :

- **en pied :** une bande de liège aggloméré ou de fibre de bois imprégnée de bitume de 0,3 à 1 cm d'épaisseur en bande verticale (par exemple, pour le dernier niveau sous toiture terrasse), 10 à 20 mm en bande horizontale ;
- **ou en tête :** une bande de feutre bitumé de 1 cm d'épaisseur.

La largeur de bande est généralement voisine de l'épaisseur de cloison et son épaisseur maximale est de 2 cm.

Des solutions types pour les carreaux de plâtre à parements lisses sont données page 173.

### 2.4. Charges à suspendre

Une cloison supporte des charges plus ou moins importantes (évier, ballon d'eau chaude, éléments de cuisine ou de bibliothèque, tableaux...). Son épaisseur et sa structure doivent avoir été conçues à cet effet.

La mise en place des ballons d'eau chaude à accumulation, des chauffe-eau ou des chaudières individuelles sera effectuée conformément aux dispositions du DTU n° 60.

Des solutions types pour les carreaux de plâtre à parements lisses sont données page 173.

### 2.5. Parement et revêtement mural

Les cloisons sont susceptibles de recevoir les finitions usuelles par peinturage, pose de papiers peints, etc. :

- sans exécution préalable d'un enduit traditionnel au plâtre, pour les cloisons à base de plaques ou carreaux de plâtre,
- généralement, après exécution d'enduits pelliculaires ou épais selon le type de revêtement envisagé pour les cloisons à base de blocs en briques ou béton,
- sans oublier les préparations habituelles propres au type de finition envisagé (DTU n° 59-1 « peinturage »).

### 2.6. Autres critères de choix à observer

- **Descente de charge** (p. 23) : on vérifiera que le poids de la cloison est compatible avec la capacité portante du plancher bas, ce qui peut être un critère déterminant pour le choix d'une cloison dans le cas de planchers anciens. On choisira des cloisons supportant sans dommages les déformations entraînées par la flexibilité du plancher.
- **Incendie** (p. 334) et **Acoustique** (p. 364) : les qualités d'isolement dépendent de l'étanchéité des raccordements des éléments de cloisons entre eux ou avec le gros œuvre. Tout défaut (fissures à la liaison des éléments verticaux, bourrage ou calfeutrement insuffisant au droit du plafond, hourdage insuffisant des joints verticaux...) peut gravement altérer les performances déduites des essais de laboratoire.
- **Adaptabilité des locaux :** la distribution des pièces, la largeur de certaines portes sont indiquées page 259, pour les logements accessibles ou adaptables aux personnes handicapées.
- **Corps d'état techniques :**
  - électricité : il existe des contraintes mentionnées p. 278 pour le passage des canalisations électriques,
  - plomberie : des dispositions (manchon élastique...) sont à respecter pour limiter les risques de propagation de bruits d'équipement (p. 282).

## 3. CLOISONS EN CARREAUX DE PLÂTRE

Les figures 5 et 6 illustrent la mise en œuvre des carreaux de plâtre.

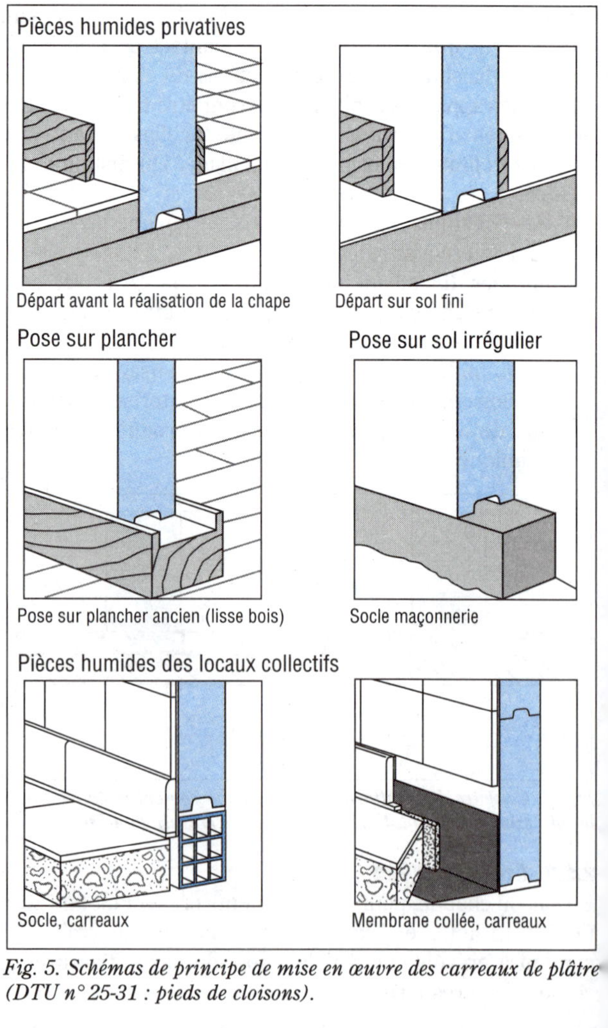


*Fig. 5. Schémas de principe de mise en œuvre des carreaux de plâtre (DTU n° 25-31 : pieds de cloisons).*

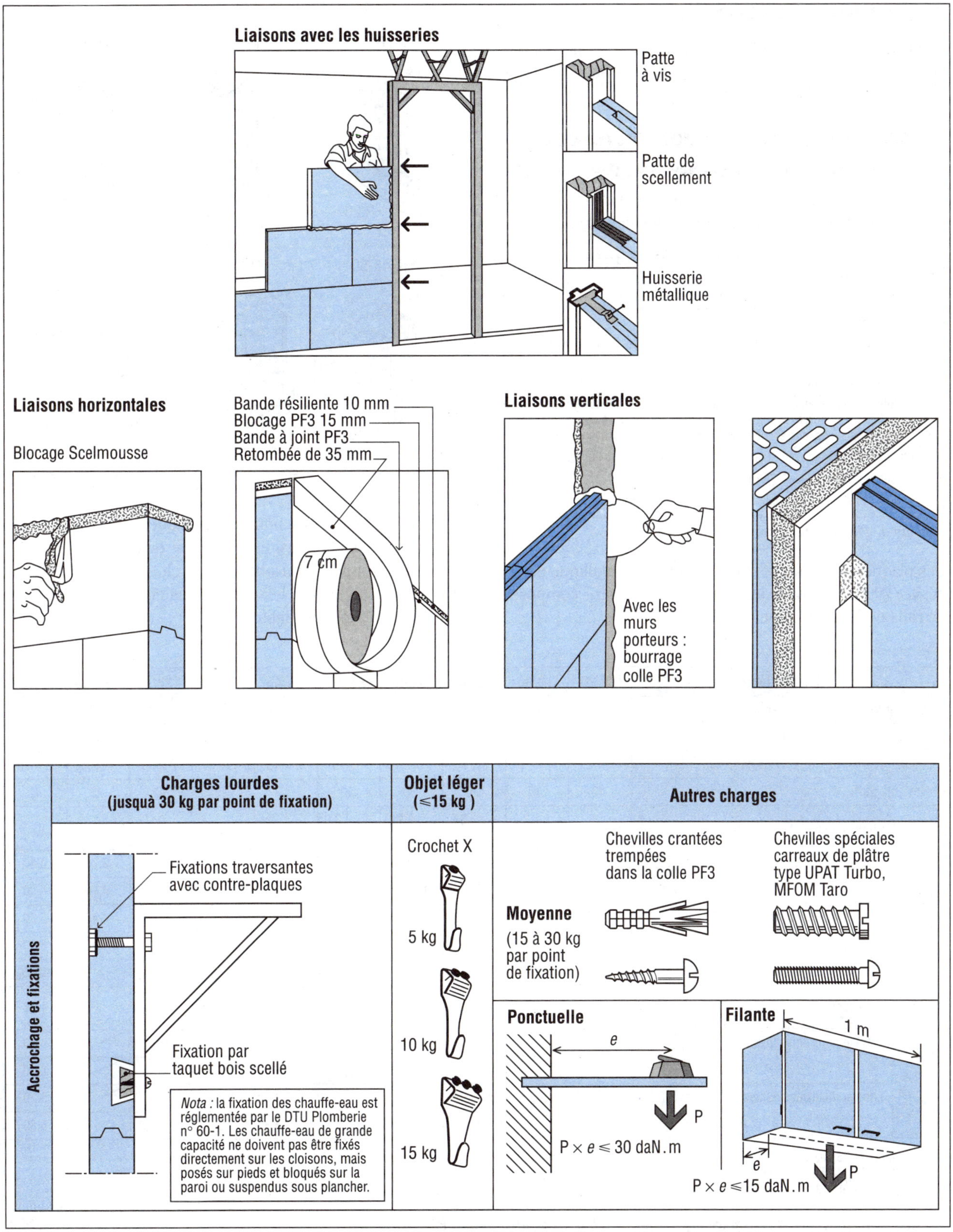


*Fig. 6. Schémas de principe de mise en œuvre des carreaux de plâtre (DTU n° 25-31 : liaisons horizontales et verticales) (doc. Lafarge).*

## 4. CLOISONS PLACOSTIL

Le procédé Placostil (BPB Placoplâtre) permet de réaliser des cloisons de distribution courantes mais aussi des cloisons séparatives de logements.

### 4.1. Cloisons de distribution courantes

#### 4.1.1. Constitution et caractéristiques des ouvrages

Les cloisons de distribution courantes sont constituées de plaques standard ou techniques décrites tableau 1.

| |
|---|
| **Plaques standard :**<br>• Placoplatre* (13, 15, 18, 23 mm d'épaisseur). |
| **Plaques techniques :**<br>• résistance renforcée à la diffusion de la vapeur d'eau : Placoplatre* pare-vapeur 13 mm,<br>• réaction au feu M0 : Lisaplac* M0 13 et 18 mm,<br>• haute résistance aux chocs : Placodur* ou Lisadur* M0 13mm. Ces plaques haute dureté sont préconisées dans les locaux à usage intensif tels que locaux scolaires, gymnases, salles de sport, salles de jeux...<br>• haute résistance au feu : Placoflam* ou Lisaflam* M0 13 et 15 mm,<br>• incombustible : Stucal* 13 mm,<br>• haute résistance à l'humidité : Placomarine* 13 mm. |

*Tableau 1. Plaques standard et techniques : exemples.*

Ces plaques sont vissées sur une ossature métallique de 26, 36, 48, 70 ou 90 mm de large en acier galvanisé composée de rails et de montants en **U** (fig. 7).

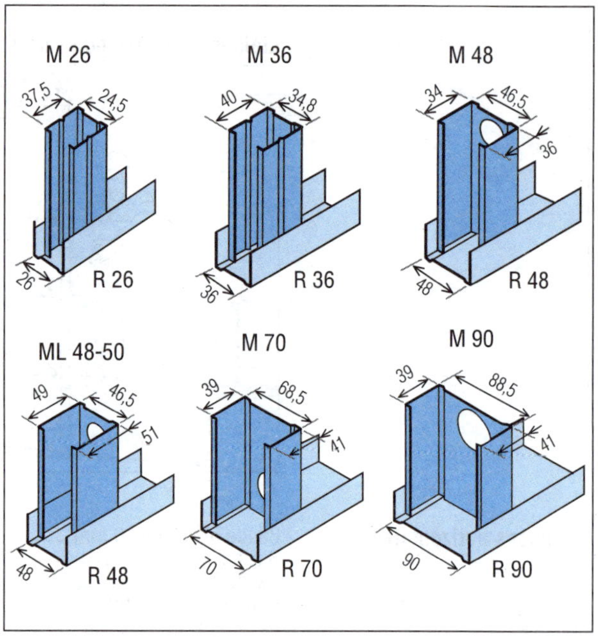


*Figure 7. Rails et montants de l'ossature métallique (cotes en mm).*

Selon l'épaisseur et le nombre de plaques constituant chaque parement, les dimensions et le type (simple ou double) de montants utilisés, on obtient des cloisons de distribution dont la désignation, les dimensions et la résistance mécanique sont données tableau 2.

| Désignation | | | 72/26 | 72/36 | | 72/48 | | 84/48 | | 94/48 | | 98/48 | | 100/70 | 120/70 | 120/90 | 140/90 |
|---|---|---|---|---|---|---|---|---|---|---|---|---|---|---|---|---|---|
| Épaisseur totale de la cloison en mm | | | 72 | 72 | | 72 | | 84 | | 94 | | 98 | | 100 | 120 | 120 | 140 |
| Largeur de l'ossature en mm | | | 26 | 36 | | 48 | | 48 | | 48 | | 48 | | 70 | 70 | 90 | 90 |
| Nombre et épaisseur des plaques par parement en mm | | | 1 × 23 | 1 × 18 | | 1 × 13 | | 1 × 18 | | 1 × 23 | | 2 × 13 | | 1 × 15 | 2 × 13 | 1 × 15 | 2 × 13 |
| Poids en kg/m² | | | 40 | 30 | | 20 | | 30 | | 40 | | 42 | | 25 | 42 | 25 | 42 |
| Inertie des montants en cm⁴ | | | 0,8 | 1,9 | 2,2 (1) | 2,9 | 3,9 (2) | 2,9 | 3,9 (2) | 2,9 | 3,9 (2) | 2,9 | 3,9 (2) | 7,7 | 7,7 | 13,7 | 13,7 |
| Plaques cartonnées Hauteur limite en m | Entraxe montant simple | 0,60 | 2,60 | 2,60 | 2,70 | 2,60 | 2,70 | 2,80 | 3,00 | 3,00 | 3,20 | 3,00 | 3,20 | 3,20 | 3,80 | 3,70 | 4,40 |
| | | 0,40 | 2,85 | 2,85 | 3,00 | 2,80 | 3,00 | 3,10 | 3,40 | 3,30 | 3,50 | 3,30 | 3,50 | 3,60 | 4,20 | 4,10 | 4,90 |
| | Entraxe montants doubles | 0,60 | 3,10 | 3,10 | 3,20 | 3,00 | 3,20 | 3,40 | 3,60 | 3,60 | 3,90 | 3,60 | 3,90 | 3,80 | 4,50 | 4,40 | 5,20 |
| | | 0,40 | 3,40 | 3,40 | 3,55 | 3,30 | 3,50 | 3,70 | 4,00 | 4,00 | 4,30 | 4,00 | 4,30 | 4,20 | 5,00 | 4,80 | 5,80 |
| **Désignation** | | | | | | **72/48(3)** | | | | | | **98/48(3)** | | | **120/70(3)** | | **140/90(3)** |
| Inertie des montants en cm⁴ | | | | | | 2,9 | 3,9 (2) | | | | | 2,9 | 3,9 (2) | | 7,7 | | 13,7 |
| Plaque Stucal* Hauteur limitée en m | Entraxe montant simple | 0,60 | | | | 2,60 | 2,70 | | | | | 3,00 | 3,20 | | 3,80 | | 4,40 |
| | | 0,40 | | | | 2,80 | 3,00 | | | | | 3,30 | 3,50 | | 4,20 | | 4,90 |
| | Entraxe montants doubles | 0,60 | | | | 3,00 | 3,20 | | | | | 3,60 | 3,90 | | 4,50 | | 5,20 |
| | | 0,40 | | | | 3,30 | 3,50 | | | | | 4,00 | 4,30 | | 5,00 | | 5,80 |

(1) Montants M 36 épaisseur 7/10e
(2) Montants ML 48/50 épaisseur 6/10e
(3) Plaques Stucal* 13 mm

Il peut être admis exceptionnellement un dépassement de 0,10 m des hauteurs ci-dessus.

*Tableau 2. Désignation et résistance mécanique des cloisons de distribution Placostil avec plaque standard ou Lisaplac M0 ou Placoflam ou Lisaflam M0 ou Stucal.*

Afin d'améliorer les caractéristiques acoustiques et thermiques des parois, on peut mettre en place des panneaux semi-rigides (ou présentant les mêmes garanties de non-tassement) de laine minérale. Le tableau 3 précise les caractéristiques acoustiques et thermiques des cloisons sans ou avec laine minérale.

Conformément à l'arrêté du 30/06/83 concernant la réaction au feu (p. 296), les plaques standard ou techniques sont classées M1 ou M0 et peuvent être utilisées dans les bâtiments d'habitation comme dans les Établissements Recevant du Public (ERP) ou les Immeubles de Grande Hauteur (IGH). L'emploi de panneaux semi-rigides de laine de roche améliore le degré coupe-feu des cloisons, la laine de verre ne le modifie pas. Le degré coupe-feu des cloisons assure une protection allant de 1/2 heure à 2 heures selon les indications du tableau 4.

**Isolation acoustique**

| Désignation | | | 72/26 | 72/36 | 72/48 | 84/48 | 94/48 | 98/48 | 100/70 | 120/70 | 120/90 | 140/90 |
|---|---|---|---|---|---|---|---|---|---|---|---|---|
| Plaques cartonnées | Sans laine minérale | R en dB (A)<br>Rw en dB | 37<br>38 | 37<br>38 | 34<br>36 | 38<br>40 | 42<br>43 | 42<br>43 | 38<br>39 | 44<br>45 | 39<br>40 | 45<br>46 |
| | Avec laine minérale | R en dB (A)<br>Rw en dB | 40<br>42 | 42<br>43 | 40<br>43 | 44<br>46 | 48<br>50 | 47<br>49 | 44<br>45 | 49<br>50 | 46<br>47 | 52<br>53 |
| Plaques Stucal* | Sans laine minérale | R en dB (A)<br>Rw en dB | | | 34<br>36 | | | 42<br>43 | | 44<br>45 | | 45<br>46 |
| | Avec laine minérale | R en dB (A)<br>Rw en dB | | | 40<br>43 | | | 47<br>49 | | 49<br>50 | | 52<br>53 |

Les caractéristiques acoustiques actualisées des cloisons Placostil* figurent dans le tableau ci-dessus. Ces nouvelles valeurs résultent, d'une part, de l'évolution des normes et des conditions d'essais qui limitent l'écart entre R et Dn aux seules spécificités du chantier (géométrie des locaux et nature des parois latérales), d'autre part, de la répétabilité et de la reproductibilité des mesures. Les valeurs R en dB (A) sont directement exploitables dans les bases de données et les logiciels de prévisions acoustiques.

**Isolation thermique**

| Désignation | | | 72/26 | 72/36 | 72/48 | 84/48 | 94/48 | 98/48 | 100/70 | 120/70 | 120/90 | 140/90 |
|---|---|---|---|---|---|---|---|---|---|---|---|---|
| Plaques cartonnées | Sans laine minérale | U en W/m²·K | 1,90 | 2,10 | 2,20 | 2,10 | 1,90 | 1,90 | 2,20 | 1,90 | 2,20 | 1,90 |
| | Avec laine minérale | U en W/m²·K | 0,90 | 0,90 | 0,80 | 0,80 | 0,80 | 0,70 | 0,60 | 0,60 | 0,50 | 0,50 |
| | Épaisseur de laine minérale en mm | | 30 | | 45 | | | | 75 | | 100 | |
| Plaques Stucal* | Sans laine minérale | U en W/m²·K | | | 2,20 | | | 1,90 | | 1,90 | | 1,90 |
| | Avec laine minérale | U en W/m²·K | | | 0,80 | | | 0,70 | | 0,60 | | 0,50 |
| | Épaisseur de laine minérale en mm | | | | 45 | | | 45 | | 75 | | 100 |

*Tableau 3. Caractéristiques acoustiques et thermiques des cloisons de distribution Placostil.*

| Désignation | | 72/36 | 72/48 | 84/48 | 98/48 | 100/70 | 120/70 | 120/90 | 140/90 |
|---|---|---|---|---|---|---|---|---|---|
| CF | Plaques Placoplatre* ou Lisaplac* M0 | 1 h<br>(5) | 1/2 h<br>(1) | 1 h<br>(5) | 1 h<br>(1) | 1/2 h<br>(1) | 1 h<br>(1) | 1/2 h<br>(1) | 1 h<br>(1) |
| | Plaques Placoflam* ou Lisaflam* M0 | | 3/4 h<br>(2) | | 2 h<br>(2) | 1 h<br>(2) | 2 h<br>(2) | 1 h<br>(2) | 2 h<br>(2) |
| | Plaques Stucal* | | 1 h<br>(3) | | 2 h<br>(4) | | 2 h<br>(4) | | 2 h<br>(4) |

(1) PV de synthèse CSTB n° 96 41 955
(2) PV de synthèse CSTB n° 96 41 956
(3) PV CSTB RS 98-178
(4) PV CSTB RS 99-134
(5) PV CSTB 99-157

*Tableau 4. Degré coupe-feu des cloisons Placostil.*

#### 4.1.2. Mise en œuvre

On effectue d'abord le tracé de la cloison au sol et au plafond en repérant l'emplacement des huisseries. Au droit des jonctions en **T** ou en **L**, on laissera entre les rails un intervalle permettant le passage des plaques de parement d'une des cloisons, au sol comme au plafond. Les rails haut et bas sont fixés tous les 0,60 m au maximum.

Les montants de l'ossature sont fixés sur les parois verticales, puis on place ensuite les montants intermédiaires dont les distances entre axes ne doivent pas être supérieures aux indications du tableau 2 (p. 174).

Les vis liant les plaques à l'ossature sont distantes de 30 cm au plus (15 cm pour les plaques haute résistance au feu).

Les plaques sont disposées de façon que les joints, au droit d'un montant, soient alternés d'un parement à l'autre et, dans le cas de cloisons à double parement, décalés entre les différentes couches d'un même parement.

Chaque montant d'huisserie doit être solidarisé à l'ossature par quatre points de fixation, dont un est obligatoirement en pied. La figure 8 donne des détails de liaison avec des huisseries bois ou métalliques.

**Huisseries bois**

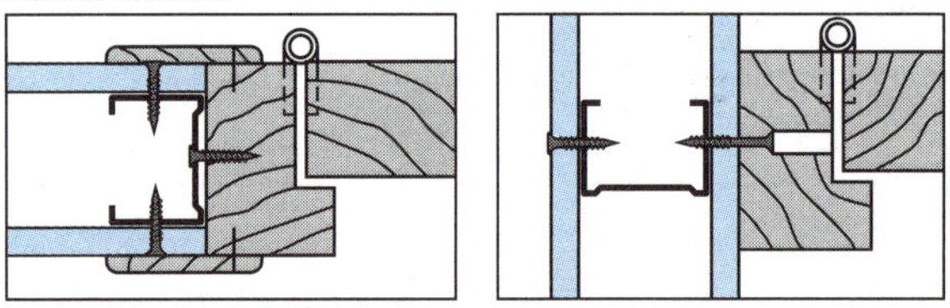

Huisserie dans l'alignement de la cloison — Huisserie perpendiculaire à la cloison

**Huisseries métalliques**

Certains fabricants d'huisseries métalliques incorporent, lors de la fabrication, un profil oméga sur lequel on peut fixer directement par vissage les montants Placostil*. Dans les autres cas, la liaison s'effectue par l'intermédiaire d'un potelet bois en solidarisant le montant et le potelet bois, en emboîtant et en fixant l'huisserie par vissage sur le potelet bois.

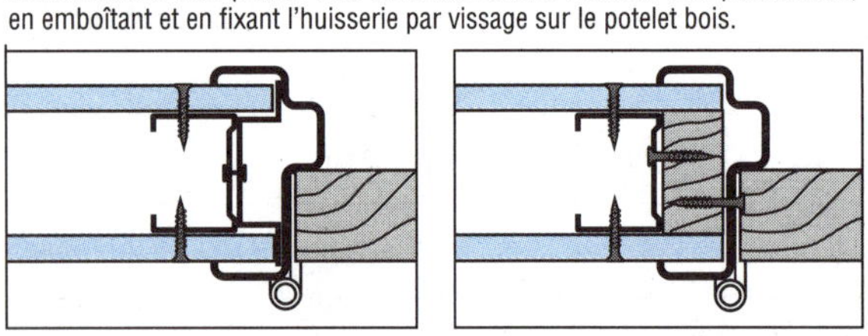

Avec profil oméga de fixation soudé sur l'huisserie — Huisserie dans l'alignement de la cloison avec potelet bois

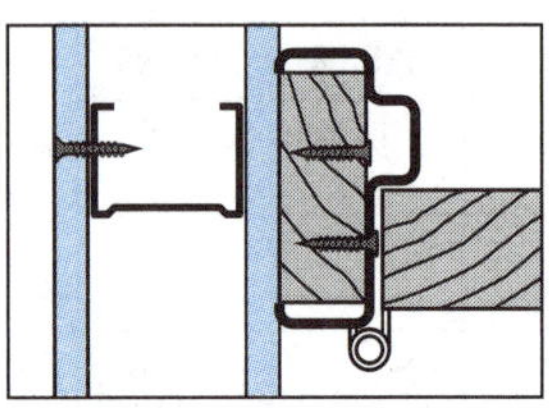

Huisserie perpendiculaire à la cloison avec potelet bois

*Fig. 8. Liaisons huisserie / cloison.*

Pour les raccordements entre cloisons (liaisons en **T**, en **L** ou quelconque), on prévoit un montant renforçant la liaison selon les indications de la figure 9.

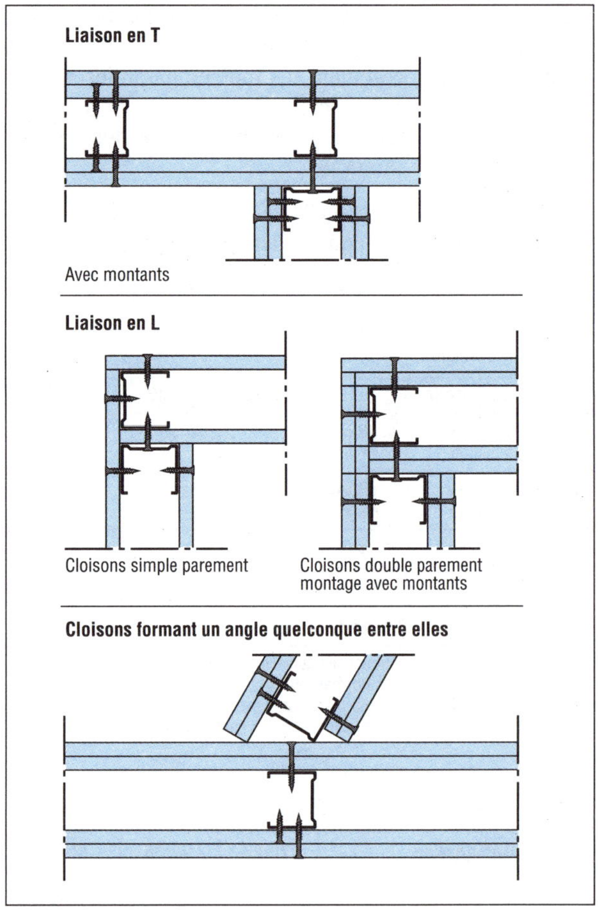


*Fig. 9. Raccordement entre cloisons.*

### 4.2. Cloisons séparatives de logements SAA et SAD

Les cloisons SAA présentent une ossature alternée (fig. 10a) et les cloisons SAD possèdent une ossature double (fig. 10b).

Ces cloisons sont destinées à séparer dans les constructions neuves ou anciennes, les logements entre eux, les pavillons en bandes, les logements et les coursives, dégagements, couloirs, escaliers, les logements et les locaux nécessitant des isolements acoustiques très élevés tels que studios d'enregistrement, salles et conservatoires de musique.

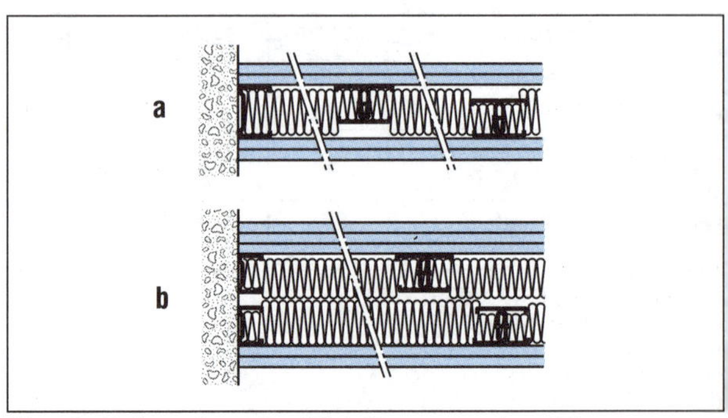


*Fig. 10. Cloison séparative SAA (à ossature alternée).*

NF P 01-012, NF P 23-101, 24-101, NF EN 12-207, -208, -210, -211, NF EN 1026 ET 1027, FD P 20-201 (DTU N° 36.1/37.1)

## 1. GARDE-CORPS ET BAIES

Les menuiseries extérieures (fenêtres, portes-fenêtres) viennent s'insérer dans une baie dont les formes (fonctions du type de pose : p. 178 et 188) et les dimensions doivent être définies avant l'exécution du gros œuvre. Les hauteurs des garde-corps et des allèges seront choisies afin de prévenir tout risque de chute.

### 1.1. Hauteur de protection des garde-corps

Les garde-corps doivent avoir une hauteur normale de protection H définie tableau 1.

| Garde-corps | Minces | Épais | | | | | | | |
|---|---|---|---|---|---|---|---|---|---|
| Épaisseur E | < 20 | 25 | 30 | 35 | 40 | 45 | 50 | 55 | 60 |
| Hauteur H | 100 | 97,5 | 95 | 92,5 | 90 | 85 | 80 | 75 | 70 |
| H : distance verticale entre la face supérieure du garde-corps et le point le plus haut de la zone de stationnement normal. | | | | | | | | | |

*Tableau 1. Hauteur de protection en fonction de l'épaisseur du garde-corps (cotes en cm).*

Mais, lorsqu'il existe une zone de stationnement précaire (définie § 1.5.3.2. de la norme NF P 01-012), ils auront une hauteur réduite de protection H' (distance verticale entre la face supérieure du garde-corps et la plus haute des zones de stationnement précaire) ; H' est égale à 90 cm, sauf pour les garde-corps d'épaisseur supérieure à 40 cm où l'on prend la hauteur normale de protection (tableau 1).

Lorsque l'allège surmontée du dormant d'une fenêtre a une hauteur égale ou supérieure à 90 cm comptée depuis la zone de stationnement normal, il n'est pas nécessaire de mettre en place une barre d'appui ou un garde-corps.

### 1.2. Dimensions des baies (DTU n° 36-1/37-1)

Pour chaque projet, c'est au stade de la conception des assemblages entre menuiserie et baie que les valeurs de tolérance pour le gros œuvre sont choisies (fig. 1 et tableaux 2 à 4). Les valeurs de ces tolérances dépendent du niveau d'exactitude d'exécution du gros œuvre (niveau 1 ou 2).

*Exemple :* le choix d'un calfeutrement sec (p. 185) nécessite, pour l'exécution du gros œuvre délimitant la baie, une exactitude de niveau 2.

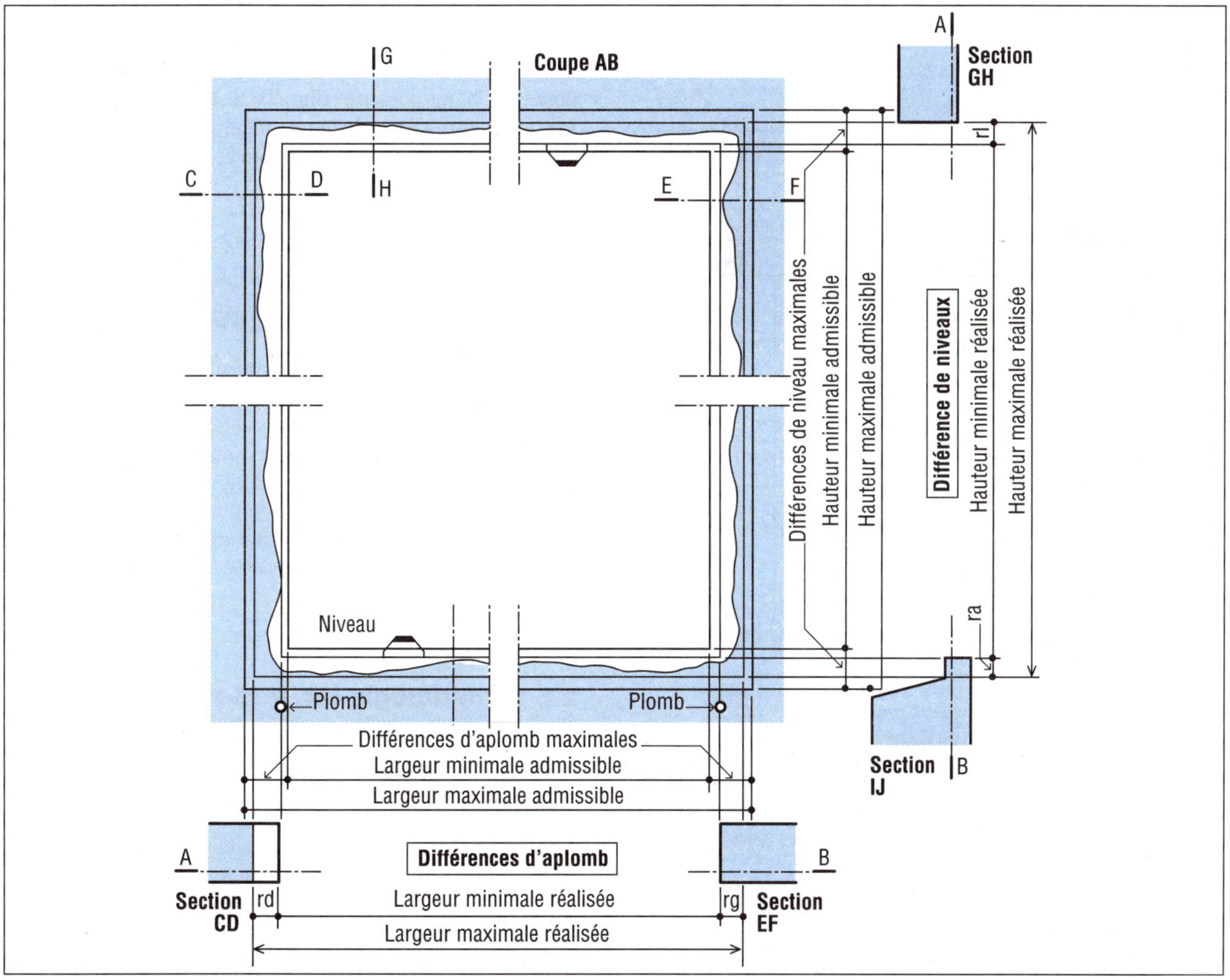


*Fig. 1. Coupe et section verticales et section horizontale.*

| L : largeur entre tableaux projetée<br>Dimensions en mm | niveau 1 | niveau 2 |
| --- | --- | --- |
| Largeur minimale réalisée $L_m$ (condition pour poser la fenêtre avec un calfeutrement minimal efficace) | $L_m \geqslant L - 20$ | $L_m \geqslant L - 10$ |
| Largeur maximale réalisée $L_M$ | $L_M < L + 20$ | $L_M < L + 10$ |
| Différence d'aplomb à droite et à gauche | < 20 | < 10 |
| Écarts admissibles sur la largeur des feuillures (pour une pose en feuillure) | − 0<br>+ 30 | − 0<br>+ 10 |

*Tableau 2. Tolérances sur la largeur d'une baie, l'aplomb des tableaux et la largeur des feuillures.*

| H : hauteur entre appui et linteau projetée<br>Dimensions en mm | linteau (niveau 1)<br>appui (niveau 2) | niveau 2 |
| --- | --- | --- |
| Hauteur minimale réalisée (condition pour poser la fenêtre avec un calfeutrement minimal efficace) $H_m$ | $H_m > H - 15$ | $H_m > H - 10$ |
| Hauteur maximale réalisée $H_M$ | $H_M < H + 15$ | $H_M < H + 10$ |
| Différence de niveau en linteau | < 20 | < 10 |
| Différence de niveau en appui | < 8 | < 8 |
| *Nota :* pas de niveau 1 en ce qui concerne un appui. | | |

*Tableau 3. Tolérances sur la hauteur d'une baie et les niveaux des linteaux et appuis.*

| Dimensions (mm) | Pose en | | Maçonnerie | |
| --- | --- | --- | --- | --- |
| | feuillure | applique | niveau 1 | niveau 2 |
| Parement inférieur de la maçonnerie | x | x | $0 < n < 20$ | $0 < n < 10$ |
| Profondeur des feuillures | x | | $U > u$ et $U + e < u + 30$ | $U > u$ et $U + e < u + 10$ |
| Planéité générale du plan de pose (fond de feuillure) | x | | $e < 20$ | $e < 10$ |
| Planéité locale du plan de pose c'est-à-dire désafleurement sur fond de feuillure | x | x | $d < 5$ | $d < 3$ |
| *Nota :* pour la pose en applique, la planéité générale correspond à celle du parement intérieur du mur en maçonnerie. | | | | |

* *n* = distance horizontale entre les différents points du parement réalisé et le nu intérieur de ce parement tel qu'il découle des tracés.

* U = distance horizontale entre le point le plus en retrait de l'arête avant de la joue de la feuillure réalisée et le point le plus en saillie du fond de la feuillure.

* *u* = profondeur minimale prévue au projet, c'est-à-dire distance horizontale prévue entre l'arête avant de la joue de feuillure et le fond de feuillure.

* *e* = distance horizontale entre le point le plus en saillie et le point le plus en retrait de l'ensemble du plan de pose.

* *d* = désafleurement entre parties contiguës du plan de pose, par exemple de part et d'autre d'un joint entre éléments de coffrage et le plus fréquemment aux angles linteau-tableau.

*Tableau 4. Tolérances sur la situation et la planéité du plan de pose et la profondeur de feuillure.*

Les appuis de fenêtre ou de porte-fenêtre exécutés avant pose de la menuiserie (en béton coulé en place ou préfabriqué) ou après la pose de la menuiserie (en béton coulé en place) auront les dimensions minimales indiquées par le tableau 5.

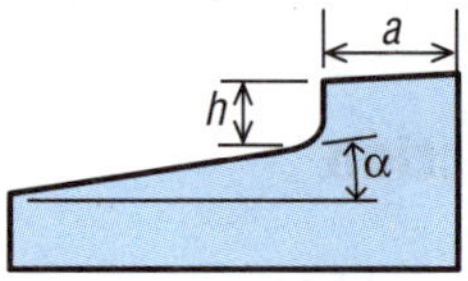


*a* : largeur du rejingot
*h* : hauteur du rejingot
α : angle de pente de l'appui

| | Valeurs minimales | | |
| --- | --- | --- | --- |
| | *a* (mm) | *h* (mm) | *tg* α |
| En béton coulé en place avant pose de la menuiserie | 40 | 25 | 0,10 |
| Préfabriqué en béton mis en place avant pose de la menuiserie | 30 | 25 | 0,08 |
| | | 20 | 0,10 |
| En béton coulé en place après pose de la menuiserie | 40 | 40 | 0,10 |
| *Nota :* la face supérieure du rejingot peut être en pente vers l'extérieur. | | | |

*Tableau 5. Dimensions des appuis selon leurs modes d'exécution.*

*Nota :* la configuration de l'assemblage entre menuiserie et baie résulte de la combinaison de solutions relatives à la pose de la menuiserie (fig. 2), à l'exécution de l'appui (avant ou après pose de la menuiserie) et au calfeutrement entre la menuiserie et le gros œuvre (p. 185).

## 2. ÉLÉMENTS DE CONCEPTION

Une menuiserie extérieure assurant la fermeture d'une baie est soumise aux intempéries (pluie, vent, variations de température). Il faudra donc choisir des menuiseries dont les caractéristiques (classement AEV : p. 180) seront adaptées aux conditions atmosphériques qu'elles subissent. Auparavant, nous présentons la terminologie usuelle relative aux menuiseries extérieures, suivie des différents modes d'ouverture des fenêtres et du classement AEV.

### 2.1. Terminologie (NF P 23-101 et 24-101)

Certains termes sont illustrés fig. 2, p. 179.

- **Menuiseries extérieures :** fenêtres, portes-fenêtres, panneaux menuisés et panneaux de façade.
- **Fermetures :** volets pleins, volets roulants ou à lames, persiennes, portes de garage, jalousies.
- **Croisée :** synonyme de fenêtre.
- **Partie fixe :** partie d'un montant avec vitrage ou élément de remplissage mis en œuvre directement.

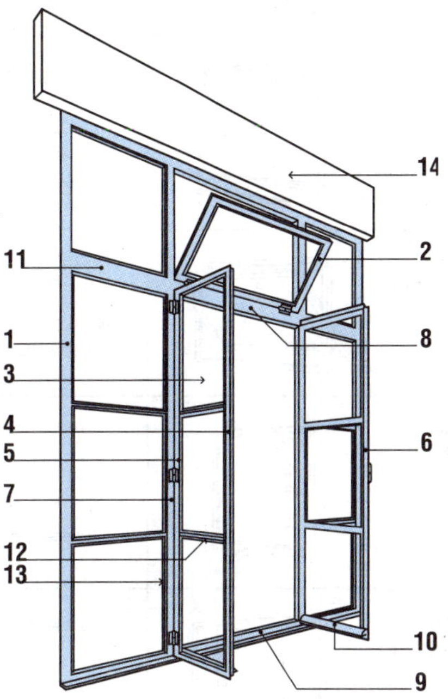


*Fig. 2. Constitution type d'une menuiserie extérieure.*

① **Dormant :** cadre fixe de la fenêtre.

② **Châssis :** cadre menuisé, fixe ou ouvrant, rapporté dans un dormant et recevant un vitrage grillagé ou un élément de remplissage plein ou à claire-voie.

③ **Vantail** (ou battant) : partie mobile des fenêtres ouvrant à la française ou à l'anglaise ou coulissantes.

④ **Montant :** partie constituant un des côtés verticaux des ouvrages et parties d'ouvrages.

⑤ **Montant de rive :** montant d'un vantail qui reçoit les organes de rotation.

⑥ **Montant de battement :** montant d'un vantail ou d'un châssis qui vient, à la fermeture, soit s'appuyer sur le bâti ou le dormant, soit joindre le montant correspondant des vantaux ou châssis voisins.

⑦ **Meneau :** montant dormant séparant deux vantaux ou deux parties fixes dans un panneau menuisé.

⑧ **Traverse :** pièce constituant un des côtés horizontaux des ouvrages et parties d'ouvrages.

⑨ **Pièce d'appui :** traverse placée à la partie inférieure du dormant sur le rejingot de l'appui ou du seuil de la baie.

⑩ **Jet d'eau :** pièce rapportée ou non, sur la traverse inférieure des châssis, ayant pour but de rompre le cheminement de l'eau et/ou de rejeter l'eau vers l'extérieur; employé aussi pour désigner la traverse inférieure des châssis munis de ce dispositif.

⑪ **Traverse d'imposte :** traverse du dormant séparant une imposte du ou des châssis inférieurs dans un ouvrage composé.

⑫ **Petit bois :** pièce de faible section, verticale ou horizontale divisant les châssis pour en permettre le vitrage par des vitres plus ou moins grandes.

⑬ **Parclose :** pièce de faible section servant au maintien des vitrages ou des parties pleines dans les feuillures des châssis.

⑭ **Caisson :** assemblage de parties dormantes, horizontales ou verticales, destiné à contenir les organes de manœuvre, de suspension, de roulement ou de glissement des fenêtres à guillotine ou coulissantes ou des volets roulants, stores, fermetures diverses avec leurs organes de manœuvre.

- **Tapée :** pièce de bois rapportée sur le dormant d'une fenêtre, du côté extérieur, et destinée à la pose des persiennes ou des volets.

- **Fourrure :** pièce destinée à compenser un manque de largeur ou d'épaisseur du dormant; elle est liée au gros œuvre et participe à l'étanchéité de la liaison menuiserie/gros œuvre.

- **Précadre** (métallique ou en bois) : ensemble préfabriqué mis en place avant la menuiserie et servant à lier celle-ci au gros œuvre.

- **Seuil :** traverse basse du dormant d'une porte-fenêtre.

- **Battue :** latte rapportée sur la face extérieure ou inférieure d'un vantail et destinée à recouvrir le joint de deux vantaux contigus.

- **Fausse tapée :** pièce rapportée sur chant à l'extérieur ou l'intérieur du dormant et destinée à compenser, notamment, l'épaisseur de l'isolation.

- **Dimensions en tableau :** ce sont les dimensions nominales de la fenêtre correspondant aux dimensions de la baie maçonnée finie; lorsque le terme « dimension » est employé, il sous-entend « dimension en tableau ».

- **Épaisseur :** l'épaisseur nominale des fenêtres est l'épaisseur finie de ses ouvrants.

- **Recouvrement :** partie d'un profil de deux montants d'ouvrants ou d'un montant d'ouvrant sur un dormant.

## 2.2. Différents modes d'ouverture des fenêtres (fig. 3)

On distingue : les fenêtres à battement, les fenêtres à coulissement, les menuiseries composées (elles sont constituées de plusieurs vantaux accolés ou superposés, fixes ou mobiles (de constitution semblable ou non) séparés par des parties dormantes (meneaux ou traverses)).

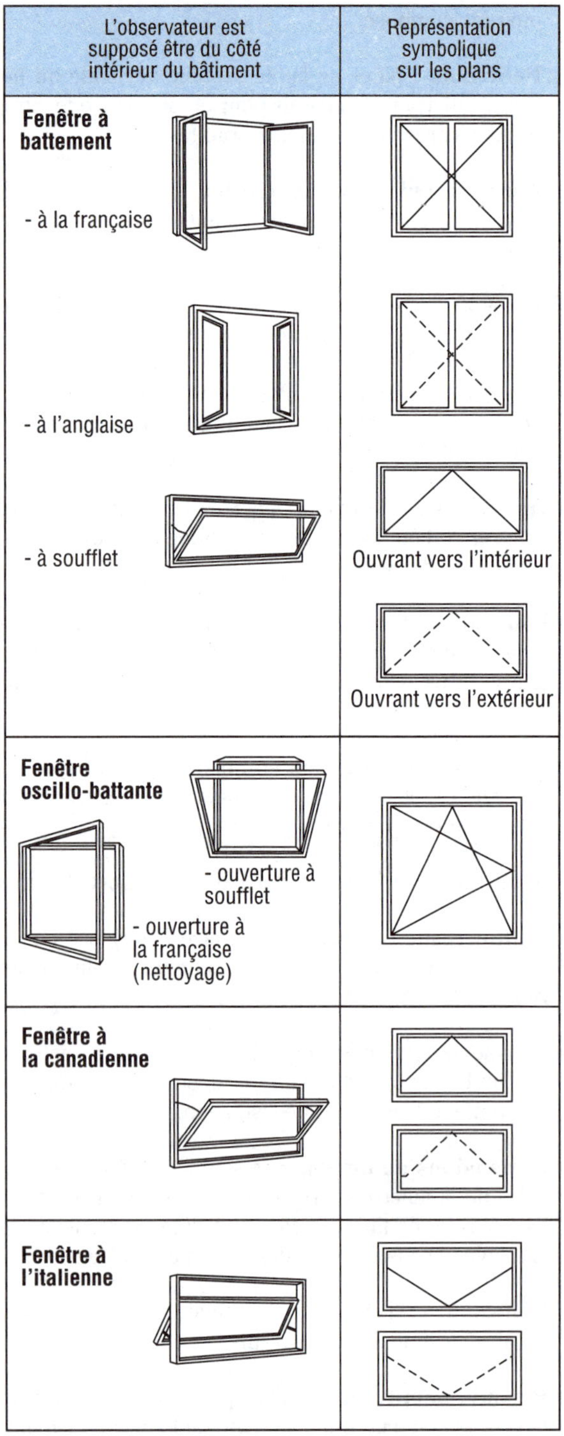


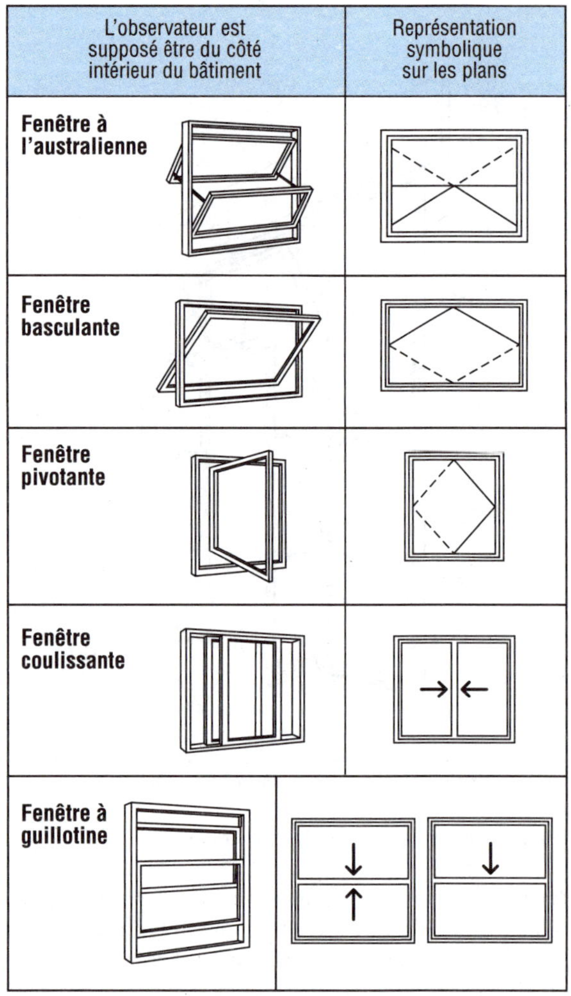


*Fig. 3. Différents modes d'ouvertures des fenêtres.*

## 2.3. Classement AEV

Les fenêtres et les portes extérieures sont classées selon leur perméabilité à l'air (A), leur étanchéité à l'eau (E) et leur résistance au vent (V). Le classement et les méthodes d'essais AEV sont décrits dans les normes mentionnées au tableau 6.

| Caractéristiques | Classification NF EN ... | Méthode d'essai NF EN ... |
|---|---|---|
| Perméabilité à l'air (A) | 12207 | 1026 |
| Étanchéité à l'eau (E) | 12208 | 1027 |
| Résistance au vent (V) | 12210 | 12211 |

*Tableau 6. Normes relatives au classement et aux méthodes d'essais AEV des menuiseries.*

### 2.3.1. Essai de perméabilité à l'air (classement A)

On mesure le débit d'air surfacique en $m^3/h{\cdot}m^2$ d'ouvrant et le débit d'air linéique en $m^3/h{\cdot}m$ de jonction qui passent à travers la menuiserie soumise à une pression et à une dépression.

Quatre classes d'étanchéité existent (A1 à A4) et correspondent aux valeurs du tableau 7.

| Classe | Débit surfacique ($m^3/h{\cdot}m^2$) | Débit linéique ($m^3/h{\cdot}m$) | Pression maximale d'essai (Pa) |
|---|---|---|---|
| 1 | 50 | 12,5 | 150 |
| 2 | 27 | 6,75 | 300 |
| 3 | 9 | 2,25 | 600 |
| 4 | 3 | 0,75 | 600 |

*Tableau 7. Valeurs caractéristiques de classement des menuiseries extérieures selon leur perméabilité à l'air.*

À partir du classement déterminé selon le débit linéique et le débit surfacique, le classement de la menuiserie est obtenu en appliquant les règles suivantes :

- même classement : classement de la menuiserie ;
- une classe d'écart : la meilleure sera retenue ;
- deux classes d'écart : la classe médiane sera retenue ;
- trois classes d'écart : la menuiserie sera non classée ;
- un des deux critères est non classé : la menuiserie sera non classée.

### 2.3.2. Essai d'étanchéité à l'eau (classement E)

On mesure la pression maximale sous laquelle la menuiserie reste étanche selon deux méthodes d'essais notées A et B.

Le classement des menuiseries vis-à-vis de l'étanchéité à l'eau est obtenu selon les indications du tableau 8.

| Pression d'essai $P_{max}$ (Pa) | Classification/ Méthode d'essai | | Spécifications |
|---|---|---|---|
| | A | B | |
| – | 0 | 0 | Pas de spécification |
| 0 | 1A | 1B | Arrosage à l'eau pendant 15 min |
| 50 | 2A | 2B | Idem classe 1 + 5 min |
| 100 | 3A | 3B | Idem classe 2 + 5 min |
| 150 | 4A | 4B | Idem classe 3 + 5 min |
| 200 | 5A | 5B | Idem classe 4 + 5 min |
| 250 | 6A | 6B | Idem classe 5 + 5 min |
| 300 | 7A | 7B | Idem classe 6 + 5 min |
| 450 | 8A | | Idem classe 7 + 5 min |
| 600 | 9A | | Idem classe 8 + 5 min |
| > 600 | $E_{xxx}$ | | Au-dessus de 600 Pa par paliers de 150 Pa. La durée de chaque palier doit être de 5 min |

*Tableau 8. Valeurs caractéristiques de classement des menuiseries extérieures selon leur étanchéité à l'eau.*

### 2.3.3. Essai de résistance au vent (classement V)

Lors de l'essai, les trois pressions suivantes sont appliquées :

- P1 est la pression sous laquelle on mesure les déformations de la menuiserie au droit des profilés ;
- P2 est la pression dite de pulsation (50 cycles) ;
- P3 est la pression dite de sécurité.

Les essais sous P1 et P3 sont réalisés en pression et en dépression ; l'essai sous P2 est un essai de fatigue au vent représenté par les pulsations + P2 et – P2.

La classification s'effectue selon les deux critères suivants :

- La pression de vent (tableau 9) :

| Classe | P1 | P2 | P3 |
|---|---|---|---|
| 1 | 400 | 200 | 600 |
| 2 | 800 | 400 | 1200 |
| 3 | 1200 | 600 | 1800 |
| 4 | 1600 | 800 | 2400 |
| $E_{xxx}$ | xxx | | |

*Tableau 9. Classement de résistance au vent selon la pression.*

- La flèche relative normale (tableau 10) :

| Classe | Flèche |
|---|---|
| A | < 1/150 |
| B | < 1/200 |
| C | < 1/300 |

*Tableau 10. Classement de résistance au vent selon la flèche relative.*

Après les essais sous les pressions P1 et P2, la menuiserie ne doit pas présenter de défauts visibles et doit rester en état de fonctionnement. De plus, pour chaque palier de pression, la variation de la perméabilité à l'air doit rester inférieure à 20 % de la perméabilité maximale admissible de la classe de perméabilité à l'air de la fenêtre.

Après l'essai sous la pression P3, la menuiserie doit rester fermée, aucune projection de composants ne doit être observée.

## 2.4. Choix des fenêtres et des portes extérieures en fonction de leur exposition

On déterminera le classement AEV d'une menuiserie extérieure en fonction de son exposition grâce au tableau 12.

Pour cela, il est nécessaire de prendre en compte les trois paramètres suivants :

- La zone dans laquelle le projet se situe : l'additif n° 2 de la norme NF P 06-002 (règles NV 65 révisées) distingue 5 zones (fig. 4) ;

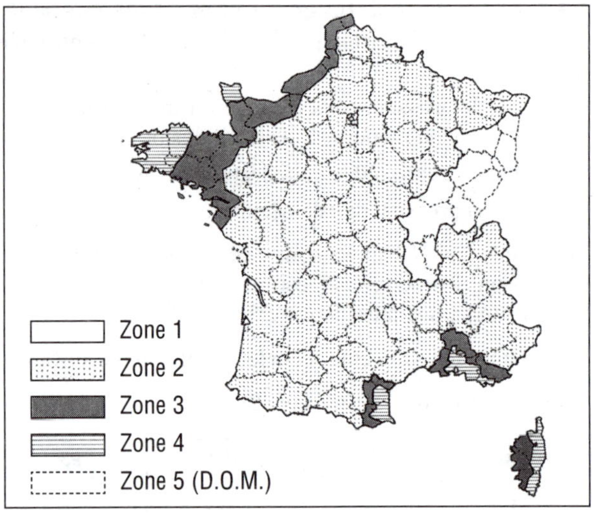


*Fig. 4. Carte des zones de vent.*

– La situation d'environnement de la construction : de ce point de vue, on distingue 4 situations définies tableau 11 ;

| | |
|---|---|
| **a** | À l'intérieur des grands centres urbains (zone urbaine où les bâtiments occupent au moins 15 % de la surface et ont une hauteur moyenne supérieure à 15 m). |
| **b** | Dans les villes petites et moyennes ou à la périphérie des grands centres urbains ; dans les zones industrielles ; dans les zones forestières. |
| **c** | En rase campagne. |
| **d** | En bord de lacs ou plans d'eau pouvant être parcourus par le vent sur une distance d'au moins 5 km ou en bord de mer, lorsque la construction étudiée est à une distance du rivage inférieure à 20 fois la hauteur de cette construction. |

*Tableau 11. Situations d'environnement d'une construction.*

– La hauteur de la fenêtre au-dessus du sol H : on distingue 5 cas (tableau 12).

| Zone | Situation | Hauteur de la fenêtre au-dessus du sol (m) | | | | |
|---|---|---|---|---|---|---|
| | | $H \leqslant 6$ | $6 < H \leqslant 18$ | $18 < H \leqslant 28$ | $28 < H \leqslant 50$ | $50 < H \leqslant 100$ |
| 1 | a | $A^*_2 E^*_4 V^*_{A2}$ | $A^*_2 E^*_4 V^*_{A2}$ | $A^*_2 E^*_4 V^*_{A2}$ | $A^*_2 E^*_4 V^*_{A2}$ | $A^*_2 E^*_4 V^*_{A2}$ |
| | b | $A^*_2 E^*_4 V^*_{A2}$ | $A^*_2 E^*_4 V^*_{A2}$ | $A^*_2 E^*_4 V^*_{A2}$ | $A^*_2 E^*_4 V^*_{A2}$ | $A^*_2 E^*_5 V^*_{A2}$ |
| | c | $A^*_2 E^*_4 V^*_{A2}$ | $A^*_2 E^*_4 V^*_{A2}$ | $A^*_2 E^*_5 V^*_{A2}$ | $A^*_2 E^*_5 V^*_{A2}$ | $A^*_3 E^*_6 V^*_{A3}$ |
| | d | $A^*_2 E^*_4 V^*_{A2}$ | $A^*_2 E^*_5 V^*_{A2}$ | $A^*_2 E^*_5 V^*_{A2}$ | $A^*_3 E^*_6 V^*_{A3}$ | $A^*_3 E^*_6 V^*_{A3}$ |
| 2 | a | $A^*_2 E^*_4 V^*_{A2}$ | $A^*_2 E^*_4 V^*_{A2}$ | $A^*_2 E^*_4 V^*_{A2}$ | $A^*_2 E^*_4 V^*_{A2}$ | $A^*_2 E^*_4 V^*_{A2}$ |
| | b | $A^*_2 E^*_4 V^*_{A2}$ | $A^*_2 E^*_4 V^*_{A2}$ | $A^*_2 E^*_4 V^*_{A2}$ | $A^*_2 E^*_4 V^*_{A2}$ | $A^*_2 E^*_5 V^*_{A2}$ |
| | c | $A^*_2 E^*_4 V^*_{A2}$ | $A^*_2 E^*_5 V^*_{A2}$ | $A^*_2 E^*_5 V^*_{A2}$ | $A^*_3 E^*_6 V^*_{A3}$ | $A^*_3 E^*_7 V^*_{A3}$ |
| | d | $A^*_2 E^*_5 V^*_{A2}$ | $A^*_2 E^*_5 V^*_{A2}$ | $A^*_3 E^*_6 V^*_{A3}$ | $A^*_3 E^*_6 V^*_{A3}$ | $A^*_3 E^*_7 V^*_{A3}$ |
| 3 | a | $A^*_2 E^*_4 V^*_{A2}$ | $A^*_2 E^*_4 V^*_{A2}$ | $A^*_2 E^*_4 V^*_{A2}$ | $A^*_2 E^*_4 V^*_{A2}$ | $A^*_2 E^*_5 V^*_{A2}$ |
| | b | $A^*_2 E^*_4 V^*_{A2}$ | $A^*_2 E^*_4 V^*_{A2}$ | $A^*_2 E^*_4 V^*_{A2}$ | $A^*_2 E^*_5 V^*_{A2}$ | $A^*_3 E^*_6 V^*_{A3}$ |
| | c | $A^*_2 E^*_4 V^*_{A2}$ | $A^*_2 E^*_5 V^*_{A2}$ | $A^*_3 E^*_6 V^*_{A3}$ | $A^*_3 E^*_7 V^*_{A3}$ | $A^*_3 E^*_7 V^*_{A3}$ |
| | d(1) | $A^*_2 E^*_5 V^*_{A2}$ | $A^*_3 E^*_6 V^*_{A3}$ | $A^*_3 E^*_7 V^*_{A3}$ | $A^*_3 E^*_7 V^*_{A3}$ | $A^*_3 E^*_8 V^*_{A4}$ |
| 4 | a | $A^*_2 E^*_4 V^*_{A2}$ | $A^*_2 E^*_4 V^*_{A2}$ | $A^*_2 E^*_4 V^*_{A2}$ | $A^*_2 E^*_5 V^*_{A2}$ | $A^*_2 E^*_5 V^*_{A2}$ |
| | b | $A^*_2 E^*_4 V^*_{A2}$ | $A^*_2 E^*_4 V^*_{A2}$ | $A^*_2 E^*_5 V^*_{A2}$ | $A^*_2 E^*_5 V^*_{A2}$ | $A^*_3 E^*_6 V^*_{A3}$ |
| | c | $A^*_2 E^*_5 V^*_{A2}$ | $A^*_3 E^*_6 V^*_{A3}$ | $A^*_3 E^*_7 V^*_{A3}$ | $A^*_3 E^*_7 V^*_{A3}$ | $A^*_3 E^*_8 V^*_{A4}$ |
| | d(1) | $A^*_3 E^*_6 V^*_{A3}$ | $A^*_3 E^*_7 V^*_{A3}$ | $A^*_3 E^*_7 V^*_{A3}$ | $A^*_3 E^*_8 V^*_{A4}$ | $A^*_3 E^*_8 V^*_{A4}$ |
| 5 | a | $A^*_2 E^*_4 V^*_{A2}$ | $A^*_2 E^*_4 V^*_{A2}$ | $A^*_2 E^*_4 V^*_{A2}$ | $A^*_2 E^*_5 V^*_{A2}$ | $A^*_3 E^*_7 V^*_{A3}$ |
| | b | $A^*_2 E^*_4 V^*_{A2}$ | $A^*_2 E^*_4 V^*_{A2}$ | $A^*_3 E^*_6 V^*_{A3}$ | $A^*_3 E^*_7 V^*_{A3}$ | $A^*_3 E^*_8 V^*_{A4}$ |
| | c | $A^*_2 E^*_4 V^*_{A3}$ | $A^*_3 E^*_4 V^*_{A3}$ | $A^*_3 E^*_8 V^*_{A4}$ | $A^*_3 E^*_8 V^*_{A4}$ | $A^*_3 E^*_8 V^*_{A5}$ |
| | d | $A^*_2 E^*_4 V^*_{A3}$ | $A^*_3 E^*_4 V^*_{A4}$ | $A^*_3 E^*_8 V^*_{A4}$ | $A^*_3 E^*_8 V^*_{A5}$ | $A^*_3 E^*_9 V^*_{A5}$ |

(1) Sur le littoral méditerranéen, hors Corse, les fenêtres en situation d des zones 3 et 4 sont considérées comme en situation c.

*Tableau 12. Détermination du classement AEV d'une menuiserie à adopter.*

Le classement AEV d'une menuiserie extérieure peut être modifié en fonction des considérations suivantes :

- **Pour les classes de résistance au vent : V***
  De façon générale, les classes indiquées sont les classes $V^*_{A2}$ à $V^*_{A5}$ avec le critère d'une flèche relative normale égale à 1/150 (tableau 10). Mais si le critère est celui du 1/300, ces classes sont les classes $V^*_{C2}$ ou $V^*_{C}$ (limite supérieure de rigidité).

• **Pour les classes d'étanchéité à l'eau : E***
De façon générale, les classes indiquées sont les classes $E^*_{4A}$ à $E^*_{9A}$.

Si l'ouvrage est partiellement protégé de la pluie (fig. 5) les classes indiquées sont les classes $E^*_{4B}$ à $E^*_{7B}$ puis $E^*_{8A}$ et $E^*_{9A}$.

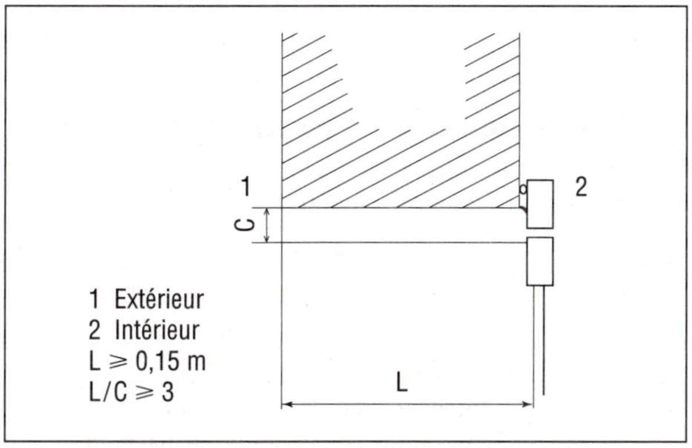


*Fig. 5. Ouvrage partiellement protégé de la pluie.*

Si l'ouvrage est totalement protégé de la pluie (fig. 6), les classes indiquées doivent être modifiées selon le tableau 13 en fonction de la valeur du coefficient de protection L/H.

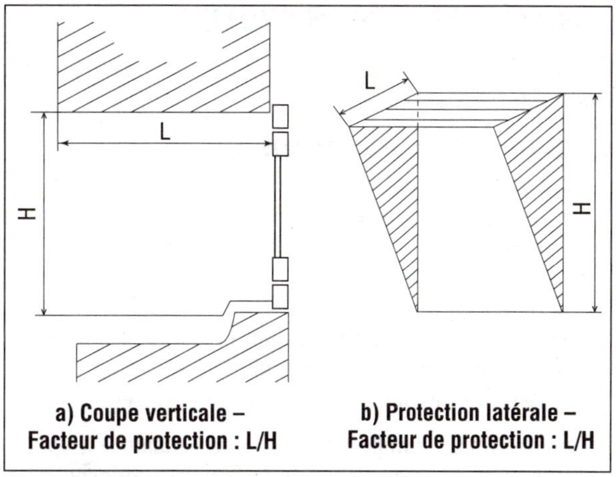


*Fig. 6. Ouvrage protégé de la pluie.*

| L / H > | E* |
|---|---|
| 0,40 | E* n – 1 |
| 0,60 | E* n – 2 |
| 0,70 | E* n – 3 |
| 0,80 | E* n – 4 |
| 0,90 | E* n – 5 |
| 1,00 | E* n – 6 |

*Tableau 13. Modification du classement E* pour un ouvrage totalement protégé.*

La classe d'étanchéité à l'eau ne peut être inférieure à $E^*_1$.

# Fenêtres - matériaux constitutifs et mise en œuvre

**NF B 53-510, NF P 23-305, FD P 20-201 (DTU N° 36.1/37.1), NF P 20-302 et -501, NF P 78-201**

## 1. Matériaux constitutifs

Les fenêtres sont essentiellement fabriquées dans l'un des trois matériaux suivants.

### 1.1. Bois (≃ 23 % du marché)

C'est le matériau traditionnel utilisé en travaux de menuiserie. Les essences utilisées (NF B 53-510) se divisent en deux catégories :
- les résineux (sapin, épicéa, pin sylvestre ou maritime, etc.),
- les feuillus (chêne, châtaignier, hêtre, limbo, niangon, etc.) ; toute autre essence indigène ou importée présentant les mêmes qualités peut être utilisée.

La fenêtre traditionnelle de fabrication artisanale (fig. 1) a quasiment disparu au profit de la fenêtre moderne fabriquée de façon industrielle (fig. 2).

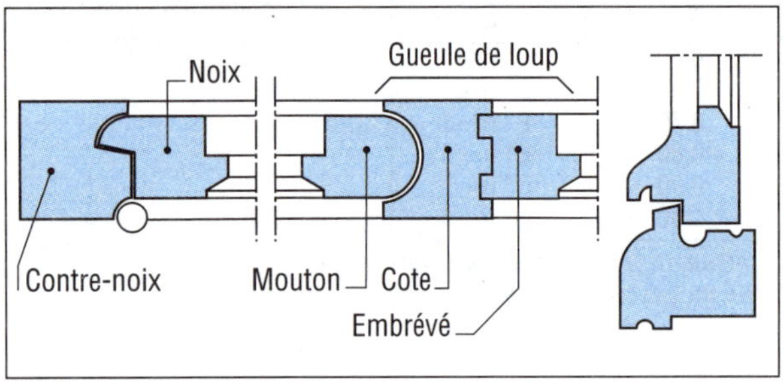


*Fig. 1. Fenêtre traditionnelle en bois.*

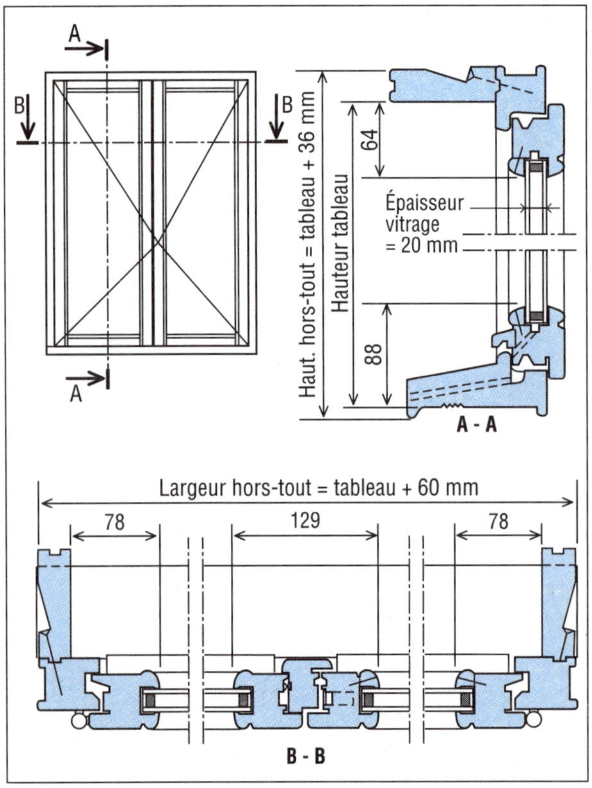


*Fig. 2. Exemple de fenêtre moderne en bois (cotes en mm).*

Cette dernière présente de meilleures performances d'étanchéité à l'air et à l'eau, donc des performances acoustique et thermique très correctes. L'annexe 4 de la norme NF P 23-305 précise la nature des finitions courantes des fenêtres sorties d'usine (protection provisoire contre les reprises d'humidité) et le délai maximal de mise en place de la finition définitive.

La périodicité de l'entretien des menuiseries en bois est de 2 ans pour une lasure et 5 ans pour la peinture ou le vernis.

### 1.2. Aluminium (≃ 20 % du marché)

Les profilés obtenus par extrusion sont découpés et assemblés pour former les fenêtres.

Ce matériau est surtout utilisé pour les fenêtres pivotantes, basculantes et coulissantes de grandes dimensions.

Malgré un coefficient de conductivité thermique très élevé, les fenêtres en aluminium n'entraînent pas de besoins énergétiques beaucoup plus importants (+ 3,5 % par rapport au bois ou au PVC) grâce en particulier à la finesse des montants favorisant les apports solaires.

Il existe aussi des profilés à coupures thermiques comportant des barrettes en résine isolante serties dans les profilés désolidarisant « thermiquement » la partie inférieure de la partie extérieure (fig. 3).

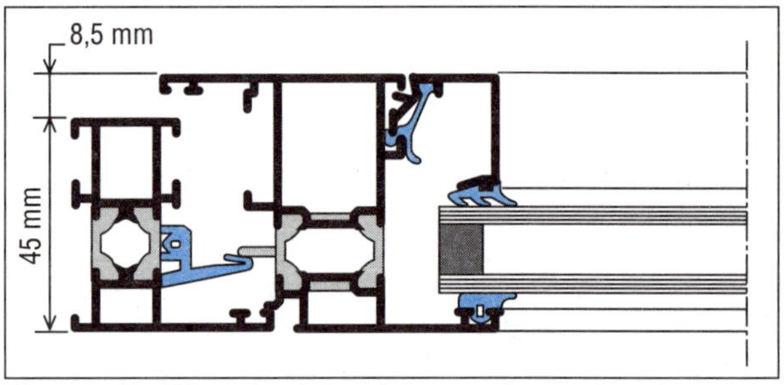


*Figure 3. Profilé en aluminium à rupture de pont thermique.*

L'aluminium est teintable dans la masse et accepte toutes formes de finition (peinture ou vernis).

### 1.3. PVC[1] (≃ 54 % du marché)

La matière de base est le compound : mélange de PVC, de stabilisants (contrariant les effets de la chaleur et de la lumière), de charges (en général du carbonate de calcium, abaissant le prix de revient), de pigments et colorants et de lubrifiants. Ce matériau, après extrusion, fournit les profilés en PVC.

Deux sortes de profilés sont produites :
- les profilés principaux (profil d'ouvrant, profil de dormant, battement, tapées, traverses intermédiaires, meneau, pièce d'appui) comportant plusieurs chambres qui permettent l'insertion de renforts métalliques en U ou carré rigidifiant les profilés des châssis de grandes dimensions,
- les profilés secondaires (parecloses, rejet d'eau, profilés d'habillage, etc.).

(1) Polychlorure de vinyle.

Ces profilés, assemblés par soudure, sont le plus souvent teintés dans la masse, de couleur blanche ou très claire (beige ou gris).

Les fenêtres à la française (2 battants) et les fenêtres oscillo-battantes sont les plus répandues.

Les fenêtres PVC (fig. 4) relèvent d'avis techniques délivrés conformément aux directives UEAtc pour l'agrément des fenêtres en PVC rigide (déc. 78) ; elles sont néanmoins concernées par des normes générales (NF P 20-302 et -501) et par les DTU n° 36.1, 37.1 et n° 39.1.

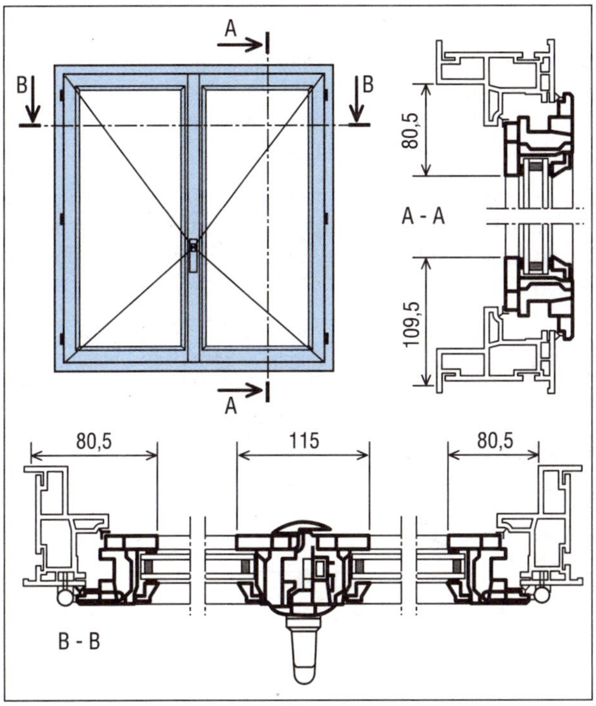


*Fig. 4. Exemple de fenêtre en PVC (cotes en mm).*

## 2. CONCEPTION VIS-À-VIS DE L'ÉTANCHÉITÉ

Il est nécessaire d'obtenir une étanchéité parfaite à l'air et à l'eau aux jonctions gros œuvre/menuiserie (précadre ou dormant), dormant/ouvrant et ouvrant/vitrage.

### 2.1. Jonction gros œuvre/menuiserie (DTU n° 36.1 et 37.1)

L'étanchéité est obtenue ici par un calfeutrement réalisé sur tout le pourtour de la jonction.

Les modes de calfeutrement sont définis fig. 5 :

- mode 1 : humide ; exécution d'un bourrage au mortier de ciment entre la maçonnerie et la menuiserie,
- mode 2 : humide renforcé ; (mode 1) plus 1 rainure recevant 1 joint extrudé à la pompe,
- mode 3 : sec ; cordon d'étanchéité sans bourrage au mortier, mis en place soit, avant la pose de la fenêtre (cordon de mastic préformé ou mousse imprégnée), soit, après pose (joint extrudé à la pompe sur fond de joint dont les dimensions sont données tab. 1).

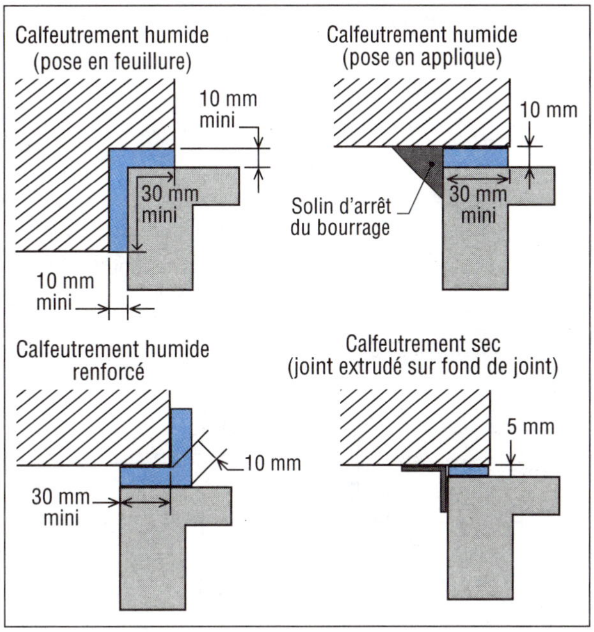


*Fig. 5. Définition des modes de calfeutrement.*

| | Élastomères | | Plastique | |
|---|---|---|---|---|
| | cat. 1 | cat. 2 | cat. 1 | cat. 2 |
| **Largeur L (mm)** | 5 < L < 20 | | | 10 < L < 20 |
| **Profondeur = sup de** | 5 mm 0,5 LM | | 8 mm 0,5 LM | 12 mm 1,3 LM |

*Tableau 1. Dimensions des joints extrudés à la pompe.*

*Nota 1 :* LM est la largeur maximale du joint.
*Nota 2 :* lorsque le support de la menuiserie est en bois ou en métal, seul le calfeutrement sec est envisageable.

Le mode de calfeutrement à retenir, donné par le tableau 2, est fonction :

- de la situation, de la hauteur, de l'existence ou non de protection contre la pluie (p. 182),
- de la position de la jonction (appui ou tableau et linteau).

| **Hauteur des fenêtres au-dessus du sol (m)** | **Façades abritées** | **Façades non abritées** | | |
|---|---|---|---|---|
| | Situations a et b | Situations a et b | Situations c | Situation d |
| < 6 | 1 | 1 | 1 | 2 |
| 6 à 18 | 1 | 1 | 2 | 2 |
| 18 à 28 | 1 | 2 | 2 | 3 |
| 28 à 50 | | 3 | 3 | 3 |
| 50 | | 3 | 3 | 3 |

*Tableau 2. Choix du mode de calfeutrement (G.O./menuiserie).*

## 2.2. Jonction dormant/ouvrant (fig. 6a et b)

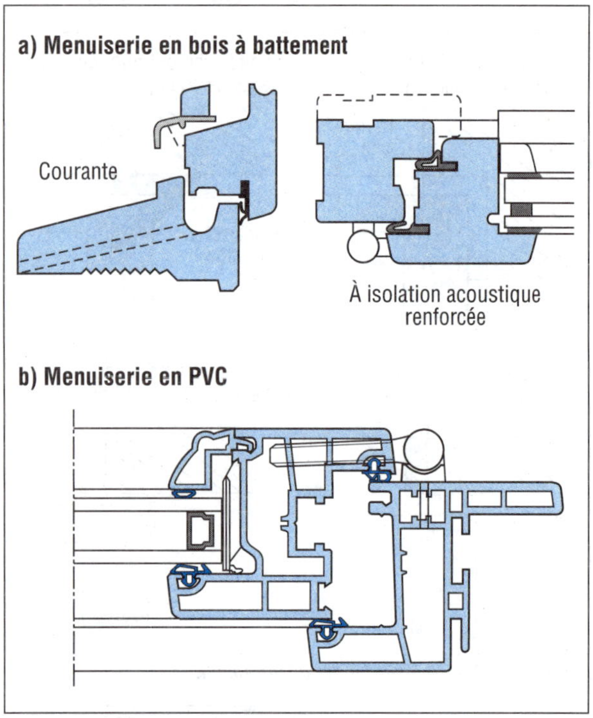


*Fig. 6. Étanchéité à la jonction ouvrant/dormant.*

L'étanchéité est obtenue par :

- la forme du recouvrement ouvrant/dormant (vide de décompression du côté extérieur de la traverse basse du dormant et des montants et un jet d'eau ; ce vide sert aussi de gorge de récupération des eaux infiltrées que des trous d'évacuation à travers le dormant rejettent) ;
- l'emploi de joints (PVC plastifié, etc.).

La conception de cette jonction est fonction :

- du matériau constituant la menuiserie (bois : un vide et un joint de battement intérieur; aluminium ou PVC : deux joints de battement ou un joint de battement et 1 joint central),
- du mode d'ouverture du châssis,
- des classements (A) et (E) visés par le fabricant.

## 2.3. Jonction ouvrant/vitrage

Le DTU P 78-201 (n° 39.1) « Travaux de miroiterie-vitrerie » définit la pose des vitrages.

Ceux-ci sont montés en feuillure (fig. 7) :

- ouverte (admise pour une menuiserie bois si l'épaisseur du vitrage est inférieure à 4 mm avec un demi-périmètre inférieur à 2,5 m et un grand côté de moins de 2 m),
- fermée; à parclose (intérieure ou extérieure) ou en portefeuille.

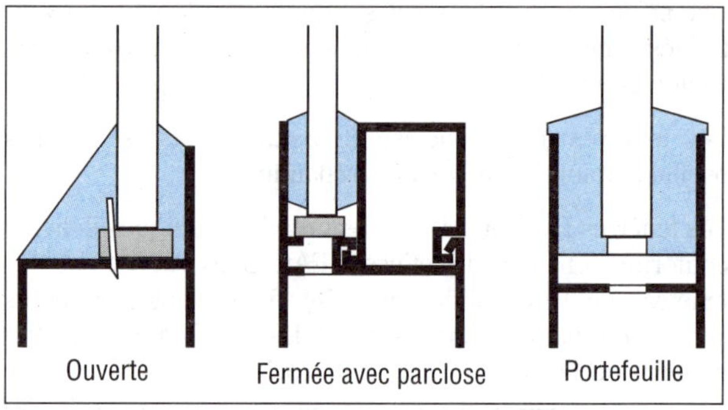


*Fig. 7. Feuillure à la jonction ouvrant/vitrage.*

Le positionnement et la stabilité du vitrage sont assurés par des cales d'assises et périphériques. Des cales latérales sont nécessaires pour régler l'épaisseur des produits d'étanchéité pâteux (mastics, etc.).

Le système d'étanchéité (tableau 3) est déterminé par la classe d'exposition maximale du vitrage, le type de feuillure, la nature de la menuiserie, la dimension du vitrage (P ou G).

| Type de feuillure | | Système | Garniture d'étanchéité | | Classe d'exposition | | |
|---|---|---|---|---|---|---|---|
| | | | | | Bois | alu | PVC |
| | | | (*p*) | (*s*) | P-G | P-G | P-G |
| Ouverte | | Solin extérieur | 1<br>2 ou 3 | | 1<br>1 | 1 | |
| Fermée avec | Parclose int. ou ext. | Bain de mastic (avec bourrage) | 1<br>2<br>3 | 1<br>2<br>3 | 1<br>2-2<br>E-E | 2-1<br>E-E | |
| | | Mastic (sans bourrage) | 3 | 3 | E-E | E-E | E-E |
| | | Mixte (avec bourrage) | 3 ou 4<br>3 ou 4 | 2<br>3 | 2-2<br>E-E | 2-2<br>E-E | |
| | | Mixte (sans bourrage) | 3 (5) | 5 (3) | E-E | E-E | E-E |
| | | Profilés (*) | 5 | 5 | E-E | E-E | E-E |
| | Parclose int. | Mixte (avec bourrage) | 4 | 5 | 2 | | |
| | Parclose ext. | Mixte (sans bourrage) | 4 | 3 | 3 | | |
| Portefeuille | | Mastic (sans bourrage) | 3 | 3 | E-E | E-E | E-E |
| | | Profilés (*) | 5 | 5 | E-E | E-E | E-E |

(*) Avec drainage de la feuillure.
- P : *p* (demi-périmètre) ⩽ 2,75 m si le plus grand côté ⩽ 2 m.
- G : *p* > 2,75 m ou le plus grand côté > 2 m.
- Garniture d'étanchéité :
  1 = huile de lin,
  2 = oléoplastique,
  3 = obturateur (mastic sur fond de joint),
  4 = bande préformée,
  5 = profilés élastomères.

(*p*) : garniture principale.
(*s*) : garniture secondaire.

*Tableau 3. Choix du système d'étanchéité en fonction du type de feuillure de la fenêtre.*

## 3. MISE EN ŒUVRE

Les fenêtres, vitrées ou non, doivent être stockées sur des dispositifs appropriés, horizontaux ou verticaux, à l'abri de l'humidité et de toute projection.

Des fixations mécaniques assurent leurs liaisons au support (en maçonnerie, bois ou métal) et un calfeutrement (p. 185) doit être exécuté.

### 3.1. Fixations

Elles sont conçues pour transmettre au gros œuvre les efforts appliqués à la fenêtre (vent, manœuvre, etc.) sans altération de celle-ci ni des ouvrages voisins. Ces fixations peuvent être :

- des pattes en acier associées à des vis ou des pattes de scellement,
- des vis associées ou non à des cales ou vérins.

Dans le cas de baies mises en œuvre dans des murs recevant des cloisons de doublage intérieur, les fixations de la fenêtre doivent être réalisées entièrement sur le mur, indépendamment de la cloison de doublage (solutions-types de pose p. 188). Les organes de fixations de la pièce d'appui et éventuellement de sa tablette formant ébrasement, doivent leur permettre de supporter une charge concentrée statique de 100 daN sans altération de la fenêtre ou de la cloison de doublage : fig. 8.

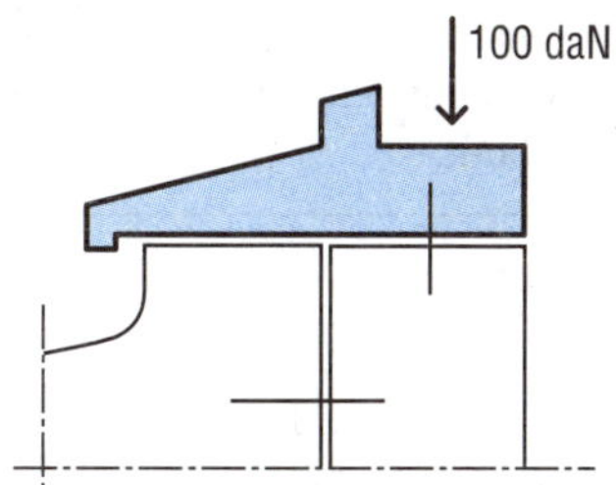


*Fig. 8. Dimensionnement des organes de fixation de la pièce d'appui.*

#### 3.1.1. Menuiseries bois (AFNOR DTU P 23-201)

Les fixations sont disposées au voisinage des organes de rotation et des points de condamnation des ouvrants sur le dormant, à moins de 80 cm l'une de l'autre sur le périmètre de la baie.

Le type de fixation des menuiseries est adapté à la nature du support :

- **Support en maçonnerie :** on utilise des éléments incorporés au gros œuvre (taquets, douilles,...) ou mis en place dans des réservations ou des trous forés (pattes, chevilles,...), à au moins 6 cm des arêtes, si le gros œuvre est en béton ou en maçonnerie d'éléments pleins. Dans la maçonnerie creuse, seules les pattes à scellement ou des dispositifs spéciaux conviennent.

Les fixations par pointes scellées au pistolet ne sont pas admises.

La fixation directe au gros œuvre, par percement du dormant, est admise lorsque le dormant est de largeur suffisante et que la perforation ne nuit pas à l'étanchéité ni à la résistance de l'ouvrage ; l'axe de la perforation doit être à au moins 15 mm des rives du dormant.

- **Support en bois :** la liaison est réalisée soit à l'aide d'un système de pattes ou brides et de cales ajustées et vissées, soit à l'aide de vérins et de vis de solidarisation avec la fixation ; tout système de fixation est utilisable dans le bois s'il est protégé, de section convenable et en nombre suffisant pour reprendre les efforts qui le sollicitent.

- **Support métallique :** les liaisons admises sont les mêmes que pour les supports en bois ; en outre, l'emploi du pisto-scellement est admis si l'épaisseur minimale traversée est de 5 mm et que les fixations sont disposées à plus de 2 cm des arêtes.

#### 3.1.2. Menuiseries métalliques (AFNOR DTU P 24-203)

Les fixations (fig. 9a et b) sont au moins trois par châssis.

Des fixations complémentaires doivent être disposées au voisinage des axes de rotation ou des points de condamnation des ouvrants, en particulier pour les portes-fenêtres coulissantes. Pour des montants de hauteur supérieure à 2,45 m, l'écartement maximal des fixations sera de 0,80 m (la première et la dernière se trouvant respectivement à 0,25 m du linteau et à 0,25 m de l'appui).

**On distingue différents types de fixations selon la nature du support.**

- **Pour un support en maçonnerie :**
  - pattes de fixation, pattes à scellement, douilles incorporées, chevilles, douilles autoforeuses, douilles expansives, rails, pisto-scellement (en maçonnerie d'éléments pleins ou creux). On préfèrera les pattes à scellement aux chevilles pour lesquelles des vérifications de force portante sont nécessaires au cas par cas. L'emploi du plâtre pour le scellement est interdit,
  - liaison par pattes-brides avec interposition de cales ajustées à assujettir, ou des vérins avec vis de solidarisation sur la fixation (lorsqu'il y a des précadres ou des encadrements de baies, la liaison des fenêtres sur ce support doit être assurée par un système de cales ajustées ou de vérins avec vis de solidarisation).
- **Pour un support en bois et support métallique :** on adoptera les mêmes dispositions que pour les menuiseries bois.

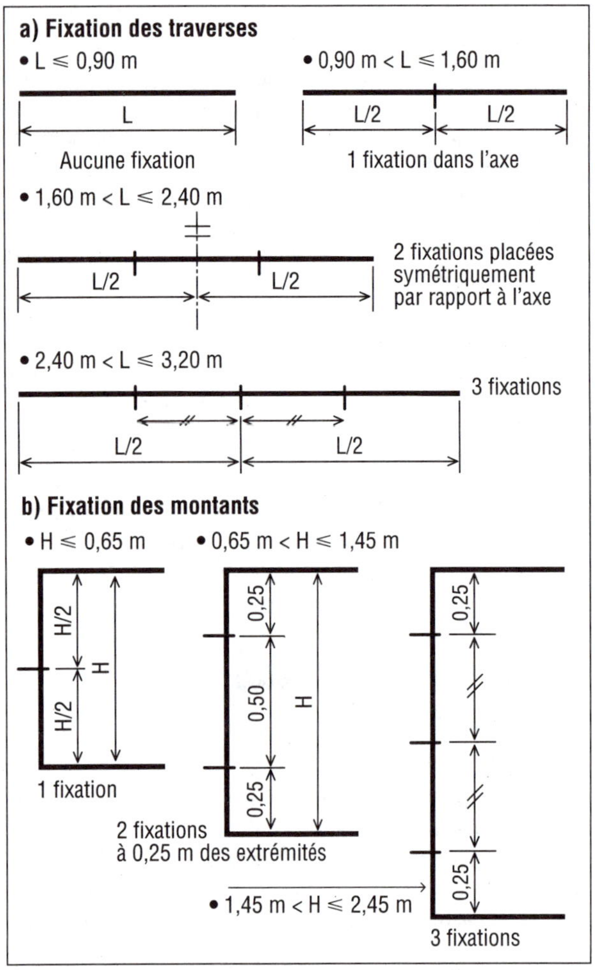


*Fig. 9. Répartition des fixations des menuiseries métalliques.*

### 3.1.3. Menuiseries en PVC

- Le cahier 3183 du CSTB (livraison 405 de décembre 1999) précise les conditions générales de mise en œuvre des menuiseries PVC en travaux neufs et sur dormants existants.
- **Emplacement des fixations :** les forages sont à exécuter à au moins 6 cm des arêtes si le gros œuvre est en béton ou en maçonnerie d'éléments pleins. Les fixations ne doivent pas interrompre les garnitures ni s'opposer à leur mise en place, en particulier dans le cas de mastic extrudé à la pompe. Les fixations principales doivent être disposées sur le dormant, au voisinage des organes de rotation et des points de condamnation des ouvrants, des cales de vitrage dans le cas de châssis fixe, et au voisinage des meneaux et traverses. Des fixations complémentaires sont à prévoir afin que la distance entre deux fixations reste de l'ordre de 80 cm. La distance entre l'axe des pattes de fixation au voisinage des angles ou des traverses, et le fond de feuillure du dormant doit être comprise entre 5 et 10 cm (fig. 10).

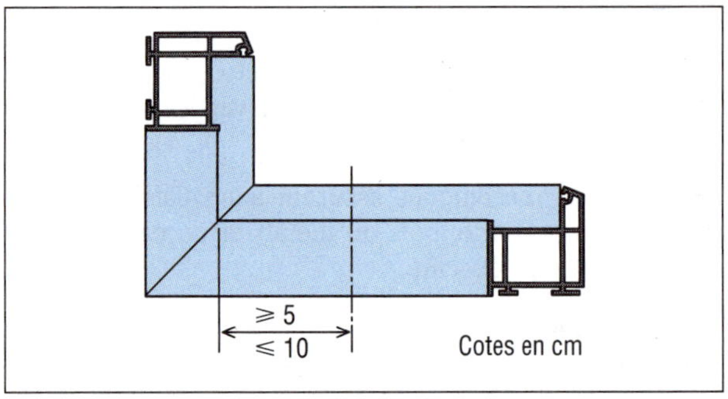


*Fig. 10. Position des fixations au voisinage des angles ou des traverses.*

## 3.2. Exemples de solution pour la pose des menuiseries extérieures en bois et métalliques dans le cas de complexes comportant de fortes épaisseurs d'isolants

### 3.2.1. Prescriptions à respecter pour tous les types de pose (en plus de celles données p. 187)

– Largeur du rejingot (a) : tableau 5, p. 178.

– La tablette doit résister à une charge P = 100 daN.

### 3.2.2. Prescriptions à respecter par type de pose

On distingue 5 cas :

- **Pose en feuillure** (fig. 11) : l'ébrasement est mis en place avant pose du doublage, il peut être assemblé sur place avec le dormant. Le joint entre la tablette et la pièce d'appui doit être rendu étanche. La pièce d'appui doit être délardée en bout.

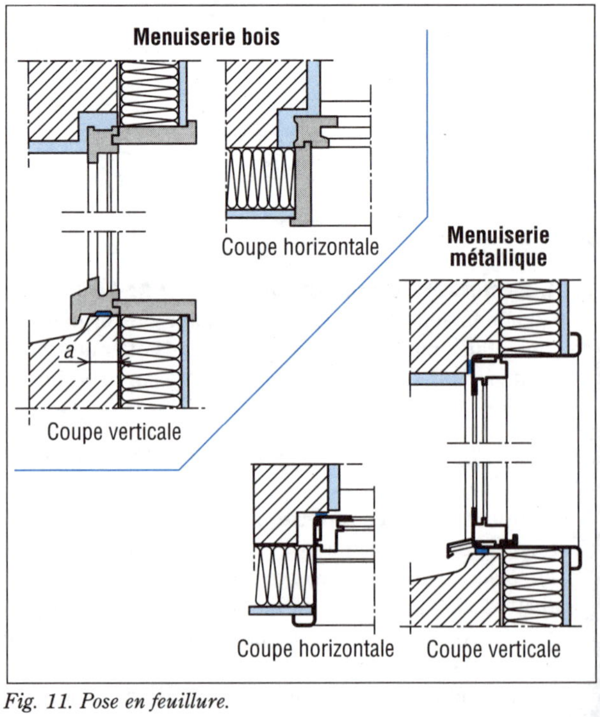


*Fig. 11. Pose en feuillure.*

• **Pose en applique avec ébrasement en maçonnerie brute** (fig. 12).

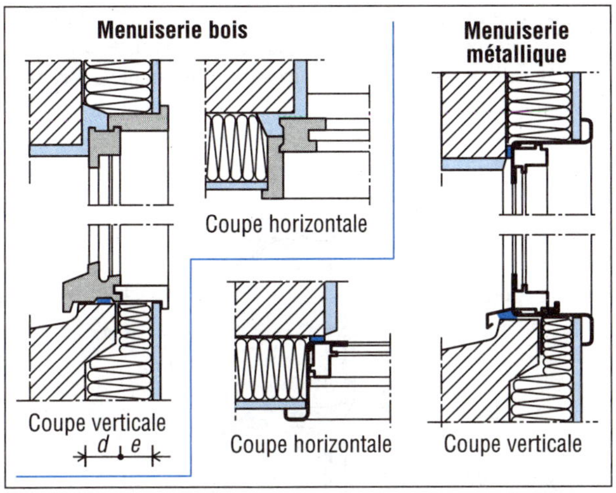


*Fig. 12. Pose en applique avec ébrasement en maçonnerie brute.*

• **Pose en applique avec ébrasement sur baie finie** (fig. 13) :

- $d \leqslant a$ pour éviter des infiltrations au raccordement entre seuil et tableaux,
- $e \geqslant d$ pour limiter les risques de condensation superficielle,
- l'ébrasement est mis en place avant pose du doublage et il est assemblé sur place avec le dormant. Le joint entre la tablette et la pièce d'appui doit être rendu étanche,
- on prévoit un cordon d'étanchéité entre l'extrémité de la pièce d'appui et le tableau.

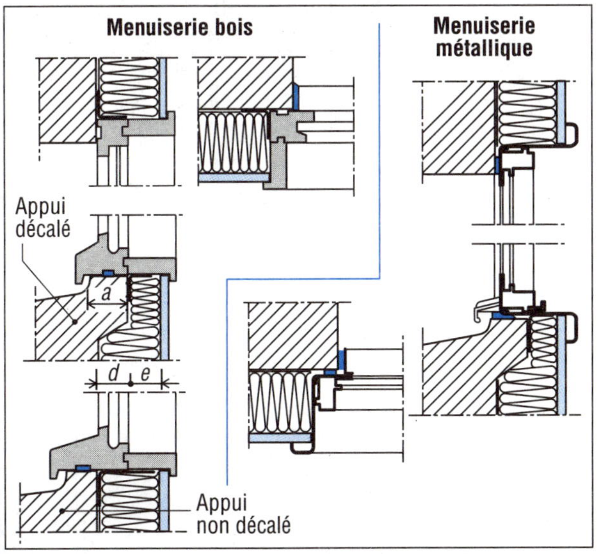


*Fig. 13. Pose en applique avec ébrasement sur baie finie.*

• **Pose en applique au nu intérieur en maçonnerie brute** (fig. 14) **ou sur baie finie** (fig. 15) :

- $d \leqslant a$ pour éviter des infiltrations au raccordement entre seuil et tableaux,
- $e \geqslant d$ pour limiter les risques de condensation superficielle,
- la fausse tapée de largeur minimale 35 mm doit être assemblée de façon étanche au dormant en atelier (assemblage conforme aux normes NF P 23-305 ou 24-301).

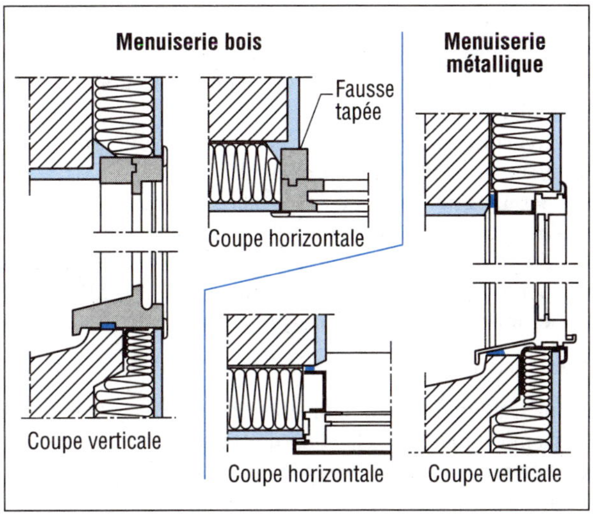


*Fig. 14. Pose en applique au nu intérieur en maçonnerie brute.*

Sur baie finie, la pièce d'appui doit être délardée en bout, et on prévoira un cordon d'étanchéité entre l'extrémité de la pièce d'appui et le tableau.

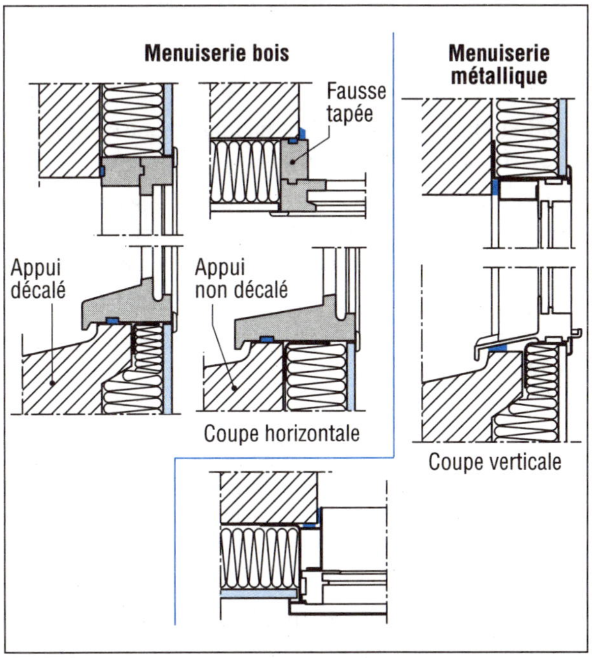


*Fig. 15. Pose en applique au nu intérieur sur baie finie.*

*Nota :* pour les poses sur baie finie, la solution avec un appui non décalé, pour laquelle le calfeutrement d'étanchéité horizontal se trouve déplacé vers l'extérieur, nécessite, d'une part, la mise en œuvre sur appui terminé et, d'autre part, des précautions particulières de calfeutrement en bout des pièces d'appui.

# Portes intérieures et extérieures en bois

NF P 01-005, 20-025, -302 et -315, NF P 23-101, -300, -302, 303, -304, -306, -501, -502, NF S 31-045 et -051

## 1. Introduction

Quelles que soient leur destination, leur conception et la nature des matériaux les constituant, les portes contribuent à la satisfaction des exigences suivantes (NF P 20-315) :
- **passage :** largeur minimale imposée par exemple dans les logements accessibles aux handicapés (p. 257),
- **cloisonnement :** fermeture d'une zone délimitée par une cloison,
- **hygrothermie :** isolation thermique d'une porte donnant sur l'extérieur par exemple,
- **acoustique :** isolation aux bruits extérieurs et intérieurs,
- **aspect visuel et tactile** : finition, état de surface,
- **sécurité des biens et des personnes :** intrusion de personnes, évacuation, (sécurité au feu : p. 294)
- **comportement dynamique :** fonctionnement, choc.

Cette liste n'est pas exhaustive.

Nous traitons ici les menuiseries intérieures, situées pour l'essentiel, dans les cloisons de distribution, assurant la communication entre deux volumes intérieurs (chauffés ou non chauffés), à savoir :
- les portes et blocs-portes intérieurs (p. 192),
- les dimensions normalisées (p. 191),
- les blocs-portes palières (p. 193).

## 2. Terminologie (NF P 23-101)

Certains termes explicités ci-dessous sont illustrés à la figure 1.

- **Baie (1) :** vide réservé dans un mur ou une cloison pour recevoir une porte ou une fenêtre.
- **Bâti :** ouvrage dormant scellé, sur le tableau de la baie, sur un parement du mur ou par incorporation dans une cloison, pour recevoir un ou plusieurs vantaux.
- **Contre-bâti :** ouvrage dormant scellé sur l'arête d'une baie ouverte dans un mur et sur le parement opposé au bâti.
- **Dormant (2) :** cadre fixe scellé dans une paroi destinée à recevoir un ou plusieurs vantaux de portes.
- **Huisserie (2) :** ouvrage dormant limitant une baie ouverte pour permettre le passage dans une cloison ou un mur, ayant l'épaisseur de la paroi et recevant ou non, une porte.
- **Ouvrant :** synonyme de châssis mobile (cadre rapporté dans un dormant, recevant un vantail mobile).
- **Vantail (3) :** ouvrage mobile, plein ou vitré, placé dans une huisserie ou un bâti, destiné à s'opposer au passage lorsqu'il est fermé.
- **Porte (3) :** ouvrage mobile, plein ou vitré, à un ou plusieurs vantaux, placé dans un bâti ou une huisserie et destiné lorsqu'il est fermé, à s'opposer au passage.
- **Porte plane :** le vantail comporte deux parois planes de chaque côté d'une armature.
- **Bloc-porte** (fig. 2) : ensemble, ferré et ajusté en usine, constitué par le bâti ou l'huisserie (ensemble dormant), les vantaux, leurs accessoires de quincaillerie restant associés lors de la pose.

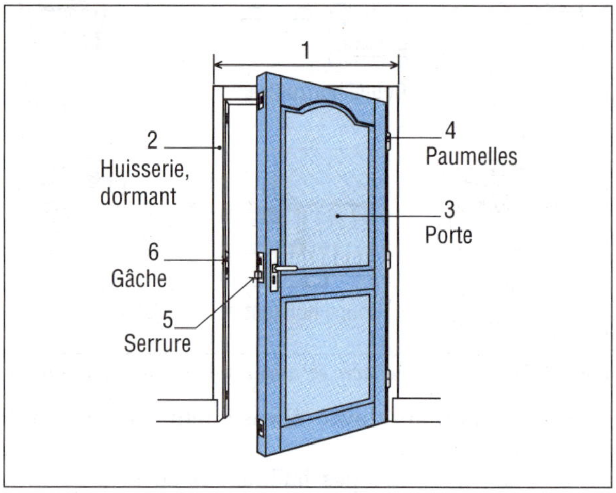


*Fig. 1. Principaux termes relatifs aux portes.*

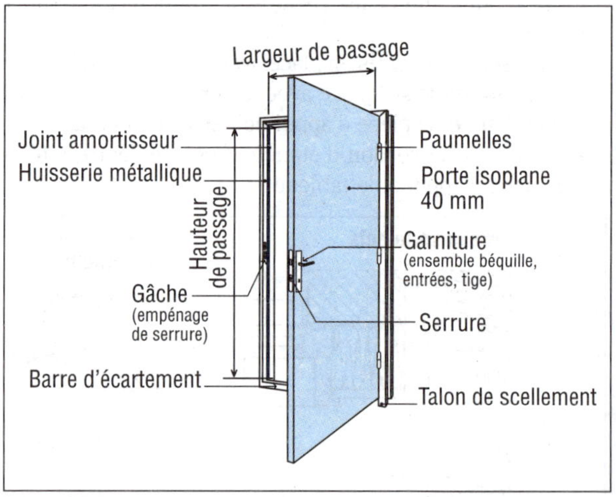


*Fig. 2. Bloc-porte.*

La figure 3 définit d'autres types de portes

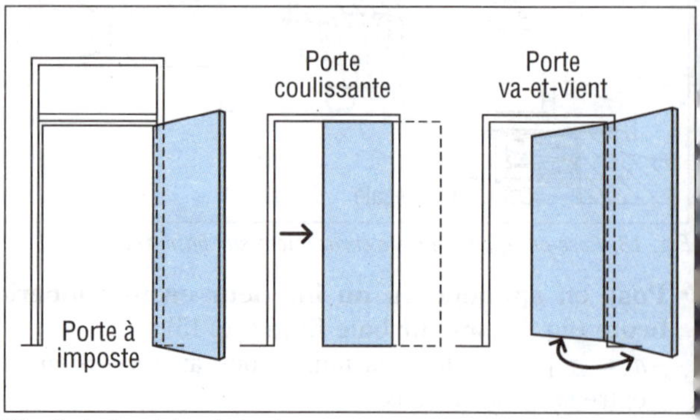


*Fig. 3. Autres types de porte.*

- **Âme :** élément central d'un vantail de porte, généralement enfermé entre le cadre et les parois. Elle peut être :
  - pleine (panneaux remplissant entièrement l'intérieur de la porte),
  - alvéolaire (réseau d'alvéoles en carton par exemple) pour rendre le vantail plus rigide.
- **Barre de seuil :** pièce, en travers, fermant le cadre dormant d'une porte dans sa partie basse.
- **Chambranle :** habillage du bâti d'une porte ou d'une huisserie.
- **Fourrure :** pièce rapportée formant, dans l'âme de la porte, une partie pleine apte au ferrage.
- **Précadre :** ensemble préfabriqué en bois ou en métal mis en place avant la menuiserie et servant à lier celle-ci au gros œuvre.
- **Sens d'ouverture d'une porte** (fig. 4) : pour le représenter, il y a lieu, conventionnellement, de considérer l'observateur :
  - pour les menuiseries extérieures : à l'intérieur de l'habitation et regardant la menuiserie,
  - pour les menuiseries intérieures : côté feuillure (la menuiserie s'ouvre vers l'observateur).

Il reste à simuler l'ouverture : le sens de celle-ci est donné par la position de l'axe de rotation par rapport à l'observateur.

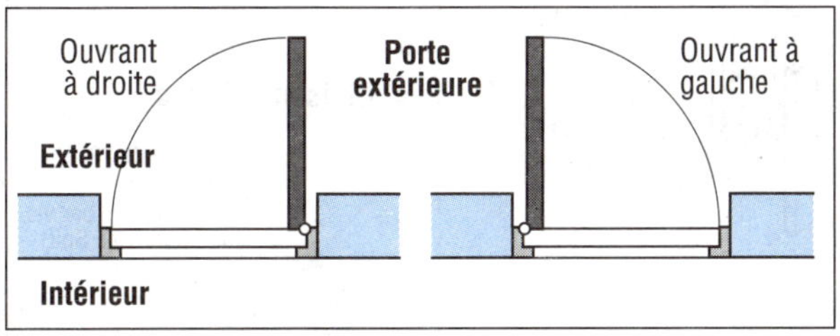


*Figure 4. Sens d'ouverture d'une porte.*

## 3. PORTES PLANES INTÉRIEURES EN BOIS (NF P 23-302)

Elles sont classées selon :
- leur destination : porte de communication, porte palière, porte de gaine et de placards,
- leur constitution : âme pleine ou alvéolée, parois extérieures diverses,
- leur état de surface : vantail brut (recevant généralement une finition du type peinture ou vernis), avec couche d'impression, prépeint (aspect définitif obtenu après application d'une seule couche de peinture courante), fini (peint, verni, laqué...),
- leurs caractéristiques particulières éventuelles qu'il s'agisse de la maîtrise des ambiances (isolation thermique, acoustique, étanchéité, esthétique...) ou de la maîtrise de la sécurité (caractéristiques vis-à-vis du feu, caractère anti-effraction vis-à-vis des intrusions).

Un marquage (fig. 5) est apposé sur des chants transversaux du vantail.

*Fig. 5. Marquage des portes planes intérieures en bois (NF P 23-302).*

Le marquage désigne les portes par les indications suivantes :
- référence d'origine de la porte (ici usine 99),
- dimensions nominales (en mm),
- numéro de code donnant la nature des composants des parois et de l'âme de la porte (ici 34),
- indication abrégée de la destination de la porte :
  - COM communication (NF P 23-303)
  - PAL palière (NF P 23-304),
- indication de l'état de finition de la porte à la sortie de l'usine :
  - BRU faces brutes
  - PRE faces prépeintes
  - STR faces en stratifié décoratif ou panneau stratifié,
- référence à la norme particulière du type de porte.

*Exemple :* porte..., 2040 × 830 × 40, 34, PAL, PRE, NF P 23-304.

## 4. DIMENSIONS DES PORTES INTÉRIEURES EN BOIS (NF P 01-005 ET NF P 23-300)

Les figures 6 et 7 définissent ce que l'on nomme la hauteur et la largeur d'un vantail. Les largeurs possibles des portes intérieures en bois sont données tableau 1.

L'épaisseur d'une porte varie selon la nature de la porte considérée.

Les dimensions d'appellation choisies pour désigner les vantaux et leurs dormants sont les dimensions de base des vantaux (dimensions nominales hors bout en mm) énoncées dans l'ordre : hauteur, largeur, épaisseur.

*Exemple :* 2040/830/40 (en mm).

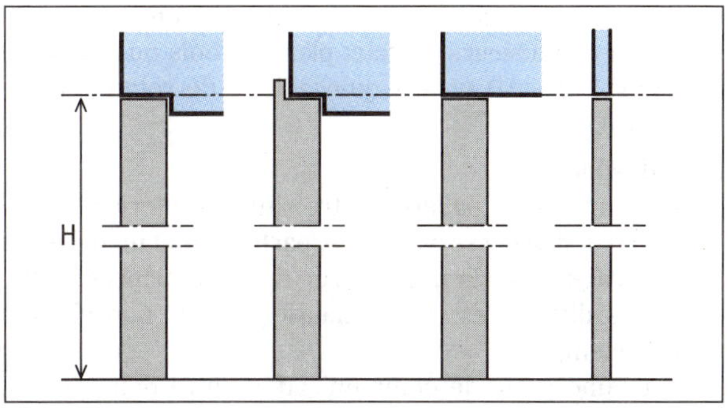


*Fig. 6. Hauteur du vantail (H).*

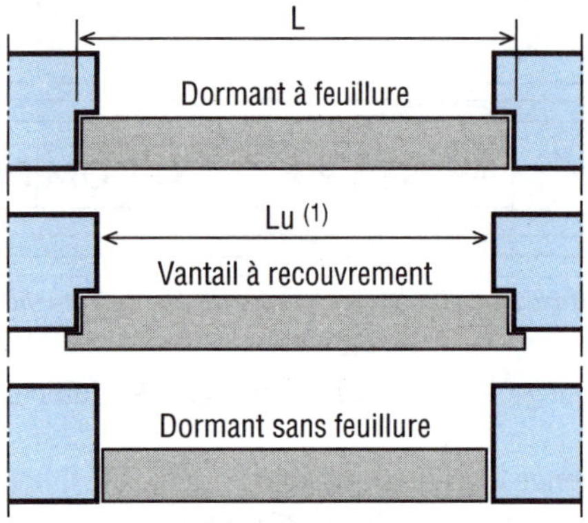


(1) : Lu est appelée largeur utile = c'est la largeur de passage effective quand le vantail est ouvert à 90°.

*Fig. 7. Largeur du vantail (L).*

| Largeur L (mm) | | | | | | |
|---|---|---|---|---|---|---|
| **1 vantail** | | | | | | |
| 630[1] | 730 | 830[3] | 930[2] | | | |
| **2 vantaux égaux** | | | | | | |
| 1 260 (630 × 2) | 1 460 (730 × 2) | 1 660 (830 × 2) | 1 860 (930 × 2) | | | |
| **2 vantaux inégaux** | | | | | | |
| 1 060 (330) + 730 | 1 160 (330 + 830) | 1 260 (330 + 930) | 1 460 (630 + 830) | 1 560 (630 + 930) | 1 660 (730 + 930) | |
| **Vantaux composés (3 vantaux égaux)** | | | | | | |
| 1 890 (630 × 3) | 2 190 (730 × 3) | 2 490 (830 × 3) | 2 790 (930 × 3) | | | |

(1) H = 2 040 mm, uniquement réservé aux portes de W-C.
(2) Conseillé pour les logements accessibles aux handicapés (p. 257).
(3) Conseillé pour les portes à 1 vantail.

*Tableau 1. Largeur en mm des portes intérieures en bois.*

## 5. BLOC-PORTE DE LOGEMENT EN BOIS

Le bloc-porte, dont la maîtrise industrielle appartient à un seul responsable, comporte une huisserie en bois ou en métal, un ou plusieurs vantaux plans en bois ou à base de bois (NF P 23-304) et une quincaillerie de rotation et de fermeture.

Il est destiné :
- pour une porte palière, à être situé à l'intérieur d'une construction desservant un appartement et un palier ou une cage d'escalier, à séparer deux ambiances climatiques différentes (local chauffé et local non chauffé par exemple) ;
- pour une porte de communication entre deux pièces, à être situé hors ambiance extérieure.

Les bloc-portes sont classés comme les portes (p. 191) selon leur nature, leur finition et leurs caractéristiques particulières.

Ils sont, avec des éléments de fixation aux cloisons, adaptés à celles-ci.

On trouve par exemple pour un bâti métallique :
- des pattes à scellement pour les maçonneries traditionnelles (fig. 8a),
- des entretoises incorporées au précadre pour les murs banchés (fig. 8b),
- des trous à vis dans le cas de cloisons sèches (fig. 8c).

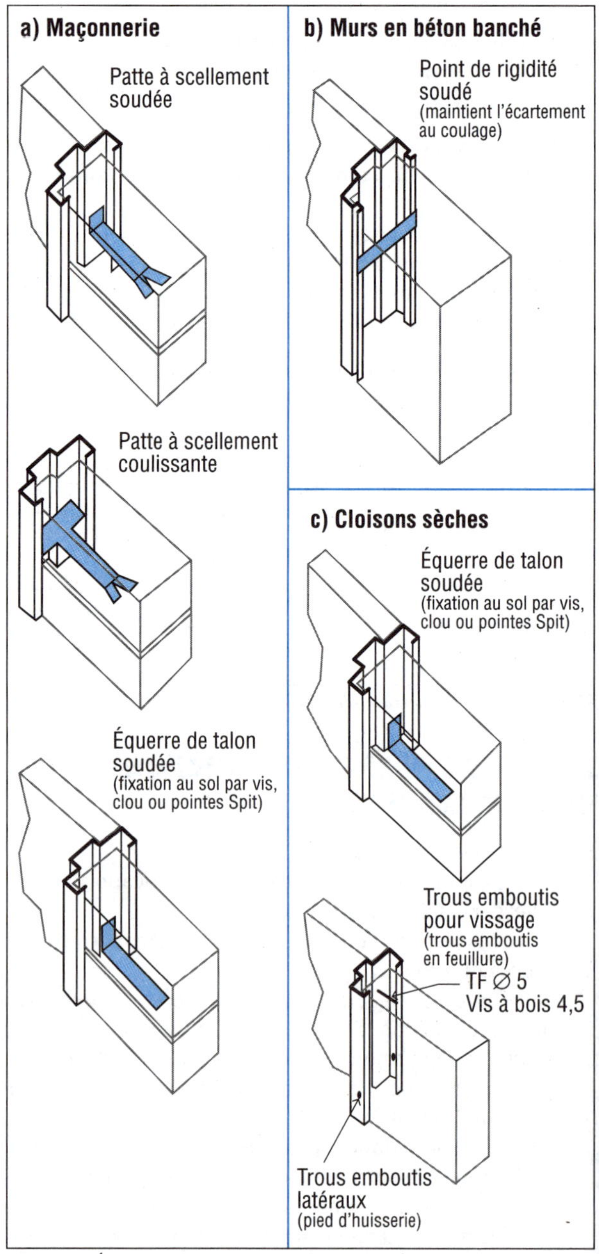


*Figure 8. Éléments de fixation des blocs-portes.*

## 5.1. Bloc-porte palière (NF P 23-301 et -306)

La norme NF P 23-306 fixe leurs spécifications minimales, notamment :

- la perméabilité à l'air est de classe A2 (NF P 20-302) lorsque les organes de condamnation sont verrouillés,
- l'affaiblissement acoustique R est supérieur à 30 dBA (NF S 31-045 et 051, se reporter p. 356),
- la résistance au feu assure un degré pare-flamme d'au moins 1/4 h (NF P 20-025, se reporter p. 295).

Ils sont désignés par les indications suivantes (une coupe du produit étant souvent nécessaire) : référence d'origine du bloc-porte, dimension utile de passage (en mm) et section de l'huisserie ou du bâti, nature de l'huisserie (bois ou métal), sens de l'ouverture.

Un marquage analogue à celui figurant sur les portes planes (p. 191, fig. 5) est apposé sur le dormant et sur les chants transversaux du vantail.

## 5.2. Blocs-portes, pare-flammes et coupe-feu (NF P 23-501 et -502)

Selon la norme indiquée (NF P 23-501 ou -502) sur le marquage du bloc-porte (fig. 5, p. 191), la durée du pare-flammes et coupe-feu d'un bloc-porte est respectivement 1/4 h et 1/2 h.

L'élément garde cette propriété lorsqu'il est inséré dans les cloisons définies tableau 2, en dehors des réserves mentionnées (les essais étant menés en insérant les blocs-portes dans des parois en béton banché).

| Type de cloison[1] | Épaisseur minimale (mm) | Hauteur maximale (m) |
|---|---|---|
| 1. Béton de gravillons | 70 | 2,60 |
| 2. Carreaux de plâtre à parements lisses | 60<br>70 | 2,60<br>3,00 |
| 3. Briques + enduits 2 faces | 70 | 2,60 |
| 4. Parement en plâtre | 72 | 3,00 |

(1) Ce tableau ne préjuge pas du degré de résistance au feu des cloisons.

| Réserves concernant les essais au feu | | | |
|---|---|---|---|
| Huisserie | Résultat de l'essai au feu | Valeur à conserver | Type de cloison |
| Bois | CF 1/2 h | CF 1/4 h | 2. $e$ = 60 mm |
| Métal | CF 1/2 h et PF 1/2 h | CF 1/4 h | 4. |

*Tableau 2. Caractéristiques des cloisons assurant la tenue au feu mentionnée des blocs-portes (PF = 1/4 h et CF = 1/2 h).*

# PLANCHERS

AFNOR DTU P 18-210 (DTU N° 23-1), règles BAEL 99, CPT « planchers » titres I, II, III, règles professionnelles : Annales de l'ITBTP de mars-avril 1990

## 1. FONCTIONS À REMPLIR

On se limitera ici à l'étude des immeubles à usage d'habitation.

Le plancher est une partie horizontale de la construction, séparant deux niveaux d'un bâtiment, capable de supporter des charges et de les transmettre aux éléments porteurs horizontaux et/ou verticaux de l'ossature.

Le plancher peut être situé sur terre-plein (dallage), sur vide sanitaire, sur cave ou sur garage, sur passage ouvert. Il peut séparer deux logements ou être à l'intérieur d'un même appartement. Il peut supporter une terrasse (accessible ou inaccessible), un balcon ou une loggia. Selon sa position, il remplira différentes fonctions.

Le plancher est un élément de la structure porteuse. Il reprend les charges permanentes et variables. Il participe aussi au contreventement du bâtiment (détaillé dans le *Précis de structures de génie civil* AFNOR-Nathan).

L'élément porteur pourra être :
- une dalle en béton armé coulée en place sur un coffrage, ou coulée sur une prédalle (p. 197), ou préfabriquée en usine (p. 201) ;
- une dalle constituée de poutrelles et entrevous rendue monolithique par une épaisseur de béton coulé en place (p. 202).

Selon le cas, il aura des caractéristiques particulières pour satisfaire les exigences thermiques, acoustiques (bruits aériens et bruits d'impacts) et relatives à la sécurité incendie tout en assurant de façon secondaire les fonctions de support de revêtement de sol et de plafond (tableau 1).

| Maison individuelle unifamiliale | | | | | |
|---|---|---|---|---|---|
| **Fonctions** | dallage | Pl. sur vide Sanitaire | Pl. haut de sous-sol | Pl. intermédiaire | Pl. sous combles |
| **Thermique** | (1) | oui | oui | non | oui |
| **Acoustique** | non | non | non | non | non |
| **Incendie(4)** | non | non | oui | oui | oui |
| **Sol** | oui | oui | oui | oui | non |
| **Plafond** | – | – | non | oui | oui |
| **Logement collectif** | | | | | |
| **Fonctions** | dallage | Pl. sur vide Sanitaire | Pl. haut de sous-sol | Pl. intermédiaire | Pl. sous couverture |
| **Thermique** | (1) | oui | oui | non | oui |
| **Acoustique** | non | non | oui | oui(2) | oui |
| **Incendie(4)** | non | non | oui | oui | oui |
| **Sol** | oui | oui | oui | oui | non(3) |
| **Plafond** | – | – | non | oui | oui |

(1) Oui, si le dallage appartient à une pièce d'habitation, non si le dallage appartient à une pièce non chauffée : sous-sol, garage, cave, etc.
(2) Non, pour un plancher séparant deux niveaux d'un même logement.
(3) Pour une toiture terrasse, le plancher sert de support au complexe d'étanchéité.
(4) Cas particulier pour un plancher séparant un garage d'une partie habitable.

*Tableau 1. Fonctions à remplir par les planchers.*

À défaut d'études plus précises, les différentes exigences (thermique, acoustique et sécurité incendie) seront satisfaites en adoptant les dispositions suivantes.

- **Isolation thermique**
  Lorsque le plancher a un rôle thermique, on placera une isolation afin d'obtenir comme coefficient de transmission global (U) les valeurs données tableau 2. Pour plus de précision, on se reportera à la page 333.

| Coef. U : $W/m^2 \cdot K$ | Performance thermique des planchers Recommandations | | | | | |
|---|---|---|---|---|---|---|
| **Type de chauffage** | électrique | | | non-électrique | | |
| Zone climatique | H1 | H2 | H3 | H1 | H2 | H3 |
| **Maison individuelle :** dernier plancher y compris toiture | 0,25 | 0,25 | 0,25 | 0,30 | 0,30 | 0,30 |
| premier plancher | 0,40 | 0,40 | 0,45 | 0,45 | 0,50 | 0,55 |
| **Logement en immeuble collectif :** dernier et premier plancher | 0,40 | 0,45 | 0,50 | 0,50 | 0,50 | 0,60 |

*Tableau 2. Valeurs de U en $W/m^2 \cdot K$.*

- **Isolation acoustique**
  Vis-à-vis des bruits aériens, on peut choisir un plancher de masse surfacique 350 kg/m² pour atteindre les performances réglementaires et 400 kg/m² pour le label acoustique. Pour plus de précision, on se reportera à la page 357.

  Vis-à-vis des bruits d'impact, le problème sera résolu par un choix approprié du revêtement de sol : p. 360.

- **Sécurité incendie**
  Le degré coupe-feu d'un plancher est donné tableau 3.

| Type d'habitation | Degré coupe-feu |
|---|---|
| Individuel, isolé ou jumelé, R + 0, R + 1 | 1/4 heure |
| Autres individuels, collectifs jusqu'à 8 m au-dessus du sol pour le dernier plancher bas | 1/2 heure |
| Collectifs jusqu'à 28 m au-dessus du sol pour le dernier plancher bas | 1 heure |
| Garages 100 m² (5 voitures) inclus dans un bâtiment | 2 heures |

*Tableau 3. Degré coupe-feu (CF) des différents planchers.*

À l'exception des habitations dont le plus haut plancher est à un **niveau supérieur** à 28 m (4e famille) et des constructions spécifiques (Immeuble de grande hauteur, Établissement recevant du public, ...), il n'y a pas de contraintes sur le degré de réaction au feu des revêtements de sol (M0 à M5). On utilise de préférence des revêtements dont le classement sera supérieur ou égal à M3.

Il n'y a pas non plus d'exigences particulières pour les plafonds, sauf pour ceux qui comportent une isolation thermique sur leur face inférieure : p. 330.

## 2. DALLE EN BÉTON ARMÉ, COULÉE EN PLACE

La terminologie employée dans ce chapitre emprunte de nombreuses expressions relatives aux règles de calcul du béton armé en vigueur (BAEL 99). Le lecteur non averti aura intérêt à lire d'abord le chapitre relatif aux calculs d'éléments de structure en béton armé (p. 100).

### 2.1. Conception

Dans un premier temps, l'épaisseur d'une dalle pleine peut être déterminée en fonction de sa portée à l'aide du tableau 4. Pour plus de détails, on se reportera p. 111 et au *Précis de structures de génie civil AFNOR-Nathan*.

| Portée des dalles pleines en béton (m) | 3 | 4 | 5 | 6 |
|---|---|---|---|---|
| Épaisseur $h_0$ du plancher (cm) | 12 | 14 | 17 | 20 |

*Tableau 4. Épaisseur d'une dalle pleine BA en fonction de sa portée.*

Le BAEL 99 impose d'effectuer ensuite les vérifications énoncées ci-après.

- **Section minimale d'armatures**

  Le diamètre des aciers dans une dalle doit toujours être inférieur au dixième de son épaisseur $h_0$ :

$$Ø\ell_{max} \leq h_0 / 10.$$

  L'espacement maximal entre les aciers est la plus faible des valeurs données tableau 5, selon la fissuration.

| Espacement (cm) | Fissuration peu préjudiciable | | Fissuration préjudiciable | Fissuration très préjudiciable |
|---|---|---|---|---|
| | charges réparties | charges concentrées | | |
| sur la petite portée $\ell_x$ | 3 $h_0$ et 33 | 2 $h_0$ et 25 | 2 $h_0$ et 25 avec Ø ≥ 6 mm | 1,5 $h_0$ et 20 avec Ø ≥ 8 mm |
| sur la grande portée $\ell_y$ | 4 $h_0$ et 45 | 3 $h_0$ et 33 | | |

*Tableau 5. Espacement maximal des armatures (cm).*

Dans ce cas, on vérifie en outre :

- pour les armatures parallèles à $\ell_x$ (section $A_x$, diamètre $Ø_x$) :

$$A_x = \left(\frac{3-\alpha}{2}\right) \times A_y$$

- pour les armatures parallèles à $\ell_y$ (section $A_y$, diamètre $Ø_y$) en acier Fe E 500 ou en treillis soudés HA :

$$A_y \geq 6\, h_0$$

  avec $\alpha = \ell_x / \ell_y$, $h_0$ (épaisseur de la dalle en m), $A_x$ et $A_y$ en $cm^2/m$.

Les armatures inférieures sont prolongées sur appuis dans leur totalité si la dalle est soumise à des charges concentrées mobiles, à raison d'une sur deux dans le cas contraire, comme indiqué fig. 1.

La longueur des armatures supérieures (dites de chapeau), pour une construction courante, est donnée fig. 2.

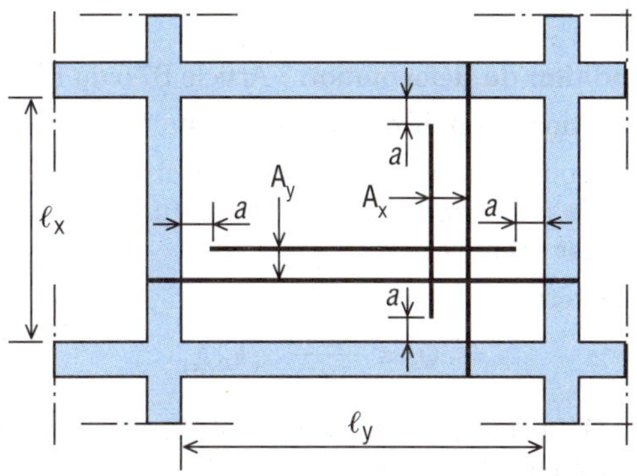


On peut arrêter la moitié de la section $A_x$ à la distance $a = \frac{\ell_x}{10}$ (idem pour $A_y$) pour les planchers de bâtiments courants.

*Fig. 1. Arrêt des armatures inférieures.*

La longueur des armatures supérieures est calculée à l'aide des moments sur appui $M_a$ et des moments isostatiques $M_{0x}$ au centre de la dalle.

Longueur du débord $\ell_1$

$$\ell_1 = \max \begin{cases} \lambda \ell_x \\ \text{et} \\ \ell_s \end{cases} \quad \text{avec :}$$

$\ell_s$ = longueur d'ancrage

$$\lambda \approx 0{,}3 \frac{M_a}{M_{0x}} + 0{,}05$$

Dans le cas courant où $M_a = 0{,}5\, M_{0x}$, $\ell_1 = \max (0{,}2\, \ell_x ; \ell_s)$

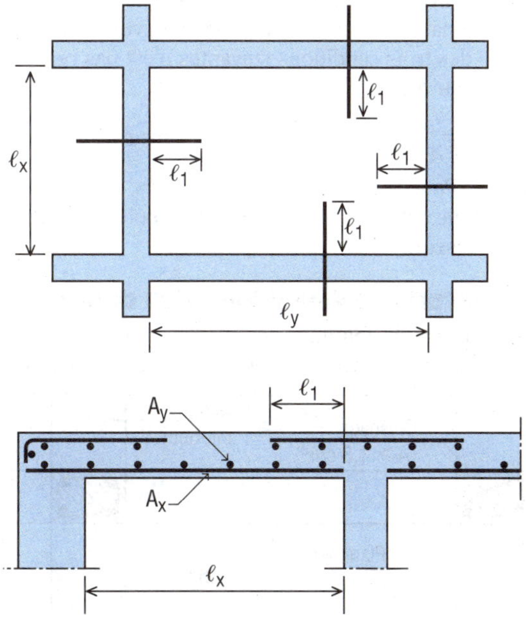


*Fig. 2. Longueur des armatures supérieures.*

L'emploi du treillis soudé (p. 41) garantit le respect de ces conditions.

- **Condition de déformation :** Article B7-5 du BAEL 99
- **Condition de non-poinçonnement**

  Cette condition peut déterminer l'épaisseur d'une dalle soumise à des charges concentrées (p. 23 pour un parking, par exemple).

  Il faut vérifier :

$$Q_u \leqslant \frac{0{,}045}{\gamma_b}\, u_c h_0 f_{cj}$$

avec $Q_u$ la charge poinçonnante (MN), et $u_c$ le périmètre de dalle poinçonnée (fig. 3).

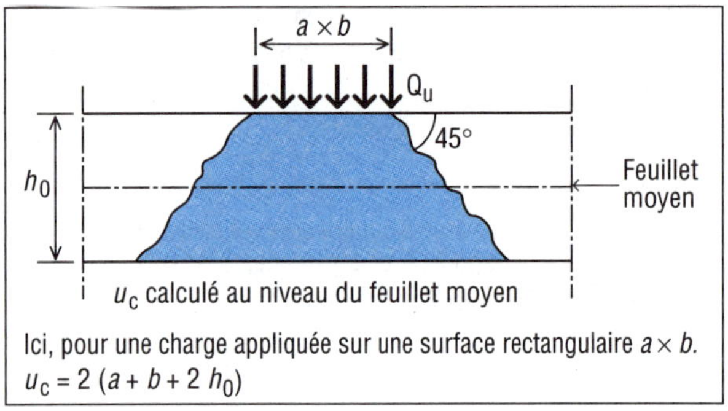


*Fig. 3. Calcul de $u_c$.*

- $\gamma_b$ est un coefficient de sécurité dont la valeur est généralement 1,5.
- $f_{cj}$ (MPa) est la résistance caractéristique en compression au jour $j$ (p. 101).

*Nota :* Pour le BHP, $Q_u \leqslant \dfrac{0{,}28}{\gamma_b} u_c\, h_0\, (f_{cj})^{1/2}$

- **Vérification à l'effort tranchant $V_u$**

  Des armatures transversales sont à prévoir dans la dalle si l'une des trois conditions suivantes n'est pas respectée :
  - largeur $b$ de la dalle $\geqslant 3\, h_0$ ;
  - $\tau_u = \dfrac{V_u}{b \times d} \leqslant 0{,}07 f_{cj}/\gamma_b$ avec $b = 1$ m ; $d$ : fig. 4 p. 114.

  *Nota :* Pour le BHP, $\tau_u \leqslant 0{,}44\, (f_{cj})^{1/2}/\gamma_b$
  - la dalle est coulée sans reprise de bétonnage dans son épaisseur.

## 2.2. Détails de ferraillage des dalles

- **Des aciers de chaînage** doivent être prévus au croisement de chaque mur (façade et refend) avec un plancher, (fig. 4).

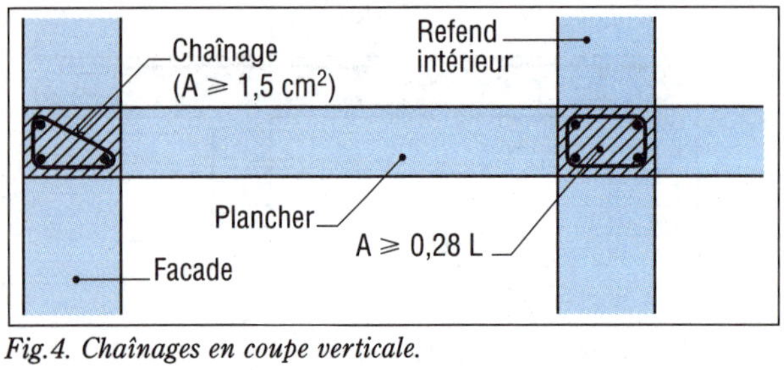


*Fig.4. Chaînages en coupe verticale.*

Le chaînage doit être continu autour de l'ouvrage : fig. 5.

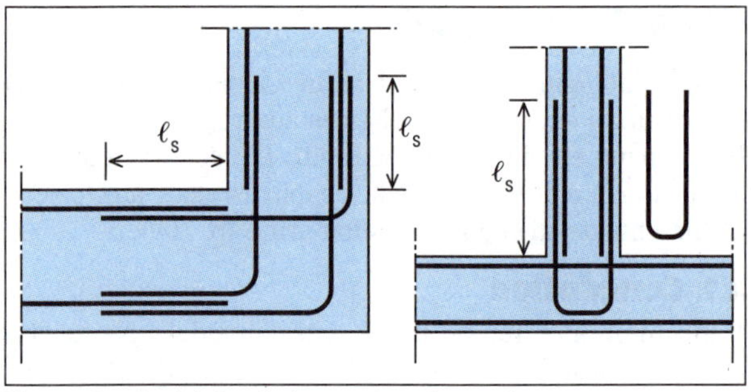


*Fig. 5. Continuité des chaînages dans les angles.*

La section minimale d'acier est fixée à 1,5 cm² (3 HA 8 ou 2 HA 10) pour un chaînage entre un plancher et un mur de pignon, un mur contre terre, ou une façade coulée sur place.

Dans les autres cas, cette section est fonction de la largeur L de plancher qui reporte ses charges verticales sur le mur. La section est au moins égale à A avec $A \geqslant 0{,}28$ L (A est exprimée en cm² et L en m). La zone, pour répartir ces armatures de chaînage, est indiquée p. 158.

- **Les trémies**, nécessaires au passage de canalisations, gaines techniques, cages d'escaliers, etc., font en général l'objet des dispositions particulières.

  Aucune précaution particulière n'est nécessaire pour une trémie de petites dimensions qui ne coupe pas d'armatures.

  Si des aciers sont interrompus, il faut placer des armatures de renfort de part et d'autre de la trémie. Leurs sections seront identiques à celle des aciers coupés : fig. 6.

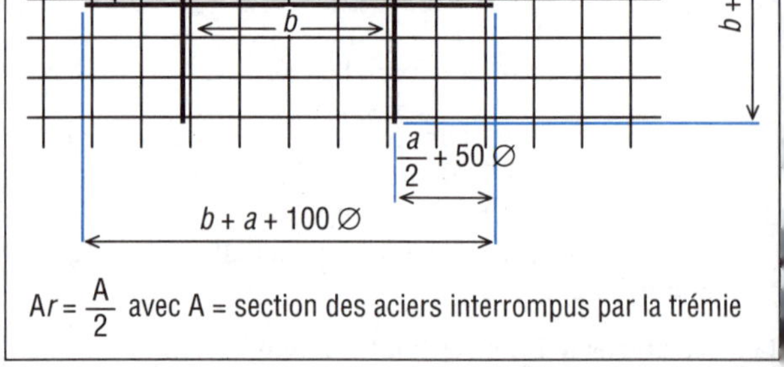


*Fig. 6. Armatures de renfort d'une trémie de dimensions (a × b).*

- **Sur appuis, la nappe inférieure doit être ancrée.** Dans le cas des treillis soudés, un fil de trame (appelé aussi fil de répartition) doit reposer sur l'appui (fig. 7 et 8).

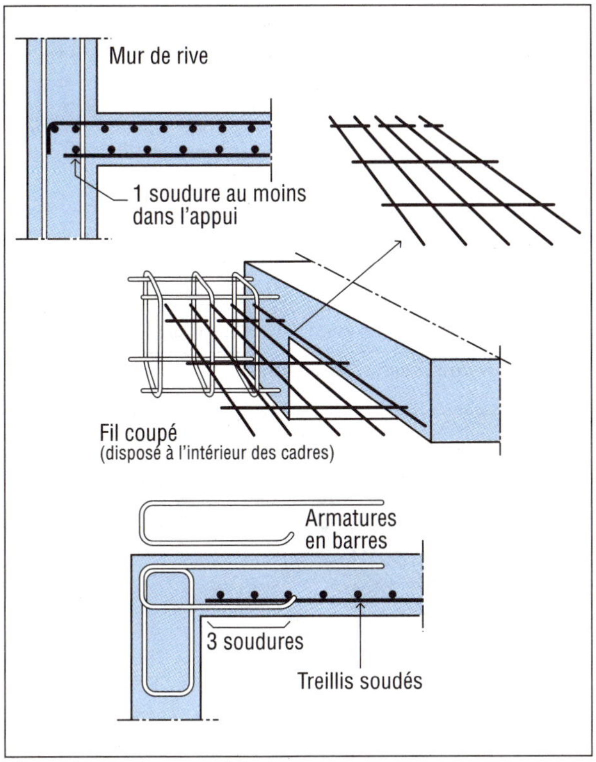


*Fig. 7. Ancrage sur appui de rive.*

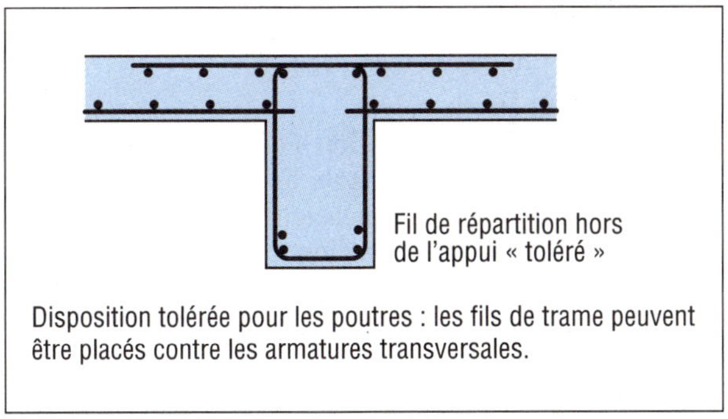


*Fig. 8. Ancrage sur appui intermédiaire.*

- **Les aciers de chapeau** ne doivent pas être mis en place après bétonnage. Sur appuis, ils reposent sur les chaînages de voiles ou sur les aciers de montage des poutres.

Il est nécessaire de placer des chaises ou distanciers pour un bon calage de ceux-ci : fig. 9.

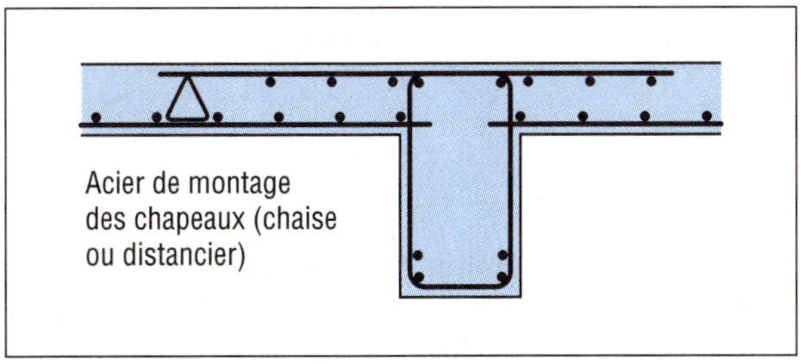


*Fig. 9. Calage des armatures supérieures (acier de chapeau).*

## 3. DALLE EN BÉTON ARMÉ RÉALISÉE AVEC PRÉDALLES

La prédalle est une plaque préfabriquée, en béton armé ou précontraint, destinée à former la partie inférieure d'un plancher : fig. 10 et 11.

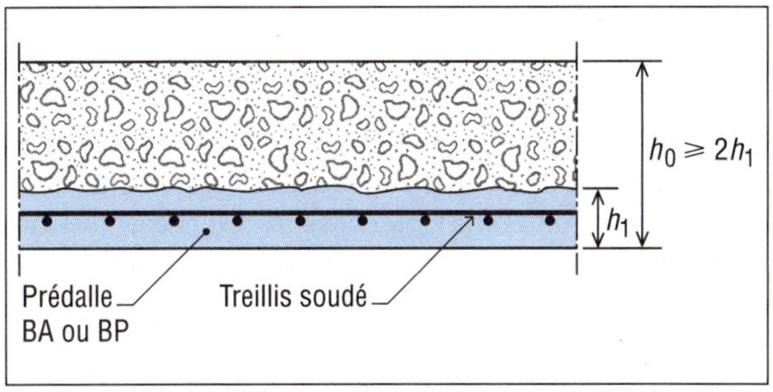


*Fig. 10. Coupe verticale sur une dalle pleine avec prédalles.*

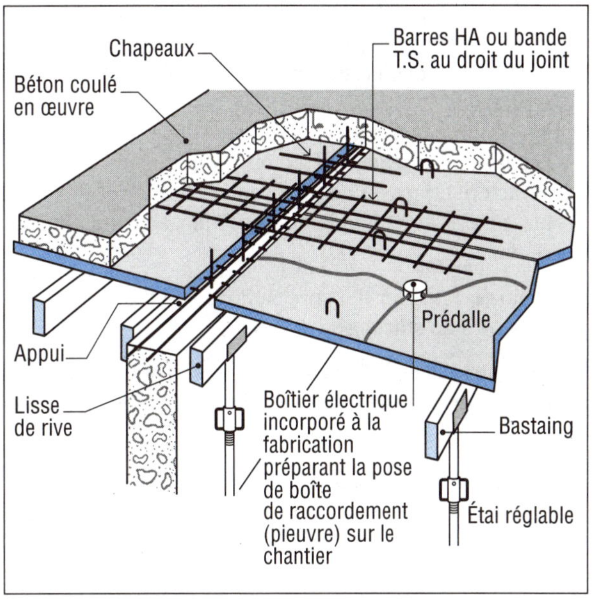


*Fig. 11. Schéma en perspective d'une dalle pleine avec prédalle.*

Son épaisseur, toujours inférieure à la moitié de celle de la dalle pleine, est supérieure ou égale à 5 cm.

La prédalle se substitue au coffrage et participe à la résistance de la structure (les armatures de la dalle y sont en général incorporées). L'épaisseur définitive de la dalle est obtenue par coulage d'un béton de complément sur la prédalle étayée.

Hors joint, la sous-face est lisse et nécessite pour la finition un simple enduit de quelques millimètres pour recevoir la peinture.

Les prédalles utilisées couramment ont les dimensions suivantes :

- largeur usuelle : 2,40 ou 2,50 m (quand elles sont préfabriquées en usine, elles doivent respecter le gabarit routier *Précis de chantier* AFNOR-Nathan) ;

- longueur maximale de 6 m pour des prédalles en béton armé, 8 m en béton précontraint;
- surface maximale : 20 à 25 m² (selon la capacité de l'engin de levage).

### 3.1. Conception

L'étude et la mise en œuvre des prédalles sont actuellement régies par les règles BAEL 99 article B 7-6. (p. 100), et le CPT (Cahier des Prescriptions Techniques) « Planchers » titre II.

Le découpage du plancher en prédalles s'effectue de façon à masquer les joints entre prédalles (à la verticale des cloisons par exemple). Ils seront convenablement traités, afin de ne pas être visibles en sous-face.

On établit d'abord un plan de pose des prédalles à destination du chantier sur lequel figurent (*Précis de chantier* AFNOR-Nathan) :

- la structure porteuse de l'ouvrage,
- la définition géométrique des prédalles,
- le repérage des prédalles et leur implantation dans la structure,
- les conditions d'étaiements (files d'étais),
- l'épaisseur (prédalle et béton de complément) et les caractéristiques du béton à couler en œuvre,
- les aciers de compléments (chapeaux, chaînages, renforts).

On pourra indiquer les précautions supplémentaires à prendre lors du stockage.

Ensuite, on réalise, à destination du fabricant des prédalles, un cahier dans lequel sont définis le coffrage, les armatures ainsi que les aciers de levage.

### 3.2. Mise en œuvre

Les prédalles sont mises en place par la grue, le plus souvent à l'aide de palonniers spéciaux afin de réduire les sollicitations de flexion au cours de la manutention : fig. 12.

Pour plus de détails (dimensions, caractéristiques diverses, nombre de points de levage, ...), on se reportera au *Précis de chantier* AFNOR-Nathan

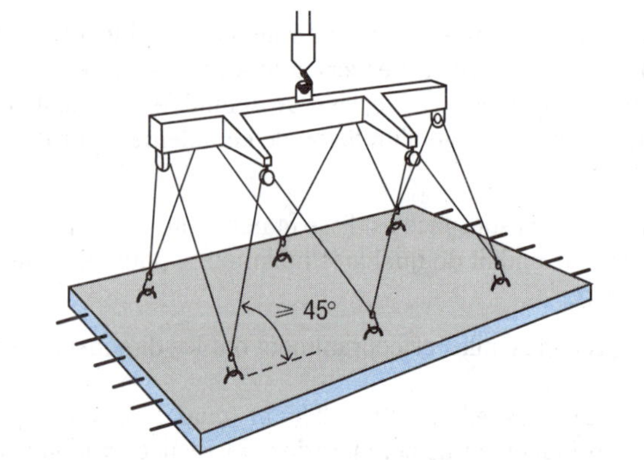


*Fig. 12. Schéma de principe de manutention par palonnier.*

La pose se fait directement sur les appuis préalablement dressés (fig. 13) ou sur les lisses de réglages (fig. 14).

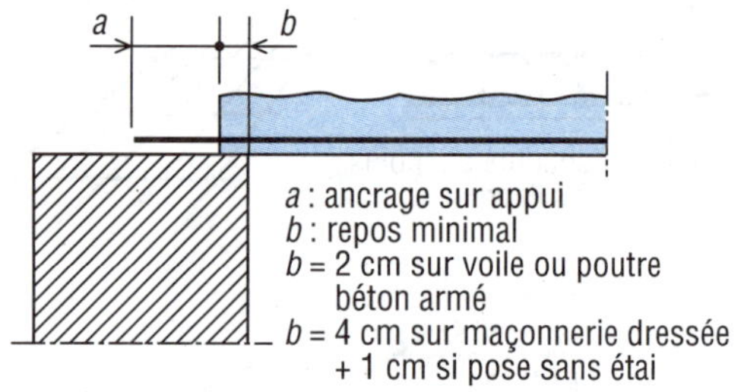


*Fig. 13. Pose directe sur appuis dressés.*

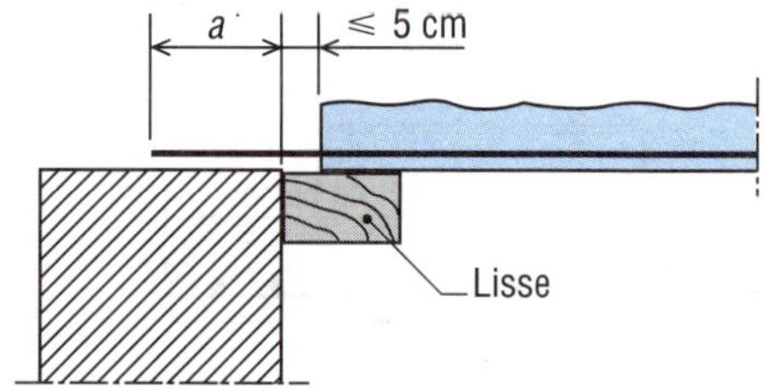


*Fig. 14. Pose sur lisse.*

On place ensuite un étaiement en cours de portée.

### 3.3. Armatures longitudinales

Deux études sont normalement à faire.

**a) Étude en phases provisoires**

La prédalle doit être justifiée :

- **en phase de manutention et de stockage** compte tenu des différents points de levage ou de repos (fig. 15a) : les prédalles de dimensions courantes sont déterminées pour être manutentionnées à l'aide de 4 points de levage. Elles doivent être stockées à plat et appuyées au droit de leurs points de levage (fig. 15b) ;

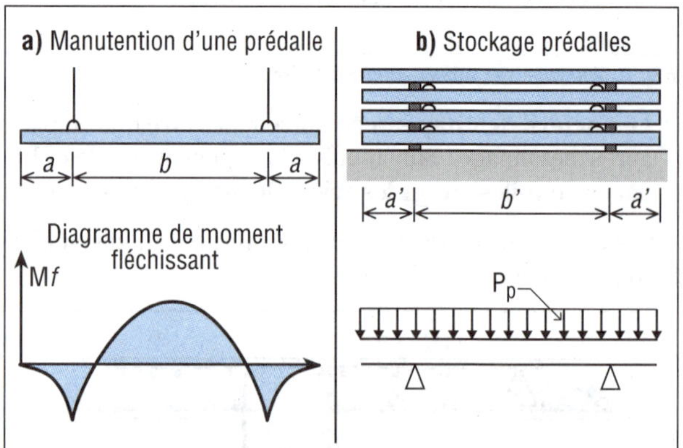


*Fig. 15. Manutention et stockage des prédalles.*

- **en phase d'exécution du plancher** (fig. 16) : on peut se dispenser de cette étude si l'espacement entre les files d'étais est inférieur à 25 fois l'épaisseur de la prédalle.

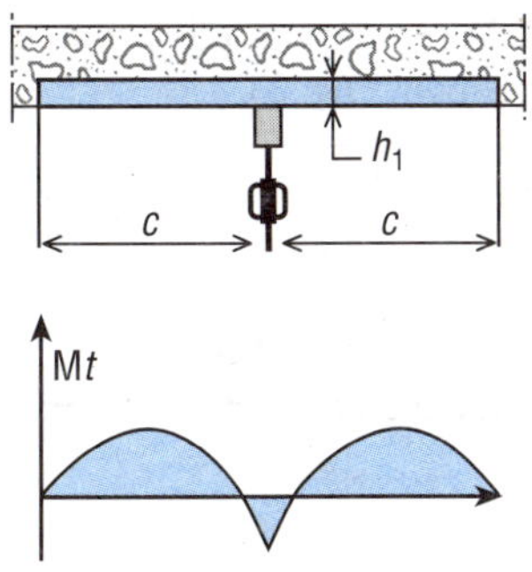


*Fig. 16. Schéma mécanique et sollicitation dans une prédalle courante en phase d'exécution.*

**b) Étude en phase définitive**

Le calcul des moments fléchissants en travée et sur appuis est conduit comme pour un plancher à dalle pleine.

Les armatures calculées sur appuis (en chapeau) sont placées dans le béton coulé en complément.

Pour les armatures calculées en travée, on distingue les deux cas suivants :

- **Dalle reposant sur deux côtés parallèles et portant selon une direction :** fig. 17.

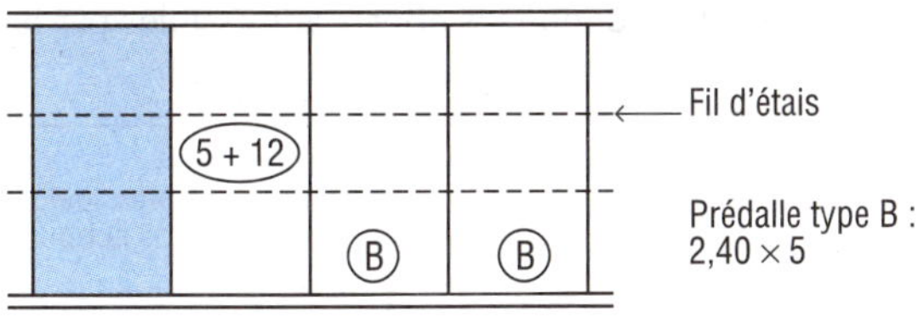


*Fig. 17. Prédalles reposant sur 2 côtés (plan de calepinage).*

La section $A_x$ des aciers, calculée en travée, est placée dans la prédalle, suivant le sens porteur de la dalle.

Pour des armatures en treillis soudés, l'espacement entre les fils de trame (répartition) doit être inférieur ou égal à 20 cm.

- **Dalle reposant sur quatre appuis :** fig. 18
Si la prédalle couvre complètement la cellule entre les 4 appuis, le calcul est conduit comme pour une dalle pleine et la section $A_x$ des aciers, calculée en travée, est placée dans la prédalle, suivant le sens porteur $\ell_x$.

Si la prédalle ne recouvre pas entièrement la cellule, on adopte un schéma mécanique semblable à celui de la figure 18.

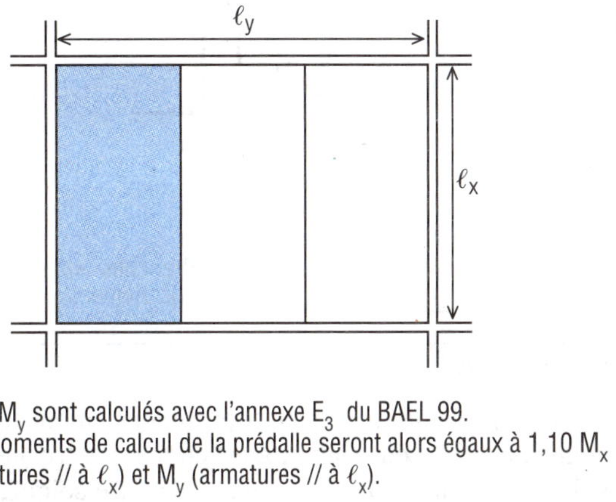


*Fig. 18. Prédalle en B.A. d'une dalle reposant sur 4 côtés (schéma mécanique).*

On considère qu'il y a une continuité des moments au niveau du joint entre prédalles, mais on majore le moment de calcul de la prédalle (calculée comme une dalle sur quatre appuis) de 10 % pour tenir compte des discontinuités au joint. Le ferraillage de liaison entre les prédalles doit être calculé en tenant compte de la continuité du moment.

### 3.4. Armatures de couture

Du fait même de leur conception, les planchers à prédalles possèdent une reprise de bétonnage horizontale. Il faut donc placer des aciers verticaux de couture (armatures transversales) pour reprendre les efforts de cisaillement entre les deux parties du plancher (p. 196). Les armatures ne sont pas nécessaires lorsque les trois conditions ci-dessous sont satisfaites :

- la surface de la prédalle possède des indentations de hauteur minimale 5 mm (fig. 19),
- le plancher n'est pas soumis à une charge dynamique et n'est pas en porte-à-faux,
- la contrainte de cisaillement à l'interface prédalle-béton $\tau_{bu}$ est inférieure ou égale à 0,35 MPa.

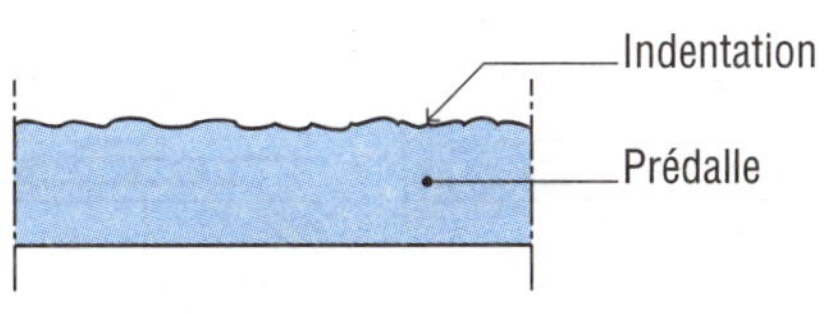


*Fig. 19. Reprise de bétonnage (indentation).*

Dans le cas contraire, le ferraillage de couture est assuré dans les cas courants, par des grecques (fig. 20) calculées pour reprendre l'effort de glissement affectant les tiers extrêmes de la dalle (sur $\ell/3$) (fig. 21).

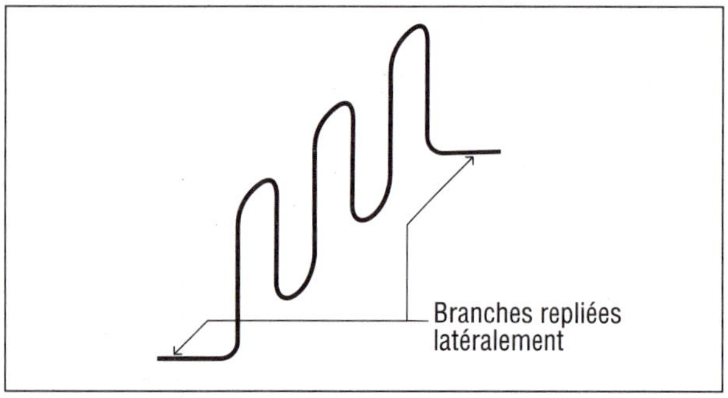


*Fig. 20. Grecque.*

Les grecques doivent être placées conformément au dessin de la figure 21. Leur diamètre est compris entre 4 et 8 mm et leur scellement dans la prédalle doit être soigné.

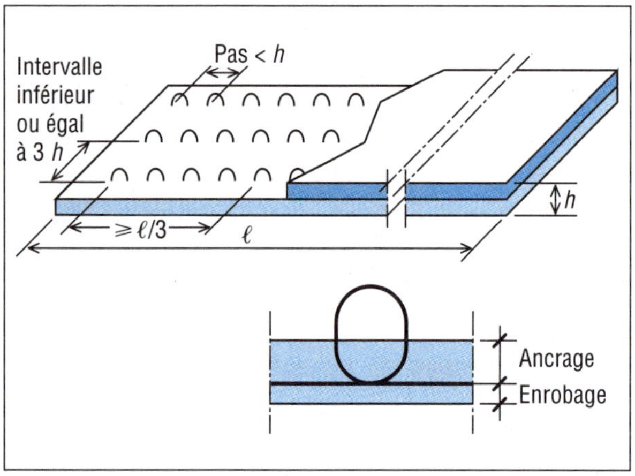


*Fig. 21. Armatures de couture.*

### 3.5. Détails

On distingue quatre points singuliers importants :

- **Les appuis**

Les dispositions sont les mêmes que pour une dalle pleine coulée en place : une barre transversale du quadrillage doit être placée au-delà de l'appui (fig. 22a). Si l'ancrage est insuffisant, il faut placer des armatures complémentaires (fig. 22b).

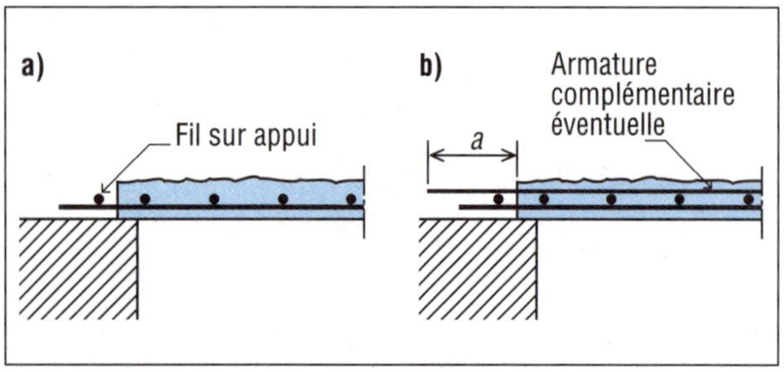


*Fig. 22. Disposition des aciers sur appui.*

- **La liaison entre les prédalles**

Pour les dalles sur deux côtés, on prévoit sur les rives latérales des prédalles, des armatures complémentaires placées sur celles-ci. Ces armatures ont la même section que les aciers de répartition. Elles sont ancrées dans le béton de complément : fig. 23.

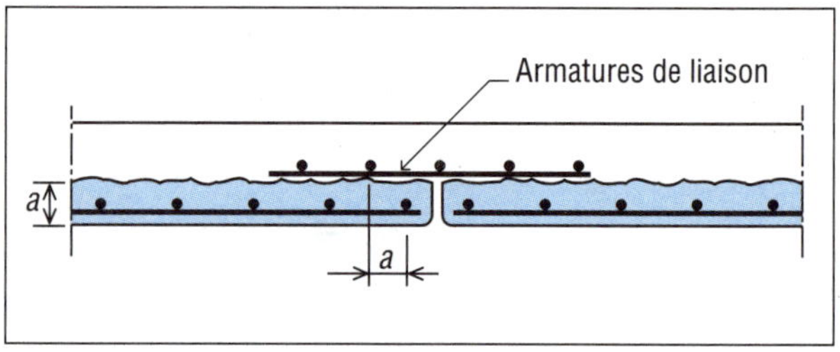


*Fig. 23. Liaison entre prédalles : dalle sur 2 côtés.*

Pour les dalles sur quatre côtés, les aciers de recouvrement, au droit des joints, sont calculés pour reprendre le moment fléchissant maximum $M_y$ affectant la prédalle la plus sollicitée, en tenant compte pour ce calcul de la hauteur utile réelle $d_2$ : fig. 24.

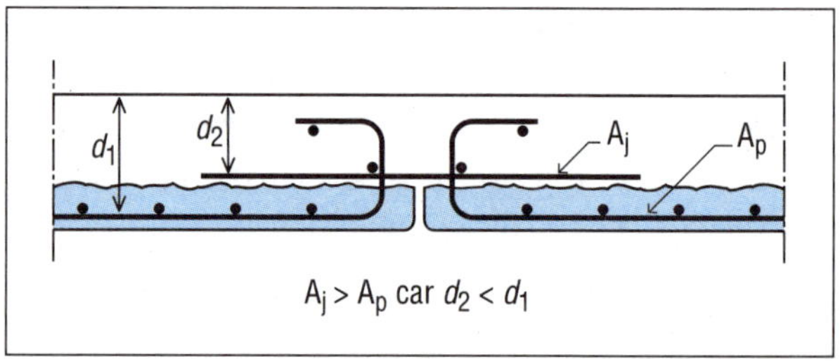


*Fig. 24. Liaison entre prédalles : dalle sur 4 côtés.*

- **Les boucles de levage**

Elles sont réalisées le plus souvent en acier doux. Le tableau (p. 167) donne les efforts admissibles par boucle (fig. 25).

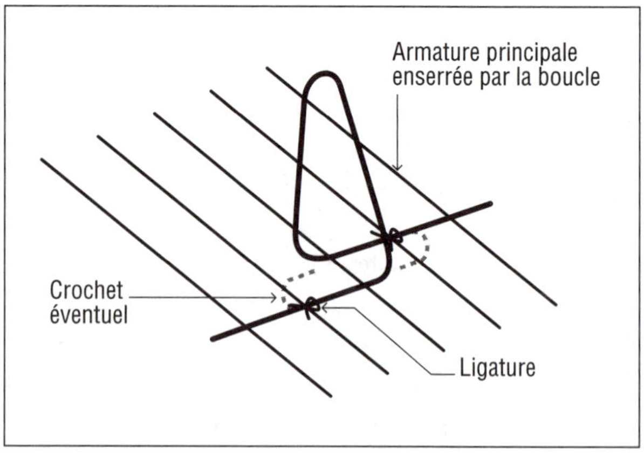


*Fig. 25. Boucle de levage.*

- **Les trémies**

Quand elles sont situées entièrement dans une prédalle et que leur largeur est inférieure à 60 cm, les renforts sont placés dans la prédalle : fig. 26a.

Dans les autres cas, on réalise un chevêtre coulé en place, ayant la hauteur totale du plancher : fig. 26b.

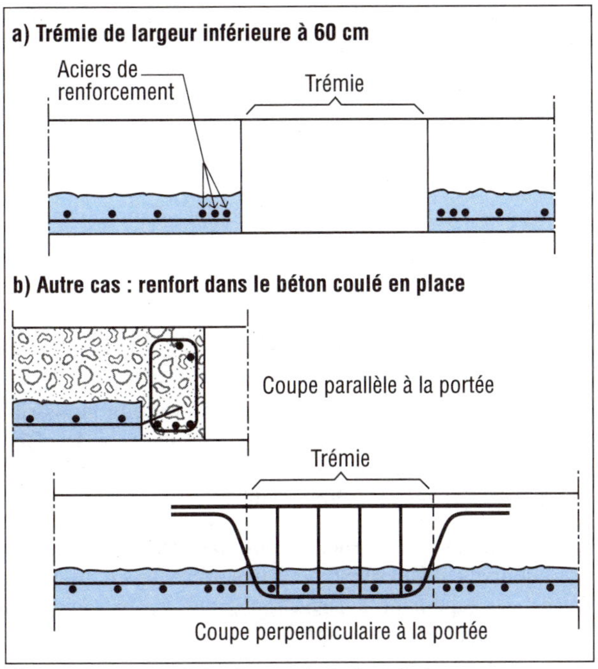


*Fig. 26. Armatures de renfort au droit des trémies.*

## 4. PLANCHERS PRÉFABRIQUÉS

Les dalles préfabriquées peuvent recouvrir la totalité d'une cellule et être associées à d'autres éléments préfabriqués des structures (poteau, poutre, voile) : il s'agit alors de système constructif relevant d'avis technique formulé par le groupe du CSTB.

On utilise couramment des dalles alvéolées (fig. 27) en béton armé ou en béton précontraint reposant sur deux appuis.

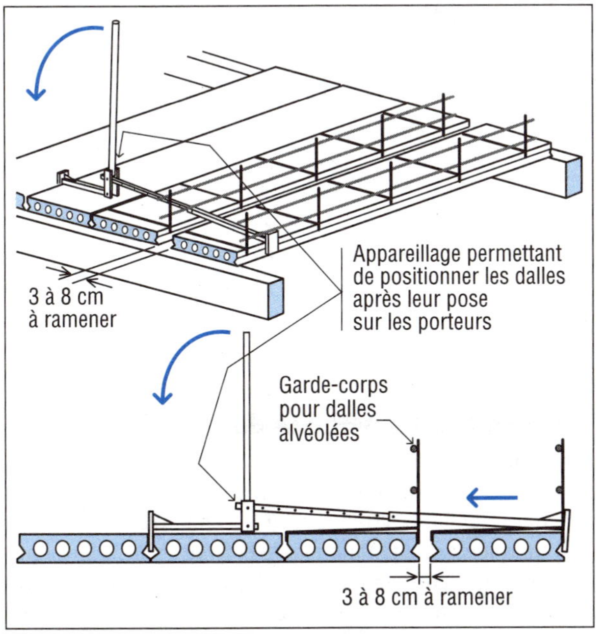


*Fig. 27. Dalles alvéolées (principe de montage).*

Les éléments, dont les alvéoles «réduisent» le poids propre, permettent de franchir des plus grandes portées et/ou supportent des charges d'exploitation plus importantes qu'une dalle pleine (*Précis de structures de génie civil* : AFNOR-Nathan).

Leur profil latéral permet de ménager lorsqu'on les pose côte à côte, un joint à couler sans coffrage de sous-face. Les joints de clavetage ou clés assurent une solidarisation entre dalles. Ainsi clavetées, les dalles alvéolées peuvent constituer des planchers finis. La finition est éventuellement améliorée par une chape non armée (fig. 28).

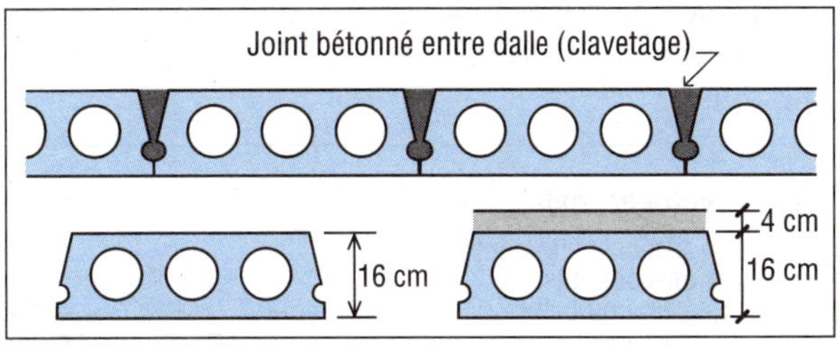


*Fig. 28. Plancher préfabriqué à dalle alvéolée, avec ou sans chape de finition.*

Les dalles alvéolées peuvent aussi être associées à une dalle de compression collaborante participant à la résistance du plancher, l'ensemble formant un «plancher composite».

Le tableau 6 définit les gammes usuelles de portées/charge d'exploitation par type de bâtiment.

| Destination des planchers | Portée usuelles (m) | Charge d'exploitation usuelle en kN/m² | Observations |
|---|---|---|---|
| Parkings | 7 – 16 | 2,50 | – Pas de nécessité de dalle collaborante pour des VL.<br>– Le CPT prévoit explicitement l'application de l'article 2.3 de la norme NF P 06-001 sur les réductions en cas de grande surface. |
| Bureaux | 5 – 12 | 2,50<br>3,50 | Évolution nette vers l'utilisation de planchers sans dalle collaborante. |
| Toitures – terrasses | 5 – 16 | Charges climatiques<br>2,50 exploitation<br>jusqu'à 30 kN/m²<br>de terres | Limitation des flèches admissibles pour les étanchéités. |
| Industrie | 9 – 11 | > 5,00 | Avec dalle rapportée collaborante. |
| Entrepôts | 5 – 10 | 20 (exploitation) | Avec dalle rapportée collaborante. |
| Scolaires et Universitaires | 7 à 9,5 | 2,50<br>4,00 (circulation) | Pas de dalle collaborante. |
| Hôpitaux | 8 | 1,50<br>2,50 (circulation)<br>> 3,50 (locaux techn.) | Nombreuses trémies et réservations. |
| Centres commerciaux | autour de 10 | 3,50 | Locaux de bureaux intégrés en étage au centre commercial. Souvent associé à des structures en béton. |

*Tableau 6. Cas usuels d'utilisation de planchers à dalles alvéolées.*

Les éléments ont une largeur standard de 1,20 m mais ils existent aussi en 0,60 et 2,40 m de large.

Compte tenu des problèmes de déformabilité, la portée maximale dépasse rarement 50 *h* (*h* étant l'épaisseur du plancher). Leur épaisseur est comprise entre 15 et 32 cm (voire 40 cm).

Les trémies, d'après le CPT titre III, peuvent être réalisées sur deux dalles adjacentes et jusqu'à 1,20 m de longueur sans autre appui qu'un chevêtre en béton armé selon des dispositions généralement définies en détail dans les avis techniques (groupe 3 du CSTB) de chaque système. Des chevêtres métalliques peuvent également être utilisés (fig. 29).

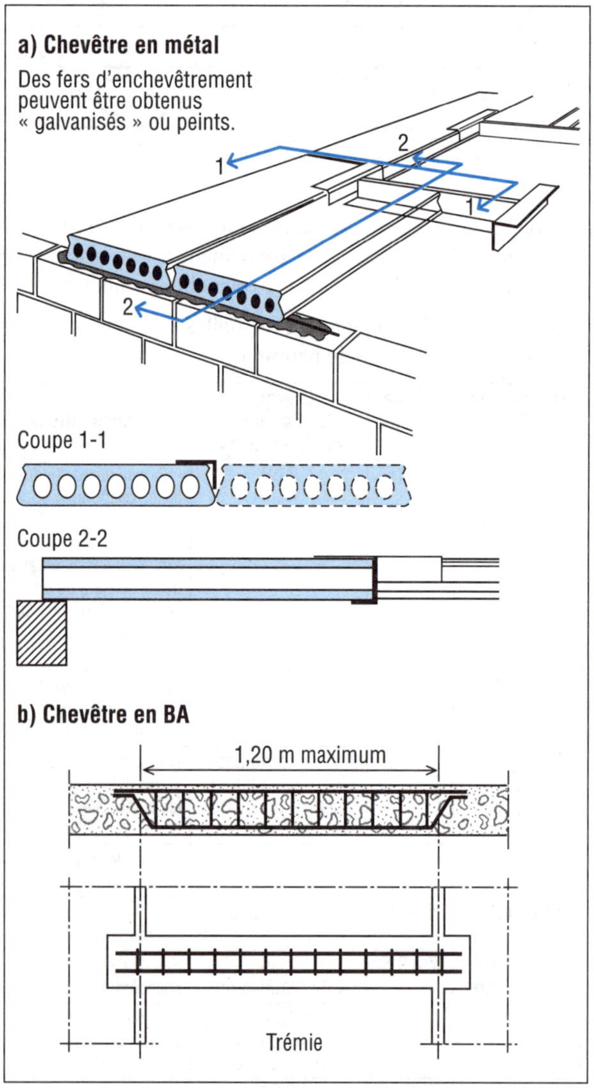


*Fig. 29. Chevêtres en métal et en BA.*

Les dalles alvéolées sont des éléments lourds (poids variant entre 20 et 100 kN) dont la mise en œuvre est traitée dans les « Recommandations professionnelles relatives au transport, au levage et à la mise en place des dalles alvéolées » éditées par la Fédération de l'Industrie du Béton (FIB) et réalisées en collaboration avec le CERIB, l'OPPBTP et le CSTB.

## 5. PLANCHER POUTRELLES-ENTREVOUS

Ce type de plancher (fig. 30), très utilisé dans la construction individuelle, permet d'éviter l'emploi de moyen de levage important. Il est constitué de trois éléments de base : les poutrelles, les entrevous, et un béton de clavetage (dalle de compression ou de répartition) rendant l'ensemble monolithique.

Les poutrelles et entrevous sont des produits industrialisés. Ils sont disponibles chez les distributeurs des fabricants, qui fournissent souvent les plans de pose et la nomenclature des éléments à utiliser.

Les planchers à poutrelles ne sont pas considérés comme traditionnels, il faut donc, pour des précisions complémentaires, se rapporter à l'avis technique propre à chaque fabricant publié par le CSTB.

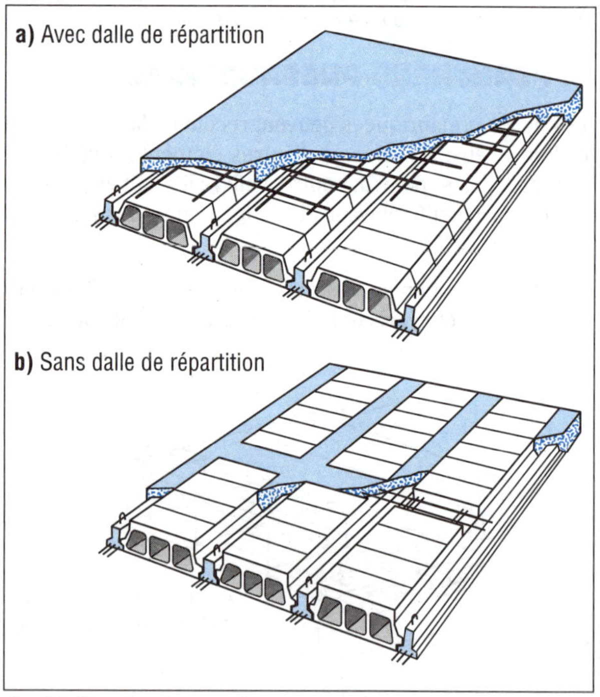


*Fig. 30. Plancher à poutrelles et entrevous.*

### 5.1. Structure porteuse du plancher

On rencontre deux cas :

- **1er cas :** le béton coulé sur les entrevous forme une dalle (dalle de compression). Les entrevous ont alors uniquement une fonction de coffrage perdu. Les entrevous n'ayant pas de fonction porteuse, sont en béton (fig. 31a) ou en terre cuite (fig. 31b) ou en mousse de plastique isolante (fig. 31c).

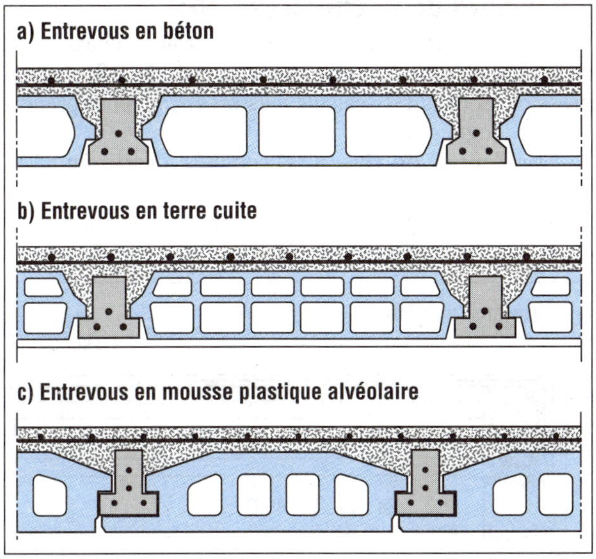


*Fig. 31. Différents types d'entrevous pour un plancher avec dalle de compression.*

- **2e cas :** le béton coulé en place forme un clavetage entre les entrevous en béton et les poutrelles. Les entrevous sont donc porteurs et leur paroi supérieure est renforcée : fig. 30b. Leur hauteur est importante. Les planchers ainsi conçus procurent une économie de béton à couler en place, mais il est conseillé de les utiliser uniquement pour des planchers sur combles non habitables, sinon il faut prévoir un chaînage horizontal tous les 2 mètres.

Dans ces deux cas, les efforts sont transmis aux poutrelles qui peuvent être en béton armé, composée d'un talon béton et d'une âme en treillis métallique (fig. 32) ou en béton précontraint (fig. 33).

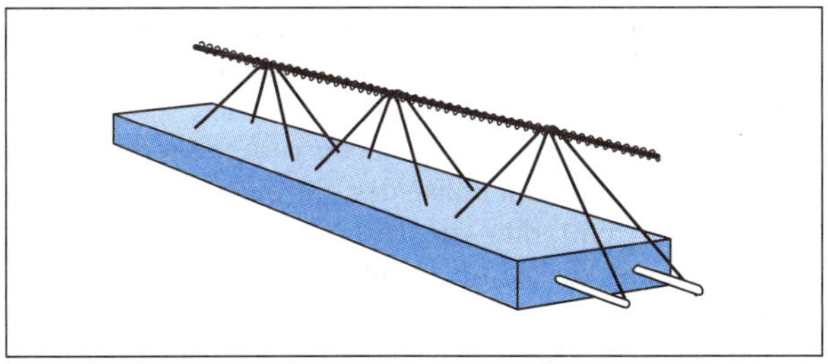

*Fig. 32. Poutrelle à âme treillis et talon en béton.*

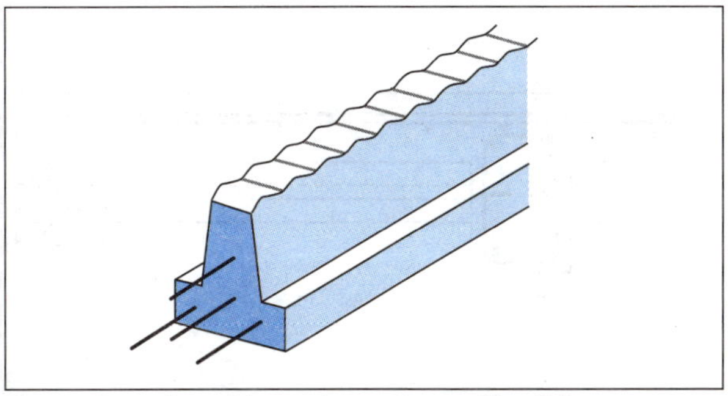

*Fig. 33. Poutrelle en béton précontraint par fils adhérents.*

## 5.2. Mise en œuvre

Les poutrelles reposent sur les murs en maçonnerie, sur les linteaux ou des poutres, qu'on aura préalablement dressés au niveau choisi (fig. 34a) ou sur des lisses en bois juxtaposées aux murs, linteaux et poutres (fig. 34b).

Elles sont disposées à espacements réguliers qu'on obtient en plaçant un entrevous à chaque extrémité de poutrelle.

On étaie alors les poutrelles et on pose les entrevous intermédiaires.

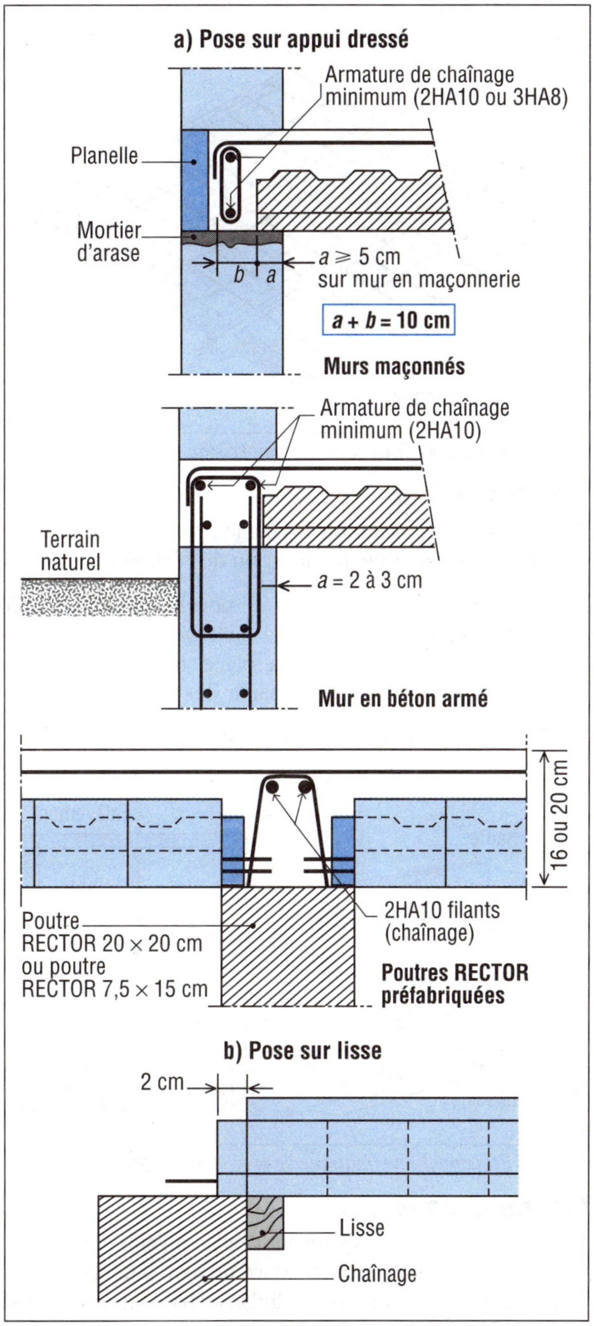


*Fig. 34. Détail d'appui des poutrelles (Doc. Rector).*

## 5.3. Dalle de compression

Lorsqu'elle existe, elle joue un rôle de liaison et d'entretoisement général et assure le report des charges sur les poutrelles.

Dans la majorité des cas, lorsque l'entraxe des poutrelles est inférieur à 80 cm, elle est armée d'un treillis soudé de section minimale, comportant :
- parallèlement aux poutrelles, des aciers Ø 4,5 mm, $e$ = 300 mm,
- perpendiculairement aux poutrelles, des aciers Ø 4,5 mm, $e$ = 200 mm.

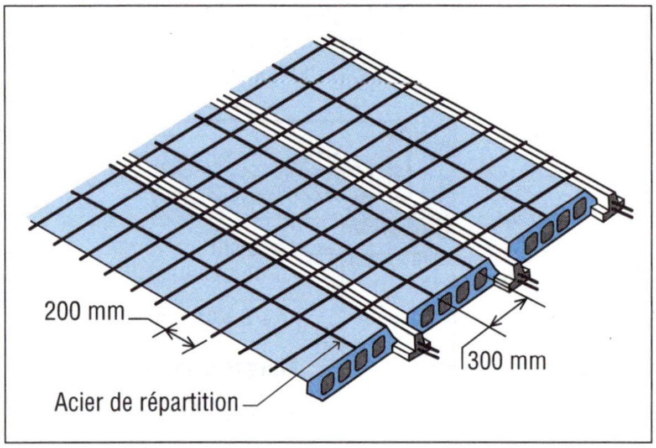


*Fig. 35. Armatures de la dalle de compression.*

## 5.4. Étaiement

Il est obligatoire, sauf pour les planchers sur vide sanitaire où il n'est pas possible de placer ou de récupérer les étais.

En général, pour les planchers de portée courante (4 m), on utilise une seule file d'étais à mi-travée; dans le cas de portées plus importantes, on place deux files d'étais situées aux 2/5 de la portée à partir des appuis.

La cinématique de pose des étais est indiquée figure 36.

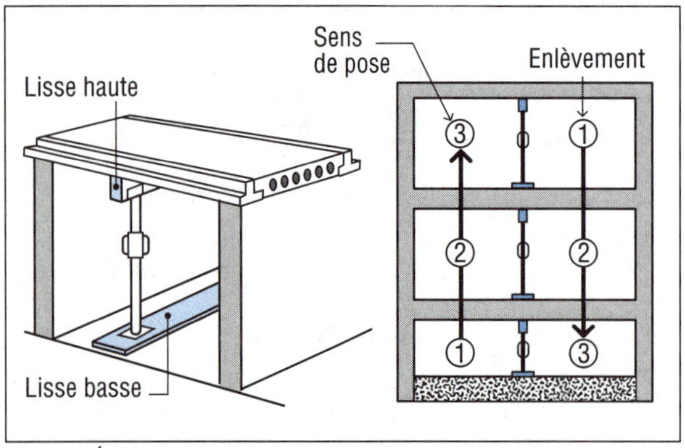


*Fig. 36. Étaiement (cinématique de pose et de dépose).*

## 5.5. Chaînages

Le chaînage est le plus souvent réalisé à l'aide d'éléments préfabriqués de longueur standard de 6 m. Il peut être plat, triangulaire ou encore rectangulaire. Sa section est d'au moins 1,5 cm².

## 5.6. Aciers de chapeau (fig. 37)

On place des aciers HA 6 ou HA 8 au droit de chaque poutrelle et au-dessus du treillis soudé armant la dalle de compression. À défaut de calculs plus précis, on peut prendre comme longueur :
- **sur l'appui de rive,** 80 Ø comptés à partir du nu du mur,
- **sur les appuis intermédiaires**, le maximum entre 80 Ø et le cinquième de la portée.

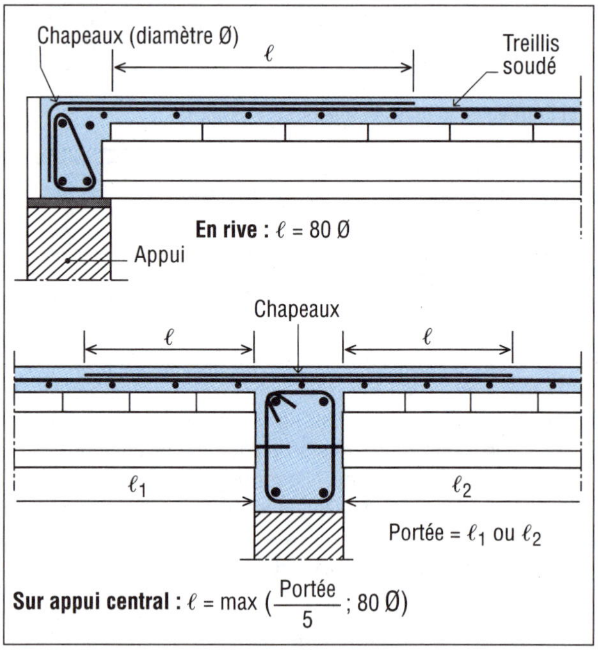


*Fig. 37. Armatures supérieures (chapeaux).*

## 5.7. Balcons ou porte-à-faux (fig. 38)

Il est possible de réaliser des balcons à l'aide de la technique poutrelles-entrevous, sous réserve d'adopter les dispositions suivantes :
- Les aciers principaux de balcon seront ancrés dans la dalle principale (on utilise des entrevous, de faible hauteur (5 à 7 cm), dits « négatifs », afin d'avoir une masse importante de béton pour équilibrer la partie en console).
- On réalise un chaînage coulé en place en bout de balcon.

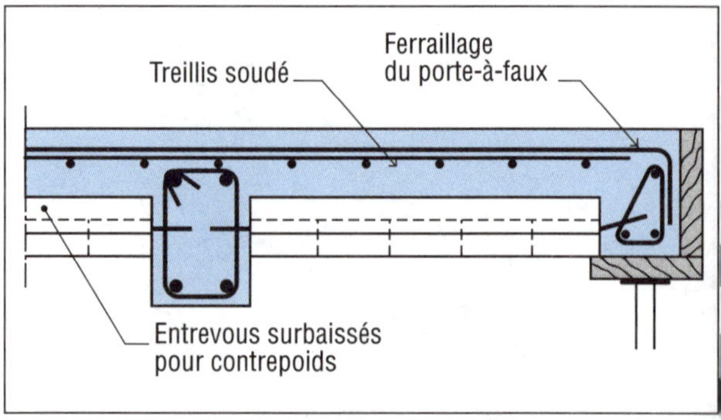


*Fig. 38. Balcons ou porte-à-faux.*

### 5.8. Trémies

Aucune précaution particulière n'est à prendre quand la trémie est placée entre deux poutrelles.

Si la trémie coupe une ou plusieurs poutrelles, il faut alors prévoir un chevêtre de renfort (appui des poutrelles interrompues) et doubler les poutrelles adjacentes à l'ouverture. De plus, si la portée du plancher est importante (supérieure à 4 m), on place dans la dalle de compression un chaînage intermédiaire.

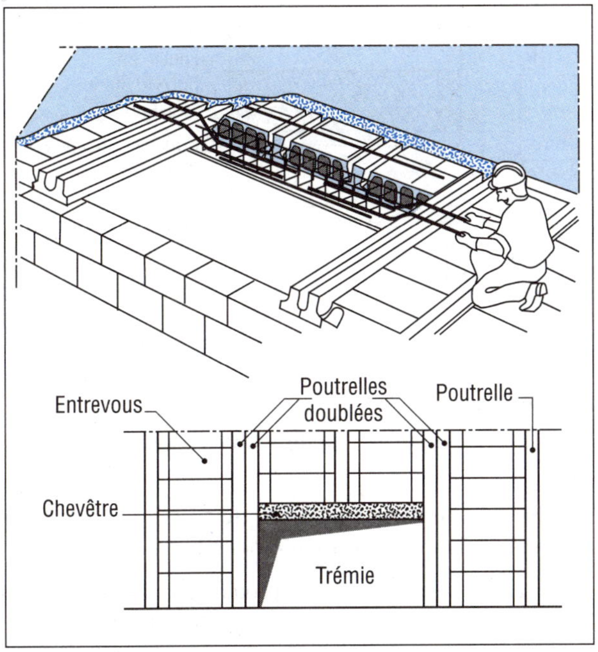


*Fig. 39. Chevêtre de trémie.*

## 6. DALLAGE

On traitera ici le cas des dallages d'habitation courante, soumis à des charges d'exploitation relativement faibles, c'est-à-dire de l'ordre de 1,5 à 2,5 kN/m$^2$.

Un dallage se compose (fig. 40) d'une forme ou sous-couche qui sert de fondation, d'assise sur laquelle est exécuté le corps du dallage ; du corps de dallage, constitué d'une dalle en béton armé (épaisseur : $h_0$) qui repose sur la forme ; d'un revêtement de sol éventuel.

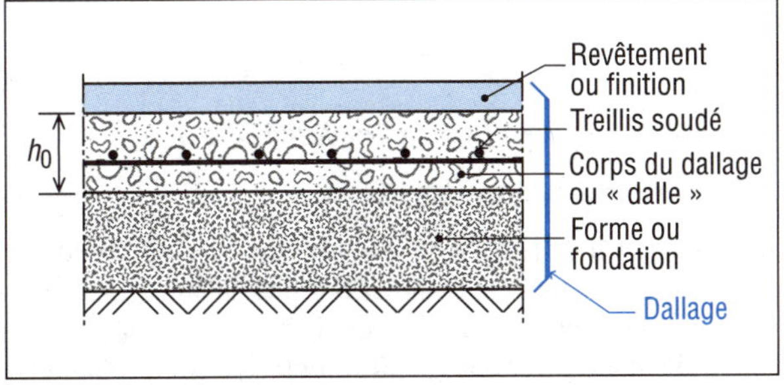


*Fig. 40. Composition d'un dallage.*

### 6.1. Forme du dallage

Ayant un rôle de fondation, la forme du dallage doit être :
- insensible à l'eau (et au gel), ce qui pourra conduire à la réalisation d'un drainage périphérique (p. 306),
- homogène, afin de répartir les charges le plus uniformément possible,
- avoir une résistance mécanique adaptée aux efforts auxquels elle est soumise. De plus, les tassements du matériau qui la constitue, doivent être compatibles avec les déformations du corps du dallage.

Elle est en général réalisée avec :
- un tout-venant stabilisé mécaniquement (mélange de cailloux, gravier, sable dont le pourcentage des fines inférieures à 80 µm ne dépasse pas 20 %) ;
- une grave stabilisée (granulat mélange naturel ou non de sable et gravier) ;
- une grave ciment (ciment CEM I ou CEM II/A ou B de classe 32,5), à raison de 3 à 5 % du poids de grave.

Elle est surmontée d'une couche anticontaminante (film polyéthylène de 150 µm ou couche de 5 cm de sable par exemple) pour empêcher la pollution du béton par les constituants de la forme au moment de la mise en œuvre (fig. 41).

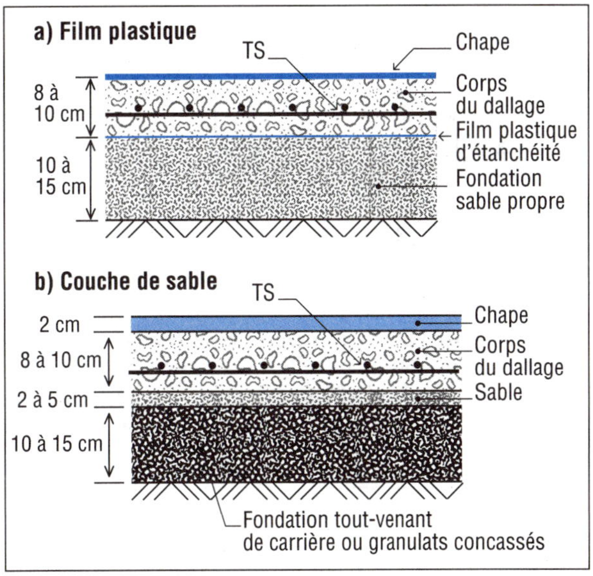


*Fig. 41. Couche anticontaminante.*

Le film polyéthylène aura de plus une fonction anticapillarité.

Dans le cas d'un bon sol (sol pulvérulent compact), on peut se dispenser d'une forme et réaliser la dalle en intercalant simplement une couche anticontaminante entre le bon sol et le corps du dallage.

### 6.2. Corps de dallage

Il est en béton armé et son épaisseur $h_0$ est comprise entre 8 et 15 cm. Le dosage en ciment doit être supérieur à 300 kg/m$^3$ conférant ainsi une bonne résistance en traction au béton mis en œuvre.

Ce béton a une consistance normale (béton plastique : d'affaissement A au cône compris entre 7 et 9 cm). Il est mis en œuvre à l'aide d'une règle vibrante (de préférence).

La dalle est armée à l'aide de treillis soudés (acier de nuance S 500).

Le diamètre des armatures est toujours inférieur ou égal à $h_0/10$.

L'écartement entre les aciers $s_t$ ne doit pas dépasser les valeurs suivantes :
- pour les charges uniformément réparties : $s_t \leqslant 3{,}5\, h_0$,
- pour les charges concentrées : $s_t \leqslant 2\, h_0$.

Le calcul d'un dallage est effectué en appliquant la théorie des plaques ou poutres sur appuis élastiques. On en déduit les armatures. Ces calculs dépassant le cadre de cet ouvrage, on pourra prendre, faute d'étude plus poussée un ferraillage réalisé grâce à un panneau de treillis soudé de 1,10 kg/m² (exemple : un panneau type ST 10 ADETS, de préférence à un rouleau pour faciliter l'exécution, p. 41).

Habituellement, la dalle est désolidarisée de la structure. Il y a un joint de rupture autour des voiles et des poteaux (fig. 42).

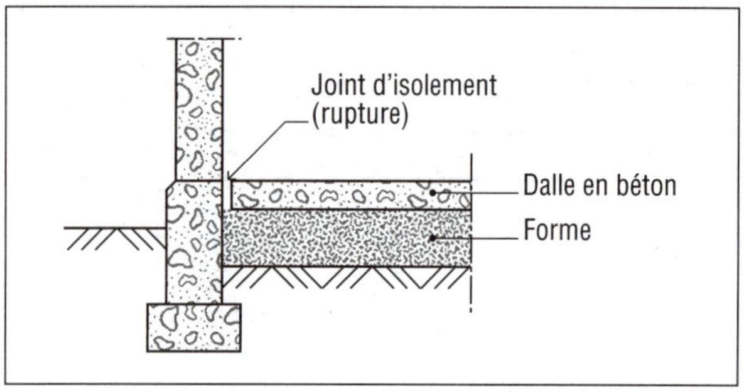


*Fig. 42. Joint de désolidarisation.*

Pour des constructions en maçonneries légères, le dallage pourra avoir un rôle de fondation pour tout l'ouvrage. Dans ce cas, la dalle sert aussi d'assise aux murs périphériques et aux refends. Il faut alors prévoir des armatures de liaisons (fig. 43).

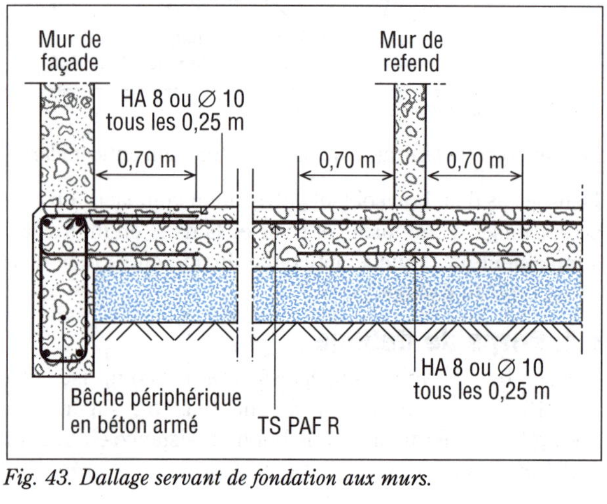


*Fig. 43. Dallage servant de fondation aux murs.*

Si le dallage recouvre une isolation thermique totale ou seulement périphérique, on vérifiera qu'elle peut supporter les charges auxquelles elle sera soumise (choix d'un isolant insensible à l'eau et peu compressible : p. 327). On la protègera des coulures de béton grâce à un film plastique (fig. 44).

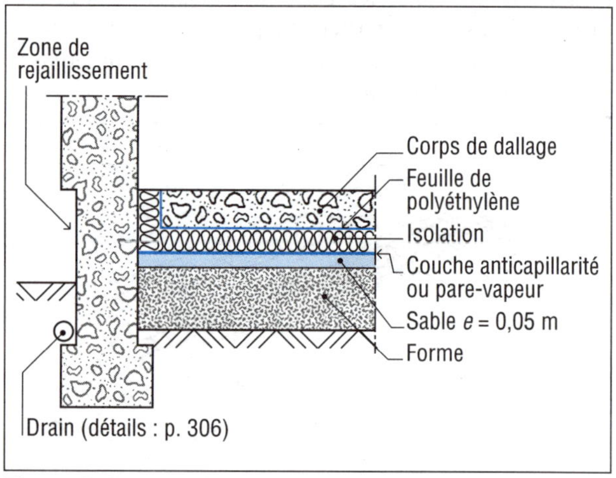


*Fig. 44. Dallage avec isolation.*

## 6.3. Joints

Selon les cas, des joints de différentes natures sont nécessaires.

- **Joints de rupture (p. 132), de fractionnement, de désolidarisation ou d'isolement** (fig. 45)

  Verticaux, remplis avec un produit souple, ils coupent complètement le corps du dallage, sur une largeur d'au moins 10 mm. Les joints d'isolement permettent de désolidariser le dallage de la structure.

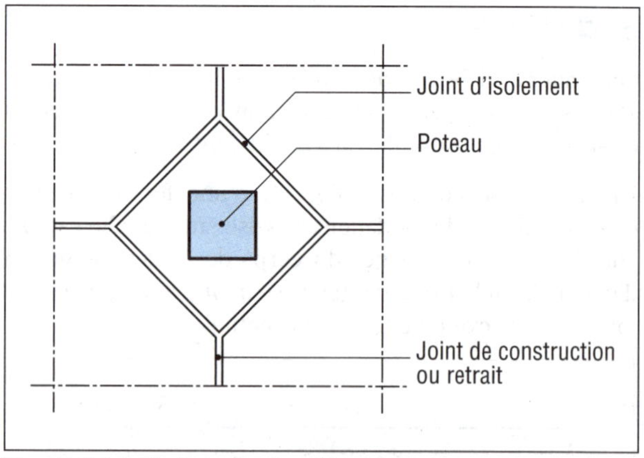


*Fig. 45. Joint d'isolement autour d'un poteau.*

- **Joint de dilatation** (fig. 46)

  Il traverse tout le dallage. Sa largeur est de 10 à 20 mm et le treillis soudé est coupé. Pour des dallages extérieurs ou soumis aux rayons du soleil, il est conseillé d'avoir une distance inférieure à 25 m entre joints de dilatation successifs.

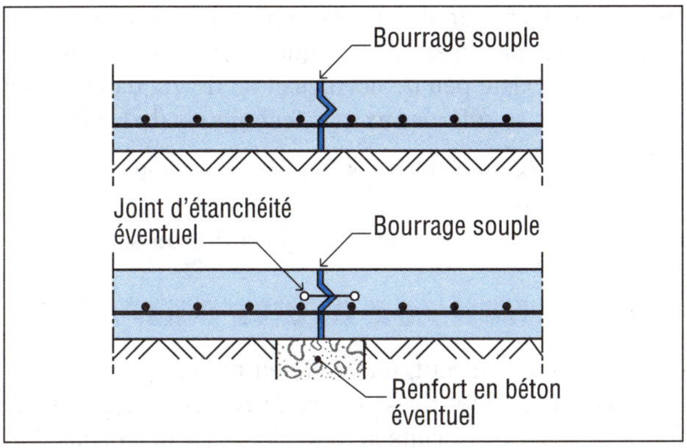


*Fig. 46. Exemples de joints de dilatation.*

- **Joint de retrait** (fig. 47 et 49)

Lorsque le dallage ne reçoit pas de revêtement, on concentre le retrait du béton sur des joints qui fractionnent la dalle en panneaux dont la longueur de la diagonale (L) doit être inférieure à :

- 7 m pour les dallages non couverts pendant leur exécution ;
- 8,5 m pour les dallages couverts.

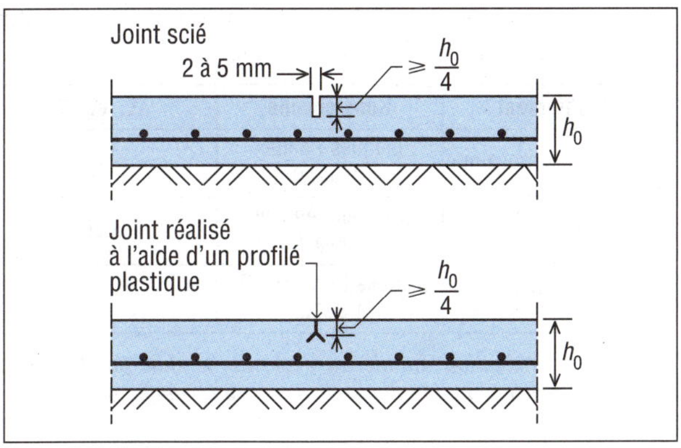


*Fig. 47. Exemples de joints de retrait.*

- **Joint de construction** (fig. 48 et 49)

La longueur des règles servant au dressage de la dalle étant limitée (environ 4 m), les panneaux de dalle sont arrêtés par des joints de construction, réalisés par :

- des planches ou règles métalliques qu'on retirera avant le coulage de la dalle adjacente (fig. 48),
- des profilés plastiques qui améliorent, par leurs formes, la transmission des efforts d'une dalle à l'autre.

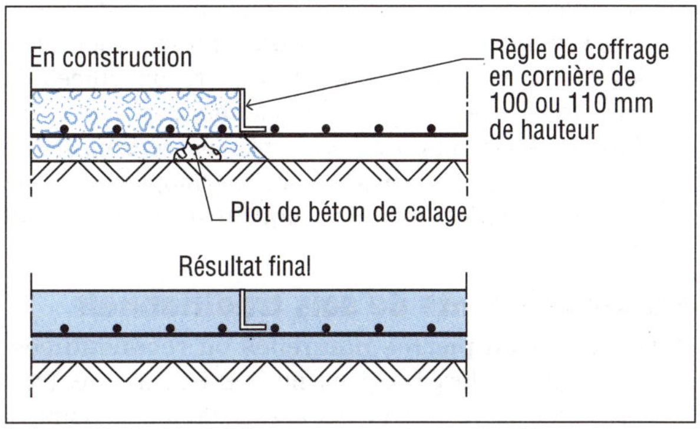


*Fig. 48. Exemples de joint de construction en cornière.*

Une disposition possible des joints de construction et de retrait est donnée figure 49.

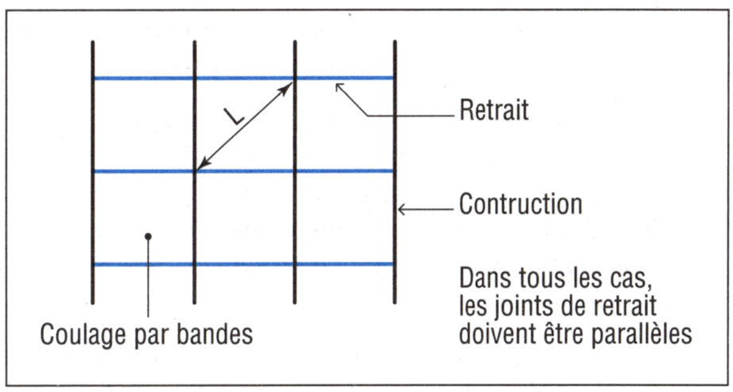


*Fig. 49. Vue de dessus d'un dallage : joint de construction et joint de retrait.*

# Revêtements de sols

NF B 10-401, -402, -508 et -513 ; NF EN 1925 (B 10613) ; NF EN 1926 (B 10614) ; NF EN 121, 186-1, 186-2, 187-1, 187-2, 188, 176, 177, 178, 159 (P 61-401 à -408) ; P 61-341 ; NF B 54-001, -002, -003, -005, -008, -009, -010, -011, -091, -160, NF B 56-010, 029

Les revêtements de sol sont les éléments de finition indispensables aux dalles et planchers, pour des raisons de confort, d'entretien ou d'amélioration des propriétés acoustiques du logement, en tenant compte de l'utilisation du local et du type de support du revêtement (plancher béton, bois, acier...).

## 1. Produits

Deux familles de produits sont habituellement distinguées :

- **Les revêtements de sols traditionnels** comprennent les dalles en pierres naturelles ou reconstituées, les carrelages et les parquets traditionnels.
- **Les revêtements de sols minces** regroupent les dalles thermoplastiques, les lés thermoplastiques, les caoutchoucs, les textiles (moquettes) et les parquets mosaïques.

### 1.1. Revêtements de sols traditionnels

- **Les dalles en pierres naturelles ou reconstituées**
  - Les dalles naturelles peuvent être en calcaire (comblanchien, travertin), en marbre, en granit, en porphyre ou encore en ardoise... Leur épaisseur varie de 7 à 30 mm (NF B 10-401, -402, -502, -508, -509 et -513).
  - Les dalles en pierres reconstituées sont réalisées avec des éclats de marbre ou autres, moulés avec un liant (granito). Elles se composent d'une semelle en mortier de 1,5 cm complétée par la couche décorative.

- **Les carrelages (NF P 61-401 à 408 et NF P 61-341)**
Ils sont en éléments durs, de forme et de dimensions variables (de 30 × 30 cm à 2 × 2 cm). Leurs épaisseurs varient de 3 mm pour les plus petits à environ 15 mm. Ces produits en argile cuite subissent parfois un traitement particulier.

  Il existe les émaux de Briare (cuits autour de 900 °C avec vitrification dans la masse), les grès cérames ou grès émaillés (cuits autour de 1 250 °C, ils sont mis en forme par étirage, et sont moins résistants que les précédents). Les terres cuites ordinaires (rayables) et les produits de Salerne (non rayables) sont cuits de 900 °C à 1 100 °C. Ils sont légèrement vitrifiés et sont mis en forme par pression ou étirés. Ce sont les plus fragiles.

- **Les parquets traditionnels (NF B 54-001 à -011)**
Les parquets traditionnels sont réalisés avec des lames de bois clouées sur des lambourdes. L'épaisseur des lames est de 23 mm si l'entraxe des lambourdes est de 45 cm, de 16 mm si les lambourdes sont seulement écartées de 30 cm. La longueur des lames varie de 0,5 à 2 m et la largeur entre 50 et 100 mm (70 mm dans le cas de chauffage par radiateurs ou convecteurs). Les principales essences de bois utilisées sont le chêne, le châtaignier, le hêtre, le pin maritime...

### 1.2. Revêtements de sols minces

La plupart des revêtements plastiques et textiles se composent d'une semelle et d'une couche d'usure. Pour ces revêtements, non traditionnels, la planéité est donc assurée uniquement par le support, lequel doit être spécialement préparé. Il existe peu de normes et on devra, dans la majorité des cas, se référer aux avis techniques du CSTB.

Les parquets mosaïques se présentent sous forme de dalles carrées 20 × 20 cm, constituées de lamelles d'épaisseur 8 à 10 mm assemblées et collées sur un support.

## 2. Isolation aux bruits d'impacts

En immeuble collectif, une dalle en béton armé de 16 cm d'épaisseur permet de satisfaire la réglementation acoustique vis-à-vis des bruits aériens. Vis-à-vis des bruits d'impacts, les performances de la dalle sont d'environ 13 dB(A) en dessous de la limite réglementaire : p. 361.

C'est donc le revêtement qui devra apporter ce complément d'isolation. Les carrelages et assimilés, placés directement sur la dalle, ne permettent pas d'atteindre cet isolement. On devra donc prévoir une sous-couche résiliente (sous-couche sous le revêtement ou sous une chape flottante) dont la performance devra être supérieure à 13 dB(A).

Le tableau 1 donne l'amélioration de l'isolation aux bruits de chocs apportée par des revêtements couramment utilisés associés à une sous-couche résiliente.

| Revêtement | Sous-couche | $\Delta L_w$ en dB |
|---|---|---|
| Parquet bois mosaïque | plaques Phaltex (Isoroy) | > 16 |
| Carrelage | rouleaux Assour (Siplast) | > 20 |
| Dalle flottante | plaques Domisol 303 (St Gobain) | > 26 |

*Tableau 1. Réduction du niveau de bruit de choc pondéré ($\Delta L_w$ en dB) de revêtement de sol associé à une sous-couche résiliente.*

## 3. Interface revêtement / support

**Les revêtements collés** correspondent aux moquettes, carrelages, dalles ou lés plastiques, caoutchouc, etc. Quand le support est une dalle en béton ou similaire, la pose s'effectue sur une chape rapportée en mortier de ciment ou similaire, d'épaisseur 2 à 4 cm, sur une chape incorporée à la dalle en mortier de ciment (pas de surépaisseur) ou bien sur un enduit de lissage, avec réagréage de 2 à 5 mm.

**Les revêtements scellés** correspondent aux carrelages et dalles de pierre. Sur un plancher béton (plancher présentant en face supérieure une surface de béton continue), on scelle directement le carrelage, à l'aide d'un mortier de pose d'épaisseur 3 à 4 cm.

Sur un plancher à face supérieure discontinue (quand les éléments du plancher ne sont pas rejointoyés transversalement), il faut rétablir la continuité du support en réalisant une forme de mortier armé ou non, d'épaisseur 4 à 6 cm sur laquelle vient se placer le revêtement.

Dans le cas d'un plancher en béton susceptible de fluer (plancher chauffant par exemple), la chape sera placée sur une couche de désolidarisation constituée d'un film plastique ou d'un lit de sable de 1 cm d'épaisseur ou encore d'un feutre bitumé 36S. Il est contre-indiqué, pour des problèmes de déformation du support incompatible avec le revêtement, de placer du carrelage, des dalles en pierres ou assimilés ou encore du parquet mosaïque sur un plancher à ossature bois.

## 4. CLASSIFICATION ET UTILISATION

La durée de vie d'un revêtement de sol dépend de son aptitude à résister aux sollicitations qu'il subit mais également de l'usage que l'on en fera.

Le classement UPEC caractérise les revêtements selon leur degré de résistance aux agents mécaniques, physiques et chimiques. Chaque lettre correspond à la nature de la sollicitation, le chiffre indique le niveau de performance atteint (tableau 2).

| Lettre | Caractéristique | Agent | Niveau de performance |
|---|---|---|---|
| U | résistance à l'usure | effet de la marche | 1, 2, 2S, 3, 3S, 4 |
| P | résistance au poinçonnement ou usure d'impact | talon aiguille, pied et roulette des meubles | 1 à 3 |
| E | comportement à l'eau | | 0 à 3 |
| C | comportement vis-à-vis des produits chimiques | produit de nettoyage ménager, produit pharmaceutique ou alimentaire | 0 à 3 |

*Tableau 2. Définition du classement UPEC.*

Le classement UPEC à retenir pour un revêtement est donné par le tableau 3 pour les maisons individuelles et par le tableau 4 pour les bâtiments à usage d'habitation, selon l'utilisation des locaux et la sévérité d'usage, causes des détériorations affectant le sol.

*Note :* pour des locaux situés au rez-de-chaussée, il est impératif de prévoir des dispositifs retenant les grains abrasifs et l'humidité rapportés par les semelles des chaussures (grattoir et paillasson), sinon il faudra augmenter l'indice d'usure U d'un point par rapport aux valeurs ci-dessous.

| | U | P | E | C |
|---|---|---|---|---|
| **Pièces principales et circulations** | | | | |
| Entrée – couloir au rez-de-chaussée – toutes pièces avec porte-fenêtre donnant sur un jardin, balcon ou terrasse – séjour ou pièce attenante au séjour. | 2S | 2 | 1 | 0 |
| Autres pièces sans accès à l'extérieur – chambres à l'étage – local de rangement – circulation à l'étage. | 2 | 2 | 1 | 0 |
| **Pièces de service** | | | | |
| Cuisine – coin cuisine attenant à un séjour | 2S | 2 | 2 | 2 |
| Salle d'eau, de bain – douche – WC. | 2 | 2 | 2 | 1 |

*Tableau 3. Classement UPEC des revêtements de sol des maisons individuelles.*

| | U | P | E | C |
|---|---|---|---|---|
| **Parties privatives** | | | | |
| • Pièces principales et circulations intérieures aux logements : entrée – séjour ou pièce attenante au séjour – pièce avec porte-fenêtre | 2S | 2 | 1 | 0 |
| chambre sans porte-fenêtre – rangement – dégagement intérieur. | 2 | 2 | 1 | 0 |
| • Pièces de service : cuisine – coin cuisine attenant à un séjour | 2S | 2 | 2 | 2 |
| salle d'eau, de bain – douche – WC. | 2 | 2 | 2 | 1 |
| **Parties communes (circulations)** | | | | |
| hall d'entrée | 4 | 2 | 2 | 0 |
| couloir – palier – escalier | 3 | 2 | 1 | 0 |
| **Espaces extérieurs au bâtiment (*)** | | | | |
| balcon – loggia – terrasse (privatif) | 3 | 3 | 3 | 2 |
| coursive – terrasse – escalier – seuil d'entrée (collectifs). | 4 | 3 | 3 | 2 |
| (*) Ces espaces peuvent aussi ne pas être revêtus. | | | | |

*Tableau 4. Classement UPEC des revêtements de sol des bâtiments à usage d'habitation.*

Les caractéristiques physiques (épaisseur, $\Delta L_w$ en dB, réaction au feu) et le classement UPEC des revêtements de sol les plus couramment utilisés sont définis par le tableau 5.

| | | Épaisseur (mm) | Classement UPEC | $\Delta L_w$ dB(1) | Class$^t$ Feu |
|---|---|---|---|---|---|
| **Carrelages** | | 3 à 45 | $U_4P_4E_3C_4$ à $U_2P_2E_3C_1$ | | $M_0$ |
| **Parquets** | | | | | |
| • traditionnel | | 16 à 23 | non classé | 11 à 23 | $M_3$ |
| • mosaïque | conforme à NF B 54-008 | 8 | $U_3P_2E_1C_0$ | 5 | $M_3$ |
| | avec sous-couche 2 mm de liège | 10 | $U_3P_2E_1C_0$ | 13 | $M_3$ |
| **Revêtements de sols plastiques** | | | | | |
| • sans sous-couche : dalle et revêtement vinyle flexible | | 1,6 à 3,2 | $U_4P_3E_2C_2$ à $U_2P_2E_2C_2$ | 1 à 3 | $M_2$ |
| • avec sous-couche : vinyle | sur feutre jute | 1 à 4,5 | $U_3P_2E_2C_2$ à $U_2P_2E_1C_1$ | 13 à 19 | $M_3$ |
| | sur feutre synthétique | 2,2 à 3,5 | $U_4P_3E_3C_2$ à $U_2P_2E_1C_2$ | 11 à 17 | $M_3$ |
| | sur semelle liège PVC | 3 à 3,5 | $U_4P_3E_3C_2$ à $U_3P_2E_2C_2$ | 7 à 15 | $M_3$ |
| | sur semelle PVC alvéolaire | 2,5 à 4,5 | $U_4P_2E_3C_2$ à $U_2P_2E_2C_2$ | 13 à 20 | $M_3$ |
| | expansés à relief | 5 | $U_2P_2E_2C_2$ | 9 à 16 | $M_3$ |
| **Revêtements de sols textiles :** tapis aiguilletés et moquettes | | 3 à 8 | $U_3P_3E_1C_0$ à $U_2P_2E_1C_0$ | 15 à 30 | $M_3$ |
| (1) Le $\Delta L_w$ du plancher est fonction des performances de la couche de désolidarisation entre le revêtement et le plancher. | | | | | |

*Tableau 5. Classement UPEC et caractéristiques physiques des revêtements de sol couramment utilisés.*

# Plafonds

AFNOR P 71-201 (DTU N° 25-1), P 68-201 et 202 (DTU N° 25-231), P 72-203 (DTU N° 25-41)

## 1. Généralités

À l'origine, le rôle du plafond est essentiellement esthétique. Il pourra, selon les cas, assurer d'autres fonctions comme par exemple l'isolation thermique, l'isolation et/ou la correction acoustique, la protection incendie et permettre aussi le passage de réseaux (VMC, chauffage, etc.).

On distingue, selon leur constitution, les plafonds enduits et les plafonds suspendus.

## 2. Plafonds enduits

Lorsque la sous-face d'une dalle est de bonne qualité géométrique, un simple enduit de lissage de 3 à 5 mm convient.

Un plancher poutrelle entrevous (par exemple) recevra un enduit plâtre d'épaisseur comprise entre 10 et 15 mm.

## 3. Plafonds suspendus

Lorsque le plancher présente des retombées (poutres apparentes : solives bois, poutrelles métalliques ou encore poutres béton armé), on réalisera si nécessaire un plafond rapporté afin d'obtenir une surface sans décaissé.

Deux familles de solutions sont envisageables.

- **Première famille**
  On projette du plâtre sur un support fixé sous le plancher qui peut être un lattis de bois ou métallique, ou bien une surface horizontale réalisée avec des éléments spéciaux en terre cuite suspendus à l'aide de crochets métalliques : fig. 1 (DTU P 68-202).
  Cette technique est actuellement peu employée car elle nécessite un personnel qualifié.
- **Deuxième famille**
  Des plaques de plâtre ou un autre matériau sont vissées sur une structure en bois ou en acier suspendue sous le plancher. Les plaques présentent un parement fini (pour la correction acoustique par exemple) ou sont directement préparées pour recevoir la peinture (plaque de plâtre à peindre : fig. 2).

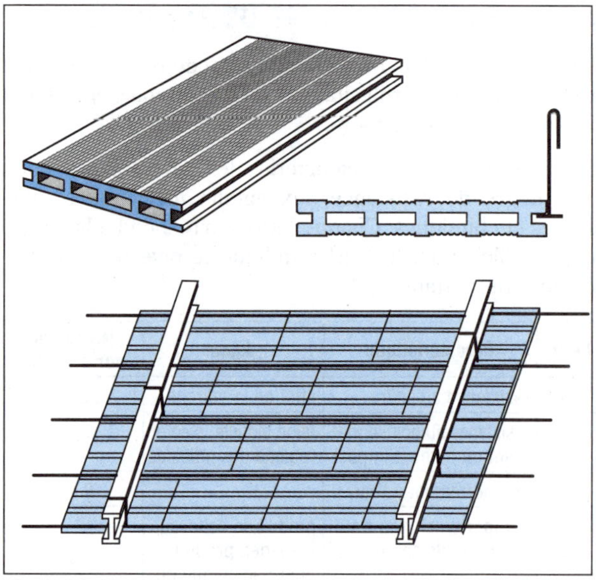

*Fig. 1. Plafond suspendu avec éléments en terre cuite.*

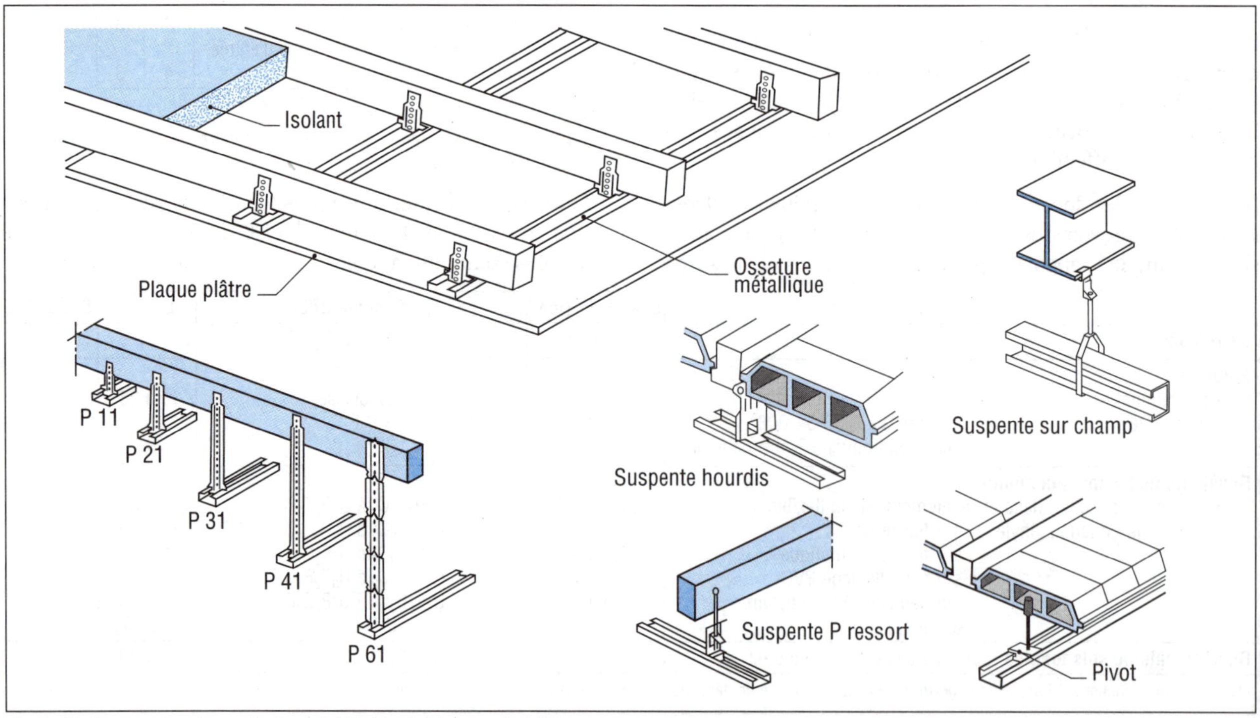


*Fig.2. Plafond suspendu confectionné à l'aide de plaques de plâtre.*

# 1. GÉNÉRALITÉS

Ces toitures (dont l'élément porteur peut être en maçonnerie, en bois ou en métal) sont caractérisées par le fait qu'elles reçoivent un revêtement d'étanchéité continu.

Dans l'ordre de construction, leur composition la plus courante (fig. 1) est la suivante :
- un élément porteur (p. 212) assurant la stabilité mécanique, la tenue au feu et l'isolation acoustique,
- une forme de pente éventuelle (p. 213) assurant l'écoulement de l'eau vers les évacuations,
- un pare-vapeur en général (p. 216) permettant à l'isolant de conserver ses caractéristiques initiales,
- une isolation thermique (p. 216) protégeant, dans cette position, l'élément porteur des chocs thermiques et limitant les déperditions du local couvert,
- un revêtement d'étanchéité (p. 216),
- une protection de l'étanchéité (p. 218) vis-à-vis des rayons ultraviolets (UV) et de sollicitations mécaniques diverses.

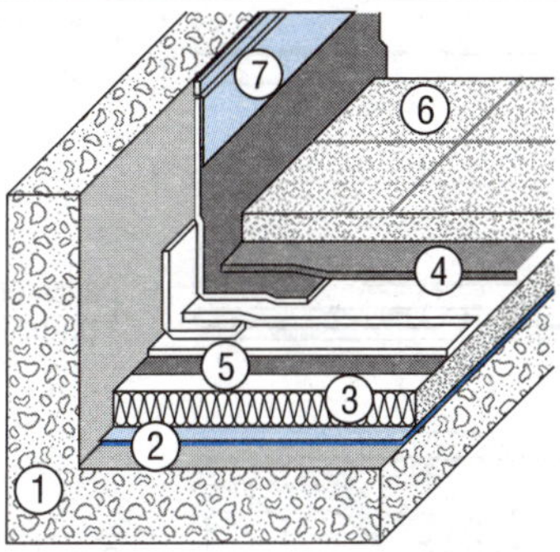


① Élément porteur
② Écran pare-vapeur
③ Isolant thermique
④ Revêtement d'étanchéité
⑤ Écran d'indépendance
⑥ Protection du revêtement
⑦ Accessoires

*Fig. 1. Composition courante d'une toiture-terrasse inaccessible.*

## 1.1. Classifications

La conception d'une toiture-terrasse (TT) dépend de sa destination, de sa pente et des conditions climatiques.

**• En fonction de la pente et de la destination (tableau 1)**

| Pente % | Type de toiture | Destination |
|---|---|---|
| 0 | **À pente nulle** (non admis en climat de montagne) | Inaccessible (sauf pour l'entretien). Technique ou zone technique. Accessible aux piétons avec dalles sur plots. Jardin. |
| 1 à 5 | **Plate** | Inaccessible (sauf pour l'entretien). Technique ou zone technique. Accessible aux piétons (circulation ou séjour). Accessible aux véhicules légers (VL) ou lourds (PL) (circulation - stationnement). Jardin. |
| > 5 | **Inclinée** | Inaccessible (sauf pour l'entretien). Rampe d'accès aux véhicules. |

*Tableau 1. Classification des toitures-terrasses selon leur pente et leur destination.*

**• En fonction du climat**
- TT sous climat de montagne : il s'agit des toitures des bâtiments construits à plus de 900 m d'altitude ou celles considérées ainsi par les DPM (Documents Particuliers du Marché).
- TT hors climat de montagne.

*Nota :* on se limitera dans ce chapitre aux terrasses hors climat de montagne, de pente nulle ou plate et dont le gros œuvre est en maçonnerie.

## 1.2. Réglementation spécifique aux toitures-terrasses

Les documents techniques unifiés régissant les toitures-terrasses sont les suivants :

- DTU n° 20-12 : conception du gros œuvre en maçonnerie des toitures destinées à recevoir un revêtement d'étanchéité.
- DTU n° 43-1 : travaux d'étanchéité des toitures-terrasses en maçonnerie pour pente au plus égale à 5 %.
- DTU n° 43-2 : étanchéité des toitures en maçonnerie de pente supérieure ou égale à 5 %.
- DTU n° 43-3 : travaux de toitures en tôles d'acier nervurées avec revêtements d'étanchéité.
- DTU n° 43-4 : travaux de toitures en bois et panneaux dérivés du bois avec revêtements d'étanchéité.

## 1.3. Plan de toiture (fig. 2)

Établi par l'entreprise de gros œuvre (GO), il définit la composition de la toiture. Il permet à l'entreprise d'étanchéité d'établir les plans et dessins de détail des ouvrages d'étanchéité et il indique entre autres :

- une définition complète des formes de la toiture,
- les évacuations d'eaux pluviales et les trop-pleins (emplacement, diamètre ou section) définis page 243.
- les positions, dimensions et principes des reliefs et émergences, etc. (pour plus de détails, on pourra se reporter au « Cahier des clauses spéciales » du DTU n° 43-1).

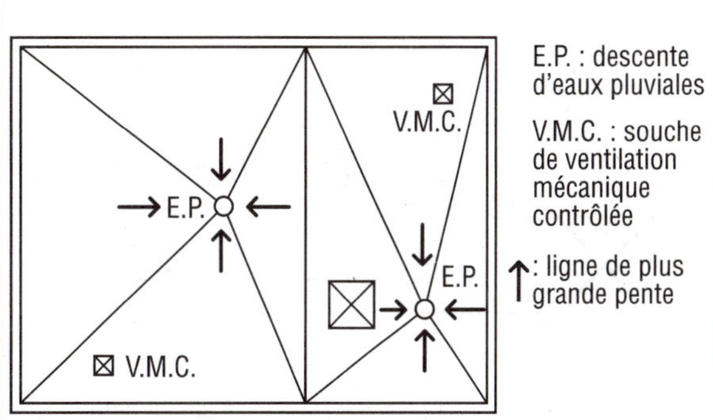


*Fig. 2. Plan de toiture schématique.*

## 2. GROS ŒUVRE

### 2.1. Dispositions vis-à-vis des sollicitations d'origine thermique

Elles dépendent de la position de l'isolation thermique par rapport à l'élément porteur.

- **Cas des toitures avec isolation thermique au-dessus de l'élément porteur**

  Tous les joints des superstructures se retrouvent en toiture (dilatation, retrait, tassement) ainsi que des joints éventuels de fractionnement complémentaire limités au dernier étage (joints diapason).

  Les règles BAEL 99 préconisent en fonction de la situation géographique du projet les distances suivantes entre joints principaux :
  - 25 m dans les départements voisins de la Méditérannée,
  - 30 à 35 m dans les régions de l'Est, les Alpes et le Massif central,
  - 40 m dans la région parisienne,
  - 50 m dans les régions de l'Ouest.

  Lorsque les murs du dernier étage comportent de la maçonnerie d'éléments (porteuse ou de remplissage) ou des voiles en béton non armé, l'isolation thermique doit être suffisante (Rth ⩾ 1 m²·K/W).

- **Cas d'une toiture sans isolation thermique au-dessus de l'élément porteur**

  Cette disposition n'est admise que dans les deux cas suivants :
  - ouvrages de faibles dimensions (dalles d'édicules d'ascenseur...) : les dimensions maximales mesurées en diagonale sont de l'ordre de 6 m ;
  - éléments porteurs verticaux en béton armé (une étude particulière de la toiture est alors nécessaire pour tenir compte des effets du retrait et des variations de la température en fonction des distances entre joints des éléments de construction).

- **Autres ouvrages** (fig. 3)

  Les corniches ou bandeaux saillants non isolés thermiquement ne doivent pas présenter, sauf dispositions spéciales, de masse de béton trop importante.

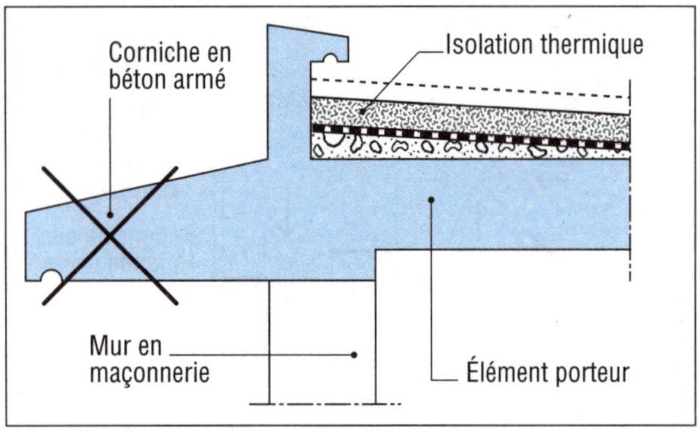


*Fig. 3. Ouvrages saillants en façade.*

### 2.2. Éléments porteurs en maçonnerie admis par le DTU n° 20-12 (fig. 4)

Quatre solutions sont admises :
- **type A** : la partie supérieure de la dalle au moins est coulée en place ;
- **type B** : les éléments préfabriqués en béton armé (BA) ou précontraints (BP) sont posés côte à côte, solidarisés par des armatures noyées dans un béton de liaison coulé en place ;
- **type C** : les éléments préfabriqués de natures différentes sont solidarisés par des blocages en béton et/ou des chaînages transversaux en BA réalisés *in situ* ;
- **type D** : les éléments préfabriqués (BA ou BP) sont jointifs et solidarisés par des clés continues en béton non armé.

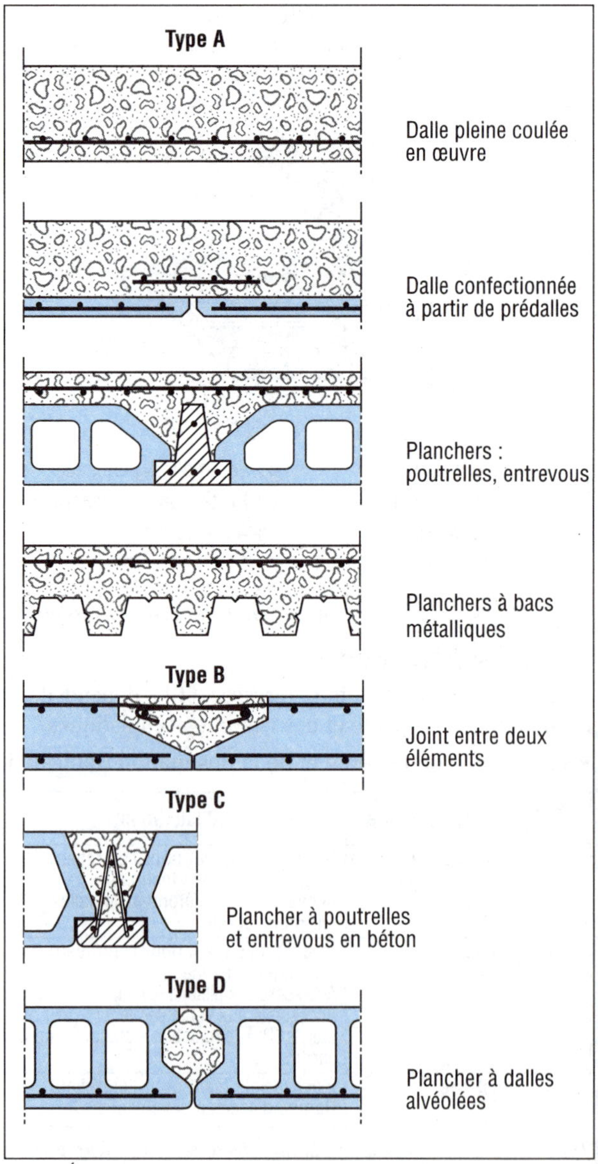


*Fig. 4. Éléments porteurs en maçonnerie admis par le DTU n° 20-12.*

## 2.3. Forme de pente

Son existence dépend de la destination de la toiture. En général, elle est adhérente à l'élément porteur. La surface rugueuse de ce dernier doit être nettoyée puis humidifiée. Des produits améliorant l'adhérence peuvent être utilisés. Les formes de pente ne sont pas admises sur les éléments porteurs du type D.

Confectionnée à l'aide de liants hydrauliques et de granulats minéraux courants, une forme de pente est réalisée :

- en béton de gravillons, avec une épaisseur supérieure à 3 cm, dosé entre 200 et 250 kg/m³ de ciment,
- ou en mortier, d'épaisseur comprise entre 1 et 3 cm dosé, à 350 kg/m³ de ciment; le ciment choisi est au moins de classe 32,5.

## 2.4. Dispositions constructives relatives aux acrotères

Elles dépendent du mode constructif retenu pour réaliser les acrotères.

- **Pour les acrotères réalisés en œuvre et solidaires de l'élément porteur de la toiture, on différencie les acrotères suivant leur hauteur.**
  - Les acrotères bas (hauteur ⩽ 30 cm au-dessus de la protection) sont obligatoirement en BA. Le mur de façade peut être en BA ou en maçonnerie d'éléments.
  - Les acrotères hauts peuvent être :
    * en béton armé : ils sont admis s'ils surmontent des murs de façade en béton banché ou à ossature en BA ou s'ils sont isolés thermiquement sur leurs deux faces (fig. 5). Lorsqu'ils ne sont pas isolés, ils sont fractionnés au-dessus du bandeau (fig. 6) ;

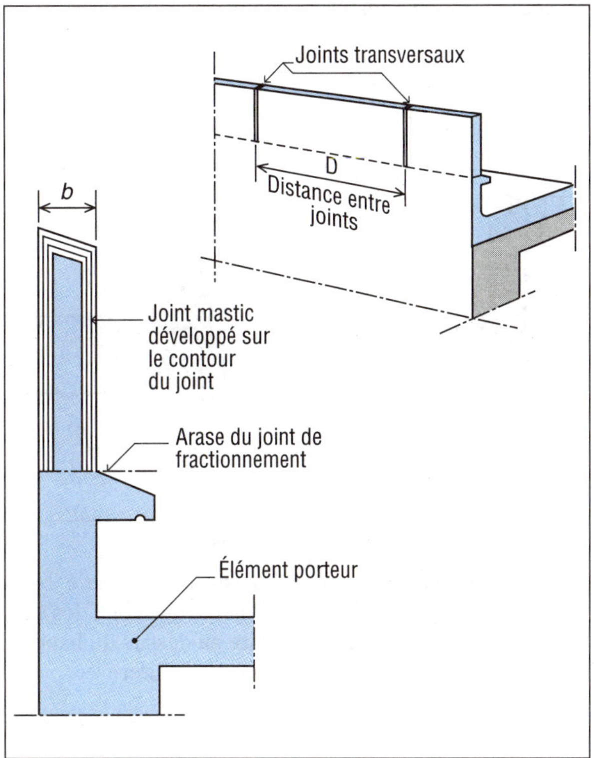


*Fig. 6. Acrotère haut en BA fractionné au-dessus du bandeau.*

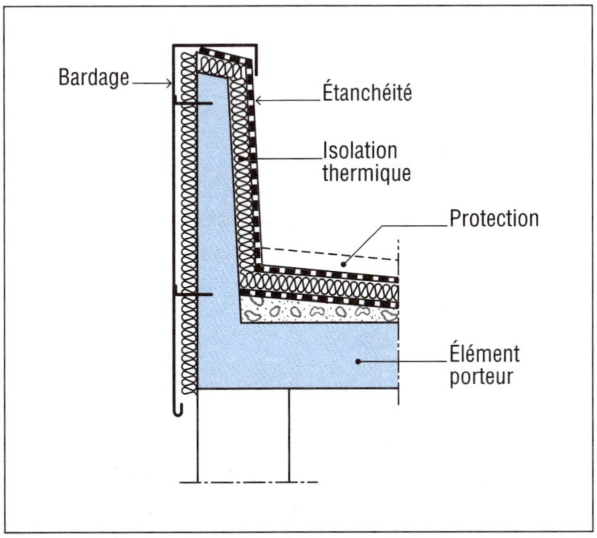


*Fig. 5. Acrotère haut en BA isolé thermiquement.*

    * en maçonnerie d'éléments pleins, ils sont admis uniquement en terrasse inaccessible. Ils doivent être surmontés d'un couronnement étanche ;
    * mixtes (fig. 7) : ils ne sont pas admis en situation d'exposition « *d* » (p. 182). Ils doivent être surmontés d'un couronnement. Les matériaux de maçonnerie admis sont la brique pleine enduite ou apparente, les blocs pleins en béton de granulats courants, les moellons ou la pierre de taille.

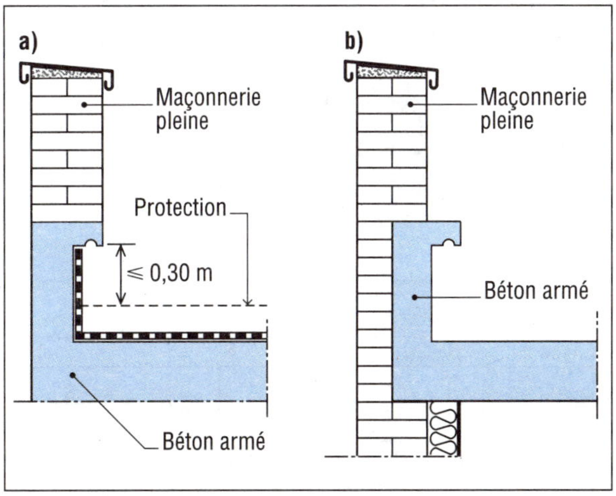


*Fig. 7. Acrotères mixtes.*

- **Pour les acrotères préfabriqués**, les dispositions à respecter sont définies dans la norme NF P 10-210 (AFNOR DTU n° 22-1).
- **Armatures** (HA S 500)

La section A des armatures d'un acrotère bas est donnée par la figure 8.

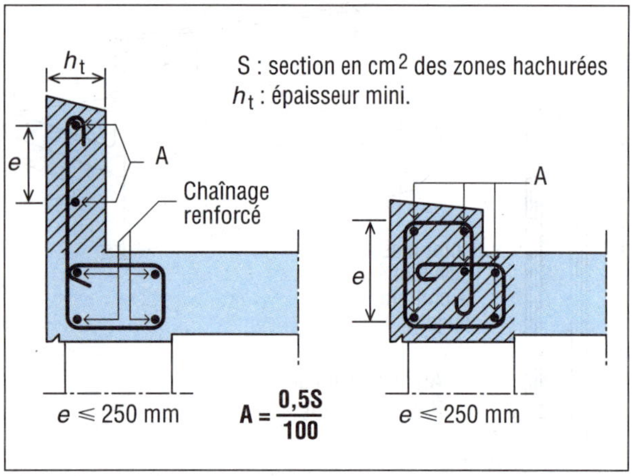


*Fig. 8. Section d'armatures (A) d'un acrotère bas.*

Les acrotères hauts sont composés d'une partie basse continue dont le ferraillage est le même que celui des acrotères bas et d'une partie supérieure au-dessus du bandeau fractionnée et armée comme indiqué à la figure 9.

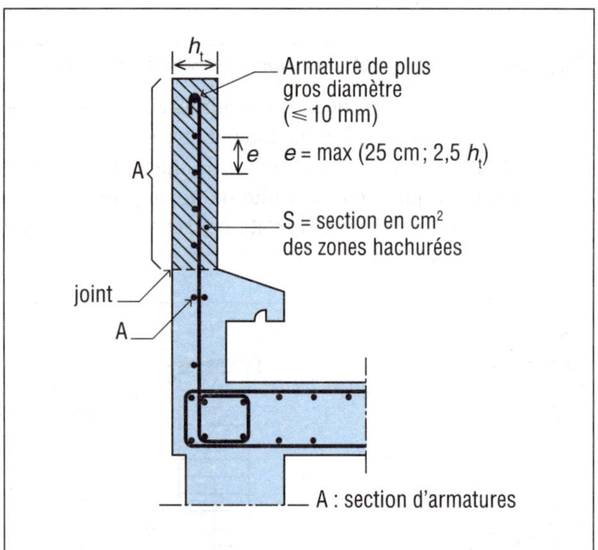


| A — $d^{(*)}$ (m) / Type | | | |
|---|---|---|---|
| | Région ① | 4 | 8 |
| | Région ② | 6 | 12 |
| Hauts | | $\geqslant 0,25 \frac{S}{100}$ | $\geqslant 0,5 \frac{S}{100}$ |

Régions : ① sèche ou à forte opposition de température,
② humide et tempérée.
(*) : $d$ = distance entre joints de fractionnement.

*Fig. 9. Section d'armatures (A) d'un acrotère haut.*

Pour les acrotères minces, on placera un acier (Ø ≤ 10 mm) ou un groupe d'acier en haut de la pièce.

# 3. L'ÉTANCHÉITÉ

Les travaux d'étanchéité des toitures en béton sont décrits par les DTU n° 43.1 et 43.2 (p. 211). Ces documents ne proposent que des revêtements traditionnels (asphalte et multicouche, type bitume armé). D'autres matériaux (ex. : bitumes SBS) sont de plus en plus utilisés (fig. 10) ; leur emploi relève d'avis techniques établis par le groupe spécialisé n° 5 du CSTB.

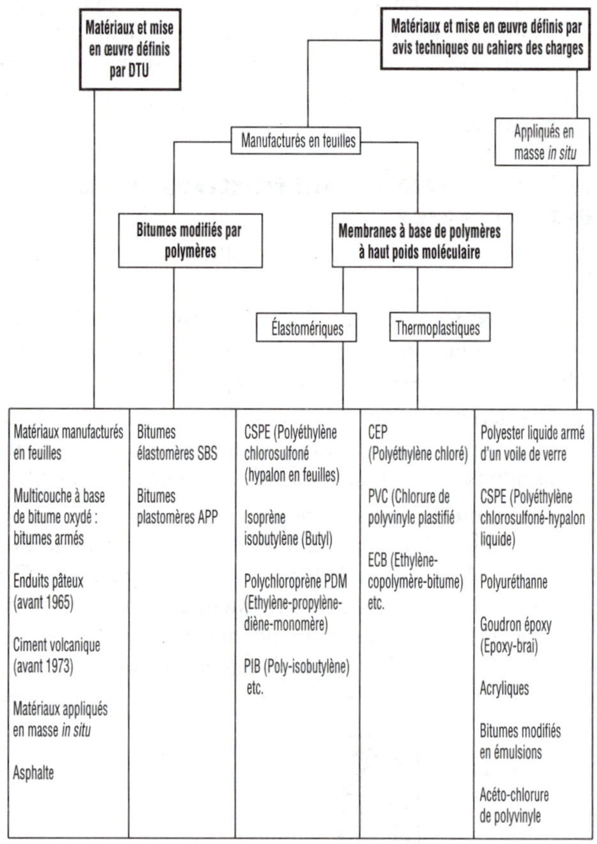


*Fig. 10. Matériaux d'étanchéité.*

## 3.1. Qualités de l'étanchéité

Selon la situation et l'utilisation de la toiture sur laquelle il est mis en œuvre, le revêtement d'étanchéité subit des sollicitations d'origine thermique et mécanique d'intensité variable. Il devra résister :

- à la fissuration : le type de liaison du revêtement à son support (p. 216) détermine sa résistance à la fissuration ;
- aux effets de la température : les chocs thermiques plus ou moins forts selon les régions peuvent nuire à la bonne tenue des revêtements ;
- au poinçonnement : il peut être dû à des sollicitations statiques – jardinières, système de ventilation mécanique contrôlée (VMC), stationnement de véhicules, etc. – ou à des sollicitations dynamiques (chutes d'outils, etc.) ;

– au vieillissement dû à l'oxygène de l'air et aux ultraviolets (UV) : la durée de vie d'une étanchéité en conditions normales peut être estimée à 30 ans avec entretien.

Un classement performanciel **(F.I.T.)** des revêtements d'étanchéité de toitures (similaire au classement UPEC pour les revêtements de sols : p. 209) est défini dans les cahiers du CSTB (n° 2358 et 2433). Le tableau 2 permet de choisir le revêtement d'étanchéité adapté à un emploi donné en se basant sur trois critères : F (résistance à la fatigue), I (résistance au poinçonnement) et T (tenue à la température). L'indice augmente avec :
- la sévérité d'usage pour les exigences des ouvrages concernés,
- le niveau de leurs performances pour les revêtements d'étanchéité.

### 3.2. « Systèmes » d'étanchéité (fig. 11)

La durabilité d'une étanchéité est obtenue par l'association de composants jouant des rôles complémentaires :
- en partie courante : un isolant, un revêtement d'étanchéité et une protection sont le plus souvent nécessaires,
- sur les reliefs : le relevé du revêtement et une protection suffiront.

Le système de toiture inversée consiste à placer l'étanchéité sous un isolant imputrescible lui-même surmonté d'une protection. Ce système soumis à avis technique est souvent utilisé en réhabilitation.

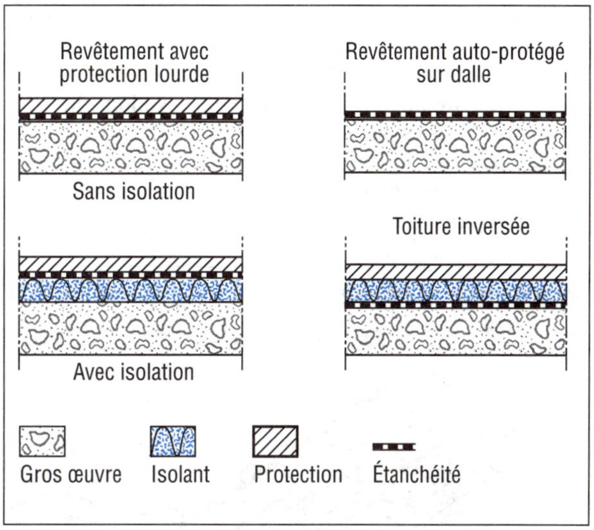


*Fig. 11. Différents exemples de système d'étanchéité.*

### 3.3. Support du revêtement d'étanchéité

En partie courante, ce support peut être en maçonnerie (chap. 3, DTU n° 43-1), en métal ou en bois (DTU n° 43-3) (DTU n° 43-4).

| Support direct du revêtement | Pente (%) | Exploitation et usage de la toiture et type de protection | | | | | | | |
|---|---|---|---|---|---|---|---|---|---|
| | | Inaccessible | | Accessible | | Accessible | | Technique | |
| | | | | Piétonnier | Véhicules | Piétonnier | Jardins | | |
| | | Autoprotection (apparent) (1) | Meuble (graviers) (2) | Protection dure | | Protection directe dalles sur plots | Protection directe par couche drainante | Auto-protection (apparent) | Dure dalles sur graviers (2) |
| Isolant thermique | 0 | $F_4I_2T_2$ (3) (4) | $F_3I_3T_1$(5) | | | $F_5I_4T_3$ | $F_3I_5T_1$ | $F_4I_4T_2$ | $F_3I_3T_2$ (5) |
| | Plate | $F_4I_2T_2$ (3) (4) | $F_3I_3T_2$ (5) | $F_4I_4T_2$ | $F_5I_4T_2$ | $F_5I_4T_3$ | $F_3I_5T_2$ | $F_4I_4T_2$ | $F_3I_3T_2$ (5) |
| | Inclinée | $F_4I_2T_2$ (6) | | | | | | $F_4I_4T_2$ (6) | |
| Béton | 0 | $F_4I_2T_2$ | $F_3I_3T_1$ | | | $F_5I_4T_3$ | $F_3I_5T_1$ | $F_4I_4T_2$ | $F_3I_3T_2$ (6) |
| | Plate | $F_4I_2T_2$ | $F_3I_3T_2$ | $F_4I_4T_2$ | $F_5I_4T_2$ | $F_5I_4T_3$ | $F_3I_5T_2$ | $F_4I_4T_2$ | $F_3I_3T_2$ |
| | Inclinée | $F_4I_2T_2$ | | | | | | $F_4I_4T_2$ | |
| Béton + Isolation inversée | 0 | | $F_3I_3T_1$ | | | $F_3I_3T_2$ (2) | $F_3I_5T_1$ | | $F_3I_3T_1$ |
| | Plate | | $F_3I_3T_2$ | $F_3I_3T_2$ | | $F_3I_3T_2$ (2) | $F_3I_5T_2$ | $F_4I_4T_2$ | $F_3I_3T_2$ |
| Béton cellulaire | Plate | $F_4I_2T_2$ | $F_3I_3T_2$ | | | | | $F_4I_4T_2$ | $F_3I_3T_2$ |
| | Inclinée | $F_4I_2T_2$ | | | | | | $F_4I_4T_2$ | |
| Bois et panneaux dérivés | Plate | $F_4I_2T_2$ | $F_3I_3T_2$ | | | | | $F_4I_4T_2$ | $F_3I_3T_2$ |
| | Inclinée | $F_4I_2T_2$ (6) | | | | | | $F_4I_4T_2$ (6) | |
| Ancien revêtement | 0 | $F_4I_2T_2$ | $F_3I_3T_2$ | | | $F_5I_4T_3$ | $F_3I_5T_1$ | $F_4I_4T_2$ | $F_3I_3T_2$ |
| | Plate | $F_4I_2T_2$ | $F_3I_3T_2$ | $F_4I_4T_2$ | $F_5I_4T_2$ | $F_5I_4T_3$ | $F_3I_5T_2$ | $F_4I_4T_2$ | $F_3I_3T_2$ |
| | Inclinée | $F_4I_2T_2$ (6) | | | | | | $F_4I_4T_2$ (6) | $F_4I_4T_2$ (6) |

(1) Indice I porté à $I_{3s}$ pour les revêtements monocouches.
(2) Indice I porté à $I_4$ pour les revêtements monocouches.
(3) Indice I porté à $I_3$ pour laine minérale sur béton et béton cellulaire.
(4) Indice I porté à $I_3$ sur laine minérale de $R > 2\ m^2 \cdot K/W$.
(5) Indice I porté à $I_4$ pour laine minérale sur béton et béton cellulaire et pour polystyrène expansé.
(6) Indice T porté à $T_3$ si $R > 2\ m^2 \cdot K/W$.

*Tableau 2. Classement F.I.T. d'un revêtement selon l'usage de la toiture et son type de protection.*

Lorsque le revêtement d'étanchéité est placé sur l'isolation, le dispositif comporte :

- un écran pare-vapeur (tableau 3) limitant ou empêchant la migration de vapeur d'eau provenant des locaux sous-jacents dans la couche isolante,
- une couche isolante (tableau 4) : hormis la réglementation thermique et la bonne conservation du gros œuvre, la résistance thermique de cette couche sera telle que le point de rosée calculé pour la température extérieure minimale de base se situe au-dessus de l'écran pare-vapeur.

**Mise en œuvre du pare-vapeur**

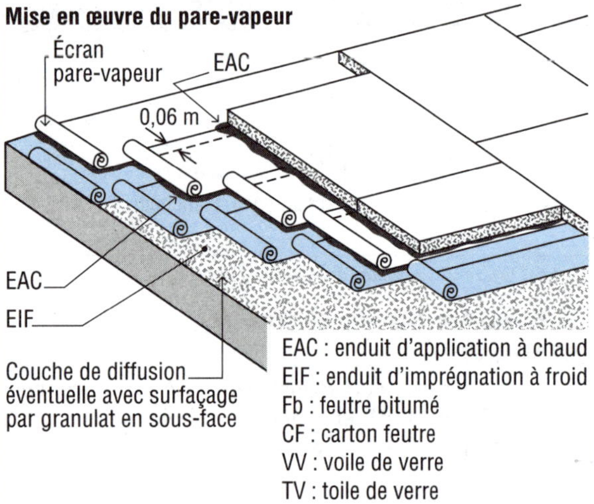


| Type de l'écran | Situation | Composition (dans l'ordre de pose) |
|---|---|---|
| Courant | Sur toute maçonnerie pour celle du type D, ponter les joints sur appuis. | EIF-EAC-Fb36S (CF ou VVHR). EAC ou sur petites surfaces : EIF-ba40TV ou VVSoude-EAC. |
| Renforcé | Sur planchers chauffants mixtes (à résistances électrique incorporée). | EIF - EAC - barrière à vapeur en alu. bitumé - EAC. |
| Renforcé avec couche de diffusion | Sur locaux à forte hygrométrie et autres planchers chauffants. | Dito ci-dessus + fb 36S VVHR perforé à sous-face liégée entre EIF et EAC. |

*Nota :* le dernier EAC peut servir au collage des panneaux isolants.

*Tableau 3. Nature du pare-vapeur en fonction de l'hygrométrie et du mode de chauffage des locaux sous-jacents.*

| |
|---|
| Polystyrène expansé, mousse de polyréthane parementé, liège (aggloméré expansé pur), mousse de verre, perlite-cellulose (perlite expansé et fibre agglomérées au bitume), mousse de polyréthane + perlite-cellulose. |

*Tableau 4. Nature de la couche isolante pour les toitures-terrasses de pente inférieure ou égale à 5 %.*

## 3.4. Revêtements d'étanchéité

Les revêtements d'étanchéité actuellement les plus utilisés sont les revêtements à base d'asphalte relevant du DTU n° 43-1 et les revêtements constitués de feuilles à base de bitume élastomère relevant d'avis technique.

### 3.4.1. Modes de pose d'un revêtement d'étanchéité

Un revêtement pourra être posé sur son support selon l'un des trois modes de pose suivants :

- **Pose en indépendance** : cette solution de base est applicable à l'asphalte et aux multicouches (tableau 5). Le recouvrement entre lés de la couche d'indépendance est égal à 10 cm.

| Revêtement / Support | Asphalte | Multicouches |
|---|---|---|
| **Maçonnerie** | Feuille papier entre 2 sans fil | Dito ci-contre ou écran voile de verre |
| **Panneau isolant** | Dito ci-dessus ou 2 feuilles de kraft | Écran voile de verre |

*Nota :* la première feuille des multicouches comprendra en sous-face des billes de liège ou une feuille d'aluminium pour du papier, ou un kraft crêpé pour un écran voile de verre.

*Tableau 5. Nature de la couche d'indépendance.*

- **Pose en adhérence** : cette solution est réservée aux multicouches et est obligatoire sur les rampes de circulation des véhicules (obtenue par collage à l'EAC, elle nécessite un support stable) ; elle est couramment employée avec un revêtement autoprotégé.

- **Pose en semi-indépendance** : c'est une solution applicable à l'asphalte pour les rampes de circulation des véhicule (obtenue grâce à l'interposition d'un papier perforé, une résille de verre ou une toile de jute : annexe I art. 3 du DTU n° 43-1).

  Le pontage des joints sur appuis des supports du type D est obligatoire à l'aide de bandes métalliques (largeur : 10 cm) ou en métal-bitume face métal côté support (largeur : 20 cm).

### 3.4.2. Asphalte en partie courante

Ce revêtement est utilisable pour une pente inférieure à 3 %, et jusqu'à 15 % en cas de revêtement type rampe d'accès.

Les joints de reprise des couches successives seront décalés de 10 cm minimum les uns par rapport aux autres.

Trois types de ce revêtement existent :

- **type courant A** : 45 kg/m² (toute terrasse), il comprend :
  - 1 couche d'asphalte coulé pur de 5 mm,
  - 1 couche d'asphalte coulé sablé de 15 mm, éventuellement teintée dans la masse ; l'asphalte est de qualité étanchéité, sans protection sauf s'il y a forte opposition de température (p. 218) ;
- **type P** : 90 kg/m² (toiture accessible aux véhicules légers ou aux piétons avec dalles sur plots), il comprend :
  - les deux mêmes couches qu'en type A en qualité parc,
  - 1 couche de papier entre deux sans fil,
  - 1 couche d'asphalte gravillonné, qualité protection parc, de 20 mm, éventuellement teintée dans la masse ;
- **type rampe accessible à la circulation des véhicules** (sur maçonnerie uniquement), il comprend :
  - 1 couche de semi-indépendance,
  - 1 couche d'asphalte gravillonné qualité rampe de 25 mm,
  - 1 résille de verre,
  - 1 couche d'asphalte gravillonné qualité rampe de 25 mm constituant le revêtement de circulation.

### 3.4.3. Feuilles de bitume élastomère

Le revêtement d'étanchéité est constitué dans ce cas de deux feuilles d'étanchéité à base de bitume élastomère ; on le nomme « bi-couche ».

La première est posée selon les cas en indépendance ou en adhérence sur son support ; la deuxième couche est collée à l'EAC (Enduit d'Application à Chaud) ou soudée sur la première ; les lés de chaque couche se recouvrent entre eux sur une largeur de 6 cm.

La pose du revêtement peut être effectuée à lits successifs ou bien à lits croisés (fig. 12).

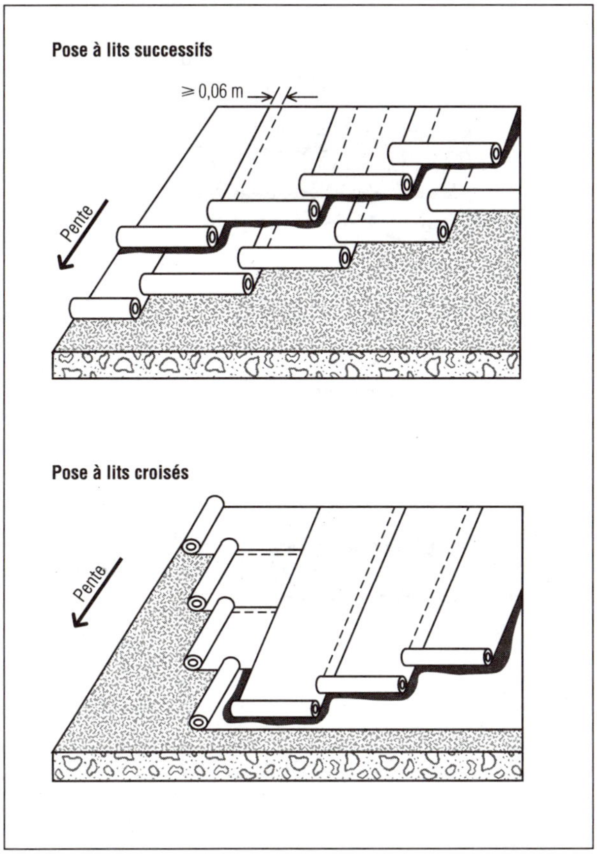


*Fig. 12. Type de pose des revêtements d'étanchéité « bi-couche ».*

## 3.5. Relevés d'étanchéité

Un relevé est constitué dans les cas courants d'une équerre de renfort (10 × 10 en cm) et d'une feuille d'étanchéité posée en adhérence sur le relief présentant un talon de 15 cm.

La pose en adhérence est obligatoire.

Les joints verticaux des reliefs sont pontés par une bande bitume armé (BA autoprotégé alu) de 20 cm de largeur avec retour en talon de 10 cm ; cette bande (fig. 13), posée face métal contre béton, collée suivant des lisières de 5 cm, est indépendante du béton sur 5 cm de chaque côté du joint.

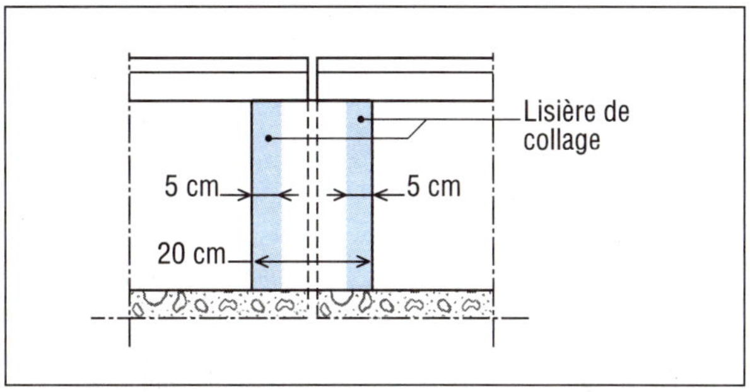


*Fig. 13. Pontage des joints verticaux des reliefs.*

Le revêtement en relevé présente entre lés un recouvrement minimal de 6 cm (fig. 14).

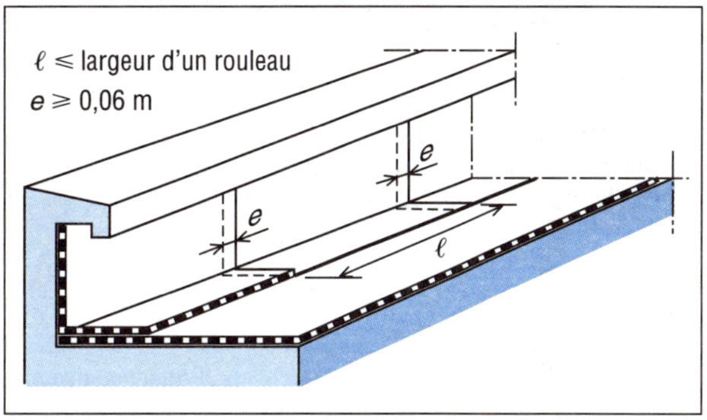


*Fig. 14. Recouvrement entre lés d'un relevé.*

Les relevés peuvent être autoprotégés en toiture accessible si un ouvrage les protège sans empêcher l'entretien. Dans les autres cas, ils reçoivent une protection en dur (celle-ci ne peut être mise en œuvre sur revêtement recouvrant une bande d'équerre métallique).

Des exemples sont donnés fig. 15 à 18 pour les relevés raccordés à un revêtement asphalte et fig. 19 à 22 pour des relevés raccordés à un revêtement bicouche.

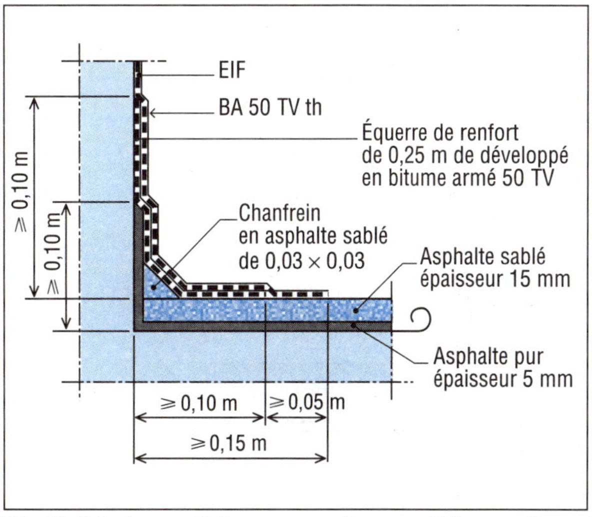


*Fig. 15. Relevé, sur relief en maçonnerie, raccordé à un revêtement asphalte.*

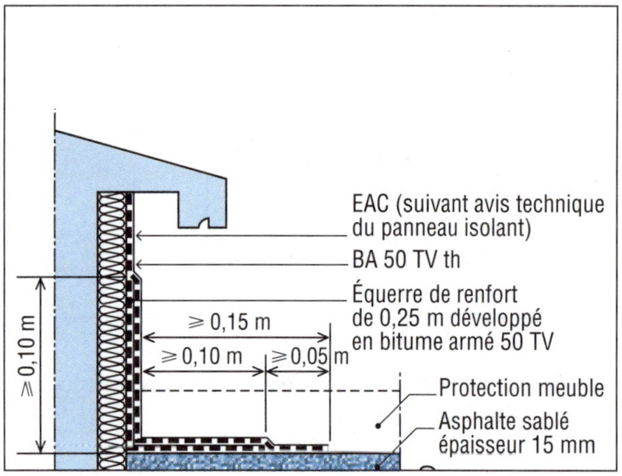


*Fig. 16. Relevé, sur relief revêtu de panneau isolant, raccordé à un revêtement asphalte.*

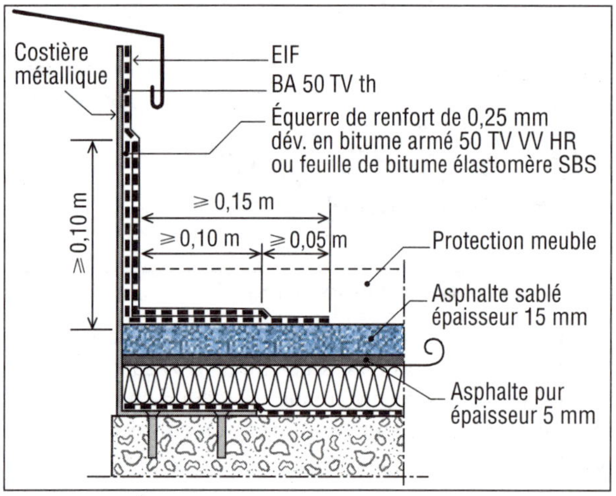


*Fig. 17. Relevé, sur costière métallique, raccordé à un revêtement asphalte.*

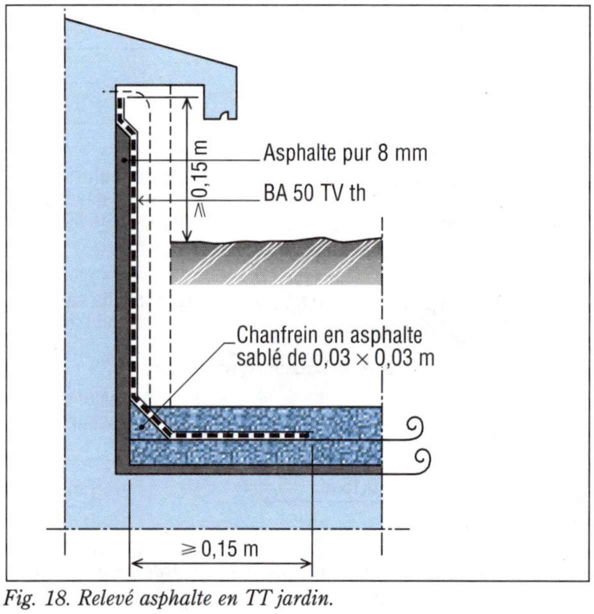


*Fig. 18. Relevé asphalte en TT jardin.*

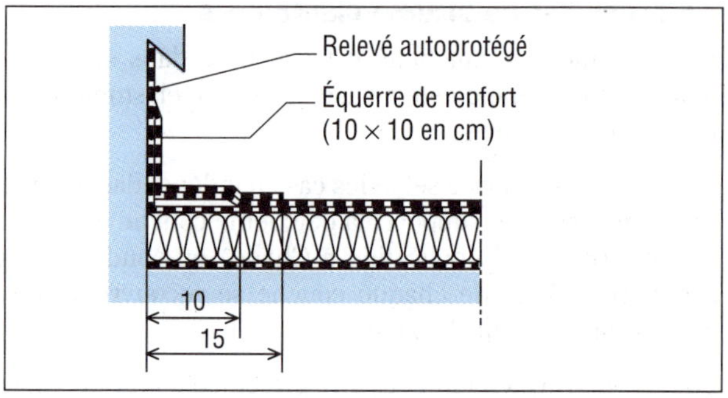


*Fig. 19. Relevé autoprotégé raccordé à un revêtement autoprotégé.*

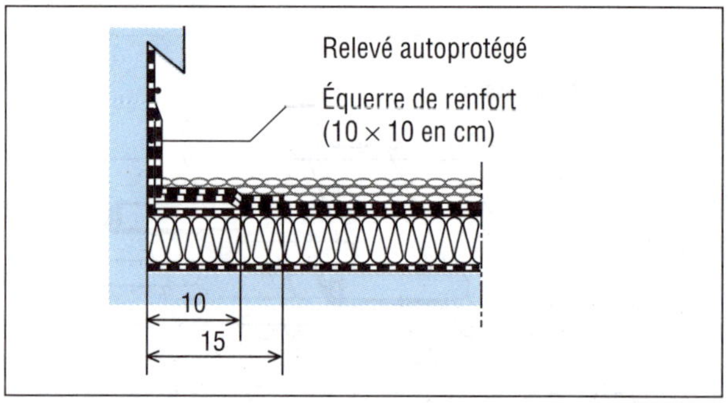


*Fig. 20. Relevé autoprotégé raccordé à un revêtement recouvert d'une protection lourde meuble.*

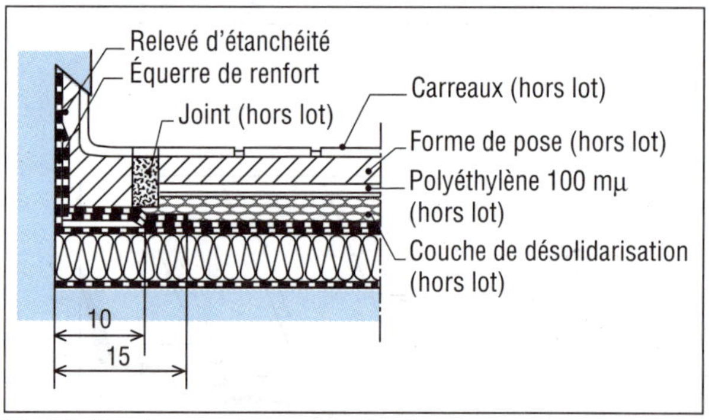


*Fig. 21. Relevé recevant une protection dure.*

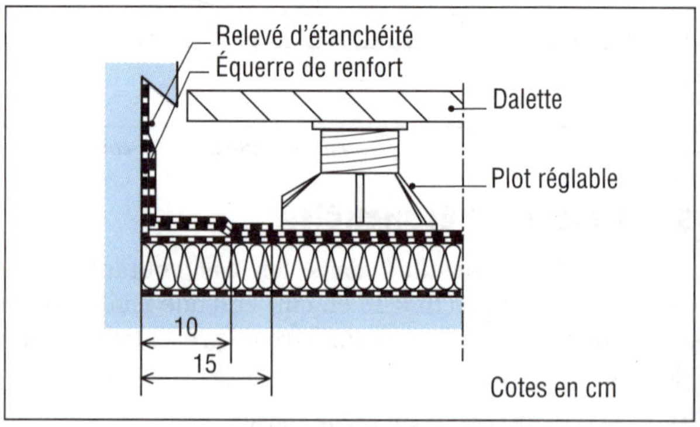


*Fig. 22. Relevé courant d'une toiture-terrasse avec dalles sur plots.*

## 3.6. Protection des revêtements d'étanchéité

En partie courante, la protection peut être, selon les cas, une autoprotection ou une protection lourde.

- **Autoprotection** : elle est constituée par une feuille métallique mince ou bien par des granulés minéraux de surface, rapportés sur la 2e feuille d'un revêtement de type bicouche.
- **Protection lourde** : on distingue deux cas :
  - meuble : on dépose une couche de granulats roulés ou concassés (ép min. = 4 cm) sur l'étanchéité ;
  - dure : elle est désolidarisée de l'étanchéité et fractionnée (sauf pour l'asphalte gravillonné) sur toute son épaisseur pour des joints périphériques (en bordure des reliefs et émergences de toute nature) et complémentaires. Ces joints seront garnis d'un produit imputrescible apte aux déformations alternées.

Les protections admises selon le DTU 43-1 en fonction du type de de toiture sont données dans le tableau 6.

| Destination de la toiture-terrasse | Nature de la protection |
|---|---|
| Inaccessible | – Autoprotection<br>– Gravillons |
| Accessible à la circulation piétonnière et au séjour | – Asphalte gravillonné (sur étanchéité asphalte)<br>– Mortier ou béton coulé sur couche de désolidarisation<br>– Dalles préfabriquées en béton ou en pierre dure épaisse, posées sur couche de désolidarisation<br>– Pavés en béton autobloquants ou non, posés sur lit de sable<br>– Dalles de circulation sur plots |
| Parc de véhicules légers (VL) | – Revêtement asphalte du type P (p. 216) uniquement sur maçonnerie<br>– Dallage en béton armé sur couche de désolidarisation, mis en œuvre sur revêtement asphalte de type A ou bicouche |
| Parc de véhicules lourds (PL) | – Dallage en béton armé sur couche de désolidarisation, mis en œuvre sur revêtement asphalte type A ou P ou bicouche |
| Jardin | – Protection en mortier ou en béton<br>– Asphalte gravillonné sur revêtement asphalte |
| Techniques et chemins de circulation | – Même protection que pour les toitures accessibles à la circulation piétonnière et au séjour sauf dalles de circulation sur plots |

*Tableau 6. Nature de la protection en fonction de la destination de la terrasse.*

Pour les relevés, une autoprotection suffit en TT inaccessible, techniques ainsi qu'en TT accessibles aux piétons et aux véhicules si un écran protecteur démontable existe (type bardage).

Une protection en dur (fig. 23) est obligatoire en TT jardins et souvent utilisée en TT accessible. Elle est fractionnée verticalement tous les 2 m par un joint sec, munie ou non d'un talon, séparée de la protection des parties courantes par un joint garni.

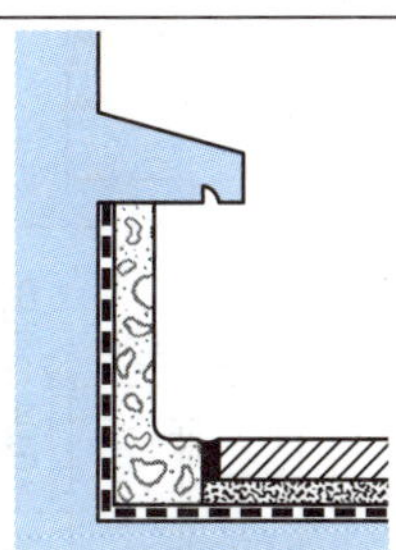

*Fig. 23. Joint garni en pied de la protection dure d'un relevé.*

## 4. OUVRAGES ANNEXES

Les reliefs sont des ouvrages émergents sur lesquels l'étanchéité est relevée sur tout ou partie de leur hauteur.

Ceux-ci peuvent être en béton armé (ép. min. 8 cm ; parement courant), ou en maçonnerie d'éléments pleins (ép. min. 10 cm) ; la face recevant l'étanchéité ne doit être constituée que d'un seul matériau.

Il est admis de relever l'étanchéité sur un mur de retrait d'étage même s'il est en maçonnerie creuse.

Pour être étanches, les reliefs doivent être revêtus de façon continue par l'étanchéité y compris leur face supérieure ou bien surmontés par un couronnement empêchant le passage de l'eau, ou encore être munis d'un ouvrage en partie supérieure du relevé (fig. 24) qui empêche les eaux de ruissellement ou de rejaillissement de s'introduire derrière le relevé d'étanchéité.

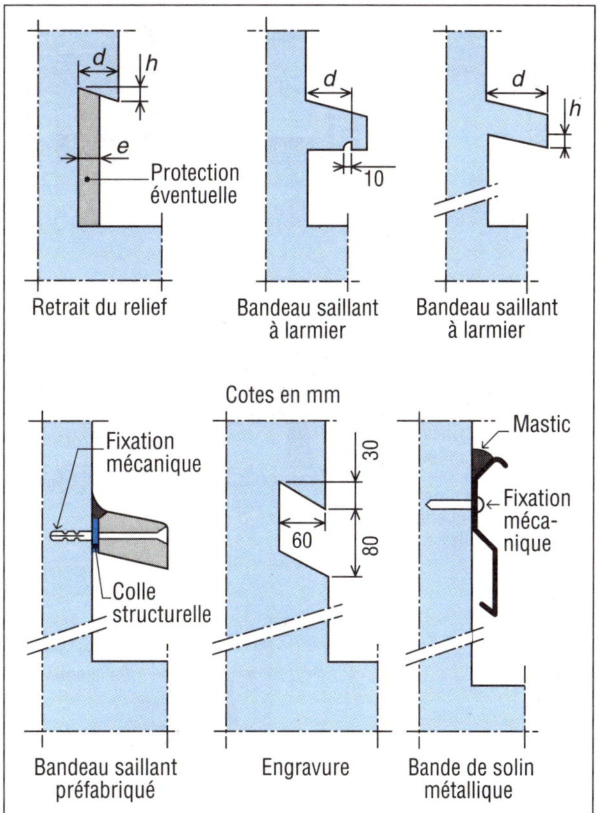


| Relevé et protection | Épaisseur *e* (mm) | Dimension *d* (mm) | Hauteur *h* (mm) |
|---|---|---|---|
| Revêtement autoprotégé | | 40 | 20 |
| Relevé ≤ 400 mm avec protection dure | 30 | 70 | 30 |
| Relevé > 400 mm avec protection dure | 50 | 90 | 30 |

La cote « *d* » est à majorer de l'épaisseur de l'isolant éventuel disposé en relevé.

*Fig. 24. Ouvrage en partie supérieure du relevé.*

La hauteur des reliefs doit être suffisante pour permettre une hauteur minimale (H) **du relevé d'étanchéité au-dessus de la protection** définie tableau 7.

| Cas | H (cm) | Dessin |
|---|---|---|
| En général | ⩾ 10 cm | 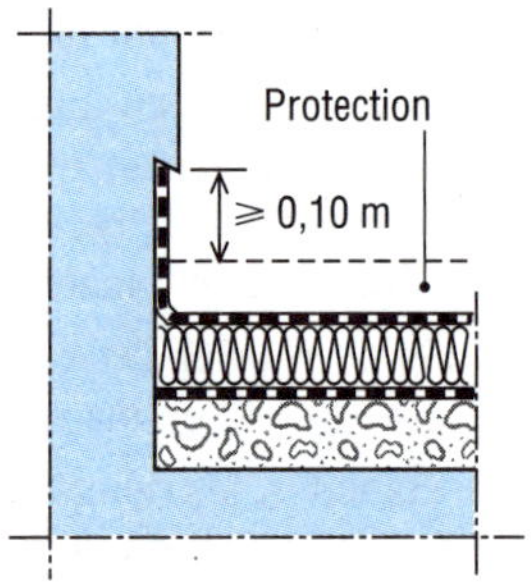 |
| TT à pente nulle (hors dalle sur plots) et TT jardin | ⩾ 15 cm | 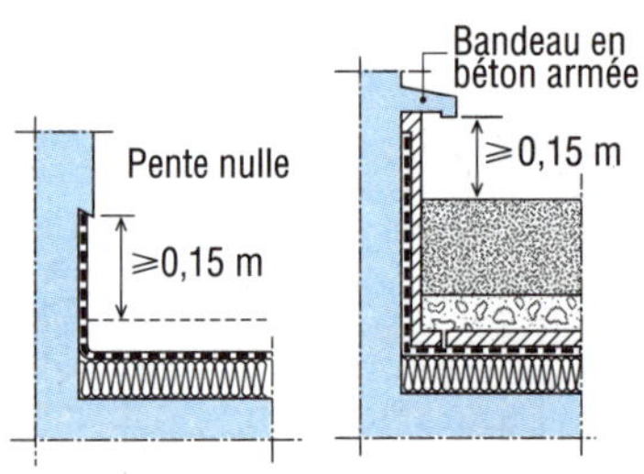 |
| Dalles sur plots | $h$ ⩾ 10 cm et H ⩾ 10 cm sauf s'il existe un caillebotis ou un bardage ou un enduit d'imperméabilisation régnant sur 30 cm au-dessus de la face supérieure des dalles. | 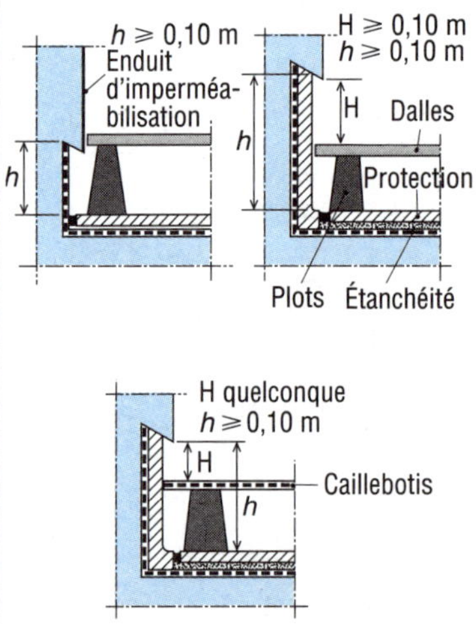 |
| Étanchéité revêtant continuement le relief | $h$ ⩾ 5 cm | 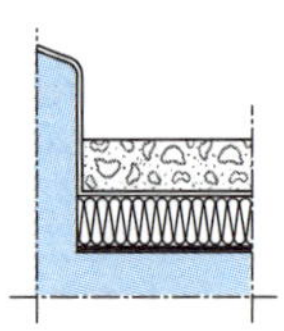 |

*Tableau 7. Hauteur minimale (H) du relevé d'étanchéité au-dessus de la protection.*

## 4.1. Costières

Les costières sont des reliefs situés en bordure des joints ou des trémies et le long des émergences traversant librement le gros œuvre de la toiture. Ils sont en béton armé en terrasse accessible et peuvent être en maçonnerie d'éléments pleins en terrasse inaccessible sauf sous lanterneaux et coupoles.

Afin d'assurer l'étanchéité, un dispositif de couronnement tel que décrit ci-après est nécessaire :

- sur simple costière, un bandeau en béton armé ou des bandes de solin métalliques (fig. 25) suffisent ;

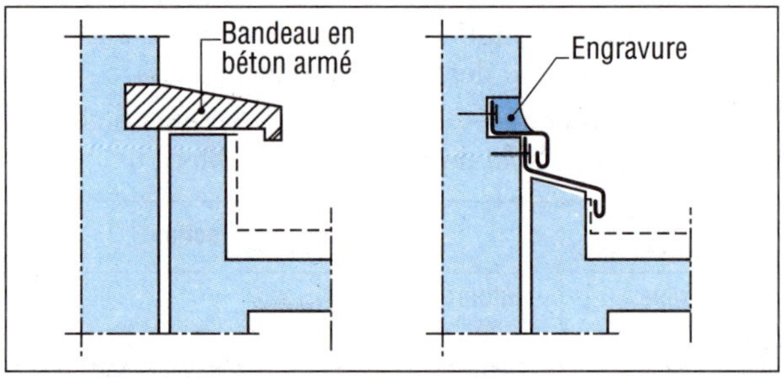


*Fig. 25. Dispositifs de couronnement sur simple costière.*

- sur double-costière, on peut retenir l'une des solutions suivantes :
  - un couvre-joint métallique (fig. 26a) ou un chaperon en béton (fig. 26b) (le revêtement est relevé sans être continu) ;

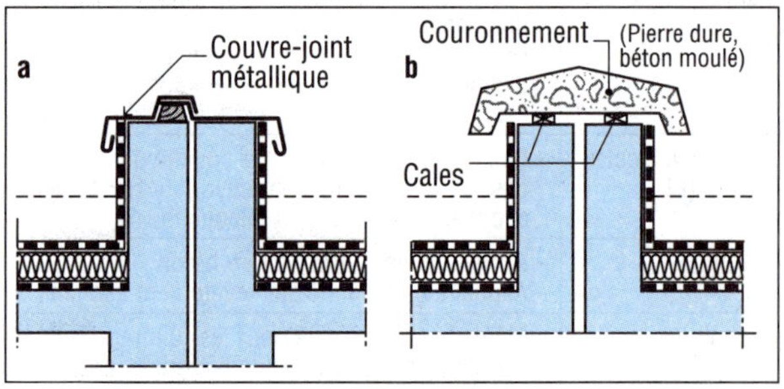


*Fig. 26. Couvre-joint métallique ou recouvrement d'un costière sur l'autre.*

  - un dispositif de joint relevant d'un avis technique nécessitant des réservations en tête des costières (fig. 27).

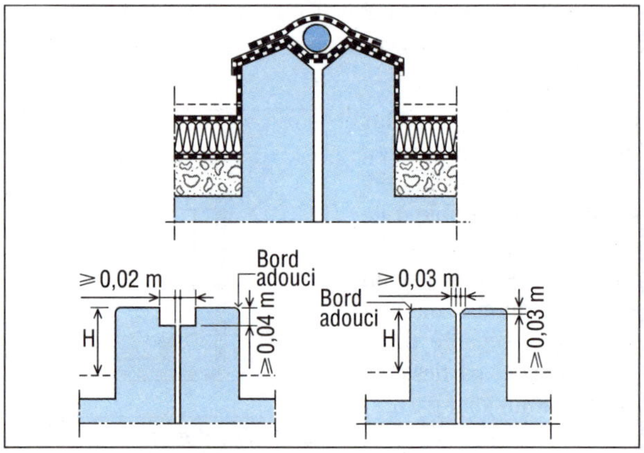


*Fig. 27. Dispositif de joint relevant d'un avis technique.*

### 4.2. Seuils (rappel : hors climat de montagne)

Lorsque la hauteur des seuils est inférieure à la hauteur des relevés voisins, on ménagera des engravures en tableau des baies de 5 cm de hauteur au-dessus de la protection des seuils.

À l'endroit d'une toiture avec dalles sur plots, on prévoira 10 cm d'écart entre le dessus du nez de seuil et le dessus des dalles sauf lorsqu'il existe un caillebotis (prendre alors 2 cm).

S'il existe un caniveau devant le seuil, on prévoira 10 cm entre le haut du relevé et le fond du caniveau (dimensions du caniveau : largeur finie ⩾ 20 cm ; *h* ⩽ largeur).

### 4.3. Souches (fig. 28)

Les conduits rapprochés (Ø < 30 cm) sont regroupés dans une seule souche. Elles sont en général construites sans costière. Leur habillage (hors climat de montagne) est réalisé en maçonnerie creuse enduite (DTU n° 26-1) d'épaisseur minimale 10 cm si la résistance thermique de la souche est quelconque.

Si la paroi du conduit (lorsqu'il est unique) a une épaisseur minimale de 10 cm et que sa résistance thermique est conforme au DTU n° 24-1, aucun habillage n'est exigé.

### 4.4. Canalisations

Lorsqu'une canalisation est située dans une souche, il faut assurer l'étanchéité à sa sortie (fig. 28).

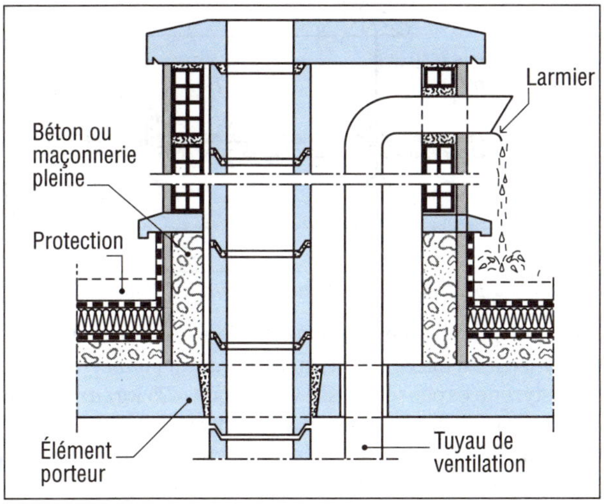


*Fig. 28. Souche regroupant des conduits de fumées et un tuyau de ventilation.*

Les canalisations isolées en métal passeront directement dans une réservation du gros œuvre (fig. 29). Lorsqu'elles sont en PVC, elles passent dans un fourreau métallique lié à l'élément porteur et dépassant de 15 cm au-dessus de la protection si ce n'est pas un trop-plein.

Le raccord au revêtement est réalisé par une pièce en plomb (*e* = 2,5 mm) constituée d'une platine (avec un débord de 12 cm minimum) soudée à un manchon.

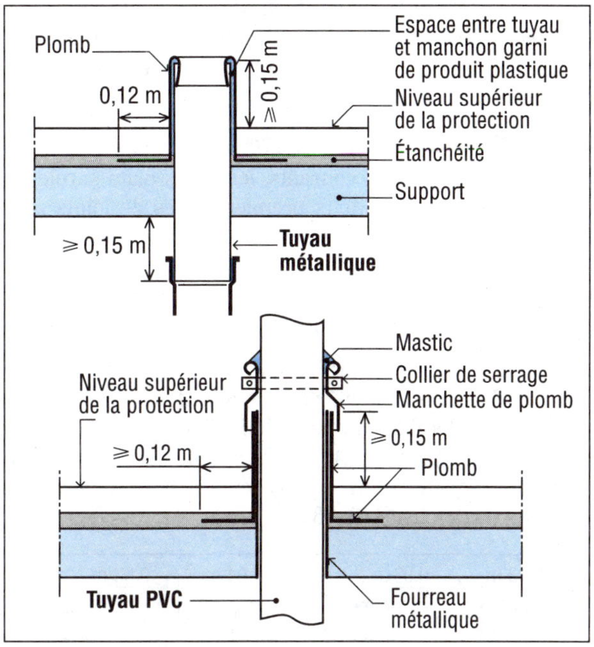


*Fig. 29. Traversée d'une canalisation en métal ou en PVC.*

Les conduits de VMC (tube spiralé ou agrafé) et toute autre pénétration non étanche seront raccordés à un dé en béton ou passeront dans une souche. Le dé reçoit le revêtement d'étanchéité. Lorsqu'il est recouvert, sa partie supérieure doit avoir une pente rejetant les eaux vers l'extérieur. Les conduits traverseront le gros œuvre comme précédemment soit dans une réservation, soit dans un fourreau.

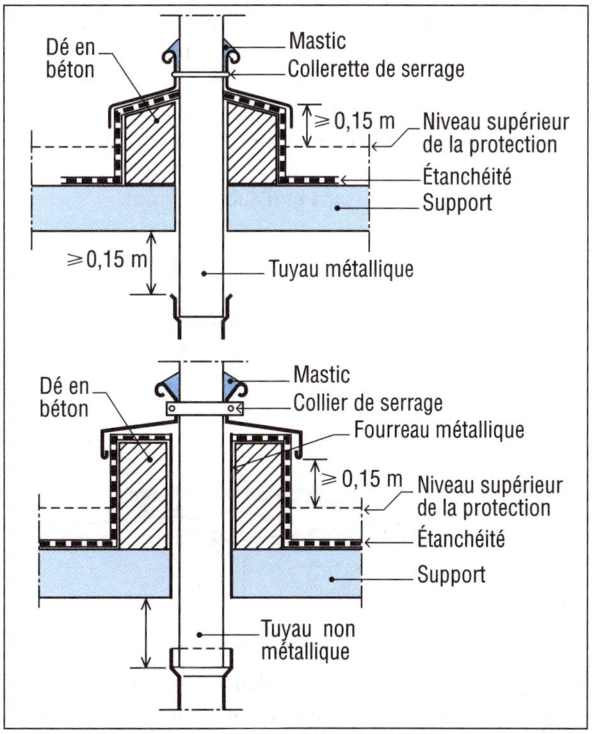


*Fig. 30. Raccordement d'un conduit non étanche par un dé en béton.*

Une crosse TV, un montant de garde-corps, ou toute autre traversée seront raccordés au revêtement d'étanchéité par platine soudée à embase en plomb coulée ou par platine et manchon.

### 4.5. Joints de gros œuvre

On distingue les joints courants, les joints plats surélevés et les joints plats. Les deux premiers types de joints sont bordés par des costières (p. 220). Celles des joints plats surélevés auront la même hauteur que les acrotères auxquels elles se raccordent ($h$ = 5 cm au dessus de la protection).

Les joints plats sont interdits en toiture-terrasse inaccessible, jardin et technique et sont admis lorsque aucune saillie n'est tolérable en raison de l'utilisation de la toiture (aire de jeux, parking...). Les bords du joint (béton ou panneaux isolants) doivent être évidés pour recevoir le matériau d'étanchéité (fig. 31).

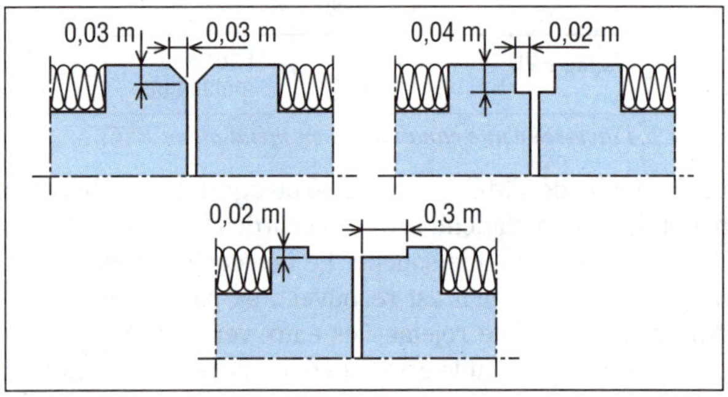


*Fig. 31. Réservations pour joints plats.*

En étanchéité asphalte, un encuvement doit régner de chaque côté du joint (2 cm de profondeur pour les parcs de stationnement et 1 cm dans les autres cas). Les dispositifs d'étanchéité de ces joints (fig. 32) sont sous avis technique. Les deux types de protection du dispositif (dallette, dalle de protection : utilisables quel que soit le revêtement) reportent les efforts de part et d'autre du joint.

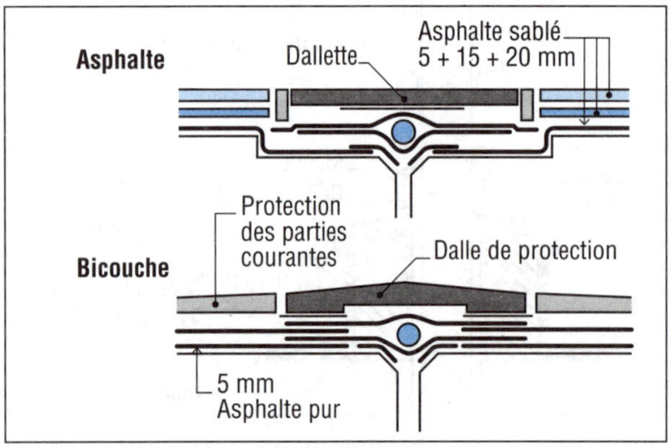


*Fig. 32. Dispositif d'étanchéité des joints plats.*

*Nota :* le tracé des joints revêtus d'un dispositif d'étanchéité est conçu pour qu'ils subissent seulement des mouvements de traction perpendiculaire à leur axe.

## 5. DISPOSITIONS SPÉCIFIQUES

### 5.1. Toiture-terrasse technique

L'implantation des équipements techniques est définie à la figure 33.

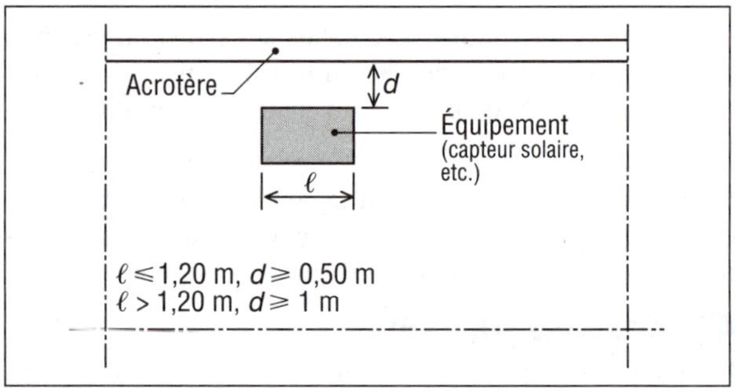


*Fig. 33. Implantation des équipements techniques (vue en plan).*

Pour un équipement solidarisé à l'élément porteur, la distance entre sa sous-face et le revêtement doit être au minimum de 20 cm s'il est prévu de le démonter. Sinon, il doit correspondre aux indications de la figure 34.

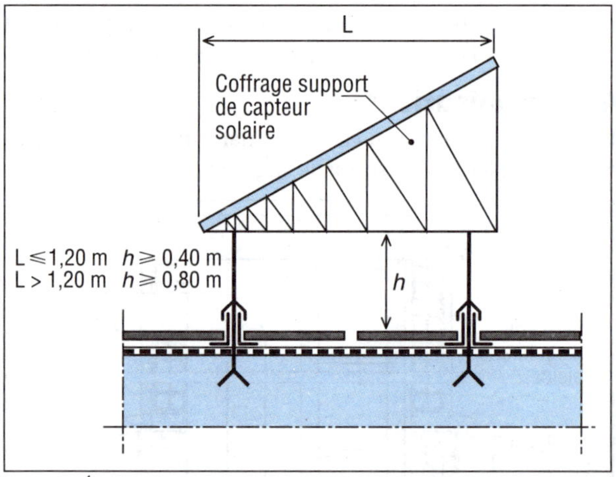


*Fig. 34. Équipement non démontable solidarisé à l'élément porteur.*

Un équipement léger (trainasse de ventilation, etc.) est solidarisé à un massif en béton posé sur un panneau isolant (polystyrène expansé [masse volumique = 25 kg/m$^3$] ou un liège expansé aggloméré en contact avec le revêtement [ép. min. 3 cm]), ou sur une protection dure par dalles préfabriquées sur panneau isolant (fig. 35).

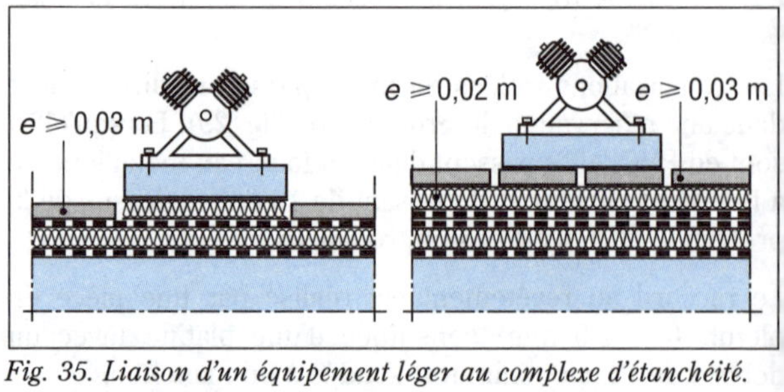


*Fig. 35. Liaison d'un équipement léger au complexe d'étanchéité.*

## 5.2. Toiture-terrasse jardins

Dans l'ordre de construction, elles comprennent :
- un revêtement d'étanchéité,
- une protection du type chape ou dalle (distance entre joints dans les 2 sens : 5 m) désolidarisée par une double couche de feutre bitumé Fb36S (faces en regard liégées) ou par un non-tissé synthétique imputrescible,
- une couche drainante composée de granulats d'argile ou de schiste expansé (granularité 10/20 ; $e \geqslant 10$ cm), de cailloux et gravier (granularité 15/30 minimum ; $e \geqslant 10$ cm), ou de plaques moulées nervurées en polystyrène expansé adaptées à cet usage (masse volumique $\geqslant 25$ kg/m$^3$ et $e \geqslant 6$ cm),
- une couche filtrante, habituellement constituée de nappes de laine de verre ou de non-tissés synthétiques, retient les éléments fins de la terre et permet la circulation pour la mise en œuvre de la terre. Les nappes se recouvrent de 10 à 15 cm et se relèvent sur la hauteur des regards d'entrées d'eaux et au-dessus des joints de dilatation enterrés,
- une couche de terre végétale dont l'épaisseur est fonction du type de végétation prévue (30 cm pour du gazon à 1 m pour des arbustes).

Il existe des systèmes sous avis technique (fig. 36) dans lesquels la protection lourde est supprimée et l'épaisseur de la couche drainante est diminuée ; ils procurent ainsi une économie sur la hauteur des relevés.

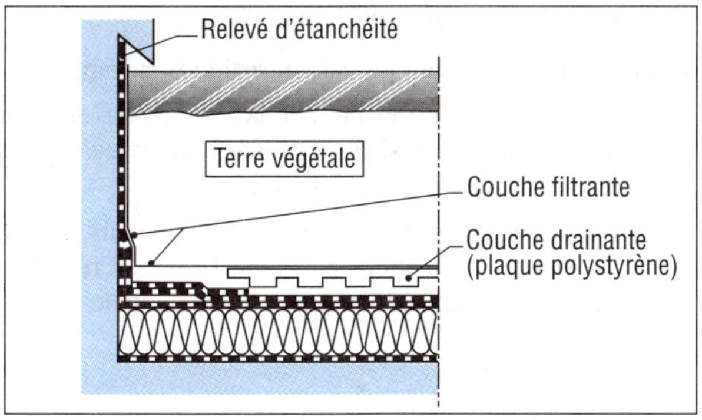


*Fig. 36. Coupe-type sur toiture-terrasse avec revêtement bicouche.*

## 5.3. Toiture-terrasse accessible aux véhicules

Selon l'utilisation de la toiture, on déterminera grâce au tableau 8 la nature du support du revêtement d'étanchéité.

| Utilisation de la toiture | Nature du support (p. 212) |
|---|---|
| Véhicules lourds | type A, B, C ou f.d.p. adhérente. |
| Véhicules légers | dito véhicules lourds<br>+ type D<br>+ panneaux isolants non porteurs sous avis technique. |
| Rampes | type A ou B (prévoir des butées sur le gros œuvre (fig. 36) assurant la stabilité de la protection lorsqu'elle existe. |

*Tableau 8. Nature du support du revêtement d'étanchéité.*

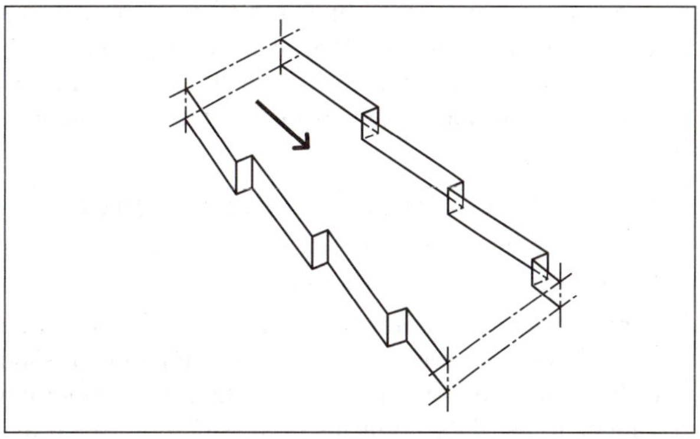

*Fig. 37. Butées assurant la stabilité d'une protection d'étanchéité sur rampes.*

La figure 38 définit les complexes d'étanchéité utilisables en partie courante.

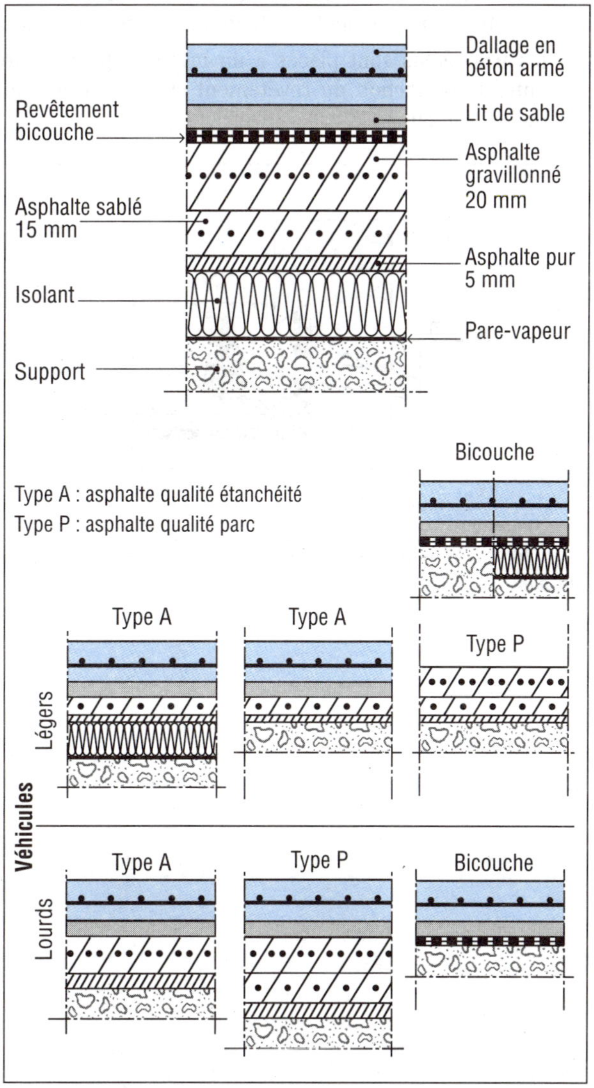


*Fig. 38. Complexes d'étanchéité (étanchéité + protection) utilisables pour les toitures-terrasses accessibles aux véhicules.*

Sur rampes, une protection en béton armé sera rapportée sur revêtement bicouche alors qu'aucune protection ne sera nécessaire sur asphalte. L'asphalte n'est admis sur rampe accessible aux véhicules lourds que si le stationnement est interdit.

## 5.4. Toiture-terrasse à dalles sur plots

Les dispositions indiquées ici ne concernent que les toitures-terrasses accessibles aux piétons.

**À partir du revêtement d'étanchéité,** la protection lourde est posée directement sur le revêtement s'il s'agit d'asphalte du type P ou une autoprotection si le revêtement d'étanchéité est du type bicouche élastomère (selon avis technique), puis viennent les plots supports de dalles, et enfin les dalles.

**Les évacuations des eaux pluviales** (p. 243) **sont telles que :**

- une entrée collecte une surface limitée à 200 m$^2$ ; elle est située à moins de 20 m de tout point de la terrasse,
- les trop-pleins sont placés à un niveau intermédiaire entre la protection du revêtement et la sous-face des dalles (fig. 39).

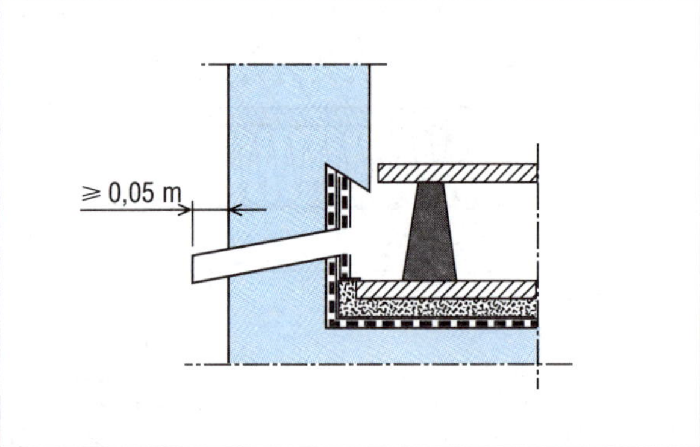


*Fig. 39. Position des trop-pleins d'une toiture-terrasse à dalles sur plots.*

La constitution de ce type de toiture recevant un revêtement asphalte est définie fig. 40. Pour les revêtements bicouche, on se reportera aux avis techniques concernés.

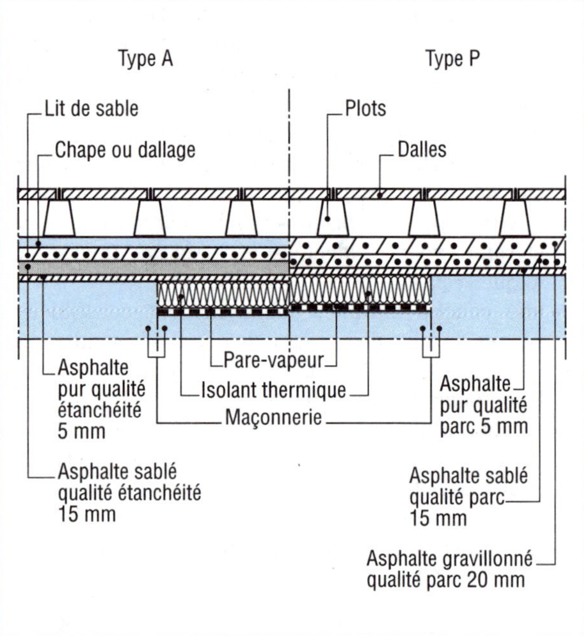


*Fig. 40. Constitution des toitures-terrasses avec dalles sur plots recevant un revêtement asphalte.*

Pour les relevés, on se reportera p. 220.

Les plots utilisés auront les caractéristiques suivantes :

- hauteur minimale permettant la circulation de l'eau sous les plots : 3 cm si la surface de la terrasse est inférieure ou égale à 30 m$^2$, sinon 5 cm ;
- constitution relevant d'un avis technique, ils sont le plus souvent en matière plastique (PVC...), réglables en hauteur et supportent quatre coins de dalles.

AFNOR P 21-701 (RÈGLES CB 71), P 21-203 (DTU N° 31-1), P 21-204 (DTU N° 31.2), P 21-205 (DTU N° 31.3), NF E 27-341, -682

## 1. MORPHOLOGIE

Une charpente est un ouvrage formé de pièces de bois assemblées à l'aide d'éléments en bois ou en métal. Dans ce chapitre, la charpente désignera l'ouvrage portant une toiture ; elle délimite un espace intérieur nommé comble (perdu ou habitable). On se limitera aux solutions pour les bâtiments d'habitation.

La morphologie d'une charpente est déterminée par des conditions :

- **géométriques** (formes du bâtiment en plan et en élévation,... ;
- **climatiques** (nécessité d'évacuer les eaux pluviales, prise aux vents dominants minimisée,...) ;
- **mécaniques** (résistance aux actions appliquées par la couverture et son support en les maintenant stables,...) ;
- **esthétiques** (intégration au style régional, éclairement intérieur,...) ;
- **économiques** (minoration des coûts d'études, de fabrication et de mise en œuvre,...).

### 1.1. Constitution de charpentes types

Les éléments constitutifs d'une charpente sont très divers. Leur fonction commune est d'assurer le transfert des charges, en provenance du support de la couverture vers l'ossature du bâtiment, dans les meilleures conditions de stabilité.

On pourra adopter, dans les cas courants, l'une des trois constitutions types présentées ci-après.

• **Pannes** (fig. 1) : cette solution est possible lorsque le bâtiment présente des refends porteurs (en général transversaux) épousant la forme de la toiture et distants de 4 à 5 m environ. Les pannes sont appuyées sur ceux-ci à leurs extrémités. Perpendiculairement à ces pannes, on pose ensuite des chevrons, des panneaux de contreplaqué ou des complexes isolants supports de couverture.

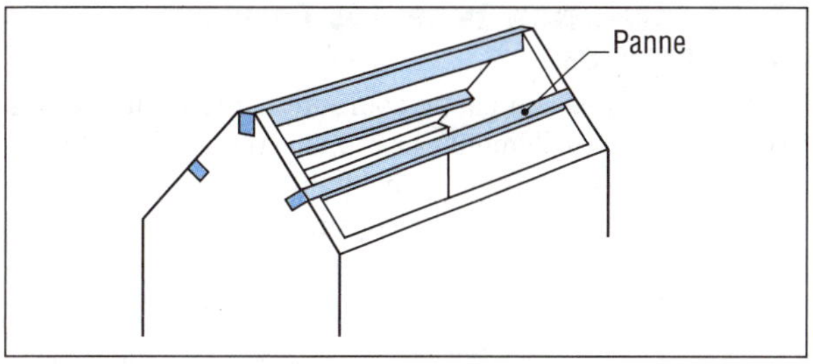


*Fig. 1. Panne entre pignons/refends transversaux.*

• **Fermes, pannes et chevrons** (fig. 2) : cet ensemble constitue une « charpente traditionnelle » (p. 226). Dans un cas simple (ex. : bâtiment rectangulaire à mur pignon formant les rampants, toiture à deux versants symétriques, comble perdu), les fermes toutes identiques sont distantes de 4 à 5 m. Elles supportent les pannes (une faîtière, une intermédiaire et une sablière par versant), qui reçoivent les chevrons sur lesquels le support de toiture est rapporté (liteaunage, voligeage, ou équivalent...).

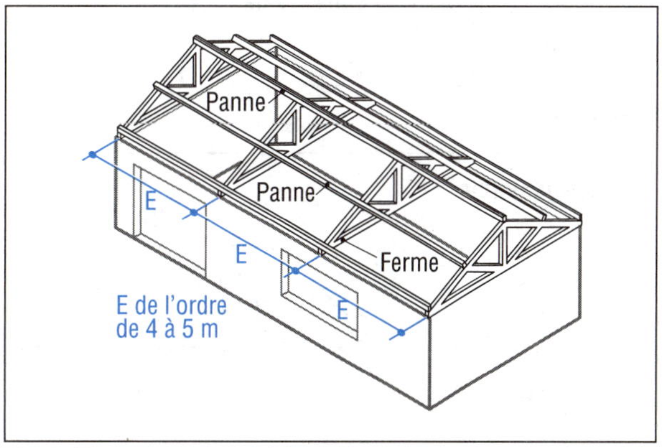


*Fig. 2. Fermes, pannes et chevrons.*

• **Fermettes** (fig. 3) : ces éléments industrialisés (p. 228) reçoivent directement le support de couverture.

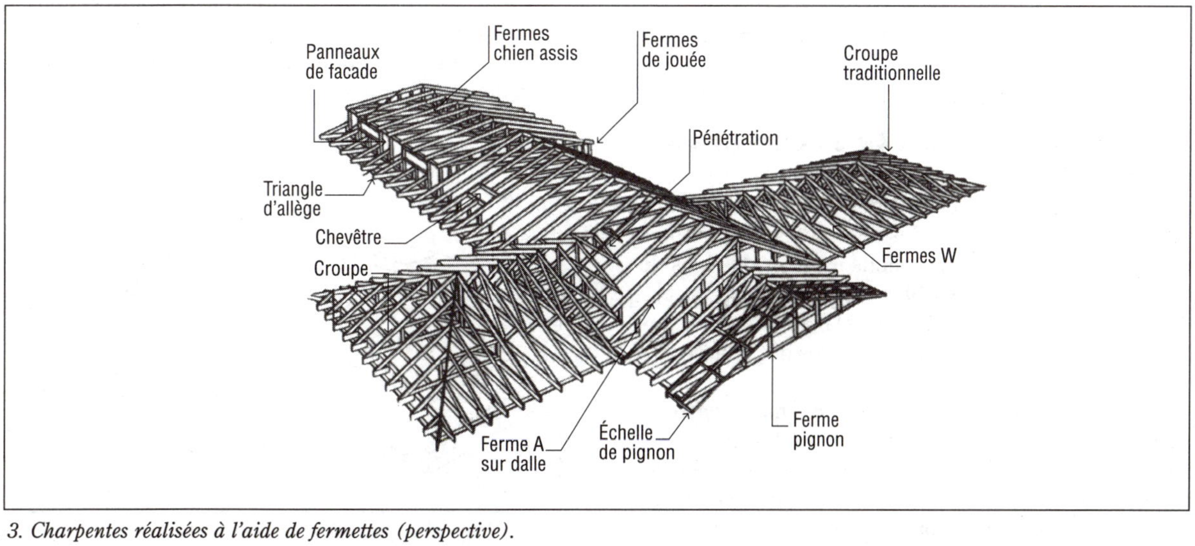


*Fig. 3. Charpentes réalisées à l'aide de fermettes (perspective).*

## 1.2. Constitution type des fermes ou fermettes

Les fermes situées en partie courante d'une toiture se différencient essentiellement par rapport (fig. 4) à l'habitabilité des combles (perdus ou habitables), et à leur portée (qui détermine en partie leur constitution).

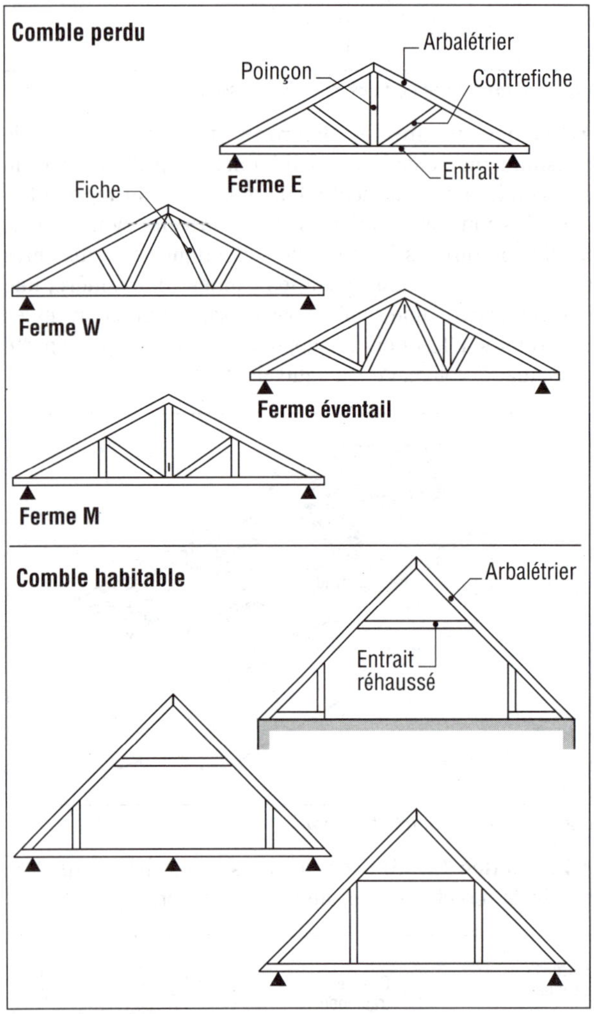


*Fig. 4. Constitution type des fermes ou fermettes.*

## 1.3. Éléments de calcul et de conception

Le règlement CB 71 (AFNOR P 21-701) fixe les règles de calcul et de conception des charpentes en bois. Des extraits de ce DTU (essences les plus courantes, contraintes admissibles,...) ainsi que les sections usuelles des bois de charpente sont donnés pages 49 et 51.

Le DTU n° 31-1 (AFNOR DTU P 21-203) est composé des cahiers des clauses techniques et spéciales des charpentes et escaliers en bois.

Le DTU n° 31-2 (AFNOR DTU P 21-204) définit la construction des maisons et bâtiments à ossature en bois.

Le DTU n° 31-3 (AFNOR DTU P 21-205) fixe des règles de conception et de calcul des charpentes en bois assemblées par connecteurs métalliques ou goussets.

# 2. CHARPENTE TRADITIONNELLE

La conception des assemblages entre les pièces de bois et les liaisons des composants entre eux constituent les problèmes principaux posés par les charpentes traditionnelles.

## 2.1. Assemblages

Pour les charpentes dites « de combles », on a recours à des assemblages traditionnels ou à des assemblages comprenant des pièces métalliques (goujons, boulons, etc.).

Nous nous limiterons ici aux solutions couramment utilisées pour les charpentes dites « de combles ».

### 2.1.1. Assemblages traditionnels

Les trois solutions les plus courantes sont l'embrèvement, l'assemblage à mi-bois et à enfourchement et les assemblages tenon-mortaise.

- **Embrèvements simples, en gorge ou doubles** : ces assemblages obliques sont les seuls dont on peut calculer de façon assez précise la résistance mécanique. Ils sont couramment utilisés entre entrait et arbalétrier. On préfère l'embrèvement simple (fig. 5) avec ou sans tenon, à ceux, en gorge ou double, nécessitant un ajustage plus précis.

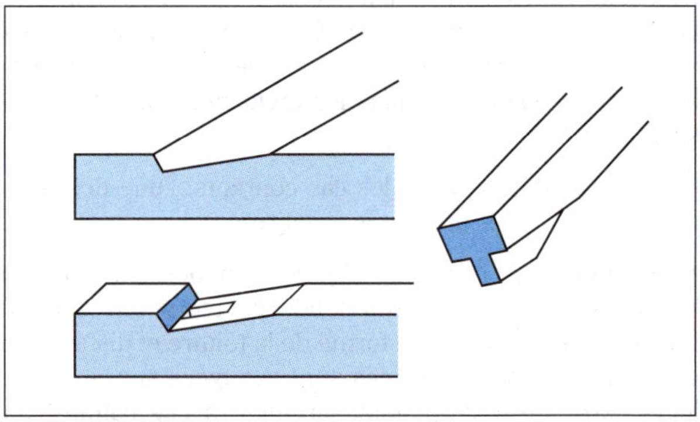

*Fig. 5. Embrèvement avec ou sans tenon.*

- **Assemblage à mi-bois et à enfourchement (fig. 6)** : cette solution est couramment employée pour fixer deux pièces situées dans un même plan (pannes sablières). Un complément de liaison par des clous enfoncés ou des tôles clouées peut reprendre des efforts de traction éventuels.

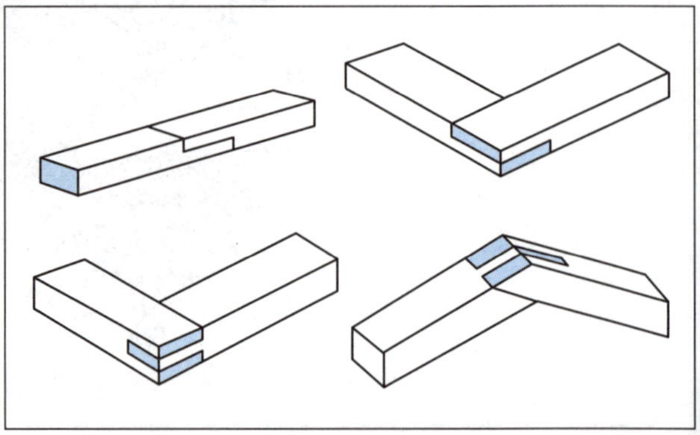

*Fig. 6. Assemblages à mi-bois et à enfourchement.*

- **Tenon-mortaise (fig. 7)** : ils servent à maintenir deux pièces de bois dans leur position respective, par exemple pour fixer latéralement des éléments comprimés, (appuis, arbalétriers, diagonales,...) sans qu'ils le soient trop (recours dans ce cas à des éclisses ou des cornières).

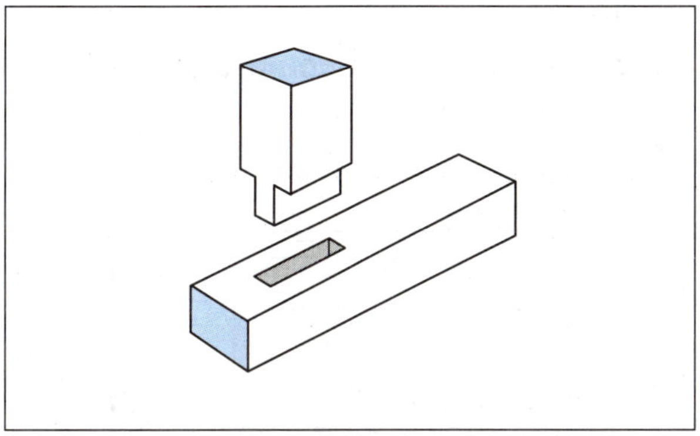

*Fig. 7. Assemblage tenon-mortaise.*

#### 2.1.2. Goujons

Rectangulaires, ronds ou annulaires (fig. 8a), ils sont sollicités surtout en compression et au cisaillement.

Les goujons spéciaux sont à simple ou double denture (fig. 8b). À simple denture, ils sont utilisés pour une liaison bois-métal et on emploie les goujons à double denture, pour une liaison bois-bois. Ces deux types peuvent parfois être combinés.

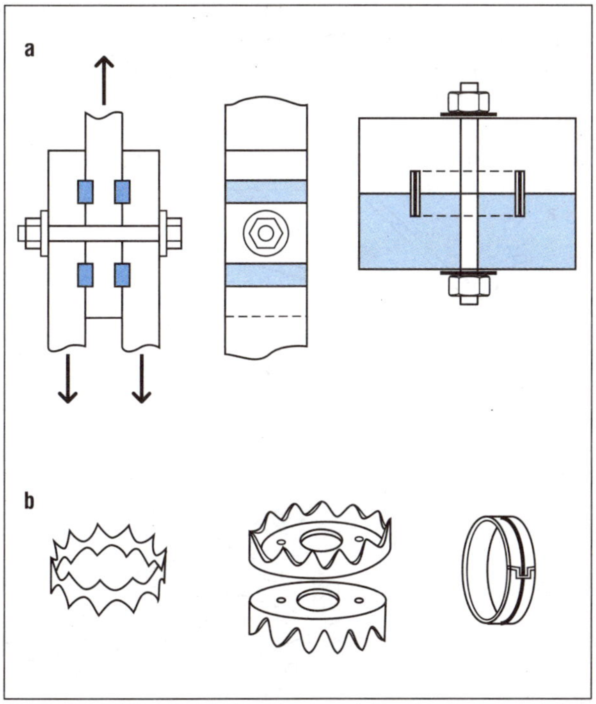


*Fig. 8. Assemblage par goujons (rectangulaires, ronds ou annulaires ; à simple ou double denture).*

#### 2.1.3. Boulons (fig. 9)

Le boulonnage est en général réservé aux éléments sollicités en traction ou à ceux qui sont non porteurs.

Le diamètre des trous est déterminé à partir de l'étude du schéma mécanique. Les boulons seront conformes à la norme NF E 27-341. Une rondelle d'appui large et épaisse conforme à la norme NF E 27-682 sera intercalée à chaque extrémité.

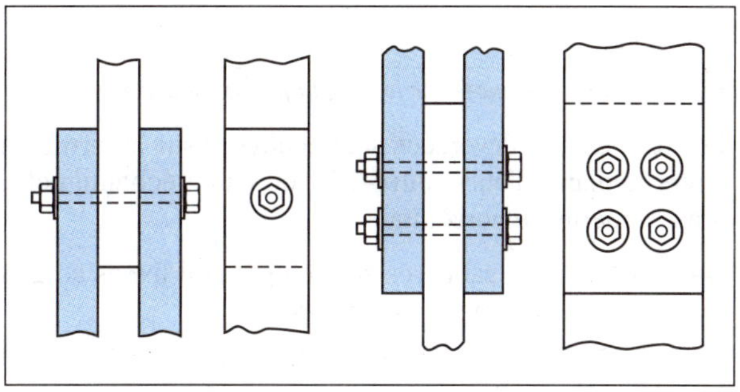

*Fig. 9. Assemblage pour boulons.*

### 2.2. Liaisons

Elles assurent la fixation des différents composants de la charpente.

#### 2.2.1. Liaison chevron-panne

Les pannes intermédiaires peuvent être non déversées (fig. 10a et b : sciée ou non sciée) ; le plus couramment, elles sont déversées (fig. 10c).

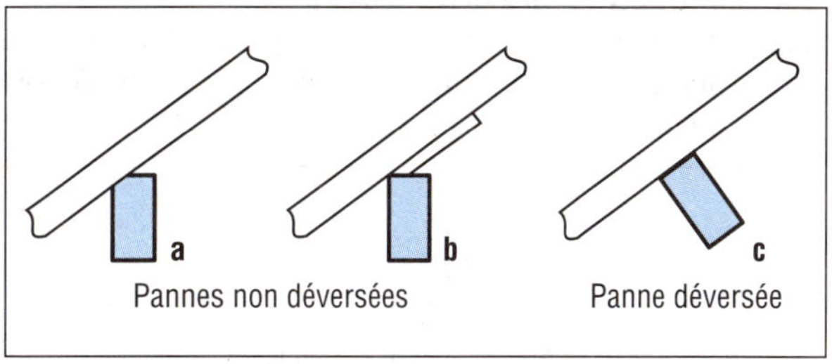


*Fig. 10. Liaison panne intermédiaire/chevron.*

Les pannes sablières et faitières sont le plus souvent sciées (fig. 11). Un clouage suffit pour assurer la liaison avec les chevrons.

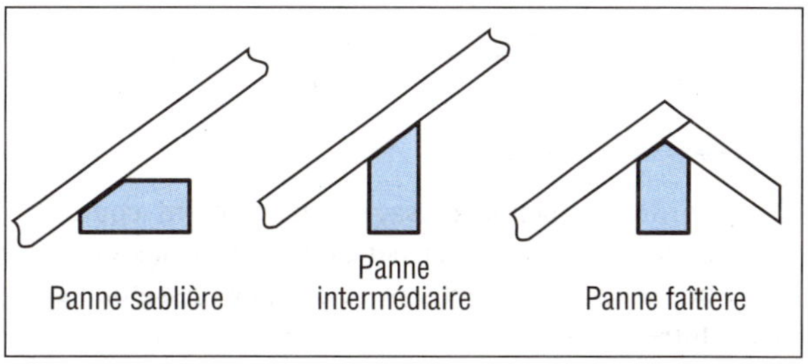


*Fig. 11. Liaison panne sablière, intermédiaire et faitière/chevron.*

#### 2.2.2. Liaison panne-ferme

Lorsque la panne est déversée, la liaison est assurée par une échantignole, une fourrure ou une cornière (fig. 12).

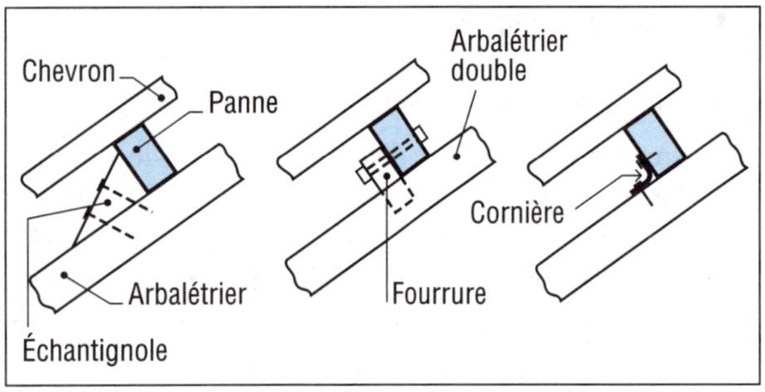


*Fig. 12. Liaison panne-ferme lorsque la panne est déversée.*

Les pannes non déversées sont appuyées sur la ferme par l'intermédiaire d'une contre-fiche ou d'une échantignole à arase supérieure horizontale (fig. 13).

*Nota :* les pannes sablières sont en général fixées au gros œuvre à l'aide de chevilles expansées.

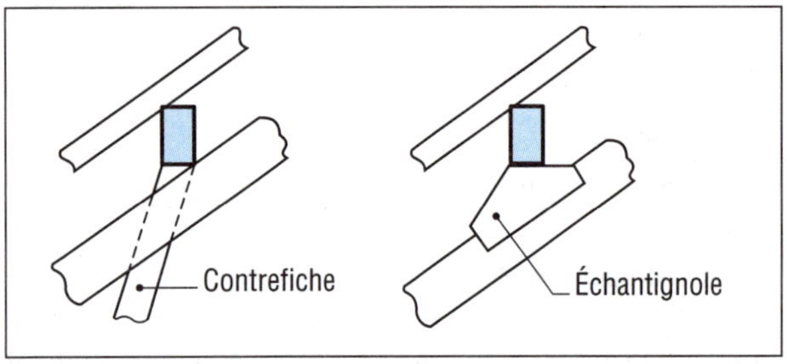


*Fig. 13. Liaison panne-ferme lorsque la panne n'est pas déversée.*

#### 2.2.3. Liaison ferme-gros œuvre

Cette liaison est couramment réalisée par des pattes métalliques ancrées : fig. 14. Elles ne doivent pas subir d'efforts d'arrachement.

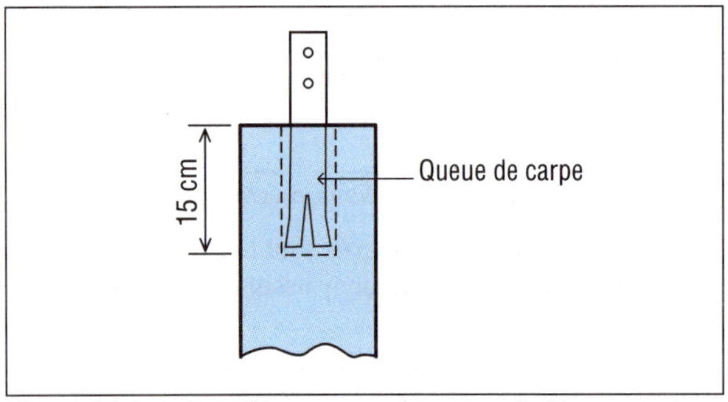


*Fig. 14. Liaison ferme/gros œuvre par pattes métalliques ancrées.*

## 3. FERMETTES

Ce type de charpente, d'usage extrêmement courant en bâtiments d'habitation, permet de diminuer les coûts par une optimisation des sections de bois, des assemblages et des temps de montage.

### 3.1. Éléments de calculs

Les règles CB 71 (AFNOR DTU P 21-701) donnent des prescriptions communes à tous les types de connecteurs en acier (CH 4, art. 63-13).

La norme NF P 21-205 (AFNOR DTU n° 31-3) propose des règles de mise en œuvre et des règles de conception et de calcul pour des charpentes industrialisées assemblées par connecteurs ou goussets. Elle traite en particulier des assemblages, des systèmes triangulés (c'est souvent le cas des fermettes de combles perdus), des charpentes de combles habitables, des antiflambages, contreventements et entretoisements.

### 3.2. Assemblages par connecteurs en acier

On distingue les goussets plans pré-percés ou non (montage possible sur chantier), et les connecteurs à dents mis en place sous presse hydraulique en usine (fig. 15).

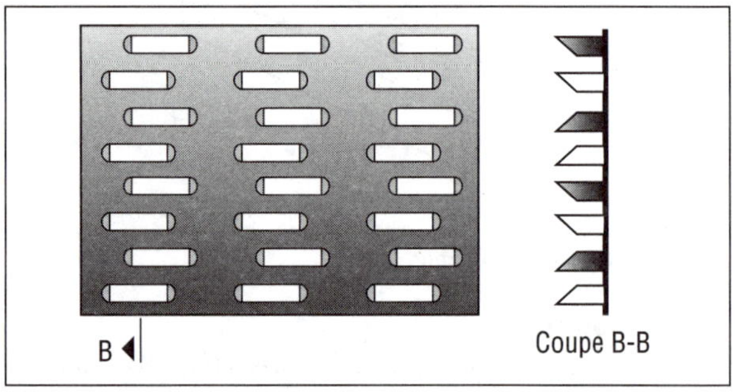


*Fig. 15. Connecteurs en acier.*

Ces plaques relient les différentes membrures d'une fermette à chaque nœud. On en place deux en vis-à-vis au niveau d'un nœud. Leurs multiples dimensions standard permettent de se rapprocher au mieux des efforts à transmettre.

### 3.3. Ancrage

Pour des fermettes de combles perdus, on utilise des équerres en acier galvanisées de 15 mm d'épaisseur clouées sur sablière trapézoïdale ou lardée de pointes (fig. 16a) et noyée dans le chaînage ou rectangulaire (fig. 16b) fixée par des tire-fonds sur la maçonnerie. Les fermettes sont fixées par des pointes aux équerres.

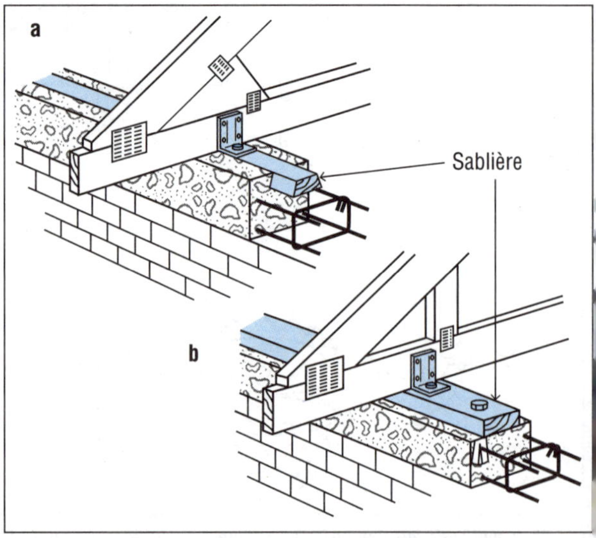


*Fig. 16. Liaison fermette/gros œuvre par équerres.*

Pour des fermettes de combles habitables, on distingue deux cas :

- lorsque l'entrait est porteur, on utilisera des équerres (fig. 16) en ajoutant des entretoises au niveau des appuis pour éviter le dévers de l'entrait;
- dans les autres cas, on fixe deux sablières (fig. 17) sur la dalle par chevilles expansées, et on larde le pied de ferme sur chaque semelle par 2 pointes 90/19 (longueur/diamètre exprimés en mm). L'effort de soulèvement sera repris par une équerre, fixée sur le montant du pied de ferme et sur la dalle par cheville expansée.

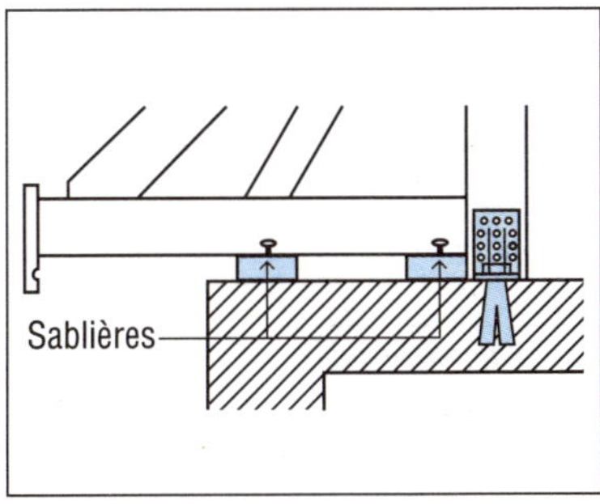


*Fig. 17. Liaison du pied d'une fermette de comble habitable sur dalle.*

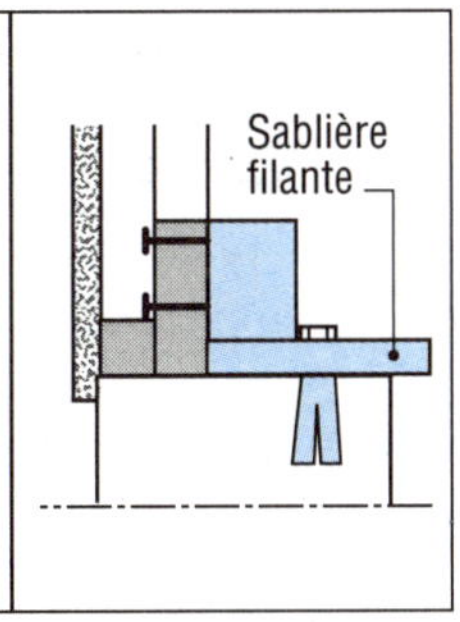


*Fig. 18. Liaison d'une fermette de pignon au gros œuvre.*

Pour des fermettes à pignons (fig. 18), on fixe une sablière filante, débordant côté intérieur, permettant la reprise du plafond par des chevilles expansées tous les 1,20 m. On cloue ensuite une fourrure filante 60 × 80 (mm) sur cette sablière. La fermette pignon est calée contre cet ensemble et clouée par pointes torsadées ou crantées 70/17 en quinconce tous les 0,15 m.

## 3.4. Contreventement et antiflambage

Le contreventement assure la stabilité verticale et horizontale de la charpente. L'antiflambage assure l'indéformabilité des pièces constitutives de la charpente lorsqu'elles sont comprimées.

Les dispositions suivantes correspondent aux cas d'utilisation des fermettes standard (p. 230) :

- Ces contreventements et antiflambages de section minimale (25 × 75 mm ou 36 × 60 mm), sont cloués par 2 pointes (au moins 70/17 ou 90/19) à chaque intersection avec les pièces des fermettes. S'ils sont obliques, ils sont inclinés de 45° et leur départ doit être situé le plus près possible des nœuds.

Deux types de contreventement sont à prévoir :

- type 1 : stabilité verticale par pièces posées en dent de scie sur toute la longueur;
- type 2 : stabilité horizontale par pièces filantes (la nécessité des entretoises pour plafonds lourds dispense des filantes sur entrait).

Deux types d'antiflambages pour pignons non stables sont aussi nécessaires :

- type 3 : stabilité verticale des pignons; on positionne une barre oblique sur l'arbalétrier du faîtage en pignon jusqu'à l'appui;
- type 4 : stabilité verticale des pignons; on fixe une barre oblique sur la fiche intermédiaire du point haut en pignon jusqu'au point bas.

La figure 19 illustre un exemple de contreventement et d'antiflambage pour une charpente à fermettes en W.

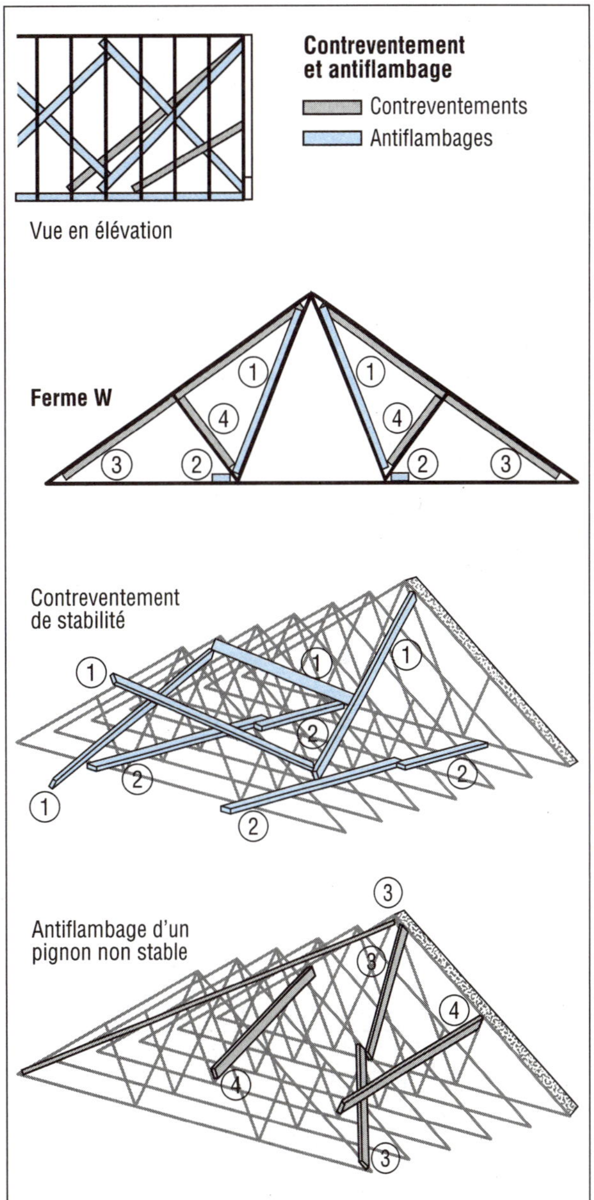


*Fig. 19. Contreventement et antiflambage d'une charpente à fermette en W.*

Les fermettes standard « GIPEN » (tableau 1 : pour combles perdus, tableau 2 : pour combles aménageables) sont destinées à servir de support de couverture pour tous les bâtiments de 5,10 m à 12,00 m de portée grâce au principe de la plage d'appui variable (fig. 20) et de la modulation de 0,30 m.

Ces éléments sont dimensionnés pour une valeur de charges permanentes et d'exploitation (en daN/m²) propres à chaque série. L'entraxe courant de ces éléments est de 0,60 m.

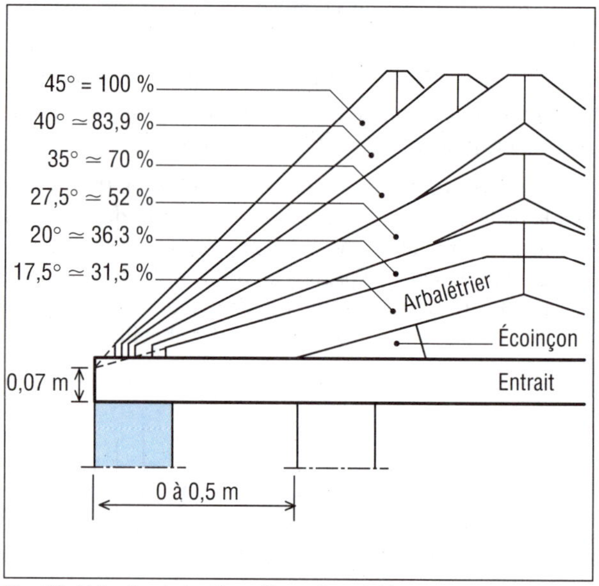


*Fig. 20. Principe de la plage d'appui variable.*

| **Combles perdus** | α = 17,5°, 20°, 27° | | | | | | α = 35°, 40°, 45° | | | | | |
|---|---|---|---|---|---|---|---|---|---|---|---|---|
| ℓ | 17,5° | | 20° | | 27° | | 35° | | 40° | | 45° | |
| | a | h | a | h | a | h | a | h | a | h | a | h |
| 6,00 | 3,15 | 0,99 | 3,19 | 1,14 | 3,38 | 1,61 | 3,66 | 2,15 | 3,92 | 2,57 | 4,24 | 3,05 |
| 6,30 | 3,30 | 1,04 | 3,35 | 1,20 | 3,55 | 1,69 | 3,85 | 2,26 | 4,11 | 2,69 | 4,45 | 3,20 |
| 6,60 | 3,46 | 1,09 | 3,51 | 1,25 | 3,72 | 1,77 | 4,03 | 2,36 | 4,31 | 2,82 | 4,67 | 3,35 |
| 6,90 | 3,62 | 1,13 | 3,67 | 1,30 | 3,89 | 1,85 | 4,21 | 2,47 | 4,50 | 2,94 | 4,88 | 3,50 |
| 7,20 | 3,77 | 1,18 | 3,83 | 1,36 | 4,06 | 1,92 | 4,39 | 2,57 | 4,70 | 3,07 | 5,09 | 3,65 |
| 7,50 | 3,93 | 1,23 | 3,99 | 1,41 | 4,23 | 2,00 | 4,58 | 2,68 | 4,90 | 3,20 | 5,30 | 3,80 |
| 7,80 | 4,09 | 1,27 | 4,15 | 1,47 | 4,40 | 2,08 | 4,76 | 2,78 | 5,09 | 3,32 | 5,52 | 3,95 |
| 8,10 | 4,25 | 1,32 | 4,31 | 1,52 | 4,57 | 2,16 | 4,94 | 2,89 | 5,29 | 3,45 | 5,73 | 4,10 |
| 8,40 | 4,40 | 1,37 | 4,47 | 1,58 | 4,73 | 2,24 | 5,13 | 2,99 | 5,48 | 3,57 | 5,94 | 4,25 |
| 8,70 | 4,56 | 1,42 | 4,63 | 1,63 | 4,90 | 2,31 | 5,31 | 3,10 | 5,68 | 3,70 | 6,15 | 4,40 |
| 9,00 | 4,72 | 1,46 | 4,79 | 1,69 | 5,07 | 2,39 | 5,49 | 3,20 | 5,87 | 3,83 | 6,36 | 4,55 |
| 9,30 | 4,88 | 1,51 | 4,95 | 1,74 | 5,24 | 2,47 | 5,68 | 3,31 | 6,07 | 3,95 | 6,58 | 4,70 |
| 9,60 | 5,03 | 1,56 | 5,11 | 1,80 | 5,41 | 2,55 | 5,86 | 3,41 | 6,27 | 4,08 | 6,79 | 4,85 |
| 9,90 | 5,19 | 1,61 | 5,27 | 1,85 | 5,58 | 2,63 | 6,04 | 3,52 | 6,46 | 4,20 | 7,00 | 5,00 |
| 10,20 | 5,35 | 1,65 | 5,43 | 1,91 | 5,75 | 2,70 | 6,22 | 3,62 | 6,66 | 4,33 | 7,21 | 5,15 |
| 10,50 | 5,50 | 1,70 | 5,59 | 1,96 | 5,92 | 2,78 | 6,41 | 3,73 | 6,85 | 4,46 | 7,42 | 5,30 |
| 10,80 | 5,66 | 1,75 | 5,75 | 2,01 | 6,09 | 2,86 | 6,59 | 3,83 | 7,05 | 4,58 | 7,64 | 5,45 |
| 11,10 | 5,82 | 1,79 | 5,91 | 2,07 | 6,26 | 2,94 | 6,78 | 3,94 | 7,25 | 4,71 | 7,85 | 5,60 |
| 11,40 | 5,98 | 1,84 | 6,07 | 2,12 | 6,43 | 3,02 | 6,96 | 4,04 | 7,44 | 4,83 | 8,06 | 5,75 |
| 11,70 | 6,13 | 1,89 | 6,23 | 2,18 | 6,60 | 3,10 | 7,14 | 4,15 | 7,64 | 4,96 | 8,27 | 5,90 |
| 12,00 | 6,29 | 1,94 | 6,39 | 2,23 | 6,76 | 3,17 | 7,32 | 4,25 | 7,83 | 5,08 | 8,49 | 6,05 |
| Hypothèses de calcul – Couverture | 45 daN/m² | | 45 daN/m² | | 45 daN/m² | | | | | | | |
| Hypothèses de calcul – Plafond | 15 daN/m² | | 15 daN/m² | | 15 daN/m² | | | | | | | |
| Hypothèses de calcul – Neige | Zone 1A ou 1B, altitude ≤ 200 m | | Zone 1A ou 1B, altitude ≤ 300 m | | Zone 1A ou 1B, altitude ≤ 200 m | | | | | | | |
| Hypothèses de calcul – Vent | Zone 3, site normal | | Zone 4, site exposé | | Zone 3, site normal | | | | | | | |

*Tableau 1. Dimensions de fermettes standard pour combles perdus (portée de 6 à 12 m).*

| Combles aménageables ($\alpha$ = 45°) | | | Sur dalle (1) | | Sur entrait porteur sur 3 appuis (1) | | Sur entrait porteur sur 2 appuis (1) |
|---|---|---|---|---|---|---|---|
| $\ell$ | *a* | *h* | *la* | *va* | *la* | *va* | *la* |
| 6,00 | 4,24 | 3,05 | 3,60 | 2,04 | 3,00 | 1,95 | 2,70 |
| 6,30 | 4,45 | 3,20 | 3,90 | 2,34 | 3,30 | 2,18 | 2,70 |
| 6,60 | 4,67 | 3,35 | 4,20 | 2,64 | 3,60 | 2,48 | 3,00 |
| 6,90 | 4,88 | 3,50 | 4,50 | 2,94 | 3,90 | 2,73 | 3,00 |
| 7,20 | 5,09 | 3,65 | 4,80 | 3,24 | 4,20 | 2,98 | 3,30 |
| 7,50 | 5,30 | 3,80 | 5,10 | 3,54 | 4,50 | 3,28 | 3,30 |
| 7,80 | 5,52 | 3,95 | 5,40 | 3,84 | 4,80 | 3,58 | 3,30 |
| 8,10 | 5,73 | 4,10 | 5,70 | 4,14 | 5,10 | 3,81 | 3,60 |
| 8,40 | 5,94 | 4,25 | 6,00 | 4,44 | 5,40 | 4,11 | 3,60 |
| 8,70 | 6,15 | 4,40 | 6,30 | 4,74 | 5,70 | 4,41 | 3,90 |
| 9,00 | 6,36 | 4,55 | 6,60 | 5,04 | 6,00 | 4,71 | 3,90 |
| 9,30 | 6,58 | 4,70 | 6,90 | 5,34 | 5,80 | 5,98 | 3,90 |
| 9,60 | 6,79 | 4,85 | 7,20 | 5,64 | 6,10 | 5,38 | 4,20 |
| 9,90 | 7,00 | 5,00 | 7,50 | 5,94 | 6,40 | 5,56 | 4,20 |
| 10,20 | 7,21 | 5,15 | 7,80 | 6,24 | 6,70 | 5,86 | 4,50 |
| 10,50 | 7,42 | 5,30 | 8,10 | 6,54 | 7,00 | 6,16 | 4,80 |
| 10,80 | 7,64 | 5,45 | 8,40 | 6,84 | 7,30 | 6,41 | 4,80 |
| 11,10 | 7,85 | 5,60 | 8,70 | 7,14 | 7,60 | 6,71 | 480 |
| 11,40 | 8,06 | 5,75 | 9,00 | 7,34 | 7,90 | 7,08 | 5,10 |
| 11,70 | 8,27 | 5,90 | 9,30 | 7,64 | 8,20 | 7,38 | 5,10 |
| 12,00 | 8,49 | 6,05 | 9,60 | 7,94 | 8,50 | 7,68 | 5,10 |
| Hypothèses de calcul | Couverture | daN/m² | 45 | | 45 | | 45 |
| | Plafond | daN/m² | 15 | | 15 | | 15 |
| | *q* (plancher) | daN/m² | – | | 175 | | 150 |
| | Neige | | Zone 1A ou 1B, altitude ⩽ 200 m | | | | |
| | Vent | | Zone 3, site normal | | | | |
| (1) Constitution au-dessus de l'entrait réhaussé | | | | | | | |

Notations :
- *q* (plancher) = charge d'exploitation du plancher ;
- *la* : distance habitable entre piedroits (m) ;
- *va* : volume habitable (m³).

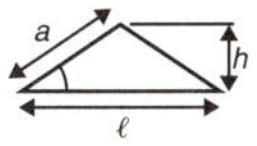


*Tableau 2. Dimensions des fermettes standard pour combles aménageables (portée 6 à 12 m).*

# COUVERTURES

**AFNOR P 31-202 (DTU n° 40-21) et -205 (DTU n° 40-24), NF P 34-402, NF A 55-401 et -402, NF P 33-302, AFNOR P 32-301 (DTU n° 40-11), NF P 15-310, -312, -301, NF P 18-301, NF E 27-951, NF A 91-131, NF A 45-009 et -019, NF P 30-101, NF B 54-100, -110, -160 et -161, NF P 84-307, NF P 32-301, NF P 37-401, NF P 31-302, -314, -315**

## 1. DÉFINITION ET CLASSIFICATIONS

**La couverture est la partie extérieure de la toiture :** c'est un dispositif étanche aux précipitations atmosphériques, recouvrant la partie supérieure des bâtiments, ne participant pas, en général, à la stabilité de l'ouvrage.

**Une couverture doit s'adapter** aux formes de pente des bâtiments, aux sites climatiques, aux exigences architecturales particulières.

**Une couverture doit assurer :**
- l'imperméabilité de la toiture (étanchéité intrinsèque du matériau), associée à des dispositions particulières (recouvrement par exemple) ;
- un complément d'étanchéité vis-à-vis de la neige poudreuse, susceptible de pénétrer entre les éléments sous l'effet du vent (généralement assurée par un écran).

On distingue deux grandes familles de couvertures (hors toiture-terrasse). Les couvertures à petits éléments comprennent :
- les tuiles à emboîtement et à glissement longitudinal : p. 240 ;
- l'ardoise naturelle abordée p. 237 ;
- les tuiles plates en béton, terre cuite ou fibre ciment ;
- les bardeaux bitumés.

Les couvertures à grands éléments ne sont pas traitées ici.

## 2. TERMINOLOGIE (NF P 30-101)

### 2.1. Éléments apparents de la couverture

Les éléments apparents de la couverture indiqués figure 1 sont définis ci-dessous :

- **Arêtier :** ligne saillante inclinée, droite ou courbe, formée par l'intersection latérale de deux pans de couverture.
- **Châssis :** ouvrage métallique recouvrant une ouverture, composé soit d'un dormant fixé sur le comble et d'une partie ouvrante généralement vitrée appelée abattant, soit d'un dormant sans partie ouvrante.
- **Chatière :** ouvrage destiné à l'aération des combles.
- **Comble :** ensemble constitué par la charpente et la couverture.
- **Croupe :** pan de couverture de forme généralement triangulaire, limité latéralement par des arêtiers et dans le bas par un égout.
- **Égout :** ligne basse d'un pan de couverture.
- **Faîtage :** ligne de partage des eaux, déterminée par l'intersection supérieure de deux pans alternés de couverture.
- **Lucarne :** construction recouvrant une baie ouverte sur un pan de couverture. Le dessus est recouvert par un comble, les côtés forment les jouées.
- **Noue :** ligne rentrante inclinée, droite ou courbe, formée par l'intersection latérale de deux pans de couverture. C'est, avec l'égout, la ligne de couverture qui reçoit le plus d'eau.
- **Pénétrations :** elles peuvent être continues (tête de pignon, mur mitoyen) ou discontinues (souche).
- **Queue de vache :** saillie de toit, qui se trouve à l'égout d'un pan de couverture, pour protéger les façades et toutes les saillies qu'elles comportent.
- **Rive latérale :** ligne limitant un pan de couverture sur ses côtés.
- **Rive de tête :** ligne située à la partie haute d'un pan de couverture.
- **Saillie de rive :** saillie de toit située sur les rives des combles pour protéger les murs et toutes les saillies qu'ils comportent.
- **Versant ou long pan :** pan de couverture limité en tête par un faîtage ou une rive de tête, dans le bas par un égout et sur les côtés par des rives, arêtiers ou noues.
- **Trappes d'accès :** ouvrages permettant l'accès sur la couverture.

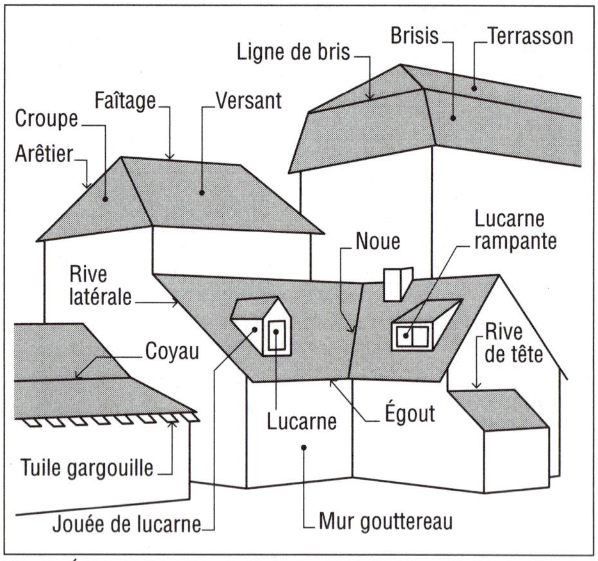


*Fig. 1. Éléments apparents de la couverture.*

### 2.2. Éléments supports de la couverture

**Le support** de couverture est l'élément servant directement d'appui aux éléments de la couverture (tuile, etc.) et assurant son positionnement. Il peut être constitué notamment par des liteaux, des voliges ou des planches emboîtées ou bord à bord, des panneaux contreplaqués (extérieur CTB-X : NF B 54-160 et 161), des panneaux de particules (CTB-H : NF B 54-100 et 110) : figure 2.

**Un voligeage** est une aire constituée par des voliges clouées sur les chevrons et destinée à recevoir les matériaux de couverture.

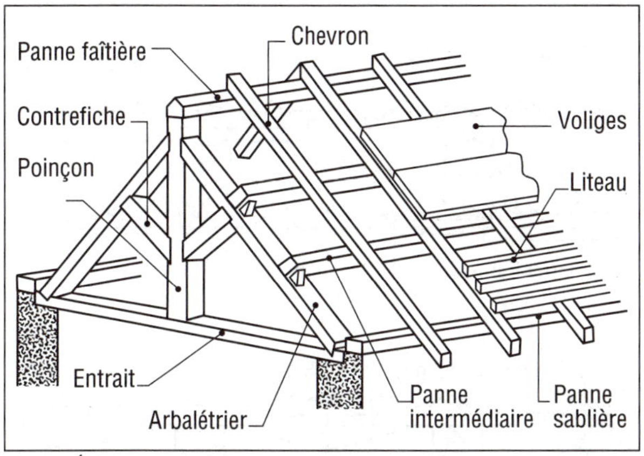


*Fig. 2. Éléments supports de la couverture.*

## 2.3. Termes relatifs à la mise en œuvre

Les termes suivants sont utilisés pour décrire la mise en œuvre d'éléments de couverture.

**Un doublis** est un ouvrage exécuté au départ d'une couverture en ardoises et consistant à placer, sous les liaisons du premier rang de la couverture, au moins un rang d'ardoises de hauteur réduite.

**L'écart de feu** (p. 262) est la distance entre les bois et la face intérieure des conduits, au droit des cheminées. Les bois s'arrêtent à la distance de l'écart de feu, pour être remplacés par un glacis en plâtre ou en mortier de liant hydraulique.

**Un écran (sous-toiture)** est un élément généralement continu, souple ou rigide, armé ou non, interposé entre le comble et la face interne des tuiles : figure 3.

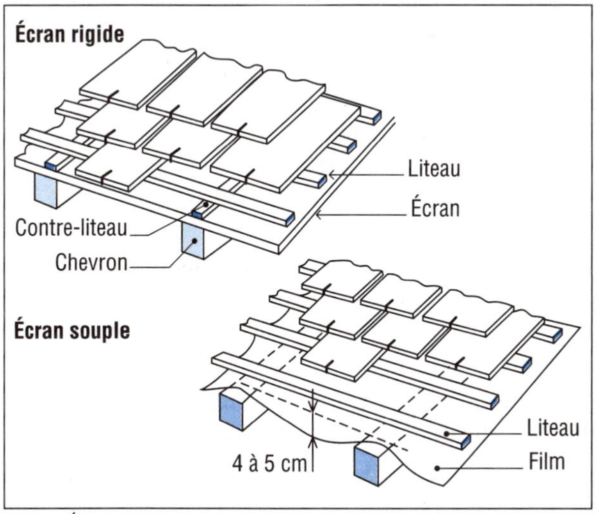


*Fig. 3. Écran ou sous-toiture.*

**Une embarrure** est un garnissage en mortier ou en plâtre calfeutrant le vide entre les bords d'une faîtière et les tuiles de la couverture.

**Un larmier** est constitué par l'ensemble des pliures comprenant un pli, un biseau et une pince.

**Un noquet** est un ouvrage métallique à reliefs destiné à raccorder la couverture avec une pénétration contre un mur ou un tasseau.

**Le pannetonnage** est l'opération consistant à attacher par le dessous les tuiles d'une couverture exposée à de grands vents.

**Un parement** est un garnissage en mortier ou en plâtre analogue à l'embarrure, mais situé sur une rive latérale.

**Le pureau** (P) est la partie visible des éléments d'une couverture en petits éléments ; ce terme s'emploie en général pour désigner la hauteur de cette partie (fig. 4).

**Un rang de doublage** correspond au rang d'ardoises posées en recouvrement sur un ouvrage de rive, de faîtage ou d'arêtier.

**Le recouvrement** (R) est la partie haute de l'ardoise qui ne reçoit jamais d'eau directement. Ce terme s'emploie en général pour désigner la hauteur de cette partie (fig. 4).

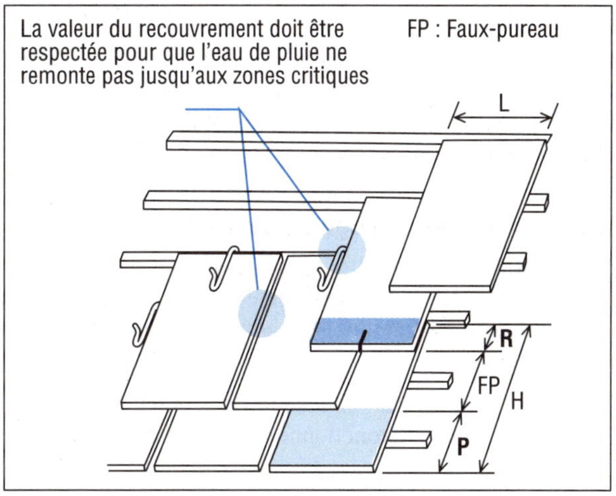


*Fig. 4. Pureau (P) et recouvrement (R).*

**Un solin** est un garnissage en mortier ou en plâtre en forme de talus, recoupé du côté de la tuile et amorti sur la paroi du mur ou de la pénétration (fig. 5).

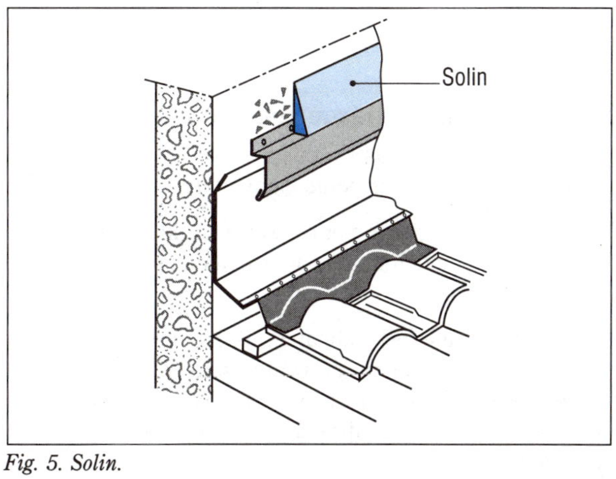


*Fig. 5. Solin.*

**Un tenon** est un relief profilé en sous-face de tuile permettant son accrochage sur le support (liteaux par exemple).

**Un toit froid** est un toit conçu de telle façon qu'il existe, sous les tuiles et leur support, un espace ventilé séparé du volume du comble par un écran formant une isolation thermique. C'est pratiquement la seule technique mise en œuvre sur les constructions neuves.

## 2.4. Prescriptions générales relatives aux travaux de couverture

Les structures porteuses doivent être exécutées en conformité avec les règles et cahiers des charges en vigueur (notamment les Règles Neige 96, NV 65, 67 et annexes, CB 71). Des restrictions (non abordées ici) sont à prendre en compte concernant le climat de montagne caractérisé par une implantation du bâtiment à plus de 900 mètres d'altitude (charge climatique normale de neige supérieure à 1,85 kN/m²).

La conception et la réalisation de la couverture devront tenir compte des sujétions inhérentes aux conditions climatiques locales (résistance des supports, réalisation effective d'un toit froid, fixation des tuiles, etc.).

### 2.4.1. Conditions d'usage et d'entretien

La condition de durabilité, après exécution d'un ouvrage de bonne qualité, ne peut être obtenue que si ces ouvrages sont entretenus et si leur usage est normal, ce qui impose :

- d'enlever la végétation, les mousses et les débris, pouvant nuire au bon fonctionnement de la couverture,
- de maintenir en bon état les ouvrages accessoires (solins, souches...), les évacuations d'eaux pluviales, les éléments du support de la couverture et de prévoir une ventilation suffisante de la sous-face des tuiles,
- de limiter la circulation au strict nécessaire pour les entretiens et les travaux annexes (fumisterie, pose d'antennes).

### 2.4.2. Isolation thermique sous rampants

L'isolant ne sera jamais en contact avec la sous-face des liteaux (et *a fortiori* des petits éléments).

Un espace sera réservé pour assurer un libre passage de l'air (fig. 6), compte tenu des déformations possibles de ce film et de l'isolant.

Lorsque le comble est habitable, un habillage de la charpente est généralement prévu en sous-face. Si l'isolant spécifique est disposé entre chevrons, il est généralement utile de prévoir un contre-lattage pour assurer le libre passage de l'air.

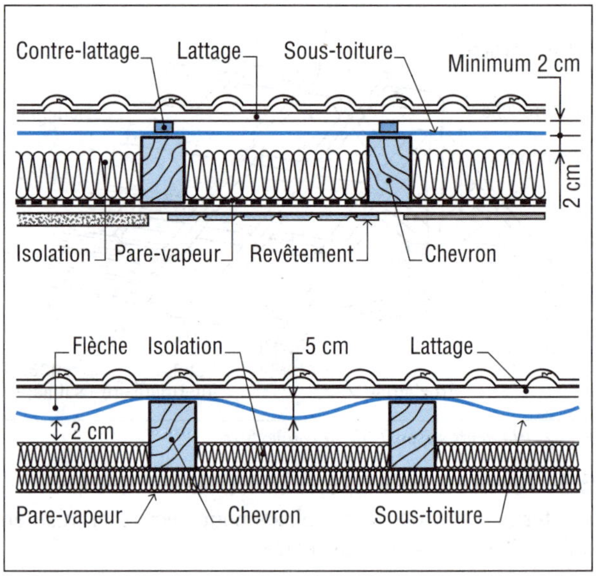


*Fig. 6. Ventilation du support de couverture dans le cas d'une isolation thermique sous rampants.*

### 2.4.3. Bois massifs de couverture

Toutes les essences admises en charpente (p. 51 ou règles CB 71, art. 2, 12) sont utilisables, le sapin et l'épicéa étant préférables à toutes autres essences pour l'exécution des voligeages.

**Les caractéristiques physiques** des bois seront les suivantes :

- bois secs à l'air (13 % < humidité < 20 %),
- liteaux, voliges (portée entre appuis < 1,20 m),
- planches, chevrons (portée entre appuis > 1,20 m) : bois de catégorie I (NF B 52-001 : catégorie 1).

Plus généralement, on évitera les défauts susceptibles de réduire gravement la résistance des éléments :

- nœuds ou flaches réduisant de plus d'un quart la section,
- champignons, insectes,
- pente de fil supérieure à 12 % par rapport à l'axe géométrique de la pièce.

**Une protection fongicide et insecticide** peut être exigée dans les documents particuliers du marché suivant les circonstances, les lieux d'emploi et la nature des bois utilisés (fascicule D. 600 du Centre Technique du Bois).

**L'écart de feu pour Paris** est égal à 16 cm pour les bois de charpente et 7 cm pour les bois légers de menuiserie.

# 3. CRITÈRES DE CHOIX

Afin de choisir le type de couverture à utiliser, il conviendra d'examiner les critères suivants :

- le lieu de la construction (région, site),
- la pente et la longueur des versants,
- la forme de la couverture pour repérer l'importance des pénétrations.

## 3.1. Zones climatiques

On distingue trois zones climatiques définies fig. 7. Ces zones prennent en compte l'interaction pluie-vent.

- Zone I : tout l'intérieur du pays situé à une altitude inférieure à 200 m.
- Zone II : côte atlantique sur une profondeur de 20 km de Lorient à la frontière espagnole : transition de 20 km entre la région I et la région III pour les côtes de la Manche et de la Bretagne ; altitudes comprises entre 200 et 500 m.
- Zone III : côtes de la mer du Nord, de la Manche et de l'Atlantique jusqu'à Lorient sur une profondeur de 20 km ; vallée du Rhône jusqu'à la pointe des trois départements Isère, Drôme et Ardèche ; Provence, Languedoc, Roussillon, Corse ; altitudes au-dessus de 500 m.

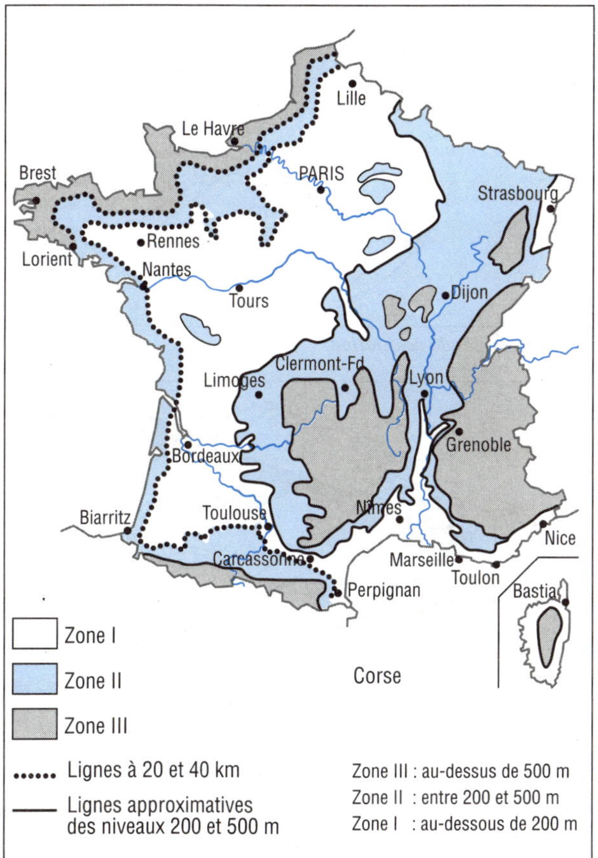


*Fig. 7. Zones climatiques.*

## 3.2. Types de sites

**Un site** est une surface localisée de très faible étendue par rapport aux zones définies par les régions. Ce paramètre permet de prendre en compte les effets résultant de la situation locale.

La figure 8 précise les différents sites qu'il convient de distinguer.

**Sites protégés** (un fond de cuvette entouré de collines sur tout son pourtour et protégé ainsi quelle que soit la direction du vent, un terrain bordé de collines sur une partie de son contour, correspondant à la direction des vents les plus violents).

**Sites normaux** (plaine ou plateau pouvant présenter des dénivellations peu importantes, étendues ou non (vallonements, ondulations)).

**Sites exposés** (le littoral sur une profondeur d'environ 5 km, le sommet des falaises, les îles, les vallées étroites où le vent s'engouffre, les montagnes isolées et élevées et certains cols).

1) au voisinage de la mer

2) à l'intérieur du pays

*Fig. 8. Différents types de site.*

## 3.3. Pente d'un versant (fig. 9)

La pente du toit est l'angle que fait la ligne de plus grande pente des eaux du versant avec le plan horizontal.

L'inclinaison d'une couverture s'exprime en degrés par rapport à l'horizontale : définir la pente par mètre peut faciliter le tracé à l'atelier ou sur le chantier.

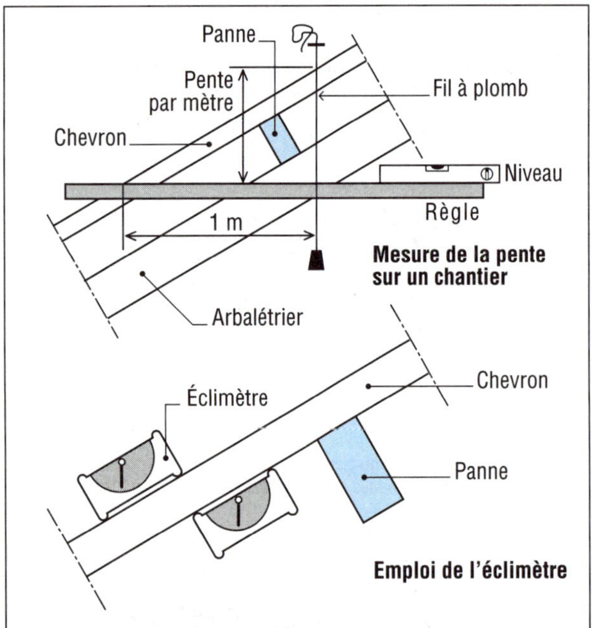


| % | Degrés | % | Degrés |
|---|---|---|---|
| 190 | 62°15 | 100 | 45° |
| 185 | 61°30 | 95 | 43°30 |
| 180 | 61° | 90 | 42° |
| 175 | 60°15 | 85 | 40°15 |
| 170 | 59°30 | 80 | 38°30 |
| 165 | 58°45 | 75 | 37° |
| 160 | 58° | 70 | 35° |
| 155 | 57° | 65 | 33° |
| 150 | 56°15 | 60 | 31° |
| 145 | 55°30 | 55 | 28°45 |
| 140 | 54°30 | 50 | 26°30 |
| 135 | 53°30 | 45 | 24°15 |
| 130 | 52°30 | 40 | 21°45 |
| 125 | 51°15 | 35 | 19°15 |
| 120 | 50°15 | 30 | 16° |
| 115 | 49° | 25 | 14° |
| 110 | 47°45 | 20 | 11°15 |
| 105 | 46°30 | 15 | 10° |

*Fig. 9. Pente d'un versant.*

## 4. DISPOSITIONS GÉNÉRALES

La ventilation de la sous-face de la couverture et de son support doit toujours être assurée.

**La section des orifices de ventilation (tableau 1) varie selon :**

- la perméance à la vapeur d'eau de la paroi séparant les locaux habitables du comble ou de la lame d'air ventilé ;
- la surface de transfert constituée par la paroi (le plancher du comble s'il n'est pas aménagé, la couverture dans le cas de plafond sous rampant) ;
- la présence ou non d'un écran.

### 4.1. Répartition des orifices de ventilation

Leur section totale doit être répartie pour moitié en partie basse du ou des versants, pour l'autre moitié, au voisinage du faîtage.

Lorsque la pose est effectuée avec écran, interrompu en faîtage, la section des orifices correspond à la somme des sections de ventilation sous les éléments de couverture et sous l'écran.

### 4.2. Nature des orifices

Les orifices en égout et/ou en faîtage sont du type chatières (fig. 10), tuiles de ventilation (fig. 11), grilles (ou fentes continues) en façade (ou avancée de toit), closoirs permettant la ventilation de la sous-face de l'écran (fig. 12).

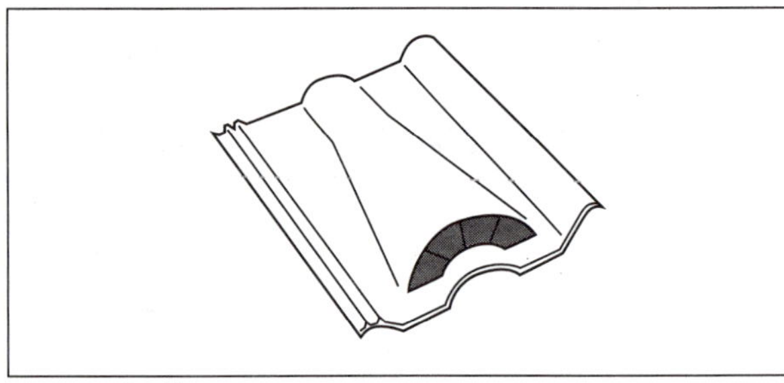

*Fig. 10. Chatières.*

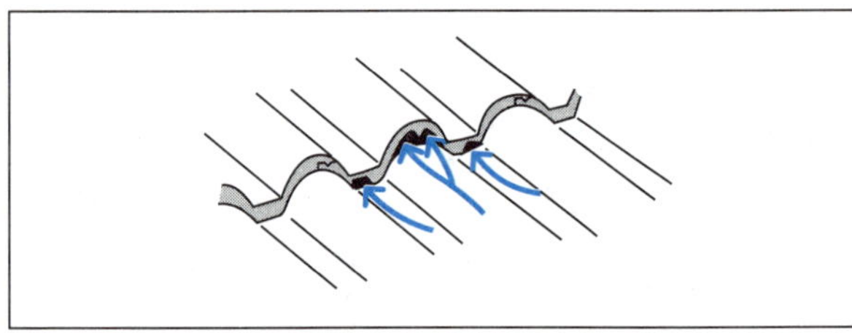

*Fig. 11. Tuiles de ventilation.*

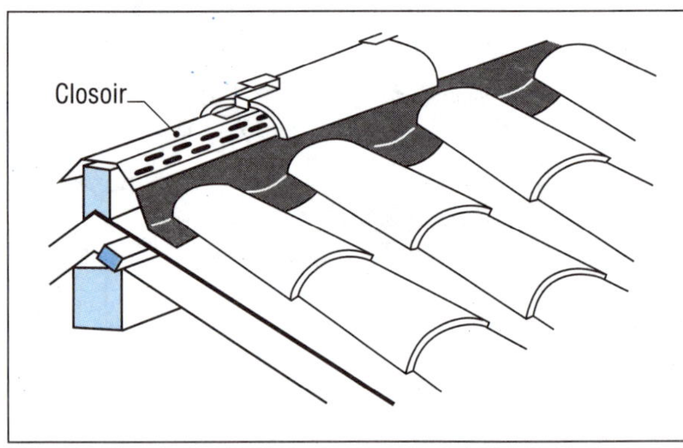


*Fig. 12. Cloisoir de ventilation.*

Pour un **comble non aménagé**, des grilles disposées en partie haute des pignons peuvent suffire si ceux-ci ne sont pas distants de plus de 12 m.

## 5. ÉCRANS (Fig. 13a et b)

Ils doivent permettre la fixation des liteaux, supports des tuiles, ainsi que des contre-liteaux destinés à assurer la ventilation de la sous-face de ces dernières.

L'emploi d'écrans perméables à la vapeur d'eau contribue à réduire les risques de condensation.

On peut utiliser deux types d'écran :

- un écran souple constitué de lés de feutre bitumés (type 36S min. selon NF P 84-307), ou de lés en polyéthylène (épaisseur mini. 100 µm) posés parallèlement à l'égout, avec recouvrement de 10 cm environ.
- un écran rigide constitué de voliges ou planches (emboîtées ou bord à bord), ou de panneaux contreplaqués (extérieur CTB-X, format maxi. : 315 × 155 cm, *e* mini. = 10 mm selon NF B 54-160 et -161), ou de panneaux de particules (CTB-H, format maximum : 370 × 125 cm, *e* minimum = 16 mm selon NF B 54-100 et -110).

Le tableau 1 détaille les sections totales des orifices de ventilation à prévoir.

| Cas courant (hygrométrie moyenne) CSTB, mai 84, cahier 1926 | Ardoises | Tuiles en terre cuite ou en béton |
|---|---|---|
| | **Sans écran** | |
| 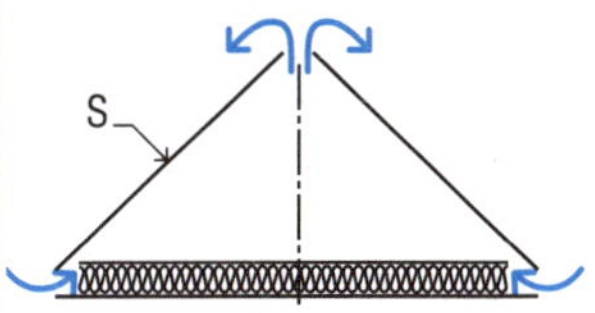 | $S \geq S_c/3\,000$ | $S \geq S_c/5\,000$ |
| | **Avec écran** | |
| 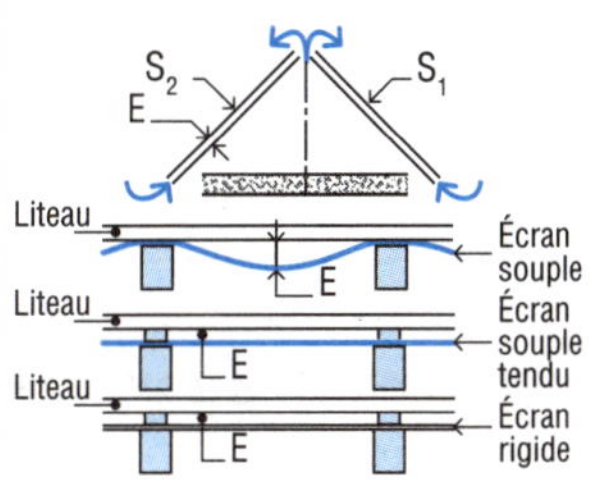 | $S_1 \geq S_c/3\,000$<br>$S_2 \geq S_c/500$<br>$E \geq 2$ cm | $S_1 \geq S_c/5\,000$<br>$S_2 \geq S_c/500$<br>$E \geq 2$ cm(1)<br>$E \geq 4$ à 5 cm(2) |
| 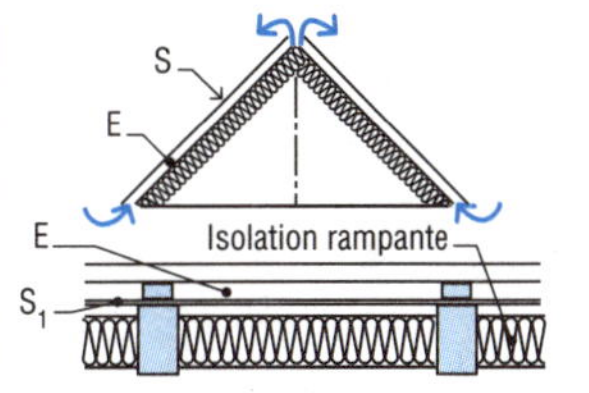 | $S \geq S_c/800$<br>$E \geq 2$ cm | $S \geq S_c/1\,250$<br>$E \geq 2$ cm |
| 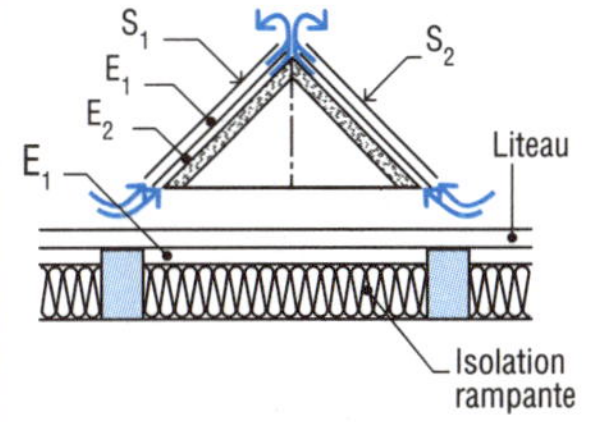 | $S_1 \geq S_c/3\,000$<br>$S_2 \geq S_c/1\,200$<br>$E_1 \geq 2$ cm<br>$E_2 \geq 4$ cm(1)<br>$E_2 \geq 2$ cm(2) | $S_1 \geq S_c/5\,000$<br>$S_2 \geq S_c/1\,200$<br>$E_1 \geq 2$ cm<br>$E_2 \geq 4$ cm(1)<br>$E_2 \geq 2$ cm(2) |

(1) : Écran rigide
(2) : Écran souple

*Nota :* les surfaces d'ouvertures S se rapportent à la surface totale $S_c$ de la couverture **évaluée en plan**.

*Tableau 1. Section totale des orifices de ventilation S, et épaisseur de la lame d'air E en fonction du type de couverture.*

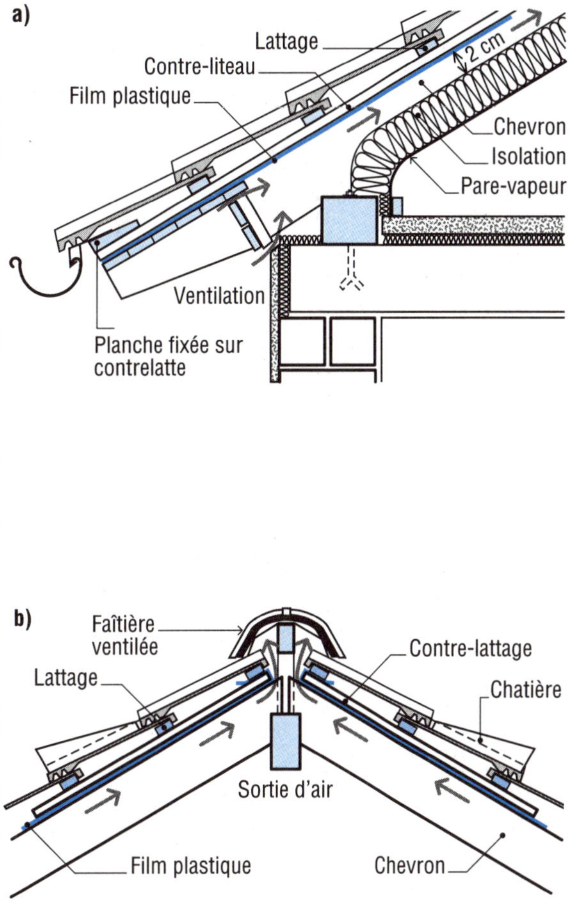


Fig. **a** : une isolation sous rampant est prévue avec un écran souple.
Fig. **b** : comble sous rampant non isolée : disposition admise pour écran souple. L'écran souple peut remplir d'autres fonctions : isolation thermique, protection contre la neige poudreuse.

*Fig. 13. Écran souple (dispositions constructives envisageables).*

## 6. COUVERTURE EN ARDOISES NATURELLES

Le mot « ardoise » désigne exclusivement toute plaque de couverture tirée d'un schiste ardoisier.

Les modèles, usages, dimensions et poids sont donnés par le tableau 2.

Exemple de désignation (NF P 32-301) : ardoise de 1re catégorie ordinaire, 250 × 180 × 2,7 (a), couleur bleue, devant subir l'essai de porosité, (b) :

(a) : dimensions nominales en mm ;
(b) : référence à la norme les concernant.

| | Modèle (Angers - Trélazé) | | Format H × L en mm | Épaisseur nominale en mm | Poids au 1 000 en kg | Nombre d'ardoises au m² au crochet de 9 cm R = 85 mm |
|---|---|---|---|---|---|---|
| Traditionnel | 35 × 25 | | 355 × 250 | 2,8 | 690 | 29,3 |
| | 32 × 22 | | 325 × 220 | 2,7 | 540 | 37,4 |
| | 35 × 22 | | 300 × 220 | 2,6 | 450 | 41,7 |
| | 30 × 22 | | 300 × 220 | 2,6 | | |
| | 30 × 22 | | 300 × 220 | 2,9 | 540 | 41,7 |
| | 30 × 20 | | 300 × 200 | 2,7 | 440 | 45,8 |
| | 30 × 18 | Usage | 300 × 180 | 2,7 | 380 | 50,8 |
| | 30 × 16 | courant | 300 × 160 | 2,7 | 340 | 57,1 |
| | 27 × 18 | | 270 × 180 | 2,7 | 350 | 59,1 |
| | 27 × 16 | | 270 × 160 | 2,7 | 310 | 66,3 |
| | 27 × 15 | | 270 × 150 | 2,7 | 290 | 70,6 |
| | 25 × 18 | | 250 × 180 | 2,7 | 320 | |
| | 25 × 15 | | 250 × 150 | 2,7 | 260 | |
| | 22 × 16 | | 220 × 160 | 2,7 | 250 | |
| | 22 × 12 | | 220 × 120 | 2,7 | 190 | |
| Extra-fort | 46 × 30 E.F. | | 460 × 300 | 3,8 | 1 500 | 21,4* |
| | 46 × 25 E.F. | | 460 × 250 | 3,8 | 1 270 | 25,6* |
| | 40 × 25 E.F. | | 405 × 250 | 3,8 | 1 100 | 24,7 |
| | 40 × 20 E.F. | Climat | 405 × 200 | 3,8 | 870 | 30,8 |
| | 35 × 25 E.F. | difficile | 355 × 250 | 3,8 | 950 | 29,3 |
| | 35 × 20 E.F. | | 355 × 200 | 3,8 | 720 | 36,5 |
| | 30 × 20 E.F. | | 300 × 200 | 3,8 | 610 | 45,8 |
| Carrée | 36 × 36 4 P.5 | Bâtiment | 355 × 355 | 3,8 | 1 280 | |
| | 33 × 33 4 P.5 | industriel | 325 × 325 | 3,8 | 1 050 | |
| | 30 × 30 4 P.5 | ou | 300 × 300 | 3,8 | 890 | |
| | (4 pans de 5) | agricole | | | | |
| Historique | 30 × 20 H1 | | 300 × 200 | 4,5 | 760 | 45,8 |
| | 30 × 18 H1 | | 300 × 180 | 4,5 | 670 | 50,8 |
| | 27 × 18 H1 | Monuments | 270 × 180 | 4,5 | 600 | 59,1 |
| | 30 × 20 H2 | classés | 300 × 200 | 6,7 | 1 000 | 45,8 |
| | 30 × 18 H2 | | 300 × 180 | 6,7 | 900 | 50,8 |
| | 27 × 18 H2 | | 270 × 180 | 6,7 | 820 | 0 |

* Nombre d'ardoises au m² avec un recouvrement de 153 mm, crochet ondulé de 16 cm.

*Tableau 2. Caractéristiques des ardoises naturelles.*

On peut choisir le mode de pose (clouée ou crochetée) en fonction des critères donnés par le tableau 3.

| | Avantages | Inconvénients |
|---|---|---|
| Clou | – aspect net<br>– parement perméable aux neiges poudreuses<br>– permet tous les travaux de coupe | – pose par des ouvriers hautement qualifiés<br>– temps de pose au m² relativement important<br>– risque de casse ou perçage<br>– voligeage plein, double lattis<br>– répartition délicate |
| Crochet | – pose rapide<br>– un liteau posé tous les pureaux<br>– résistance aux grands vents<br>– prix au m² moins élevé<br>– réparation et remaniage aisés | – couverture moins nette<br>– peut laisser passer la neige poudreuse<br>– prend les poussières<br>– tige du crochet très sensible aux oxydations |

*Tableau 3. Critères de choix du mode de pose.*

## 6.1. Pose au clou sur voliges espacées de 5 mm environ

La dénomination des clous doit être conforme à la norme (NF P 37-401) : le premier nombre indique la longueur, le second la section à la jauge de Paris. Ainsi, un clou 16/13 a une longueur de 16 mm et un diamètre de 22 mm (tableau 4).

| n° de jauge | 13 | 15 | 16 | 17 | 18 | 19 | 20 | 21 | 22 | 23 |
|---|---|---|---|---|---|---|---|---|---|---|
| Ø (mm) | 2 | 2,4 | 2,7 | 3,0 | 3,4 | 3,9 | 4,4 | 4,9 | 5,4 | 5,9 |

*Tableau 4. Section des clous à la jauge de Paris.*

Ils peuvent être en acier doux, à tige cylindrique, s'oxydant plus ou moins vite (tableau 5a), en acier doux galvanisé à tige cylindrique, résistant convenablement à l'oxydation, en cuivre à section cylindrique ou carrée (utilisées dans les régions de grand vent ou pour les sites exposés (tableau 5b), ou en acier inoxydable.

On choisira les clous grâce au tableau 5.

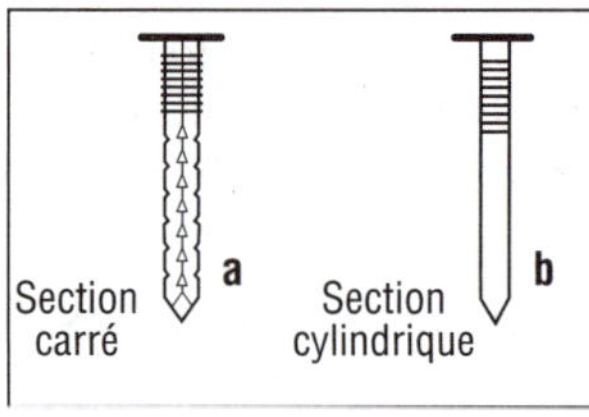


| Modèle d'ardoises | Dimensions des clous |
|---|---|
| – Ordinaire<br>Anglais | 27/15, 27/16<br>30/16, 30/17,<br>35/16, 35/17 |
| – H1 et rugueux<br><br>H2 | 40/16, 40/17,<br>40/18<br>45/18 |

*Tableau 5. Choix des clous.*

La position des clous correspondra aux indications de la figure 14. Deux modes de fixations sont possibles :

– 1 clou de tête en A;
– 2 clous de milieu en B.

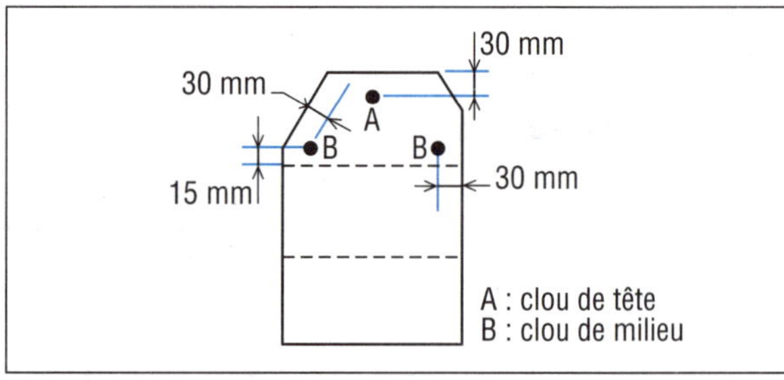


*Fig. 14. Position des clous.*

## 6.2. Pose au crochet sur liteaux ou voliges

La pose du crochet est montrée figure 15.

Sur liteaux (40 × 14), on utilise des crochets à agrafe (fig. 15a) ; sur voliges jointives (largeur : 12 ou 14 mm, jusqu'à 18 à 20 mm dans les sites exposés), on utilise des crochets à pointe (fig. 15b).

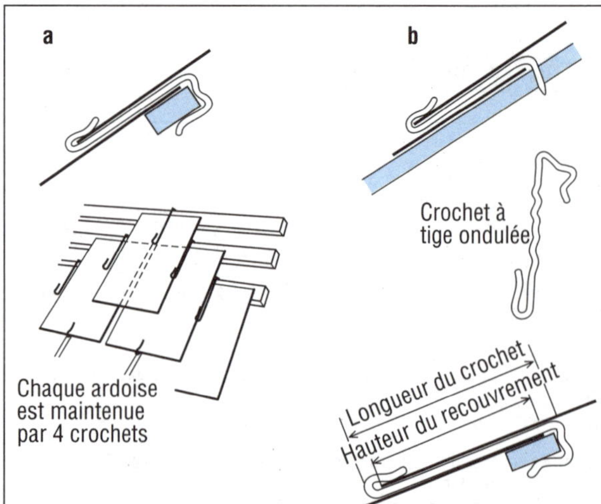


*Fig. 15. Pose au crochet.*

Les crochets sont en acier doux galvanisé, ou en cuivre écroui, ou en acier inoxydable (recommandé en bord de mer).

On choisira les crochets grâce au tableau 6.

| Longueur du crochet (cm) | Modèle d'ardoise | | | | | | | | | Type de crochet |
|---|---|---|---|---|---|---|---|---|---|---|
| | Ordinaire | | | Anglais | | | Épais et H1 | | | |
| | Inox | Galv. | Cuiv. | Inox | Galv. | Cuiv. | Inox | Galv. | Cuiv. | |
| 7 - 8 - 9 | 16 | 16 | 16 | 16 | 16 | 17 | 16 | 17 | 18 | Ordinaire |
| 10 - 11 - 12 | 16 | 16 | 17 | 16 | 17 | 17 | 16 | 17 | 18 | |
| 12 - 13 - 14 | – | – | – | 16 | 17 | 18 | 17 | 18 | 19 | Ondulé |
| 15 - 16 | – | – | – | 16 | 17 | 18 | 17 | 19 | 19 | |

*Tableau 6. Diamètre du fil à utiliser en fonction de la longueur du crochet et du modèle d'ardoise (Ø donné par n° de jauge).*

## 6.3. Mise en œuvre

Il existe plusieurs façons de couvrir les différents combles d'une toiture, selon la région, la nature du bâtiment, l'effet recherché. La pose classique (fig. 16) respecte les principes généraux suivants :

- les rangs sont perpendiculaires à la ligne de plus grande pente des eaux ;
- les éléments d'ardoise, parfois de métal (noquet), se recouvrent à chaque rang en partant de l'égout vers le faîtage ;
- le recouvrement minimum prévu selon le mode de pose est rigoureusement respecté pour assurer l'étanchéité.

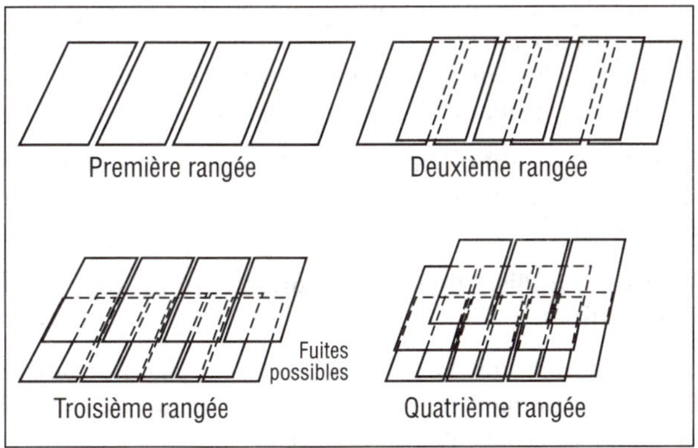


*Fig. 16. Pose classique des ardoises naturelles.*

## 6.4. Ventilation de la sous-face de la toiture

Les sections des entrées (près de l'égout) et des sorties (près du faîtage) ainsi que leur répartition sont fonction de l'exposition, du site, de la pente de la toiture, du mode d'utilisation du volume du comble, sans que le DTU n° 40-11 soit plus explicite (p. 237).

## 6.5. Pentes et recouvrements

La hauteur du recouvrement minimum est donné par le tableau 7 (pose au clou) et par le tableau 8 (pose au crochet) en fonction de la situation géographique, de la pente et de la longueur en projection horizontale du rampant de la couverture.

| Pentes en m.p.m. | Projection horizontale du rampant (en m) | | | | | | | | |
|---|---|---|---|---|---|---|---|---|---|
| | Région I | | | Région II | | | Région III | | |
| | 0 à 5,50 | 5,51 à 11,00 | 11,01 à 16,50 | 0 à 5,50 | 5,51 à 11,00 | 11,01 à 16,50 | 0 à 5,50 | 5,51 à 11,00 | 11,01 à 16,50 |
| 0,20 | 161 | | | | | | | | |
| 0,225 | 145 | 175 | | | | | | | |
| 0,25 | 133 | 158 | | 177 | | | | | |
| 0,275 | 125 | 145 | 175 | 160 | | | | | |
| 0,30 | 120 | 134 | 158 | 150 | 177 | | | | |
| 0,325 | 112 | 124 | 143 | 137 | 160 | | 170 | | |
| 0,35 | 106 | 116 | 133 | 128 | 146 | 172 | 157 | | |
| 0,375 | 102 | 110 | 123 | 121 | 137 | 156 | 145 | 177 | |
| 0,40 | 96 | 106 | 116 | 116 | 129 | 135 | 137 | 155 | 172 |
| 0,45 | 91 | 97 | 104 | 105 | 115 | 126 | 122 | 135 | 148 |
| 0,50 | 87 | 90 | 96 | 98 | 106 | 114 | 112 | 122 | 132 |
| 0,55 | 81 | 86 | 90 | 93 | 99 | 106 | 105 | 112 | 120 |
| 0,60 | 78 | 82 | 85 | 88 | 93 | 98 | 98 | 104 | 110 |
| 0,70 | 74 | 76 | 79 | 82 | 86 | 90 | 90 | 95 | 100 |
| 0,80 | 71 | 72 | 74 | 78 | 81 | 84 | 85 | 89 | 97 |
| 0,90 | 67 | 69 | 71 | 75 | 77 | 80 | 82 | 84 | 92 |
| 1,00 | 65 | 67 | 68 | 72 | 74 | 77 | 78 | 81 | 84 |
| 1,20 | 64 | 64 | 65 | 69 | 70 | 72 | 74 | 76 | 78 |
| 1,40 | 60 | 62 | 62 | 66 | 68 | 70 | 72 | 74 | 76 |
| 1,70 | 59 | 60 | 60 | 64 | 66 | 67 | 69 | 71 | 72 |
| 2,00 | 58 | 59 | 59 | 63 | 64 | 66 | 68 | 69 | 71 |
| 2,50 | 57 | 57 | 58 | 62 | 63 | 64 | 66 | 68 | 69 |
| 3,00 | 57 | 57 | 57 | 61 | 62 | 63 | 66 | 68 | 69 |
| 3,75 | 56 | 55 | 55 | 61 | 62 | 63 | 66 | 67 | 67 |
| Verticale | 55 | 55 | 55 | 60 | 61 | 62 | 64 | 65 | 66 |

*Tableau 7. Pose au clou – Hauteur du recouvrement minimum en mm.*

## 6.6. Exemple d'utilisation des tableaux et des formules

Soit une couverture à réaliser à Argentan dans l'Orne :

- la pente du toit est de 35° ou encore de 0,7 m.p.m ;
- Argentan se trouve en région II (carte p. 235) ;
- la projection horizontale du rampant est de 4 m.

On lit (tableau 8 ci-après) que le recouvrement minimum au crochet est de 94 mm. Cette donnée permet d'obtenir, par les formules de calculs (fig. 17), les dimensions d'ardoises admissibles : du 355 × 250 au 300 × 180 pour un modèle traditionnel (p. 238, tableau 2).

Les formules de calcul donnent aussi la dimension du pureau, le nombre d'ardoises au m$^2$, la longueur du crochet et la quantité de liteaux nécessaire.

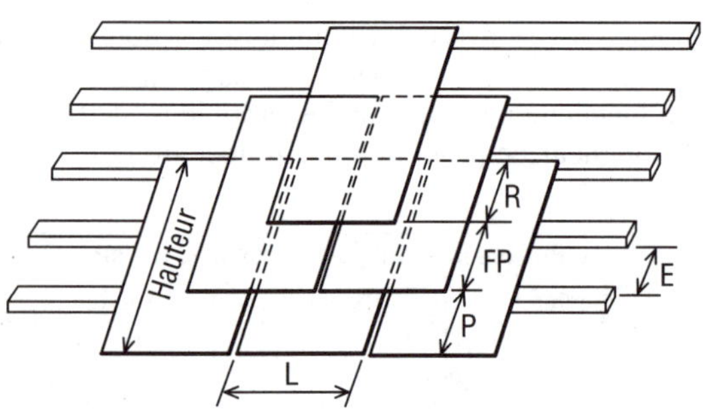


| | | |
|---|---|---|
| FORMAT DE L'ARDOISE | $H \geqslant 3\,R$<br>$L \simeq 2\,R$ | H : Hauteur de l'ardoise en mm<br>L : Largeur de l'ardoise en mm<br>R : Recouvrement en mm |
| PUREAU | $P = \frac{H - R}{2}$ | P : Pureau en mm |
| CROCHET | se définit par la longueur, la jauge et le métal,<br>a) Longueur $C = \frac{R + 3\text{ mm}}{10}$ (arrondi à l'unité sup.)<br>b) Diamètre D : voir correspondance en mm du n° de jauge dans le tableau 4 p. 238. | |
| ÉCARTEMENT DES LITEAUX | E = P (mm) | |
| NOMBRE D'ARDOISES AU M² | $E = \frac{1}{P(L + D)} \times 10^6$<br>Dans le cas d'utilisation d'un crochet ondulé remplacer D par D' (D' = D + 1 mm) | |
| NOMBRE DE MÈTRES DE LITEAUX AU M² | $\frac{1}{P} \times 10^3$ | |

*Fig. 17. Formules de calcul.*

| Pentes en m.p.m. | Projection horizontale du rampant (en m) | | | | | | | | |
|---|---|---|---|---|---|---|---|---|---|
| | Région I | | | Région II | | | Région III | | |
| | 0 à 5,50 | 5,51 à 11,00 | 11,01 à 16,50 | 0 à 5,50 | 5,51 à 11,00 | 11,01 à 16,50 | 0 à 5,50 | 5,51 à 11,00 | 11,01 à 16,50 |
| 0,20 | 153 | | | | | | | | |
| 0,225 | 147 | | | | | | | | |
| 0,25 | 141 | 153 | | | | | | | |
| 0,275 | 136 | 147 | | 153 | | | | | |
| 0,30 | 131 | 142 | 153 | 147 | | | | | |
| 0,325 | 126 | 136 | 147 | 141 | 153 | | | | |
| 0,35 | 122 | 131 | 142 | 136 | 147 | | 153 | | |
| 0,75 | 118 | 127 | 137 | 132 | 142 | 153 | 147 | | |
| 0,40 | 114 | 123 | 132 | 127 | 137 | 147 | 142 | 153 | |
| 0,45 | 107 | 115 | 124 | 119 | 128 | 138 | 133 | 143 | 153 |
| 0,50 | 102 | 109 | 117 | 113 | 121 | 130 | 126 | 134 | 142 |
| 0,55 | 97 | 103 | 111 | 107 | 115 | 123 | 119 | 127 | 135 |
| 0,60 | 92 | 99 | 106 | 103 | 109 | 117 | 113 | 121 | 128 |
| 0,70 | 86 | 92 | 98 | 94 | 101 | 107 | 104 | 110 | 117 |
| 0,80 | 80 | 86 | 91 | 88 | 94 | 100 | 97 | 103 | 108 |
| 0,90 | 76 | 81 | 87 | 84 | 89 | | 92 | 98 | 102 |
| 1,00 | 73 | 78 | 83 | 80 | 85 | 91 | 88 | 93 | 97 |
| 1,20 | 69 | 73 | 78 | 75 | 80 | 85 | 82 | 87 | 91 |
| 1,40 | 65 | 70 | 74 | 72 | 77 | 81 | 79 | 83 | 87 |
| 1,70 | 62 | 67 | 71 | 69 | 73 | 77 | 75 | 80 | 84 |
| 2,00 | 61 | 65 | 69 | 67 | 71 | 75 | 73 | 77 | 81 |
| 2,50 | 59 | 63 | 67 | 65 | 69 | 73 | 71 | 75 | 79 |
| 3,00 | 58 | 62 | 66 | 63 | 68 | 72 | 70 | 74 | 78 |
| 3,75 | 58 | 61 | 65 | 62 | 67 | 71 | 69 | 73 | 76 |
| Verticale | 58 | | | 60 | | | 65 | | |

*Tableau 8. Pose au crochet – Hauteur du recouvrement minimum en mm.*

| Section des liteaux et voliges (établi compte tenu d'un écartement maximum de 0,15 m entre liteaux ou voliges) | Charge en daN/m² / Section H × L en mm | ardoise + charge climatique | | | |
|---|---|---|---|---|---|
| | | 75 | 100 | 150 | 200 |
| Liteaux | 14 × 40 | 0,35 | 0,35 | 0,35 | 0,35 |
| | 14 × 50 | 0,40 | 0,40 | 0,40 | 0,40 |
| | 18 × 50 | 0,66 | 0,66 | 0,66 | 0,66 |
| | 18 × 75 | 0,99 | 0,99 | 0,92 | 0,84 |
| | 25 × 50 | 1,20 | 1,20 | 1,12 | 1,02 |
| Voliges | 12 × 100 | 0,59 | 0,59 | 0,59 | 0,59 |
| | 15 × 100 | 0,91 | 0,91 | 0,85 | 0,77 |
| | 18 × 100 | 1,20 | 1,16 | 1,02 | 0,92 |

*Tableau 9. Écartement entre les chevrons exprimé en mètres.*

## 7. TUILES

### 7.1. Caractéristiques générales

La tuile à emboîtement et à glissement longitudinal comporte des moulages destinés à assurer l'étanchéité de l'assemblage (sauf pour les tuiles plates), et des réservations (éventuellement), destinées à permettre la fixation sur les supports.

L'emboîtement est un dispositif permettant l'assemblage de deux tuiles contiguës, pouvant comporter au niveau du recouvrement, d'une part, et au niveau de l'assemblage latéral, d'autre part :
- une ou plusieurs parties en relief (nervures) ;
- une ou plusieurs parties en creux (cannelures).

**Une tuile à emboîtement** comporte un dispositif d'emboîtement longitudinal, et un dispositif d'emboîtement transversal.

**Une tuile à glissement ne comporte qu'un dispositif longitudinal.**

Un calepinage, fonction du modèle et du plan de couverture, est généralement nécessaire pour limiter les coupes et optimiser l'usage des accessoires.

Des tuiles spéciales sont vendues par les fabricants :
- pour compléter les éléments utilisés en partie courante en vue de permettre la réalisation des ouvrages de raccordement;
- pour répondre à une fonction ponctuelle telle que les tuiles de ventilation de la sous-face de la couverture (chatière), ou à une fonction linéaire telle que tuile courte, tuile d'arêtier…

**Une tuile de terre cuite** est obtenue par façonnage, séchage et cuisson d'une pâte argileuse. Elle porte une marque indélébile permettant d'identifier la société productrice, l'année et le mois de fabrication.

**Une tuile en béton** est obtenue par formage d'un mortier (liant : ciment), éventuellement coloré.

Les tuiles à glissement et à emboîtement longitudinal sont spécifiées par la norme NF P 31-302. Elles sont utilisables pour tous les types de bâtiments à versant plans. Leur mise en œuvre lorsqu'elles sont en béton (respectivement en terre cuite) relève du DTU n° 40-24 (respectivement du DTU n° 40-21).

Leurs caractéristiques sont données par le tableau 10 (tuile en béton) et par le tableau 11 (tuile en terre cuite).

| | |
|---|---|
| **Points particuliers** | 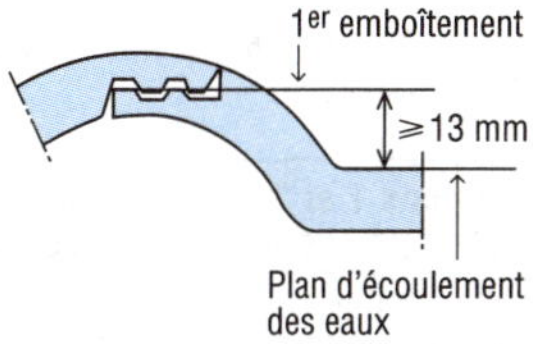  La distance séparant le premier emboîtement du plan d'écoulement des eaux est au moins égale à 13 mm. |
| **Nombre** | Grand moule : 9,5 à 11 au m², <br>Petit moule : 16 à 20 au m² selon les pentes |
| **Format** | Plus grande dimension inférieure à 60 cm. <br>Tuiles couramment vendues : environ 420 × 330 mm. |
| **Poids** | 45 à 50 daN / m² |
| **Exemple de désignation** | Tuile en béton EN 490 (NF P 31-314) - IL - 30 - RF - 300*330*4,5 <br>IL : à emboîtement; 30 : hauteur en mm de profil ; RF : nez régulier; 300*330*4,5 : largeur*hauteur sous-tenon (mm)*masse (kg). |

**Pentes et recouvrements**

| Écran (Facultatif / impératif) | | | Pente % | Pente d° | Recouvrement mini. (cm) |
|---|---|---|---|---|---|
| Site protégé | Site normal | Site exposé | 50 % et + | 26°34 | 7,5 |
| | | | 45 % | 24°14 | 8 |
| | | | 41 % | 22°18 | 8,5 |
| | | | 39 % | 21°18 | 9 |
| | | | 37 % | 20°18 | 9,5 |
| | | | 35 % | 19°17 | 10 |
| | | | 33 % | 18°15 | 10,5 |
| | | | 31 % | 17°13 | 11,5 |
| | | | 29 % | 16°10 | 12,5 |

*Tableau 10. Caractéristiques des tuiles en béton.*

| | | | | | |
|---|---|---|---|---|---|
| **Nombre** | Grand moule : 10 à 15 au m² <br>Petit moule : 20 à 25 au m² | | | | |
| **Format** | Plus grande dimension inférieure à 65 cm | | | | |
| **Poids** | 35 à 46 daN / m² | | | | |
| **Pentes et recouvrements** | **Type de tuile** | **Site** | **Région d'application** Région I | Région II | Région III |
| | Grand moule | Protégé | 35 % | 35 % | 50 % |
| | | Normal | 40 % | 50 % | 60 % |
| | | Exposé | 60 % | 70 % | 80 % |
| | Petit moule | Protégé | 40 % | 50 % | 60 % |
| | | Normal | 50 % | 60 % | 70 % |
| | | Exposé | 70 % | 80 % | 90 % |

*Tableau 11. Caractéristiques des tuiles en terre cuite.*

## 7.2. Mise en œuvre

Les défauts de planéité des supports de liteaux doivent être inférieurs au $1/100^e$ de la portée des liteaux. La déformation relative d'un élément est limitée au $1/200^e$ de la portée de l'élément considéré.

Les tuiles peuvent être posées sur liteaux et voliges en bois ou sur liteaux métalliques.

Les caractéristiques des bois des liteaux et voliges en bois sont définies p. 51 et 234; ceux-ci seront fixés sur la charpente par une pointe (lisse : NF E 27-951, crantée ou taraudée) ou une agrafe en acier (inoxydable, galvanisé : NF A 91-131, classe B) à chaque intersection de liteau et de chevron.

Le tableau 12 permet de choisir l'entraxe maximum des chevrons en fonction de la section des liteaux utilisés et de la charge appliquée.

| Section (en mm) ($h \times l$) (*) <br>(*) $h$ : hauteur du liteau <br>$l$ : largeur du liteau | Entraxe maximal des chevrons en mètres suivant la charge exprimée en daN/m² 100 | 150 | 200 |
|---|---|---|---|
| 22 × 25 | 0,45 | 0,43 | 0,40 |
| 25 × 25 | 0,55 | 0,50 | 0,45 |
| 25 × 32 | 0,60 | 0,54 | 0,50 |
| 25 × 38 | 0,64 | 0,57 | 0,52 |
| 25 × 50 | 0,74 | 0,66 | 0,62 |
| 32 × 32 | 0,79 | 0,70 | 0,62 |
| 32 × 38 | 0,83 | 0,74 | 0,68 |
| 38 × 38 | 1,00 | 0,89 | 0,82 |
| 38 × 50 | 1,10 | 0,98 | 0,90 |

*Tableau 12. Entraxe des chevrons suivant la charge appliquée et la section des liteaux.*

Les liteaux métalliques (NF A 45-009 et -019) sont des cornières à ailes égales de 30 à 40 mm protégées contre la corrosion par une ou deux couches de peinture anti-rouille, dont l'équarrissage est donné par le calcul; ils sont fixés sur la charpente à l'aide de vis autoraudeuses en acier cémenté (Ø mini. 6 mm, $f_e > 1\,150$ MPa) ou en acier inoxydable Z 12 CN 17-08.

Les tuiles et les accessoires seront fixés à l'aide de pointes, clous, crochets de pannetonnage, fils ou clips protégés contre la corrosion s'ils sont métalliques.

Le nombre de tuiles qui devront être fixées en partie courante et le long des rives et des égouts est donné par les tableaux 13 et 14 pour respectivement les tuiles en béton, les tuiles en terre cuite.

Deux types de bandes métalliques sont utilisées :
- les bandes façonnées sont définies par la norme NF P 34-402,
- les tables et bandes en plomb relèvent des normes NF A 55-401 et -402.

Les raccordements à la maçonnerie (solins...) ou les calfeutrements, sont exécutés en mortier.

Les liants employés sont des chaux hydrauliques naturelles (NF P 15-310) ou artificielles (NF P 15-312) de classe 60 ou 100, un ciment (NF P 15-301) de classe 32,5. Les dosages à prévoir, pour 1 m³ de sable 0/3 (NF P 18-301) sec, sont les suivants :

- mortier de chaux : 250 à 350 kg,
- mortier bâtard : 150 kg de ciment pour 175 à 225 kg de chaux.

La ventilation est définie en détail p. 236. On distingue les couvertures sans écran et avec écran :

- couverture sans écran : 3 chatières mini. (2 en bas) sont disposées en quinconce par versant;
- couverture avec écran : il faut prévoir des ouvertures linéaires le long de l'égout et du faîtage, avec éventuellement, pour les rampants supérieurs à 8 m, des chatières à mi-rampant.

| Pentes $p$ (%) | Site protégé et normal | | Site exposé | |
|---|---|---|---|---|
| | Rives et égouts | Partie courante | Rives et égouts | Partie courante |
| $29 < p \leqslant 100$ | aucune | aucune | toutes | 1/5 |
| $100 < p \leqslant 175$ | toutes | 1/5 | toutes | toutes |
| $p > 175$ | toutes | toutes | toutes | toutes |

Légende :
- toutes : toutes les tuiles sont à fixer;
- 1/5 : 1 tuile sur 5 est à fixer;
- aucune : aucune tuile n'est à fixer.

*Tableau 13. Nombre de tuiles en béton à fixer selon la pente du toit et la situation de la construction.*

| Pentes (%) | Régions 1 et 2 : site protégé et normal | Régions 1 et 2 : site exposé<br>Région 3 : tous sites |
|---|---|---|
| $p \leqslant 100$ | aucune | 1/5 |
| $100 \leqslant p \leqslant 175$ | 1/5 | 1/5 |
| $p \geqslant 175$ | toutes | toutes |

Légende : (dito tableau 13)

*Tableau 14. Nombre de tuiles en terre cuite à fixer selon la pente du toit et la situation de la construction.*

# INSTALLATIONS D'ÉVACUATION DES EAUX PLUVIALES

NF P 36-410 AFNOR P 40-202 (DTU N° 60-11), P 10-203 (DTU N° 20-12), P 84-204 (DTU N° 43-1), P 36-201 (DTU N° 40-5)

## 1. DÉFINITION

Les installations d'évacuation d'eaux pluviales comprennent les gouttières et les chéneaux, les tuyaux de descente, les trop-pleins (p. 244), des regroupements de descentes (p. 245) et des collecteurs (p. 245).

Les travaux d'exécution des évacuations d'eaux pluviales, comportant gouttières, chéneaux et tuyaux de descentes extérieures sont traités :

- pour les matériaux métalliques, par la norme NF P 36-201 ;
- pour les matériaux en polychlorure de vinyle non plastifié par la norme NF P 36-410.

Les indications données ci-après se limitent aux ouvrages privés situés au plus à 0,50 m du nu du mur extérieur, et permettent de déterminer les sections des différentes évacuations d'eaux pluviales d'une toiture.

## 2. GOUTTIÈRES ET CHÉNEAUX

**Les sections de basse pente** des conduits d'évacuation (tableau 1) sont déterminées en fonction de la surface en plan de toiture (ou portion de toiture desservie) et de la pente du conduit.

La norme AFNOR DTU P 36-201 (DTU n° 40-5), concernant les conduits métalliques, fixe cette pente à 5 mm/m au moins.

| Surface desservie en plan (m²) | Pente du conduit (mm/m) | | | | | | | |
|---|---|---|---|---|---|---|---|---|
| | ≤ 1 | 2 | 3 | 5 | 7 | 10 | 15 | 20 |
| 20 | 65 | 50 | 45 | 35 | 35 | 30 | 25 | 20 |
| 30 | 85 | 70 | 60 | 50 | 45 | 40 | 35 | 30 |
| 40 | 105 | 80 | 70 | 60 | 55 | 50 | 40 | 35 |
| 50 | 120 | 95 | 85 | 70 | 65 | 55 | 50 | 45 |
| 60 | 140 | 110 | 95 | 80 | 70 | 60 | 55 | 50 |
| 70 | 155 | 120 | 105 | 90 | 80 | 70 | 60 | 55 |
| 80 | 170 | 135 | 115 | 95 | 85 | 75 | 65 | 60 |
| 90 | 185 | 145 | 125 | 100 | 95 | 85 | 70 | 65 |
| 100 | 200 | 155 | 135 | 115 | 100 | 90 | 80 | 70 |
| 110 | 215 | 170 | 145 | 120 | 110 | 95 | 85 | 75 |
| 120 | 230 | 180 | 155 | 130 | 115 | 100 | 90 | 80 |
| 130 | 240 | 190 | 165 | 135 | 120 | 105 | 95 | 85 |
| 140 | 255 | 200 | 170 | 145 | 130 | 115 | 100 | 90 |
| 150 | 265 | 210 | 180 | 150 | 135 | 120 | 105 | 95 |
| 160 | 280 | 220 | 190 | 160 | 140 | 125 | 110 | 100 |
| 170 | 290 | 230 | 200 | 165 | 145 | 130 | 115 | 100 |
| 180 | 305 | 240 | 205 | 170 | 150 | 135 | 120 | 105 |
| 200 | 330 | 255 | 220 | 185 | 165 | 145 | 125 | 115 |
| 250 | 385 | 300 | 260 | 215 | 190 | 170 | 145 | 135 |
| 300 | 440 | 340 | 295 | 245 | 220 | 195 | 165 | 150 |

*Tableau 1. Section de basse pente (en cm²) des conduits d'évacuation.*

Il faut prévoir une majoration des sections indiquées de 10 % pour un conduit de section rectangulaire ou trapézoïdale et de 20 % pour un conduit de section triangulaire.

Elles ont été établies d'après la formule de Bazin (fig. 1) relative à l'écoulement de l'eau dans les canaux en supposant un coefficient de déversoir égal à 0,38 et en admettant un débit maximal de 3 litres par minute et par m² de surface mouillée en projection horizontale.

Q : débit (m³/s)
RH : rayon hydraulique (m)
SM : surface mouillée (m²)
$i$ : pente (m/m)
$\gamma$ : coefficient de frottement ($m^{1/2}$)

$$Q = \frac{87\ RH\sqrt{i}}{\gamma + \sqrt{RH}} \times SM$$

*Fig. 1. Formule de Bazin.*

Attention, certaines dimensions des ouvrages d'étanchéité des toitures-terrasses sont déterminées par le DTU n° 20-12 et les DTU de la série 43.

Les chéneaux peuvent être en béton armé, en bois ou en métal.

Les chéneaux en béton armé sont admis en toiture-terrasse inaccessible (pente inférieure à 5 % et protection par gravillon, ou bien avec une pente supérieure à 5 %). Ils sont interdits en toiture-terrasse accessible.

**Les dimensions** finies des chéneaux ($\ell$ = largeur, $h$ = hauteur) sont telles que :

$$0{,}3 \leq \ell \leq 1 \text{ m et } h \leq \ell.$$

Les cotes brutes dépendent de :

- l'épaisseur d'isolant, du revêtement et de sa protection ;
- la section utile pour un bon écoulement des eaux (revêtement en matériau d'étanchéité : DTU n° 43-1 ; revêtement en matériau de couverture : NF P 36-201 (DTU n° 40-5)).

Si le support d'étanchéité en partie courante est un panneau isolant, on prévoira une butée (bois ou béton) en bordure du chéneau, des fixations mécaniques (clous à rondelles Ø 70 mm) sur chevilles ou des tasseaux incorporés à l'élément porteur.

**On adoptera les dispositions constructives suivantes concernant les chéneaux en encorbellement solidaires d'un élément porteur lié rigidement au dernier étage :**

- la section de béton doit être minimisée,
- les aciers longitudinaux sont déterminés comme ceux des acrotères (p. 214),
- les revêtements des chéneaux sont désolidarisés de ceux des parties courantes.

Les chéneaux encaissés auront leurs revêtements liés à des parties courantes.

## 3. TUYAUX DE DESCENTE DES COUVERTURES NE COMPORTANT PAS D'ÉTANCHÉITÉ (SÉRIE 40 DES DTU)

Les diamètres sont déterminés à l'aide du tableau 2 avec un diamètre intérieur minimum de 60 mm.

| Ø int. du tuyau (cm) | Surface en plan desservie ($m^2$) raccordée au tuyau par | | Ø int. du tuyau (cm) | Surface en plan desservie ($m^2$) raccordée au tuyau par | |
|---|---|---|---|---|---|
| | Moignon Ø | Cône cuvette | | Moignon Ø | Cône cuvette |
| 6 | 40 | | 22 | 380 | 543 |
| 7 | 55 | | 23 | 415 | 593 |
| 8 | 71 | | 24 | 452 | 646 |
| 9 | 91 | | 25 | 490 | 700 |
| 10 | 113 | | 26 | 530 | 758 |
| 11 | 136 | | 27 | 570 | 815 |
| 12 | 161 | | 28 | 615 | 880 |
| 13 | 190 | | 29 | 660 | 945 |
| 14 | 220 | | 30 | 700 | 1 000 |
| 15 | 253 | | 31 | 755 | |
| 16 | 287 | | 32 | 805 | |
| 17 | 287 | 324 | 33 | 855 | |
| 18 | 287 | 363 | 34 | 908 | |
| 19 | 287 | 406 | 35 | 960 | |
| 20 | 314 | 449 | 36 | 1 000 | |
| 21 | 346 | 494 | | | |

RATIOS
Un tuyau de descente de 1 $cm^2$ de section évacue 1 $m^2$ de toiture (en plan) avec un moignon cylindrique et 0,7 $m^2$ avec un moignon tronconique.

*Tableau 2. Diamètre des tuyaux de descente des couvertures ne comportant pas d'étanchéité (série 40 DTU).*

Ce tableau a été établi en admettant un débit maximal de trois litres à la minute et par $m^2$ de surface mouillée en projection horizontale.

## 4. TUYAUX DE DESCENTE DES TERRASSES ET TOITURES COMPORTANT UN REVÊTEMENT D'ÉTANCHÉITÉ (SÉRIE 43 DES DTU)

Une entrée d'eaux pluviales (notée : EP) (fig. 2 et 3) est constituée d'une platine et d'un moignon, en plomb (ép. mini. 2,5 mm), cuivre (ép. mini. 0,6 mm), fonte, élastomère, etc.

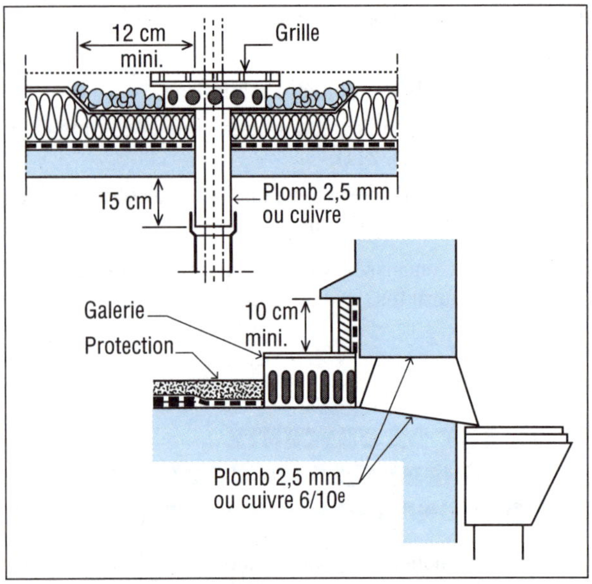


*Fig. 2. Entrées d'eaux pluviales.*

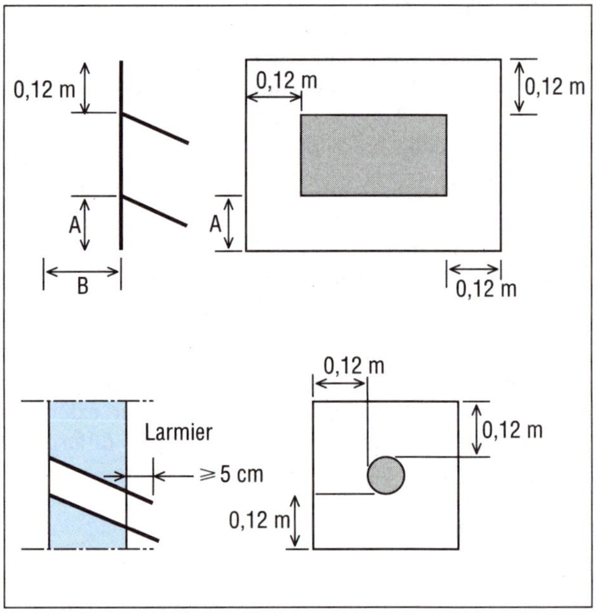


*Fig. 3. Trop-pleins.*

Le moignon peut être cylindrique ou tronconique.

Un dispositif (fig. 2) arrête les débris (grille avec ou sans galerie garde-grève).

La platine est insérée dans le revêtement et elle sera :

- trempée à l'EAC si on est en présence d'une protection en dure ;
- protégée par un EIF (ou un feutre bitumé extérieur) dans les autre cas ;
- enrobée d'asphalte pur si le revêtement de la toiture est en asphalte, sinon (cas du bicouche) prévoir une feuille supplémentaire à sa sous-face.

Des réservations dans le gros œuvre sont donc à prévoir.

Celles-ci permettront le passage des canalisations du diamètre approprié augmenté éventuellement de l'épaisseur d'isolant ; un encuvement permettant de disposer la platine sans surépaisseur (sauf si le support est l'isolant) sera réalisé.

Le passage des eaux au travers des costières d'un joint de dilatation est interdit.

Chaque entrée d'eau intéresse une surface collectée au plus égale à 700 $m^2$, telle que :

- tout point d'une toiture-terrasse se trouve à moins de 30 m d'un chéneau (p. 243) ou d'une EP ;
- la distance entre deux descentes dans un chéneau ou un caniveau est limitée à 30 m.

Le diamètre des EP est donné pour un débit de 3 litres / min. $m^2$, par le tableau 3 pour une terrasse non accessible établie sur élément porteur en maçonnerie (type A, B, C ou D, p. 212) et des descentes avec EP à moignon cylindrique et par le tableau 4 dans les autres cas.

| Diamètre intérieur des tuyaux (cm) | Surface en plan collectée (m²) |
|---|---|
| 8 | 71 |
| 9 | 91 |
| 10 | 113 |
| 11 | 136 |
| 12 | 161 |
| 13 | 190 |
| 14 | 220 |
| 15 | 253 |
| 16 | 287 |

*Tableau 3. Diamètre des EP à moignon cylindrique pour une terrasse non accessible dont l'élément porteur est en maçonnerie.*

| Entrée d'eau avec moignon | | | |
|---|---|---|---|
| Cylindrique | | Tronconique | |
| Surface en plan collectée (m²) | Ø minimum du tuyau d'évacuation (cm) | Surface en plan collecté (m²) |  |
| 28 | 6(1) | 40 | 6(1) |
| 38 | 7(1) | 55 | 7(1) |
| 50 | 8 | 71 | 8 |
| 64 | 9 | 91 | 9 |
| 79 | 10 | 113 | 10 |
| 95 | 11 | 136 | 11 |
| 113 | 12 | 161 | 12 |
| 133 | 13 | 190 | 13 |
| 154 | 14 | 220 | 14 |
| 177 | 15 | 253 | 15 |
| 201 | 13 | 287 | 16 |
| 227 | 17 | 324 | 17 |
| 254 | 18 | 363 | 18 |
| 284 | 19 | 406 | 18 |
| 314 | 20 | 449 | 20 |
| 346 | 21 | – D = 2*d*<br>– *h* = 1,5 *d* | |
| 380 | 22 | | |
| 415 | 23 | | |

Un diamètre majoré concerne les toitures comportant un revêtement d'étanchéité établi sur éléments porteurs en tôle d'acier nervurée (DTU n° 43-3) ou en bois et panneau de bois (DTU n° 43-4).

(1) diamètre admis pour les balcons et loggias.

*Tableau 4. Diamètre des EP dans d'autres cas que ceux précisés tableau 3.*

## 5. REGROUPEMENT DES DESCENTES DES COUVERTURES NE COMPORTANT PAS D'ÉTANCHÉITÉ (SÉRIE 40 DES DTU)

Le diamètre du tuyau commun de descente est déterminé par la méthode suivante :

- on calcule le débit total à évacuer en multipliant la valeur obtenue pour le cumul des surfaces desservies par le débit de 3 litres / min. m².
- on choisit le diamètre de tuyau à l'aide du tableau 4 ou on le calcule par la formule de Bazin (pente 5 cm/m) (p. 243, fig. 1).

La valeur minimale est celle correspondant au plus grand des tuyaux raccordés.

## 6. REGROUPEMENT DES DESCENTES DES TERRASSES ET TOITURES COMPORTANT UN REVÊTEMENT D'ÉTANCHÉITÉ (SÉRIE 43 DES DTU)

Un nombre minimal de descentes est imposé, pour garantir la stabilité des ouvrages en cas d'engorgement des descentes.

Le diamètre du tuyau commun est déterminé à partir d'un débit total à évacuer égal au produit du cumul des surfaces desservies par le débit de 3 litres / min. m².

Le choix du diamètre de tuyau correspondant est lu (tableau 4) ou calculé avec la formule de Bazin (p. 243, fig. 1).

## 7. TROP-PLEINS (Fig. 3)

Ils sont obligatoires pour certains ouvrages d'étanchéité (série 43 des DTU) concernant les toitures-terrasses. Lorsque la descente est unique, l'eau accumulée par l'engorgement d'une descente ne peut s'écouler vers une autre descente. La charge d'eau résultant d'engorgement peut être préjudiciable à la stabilité des porteurs.

Constitués d'une platine raccordée au revêtement et d'un conduit circulaire ou d'une gargouille rectangulaire (préférable), ils sont en plomb (ép. min. 2,5 mm), en cuivre (ép. 0,6 mm).

La section d'écoulement des trop-pleins sera au moins égale à celle des tuyaux de descente et toujours supérieure à 28 cm².

## 8. COLLECTEURS

Le diamètre du collecteur est déterminé :

- soit en utilisant la formule de Bazin (p. 243, fig. 1) avec un taux de remplissage de 0,7 et un coefficient de frottement de 0,16 ;
- soit avec le tableau 6 (p. 287).

NF P 01-012, NF P 87-301

# 1. TERMINOLOGIE ET DIMENSIONS

## 1.1. Généralités

Un escalier est un ouvrage constitué d'une suite de degrés horizontaux (marches et paliers) permettant de passer à pied d'un niveau à un autre.

Ses caractéristiques dimensionnelles sont fixées par des normes, des DTU, des décrets ou arrêtés en fonction du nombre d'utilisateurs et du type du bâtiment ; la réglementation incendie est souvent déterminante.

On se limitera ici aux bâtiments d'habitation.

## 1.2. Définitions d'ordre fonctionnel et caractéristiques dimensionnelles

Les principaux termes utiles sont illustrés fig. 1.

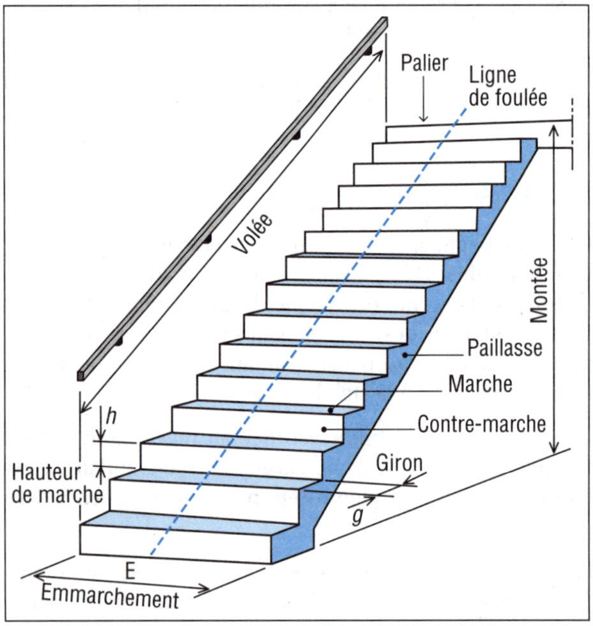


*Fig. 1. Principaux termes relatifs à un escalier.*

**La marche** est la partie horizontale qui reçoit le pied ; sa forme en plan peut être rectangulaire, trapézoïdale, arrondie, etc.

**La contre-marche** est la partie verticale entre deux marches évitant les chutes d'objet. Elle est exigée dans certains types de bâtiment vis-à-vis des risques d'incendie.

*Nota :* l'intersection de la marche et de la contre-marche nommée « nez de marche » est parfois en saillie sur la contre-marche.

**La hauteur de marche** ($h$) est la différence de niveau entre deux marches successives ; valeurs courantes $h$ = 13 à 17 cm, jusqu'à 22,5 cm pour les escaliers à usage technique ou privé.

**Le giron** ($g$) est la distance en plan, mesurée sur la ligne de foulée, séparant deux contre-marches ; il a une valeur constante, de 28 cm au minimum.
Un escalier se montera sans fatigue si l'on respecte la relation de Blondel qui est : $2h + g = 60$ à 64 cm.

**La montée** correspond à la hauteur entre les niveaux finis des sols de départ et d'arrivée ; sa valeur courante est égale à 2,7 m.

**Une volée** est l'ensemble des marches (25 au maximum) compris entre deux paliers consécutifs.

**Un palier** est la plate-forme constituant un repos entre deux volées intermédiaires et/ou à chaque étage.

**L'emmarchement** (E) représente la largeur de la marche. Des valeurs de E sont données tableau 1 selon la configuration du projet.

| Types d'habitation | Configuration de l'escalier | E(m) |
|---|---|---|
| Maison individuelle | Escalier de service<br>Escalier principal | > 0,8<br>= 1,2 |
| Habitation sans ascenseur | Prévoir une main courante des deux côtés dépassant la première et la dernière marche (p. 247) | > 1,2 |
| Habitation avec ascenseur ne recevant pas un brancard | Escalier rectiligne :<br>– entre 2 rampes<br>– entre 1 rampe et un mur<br>– entre 2 murs | <br>> 0,6<br>> 0,7<br>> 0,8 |
| | Escalier droit à retour | Fig. 2 |
| | Escalier hélicoïdal | Fig. 2 |

*Tableau 1. Emmarchement E(m) selon la configuration du projet.*

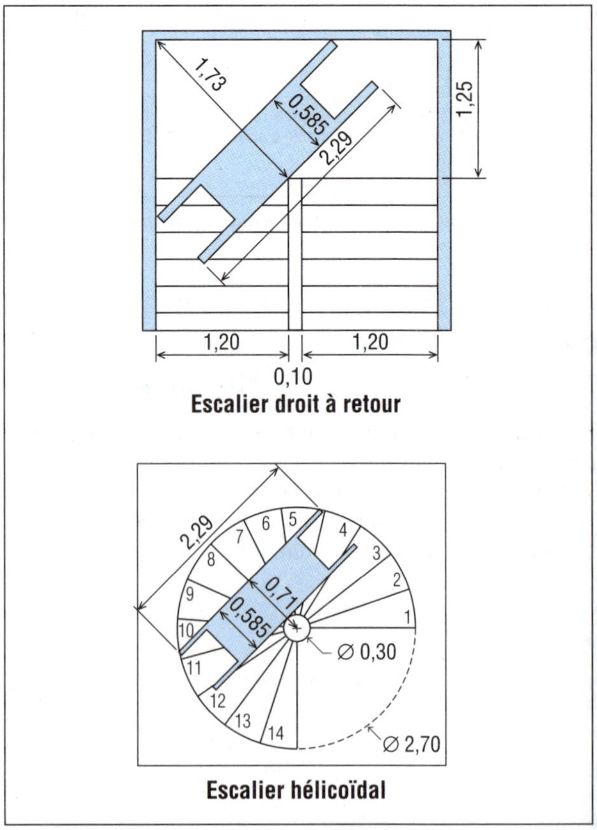


*Fig. 2. Emmarchement d'escalier de bâtiments d'habitation dans le cas d'un ascenseur ne pouvant pas recevoir un brancard.*

**La ligne de foulée** représente en plan le parcours d'une personne qui emprunte l'escalier en se tenant à la rampe du côté du jour (§ 1.3.). On la place à mi-emmarchement si $E < 1$ m, et en général, à 0,65 m du collet, si $E \geqslant 1$ m.

**L'échappée** (fig. 3) est la hauteur libre entre le nez des marches et la sous-face de la volée supérieure ou d'une poutre bordant la trémie d'escalier.

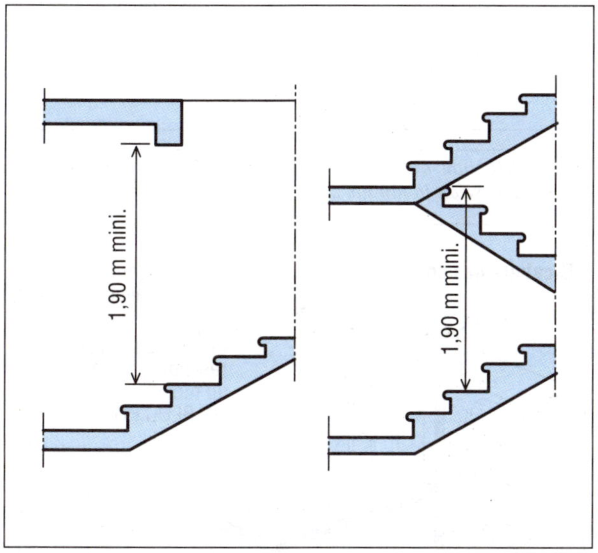


*Fig. 3. Définition de l'échappée.*

## 1.3. Termes relatifs à la construction

**La paillasse** est la dalle inclinée en BA incorporant marches et contre-marches dans la masse (fig. 1, p. 246).

**Un limon** est une poutre inclinée portant une des extrémités des marches (fig. 4), celles-ci s'appuyant de l'autre côté, sur le mur de cage ; l'escalier est alors dit à la française.

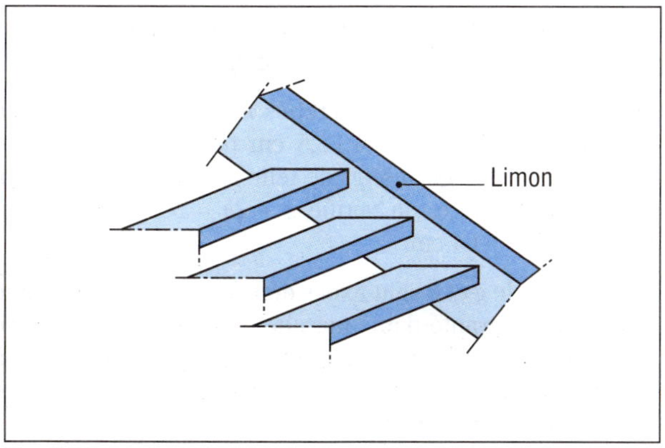


*Fig. 4. Limon.*

**Une crémaillère** est une poutre inclinée, dont la face supérieure est à redans ; elle porte les marches de toute une volée, centrale ou latérales (fig. 5).

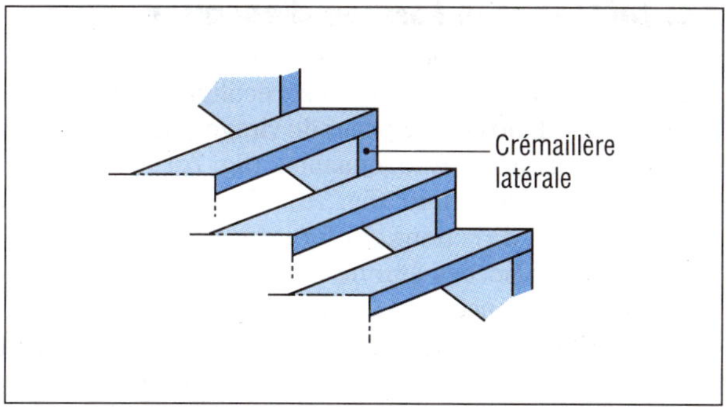


*Fig. 5. Crémaillère.*

**Le jour d'escalier** est l'espace central autour duquel se développe un escalier. Il peut ne pas exister.

**Les rampes** d'un escalier sont définies par la norme NF P 01-012 (règles de sécurité relatives aux dimensions des garde-corps et des rampes). Voici les principales règles à respecter :

- la hauteur de protection est fixée à 0,9 m sur les volées et à 1 m sur le palier (à ramener à 0,9 m si la largeur du jour de cage est inférieure ou égale à 0,60 m) ;
- pour les rampes sur volées, la saillie de rampe (distance horizontale entre l'élément inférieur de la rampe et la partie du limon, des marches ou des paliers donnant sur le vide) sera au moins égale à 5 cm ;
- pour les rampes sur paliers, on prévoira un prolongement de la rampe sur la volée dans les parties en raccordement où la main courante est inclinée et lorsque la largeur du jour de cage est inférieure ou égale à 0,60 m ;
- pour les rampes ajourées, on se reportera fig. 6, ou à la norme NF P 01-102.

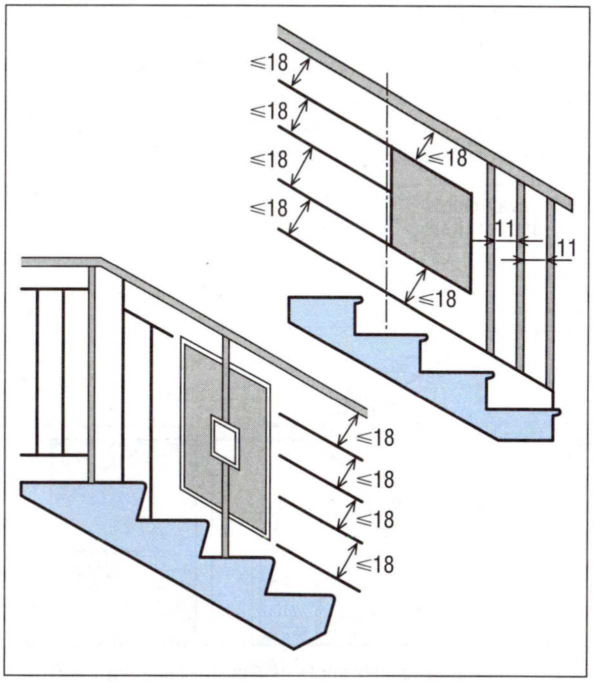


*Fig. 6. Caractéristiques des rampes ajourées (cotes en cm).*

## 1.4. Différentes formes d'escalier

On distingue couramment les escaliers :

- **droits** où la ligne de foulée est rectiligne (fig. 7a) ;
- **à volées droites** avec palier de virage (fig. 7b), ou avec tournant à marches rayonnantes (fig. 7c) ;
- **à quartier tournant** (fig. 7d) ; ils sont constitués de volées de directions différentes comportant des marches balancées afin de faciliter la montée dans le tournant (balancement : p. 249) ;
- **hélicoïdaux :** ils tournent autour d'un jour ou d'un fût (p. 252). La ligne de foulée y est hélicoïdale.

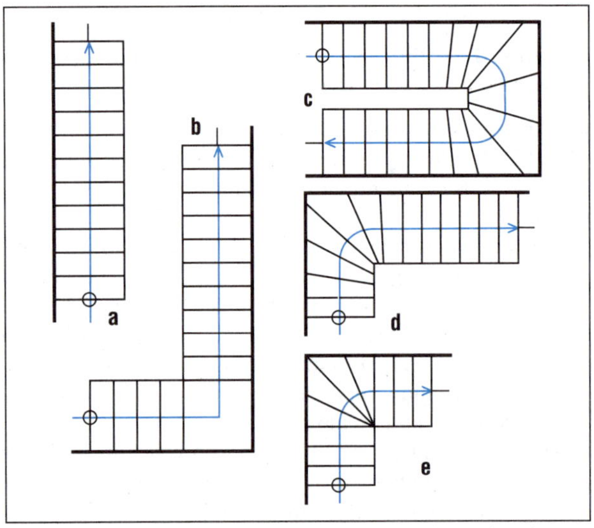


*Fig. 7. Différentes formes d'escalier (droit, à volées droites, à quartier tournant).*

# 2. SÉCURITÉ CONTRE L'INCENDIE (p. 294)

L'arrêté du 31-01-1986 relatif à la sécurité contre l'incendie dans les bâtiments d'habitation fixe des règles concernant la réaction au feu des revêtements mis en place dans les escaliers (fig. 8) et les escaliers des sous-sols (fig. 9).

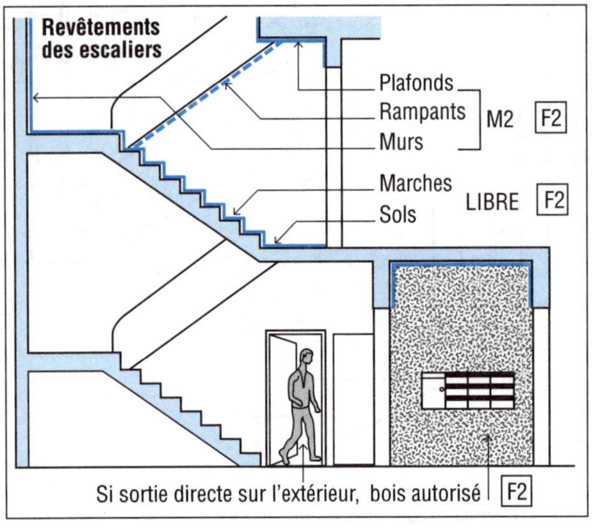


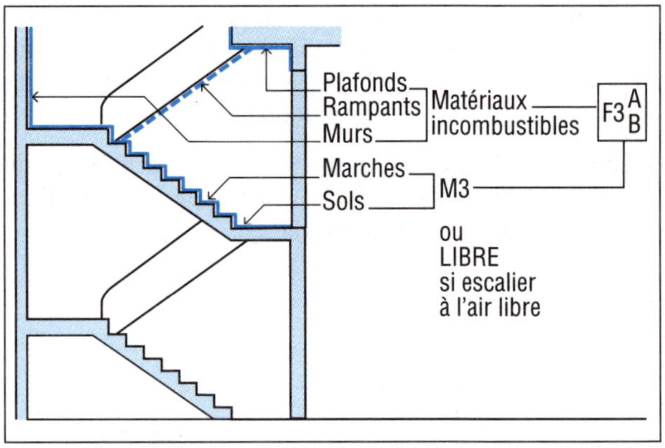


*Fig. 8. Réaction au feu des revêtements ($M_i$) mis en place dans les escaliers selon la famille du bâtiment, notée $F_i$.*

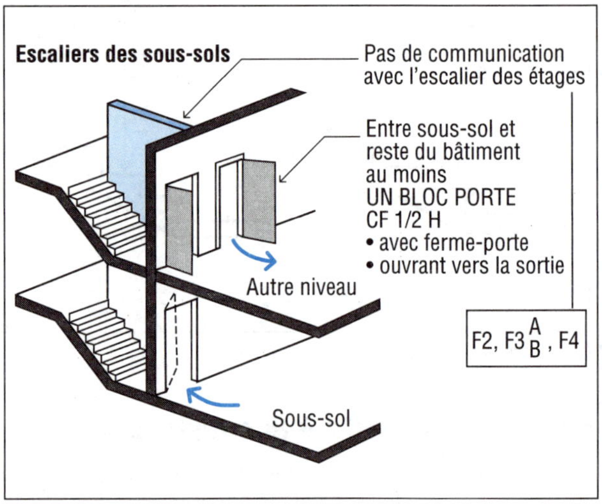


*Fig. 9. Règles de sécurité contre l'incendie concernant les escaliers des sous-sols.*

# 3. TRACÉ ET BALANCEMENT

## 3.1. Tracé en plan

On connaît les dimensions de la cage d'escalier, la hauteur à franchir H (sol à sol fini), et l'emmarchement E (p. 246).

On calcule le nombre de marches $n$ sachant que $n = H/h$ avec $13 \leqslant h \leqslant 17$ cm (à 22,5 cm pour un escalier peu emprunté) et les girons ($g$) de telle façon que, si l'encombrement est limité, on vérifie $g + 2h = 60$ cm, sinon on retient $g + 2h = 64$ cm.

Les valeurs de $g$ et $h$ sont fixées définitivement sachant que la hauteur courante d'une marche doit être de préférence un multiple de 0,5 cm en admettant une différence de 1 à 1,5 cm sur la première marche d'une volée, et que $g$ doit être adapté à l'encombrement de l'escalier.

Le tracé en plan est obtenu en choisissant la position de la première marche et en reportant $(n - 1)$ girons sur la ligne de foulée. La longueur de la trémie d'escalier est fixée par la condition d'échappée (p. 247).

## 3.2. Balancement

### 3.2.1. Principes

Les trois principes suivants permettent d'obtenir un balancement réussi :

1) le profil développé (fig. 10b) doit être sans brisure, en ayant des marches progressivement rétrécies puis élargies au droit du limon ou du jour d'escalier. Le collet (partie la plus étroite d'une marche balancée) sera de 10 cm minimum ;

2) après tracé des girons sur la ligne de foulée, on choisira comme limite de la partie à balancer (marches 4 à 14) le nez de marche le plus proche du double de la largeur de l'escalier par rapport au mur du fond : fig. 10a ;

3) on prévoira une marche de forme quasiment symétrique dans l'axe du tournant ou dans l'axe du jour pour les escaliers à double quartier tournant.

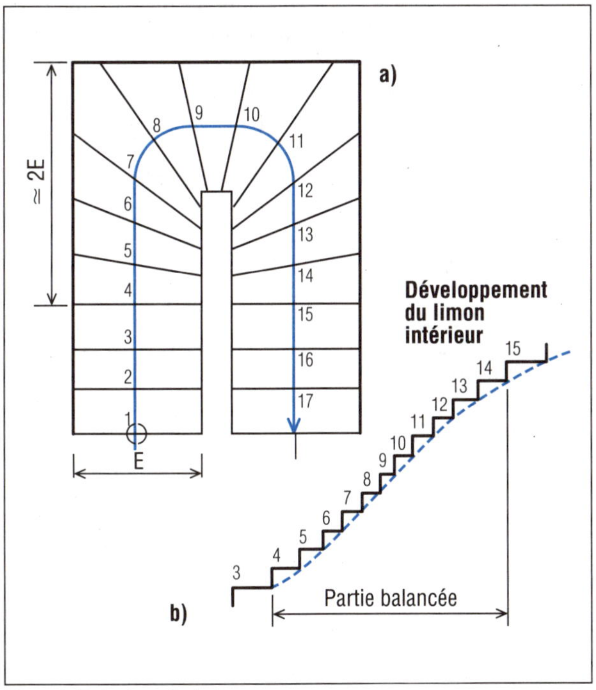


*Fig. 10. Principes du balancement.*

### 3.2.2. Méthode des alignements

D'autres méthodes existent (herses, arc de cercle, angles, trapèze, détermination par le calcul).

La méthode des alignements est présentée ci-après pour un escalier à un quartier tournant et pour un escalier à double quartier tournant.

- **Escalier à un quartier tournant**

  Quatre étapes sont nécessaires pour obtenir le tracé des marches (fig. 11) :

  – étape 1 : commencer par délimiter la zone de balancement : en amont, c'est la marche 10 qui correspond le mieux au double de la largeur de l'escalier. En aval, le balancement commence forcément à la marche 1 (celle-ci étant distante de moins du double de l'emmarchement par rapport au mur du fond) ;

  – étape 2 : dans ce cas, on décale la marche d'angle 4 (dont le collet est pris égal à 15 cm) de 3 cm sur la ligne de collet vers l'arrière, pour que les marches 1 et 2 ne soient pas trop étroites ;

  – étape 3 : on prolonge ensuite les alignements de la marche 4 jusqu'à leur rencontre avec les alignements des marches 1 et 10. Les segments ainsi déterminés sur chacun de ces alignements sont répétés autant de fois qu'il y a de marches à balancer ;

  – étape 4 : on trace alors des droites entre les extrémités des segments et les points limitant les girons sur la ligne de foulée. Ces droites dessinent les marches.

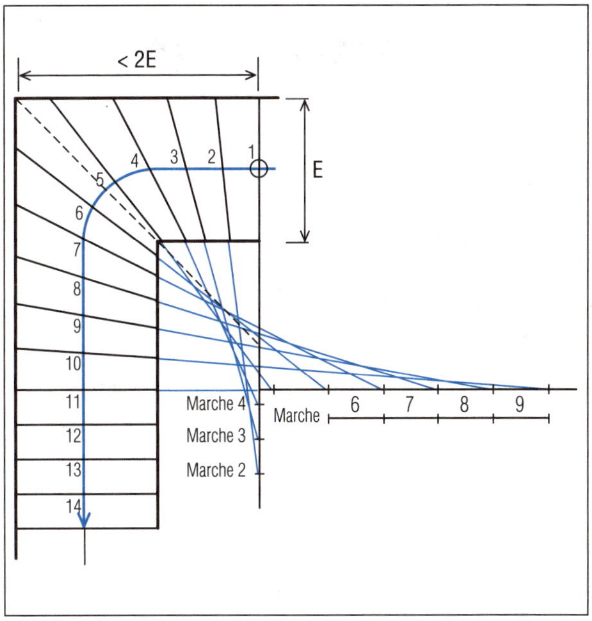


*Fig. 11. Méthode des alignements pour un escalier à un quartier tournant.*

- **Escalier à double quartier tourant**

  Quatre étapes nous conduisent au tracé des marches (fig. 12) :

  – étape 1 : début du balancement à la marche 4 ;

  – étape 2 : tracé de la marche centrale 9 (collet de 10 cm réparti également par rapport à l'axe du jour) ;

  – étape 3 : prolongement des traces de la marche 9 sur l'alignement de la marche 4. Le segment obtenu est répété autant de fois qu'il y a de marches à balancer ;

  – étape 4 : le tracé des marches est obtenu comme pour un escalier à un quartier tournant.

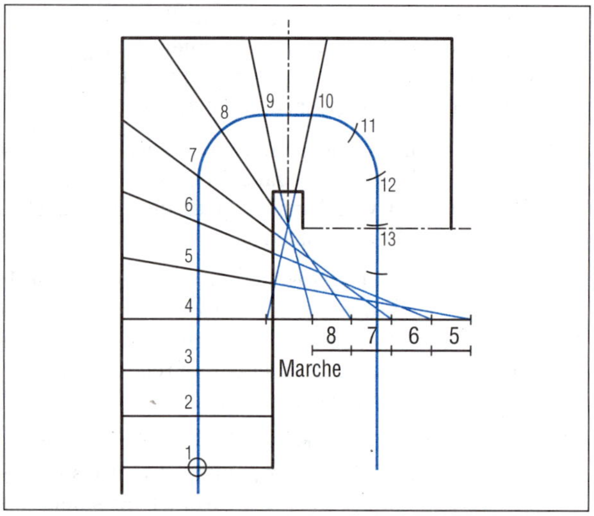


*Fig. 12. Méthode des alignements pour un escalier à double quartier tournant.*

# 4. ESCALIER EN BÉTON ARMÉ

## 4.1. Dimensionnement

Tout calcul concernant les escaliers en béton armé sera conduit à partir des règles BAEL 99 (p. 100).

Les charges permanentes notées $g$ sont égales au poids du béton, des enduits et des revêtements et seront calculées selon les indications de la figure 13.

L'épaisseur moyenne $\bar{e}$ de la volée vaut :

$$\bar{e} = e_p + \frac{h}{2} \times \cos \alpha.$$

La charge permanente par m² horizontal pour une volée d'escalier vaut :

$$g = \frac{p_{vb}}{\cos \alpha} \times \bar{e} + g \begin{Bmatrix} \text{enduits} \\ \text{revêtements} \end{Bmatrix}$$

en [kN/m²], $p_{vb}$ : poids volumique du béton (25 kN/m³).

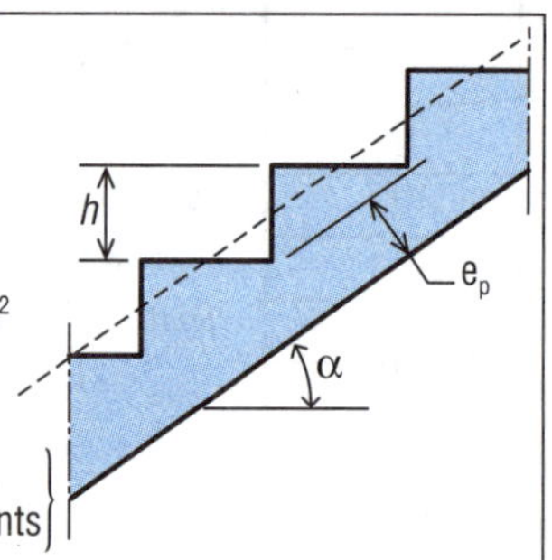


*Fig. 13. Calcul des charges permanentes à prendre en compte pour un escalier.*

**Les charges d'exploitation** à prendre en compte diffèrent selont le type d'escalier :

- Pour un escalier à paillasse :
  - habitations : 2,5 kN/m² ;
  - bureaux, hôpitaux, locaux scolaires : 4 kN/m².
- Pour un escalier à marches indépendantes :
  - sans contremarches : Q = 5,5 kN par marche sur 0,10 m au point le plus défavorable dans le sens de la portée si elle est inférieure à 1,10 m ; sinon, Q = 10 kN/m par marche, sauf pour les établissements recevant du public (ERP) où Q = 15 kN/m ;
  - avec contremarches (fig. 14) : diviser par 3 les charges indiquées ci-dessus si les éléments sont posés à bains de mortier.

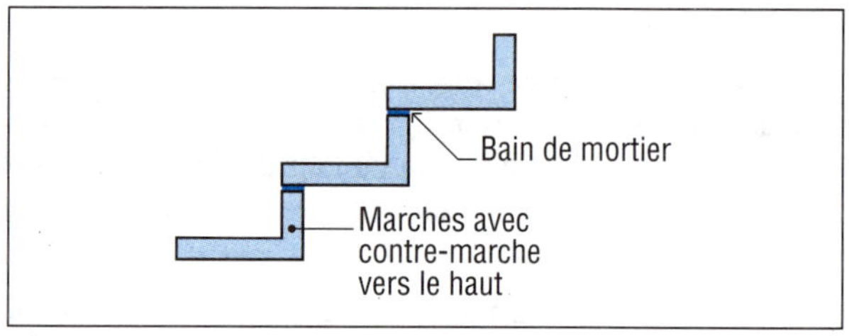


*Fig. 14. Marches indépendantes avec contre-marches.*

On adaptera les principes de calcul donnés ci-après selon la configuration géométrique de l'escalier :

- **Escalier droits ou coudés à paillasse ou à limon porteur**

  Un calcul courant consiste à adopter un schéma mécanique correspondant à une poutre rectiligne équivalente de portée $\ell$ égale à la distance entre nus des appuis (fig. 15) ; les réactions horizontales sur les appuis sont reprises par les contreventements d'étages.

**Calcul courant : étapes principales**

**a) Données**

- $q$ = ...(kN/m²).
- $f_{c28}$ = ... (MPa) : choisie p. 37 ou p. 101.
- $f_e$ = ... (MPa) : choisie p. 41.
- épaisseur de la paillasse : $\ell/30 \leqslant e_p \leqslant \ell/25$.
- type de fissuration (fonction de l'exposition) : p. 101.
- enrobage ⇒ $d$ (hauteur utile).

**b) Schéma mécanique**

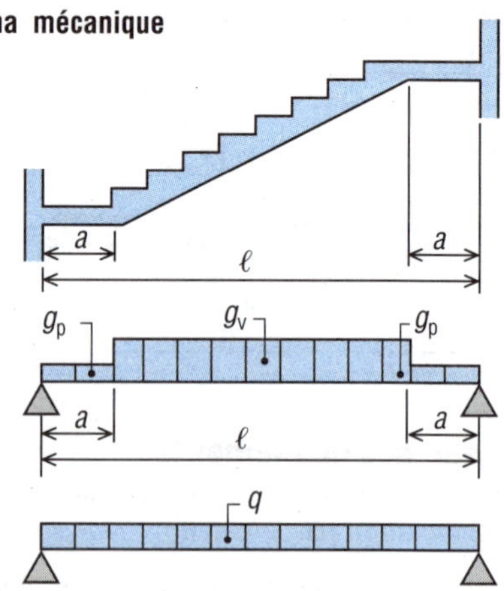


**c) Dimensionnement** (section médiane, en $x$ = l/2) aux ELU et/ou ELS en fonction du type de fissuration :

- Moment dû aux charges permanentes :
  $$Mg = g_v \cdot \ell^2/8 - (g_v - g_p) \cdot a^2/2.$$
- Moment dû aux charges d'exploitation :
  $$Mq = q \cdot \ell^2/8.$$

*Fig. 15. Étapes principales de calcul (calcul courant) d'un escalier droit ou coudé à paillasse ou à limon porteur.*

On choisit une poutraison ramenant les charges des volées et des paliers, en fonction de la position des porteurs verticaux bordant la cage (fig. 16).

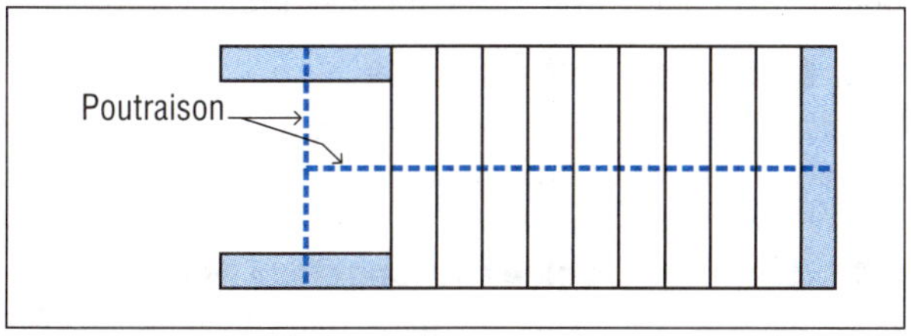


*Fig. 16. Exemple de poutraison (selon la position des porteurs verticaux bordant la cage).*

Un calcul « exact » peut être effectué à l'aide d'un logiciel de calcul en tenant compte du déplacement de tous les nœuds et de la rigidité effective des éléments constitutifs de la « poutre » coudée, et tributaire du choix correct des conditions d'appuis.

- **Escaliers particuliers**

  On se référera à des publications spécialisées où les calculs souvent laborieux sont détaillés ou à des logiciels de calcul.

  Pour un escalier à 2 volées raccordées par un palier intermédiaire, n'ayant d'autres appuis que les paliers d'étage, on prendra en compte les caractéristiques de la structure environnante ; les sections d'appui sont sollicitées en flexion composée déviée et en torsion.

  Pour un escalier à limon hélicoïdal, il faut équilibrer aux appuis des moments de flexion et de torsion en plus des réactions verticales et horizontales.

## 4.2. Dispositions constructives applicables aux escaliers droits

Pour les escaliers à paillasse porteuse coulée en place, on se prémunira contre les poussées au vide notamment à l'intersection de la volée et du palier supérieur. On prévoira, sur appuis, des aciers de chapeau de section supérieure ou égale à 0,15 $A\ell$ (fig. 17).

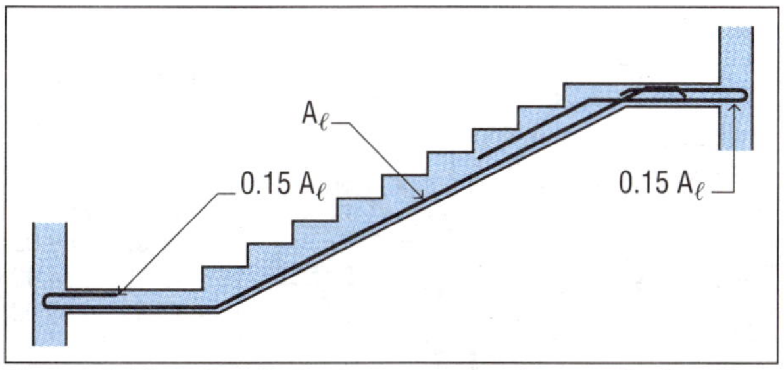


*Fig. 17. Schéma de principe des armatures d'un escalier à paillasse porteuse coulée en place.*

a) **Pour les escaliers à paillasse porteuse préfabriquée** (DTU n° 21-3), on observera les points suivants :

- La portée de la poutre isostatique de calcul sera prise égale à la longueur entre nus des becquets (fig. 18).

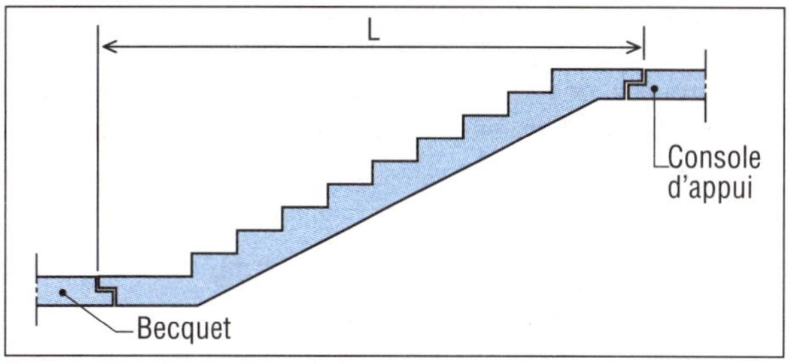


*Fig. 18. Portée de la poutre isostatique prise en compte pour le calcul d'un escalier à paillasse porteuse préfabriquée.*

- En ce qui concerne les becquets, pour éviter tous risques de ruptures brutales entraînant la chute des volées, il faut :

  - tenir compte des différences de tolérances d'exécution des éléments préfabriqués et de celles des parties coulées en place (paliers) ; les longueurs des consoles d'appui (habituellement supérieures à 10 cm) doivent être telles que, dans les cas les plus critiques, on obtienne un recouvrement minimal de 3 cm entre les crochets des volées et des paliers : figure 19 ;

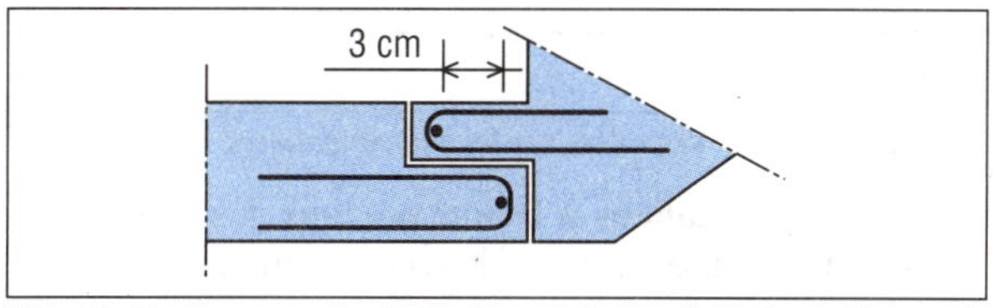


*Fig. 19. Recouvrement minimal entre les crochets des volées et des paliers.*

  - tenir compte des forces de frottement (contact béton sur béton) ; on appliquera sur les consoles d'appuis la charge $\gamma_q$. P où P est la charge totale transmise par les volées et $\gamma_q$ un coefficient de pondération dépendant des conditions de pose et de ferraillage (tableau 2).

| | Armatures de suspension | |
|---|---|---|
| | Avec | Sans |
| Pose à bain de mortier | 1 | 1,4 |
| Pose à sec | 1,4 | 2 |

*Tableau 2. Valeurs du coefficient de pondération $\gamma_q$.*

  - assurer la suspension des charges des volées aux becquets par les armatures des paillasses retournées et ancrées convenablement, ou mieux par des armatures spéciales (fig. 20).

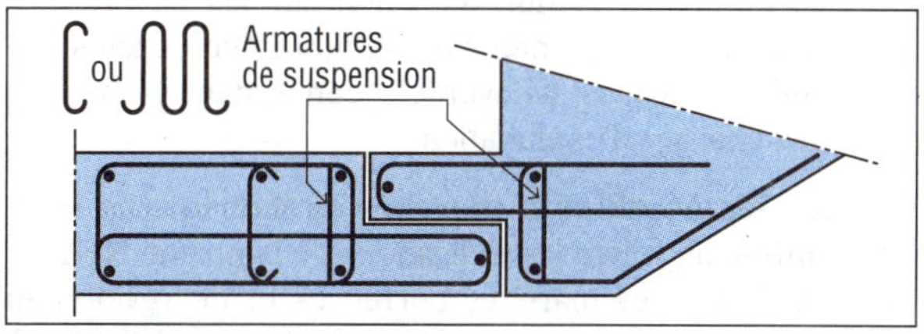


*Fig. 20. Armatures de suspension.*

- **Au niveau des poutres palières**
  Le couple Q × e (Q = 0,7) · P ou P « échelle ») sera équilibré par des armatures supérieures disposées dans le palier ou bien en prenant en compte la torsion dans la poutre palière (fig. 21).

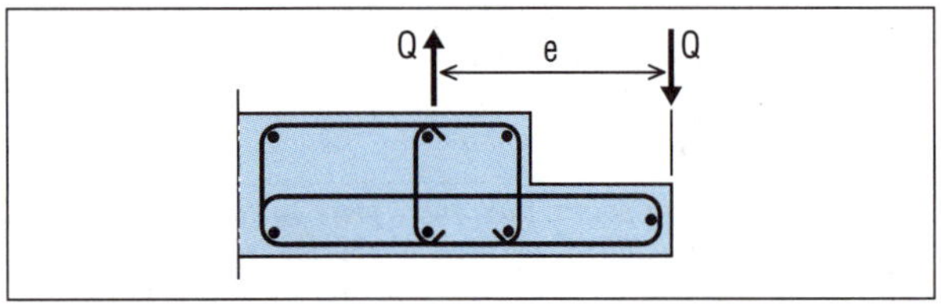


*Fig. 21. Schéma de principe des armatures pour équilibrer le couple Q × e au niveau des poutres palières.*

- **Un clavetage efficace (par 2 ou 3 aciers)** des volées sur les poutres palières, principalement au départ des volées dans le sens de la montée, permet de se dispenser des diverses précautions ci-dessus (fig. 22).

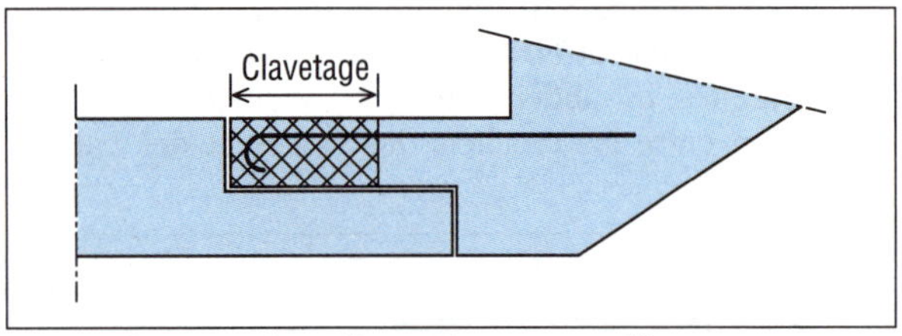


*Fig. 22. Clavetage des volées sur les poutres palières.*

b) **Pour les escaliers à limon porteur**, les dispositions constructives diffèrent selon le type de limon retenu :

- **Cas d'un limon préfabriqué**
  Il faut équilibré $\gamma_q \cdot P$ sur une largeur réduite égale au maximum à la largeur du limon augmentée de la hauteur du becquet (fig. 23).

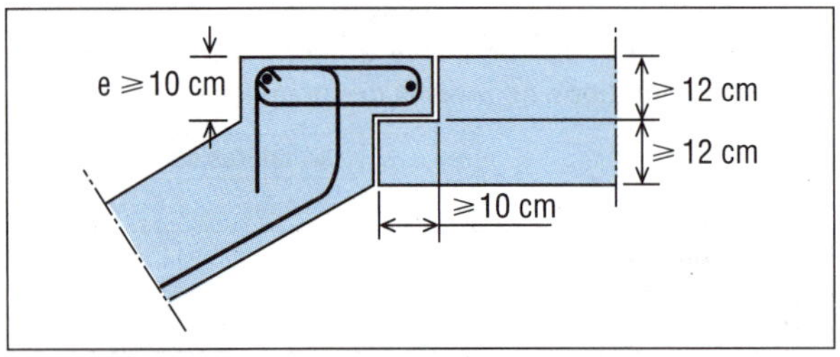


*Fig. 23. Détail sur becquet d'un escalier préfabriqué à limon porteur.*

- **Cas d'un limon central préfabriqué avec marches préfabriquées en double porte-à-faux :**
  - on assure la fixation des marches dans des encoches réservées au coulage du limon ;
  - on assure la fixation du limon sur les paliers pour équilibrer les moments de torsion calculés dans l'hypothèse la plus défavorable concernant la position des charges d'exploitation.

c) **Pour les escaliers à marches préfabriquées indépendantes**, on suivra les indications de la norme NF-P 87-301 qui définit les marches porteuses et de revêtement ainsi que les contre-marches en béton destinées à la construction des volées droites. Cette norme n'est applicable qu'aux fabrications en usine fixe ; les épaisseurs minimales sont de 5 à 7 cm (sauf justifications sous sollicitations dynamiques) avec revêtement en granito incorporé.

## 4.3. Escaliers hélicoïdaux

Les escaliers hélicoïdaux peuvent être à marches préfabriquées et noyau central (capacité de l'engin de levage faible) ou à volées monobloc.

### 4.3.1. Escaliers à volées « monobloc » (fig. 24)

Leur hauteur est égale au tiers (ensemble de 5 ou 6 marches), à la moitié ou à la valeur de la hauteur d'étage.

Elles sont composées :
- d'un fût plein (claveté les uns sur les autres) ou évidé (servant de coffrage pour le poteau central de liaison des volées),
- d'une paillasse en général à redans,
- d'un palier supérieur (d'épaisseur totale ou formant prédalle) ou bien d'aciers en attente de liaison haute.

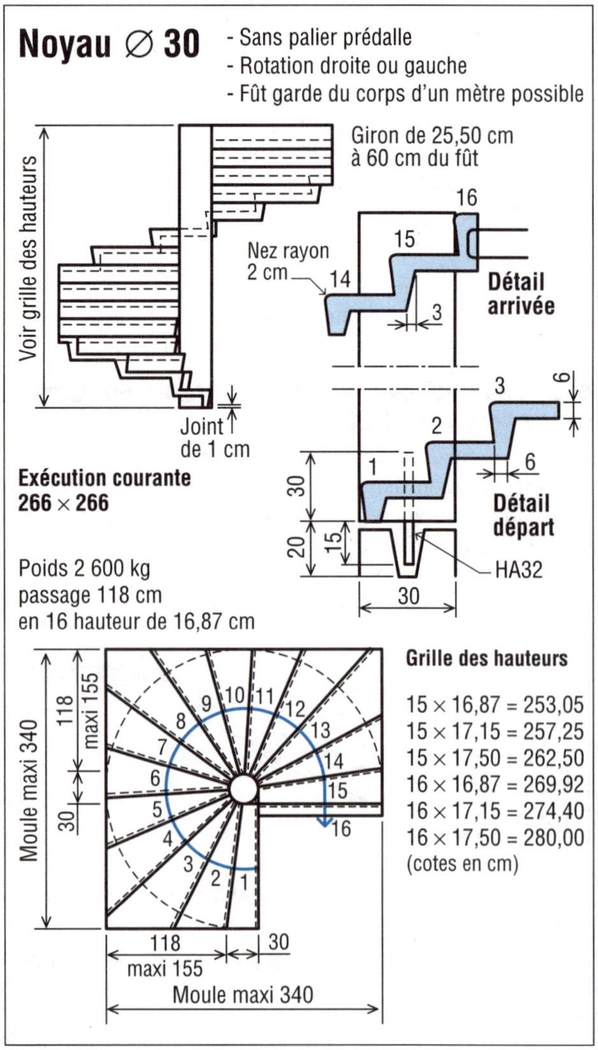


*Fig. 24. Volée « monobloc » d'escalier hélicoïdal (exemple).*

#### 4.3.2. Escaliers à marches préfabriquées et noyau central (fig. 25)

Les marches, de formes diverses, sont munies d'un anneau constituant un coffrage pour le noyau central. Elles sont posées, étayées, réglées et calées l'une sur l'autre ; les armatures et le bétonnage de la réservation centrale obtenue en empilant les anneaux, forment un poteau assurant la stabilité d'ensemble de l'escalier.

**Marche Type H**

- Cage carrée ou ronde
- Rotation droite ou gauche
- Fût garde-corps d'un mètre possible

Hauteur des marches 16 cm
Réglage en hauteur avec joint
Finition béton gris, béton blanc, granito.

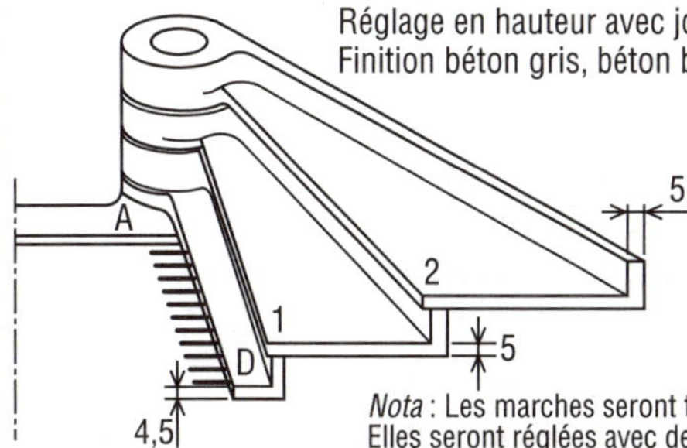


*Nota* : Les marches seront toutes étayées. Elles seront réglées avec des cales donnant une légère contre-flèche. Les joints seront exécutés au mortier colle. Après coulage du noyau central, les cales seront enlevées après durcissement des joints.

**Angle 18°**

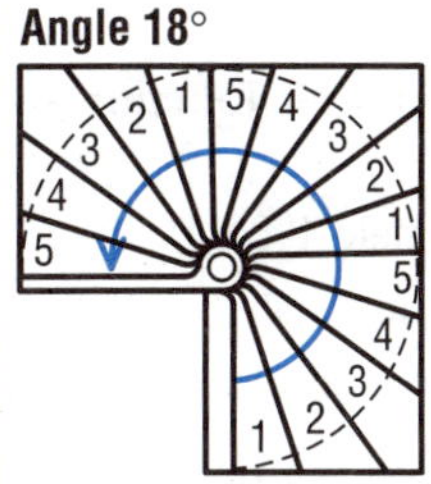


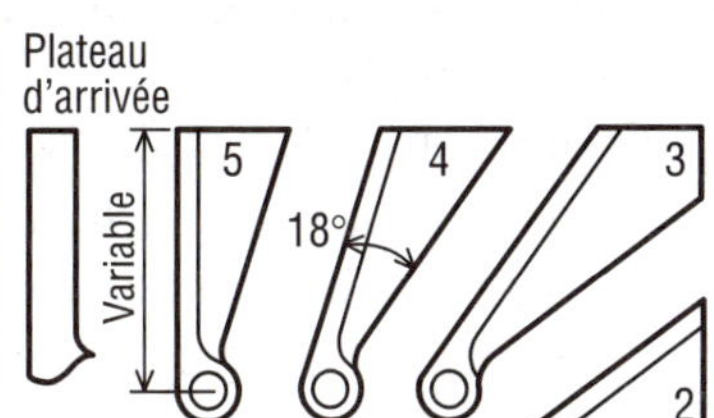


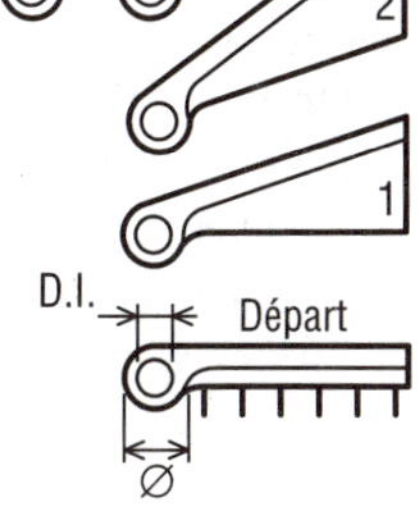


**Angle 18°**

| Design. | ∅ | DI | Rayon maxi | Giron |
|---|---|---|---|---|
| H20 | 20 | 9 | 150 | 22 |
| H1 | 30 | 18 | 180 | 23,5 |
| H2 | 40 | 28 | 240 | 25 |
| H3 | 50 | 36 | 250 | 26,5 |
| H4 | 60 | 44 | 250 | 28 |
| H5 | 74 | 54 | 235 | 30,5 |

**Angle 22,5°**

| Design | ∅ | DI | Rayon maxi | Giron |
|---|---|---|---|---|
| H20 | 20 | 9 | 113 | 27,5 |
| H1 | 30 | 18 | 133 | 28 |

*Nota* : le giron est donné à 60 cm du fût.

*Fig. 25. Escalier hélicoïdal à marches préfabriquées et noyau central (exemple).*

# ASCENSEURS : CARACTÉRISTIQUES, DIMENSIONS

**NF P 82-201, -208, -210 et -211, NF P 91-201, NF EN 1865 (S 95-201), AFNOR DTU P 82-001, (DTU N° 75-1)**

## 1. CARACTÉRISTIQUES FONDAMENTALES D'UNE INSTALLATION D'ASCENSEURS CORRESPONDANT À UN SERVICE MOYEN DANS LES BÂTIMENTS D'HABITATION

Le service moyen assure certains ou la totalité des transports suivants, classés en trois groupes :

- les personnes valides : groupe I ;
- les personnes handicapées utilisant des fauteuils roulants « normaux » (p. 257), sapeurs-pompiers (matériel portable), voitures d'enfants : groupe II ;
- les malades couchés sur un brancard à poignées escamotables (NF S 90-311), cercueils et les meubles encombrants : groupe III.

**Les types d'ascenseurs sont définis en fonction des services à assurer :**

- Groupe I : type 400 (charge nominale 400 kg) ;
- Groupe I et II : type 630 (charge nominale 630 kg) ;
- Groupes I, II et III : type 1 000 (charge nominale 1 000 kg).

**Les caractéristiques et les dimensions des cabines, des gaines, des passages libres, des locaux des machines et des paliers sont illustrées figures 1 et 2, en précisant que :**

- tous les ascenseurs sont équipés de porte de cabine et de portes palières du type coulissant horizontal à ouverture et fermeture automatique ;
- la gaine d'ascenseur n'est pas contiguë à une pièce principale, ni la machinerie (prévue à la partie supérieure de la gaine) à un logement ;
- le niveau de pression acoustique du bruit engendré dans un logement par un équipement d'ascenseur ne dépasse pas 30 dB(A), avec une tolérance de 3 dB(A).

**À court terme, les ascenseurs proposés par les constructeurs pourront être mis en œuvre sans local de machinerie. La suppression des cuvettes d'ascenseur est envisagée à moyen terme.**

Les niveaux desservis à prendre en compte pour établir un programme d'ascenseurs sont les niveaux habitables, le niveau du hall de départ (ou éventuellement les autres niveaux) où accèdent normalement les piétons venant de la voie publique, et les niveaux de parkings lorsqu'ils existent.

La population à prendre en compte représente le nombre de personnes habitant les niveaux au-dessus du hall de départ des ascenseurs. Dans le cas général, on compte une personne par pièce principale plus une personne par logement.

Pour la qualité du service groupe I, les critères suivants sont pris simultanément en considération :

- la durée de parcours, caractérisée par le rapport course/vitesse (distance séparant les 2 niveaux extrêmes sur vitesse nominale de l'ascenseur), ne doit pas dépasser 50 secondes ;
- l'installation d'ascenseurs doit être capable de transporter en 5 minutes, à la montée, au minimum 7,5 % de la population à prendre en compte ;
- l'intervalle maximal probable (temps moyen d'attente au hall de départ) ne doit pas dépasser 100 secondes ;
- tous les ascenseurs doivent être équipés d'une manœuvre enregistrée collective à la descente.

## 2. ÉTABLISSEMENT DU PROGRAMME D'ASCENSEURS (SERVICE MOYEN)

L'équipement minimal (nombre et caractéristiques des ascenseurs à prévoir), correspondant à un service moyen, est fonction de la hauteur du bâtiment et du nombre de niveaux au-dessus du hall de départ (fig. 1).

Pour définir la charge, la vitesse et le nombre d'ascenseurs, trois étapes sont nécessaires :

- on détermine le type T de l'ascenseur à partir des caractéristiques de l'immeuble (situation, population, niveaux desservis, course) et par conséquent, les caractéristiques minimales de l'installation ;
- on calcule une vitesse nominale V en se fixant un intervalle maximal probable I et une durée de parcours ;
- la lecture du tableau de l'annexe 2 du DTU n° 75-1 permet, à partir d'un couple (T, V), de choisir un couple (P, I) donnant une solution satisfaisante. Cette solution est directement obtenue à partir de l'abaque : figures 3a, 3b, 3c.

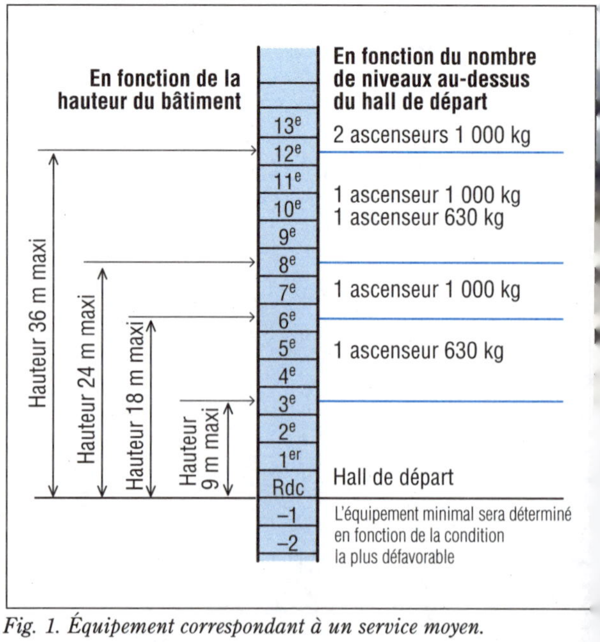


*Fig. 1. Équipement correspondant à un service moyen.*

| Destination générale : habitations | | | | | | | |
|---|---|---|---|---|---|---|---|
| **Charge nominale (masse)** | | | | kg | 400 (1) | 630 | 1 000 |
| **Cabine** | | Largeur | A | (mm) | 1 100 | | |
| | | Profondeur | B | (mm) | 950 | 1 400 | 2 100 |
| | | Hauteur | | (mm) | 2 200 | | |
| **Porte de cabine et portes palières** | | Largeur | E | (mm) | 800 | | |
| | | Hauteur | F | (mm) | 2 000 | | |
| | | Type | | | Ouverture centrale (4) | | |
| **Gaine** | | Largeur | C | (mm) | 1 800 (4) | | |
| | | Profondeur | D | (mm) | 1 600 | 2 100 | 2600 |
| **Cuvette** | | Profondeur | P | (mm) | | | |
| | $V_n \leq$ 0,63 m/s | | | | 1 400 | | |
| | $V_n \leq$ 1,00 m/s | | | | 1 500 | | |
| | $V_n \leq$ 1,60 m/s | | | | 1 700 | | |
| | $V_n \leq$ 2,50 m/s | | | | (2) | 2 800 | |
| **Hauteur au-dessus du dernier niveau desservi** | | | Q | (mm) | | | |
| | $V_n \leq$ 0,63 m/s | | | | 3 700 | | |
| | $V_n \leq$ 1,00 m/s | | | | 3 800 | | |
| | $V_n \leq$ 1,60 m/s | | | | 4 000 | | |
| | $V_n \leq$ 2,50 m/s | | | | (2) | 5 000 | |
| **Local des machines** | $V_n \leq$ 0,63 m/s | Surface | S | ($m^2$) | 7,5 | 10 | 12 |
| | (3) | Largeur | R | (mm) | 2 200 | | 2 400 |
| | (3) | Profondeur | T | (mm) | 3 200 | 3 700 | 4 200 |
| | | Hauteur | H | (mm) | 2 000 | | |
| | $V_n \leq$ 1,00 m/s | Surface | S | ($m^2$) | 7,5 | 10 | 12 |
| | (3) | Largeur | R | (mm) | 2 200 | | 2 400 |
| | (3) | Profondeur | T | (mm) | 3 200 | 3 700 | 4 200 |
| | | Hauteur | H | (mm) | 2 000 | | |
| | $V_n \leq$ 1,60 m/s | Surface | S | ($m^2$) | 10 | 12 | 14 |
| | (3) | Largeur | R | (mm) | 2 200 | | 2 400 |
| | (3) | Profondeur | T | (mm) | 3 200 | 3 700 | 4 200 |
| | | Hauteur | H | (mm) | 2 200 | | |
| | $V_n \leq$ 1,60 m/s | Surface | S | ($m^2$) | (2) | 14 | 16 |
| | (3) | Largeur | R | (mm) | (2) | 2 800 | |
| | (3) | Profondeur | T | (mm) | (2) | 3 700 | 4 200 |
| | | Hauteur | H | (mm) | (2) | 2 600 | |

(1) Les dimensions de cabine de cet appareil ne permettent pas l'accès des handicapés en fauteuil roulant.
(2) Appareil non normalisé.
(3) Les valeurs fixées pour R et T sont des valeurs minimales. Les dimensions réelles doivent engendrer une surface au moins égale à S.
(4) Dans les immeubles d'habitation, la largeur de la gaine peut être de 1 600 mm avec des portes de type à ouverture latérale.

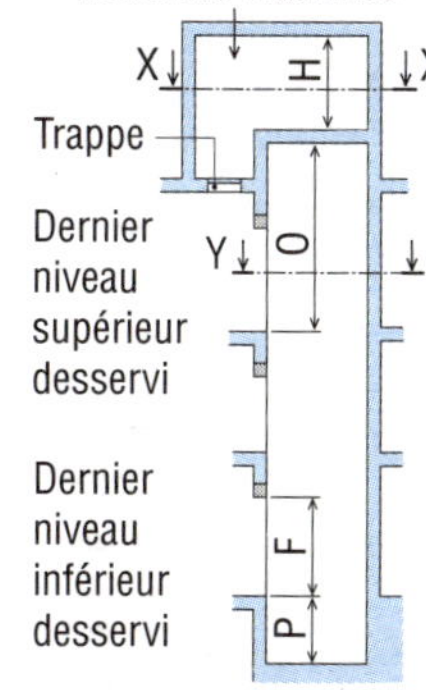

Section verticale de la gaine et du local des machines

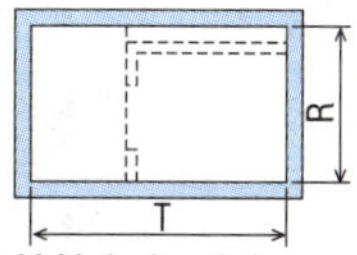

Section X-X du local des machines

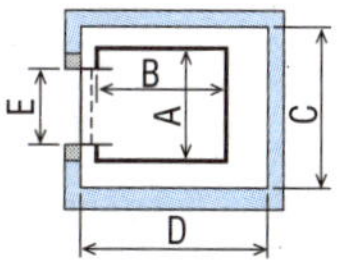

Section Y-Y de la gaine et de la cabine

Note 1 : Les zones ombrées représentent schématiquement le calfeutrement entre baies brutes de construction et l'ensemble porte.

Note 2 : La mise en place d'une porte d'accès au local des machines est souhaitable bien que non indiquée sur ce croquis.

Cotes en mm

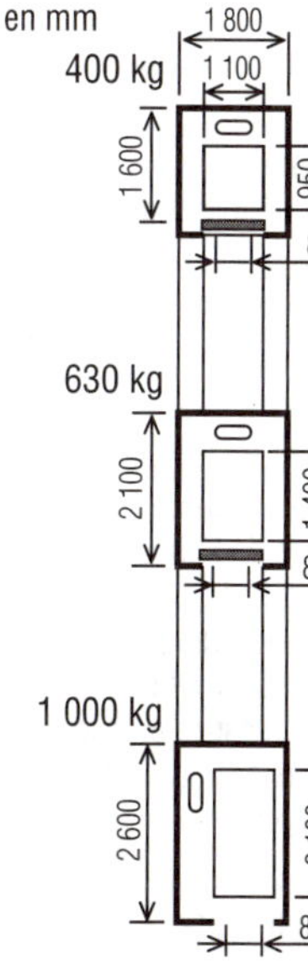


Hauteur de cabine : 2 200 mm
Hauteur de passage libre : 2 000 mm

*Fig. 2. Ascenseurs électriques normalisés de classe I – Dimensions fonctionnelles.*

**a) RCS : caractéristiques des équipements**

| Équipement conseillé | Charge kg | Vitesse m/s | Gaine vue en plan en cm | H hauteur machinerie en cm | Q hauteur sous dalle en cm | P profondeur cuvette cm |
|---|---|---|---|---|---|---|
| 1 | 630 | 0,63 | 180 × 210 | | | |
| 2 | 630 | 1,00 | | 200 | 380 | 150 |
| 3 | 1 000 | 1,00 | 180 × 260 | 200 | 380 | 150 |
| 4 | 1 000 | 1,60 | 180 × 260 | 220 | 400 | 170 |
| 5 | 1 000 + 630 | 1,00 | 180 + 180 × 210 / 260 | 200 | 380 | 150 |
| 6 | 2×1 000 | 1,00 | 180 + 180 × 260 | 200 | 380 | 150 |
| 7 | 2×1 000 | 1,60 | 180 + 180 × 260 | 220 | 400 | 170 |

*Nota* : les dimensions indiquées ci-dessus sont celles de la norme NF P 82-208

**b) Immeuble sans niveau de parking en sous-sol**

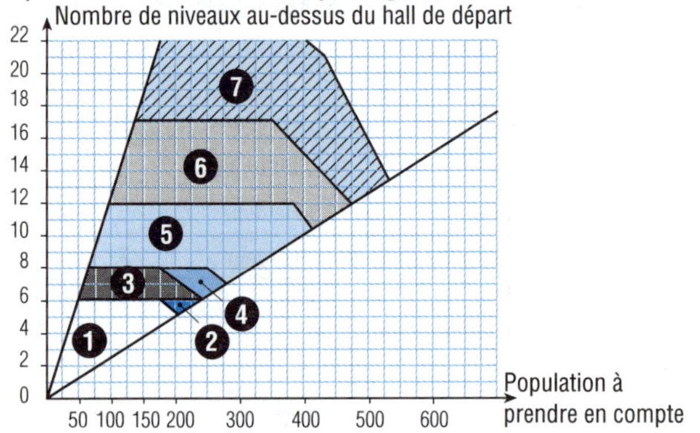


**c) Immeuble avec 2 niveaux de parking en sous-sol**

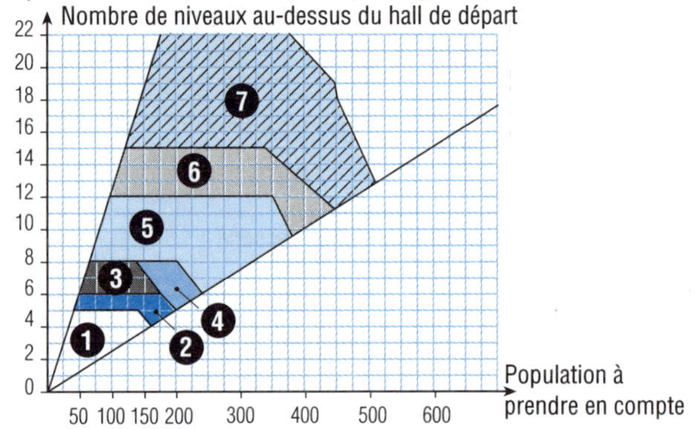


*Fig. 3. Choix d'un équipement minimal (NF P 82-208).*

## 3. TERMINOLOGIE COMPLÉMENTAIRE

La figure 4 illustre une gaine d'ascenseur, la cabine et le matériel en gaine.

**Matériel en machinerie**
- **1** - Moteur de levage

**Cabine**
- **2** - Cabine
- **3** - Porte automatique

**Contrepoids**
- **4** - Éléments fonte
- **5** - Suspension

**Matériel en gaine**
- **6** - Guides de cabine
- **7** - Fil guides de cabine
- **8** - Câbles de suspension
- **9** - Fin de course haut
- **10** - Fin de course bas
- **11** - Amortisseur cabine
- **12** - Amortisseur contrepoids
- **13** - Renvoi de régulateur de vitesse

**Façade palière**
- **14** - Porte automatique palière
- **15** - Boîte d'appel
- **16** - Palier
- **17** - Cuvette
- **18** - Gaine

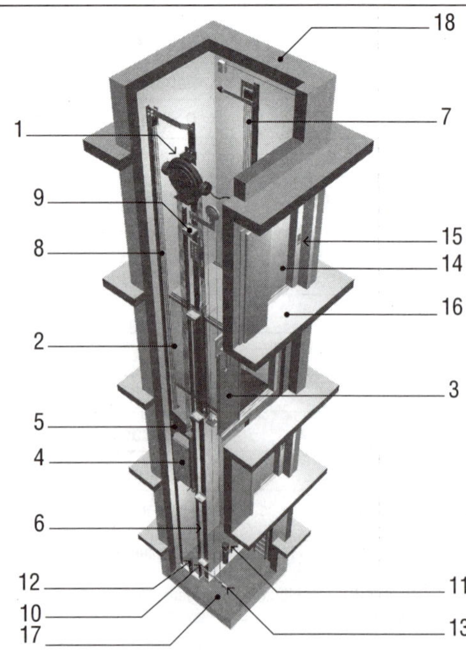


*Fig. 4. Terminologie sur un ascenseur KONE Monospace (l'ascenseur sans local de machine).*

# Accessibilité des constructions aux handicapés physiques

**NF P 91-201, fascicule spécial n° 82-40 bis (JO)**

## 1. INTRODUCTION

Nous donnons ici les principales spécifications permettant de faciliter au plus juste la vie des handicapés en supprimant toute barrière architecturale, en donnant un accès à l'ensemble des logements pour mener une vie sociale normale.

Les dispositions mentionnées dans la circulaire ministérielle (fascicule spécial n° 82-40 bis) sont obligatoires.

La norme française (NF P 91-201) donne des dispositions **(indiquées en gras)** recommandées ou souhaitables.

Pour les personnes semi-ambulantes ou se déplaçant en fauteuil roulant, nous donnons les conditions de travail envisageables, les aires de manœuvre d'un fauteuil roulant, les conditions d'accessibilité des logements, des autres bâtiments et leurs équipements (p. 258), et les dispositions permettant ultérieurement aux handicapés d'y pénétrer, d'y loger, ou d'y exercer leurs activités habituelles (p. 259).

Ces indications peuvent être étendues aux personnes ayant des difficultés d'atteinte et de préhension, aux besoins des personnes âgées, des enfants..., et à tout local recevant normalement du public.

Les spécifications indiquées ont été choisies de façon à permettre l'utilisation du logement sans gêne notable, par des personnes sans handicap.

**Les dimensions appropriées figurent pour l'essentiel sur les dessins.**

## 2. CONDITIONS DE TRAVAIL

Les dimensions « enveloppe » (fig. 1 et 2), tirées du fascicule n° 82-40 bis, donnent des exemples de l'espace qu'occupent ou peuvent atteindre les personnes à mobilité réduite. Les dimensions données dans la norme varient légèrement par rapport à celles-ci, essentiellement en montrant que les mesures anthropométriques des femmes limitent un peu plus leurs approches.

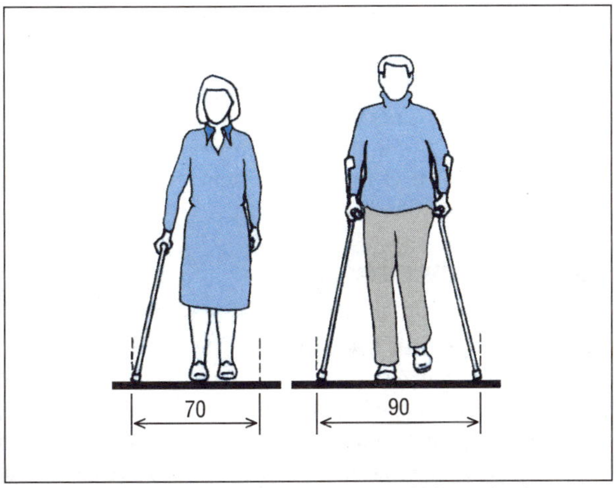


*Fig. 1. Dimensions « enveloppe » des semi-ambulants (cm).*

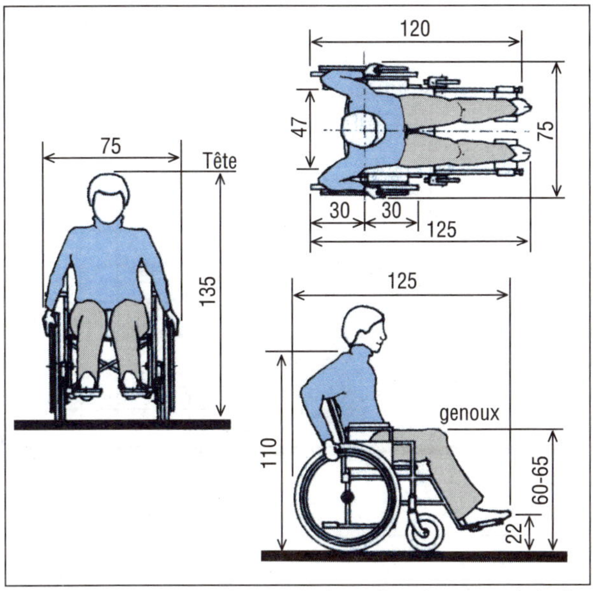


*Fig. 2. Dimensions « enveloppe » du fauteuil roulant occupé (cm).*

L'approche des équipements est primordiale et doit pouvoir être effectuée frontalement et latéralement, sans gêne notable.

L'espace de préhension est limité verticalement vers le bas et le haut et horizontalement en cas de blocage du fauteuil (fig. 3, 4 et 5).

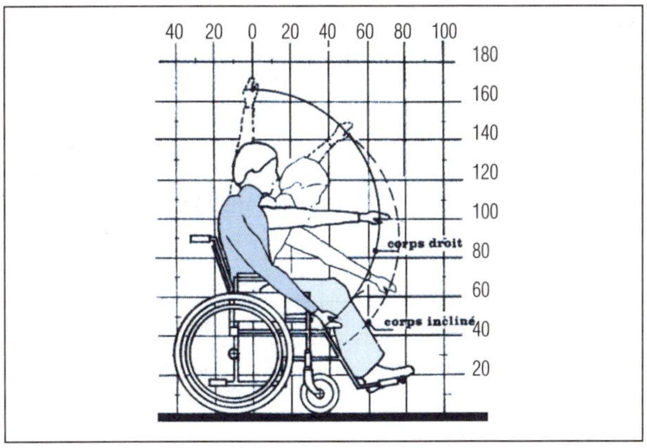


*Fig. 3. Approche frontale (mesures en cm).*

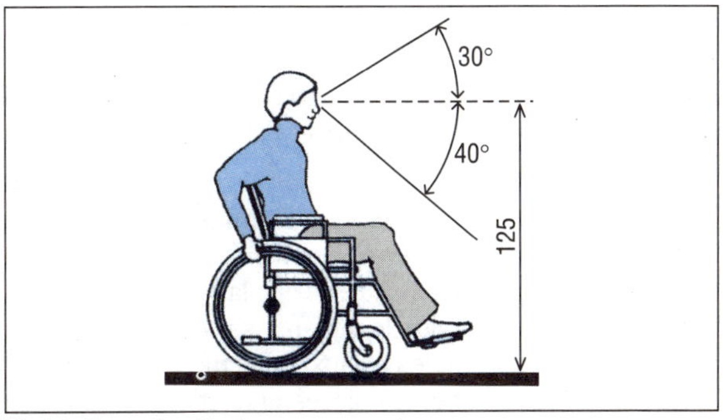


*Fig. 4. Zone visuelle (mesures en cm).*

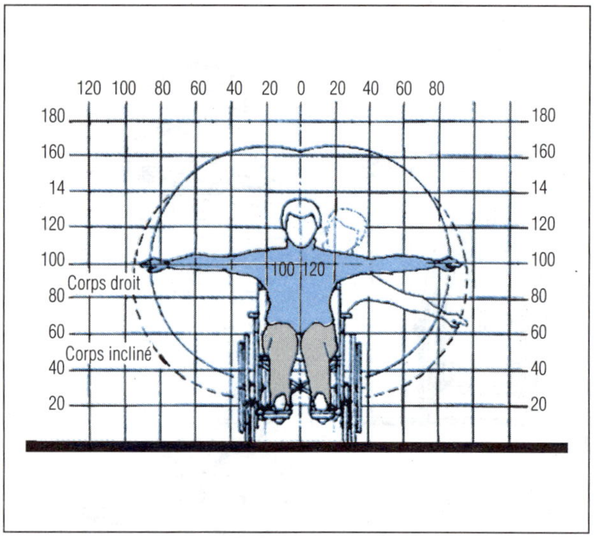


*Fig. 5. Approche latérale (mesures en cm).*

## 3. CONDITIONS DE MANŒUVRE D'UN FAUTEUIL ROULANT

Les indications dimensionnelles fournies par la suite correspondent à celles des fauteuils couramment utilisés lorsqu'ils sont occupés par une personne (fig. 2). Elles varient sensiblement par rapport à celles du fauteuil proprement dit.

Les surfaces minimales nécessaires pour une approche directe ou pour une rotation du fauteuil par manœuvre simultanée contrariée des roues peuvent être évaluées comme l'indique le tableau 1.

| Approche | Aire de manœuvre |
|---|---|
| Approche frontale | 0,9 m |
| Changement de direction à 90° | 1,4 × 1,4 m |
| Changement de direction à 180° | 1,4 × 1,9 m |
| Rotation à 360° | 1,7 × 1,7 m |

*Tableau 1. Analyse des aires de manœuvre.*

## 4. ENVIRONNEMENT, ACCESSIBILITÉ DES DIVERS LOCAUX

Les conditions nécessaires pour la circulation du handicapé aux abords de l'immeuble, et par extension, en zone urbaine, sont fixées.

Doivent être accessibles par un cheminement praticable sans discontinuité, aux personnes handicapées, à mobilité réduite, se déplaçant en fauteuil roulant : les bâtiments d'habitation collectifs, les logements situés dans ces bâtiments, les ascenseurs, les locaux collectifs des ensembles résidentiels, une partie des places de stationnement d'automobile destinées aux habitants et aux visiteurs.

### 4.1. Cheminement

- **Des bateaux** (bords abaissés) sont situés en face des passages protégés (fig. 6) : pente maximale (5 %) perpendiculairement au trottoir.

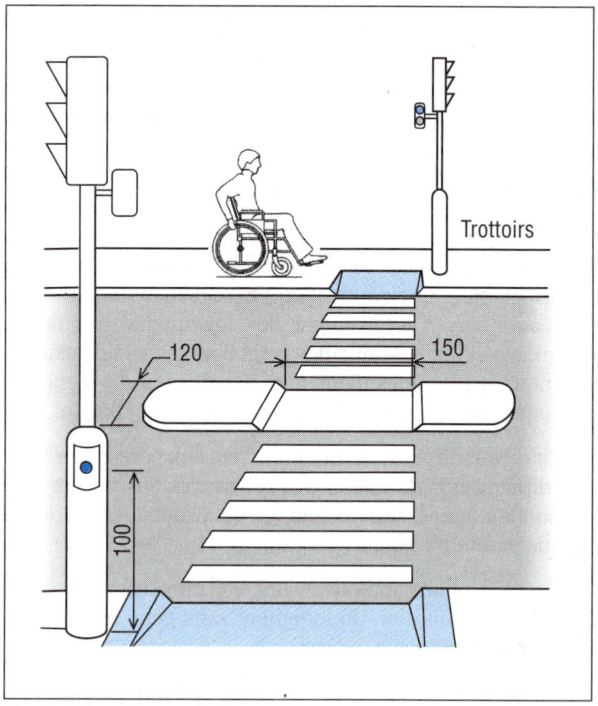


*Fig. 6. Dispositions relatives aux bateaux.*

- L'ouverture des portes ne doit pas demander un effort trop important, ni une manœuvre trop difficile pour une personne en fauteuil roulant. La solution consiste à prévoir une porte à ouverture automatique à l'entrée des immeubles. La **largeur utile** (largeur de passage effective lorsque le battant de porte est ouvert à 90°) ne doit pas être inférieur à 0,83 m, pour une porte de 0,93 m.

- Une main courante (ou un garde-corps), disposée de part et d'autre des cheminements, constitue une aide précieuse à la locomotion (pente > 4 %).

- **La hauteur recommandée** pour une bonne préhension des dispositifs de manœuvre (poignées de portes, interrupteurs, commandes diverses...) est au maximum de 1,3 m (1 m généralement), et ne doit jamais descendre en dessous de 40 cm.

### 4.2. Accès aux étages

Deux situations sont possibles.

#### 4.2.1. Accès par un ascenseur

Les niveaux étant comptés à partir du niveau d'accès le plus bas dans le cas de bâtiment (sur des terrains en pente, à entresol...), un ascenseur est obligatoire à partir d'un **R + 4** (l'un au moins étant accessible dans le cas d'une batterie).

L'accès est facilité si les conditions suivantes sont respectées.

- Les commandes intérieures sont situées entre 0,9 et 1,3 m (1,2 m) de hauteur, de préférence à 40 cm au moins des coins de la cabine, avec des indications facilement identifiables par des malvoyants.
- La précision d'arrêt de la cabine est inférieure à 2 cm.
- Une aire libre d'évolution sur le palier est prévue : **1,5 × 1,5 m.**
- Il ne faut pas faire correspondre la porte palière d'un ascenseur avec une volée descendante d'escalier, si le palier est étroit (**distance mini. 2,2 m**).
- Il n'y a pas de marches entre le hall d'entrée, les paliers et les niveaux d'arrêt de la cabine.
- La barre d'appui est située à 90 cm du sol.
- Les portes de cabine et les portes palières sont équipées d'un dispositif photo-électrique ou similaire qui commande la réouverture des vantaux si un passager est engagé dans la baie, pour ne pas heurter la personne.

#### 4.2.2. Accès par un escalier intérieur (bâtiments sans ascenseurs)

L'accès est facilité si :

- l'escalier démarre en retrait des circulations pour ne pas gêner le passage;
- sa largeur minimale est de 1,2 m;
- la hauteur des marches est limitée à 17 cm **(14 à 16 cm)**;
- le giron est au moins de 28 cm **(32 à 34 cm)**;
- l'escalier est équipé de contremarches.

*Nota :* pour un escalier hélicoïdal (NF P 91-201), le giron se mesure dans la zone comprise entre les lignes situées à 0,6 m du noyau intérieur et à 0,6 m du bord extérieur.

**Les paliers de repos** sont horizontaux, disposés au moins devant chaque porte, en haut et en bas de chaque plan incliné. À l'intérieur de chaque sas, la **longueur minimale est de 1,4 m** (hors débattement de porte éventuel).

Ils sont obligatoires tous les 10 m dès qu'une pente excède 4 % et doivent avoir une longueur d'au moins 1,4 m.

### 4.3. Escaliers extérieurs et perrons

La hauteur des marches est limitée à 16 cm maximum **(12 à 14 cm)**, et le giron est compris entre **32 à 34 cm.**

Doublés par un cheminement aisément praticable (fig. 7), ils comportent une main courante située à une **hauteur de 90 cm** (p. 247 ou NF P 01-102).

**Les mains courantes ou les rampes** (balustrades) sont disposées de part et d'autre des cheminements et dépassent les premières et dernières marches de chaque volée d'escalier, sur environ 30 à 40 cm horizontalement, à **1 m du sol.**

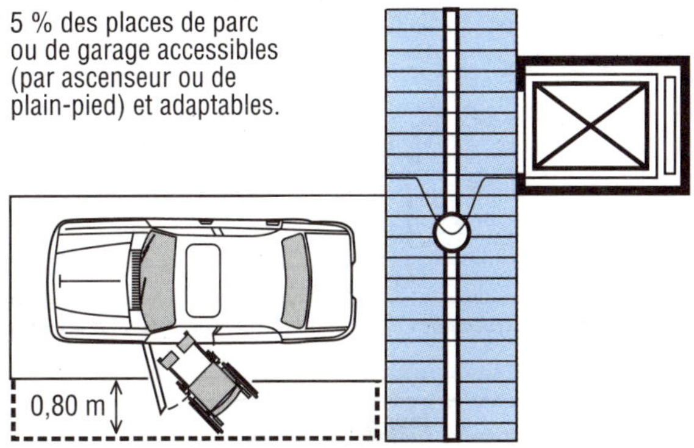


**Cheminement praticable**

- Palier de repos (hors débattement de porte) : L ⩾ 1,4 m.
- Seuils et ressauts ⩽ 2 cm.
- Fentes et trous < 2 cm.
- Sols non meubles, non glissants.
- Toute porte ⩾ 0,9 m (1 battant ⩾ 0,8 m pour une porte à double battant).
- Horizontal de préférence ou pente < 5 % (palier de repos tous les 10 m pour une pente entre 4 et 5 %).
- Dévers < 2 %.
- Largeur ⩾ 1,2 m.

*Fig. 7. Caractéristiques diverses des parkings et cheminements.*

## 5. ADAPTABILITÉ DES LOGEMENTS

Les logements en rez-de-chaussée, les logements en étage (desservis par ascenseur) et des places de stationnement d'automobile dans les locaux mentionnés p. 258 doivent être adaptables aux besoins particuliers des personnes handicapées se déplaçant en fauteuil roulant, par des travaux simples ne touchant pas aux structures, aux gaines et réseaux communs des bâtiments, ne diminuant pas le nombre des pièces principales.

La norme NF P 91-201 recommande une trame de la structure permettant ces modifications en prévoyant les distances suivantes :

- entre nus des murs porteurs : 5,7 m (+ $n$ × 0,3 m), les distances entre nus permettent l'enveloppe de deux pièces principales (deux chambres, un séjour et une chambre) ;
- entre face des poteaux porteurs : 3,3 m (+ $n$ × 0,3 m), les distances hors tout entre poteaux permettent l'enveloppe la plus grande des plus petites dimensions intérieures entre nus des pièces principales (chambre : 3 m).

Les figures 8 à 12 et le tableau 2 illustrent les dimensions à respecter.

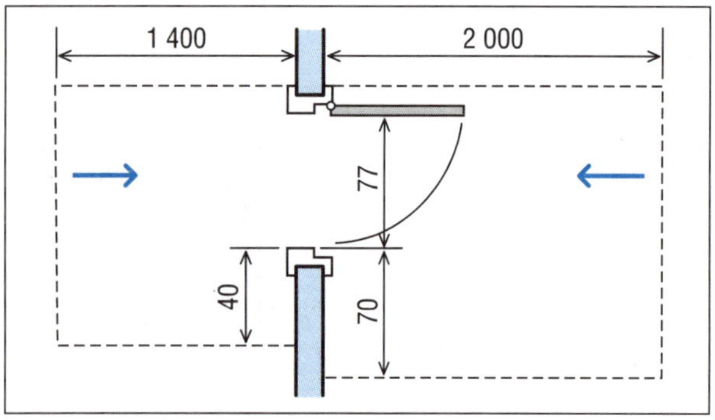


*Fig. 8. Aires d'évolution des deux côtés d'une porte (NF P 91-201).*

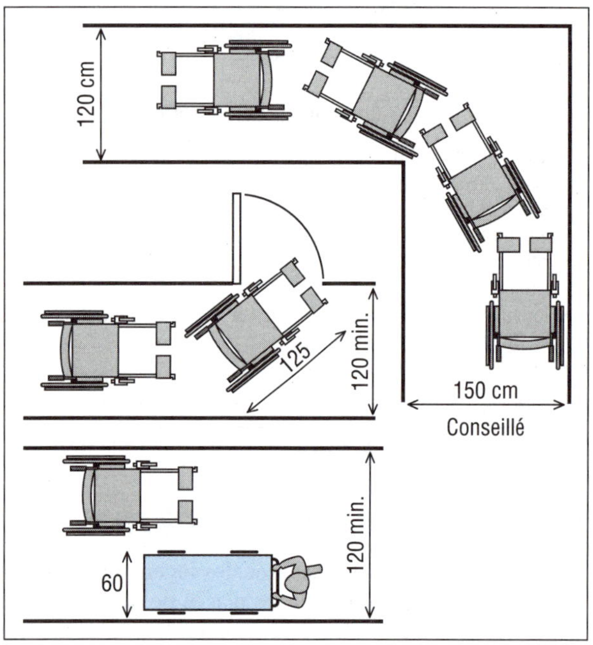


*Fig. 9. Couloirs et dégagements (NF P 91-201).*

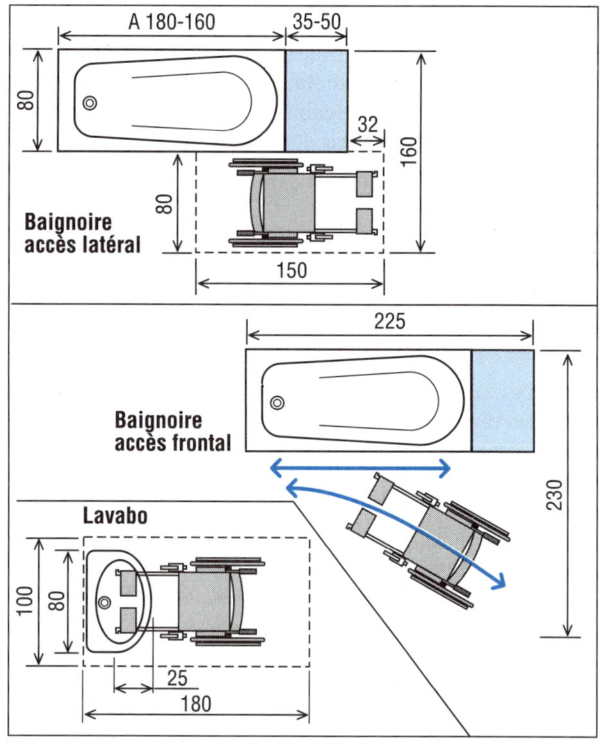


*Fig. 10. Salle de bains : encombrement et aires d'utilisation (NF P 91-201).*

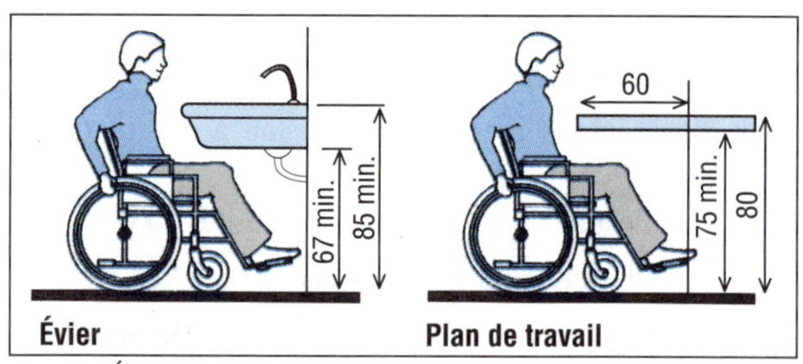


*Fig. 11. Évier, plan de travail (NF P 91-201).*

| Pièce | Chambre à coucher | Cuisine | Salle de bains | WC (approche latérale) | | WC (approche frontale) |
|---|---|---|---|---|---|---|
| **Largeur minimale (m)** | 3 | 2,10 | 2,20 | Porte ouvrant vers l'intérieur | Porte ouvrant vers l'extérieur | Porte ouvrant vers l'extérieur |
| **Surface minimale (m²)** | 11,50 à 13 pour la chambre principale | 8 à 9 sans coin repas | 6 | 1,85 × 1,35 | 1,80 × 1,40 | 1,95 × 1,00 |

*Tableau 2. Dimensions à respecter (NF P 91-201).*

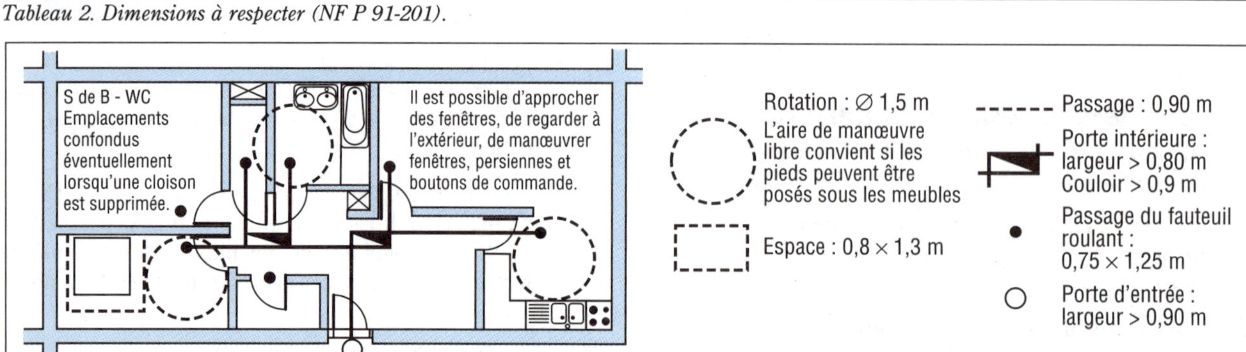


*Fig. 12. Dimensions à respecter (NF P 91-201, fascicule spécial n° 82-40 bis).*

AFNOR NF P 51-201 (DTU N° 24-1), P 51-701 (règles et processus de calcul des cheminées fonctionnant en tirage naturel, NF P 16-302, NF P 51-301, -302, NF EN 1806 (P51-311) et -321, AFNOR NF P 45-204 (DTU N° 61-1), NF P 51-201 (DTU N° 24-1)

## 1. GÉNÉRALITÉS

Le dimensionnement des conduits de fumée à tirage naturel relève du DTU n° 61-1 annexe 2 (appareils à gaz : P < 75 th/h) et du DTU P 51-701, « Règles et processus de calcul des cheminées desservant une chaudière : P ⩾ 75 th/h ».

*Nota :* P est la puissance de chauffe en thermie par heure.

La conception et la construction de ces conduits seront conformes à l'arrêté du 22/10/69 et au DTU n° 24-1 « Travaux de fumisterie » (pour chaudière fonctionnant à partir de combustibles usuels).

Les conduits peuvent être individuels (un conduit par foyer) ou collectifs à départs individuels (système shunt) ou collectifs, pour une chaudière d'un bâtiment (chauffage central). Ils fonctionnent en tirage naturel ou par extraction mécanique ; en cas de panne des extracteurs mécaniques, l'évacuation des fumées se fait par tirage naturel ou alors la combustion doit être arrêtée.

## 2. TERMINOLOGIE USUELLE

Les termes les plus courants sont explicités fig. 1 et définis ci-dessous.

- **Le conduit de fumée** a une allure verticale. Il peut être intérieur ou extérieur au bâtiment, isolé, adossé (autostable mais lié librement à un support reprenant les efforts dus au vent) ou accolé (liaison totale sur toute la hauteur à son support).
- **La souche** correspond à la partie hors comble ou en terrasse d'un ou plusieurs conduits. Elle reçoit un couronnement et parfois un convergent, augmentant la vitesse d'éjection des fumées dans l'atmosphère.
- **Un carneau** (conduit d'allure horizontale) et **un conduit de raccordement** assurent le raccordement de la chaudière au conduit de fumée.
- On appelle **tubage** la mise en place d'un conduit, souvent métallique, dans un conduit existant.
- **Un chemisage** consiste à déposer à l'aide d'un dispositif particulier un enduit spécial sur les parois intérieures d'un conduit et sur toute sa hauteur.

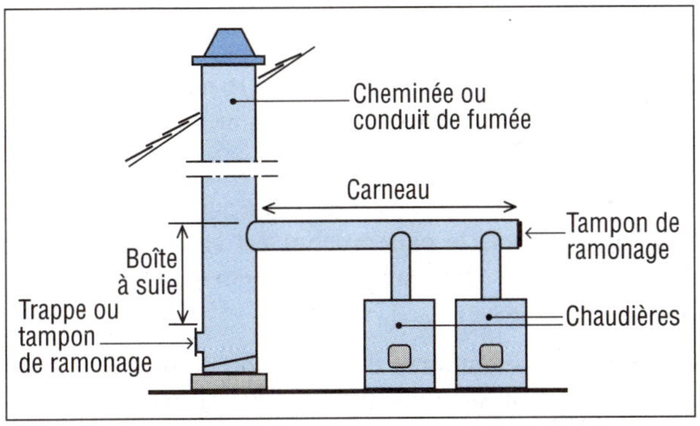


*Fig. 1. Terminologie usuelle relative aux conduits de fumée.*

## 3. DISPOSITIONS COMMUNES

**La section droite** doit respecter les proportions indiquées à la figure 2.

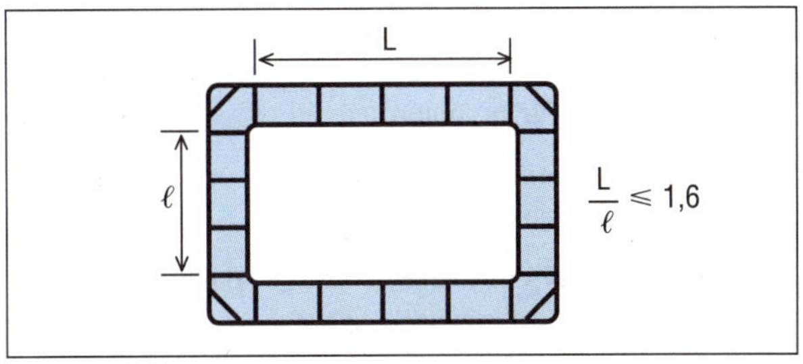


*Fig. 2. Rapport des dimensions de la section d'un conduit de fumée.*

Elle peut être carrée, circulaire ou rectangulaire ; elle est constante et de même forme sur toute la hauteur (si impossibilité lors d'une surélévation de conduit, le rajout peut être cylindrique de section équivalente),

Son aire intérieure est déterminée par le calcul et est fonction du nombre de foyers desservis. Les valeurs minimales sont indiquées au tableau 1.

| Type de conduit | Section ($cm^2$) |
|---|---|
| Individuel | 250 |
| Collectif :<br>– raccordement<br>– collecteur | <br>250<br>400 |

*Tableau 1. Valeurs minimales de la section en $cm^2$ d'un conduit de fumée.*

**Le tracé** d'un conduit est toujours vertical sauf en réhabilitation (reconstruction ou surélévation hors bâtiment d'un conduit) et dans les maisons individuelles (R + 1) maximum où deux dévoiements (un tronçon incliné) au plus sont admis (fig. 3).

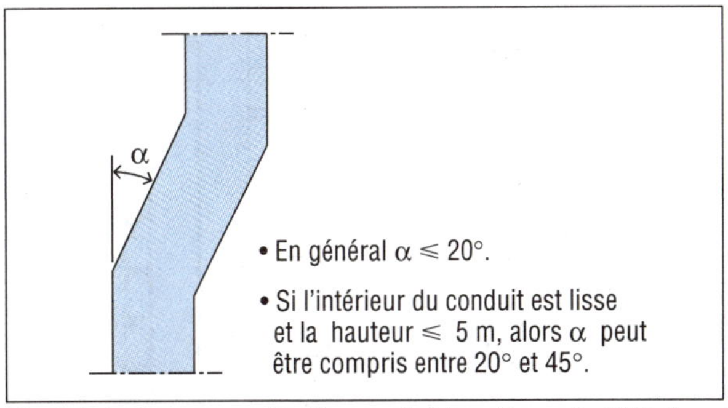


*Fig. 3. Dévoiement possible d'un conduit lors d'une réhabilitation et pour les maisons individuelles (R + 1).*

**Le matériau** est le même sur la hauteur sauf dérogation.

**La stabilité du conduit** est assurée par une fondation s'il est isolé ou adossé, ou par une fondation et le support auquel il est accolé.

**Les couronnements interdits** sont les dalles à l'italienne et les sorties de conduit latérales.

**Les enduits** au ciment ou au plâtre conformes aux DTU n° 26-1 ou n° 25-1 sont autorisés. L'emploi du plâtre est interdit sur les faces externes ou parties situées à l'extérieur des conduits.

**L'accessibilité directe d'un conduit** rectangulaire doit être possible par au moins une face, et pour un conduit circulaire doit être possible par au moins la moitié de sa circonférence.

Lorsque les **conduits sont groupés**, le suradossement de plusieurs conduits est interdit.

**La hauteur des conduits à tirage naturel** doit être conforme aux indications de la figure 4.

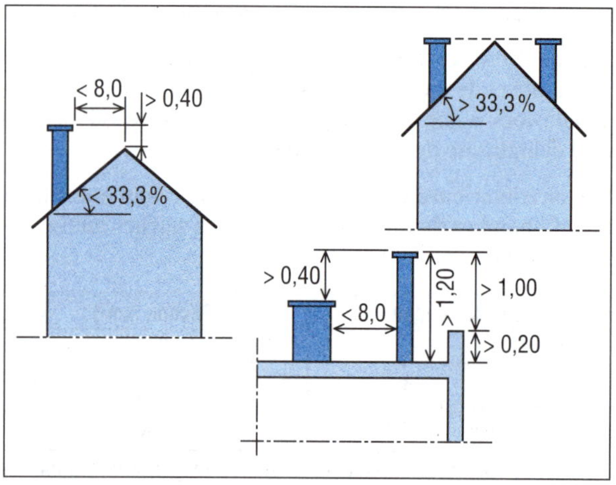


*Fig. 4. Hauteur des conduits à tirage naturel (m).*

**Les conduits collectifs** (fig. 5) sont autorisés, lorsque la puissance des appareils de chauffage raccordés correspond à celles indiquées par le tableau 2.

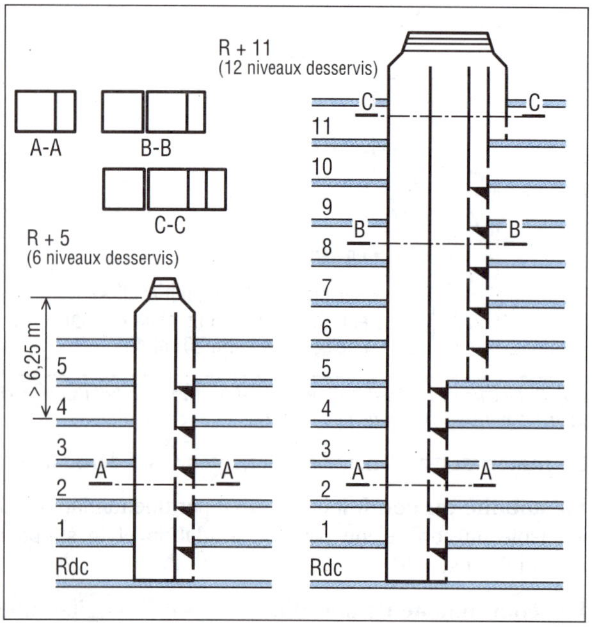


*Fig. 5. Conduits collectifs « type shunt ».*

| Combustible | Courant | Gazeux | Fonctionnement discontinu ECS |
|---|---|---|---|
| Puissance (thermies par heure) | 15 | 24 | 30 |

*Tableau 2. Puissance maximale des appareils de chauffage branchés sur un conduit collectif.*

Le bâtiment a alors au moins 4 niveaux. Les collecteurs reçoivent 5 foyers au plus de logements donnant sur la même façade et 1 foyer au plus par étage ; une trappe de ramonage est à prévoir à leur extrémité inférieure. Les raccordements des foyers sont verticaux, en maçonnerie, d'une hauteur d'étage et au plus de 3,50 m. Leur jonction avec le collecteur s'approchera au mieux de la verticale.

*Nota :* pour un combustible gazeux, le nombre de niveaux et de foyers desservis n'est pas limité et ($H_t$) > 4,25 m.

## 4. CONDUITS DE FUMÉES EXTÉRIEURS

Un conduit est considéré extérieur lorsqu'il correspond à l'un des trois cas suivants.

- Cas 1 : le conduit est construit à l'extérieur du périmètre extérieur des murs périphériques du bâtiment.
- Cas 2 : le conduit est extérieur et installé dans une gaine extérieure ; dans ce cas, la stabilité au vent est assurée par la gaine.
- Cas 3 : le conduit est intérieur et installé dans une gaine maçonnée intérieure ayant les caractéristiques suivantes :
  - matériau $M_0$ et degré CF selon la figure 4 p. 269,
  - ventilée en haut et en bas directement sur l'extérieur (section minimale des ouvertures permanentes : 4 dm²),
  - réservée exclusivement au passage des conduits, des ventilations et des canalisations de chauffage,
  - la gaine est verticale et elle permet l'accès aux conduits sur au moins une de leurs faces ; on prévoira des échelons avec palier de repos (dimension du passage minimal : 0,6 × 0,6 m).

## 5. CONDUITS DE FUMÉES INTÉRIEURS

Un conduit peut être intérieur lorsque la puissance de chauffe (P) est inférieure à 300 th/h.

Ils peuvent être adossés (un espace de 15 mm aux traversées de plancher sera comblé d'un matériau inerte classé $M_0$), ou accolés ($h \leqslant 15$ m et $P \leqslant 30$ th/h).

**L'écart au feu** (distance entre la paroi intérieure du conduit et le bois le plus proche) est supérieur à 16 cm pour un bois de charpente, et à 7 cm pour un bois de menuiserie (huisserie,...).

Ils peuvent être entourés d'une cloison de doublage si un matériau isolant incombustible comble l'espace entre eux et la cloison.

Sur la hauteur d'une souche et dans la traversée des combles, les parois du conduit auront une résistance thermique (p. 312) : $Rth \geqslant 0{,}43\ m^2 \cdot K/W$.

Les fabricants proposent des boisseaux avec une isolation intégrée permettant d'obtenir cette résistance thermique. Sinon, une isolation rapportée doit être mise en œuvre.

## 6. MATÉRIAUX ADMIS PAR LE DTU N° 24-1

Le DTU (n° 24-1) intitulé « Travaux de fumisterie » (pour chaudière fonctionnant à partir des combustibles usuels) autorise l'utilisation des matériaux suivants dans la construction des conduits de fumée :

- les briques de terre cuite ou réfractaires conformes respectivement aux normes NF P 51-301 et -302 ;
- les boisseaux en terre cuite ou en béton conformes respectivement aux normes NF P 51-311 et -321 ;
- le béton armé coulé en place et préfabriqué muni d'un garnissage intérieur de protection (ceux sans garnissage ou de hauteur d'étage sont justiciables d'un avis technique).
- les tuyaux métalliques à simple paroi et double paroi (ces derniers sont justiciables d'un avis technique).

## 7. MISE EN ŒUVRE DES BOISSEAUX

Les dispositions ci-après s'appliquent à la mise en œuvre des boisseaux dont les spécifications sont les suivantes :

- les boisseaux de terre cuite (fig. 6) sont à parois pleines ($e$ = 3 cm) ou à parois alvéolées simple et double conduit ($e$ = 5 et 7 cm) ou à isolation intégrée (pour les souches) ;
- les boisseaux en béton (fig. 7) sont à parois pleines ($e$ = 3, 4 et 5 cm) ou à parois alvéolées ($e$ = 7 et 8 à 12 cm pour les grandes sections employées en chauffage central).
  Leur hauteur (33 ou 50 cm, parfois 25 cm pour ceux en terre cuite) permet le décalage des joints par rapport aux planchers ou entre deux conduits juxtaposés.
  Ils sont à emboîtement (partie mâle vers le bas) et jointoyés au mortier bâtard ($e$ = 5 à 8 mm) dosé à 400 kg de liant/$m^3$ de sable sec (moitié ciment + moitié chaux) ;
- les conduits extérieurs adossés seront liés au gros œuvre tous les 2,5 à 3 m par un ceinturage en béton armé ou métallique permettant la libre dilatation ;
- les enduits au mortier de liant hydraulique devront être appliqués au plus tôt 15 jours après la pose du dernier boisseau ; un grillage sera mis en place avant.

**Boisseaux dits « min. alvéolés » ($e$ = 3 cm)**

**Boisseaux à parois alvéolées ($e$ = 5 cm)**

| | Dimensions inférieures en cm | Sections inférieures en cm² | Dimensions extérieures en cm | Longueurs en cm | Masse à la pièce en kg | Masse au ml en kg |
|---|---|---|---|---|---|---|
| | 13 × 16 | 208 | 19 × 22 | 50 | 17 | 34 |
| | 14 × 19 | 266 | 20 × 25 | 50 | 19 | 38 |
| | 17 × 19 | 323 | 23 × 25 | 50 | 20 | 40 |
| | 14 × 23 | 322 | 20 × 29 | 50 | 22 | 45 |
| | 19 × 22 | 418 | 25 × 28 | 50 | 22 | 45 |
| | 20 × 20 | 400 | 26 × 26 | 50 | 15 | 45 |
| | 20 × 25 | 500 | 26 × 31 | 33 | 16,5 | 49 |
| | 20 × 30 | 600 | 26 × 36 | 33 | 17,5 | 53 |
| | 25 × 25 | 625 | 31 × 31 | 33 | 18 | 54 |
| | 30 × 30 | 900 | 36 × 36 | 33 | 23 | 69 |
| | 14 × 20 | 280 | 24 × 30 | 33 | 16 | 48 |
| | 20 × 20 | 400 | 30 × 30 | 33 | 19 | 58 |
| | 25 × 25 | 625 | 35 × 35 | 33 | 23,5 | 70 |
| | 30 × 30 | 900 | 40 × 40 | 25 ou 33 | 27 | 84 |
| | 30 × 40 | 1 200 | 40 × 50 | 25 | 24,5 | 9,5 |
| | **Pour feux ouverts** | | | | | |
| | 20 × 40 | 800 | 30 × 50 | 25 | 20,5 | 82 |
| | 25 × 50 | 1 250 | 35 × 60 | 25 | 27 | 108 |
| □ | 30 × 50 | 1 500 | 42 × 62 | 25 | 35 | 140 |
| □ | 40 × 40 | 1 600 | 52 × 52 | 25 | 33 | 140 |

□ parois de 6 cm d'épaisseur

**Boisseaux devoyés**

Exemples de perforations de fumée ronde ou trappe de ramassage

*Fig. 6. Différents types de boisseaux de terre cuite.*

**Boisseaux en béton pour shunt**

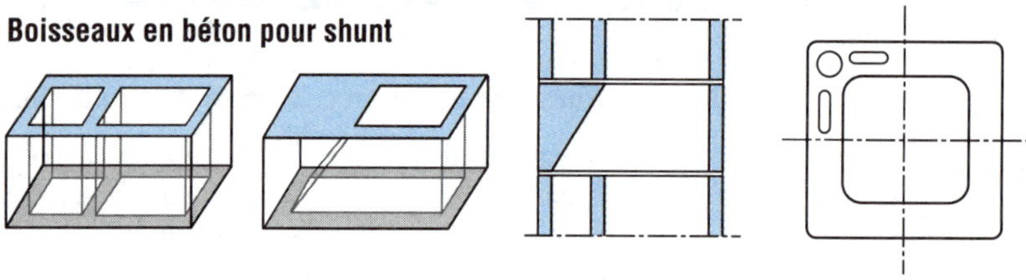

Hauteur : 33,3 et 50 cm à partir de 108 × 73 ;
Épaisseur : 8, 10 ou 12 cm selon section ;
Section intérieure : 25/25, 30/30, 40/40, 53/73, 73/73, 108/73.

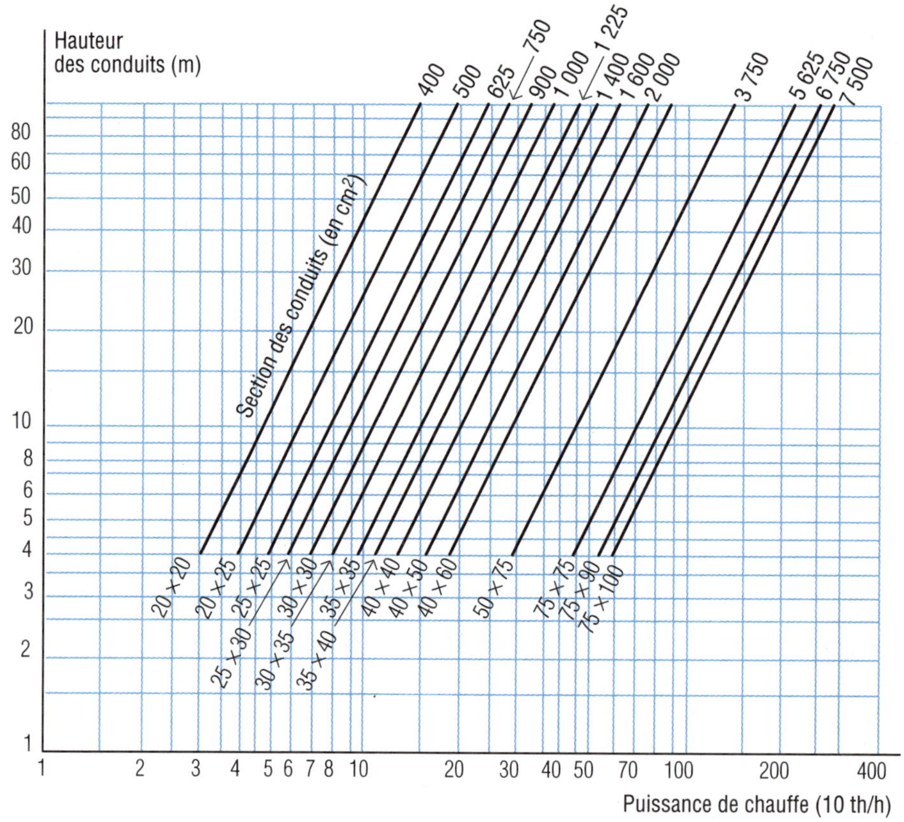


*Fig. 7. Boisseaux en béton.*

# Désenfumage des circulations horizontales à l'abri des fumées

Arrêté du 31/01/86 + Modificatif du 20/09/86

## 1. Généralités

Le désenfumage des circulations horizontales à l'abri des fumées pour les bâtiments des familles 3B (F3B) et 4 (F4) (p. 294) nécessite de mettre en œuvre les dispositions constructives suivantes.

## 2. Disposition conseillée des bouches

Les bouches de ventilation basse (VB) et de ventilation haute (VH) seront positionnées en plan et en élévation selon les indications de la figure 1.

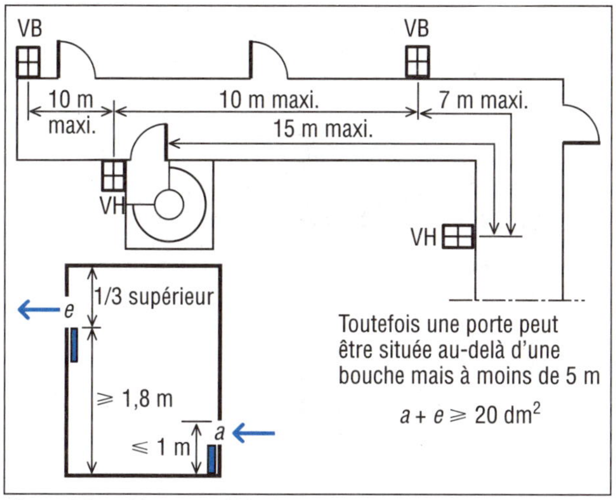


*Fig. 1. Disposition conseillée des bouches.*

## 3. Conception des conduits et raccordements

On peut utiliser des conduits collectifs avec raccordements horizontaux, ou bien des conduits à collecteurs avec raccordements shunts (fig. 2).

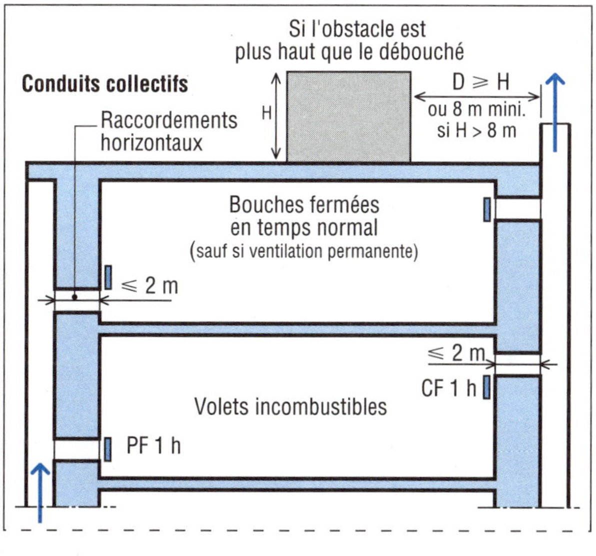


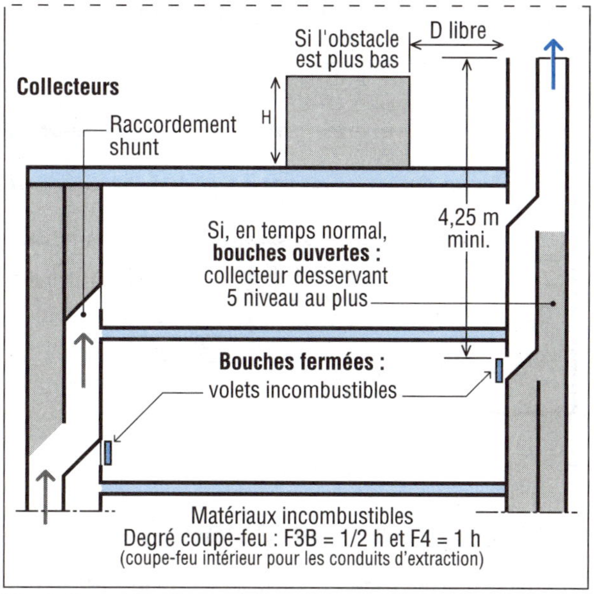


*Fig. 2. Conception des conduits et des raccordements.*

## 4. Conduits de désenfumage en béton

Les conduits de désenfumage collectifs ou « shunt » en béton auront les caractéristiques données à la figure 3.

| Béton (cm) + plâtre (mm) | 6<br>0 | 6<br>10 | 7<br>0 | 6<br>15 |
|---|---|---|---|---|
| Degré-CF (h) | 0,5 | 1 | 1 | 1,5 |

| Shunts (cm) | | |
|---|---|---|
| $e = 6$ | 98 × 62 | 118 × 52 |
| $e = 7$ | 118 × 52 | 120 × 54 |

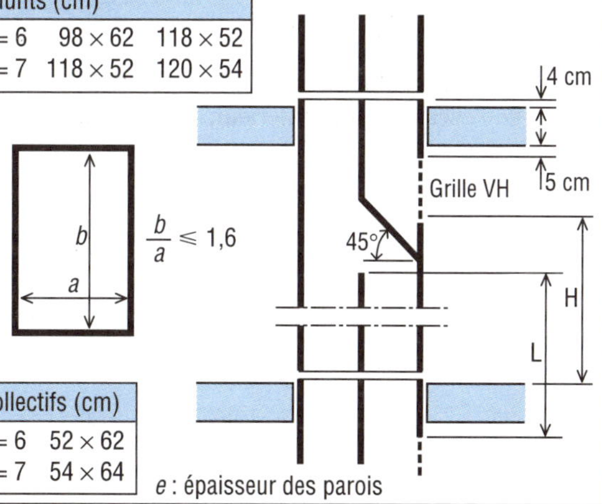


| Collectifs (cm) | |
|---|---|
| $e = 6$ | 52 × 62 |
| $e = 7$ | 54 × 64 |

*e* : épaisseur des parois

*Fig. 3. Caractéristiques des conduits de désenfumage en béton.*

## 5. Détecteurs

Les détecteurs de fumée utilisables doivent être conformes aux normes NF S 61-950 et -961. Sensibles aux fumées et gaz de combustion, ils déclenchent l'ouverture des bouches à l'étage et interdisent l'ouverture dans les autres étages (sauf pour les shunts).

Ils sont positionnés selon les indications de la figure 4.

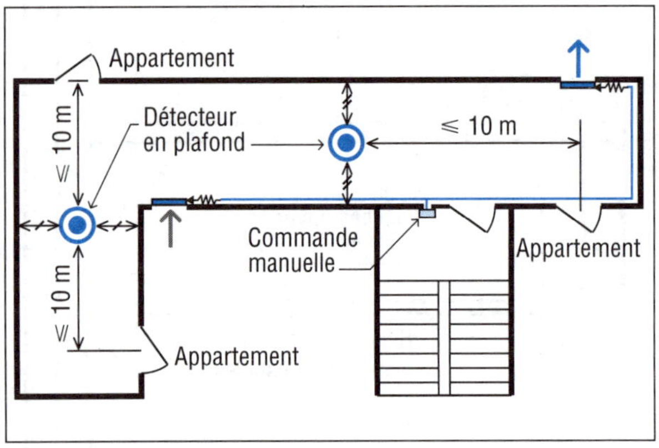


*Fig. 4. Position des détecteurs de fumées.*

## 6. DÉSENFUMAGE MÉCANIQUE

La conception d'un désenfumage mécanique est décrite figure 5.

## 7. CLASSEMENT AU FEU DES REVÊTEMENTS DE PAROIS (p. 294)

Les revêtements de parois des circulations horizontales des bâtiments des familles 3B et 4, collés ou tendus, doivent être en catégorie (classement vis-à-vis de la réaction au feu) :

- M1 au plafond,
- M2 sur les murs,
- M3 sur le sol.

*Nota :* le bois est autorisé dans le hall s'il existe une sortie directe de l'escalier vers l'extérieur.

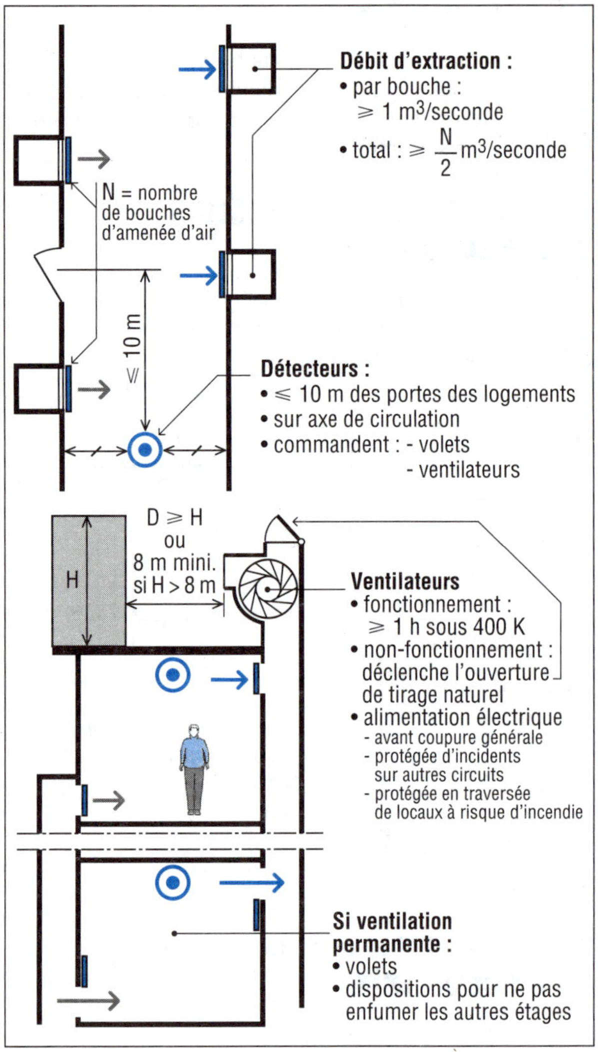


*Fig. 5. Désenfumage mécanique.*

AFNOR DTU P 81-201 (DTU N° 63-1), Arrêté du 19/06/69, Circulaire N° 77-127 du 25/08/77

## 1. GÉNÉRALITÉS

Un vide-ordure (VO) peut être individuel (il est souvent placé dans la cuisine, le cellier, le séchoir, etc. ; la hauteur de la base du vidoir est comprise entre 0,8 et 1,2 m) ou collectif (c'est un local clos donnant sur les parties communes ; la hauteur de la base du vidoir est comprise entre 0,5 et 1 m).

## 2. VIDOIR (Fig. 1)

Il peut être en alliage d'aluminium, en fonte, en acier protégé s'il est exposé aux intempéries (sinon, voir avis technique).

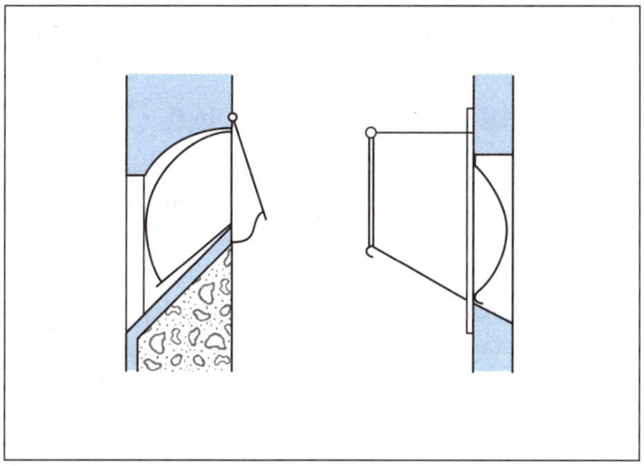

*Fig. 1. Types de vidoir : exemples.*

La pelle sera telle que la plus grande dimension du volume limité par ses parois intérieures sera au plus égale à 1,25 fois le diamètre du cercle inscrit dans le conduit de chute. Le volume utile d'une pelle est donné tableau 1.

| VO | Volume utile en L |
|---|---|
| **Individuel** | 5 à 8 |
| **Collectif** | 13 à 17 |

*Tableau 1. Volume utile d'une pelle.*

Pour la résistance au feu, on se reportera p. 270.

La perméabilité à l'air doit être au plus égale à 10 $m^3/h$ sous 20 Pa en position fermée et ouverte totalement.

## 3. CONDUIT

Le tracé du conduit est vertical et sans déviation sur la longueur installée jusqu'au dernier niveau desservi. Le débouché en toiture doit permettre d'accéder à la totalité de la section du conduit.

La jonction entre éléments ne doit pas être située en traversée de plancher (la saillie intérieure entre deux éléments doit être inférieure à 5 mm).

Le diamètre minimal intérieur du conduit est donné tableau 2 en fonction du type de vide-ordure et du nombre de vidoirs par culotte.

| Type de VO | Nombre de vidoirs par culotte ou porte-vidoir (*n*) | Ø mini intérieur (mm) | |
|---|---|---|---|
| | | < 10 niveaux | > 10 niveaux |
| individuel | 1 | 350 | 400 |
| | 2 | 400 | 400 |
| collectif | 1 | 500 | 500 |

*Tableau 2. Dimensionnement des conduits.*

La perméabilité à l'air des conduits équipés d'extraction mécanique doit rester inférieure à 1 $m^3/h \cdot m$ de conduit sous 100 Pa.

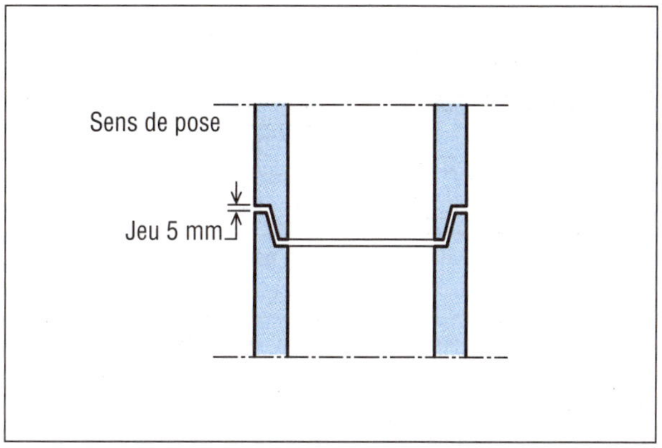


*Fig. 2. Jonction d'éléments en béton formant conduit.*

La performance acoustique des vide-ordures collectifs est donnée tableau 3.

| Pièce concernée | principale | cuisine |
|---|---|---|
| **Niveau de bruit engendré dB (A)** | < 30 | < 38 |

*Tableau 3. Performance acoustique des vide-ordures collectifs.*

Les conduits en béton ont les caractéristiques suivantes :

- leur section intérieure circulaire ou carrée avec arrondis de 10 cm de rayon dans les angles est donnée fig. 3 ;
- ils peuvent être adossés à un appui stable ou appuyés en pied, autoportants et non solidaires de la structure ;
- la jonction entre deux éléments est réalisée à l'aide de mortier de ciment après humidification (plâtre ou ciment pur interdits) ;
- les éléments sont posés l'un après l'autre sans reflux du mortier vers l'intérieur (sauf pour les boisseaux si l'excès de mortier est enlevé au fur et à mesure). À l'extérieur, les joints sont repoussés au fer.

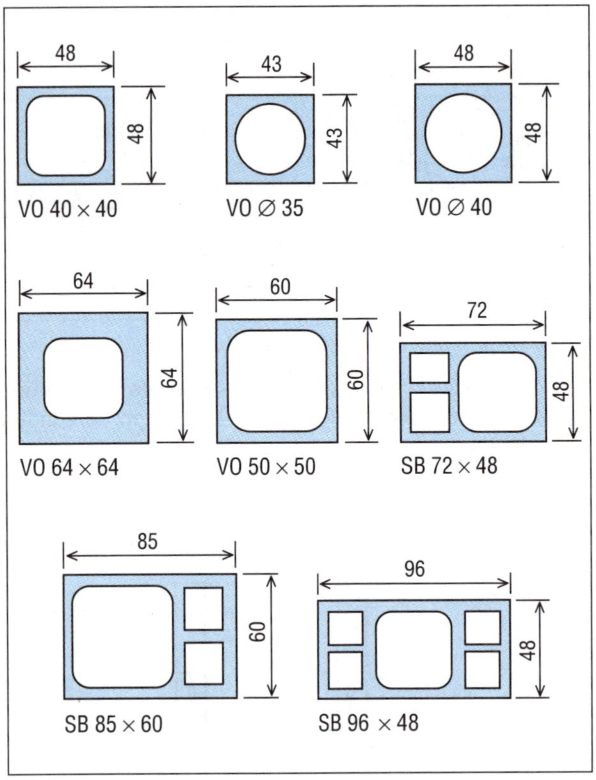


*Fig. 3. Section courante des conduits de vide-ordures en béton.*

## 4. GOULOTTE DE RACCORDEMENT

Si une goulotte de raccordement est nécessaire (fig. 4), elle sera préfabriquée (façonnage sur chantier interdit) en alliage d'aluminium, en acier protégé ou en béton.

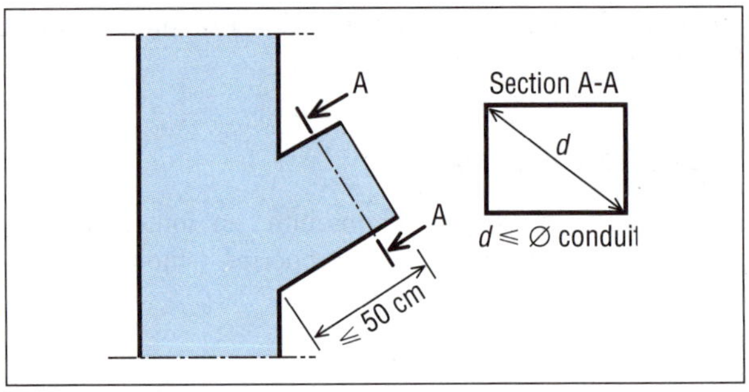


*Fig. 4. Goulotte de raccordement.*

## 5. LOCAUX ASSOCIÉS AUX V-O

Le local vidoir, de dimensions minimales égales à 0,8 × 1 m, est ventilé par tirage naturel si le conduit l'est aussi. Le local de réception est équipé (éclairage, poste d'eau, siphon de sol, placard) et ventilé.

La base du conduit doit être munie d'un dispositif obturateur n'empiétant pas sur la section courante du conduit en position ouverte.

# Prescriptions générales vis-à-vis des risques en cas d'incendie

**Arrêté du 31/01/86 + Modificatif du 20/09/86**

## 1. Généralités

La figure 1 illustre les principaux termes employés dans les prescriptions générales relatives aux conduits vis-à-vis des risques en cas d'incendie.

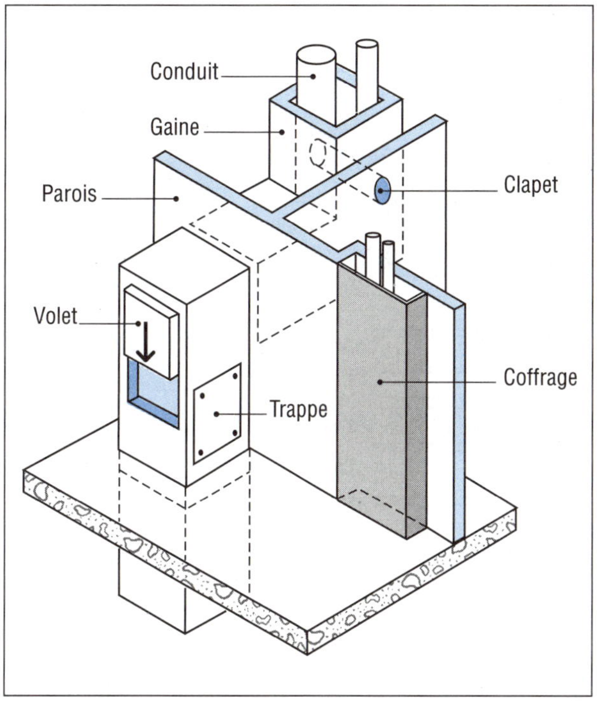


*Fig. 1. Terminologie courante.*

## 2. Traversée de paroi

La figure 2 définit le degré coupe-feu de traversée d'un conduit ou d'une gaine. Les règles générales concernant la traversée des parois sont données fig. 3. Les caractéristiques des conduits et des gaines traversant des planchers sont définies fig. 4. Celles des conduits traversant les murs sont définies fig. 5.

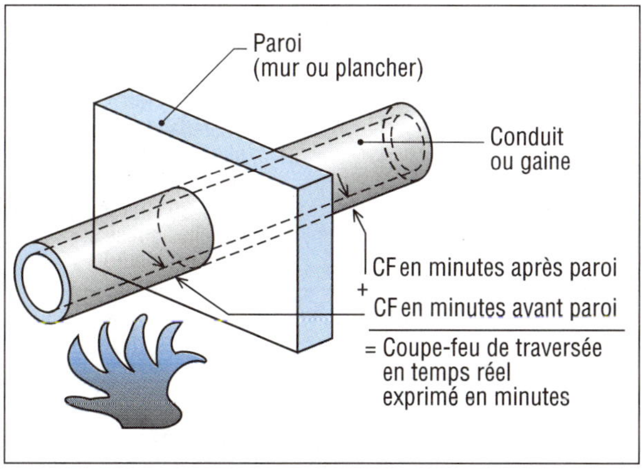


*Fig. 2. Coupe-feu de traversée d'un conduit.*

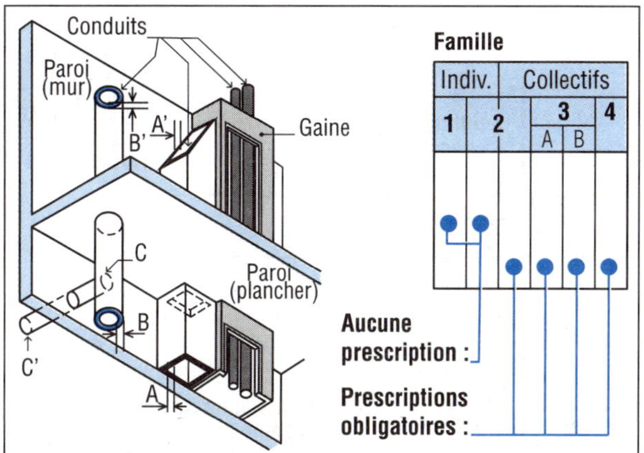


• Coupe-feu de traversée A + A' ou B + B' ou C + C', etc., avec ou sans clapet, égal ou supérieur à celui de la paroi traversée avec un maximum de 60 minutes

ou

• Dispositif d'obturation agréé par le C.E.C.M.I.

ou

• Respect des dispositions des articles 46 à 64

*Fig. 3. Règles générales relatives à la traversée des parois.*

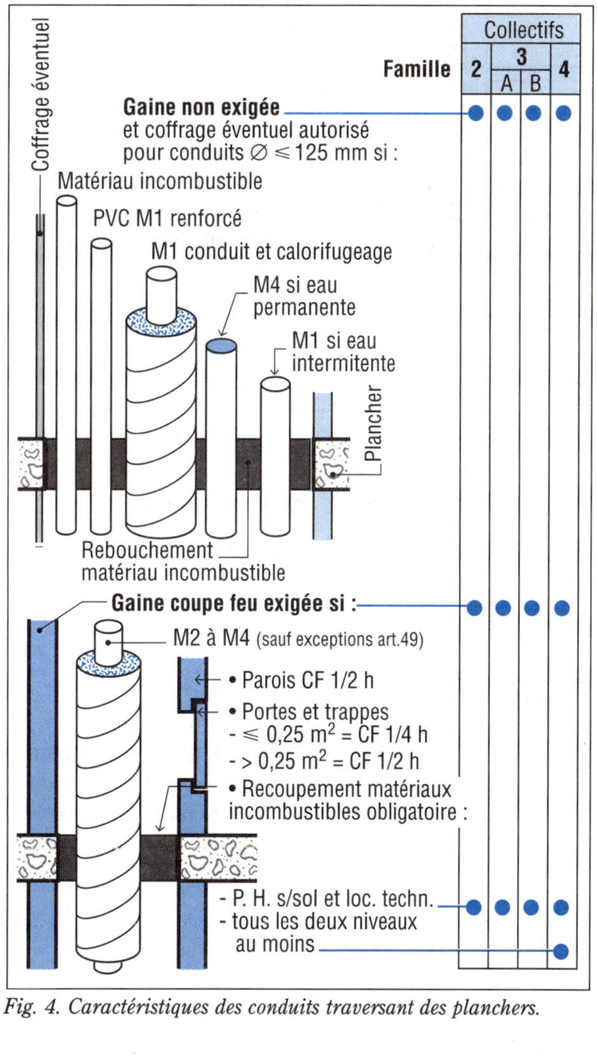


*Fig. 4. Caractéristiques des conduits traversant des planchers.*

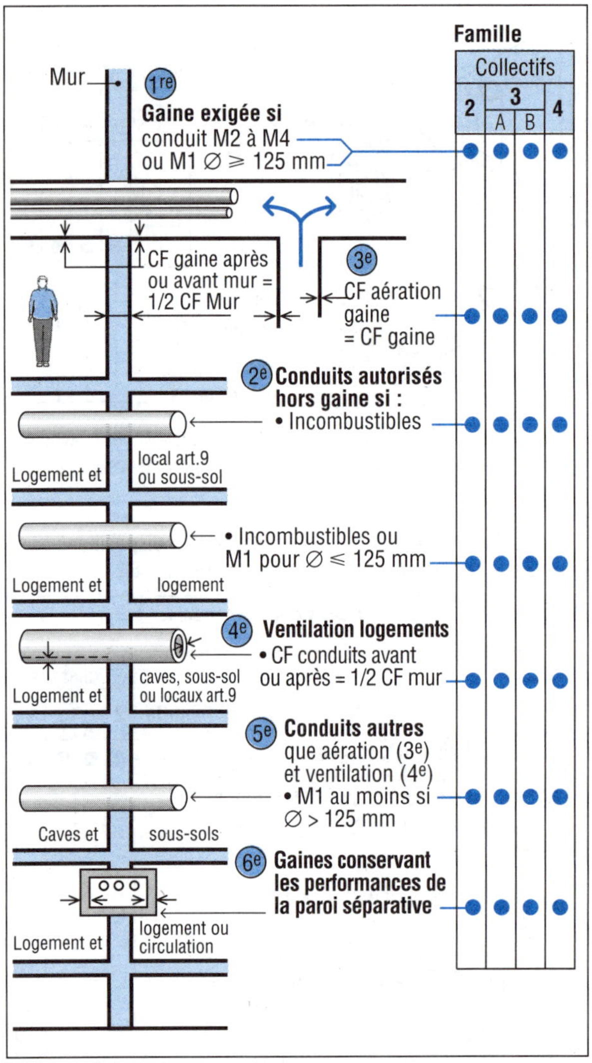


*Fig. 5. Caractéristiques des conduits et gaines traversant des murs.*

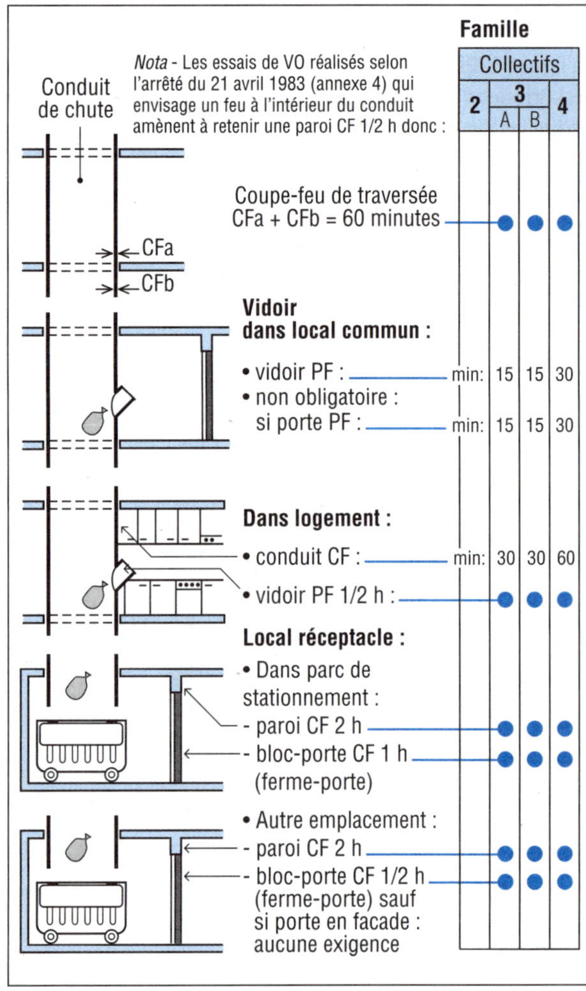


*Fig. 6. Règles relatives au vide-ordures.*

## 3. PRESCRIPTIONS GÉNÉRALES RELATIVES AU VIDE-ORDURES

Les règles à respecter relativement aux risques en cas d'incendie pour les vide-ordures sont définies figure 6.

## 4. GAINE ÉLECTRIQUE MIXTE

On appelle gaine électrique mixte une gaine regroupant le réseau électrique et d'autres fluides. La paroi séparant la partie électricité et les autres fluides aura les caractéristiques indiquées à la figure 7.

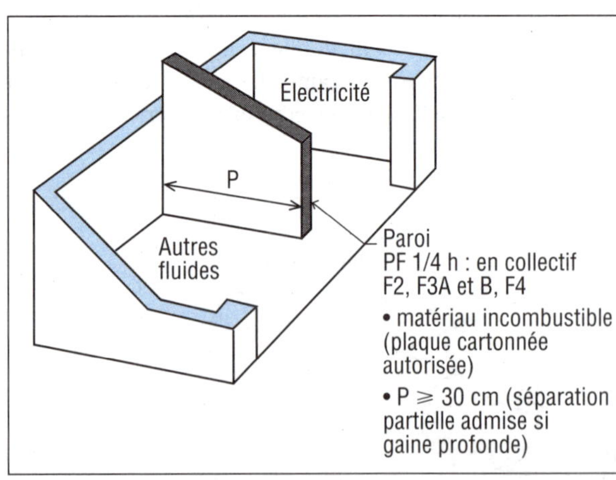


*Fig. 7. Gaine électrique mixte.*

# INSTALLATION ÉLECTRIQUE INTÉRIEURE DES LOGEMENTS

NF C 15-100, NF C 32-013 à -330, NF C 52-742, NF C 61-910, NF C 61-140 / -141 / -201 / -400 / -420 / -450 / -910 et 62-411, NF USE, NF électricité, NF EN 61547 (C 71-100) / NF C 71-111, NF EN 60570 (C 71-112), NF C 73-200 / -220 / -221 / -251, NF EN 60335-2 (C 73830), NF C 68-091 / -102 et -104, NF C 68-105 à -109, NF EN 60742 (C 52742)

## 1. INTRODUCTION

L'alimentation d'un logement en énergie électrique basse tension 380/220 volts, réalisée par le réseau de distribution, comprend le branchement placé sous le contrôle d'EDF, et les installations intérieures à la charge du propriétaire, réalisées par un installateur agréé.

Le point de livraison (fig. 1) constitue la frontière entre le domaine privé et le domaine du concessionnaire. Il se situe aux bornes de sortie du disjoncteur de branchement, après le compteur. Ce chapitre traite de cette dernière partie.

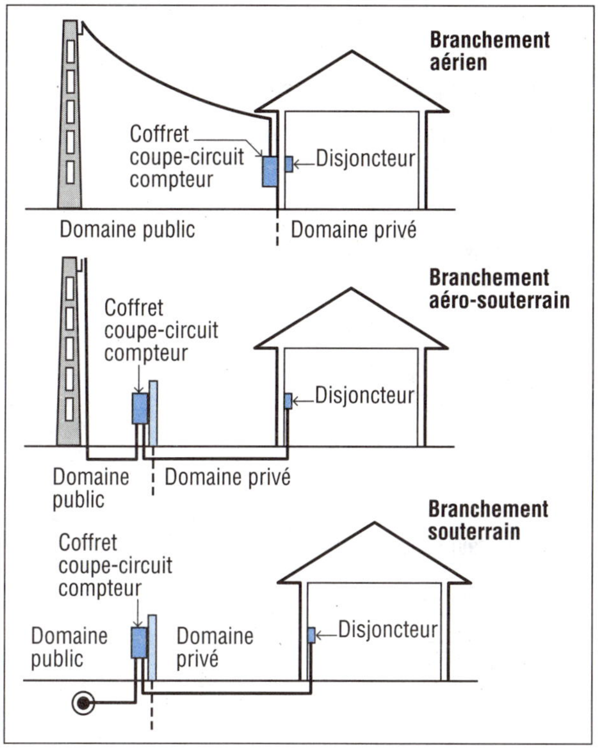


*Fig. 1. Point de livraison.*

La réalisation de travaux d'installation électrique, dans un bâtiment d'habitation, répond à des règles techniques (NF C 15-100) permettant d'assurer la sécurité des personnes et des biens et qui concernent aussi la mise en œuvre et le matériel utilisé.

Les services généraux (halls, couloirs, locaux techniques…) des bâtiments comportant plusieurs logements ne sont pas traités dans cet ouvrage.

## 2. INSTALLATION INTÉRIEURE TYPE

Le circuit électrique est composé d'un ensemble des matériels (fils, prises de courant, interrupteurs, douilles…) protégés par un même dispositif de protection.

Tout élément susceptible de propager un potentiel (canalisations électriques, tuyauteries métalliques, appareils non électriques à corps métalliques reliés à des canalisations métalliques, sols et parois non isolants, huisserie métallique) est appelé conducteur. On en distingue deux types :

- la phase correspond au conducteur actif assurant l'arrivée du courant dans un circuit,
- le neutre est le conducteur (bleu-clair) assurant le retour du courant dans un circuit.

Une installation intérieure comporte un tableau de commande et de répartition (NF C 61-910) qui permet la répartition des circuits d'utilisation et leurs protections en regroupant :

- le disjoncteur général avec dispositif différentiel à l'origine de l'installation,
- les dispositifs de protection et de distribution des différents circuit d'utilisation de l'installation issus de ce tableau.

Les points importants sont illustrés figure 2.

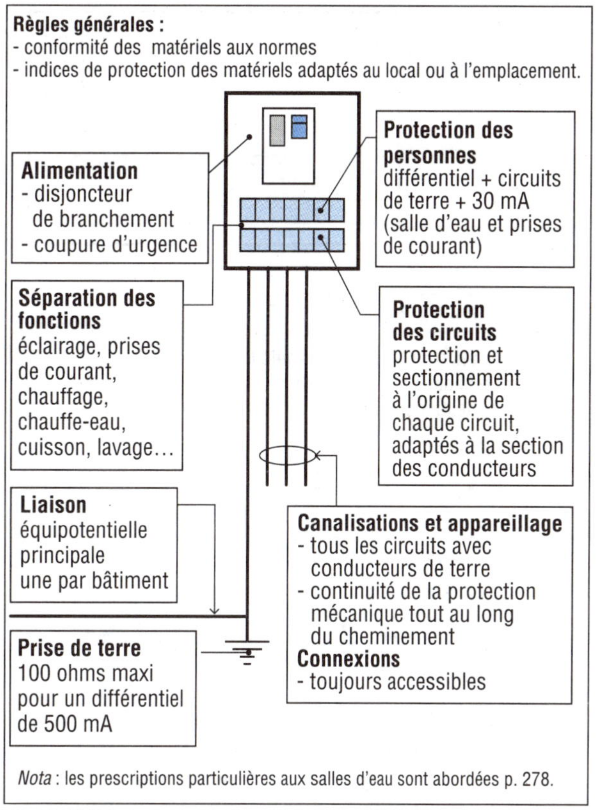


*Fig. 2. Points importants d'une installation électrique.*

Le disjoncteur de branchement (ou disjoncteur général) établit, supporte et interrompt des courants dans des conditions normales pour mettre toute l'installation hors tension, ou lors d'un court-circuit. Une surintensité provenant d'un contact accidentel entre phase et neutre, ou d'une demande excessive de puissance à la suite d'un fonctionnement simultané de gros appareils (par exemple 15 ampères), interrompt le courant si le disjoncteur est réglé sur 12 ampères.

Il assure la protection des personnes contre les contacts simultanés entre une masse*, mise accidentellement sous tension, et la terre ou un élément conducteur non isolé (risquant ainsi de provoquer l'électrocution d'une personne). Il détecte une différence d'intensité très faible entre deux conducteurs d'un des circuits de l'installation (par exemple 500 mA, correspondant à la valeur de courant qui s'écoule vers la terre en cas de défaut d'isolement).

**Nota* : une masse est un élément conducteur normalement isolé des parties sous tension, susceptible d'être touché par une personne et pouvant être accidentellement mis sous tension (corps métalliques des appareils électrodomestiques, canalisation électrique apparente sous conduit métallique, huisserie métallique).

Les unités et relations reliant les grandeurs usuelles en électricité sont détaillées fig. 3.

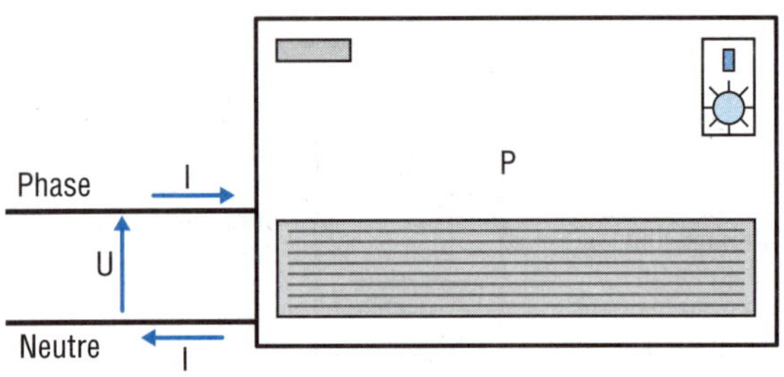


Avec $P = U.I$

- P = puissance de l'appareil en watts (W);
- U = tension sous laquelle fonctionne l'appareil en volts (V);
- I = intensité du courant qui circule dans le circuit en ampères (A).

*Exemples* (en 220 V) :
- Une lampe de 60 watts sera traversée par un courant d'une intensité de 0,27 A.
- Un convecteur de 1 000 watts sera traversé par un courant d'une intensité de 4,54 A.

*Fig. 3. Unités et formules usuelles.*

# 3. PROTECTION ET SECTIONNEMENT DES CIRCUITS

Chaque circuit, d'une section variant selon la puissance à délivrer, doit être protégé à son origine (fig. 4). De plus, lorsqu'un circuit comporte une dérivation de section inférieure à la section de la canalisation principale, elle doit être protégée par un coupe-circuit à cartouche (fig. 4a) ou un disjoncteur divisionnaire (fig. 4b) d'un calibrage approprié à sa section (fig. 4c).

## 3.1. Tableau de commande et de répartition (NF C 61-910)

Mis en place après le disjoncteur général, dans un endroit facilement accessible, hors d'une salle d'eau (hors d'un WC, d'une chambre s'il est associé au disjoncteur de branchement), il comporte :

- le raccordement des conducteurs (phase et neutre) issus du disjoncteur de branchement, et la répartition des conducteurs (phase et neutre) des différents circuits de l'installation intérieure ;
- un coupe-circuit à cartouche (NF C 61-201, fig. 4a) ou un disjoncteur divisionnaire (NF C 61-400, fig. 4b) protégeant chaque conducteur de phase ;
- un interrupteur, un petit disjoncteur ou un combiné permettant de sectionner le conducteur neutre de chaque circuit ;
- un répartiteur de terre pour le raccordement des conducteurs de protection ;
- des appareils de commande : horloge de programmation, télérupteurs, contacteur chauffe-eau...

Une indication placée à proximité des dispositifs de protection et de sectionnement permet d'identifier le circuit concerné.

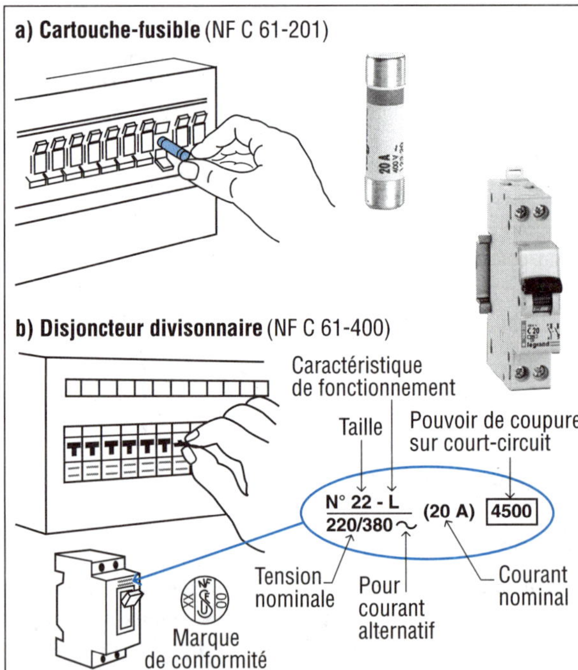


c)

| Section minimale du conducteur à protéger (mm²) | 1,5 | 2,5 | 4 | 6 | |
|---|---|---|---|---|---|
| Courant assigné maximal (ampères) | 10 | 20 | 25 | 32 | Cartouches |
| | 16 | 25 | 32 | 38 | Disjoncteurs |

*Fig. 4. Utilisation des coupe-circuits à usage domestique.*

## 3.2. Dispositif différentiel à haute sensibilité (30 mA) (NF C 61-140, -141, -420, -450 et 62-411

Associé à une prise de terre de résistance convenable (p. 274), il assure la protection des personnes et des biens en détectant un courant qui s'établit vers la terre en aval de son point d'installation, à l'occasion d'un défaut d'isolement sur un équipement électrique.

Lorsque le disjoncteur général n'est pas différentiel, la protection doit être assurée par un interrupteur différentiel, posé à l'origine de l'installation (fig. 5).

Cet interrupteur différentiel remplit deux fonctions : l'une, manuelle, permettant la mise en ou hors service du circuit sur lequel il est placé ; l'autre, automatique, de protection des personnes par déclenchement automatique.

Il n'assure pas la protection contre les surcharges et les courts-circuits, et il doit être associé à des fusibles ou des petits disjoncteurs divisionnaires destinés à la protection contre les surintensités.

Le disjoncteur différentiel remplit, en plus de ses fonctions d'interrupteur, celle de protection des canalisations contre les surcharges et les courts-circuits comme le fait un fusible ou un disjoncteur.

Ces dispositifs comportent un bouton « test », à manœuvrer périodiquement (une fois par mois environ).

| Type de logement | Nombre de pièces | Nombre de circuits | | | | | |
|---|---|---|---|---|---|---|---|
| | | Foyers lumineux fixes | Prise de courant | Lave-linge | Appareil de cuisson | Chauffe-eau | Lave-vaisselle |
| I | 1 | | 1 | | | 1 | |
| I bis | 1 | 1 | 2 | 1 | 1 | 1 | 1 |
| II | 2 | 1 | 2 | 1 | 1 | 1 | 1 |
| III | 3 | 2 | 3 | 1 | 1 | 1 | 1 |
| IV | 4 | 2 | 3/4 | 1 | 1 | 1 | 1 |
| V | 5 | 2 | 3/4 | 1 | 1 | 1 | 1 |
| VI | 6 | 2 | 4 | 1 | 1 | 1 | 1 |

Les disjoncteurs de branchements ont une sensibilité de 500 mA et doivent être associés à une résistance de la prise de terre convenable (maxi. 50 ohms).

Un appareil à haute sensibilité (30 mA) protège les circuits de prises de courant et de la salle d'eau au moins.

**Le chauffage électrique intégré n'est pas abordé ici.**

**Exemple de schéma de principe**

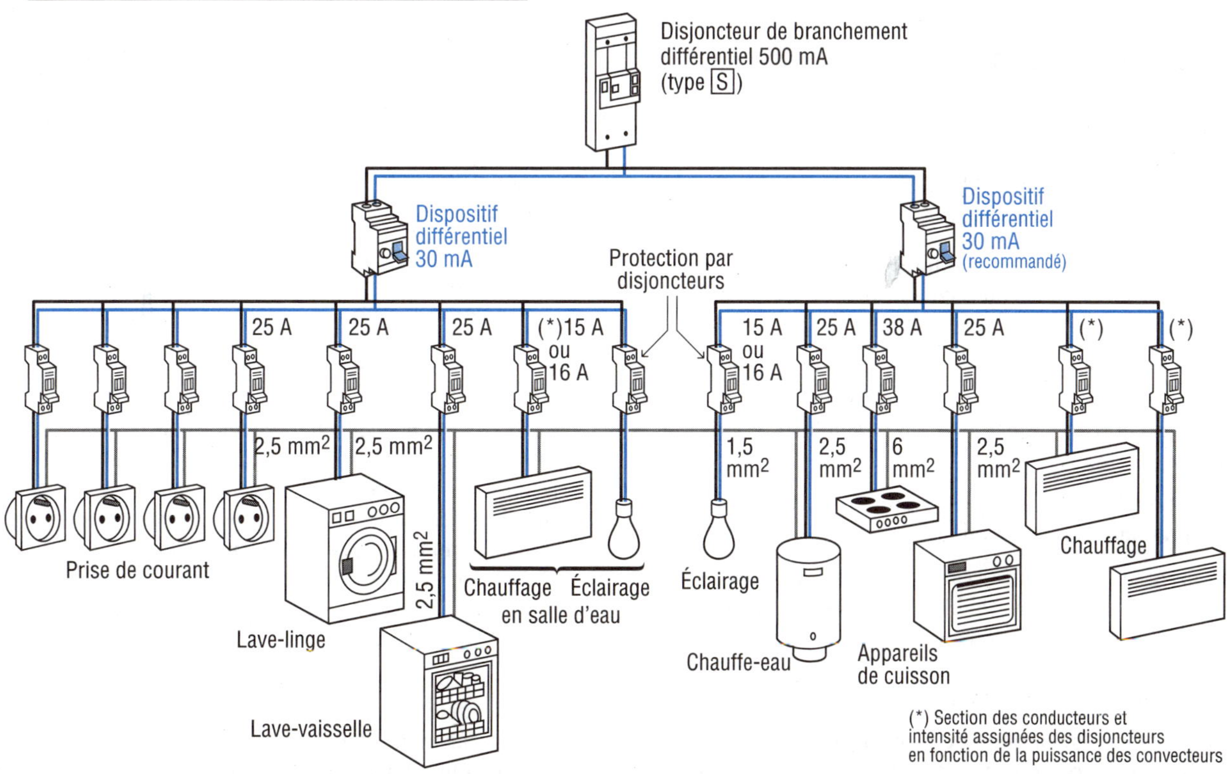


*Fig. 5. Établissement des dérivations.*

## 4. PRINCIPES GÉNÉRAUX D'UNE MISE À LA TERRE

La mise à la terre consiste à relier à une électrode en métal (non corrodable, bon conducteur, en contact avec le sol), par un fil conducteur, les masses métalliques susceptibles d'être mises accidentellement sous tension, par suite d'un défaut d'isolement survenant dans un matériel électrique.

Associée à un dispositif différentiel (interrupteur pour une prise, disjoncteur pour un circuit), elle permet l'écoulement sans danger d'un courant de fuite et la mise hors tension de l'installation défectueuse.

En principe, un conducteur principal de protection relie directement la prise de terre et un conducteur de protection issu du bornier de terre de chaque tableau d'abonné.

Une borne ou barrette de mesure installée en montage apparent, jonction entre ce conducteur et la prise de terre, permet en outre de mesurer la résistance de celle-ci.

Ce réseau doit être protégé dans les parties accessibles, les traversées de parois et être isolé s'il emprunte la gaine de colonne d'électricité.

Sa section est au moins égale à celle des conducteurs du branchement d'électricité en maison individuelle ou égale à 25 mm² (cuivre nu) en immeuble collectif.

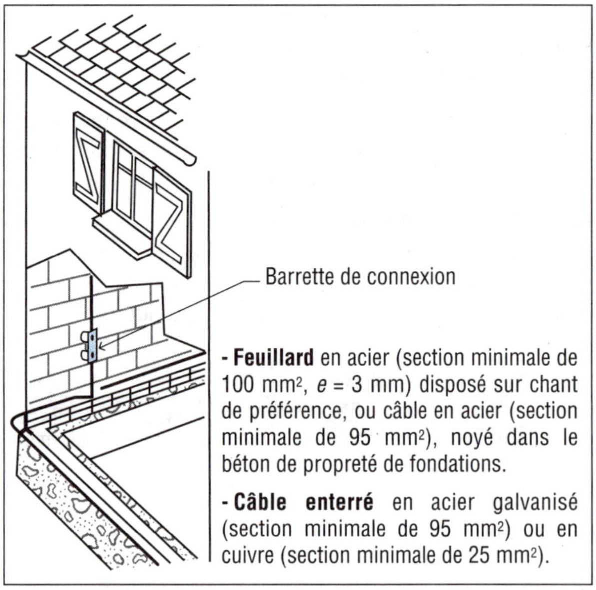


*Fig. 6. Ceinturage à fond de fouille.*

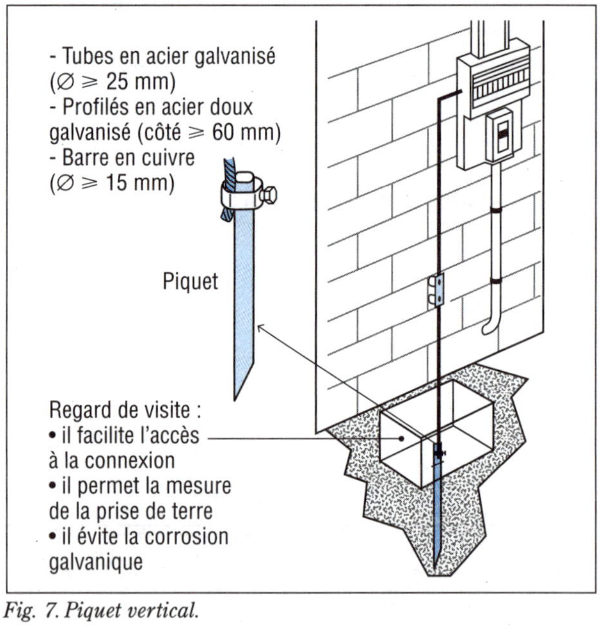


*Fig. 7. Piquet vertical.*

## 5. MISE EN ŒUVRE D'UNE PRISE DE TERRE

Il ne faut pas utiliser les canalisations de gaz, de chauffage central ou de conduits de vidanges.

Deux solutions sont possibles.

- **Solution 1 : ceinturage à fond de fouille**, sur le périmètre des fondations du bâtiment (fig. 6). Cette solution est efficace pour la construction neuve.

  Cette électrode est reliée aux bornes de connexion, par des ronds lisses pour béton armé (section minimale de 50 mm²), enrobés dans le béton et soudés à la prise de terre.

- **Solution 2 : piquets verticaux** (fig. 7). Cette solution est pratique en réhabilitation.

  Pour assurer un bon contact avec les couches géologiques ayant la plus faible résistivité, l'enfoncement vertical (mini. 2 m) doit avoir lieu dans un endroit abrité de la sécheresse et du gel, et sous le niveau permanent d'humidité (ex. : une cave).

  La résistance de la prise de terre peut être abaissée en reliant plusieurs piquets en parallèle, distants d'au moins leur longueur.

Dans les bâtiments collectifs existants, après accord du distributeur d'eau, les conduites d'eau comportant des parties privées enterrées peuvent convenir, sous réserve que la continuité électrique de ces conduites soit bonne et que l'on installe un tronçon de canalisation, immédiatement en aval du compteur d'eau de l'immeuble.

En outre, quand l'immeuble est desservi par des colonnes d'eau publiques (compteur d'eau en pied de colonne par exemple), il faut établir une prise de terre (piquet foré ou foncé par exemple), relier la colonne montante à la prise de terre spécialement établie et apposer une plaque près du raccordement signalant l'utilisation de la colonne comme comme prise de terre.

## 6. LIAISON ÉQUIPOTENTIELLE PRINCIPALE

Réalisée lorsque des canalisations métalliques pénètrent dans le bâtiment, elle permet d'éviter qu'à la suite d'un défaut externe, une différence de potentiel existe entre des conducteurs du bâtiment.

Elle doit relier au minimum le conducteur principal de protection, les canalisations métalliques d'eau et de gaz, les colonnes montantes de chauffage central et les éléments métalliques de la construction.

Sa section de 6 à 25 mm² est au moins égale à celle du conducteur principal de protection de la construction.

Elle ne doit pas être confondue avec la liaison équipotentielle obligatoire d'une salle d'eau !

## 7. SYMBOLES ÉLECTRIQUES

Le tableau 1 donne la signification de pictogrammes couramment rencontrés sur les matériels électriques.

| Symboles | Signification |
|---|---|
| NF USE XX 00 ; NF ÉLECTRICITÉ ; NF ÉLECTRICITÉ *performances* ; NF LUMINAIRES | Marque de conformité NF - USE |
| ⏚ | Matériel de classe I devant être relié à la terre. |
| ⧈ | Matériel de classe II à double isolation qui dispense de le relier à la terre. |
| 💧 | Matériel protégé contre les chutes verticales de gouttes d'eau (condensation), à utiliser notamment dans les cuisines. |
| ⚠ ou ▣ | Matériel protégé contre les projections d'eau, à utiliser notamment dans les salles d'eau. |

*Tableau 1. Choix du matériel électrique.*

## 8. CANALISATIONS ÉLECTRIQUES (NF C 32-030 À -330)

Elles doivent être protégées par des conduits, des moulures ou plinthes rainurées (p. 276) sans aucune discontinuité. Les épissures sont interdites.

Elles peuvent être posées en montage apparent ou encastré, sous les réserves suivantes.

- **Montage apparent :** on doit laisser un écart de 3 cm minimum entre une canalisation électrique et les autres canalisations ; il ne faut pas placer une canalisation électrique parallèlement et au-dessous d'une canalisation pouvant donner lieu à des condensations.
- **Montage encastré :** il est interdit d'encastrer directement une canalisation électrique dans un matériau de construction, sans qu'elle soit protégée par un conduit (tableau 2).

| Nature des matériaux | Épaisseur de la paroi finie (mm) | Pose dans une réservation préparée à la construction de la cloison (tout conduit) | Pose dans une saignée faite après construction de la cloison (tout conduit) |
|---|---|---|---|
| **Murs porteurs** | | | |
| Pierre de taille, moellons divers | quelconque | (1) | OUI |
| Béton armé, béton banché | quelconque | OUI | (1) |
| **Cloisons non porteuses** | | | |
| Briques creuses à 2 ou 3 alvéoles | $110 < e \leqslant 140$ | NON | OUI |
| Briques creuses 2 alvéoles | $65 < e \leqslant 100$ | NON | OUI[2] |
| Briques creuses 1 alvéole | quelconque | NON | OUI[2] |
| Blocs creux en béton | $70 < e \leqslant 150$ | NON | OUI[3] |
| Blocs pleins en béton | $e \leqslant 100$ | NON | OUI[2] |
| Carreaux pleins de plâtre à parements lisses | quelconque | NON | OUI[2] |
| Carreaux alvéolés de plâtre à parements lisses | quelconque | NON | OUI[2] |
| **Cloisons composites** | | | |
| Comportant un vide de construction | quelconque | OUI[4] | |
| **Planchers** | | | |
| Dalles pleines en béton | quelconque | (1) | NON |
| Béton nervuré | quelconque | (1) | NON |
| Béton nervuré avec hourdis | quelconque | (1) | NON |
| Planchers préfabriqués | quelconque | OUI | NON |
| Planchers chauffants | quelconque | (1) | NON |
| Chapes | quelconque | NON | NON |
| **Conduits de fumée et gaines de ventilation** | quelconque | NON | NON |

(1) Pose autorisée mais difficilement réalisable dans la pratique ou irréaliste.
(2) Règles particulières applicables aux cloisons non porteuses d'épaisseur finie inférieure ou égale à 100 mm :

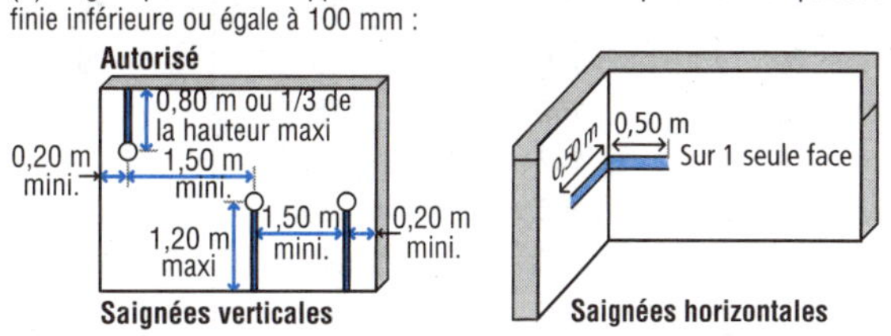


(3) En parcours vertical seulement et interdit au droit des huisseries.
(4) Par vide de construction, on entend tout espace existant dans les parois des bâtiments (murs, plancher, plafond, etc.) accessible seulement à certains emplacements et de dimension supérieure à 20 mm sur toute sa longueur. L'espace créé par le collage d'un panneau isolant sur un mur porteur n'est pas considéré comme un vide de construction.

*Tableau 2. Encastrement des canalisations avant et pendant la construction.*

Les connexions de conducteurs doivent être réalisées, à l'intérieur de boîtes de connexion, avec des dispositifs appropriés (bornes…) ou sur les bornes de l'appareillage ou dans les boîtes d'encastrement de celui-ci si c'est possible.

### 8.1. Conduits (NF C 68-105 à -109)

Les conduits sont autorisés dans tous les locaux. Chaque alvéole peut être occupée à 100 %, sous réserve que tous les circuits soient issus du même disjoncteur de branchement, protégés contre les surintensités, isolés pour la même tension, et ne différant pas plus d'un double intervalle séparant trois sections normalisées (1,5 mm² et 6 mm² interdites par exemple).

Les conduits couramment utilisés sont illustrés tableau 3.

| Conduits | Ancienne désignation | Nouvelle désignation |
|---|---|---|
|  Conduit isolant flexible cintrable et déformable (orange) | ICD-6 | ICTL-3421 |
| 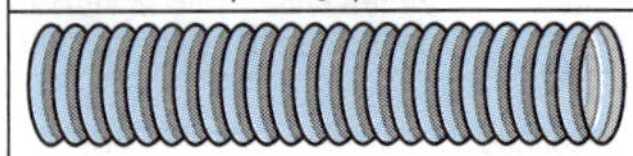 Conduit isolant flexible cintrable et déformable (existe aussi en orange) | ICT-6 | ICTA-3422 |
|  Tube isolant rigide ordinaire (gris). | IRO-5 | IRL-3321 |
| 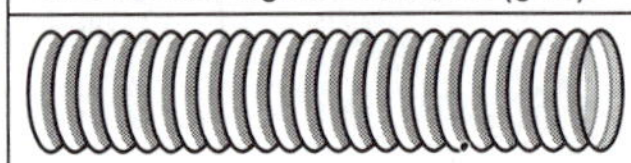 Tube isolant flexible cintrable ordinaire (gris). | ICO-5 | ICA-3321 |

*Tableau 3. Désignation des conduits couramment utilisés.*

Les conducteurs couramment autorisés sont du type H07 / V-U, R ou K.

Le rayon de cintrage en fonction de *d* (diamètre extérieur) est limité en fonction du type de conduit (tableau 4).

| Diamètre extérieur (mm) | Types de conduits | | |
|---|---|---|---|
| | ICTL | ICA ICTA | IRL |
| 16 | 96 | 48 | 48 |
| 20 | 120 | 60 | 60 |
| 25 | 150 | 75 | 75 |
| 32 | 192 | 96 | |
| 40 | 300 | 160 | |
| 50 | 480 | 200 | |
| 63 | 600 | 252 | |

*Tableau 4. Rayons de courbure minimaux (mm) des conduits.*

Des dispositions particulières aux carreaux de plâtre à parements lisses dans le cas d'un montage encastré sont données figure 8.

**Carreaux de 5 cm**

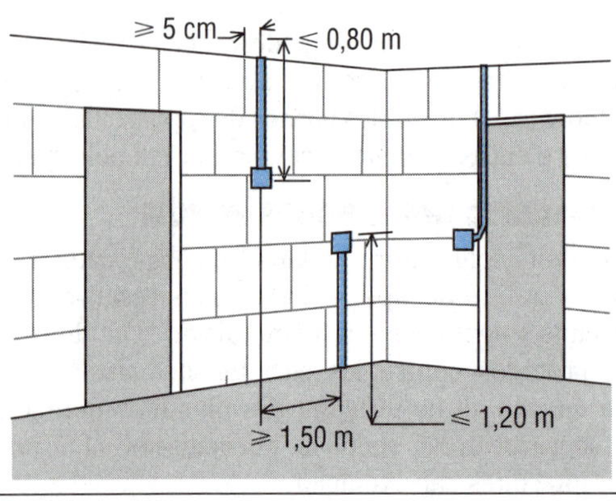


**Carreaux de 6, 7 et 10 cm**

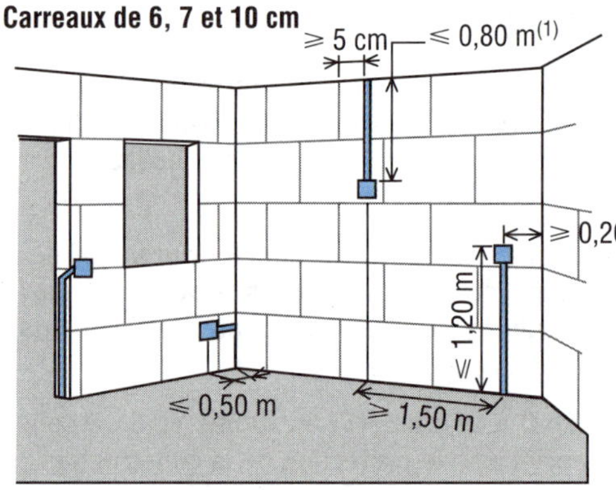


(1) Cette valeur peut être au tiers de la cloison s'il n'est réalisé que dans un seul encadrement.

**Profondeur des saignées(2)**

| Épaisseur cloison E | Profondeur saignée P | Ø extérieur gaine électrique |
|---|---|---|
| 50 à 70 | 20 | 16 |
| 100 | 25 | 20 |

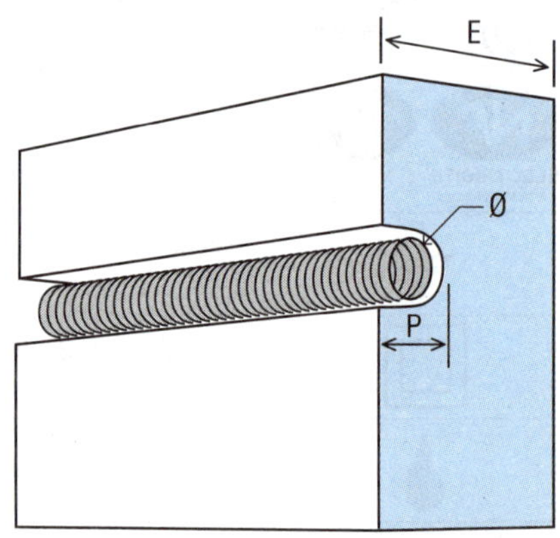


(2) Cas particulier des salles de bains : les canalisations ne desservant pas les volumes 1 et 2 (p. 278) et situées dans les volumes 1 et 2 doivent être encastrées à une profondeur de 5 cm.
Pour répondre à cette contrainte, 2 solutions sont possibles :
- déplacer ces canalisations hors des parois délimitant les volumes 1 et 2 ;
- porter l'épaisseur de la cloison à 10 cm.

*Fig. 8. Profondeur des saignées dans les carreaux de plâtre.*

Les saignées obliques, horizontales au-dessus et au-dessous des ouvertures, sont à éviter.

On utilisera exclusivement une rainureuse et des scies cloches pour réaliser les encastrements après complet durcissement des joints et raccords, de préférence avant le blocage en tête.

## 8.2. Goulottes, moulures et plinthes

Une goulotte est un système de profilés, en bois (fig. 9, NF C 68-091) ou en matière plastique (fig. 10 et 11,

NF C 68-102 et -104), à un ou plusieurs logements, contenant un profilé et ses accessoires (jonction, dérivation, installation d'appareillage...), utilisés pour le cheminement des conducteurs et câbles électriques.

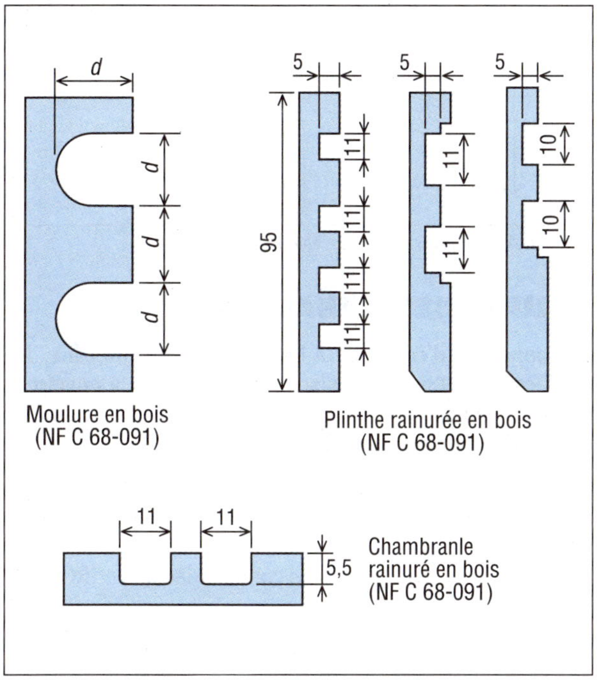


*Fig. 9. Moulure, plinthe et chambranle en bois (mm).*

*Fig. 10. Moulures en matière plastique.*

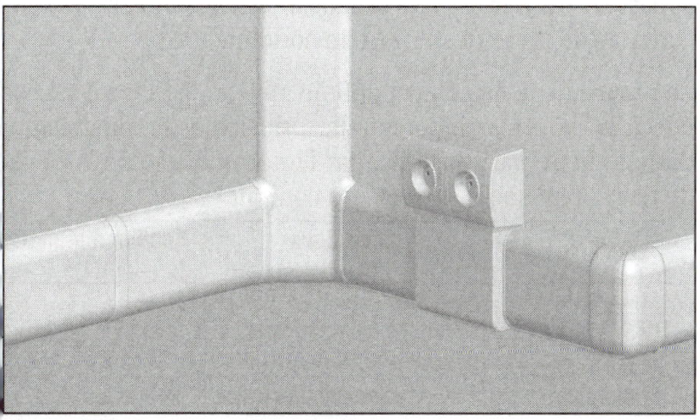

*Fig. 11. Plinthes en matière plastique.*

On appelle moulure la variété de goulotte à parois pleines de petites dimensions.

La plinthe est une variété de goulotte à parois pleines destinée à être posée au bas d'un mur.

Elles sont posées à partir du tableau de répartition généralement situé dans l'entrée. On effectue une remontée verticale vers le plafond. L'entrée, ou le couloir, est ceinturée en retombée de plafond pour éviter les portes. La liaison avec les pièces est effectuée par une descente, le long des portes, en moulure de petite section, avec traversée des cloisons en partie basse. Les pièces sont ceinturées en partie basse (hors la salle d'eau, qu'il est préférable d'alimenter en retombée de plafond).

Ces goulottes sont autorisées dans tous les locaux sauf les volumes des salles d'eau (p. 278). Le nombre et le type des différentes canalisations autorisées dans chaque compartiment d'un conduit ou d'une moulure sont donnés par le fabricant. Chaque alvéole est en général occupée par les conducteurs d'un seul et même circuit.

Le conducteur le plus bas se situe au moins à :

- 1,5 cm du sol fini (cas de la plinthe) ;
- 10 cm du sol fini (cas de la moulure seule).

Selon la nature des goulottes, les conducteurs autorisés sont les suivants :

- goulotte en bois : H07/V-V, R ou K;
- goulotte en plastique : H07/V-V, R ou K, A05 VV-U, R ou F.

## 8.3. Conducteurs et câbles utilisés

Une marque distinctive (NF C 32-030 à -330), identifiant le conducteur, est apposée de manière indélébile sur le conducteur lui-même et sur les couronnes ou tourets. On rencontre couramment les types suivants :

- type H07/V-U : monoconducteur en cuivre, isolé au polychlorure de vinyle, pour pose sous conduit ou sous moulure notamment;
- type A05 VV-F : câble à 2 ou 3 conducteurs en cuivre, isolés au polychlorure de vinyle, assemblés avec gaine de bourrage et protégés par une gaine en polychlorure de vinyle.

L'âme des conducteurs est massive pour les conducteurs ou câbles (section de 1,5 à 4 mm$^2$), et câblée (7 brins) pour les conducteurs ou câbles (section de 6 mm$^2$).

Des couleurs usuelles sont définies pour chaque conducteur :

- Phase :
- H07/V-U : toutes couleurs sauf bleu clair, vert, jaune, bicolore vert et jaune,
- A05 VV-F : noir, brun.
- Neutre : bleu clair.
- Protection (terre) : bicolore jaune et vert.

## 9. PRESCRIPTIONS PARTICULIÈRES AUX SALLES D'EAU

Les prescriptions ci-dessous se justifient par les risques particuliers présentés par les salles d'eau, en raison de la meilleure conductibilité que présente le corps humain mouillé ou immergé.

Une salle d'eau comportant une baignoire ou un receveur de douche peut être divisée en quatre volumes, numérotés de 0 à 3 (fig. 12), correspondant chacun à des spécifications particulières en ce qui concerne l'installation électrique et les caractéristiques des appareils électriques utilisables : tableau 5.

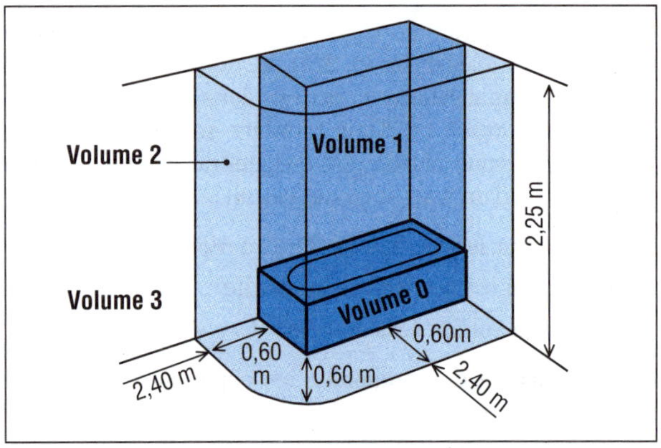


*Fig. 12. Volumes.*

| Matériels électriques dans les salles d'eau | Restrictions | Volume 0 | Volume 1 | Volume 2 | Volume 3 |
|---|---|---|---|---|---|
| Interrupteur | TBTS(1) 12 V | INTERDIT | oui | oui | oui |
| | TBTS 50 V | INTERDIT | non | non | oui |
| | BT(2) 230 V | INTERDIT | non | non | oui |
| Boîte de raccordement | TRS incorporé DD HS | INTERDIT | oui | oui | oui |
| Boîte de dérivation | | INTERDIT | non | non | oui |
| Prise rasoir (20 à 50 VA) | | INTERDIT | non | oui | oui |
| Prise 16 A 2P + T | | INTERDIT | non | non | oui |
| Transformateur de sécurité ou de séparation (TRS) | | INTERDIT | non | non | oui |
| Chauffe-eau à accumulation | Classe I | non | oui | oui | oui |
| Autres chauffe-eau électriques | Classe I + DD HS | non | oui | oui | oui |
| Éclairage | TBTS 12 V | oui | oui | oui | oui |
| | TBTS 50 V | non | non | oui | non |
| Chauffage | Classe II + DD HS | non | non | oui (exemple fig. 13) | oui |
| et autres appareils | Classe I + DD HS (ou TRS) | non | non | non | oui |

(1) TBTS : Très Basse Tension de Sécurité
(2) BT : Basse Tension 230 V
(3) DDHS : Dispositif différentiel à haute sensibilité

*Tableau 5. Dispositions relatives aux différents volumes.*

Tous les circuits alimentant les appareils sont protégés par un dispositif différentiel à haute sensibilité (DD HS, ⩽ 30 mA). Les appareils installés à poste fixe sont raccordés directement (sans prise de courant).

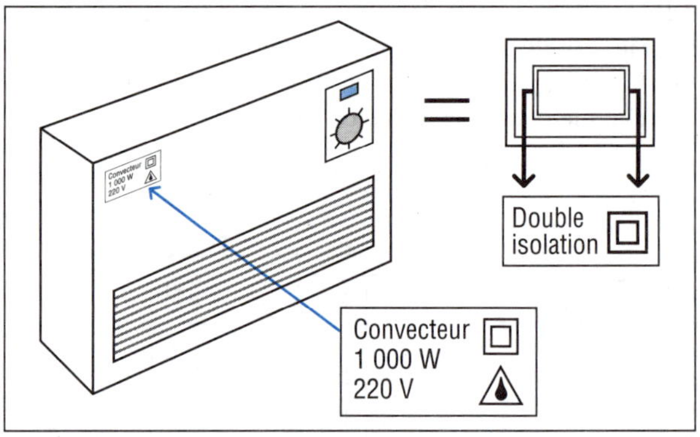


*Fig. 13. Appareil de chauffage électrique (exemple).*

## 10. MATÉRIEL, CANALISATIONS

Les appareils d'éclairage à bout de fil sont interdits. Les douilles à bout de fil provisoires doivent être à enveloppe isolante, disposées dans les volumes 2 et 3, commandées par un interrupteur situé hors des volumes 0 à 2.

Les canalisations apparentes ou faiblement encastrées (⩽ 5 cm) sont des câbles sans revêtement métallique (A05 VV-F ou FR N 05 VV-U, R), ou des conducteurs isolés (HO7V-U, R ou K) posés sous conduits isolants (IRO, ICO, ICD, ICT).

Aucune canalisation n'est autorisée dans le volume 0.

Dans les volumes 1 et 2, les canalisations sont strictement limitées à l'alimentation des appareils situés dans ces volumes.

Les transformateurs de séparation ou de sécurité (TRS, NF C 52-210 et -220) sont de classe II.

Toute canalisation, située dans les volumes 2 et 3, comporte un conducteur de protection ou alimenté, soit un TRS, soit un appareil de classe II installé dans le volume 2.

## 11. CONDUCTEURS DE PROTECTION, LIAISON ÉQUIPOTENTIELLE

Un conducteur de protection en cuivre ou en fer (section de 2,5 mm$^2$ avec protection mécanique, 4 mm$^2$ sans) doit relier tous les éléments métalliques tels que les corps des appareils sanitaires, les canalisations, les huisseries, les contacts de terre des prises de courant.

La nature de la liaison est définie tableau 6. Elle est raccordée à la liaison équipotentielle principale de l'installation du logement, par exemple, par l'intermédiaire de la borne de terre d'un socle de prise de courant.

| Conducteurs | Conditions de pose | Section minimale (mm$^2$) |
|---|---|---|
| HO7V-U, R ou K | Fixé directement aux parois. | 4 |
| | Conduit isolant, apparent, encastré ou sous moulure. | 2,5 |
| Conducteur nu | Fixé directement aux parois | 4 |

*Tableau 6. Nature de la liaison.*

**NF A 51-120 AFNOR NF P 40-201 (DTU N° 60-1), P 40-202 (DTU N° 60-11), NF P 41-211 (DTU N° 60-31), NF P 41-221 (DTU N° 60-5), et AFNOR DTU P 52-305 (DTU N° 65-10)**

# 1. CALCUL ET CONCEPTION

La conception des installations d'alimentation en eau chaude et froide doit respecter le règlement sanitaire départemental type : Circulaire du 9/08/1978, article 14 du titre 1er intitulé « Les eaux destinées à la consommation humaine ».

## 1.1. Débit de base et diamètre des canalisations

En immeubles collectifs d'habitation, on devra assurer une pression minimale de 0,1 MPa à l'entrée de chacun des logements (les caractéristiques acoustiques de la robinetterie sanitaire étant déterminées sous 0,3 MPa).

### 1.1.1. Généralités

Le calcul des installations d'alimentation nécessite la connaissance des débits minimaux (Q minimal en ℓ/s) et des diamètres intérieurs minimaux (D intérieur minimal en mm) des canalisations d'alimentation des appareils pris individuellement tableau 1.

| Appareil | Q minimal de calcul | | D intérieur minimal (mm) |
|---|---|---|---|
| | Eau froide ou mélangée (L/s) | Eau chaude (L/s) | |
| Évier-timbre d'office | 0,20 | 0,20 | 12 |
| Lavabo | 0,20 | 0,20 | 10 |
| Bidet | 0,20 | 0,20 | 10 |
| Baignoire | 0,33 | 0,33 | 13 |
| Douche | 0,20 | 0,20 | 12 |
| WC avec réservoir de chasse | 0,12 | | 10 |
| WC avec robinet de chasse | 1,50 | | ⩾ D robinet |
| Urinoir à action siphonique | 0,50 | | ⩾ D robinet |
| Lave-mains | 0,10 | | 10 |
| Bac à laver | 0,33 | | 13 |
| Machine à laver le linge | 0,20 | | 10 |
| Machine à laver la vaisselle | 0,10 | | 10 |
| Machine industrielle ou autre | | | *cf.* fabricant |

*Tableau 1. Débit minimal et diamètre intérieur minimal des canalisations par type d'appareil.*

*Nota :* lorsque la production d'eau chaude (EC) est individuelle, les débits donnés fig. 1 servent de base au calcul des diamètres des canalisations d'eau froide (EF) à usage collectif et des canalisations intérieures jusqu'au piquage alimentant l'appareil de production d'eau chaude.

### 1.1.2. Diamètre intérieur minimal d'alimentation d'un groupe d'appareils

Deux cas sont possibles.

- **Cas 1 : installations individuelles**
  Chaque appareil individuel est affecté d'un coefficient (tableau 2). En faisant la somme des coefficients, on détermine le diamètre minimal d'alimentation d'un groupe d'appareils (fig. 1).
  Si le total des coefficients est supérieur à 15, le calcul est mené comme pour les installations collectives selon la formule de Flamant.

| Appareil | Coefficient |
|---|---|
| WC (avec réservoir de chasse), lave-mains, urinoirs, siphon de sol | 0,5 |
| Bidet, WC à usage collectif, machines à laver (linge ou vaisselle) | 1 |
| Lavabo | 1,5 |
| Douche, poste d'eau | 2 |
| Évier, timbre d'office | 2,5 |
| Baignoire : ⩽ 150 L de capacité | 3 |
| Baignoire : > 150 L | 3 + 0,1 par tranche de 10 litres supplémentaires |

*Tableau 2. Coefficient à appliquer à chaque appareil d'une installation individuelle.*

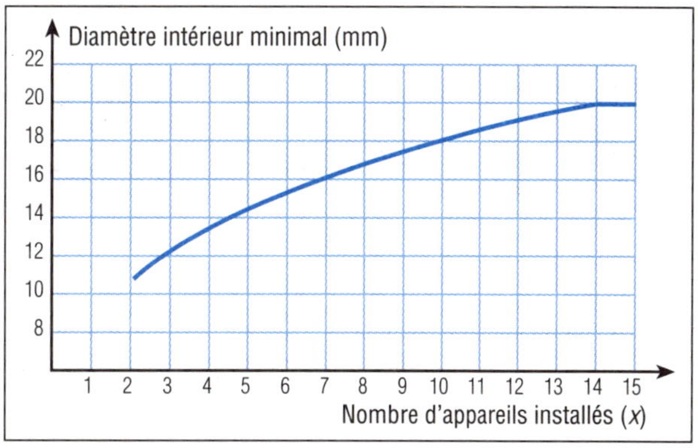


*Fig. 1. Diamètre minimal d'alimentation d'un groupe d'appareils d'une installation individuelle.*

- **Cas 2 : installations collectives**
  Les diamètres intérieurs sont calculés selon la formule de Flamant donnée tableau 3.

| Eau froide | Eau chaude |
|---|---|
| $DJ = 0{,}000\,92 \sqrt[4]{\frac{V^7}{D}}$ | $DJ = 0{,}000\,46 \sqrt[4]{\frac{V^7}{D}}$ |

avec :
D : diamètre intérieur (m),
J : perte charge (en mCE/m) (1),
V : vitesse (m/s).

*Tableau 3. Formule de Flamant.*

(1) 1 mCE (mètre de colonne d'eau) = $9{,}81.10^3$ Pa.

En pratique, on utilisera les abaques (fig. 2 et 3) pour déterminer les diamètres intérieurs des canalisations. Les abaques seront lus comme suit : connaissant 2 éléments (généralement le débit et la vitesse ou le débit et la perte de charge), joindre à l'aide d'une règle les points représentant ces valeurs sur les échelles verticales.

Les 2 autres éléments se lisent sur les échelles correspondant à l'intersection formée par la règle.

*Nota :* la colonne de droite de l'échelle des pertes de charge inclut les pertes de charges singulières (+ 15 %).

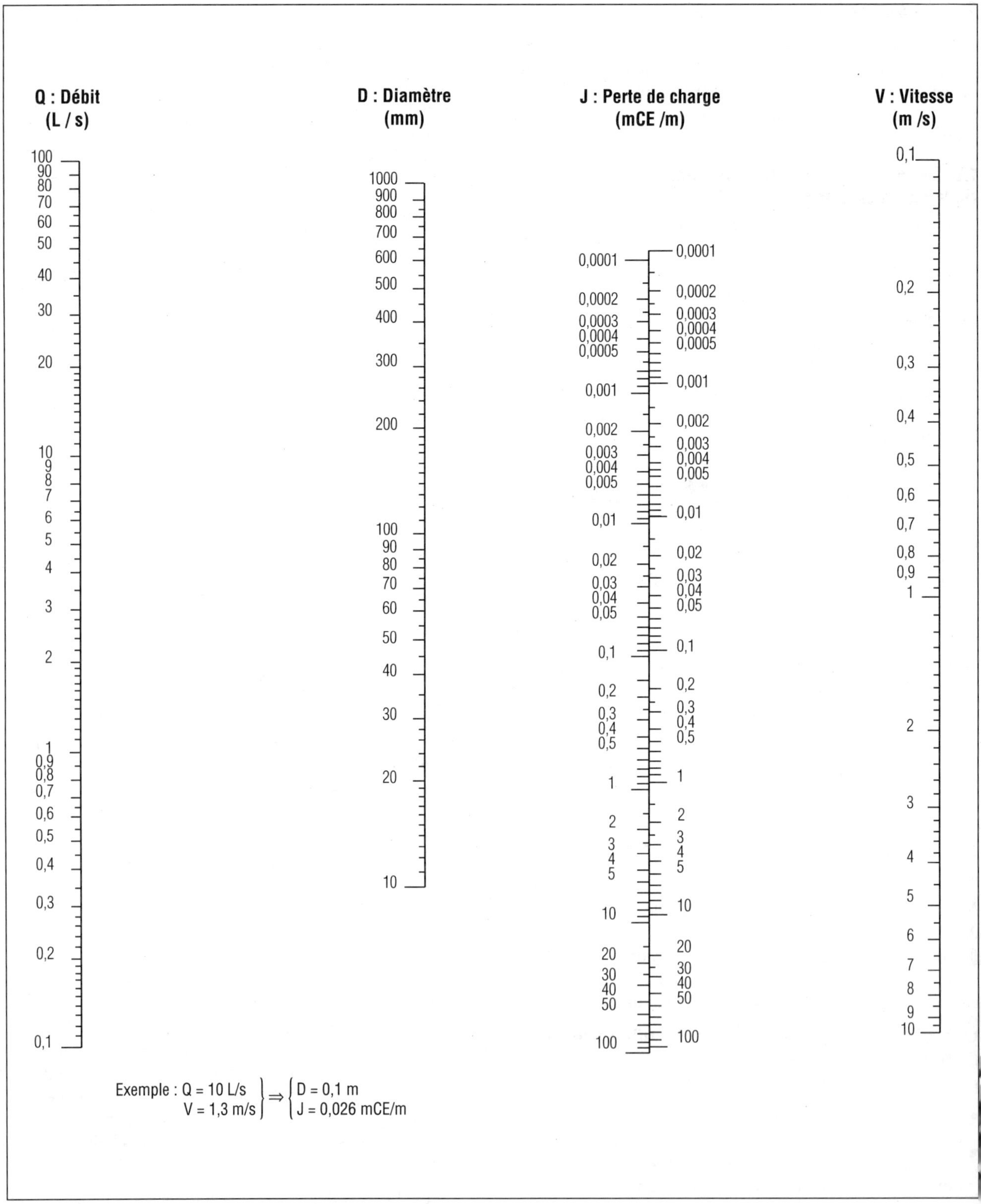


*Fig. 2. Abaque pour le calcul des conduites d'eau froide.*

Les branchements et le réseau de canalisation intérieur doivent être conçus pour qu'une pression minimale de 0,03 MPa en consommation de pointe soit assurée en n'importe quel point de puisage de l'immeuble.

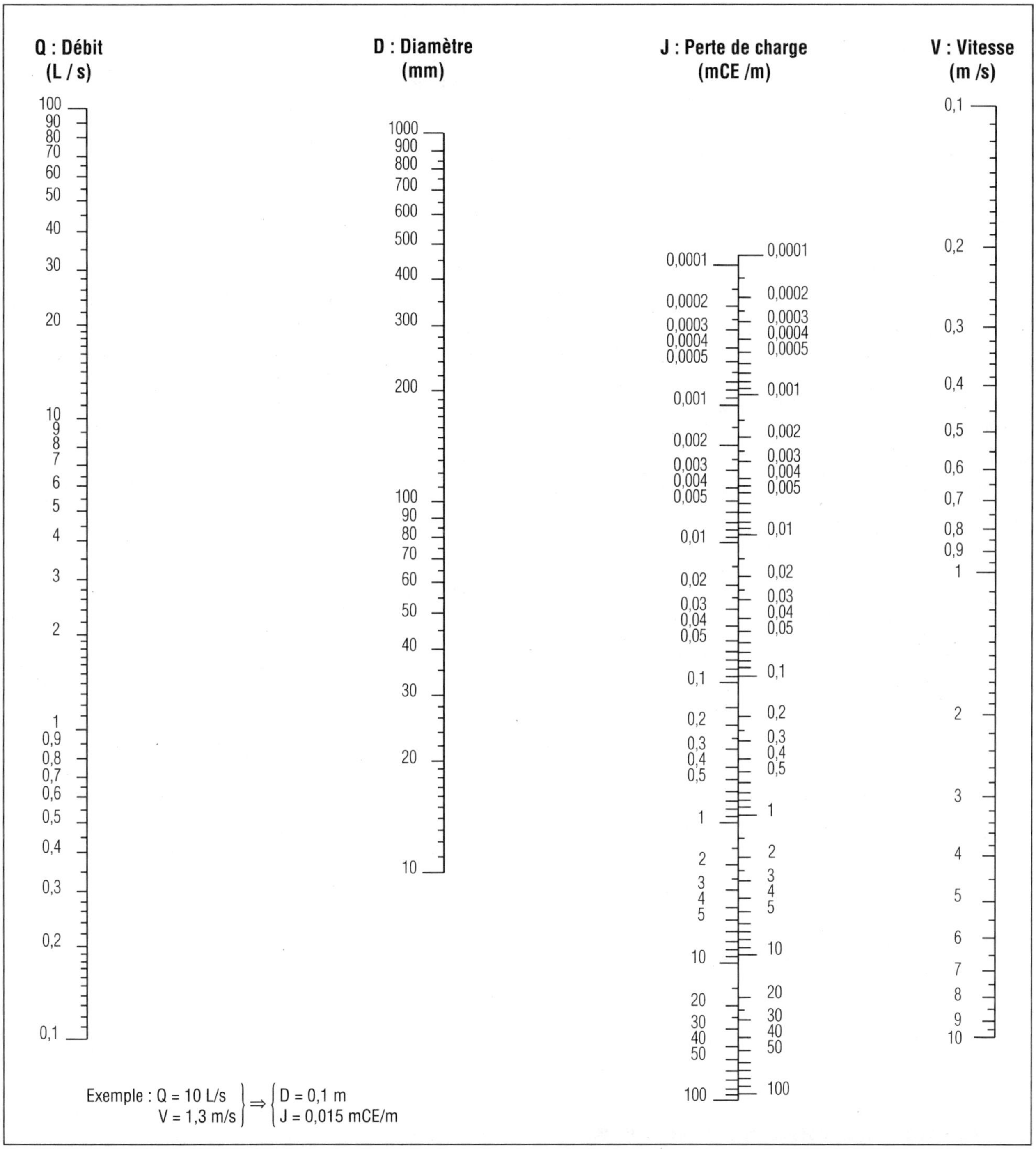


*Fig. 3. Abaque pour le calcul des conduites d'eau chaude.*

*Nota :* la vitesse à prendre en considération, pour le calcul des diamètres selon la formule de Flamant, est de 2 m/s environ pour les canalisations en sous-sol ou en vide sanitaire (VS), et de 1,5 m/s pour les colonnes montantes.

### 1.2. Débits d'alimentation des parties collectives

Pour les appareils autres que les robinets de chasse, le débit servant de base au calcul du diamètre d'une canalisation est obtenu en multipliant la somme des débits des appareils (tableau 1) par le coefficient de simultanéité (fig. 4).

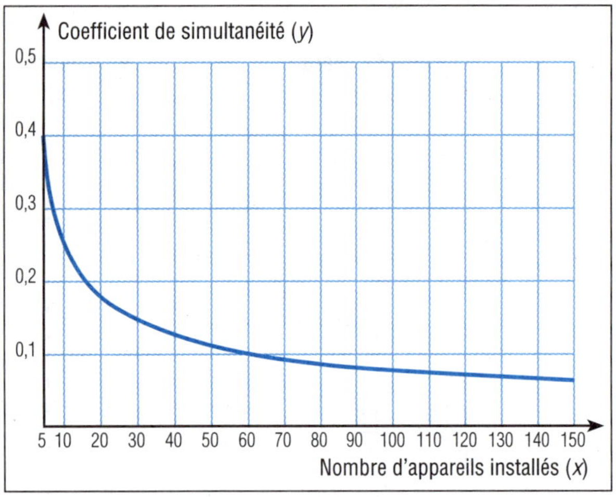


*Fig. 4. Coefficient de simultanéité en fonction du nombre d'appareils installés.*

*Nota :* s'il existe une alimentation pour une ou plusieurs machines à laver, une seule est prise en compte dans le calcul de la somme des débits.

Les robinets de chasse ne fonctionnant que pendant quelques secondes, sont comptabilisés selon le tableau 4.

| Nombre de robinets de chasse installés | Nombre à prendre en compte |
|---|---|
| < 3 | 1 |
| 4 < *n* < 12 | 2 |
| 13 < *n* < 24 | 3 |
| 25 < *n* < 50 | 4 |
| *n* > 50 | 5 |

*Tableau 4. Nombre de robinets de chasse à prendre en compte.*

Le débit ainsi obtenu pour les robinets de chasse est à ajouter à la somme des débits obtenus pour les autres appareils après application du coefficient de simultanéité (fig. 4).

## 2. MISE EN ŒUVRE

Les DTU indiqués précisent, pour chaque matériau, les dispositions constructives à respecter.

Les tubes en cuivre doivent bénéficier du droit d'usage de la marque NF-Tubes en cuivre (garantie par la norme NF A 51-120) précisant les caractéristiques de ceux-ci.

### 2.1. Matériaux (autorisés par le DTU n° 65-20)

Les matériaux les plus employés pour la tuyauterie de distribution d'eau sanitaire sont l'acier galvanisé (DTU n° 60-1, additifs 4 et 5), le cuivre (DTU n° 60-5) et le PVC non plastifié (DTU n° 60-31 pour l'eau froide).

### 2.2. Règles générales de mise en œuvre

- **Compatibilité des métaux entre eux**
  Il est interdit de mettre en place une canalisation en acier galvanisé à l'aval d'une canalisation en cuivre.
- **Passages interdits**
  Tout passage de canalisations est interdit dans les conduits de fumées, de ventilation (sauf si le passage est hors gel), de vide-ordures et dans l'épaisseur d'un isolant de mur de façade.
- **Supports**
  L'écartement entre deux supports est fixé pour chaque matériau.

  Les fixations (percements, scellements) sont interdites dans les éléments en béton précontraint (poutrelles et prédalles précontraintes).

  Une canalisation ne doit pas prendre appui directement sur une autre canalisation.

  Le contact entre deux canalisations apparentes, qu'elles soient nues ou revêtues, ou le calfeutrement de l'espace entre une paroi et une canalisation qui lui est parallèle (solin) est interdit.

  En sous-sol, local technique, vide sanitaire, galerie ou vide technique, les supports doivent être fixés au gros œuvre et l'espace libre minimal entre le revêtement extérieur de canalisations calorifugées d'allure horizontale et le sol est de 0,15 m.
- **Dilatation**
  La libre dilatation des canalisations, autres que celles qui sont enrobées, encastrées ou engravées, doit pouvoir se faire sans entraîner de désordre dans les supports, les accessoires (robinetterie) et les traversées de parois.
- **Traversées de parois (murs et planchers)**
  Dans ces zones, pour lesquelles la longueur des traversées des canalisations doit être limitée à 1 mètre, les piquages ainsi que les assemblages mécaniques tubes à tubes sont interdits.
- **Calorifugeage**
  Dans les volumes non chauffés, les canalisations véhiculant de l'eau chaude doivent être calorifugées. Ce calorifugeage n'est pas obligatoire pour les canalisations directement encastrées, enrobées ou engravées (p. 284).

  Pour éviter les effets de la condensation, le DTU n° 60-1 (additif 4) impose un calorifugeage pour une canalisation d'eau froide en acier galvanisé installée dans des zones non ventilées (gaine, galerie technique, faux-plafonds, vide sanitaire).

Des dispositions spéciales (grillages) peuvent être prises contre l'action des rongeurs, notamment aux arrêts de calorifugeage.

### 2.3. Prescriptions particulières selon la position des canalisations

- **Vide sanitaire (VS)**
  Dans un vide sanitaire **accessible**, les canalisations doivent être disposées selon les indications de la figure 5 ; le calorifugeage des tuyauteries en acier noir doit comporter un pare-vapeur.

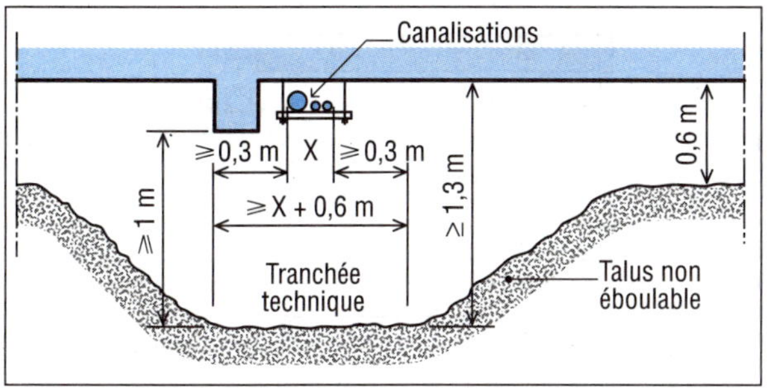


*Fig. 5. Position des canalisations dans un vide sanitaire accessible.*

Dans un vide sanitaire **inaccessible**, seules sont autorisées les canalisations d'évacuations et d'eau froide sanitaire à condition que ces dernières ne comportent ni accessoire ni assemblage.

- **Canalisations incorporées (DTU n° 65-10)**

Il s'agit de canalisations placées dans l'épaisseur des parois sur une longueur supérieure à 1 m.

Dans les planchers, elles sont enrobées ou encastrés selon les indications des figures 6 à 8.

Dans les autres éléments participant à la stabilité du bâtiment (poteaux, poutres...), elles ne peuvent être qu'encastrées.

*Nota :* une canalisation (directement ou avec fourreau) est dite :
- **enrobée** lorsqu'elle est noyée dans les éléments de gros œuvre,
- **encastrée** lorsqu'elle est mise en place dans une réservation du gros œuvre puis enrobée d'un matériau compatible,
- **engravée** lorsqu'elle est mise en place dans une saignée réalisée après coup dans le gros œuvre, puis enrobée avec un matériau compatible.

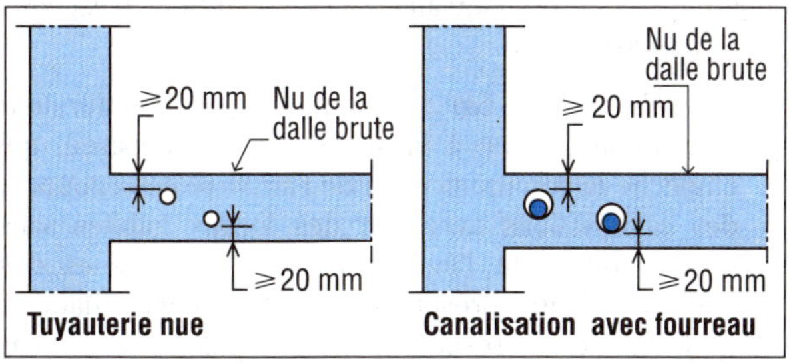


*Fig. 6. Canalisations incorporées dans un plancher à dalle pleine.*

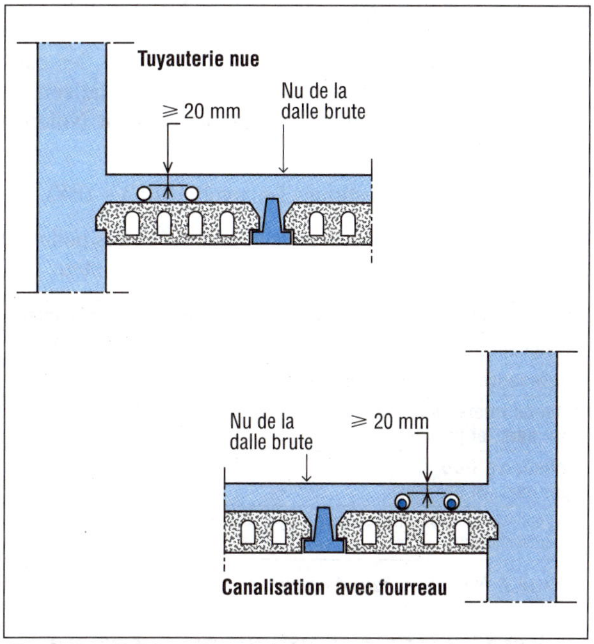


*Fig. 7. Canalisations incorporées dans une dalle sur entrevous.*

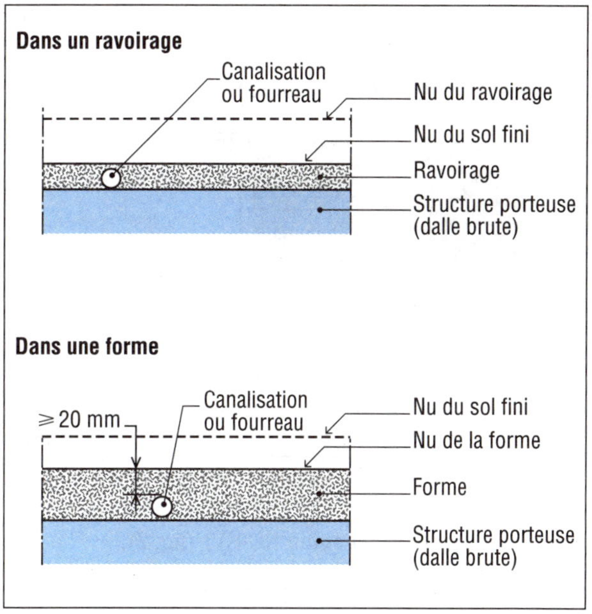


*Fig. 8. Canalisations incorporées dans un ravoirage ou dans une forme.*

# Assainissement des bâtiments d'habitation

**AFNOR DTU P 40-202 (DTU N° 60-11), AFNOR DTU P 40-201 (DTU n° 60-1 et 60-2), P 41-213 (DTU n° 60-33), P 41-221 (DTU n° 60-5), P 52-305 (DTU n° 65-10), NF A 48-720, NF P 16-321, -421, -422, NF T 54-002, -028, -031, -032**

## 1. Généralités

On différencie (tableau 1) les eaux usées (EU), les eaux vannes (EV) et les eaux pluviales (EP), qualitativement (concentration en pollution) et quantitativement (volume, débit).

On appelle eaux domestiques l'ensemble (EU) + (EV).

Ces eaux doivent être évacuées et assainies sans pollution de l'air intérieur des bâtiments et du milieu récepteur.

| Eaux | usées | vannes | pluviales |
|---|---|---|---|
| Désignation | EU | EV | EP |
| Provenance | cuisines et SDB | WC | toitures |
| Volume rejeté en L (par pers. et par jour) | 90 | 20 | |
| Pollution g-$DBO_5$(1) (par pers. et par jour) | 28 | 11 | |

(1) quantité d'oxygène nécessaire à l'oxydation des matières organiques par voie biochimique.

*Tableau 1. Nature des eaux à évacuer en provenance d'un logement.*

### 1.1. Assainissement urbain ou autonome

Les eaux collectées en pied du bâtiment au niveau des regards de façades sont évacuées vers le réseau d'assainissement urbain qui peut être :

- unitaire (« tout-à-l'égout ») (fig. 1),

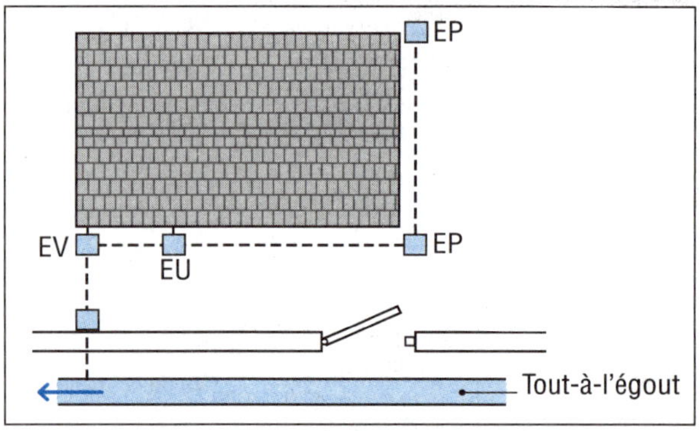


*Fig. 1. Système d'assainissement unitaire.*

- séparatif (égout EP et égout EU-EV) (fig. 2),

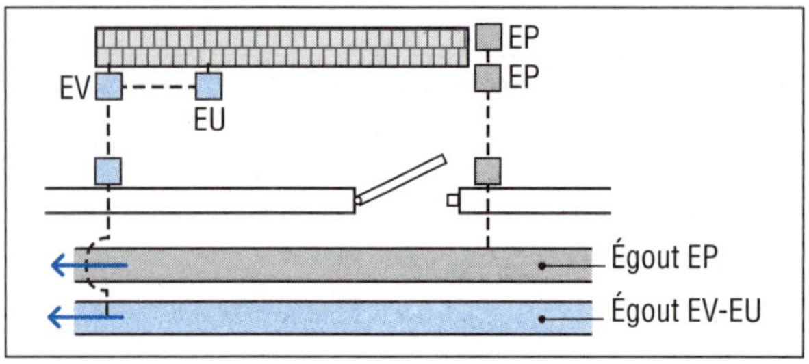


*Fig. 2. Système d'assainissement séparatif.*

- constitué uniquement d'un égout EP (fig. 3), ce qui rend obligatoire le traitement des EV ainsi que la présence d'un séparateur à graisse avant rejet des EU.

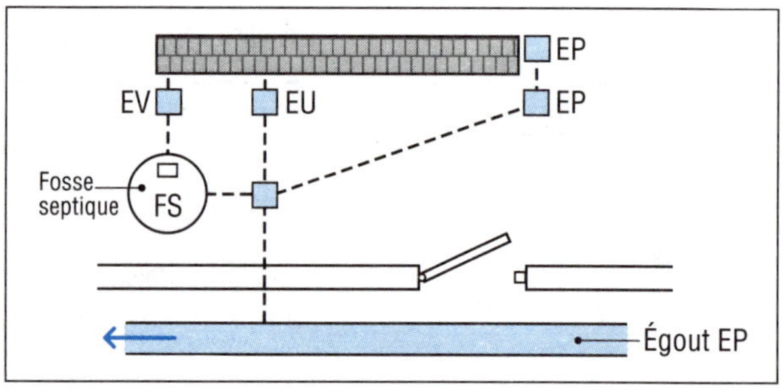


*Fig. 3. Système d'assainissement urbain constitué uniquement d'un égout EP.*

S'il n'existe pas de réseau urbain proche, un système d'assainissement individuel dit « autonome » est nécessaire (fig. 4 et p. 291) (les eaux pluviales devant être évacuées indépendamment).

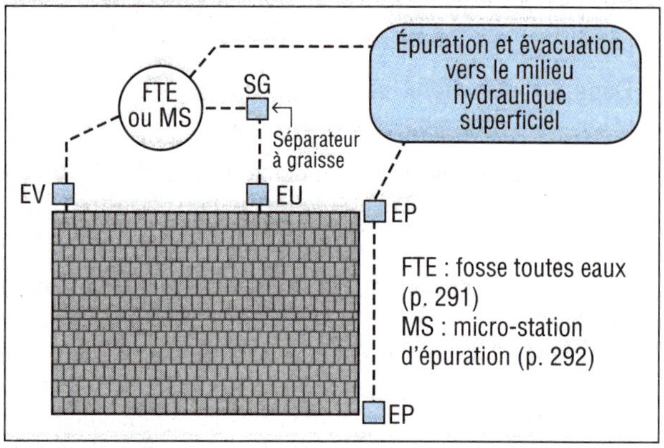


*Fig. 4. Assainissement individuel autonome.*

### 1.2. Réseau d'évacuations intérieures

Ce réseau évacue les eaux domestiques depuis les divers appareils sanitaires jusqu'aux regards de façade. Il est composé successivement :

- de siphons (fig. 5a) : c'est un dispositif obturateur hydraulique, placé à la sortie de tout appareil, qui empêche la communication de l'air vicié des égouts et des canalisations avec l'air des locaux habités sans gêner pour cela l'évacuation des liquides et des matières. Il doit présenter une garde d'eau (hauteur d'eau tenue en réserve dans le siphon d'au moins 5 cm) ;
- de collecteurs d'appareils (exemple : fig. 5b) : ce sont des canalisations d'allure horizontale recueillant les EU ou les EV et raccordant les différents appareils sanitaires aux tuyaux de chute ;
- de ventilations primaires : des tubes prolongent les tuyaux de chute en les mettant en communication avec l'extérieur ou un comble ventilé. Ils sont équipés d'un chapeau de ventilation ou d'un aérateur à membrane si la ventilation débouche dans un comble ;

*Nota :* les ventilations secondaires ne sont exigées en aucun cas.

- de tuyaux de chute ou descentes en système unitaire (EU et EV sont regroupées dans une même chute) ou en système séparatif (système le plus courant) dans lequel EU et EV sont évacuées séparément.

Les tuyaux de chute sont raccordés à leur pied à des collecteurs principaux qui sont en général intérieurs au bâtiment.

*Nota :* les évacuations des eaux pluviales EP sont toujours indépendantes (fig. 5c).

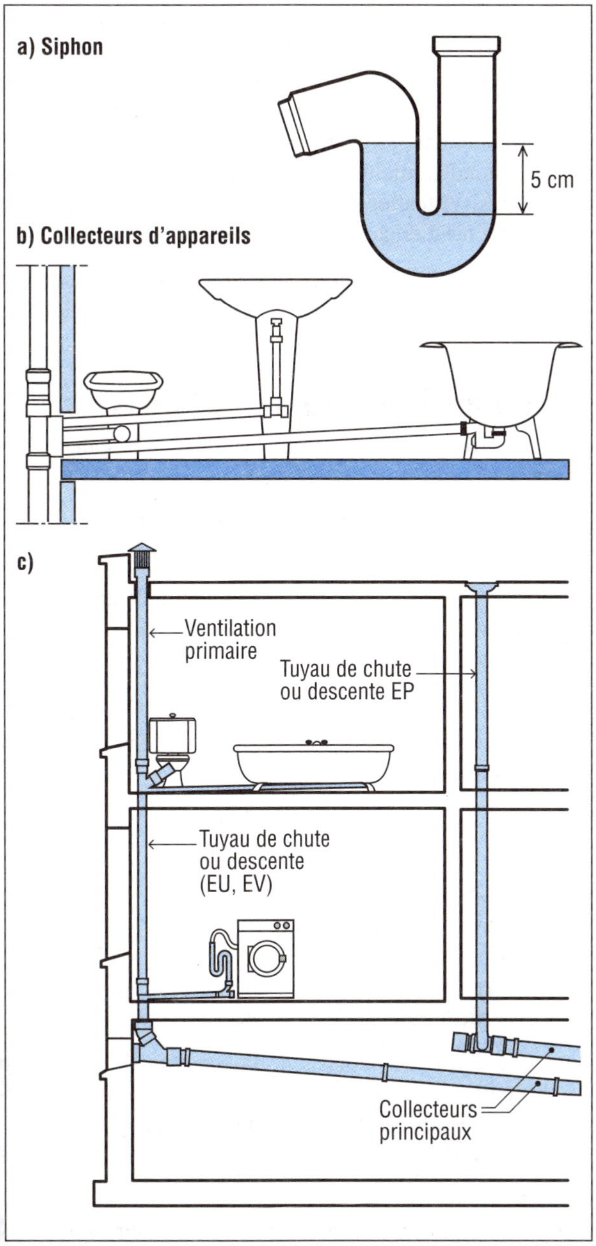


*Fig. 5. Constitution d'un réseau d'évacuation intérieur.*

## 2. CALCUL DES INSTALLATIONS D'ÉVACUATION

### 2.1. Branchements de vidange

Le diamètre intérieur des canalisations de branchements de vidange doit être au moins égal à celui des siphons qu'ils reçoivent, sauf pour les baignoires raccordées individuellement par un collecteur de longueur inférieure à 1 m.

### 2.2. Collecteurs d'appareils

Les diamètres intérieurs minimaux des collecteurs d'appareils sont donnés pour des pentes de canalisations comprises entre 1 et 3 cm/m (la pente recommandée est de 1 cm/m).

Le tableau 2 permet de déterminer le diamètre des canalisations d'évacuation individuelle d'appareils.

Pour les évacuations d'appareils groupés, on se reportera au tableau 2 jusqu'au collecteur et ensuite au tableau 3.

| Appareils isolés | Ø int. mini (mm) |
|---|---|
| Lavabo, lave-mains, bidet | 30 |
| Évier, poste d'eau, douche, urinoir, machine à laver | 33 |
| Baignoire 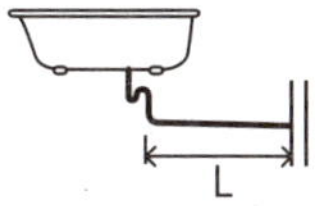 L | 33 si L ⩽ 1 m<br>38 si L > 1 m |
| WC à action siphonique 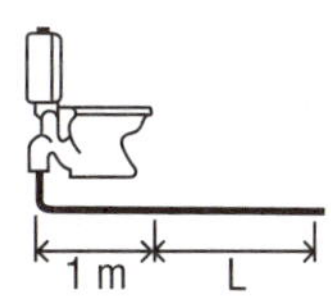 1 m L | 60 sur longueur de 1 m<br>77 sur partie L supérieure à 1 m |
| WC à chasse directe | 80 |
| Groupe de sécurité 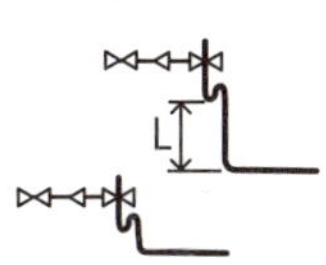 L | 20 si L ⩾ 1 m<br>25 sans partie verticale ou L < 1 m |

*Tableau 2. Diamètre intérieur minimal des collecteurs d'évacuation individuelle d'appareils.*

| Appareils groupés | Ø int. mini (mm) |
|---|---|
| Lavabo + bidet  | 30 |
| Bidet + lavabo 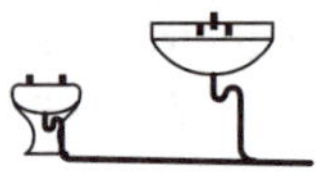 | |
| Lavabo ou bidet ou machine à laver + baignoire  | 2 vidanges séparées sont nécessaires |
| Baignoire + lavabo ou bidet ou machine à laver 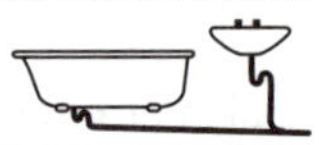 | Choisir le Ø immédiatement supérieur au plus gros Ø |
| Lavabo + bidet + baignoire (ordre indifférent)  | 2 collecteurs sont nécessaires. Le Ø mini dépend du regroupement des appareils |
| Machine à laver (linge ou vaisselle + évier) 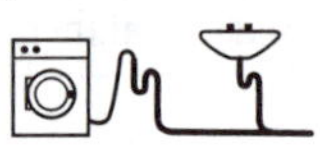 | 33 |

*Tableau 3. Diamètre intérieur minimal des collecteurs d'évacuation d'appareils groupés.*

Hormis les possibilités de regroupements indiquées, tous les autres appareils doivent être évacués séparément. Une douche peut être assimilée à une baignoire.

Le tableau 4 permet de déterminer le diamètre des chutes d'EU et d'EV. Leurs diamètres seront constants sur toute la hauteur des colonnes.

Les tuyaux de chute seront prolongés en ventilation primaire dans leur diamètre, jusqu'à l'air libre et au-dessus des locaux habités.

| Appareil | Nombre total d'appareils | Ø int. mini (mm) |
|---|---|---|
| WC | 1 ou plusieurs | 90 |
| Baignoire, Évier, Lavabo, Douche, Urinoir, Bidet, Lave-mains, Machines à laver | de 1 à 3 (sans baignoire ou 1 baignoire) | 50 |
| | de 4 à 10 dont 2 baignoires au plus | 65 |
| | ⩾ 11 | 90 |

*Tableau 4. Diamètre intérieur minimal des tuyaux de chute (EU, EP) en fonction du nombre d'appareils branchés.*

| Appareil | Débit de base | |
|---|---|---|
| | L/min | L/s |
| Baignoire | 72 | 1,2 |
| Douche | 30 | 0,5 |
| Lavabo | 45 | 0,75 |
| Bidet, lave-mains, appareils avec bonde à grille | 30 | 0,5 |
| Évier | 45 | 0,75 |
| Bac à laver | 45 | 0,75 |
| Urinoir | 30 | 0,5 |
| Urinoir à action siphonique | 60 | 1,0 |
| WC à chasse directe | 90 | 1,5 |
| WC à action siphonique | 90 | 1,5 |
| Machine à laver (linge) | 40 | 0,65 |
| Machine à laver (vaisselle) | 25 | 0,40 |

*Tableau 5. Débit individuel par type d'appareil.*

Les ventilations primaires de plusieurs chutes peuvent être regroupées en une seule immédiatement au-dessus du dernier branchement. Le diamètre de cette sortie étant le diamètre immédiatement supérieur au diamètre de la plus grande des ventilations avant regroupement, la ventilation secondaire n'est en aucun cas exigée.

Les parcours d'allure horizontale des ventilations devront comporter une pente permettant d'assurer l'évacuation des eaux de condensation vers une chute.

## 2.3. Tuyaux collecteurs d'appareils

Le diamètre d'un collecteur principal est calculé en 3 étapes :

- **étape 1 :** faire la somme des débits individuels des appareils desservis à l'aide du tableau 5;
- **étape 2 :** multiplier le nombre obtenu à l'étape 1 par le coefficient de simultanéité indiqué page 282 pour obtenir le débit probable;
- **étape 3 :** déterminer le diamètre du collecteur :
  - soit en utilisant la formule de Bazin (avec un coefficient de frottement égal à 0,16),

$$Q = \frac{87\ RH\ \sqrt{i}}{\gamma + \sqrt{RH}} \times SM \quad \text{avec :}$$

  Q : débit ($m^3/s$)
  RH : rayon hydraulique (m)
  SM : surface mouillée ($m^2$)
  $i$ : pente (m/m)
  $\gamma$ : coefficient de frottement ($m^{1/2}$).

  - soit à l'aide du tableau 6 (la hauteur de la section d'écoulement étant égale à 0,5 Ø du collecteur en système séparatif et 0,7 Ø du collecteur en système unitaire afin de tenir compte de l'évacuation des EP en cas de gros orage).

*Nota :* le diamètre du collecteur sera toujours au moins égal à celui des chutes qu'il reçoit.

| Système séparatif → | | | ← Système unitaire (EU, EV, EP) | | | | | | | |
|---|---|---|---|---|---|---|---|---|---|---|
| Diamètre intérieur (mm) | Débit en L/s pour une pente de : | | | | | | | | | |
| | 1 cm/m | | 2 cm/m | | 3 cm/m | | 4 cm/m | | 5 cm/m | |
| 69 | 0,96 | 1,64 | 1,36 | 2,32 | 1,67 | 2,84 | 1,93 | 3,28 | 2,15 | 3,67 |
| 77 | 1,31 | 2,22 | 1,85 | 3,14 | 2,26 | 3,85 | 2,61 | 4,44 | 2,92 | 4,97 |
| 84 | 1,66 | 2,82 | 2,35 | 3,99 | 2,88 | 4,89 | 3,32 | 5,65 | 3,71 | 6,31 |
| 94 | 2,26 | 3,85 | 3,20 | 5,44 | 3,92 | 6,66 | 4,53 | 7,79 | 5,06 | 8,60 |
| 104 | 2,99 | 5,07 | 4,23 | 7,18 | 5,18 | 8,79 | 5,98 | 10,15 | 6,69 | 11,35 |
| 119 | 4,33 | 7,33 | 6,12 | 10,37 | 7,50 | 12,70 | 8,66 | 14,67 | 9,68 | 16,40 |
| 129 | 5,40 | 9,14 | 7,64 | 12,92 | 9,35 | 15,83 | 10,80 | 18,28 | 12,07 | 20,44 |
| 134 | 5,99 | 10,14 | 8,47 | 14,34 | 10,38 | 17,56 | 11,98 | 20,27 | 13,40 | 22,67 |
| 153 | 8,60 | 14,54 | 12,17 | 20,56 | 14,90 | 25,18 | 17,21 | 29,07 | 19,24 | 32,50 |
| 154 | 8,76 | 14,80 | 12,38 | 20,92 | 15,17 | 25,63 | 17,51 | 29,59 | 19,58 | 33,08 |
| 191 | 15,72 | 26,50 | 22,24 | 37,48 | 27,23 | 45,91 | 31,45 | 53,01 | 35,16 | 59,27 |
| 203 | 18,55 | 31,24 | 26,23 | 44,18 | 32,12 | 54,11 | 37,09 | 62,48 | 41,47 | 69,86 |
| 238 | 28,51 | 47,95 | 40,31 | 67,81 | 49,38 | 83,05 | 57,01 | 95,90 | 63,74 | 107,21 |
| 266 | 38,47 | 64,63 | 54,40 | 91,40 | 66,63 | 111,95 | 76,94 | 129,27 | 86,02 | 144,52 |
| 300 | 53,15 | 89,20 | 75,17 | 126,15 | 92,06 | 154,50 | 106,31 | 178,40 | 118,85 | 199,45 |
| 317 | 61,62 | 103,36 | 87,15 | 146,17 | 106,74 | 19,02 | 123,25 | 206,72 | 137,80 | 231,12 |
| Vitesse d'écoulement comprise entre 1 m/s et 2 m/s | | | | | | | | | | |

*Tableau 6. Détermination du diamètre d'un collecteur principal en fonction de sa pente, du débit (L/s) à assurer et du système d'assainissement (séparatif ou unitaire).*

# 3. MISE EN ŒUVRE DU RÉSEAU INTÉRIEUR D'ÉVACUATION DES EAUX DOMESTIQUES

L'évacuation des EP est traitée pp. 243 à 245.

## 3.1. Situation du réseau

Le réseau intérieur passe, en général, sous gaine en superstructure pour devenir aérien en infrastructure (placé en sous-face des planchers ou le long des voiles) ou bien être enterré sous le dernier niveau de sous-sol.

## 3.2. Choix d'un matériau

Un tel réseau doit évacuer les eaux collectées vers le système d'assainissement en étant étanche, silencieux, résistant (à la corrosion, à l'abrasion, aux chocs, au feu, aux gradients thermiques) et d'entretien facile.

Le passage en gaine permet de satisfaire à certaines exigences (tenue aux chocs, au feu, isolation acoustique) quel que soit le matériau retenu.

En revanche, lorsque les canalisations sont aériennes (exposées au choc), enterrées ou reçoivent des fluides agressifs (rare en habitations), certains matériaux seront proscrits selon les indications du tableau 7.

*Nota :* les travaux « d'évacuations » seront conformes aux DTU n° 60-1 et 65-10.

| Matériau | DN (mm) | Emploi en extérieur | Commentaires | DTU | Normes NF... |
|---|---|---|---|---|---|
| PVC | 32 à 400 | – | cf. 3,5 | 60-33 | cf.3.5 |
| Fonte | 50 à 300 | – | souvent remplacé par le PVC | 60-2 | A 48–720 |
| Grès vernissé | 100 à 600 | enterré | craint le gel, les chocs, résiste à l'eau agressive | ╳ | P 16-321, 421, 422 |
| Plomb (vidange) | 32 à 110 | non | souvent remplacé par le PVC | ╳ | ╳ |
| Cuivre | | | | 60-5 | A 51-124 |

*Tableau 7. Données concernant les matériaux utilisables pour les réseaux intérieurs d'évacuation des eaux domestiques.*

## 3.3. Traversées de paroi

Une traversée est une partie de canalisation rendue inaccessible sur une longueur inférieure à 1 m. Les canalisations au droit de traversées respecteront les dispositions définies tableau 8.

| Situation | | Tracé de la tuyauterie | |
|---|---|---|---|
| | | Planchers | Murs, cloisons |
| Bâtiment neuf | Enrobage ou trou réservé | vertical ou oblique, 1 ou 2 coudes admis | obli. et LN non limitées |
| | Percement | aucun coude<br>– obli. maxi : 50°<br>– LN max. : 0,40 m | rectiligne si $e_{paroi} > 0{,}15$ m<br>– obli. maxi : 50°<br>– LN max. : 0,60 m |
| Bâtiments anciens | | 1 ou 2 coudes admis<br>– LN max. : 1 m | Mur porteur<br>– tuyauterie rectiligne<br>– LN max. : 1 m<br>Remplissage<br>– LN quelconque |
| Nota : pour ces traversées, tous les types d'assemblages sont admis sauf les joints bourrés.<br>obli. = obliquité, LN = longueur noyée | | | |

*Tableau 8. Caractéristique des canalisations au droit des traversées de paroi.*

## 3.4. Assemblages admis

Les assemblages admis les plus couramment employés pour les canalisations d'évacuation sont donnés tableau 9.

| Types de joints | Matériaux | Mise en œuvre | Produits |
|---|---|---|---|
| bourrés | mastics divers, mortier de ciment | bourrage entre une emboîture et un bout mâle | thiocol, silicone, polyuréthane |
| préformés | anneaux en caoutchouc ou en élastomère | pression entre une emboîture et un bout mâle | joints toriques ou à lèvres |
| collés | adhésif approprié | collage entre une emboîture et un bout mâle | PVC (DTU n° 60-33) |

*Tableau 9. Assemblages les plus courants en travaux d'évacuation.*

## 3.5. Mise en œuvre d'évacuations en PVC

Le PVC (80 % du marché en évacuation intérieure) est le matériau le plus utilisé y compris parmi les autres matières plastiques (polyéthylène, polypropylène...).

### 3.5.1. Commercialisation des tubes et choix

On distingue les tubes en PVC compact (tableau 10) et ceux en PVC allégé (tableau 11) disponibles en longueur de 4 m (sur commande en hauteur d'étage pour les diamètres de la gamme des chutes EU).

| Rôle | EU, EV | EU, EV, EP | EU, EV | |
|---|---|---|---|---|
| Position | au-dessus du sol | en SS | en SS | |
| Pose | (1) | (1) | (2) | |
| DN (mm) | *e* min. (mm) | *e* (mm) | *e* (mm) | |
| | | | série 1 | série 2 |
| 32 | 3,0 | | | |
| 40 | 3,0 | | | |
| 50 | 3,0 | | | |
| 63 | 3,0 | | | |
| 75 | 3,0 | | | |
| 90 | 3,0 | | | |
| 100 | 3,0 | | | |
| 110 | 3,0 | | 3,0 | |
| 125 | 3,0 | | 3,0 | |
| 140 | 3,0 | | | |
| 160 | 3,5 | | 3,5 | 3,2 |
| 200 | 4,7 | | 4,7 | 3,9 |
| 250 | | 6,1 | 6,1 | 4,9 |
| 315 | | 7,7 | 7,7 | 6,2 |
| 400 | | 9,8 | 9,8 | 7,8 |
| 500 | | 12,3 | 14,3 | 9,8 |
| 630 | | 15,4 | 15,4 | 12,3 |
| 710 | | 17,4 | 17,4 | 13,9 |

Notations : DN = diamètre nominal, *e* = épaisseur.
– Pose (1 = aérienne, 2 = enterrée)
– Assemblages réalisés par collage ou bague de joint (p. 287 et les normes NF T 54-028, 031 et 032)

*Tableau 10. Dimensions des tubes en PVC compact.*

| DN (mm) | EU, EV, Ventilation | |
|---|---|---|
| | Épaisseur | |
| | N. | M. |
| 32 | 3,2 | 3,8 |
| 40 | 3,2 | 3,8 |
| 50 | 3,2 | 3,8 |
| 63 | 3,2 | 3,8 |
| 75 | 3,2 | 3,8 |
| 90 | 3,2 | 3,8 |
| 100 | 3,2 | 3,8 |
| 110 | 3,2 | 3,8 |
| 125 | 3,2 | 3,8 |
| 140 | 3,5 | 4,1 |
| 160 | 4,0 | 4,6 |
| 200 | 4,9 | 5,6 |
| 250 | 6,1 | 7 |
| 315 | 7,7 | 8,7 |
| 400 | 9,8 | 11 |

N. = nominale,
M. = maximale

*Tableau 11. Dimensions des tubes en PVC allégé.*

### 3.5.2. Symbolisation

La norme française NF T 54-002 précise la symbolisation à utiliser.

### 3.5.3. Raccords

Les raccords en PVC les plus couramment employés sont présentés figure 6.

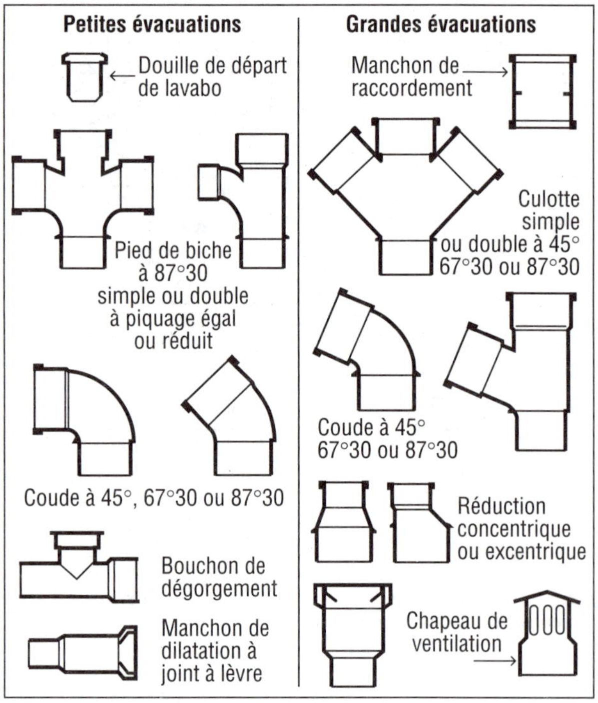


*Fig. 6. Raccords en PVC pour petites et grandes canalisations d'évacuation.*

On préférera si possible ceux portant la marque NF.

### 3.5.4. Dispositions constructives

Trois modes de pose faisant l'objet de dispositions constructives particulières sont à distinguer.

**• Pose en apparent ou en dissimulé accessible**

*Nota :* Les dispositions sont les mêmes pour la pose en gaine inaccessible mais, seuls, les assemblages collés et les manchons de dilatation sont autorisés.

- Les supports sont des colliers non bloquants (muni de bague élastomère si des vibrations sont à craindre). Ils sont placés sur les parties droites des canalisations à au moins 20 cm des tés ou des coudes (tableau 12).

| Espacements entre les colliers (m) | | | |
|---|---|---|---|
| Ø extérieur (mm) | 32 à 63 | 75 à 140 | 160 à 240 |
| tracé horizontal | 0,50 | 0,80 | 1,00 |
| tracé vertical | < 2,70 | | |

*Tableau 12. Espacements en mètres entre colliers dans le cas d'une pose en apparent ou en dissimulé accessible.*

- Vis-à-vis de l'adaptabilité aux dilatations et retraits (fig. 7), les points fixes sont constitués par un encastrement, un scellement ou un collier serré sur le tube. Un branchement placé à plus de 2 m d'un point fixe, doit constituer lui-même un point fixe. Un manchon de dilatation (fig. 8) est obligatoire à chaque niveau pour les chutes bloquées par les planchers ou par un piquage.

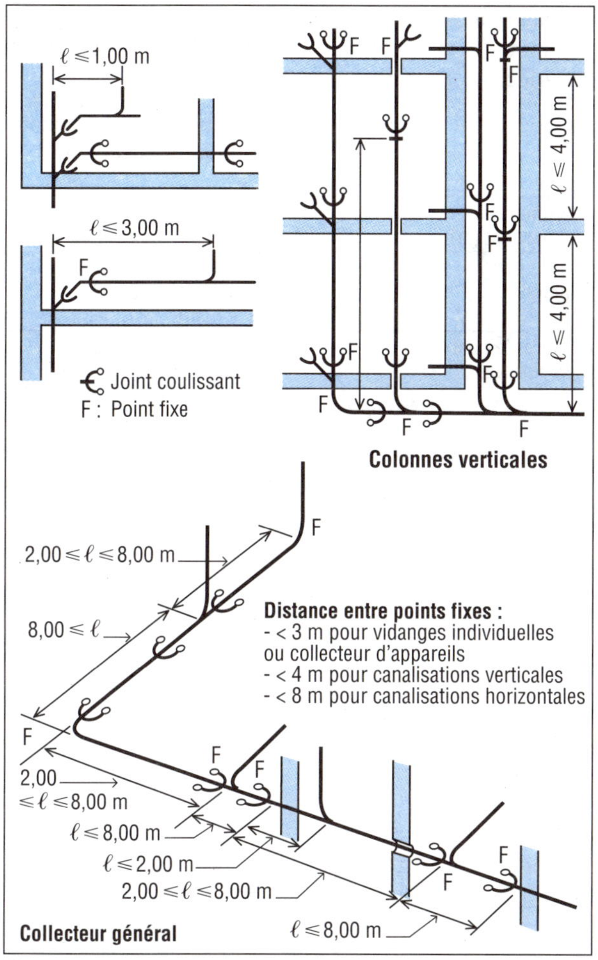


*Fig. 7. Dispositions constructives vis-à-vis de l'adaptabilité aux dilatations et aux retraits.*

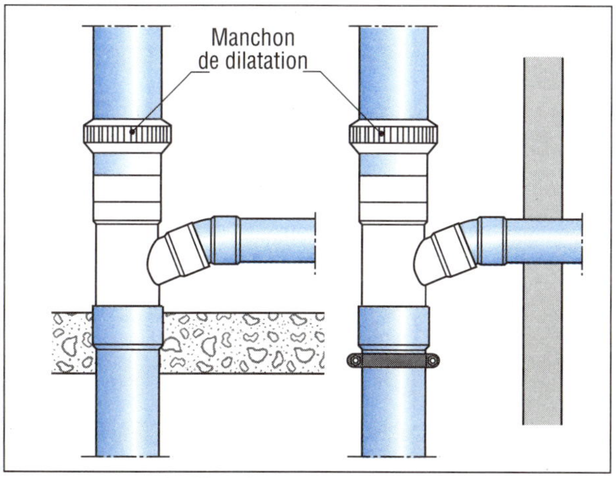


*Fig. 8. Manchon de dilatation.*

- **Pose en encastré ou en enrobé**

Ce type de pose qualifie toute partie du réseau noyée dans le gros œuvre (non porteur) sur au moins 1 m, donc inaccessible.

Encastré signifie que la canalisation est placée dans une réservation (donc après réalisation du GO) alors qu'une canalisation enrobée est placée avant coulage. Seuls les assemblages collés sont admis. Cette pose à dilatation bloquée nécessite des points d'ancrage (emboîtures ou coquilles collées) placés à plus de 10 cm des sorties du tube et tous les 2 m sur ces parties noyées.

Un blocage en mortier de ciment débordera les ancrages de 10 cm de part et d'autre de leurs extrémités en ayant une épaisseur minimale de 2,5 cm autour du tube.

- **Pose en enterré (dans ou en dehors de l'emprise du bâtiment)**

Seuls les assemblages collés ou à bagues de joint sont autorisés.

On met en œuvre les canalisations enterrées sur un lit de pose de 10 cm minimum en terre fine damée ; on compactera sur les côtés de la canalisation pour bien la caler, on remblayera uniformément à l'aide de sable ou de grave (– de 12 % de fines et D ≤ 30 mm) sur 15 cm de haut ; on recouvrira par une bande de grillage signalant la canalisation et on réalisera la couverture à l'aide des déblais expurgés par couches de 30 cm maximum compactées séparément.

- **Traversée de plancher ou de mur**

En fonction des dispositifs retenus vis-à-vis des mouvements des canalisations, une traversée peut être un point fixe ou un passage avec fourreau en PVC (fig. 9) ou plus rarement, un passage avec jeu sans fourreau.

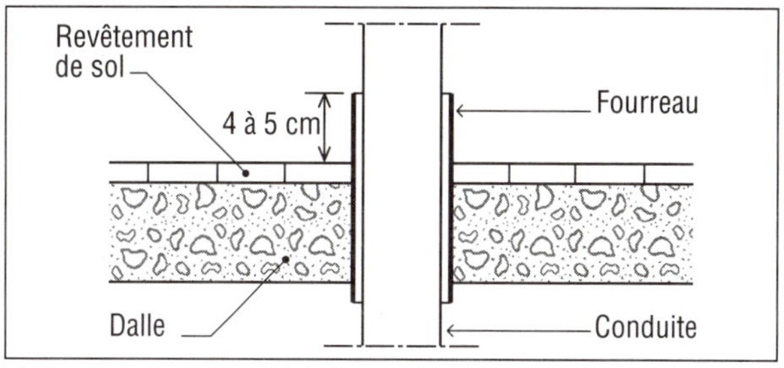


*Fig. 9. Fourreau en PVC à une traversée de plancher.*

## 4. RACCORDEMENT AU RÉSEAU URBAIN

Le raccordement au réseau urbain comprend les éléments représentés figure 10.

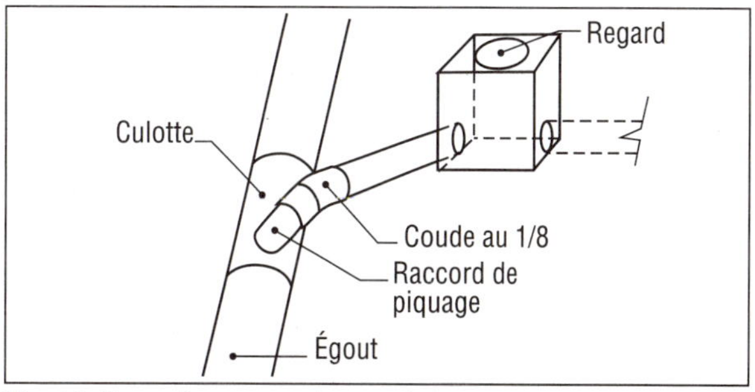


*Fig. 10. Raccordement au réseau urbain.*

Le raccord de piquage (fig. 11) en PVC ou en grès est collé au droit d'une ouverture pratiquée sur le collecteur ; il est souvent muni d'un coude orienté au 1/8e pour orienter le branchement.

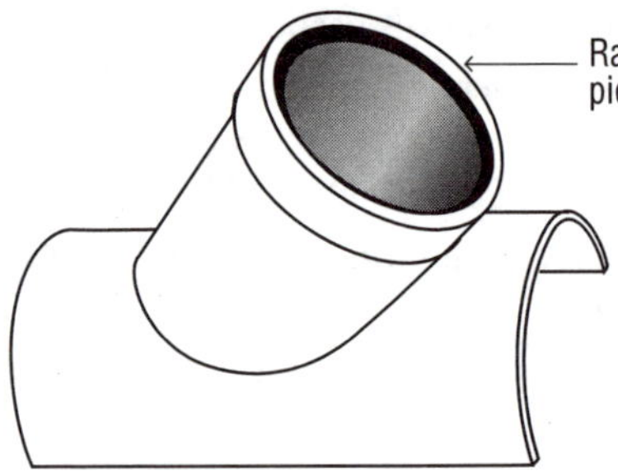


*Fig. 11. Raccord de piquage.*

La canalisation de branchement a un diamètre supérieur à 125 mm en étant inférieur à celui de l'égout et une pente supérieure à 3 %.

Un regard de façade est implanté en limite du domaine public pour faciliter un éventuel curage (tableau 13).

| | | |
|---|---|---|
| **Forme, dimension (m)** | circulaire<br>Ø = 0,4 ou 0,6 | carré<br>a = 0,4 ou 0,6 |
| **Matériau** | Béton<br>– coulé en place (*e.* paroi > 10 cm)<br>– préfa (*e.* paroi > 4 cm) | |
| **Raccordement amont-aval** | manchons à joints souples<br>(PVC ou béton) | |

*Tableau 13. Caractéristiques des regards de façade.*

La boîte de branchement dit regard « borgne » est placée sur le collecteur au droit du branchement et est équipée d'un couvercle scellé au mortier de ciment.

AFNOR DTU P 16-603 (DTU N° 64-1), arrêté modifié du 03/03/84, circulaire modifié du 20/08/84

## 1. GÉNÉRALITÉS

Avant tous travaux, il faut contacter la mairie, la Direction départementale de l'action sanitaire et sociale (DDASS), la Division départementale de l'équipement (DDE) ou la Direction départementale des affaires familiales (DDAF).

La réglementation permet le traitement commun des eaux usées (EU) et des eaux vannes (EV) (eaux pluviales exclues) soit par une fosse septique toutes eaux, soit par une micro-station d'épuration, chacune complétée par un épandage souterrain (p. 292).

Pour choisir une filière d'assainissement, on prendra en considération les trois paramètres suivants :

- l'aptitude du sol (perméabilité du sol superficiel, niveau et nature du substratum rocheux, niveau de remontée maximale de la nappe, pente du terrain),
- les caractéristiques du site (existence d'exutoires superficiels, servitudes diverses),
- l'importance de l'habitation (nombre de pièces principales).

Ainsi la figure 1 permet de déterminer le système d'assainissement qui convient.

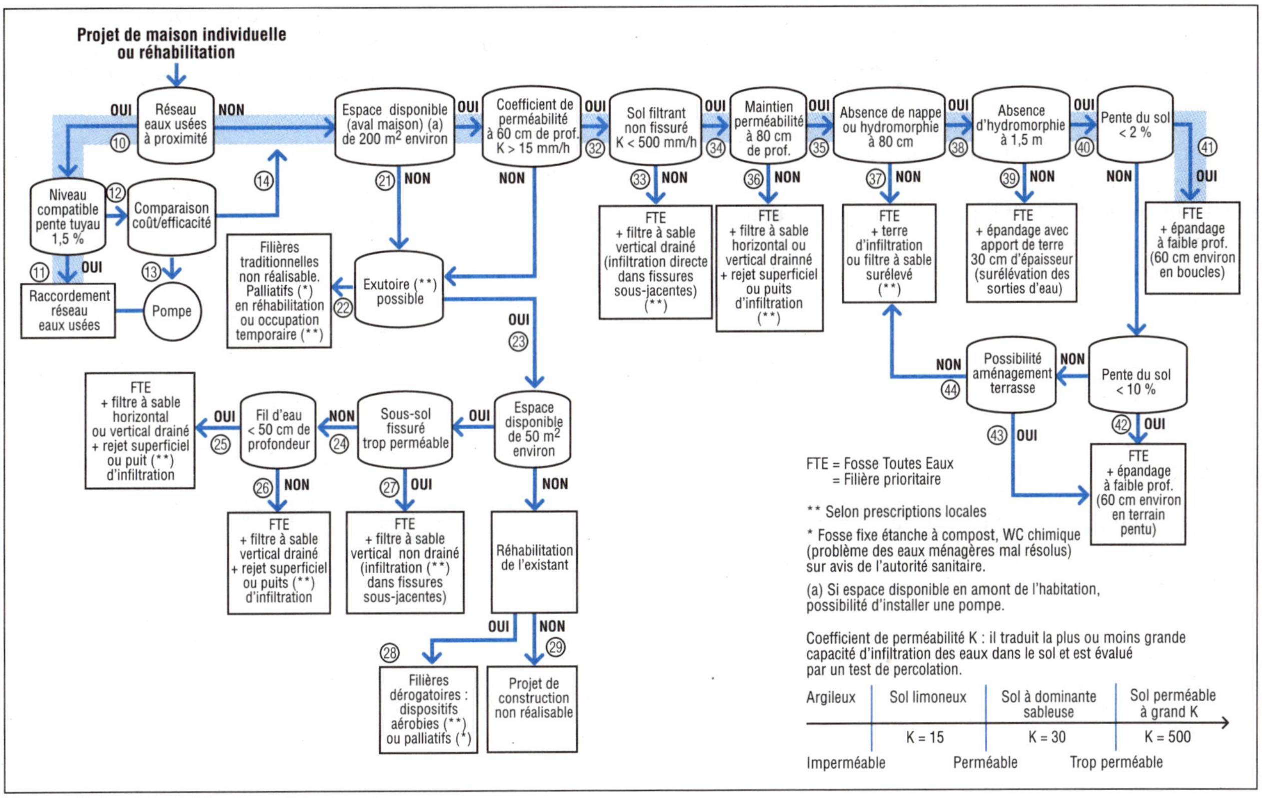


*Fig. 1. Choix d'une filière d'assainissement.*

## 2. FOSSE TOUTES EAUX (FTE)

Une fosse toutes eaux (FTE) fonctionne par décantation; les matières les plus lourdes se déposent au fond et les plus légères (graisses) s'accumulent en surface. Ces matières subissent un lent processus biologique de fermentation dû aux bactéries anaérobies (qui vivent en l'absence d'oxygène) et deviennent en partie solubles dans l'eau. Les eaux décantées mais encore fortement polluées, sont admises dans le sol par épandage pour y être épurées.

Le tuyau de chute des EU servira à évacuer le dégagement nauséabond accompagnant la fermentation.

Le volume réglementaire d'une fosse toutes eaux est donné par le tableau 1 en fonction du nombre de pièces principales et du nombre de chambres.

| Nombre de pièces principales (PP) | Nombre de chambres | Volume minimal ($m^3$) |
|---|---|---|
| jusqu'à 5 | jusqu'à 3 | 3 |
| jusqu'à 6 | 4 | 4 |
| jusqu'à 7 | 5 | 5 |
| > 7 | | + 0,5 $m^3$ par PP en plus |
| Nombre de pièces principales = Nombre de chambres + 2 | | |

*Tableau 1. Volume réglementaire d'une FTE.*

On installera la fosse le plus près possible de l'habitation afin d'éviter que les graisses ne se figent dans la conduite d'amenée (pente comprise entre 2 et 4 %). Sinon un bac dégraisseur (volume minimal : 0,2 $m^3$ pour une cuisine et 0,5 m³ pour l'ensemble des EU) sera nécessaire. Les tampons d'accès seront au niveau du sol.

La fosse ne touchera pas les parois latérales de la fouille et son assise sera constituée d'un lit de sable compacté de 10 cm.

Le remblaiement de la fouille est réalisé simultanément à la mise en eau de la fosse.

Une vidange de la fosse tous les 2 ou 3 ans évite le colmatage de l'épandage.

L'usage sans excès de détergents, d'eau de javel ou d'antibiotiques ne perturbe pas le fonctionnement de la fosse.

## 3. MICRO-STATION D'ÉPURATION

Dans une micro-station d'épuration, les EU et EV arrivent dans une cellule d'activation où elles sont homogénéisées et aérées grâce à une turbine d'aération. L'air introduit permet le développement d'une flore bactérienne aérobie (qui vit en présence d'oxygène) minéralisant rapidement la pollution biologique en évitant toute fermentation, donc toute odeur. Les « boues activées » (boues minéralisées et bactéries aérobies) s'agglomèrent en particules qui décantent rapidement dans la partie « clarificateur » de la station. Le bac de rétention, tout en affinant la clarification de l'effluent traité, a un rôle de sécurité si des boues sont accidentellement entraînées hors de la station ; l'effluent épuré est alors évacué par le sol.

Un volume de 2,5 m³ convient jusqu'à 6 pièces principales correspondant à une cellule d'activation de 1,5 m³ et un bac de rétention de 1 m³ ou à une micro-station d'épuration de 2,5 m³ comprenant un piège à boue.

Le contrôle de la bonne marche électromécanique et biologique de la station et l'extraction périodique des boues en excès est à faire pour garantir un bon fonctionnement de celle-ci.

L'usage sans excès de détergents, d'eau de javel ou d'antibiotiques ne perturbe pas le fonctionnement de la station.

Le sommet du module d'épuration doit être découvert pour que l'aération nécessaire à son fonctionnement se fasse. Le réglage et le remblaiement sont à effectuer comme pour une fosse septique.

## 4. ÉPANDAGE SOUTERRAIN

Un épandage souterrain, nécessaire quelle que soit la filière d'assainissement retenue (fig. 1, p. 291), peut être constitué par des tranchées d'épandage ou par un filtre à sable ou bien par un tertre d'infiltration.

### 4.1. Tranchées et lit d'épandage (fig. 2)

Les caractéristiques des tranchées sont les suivantes :
- profondeur : 0,60 à 1 m de la surface du sol,
- largeur : 0,5 m à 1,50 m (60 cm recommandée) ; en terrain très sablonneux, les tranchées peuvent se rejoindre pour former un lit d'épandage.
- longueur : inférieure à 30 m (recommandée 20 m),
- distance entre tranchée : supérieure à 1,50 m d'axe en axe.

Les tuyaux d'épandage sont flexibles ou rigides à larges perforations et sont alimentés par une boîte de répartition de l'effluent assurant une égale répartition des eaux prétraitées.

Leur diamètre est supérieur à 100 mm (drains agricoles exclus).

La zone d'épandage doit être distante d'au moins 5 m d'une maison d'habitation, 3 m d'un terrain voisin, 3 m des arbres ou des arbustes et d'au moins 35 m d'un puits ou d'une source.

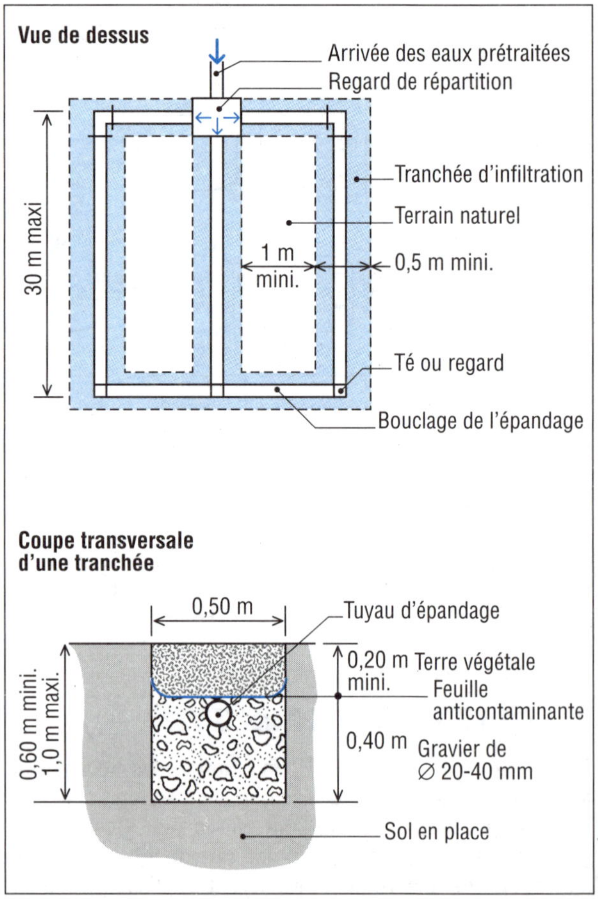


*Fig. 2. Tranchées et lit d'épandage.*

### 4.2. Filtre à sable vertical non drainé (fig. 3)

Cette solution d'épandage a un encombrement horizontal beaucoup plus réduit que la solution précédente.

On la dimensionne à l'aide des ratios suivants : 5 m² par nombre de pièces principales jusqu'à 5 et 5 m² par pièce supplémentaire.

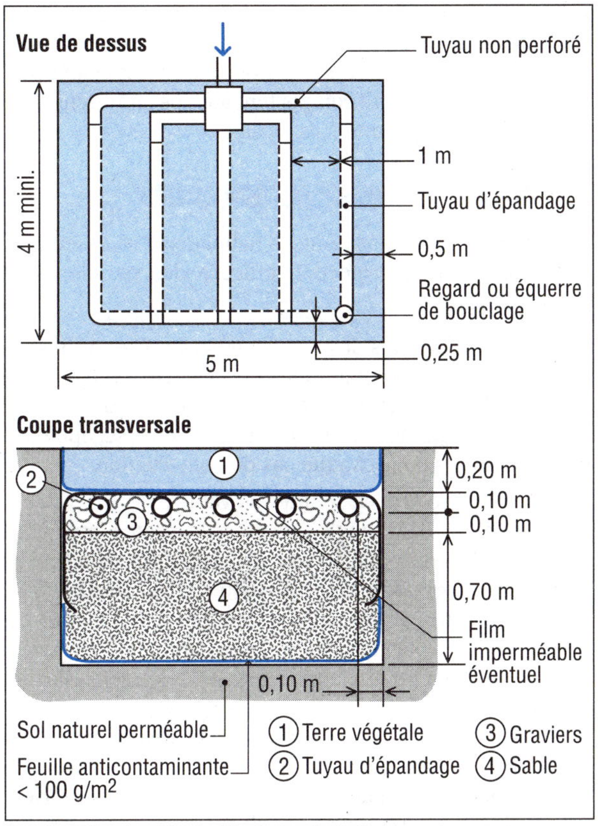


*Fig. 3. Filtre à sable, vertical non drainé.*

## 4.3. Filtre à sable drainé

On met en place un sol reconstitué où l'argile est remplacée par du sable. Les eaux filtrées sont récupérées par des drains à la base du lit filtrant et évacuées vers un exutoire.

On distingue deux types de filtre à sable drainé :

- à flux horizontal (fig. 4) : cette solution est adoptée en cas de faible dénivelé entre la sortie d'eaux et l'exutoire,
- à flux vertical (fig. 5) : dimensions dito § 4.2.

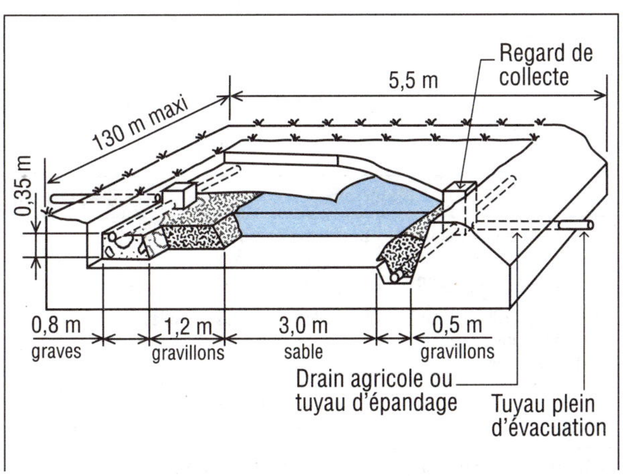


| Dimensionnement | | |
|---|---|---|
| Nombre de pièces principales | Nombre de chambres | Largeur du front de répartition |
| 4 | 2 | 6 m |
| 5 | 3 | 8 m |
| 6 | 4 | 9 m |

*Fig. 4 Filtre à sable drainé à flux horizontal.*

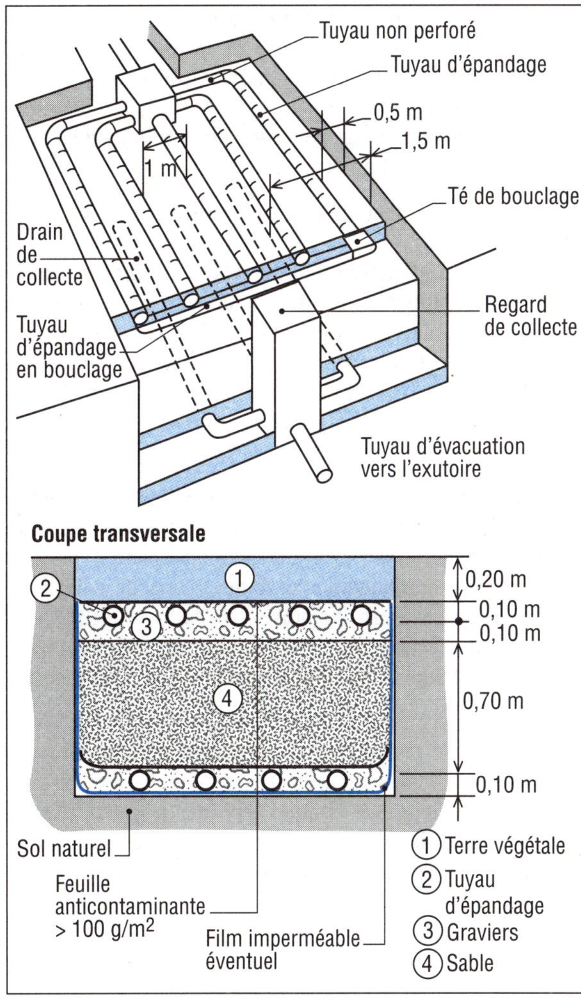


*Fig. 5. Filtre à sable drainé à flux vertical.*

*Nota :* lorsque la nappe doit être protégée, l'installation d'un film imperméable est indispensable.

## 4.4. Tertre d'infiltration non drainé

Le système d'épandage est posé sur un tertre constitué de 10 cm de gravier et de 70 cm de sable assis sur un géotextile anticontaminant posé sur le sol naturel. L'ensemble est recouvert d'environ 30 cm de terre végétale.

Sauf topographie favorable, une pompe de relevage en amont est nécessaire.

# SÉCURITÉ CONTRE L'INCENDIE

**NF B 54-301 ; FB, FA et Bois feu -88 ; NF P 92-501 et -502, brochures n° 1603 et n° 1640 du *JO*, arrêtés du 30/06/1986, du 28/08/1991, du 21/14/1983, instruction technique n° 249**

## 1. INTRODUCTION

Un incendie provoque une forte élévation de température et des dégagements de fumées et de gaz toxiques. Il met en péril la vie des personnes et engendre la destruction des biens.

La sécurité vis-à-vis d'un incendie passe par quatre objectifs :
- réduire le temps d'évacuation,
- augmenter la sûreté des conditions d'évacuation,
- limiter la quantité et l'opacité des fumées, les émissions gazeuses et l'élévation rapide de la température, dans les zones prévues pour la sauvegarde et l'évacuation des personnes,
- assurer la stabilité de l'ouvrage au moins jusqu'à l'évacuation des personnes.

Les règles de protection relèvent de deux grandes catégories :
- **la protection active**, qui détecte et permet une intervention rapide des moyens de secours, est réalisée par des équipements de détection et des moyens d'extinction (RIA : réseau d'incendie et d'alerte, sprinklers, extincteurs). Une bonne conception architecturale et la signalisation des dégagements et des accès favorisent l'évacuation du bâtiment;
- **la protection passive**, dont l'objectif premier est de retarder la progression de l'incendie, repose avant tout sur l'utilisation de produits de construction les plus faiblement combustibles et dont la capacité calorifique est minimale. Ainsi, par exemple, la mise en place de plénums discontinus ou la création de zones tampons dans le bâtiment, limitent la propagation d'un incendie éventuel.

Ces besoins se traduisent par des dispositions constructives à respecter dès la conception des ouvrages, en fonction des spécificités de chaque type de bâtiment (habitat courant, Établissement recevant du public [ERP], Immeuble de grande hauteur [IGH]...)

Un **ERP** est un bâtiment ou un local ou bien une enceinte dans lequel des personnes sont admises ou dans lequel des réunions sont tenues : (art R 123-3 du Code de la construction et de l'Habitat (CCH)) : p. 300.

Un **IGH** est un Immeuble de Grande Hauteur : (art R 123-3 du Code de la construction et de l'Habitat (CCH)). Est classé IGH tout corps de bâtiment dont le plancher bas du dernier niveau est situé, par rapport au niveau du sol le plus haut utilisable pour les engins des services publics de secours et de lutte contre l'incendie :
- à plus de 50 m pour les immeubles d'habitation (R. 111-1 du CCH),
- à plus de 28 m pour les autres, y compris les éléments porteurs et les sous-sols de l'immeuble étudié et les corps de bâtiments contigus.

Une dérogation est possible pour les parcs de stationnement situés sous un IGH lorsqu'ils sont séparés des autres locaux de l'immeuble étudié par des parois coupe-feu (CF) de 4 heures et qu'ils ne comportent aucune communication directe ou indirecte avec ces locaux.

## 2. CONTEXTE RÉGLEMENTAIRE

La protection des bâtiments d'habitation est essentiellement axée sur la protection efficace des personnes en situation critique.

Nous nous limiterons dans ce chapitre à présenter les éléments de base permettant une approche correcte d'un cas à traiter. Pour une étude appronfondie, il faudra se référer aux textes réglementaires, qui doivent être scrupuleusement examinés pour chaque cas de construction.

Les textes de référence sont les suivants :
- l'arrêté du 31/01/1986 relatif à la protection contre l'incendie des bâtiments d'habitation (modifié le 18/08/1986) : brochures n° 1640 & 1603 du *JO*,
- l'arrêté du 30/06/1986 modifié par l'arrêté du 28/08/1991 portant sur la classification des matériaux de construction et d'aménagement selon leur réaction au feu,
- l'arrêté du 21/04/1983 relatif à la détermination du degré de résistance au feu des éléments de construction,
- l'instruction technique 249 du ministère de l'Intérieur, relative aux instructions techniques prévues pour le règlement de sécurité des ERP (*Journal officiel* du 11/08/1982 et du 18/09/1991),
- le règlement de sécurité contre l'incendie relatif aux ERP.

### 2.1. Réaction au feu (NF P 92-501 et -502 d'après l'arrêté du 30/06/1983)

Elle caractérise le comportement du matériau ou du produit. Le classement varie de M1 à M4 et caractérise l'inflammabilité du produit. Plus le classement M est élevé, plus le produit est inflammable.

Certains matériaux incombustibles sont *a priori* classés M0 : acier, aluminium, ardoise, béton, brique, cuivre, fer, fonte, mortiers de ciment et de chaux, plâtre, pierre, plomb, produits céramiques, stuc, verre, zinc.

Le classement des matériaux à base de bois prend en compte l'épaisseur du produit (tableau 1).

| Matériaux | | Classement |
|---|---|---|
| **Bois massifs non résineux**<br>– Épaisseur ⩾ 14 mm<br>– Épaisseur < 14 mm | **Bois massifs résineux**<br>– Épaisseur ⩾ 18 mm<br>– Épaisseur < 18 mm | <br>M3<br>M4 |
| **Panneaux dérivés du bois (contreplaqués, lattés, particules, fibres)**<br>– Épaisseur ⩾ 18 mm<br><br>– Épaisseur < 18 mm | **Parquets en bois massifs collés**<br>– Épaisseur ⩾ 6 mm avant ponçage<br>– Épaisseur < 6 mm | <br>M3<br><br>M4 |

*Tableau 1. Classement des bois et produits dérivés.*

Les revêtements de surface adhérents dont le dégagement calorifique surfacique est inférieur à 4,18 MJ/m$^2$ (mégajoules par mètre carré) ainsi que les placages bois d'au plus 0,5 mm d'épaisseur ne modifient pas les classements ci-dessus.

Les plaques de stratifiés décoratifs haute pression (NF B 54-301) d'au plus 1,5 mm d'épaisseur sont classées M3.

Le classement des matériaux peints est modifié selon le tableau 2.

| Matériaux peints | Classement |
|---|---|
| **Supports non isolants classés M0** | |
| • Revêtus de moins de 0,35 kg/m$^2$ de peinture brillante humide ou de moins de 0,75 kg/m$^2$ de peinture mate ou satinée humide | M1 |
| • Revêtus de moins de 0,5 à 1,5 kg/m$^2$ de peinture épaisse ou d'enduit pelliculaire de finition humide | M2 |
| • Revêtus de moins de 1,5 à 3,5 kg/m$^2$ de revêtements plastiques épais (DTU n° 59-2) humide | M2 |
| **Supports non isolants classés M1 ou M2** | |
| • Revêtus de moins de 0,35 kg/m$^2$ de peinture brillante humide ou de moins de 0,75 kg/m$^2$ de peinture mate ou satinée humide | M2 |

*Tableau 2. Classement de matériaux peints.*

## 2.2. Résistance au feu

La résistance au feu d'un élément de construction correspond au temps pendant lequel ce dernier peut jouer son rôle, tant sur le plan de la résistance mécanique, de la protection par rapport aux flammes et aux gaz chauds que sur celui de l'élévation de température, et ce, malgré l'action d'un incendie. Elle regroupe trois notions :

- la résistance mécanique,
- l'étanchéité aux flammes et l'absence d'émission de gaz inflammable hors de la face non exposée au feu,
- l'isolation thermique.

La résistance au feu des systèmes constructifs (fig. 1) est évaluée à l'aide de trois critères qui sont le **degré de stabilité au feu (noté SF)**, **le degré pare-flammes (noté PF)** et **le degré coupe-feu (noté CF)**.

Ils sont exprimés en heure et sont compris selon les cas entre 1/4 h et 6 h.

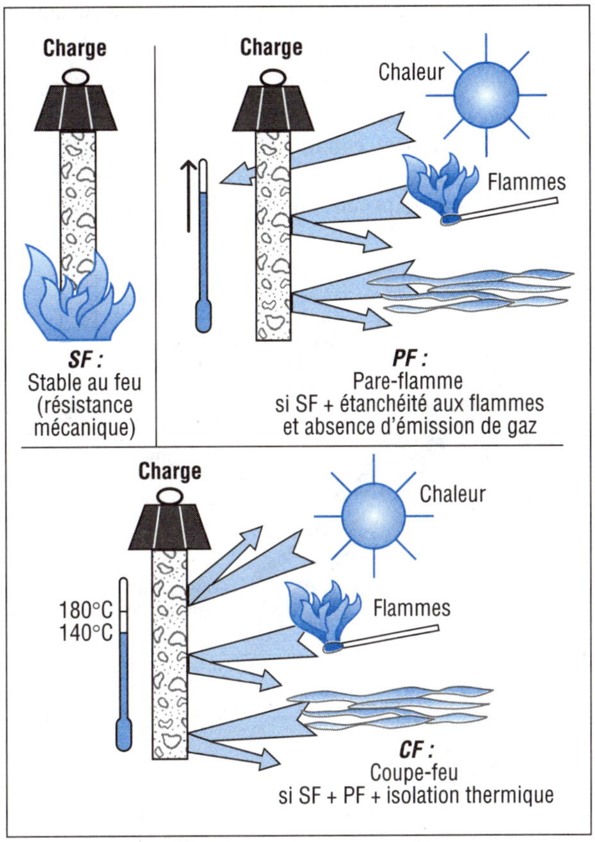


*Fig. 1. Résistance au feu des systèmes constructifs.*

Le classement « PF ou CF de traversée » concerne l'aptitude des gaines et conduits à ne pas affaiblir la résistance au feu des parois traversées : p. 269.

La résistance au feu des structures peut être déterminée à partir des règles de calcul FB (béton), FA (acier), bois feu 88 : p. 300.

## 2.3. Comportement des couvertures en cas de feu extérieur (arrêté du 10/09/1970)

Le classement conventionnel des couvertures comporte neuf classes et il est établi d'après deux critères :

- le temps de percement T, exprimé en minutes, donnant les classes de pénétration suivantes : T30, T15, T5 ;
- la vitesse de propagation du feu sur la surface d'une toiture donnant les indices de propagation $i$ selon une durée $tc$ entre le début et la fin de la combustion (tableau 3).

| Durée de combustion $tc$ (mm) | Indices de propagation : $i$ |
|---|---|
| $tc > 30$ | 1 |
| $10 < tc < 30$ | 2 |
| $tc < 10$ | 3 |

*Tableau 3. Comportement d'une couverture en cas d'incendie extérieur.*

*Nota :* si l'immeuble voisin le plus proche est distant de plus de 12 mètres, il y a pas d'exigences particulières.

Une couverture sera classée $i = 1$ sans restriction si le revêtement de couverture est classé en réaction au feu M1 à M3 sur un support continu et incombustible (fig. 2a). Autrement, un test complémentaire est exigé pour déterminer la classe de pénétration de la couverture (tableau 3 et fig. 2b).

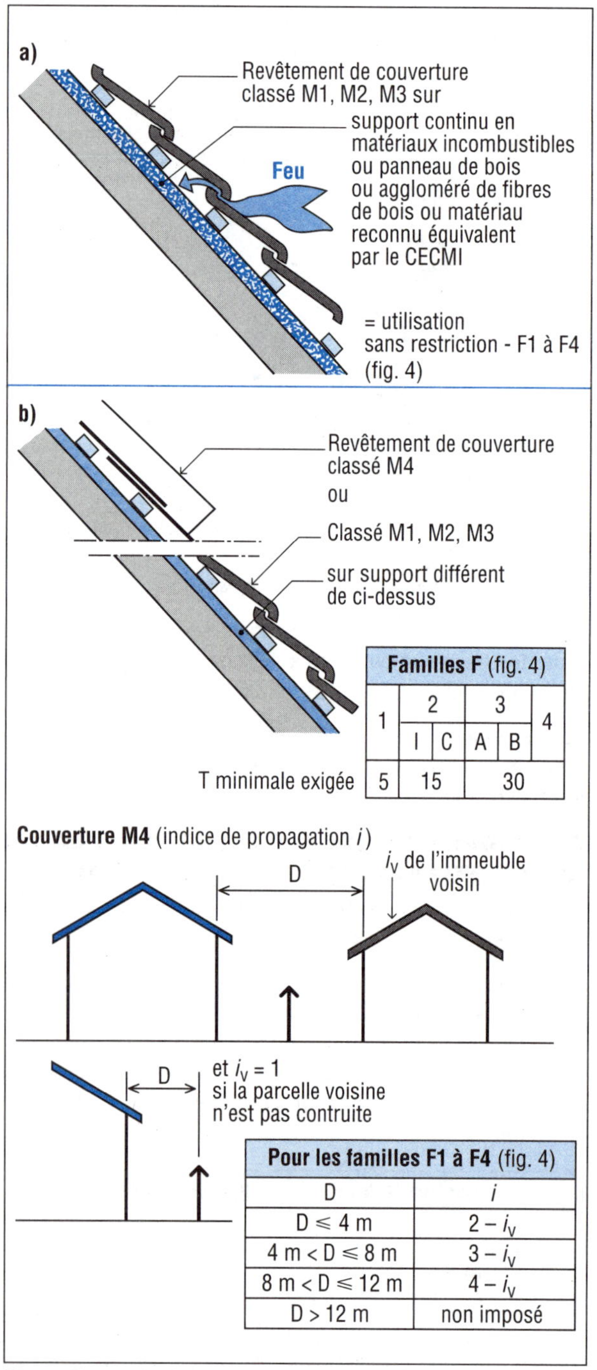


*Fig. 2. Classes de pénétration des couvertures.*

### 2.4. Classification des façades vitrées face au danger d'incendie (arrêté du 10/09/1970 et instruction technique n° 249)

Les dispositions relatives aux façades afin d'éviter, en cas d'incendie, le passage des flammes ou de gaz chauds d'un étage à l'autre, concernent la masse combustible mobilisable et les distances ou écrans créant un obstacle au passage du feu d'un étage à l'autre. Ces dispositions sont aussi appelées « règle du C + D ». Elles sont illustrées figure 3.

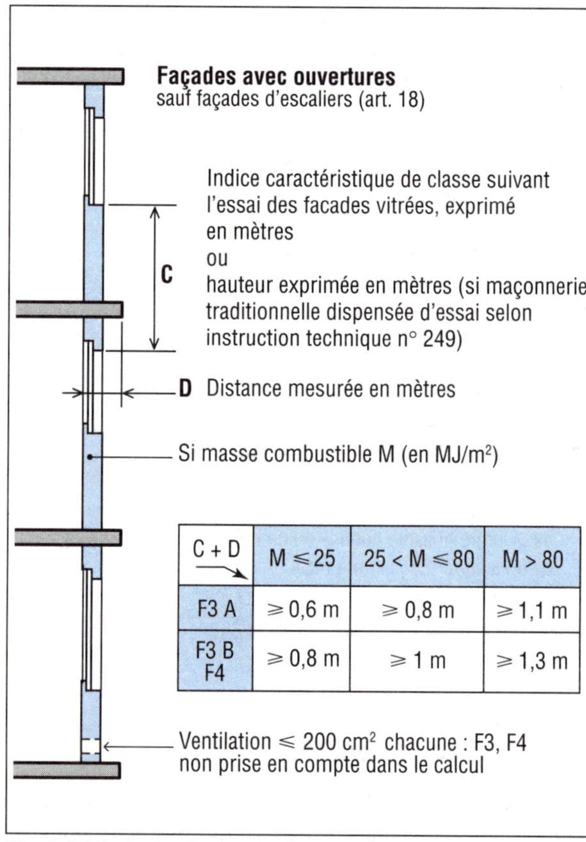


*Fig. 3. Règle du C + D pour les façades vitrées.*

Les façades sans ouvertures des bâtiments d'habitation de 3e et 4e familles doivent être telles que la somme des durées coupe-feu du panneau exposé de l'intérieur et celle du panneau exposé de l'extérieur est au moins égale à une heure.

## 3. CLASSEMENT DES BÂTIMENTS D'HABITATION

Les dispositions relèvent de l'arrêté du 31/01/1986. On distingue l'habitat individuel et l'habitat collectif. Le classement (fig. 4) comporte quatre familles.

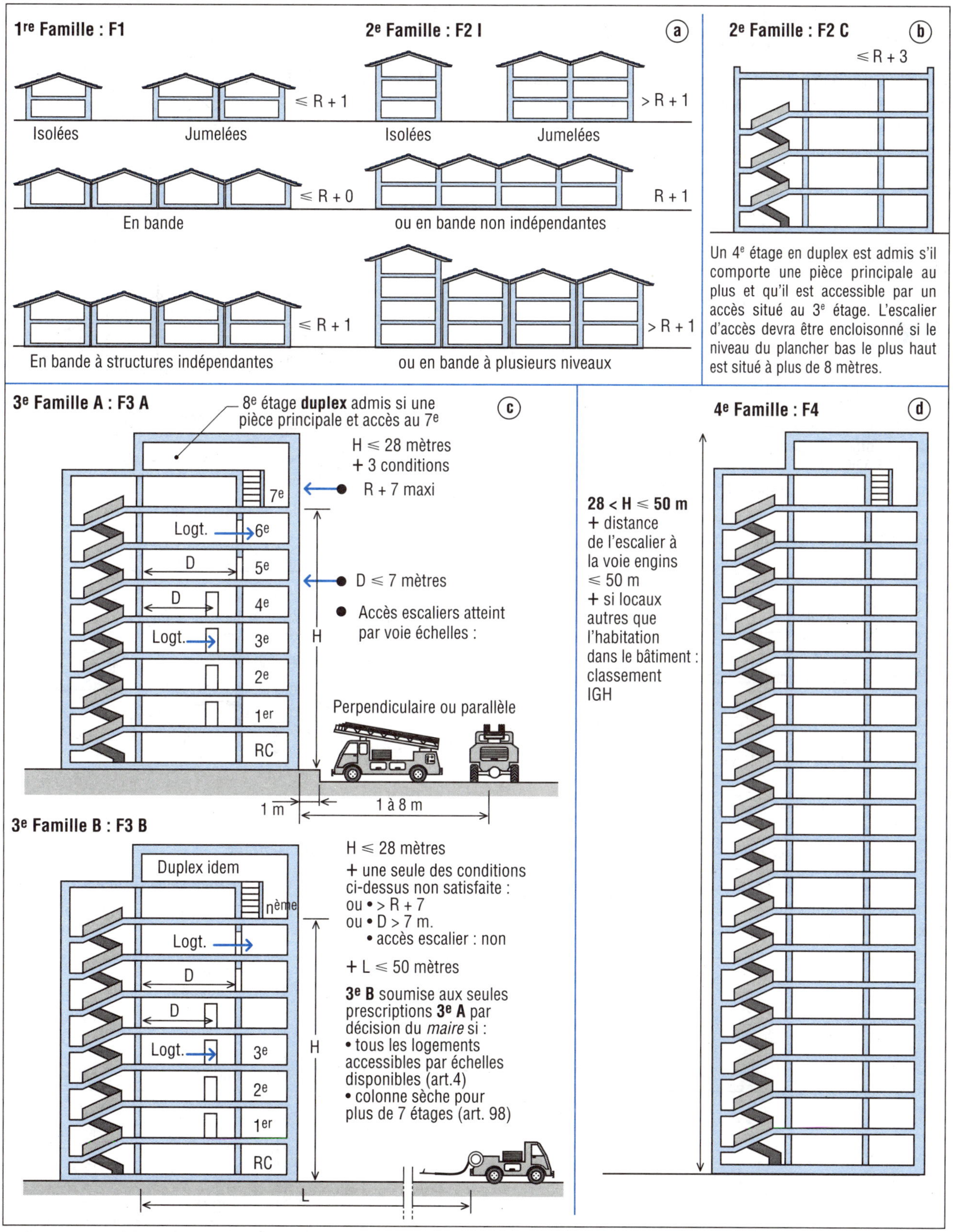


*Fig. 4. Classification des bâtiments d'habitation.*

## 4. EXIGENCES RÉGLEMENTAIRES POUR LES BÂTIMENTS D'HABITATION

Les éléments porteurs de la structure doivent satisfaire aux exigences mentionnées fig. 5, selon le classement du bâtiment.

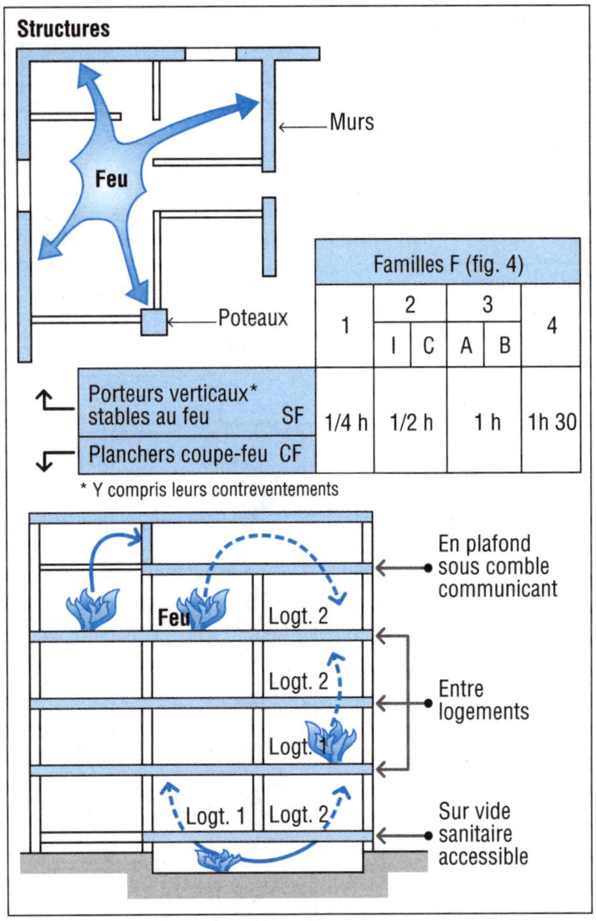


| Familles F (fig. 4) | 1 | 2 I | 2 C | 3 A | 3 B | 4 |
|---|---|---|---|---|---|---|
| Porteurs verticaux* stables au feu SF / Planchers coupe-feu CF | 1/4 h | 1/2 h | | 1 h | | 1h 30 |

*Fig. 5. Exigences à respecter pour la structure porteuse.*

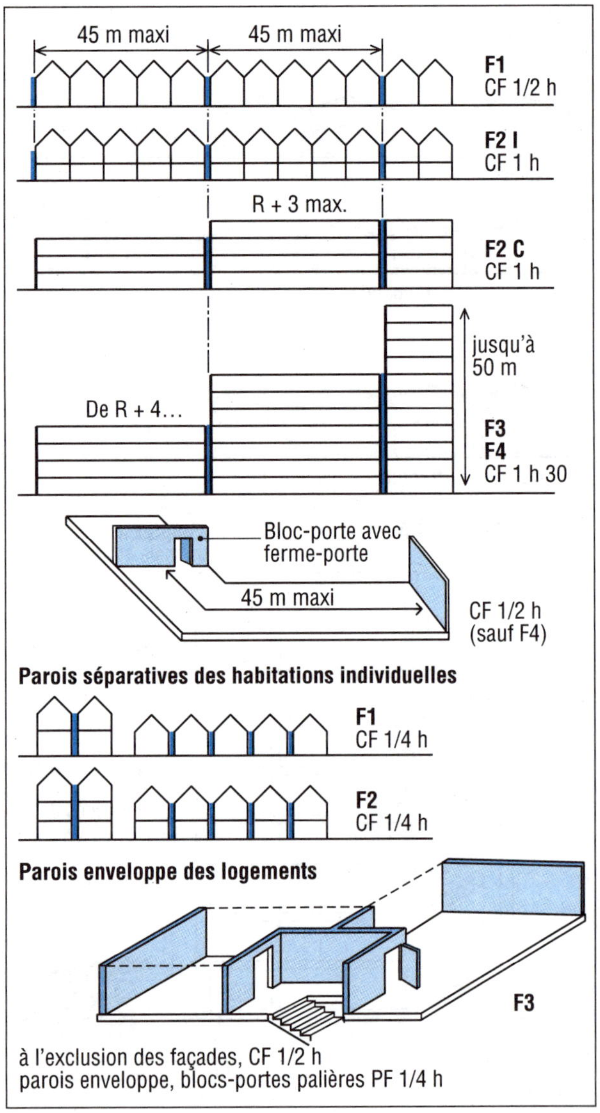


*Fig. 6. Regroupements verticaux.*

Les regroupements verticaux, qui concernent essentiellement les bâtiments de grande longueur, doivent satisfaire aux exigences illustrées fig. 6.

Le classement au feu des matériaux utilisés en revêtements de façade est donné fig. 7 selon la famille à laquelle appartient le bâtiment.

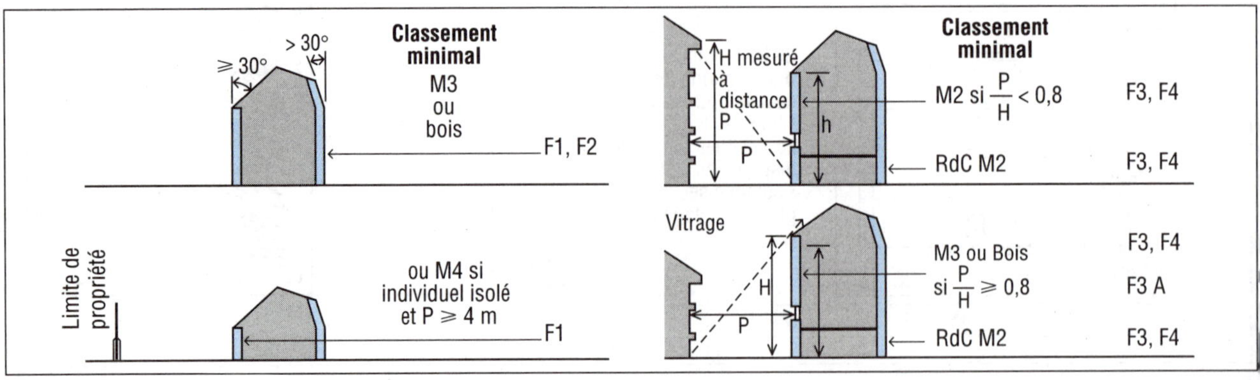


*Fig. 7. Exigences à respecter pour les revêtements de façade.*

*Nota :* ces recommandations ne concernent pas les immeubles dont les couvertures sont inclinées d'au moins 30° par rapport à l'horizontale. Il faut se reporter alors au paragraphe traitant des couvertures. Les menuiseries, les fermetures, les remplissages de garde-corps et les coffrets de branchements ne sont pas concernés par ces exigences.

Les parois verticales et les menuiseries des escaliers doivent satisfaire aux exigences illustrées fig. 8.

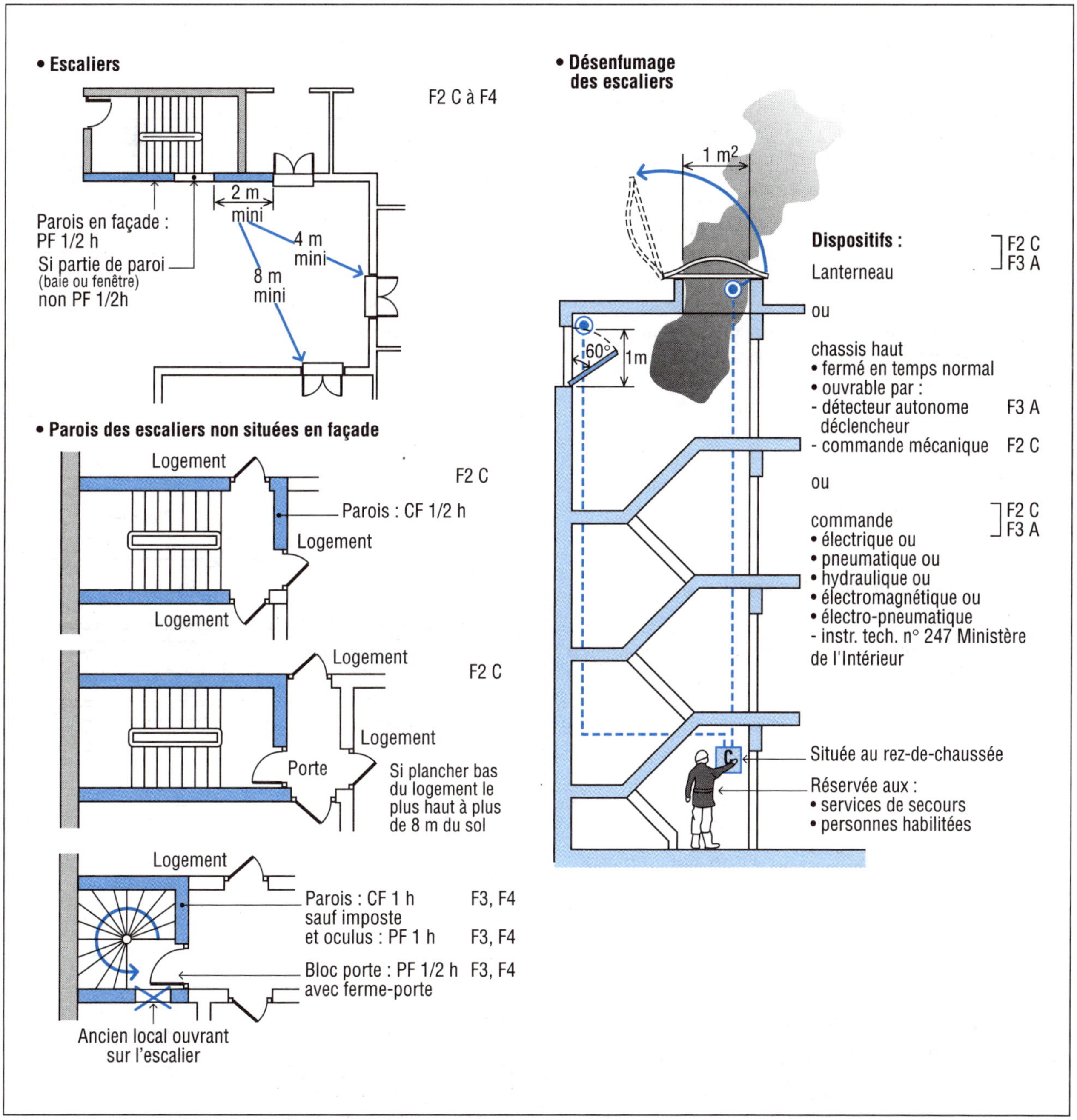


*Fig. 8. Exigences à respecter pour les parois verticales et les menuiseries des escaliers.*

Les dispositions concernant directement la structure et les revêtements des escaliers sont données p. 248.

L'isolation intérieure doit être conforme pour les 4 familles aux indications du « Guide de l'isolation par l'intérieur des bâtiments d'habitation du point de vue des risques en cas d'incendie » paru dans le *Cahier n° 1624 du CSTB* (Centre scientifique et technique du bâtiment) : p. 333.

Le cas des conduits et gaines est traité page 269.

## 5. EXIGENCES RÉGLEMENTAIRES POUR LES ÉTABLISSEMENTS RECEVANT DU PUBLIC (ERP)

Les ERP doivent être conformes à une réglementation particulière à chaque catégorie de bâtiment.

Des catégories sont définies pour prendre en compte l'effectif du public et le nombre de personnels : tableau 4.

| 1re catégorie | 2e catégorie | 3e catégorie | 4e catégorie | 5e catégorie |
|---|---|---|---|---|
| > 1 500 personnes | 701 à 1 500 personnes | 301 à 700 personnes | < 300 personnes | Seuil fixé au cas par cas |

*Tableau 4. Définition des catégories d'ERP.*

Treize types d'établissements recevant du public sont ensuite distingués selon l'usage du bâtiment :

- L : Salles d'audition, de conférences, de réunions, de spectacles et usages multiples,
- M : Magasins de vente, centres commerciaux,
- N : Restaurants et débits de boisson,
- O : Hôtels et pensions de famille,
- P : Salles de danse et salles de jeux,
- R : Établissements d'enseignement, colonies de vacances,
- S : Bibliothèques et centres de documentation,
- T : Salles d'exposition à vocation commerciale,
- U : Établissements sanitaires,
- V : Établissements de culte,
- W : Administrations, banques, bureaux,
- X : Établissements sportifs couverts,
- Y : Musées.

Certaines contraintes réglementaires sont communes à tous les types d'ERP comme, par exemple, le classement de l'établissement (GN), les moyens de secours contre l'incendie (MS) ou des dispositions concernant la conception architecturale : conception et desserte des bâtiments (CO), aménagements intérieurs, décoration et mobilier (AM). Les équipements sont bien évidemment concernés : désenfumage (DF), installations électriques (EL)...

Un arrêté spécifique à chaque type d'ERP traite des dispositions complémentaires. On devra donc, pour chaque projet, se référer à la fois au texte général et aux dispositions particulières. L'ensemble des textes est disponible à la librairie du *Journal officiel* (26, rue Desaix, 75015 Paris).

## 6. COMPORTEMENT AU FEU DES STRUCTURES EN BÉTON (AFNOR DTU P 92-701 [RÈGLES FB])

On distingue des règles constructives générales, en rapport avec la conception de la structure du bâtiment et des règles constructives particulières à chaque ouvrage d'une structure élémentaire (dalle, poutre, poteau...). Elles permettent de satisfaire aux critères de durée de résistance au feu.

### 6.1. Règles constructives générales

- **Les joints de dilatation** doivent avoir une largeur minimale de 2 cm pour assurer un degré coupe-feu (CF) de 2 heures et sont remplis d'un matériau (mousse minérale ou produit isolant et souple). Des dispositions particulières sont prévues pour tenir compte des variations dimensionnelles possibles : fig. 9.

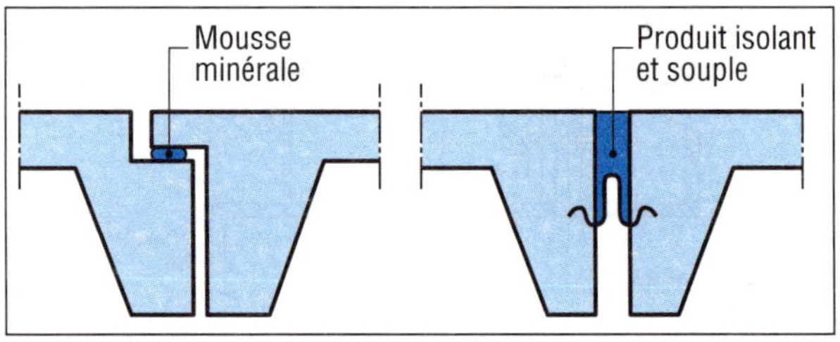


*Fig. 9. Exigences à respecter pour les joints de dilatation.*

- **Les éléments de planchers (dalles et poutres)** doivent respecter des dispositions géométriques : il faut éviter les « points faibles » comme certains clavetages (fig. 10a), un fonctionnement isostatique (absence d'aciers supérieurs de continuité sur appuis : fig. 10b et 10c), des parois trop minces ou des appuis comportant des feuillures mal renforcées.

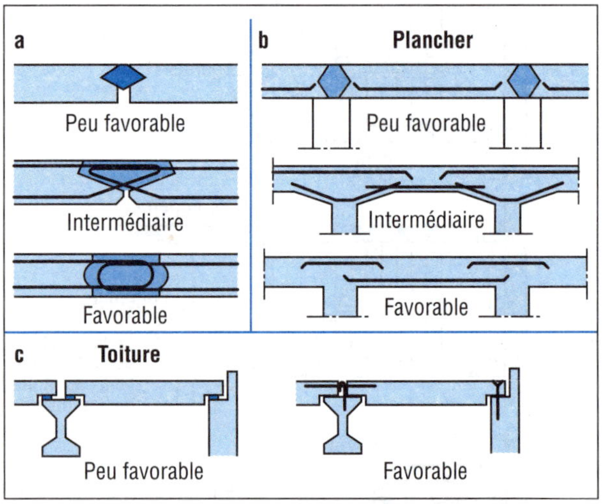


*Fig. 10. Exigences à respecter pour les éléments de planchers.*

- En augmentant l'enrobage des armatures, on augmente le degré de stabilité au feu (SF) : fig. 11.

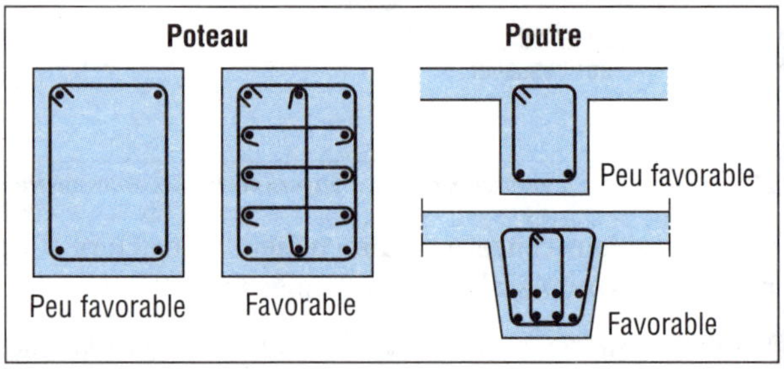


*Fig. 11. Enrobage des armatures.*

- Les dalles et les poutres doivent comporter des armatures sur la face potentiellement exposée au feu, qui doivent s'ancrer sur les appuis : fig. 12.

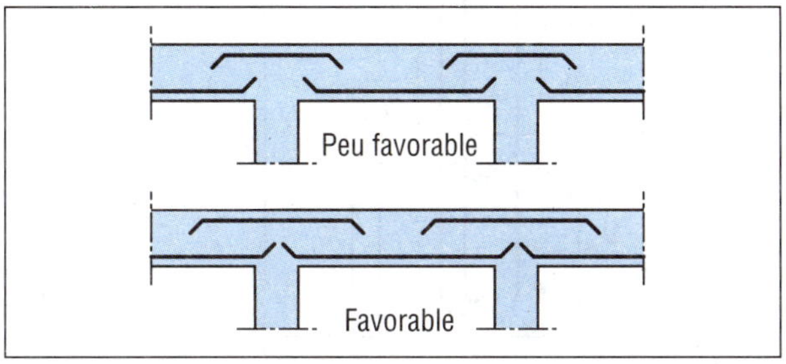


*Fig. 12. Exigences à respecter pour les armatures de planchers.*

## 6.2. Règles constructives par catégorie d'ouvrages

Les durées – exprimées en heures – des critères d'exigence (coupe-feu et stabilité au feu) sont réputées obtenues lorsque les dispositions minimales prévues dans les tableaux ci-après sont observées.

Les notations utilisées sont les suivantes :
- $h$ : épaisseur de la dalle en cm ;
- $e$ : épaisseur de la chape et de son revêtement en cm ;
- $d$ : hauteur utile ;
- $M_0$ : moment isostatique sous les charges permanentes et les charges variables.
- $M_w$ et $M_e$ : moments de flexion équilibrés par les armatures sur appuis de longueurs libres $\ell_{sw}$ et $\ell_{se}$ (comptés à partir du nu des appuis) dans la travée considérée. À défaut de prescriptions différentes dans les Documents Particuliers du Marché, ces moments sont plafonnés à la valeur du moment provoqué par les seules charges permanentes, dans le cas où il s'agit de moments de continuité isostatique (console) ;
- V : effort tranchant une fois déduite la transmission directe ;
- $\tau_u$ : contrainte tangente conventionnelle (p. 120) correspondante ;

$$\tau_u = \frac{V}{bd} \text{ (} b \text{, ou } b_0 \text{ s'il y a un talon).}$$

La cote $u$ représente la couverture des armatures et est illustrée figure 13.

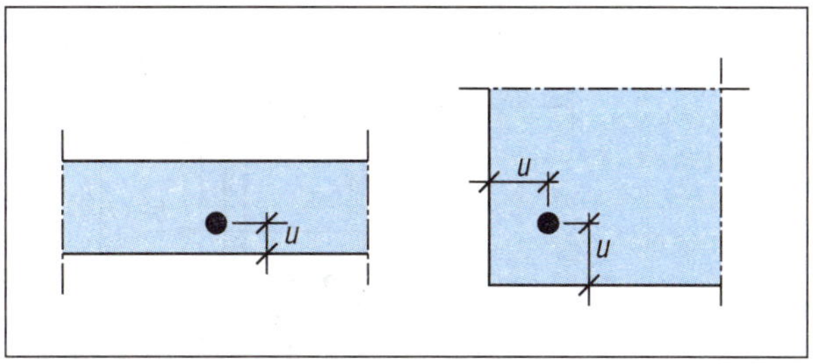


*Fig. 13. Définition de u.*

### 6.2.1. Règles simples concernant les dalles (tableau 5)

En dehors des dispositions déjà citées p. 300, il faut constituer en sous-face de la dalle exposée au feu un quadrillage continu d'armatures à l'aide des armatures inférieures dont une partie doit être ancrée sur les appuis.

Cette règle est considérée comme satisfaite si, dans le cas de treillis soudés, il existe systématiquement une soudure sur appuis et si, dans le cas de barres à haute adhérence, une section de l'ordre de 1/6 de la section en travée en partie basse est prolongée et ancrée au-delà du nu de l'appui, c'est-à-dire :
- soit, toutes les barres à $\ell_s/6$ ;
- soit, 1/6 des barres à $\ell_s$ ($\ell_s$ étant la longueur d'ancrage).

On distingue deux cas :

- **Dalles isostatiques :** elles ne sont pas concernées, si la durée de résistance au feu demandée est supérieure à une heure.
- **Dalles hyperstatiques :**
  - soit on tient compte des moments de continuité hyperstatiques quand les armatures sur appuis sont des ronds lisses de classe S 235 ne comportant aucune barre de répartition soudée sur eux sauf au voisinage immédiat de leurs extrémités ;
  - soit on ne tient pas compte de ces moments de continuité hyperstatique dans les autres cas.

| Durée de résistance au feu F | | | 1/2 h | 1 h | 1 h 1/2 | 2 h | 3 h | 4 h |
|---|---|---|---|---|---|---|---|---|
| Dalle 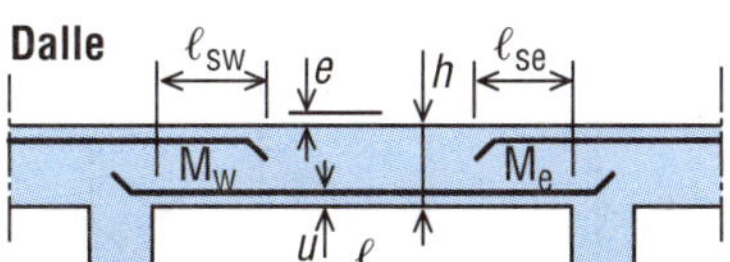 | Épaisseur minimale | $h + e$ (cm) | 6 | 7 | 9 | 11 | 15 | 17,5 |
| | **Sans armatures sur appuis** | | | | | | | |
| | $\frac{M_W + M_e}{2M_0} = 0$ | $u$ (cm) | 1 | 2 | 3 | 4 | 6 | 8 |
| | | $\frac{\ell_{sw} + \ell_{se}}{\ell}$ | 0 | 0 | 0 | 0 | 0 | 0 |
| | **Avec armatures sur appuis avec consoles** | | | | | | | |
| On opère une interpolation linéaire pour $u$ et $\frac{\ell_{sw} + \ell_{se}}{\ell}$ en fonction de la valeur de $\frac{M_W + M_e}{2M_0}$ | $\frac{M_W + M_e}{2M_0} \geqslant 0{,}50$ | $u$ (cm) | 1 | 1,5 | 2 | 2,5 | 3,5 | 4,5 |
| | | $\frac{\ell_{sw} + \ell_{se}}{\ell}$ | 0,25 | 0,3 | 0,4 | 0,45 | 0,55 | 0,6 |

*Tableau 5. Règles constructives concernant les dalles.*

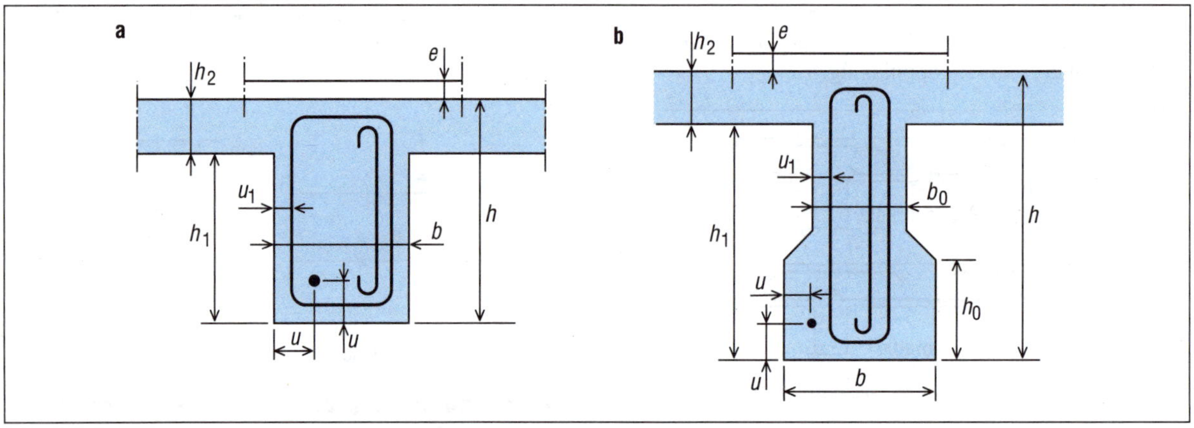


*Fig. 14. Notations utilisées pour le tableau 6.*

### 6.2.2. Poutres et poutrelles en béton armé ou précontraint (tableau 6)

Les notations du tableau 6 sont illustrées fig. 14.

| Épaisseur minimale ($h_2 + e$) cm | Entraxe des poutrelles au plus égal à 2,5 m | 5 | 6 | 8 | 10 | 14 | 16,5 |
|---|---|---|---|---|---|---|---|
| | Entraxe des poutrelles supérieur à 2,5 m | 6 | 7 | 9 | 11 | 15 | 17,5 |
| | Poutres croisées avec un espacement maximal de 2,5 m dans chaque sens | 4 | 5 | 7 | 9 | 13 | 15,5 |
| $\frac{M_W + M_e}{2M_0} = 0$ | Poutres rectangulaires (fig. 14a) | | | | | | |
| | $b$ minimal en cm | 12 | 16 | 20 | 24 | 32 | 40 |
| | Poutres à talon (fig. 14b) | | | | | | |
| | $b$ minimal en cm | 16 | 20 | 24 | 32 | 40 | 50 |
| | $b_0$ minimal en cm | 8 | 10 | 12 | 14 | 16 | 18 |
| | $h_0$ minimal en cm | 5 | 8 | 12 | 20 | 32 | 50 |
| | Nombre minimal de lits inférieurs | 2 | 2 | 2 | 3 | 3 | 4 |
| | avec $b$ minimal | 2,5 | 4 | 5,5 | 6,5 | 8,0 | 9,0 |
| | et avec un nombre minimal de barres par lit de : | 2 | 2 | 2 | 4 | 4 | 5 |
| | $u$ (cm) | | | | | | |
| | avec $b$ supérieur à la plus grande des 2 valeurs 1 mètre ou 1,5 $h_1$ et avec 10 barres par lit | 1 | 2 | 3 | 4 | 5 | 6 |
| | $\frac{\ell_{sw} + \ell_{se}}{\ell}$ | 0 | 0 | 0 | 0 | 0 | 0 |
| $\frac{M_W + M_e}{2M_0} \geqslant 0,5$ | Poutres rectangulaires (fig. 14a) | | | | | | |
| | B minimal en cm | 8 | 11 | 14 | 17 | 23 | 29 |
| | Poutres à talon (fig. 14b) | | | | | | |
| | $b$ minimal en cm | 12 | 16 | 20 | 24 | 32 | 40 |
| | $b_0$ minimal en cm | 8 | 10 | 12 | 14 | 16 | 18 |
| | $h_0$ minimal en cm | 5 | 8 | 12 | 20 | 32 | 50 |
| | Nombre minimal de lits inférieurs | 2 | 2 | 2 | 3 | 3 | 4 |
| | avec $b$ minimal | 2,5 | 2,5 | 3,3 | 4,0 | 5,2 | 9,0 |
| | et avec un nombre minimal de barres par lit de : | 2 | 2 | 2 | 3 | 3 | 4 |
| | $u$ (cm) | | | | | | |
| | avec $b$ supérieur à la plus grande des 2 valeurs 1 mètre ou 1,5 $h_1$ et avec 10 barres par lit | 1 | 1,5 | 2 | 2 | 3 | 4,5 |
| | $\frac{\ell_{sw} + \ell_{se}}{\ell}$ | 0,25 | 0,30 | 0,40 | 0,50 | 0,55 | 0,60 |
| $u_1$ (cm) | $\tau_u \leqslant 0,03\ f_{cj}$ ou béton précontraint classes I et II | | | néant | | | |
| | si tout en cadres | 1,5 | 2 | 2,5 | 3 | 3 | 4,5 |
| | $0,03\ f_{cj} \leqslant \tau_u \leqslant 0,1\ f_{cj}$ si 40 % au moins en étriers ou épingles | | | néant | | | |
| | $0,1\ f_{cj} \leqslant \tau_u \leqslant 0,15\ f_{cj}$ il faut au moins 40 % en étriers ou en épingles | 1,5 | 2 | 2,5 | 3 | 3 | 3,5 |

*Tableau 6. Règles constructives concernant les poutres.*

### 6.2.3. Poteaux (tableau 7)

Sont concernés les poteaux soumis à une compression simple dont l'élancement est au plus égal à 35 et pour lesquels les armatures n'ont pas été prises en compte pour l'estimation de la charge portante ultime dans le calcul à froid.

| Durée de résistance au feu F | | | 1/2 h | 1 h | 1 h 1/2 | 2 h | 3 h | 4 h |
|---|---|---|---|---|---|---|---|---|
| **Poteau** 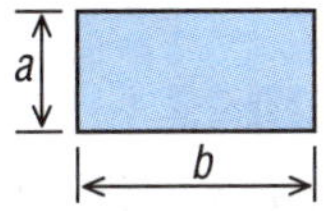 • Carré • Rectangulaire $b = 5a$ Interpolation sur l'aire si $1 < \frac{b}{a} < 5$ | $a$ mini. (cm) | Carré | 15 | 20 | 24 | 30 | 36 | 45 |
| | | Carré exposé 1 face au feu | 10 | 12 | 14 | 16 | 20 | 26 |
| | | Rectangulaire | 10 | 12 | 14 | 16 | 20 | 26 |

*Tableau 7. Règles constructives concernant les poteaux.*

# PROTECTION DES PAROIS ENTERRÉES CONTRE LES INFILTRATIONS D'EAU

AFNOR DTU P 10-202 (DTU N° 20-1), DTU P 11-221 (DTU 14-1)

## 1. GÉNÉRALITÉS

### 1.1. Données de l'étude

Le choix d'une solution pour protéger les parois enterrées d'un bâtiment contre les infiltrations dépend principalement de l'origine de ces venues d'eau (ruissellement, nappe phréatique baignant les infrastructures) mais aussi de la perméabilité du sol, de la nature du mur (béton banché ou maçonnerie) et de la nature des locaux enterrés (vide sanitaire, locaux techniques, parcs de stationnement, cave, etc.).

### 1.2. Solutions

Lorsqu'il y a un risque de remontée de la nappe phréatique ou dans le cas d'une crue de rivière, on empêchera l'eau d'inonder le sous-sol en prévoyant un cuvelage (fig. 1a et p. 309).

Vis-à-vis des eaux de ruissellement, la conception des ouvrages qui participent à l'étanchéité des sous-sols dépend de la quantité d'eau de ruissellement susceptible de venir au contact des parois enterrées.

Cette quantité d'eau dépend de la topographie du lieu et de la nature du sol. Deux cas se présentent :

- **Cas 1 :** si les sols sont perméables (sables, graviers), il n'est pas nécessaire de prévoir de drainage, ni de cuvelage sauf s'ils sont baignés par une nappe ou inondables.
- **Cas 2 :** en présence des sols peu perméables (argile, limon...) :
  - lorsque les eaux de ruissellement sont peu abondantes, il suffit, en général, d'éloigner les eaux du bâtiment à l'aide d'une contre-pente et éventuellement d'un dallage périphérique : fig. 1b ;
  - lorsque les eaux de ruissellement sont abondantes (bâtiment en bas de pente), un drainage doit être réalisé si l'on peut évacuer les eaux collectées vers un exutoire naturel ou un égout, (fig. 1c et p. 305 et 307), sinon il faut recourir à un cuvelage.

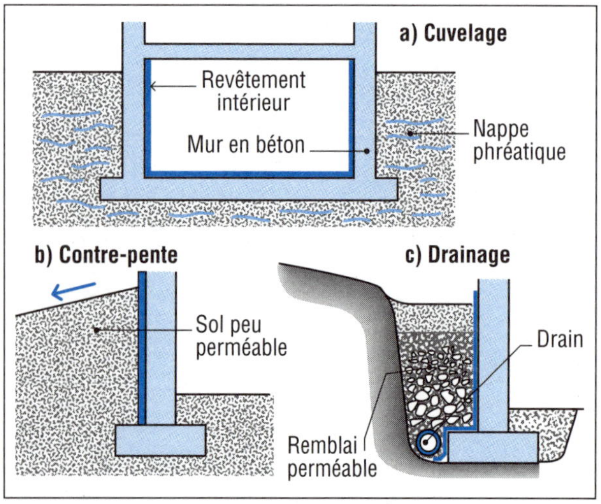


*Fig. 1. Protection des parois enterrées contre les venues d'eau : solutions types.*

Il est nécessaire de prévoir dans tous les cas un revêtement sur les parois enterrées dont la nature sera fonction des conditions d'utilisation du sous-sol et de l'évacuation correcte des eaux pluviales.

## 2. PROTECTION CONTRE LES REMONTÉES CAPILLAIRES

On doit distinguer le cas des murs banchés et celui des murs en maçonnerie de petits éléments (blocs, briques) pour retenir une solution de protection contre les remontées capillaires.

### 2.1. Murs banchés

L'addition d'un hydrofuge de masse aux constituants du béton des murs de soubassement suffira en général.

### 2.2. Maçonneries de petits éléments

Les murs en élévation doivent être protégés des remontées d'eau du sol par une coupure de capillarité dont les caractéristiques sont exposées ci-après.

- cette coupure doit être située à 0,15 m au moins au-dessus du niveau le plus haut du sol définitif extérieur et dans tous les cas :
  - au-dessous du plancher bas du rez-de-chaussée ou au-dessus dans le cas de chaînage en béton armé (fig. 2) ;
  - entre le chaînage qui couronne la maçonnerie de soubassement et la 1re assise de la maçonnerie en élévation, dans le cas d'un dallage sur terre-plein (fig. 3).
- cette coupure peut être constituée :
  - d'une bande de feutre bitumé type 36S PY-VV, d'une chape bitume armé type 40 TV ou d'une feuille de polyéthylène basse densité d'épaisseur minimale 200 µm. Elle est posée à sec sur une couche de mortier de ciment finement talochée (2 cm d'épaisseur, dosée à raison de 300 à 350 kg/m$^3$ de sable sec 0/3), après prise et durcissement de ce dernier, et protégée par une deuxième couche de mortier de ciment de même épaisseur sommairement dressée. À leurs extrémités, les bandes sont placées à recouvrement minimal de 20 cm ;
  - d'une chape de mortier de ciment de 2 cm d'épaisseur richement dosé, à raison de 500 à 600 kg/m$^3$ de sable sec 0/3, additionné d'hydrofuge.

*Nota 1 :* cette coupure intéresse tous les murs (périphériques et intérieurs).

*Nota 2 :* la terminologie employée ci-dessus est expliquée au chapitre « Toitures » p. 214.

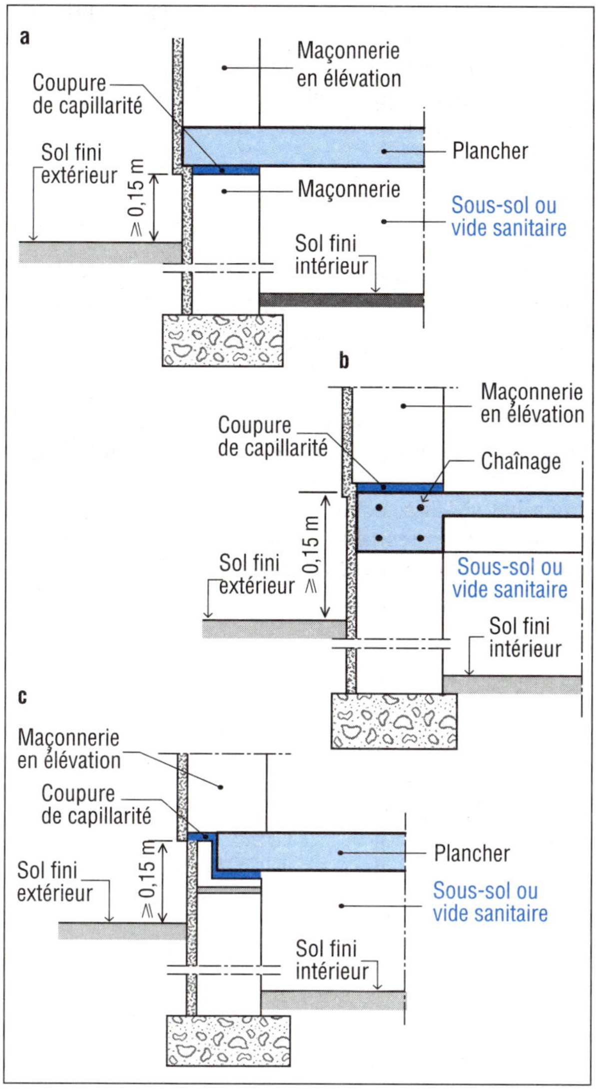


*Fig. 2. Position de la coupure de capillarité lorsqu'il existe un sous-sol ou un vide sanitaire.*

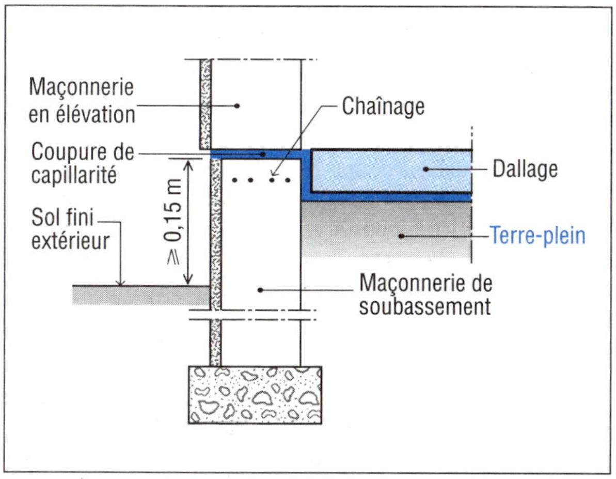


*Fig. 3. Position de la coupure de capillarité dans le cas d'un dallage.*

## 3. CONCEPTION DES MURS DE SOUBASSEMENT

Comme précédemment, on doit distinguer les murs banchés et les murs en maçonnerie de petits éléments.

### 3.1. Murs banchés

Comme pour les murs en maçonnerie, la nature de la protection des murs banchés dépend de l'utilisation des sous-sols qu'ils délimitent.

Un traitement courant, c'est-à-dire l'application d'un produit noir en 1 ou 2 couches, suffit lorsque le sol est perméable et que les sous-sols sont à usage de caves, de parcs de stationnement ou de locaux techniques courants.

Un drainage est à prévoir lorsqu'une accumulation prolongée d'eau est à craindre en périphérie des murs enterrés ou lorsqu'aucune trace d'humidité n'est admise dans les sous-sols. Le mur reçoit alors un revêtement d'étanchéité autoprotégé ou un complexe de drainage vertical rapporté : fig. 4.

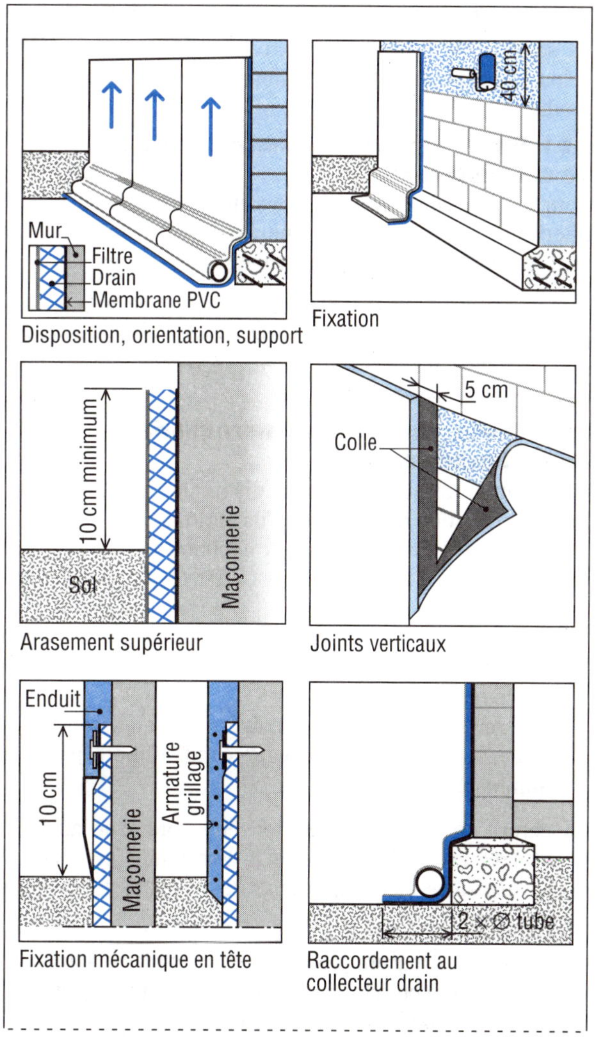

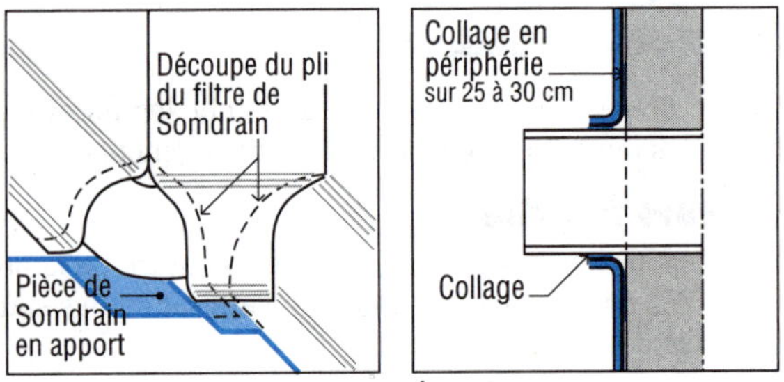


*Fig. 4. Complexe de drainage vertical rapporté : exemple.*

## 3.2. Maçonnerie de petits éléments

Les règles indiquées ci-dessous supposent que les risques de tassement différentiel (susceptible de provoquer des fissures d'enduit) seront limités si la nappe phréatique, lorsqu'elle existe, n'atteint jamais le niveau le plus bas du (ou des) sous-sol(s) et que les risques d'accumulation prolongée d'eau le long des murs périphériques seront limités.

La solution de protection contre les venues d'eau diffère selon la partie du mur de soubassement en maçonnerie étudié.

### 3.2.1. Partie hors-sol des maçonneries de soubassement

Pour les murs de certains vides sanitaires et les murs périphériques de terre-plein, une épaisseur minimale est requise selon la résistance mécanique nécessaire.

Les autres murs doivent être conçus selon les mêmes exigences que les murs des superstructures (p. 155). Leurs dispositions constructives et leurs épaisseurs minimales sont définies ci-dessous.

### 3.2.2. Partie enterrée des maçonneries de soubassement

Trois catégories de murs sont à distinguer selon les conditions d'utilisation des locaux qu'ils abritent :

- catégorie 1 : mur des locaux habitables en sous-sol où aucune trace d'humidité n'est admise (ces locaux doivent être aérés et ventilés),
- catégorie 2 : mur de chaufferie, garage ou certaines caves, où des infiltrations limitées peuvent être admises par le maître d'ouvrage,
- catégorie 3 : mur de vide sanitaire ou de terre-plein où seule, la résistance mécanique conditionne l'épaisseur minimale de la paroi.

La nature de la maçonnerie doit être conforme au DTU n° 20-1 et les épaisseurs sont à déterminer en fonction de la résistance mécanique (charges verticales, poussées des terres).

*Nota :* pour les maçonneries de béton cellulaire autoclavé, on prévoira des contreforts de soutènement et des chaînages horizontaux selon le paragraphe 2.18 du DTU n° 20-1.

Pour les murs de catégories 1 et 2, les épaisseurs minimales sont les suivantes :

- matériaux pleins et blocs creux de béton : 0,20 m,
- blocs pleins de béton cellulaire autoclavé : 0,25 m,
- matériaux perforés de terre cuite : 0,30 m.

Le choix du revêtement dépend de la catégorie du mur et de l'existence ou non d'un drainage.

**• Paroi sans drainage**

Les murs de catégorie 1 (fig. 5a) et ceux en blocs de béton cellulaire autoclavé reçoivent un revêtement extérieur.

Les murs de catégorie 2 (fig. 5b) peuvent, ou non, être revêtus extérieurement (selon l'utilisation du local).

Le revêtement peut être un enduit traditionnel à base de liants hydrauliques (DTU n° 26-1), ou un enduit d'imperméabilisation de façade à base de liants hydrauliques (utilisable si l'avis technique préconise son emploi pour des parois enterrées), éventuellement complété par un produit noir appliqué en une ou deux couches continues.

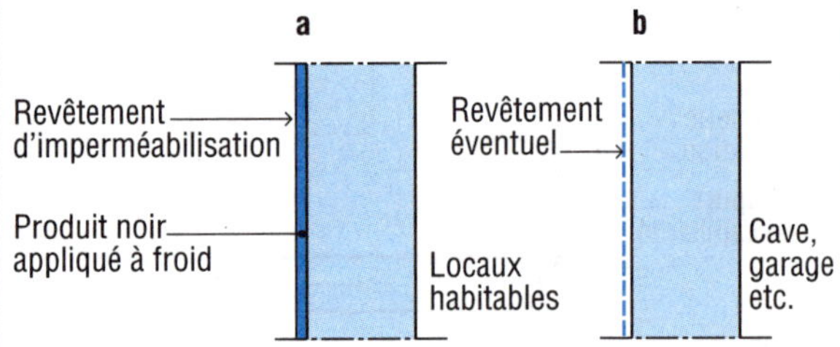


*Fig. 5. Revêtement d'étanchéité des murs enterrés lorsqu'un drainage n'est pas nécessaire.*

*Nota :* les produits noirs appliqués à froid ne font qu'améliorer la fonction d'imperméabilisation de l'enduit sans pouvoir s'y substituer.

**• Paroi avec drainage**

Les murs de catégorie 1 reçoivent :

- soit une membrane à base de produits hydrocarbonés appliquée sur un enduit de dressage et constituée au moins des éléments suivants (fig. 6a, vocabulaire p. 216) :
  - 1 EIF, 1 EAC, 1 chape BA 40 TV autoprotégé alu, ou 1 EIF, 1 chape BA 50 TV ou BA 50 TV-VV-HR autoprotégé alu., ou des feuilles élastoplastiques sous avis technique y compris la colle d'assemblage de ces feuilles,
- soit des systèmes de drainages verticaux (fig. 4) en liaison avec le drainage horizontal.

Les murs de catégorie 2 reçoivent :

- soit un enduit extérieur à base de liants hydrauliques complété par 2 couches d'EIF (fig. 6b),
- soit des systèmes de drainage verticaux en liaison avec le drainage horizontal : fig. 4.

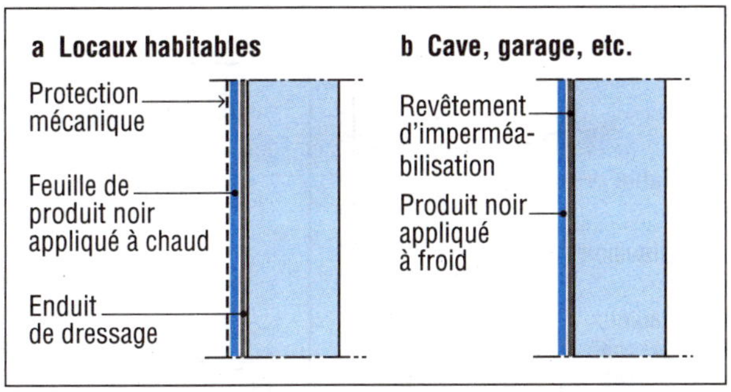


*Fig. 6. Revêtement d'étanchéité des murs enterrés lorsqu'un drainage est nécessaire.*

*Nota :* la terminologie employée ci-dessus est expliquée au chapitre « Toitures » p. 214.

# 4. OUVRAGES ASSOCIÉS AUX MURS ENTERRÉS

## 4.1. Regards d'eaux pluviales (EP)

Les eaux pluviales (EP) seront recueillies dans un regard étanche les empêchant de s'infiltrer le long des murs enterrés. Ce regard (fig. 7) repose sur un socle en béton fondé sur le bon sol ou sur des profilés scellés dans le mur de soubassement.

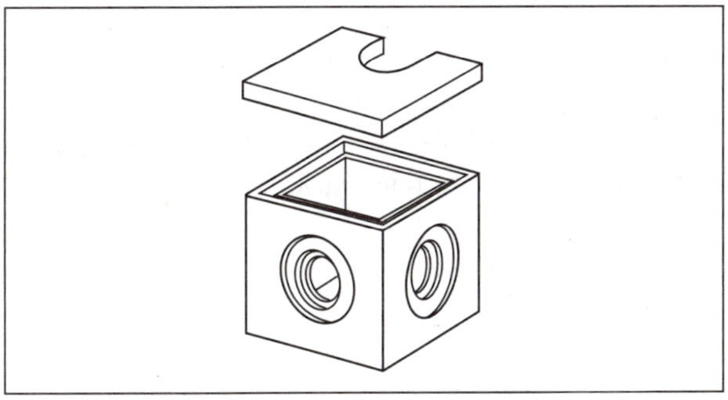

*Fig. 7. Regard en béton.*

## 4.2. Réseaux de drainage

Un drainage est à prévoir chaque fois que le bâtiment est fondé sur une couche peu perméable surmontée par un sol perméable à condition que les eaux collectées soient évacuées de manière efficace.

En outre, dans des terrains très hétérogènes et en pente, des précautions sont à prendre pour que le drainage n'alimente pas des veines perméables du sol, ce qui présenterait des dangers d'instabilité d'ensemble.

### 4.2.1. Conception générale d'un réseau

L'étude d'un réseau de drainage doit être menée en prenant en compte les paramètres suivants :

- la surface, le relief et la nature du terrain à assainir ;
- le nombre, la densité et la profondeur des bâtiments.

Pour des bâtiments isolés, on adopte un drainage périphérique (fig. 8).

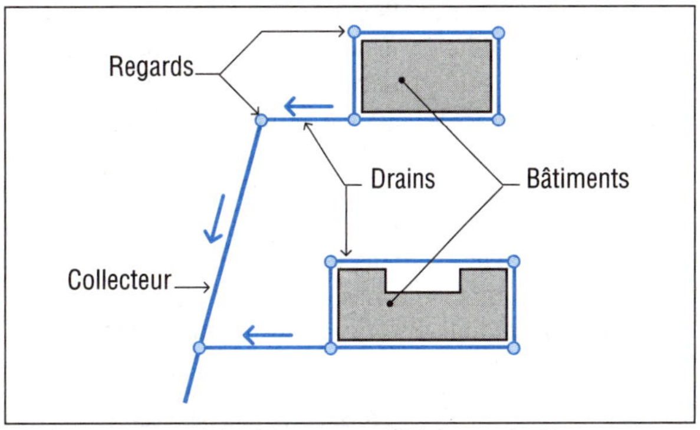


*Fig. 8. Drainage périphérique : cas de bâtiments isolés.*

Un drainage collectif (fig. 9) constitue une solution plus simple et plus économique pour un ensemble de bâtiments.

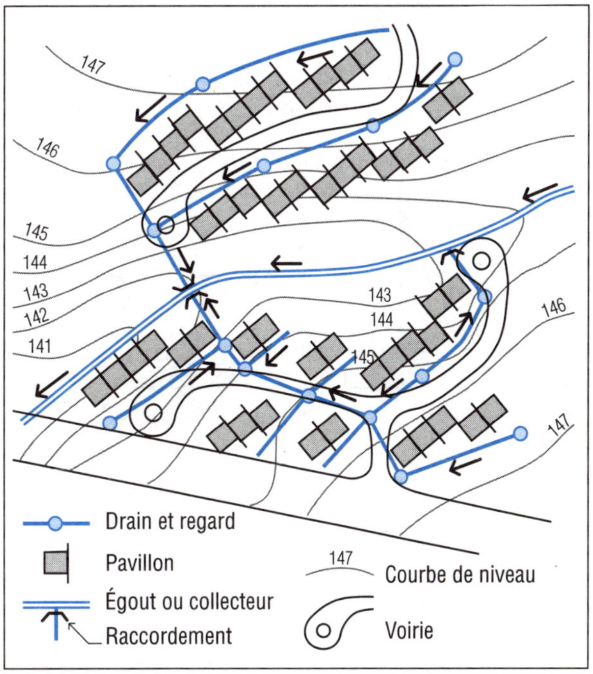


*Fig. 9. Drainage collectif : cas d'un ensemble de bâtiment.*

### 4.2.2. Conception de la tranchée drainante

Une tranchée drainante est composée de matériaux filtrants et d'une zone de collecte et d'évacuation des eaux.

- **Matériaux filtrants**
  - Il peut s'agir de matériaux granuleux. On remplit la tranchée de plusieurs couches dont la granulométrie est croissante dans le sens de l'écoulement de l'eau (loi des filtres) ; cette solution est applicable lorsque le terrain ne peut pas colmater le drain : fig. 10 a. Pour un sable fin peu perméable (sable de Fontainebleau, sable d'estuaire), on remplira la tranchée de sable 0/3 : fig. 10 b.
  - Non-tissés : le filtre est constitué par un non-tissé (ex : polyester) de masse surfacique minimale 200 g/m$^2$ : fig. 10 c et d.

• **Zone de collecte et d'évacuation des eaux**

Lorsque la quantité d'eau à évacuer est « importante », un tuyau doit être mis en place en bas de la tranchée.

Ce tuyau est en terre cuite, en béton (poreux ou perforé), ou en PVC perforé. Seuls, les tuyaux perforés ou en béton poreux sont emboîtés. La pente du tuyau doit être comprise entre 3 et 10 mm par mètre et son diamètre minimal intérieur est, dans le cas d'un drainage périphérique, de 100 mm, et dans le cas d'un drainage en épi, de 60 à 80 mm selon la distance entre 2 drains voisins.

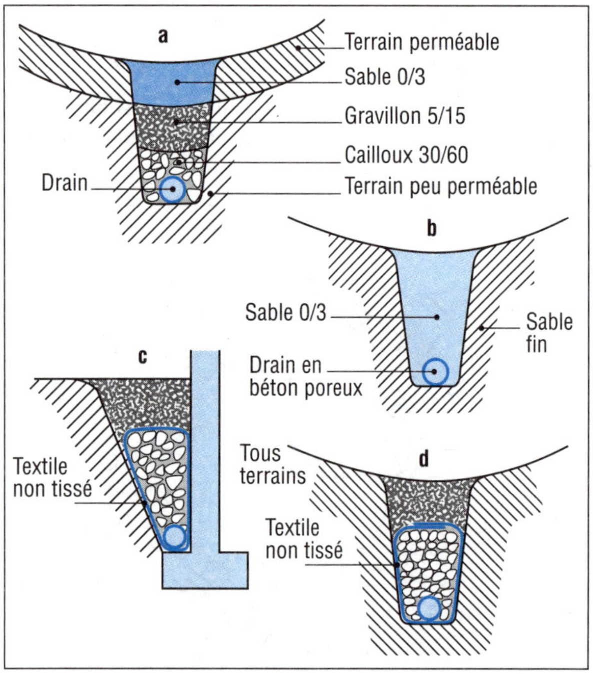


*Fig. 10. Matériaux filtrants d'une tranchée drainante.*

### 4.2.3. Compléments relatifs aux réseaux périphériques

En fonction de la pente, le drain ceinture totalement ou partiellement le bâtiment (fig. 11).

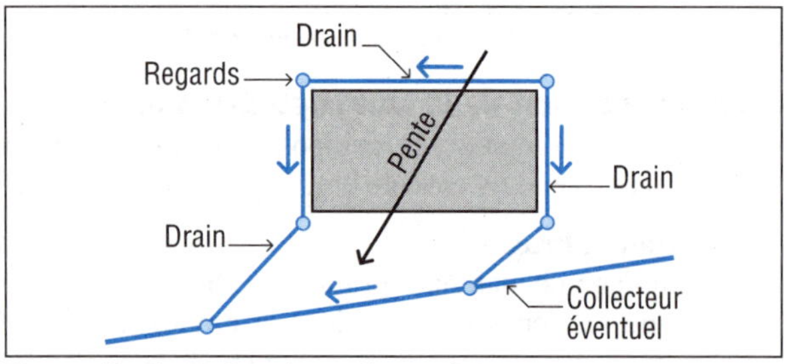


*Fig. 11. Drainage dans le cas de terrain en pente.*

La tranchée est positionnée (fig. 12) contre le bâtiment (le tuyau est posé soit sur un béton maigre, soit sur le débord de la semelle et en aucun cas plus bas que celle-ci) ou bien à 2 m des murs extérieurs (il faut alors ramener vers la tranchée les eaux de ruissellement de la façade grâce à une contre-pente et/ou une protection superficielle).

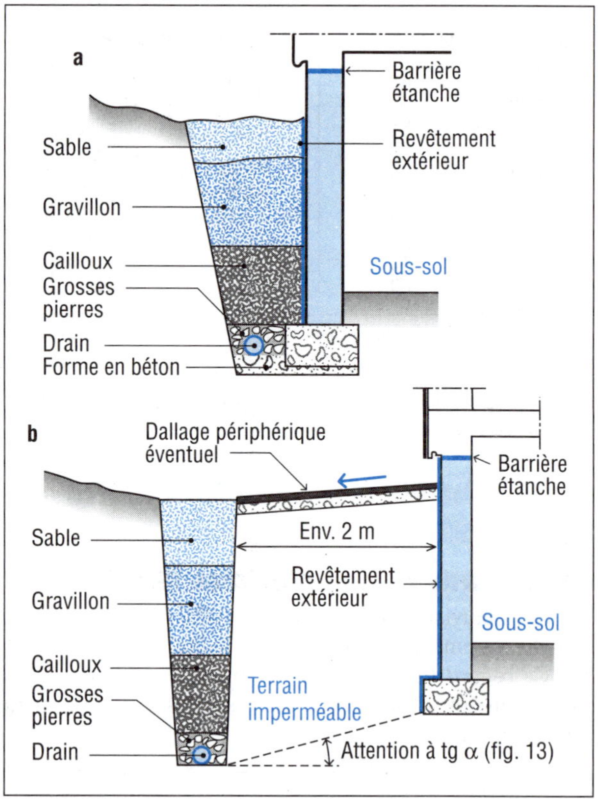


*Fig. 12. Positions d'une tranchée drainante.*

Lorsque la tranchée descend plus bas que le niveau des fondations, on doit respecter une valeur minimale de la pente en fonction du terrain (fig. 13).

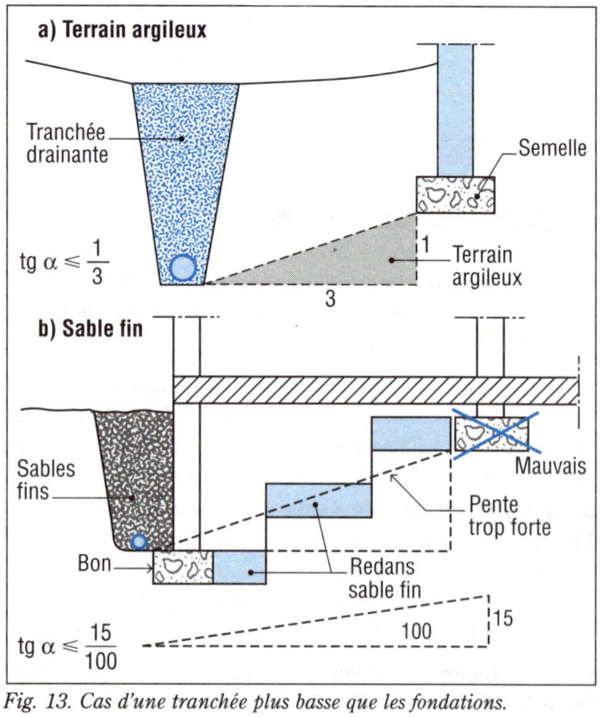


*Fig. 13. Cas d'une tranchée plus basse que les fondations.*

On doit prévoir des regards, au point haut du drain, à chaque changement important de direction du tuyau et au raccordement de deux drains. Leur diamètre doit permettre un tringlage; on prend en terrain argileux des tuyaux en PVC dont le diamètre intérieur est égal à 150 mm. Dans le cas de terrain à grains fins peu perméables où les risques de colmatage sont importants, des regards de décantation sont à prévoir.

### 4.2.4. Compléments relatifs aux réseaux collectifs

La distance entre drains est fonction de la perméabilité du sol; on prend 8 à 12 m en terrain compact argileux, 12 à 16 m en terrain limoneux et 16 à 20 m en terrain sableux ou sablo-graveleux.

La profondeur de la tranchée doit être telle que :

- en terrain moyennement perméable (ex : sable à grains fins), on descend plus bas que les fondations : fig. 14a.
- en terrain perméable (sable et gravier d'alluvions anciennes) surmontant une couche très peu perméable située cependant plus bas que les fondations, on descend plus bas que le niveau du sous-sol : fig. 14b.

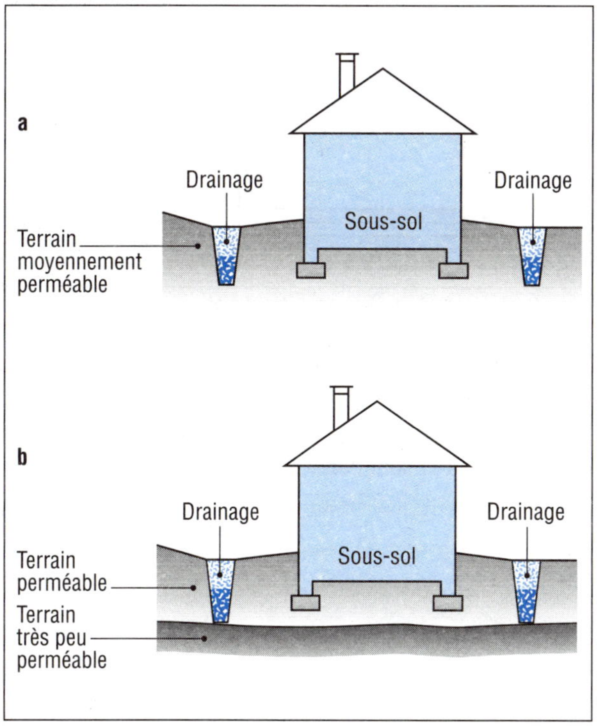


*Fig. 14. Profondeur des tranchées drainantes selon la nature du terrain.*

### 4.2.5. Collecte et évacuation des eaux drainées

Les eaux collectées sont évacuées, soit par déversement naturel (terrain ou pente), soit par l'intermédiaire d'un collecteur se déversant dans un égout d'eaux pluviales ou un cours d'eau. Ce collecteur peut être un tuyau de plus gros diamètre que les drains (fig. 15a) ou un caniveau (fig. 15b).

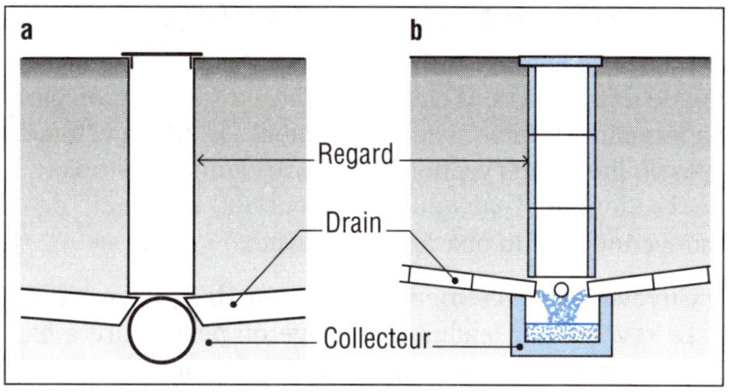


*Fig. 15. Système de collecte d'évacuation des eaux drainées.*

## 5. TRAVAUX DE CUVELAGE (DTU N° 14-1)

Ces travaux, concernant la partie immergée des bâtiments, s'imposent dans les cas cités à la page 304.

On appelle cuvelage l'enveloppe et ses retours réalisés en béton et le revêtement de cuvelage s'il existe (fig. 16).

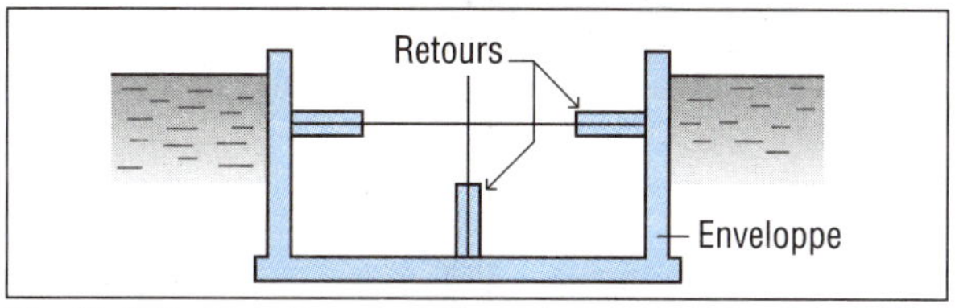


*Fig. 16. Définition d'un cuvelage.*

### 5.1. Actions de l'eau (fig. 17)

On distingue les actions permanentes, variables et accidentelles dues à l'eau.

Les eaux de ruissellement et d'infiltration correspondent à des actions permanentes (Eaux Basses : c'est le niveau du fil d'eau du réseau de drainage ou celui de l'exutoire naturel des couches perméables, plus 50 cm s'il n'existe pas de drainage ni de barbacanes).

Le niveau (E) retenu pour l'étude est, en général, celui des Eaux Exceptionnelles (EE) pour les nappes et celui des Eaux Basses (EB) pour les ruissellements et infiltrations.

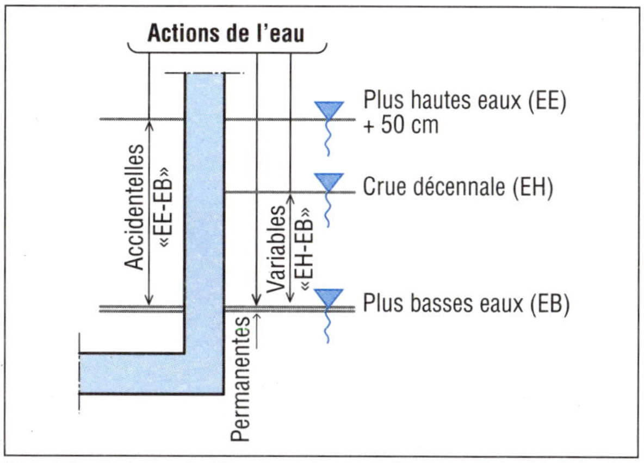


*Fig. 17. Actions de l'eau et niveaux des eaux à envisager lors de l'étude.*

## 5.2. Différents types de cuvelage

Le choix de l'une des solutions suivantes pour un ouvrage donné dépendra de la nature des locaux (destination, aménagement, conditions d'exploitation...), du revêtement (possibilité d'intervention ultérieure, limites d'emploi...), de l'action de l'eau, du tassement du bâtiment, de la mitoyenneté et du phasage des travaux.

- **Cuvelage à revêtement d'imperméabilisation** (fig. 18)
  Le revêtement (enduit hydrofuge ou pelliculaire à base de résine) constitue un écran intérieur étanche adhérant à son support mais ne résiste pas aux fissurations appréciables de ce dernier.

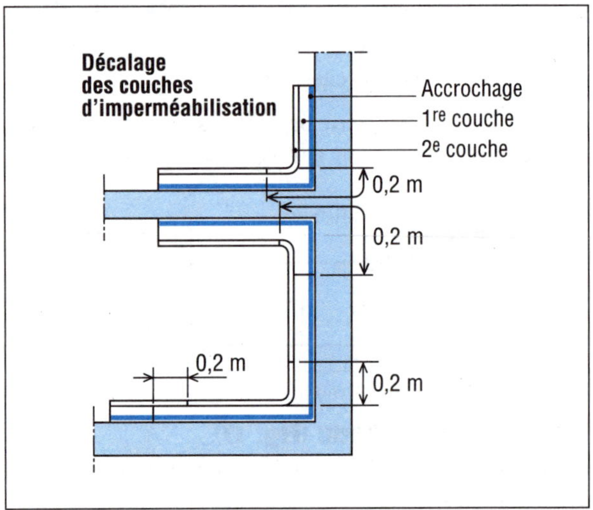


*Fig. 18. Cuvelage à revêtement d'imperméabilisation.*

Les reprises d'application de chaque couche d'imperméabilisation sont décalées d'environ 20 cm d'une couche à l'autre.

- **Cuvelage à structure relativement étanche**
  Il ne comporte pas de revêtement de cuvelage. Un léger passage d'eau est admis et éventuellement récupéré.

- **Cuvelage à revêtement d'étanchéité** (fig. 19)
  Un revêtement d'étanchéité traditionnel (multicouches, asphalte) ou sous avis technique (bitume élastomère, membrane PVC, ...) est appliqué à l'extérieur de la structure résistant aux poussées de l'eau sans lui être nécessairement adhérent (c'est la pression de l'eau qui l'applique contre elle).

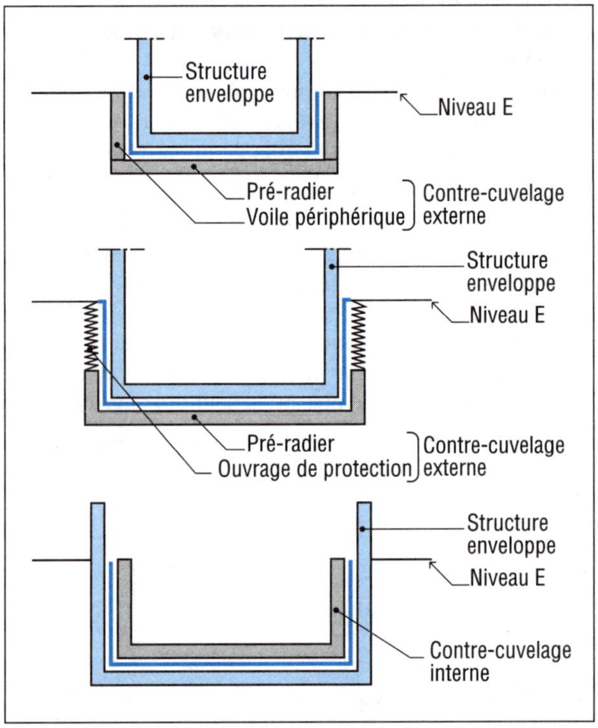


*Fig. 19. Cuvelage à revêtement d'étanchéité.*

Des critères de choix relatifs à la **conception** (Annexe A1 du DTU n° 14-1) sont donnés tableau 1.

Des critères de choix relatifs à la **mise en œuvre** (Annexe A2 du DTU N° 14-1) sont donnés tableau 2.

| Type | Revêtements d'imperméabilisation | | | | Structure relativement étanche E | Revêtements d'étanchéité | |
|---|---|---|---|---|---|---|---|
| **Critère principal** | **Étanchéité à l'eau en phase liquide** | | | | Léger passage d'eau admis | **Étanchéité à l'eau en phase liquide et à l'eau en phase vapeur** | |
| Sous-types | Mortier épais<br>A | Mortier mince<br>B | Minéralisation<br>C | Résine<br>D | – moyenne annuelle 0,5 L/m²/jour ;<br>– moyenne hebdomadaire 1 L/m²/jour ;<br>– localement 2 L/m²/jour. | Feuille bitumineuse asphalte<br>F | Membranes PVC<br>G |
| (1) Destination des locaux compte tenu de leur ventilation [voir (4)] | Locaux dont les parois de la structure résistante peuvent présenter localement des traces d'humidité sur leur face vue sans écoulement | | | | Locaux pouvant admettre des infiltrations limitées | Locaux dont les parois de la structure résistante interne ne doivent pas présenter de trace d'humidité sur leur face vue | |
| (2) Revêtements rapportés<br>(2)-1 Sensibles à l'eau et à la vapeur d'eau provenant du support | Inadapté | Inadapté | Inadapté | Déconseillé | Interdit | Admis | Admis |
| (2)-2 Non sensibles à l'eau et à la vapeur d'eau provenant du support | Possible mais penser au coût de la dépose éventuelle nécessitée par la réparation | | | | Déconseillée du fait du coût de la dépose éventuelle par la réparation | Admis | Admis |
| (3) Cloisons de doublage, faux-plafonds et faux planchers | Exige un vide d'air ventilé et des trappes de visite | | | | | Admis | Admis |
| (4) Ventilation complémentaire des locaux en exploitation | En plus de la ventilation nécessaire ou réglementaire liée à la bonne occupation des locaux, il faut le cas échéant, prévoir une ventilation complémentaire pour l'évacuation de la vapeur d'eau provenant des parois | | | | Ventilation complémentaire sans objet | Ventilation complémentaire non nécessaire | |
| (5) Aspect des parois vues du cuvelage | Lisse ou taloché | | Aspect du gros œuvre support | Aspect du support plus couleur éventuelle | Aspect du gros œuvre | Aspect du gros œuvre | Aspect du gros œuvre |
| (6) Parement du gros œuvre servant de support au revêtement [NF P 18-201 (DTU n° 21)] | Courant sauf élémentaire pour les parois moulées | | | | Élémentaire | Courant y compris pour les parois moulées | |
| (7) Accessibilité aux parois cuvelées | Nécessaire en vue de la réparabilité | | | | | Pas nécessaire | |
| (8) Réparabilité de l'ouvrage | Toute arrivée d'eau constatée correspond à une défaillance du cuvelage au droit de cette arrivée d'eau dans les cas R, C et D ou au voisinage dans le cas A.<br>Les réparations sont en général faciles avec une investigation plus délicate pour le cas A | | | | Le débit de fuite lorsqu'il est supérieur aux limites admises peut le plus souvent être ramené en deçà par injection localisée ou généralisée suivant la nature et l'importance des fuites à colmater. | Elle est possible par des injections localisées pour les revêtements adhérents et les revêtements indépendants compartimentés indépendants<br>Elle est possible par des injections généralisées dans le cas de revêtements non adhérents non compartimentés | |
| (9) Présence d'ouvrages mitoyens | La structure résistante peut jouer également le rôle de soutènement | | | | | Il faut une structure résistante externe dans la zone de mitoyenneté<br>La surface utile des planchers est réduite par la présence de la structure résistante interne | |
| (10) Système de fondation | Accepte tous les systèmes de fondation | | | | | Peu adapté à des structures résistantes avec pieux et tirants | |
| (11) Hauteur d'eau maximale | 8 m sauf dispositions complémentaires | | | | | | |
| (12) Agressivité de la nappe et/ou pollution du terrain | Les structures existantes externes au revêtement doivent être protégées contre ces risques d'agression | | | | | | |
| | La nature du revêtement doit être adaptée à ces risques d'agression | | | | | La structure résistante interne n'est pas à protéger. La nature du revêtement doit être adaptée à ces risques d'agression. | |
| (13) Présence de végétation à proximité du cuvelage | Admis | Admis | Admis | Admis | Admis | La végétation de bambous et autre végétation similaire est à exclure des Règles professionnelles des Toitures-Terrasses-Jardins de juin 1997. | |
| | | | | | | Traitement anti-racine selon la végétation | |

*Tableau 1. Critères de choix relatifs à la conception (1re partie).*

| Type | Revêtements d'imperméabilisation | | | | Structure relativement étanche E | Revêtements d'étanchéité | |
|---|---|---|---|---|---|---|---|
| **Critère principal** | **Étanchéité à l'eau en phase liquide** | | | | Léger passage d'eau admis | **Étanchéité à l'eau en phase liquide et à l'eau en phase vapeur** | |
| (14) Possibilité d'inondation des locaux pour certaines crues | Oui | Oui | Oui | Oui | Oui | Non | Non |
| (15) Possibilité d'inondation volontaire pour les phases travaux après cuvelage | Oui | Oui | Oui | Oui | Oui | Non | Non |
| (16) Collecte des eaux d'infiltration | Sans objet | | | | Obligatoire | Sans objet | |
| (17) Utilisation en parking pour véhicules légers | Oui si protection par peinture de sol | Oui | Oui | Oui si protection adaptée | Oui | Oui | Oui |
| (18) Possibilité de scellements intérieurs directs après cuvelage | Accepte des scellements spéciaux étanches | | | | | Accepte tous scellements dans la structure résistante interne s'ils sont limités en épaisseur (1/3 environ de l'épaisseur totale) | |
| | | | | | Accepte les autres scellements s'ils sont limités en épaisseur (1/3 environ de l'épaisseur totale) | | |
| (19) Fissuration de la structure résistante après réalisation du cuvelage | La fissuration peut éventuellement être un jour à l'origine d'une fuite | | | | | La fissuration est habituellement sans conséquence pour les revêtements indépendants. Elle peut éventuellement être un jour à l'origine d'une fuite dans le cas de revêtement adhérent | |
| (20) Délai de mise à disposition des locaux après réalisation du cuvelage sans protection particulière | 15 jours | | | 7 jours sous protection nécessaire pour la phase travaux | Sans objet | Sans objet | Sans objet |

*Tableau 1. Critères de choix relatifs à la conception (Fin).*

| Type | Revêtements d'imperméabilisation | | | | Structure relativement étanche | Revêtements d'étanchéité | |
|---|---|---|---|---|---|---|---|
| | A | B | C | D | E | F | G |
| (1) Phasage travaux Date d'exécution du cuvelage | Le cuvelage est réalisé au minimum 28 jours après la réalisation de la structure résistante qui devra être chargée par l'essentiel de ses charges permanentes, les remblaiements étant terminés | | | | Sans objet | Nécessite un phasage adapté entre la réalisation du revêtement et celle de la structure | |
| (2) Rabattement de nappe en cas de présence d'eau ou de risque de présence d'eau en phase travaux | Indispensable pour la réalisation de la structure résistante | | | | | | |
| | Non indispensable pour la réalisation du revêtement d'imperméabilisation avec dispositifs spéciaux | | | Indispensable pour exécution du revêtement | Sans objet | Indispensable pour l'exécution de l'étanchéité | |
| (3) Drainage des eaux de ruissellement et d'infiltration pendant les travaux | Indispensable pour la réalisation de la structure résistante. Non indispensable pour la réalisation du revêtement d'imperméabilisation avec dispositifs | | | Indispensable | Sans objet | Indispensable | |
| (4) Protection aux intempéries pendant les travaux | Acceptent un support humide non ruisselant mais sont sensibles au soleil au vent, et au gel | | | Exige un support sec | Sans objet | Travaux réalisés hors pluie | |
| (5) Hygiène et sécurité pendant les travaux | Les travaux sont à base de matériaux ininflammables et sans solvant, il n'y a donc pas de précaution particulière | | | Les produits sont inflammables, dégagent éventuellement des fumées toxiques, dégagent des odeurs et contiennent éventuellement des solvants. Une ventilation est nécessaire ainsi que des précautions contre l'incendie | Sans objet | Les matériaux sont inflammables, et éventuellement dégagent des fumées toxiques PVC, ..., ce qui nécessite des précautions adaptées. | |

*Tableau 2. Critères de choix relatifs à la mise en œuvre.*

NF X 02-006, Règles Th-U

## 1. GÉNÉRALITÉS

La température est une grandeur fondamentale, qui représente l'état d'échauffement d'un corps. La norme NF X 02-006 définit le kelvin (K) comme la fraction 1/273,16 de la température thermodynamique du point triple de l'eau. En dehors de la température thermodynamique (symbole T exprimé en K), on utilise aussi la température Celsius (symbole *t* exprimé en °C) définie par l'équation :

$$t_{(°C)} = T_{(K)} - 273{,}15.$$

Aux États-Unis et au Royaume-Uni, on emploie le degré Farenheit (symbole *q* exprimé en °F) :

$$q_{(°F)} = \frac{9}{5}\, t_{(°C)} + 32$$

La quantité de chaleur représente l'énergie calorifique. Elle s'exprime en joule (J) (on utilise aussi le watt-heure (Wh) et la « tonne équivalent pétrole » [TEP]).

Le flux de chaleur est la quantité de chaleur passant au travers d'un $m^2$ de paroi pendant une seconde. Notée φ, il s'exprime en $J/s \cdot m^2$, c'est-à-dire en $W/m^2$.

*Remarque :* le flux de chaleur sera compté conventionnellement positif du chaud vers le froid (fig. 1, p. 314).

## 2. COEFFICIENT U, RÉSISTANCE THERMIQUE R

Le bilan thermique d'une paroi fait intervenir la notion de résistance thermique R du ou des matériaux constitutifs de la paroi. Cette grandeur dépend de la conductivité thermique et de l'épaisseur des différentes couches, ainsi que de la situation de la paroi étudiée.

### 2.1. Résistance thermique R

La résistance thermique d'un élément de construction ou d'une lame d'air est proportionnelle à la différence de température entre les deux faces de l'élément ou de la lame d'air, et inversement proportionnelle au flux de chaleur transitant dans l'élément ou la lame d'air.

$$R = \frac{1}{\varphi}\,(T_{surf.\,int.} - T_{surf.\,ext.}) \qquad [m^2 \cdot K/W]$$

$T_{surf.\,int.}$ est la température de la surface intérieure de l'élément ou de la lame d'air,

$T_{surf.\,ext.}$ est la température de la surface extérieure de l'élément ou de la lame d'air.

### 2.2. Conductivité thermique λ

La conductivité d'un matériau λ est la densité de flux traversant un mètre d'épaisseur du matériau pour une différence de température de 1 K entre les deux faces de ce matériau : λ s'exprime donc en $W/m \cdot K$.

### 2.3. Explication physique du phénomène de transfert de chaleur en régime permanent

- L'échange thermique se fait par conduction dans un solide, entre deux surfaces (températures $T_a$ et $T_b$).
  - Pour un matériau homogène de conductivité λ et d'épaisseur *e*, le flux de chaleur φ a pour expression :

$$\varphi = \frac{\lambda}{e}\,(T_a - T_b) = \frac{T_a - T_b}{R_c}$$

  $R_c$ étant la résistance en conduction de l'élément avec $R_c = e/\lambda$.

  - Pour un matériau hétérogène ou des matériaux composites, les fabricants donnent directement les valeurs des résistances thermiques R. Le flux φ vaut alors :

$$\varphi = \frac{T_a - T_b}{R}$$

  La valeur des coefficients λ et des résistances thermiques utiles des principaux éléments de constructions courantes est donnée p. 52.

  *Remarque :* l'humidité a une influence importante sur les performances thermiques des matériaux de construction. C'est pourquoi les valeurs de R et de λ sont données en tenant compte du taux moyen d'humidité constaté en France.

- À la surface de la paroi (température $T_{surf}$), l'échange de chaleur entre le fluide (à la température $T_{fluide}$) et le solide se fait par convection. Le flux de chaleur en convection $\varphi_c$ vaut :

$$\varphi_c = \alpha_c(T_{surf} - T_{fluide})$$

- L'échange entre une paroi et un solide éloigné se fait par rayonnement. En considérant qu'il y a peu d'ensoleillement, le flux de chaleur échangé par rayonnement peut s'exprimer sous la forme simplifiée suivante :

$$\varphi_r = \alpha_r(T_{surf} - T_{fluide})$$

Le flux de chaleur total échangé à la surface de la paroi vaut donc :

$$\varphi = \varphi_c + \varphi_r = (\alpha_c + \alpha_r)\,(T_{surf} - T_{fluide}) = h\,(T_{surf} - T_{fluide})$$

où *h* est le coefficient d'échange superficiel (c'est le flux de chaleur passant de l'air ambiant à la paroi pour une différence de 1 K entre ceux-ci).

### 2.4. Bilan thermique au travers de la paroi

Outre les phénomènes de conduction, on prendra en compte les échanges par convection et rayonnement au droit des parois extérieures et intérieures qui seront caractérisées par une résistance surfacique.

La résistance surfacique intérieure vaut $R_{si}$, la résistance surfacique extérieure vaut $R_{se}$, sachant que :

$$R_{si} = \frac{1}{h_i} \text{ et } R_{se} = \frac{1}{h_e}$$

où $h_i$ est le coefficient d'échange superficiel intérieur, et $h_e$ est le coefficient d'échange superficiel extérieur (tableau 1).

Les valeurs de $R_{si}$ et $R_{se}$ sont données tableau 1 selon les différentes configurations possibles.

| Paroi donnant sur : – l'extérieur – un passage ouvert – un local ouvert(2) | $R_{si}$ $m^2 \cdot K/W$ | $R_{se}$(1) $m^2 \cdot K/W$ | $R_{si} + R_{se}$ $m^2 \cdot K/W$ |
|---|---|---|---|
| Paroi verticale | 0,13 | 0,04 | 0,17 |
| Paroi horizontale (flux ascendant) | 0,10 | 0,04 | 0,14 |
| Paroi horizontale (flux descendant) | 0,17 | 0,04 | 0,21 |

(1) Si la paroi donne sur un autre local non chauffé, un comble ou un vide sanitaire, prendre : $R_{se} = R_{si}$.
(2) Un local est dit ouvert si le rapport de la surface totale de ses ouvertures permanentes sur l'extérieur, à son volume, est égal ou supérieur à 0,005 $m^2/m^3$. Ce peut être le cas, par exemple, d'une circulation à l'air libre, pour des raisons de sécurité contre l'incendie.

*Tableau 1. Résistances surfaciques $R_{si}$ et $R_{se}$.*

La résistance thermique globale R d'une paroi « multicouche » est donc :

$$R = R_{si} + \sum_i R_i + R_{se} \qquad \text{(fig. 1)}$$

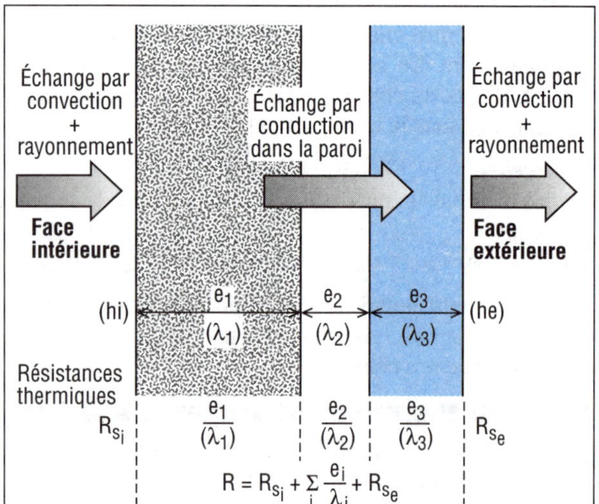


*Fig. 1. Résistance thermique d'une paroi multicouche.*

On en déduit le coefficient de transmission surfacique U, qui représente le flux de chaleur traversant une paroi pour une différence de 1 K entre les deux ambiances séparées par cette paroi. L'unité utilisée est le $W/m^2 \cdot K$.

C'est donc l'inverse de R :

$$U = \frac{1}{R} = \frac{1}{R_{si} + \sum_i R_i + R_{se}}$$

*Remarque :* dans le cas d'une isolation thermique dynamique (quand il y a récupération d'énergie sur l'air entrant ou par les parois), le calcul de U n'est possible que grâce aux règles ThU.

**• Gradient de température**

Les équations de flux de chaleur définies précédemment font apparaître que la chute de température dans une paroi, entre une ambiance intérieure et une ambiance extérieure, est proportionnelle à la résistance thermique globale R, donc à celles des différents éléments constitutifs de la paroi.

Cette « proportionnalité » permet de déterminer par construction graphique les températures aux interfaces des différents matériaux constitutifs. Cette construction graphique s'effectue de la manière suivante :

- on place en abscisse à une échelle donnée les différentes résistances thermiques (fig. 2) $R_{si}$, $e_1/\lambda_1$, ..., $e_n/\lambda_n$, $R_{se}$,
- on place en ordonnée à une échelle donnée la température intérieure $t_A$ et la température extérieure $t_G$ ;
- on trace ensuite la droite AG, dont les points A et G sont connus, pour obtenir toutes les températures dans la paroi.

Les points B, C, D, E, F et les températures $t_B$, $t_C$, $t_D$, $t_E$, $t_F$ correspondent aux interfaces entre l'air et la paroi, ainsi qu'entre chaque couche de matériaux différents : fig. 2.

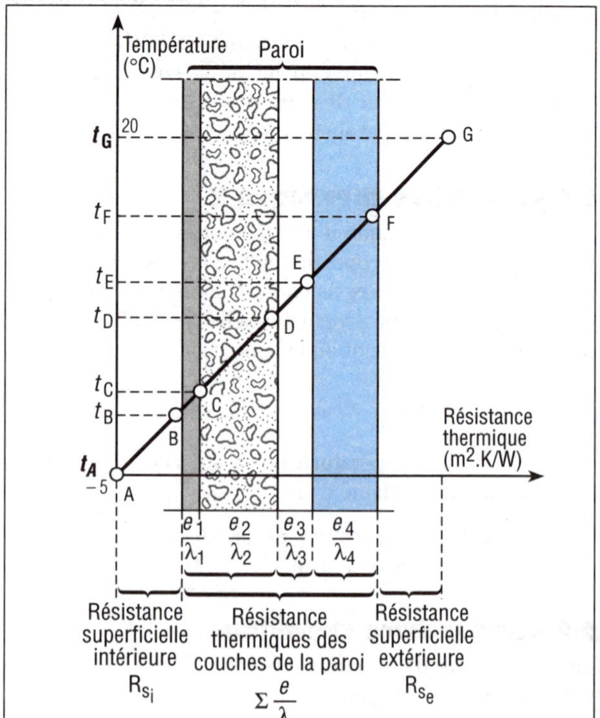


*Fig. 2. Gradient de température dans une paroi multicouche (début).*

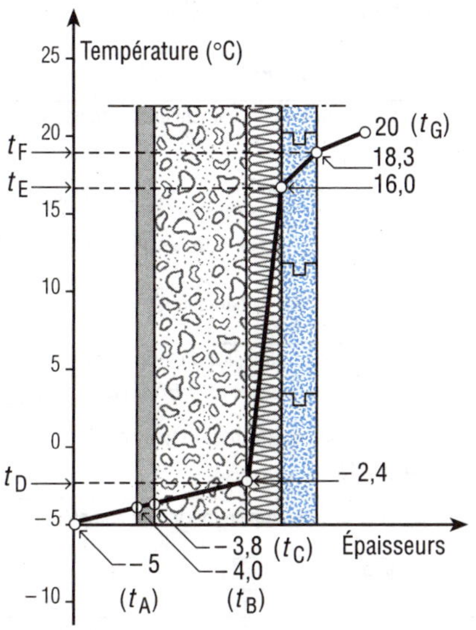


*Fig. 2. Gradient de température dans une paroi multicouche (fin).*

## 3. COEFFICIENT U DES MENUISERIES

Le coefficient surfacique moyen d'une paroi vitrée sert notamment à la vérification de la caractéristique de la paroi vitrée par rapport aux exigences thermiques minimales, à la comparaison de produits entre eux et au calcul de $U_{bât}$ (coefficient moyen des déperditions par les parois et les baies du bâtiment : p. 334).

### 3.1. Coefficients U des parties vitrées et U moyen jour-nuit

Le coefficient $U_{jn}$ moyen jour-nuit est la moyenne des valeurs du coefficient U aux différentes heures de la journée.

Les règles th-U proposent pour les parois vitrées des valeurs par défaut mais les valeurs suivantes priment sur ces dernières :

- valeurs figurant dans les certifications ACOTHERM ou NF Fermetures ;
- valeurs issues des centres techniques ;
- valeurs calculées selon les règles Th-U ;
- valeurs figurant dans les certifications COFRAC.

Nous nous limiterons ici à expliquer comment trouver une valeur par défaut dans les règles Th-U.

Une paroi vitrée nue est généralement constituée de deux composants principaux qui sont l'élément de remplissage (vitrage et/ou élément opaque), et la menuiserie.

Cependant, pour le calcul thermique du coefficient moyen de la paroi, celle-ci doit être décomposée en trois parties distinctes :

1) **La partie courante de l'élément de remplissage** se caractérise par un coefficient de transmission surfacique qui exclut l'effet de bord, et qui est valable sur toute la surface visible de l'élément de remplissage.

2) **La jonction entre la menuiserie et l'élément de remplissage** se caractérise par un coefficient linéique dû à l'effet thermique combiné du bord de l'élément de remplissage et de la menuiserie. Ce coefficient s'applique au périmètre de la partie visible de l'élément de remplissage.

3) **La menuiserie** se caractérise par un coefficient de transmission surfacique moyen valable sur toute la surface de la menuiserie.

Pour calculer le coefficient moyen de la paroi nue, on procède tout d'abord au calcul des coefficients des trois parties distinguées ci-avant, puis on détermine le coefficient moyen de la paroi en pondérant le coefficient de chaque partie par l'aire ou le linéaire correspondant.

Quant au coefficient $U_{jn}$ moyen jour-nuit, il sera calculé après détermination de la résistance complémentaire totale $\Delta R$ apportée à la paroi vitrée par la résistance thermique propre de la fermeture et celle de la lame d'air située entre la fermeture et la paroi (p. 316).

*Nota* : les coefficients surfaciques des vitrages qui figurent dans le tableau 2 correspondent à des verres de 4 mm d'épaisseur.

• Coefficients $U_w$ des parois vitrées nues en fonction de la menuiserie en PVC : tableau 2.

| Type de la paroi vitrée | $U_g$ du vitrage W/(m²·K) | $U_w$ de la paroi nue en fonction de $U_f$ menuiserie W/(m²·K) | | |
|---|---|---|---|---|
| | | $U_f$ = 1,5 | $U_f$ = 1,8 | $U_f$ = 2,5 |
| Fenêtres battantes | 1,2 | 1,5 | 1,6 | 1,9 |
| | 1,3 | 1,6 | 1,7 | 2 |
| | 1,4 | 1,6 | 1,8 | 2 |
| | 1,5 | 1,7 | 1,8 | 2,1 |
| | 1,6 | 1,8 | 1,9 | 2,2 |
| | 1,7 | 1,9 | 1,9 | 2,2 |
| | 1,8 | 1,9 | 2 | 2,3 |
| | 1,9 | 2 | 2,1 | 2,3 |
| | 2 | 2,1 | 2,2 | 2,4 |
| | 2,1 | 2,1 | 2,2 | 2,5 |
| | 2,2 | 2,2 | 2,3 | 2,5 |
| | 2,3 | 2,3 | 2,4 | 2,6 |
| | 2,4 | 2,3 | 2,4 | 2,6 |
| | 2,5 | 2,4 | 2,5 | 2,7 |
| | 2,6 | 2,5 | 2,6 | 2,8 |
| | 2,7 | 2,6 | 2,6 | 2,9 |
| | 2,8 | 2,6 | 2,7 | 2,9 |
| | 2,9 | 2,7 | 2,8 | 3 |
| Portes-fenêtres battantes sans soubassement | 1,2 | 1,5 | 1,6 | 1,9 |
| | 1,3 | 1,6 | 1,7 | 1,9 |
| | 1,4 | 1,6 | 1,8 | 2 |
| | 1,5 | 1,7 | 1,8 | 2,1 |
| | 1,6 | 1,8 | 1,9 | 2,2 |
| | 1,7 | 1,9 | 1,9 | 2,2 |
| | 1,8 | 1,9 | 2 | 2,3 |
| | 1,9 | 2 | 2,1 | 2,3 |
| | 2 | 2,1 | 2,2 | 2,4 |
| | 2,1 | 2,1 | 2,2 | 2,5 |
| | 2,2 | 2,2 | 2,3 | 2,5 |
| | 2,3 | 2,3 | 2,4 | 2,6 |
| | 2,4 | 2,3 | 2,4 | 2,6 |
| | 2,5 | 2,4 | 2,5 | 2,7 |
| | 2,6 | 2,5 | 2,6 | 2,8 |
| | 2,7 | 2,6 | 2,6 | 2,9 |
| | 2,8 | 2,6 | 2,7 | 2,9 |
| | 2,9 | 2,7 | 2,8 | 3 |
| Portes-fenêtres battantes avec soubassement | 1,2 | 1,5 | 1,7 | 2 |
| | 1,3 | 1,6 | 1,7 | 2 |
| | 1,4 | 1,7 | 1,8 | 2,1 |
| | 1,5 | 1,7 | 1,8 | 2,1 |
| | 1,6 | 1,8 | 1,9 | 2,2 |
| | 1,7 | 1,8 | 2 | 2,3 |
| | 1,8 | 1,9 | 2 | 2,3 |
| | 1,9 | 2 | 2,1 | 2,4 |
| | 2 | 2 | 2,1 | 2,4 |
| | 2,1 | 2,1 | 2,2 | 2,5 |
| | 2,2 | 2,2 | 2,3 | 2,5 |
| | 2,3 | 2,2 | 2,3 | 2,6 |
| | 2,4 | 2,3 | 2,4 | 2,7 |
| | 2,5 | 2,4 | 2,5 | 2,7 |
| | 2,6 | 2,4 | 2,5 | 2,8 |
| | 2,7 | 2,5 | 2,6 | 2,8 |
| | 2,8 | 2,6 | 2,7 | 2,9 |
| | 2,9 | 2,6 | 2,7 | 3 |
| (1) : $U_f$ est le coefficient de transmission surfacique de la menuiserie. | | | | |

*Tableau 2. Coefficient $U_w$ des parois vitrées nues de menuiseries en PVC.*

La résistance thermique additionnelle ΔR apportée par l'ensemble fermeture lame d'air ventilée est donnée tableau 3.

| Fermetures | ΔR m²·K/W |
|---|---|
| – Jalousie accordéon, fermeture à lames orientables y compris les vénitiens extérieurs tout métal, volets battants ou persiennes avec ajours fixes | 0,08 |
| – Fermeture sans ajours en position déployée, volets roulants Alu | 0,14 |
| – Volet roulant PVC ($e \leqslant$ 12 mm)<br>– Persienne coulissante ou volet battant PVC, volet battant bois, ($e \leqslant$ 22 mm) | 0,19<br>0,19 |
| – Persienne coulissante PVC, volet battant bois, ($e >$ 22 mm)<br>– Volet roulant PVC ($e >$ 12 mm) | 0,25<br>0,25 |
| *e* est l'épaisseur du tablier du volet roulant | |

*Tableau 3. Résistances thermiques additionnelles des fermetures.*

• Coefficients de transmission thermique moyen jour-nuit $U_{jn}$ : tableau 4.

| $U_w$ paroi nue W/(m²·K) | $U_{jn}$ pour une résistance thermique complémentaire ΔR de : m²·K/W | | | |
|---|---|---|---|---|
| | 0,08 | 0,14 | 0,19 | 0,25 |
| 1,2 | 1,1 | 1,1 | 1,1 | 1,1 |
| 1,3 | 1,2 | 1,2 | 1,2 | 1,1 |
| 1,4 | 1,3 | 1,3 | 1,3 | 1,2 |
| 1,5 | 1,4 | 1,4 | 1,3 | 1,3 |
| 1,6 | 1,5 | 1,5 | 1,4 | 1,4 |
| 1,7 | 1,6 | 1,5 | 1,5 | 1,4 |
| 1,8 | 1,7 | 1,6 | 1,6 | 1,5 |
| 1,9 | 1,8 | 1,7 | 1,6 | 1,6 |
| 2,0 | 1,9 | 1,8 | 1,7 | 1,7 |
| 2,1 | 1,9 | 1,9 | 1,8 | 1,7 |
| 2,2 | 2 | 1,9 | 1,9 | 1,8 |
| 2,3 | 2,1 | 2 | 2 | 1,9 |
| 2,4 | 2,2 | 2,1 | 2 | 2 |
| 2,5 | 2,3 | 2,2 | 2,1 | 2 |
| 2,6 | 2,4 | 2,3 | 2,2 | 2,1 |
| 2,7 | 2,5 | 2,3 | 2,2 | 2,2 |
| 2,8 | 2,5 | 2,4 | 2,3 | 2,2 |
| 2,9 | 2,6 | 2,5 | 2,4 | 2,3 |

*Tableau 4. Coefficient de transmission thermique moyen U jour-nuit.*

### 3.2. Coefficient U des portes courantes

Pour les portes sans ajour ni isolation spécifique, on pourra prendre les valeurs données tableau 5 en W/m·K.

| Nature de la menuiserie | Type | Donnant sur l'extérieur |
|---|---|---|
| Portes simples en bois | Portes opaques :<br>– pleines<br>– pleines avec montants de 45 mm | <br>3,5<br>3,3 |
| | Portes équipées de vitrage simple :<br>– proportion de vitrage inférieure à 30 %<br>– proportion de vitrage comprise entre 30 et 60 % | <br>4,0<br>4,5 |
| | Portes équipées de vitrage double à lame d'air de 6 mm quelle que soit la proportion de vitrage | 3,3 |
| Portes simples en métal | Portes opaques | 5,8 |
| | Portes équipées de vitrage simple quelle que soit la proportion de vitrage | 5,8 |
| | Portes équipées de vitrage double :<br>– proportion de vitrage inférieure à 30 %<br>– proportion de vitrage comprise entre 50 et 70 % | <br>5,5<br>4,8 |
| Portes en verre sans menuiserie | Portes en vitrage simple | 5,8 |
| Éléments souples battants | | 5,8 |

*Tableau 5. Coefficient U des portes courantes.*

## 4. COEFFICIENT ψ LINÉIQUE

Les déperditions thermiques à travers 1 m² de paroi sont caractérisées par le coefficient de transmission surfacique U. Les déperditions thermiques à travers 1 m de liaison entre deux parois sont caractérisées par un coefficient de transmission linéique ψ pour 1 m de longueur.

ψ est le flux de chaleur à travers une liaison ou une ossature pour une différence de 1 K entre les deux ambiances que sépare la paroi correspondante, ramené à un mètre de longueur de cette liaison ou ossature. Dans le langage courant, on parlera de **ponts thermiques**. L'unité de ψ est le W/m·K.

Les ponts thermiques entraînent des déperditions supplémentaires importantes qui peuvent dépasser pour certains bâtiments 40 % des déperditions thermiques totales à travers l'enveloppe. Un autre effet néfaste est le risque de condensation superficielle du côté intérieur au cas où il y a abaissement notable des températures superficielles à l'endroit des ponts thermiques.

Les règles Th-U proposent, dans le fascicule 5/5 intitulé « Ponts thermiques », des valeurs par défaut pour les liaisons courantes :
- liaison avec un plancher bas,
- liaison avec un plancher intermédiaire,
- liaison entre parois verticales,
- liaison entre menuiseries et parois opaques.

Vu la complexité des formules ayant permis de calculer ces valeurs et la grande variété de cas étudiés, il est préférable de rechercher les valeurs de déperditions linéiques directement dans le fascicule cité précédemment.

## 5. BILAN THERMIQUE D'UN ÉLÉMENT DE FAÇADE (Fig. 3)

La déperdition au travers de la façade D, pour une différence de température de 1 K entre l'intérieur et l'extérieur, vaut :

$$D = \Sigma U_s S + \Sigma \psi_L L$$

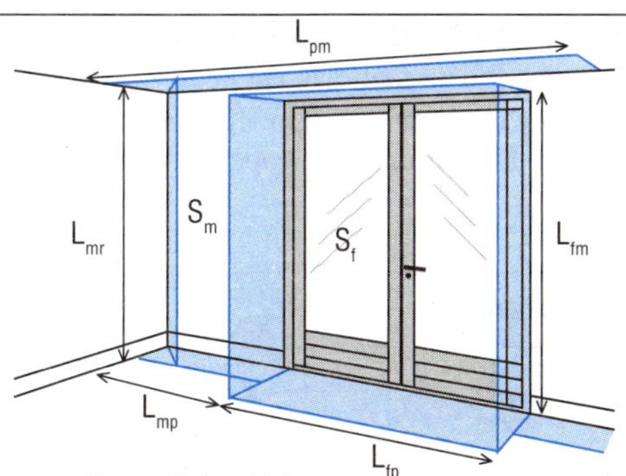


avec : $U_m$ coefficient U du mur,
$U_f$ coefficient U de la fenêtre,
$\psi_{fm}$ coefficent ψ de la liaison mur/fenêtre,
etc...

$$D_{façade} = (U_m S_m) + (U_f S_f) + (2\psi_{fm} L_{fm}) + (\psi_{fp} \cdot L_{fp}) + (\psi_{mp} L_{mp}) + (\psi_{mr} L_{mr}) + (\psi_{pm} L_{pm})$$

*Fig. 3. Bilan thermique d'un élément de façade (principale).*

## 6. HYGROTHERMIE

L'air est un mélange de gaz (oxygène, azote...) et d'eau à l'état de vapeur. Pour une température et une pression données, il s'établit toujours un équilibre entre l'eau liquide et l'eau à l'état de vapeur. La proportion de vapeur d'eau contenue dans un volume d'air défini ne peut dépasser un maximum appelé limite de saturation. Ainsi, à partir de cette limite, la vapeur d'eau se condense et passe de l'état gazeux à l'état liquide.

La plupart des matériaux utilisés dans les bâtiments s'oppose au passage de l'eau liquide mais pas à la diffusion de l'eau à l'état de vapeur. Ainsi dans une paroi, des phénomènes de migration de vapeur d'eau se produisent dans le sens qui rétablit l'équilibre phase liquide/phase gazeuse : fig. 4.

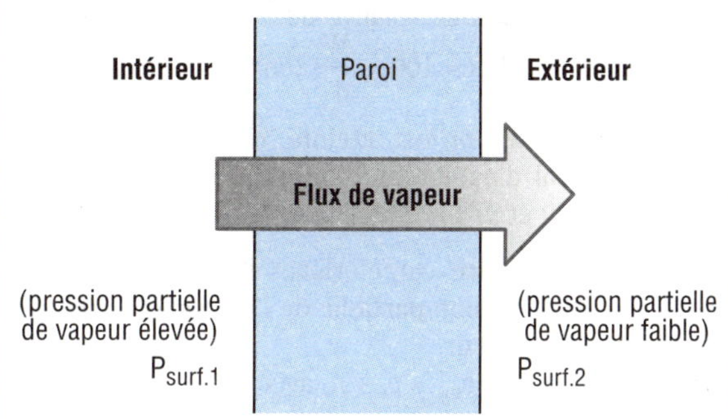


*Fig. 4. Migration de la vapeur d'eau dans une paroi.*

Ces migrations, génératrices de condensations superficielles (qui se manifestent sur les parois froides du côté de l'ambiance chaude) ou internes (qui se produisent à l'intérieur de la paroi) peuvent générer des désordres.

Il est donc nécessaire, pour prévenir ces désordres, d'examiner conjointement les transferts de chaleur et de vapeur à travers les parois pour prévoir par le calcul, en fonction des conditions de température et d'hygrométrie et des ambiances intérieure et extérieure.

### 6.1. Définitions

Voici quelques grandeurs physiques relatives à la quantité d'eau contenue dans l'air ambiant d'un local.

- **Humidité absolue W (fig. 5)**

La masse d'eau contenue dans un volume d'air s'appelle l'humidité absolue de l'air, notée W. Pour une température et une pression données, l'humidité absolue W est limitée à une valeur maximale $W_s$ correspondant à la saturation (la quantité de vapeur d'eau supérieure à $W_s$ se transforme en eau par condensation). Quand la température de l'air augmente, l'humidité à saturation $W_s$ augmente.

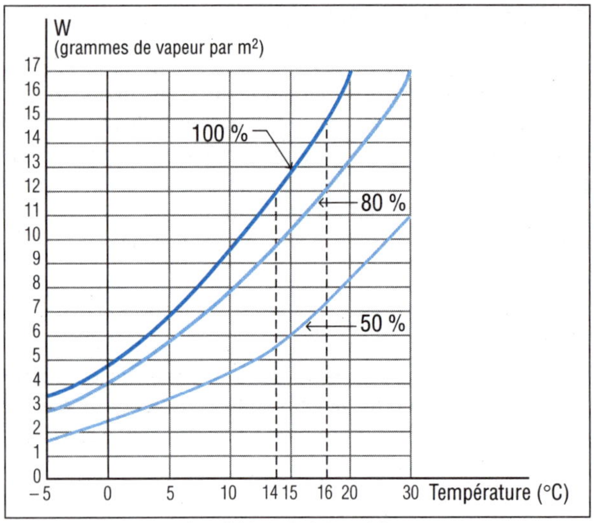


*Fig. 5. Diagramme simplifié de l'air humide.*

- On note HR l'humidité relative dont l'expression est :

$$HR = 100 \times \frac{W}{W_s} \text{ (en \%)}$$

Lorsque la saturation est atteinte, HR est égale à 100 %. Dans un local d'habitation, l'humidité relative est comprise entre 60 et 97 %.

- Un autre paramètre caractérisant l'air est la pression, somme de la pression partielle de l'air sec et la pression partielle de la vapeur.

$$p_{tot.} = p_a + p_v \text{ avec}$$

– $p_{tot.}$ : pression totale de l'air,
– $p_a$ : pression partielle de l'air sec,
– $p_v$ : pression partielle de vapeur d'eau.

La pression de vapeur à saturation est notée $p_s$ ($p_s = p_v$ pour HR = 100 %). Pour un air absolument sec, la pression partielle de vapeur d'eau $p_v$ est nulle.

À une température $T_a$ donnée, la pression partielle de vapeur d'eau, $p_v$, est fonction de $p_s$ (tableau 6) et de HR :

$$p_v = HR \cdot p_s$$

| T (°C) | –20 | –18 | –16 | –14 | –12 | –10 | –8 | –6 | –4 | –2 | 0 | +2 | +4 |
|---|---|---|---|---|---|---|---|---|---|---|---|---|---|
| $P_s$ (Pa) | 103 | 124 | 150 | 181 | 217 | 260 | 310 | 369 | 438 | 518 | 611 | 706 | 813 |
| T (°C) | +6 | +8 | +10 | +12 | +14 | +16 | +18 | +20 | +22 | +24 | +26 | +28 | +30 |
| $P_s$ (Pa) | 935 | 1 073 | 1 228 | 1 403 | 1 599 | 1 818 | 2 063 | 2 337 | 2 642 | 2 982 | 3 359 | 3 778 | 4 242 |

*Tableau 6. Pression de saturation $p_s$ en fonction de la température.*

Exemple : pour une valeur de HR égale à 60 %, à une température égale à 10 °C, $p_s$ vaut 1 228,1 Pa, d'où $p_v = 0{,}60 \times 1\,228{,}1 = 736{,}8$ Pa.

## 6.2. Migration de l'eau dans les parois

Considérons une paroi séparant deux ambiances : l'ambiance intérieure est caractérisée par $T_i$ et $HR_i$, et l'ambiance extérieure, par $T_e$ et $HR_e$.

La connaissance des caractéristiques de ces deux ambiances permet de déterminer les pressions partielles de vapeur sur les deux faces. Dans la construction, la grande majorité des matériaux employés sont des matériaux poreux, qui ne sont pas totalement étanches à l'air.

Quand la pression partielle de vapeur de part et d'autre d'une paroi est différente, il s'établit à travers cette paroi, un courant de diffusion de la vapeur d'eau, qui tend à équilibrer ces deux pressions. La vapeur d'eau se déplace alors dans le matériau de la pression la plus forte vers la plus faible. La quantité de vapeur d'eau $g$ traversant un matériau d'épaisseur $e$ et de perméabilité $\pi$, pour l'unité de surface de la paroi pendant l'unité de temps, est donnée par la loi de Fick :

$$g = \frac{\pi}{e} \times (p_{surf.\,1} - p_{surf.\,2})$$

Le tableau 7 donne quelques valeurs courantes de $\pi$.

| Matériaux | Perméabilité $\pi$ (g/m h mm Hg)$\times 10^{-3}$ |
|---|---|
| Air | 90 |
| Terre cuite | 8 |
| Maçonnerie – Briques creuses | 14 à 35 |
| Béton plein de granulats lourds | 3 à 4 |
| Béton cellulaire | 10 à 20 |
| Béton granulats légers | 8 à 15 |
| Mortiers d'enduits | 3 à 8 |
| Plâtre | 13 |
| Fibres minérales (laine de verre ou de roche) | 35 à 70 |
| Panneaux fibragglos | 25 |
| Polystyrène expansé (masse volumique 15 kg/m³) | 2 à 3 |
| Polystyrène expansé (masse volumique 20 kg/m³) | 1 à 2 |
| Polyéruthanne (cellules fermées) | 1 à 2 |
| Mousse de verre | 0,1 à 0,05 |
| Mousses phénoliques | 30 |
| Asphalte sablé | 0,05 |

*Tableau 7. Perméabilité $\pi$ de matériaux courants.*

En migrant vers la partie froide du mur, la vapeur d'eau peut se condenser dans les matériaux de la paroi. Si la condensation s'effectue dans l'isolant, il peut y avoir une dégradation de celui-ci. On interposera donc un pare-vapeur entre la partie « chaude » du mur et l'isolant.

## 6.3. Résistance à la diffusion

La perméance P d'un matériau est définie par le rapport $\frac{\pi}{e}$ ; elle s'exprime en g/m² · h · mm Hg : tableau 8.
La résistance à la diffusion de vapeur d'eau est l'inverse de la perméance : $R_{D_i} = \frac{1}{P} = \frac{e}{\pi}$.

| Matériaux | Épaisseurs (mm) | Perméance P (g/m² h mm Hg)$\times 10^{-3}$ |
|---|---|---|
| Plaque de plâtre cartonnée | 10 | 1 000 |
| Pare-vapeur courant | 4 à 5 | 1 |
| Feuille alu. ou cuivre | 8/100 | < 1 |
| Carton bituré imprégné | 0,5 | 5 à 10 |
| Papier kraft | 0,1 | 200 |
| Papier métallisé | 0,1 | 2 |
| Polyéthylène | 0,1 | 3 |
| Peinture caoutchouc chloré trois couches | 0,075 | 10 |
| Feuille PVC ou rilsan | > 0,1 | < 1 |
| Complexe kraft polyéthylène | 0,20 | 3 |

*Tableau 8. Perméance des couches minces utilisées comme écrans pare-vapeur.*

L'utilisation de matériaux à haute résistance à la diffusion limite d'autant plus le passage de la vapeur d'eau à travers la paroi.

La résistance totale à la diffusion à la vapeur d'une paroi $R_d$ est égale à la somme des résistances à la diffusion de chaque couche de matériau homogène constituant cette paroi : fig. 6.

$$R_d = e_1/\pi_1 + \dots + e_n/\pi_n$$

Il y a analogie avec la loi de transfert de chaleur définie précédemment, dans laquelle la résistance thermique d'une paroi est égale à la somme des résistances thermiques de chacune des couches de matériau homogène constituant cette paroi.

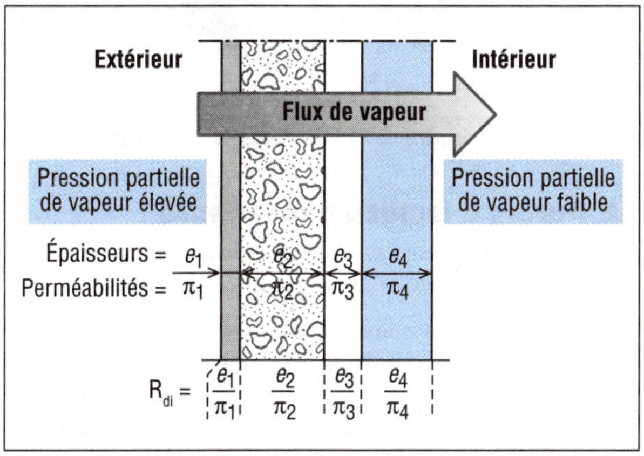


*Fig. 6. Résistance à la diffusion d'une paroi.*

### 6.3.1. Graphique des pressions partielles de vapeur

L'évolution des pressions partielles de vapeur dans l'épaisseur d'une paroi est obtenue par construction de graphes analogues à ceux représentant l'évolution de la température dans une paroi (p. 315).

Cette construction graphique s'établit de la manière suivante :

- On calcule les résistances à la diffusion de vapeur $e/\pi$ de chaque élément constituant la paroi.
- À partir du graphique des températures dans la paroi p. 315, on détermine à l'aide du diagramme de l'air humide (fig. 5) et du tableau 6, les pressions partielles de vapeur sur les deux faces de la paroi.

*Nota* : les humidités relatives de la paroi doivent être connues (par exemple $T_i = 20$ °C, HR = 70 % et $T_e = -5$ °C, HR = 85 %).

- On porte à l'échelle, en abscisse, les résistances à la diffusion et en ordonnée les pressions partielles de vapeur.
- On trace la droite AE telle que définie dans la figure 7.
- Les pressions partielles aux interfaces entre les différentes couches sont déterminées également graphiquement.

### 6.3.2. Condensation dans la paroi

La figure 7 décrit l'évolution des pressions partielles dans la paroi pour des ambiances hygrométriques choisies (courbe bleu foncé).

Pour vérifier l'existence de condensation dans la paroi, il convient d'établir sur ce même graphique l'évolution de la pression de vapeur saturante (courbe bleu clair).

La valeur de la pression partielle ne peut physiquement pas dépasser celle de la pression partielle de vapeur à saturation. Par conséquent, chaque fois qu'en un point de la paroi, les valeurs des pressions partielles deviennent supérieures aux valeurs des pressions de vapeur saturante, il y a condensation.

Cette possibilité de condensation induit le risque de gel en hiver, ou au contraire de réévaporation rapide en été, avec augmentation brutale de volume, phénomènes qui peuvent engendrer de nombreux désordres dans la paroi.

On cherchera donc à s'assurer que, pour les conditions limites définies par le cahier des charges, les pressions partielles de vapeur s'établissant dans la paroi restent inférieures aux pressions partielles de vapeur saturantes.

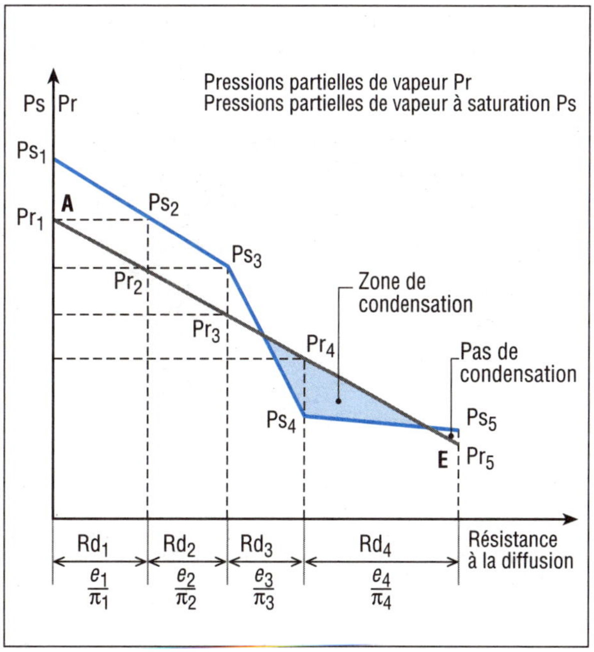


*Fig. 7. Graphique des pressions partielles de vapeur.*

# MISE EN ŒUVRE DE L'ISOLATION THERMIQUE

**AFNOR NF P 10-202 (DTU n° 20-1), P 18-210 (DTU n° 23-1), P 14-201 (DTU n° 26-2), P 21-204 (DTU n° 31-2), P 23-201 (DTU n° 36-1), P 24-203 (DTU n° 37-1), P 63-203 (DTU n° 51-3), P 61-202 (DTU n° 52-1), P 65-202 (DTU n° 55-2), P 68-203 (DTU n° 58-1), NF P 54-162, NF P 75-101, cahier 3231 du CSTB (juin 2000)**

## 1. ISOLATION THERMIQUE DES PAROIS VERTICALES

L'isolation thermique d'un mur extérieur est obtenue :

- soit en réalisant la paroi à l'aide de matériaux ou d'éléments isolants : la paroi est alors à isolation répartie ;
- soit en rapportant l'isolant sur la paroi déjà construite, par l'intérieur ou par l'extérieur selon la position de la couche isolante ;
- soit en utilisant des blocs-coffrages isolants de parois intérieures et extérieures en polystyrène expansé entre lesquels le béton constituant le mur porteur, est coulé.

Les procédés ne sont pas équivalents en ce qui concerne les ponts thermiques et, à résistance thermique équivalente de l'isolant, ils n'induisent pas les mêmes déperditions.

La résistance thermique utile R des isolants à disposer est donnée p. 52 pour les maisons individuelles, sinon on se reportera aux règles de calcul p. 334 ou aux avis techniques du CSTB.

### 1.1. Parois à isolation répartie

Il s'agit de parois en maçonneries de petits éléments constituées :

- soit de blocs perforés de terre cuite, à alvéoles verticales montés à joints discontinus avec ou sans bande isolante (fig. 1) ; la conception et la mise en œuvre de ces murs en maçonnerie relèvent du DTU n° 20.1 ;

On retrouve :
1 La pose jointive : briques serrées les unes contre les autres.
2 Les joints horizontaux : constitués par deux bandes de mortier isolant.
3 Les joints verticaux : réalisés par coulage d'un mortier suffisamment liquide afin de bien remplir – à refus – les cavités extrêmes formées par la simple juxtaposition des briques.
4 La mise en place d'un isolant entre les deux bandes de mortier : laine de roche de 10 ou 13 cm de large.

*Fig. 1. Paroi à isolation répartie en blocs perforés de terre cuite.*

- soit de blocs de béton cellulaire (NF-BLOCS EN BÉTON) collés ou montés au mortier isolant (le système fait alors l'objet d'un avis technique du CSTB) (fig. 2).

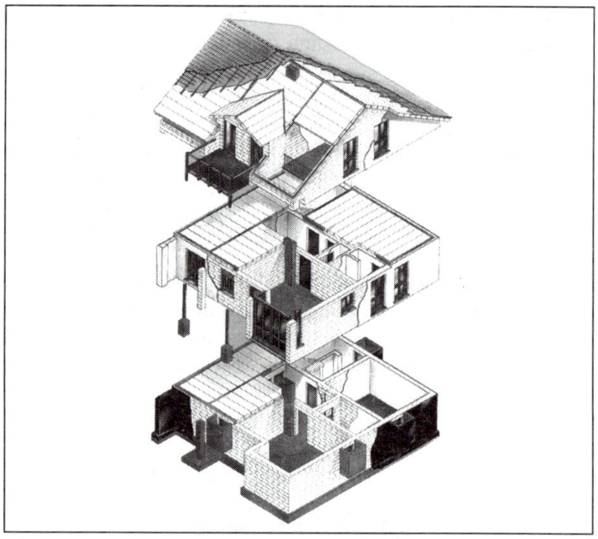

*Fig. 2. Paroi à isolation répartie en blocs de béton cellulaire (NF – Blocs en béton).*

### 1.2. Parois à isolation intérieure

Le doublage intérieur conférant une isolation thermique au mur peut être réalisé de deux façons différentes.

- **Solution 1 :** un complexe isolant, constitué généralement par un panneau isolant en polystyrène expansé ou extrudé ou en mousse de polyuréthane ou en laine minérale, collé sur une plaque de plâtre cartonné est fixé au mur (fig. 3), par collage à l'aide de plots de mortier adhésif, ou par clouage sur une ossature constituée de tasseaux en bois ou de profilés métalliques déjà fixés à la paroi, dans le cas où le mur présente des défauts trop importants (irrégularités de surface et/ou mauvaise planéité).

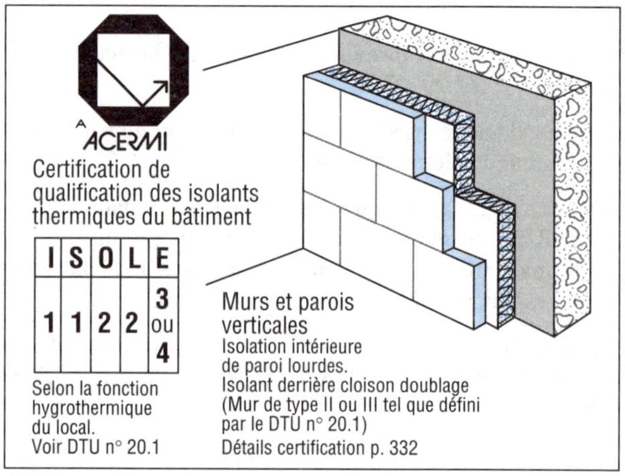


*Fig. 3. Isolation par l'intérieur.*

- **Solution 2 :** on construit une cloison séparée du mur par une lame d'air continue et/ou par un matériau isolant. Cette cloison nommée cloison de doublage peut être préfabriquée à âme isolante et, le plus souvent, est en briques plâtrières.

## 1.3. Parois à isolation extérieure

L'isolation se présente sous la forme de panneaux isolants directement appliqués et fixés mécaniquement ou par collage à la face extérieure de la paroi, sans lame d'air ventilée entre l'isolant et le support, et d'une peau extérieure protégeant le panneau isolant des sollicitations suivantes : chocs, poinçonnement, pression statique, pluie, rayonnement solaire…

Les systèmes d'isolation par l'extérieur se distinguent par l'existence ou non d'une lame d'air faiblement ventilée entre la peau et l'isolant.

### 1.3.1. Enduits sur isolants

La peau extérieure est continue et adhère à l'isolant. Elle doit présenter des caractéristiques mécaniques et une étanchéité à la pluie suffisantes.

Cette peau peut être un enduit mince ou un enduit hydraulique.

L'isolant joue un rôle porteur et le collage améliore la répartition et la transmission des efforts entre l'isolant et le support.

Pour limiter les écarts de variations dimensionnelles entre l'isolant et l'enduit, on doit armer l'enduit d'un treillis de fibres de verre ou choisir des matériaux compatibles entre eux (enduit de module d'élasticité faible, par exemple).

Pour écarter les risques de condensation dans la masse de l'isolant ou de la peau, il faut que la perméance à la vapeur d'eau (p. 319) de l'enduit soit suffisamment grande par rapport à celle de l'isolant (c'est le cas du polystyrène expansé).

- **Enduits minces à liants organiques**

  Ces systèmes, non traditionnels, sont constitués d'un enduit mince armé d'un treillis de fibres de verre et appliqué sur isolant (fig. 4).

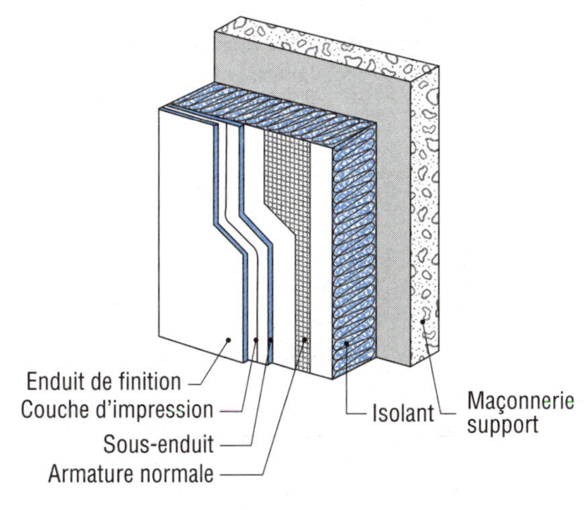


*Fig. 4. Enduit mince sur isolant.*

La fixation de l'isolant au mur support est réalisée soit par collage au moyen d'un mortier-colle identique ou similaire au sous-enduit, soit par fixation mécanique au moyen de profilés en PVC ou de connecteurs plastiques vissés au support. En cas d'utilisation de laine de roche, le collage est complété par une fixation au moyen de chevilles plastiques.

Le sous-enduit dans lequel est noyée l'armature en treillis de fibres de verre enrobées contient 5 à 15 % de résines vinyliques ou acryliques et peut être formulé pour être prêt à l'emploi (ou avec adjonction d'une quantité variable de ciment).

La finition est généralement apportée par un Revêtement Plastique Épais (RPE) : il peut s'agir aussi d'une couche d'enduit recevant par projection des granulats fins de marbre.

La surface des murs neufs ou anciens (béton brut ou maçonnerie, enduite ou non) doit être saine, débarrassée de poussière, graisse ou huile de démoulage, et ne pas ressuer l'humidité. Tout produit non adhérent devra être éliminé par brossage, grattage et ponçage.

Le collage des panneaux isolants est réalisé par plots ou par boudins, ou bien par adhésif réparti à la taloche crantée (fig. 5), sauf dans le cas de décapage par plots du support sur lequel il faut alors déposer l'adhésif.

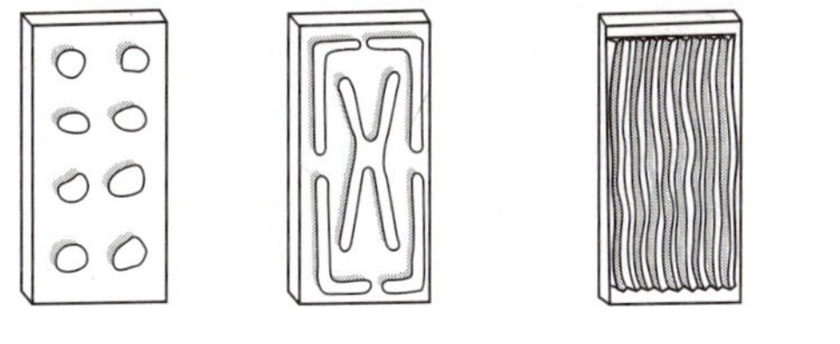


*Fig. 5. Collage des panneaux isolants.*

Les panneaux sont posés, à joints décalés, à partir d'un niveau de référence matérialisé par un profilé fixé en partie basse. On effectue les découpes et les ajustements des panneaux après collage et on calfeutre au mastic l'espace (5 mm) laissé entre les panneaux et les saillies telles que menuiseries, appuis de fenêtres…

Pour mettre en œuvre l'enduit, on applique successivement :

- Une couche de base en 2 ou 3 fois (sous-enduit), dans laquelle est noyée l'armature (treillis de fibres de verre) normale ou renforcée selon le degré d'exposition aux chocs de la façade (fig. 6).

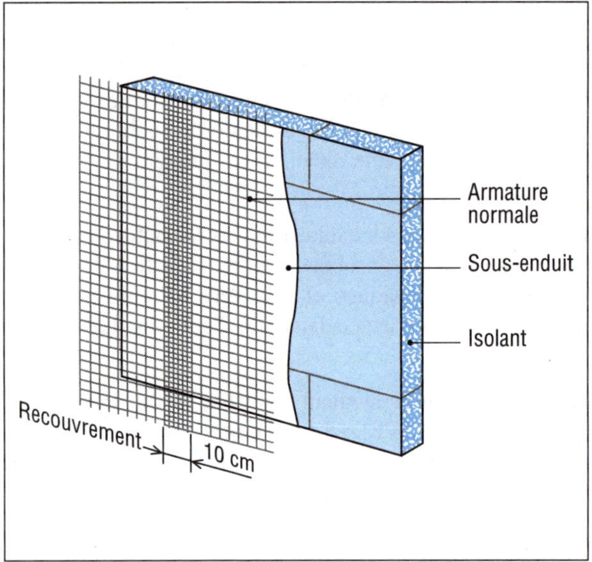


*Fig. 6. Armature du sous-enduit.*

Tous les bords et angles du système sont protégés par des cornières collées sous l'armature normale (fig. 7).

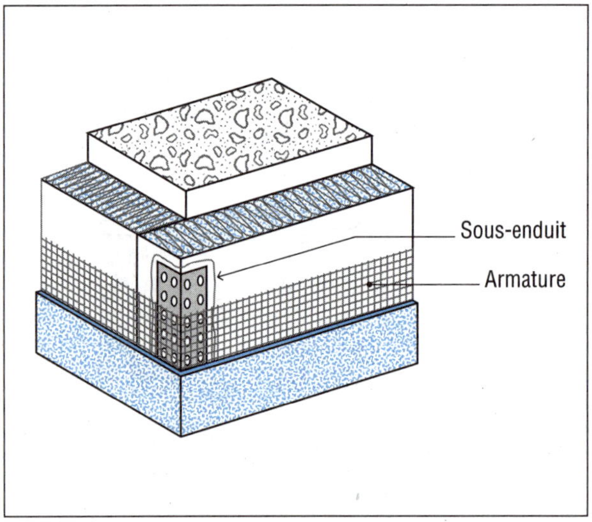


*Fig. 7. Cornières de protection des angles.*

- Une couche de préparation pour faciliter l'accrochage de la couche de finition.

- Une couche de finition (enduit de parement plastique de préférence taloché ribbé pour absorber les légers défauts de planéité du support et assurer une durabilité meilleure que celle des enduits roulés).

Des détails de mise en œuvre aux points singuliers sont donnés par les figures 9 à 13.

- **Enduits épais à liants hydrauliques**

Ces systèmes, non traditionnels, sont constitués d'un enduit mono ou bicouche appliqué sur isolant en épaisseur généralement comprise entre 3 et 12 cm (fig. 14).

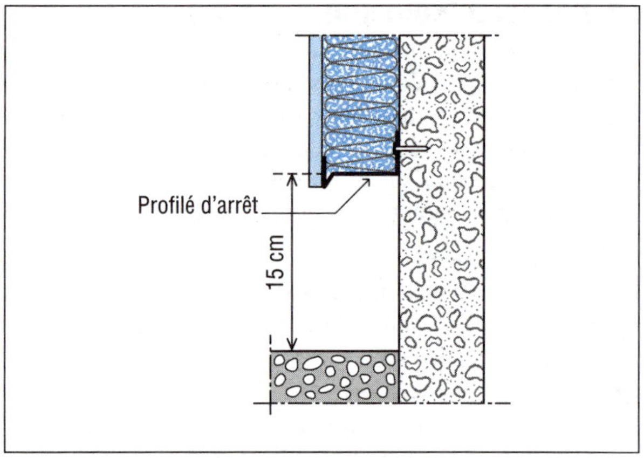


*Fig. 8. Profilé en partie basse de l'isolation.*

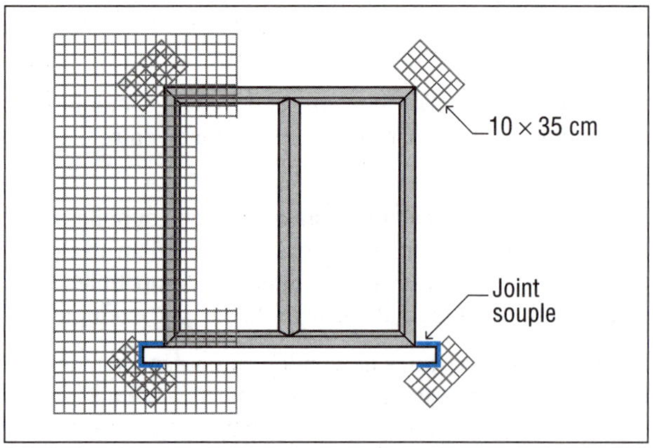


*Fig. 9. Armatures de renfort aux angles des ouvertures.*

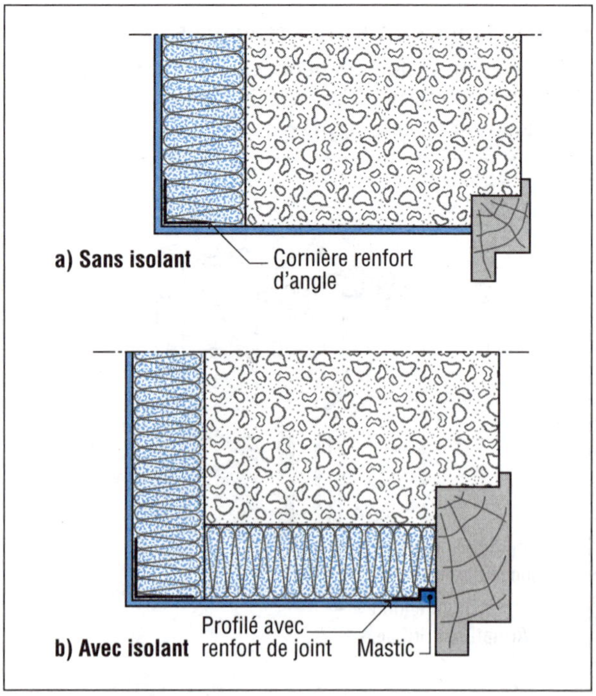


*Fig. 10. Détails en tableau.*

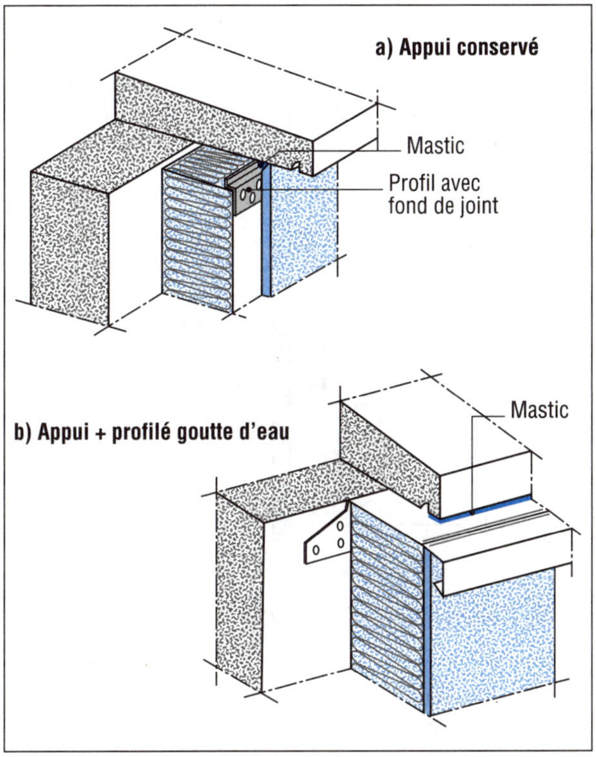


*Fig. 11. Détails aux appuis de baie.*

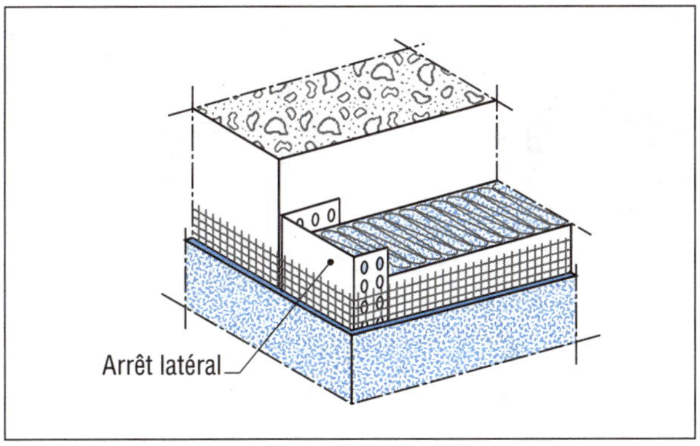


*Fig. 12. Arrêt latéral de l'isolation par profilé.*

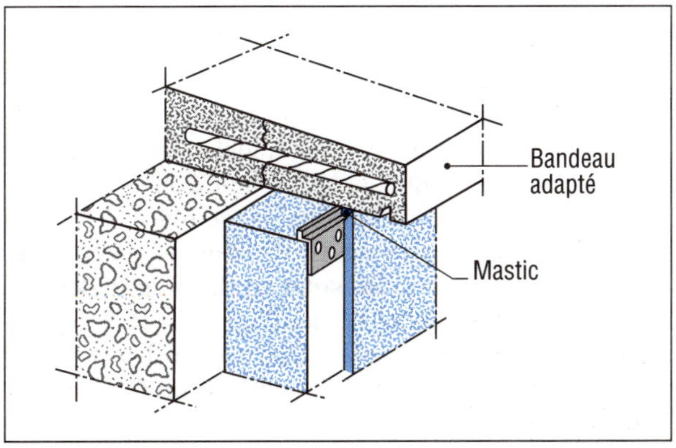


*Fig. 13. Détail sur acrotère.*

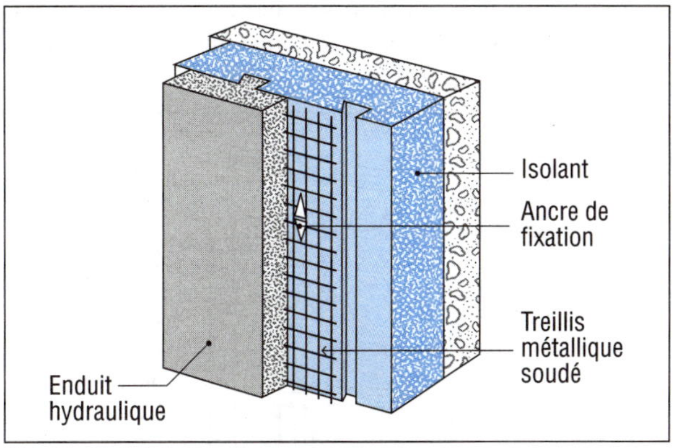


*Fig. 14. Enduit hydraulique sur isolant.*

La fixation de l'isolant au mur support est réalisée soit par collage au moyen d'un mortier-colle, soit par fixation mécanique au moyen de chevilles plastiques expansibles en polyéthylène ou en polypropylène, à raison de 7 à 10 fixations par $m^2$ selon les systèmes.

Les systèmes collés comportent néanmoins des fixations mécaniques complémentaires.

L'enduit est renforcé soit par une armature (métallique ou en fibres), soit par des fibres de verre :

- armature métallique : treillis métallique soudé, galvanisé, se présentant en plaques ou en rouleaux.
- armature souple : treillis en fibres de verre ou en fibres mixtes verre/kevlar, traité contre l'action des alcalis et se présentant en rouleaux.
- fibres de verre : des fibres longues, incorporées dans l'enduit, peuvent jouer le rôle d'armature. Des fibres plus courtes sont également utilisées dans certains systèmes comportant une armature.

La finition peut être brute de projection, écrasée ou grattée en épaisseur variant de 2 à 14 mm. Elle peut atteindre 10 mm dans le cas des panneaux composites. Avec granulats projetés, l'épaisseur varie de 4 à 12 mm.

Des enduits de finition particuliers peuvent être envisagés : les enduits limousin, frotté, tyrolien ont 3 mm d'épaisseur, l'enduit truelle a 7 mm d'épaisseur, l'enduit gratté a 10 mm d'épaisseur.

### 1.3.2. Bardages rapportés

Un bardage rapporté est constitué d'une ossature fixée au mur support et d'éléments manufacturés de parement fixés sur l'ossature : écailles, ardoises, bardeaux, tuiles, clins, plaques, ... (fig. 15).

Les principaux matériaux rencontrés sont les suivants : aluminium, acier ou zinc, fibre-ciment, ardoise, béton, enduit, mortier, bois, stratifiés et dérivés, céramique, méthacrylate (mortier), polyester (mortier et stratifié), PVC, terre cuite.

Une lame d'air continue d'au moins 2 cm d'épaisseur est ménagée sous la peau.

L'ossature est fixée au mur, soit par des vis traversantes, soit le plus souvent par des pattes métalliques chevillées au mur (exemple : fig. 16).

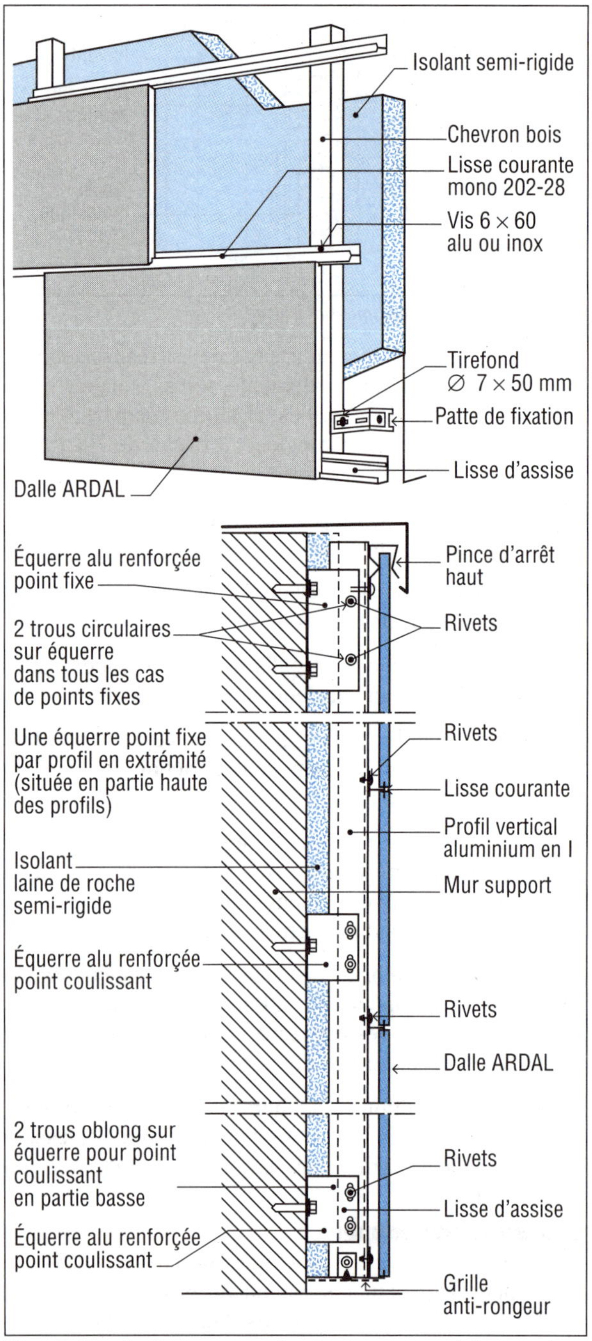


*Fig. 15. Constitution courante d'un bardage rapporté (perspective et coupe verticale) : doc. ARDAL.*

L'ossature peut être en bois, en acier, en aluminium ou mixte (bois + métal).

En général, cette ossature est décalée du support au moyen des pattes métalliques, l'espace ainsi ménagé permettant de placer un isolant thermique (fig. 17).

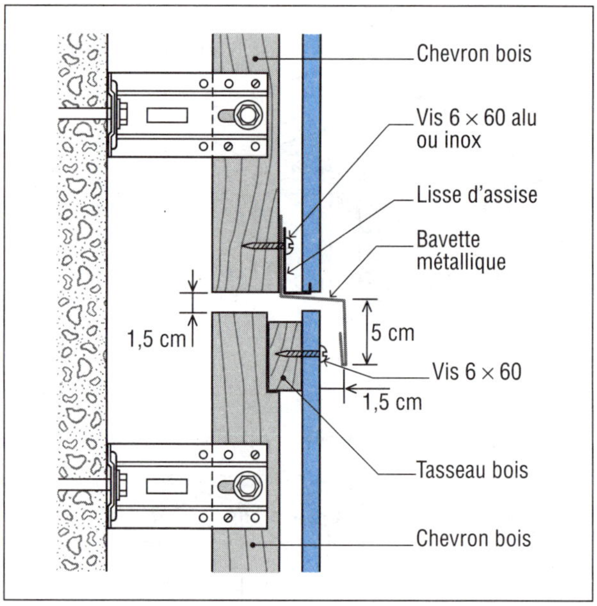


*Fig. 16. Exemple : fixation d'une ossature bois par pattes métalliques.*

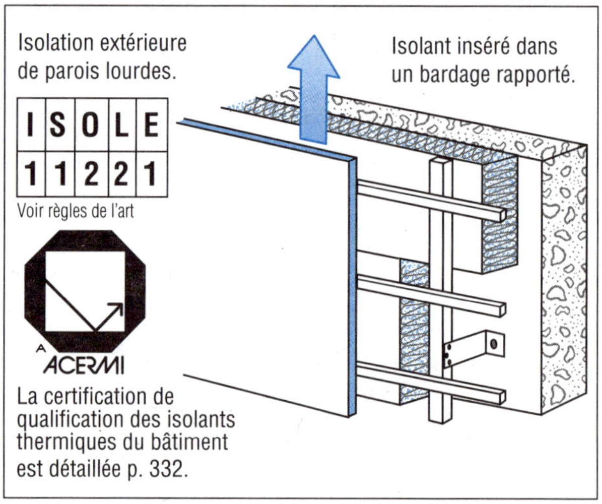


*Fig. 17. Bardages rapportés.*

La conception des ossatures figure dans les deux documents du CSTB « Règles générales de conception et mise en œuvre des bardages rapportés », l'un relatif aux ossatures bois, l'autre aux ossatures métalliques.

La mise en œuvre s'effectue conformément aux règles de l'art lorsqu'il s'agit d'un système traditionnel et conformément à l'Avis Technique lorsqu'il s'agit d'un système non traditionnel. Dans ce dernier cas, on se référera en outre aux **« Règles générales de conception et de mise en œuvre – Ossature bois et isolation thermique des bardages rapportés faisant l'objet d'un Avis Technique »**. Ce document peut aussi être utilisé, le cas échéant, pour la réalisation de l'ossature bois et de l'isolation des bardages traditionnels. Le même document existe pour les ossatures métalliques.

Pour obtenir une bonne ventilation de la lame d'air, il faut espacer d'au moins 20 mm l'isolant et les plaques de revêtement, en prévoyant des ouvertures en partie haute et basse du bardage (un fractionnement de la lame d'air est en général nécessaire (fig. 18)).

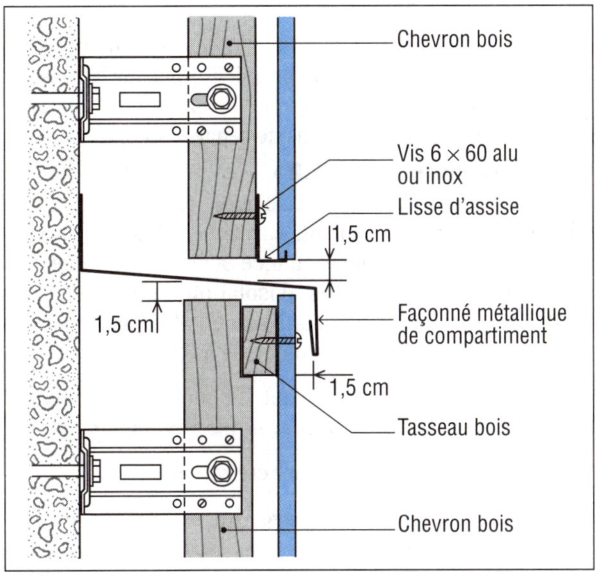


*Fig. 18. Joint de fractionnement de la lame d'air tous les 8 niveaux ou 22 mètres.*

Les plaques sont posées à claire-voie, à pureau entier ou à clin sur des liteaux bois ou sur des profils perforés en aluminium.

D'autres détails de mise en œuvre sont donnés figures 19 et 20.

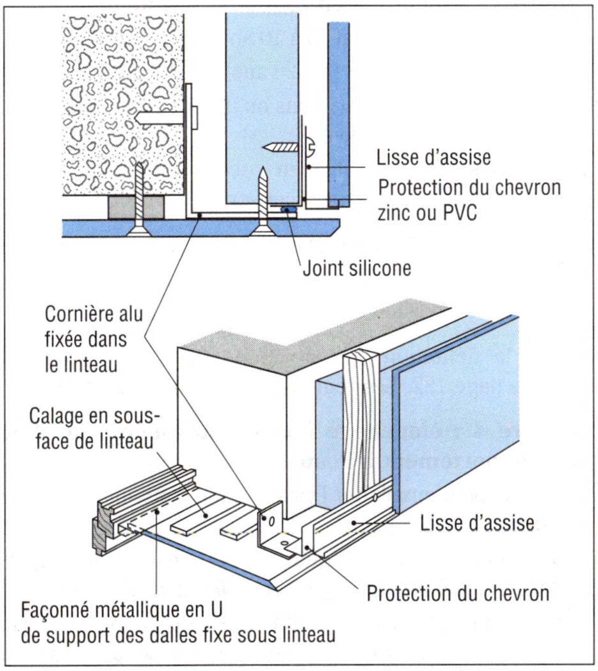


*Fig. 19. Habillage de linteau avec dalles à liant traité.*

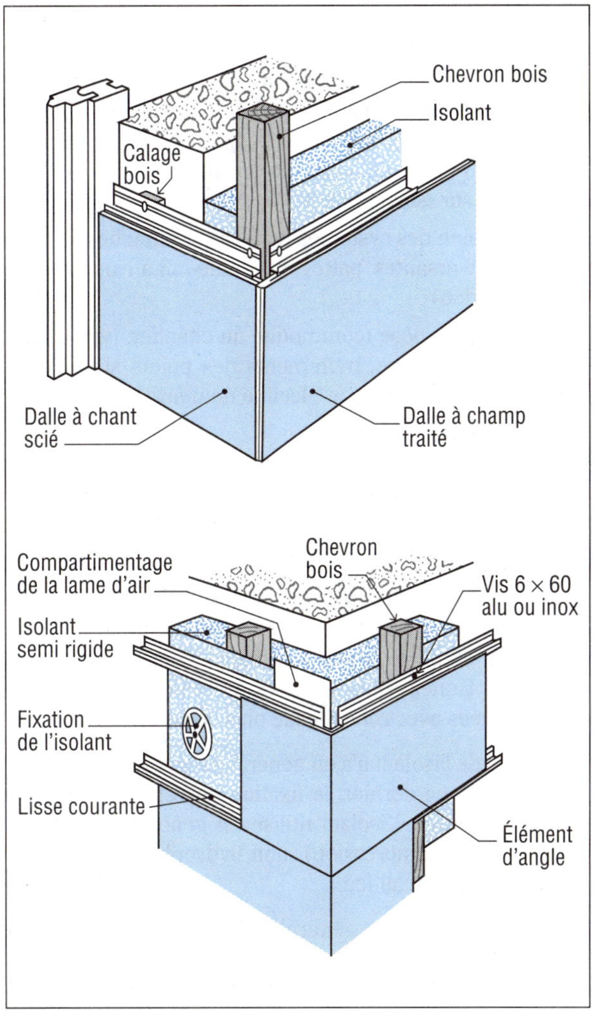


*Fig. 20. Bardage rapporté angle sortant.*

### 1.3.3. Vêtures

Une vêture est un système non traditionnel d'isolation extérieure à base de composants associant un parement et un isolant.

Ces composants sont fixés mécaniquement à la structure porteuse, en principe sans ossature intermédiaire au moyen de fixations traversantes (vis et chevilles), de pattes ou de profilés.

L'isolant thermique le plus utilisé est le polystyrène expansé moulé en densité 13 à 20 kg/m$^3$. Certains systèmes utilisent également de la laine de roche de forte densité (90 à 150 kg/m$^3$), de la mousse de polyuréthane ou du polystyrène extrudé.

La peau peut être séparée de l'isolant, collée pour la manutention ou adhérente (avec ou sans maintien mécanique) à l'isolant. Les matériaux utilisés en peau externe sont similaires à ceux des bardages rapportés avec, en outre, la possibilité de réaliser des enduits ou des mortiers hydrauliques directement sur l'isolant.

La mise en œuvre des vêtures impose les trois conditions principales suivantes :

- une bonne qualité du support qui, compte tenu de la perméance à la vapeur de ces éléments plus faible que celle des bardages et de leur pose directe sur la paroi, nécessite des dispositions analogues à celles des enduits sur isolants (p. 321) ;
- la précision des systèmes de fixation (attaches par fixations traversantes, pattes ou profilé-rail à l'aide de chevilles nylon) ;
- la facilité de pose (commodité du chantier, type d'avancement à la pose, traitements des points singuliers – baies, dernier rang... –, facilité de démontage).

#### 1.3.4. Vêtages

Un vêtage est un système d'étanchéité de façade consistant à fixer mécaniquement en face externe d'un mur des éléments manufacturés sans ossature lourde, ni lame d'air ventilée (cas des bardages rapportés).

Les éléments peuvent être des écailles, dalles, plaques, bardeaux ou clins. Ils sont fixés soit directement au mur, soit au travers d'une isolation thermique constituée de panneaux ou plaques collés ou fixés mécaniquement au mur (vis chevillées avec rondelles le plus souvent).

La fixation de l'isolant n'a en général qu'un rôle de maintien provisoire de ce dernier, la fixation du vêtage assurant la fixation définitive. L'isolant utilisé est généralement rigide (résistance en compression), non hydrophile et classé $M_1$ ou $M_0$ en réaction au feu.

La mise en œuvre est généralement aisée. Elle nécessite cependant du soin pour assurer une bonne planéité en face externe de l'isolation et un alignement correct des éléments.

Ne sont visés ici que les vêtages avec isolation thermique préalable.

#### 1.3.5. Revêtements attachés en pierre mince

Ce sont des revêtements constitués de pierres minces posées sur pattes ou attaches avec ergots définis dans le DTU n° 55-2. Ils sont en général portés et à joints ouverts (épaisseur minimale de 2 cm ou 2,7 cm). Ils peuvent être autoporteurs (épaisseur minimale de 7,5 cm et pose sur assise) et à joints garnis au mortier de ciment. Les pattes sont scellées ou chevillées au support. L'isolation thermique est généralement réalisée au moyen de feutres semi-rigides non hydrophiles de laine minérale. Une lame d'air d'environ 2 cm est ménagée entre l'isolant et la pierre.

#### 1.3.6. Contre-murs extérieurs en briques

Les contre-murs extérieurs en briques pleines ou creuses maçonnées permettent de réaliser un mur double selon le DTU n° 20.1. Des attaches métalliques entre mur porteur et contre-mur sont insérées dans les joints dans le cas des contre-murs en briques pleines de hauteur supérieure à un étage ou en briques creuses.

L'isolation thermique peut être obtenue au moyen de différents isolants : feutres non hydrophiles de laine minérale ou de plaque en plastique alvéolaire par exemple.

### 1.4. Aide au choix d'un système d'isolation par l'extérieur

L'association EPEBAT a mis au point le classement « reVETIR » permettant d'opérer un premier choix sur la base des critères techniques suivants : performances, adaptation à l'emploi, durabilité, conditions de réparation et d'entretien.

#### 1.4.1. Classement « reVETIR »

Il concerne les systèmes d'isolation principale (enduits minces ou épais sur isolant, bardages rapportés, revêtements attachés en pierre mince avec isolant, vêtures, vêtages) et les systèmes d'isolation complémentaire (enduits légers de granulats isolants) dont la résistance thermique R est supérieure ou égale à 0,5 $m^2 \cdot K/W$.

Ce classement est indépendant du mur support dont il faudra vérifier l'aptitude à recevoir un système donné.

Sept critères de classement ont été retenus :

- **Critère 1 : facilité de réparer ou de remplacer « *r* »**
  - $r_1$ : réparation malaisée ou nécessitant des produits spécifiques,
  - $r_2$ : réparation malaisée avec des produits courants ou réparation aisée avec des produits spécifiques,
  - $r_3$ : réparation aisée avec des produits courants mais nécessitant une remise en peinture sur une zone plus étendue que la réparation,
  - $r_4$ : réparation aisée avec des produits courants.
- **Critère 2 : facilité d'entretien et périodicité « *e* »**
  - $e_1$ : entretien fréquent (3 à 10 ans),
  - $e_2$ : entretien normal (8 à 20 ans),
  - $e_3$ : entretien espacé (15 ans ou plus) ou pas d'entretien et aspect non conservé,
  - $e_4$ : pas d'autre entretien qu'un lavage périodique (10 ans et plus) et aspect conservé.
- **Critère 3 : résistance aux effets du vent « V »**

  Le classement $V_1$, $V_2$, $V_3$, $V_4$ correspond à différents niveaux de pression et dépression minimales.

*Nota :* la définition des situations de construction est détaillée page 182. Les régions sont données page 181.

- **Critère 4 : étanchéité relative ou totale à la pluie et comportement à l'eau « E »**
  - $E_1$ : ne peut empêcher l'eau de pluie d'atteindre la paroi support,
  - $E_2$ : s'oppose au cheminement de l'eau (peau imperméable, isolant perméable et de faible capillarité),
  - $E_3$ : comporte un dispositif de récupération et d'évacuation des eaux d'infiltration entre la peau et l'isolant non hydrophile DTU n° 20-11),

- $E_4$ : comporte une peau étanche et un dispositif de récupération et d'évacuation des eaux d'infiltration entre la peau et l'isolant non hydrophile (DTU n° 20-11).

- **Critère 5 : tenue aux chocs et poinçonnement « T »**

Le classement $T_1$, $T_2$, $T_3$, $T_4$ est indiqué par 2 nombres : la résistance aux chocs de corps durs ou mous (exprimée par la masse du corps de choc et par le diamètre du Perfotest si l'épaisseur de la peau du système est inférieure à 5 mm) et l'énergie du choc.

- **Critère 6 : comportement en cas d'incendie « I »**
  - $I_1$ : classement $M_4$ (p. 294),
  - $I_2$ : classement $M_3$,
  - $I_3$ : classement $M_2$ ou $M_1$,
  - $I_4$ : classement $M_0$.

- **Critère 7 : résistance thermique « R »**
  - $R_1 : 0,5 < R < 1\ m^2 \cdot K/W$,
  - $R_2 : 1 < R < 2\ m^2 \cdot K/W$,
  - $R_3 : 2 < R < 3\ m^2 \cdot K/W$,
  - $R_4 : < R < 3\ m^2 \cdot K/W$.

#### 1.4.2. Choix du classement

Le tableau 1 résume, de façon simple, les possibilités de choix.

*Nota :* les régions, situations et hauteurs H au-dessus du sol (définies dans les DTU n° 36-1 et 37-1) sont détaillées p. 182.

| Réparation (*r*) |
|---|
| Selon risques de réparations prévisibles |

| Entretien (*e*) |
|---|
| Selon possibilités de financement de l'entretien et d'intervention sur la façade |

<table>
<tr><th colspan="9">Vent (V)</th></tr>
<tr><th>Hauteur en m \ Région</th><th colspan="4">Site normal</th><th colspan="4">Site exposé</th></tr>
<tr><th></th><th>I</th><th>II</th><th>III</th><th>IV</th><th>I</th><th>II</th><th>III</th><th>IV</th></tr>
<tr><td>10</td><td rowspan="4">V<sub>1</sub></td><td rowspan="9">V<sub>2</sub></td><td rowspan="4">V<sub>2</sub></td><td rowspan="5">V<sub>3</sub></td><td rowspan="9">V<sub>2</sub></td><td rowspan="3">V<sub>2</sub></td><td>V<sub>2</sub></td><td rowspan="2">V<sub>3</sub></td></tr>
<tr><td>15</td><td rowspan="5">V<sub>3</sub></td></tr>
<tr><td>20</td><td rowspan="7">V<sub>4</sub></td></tr>
<tr><td>25</td><td rowspan="6">V<sub>3</sub></td></tr>
<tr><td>30</td><td rowspan="5">V<sub>2</sub></td><td rowspan="5">V<sub>3</sub></td></tr>
<tr><td>35*</td><td rowspan="4">V<sub>4</sub></td></tr>
<tr><td>40*</td><td rowspan="3"></td></tr>
<tr><td>45*</td></tr>
<tr><td>50*</td></tr>
<tr><td colspan="9">* Les valeurs ont un caractère indicatif : la méthode simplifiée (NV 65) est limitée à 30 m.</td></tr>
</table>

| Étanchéité (E) | | |
|---|---|---|
| | Façade abritée | Façade non abritée |
| $E_1$ | H < 18 m | H < 6 m |
| $E_1/E_2$* | H < 28 m | Front de mer H < 18 m<br>Autres cas et H < 28 m |
| $E_2/E_3$** | H < 28 m | Situations a, b, c et H < 100 m<br>Situation d et H < 50 m |
| $E_4$ | H < 28 m | H < 100 m |

* $E_1$ sur maçonnerie avec enduit hydraulique ou béton banché à parement ordinaire, courant ou soigné $E_2$ sur maçonnerie non enduite non type I au sens du DTU n° 20-11 ou béton banché à parement élémentaire.
** Dito ce qui précède pour les niveaux $E_2$ et $E_3$ respectivement.

| Tenue aux chocs (T) | |
|---|---|
| $T_1$ | H > 6 m |
| $T_2$ | H > 3 m<br>ou RdC inaccessible |
| $T_3$ | Rdc accessible protégé peu sollicité ou balcons, loggias, étages |
| $T_4$ | RdC accessible non protégé et autres cas |

• Certains systèmes non classés 3 ou 4 sont néanmoins admis en RdC accessible lorsqu'ils sont facilement réparables ($r_2$ ou $r_3$).

| Incendie (I) | | |
|---|---|---|
| Type de bâtiment (p. 296) | I minimal | Classement maximal correspondant |
| Habitat 1re famille (distance à la limite de parcelle supérieure à 4 m) | $I_1$ | $M_4$ |
| Habitat 1re famille (autres cas) et 2e famille | $I_2$ | $M_3$ |
| Habitat 3e et 4e familles, ERP<br>– en étage avec D / H > 0,8 | $I_2$ | $M_3$ |
| – Autres cas | $I_3$ | $M_2$ |
| IGH | $I_4$ | $M_0$ |

D : Distance minimale à laquelle peut se trouver l'immeuble en vis-à-vis.
H : Hauteur la plus élevée des deux immeubles.

| Résistance thermique (R) $m^2 \cdot K/W$ | |
|---|---|
| $R_1$ | $R \geqslant 0,5$ |
| $R_2$ | $R \geqslant 1$ |
| $R_3$ | $R \geqslant 2$ |
| $R_4$ | $R \geqslant 3$ |

R : Résistance thermique exigée pour le système d'isolation.

*Tableau 1. Caractéristiques « reVETIR » à retenir pour un système d'isolation par l'extérieur.*

## 2. ISOLATION THERMIQUE DES PLANCHERS ET DES SOUBASSEMENTS

### 2.1. Généralités

Les planchers bas séparant un local non chauffé d'un local chauffé pour lesquels une isolation est en général nécessaire, sont présentés ci-dessous.

Selon les cas, un plancher bas peut être sur :
- Terre-plein : le corps de dallage (dalle en béton, armée d'un treillis soudé) repose sur une forme en tout venant (établie sur un remblai en sablon ou le terrain naturel, convenablement compactée). Les dallages sont traités p. 205.
- Vide sanitaire : le plancher est séparé du sol par un volume d'air éventuellement ventilé, au moyen d'orifices répartis sur le pourtour.
- Cave ou sous-sol (local non chauffé : LNC) : la proximité de la terre, d'une chaudière ou de canalisations maintient une température de 5 à 15 °C à la sous-face du plancher.

– Passage ouvert : la sous-face du plancher est en contact avec l'extérieur.

Les dispositions constructives à envisager sont les suivantes :

- On vérifiera que la tenue du support (après dépoussiérage) est suffisante pour supporter durablement le poids de la couche isolante. Les balèvres et coulées de laitance éventuelles doivent être éliminées.
- Toute présence d'humidité sur les parois doit être analysée, avant de choisir une technique d'isolation, et la cause de cette venue d'humidité sera traitée en même temps.
- Le produit utilisé ou le complexe « revêtement-flocage » aura un classement au feu tenant compte de l'utilisation des locaux situés sous la surface isolée : page 294.

Lorsque l'isolant est rapporté sur le gros œuvre, on peut avoir recours à l'un des deux modes de pose suivants :

- **mode 1** : la pose par collage permet une application simple et rapide des panneaux, lorsque la nature de la maçonnerie ne permet pas une fixation mécanique sous réserve que les défauts de planéité restent inférieurs à 15 mm ;
- **mode 2** : pour la pose par fixations mécaniques, au-delà de défauts de planéité de 10 mm, un calage ou une pose sur ossature sera nécessaire, sous réserve que la qualité de la maçonnerie le permette. Les fixations mécaniques doivent être compatibles avec le support et les panneaux. De nombreux accessoires, traités contre la corrosion, permettent la fixation des panneaux isolants. La tête de l'accessoire ou de la rondelle sous-jacente doit avoir une surface d'au moins 5 cm$^2$. La longueur des fixations est supérieure d'au moins 25 mm à l'épaisseur des panneaux. La fixation par pistoscellement n'est pas toujours autorisée par l'avis technique.

Les réseaux de distribution de chauffage et d'eau chaude, les équipements éventuels contenant de l'eau (vases d'expansion...), situés sous le plancher bas, qui se retrouveront en dehors du volume isolé, peuvent être sensibles au gel (la température du local non chauffé diminue si les apports diminuent à cause de l'isolation). Les règles Th-U (p. 334) préconisent la valeur minimale de la résistance thermique de l'isolant à retenir pour ces éléments.

## 2.2. Isolation d'un plancher bas en réhabilitation

### 2.2.1. Plancher sur terre-plein, associé à des murs isolés par l'intérieur

On adopte le plus souvent une isolation horizontale périphérique placée sous le dallage avec relevé de l'isolant en nez de dallage (fig. 21).

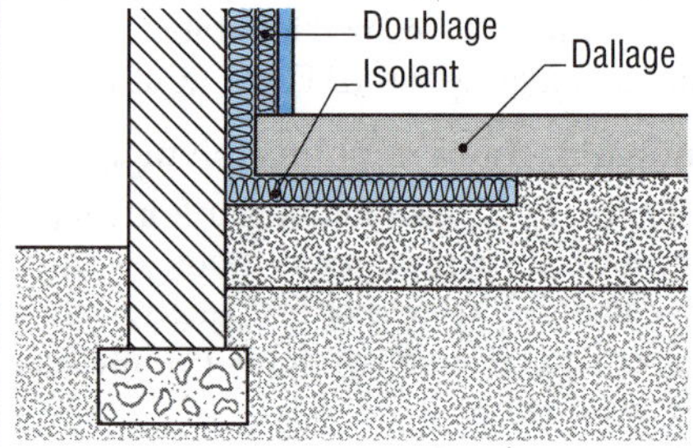


Exemple pour une compressibilité de Classe I

| I | S | O | L | E |
|---|---|---|---|---|
| 4 | 1 | 2 | 2 | 1[(1)] |

(1) cf Règles de l'art

Détails : p. 332

*Fig. 21. Isolation périphérique sous dallage.*

On place horizontalement et successivement une couche de sable, une mince couche d'étanchéité (film plastique imperméable), puis des panneaux de polystyrène extrudé ou de polyréthanne expansé, sur une bande d'un mètre de large environ, en longeant les murs extérieurs du bâtiment. On coule ensuite le corps de dallage en BA recouvert éventuellement d'un revêtement.

Une préparation du sol très soignée est indispensable pour limiter la possibilité d'un tassement différentiel entre l'isolant et la dalle.

### 2.2.2. Planchers sur terre-plein, vide sanitaire non ventilé, cave ou sous-sol semi-enterré associés à des murs isolés par l'extérieur

Une solution consiste à placer une isolation verticale extérieure au droit du soubassement (fig. 22).

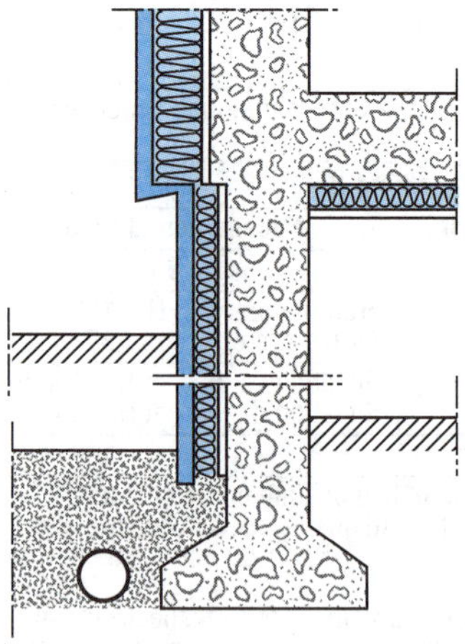

| I | S | O | L | E |
|---|---|---|---|---|
| 2 | 1 | 3 | 3 | 1[(1)] |

(1) Pas d'exigence particulière

Détails : p. 332

*Fig. 22. Isolation verticale extérieure du soubassement.*

Après un dégagement du soubassement sur 60 cm au moins, on place verticalement des panneaux (polystyrène expansé, polystyrène extrudé, mousse de PVC) sans pare-vapeur, peu sensibles à l'humidité, collés sur 60 cm de hauteur au moins, puis une protection mécanique (plaque de fibres-ciment, enduit projeté avec hydrofuge de masse, enduit d'imperméabilisation relevant d'un avis technique), et enfin, une ou deux couches d'étanchéité, généralement à base de produits noirs (EIF : enduit d'imprégnation à froid) et un drainage éventuellement : p. 304.

### 2.2.3. Vide sanitaire non ventilé (mais accessible et de hauteur suffisante), cave ou sous-sol peu enterré

Dans ce cas, la solution consiste à placer une isolation verticale périphérique intérieure au droit du soubassement dont les caractéristiques d'aptitude à l'emploi sont données figure 23.

ACERMI

| I | S | O | L | E |
|---|---|---|---|---|
| 2 | 1 | 3 | 3 | |

Détails : p. 332

*Fig. 23. Caractéristiques d'aptitude à l'emploi d'un isolant périphérique intérieur de soubassement.*

On fixe un isolant en panneaux (polystyrène expansé, polystyrène extrudé ou mousse de PVC) peu sensibles à l'humidité, éventuellement posés sur tasseaux.

Une protection des panneaux contre les rongeurs sera prévue, fermant l'accès au vide sanitaire, et on supprimera toute ventilation si possible (dalle en béton, entrevous et poutrelles...).

### 2.2.4. Plancher sur passage ouvert, cave ou sous-sol non enterré

Lorsque le plafond présente une sous-face plane, on peut rapporter une isolation horizontale en sous-face de plancher (fig. 24a et b).

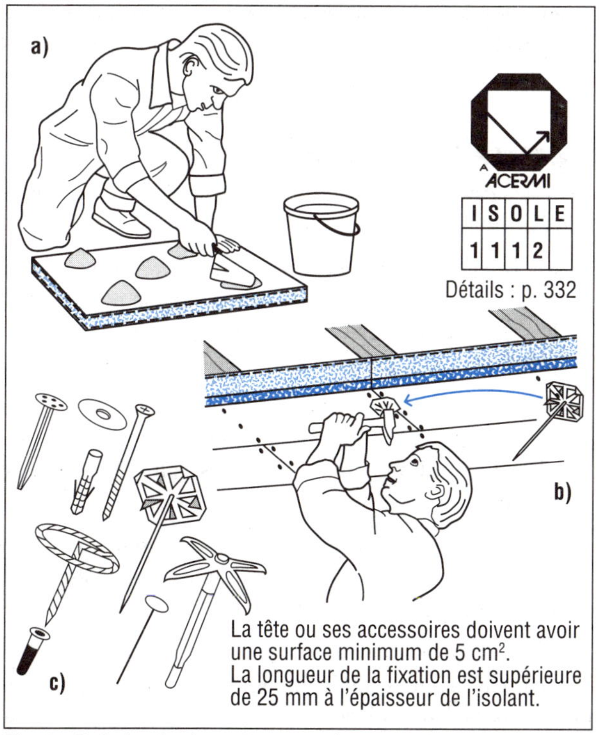


*Fig. 24. Isolation horizontale rapportée en sous-face de plancher.*

On fixe bord à bord, à joints croisés, directement ou par l'intermédiaire de lisses (bois, métal d'épaisseur faible, 3 cm maxi.), par collage et/ou fixation mécanique (fig. 24c), un isolant incombustible protégé en sous-face, ou bien des panneaux (complexe isolant-plaque de plâtre, plaques composites polystyrène expansé-fibbragglo, plaques rigides de fibres minérales avec voile d'aspect).

*Nota :* une barrière pare-vapeur n'est pas nécessaire.

### 2.2.5. Planchers sur passage ouvert, plafond d'une cave ou d'un sous-sol enterré (dont la sous-face n'est pas plane), largement ventilé et qui n'est pas soumis aux chocs

On réalise souvent dans ce cas une projection en sous-face de plancher d'un isolant projetable d'emploi traditionnel à base de fibres de roche, de laitier ou de verre additionné d'un liant hydraulique.

L'épaisseur voulue est obtenue en plusieurs passes, avec éventuellement une finition du flocage à la taloche.

*Nota :* une barrière pare-vapeur est inutile.

## 2.3. Isolation d'un plancher bas en construction neuve

On pourra dans ce cas envisager une des deux solutions suivantes :

- **Solution 1 :** on utilise souvent des entrevous isolants en maison individuelle (pages 55 et 202) dont les caractéristiques d'aptitude à l'emploi minimales sont données figure 25a.
- **Solution 2 :** on place l'isolant en fond de coffrage dont les caractéristiques d'aptitude à l'emploi minimales sont données figure 25b.

| I | S | O | L | E |
|---|---|---|---|---|
| 1 | 1 | 1 | 1 | |

a) entrevous isolants

ACERMI

| I | S | O | L | E |
|---|---|---|---|---|
| 2 | 1 | 2 | 2 | |

b) isolants en fond de coffrage

*Fig. 25. Caractéristiques d'aptitude à l'emploi d'entrevous isolants et d'isolants placés en fond de coffrage.*

Le fond de coffrage est lisse et continu, réalisé par exemple, en contreplaqué qualité extérieure pour coffrage (CTB X Coffrage filmé ou non : NF P 54-162).

Les panneaux isolants (plaques composites polystyrène expansé-fibbragglo ou plaques rigides de fibres minérales avec voile d'aspect) sont disposés de manière parfaitement jointive et liés à la dalle par des fixations mécaniques visibles ou invisibles en sous-face (5 par panneau).

Les fixations invisibles sont des spirales métalliques, des crochets ou des ressorts d'ancrage. Celles qui sont visibles sont des ancres plastiques insérées à travers les panneaux avant leur mise en place.

La tête de la fixation ou ses accessoires doivent avoir une surface minimale d'environ 5 cm². La longueur de la fixation est supérieure de 25 mm à l'épaisseur de l'isolant.

La dalle est ensuite armée et coulée.

## 3. ISOLATION THERMIQUE DES COMBLES

On nomme comble le volume compris entre la toiture en pente et le plancher bas de ce volume.

Le plancher peut être un plancher lourd en béton (type I) ou bien constitué de solives en bois ou en métal (type II) supportant un plancher en bois (parquet, ...) et auxquelles un plancher léger est suspendu (staff, frisette, plaques de plâtre cartonné : p. 210).

*Nota :* dans les planchers anciens du type II, on évitera de supprimer les matériaux lourds disposés entre les solives en raison de leur rôle acoustique.

### 3.1. Dispositions générales de conception

Il est important d'adopter les dispositions suivantes lors de la conception du projet.

- **En construction neuve**, on veillera tout particulièrement à :
  - bien isoler les canalisations et les équipements éventuels contenant de l'eau (vases d'expansion...), surtout si la mise en place de l'isolation conduit à les mettre hors du volume chauffé. Les solutions techniques préconisent : $R \geqslant 0{,}85\ m^2 \cdot K/W$ ;
  - laisser autour des conduits de cheminées une garde au feu (fig. 26) remplie par un matériau incombustible : 16 cm pour Paris, par exemple ;

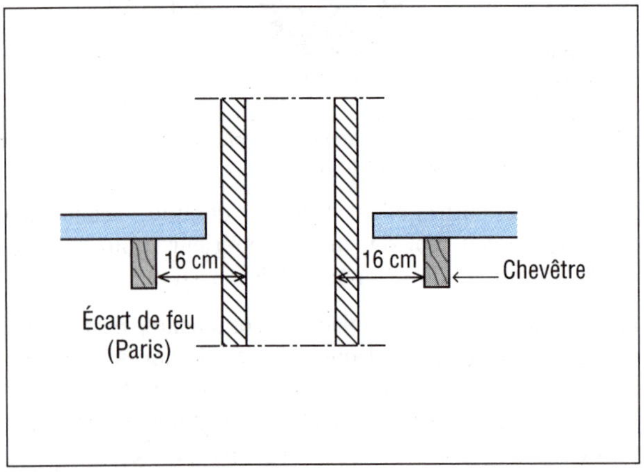


*Fig. 26. Garde au feu.*

  - délimiter le volume chauffé, de façon continue et étanche (isoler la trappe d'accès, les débords éventuels de la toiture...) : fig. 27.

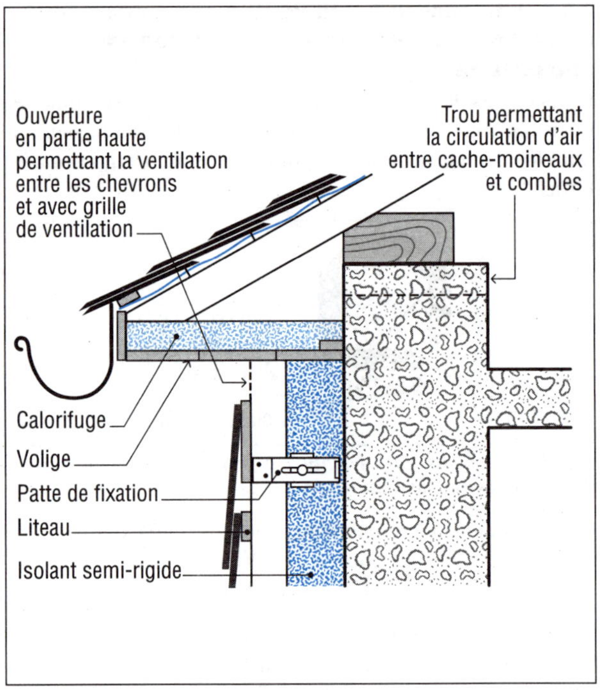


*Fig. 27. Isolation en débord de toiture.*

- **En rénovation**, en plus des dispositions annoncées ci-dessus, il sera nécessaire de :
  - faire un bilan de santé de la charpente ;
  - vérifier que la ventilation du comble est suffisante et dans le cas contraire, prévoir un pare-vapeur : se reporter p. 232 (consacrée aux couvertures et à leurs supports).

### 3.2. Matériaux utilisés

Selon les cas, on peut utiliser l'un des trois types de matériaux présentés ci-après :

- un isolant en vrac déversé entre les solives, qu'on recouvre d'une toile lâche à grosse maille perméable à la vapeur d'eau (toile de jute) ou qu'on saupoudre de plâtre par exemple pour stabiliser l'isolant : fig. 28 ;
- des panneaux de polystyrène expansé en plaques rigides ou semi-rigides, posées à plat sur la surface du plancher (dimensions choisies en fonction de l'accès) ;
- de la laine minérale en rouleaux, éventuellement non hydrophile, en deux couches ou plus. On croisera les lits et on percera le pare-vapeur des couches supérieures.

Les caractéristiques ISOL minimales à retenir pour les matériaux isolants utilisés en toiture et comble sont données p. 333.

*Fig. 28. Isolant en vrac (doc. Isover-Saint Gobain).*

## 3.3. Isolation d'un comble à usage de grenier

On distingue deux types de solutions :

- **Type I :** plaques ou rouleaux rapportés sur le plancher en deux couches (éventuellement), croisées, non collées, protégées par des panneaux de particules de bois de 10 mm, posés en totale indépendance (éviter un poinçonnement de l'isolant sous le poids des objets stockés dans un grenier).
- **Type II :**
  - Parquet impossible à démonter : voir ci-dessus.
  - Parquet facilement démontable : laine minérale en rouleaux (largeur : espace entre solives plus 2 cm), insérée entre les solives, pare-vapeur en sous-face de l'isolant.

## 3.4. Isolation d'un comble inaccessible ou d'accès difficile

Lorsque le comble est inaccessible, on peut déposer une partie de la couverture et déverser un isolant en vrac (fig. 28).
Lorsque le comble est d'accès difficile, on peut adopter la même solution que pour un comble utilisé en grenier, sans prévoir une protection. S'il n'existe pas de plancher « plat », on mettra en œuvre des rouleaux de laine minérale avec un pare-vapeur en sous-face de l'isolant si le comble est faiblement ventilé. On prévoira, dans ce cas, un cheminement pour l'entretien ultérieur.

## 3.5. Isolation d'un comble aménageable

Il convient généralement d'isoler, dans le cas d'un comble aménageable, les trois parois repérées a), b) et c) de la figure 29.

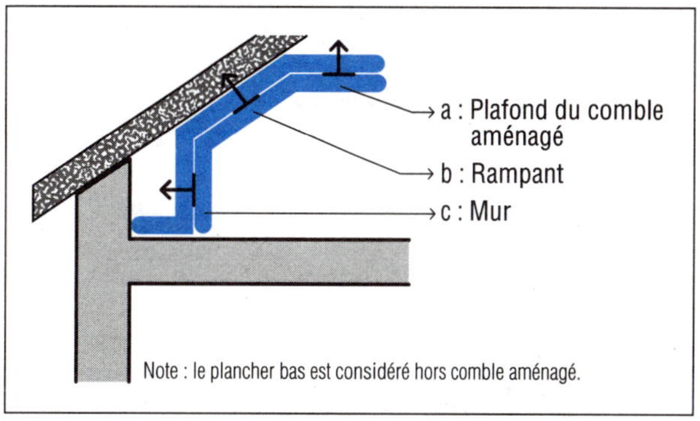


*Figure 29. Parois d'un comble aménageable à isoler.*

### 3.5.1. Isolation des parois verticales

Pour isoler les murs du comble, on se reportera p. 320.

### 3.5.2. Isolation du plafond du comble

On fixera des complexes isolants – plaques de plâtre avec pare-vapeur sur une ossature à tasseaux horizontaux (en bois ou métalliques).

Les dispositions à prendre concernant le comble perdu situé au-dessus du comble habitable, sont précisées au paragraphe précédent.

Les caractéristiques de l'isolant, et plus généralement les autres techniques à employer (éventuellement), sont données p. 330.

### 3.5.3. Isolation sous rampant

Une attention toute particulière est demandée afin qu'il existe une lame d'air ventilée en sous-face de la couverture. Des valeurs minimales à ce sujet sont indiquées en fonction du type de couverture et de son support.

Le système d'isolation sous rampant que l'on peut adopter dépend de la constitution du toit (couverture posée sur chevrons (ou fermettes) ou bien support continu de couverture auto-porteur).

- **Couverture posée sur chevrons ou sur fermettes**

  Dans ce cas, on peut retenir l'un des systèmes proposés ci-dessous :
  - isolation placée entre chevrons (ou fermettes) (fig. 30) : on insère des rouleaux de laine minérale avec languettes, suspendus par des fixations ou agrafés aux chevrons (ou fermettes), de 5 à 6 cm d'épaisseur pour laisser une lame d'air de 2 à 3 cm ;
  - isolation placée sous chevrons (ou fermettes) (fig. 31) : on visse des panneaux complexes isolant-parement (plaque de plâtre en général) parallèlement aux chevrons ou bien perpendiculairement aux chevrons (préférable si l'écartement des chevrons est important).

Une autre solution consiste à croiser un second lit d'isolant et à fixer un parement sur les suspentes ou sur les chevrons.

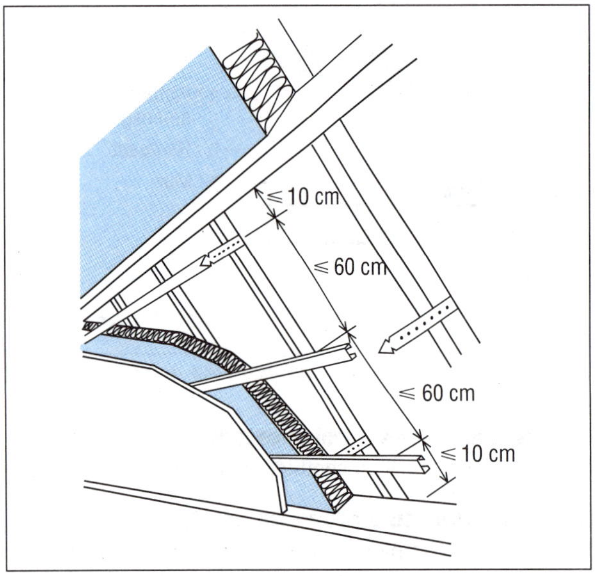


*Figure 30. Isolation avec pannes apparentes.*

Si le support formé par les chevrons n'est pas plan, on devra mettre en place un réseau de lisses posées sur des cales de réglage, perpendiculairement aux chevrons. La solution décrite ci-dessus s'applique alors sans problèmes.

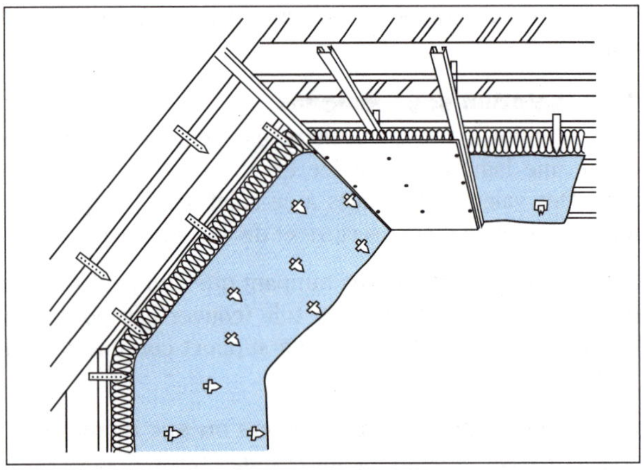

*Figure 31. Isolation sans charpente apparente.*

- **Support continu de couverture auto-porteur**

On peut utiliser dans ce cas, l'un des produits présentés ci-après :

- **solution 1 :** panneaux de bois structuré reposant sur des pannes et comportant une isolation thermique ;
- **solution 2 :** couverture par bacs métalliques nervurés auto-portants : on devra mettre en place un sous-plafond avec isolation intégrée, indépendant de la couverture ;

Dans les deux cas, l'isolation rapportée peut être supportée soit par l'ossature existante, soit par une ossature spécifique, en gardant une ventilation entre l'isolation et la couverture.

### 3.6. Isolation d'un comble déjà aménagé et occupé

Après avoir reconnu la charpente et la couverture, au besoin en démontant partiellement le parement, trois solutions principales sont envisageables :

- **solution 1 :** on visse à travers le parement existant un complexe isolant, si l'ossature du parement est repérable ;
- **solution 2 :** on démonte les parements et on procède comme pour l'aménagement d'un comble ;
- **solution 3 :** en cas de réfection simultanée de la couverture, on place de la laine minérale, avec pare-vapeur côté intérieur, entre chevrons, ou on pose des panneaux isolants spécialement conçus à cet effet.

*Nota :* le plancher bas est considéré hors comble aménagé.

## 4. CERTIFICATION ACERMI

L'Association pour la Certification des Matériaux Isolants ne certifie que des matériaux isolants conformes à la norme NF P 75-101. Elle garantit un pouvoir isolant caractérisé par la résistance thermique utile (R) prise en compte dans les calculs, et des niveaux des caractéristiques d'aptitude à l'emploi symbolisées par les lettres I, S, O, L, E (tableau 2).

| | Caractéristiques ACERMI | Nombre de niveaux |
|---|---|---|
| I | propriétés mécaniques en compression | $I_1$ à $I_5$ |
| S | comportement aux mouvements différentiels | $S_1$ à $S_4$ |
| O | comportement à l'eau | $O_1$ à $O_3$ |
| L | propriétés mécaniques utiles en cohésion et flexion | $L_1$ à $L_4$ |
| E* | comportement à la vapeur d'eau. Un niveau correspond à une valeur de perméance (p. 318) $P = 1/R_{Di}$ | $E_1$ à $E_4$ |

* : non précisé au tableau 3, p. 333.

La performance d'un produit augmente avec le chiffre indiquant le niveau nécessaire pour les emplois les plus courants (le niveau 1 correspond à un seuil éliminatoire d'entrée dans la certification).

*Tableau 2. Définition des caractéristiques d'aptitude à l'emploi des matériaux isolants (certification ACERMI).*

Une étiquette apposée sur les matériaux isolants certifiés par l'ACERMI indique la valeur R et les caractéristiques ISOLE.

Un matériau isolant reçoit en fonction de résultats d'essais en laboratoire et de contrôles de fabrication un des trois certificats suivants :

- le certificat A pour lequel la résistance thermique de l'isolant est certifiée en fonction de l'épaisseur du produit. La valeur garantie de R résulte d'un contrôle permanent effectué par le fabricant ;
- le certificat B est tel que les caractéristiques d'aptitude à l'emploi sont certifiées ainsi qu'une valeur forfaitaire de la résistance thermique ;

– le certificat C garantit que la résistance thermique et les caractéristiques ISOLE sont certifiées.

## 5. TENUE AU FEU DES ISOLANTS

Le « **Guide de l'isolation par l'intérieur des bâtiments d'habitation du point de vue des risques en cas d'incendie** » (cahier 3231 du CSTB, de juin 2000) fixe :

- des règles générales de conception des isolations situées à l'intérieur des bâtiments d'habitation concernant les habillages des isolants (en général obligatoires), les épaisseurs et masses volumiques minimales des parois et habillages vis-à-vis des délais d'embrasement généralisé (cf. guide), et de la transmission du feu entre logements (sauf justifications particulières, la continuité des isolants combustibles doit être interrompue aux jonctions entre les parois horizontales et verticales) ;
- des solutions constructives en complément des règles de résistance au feu, pour la composition des parois (doublages des murs, façades légères, sols, planchers et plafonds) en fonction de la famille à laquelle appartient le bâtiment selon le classement « incendie » (p. 296).

Ce guide fait parfois référence aux critères de réaction au feu des matériaux (M0, M1, etc.). Des marques NF réaction au feu existent pour les panneaux à base de bois et les polystyrènes expansés et expansibles.

| Type de paroi à isoler | Emploi | I S O L |
|---|---|---|
| Murs et parois verticales | **Isolation intérieure de paroi lourde** (DTU n° 20.1 et 23.1) | |
| | • Isolant derrière cloison de doublage | |
| | – mur de type II à III tel que défini par le DTU | 1 1 2 2 |
| | – mur de type I ou IV tel que défini par le DTU | 1 1 2 2 |
| | • Isolant contrecollé en usine à une ou deux plaques de plâtre pour constituer | |
| | – un complexe de doublage isolant<br>– une contre-cloison isolante | nota 1 |
| | **Isolation extérieure de paroi lourde** | |
| | • Isolant inséré dans un bardage rapporté (manufacturé ou par enduit armé) | |
| | – bardage traditionnel | 1 1 2 2 |
| | – bardage non traditionnel | nota 1 |
| | • Isolant inséré dans un revêtement attaché en pierre mince (DTU n° 55.2) | 1 1 2 2 |
| | • Isolant collé et recouvert d'un enduit mince armé ou hydraulique armé | nota 2 |
| | **Isolation incorporée ou en position intermédiaire** | |
| | • Isolant inséré dans un double mur (DTU n° 20.1) | 1 1 2 2 |
| | • Isolant entre ossatures (bois, métal, béton) et parois légères (DTU n° 31.2) | 1 1 2 2 |
| | • Isolant inséré dans un bardage double peau | 1 1 2 2 |
| | • Isolant inséré dans un panneau préfabriqué en béton avec entretoises | 2 1 2 3 |
| | *Nota 1 :* La définition des niveaux requis appartient selon le cas à la Commission de Normalisation compétente ou au Groupe Spécialisé.<br>*Nota 2 :* On se référera aux Avis techniques et aux documents « Conditions générales d'emploi des systèmes d'isolation thermique des façades par l'extérieur faisant l'objet d'un Avis technique » (Cahier du CSTB n° 1833 / mars 1983) et « conditions générales de mise en œuvre des systèmes d'isolation thermique des façades par l'extérieur faisant l'objet d'un Avis technique » (Cahier du CSTB n° 253-2/ octobre 1984). | |

| Type de paroi à isoler | Emploi | I S O L |
|---|---|---|
| Toitures et combles | • Isolant sur plancher de comble perdu ou entre solives et solivettes (sans charge) | 1 1 1 1 |
| | • Isolant sur plancher de grenier et recouvert de panneaux de répartition des charges (charges courantes) | 2 1 1 1 |
| | • Isolant fixé sur chevrons ou ossatures en rampant | 1 1 1 1 |
| | • Isolant supporté en plein en sous-toiture industrielle (DTU n° 40.31 à 40.45) | 1 1 1 1 |
| | • Isolant sur plafonds suspendus (DTU n° 58.1) | 1 1 1 1 |
| | • Isolant contrecollé en usine à une ou deux plaques de plâtre pour constituer un : | |
| | – complexe de doublage isolant → à fixer sur chevrons<br>– sandwich isolant → ou ossature | nota 1 |
| **Type de paroi à isoler** | **Emploi** | **I S O L** |
| Plancher et soubassement | • Isolant sur terre-plein sous dalle armée | 3 1 2 2 |
| | • Isolation verticale de fondations ou murs enterrés à la périphérie de terre-plein, vide sanitaire non ventilé, cave ; isolation placée du côté intérieur ou du côté extérieur, utilisée en coffrage ou rapportée (DTU n° 20.1 et 23.1) | 2 1 3 3 |
| | • Isolation rapportée en fond de coffrage en sous-face de plancher sur vide sanitaire ou sous-sol | 2 1 2 2 |
| | • Isolation rapportée et fixée mécaniquement en sous-face de plancher | 1 1 1 2 |
| | • Isolation incorporée et supportée mécaniquement dans un plancher à structure bois ou métallique | 1 1 1 1 |
| | • Isolation sous chape, dalle, revêtement de sol scellé ou bois (DTU n° 26.2, 52.1, 51.3) | |
| | Compressibilité III | 2 1 2 2 |
| | Compressibilité II | 3 1 2 2 |
| | Compressibilité I | 4 1 2 2 |
| | Non compressible | 5 1 2 2 |

*Tableau 3. Niveaux minimaux requis des caractéristiques d'aptitude à l'emploi des matériaux isolants.*

# 1. GÉNÉRALITÉS

La réglementation thermique (décret et arrêté du 29 novembre 2000) s'applique à tout permis de construire (habitat ou tertiaire) déposé à partir du 1er juin 2001. Elle remplace la précédente réglementation de 1988 : fig. 1.

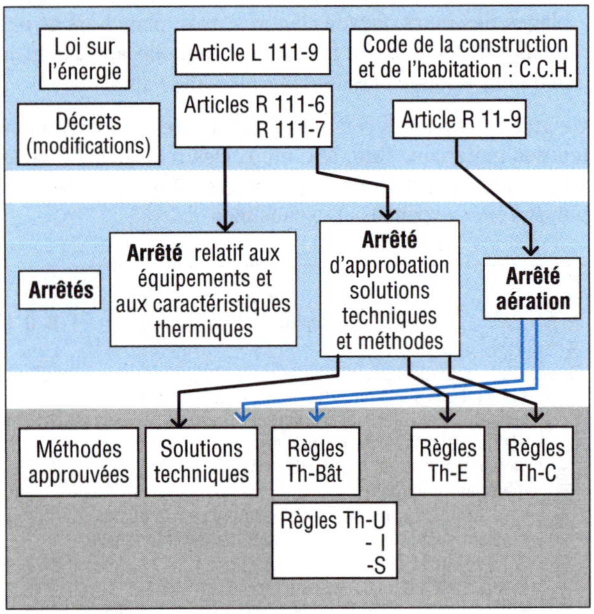


*Fig. 1. Organigramme des textes.*

La Réglementation Thermique (RT 2000) s'inscrit dans un contexte de protection environnementale et de réduction des gaz à effet de serre. Révisable tous les 5 ans, elle encourage les acteurs de la construction à innover en matière de matériaux et d'équipements.

Cette réglementation thermique se différencie de la précédente essentiellement sur les points suivants :
- application aux bâtiments tertiaires ;
- traitement des ponts thermiques obligatoire ;
- objectif de confort d'été ;
- exigences exprimées en terme de moyens et de résultats.

Les dispositions concernent tous les besoins : chauffage, climatisation, ventilation, production d'eau chaude, ainsi que l'éclairage sauf dans les logements. L'accent est mis sur le traitement des ponts thermiques (abouts de dalles, murs de refend). Par ailleurs, l'utilisation de vitrages peu émissifs devrait devenir une pratique courante. L'isolation thermique des parois et des équipements doit présenter des performances minimales appelées « garde-fou », afin d'éviter de compenser une isolation déficiente par des équipements dont les performances peuvent diminuer au fil du temps.

Dans le respect de la loi sur l'air, cette réglementation prend en compte la notion de « réversibilité » exprimant la possibilité matérielle de pouvoir, à tout moment changer d'énergie. Ceci vaut pour tous les bâtiments construits à partir de juin 2001. Cela imposera par exemple la généralisation d'emplacements pour des chaudières et de passages pour les conduits de fumée.

## 1.1. Règles de calcul

Les différentes règles de calcul s'organisent de la façon suivante :
- **règles Th C :** calcul de la consommation énergétique globale C d'un bâtiment ;
- **règles Th E :** calcul de la température intérieure conventionnelle $T_{ic}$ ;
- **règles Th Bât :** elles sont composées de trois documents :

- Règles Th U : calcul du Ubât et présentation de valeurs tabulées pour les conductivités thermiques des matériaux, pour les résistances thermiques des parois vitrées et des parois opaques, pour les déperditions thermiques par le sol, pour les ponts thermiques…
- Règles Th I : calcul de l'inertie thermique d'un bâtiment.
- Règles Th S : calcul des apports solaires.

Le calcul du coefficient C (consommations) par des logiciels élaborés avec l'aide du CSTB, est destiné aux bureaux d'études thermiques. Ils permettent aussi de calculer les températures pour le confort d'été (Th E).

## 1.2. Solutions techniques

Cette option de base simplifiée vise essentiellement les petits bâtiments (moins de 220 m²). Il s'agit d'une option ne nécessitant aucun calcul. Les exigences portent sur la résistance thermique des matériaux isolants et sur le coefficient U des fenêtres. Les valeurs envisagées sont les suivantes (toutes zones climatiques confondues) :
- Rmurs $\geqslant$ 3 m² K/W
- Rsol $\geqslant$ 3 m² K/W
- Rtoit $\geqslant$ 6 m² K/W
- U fenêtres nues $\geqslant$ 2 m² K/W
- R plafonds rampants $\geqslant$ 5 m² K/W

Ces performances sont élevées pour compenser le niveau limité des exigences sur les systèmes.

Le recours à des produits certifiés pour l'enveloppe et les systèmes est obligatoire.

On applique intégralement une description de composants et de systèmes réputés respecter la réglementation selon ses trois critères (C, $T_{ic}$ et garde-fou).

On distingue les solutions du Ministère du logement et de l'équipement et les solutions industrielles. Elles sont validées par une commission technique et applicables pour un « type » ou une géométrie de bâtiment.

## 2. COMMENT ÊTRE CONFORME À LA RÉGLEMENTATION ?

Pour satisfaire à la réglementation, un bâtiment doit vérifier les trois conditions suivantes :

- le coefficient C du bâtiment doit être inférieur à la valeur du coefficient C de référence ($C_{ref}$) ;
- la température $T_{ic}$ doit être inférieure à la température $T_{ic}$ de référence ($T_{ic\ ref}$) ;
- les caractéristiques thermiques des différents constituants et systèmes composant le projet doivent respecter des caractéristiques minimales dites « garde-fou ».

La conformité réglementaire d'un bâtiment peut être validée soit par des calculs, soit par le choix de solutions techniques uniquement applicables dans le cas des maisons individuelles non climatisées.

### 2.1. Coefficient C

La consommation conventionnelle d'énergie C (exprimée en kWh–ep : kWh–équivalent pétrole) représente l'énergie totale utilisée par an pour satisfaire les besoins d'un bâtiment en chauffage, ventilation, éclairage, eau chaude sanitaire, climatisation et éclairage. Cette consommation est calculée conformément aux Règles Th C. Le coefficient C est obtenu à partir :

- du coefficient moyen de déperdition par les parois ($U_{bât}$),
- des caractéristiques thermiques des équipements (chauffage, ventilation...),
- de la fonction générale du bâtiment (habitation, bureaux, commerce...),
- de son inertie thermique,
- des apports solaires (orientation, ombrage, surfaces de vitrages...),
- de sa situation géographique (fig. 2).

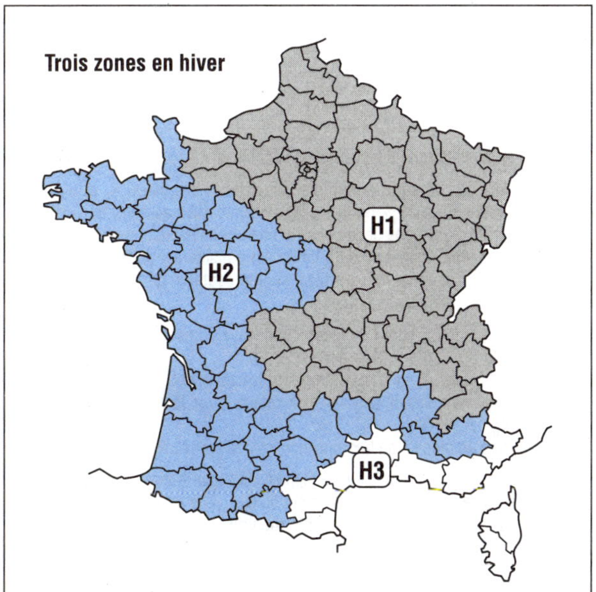


*Figure 2. Carte des zones climatiques en hiver.*

Le coefficient $C_{ref}$ est obtenu à partir des caractéristiques thermiques « moyennes » de référence des différents systèmes et du coefficient $U_{bât\ ref}$ (coefficient moyen de référence de déperdition thermique par l'enveloppe).

Des compensations sont donc possibles entre les systèmes et l'isolation du bâtiment. Cette compensation est limitée à 30 % du $U_{bât\ ref}$ dans le cas de bâtiments d'habitation. Des compensations sont également possibles entre les performances d'isolation des différents composants de l'enveloppe pour que l'objectif ($U_{bât} \leqslant 1{,}3\ U_{bât\ ref}$) soit atteint.

Toutefois, les exigences minimales appelées aussi « garde-fous » sont à respecter.

### 2.2. Température intérieure conventionnelle $T_{ic}$ (en °C)

Cette valeur caractérise la température théorique maximale atteinte dans un bâtiment pendant les heures les plus chaudes de l'été. Elle est obtenue par calcul à partir de la méthode Th E. La valeur de $T_{ic}$ dépend :

- de la performance et de la position (intérieure, extérieure, répartie) de l'isolation de chaque paroi,
- de l'inertie quotidienne et séquentielle (sur plusieurs jours) du bâtiment,
- de l'orientation des parois,
- des surfaces vitrées,
- des facteurs solaires,
- de la situation géographique (fig. 3).

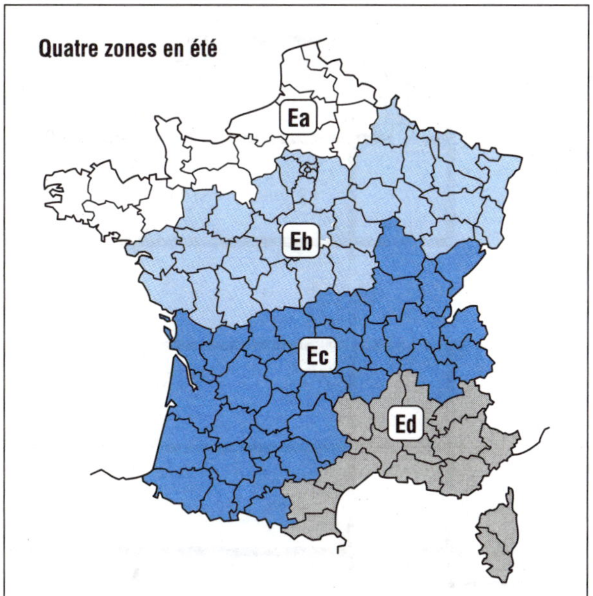


*Fig. 3. Carte des zones climatiques en été.*

### 2.3. Calcul du coefficient $U_{bât\text{-}ref}$

Le coefficient $U_{bât\ ref}$ est obtenu à partir du coefficient des déperditions thermiques de référence des principaux constituants de l'enveloppe.

Le coefficient de déperditions des parois est calculé selon la formule suivante :

$$U_{\text{bât, ref}} = \frac{\sum_{i=1}^{i=7} a_i A_i + \sum_{k=8}^{k=10} a_k L_k}{\sum_{i=1}^{i=7} A_i}$$

Les surfaces de type $A_i$ et les « linéaires » de type $L_k$ sont repérés fig. 4.

Les coefficients $a_i$ et $a_k$ sont donnés tableau 1.

| Surfaces (A) | Coefficient W/m² K | | | Exigences minimales « garde-fous » |
|---|---|---|---|---|
| | $a_i$ | Zones H1 et H2 | Zone H3 | |
| A1 (Murs) | a1 | 0,40 | 0,47 | 0,47 |
| A2 (Combles et rampants) | a2 | 0,23 | 0,30 | 0,30 |
| A3 (Toitures, terrasses) | a3 | 0,30 | 0,30 | 0,36 |
| A4 (Plancher bas) | a4 | 0,30 | 0,43 | 0,43 (vide sanitaire) |
| A5 (Portes) | a5 | 1,5 | 1,5 | – |
| A6 (Fenêtres et portes-fenêtres sans fermetures) | a6 | 2,4 | 2,6 | 2,90 |
| A7 (Fenêtres et portes-fenêtres avec fermetures) | a7 | 2 | 2,35 | – |
| **Linéaires (L)** | $a_k$ | W/mK | | |
| L8 (Planchers bas) | a8 | 0,5 | 0,5 | $\bar{\psi}^{(2)}$ |
| L9 (Planchers intermédiaires) | a9 | 0,7 à 0,9 | 0,7 à 0,9(1) | $\bar{\psi}^{(2)}$ |
| L10 (Toitures, terrasses) | a10 | 0,7 à 0,9 | 0,7 à 0,9(1) | $\bar{\psi}^{(2)}$ |

*Nota* (1) : 0,7 en maison individuelle ; 0,9 en immeuble collectif.
*Nota* (2) : le coefficient de transmission linéique moyen du pont thermique $\bar{\psi}$, ne peut dépasser 0,99 pour les maisons individuelles et 1,10 pour bâtiments à usage d'habitation.

*Tableau 1. Coefficients de déperditions thermiques de référence.*

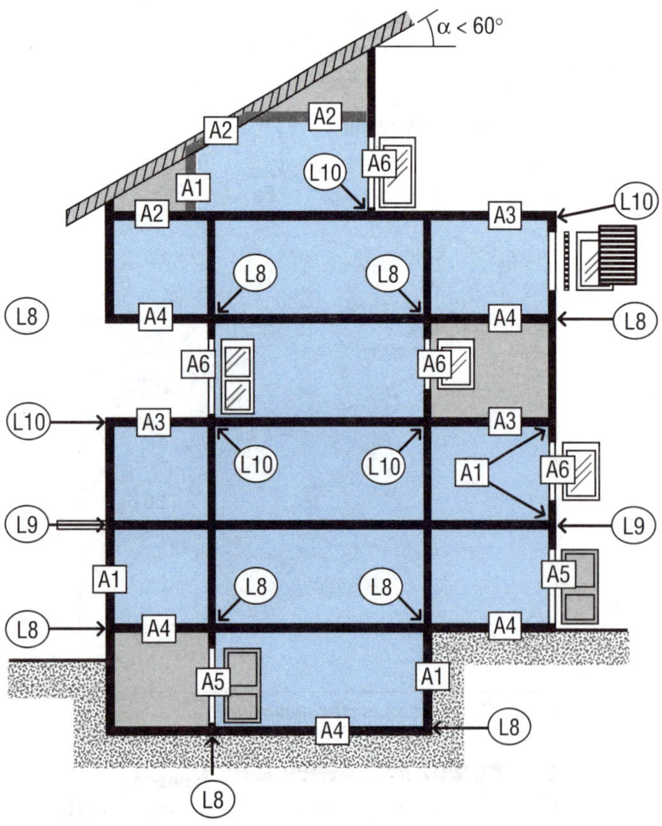

*Nota* (1) : prendre les surfaces en tableau.

*Nota* (2) : lorsque la somme des surfaces des baies, $A_6$ et $A_7$, est supérieure à 25 % de la surface habitable $Sh$ au sens de l'article R. 111-2 du Code de la construction et de l'habitation, la part de la surface qui dépasse cette limite est considérée, pour le calcul de $U_{\text{bât-réf}}$, comme une surface supplémentaire de paroi verticale opaque, $\delta A_1$, et est ajoutée à $A_1$.

Ce qui peut s'écrire de façon condensée comme suit : si $A_6 + A_7 > 0.25\ Sh \Rightarrow \delta A_1 = (A_6 + A_7) - 0.25\ Sh$

- Nouvelle valeur $A'_1$ à retenir pour le calcul de $U_{\text{bât-réf}} = A_1 + \delta A_1$
- Nouvelle valeur $(A'_6 + A'_7)$ à retenir pour le calcul de $U_{\text{bât-réf}} = (A_6 + A_7) - \delta A_1$.

Avec un respect de la proportion : $(A'_7/A'_6) / (A_7/A_6)$.

Cette limitation doit être effectuée de façon à conserver, pour les surfaces retenues pour le calcul de $U_{\text{bât-réf}}$, le rapport existant entre surfaces équipées ou non de fermetures.

*Fig. 4. Surfaces $A_1$ à $A_7$ et linéaires L8 à L10.*

Les planchers bas sur terre-plein doivent être isolés (par-dessus ou par-dessous) par un isolant dont la résistance thermique est supérieure ou égale à 1,4 m². K/W : fig. 5.

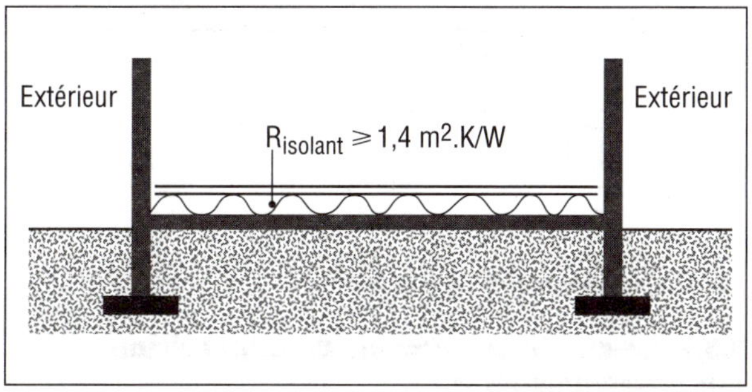


*Fig. 5. Planchers bas sur terre-plein : isolation continue par dessus.*

En cas d'isolation périphérique en sous-face, les planchers doivent être isolés à toute leur périphérie sur une largeur d'au moins 1,5 m : fig. 6.

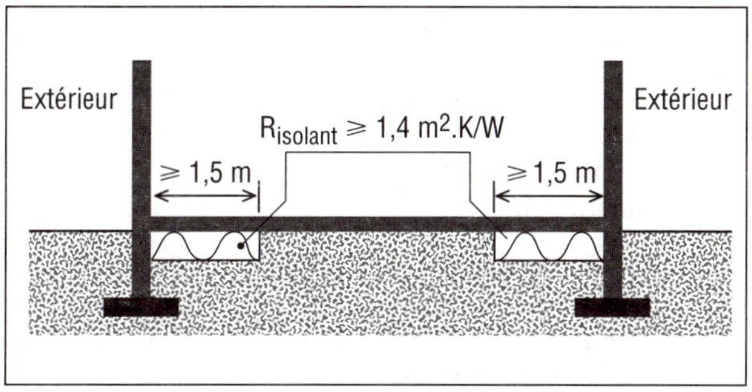


*Fig. 6. Planchers bas sur terre-plein : isolation périphérique par dessous.*

## 3. INTRODUCTION AUX RÈGLES TH-U

Les règles Th-U ont pour objet la détermination des caractéristiques thermiques « utiles » des parois de construction, c'est-à-dire des caractéristiques correspondant aux conditions moyennes de température, d'humidité et de résistances superficielles rencontrées dans le bâtiment.

Elles donnent également les modalités de calcul de $U_{bât}$ (coefficient moyen de déperdition par transmission à travers les parois et les baies du bâtiment) et $U_{bât\text{-}réf}$ (coefficient moyen de référence de déperdition par les parois et les baies du bâtiment) en fonction des dites caractéristiques.

### 3.1. Contenu

Les règles Th-U sont divisées en cinq fascicules :

- **Le fascicule 1/5 « Généralités »**, notions communes aux quatre autres fascicules, décrit le contenu des règles Th-U et fixe les modalités de calcul de $U_{bât}$ et de $U_{bât\text{-}réf}$. Il fixe le niveau réglementaire des composants d'enveloppe et donne également les définitions, les grandeurs physiques, les conventions et les unités utilisées.
- **Le fascicule 2/5 « Matériaux »**, donne les caractéristiques thermiques utiles des matériaux (conductivité thermique, capacité thermique massique et facteur de résistance à la vapeur d'eau).
- **Les fascicules 3/5 « Parois vitrées », 4/5 « Parois opaques » et 5/5 « Ponts thermiques »**, décrivent respectivement le principe de calcul des coefficients thermiques des parois vitrées, des caractéristiques thermiques des parois opaques et des lames d'air, des ponts thermiques. Ils contiennent des valeurs par défaut relatives aux cas les plus courants et calculées conformément aux normes correspondantes.

### 3.2. Conventions

Le coefficient $U_{bât}$ est le coefficient moyen de déperdition par transmission à travers les parois déperditives séparant le volume chauffé du bâtiment, de l'extérieur, du sol et des locaux non chauffés. Il s'exprime en W/m²·K.

Les parois déperditives à prendre en compte pour les calculs sont les parois opaques, vitrées ou translucides séparant le volume chauffé du bâtiment de l'extérieur, du sol et des locaux non chauffés.

Les parois mentionnées figure 7 ne sont pas prises en compte pour le calcul des déperditions.

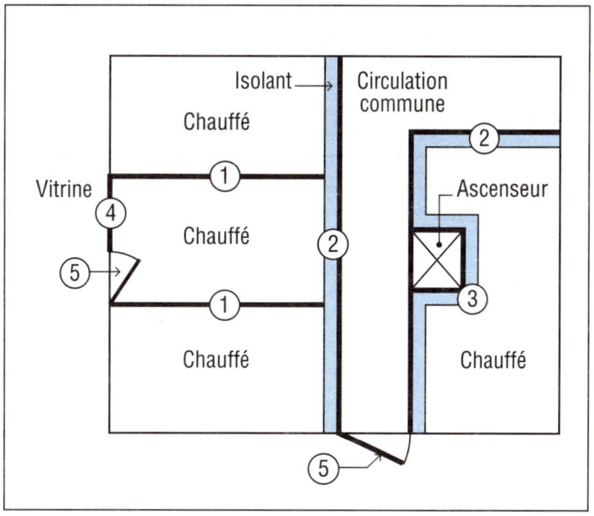


*Fig. 7. Parois non prises en compte pour le calcul de $U_{bât}$ (lignes en gras).*

Une circulation commune intérieure, horizontale ou vertical, est un local permettant l'accès à des locaux ou à des logements et qui satisfait à l'une des deux conditions suivantes :

- aucune de ses parois ne donne sur l'extérieur ;
- toutes ses parois donnant sur l'extérieur ont le même niveau d'isolation que les parois de même type du bâtiment, et la longueur totale de ses parois verticales donnant sur des locaux chauffés est supérieure à celle de ses autres parois verticales.

Sont considérées comme chauffées, les circulations communes intérieures, horizontales ou verticales, si elles respectent les trois conditions suivantes :

1 : elles ne possèdent pas de trappe ou de gaine de désenfumage ouverte en permanence,

2 : leurs accès vers l'extérieur sont munis de sas,

3 : leurs accès vers les locaux non chauffés ou vers des locaux chauffés non privatifs sont munis de dispositifs de fermeture automatique.

## 3.3. Calcul général du coefficient $U_{bât}$

Le coefficient $U_{bât}$ se calcule d'après la formule suivante :

$$U_{bât} = \frac{H_T}{A_T} \quad \text{où}$$

- $A_T$ est la surface intérieure totale des parois qui séparent le volume chauffé de l'extérieur, du sol et des locaux non chauffés, en $m^2$ ;
- $H_T$ est le coefficient de déperdition par transmission entre le volume chauffé, d'une part, et l'extérieur, le sol et les locaux non chauffés, d'autre part.

### 3.3.1. Dimensions

Seules les dimensions intérieures doivent être utilisées pour le calcul des déperditions : fig. 8.

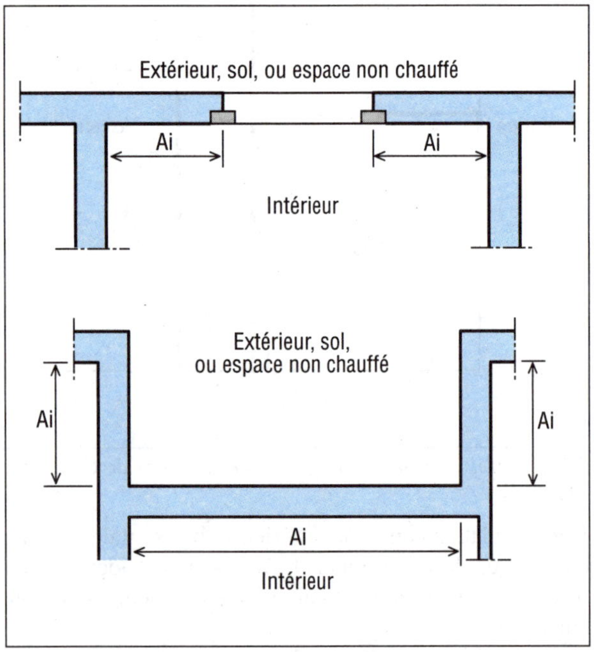


*Fig. 8. Dimensions intérieures utilisées pour le calcul des déperditions.*

On ne tient pas compte des séparations intérieures qui n'altèrent pas la résistance thermique des parois de l'enveloppe : fig. 9.

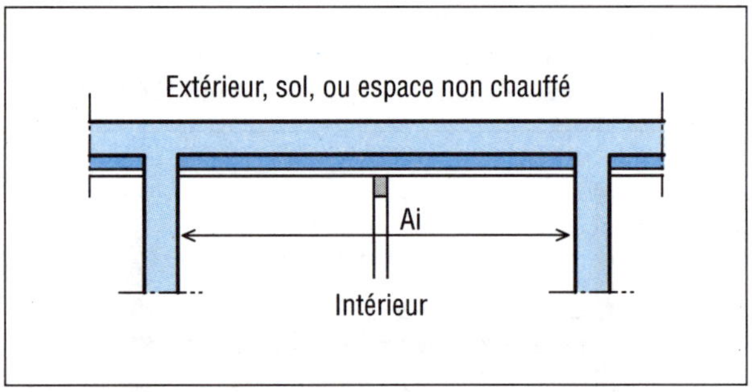


*Fig. 9. Cas des séparations intérieures.*

### 3.3.2. Calcul du coefficient de déperdition par transmission $H_T$.

Le coefficient $H_T$ se calcule par la formule suivante :

$$H_T = H_D + H_S + H_U \text{ (fig. 10)} \quad \text{où}$$

- $H_D$ est le coefficient de déperdition par transmission à travers les parois donnant directement sur l'extérieur, en W/K ;
- $H_S$ est le coefficient de déperdition par transmission à travers les parois en contact direct avec le sol ou donnant sur un vide sanitaire ou sur un sous-sol non chauffé, en W/K ;
- $H_U$ est le coefficient de déperdition par transmission à travers les parois donnant sur des locaux non chauffés (à l'exception des sous-sols et des vides sanitaires), en W/K.

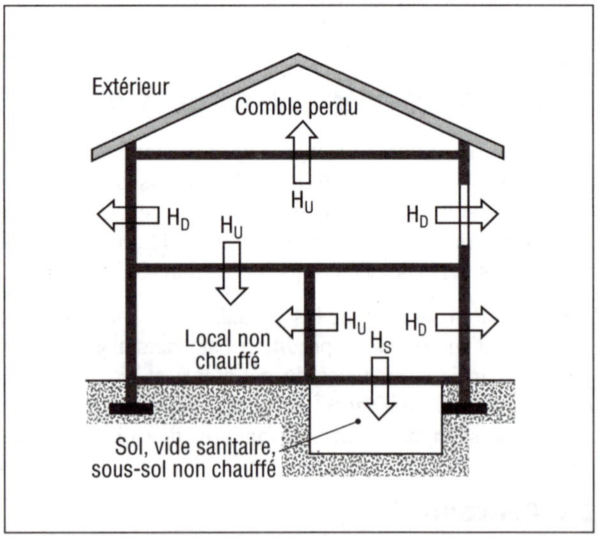


*Fig. 10. Coefficient de déperdition par transmission à travers les parois limitant le volume chauffé d'un bâtiment.*

#### 3.3.2.1. Transmission directe vers l'extérieur : $H_D$

Le coefficient de déperdition par transmission au travers des éléments séparant le volume chauffé de l'air extérieur se calcule de la façon suivante :

$$H_D = \sum_i A_i U_i + \sum_k L_k \psi_k + \sum_j \chi_j$$

où

- $A_i$ est l'aire intérieure de la paroi *i* de l'enveloppe du bâtiment, en $m^2$ (les dimensions des fenêtres et des portes doivent être prises en tableau) ;

- $U_i$ est le coefficient de transmission thermique de la paroi *i* de l'enveloppe du bâtiment en $W/m^2 \cdot K$. Pour une paroi vitrée équipée de fermeture, le coefficient moyen $U_{jour\text{-}nuit}$ doit être utilisé (p. 315) ;

- $L_k$ est le linéaire du pont thermique de la liaison *k*, en m ;

- $\psi_k$ est le coefficient de transmission thermique linéique du pont thermique de la liaison *k*, déterminé selon le fascicule « Ponts thermiques », en $W/m \cdot K$ ;

- $\chi_j$ est le coefficient de transmission thermique ponctuel du pont thermique tridimensionnel *j* calculé selon le fascicule « Ponts thermiques », en W/K.

Les ponts thermiques linéaires ou ponctuels, faisant partie d'une « paroi plane » (ossatures filantes, fixations ponctuelles, etc.), doivent être intégrés dans le coefficient surfacique intrinsèque U de la paroi.

Les ponts thermiques des liaisons entre deux ou plusieurs parois, dont l'une au moins donne sur l'extérieur ou est en contact avec le sol, sont considérés comme donnant sur l'extérieur.

Les sommes sur *i*, *j* et *k*, figurant dans l'équation doivent être effectuées sur tous les composants du bâtiment séparant l'espace chauffé de l'air extérieur.

### 3.3.2.2. Transmission à travers le sol : $H_S$

$H_S$ représente les déperditions qui ont lieu principalement à travers les parois en contact direct avec le sol et les parois donnant sur un vide sanitaire ou sur un sous-sol non chauffé.

Les déperditions supplémentaires à travers les ponts thermiques des liaisons périphériques avec ces parois, doivent être prises en compte dans le calcul de $H_D$ ou de $H_U$.

#### a) Parois en contact direct avec le sol

Ces parois peuvent être, soit des planchers bas sur terre-plein (en rez-de-chaussée ou en sous-sol chauffé), soit des parois enterrées (murs ou planchers hauts).

Le coefficient de déperdition correspondant, $H_S$, peut être calculé par la formule suivante :

$$H_S = \sum_i A_i \, Ue_i + \sum_j A_j \, Ue_j \, b_j$$

où

- $A_i$ est l'aire intérieure de la paroi *i* en contact avec un sol donnant sur l'extérieur, en $m^2$ ;

- $A_j$ est l'aire intérieure de la paroi *j* en contact avec un sol donnant sur un local non chauffé, en $m^2$ ;

- $Ue_i$ est le coefficient de transmission surfacique « équivalent » de la paroi $A_i$, en $W/m^2 \cdot K$ ;

- $Ue_j$ est le coefficient de transmission surfacique « équivalent » de la paroi $A_j$, en $W/m^2 \cdot K$ ;

- $b_j$ est un coefficient de réduction de la température défini p. 340.

Le coefficient surfacique « équivalent » d'une paroi en contact avec le sol tient compte, à la fois, du coefficient surfacique intrinsèque de la paroi (y compris l'effet des ponts thermiques intermédiaires éventuels) et des déperditions par le sol.

Les déperditions, à travers un plancher en contact avec le sol, peuvent être partagées entre l'extérieur d'un côté et un local non chauffé de l'autre côté (fig. 11).

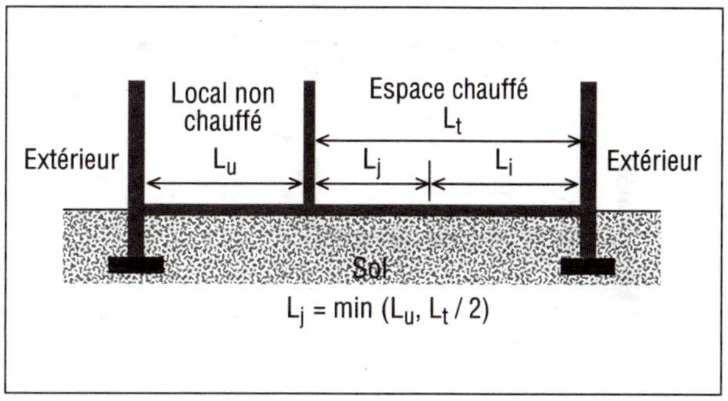


*Fig. 11. Déperditions à travers un plancher en contact avec le sol : vue en coupe.*

La figure 12 montre la répartition de la surface totale d'un plancher bas en surfaces $A_i$ (claires) et surfaces $A_j$ (bleues).

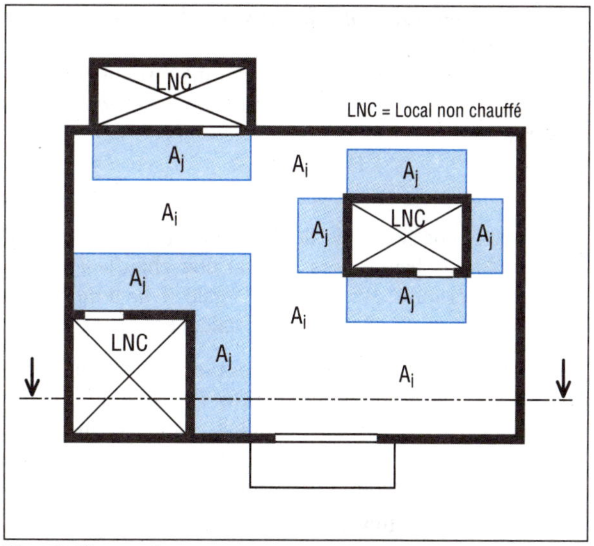


*Fig. 12. Vue en plan.*

#### b) Parois donnant sur un vide sanitaire ou sur un sous-sol non chauffé

Le coefficient de déperdition correspondant, $H_S$, peut être calculé par la formule suivante :

$$H_S = \sum_k A_k \, Ue_k$$

où

– $A_k$ est l'aire intérieure de la paroi *k* donnant sur un vide sanitaire ou sur un sous-sol non chauffé, en $m^2$, illustrée fig. 13 ;

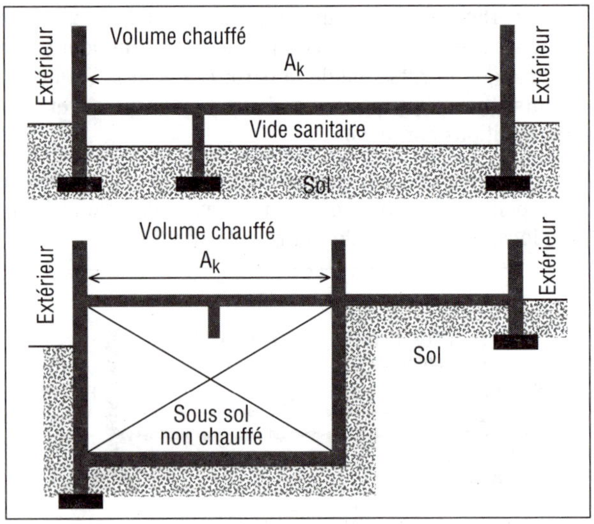


*Fig. 13. Surfaces $A_k$.*

– $Ue_k$ est le coefficient surfacique « équivalent » de la paroi *k* donnant sur un vide sanitaire. Il tient compte à la fois du coefficient intrinsèque de la paroi (y compris l'effet des liaisons intermédiaires éventuelles) ainsi que des déperditions à travers l'espace non chauffé et des déperditions par transmission à travers le sol.

### 3.3.2.3. Transmission à travers les locaux non chauffés, $H_U$

Le coefficient de déperdition par transmission $H_U$, entre le volume chauffé et les locaux non chauffés, a pour expression :

$$H_U = \sum_i H_{iu}\, b_i$$

où

– $H_{iu}$ est le coefficient de déperdition par transmission de volume chauffé vers le local non chauffé *i* dont la température est supposée égale à la température extérieure $T_e$. Son mode de calcul est donné p. 338 ;

– $b_i$ est le coefficient de réduction de température (relatif au local non chauffé *i*), égal au rapport $(T_i–T_u)/(T_i–T_e)$ dans lequel $T_i$ est la température intérieure. $T_u$ est la température du local non chauffé et $T_e$ est la température extérieure.

**a) Calcul du coefficient *b***

Le coefficient *b* relatif à un local non chauffé quelconque, se calcule par la formule suivante :

$$b = \frac{D_{ue}}{D_{ue} + D_{iu}}$$

où

– $D_{ue}$ est le coefficient de déperdition du local non chauffé vers l'extérieur, en W/K ;

– $D_{iu}$ est le coefficient de déperdition du volume chauffé vers le local non chauffé, en W/K ;

$D_{ue}$ et $D_{iu}$ tiennent compte des déperditions par transmission et par renouvellement d'air, ils se calculent par :

$$D_{ue} = H_{ue} + 0{,}34\, Q_{ue} \quad \text{et} \quad D_{iu} = H_{iu} + 0{,}34\, Q_{iu}$$

– $H_{ue}$ et $H_{iu}$ sont des coefficients de déperdition par transmission ;

$Q_{ue}$ est le débit d'air entrant dans le local non chauffé en provenance de l'extérieur, en $m^3/h$. $Q_{iu}$ est le débit d'air entrant dans le volume chauffé en provenance du local non chauffé. Il est généralement nul : $Q_{iu} = 0$.

**b) Valeurs forfaitaires**

Le fascicule « Parois opaques » donne des méthodes approximatives pour la prise en compte des déperditions à travers certains locaux non chauffés particuliers caractérisés par une résistance additionnelle $R_u$ donnée ou exprimée par des formules simples.

– **Combles non aménagés :** dans le cas d'un plancher haut isolé situé sous un comble non aménagé, l'espace d'air du comble ainsi que la toiture peuvent être assimilés à une couche d'air thermiquement homogène dont la résistance thermique est donnée tableau 2.

| | Caractéristiques du toit | $R_u$ (1) ($m^2 . K/W$) |
|---|---|---|
| 1 | Toit à tuiles sans écran, panneaux ou équivalent | 0,06 |
| 2 | Toit en feuilles ou toit en tuiles avec écran ou panneaux ou équivalent sous les tuiles | 0,2 |
| 3 | Comme 2 mais avec revêtement à faible émissivité en sous-face de la toiture | 0,3 |
| 4 | Toit doublé de panneaux et écran | 0,3 |

(1) : $R_u$ comprend la résistance thermique de l'espace d'air et la résistance de la toiture en pente. Elle ne comprend pas la résistance superficielle $R_{se}$ de la toiture.

*Tableau 2. Résistance thermique équivalente des combles.*

– **Autres espaces :** lorsque le bâtiment comprend un petit espace non chauffé contigu (garages, abris, buanderies, ...), l'ensemble constitué de l'espace non chauffé et des composants de construction externes, peut être assimilé à une couche homogène ayant une résistance thermique $R_u$ donnée par :

$$R_u = 0{,}09 + 0{,}4\,\frac{A_{iu}}{A_{ue}} \quad (\text{avec } R_u \leq 0{,}5\ m^2 \cdot K/W)$$

où

– $A_{iu}$ est la surface totale des composants séparant l'intérieur du local non chauffé, en $m^2$ ;

– $A_{ue}$ est la surface totale des composants séparant le local non chauffé de l'extérieur, en $m^2$.

**c) Valeurs par défaut du coefficient *b***

En l'absence de toute justification particulière, des valeurs par défaut peuvent être prises en compte. Elles sont données en fonction du rapport des surfaces $A_{iu}/A_{ue}$ et du « coefficient surfacique équivalent » $U_{V,\,ue}$.

– $A_{iu}$ représente la surface totale des composants séparant l'intérieur du local non chauffé, en m²;

– $A_{ue}$ représente la surface totale des composants séparant le local non chauffé de l'extérieur, en m²;

– $U_{V, ue}$ est l'équivalent d'un coefficient surfacique de la paroi située entre le local non chauffé et l'extérieur, en W/m²·K. Il représente les déperditions par renouvellement d'air du local non chauffé, ramenées à l'unité de surface de la paroi.

En l'absence de toute valeur précise du coefficient $U_{V, ue}$, les valeurs forfaitaires (tableau 3), données par type de local non chauffé, doivent être utilisées.
Le tableau 4 propose les valeurs par défaut du coefficient *b* dans le cas suivant :
– les parois séparant l'intérieur du local non chauffé ($A_{iu}$) sont isolées,
– les parois séparant le local non chauffé de l'extérieur ($A_{ue}$) ne sont pas isolées.

| Locaux non chauffés types | | $U_{V, ue}$ W/m²·K |
|---|---|---|
| **Maison individuelle** | | |
| Garage | | 3 |
| Cellier | | 3 |
| Véranda | | 3 |
| Comble | | |
| – fortement ventilé | $A_0/A_c > 0{,}003$ | 9 |
| – faiblement ventilé | $0{,}0003 \leq A_0/A_c \leq 0{,}003$ | 3 |
| – très faiblement ventilé | $0{,}0003 > A_0/A_c$ | 0,3 |
| **Logement collectif** | | |
| Circulations communes | | |
| – sans ouverture directe sur l'extérieur | | 0,0 |
| – avec ouverture directe sur l'extérieur | | 0,3 |
| – avec bouche ou gaine de désenfumage, ouverte en permanence | | 3 |
| – halls d'entrée | • sans dispositif de fermeture automatique | 3 |
| | • avec dispositif de fermeture automatique | 0,3 |
| – garage privé collectif | | 3 |
| Autres dépendances | | 3 |
| Comble | | |
| – fortement ventilé | $A_0/A_c > 0{,}003$ | 9 |
| – faiblement ventilé | $0{,}0003 \leq A_0/A_c \leq 0{,}003$ | 3 |
| – très faiblement ventilé | $0{,}0003 > A_0/A_c$ | 0,3 |
| **Bâtiments adjacents autres que d'habitation** (*b* = 0,2) | | – |

$A_0$ étant la surface totale des orifices de ventilation du comble, en m².
$A_c$ étant la surface du comble, en m².

*Tableau 3. Valeurs forfaitaires du coefficient $U_{V, ue}$ (extrait).*

| $A_{iu}$ / $A_{ue}$ (Ext. \| $A_{ue}$ LNC \| $A_{iu}$ LC) | | $U_{V, ue}$ W/(m²·K) | | | | | |
|---|---|---|---|---|---|---|---|
| | | **0,0** | **0,3** | **1,5** | **3,0** | **7,00** | **9,00** |
| | ≤ 0,25 | 0,95 | 0,95 | 1,00 | 1,00 | 1,00 | 1,00 |
| 0,25 < | ≤ 0,50 | 0,95 | 0,95 | 0,95 | 0,95 | 1,00 | 1,00 |
| 0,50 < | ≤ 0,75 | 0,90 | 0,95 | 0,95 | 0,95 | 0,95 | 1,00 |
| 0,75 < | ≤ 1,00 | 0,85 | 0,90 | 0,90 | 0,95 | 0,95 | 0,95 |
| 1,00 < | ≤ 1,25 | 0,85 | 0,90 | 0,90 | 0,90 | 0,95 | 0,95 |
| 1,25 < | ≤ 2,00 | 0,80 | 0,80 | 0,85 | 0,90 | 0,90 | 0,95 |
| 2,00 < | ≤ 2,50 | 0,75 | 0,80 | 0,80 | 0,85 | 0,90 | 0,90 |
| 2,50 < | ≤ 3,00 | 0,70 | 0,75 | 0,80 | 0,85 | 0,90 | 0,90 |
| 3,00 < | ≤ 3,50 | 0,65 | 0,75 | 0,75 | 0,80 | 0,85 | 0,90 |
| 3,50 < | ≤ 4,00 | 0,65 | 0,70 | 0,75 | 0,80 | 0,85 | 0,90 |
| 4,00 < | ≤ 6,00 | 0,55 | 0,60 | 0,65 | 0,70 | 0,80 | 0,85 |
| 6,00 < | ≤ 8,00 | 0,45 | 0,55 | 0,60 | 0,65 | 0,75 | 0,80 |
| 8,00 < | ≤ 10,00 | 0,40 | 0,50 | 0,50 | 0,60 | 0,70 | 0,75 |
| 10,00 < | ≤ 25,0 | 0,35 | 0,40 | 0,45 | 0,50 | 0,60 | 0,70 |
| 25,0 < | ≤ 50,0 | 0,20 | 0,25 | 0,30 | 0,35 | 0,45 | 0,50 |
| 50,0 < | | 0,10 | 0,15 | 0,15 | 0,20 | 0,25 | 0,30 |

*Tableau 4. Valeurs par défaut du coefficient b dans le cas ($A_{iu}$ : isolée, $A_{ue}$ : non isolée).*

## 4. COEFFICIENT C

Le coefficient C est calculé, pour une année civile, en utilisant comme données d'entrée les caractéristiques réelles du bâtiment et de ses équipements ou les valeurs par défaut fournies par les règles de calcul.

Le coefficient $C_{réf}$ est calculé, en utilisant comme données d'entrée les caractéristiques de référence.

### 4.1. Procédure de calcul

L'organigramme (fig. 14) illustre la procédure à suivre pour le calcul de C.

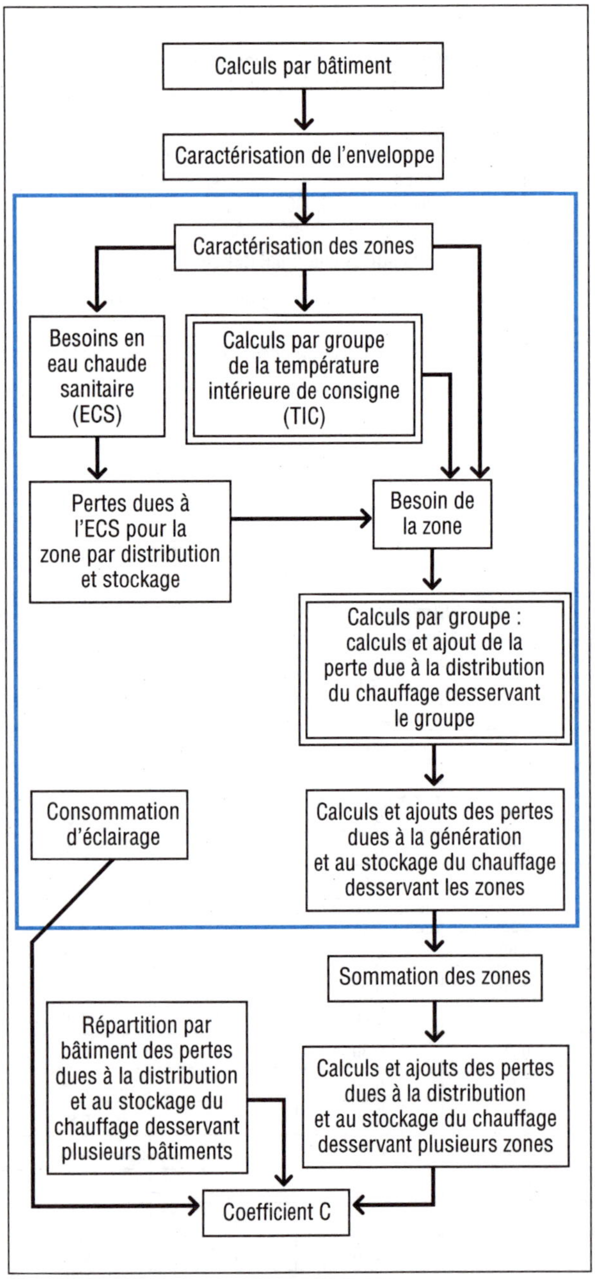


*Fig. 14. Procédure de calcul du coefficient C.*

Ce schéma d'architecture montre que les calculs sont effectués à partir d'un découpage du projet en quatre niveaux.

**Le niveau projet** permet de caractériser le climat et de prendre en compte les dispositifs générant de la chaleur et desservant plusieurs bâtiments.

**Le niveau bâtiment** permet de caractériser l'enveloppe du bâtiment. C'est au niveau bâtiment que sont calculés le coefficient C et le coefficient $C_{réf}$.

**Le niveau zone** permet de différencier des parties de bâtiment destinées à des activités différentes (logement, enseignement, sport…) et ayant donc des horaires d'utilisation et des consignes normales différents. La plus grande partie des calculs est effectuée au niveau de la zone. Si l'ensemble du bâtiment est destiné à une même activité, ce qui est souvent le cas des bâtiments d'habitation, la zone recouvrira le bâtiment.

**Le niveau groupe** permet de différencier les parties d'une zone ayant des systèmes de chauffage différents.

Le nombre de paramètres à prendre en compte impose l'utilisation d'un logiciel permettant d'aboutir aux résultats recherchés.

### 4.2. Caractérisation des produits

Le calcul du coefficient C fait intervenir les valeurs des caractéristiques thermiques des produits. On précise ci-après la règle qu'il convient d'adopter, en particulier suivant qu'il existe ou non une certification pour la famille du composant ou du produit considéré.

*Nota* : en ce qui concerne les caractéristiques des produits d'enveloppe, les valeurs à adopter sont définies dans les règles Th-Bât (p. 334).

Pour qu'une certification soit prise en compte, il faut qu'elle remplisse les deux conditions suivantes :

- porter sur une caractéristique permettant de satisfaire l'exigence essentielle d'économie d'énergie et d'isolation thermique au sens de la directive « Produits de construction ».
- être délivrée par un organisme certificateur accrédité (en France, cette accréditation est délivrée par le COFRAC, membre de l'European Accreditation).

Lorsqu'il existe une certification, trois cas peuvent se présenter :

**1. Le produit est certifié** et la caractéristique est valablement déterminée dans le cadre de la certification : la valeur de la caractéristique figure sur le certificat et toute personne chargée de vérifier le respect de la réglementation peut y avoir accès (document d'Avis technique, liste de produits certifiés, serveur web…). On adopte alors cette valeur.

**2. Le produit est certifié mais** la caractéristique n'est pas certifiée : bien que le produit soit certifié, la caractéristique n'apparaît pas sur le certificat. On adopte alors le seuil fixé pour la certification.

**3. Le produit n'est pas certifié :** on adopte alors le seuil pénalisé de 15%, même si un procès-verbal de mesure donne une valeur meilleure. Un produit non certifié doit être considéré comme inférieur au moins performant des produits certifiés. Dans le cas où la certification prévoit plusieurs classes de performances, on applique la performance correspondant à la classe la plus basse pénalisée de 15%.

L'utilisation de produits ne disposant pas de certification doit devenir exceptionnelle.

#### 4.2.1. Ventilation

Le système de ventilation de référence est tel que le même air extérieur sert à ventiler successivement les locaux contigus ou séparés uniquement par des circulations, dans la limite des réglementations en vigueur.

Pour les locaux d'habitation, le système de référence est un système par extraction d'air mécanique dont la somme des débits des modules des entrées d'air est égale à la valeur du débit nominal corrigé.

Les débits à fournir ou à reprendre sont égaux aux débits résultant des réglementations d'hygiène : p. 345.

Les incertitudes, liées à la caractérisation des bouches et aux dépressions du réseau aéraulique, sont prises en compte en majorant le débit de référence fourni par un coefficient de dépassement $C_d$ dont la valeur de référence est de 15%.

Pour les bâtiments d'habitation, les bouches d'extraction de référence situées en cuisine sont à deux débits et équipées d'un dispositif manuel de gestion du débit. Les autres bouches sont à débit fixe.

Dans les bâtiments d'habitation situés dans les zones $H_1$ et $H_2$ et chauffés à l'électricité, le système de ventilation de référence est un système de modulation des débits de ventilation ou de récupération de chaleur permettant de réduire de 20% les déperditions de chaleur dues à la ventilation spécifique, calculées précédemment hors effet de la perméabilité de l'enveloppe.

Les puissances de référence des ventilateurs $P_{ventref}$ sont de 0,25 Watt par mètre cube et par heure de débit d'air.

Les réseaux de ventilation sont isolés dans les cas suivants :
- pour les réseaux d'air soufflé, réchauffé ou refroidi, dans les parties situées entre le dispositif de chauffage ou de refroidissement et la limite du local où a lieu le soufflage à l'exception de la partie située entre le local et l'organe de réglage pour les réseaux d'air froid;
- pour les réseaux d'air soufflé ou repris avec dispositif de récupération ou de recyclage, dans les parties situées à l'extérieur du volume chauffé et entre le dispositif de récupération ou de recyclage et la limite des zones chauffées du bâtiment.

Pour les parties de conduits situées à l'intérieur des locaux chauffés et devant être isolées, la résistance thermique est supérieure à 0,6 $m^2$ K/W.

Pour les parties de conduits situées à l'extérieur des locaux chauffés et devant être isolées, la résistance thermique est supérieure ou égale aux deux valeurs suivantes : 1,2 $m^2K/W$ et le ratio $A_{condext}$ / (0,025. $A_p$)

où
- $A_{condext}$ est la surface en $m^2$ des conduits extérieurs devant être isolés;
- $A_p$ est la somme des surfaces des parois extérieures prises en compte pour le calcul de $U_{bât\text{-}réf}$.

#### 4.2.2. Chauffage

La consommation de référence pour un système de chauffage électrique est calculée avec les données suivantes :

1. Le système ne présente pas de pertes pour la génération, le stockage et la distribution de chaleur.

2. La programmation des intermittences du chauffage est assurée par un dispositif automatique conforme aux normes ou avis techniques en vigueur prenant en compte la température intérieure, directement ou par un changement des points de consigne des régulations terminales, mais ne disposant pas de fonction d'optimisation.

3. Le couple formé par l'émetteur et sa régulation a une variation spatiale de classe C et une variation temporelle de classe C au sens de la méthode de calcul Th-C.

4. Les pertes au dos des émetteurs sont nulles. Pour les autres systèmes de chauffage, la consommation de référence pour le chauffage est calculée avec les hypothèses ci-après.

- **Génération**

Le système de référence est constitué par des chaudières à combustible liquide ou gazeux dont :
- les puissances nominales de chauffage $P_n$ (kW) sont celles utilisées pour le calcul de C;
- la température minimale de fonctionnement est de 45°C;
- les performances sont données tableau 5.

| | $P_n \leqslant 400$ kW | $P_n > 400$ kW |
|---|---|---|
| Rendement PCI à pleine charge, en pourcentage, pour une température moyenne de l'eau dans la chaudière de 70 °C | $84 + 2 \log P_n$ | 89,2 |
| Rendement PCI à 30 % de charge, en pourcentage, pour une température moyenne de l'eau dans la chaudière de 50 °C | $83 + 2 \log P_n$ | 88,2 |
| Pertes à charge nulle, en pourcentage de $P_n$, pour un écart de température entre la température moyenne de l'eau dans la chaudière et la température ambiante égal à 30 °C | $1,75 - 0,55 \log P_n$ | 0,32 |

*Tableau 5. Performances minimales des chaudières à combustible liquide ou gazeux.*

- **Distribution**
Les réseaux de distribution d'eau chaude de référence ont des coefficients de pertes exprimés en W/m·K égaux aux valeurs suivantes, où *d* est le diamètre extérieur du tube sans isolant, exprimé en mètre :

  - 2,6 *d* + 0,20 pour les réseaux hors volume chauffé ;
  - 3,5 *d* + 0,85 pour les réseaux en dalle en volume chauffé ;
  - 32,9 *d* + 0,22 pour les autres réseaux en volume chauffé.

La température d'eau est haute au sens de la méthode de calcul Th-C.

La régulation de la température du fluide distribué est fonction :

- de la température intérieure si le réseau commandé dessert moins de 400 $m^2$ ;
- de la température extérieure, si le réseau commandé dessert plus de 400 $m^2$.

Les pompes de distribution de référence sont à vitesse constante et sont asservies à l'arrêt du chauffage pendant les périodes de maintien de la température réduite.

- **Programmation des intermittences**
La distribution de chaleur est programmée par un dispositif automatique conforme aux normes ou avis techniques en vigueur ne disposant pas de fonction d'optimisation et prenant en compte la température intérieure, directement ou par un changement des points de consigne des régulations terminales.

- **Émission et régulation**
Les couples formés par l'émetteur et sa régulation ont une variation spatiale de classe C et une variation temporelle de classe D.

Les émetteurs sont alimentés en eau à haute température.

Les pertes au dos des émetteurs sont nulles.

Les émetteurs ne sont pas équipés de ventilateurs.

*Nota :* dispositions complémentaires dans le cas des émetteurs électriques.

Le dispositif de régulation des émetteurs de chauffage doit conduire à une amplitude de régulation maximale de 0,5 K et à une dérive en charge maximale de 1,5 K. Ces valeurs sont portées à 1 K et 2,5 K pour les émetteurs intégrés aux parois, les appareils de chauffage à accumulation et les « ventilo-convecteurs deux fils ».

Sauf si l'émetteur assure, conjointement à celle du chauffage, une fonction de rafraîchissement, son dispositif de régulation doit de plus permettre la réception d'ordres de télécommande pour assurer le fonctionnement en confort, réduit, hors gel et arrêt.

### 4.2.3. Eau chaude sanitaire

Les chauffe-eaux électriques à accumulation ont une constante de refroidissement inférieure ou égale à la valeur $C_r$, exprimée en (W·h)/(litre·K·jour), liée à leur capacité V exprimée en litres et donnée ci-après.

| Volume V(ℓ) | Chauffe-eau électrique | |
|---|---|---|
| | vertical | horizontal |
| ≤ 200 ℓ | $C_r = 0,7 - 0,0024\ V$ | $C_r = 0,00415\ V - 0,53$ |
| > 200 ℓ | $C_r = 0,22$ | $C_r = 0,3$ |

*Tableau 6. Constante de refroidissement $C_r$ des chauffe-eau électriques à accumulation.*

Les parties de la distribution maintenues en température du système de référence d'eau chaude sanitaire sont calorifugées par une isolation dont le coefficient de perte, exprimé en W/m·K, est égal à 3,3 *d* + 0,22, où *d* est le diamètre extérieur du tube sans isolant, exprimé en mètre.

# AÉRATION DES LOGEMENTS

**NF E 51-700 et -701, NF D 35-323, -326, -337 et -413, AFNOR NF P 50-411 (DTU n° 68-2), XP P 50-410**

## 1. PRINCIPES GÉNÉRAUX DU RENOUVELLEMENT D'AIR

L'exigence de renouvellement d'air des logements a été fixée par l'article R 111-9 du Code de la construction et de l'habitation, et les modalités d'application ont été précisées par l'arrêté du 24 mars 1982 (modifié le 28/10/83) relatif à l'aération des logements.

Nécessaire pour évacuer la vapeur d'eau, les odeurs, le gaz carbonique, l'aération peut être également indispensable au bon fonctionnement d'appareils à combustion.

L'évacuation de l'air vicié doit pouvoir être générale et permanente (p. 346) au moins pendant la période où la température extérieure oblige à maintenir les fenêtres fermées (en toute saison, dans les bâtiments soumis à un isolement acoustique renforcé, en application de l'arrêté du 6 octobre 1976).

Elle peut se faire par tirage naturel ou par dispositif mécanique appelé **Ventilation Mécanique Contrôlée (VMC)** notamment en zone de bruit, afin de pouvoir renouveler l'air en saison chaude sans ouvrir les fenêtres : fig. 1.

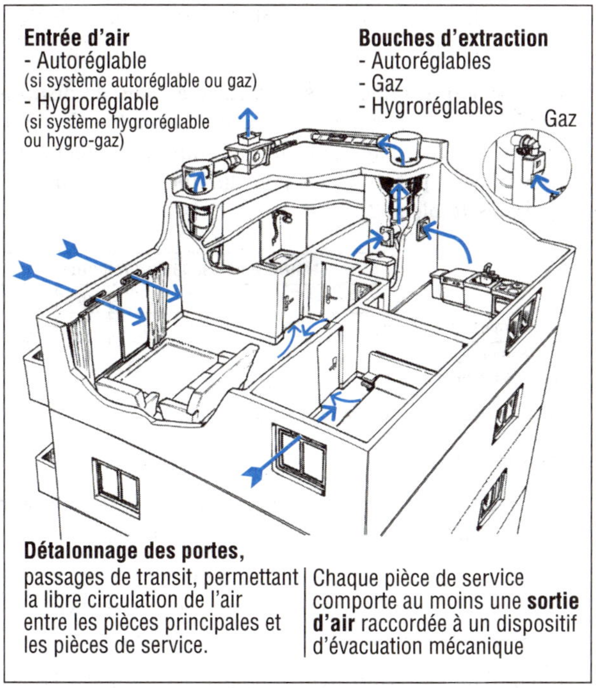


*Fig. 1. Schéma de principe du balayage des pièces par une VMC.*

**Une VMC** est un système d'extraction mécanique de l'air vicié des locaux (fig. 1) constitué d'entrées d'air, de passages de transit, de bouches d'extraction, de conduits aérauliques et d'un extracteur (fig. 2).

**Une entrée d'air** (p. 348) est un orifice spécifique mettant en communication un local mis en dépression par une installation de VMC (ventilation mécanique contrôlée), avec l'air extérieur, soit directement, soit par l'intermédiaire d'un conduit de faible longueur.

On distingue les entrées d'air dites :
- « fixes » : la section de passage de l'air est fixe ou ne peut être modifiée que manuellement ;
- « autoréglables » : maintien automatique d'un débit quelle que soit la différence de pression de part et d'autre de l'entrée d'air ;
- « hygroréglables » : variation automatique de la section du passage d'air en fonction de l'humidité de l'atmosphère du local desservi (p. 354).

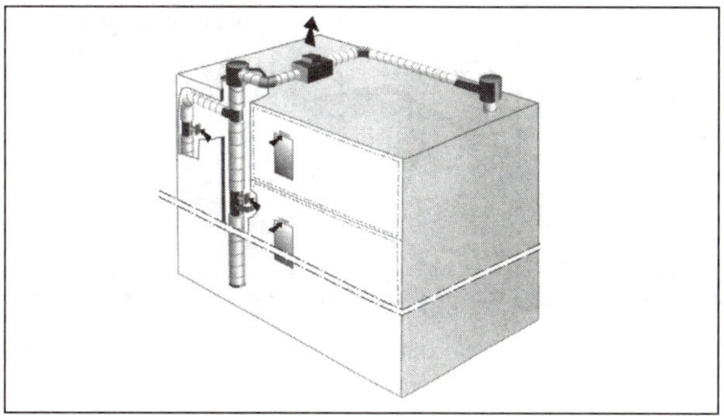

*Fig. 2. Réseau collecteur d'extraction.*

**Une bouche d'extraction** est une bouche raccordée à un conduit aéraulique mis en dépression et destinée à maintenir la valeur du débit d'air extrait entre les limites d'une plage déterminée moyennant des différences de pression appropriées de part et d'autre de cette bouche.

On distingue des bouches dites :
- « à réglage fixe » : la section de passage de l'air ne peut être modifiée que manuellement ;
- « autoréglables » : maintien automatique d'un débit indépendant de la différence de pression de part et d'autre de la bouche (fig. 3) ;
- « thermoréglables » : maintien automatique d'un débit indépendant de la différence de température de l'air de part et d'autre de la bouche (fig. 4) ;
- « thermomodulantes » : variation automatique du débit en fonction de la différence de température de l'air qui traverse la bouche ;
- « hygroréglables » : variation automatique du débit en fonction de la différence d'humidité de l'air de part et d'autre de la bouche : p. 354.

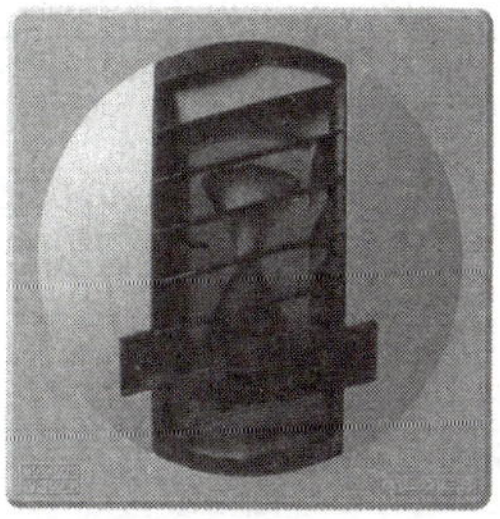

*Fig. 3. Bouche autoréglable.*

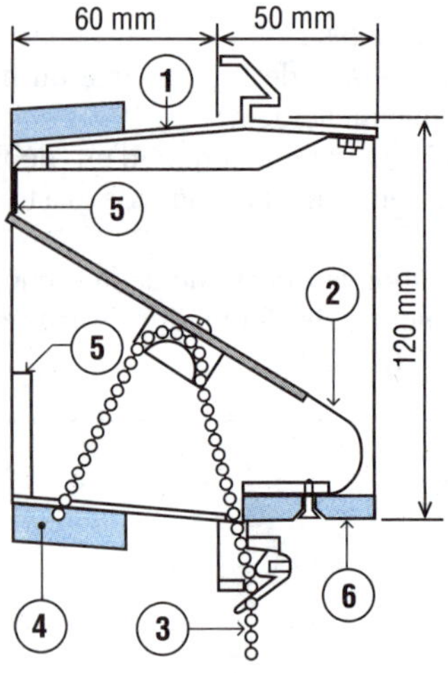


*Fig. 4. Schéma de principe d'une bouche thermoréglable (exemple).*

L'aération permanente peut être limitée à certaines pièces suivant les conditions définies p. 347.

### 1.1. Aération générale et permanente

Les dispositifs de ventilation, mécaniques ou à fonctionnement naturel, doivent satisfaire les exigences de débits extraits données tableau 1, en fonction du nombre des pièces principales du logement :
- dans les conditions climatiques moyennes d'hiver,
- dans chaque pièce de service, simultanément ou non.

| Pièces principales | Salle d'eau | Cabinets d'aisance | | Présence d'un appareil à gaz raccordé (*) | | |
|---|---|---|---|---|---|---|
| | | Commun avec salle d'eau | Séparé | Non | En cuisine (**) | En salle d'eau |
| 1 | 1 | 1 | 0 | 90 | 90 ou 15 + $Q_g$ | 75 + $Q_g$ |
| | | 0 | 1 | 105 | 105 ou 30 + $Q_g$ | 90 + $Q_g$ |
| | – | 0 | 1 | 120 | 120 ou 30 + $Q_g$ | 105 + $Q_g$ |
| 3 | 1 | 1 | 0 | 135 | 135 ou 30 + $Q_g$ | 105 + $Q_g$ |
| | | 0 | 1 | 150 | 150 ou 45 + $Q_g$ | 120 + $Q_g$ |
| 4 | 1 | 1 | 0 | 150 | 150 ou 30 + $Q_g$ | 120 + $Q_g$ |
| | | 0 | 1 | 180 | 180 ou 60 + $Q_g$ | 150 + $Q_g$ |
| | | 1 | 1 | 165 | 165 ou 45 + $Q_g$ | 135 + $Q_g$ |
| 4 | 2 | 1 | 0 | 165 | 165 ou 45 + $Q_g$ | 135 + $Q_g$ |
| | | 1 | 1 | 180 | 180 ou 60 + $Q_g$ | 165 + $Q_g$ |
| 5 | 1 | 0 | 1 | 195 | 195 ou 60 + $Q_g$ | 165 + $Q_g$ |
| | | 0 | 2 | 195 | 195 ou 60 + $Q_g$ | 165 + $Q_g$ |
| | | 1 | 1 | 180 | 180 ou 45 + $Q_g$ | 150 + $Q_g$ |
| 5 | 2 | 0 | 1 | 210 | 210 ou 75 + $Q_g$ | 180 + $Q_g$ |
| | | 0 | 2 | 210 | 210 ou 75 + $Q_g$ | 180 + $Q_g$ |
| | | 1 | 1 | 195 | 195 ou 60 + $Q_g$ | 165 + $Q_g$ |

(*) $Q_g$ = 4,3 * P (P exprimée en kW).
(**) retenir la plus grande des deux valeurs.

*Tableau 1. Débit total maximal extrait du logement (m³/h).*

Pour obtenir ces débits, les entrées d'air, complétées par la perméabilité des ouvrants, doivent permettre un débit d'insufflation égal à :

$$15 \times (n + 2) \text{ en m}^3\text{/h},$$

*n* étant le nombre de pièces principales.

**On peut rencontrer des cas particuliers :**

- **Logements ne comportant qu'une pièce principale :** la salle de bains ou de douches et le cabinet d'aisance peuvent avoir, s'ils sont contigus, une sortie d'air commune située dans le cabinet d'aisances (débit d'extraction : 15 m³/h). Un studio ayant un équipement de cuisine comporte une entrée et une sortie d'air, réalisées comme indiqué fig. 1 ou 2.
- **Cabinets d'aisances :** ils sont considérés « multiples » s'il en existe au moins deux dans le logement, même si l'un d'entre eux est situé dans une salle d'eau.
- **Absence de cloisons entre la salle de séjour et une chambre :** la pièce unique est assimilée à deux pièces principales.
- **Hotte de cuisine :** un débit plus faible est admis si elle est raccordée à l'extraction de la cuisine dès la construction. Ce débit est alors déterminé en fonction de l'efficacité de la hotte.

Une réduction des débits est autorisée à l'aide de dispositifs individuels de réglage qui peuvent permettre de diminuer les débits d'air extraits lorsque les pièces de service ne sont pas utilisées, pour limiter les déperditions thermiques (tableau 2).

| | Nombre de pièces principales | | | | | | |
|---|---|---|---|---|---|---|---|
| | 1 | 2 | 3 | 4 | 5 | 6 | 7 |
| Débit total minimal en m³/h | 35 | 60 | 75 | 90 | 105 | 120 | 135 |
| Débit minimal en cuisine en m³/h | 20 | 30 | 45 | 45 | 45 | 45 | 45 |

*Tableau 2. Réduction de débits autorisée.*

Il faut toutefois que :

- le débit total extrait reste supérieur à une valeur permettant d'assurer une hygiène satisfaisante ;
- le débit extrait en cuisine reste supérieur à une valeur assurant la sécurité des personnes, notamment vis-à-vis des appareils à gaz non raccordés (cuisinières).

L'emploi d'un dispositif hygroréglable (p. 354) fait l'objet d'une autorisation ministérielle qui fixe les débit minimaux à respecter. Le débit total extrait peut être réduit aux valeurs indiquées tableau 3.

| | Nombre de pièces principales | | | | | | |
|---|---|---|---|---|---|---|---|
| | 1 | 2 | 3 | 4 | 5 | 6 | 7 |
| Débit total minimal en m³/h | 10 | 10 | 15 | 20 | 25 | 30 | 35 |

*Tableau 3. Débits minimaux à respecter pour une ventilation hygroréglable.*

## 1.2. Aération permanente pouvant être limitée à certaines pièces

Pour les maisons individuelles isolées, jumelées ou en bande situées en zones climatiques H2 et H3 (définies p. 335), la construction et les équipements peuvent satisfaire aux dispositions suivantes :

- La cuisine comporte une sortie d'air réalisée par un conduit vertical à tirage naturel ou par un dispositif mécanique.
- Les autres pièces de service comportent :
  - soit une sortie d'air réalisée par un conduit vertical à tirage naturel ou un dispositif mécanique,
  - soit une ouverture extérieure obturable.
- Chaque pièce principale possède une entrée d'air réalisée par un orifice en façade, un conduit à fonctionnement naturel ou un dispositif mécanique.
- Les sorties d'air de la cuisine et éventuellement des autres pièces de service doivent permettre d'obtenir les débits fixés ci-dessus.

## 1.3. Dispositions communes

Elles sont applicables à tout logement, en habitat collectif comme en maison individuelle.

En cas de présence d'un appareil à gaz raccordé disposé en cuisine, le débit à extraire en cuisine (tableau 1) doit au moins être égal à $Q_g$ (débit d'air comburant nécessaire au bon fonctionnement de l'appareil).

Cela donne pour un appareil (DTU n° 68-1) :
- à gaz classique : $Q_g = 4{,}3$ P (puissance utile P),
- à condensation, selon le modèle : $Q_g = 30$ ou 45 $m^3/h$.

Tout autre appareil à combustion doit être pris en compte, par le système d'aération, pour assurer les débits nécessaires à leur bon fonctionnement (ex. : cheminées à feu ouvert nécessitant une entrée d'air particulière).

Qu'il s'agisse de conduit à tirage naturel ou de dispositif mécanique, une évacuation des produits de combustion d'appareils à gaz ou à hydrocarbure liquéfiés, raccordés, peut servir de sortie d'air, à condition qu'une plaque scellée indique qu'on ne peut y raccorder un appareil utilisant un autre combustible.

*Rappels* : le raccordement d'appareils à combustion à des conduits d'évacuation par tirage naturel de type shunt n'est pas admis.

Aucun dispositif mécanique individuel, tel qu'une hotte de cuisine (caractéristiques aérauliques et acoustiques : NF E 51-704) équipée d'un ventilateur, ne peut être raccordé à une installation collective de sortie d'air, qu'elle soit mécanique ou à tirage naturel.

### 1.3.1. Sortie d'air par tirage naturel

Un conduit peut être individuel (desservant une seule pièce) ou collectif (desservant plusieurs pièces).

Dans ce dernier cas, il comporte un conduit collecteur et des raccordements individuels de hauteur d'étage, ces derniers ne desservant qu'une seule pièce.

Un conduit collectif, desservant des cuisines, ne peut desservir des locaux d'autre nature.

Les dévoiements éventuels et le débouché du conduit doivent répondre aux dispositions relatives aux conduits de fumées desservant les logements : fig. 5.

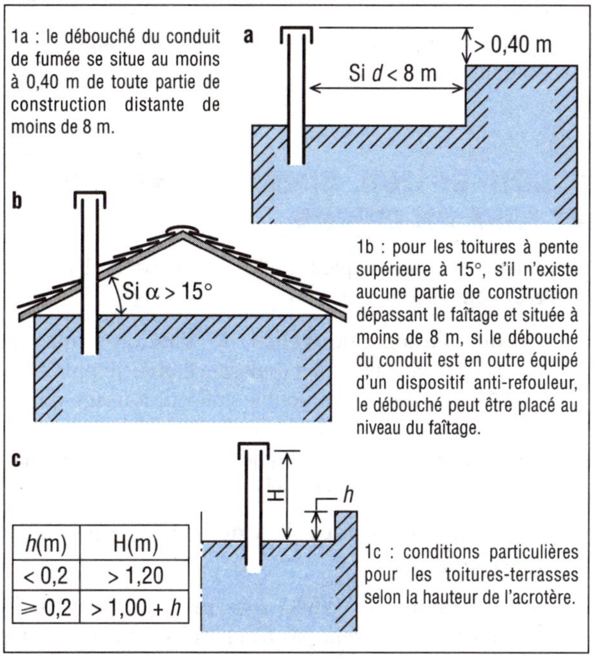


*Fig. 5. Débouchés de conduit.*

### 1.3.2. Sortie d'air par extraction mécanique

Le rejet de l'air s'effectue correctement à l'extérieur sans refoulement ni renvoi vers les logements.

Dans les installations mécaniques collectives, si l'extraction de l'air d'un même logement est réalisée par plusieurs extracteurs distincts, ceux-ci ne doivent pouvoir fonctionner que simultanément.

On distingue deux cas :

- **les appareils à gaz ou à hydrocarbures liquéfiés, non raccordés :** les produits de combustion pénétrant dans le circuit d'extraction doivent pouvoir cheminer vers l'extérieur par tirage naturel, lorsque l'évacuation de l'air de la cuisine est faite par un dispositif mécanique collectif (en cas de panne de celui-ci !).
  Autrement, il doit exister un système d'alarme fonctionnant automatiquement en cas de panne.
- **les conduits de fumée et les foyers situés dans les logements :**
  - ils peuvent être raccordés à un dispositif mécanique si :
    - l'évacuation de l'air de ventilation est également obtenue par un dispositif mécanique,

- les deux dispositifs mécaniques sont communs ou ne peuvent fonctionner que simultanément,
- l'évacuation des fumées ou des gaz brûlés est assurée par tirage naturel (en cas de panne du dispositif mécanique) à moins que la combustion ne soit automatiquement arrêtée. Dans ce dernier cas, le réallumage ne peut intervenir qu'en toute sécurité.

– ils peuvent fonctionner par tirage naturel sous réserve que la dépression créée dans un logement par l'évacuation mécanique de l'air ne puisse entraîner l'inversion du tirage, notamment lors de l'allumage de certains foyers.

## 2. CONCEPTION, DIMENSIONNEMENT ET MISE EN ŒUVRE

Les documents techniques unifiés (DTU n° 68-1 et DTU n° 68-2) concernent :

– **les installations nouvelles de VMC** avec ou sans appareils à gaz raccordés (puissance utile au plus égale à 70 kW) placés en immeuble collectif à usage d'habitation. La présence d'un vide-ordures intérieur implique que l'installation fasse l'objet d'une étude spéciale (recommandations EPEBAT) ;

– **les installations nouvelles de VMC-gaz** en maison individuelle.

Les installations de VMC en maison individuelle lorsqu'elles ne desservent pas d'appareils à gaz (p. 351) et les matériels pour une ventilation naturelle ne sont pas concernées.

Sont toutefois présentées ici :

– les règles de conception des entrées et passages de transit des installations individuelles ;
– les installations, avec amenées d'air mécanique et échangeur de chaleur dites double-flux (p. 353) ;
– les installations hygroréglables (p. 354).

### 2.1. Généralités

Les dispositifs mécaniques doivent pouvoir être facilement entretenus et vérifiés.

Le rejet de l'air extrait s'effectue sans gêne pour le voisinage, soit :

– directement à partir de l'extracteur,
– par l'intermédiaire d'un conduit de refoulement (notamment en VMC inversée). Dans ce cas, le conduit est disposé de façon à éviter, en cas de défaut d'étanchéité, un refoulement d'air dans le volume habitable (à cette fin, on peut, par exemple, disposer le conduit dans une gaine sans communication avec l'air intérieur, débouchant sur l'extérieur du bâtiment).

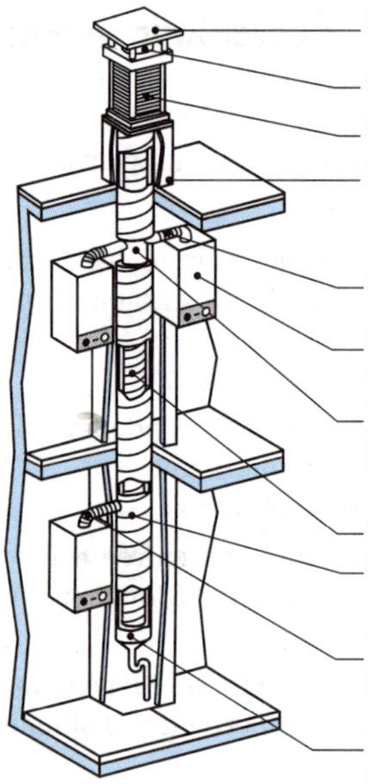


*Fig. 6. Système d'évacuation des gaz brûlés.*

En **maison individuelle**, les fabricants fournissent des ensembles complets, prédimensionnés en fonction du nombre de pièces. Des calculs ne sont pas nécessaires pour les cas courants.

Pour **l'habitat collectif**, le réseau est conçu et dimensionné de façon à assurer les débits minimaux réglementaires. Le DTU n° 68-1 donne les dispositions à appliquer pour les calculs.

*Nota 1 :* l'emploi **des organes d'équilibrage de débit** est interdit sur le parcours des produits de combustion. Ils ne sont pas prévus pour corriger des erreurs de dimensionnement ou des défauts de mise en œuvre. Quand on y a recours, ils sont disposés sur les parties accessibles du réseau horizontal de collecte. Ils sont déterminés par le calcul et sont indéréglables.

*Nota 2 : a priori*, le respect des spécifications données par le DTU n° 68-1 suffit à assurer le respect des exigences réglementaires en matière de confort acoustique.

### 2.2. Entrées d'air (NF E 51-732)

Les caractéristiques et l'emplacement des entrées d'air sont tels qu'il n'en résulte ni inconfort pour les occupants, ni désordre pour la construction et les équipements.

#### 2.2.1. Caractérisation

Sans être obturables, elles sont autoréglables ou bien relevant d'un avis technique.

Elles sont :

– marquées en module (module = débit de 15, 22,5 ou 30 m$^3$/h lorsque la différence de pression est 20 Pa) après avoir subi un essai (NF E 51-732) de caractérisation aéraulique ;
– caractérisées par leur isolement acoustique $D_{nw}(Ct_r)$ noté $D_{ne}$ pour les entrées destinées à être utilisées en zone de bruit : p. 362.

*Remarque* : quand l'air chemine dans des éléments de la construction (traverse haute de fenêtre, coffre de volet roulant...), le module et l'isolement acoustique sont déterminés par des essais portant sur l'ensemble constitué de l'entrée, des accessoires et des éléments traversés (cf. Avis technique des fenêtres en PVC).

### 2.2.2. Dimensionnement

L'ensemble des entrées d'air présentes dans un même logement doit permettre le passage, sous une différence de pression inférieure ou égale à 20 Pa, du débit d'air maximal $Q_M$, susceptible d'être extrait du logement.

$Q_M$ est la somme des valeurs nominales maximales des débits extraits à chaque bouche (tableau 1, p. 346).

Le dimensionnement du réseau d'extraction pour une différence de pression aux entrées d'air de 10 Pa est plus aisé, mais présente généralement l'inconvénient d'augmenter les déperditions thermiques par ventilation transversale.

Le respect pratique de ces exigences (selon la différence de pression choisie pour établir les calculs du réseau) est obtenu en s'assurant que la somme S des modules des entrées d'air satisfait l'une des inégalités suivantes :

- dépression de 10 Pa : $S > 1,4\ Q_M - Q_f$
- dépression de 20 Pa : $S > Q_M - Q_f$.

Dans ces inégalités, $Q_f$ est le débit de fuite sous 20 Pa des ouvrants donnés tableau 4.

| Nombre de pièces du logement | Valeur de $Q_f$ ($m^3/h$) | |
|---|---|---|
| | immeubles collectifs | maisons individuelles |
| 1 | 20 | 30 |
| 2 | 30 | 45 |
| 3 | 40 | 60 |
| 4 | 50 | 75 |
| 5 | 60 | 90 |
| 6 | 70 | 105 |
| 7 | 80 | 120 |

*Tableau 4. Débit de fuite $Q_f$ des ouvrants sous 20 Pa.*

Les dimensionnements types pour un immeuble collectif sont donnés tableau 5 et tableau 6.

Les pièces de service ne comportent pas d'entrées d'air.

| Nombre de pièces principales | Débit total maximal extrait $Q_M$ ($m^3/h$) | Somme des modules dans chaque pièce principale | |
|---|---|---|---|
| | | Séjour | Autre pièce principale |
| 1 | se reporter tableau 6 | | |
| 2 | 120 | 90 | 60 |
| | 130(*) | 105 | 60 |
| 3 | 150 | 90 | 45 |
| 4 | 180 | | |
| 5 | 210 | | |
| 6 | 210 | 90 | 30 |
| 7 | 225 | 60 | 30 |
| (*) présence d'un appareil à gaz de 23 kW de puissance. | | | |

*Tableau 5. Dimensionnement type (logement collectif) : calcul avec dépression de 10 Pa.*

| Nombre de pièces principales | Débit total maximal extrait $Q_M$ ($m^3/h$) | Somme des modules dans chaque pièce principale | |
|---|---|---|---|
| | | Séjour | Autre pièce principale |
| 1 | 90 | 90 | – |
| | 105 | 90 | |
| | 120(*) | 120 | |
| 2 | 120 | 60 | 30 |
| | 130(*) | | 45 |
| 3 | 150 | 60 | 30 |
| 4 | 180 | 45 | |
| 5 | 210 | 45 | 30 |
| 6 | | | 22 |
| 7 | 225 | 45 | 22 |
| (*) présence d'un appareil à gaz raccordé de 23 kW de puissance. | | | |

*Tableau 6. Dimensionnement type (logement collectif) : calcul avec dépression de 20 Pa.*

### 2.2.3. Mise en œuvre

Les entrées d'air sont disposées dans les pièces principales de telle sorte que, par pièce, la somme de leur module soit égale en moyenne à 45 ou 30, selon que l'extraction est naturelle ou mécanique. Cette somme ne saurait être inférieure respectivement à 30 ou 22,5.

Aucun élément de la construction ne doit pouvoir diminuer le débit les traversant.

On les dispose en partie haute avec jet d'air dirigé vers le haut : dans la traverse haute des menuiseries, dans le coffre des volets roulants, en sous-face du linteau ou en décrochement de la façade (15 cm minimum).

Elles comportent des auvents de protection contre la pluie, et éventuellement d'autres accessoires tels que des manchons de traversée des murs. En zone de bruit, le manchon est traité pour limiter l'affaiblissement de l'isolement acoustique de la paroi où se situe la bouche.

Toute cheminée à feu ouvert doit être munie de sa propre amenée d'air, obturable tout comme le conduit de fumée.

La ventilation mécanique contrôlée (VMC) mettant le logement en légère dépression, on peut faire pénétrer l'air neuf dans les pièces principales en l'aspirant en un point unique dans des combles sous réserve qu'ils soient bien ventilés. Ce choix simplifie éventuellement l'installation d'une insufflation mécanique avec ou sans récupérateur de chaleur (ventilation mécanique double-flux : p. 353). Une prise d'air neuf directement à l'extérieur est malgré tout préférable.

## 2.3. Passage de transit

La (les) porte(s) intérieure(s) desservant une salle d'eau équipée d'un appareil à gaz raccordé ou une cuisine, comporte(nt) un jeu minimal de 2 cm (1 cm s'il y a deux portes) en partie haute préférentiellement ou une grille de transfert « module 200 ».

Les portes intérieures desservant soit des pièces principales équipées d'entrées d'air de module inférieur ou égal à 30, soit une salle d'eau sans appareil à gaz raccordé auront un jeu minimal de 1 cm en partie haute préférentiellement (fig. 7).

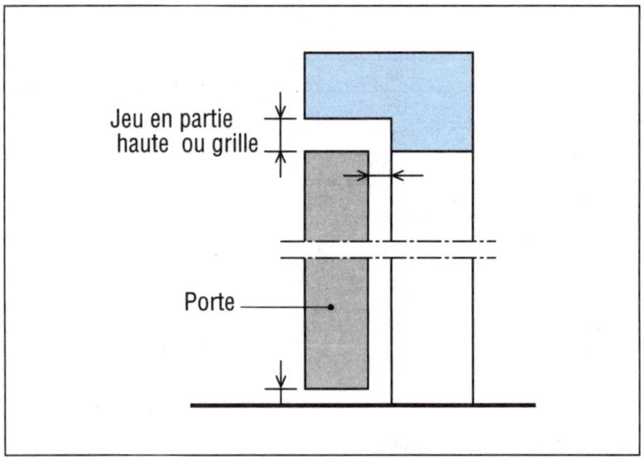


*Fig. 7. Passages de transit (portes).*

## 2.4. Bouches d'extraction

### 2.4.1. Caractérisation

Elles présentent d'origine un marquage spécifiant leur débit nominal, leur plage de fonctionnement en pression et, dans le cas d'appareil à gaz raccordé, leur destination (NF E 51-711) :

- « bouche pour appareil à condensation »,
- « bouche non compatible avec un appareil à condensation ».

### 2.4.2. Dimensionnement (DTU n° 68-1)

Les éléments de calcul (à partir de l'étude des pertes de charge du réseau) permettent de fixer la valeur du (ou des) débit(s) nominal(aux) de chaque bouche qui doivent être supérieurs ou égaux aux valeurs fixées par la réglementation (p. 346).

Le respect des exigences réglementaires en matière d'acoustique (bruit propre des bouches, transmission acoustique entre logements) est pris en compte si la plage de fonctionnement en pression est respectée (p. 364).

### 2.4.3. Mise en œuvre

Les bouches d'extraction desservant un même logement ne peuvent être raccordées à des extracteurs distincts sans que ceux-ci soient asservis.

Elles sont disposées dans les pièces de service en partie haute d'une paroi verticale à une hauteur minimale de 1,80 m), éventuellement au plafond, à plus de 10 cm des angles des parois.

Les bouches équipées d'une commande manuelle de débit (cordelette, ...) sont disposées pour permettre une manœuvre aisée du dispositif de commande. On prévoira un dispositif à commande délocalisée, et on ne les disposera pas au-dessus d'un ouvrant (porte ou baie), d'un passage, d'un appareil à gaz raccordé.

L'étanchéité à l'air entre la bouche et le conduit de liaison doit être compatible avec le bon fonctionnement de l'installation selon le type de bouche d'extraction. Une bouche sans cadre de fixation comporte une virole avec un joint torique.

L'étanchéité d'une bouche équipée d'un cadre de fixation est réalisée avec des bandes adhésives ou thermorétractables, ou un mastic silicone... dont le fabricant spécifie qu'ils peuvent être employés pour la réalisation d'une installation de VMC ou d'une VMC-gaz.

## 3. RÉSEAU COLLECTEUR D'EXTRACTION

**En maison individuelle**, le réseau horizontal d'extraction, y compris l'extracteur, doit, s'il est installé dans les combles, être facilement accessible depuis une trappe d'au moins 50 cm de côté, ne se trouvant pas dans un placard.

**En installation collective**, le réseau de collecte et d'extraction, comprenant extracteur, té-souches, purges éventuelles et organes de réglage, doit être facilement accessible. Il est souhaitable qu'il soit implanté dans les parties communes, séparé des locaux par une gaine de protection, facilement visitable.

L'implantation en terrasse des extracteurs, souches et supports de conduits doit respecter les dimensions et exemples de solutions illustrés figures 8 à 10.

La(les) porte(s) intérieure(s) desservant une salle d'eau équipée d'un appareil à gaz raccordé ou une cuisine doit (doivent) comporter un jeu minimal de 2,5 cm (1,2 cm s'il y a 2 portes) en partie haute préférentiellement ou on prévoira une grille de transfert de « module 200 ».

Les portes intérieures desservant soit des pièces principales équipées d'entrées d'air de module inférieur ou égal à 30, soit une salle d'eau sans appareil à gaz raccordé comporteront un jeu minimal de 1 cm en partie haute préférentiellement.

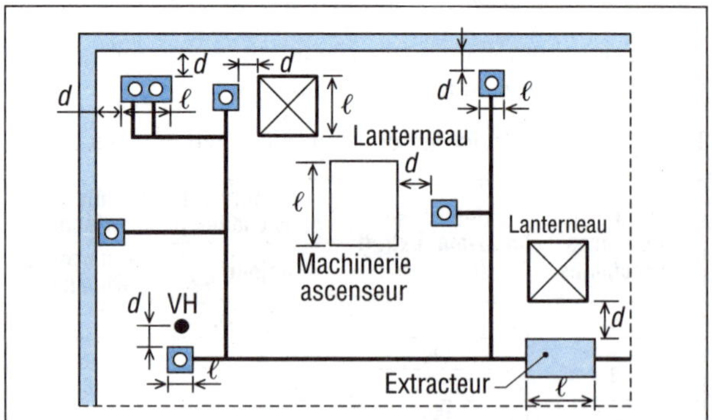


| ℓ | d |
|---|---|
| < 0,40 m | 0,25 m |
| 0,40 ≤ ℓ ≤ 1,20 m | 0,50 m |
| > 1,20 m | 1,00 m |

*Fig. 8. Implantation du réseau collecteur d'une installation collective en toiture-terrasse.*

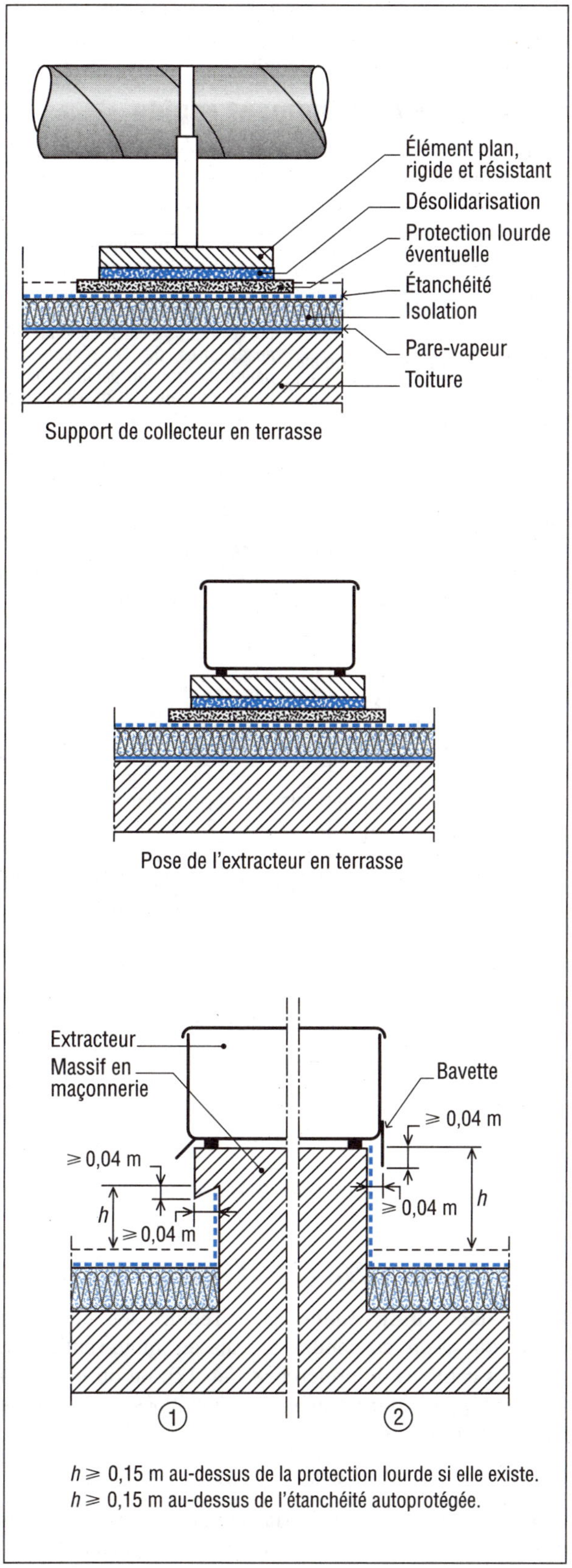


*Fig. 9. Pose de l'extracteur en terrasse.*

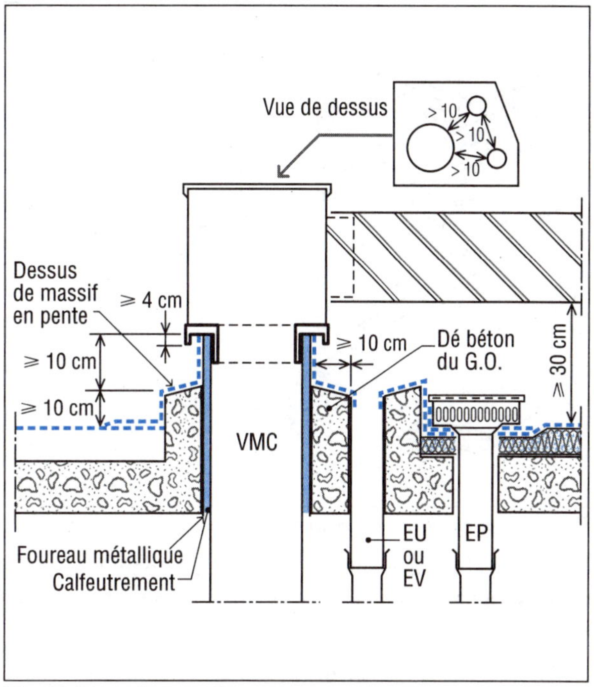


*Fig. 10. Exemple de sortie en terrasse.*

## 4. GAINES

### 4.1. Raccordement entre un appareil à gaz et une gaine horizontale ou un collecteur vertical

Un tel raccordement peut être rigide en aluminium, en acier inoxydable ou en acier émaillé vitrifié sur ses deux faces ou bien flexible en aluminium ou en acier inoxydable, uniquement s'il ne dessert pas d'appareils à gaz à condensation.

Sa section est supérieure ou égale à celle de la buse de raccordement de l'appareil.

### 4.2. Autres conduits de liaison

Une gaine peut desservir plusieurs bouches sous réserve qu'elles fassent partie du même logement et qu'on utilise des pièces de confluence pour les raccordements, afin de limiter les pertes de charge du réseau.

Elle est rigide en aluminium, acier galvanisé ou en acier inoxydable (assez rare).

### 4.3. Dispositions complémentaires

Les gaines de ventilation doivent être aussi courtes que possible, et mises en place de façon à limiter les pertes de charges (fig. 11).

Le tracé du conduit de liaison doit permettre la vérification de sa vacuité.

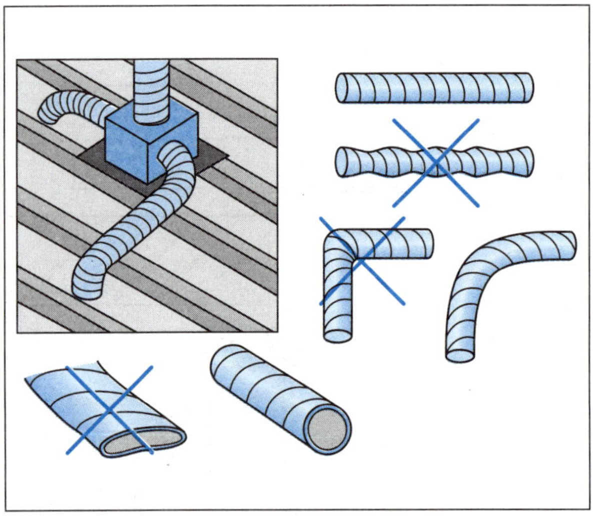

*Fig. 11. Conseils de mise en œuvre des gaines.*

En cas de dévoiement, on utilise des conduits et des coudes rigides, équipés d'une ou plusieurs trappes de visite si leur longueur est supérieure à 2 m.

Le raccordement, à un même niveau et sur un même conduit vertical, de deux conduits de liaison desservant des logements différents, est admis en cas d'inconvénient architectural réel (deux logements séparés par un demi-palier). La distance entre le point de raccordement des deux conduits peut alors être inférieure à la différence de hauteur entre deux niveaux à condition qu'elle reste supérieure à 1,20 m.

Pour des installations de VMC - gaz, les parties susceptibles d'être parcourues par des condensats, doivent être étanches à l'eau et en assurer le bon écoulement jusqu'aux points d'évacuation.

## 4.4. Dispositions particulières

### 4.4.1. Conduits verticaux

Ils sont **munis d'un couronnement** (correspondant aux caractéristiques du conduit auquel il est destiné), qui peut être commun à plusieurs conduits, si ceux-ci sont accolés.

Ils ont **une section rectangulaire ou cylindrique. Ils sont verticaux avec un minimum de dévoiements**. L'angle de ces dévoiements n'excède pas 20° d'une façon générale.

Une distance minimale entre l'orifice de rejet de l'air extrait et les obstacles en toiture (souche de cheminée, machinerie d'ascenseur...) doit être respectée : les obstacles horizontaux vus (en projection horizontale) sous un angle inférieur à 30° ne sont pas pris en compte.

### 4.4.2. Gaine de protection

Normalement placés à l'intérieur des locaux, les conduits sont protégés mécaniquement par une gaine (définie à partir des données indiquées p. 269), assurant, outre un isolement acoustique supplémentaire, une protection en matière d'incendie.

Une même gaine peut contenir plusieurs conduits mais un conduit de ventilation mécanique contrôlée ne peut être placé au contact d'autres conduits.

## 4.5. Prédimensionnement rapide

Ce prédimensionnement manuel rapide (tableau 7) sera suffisant dans la plupart des cas grâce au système autoréglable mais ne remplace par une note de calcul.

Perte de pression de la colonne, écart de dépression entre les extrémités aux débits maxi (Pa) ► 16 / 210 / 2,9 ◄ Somme des débits maxi de la colonne.
▲ Vitesse maximale (m/s) à l'extrémité de colonne pour les débits maximaux.

Le diamètre du collecteur vertical Ø est déterminé en cherchant pour le nombre d'étages correspondant le débit maximal dans le tableau a. Le diamètre Ø des conduits et accessoires de ce réseau est déterminé tronçon par tronçon, à partir des débits maximaux à l'aide du tableau b.

| a | Réseau vertical | | | | | | | | | | | | | |
|---|---|---|---|---|---|---|---|---|---|---|---|---|---|---|
| Ø en mm | Ø 125 | | Ø 160 | | | Ø 200 | | Ø 250 | | | Ø 315 | | | |
| 6 | 11<br>90<br>2,1 | 20<br>120<br>2,8 | 12<br>180<br>2,5 | 16<br>210<br>2,9 | 31<br>270<br>3,8 | 18<br>360<br>3,2 | 28<br>450<br>4,1 | 16<br>540<br>3 | 21<br>630<br>3,7 | 28<br>720<br>4,1 | 13<br>810<br>2,9 | 16<br>900<br>3,2 | 19<br>990<br>3,5 | 23<br>1 080<br>3,8 |
| 5 | 7<br>75<br>1,7 | 12<br>100<br>2,3 | 24<br>150<br>3,4 | 33<br>175<br>4 | 21<br>225<br>3 | 32<br>300<br>4,1 | 18<br>375<br>3,4 | 28<br>450<br>4,0 | 14<br>525<br>3 | 19<br>600<br>3,4 | 23<br>675<br>3,9 | 11<br>750<br>2,7 | 13<br>825<br>3 | 16<br>900<br>3,2 |
| 4 | 5<br>60<br>1,4 | 9<br>80<br>1,9 | 14<br>120<br>2,7 | 19<br>140<br>3,1 | 25<br>180<br>4 | 20<br>240<br>3,3 | 11<br>300<br>2,7 | 17<br>350<br>3,2 | 23<br>420<br>3,8 | 12<br>480<br>2,7 | 14<br>540<br>3,1 | 17<br>600<br>3,4 | 20<br>660<br>3,7 | 24<br>720<br>3,9 |
| 3 | 3<br>45<br>1 | 5<br>60<br>1,3 | 7<br>90<br>2 | 9<br>105<br>2,3 | 14<br>135<br>3 | 30<br>180<br>4,1 | 15<br>225<br>3,1 | 23<br>270<br>3,7 | 12<br>315<br>2,8 | 16<br>360<br>3,2 | 20<br>405<br>3,4 | 25<br>450<br>4,0 | 11<br>485<br>2,7 | 14<br>540<br>3 |
| 2 | 1<br>30<br>0,7 | 2<br>40<br>0,9 | 3<br>60<br>1,4 | 4<br>70<br>1,6 | 6<br>90<br>2 | 11<br>120<br>2,7 | 21<br>150<br>3,4 | 10<br>180<br>2,5 | 14<br>210<br>2,9 | 18<br>240<br>3,3 | 9<br>270<br>2,4 | 11<br>300<br>2,7 | 13<br>330<br>3 | 19<br>360<br>3,2 |
| Débit par niveau | 15 | 20 | 30 | 35 | 45 | 60 | 75 | 90 | 105 | 120 | 135 | 150 | 165 | 180 |

| b | Réseau horizontal | | | | | |
|---|---|---|---|---|---|---|
| Type de réseau | Ø 160 | Ø 200 | Ø 250 | Ø 315 | Ø 355 | Ø 400 | V m/s |
| Réseau simple ou court | 350 | 550 | 900 | 1 400 | 1 700 | 2 200 | ≤ 5 m/s |
| Réseau long ou ramifié | 280 | 450 | 700 | 1 100 | 1 350 | 1 800 | ≤ 4 m/s |

*Tableau 7. Prédimensionnement rapide d'un réseau en immeubles collectifs.*

# 5. SYSTÈME D'EXTRACTION MÉCANIQUE

**En maison individuelle**, pour réduire les nuisances acoustiques, on suspendra le caisson moto-ventilateur, dans les combles de préférence (fig. 12), ou on le posera sur un support lourd aménagé (silent-blocs et plaque de laine de verre sous le moto-ventilateur).

Le rejet de l'air extrait dans les combles est interdit.

*Remarque* : le choix d'une installation peut s'effectuer sans calcul, l'extracteur étant muni d'un plaque, portant le logo de la certification (NF E 51-705).

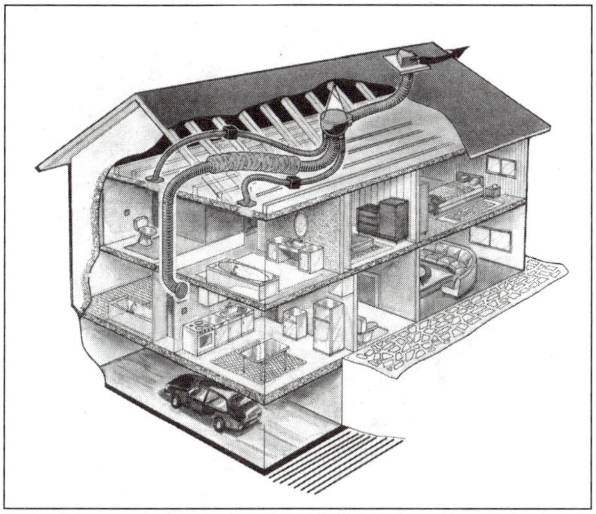

*Fig. 12. Suspension d'un caisson moto-ventilateur sous comble.*

Aucune restriction importante, autre que le respect des dispositions générales (p. 348 et 350) n'est prévue en immeuble collectif.

Le choix d'un moto-ventilateur s'effectue à partir des deux paramètres de l'étude du réseau : le débit $Q_M$ à extraire (p 346) et les pertes de charge du réseau aéraulique (p. 352).

## 6. VENTILATION MÉCANIQUE DOUBLE FLUX

Elle assure la juste aération du logement par insufflation et extraction mécaniques conjointes de l'air de ventilation. L'air neuf, prélevé à l'extérieur, est insufflé dans les pièces principales après être passé dans un échangeur (fig. 13), où il croise, sans jamais pouvoir y être mélangé, l'air vicié extrait des pièces de service et rejeté à l'extérieur. Un double réseau de gaines et des bouches d'insufflation (fig. 14) et d'extraction est donc à prévoir.

Une partie de la chaleur contenue dans l'air vicié est ainsi transférée à l'air neuf pour le préchauffer.

Lorsque le logement est équipé d'un système de chauffage à eau chaude par radiateur ou convecteur, et d'une chaudière fonctionnant au gaz naturel, les fumées passent avec l'air extrait dans l'échangeur donc augmentent ainsi le potentiel d'énergie récupérable : on parle alors de VMC double flux - gaz.

Le conduit d'évacuation de l'air extrait est, dans ce cas, le conduit d'évacuation des produits de combustion de la chaudière.

L'air neuf peut être pris dans les combles, de façon à réduire l'écart de température avec l'air extrait (échangeurs air/air à plaques double flux), ou passer à travers les vitrages de fenêtres (fenêtres pariétodynamiques à vantaux dédoublés avec orifices autoréglables).

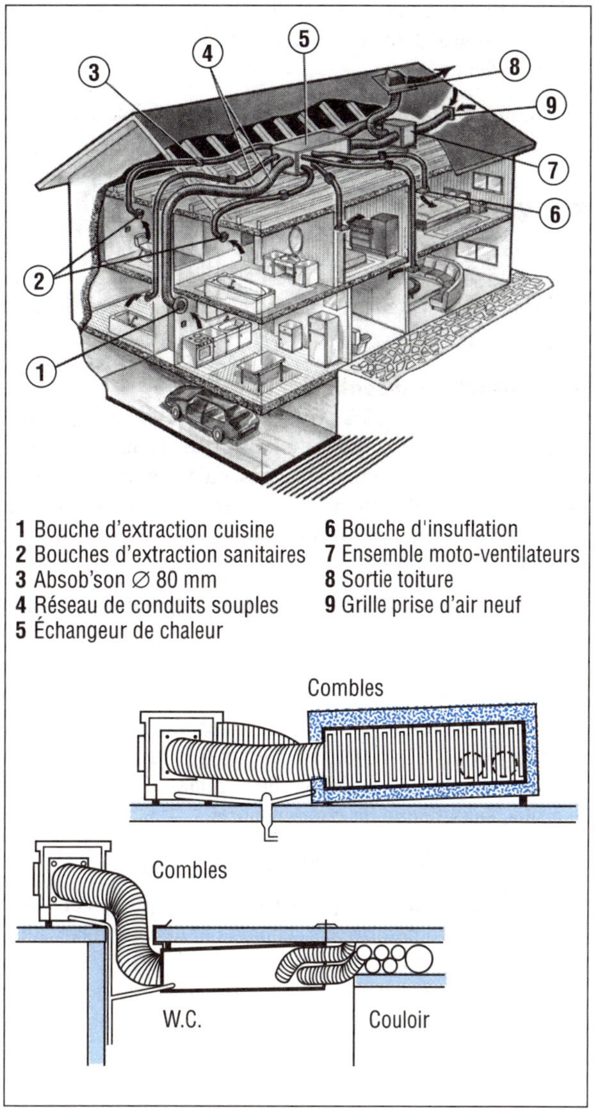


*Fig. 13. Ventilation mécanique double flux.*

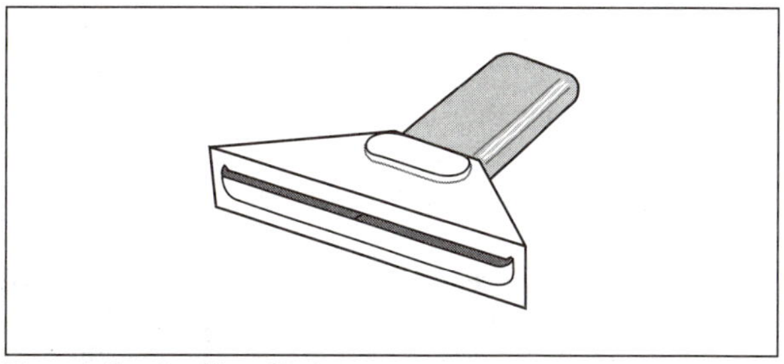

*Fig. 14. Bouche d'insufflation.*

### 6.1. Échangeurs air/air à plaques double flux

Ils sont constitués de plaques minces parallèles entre lesquelles circulent les fluides chaud et froid. Les plaques de métal sont séparées par un feuillard ondulé, alternativement disposé selon deux sens orthogonaux.

Le transfert de chaleur se fait directement à travers la paroi qui sépare les deux flux d'air. Ces échangeurs ont une bonne efficacité.

Ces matériels (sans pièce mobile) ont un faible coût d'entretien, pour l'essentiel limité à une purge annuelle.

## 6.2. Ventilation hygroréglable

Outre un avis technique délivré par le CSTB, un dispositif hygroréglable doit bénéficier d'autorisation ministérielle (construction et habitat, santé) qui fixent les débit minimaux à respecter.

### 6.2.1. Principes de fonctionnement

Dans une habitation, les principales pollutions de l'air sont proportionnelles à la quantité de vapeur d'eau émise, sauf dans deux cas (cabinets d'aisances, cuisines) où les odeurs peuvent être prédominantes et à l'exception de produits de combustion, d'émanation de produits de construction, qui peuvent être inodores.

Facilement repérable par l'utilisateur, à la différence de la vapeur d'eau, la détection des odeurs peut être laissée à l'initiative de l'utilisateur. Des dispositifs à commande manuelle suffisent pour combattre efficacement ce type de pollution. Toutefois, pour limiter les déperditions thermiques dues à des renouvellements d'air trop importants, il peut être intéressant de ventiler « quand il le faut, là où il le faut », sans risque de condensation.

C'est l'objet de la ventilation hygroréglable.

*Rappel :* constater l'hygrométrie de chaque pièce, c'est tenir compte du nombre d'occupants et de leur répartition, des heures d'occupation, de l'utilisation des pièces techniques, de la température de chaque pièce, de la température et du taux d'humidité extérieures, de la transparence à l'air du logement.

On distingue deux familles de systèmes :

- Extraction hygroréglable avec entrées d'air autoréglables (fig. 15) : des bouches d'extraction hygroréglables, placées en cuisine et salle de bains (fig. 16), déterminent le débit global extrait du logement en mesurant l'humidité moyenne des pièces techniques où elles se trouvent. Les entrées d'air sont dimensionnées et mises en œuvre comme pour une VMC classique.
- Extraction hygroréglable avec entrées d'air hygroréglables : ces entrées déterminent, suivant le degré d'humidité de chaque pièce principale, la répartition du débit imposé par les bouches d'extraction.

### 6.2.2. Détermination des débits d'extraction

Le type de bouche d'extraction à implanter est défini dans le tableau 8 en fonction du nombre de pièces principales, pour un logement dont la ventilation est indépendante.

- en sanitaire : une bouche « minutée » permet l'élimination des mauvaises odeurs en WC. Un dispositif à commande

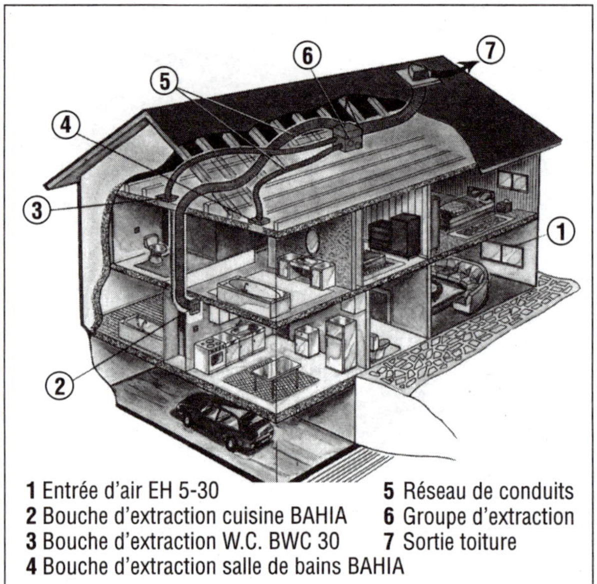


*Fig. 15. Exemple d'installation d'une ventilation mécanique contrôlée hygroréglable.*

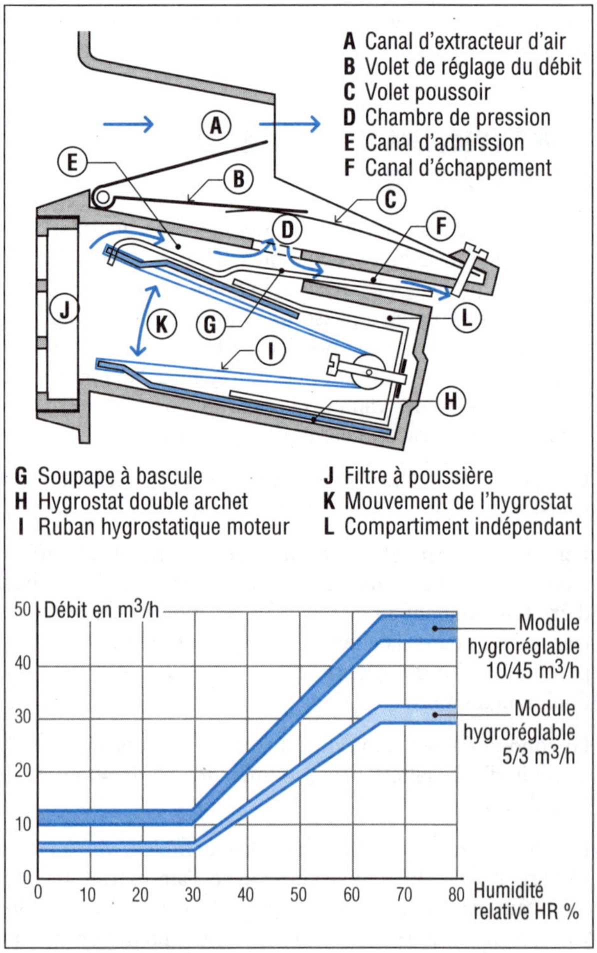


*Fig. 16. Module hygroréglable (principe de fonctionnement).*

manuelle (contrôlé par une minuterie, déclenché éventuellement par l'utilisateur) assure un débit minimal de 5 $m^3/h$ ou un débit maximal de 30 $m^3/h$ ;

- en cuisine : une bouche cuisine (12-50/135 $m^3/h$) permet l'obtention d'un débit de pointe au gré de l'utilisateur (135 $m^3/h$), l'ouverture de la bouche assurant automatiquement un débit dans une plage (12-50 $m^3/h$).

Trois règles sont à respecter pour le débit à extraire en fonction du nombre $n$ de pièces principales (tableau 8) :

- le débit minimal par pièce de service (5 $m^3/h$) garantit l'hygiène du logement en cas de non-occupation ;
- le débit maximal (minimal $15 \times (n + 2)$ $m^3/h$) fait disparaître tout risque de condensation non passagère pour un logement à occupation normale ;
- le débit de pointe ($15 \times (n + 4)$ $m^3/h$ ou 135 $m^3/h$) garantit l'efficacité de la ventilation contre les mauvaises odeurs en cuisine.

| Nombre de pièces principales | Cuisine ($m^3/h$) | | Salle d'eau 1 | Salle d'eau 2 | WC 1 | WC 2 | Valeur du débit spécifique de ventilation Qv ($m^3/h$) |
|---|---|---|---|---|---|---|---|
| | Débit hygro | Débit maxi | Débit hygro ($m^3/h$) | | Débit temporisé 30 minutes | | |
| 1 | 5/30 | 75 | 5/30 | | 5/30 | | 27 |
| 2 | 5/30 | 90 | 5/30 | | 5/30 | | 48 |
| 3 | 10/45 | 105 | 5/30 | | 5/30 | | 60 |
| 4 | 10/45 | 120 | 10/45 | | 5/30 | | 72 |
| 5 | 10/45 | 135 | 5/30 | 5/30 | 5/30 | 5/30 | 83 |
| 6 | 10/45 | 135 | 10/45 | 5/30 | 5/30 | 5/30 | 93 |
| 7 | 10/45 | 135 | 10/45 | 10/45 | 5/30 | 5/30 | 98 |

*Tableau 8. Composition d'un système.*

# ACOUSTIQUE

NF EN 60645 (S 31-001), EN 60651 (S 31-009), EN ISO 3832 (S 31-014), EN ISO 140 (S 31-049), PR EN 12 354-1 et -2

## 1. INTRODUCTION

### 1.1. Phénomène physique (fig. 1)

Dans l'air, un son est produit par le mouvement d'un corps qui met en vibration l'air environnant. Il en résulte des ondes de surpression et de dépression par rapport à la pression atmosphérique. L'air fait ensuite vibrer les parois du local qui entraînent dans leur mouvement l'air du local adjacent, donc aussi le récepteur (par ex. l'oreille).

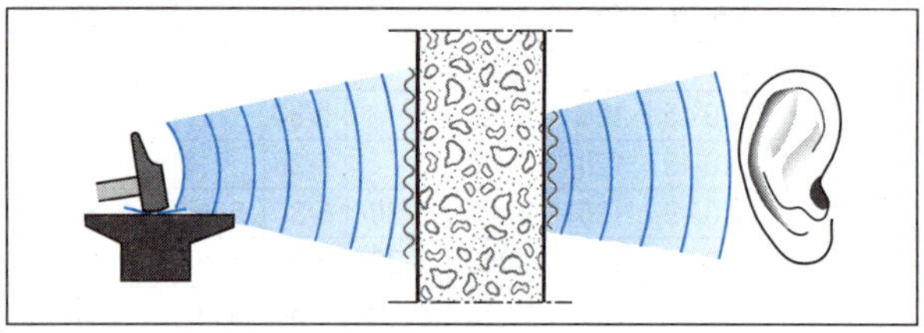

*Fig. 1. Propagation d'un son / phénomène physique.*

- **Les bruits aériens (fig. 2)**

  Au contact d'une paroi, l'énergie acoustique incidente $E_i$ se transforme en :

  – énergie transmise $E_t$ (qu'on limite par l'isolation acoustique),

  – énergie réfléchie $E_r$ et énergie absorbée $E_a$ (qu'on traite par la correction acoustique pour réduire le bruit ambiant dans le local même de l'émission ou pour améliorer les qualités d'écoute d'une salle).

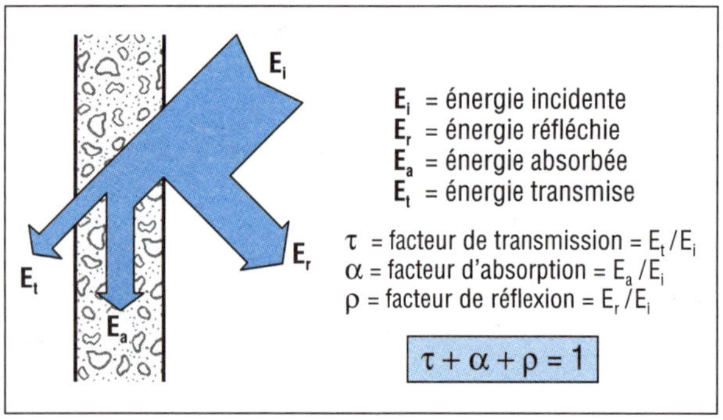


*Fig. 2. Bruits aériens : transformation de l'énergie acoustique.*

- **Les bruits solidiens (fig. 3)**

Les vibrations sont au départ créées sur ou dans les solides. Elles se transmettent directement par la structure du bâtiment (isolation acoustique). Ce sont les bruits de choc ou encore certains bruits d'équipement du bâtiment.

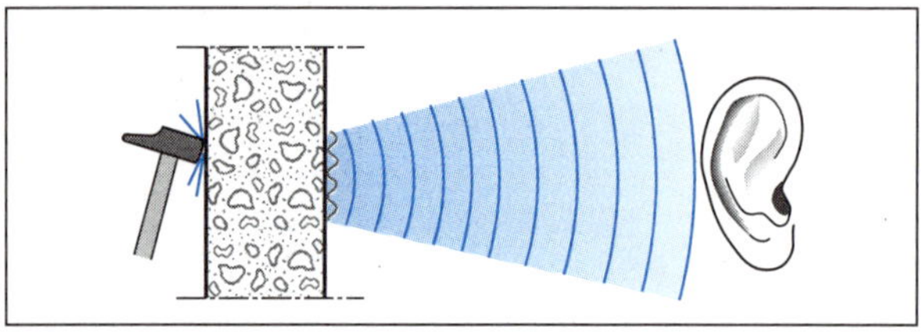

*Fig. 3. Bruits de choc.*

### 1.2. Définitions

- **Un son** est pur quand la variation de pression autour de la pression atmosphérique est du type sinusoïdale (fig. 4).

$$p(t) = p_{max} \cdot \sin 2\pi f t.$$

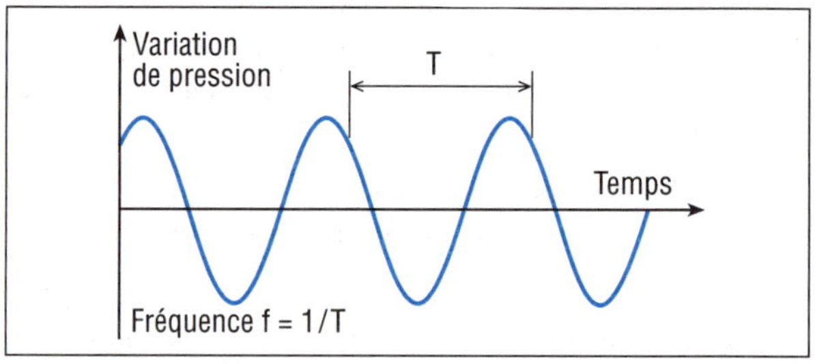


*Fig. 4. Représentation mathématique d'un son pur.*

Un son pur est caractérisé par sa fréquence ($f$), exprimée en hertz (Hz) et son niveau sonore.

*Remarque :* la gamme des fréquences audibles s'étend, selon les individus, de 20 Hz à 16 000 Hz (fig. 5).

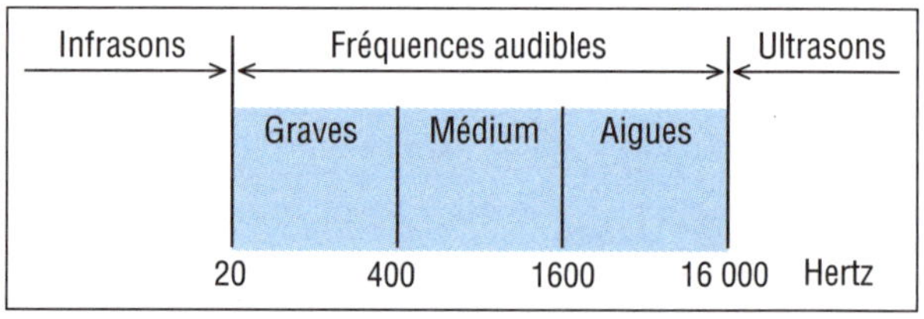


*Fig. 5. Gamme de fréquences audibles.*

- **Le niveau sonore $L_p$**, exprimé en décibels (dB), vaut : $L_p = 10 \log (p / p_0)^2$ ou encore : $L_p = 20 \log p / p_0$ avec $p_0$ pression de référence égale à $2 \cdot 10^{-5}$ Pa, et $p$, pression efficace qui correspond à la moyenne des valeurs de $p(t)$ pendant un intervalle de temps donné. Attention, il s'agit ici du logarithme décimal.
- **Le bruit** est un mélange de sons, de niveaux et de fréquences différents. Il est caractérisé par son spectre, qui représente le niveau en dB pour chaque bande de fréquence (fig. 6).

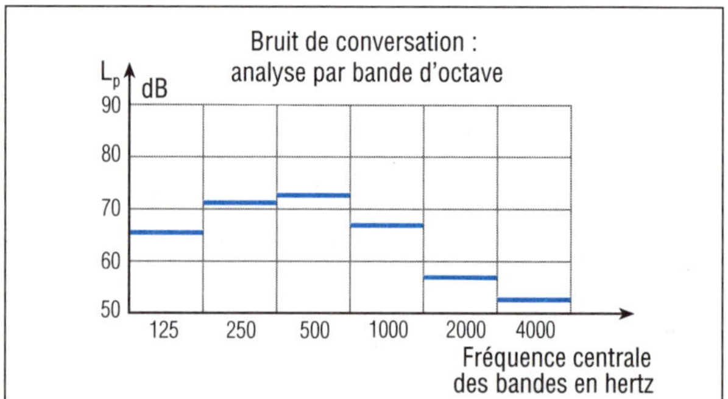


| Fréquence médiane (Hz) | 125 | 250 | 500 | 1 000 | 2 000 | 4 000 |
|---|---|---|---|---|---|---|
| Niveau / bande d'octave (dB) | 66 | 72 | 73 | 68 | 56 | 51 |

*Fig. 6. Spectre sonore d'un bruit de conversation.*

Une octave est une bande de fréquence séparant deux sons dont le rapport des fréquences est égal à 2. En divisant une octave en trois, on obtient des bandes de tiers d'octave.

Pour faire une mesure de bruit, on procède à une analyse spectrale en réalisant une série de mesures du niveau sonore par bande de fréquences d'une octave ou mieux d'un tiers d'octave.

## 1.3. Niveau de pression global

### 1.3.1. Niveau de pression global (dB)

Il est souvent commode de caractériser un bruit par une seule valeur (ne tenant pas compte des fréquences). Pour cela, on additionne les pressions de chaque bande d'octave (ou de tiers d'octave). On obtient ainsi le niveau de pression global d'un bruit.

Cette façon de procéder permet, au prix d'une légère perte d'informations, de condenser l'expression des résultats.

Deux méthodes permettent de déterminer le niveau global d'un bruit.

- **1re méthode :** $L_p = 10 \cdot \log \sum_i 10^{Lpi/10}$

Quand on utilise les bandes d'octave, on obtient :

$L_p = 10 \cdot \log (10^{Lp125/10} + 10^{Lp250/10} + 10^{Lp500/10} + 10^{Lp1000/10} + 10^{Lp2000/10} + 10^{Lp4000/10})$.

- **2e méthode :**

Cette méthode rapide de cumul des bruits consiste, à partir de deux bruits de niveau $L_{sup}$ et $L_{inf}$ (avec $L_{sup} > L_{inf}$), à calculer $\Delta L = L_{sup} - L_{inf}$.

$$L_p = L_{sup} + K \text{ avec } K \text{ fonction de } \Delta L$$

Le calcul exact donne $K = 10 \log (1 + 10^{-\Delta L/10})$.

Les principales valeurs de K sont données tableau 1.

| ΔL (dB) | 0 | 0,5 | 1 | 1,5 | 2 | 3 | 4 | 5 |
|---|---|---|---|---|---|---|---|---|
| K (dB) | 3 | 2,8 | 2,5 | 2,3 | 2,1 | 1,8 | 1,5 | 1,2 |
| ΔL (dB) | 6 | 7 | 8 | 9 | 10 | 12 | 15 | 20 |
| K (dB) | 1 | 0,8 | 0,6 | 0,5 | 0,4 | 0,3 | 0,1 | 0,04 |

*Tableau 1. Méthode rapide de cumul des bruits : valeur de K.*

### 1.3.2. Niveau de pression global pondéré (dB(A))

Pour tenir compte de la sensibilité différente de l'oreille aux graves, aux médiums et aux aigus, on effectue une correction des niveaux pour chaque bande d'octave. On obtient ainsi le niveau de bruit global en dB(A). Les appareils de mesure (sonomètres) intègrent cette correction grâce à des filtres par octave ou encore par tiers d'octave.

Les corrections par bande d'octave sont les suivantes (NF S 31-009) (tableau 2).

| Fréquence médiane (Hz) | 125 | 250 | 500 | 1 000 | 2 000 | 4 000 |
|---|---|---|---|---|---|---|
| (dB) | −16 | −8,5 | −3 | 0 | +1 | +1 |

*Tableau 2. Corrections par bande d'octave.*

**Exemple d'utilisation :**

À partir du spectre du bruit défini précédemment (fig. 6), on obtiendra les niveaux suivants :

| Fréquence médiane (Hz) | 125 | 250 | 500 | 1 000 | 2 000 | 4 000 |
|---|---|---|---|---|---|---|
| Niveau brut (dB) | 66 | 72 | 73 | 68 | 56 | 51 |
| Correction (dB) | −16 | −8,5 | −3 | 0 | +1 | +1 |
| Niveau pondéré dB (A) | 50 | 63,5 | 70 | 68 | 57 | 52 |

*Tableau 3. Niveau de pression global pondéré.*

On calcule le niveau global pondéré en additionnant les pressions pour chaque bande d'octave ou de tiers d'octave.

- En utilisant la méthode exacte, on obtient un niveau résultant :

$L_p = 10 \log (10^{50/10} + 10^{63,5/10} + 10^{70/10} + 10^{68/10} + 10^{57/10} + 10^{52/10})$

$L_p = 10 \log (10^5 + 10^{6,35} + 10^7 + 10^{6,8} + 10^{5,7} + 10^{5,2})$

$L_p = 10 \log (19\,307\,970) = 72,86$ dB(A).

- En utilisant la méthode rapide décrite précédemment, on trouve alors en faisant un tableau :

| $L_{inf}$ (dB) | $L_{sup}$ (dB) | ΔL (dB) | K (dB) | $L_p$ (dB) | Niveau |
|---|---|---|---|---|---|
| 50 | 52 | 2 | 2,1 | 54,1 | $L_1 + L_2$ |
| 54,1 | 57 | 2,9 | 1,8 | 58,8 | $L_1 + L_2 + L_3$ |
| 58,8 | 63,5 | 4,7 | 1,3 | 64,8 | $L_1 + L_2 + L_3 + L_4$ |
| 64,8 | 68 | 3,2 | 1,7 | 69,7 | $L_1 + \ldots L_5$ |
| 69,7 | 70 | 1,3 | 2,4 | 72,4 | résultant ($L_p$) |

*Tableau 4. Niveau résultant.*

D'où $L_p = 72,4 \pm 0,5$ dB(A).

## 1.4. Différents bruits

### 1.4.1. Bruits de référence

On distingue le bruit dit rose et le bruit dit routier en tant que bruits de référence.

- **Le bruit rose** « simule » les bruits aériens émis dans le bâtiment. Il est aussi utilisé pour représenter les bruits émis par le trafic aérien. C'est un bruit aléatoire dont le niveau spectral par octave est constant. Il possède une énergie constante sur tout le spectre sonore de 80 dB par octave.

- **Le bruit routier** « simule » les bruits émis par le trafic routier. C'est un bruit plus riche en graves que le bruit rose ; il est normalisé (NF S 30-010) et représente un bruit de circulation. Il est donné par bande d'octave ou de tiers d'octave pour un niveau de pression acoustique global de 70 dB(A) ; la répartition des niveaux par bande d'octave est donnée tableau 5.

| Fréquence médiane (Hz) | 125 | 250 | 500 | 1 000 | 2 000 | 4 000 |
|---|---|---|---|---|---|---|
| $S_i$ (dB) | 71 | 70 | 66 | 65 | 63 | 57 |

*Tableau 5. Répartition des niveaux par bande d'octave d'un bruit routier.*

### 1.4.2. Types de bruit émis dans les bâtiments courants

On distingue les bruits suivants :

- les bruits aériens extérieurs (fig. 7),
- les bruits aériens intérieurs (fig. 8),
- les bruits de choc (fig. 9),
- les bruits d'équipement créés par les ascenseurs, la robinetterie, la VMC, le chauffage, etc. (fig. 10).

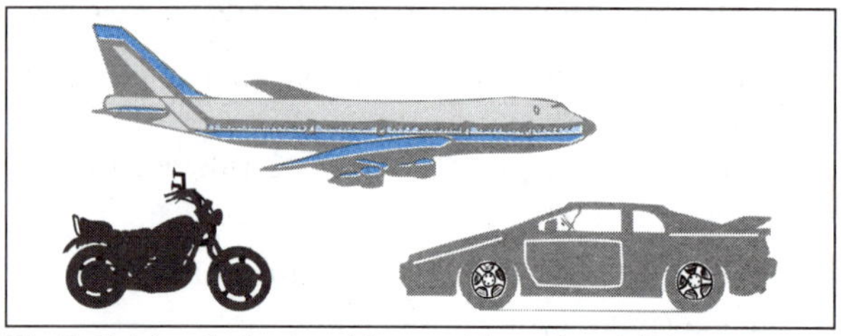

*Fig. 7. Origine des bruits aériens extérieurs (exemples).*

*Fig. 8. Origine des bruits aériens intérieurs (exemples).*

*Fig. 9. Bruits de choc (exemples).*

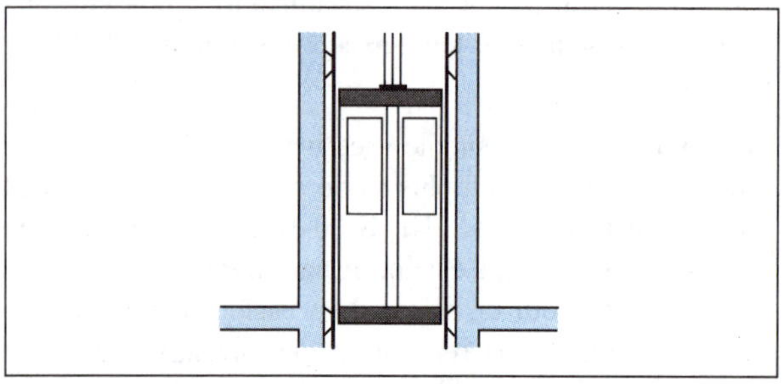

*Fig. 10. Bruits d'équipements (exemple).*

## 2. BRUITS AÉRIENS - ISOLATION ENTRE DEUX LOCAUX

### 2.1. Indice d'affaiblissement, loi masse-fréquence

L'indice d'affaiblissement R caractérise les performances acoustiques d'une paroi aux bruits aériens :

$$R = 10 \log W_1 / W_2$$

avec :

- $W_1$ : puissance acoustique incidente sur la paroi,
- $W_2$ : puissance acoustique transmise par la paroi.

Pour une paroi homogène, de dimensions infinies, sans rigidité, la loi de masse s'écrit :

$$R_{tf} = 10 \log [C\ (m \cdot f)^2],$$

$R_{tf}$ est l'indice d'affaiblissement à la fréquence $f$,
avec : $m$ masse par m² de paroi, $f$ fréquence du son,
C est une constante : $C = \pi / \rho c$ où $\rho$ est la masse volumique de l'air et $c$ la vitesse de propagation du son dans l'air.

### 2.2. Indice d'affaiblissement unique $R_w$ ($C$, $C_{tr}$)

Dans la pratique, les éléments et les parois utilisés dans le bâtiment présentent des comportements plus complexes. Il est alors préférable d'utiliser des résultats d'essais (fig. 11).

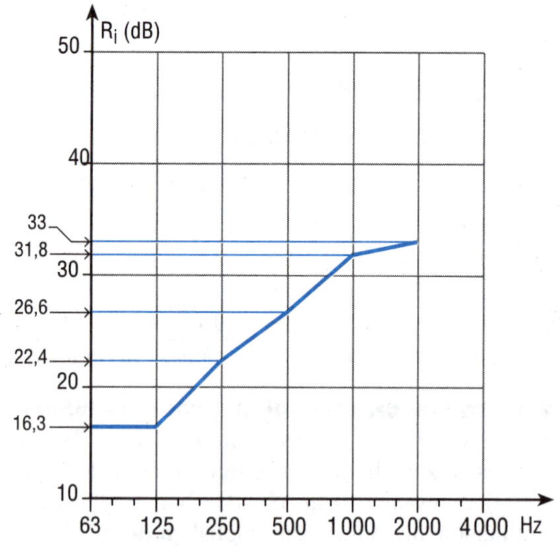


| Fréquence médiane (Hz) | 125 | 250 | 500 | 1 000 | 2 000 |
|---|---|---|---|---|---|
| $R_i$ (dB) | 16,3 | 22,4 | 26,6 | 31,8 | 33,0 |

*Fig. 11. Indice d'affaiblissement d'une paroi mesuré par fréquence.*

Les mesures sont effectuées dans la bande de fréquences situées dans la gamme 125 Hz à 2 000 Hz pour les valeurs en octave et dans la gamme 100 Hz à 3 150 Hz pour les valeurs en tiers d'octave.

L'indice $R_w$ caractérise les performances acoustiques par une seule valeur en comparant les mesures à une courbe de référence (fig. 12).

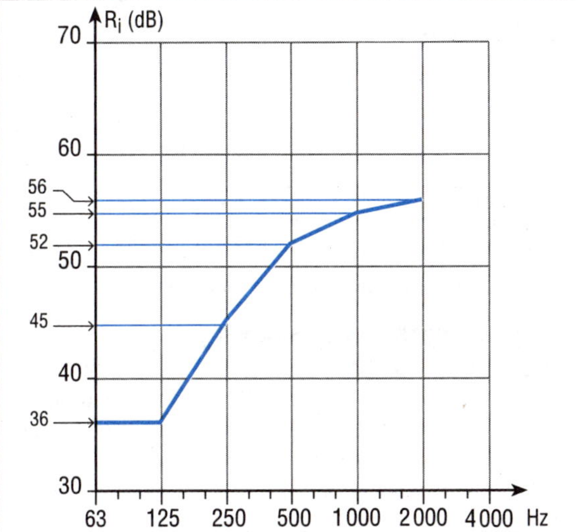


| Fréquence médiane (Hz) | 125 | 250 | 500 | 1 000 | 2 000 |
|---|---|---|---|---|---|
| $R_i$ (dB) | 36 | 45 | 52 | 55 | 56 |

*Fig. 12. Courbe de référence des indices d'affaiblissement.*

La méthode consiste à rapprocher sur le même graphe la courbe de référence, de la courbe de l'élément essayé par bond de 1 dB, jusqu'à ce que la somme des écarts défavorables soit la plus grande possible sans dépasser 10 dB. Après avoir effectué ces décalages progressifs, la valeur de la courbe de référence à 500 Hz est $R_w$ : fig. 13.

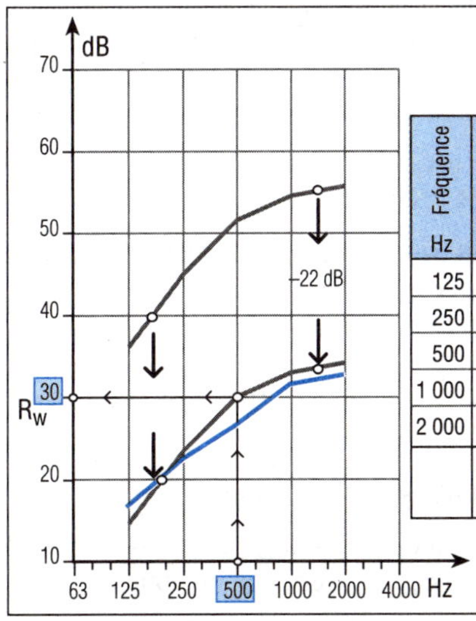


| Fréquence | $R_i$ | Valeurs de référence décalées de – 22 dB | Écart défavorable |
|---|---|---|---|
| Hz | dB | dB | dB |
| 125 | 16,3 | 14 | |
| 250 | 22,4 | 23 | 0,6 |
| 500 | 26,6 | 30 | 3,4 |
| 1 000 | 31,8 | 33 | 1,2 |
| 2 000 | 33,0 | 34 | 1,0 |
| | Somme = 6,2 < 10,0<br>$R_w$ = 52 – 22 dB = 30 dB | | |

*Fig. 13. Indice d'affaiblissement $R_W$ : méthode de détermination.*

Cette valeur est un paramètre intrinsèque à l'élément essayé. Or, le type de bruit aérien émis (bruit rose ou routier) n'ayant pas la même répartition de puissance acoustique par bande d'octave, les performances de la paroi devront prendre en compte deux coefficients d'adaptation de spectre : C (pour le bruit rose) et $C_{tr}$ (pour le bruit routier). Un élément testé sera donc caractérisé par $R_w$, C et $C_{tr}$.

## 2.3. Loi de masse pratique, valeur de $R_w$

Pour les parois massives et homogènes, on peut obtenir la valeur du $R_w$ de façon semi-empirique. Si l'on trace sur un diagramme la valeur de $R_w$ (en dB) en fonction de la masse par m² de la paroi, on obtient la courbe dessinée fig. 14.

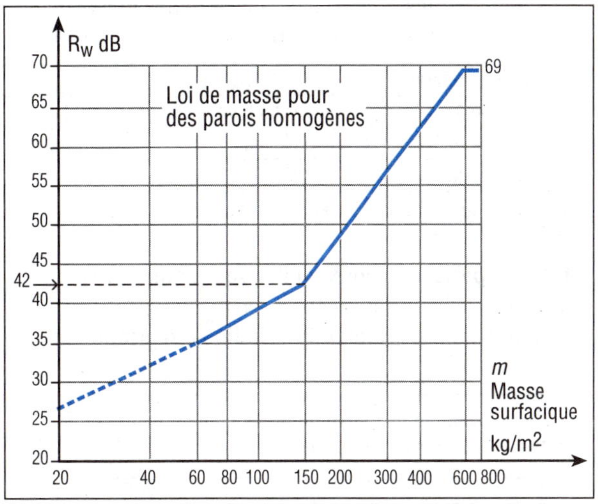


*Fig. 14. Loi de masse pratique pour les parois homogènes.*

Les équations de cette courbe sont données tableau 6.

| Masse de la paroi $m$ (kg/m²) | $R_w$ (dB) |
|---|---|
| $m \leqslant 50$ (cloisons légères) | déterminé par un rapport d'essais |
| $50 < m \leqslant 150$ | $R_{rose} = 17 \log m + 5$ |
| $150 < m \leqslant 700$ | $R_{rose} = 40 \log m - 45$ |
| $700 \leqslant m$ | $R_{rose} = 69$ |

*Tableau 6. Équations de la loi de masse (fig. 14).*

Les coefficients d'adaptation de spectre C et $C_{tr}$ prendront les valeurs suivantes :

C = –1 à –2 pour des masses élevées ;

$C_{tr} = 16 - 9 \log m$ sachant que le coefficient $C_{tr}$ doit être compris entre –1 et –7.

Pour les parois composites (paroi homogène + doublage thermique ou acoustique), l'indice d'affaiblissement acoustique n'est pas égal à la somme des indices d'affaiblissement des parois qui la composent. Dans le cas d'un mur composé d'une paroi lourde (au moins 200 kg/m²) et d'un panneau de matériau absorbant fibreux (panneau de laine minérale manufacturée de plus de 50 mm d'épaisseur) collé sur une plaque de plâtre de 13 mm d'épaisseur, l'indice d'affaiblissement de la paroi complète peut être pris égal à la moitié du $R_w$ de la partie lourde auquel on ajoute 36 à 38 dB.

Dans le cas de doublage dont les performances acoustiques sont connues par leur ΔR (p. 363), il vient :

$$R_w = R_{w\ paroi\ lourde} + \Delta R.$$

## 2.4. Prévisions des indices d'affaiblissement

### 2.4.1. Parois « homogènes »

Pour les parois courantes présentées ci-après, on peut prévoir leur indice d'affaiblissement $R_w$ en fonction de leur constitution.

- **Fenêtres :** le bruit de référence utilisé est le plus souvent le bruit routier. Les fenêtres et portes-fenêtres peuvent recevoir le label de qualité Acotherm (tableau 7). Les menuiseries recevant ce label, ont des performances thermiques et acoustiques spécifiées.

| Label Acotherm | $R_w + C_{tr}$ (dB) | |
|---|---|---|
| classe AC1 | 30 pour un double vitrage | 4 (6) 4 |
| classe AC2 | 36 pour un double vitrage | 10 (6) 4 |
| classe AC3 | 42 | |

*Tableau 7. Indice d'affaiblissement $R_w$ des menuiseries ayant le label ACOTHERM.*

- **Portes palières :** lorsqu'elles sont situées à l'intérieur, on utilise le bruit rose pour les essais. On peut, selon leur constitution, prévoir deux indices d'affaiblissement (tableau 8).

| Type | $R_w$ (dB) |
|---|---|
| porte pleine sans joint d'étanchéité | 20 à 25 |
| porte pleine avec joint d'étanchéité sur toute la périphérie | 25 à 38 |

*Tableau 8. Indice d'affaiblissement $R_w$ des portes palières.*

Les indices d'affaiblissement $R_w$ des murs, des cloisons et des planchers sont respectivement donnés tableaux 9, 10 et 11.

| Désignation de la paroi | | Épaisseur (cm) | $R_w$ (dB) |
|---|---|---|---|
| Mur en béton banché sans enduit.<br>Si le voile est enduit, prendre $R_w$ correspondant à l'épaisseur du mur + l'enduit. | | 10<br>16<br>20 | 49<br>55<br>59 |
| Blocs de béton | pleins (1) | 15<br>20 | 54<br>58 |
| Blocs de béton | perforés (1) | 20 | 57 |
| Blocs de béton creux | à parois épaisses<br>à parois minces (1) | 20<br>20 | 53<br>51 |
| Briques | creuses (1) | 20 | 40 |
| Briques | pleines (1) | 22 | 54 |
| (1) Parois en maçonnerie avec joints et enduites 2 faces. | | | |

*Tableau 9. Indice d'affaiblissement $R_w$ des murs.*

| Désignation | Épaisseur (cm) | $R_w$ (dB) |
|---|---|---|
| Carreaux de plâtre | 7<br>10 | 34<br>37 |
| Cloisons constituées de 2 plaques de plâtre reliées entre elles par un réseau alvéolaire en carton | 5<br>6<br>7 | 30<br>30<br>32 |
| Cloison constituée de 2 plaques (1) vissées sur montants métalliques | 7 | 36 |
| Idem avec, entre les plaques, un panneau semi-rigide de fibres minérales ($e$ = 45 mm) | 7 | 41 |
| Cloisons réalisées avec 2 panneaux (1)<br>– 45 mm de fibres minérales × 2<br>– 65 mm de fibres minérales × 2 | <br>16<br>20 | <br>56<br>66 |
| (1) plaques de plâtre, $e$ = 13 mm. | | |

*Tableau 10. Indice d'affaiblissement $R_w$ des cloisons.*

| Désignation de la paroi | | Épaisseur (cm) | $R_w$ (dB) |
|---|---|---|---|
| Dalle BA ou plancher BA avec prédalle | | 14<br>16<br>20 | 55<br>57<br>61 |
| Planchers poutrelles entrevous | 12 + 4<br>16 + 4<br>20 + 4<br>25 + 4<br>8 + 12<br>8 + 14<br>12 + 14 | 16<br>20<br>24<br>29<br>20<br>22<br>26 | 47<br>48<br>49<br>50<br>54<br>58<br>58 |
| Plancher poutrelles entrevous + 2 cm de matériau résilient + dalle flottante de 5 cm + enduit plâtre en sous-face | 8 + 8<br>12 + 8 | 24<br>28 | 23<br>60 |

*Tableau 11. Indice d'affaiblissement $R_w$ des planchers.*

### 2.4.2. Indice d'affaiblissement $R_w$ d'une paroi composite

Les différents constituants d'une façade (trumeau, allèges, fenêtres) peuvent être testés individuellement et caractérisés par leur indice $R_i$ respectif (surface $S_i$). L'indice $R_g$ de la façade a pour expression :

$$R_g = 10 \log \frac{\sum_i S_i}{\sum_i S_i\, 10^{-0,1\, R_i}}$$

*Exemple :* considérons un mur en blocs de béton comportant une fenêtre (fig. 15).

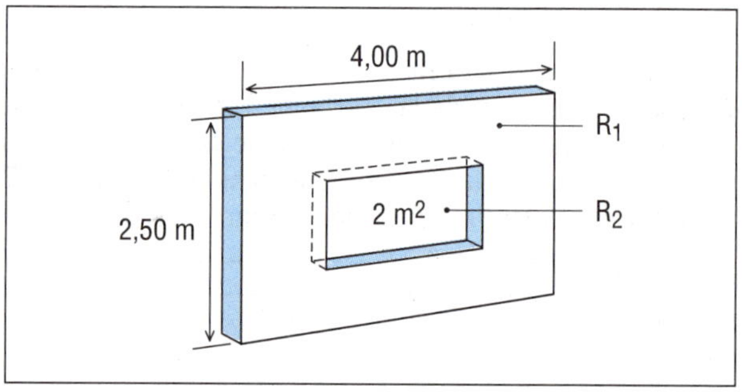


*Fig. 15. Exemple d'une paroi composite.*

La surface du mur est de 8 m² et son indice d'affaiblissement $R_{1mur}$ est de 54 dB.

La surface de la fenêtre est de 2 m² et l'indice d'affaiblissement $R_{2fenêtre}$ est de 28 dB.

On a donc :

$$R_g = 10 \log \frac{8 + 2}{8 \times 10^{-5,4} + 2 \times 10^{-2,8}} = 10 \log 3\,123,4 = 35 \text{ dB}$$

On peut également utiliser l'abaque de la figure 16.

En portant en ordonnée, $R_{1mur} - R_{2fenêtre} = 54 - 28 = 26$ dB et en abscisse, $S_{1mur} / S_{2fenêtre} = 8/2 = 4$, on obtient :

$$R_{1mur} - R = 19 \text{ dB d'où } R = R_{1mur} - 19 = 35 \text{ dB.}$$

*Conclusion :* l'indice d'affaiblissement global de la paroi est plus proche de celui de la fenêtre que celui du mur. Pour augmenter les performances acoustiques d'une paroi composite, il faut renforcer le point le plus faible.

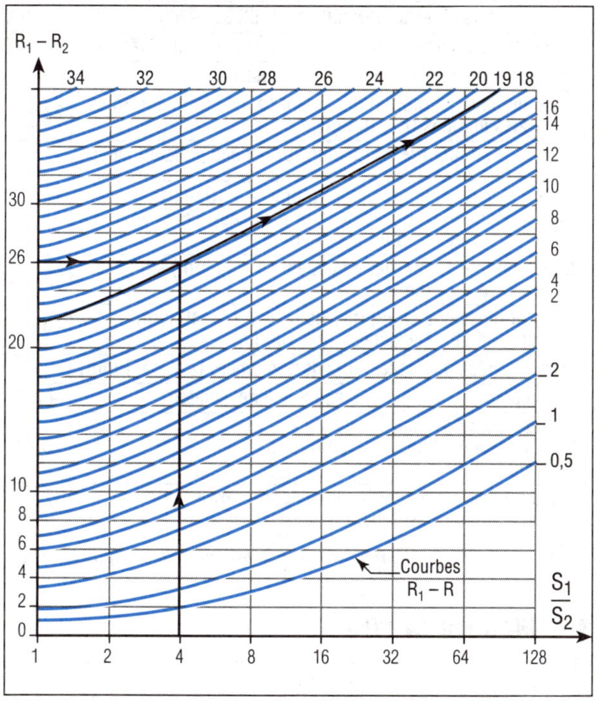


*Fig. 16. Abaque permettant de déterminer l'indice d'affaiblissement d'une paroi composite.*

## 2.5. Isolement entre deux ambiances

### 2.5.1. Généralités

L'isolement entre deux ambiances et l'indice d'affaiblissement $R_w$ de la paroi séparative sont deux grandeurs distinctes. L'indice d'affaiblissement $R_w$ correspond à une mesure en laboratoire, la transmission s'effectuant uniquement par la paroi (transmission directe TD).

Dans une structure réelle, une partie du bruit passe par les parois latérales (transmission indirecte TI) et le niveau reçu dépend de l'absorption de la pièce de réception (caractérisé par son temps de réverbération $T_r$, p. 365).

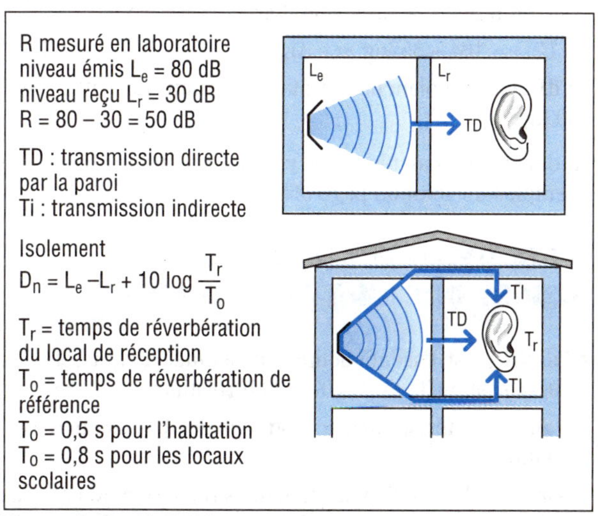


*Fig. 17. Indice d'affaiblissement et isolement d'une paroi.*

L'isolement standardisé $D_{nwT}$ prend les paramètres précédents en compte. Il permet de caractériser par une seule valeur en dB l'isolement acoustique aux bruits aériens.

La réglementation acoustique fait appel à cet indice en imposant un minimum à atteindre.

La réglementation est du type « obligation de résultats » : seules les mesures effectuées a posteriori (NF S 31-057) permettent de vérifier la conformité de l'opération.

### 2.5.2. Mesure *in situ*

La mesure de l'isolement est réalisée selon la procédure suivante. Dans le local d'émission, un générateur de bruit produit un son d'un niveau acoustique donné $L_e$, que l'on mesure à l'aide d'un sonomètre. On mesure de la même façon le niveau du son reçu dans le local de réception $L_r$ puis le temps de réverbération $T_r$ (p. 365).

La mesure est faite en octave ou en tiers d'octave.

$$D_n = L_e - (L_r - 10 \log \frac{T_r}{T_0})$$

Puis à l'aide d'une procédure semblable au calcul de $R_w$ (à partir des *Ri* par bande d'octave), on en déduit $D_{nwT}$ (C, $C_{tr}$).

Exemple de résultat : $D_{nwT}$, (C, $C_{tr}$) = 52 (–1 ; 5) dB

- pour le bruit rose : $D_{nTA} = D_{nwT} + C = 52 - 1 = 51$ dB
- pour le bruit routier : $D_{nTAtr} = D_{nwT} + C_r = 52 - 5 = 47$ dB.

### 2.5.3. Prévision de $D_{nwT}$

Dans le cadre d'un projet, il faut avoir une méthode de prévision. $D_{nwT}$ peut être atteint, soit à partir des formules réglementaires, soit en utilisant des solutions techniques éprouvées (p. 363).

$$D_{nwT} = R_w + 10 \log \frac{0{,}16\ V}{T_0\ S} - a$$

En logement, la formule devient :

$$D_{nwT} = R_w + 10 \log \frac{0{,}32\ V}{S} - a \quad \text{où :}$$

- R est l'indice d'affaiblissement de la paroi en dB,
- V est le volume de la pièce de réception en m³,
- S est la surface de la paroi séparatrice en m²,
- *a* est la réduction de l'isolement due aux transmissions latérales en dB.

### 2.5.4. Estimation des transmissions latérales (Guide qualitel)

Le coefficient *a* est pris égal à $5 - N + \frac{S_r}{10}$ (en dB) où :

- N est le nombre de parois liées à la paroi étudiée, entièrement doublée de fibre minérale sur la face intérieure du local de réception,

- $S_r$ est égale à la somme des surfaces en m² :
  - d'une part, des parois liées au séparatif dans le local de réception et doublées de mousse rigide ou d'une contre-cloison en maçonnerie légère,
  - et, d'autre part, des cloisons de distribution en maçonnerie légère liées également au séparatif dans le local de réception.

*Nota :* cette correction n'est pas à faire dans le cas de cloisons en plaques de plâtre.

La valeur de *a* est arrondie à la valeur entière la plus proche.

Cette correction met en évidence le côté bénéfique du doublage en laine minérale.

*Remarque :* il existe maintenant une méthode de calcul normalisée : PR EN 12354-1 annexes E et F.

## 3. ISOLATION PAR RAPPORT AUX BRUITS D'IMPACT

Les sources sont nombreuses, mais le bruit d'impact au sens de la réglementation se limite aux chocs sur les planchers (fig. 18). Ces bruits sont caractérisés par une mise en vibration des éléments de la structure du bâtiment. L'isolation pour ce type de bruit se réalise en interposant un revêtement entre la source et le sol.

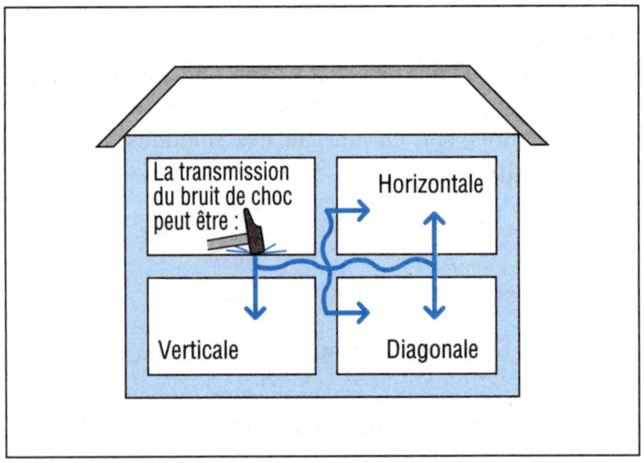


*Fig. 18. Transmission des bruits de chocs.*

### 3.1. Performances aux bruits d'impact

Pour caractériser les performances d'un ensemble plancher et revêtement de sol, on fait des essais de laboratoire selon les normes (NF S 31-052, -053, -049).

À partir du niveau de bruit de choc normalisé $L_n$ dans la pièce de réception en présence du revêtement de sol, et du niveau de bruit sans le revêtement $L_{no}$, on en déduit la diminution du niveau de pression du bruit de choc résultant de l'installation d'un revêtement de sol : $\Delta L = L_{no} - L_n$.

On en déduit un $\Delta L_w$ pour les principaux revêtements de sol : tableau 12.

| Revêtements (EN ISO 717-2, NF S 31-053) | $\Delta L_w$ (dB) |
|---|---|
| Moquette courante sur thibaude ou sur sous-couche alvéolaire | 26 à 43 |
| Moquette aiguilletée avec envers mousse | 23 à 31 |
| Dalle flottante en mortier de ciment (*e* = 40 mm) sur fibres minérales longues (*e* = 10mm) | 23 à 28 |
| Parquet à lambourdes flottantes sur bandes de feutre liégé bitumé (grains de liège de 4 mm) ou sur panneaux légers en fibres de bois imprégnées au brai (*e* = 10 mm)<br>Parquet par panneaux, flottant sur panneaux légers en fibres de bois imprégnées au brai (*e* = 10 mm) | 14 à 17 |
| Dalle flottante en mortier de ciment (*e* = 40 mm) sur fibres de roche (*e* = 20 mm) | 22 à 26 |
| Parquet mosaïque en mortier de ciment (*e* = 40 mm) sur tapis de fibres végétales (*e* = 10 mm) | 10 à 12 |
| Parquet mosaïque collé sur liège aggloméré (*e* = 2 à 4 mm) | 12 |
| Grès cérame associé à une sous-couche isolante | 4 à 13 |
| Parquet mosaïque collé<br>Dalles en caoutchouc (*e* = 3 à 4 mm)<br>Linoléum | 3 à 6 |
| Tapis ou dalles plastiques sans support textile ni sous-couche élastique incorporée | 2 ou 3 |

*Tableau 12. Diminution du niveau de pression du bruit de choc ΔLw des revêtements de sol courants.*

### 3.2. Mesure *in situ*

On utilise une machine à chocs normalisée posée sur le plancher séparant le local d'émission du local de réception. On mesure à l'aide d'un sonomètre le niveau de bruit $L_i$ dans la pièce de réception ainsi que le temps de réverbération T de ce local (p. 366). On en déduit :

$L'_{nT} = L_i + 10 \log T_r / T_0$ en dB par bande d'octave ou de tiers d'octave.

On obtient ensuite, par un procédé semblable à celui utilisé pour passer de $R_i$ à $R_w$ (p. 358), la valeur unique qui est $L'_{nwT}$, niveau de pression du bruit de choc standardisé (EN ISO 717-2, NF S 31-032-2).

### 3.3. Prévision des bruits d'impact (pr EN 12354-2)

La réglementation impose un niveau $L'_{nwt}$ minimal. Il faut donc un moyen de prévision. Par le calcul, on a :

$$L'_{nwT} = 164 - 35 \log m - \Delta L_w - (a - 5) - 10 \log V / 30$$

en dB pour un plancher de masse *m* comprise entre 100 et 600 kg/m².

À défaut de calculs plus précis, on peut utiliser les exemples de solution page 363.

## 4. NOUVELLE RÉGLEMENTATION ACOUSTIQUE (NRA 2000) ET LOI BRUIT

- La NRA est essentiellement constituée des arrêtés du 30/06/1999 (JO du 17/07/1999) relatifs :
  - aux caractéristiques acoustiques des bâtiments d'habitation,
  - aux modalités d'application de la réglementation acoustique et de la circulaire 2000-5 du 28/10/2000.

- La loi bruit est constituée principalement des textes suivants :
  - Loi n° 92.1444 du 31/12/92 (JO du 10/01/93) relative aux caractéristiques acoustiques de certains bâtiments autres que d'habitation…
  - Décret n° 95-20 du 9/01/95 (JO du 10/01/95).
  - Arrêté du 9/01/95 (JO du 10/01/95) relatif à la limitation du bruit dans les établissements d'enseignement.

Pour les bâtiments d'habitation, ces règlements peuvent se résumer par le tableau 13.

| Isolation aux bruits aériens $D_{nTA} = D_{nTw} + C$ (dB) | | |
|---|---|---|
| **Local d'émission** | **Local de réception** | |
| | Pièces principales (séjour, chambres et locaux à usage professionnel compris dans les logements) | Pièces humides (cuisine, salle d'eau) |
| Local d'un logement à l'exclusion des garages industriels | ≥ 53 | ≥ 50 |
| Circulations communes intérieures au bâtiment | ≥ 40<br>une seule porte palière ou un dégagement en séparatif<br>≥ 53<br>autre cas | ≥ 37<br><br>≥ 50<br>autre cas |
| Local d'activité | ≥ 58 | ≥ 52 |
| Garage individuel d'un logement<br>Garage collectif | ≥ 55 | ≥ 52 |
| **Isolation aux bruits d'impact Niveau $L_{nTw}$ (dB)** | | |
| Local extérieur au logement testé, à l'exception des balcons et loggias non situés au-dessus d'une pièce principale ; des escaliers dans le cas où un ascenseur dessert l'immeuble ; des locaux techniques | ≤ 58 | – |
| **Isolation aux bruits d'équipement Niveau $L_{nAT}$ maximal (dB(A))** | | |
| **Types d'équipements** | **Pièces principales** | **Cuisine** |
| Ventilation mécanique (en position de débit minimal) | ≤ 30 (bouches d'extraction comprises) | ≤ 35 (bouches d'extraction comprises) |
| Appareil individuel de chauffage, de climatisation | ≤ 35 (conditions normales de fonctionnement) lorsque la cuisine est ouverte sur une pièce principale : ≤ 40 (fonctionnement à puissance minimale) | ≤ 50 (conditions normales de fonctionnement) |
| Équipement collectif (ascenseur, chaufferies, sous-stations de chauffage, transformateurs, surpresseurs d'eau, vide-ordures) | ≤ 30 | ≤ 35 |
| La réglementation demande la pose dans les circulations communes d'un immeuble de revêtement absorbant tel que :<br>A = $\alpha_w$ × Surface du revêtement = 0,25 × Surface au sol | | |

*Tableau 13. Exigences réglementaires – NRA 2000.*

Les façades exposées aux bruits sont classées en quatre zones par les DDE ou les mairies (La zone IV correspond à une zone non exposée). Elles doivent présenter l'isolement donné tableau 14.

| Zone de façade | I | II | III | IV |
|---|---|---|---|---|
| **Isolement acoustique minimal (dB)** | 45 | 40 | 35 | 30 |

*Tableau 14. Isolement acoustique aux bruits extérieurs $D_{nTAtr} = D_{nTw} + C_{tr}$.*

*Remarque :* une incertitude de 3 dB est admise pour toutes les limites lors de la vérification acoustique des logements.

## 5. SOLUTIONS CONSTRUCTIVES

### 5.1. Isolation due aux parois

Dans un premier temps, les produits (ou systèmes) ont été classés en fonction de leur performance acoustique.

Cette qualité acoustique est appréciée sur une échelle de performance croissante ST1, ST2, ST3, AC1, AC2, AC3 : tableau 15.

| Revêtement de sol (ΔL en dB(A)) | Classement |
|---|---|
| 5 ≤ ΔL < 9<br>9 ≤ ΔL < 13<br>13 ≤ ΔL < 17<br>17 ≤ ΔL < 21<br>21 ≤ ΔL | ST1<br>ST2<br>ST3<br>AC1<br>AC2 |
| **Portes palières (indice d'affaiblissement $R_w$ en dB page 359)** | |
| porte palière à âme pleine avec étanchéité sur les quatre côtés | ST3 |
| R ≥ 38 | AC1 |
| **Revêtement de plafond et doublage (ΔR : amélioration de l'indice d'affaiblissement de la paroi dB(A))** | |
| –3 ≤ ΔR < 1<br>1 ≤ ΔR < 5<br>5 ≤ ΔR < 9<br>9 ≤ ΔR | ST3<br>AC1<br>AC2<br>AC3 |
| **Cloisons de distribution (selon leur isolement latéral)** | |
| – cloison en briques creuses (*e* ≥ 5 cm) ou en carreaux de plâtre (*e* ≥ 5 cm), | ST2 |
| – cloison à base de plaques de plâtre sur réseau alvéolaire ou fixées sur une ossature | AC2 |

*Tableau 15. Classement acoustique des produits et systèmes certifiés (CSTB).*

Dans un second temps, le CSTB propose des solutions permettant d'atteindre un certain niveau de performances et fonction de la classification ci-après. Le CSTB édite un ouvrage intitulé « NRA : exemple de solutions ». Ce guide d'aide à la conception n'a pas de caractère réglementaire.

Quelques exemples de solutions pour l'isolation aux bruits aériens et aux bruits d'impact sont donnés tableau 16.

| Solution | Mur de refend ① | ② | Façade ③ | Doublage ⑦ | Dalle courante ④ | Dalle sur garage ⑤ | Cloison ⑥ |
|---|---|---|---|---|---|---|---|
| de base | ① | ② | ③ | ⑦ | ④ | ⑤ | ⑥ |
| avec cloisons ST3 | ① | ② | ③ | ⑦ | ④ béton 20 cm | ⑤ | ⑥ ST3 |
| avec isolation extérieure | ① | ② | ③ ⑦ doublage indifférent | | ④ béton 20 cm | ⑤ béton 22 cm | ⑥ |
| avec doublage ST3 sur façade béton | ① | ② | ⑦ ③ béton 18 cm doublage façade et pignon AC1 sur pignon | | ④ béton 20 cm | ⑤ béton 22 cm | ⑥ |
| avec cloisons maçonnées ST2 | ① ② béton 20 cm (doublage AC1 si nécessaire en thermique) | | ③ | ⑦ | ④ béton 22 cm | ⑤ béton 22 cm | ⑥ ST2 |

*Tableau 16. Exemples de solutions.*

Les éléments de la solution de base sont repérés par un numéro dans un cercle : fig. 19. On peut modifier la solution de base, en changeant un ou plusieurs éléments. Ces modifications sont alors indiquées dans un cercle poché.

① Refend entre logement ou ② Refend entre logement et circulation commune :

- béton ($e$ = 18 cm) ou blocs de béton pleins allégés ($e$ = 20 cm) enduits ou briques pleines ($e$ = 22 cm) enduites (avec doublage AC1 si nécessaire en thermique).

③ Façade ou ⑦ Doublage de la façade :

- doublage AC1 et béton ($e$ = 16 cm) ou blocs de béton pleins allégés ($e$ = 20 cm) enduits ou briques creuses ($e$ = 20 cm)
- doublage ST3 et blocs de béton creux ($e$ = 20 cm) non enduits côté doublage

④ Dalle deux niveaux courants : béton ($e$ = 18 cm)

⑤ Dalle entre logement et garage ou local d'activité : béton ($e$ = 21 cm)

⑥ Cloison de distribution dans un logement : AC1

⑧ Plafond sur garage : AC1

⑨ Plafond sur local d'activité : AC2

⑩ Revêtement de sol en logement : ST3 ou dalle flottante AC1 avec revêtement de sol indifférent

⑪ Revêtement de sol de la partie commune : ST2

⑫ Porte palière (entrée directe) : AC1

⑬ Entrée (avec porte séparative intérieure) : entrée avec sas et porte palière ST3

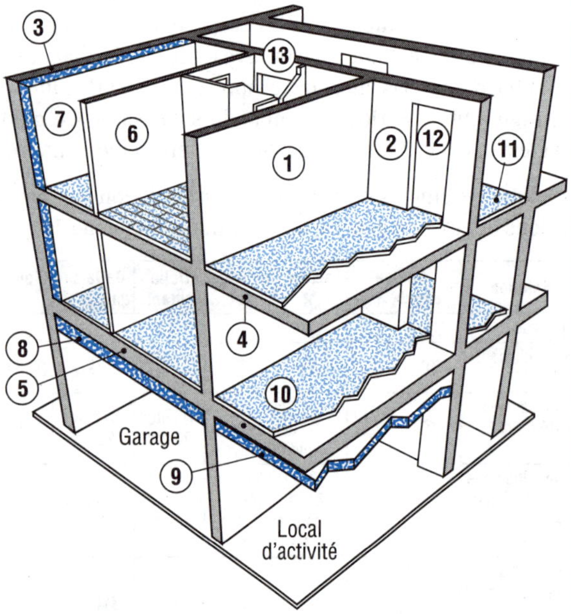


*Fig. 19. Solutions de base.*

## 5.2. Isolation aux bruits d'équipement

Pour l'isolation aux bruits d'équipements, la réglementation distingue trois cas.

### 5.2.1. Chauffage

En habitat individuel, l'appareil de chauffage doit être de la classe :

- AC1 dans une cuisine fermée,
- AC2 dans une cuisine ouverte sur séjour ou studio,
- AC3 dans la pièce principale.

### 5.2.2. Ventilation mécanique contrôlée (V.M.C.)

La vitesse de l'air est comprise entre 3 à 5 m/s selon le diamètre des canalisations et les ventilateurs désolidarisés du gros œuvre.

Les bouches d'extraction dans les cuisines fermées doivent être de la classe AC1.

### 5.2.3. Distribution d'eau

La vitesse de l'eau est comprise entre 2 à 2,5 m/s et les robinets marqués NF (NF S 31-014 à -016) sont choisis en classe 1. Un réducteur de pression est obligatoire quand celle-ci est supérieure à 3 bars (0,3 MPa).

Les appareils sanitaires sont ancrés sur des parois lourdes sinon une protection antivibratile est nécessaire.

Les diamètres intérieurs de raccordement minimaux sont les suivants :

- 13 mm pour une baignoire,
- 12 mm pour un évier, un lavabo, un bidet, une douche,
- 10 mm pour un WC avec réservoir et lave-mains.

La tuyauterie est désolidarisée de la structure.

## 5.3. Isolation aux bruits extérieurs

Nous avons vu :

- page 360, le calcul de $R_g$ des parois composites,
- page 361, le calcul de $D_n$ d'une paroi.
- page 363, les classements des façades vis-à-vis des bruits extérieurs [30 dB, 35 dB, 40 dB, 45 dB],

Une façade possède en plus des entrées d'air caractérisées par un indice $D_{ne}$ ou $D_{n10}$ (NF S 31-051).

On peut prévoir l'isolement de la façade à l'aide de la formule suivante extraite du cahier du CSTB n° 1855 :

$$D_n = 10 \log \left( \frac{0{,}32\,V}{\sum_i S_i \times 10^{-0{,}1 R_i} + S_{lat} \times 10^{-0{,}1\,(R+10)} + 10^{-0{,}1\,(D_{ne}-10)}} \right)$$

avec :

- V le volume de la pièce (m³),
- $S_i$ la surface (m²) d'un élément composant la façade,
- $R_i$ l'indice d'affaiblissement de l'élément de façade de surface $S_i$,
- $S_{lat}$ la surface des parois latérales liées à la façade,
- R l'indice d'affaiblissement de la partie de façade liée aux parois latérales,
- $D_{ne}$ l'isolement qui caractérise les entrées d'air (fig. 20).

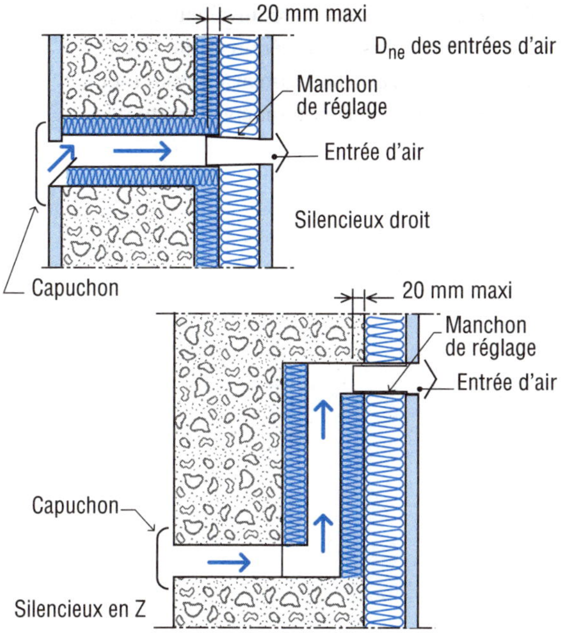


| Longueur de l'absorbant | $D_n$ route dB (A) | $D_n$ rose dB (A) |
|---|---|---|
| 140 mm | 38 | 41 |
| 220 mm | 38 | 43 |
| 300 mm | 40 | 45 |

*Fig. 20. Dimensions des entrées d'air.*

# 6. ACOUSTIQUE DES SALLES : CORRECTION ACOUSTIQUE

## 6.1. Phénomène et définitions

Un bruit émis dans un local est réfléchi par les parois de ce local. Quand la source sonore est coupée, le niveau de bruit diminue plus ou moins rapidement selon les caractéristiques absorbantes des parois.

La durée de réverbération $T_r$ d'une pièce est le temps au bout duquel le niveau de bruit mesuré décroît de 60 dB, une fois la source coupée.

La durée de réverbération est fonction du facteur d'absorption des matériaux constitutifs des parois.

Le facteur d'absorption $\alpha$ d'un matériau est le rapport $E_a / E_i$ donné par $m^2$ du matériau considéré (p. 356).

$\alpha$ est donc compris entre 0 et 1.

Pour une fenêtre ouverte, $\alpha$ vaut 1 et pour un matériau très dur, $\alpha$ est presque nul.

Les valeurs de $\alpha$ sont données tableau 17 pour des matériaux ou autres éléments couramment utilisés et par bande de fréquence.

| Type du matériau ou autres éléments | Facteur d'absorption $\alpha$ | | | | | |
|---|---|---|---|---|---|---|
| | 125 | 250 | 500 | 1 000 | 2 000 | 4 000 |
| Crépi | 0,01 | 0,03 | 0,04 | 0,04 | 0,08 | 0,17 |
| Marbre | 0,01 | 0,01 | 0,01 | 0,01 | 0,01 | 0,01 |
| Plâtre brute | 0,04 | 0,03 | 0,03 | 0,04 | 0,05 | 0,08 |
| Fibres de bois compressées (densité 230 kg/m$^3$, épaisseur 20 mm) | 0,15 | 0,44 | 0,45 | 0,44 | 0,53 | 0,59 |
| Briques brutes | 0,02 | 0,02 | 0,03 | 0,04 | 0,05 | 0,07 |
| Vitre | 0,03 | 0,03 | 0,03 | 0,02 | 0,02 | 0,02 |
| Parquet | 0,03 | 0,04 | 0,08 | 0,12 | 0,12 | 0,17 |
| Tapis caoutchouc ($e$ = 25 mm) | 0,04 | 0,04 | 0,08 | 0,12 | 0,10 | 0,10 |
| Laine de verre ($e$ = 25 mm) | 0,43 | 0,51 | 0,57 | 0,62 | 0,65 | 0,67 |
| Tapis moquette sur thibaude | 0,14 | 0,32 | 0,45 | 0,45 | 0,40 | 0,35 |
| Aggloméré de liège | 0,15 | 0,26 | 0,22 | 0,22 | 0,20 | 0,20 |
| Draperie coton contre mur | 0,04 | 0,05 | 0,11 | 0,18 | 0,30 | 0,44 |
| Surface occupée par des spectateurs assis | 0,60 | 0,74 | 0,88 | 0,96 | 0,93 | 0,85 |
| Surface occupée par des sièges de simili cuir (rembourrage épais) | 0,44 | 0,54 | 0,60 | 0,62 | 0,58 | 0,50 |

*Tableau 17. Facteur d'absorption selon le type de matériau ou autres éléments.*

## 6.2. Calcul du temps de réverbération

La formule de Sabine permet de calculer le temps de réverbération $T_r$ d'un local :

$$T_r = \frac{0{,}161\ V}{A}$$

avec :

- $T_r$ durée en seconde (s),
- V volume de la salle (m$^3$),
- A (surface d'absorption équivalente) : $A = \Sigma_i \alpha_i A_i$ sachant que : $A_i$ = surface (m$^2$) d'un élément de paroi de facteur d'absorption $\alpha_i$.

## 6.3. Coefficient $\alpha_w$

La NRA fait appel à la notion d'indice d'évaluation de l'absorption $\alpha_w$ : tableau 18.

Cet indice est défini dans la norme européenne ISO 11-654 ; il représente, en quelque sorte, une moyenne des coefficients $\alpha$ sur les bandes d'octave 250 à 4 000 Hz.

Les revêtements absorbant sont classés en fonction de la valeur de cet indice $\alpha_w$ : tableau 18.

| Classement acoustique des revêtements absorbants | |
|---|---|
| $\alpha_w$ | Classement |
| $0{,}25 < \alpha_w < 0{,}5$ | AC1 |
| $0{,}5 < \alpha_w < 0{,}9$ | AC2 |
| $0{,}9 < \alpha_w$ | AC3 |

*Tableau 18. Classement des revêtements absorbants en fonction de la valeur de $\alpha_w$.*

## 6.4. Diminution du niveau sonore

Après pose d'un absorbant acoustique dans une salle, le temps de réverbération doit diminuer. On constate alors un abaissement du niveau sonore $\Delta L$ à l'intérieur de la pièce ainsi traitée :

$$\Delta L = 10 \log T_i / T_f \text{ en dB,}$$

ou encore : $$\Delta L = 10 \log A_i / A_f \text{ en dB,}$$

avec :

- $A_i$ : surface d'absorption équivalente initiale,
- $A_f$ : surface d'absorption équivalente finale,
- $T_i$ : temps de réverbération avant traitement,
- $T_f$ : temps de réverbération après traitement.

# INDEX


| Pages | Français | Anglais | Allemand |
|---|---|---|---|
| **A** | | | |
| 257 | Accessibilité | Accessibility | Zugänglichkeit |
| 332 | ACERMI (certification) | ACERMI (certification) | ACERMI (Zertifikation) |
| 213 | Acrotère | Parapet, acroterion, flat roof edge | Mauergesims, Giebelplatte, Acroterium |
| 103 | Actions (combinaison d'actions) | Combination of actions | Kombinierte Wirkungen |
| 257 | Adaptabilité | Adaptability | Anpassungsfähigkeit |
| 180 | AEV (classement) | AEV (classification) | A E V (Einstufung) |
| 143 | Ancrage | Anchorage | Verankerung |
| 25, 178 | Appui | Support, rest | Stütze |
| 1 | Architecture (dessin d') | Architectural drawing | Architekturzeichnung |
| 237 | Ardoise | Slate | Schiefer |
| 15, 41 | Armatures | Reinforcement | Beton armierung |
| 254 | Ascenseur | Lift | Aufzug |
| 292 | Assainissement autonome | Self-contained drainage | Autonome Sanierung |
| 98 | Avaloir | Hopper | |
| **B** | | | |
| 177 | Baie | Aperture | Fenster – oder Türöffnung |
| 249 | Balancement (escalier) | Balancing, turning (stairs) | Ausmittelung |
| 155, 158 | Banché | Shuttered wall | |
| 322 | Bardage | Cladding, boarding | Schindel Verkleidung |
| 41 | Barre | Bar | Stange |
| 79 | Batardeau | Cofferdam | |
| | Bâtiment | Building | Gebaüde |
| 81 | Battage | Raming | |
| 39 | Béton | Concrete | Beton |
| 100 | Béton armé | Reinforced concrete | Stahlbeton |
| 138 | Béton précontraint | Prestressed concrete | |
| 128 | Bielle (méthode des) | Strut (method) | Pleuelmethode |
| 82, 92 | Blindage | Protection, casing-shield | Abschirmung |
| 45 | Bloc en béton | Concrete block | Betonblock |
| 120, 192 | Bloc-porte | Door unit, entrance doorset | Türblock |
| 49 | Bois massif | Solid wood | Massivholz |
| 261, 263 | Boisseau | Chimney-flue tile | Kaminbauformstein |
| 345, 348 | Bouche d'extraction | Extraction vent | Abzugsöffnung |
| 43 | Brique | Brick | Ziegelstein |
| 358, 360 | Bruit d'impact | Impact noise | Trittschall |
| **C** | | | |
| 141 | Câble | Cable | |
| 165 | Calepinage | Working drawings | |
| 185 | Calfeutrement | Weather-strip | Abdichtung |
| 284 | Canalisation | Canalization | Rohrleitung |
| 52 | Caractéristiques thermiques | Thermal characteristics | Wärmedaten |
| 172 | Carreau de plâtre | Plaster tile | Gipsplatte |
| 1 | Cartouche | Title block | Zeichnungskopf |
| 126, 158 | Chaînage | Clamping (walls), wall bie | Verankerung |
| 22 | Charge d'exploitation | Imposed load | Betriebslast |
| 28 | Charges climatiques (neige et vent) | Climatic loading (snow and wind) | Klimalasten (Schnee und Wind) |
| 26 | Charges permanentes | Permanent load | Dauerlast |
| 225 | Charpente de comble | Frame, timber work | Trapwerle |
| 342 | Chauffage | Heating | Heizung |
| 36 | Ciment | Cement | Zement |
| 56 | Classification des sols | Classification of soils | Bodeneinstufung |
| 169 | Cloison de distribution | Partition wall | Trennwand |
| 52, 313 | Coefficients ∪, ψ | U, ψ coefficients | Koefficient ∪, ψ |
| 243, 286 | Collecteur | Collector | Sammler |
| 225, 330 | Comble | Roof | Dachgeschoβ |
| 88, 95 | Compactage | Compacting, compaction | Verdichtung (-en) |
| 294 | Comportement au feu | Fire behaviour | Feuerverhalten |
| 39 | Composition de béton | Concrete mix | Betonzusammenstzung |
| 261 | Conduit | Duct | Kanal |

| Pages | Français | Anglais | Allemand |
|---|---|---|---|
| 261 | Conduit de fumée | Flue | Rauchabzug |
| 363 | Correction acoustique | Acoustic correction | Akustische Korrektur |
| 9 | Cotation | Dimensionning | Bemaßung |
| 9 | Cote cumulée | Cumulative dimension | |
| 4, 5, 6 | Coupe | Section | Schnitt |
| 124 | Courbe enveloppe | Envelope curve | Mantelkurve |
| 60 | Courbe intrinsèque | Intrinsic curve | Eigenkurve |
| 232 | Couverture | Roofing | Bedachung |
| 304, 309 | Cuvelage | Sheathing, lining | Wanne |

## D

| Pages | Français | Anglais | Allemand |
|---|---|---|---|
| 205, 328 | Dallage sur terre-plein | Slab on grade | Bodentplatte auf Hinterfüllung |
| 114, 194 | Dalle | Slab | Steinplatte |
| 114, 195 | Dalle en béton armé | Reinforced concrete slab | Bodenplatte aus Stahlbeton |
| 220 | Dalle sur plots | Slab on several supports | Bodenplatte auf Steizlagern |
| 354 | Décibel | Decibel | Dezibel |
| 333 | Déperditions thermiques | Heat loss | Wärmeverluste |
| 22, 104 | Descente des charges | Lowering of loads | |
| 265, 294 | Désenfumage | Smoke clearing | Rauchabzug |
| 13 | Dessin de coffrage | Formwork design | Verschalungszeichnung |
| 279 | Distribution d'eau (chaude, froide) | Water supply (hot, cold) | Warm und Kaltwasser versorgung |
| 320 | Doublage isolant | Insulating lining | Doppelte Isolierung |
| 306 | Drainage | Drainage | Dränierung |

## E

| Pages | Français | Anglais | Allemand |
|---|---|---|---|
| 87, 284, 291 | Eaux usées, eaux vannes | Sewage | Abwasser |
| 163, 243 | Eaux pluviales | Rainwater | Regenwässer |
| 72 | Écran de soutènement | Retaining screen | Stützwand |
| 155, 321 | Enduit | Applied finish plaster | Verputz |
| 122 | Enrobage | Coating, covering | Beton ummantelung |
| 345, 348 | Entrée d'air | Air inlet | Lufteingang |
| 202 | Entrevous | Hollow-block | Einschub |
| 292 | Épandage | Spreading (sewage, etc) | Ausstreuen |
| 246 | Escalier | Staircase | Treppe |
| 246, 252 | Escalier hélicoïdal | Spiral staircase | Wendeltreppe |
| 36 | Essais de sols | Soil testing | Bodenproben |
| 211 | Étanchéité des toitures-terrasses | Water proofing of flat roof | Abdichtung von Flachdächern |
| 100 | État-limite | Limit-state | Grenzzustand |
| 87, 243, 284, 307 | Évacuation des eaux | Water drainage | Wasserableitung |
| 345 | Extraction mécanique (VMC) | Mechanical extraction (VMC) | Mechanischer Abzug |

## F

| Pages | Français | Anglais | Allemand |
|---|---|---|---|
| 155 | Façade (mur de) | Facade (wall) | Fassadenwand |
| 20 | Façonnage | Manufacture | Bearbeitung |
| 177 | Fenêtre | Window | Fenster |
| 147 | Fluage | Creeping, creep | Kriechen |
| 63, 126 | Fondation superficielle | Shallow foundation | Flächenfundament |
| 1 | Format | Size | Format |
| 213 | Forme de pente | Slop form | Neigungsform |
| 291 | Fosse septique | Septic tank | Biologische Klärgrube |
| 82, 92 | Fouille | Excavation | Aushub |

## G

| Pages | Français | Anglais | Allemand |
|---|---|---|---|
| 254, 267, 269 | Gaine | Sheath | Hülle |
| 275, 351 | Génie civil | Civil engineering | Bauwesen |
| 243 | Gouttière | Gutter | Dachrinne |
| 159 | Gros œuvre | Carcass | Rohbau |

| Pages | Français | Anglais | Allemand |
|---|---|---|---|
| **H** | | | |
| 5 | Hachures | Hatching | Schrafflerung |
| 257 | Handicapé | Incapacitaded | Behinderter |
| 179, 184, 190 | Huisserie | Door frame | |
| 354 | Hygroréglable (ventilation) | Adjustable by humidity (ventilation) | Geregelte Belüftung |
| 317 | Hygrothermie | Hygrothermy | Hygrothermie |
| **I** | | | |
| 56 | Identification des sols | Identification of soils | Identifizierung der Böden |
| 294 | Incendie (sécurité contre l') | Fire (safety precautions against) | Brandschutz |
| 358 | Indice d'affaiblissement acoustique | Sound reduction index | Schwächungszahl |
| 271 | Installation électrique intérieure des logements | Electrical installations in dwellings | Elektrische Innenausstattung in Wohnungen |
| 52 | Isolant | Insulant | Isolierung |
| 313, 320 | Isolation thermique | Thermal insulation | Wärmedämmung |
| 321 | Isolation thermique par l'extérieur | External thermal insulation | Wärmeirsolierung von außen |
| 358 | Isolement acoustique | Sound insulation | Schalldämmung |
| **J** | | | |
| 103, 132, 206 | Joint de gros œuvre | Structural joint | Rohbaufuge |
| **L** | | | |
| 172 | Levage (boucle de) | Lifting sling | Hebeschild |
| 36 | Liant hydraulique | Hydraulic binder | Hydraulische Bindemittel |
| 358 | Loi de masse | Law of mass | Massegesetz |
| 131 | Longrine de redressement | Balancing beam | Richtträger |
| **M** | | | |
| 43, 45, 162 | Maçonnerie | Masonry | Mauerwerk |
| 184, 191 | Menuiserie en bois | Building joinery | Holztischlerei |
| 109 | Méthode forfaitaire | Moment-redistribution method | Pauschalmethode |
| 109 | Méthode CAQUOT | CAQUOT method | CAQUOT-Methode |
| 155 | Mur | Wall | Mauer |
| 304, 327 | Mur de soubassement | Basement wall, wall base | Fundamentmauer |
| 67, 133 | Mur de soutènement | Retaining wall | Stützmauer |
| **N** | | | |
| 28 | Neige | Snow | Schnee |
| 12 | Niveau | Level | Niveau |
| 19 | Nomenclature | Bar schedule | Stückliste |
| 115 | Non-fragilité | Non-fragility | Unzerbrechlichkeit |
| VII | Norme | Standard | Norm |
| 136 | Note de calcul | Design notice | Berechnungsnote |
| 12 | Nu | Reference position | Unbeschichtet |
| **P** | | | |
| 246 | Paillasse | Waist | |
| 165 | Panneau préfabriqué | Precast panel | Vorgefertigte Platte |
| 304 | Paroi enterrée | Sunk wall | Unterirdische Wand |
| 74 | Paroi berlinoise | Berlin (building system) wall | Berliner Wand |
| 76 | Paroi moulée | Cast in place wall | Gegossene Wand |
| 61 | Pénétromètre | Penetrometer | Penetrometer |
| 210 | Plafond | Ceiling | Decke |

| Pages | Français | Anglais | Allemand |
|---|---|---|---|
| 3, 13, 15 | Plan | Plan / drawing | Flach |
| 194 | Plancher | Floor | Boden, Decke |
| 317 | Pont thermique (ψ) | Cold bridge | Wärmebrücke |
| 190 | Porte en bois | Wooden door | Holztür |
| 106 | Portée | Span | Tragweite / Auflagefläche |
| 17, 121 | Poteau | Column | Pfosten |
| 67 | Poussée | Earth-pressure | Schub |
| 123 | Poussée au vide | Outward pressure | Vakuumschub |
| 16, 114 | Poutre | Beam, girder | Balken |
| 202 | Poutrelle | Girder, joist | Träger |
| 139 | Précontrainte par pré-tension | Prestress by pre-tension | |
| 142 | Précontrainte par post-tension | Prestress by post-tension | |
| 197 | Prédalle | Shuttering floor slab | Vorplatte |
| 62 | Pressiomètre | Dilatometer | Druckmesser |
| 274 | Prise de terre | Earthing-connection | Erdanschluß |
| 184 | Profilé (aluminium, PVC) | Section (aluminium, PVC) | Profil (Aluminium, PVC) |
| 66 | Profondeur hors gel | Frost-free depth | Frostfreie Tiefe |


# R


| | | | |
|---|---|---|---|
| 66, 132 | Redan | Redent | Mauerasatz |
| 155 | Refend | Crosswall | Brandmauer |
| 289, 307 | Regard | Inspection hole | |
| 334 | Réglementation thermique | Heat rules | Wärmevorschriften |
| 294 | Règles feu / béton FB | Fire Concrete rules | Feuer-beton Vorschriften |
| 147 | Relaxation | Relaxation | |
| 217 | Relevés d'étanchéité | Sealing tightness readings | Dichtungsverwahrungen |
| 213, 219 | Reliefs de toiture-terrasse | Flat roof/roof terrace relievo / embossing | Flachdachreliefs |
| 82 | Remblais | Backfilling material | Auffüliung |
| 345 | Renouvellement d'air | Air change | Lufterneuerung |
| 82 | Reprise en sous-œuvre | Underpinning | Unterfangung |
| 147 | Retrait | Shrinkage | Schrumpfung, Schwinden |
| 284 | Réseau d'évacuation | Soil stack installation | Abwasserinstallation |
| 271, 279 | Réseaux intérieurs | Internal networks | Innennetze |
| 313 | Résistance thermique (R) | Heat resistance | Wärmeleitwiderstand |
| 208 | Revêtement de sol | Floor coverings | Bodenbelag |
| 214 | Revêtement d'étanchéité | Water proofing roof membrane | Dachhaut |
| 326 | ReVÊTIR (classement) | ReVÊTIR (classification) | ReVÊTIR (Einstufung) |
| 79 | Rideau de palplanches | Sheek-pile wall | Spundwandkonskructionen |


# S


| | | | |
|---|---|---|---|
| 278, 279 | Salle de bain | Bathroom | Badzimmer |
| 5 | Section | Section | Schnitt |
| 63, 126 | Semelle | Base, footing, foundation slab | Sohle |
| 130 | Semelle excentrée | Eccentric base | Exzentrierte Sohle |
| 56 | Sol | Soil | Boden |
| 67, 72, 133 | Soutènement | Retaining (wall) | Abstützung |
| 233 | Sous-toiture | Roof sub-structure, roaf-boarding | Unterdach, Dachschalung |
| 100 | Structure en béton armé | Reinforced concrete structure | Struktur aus Stahlbeton |
| 23, 104 | Surface d'influence | Influence aera | Einflußfläche |


# T


| | | | |
|---|---|---|---|
| 82 | Terrassement | Earthwork (banking) | Erdarbeiten |
| 43 | Terre cuite | Terra-cotta | Gebrannterton |
| 108 | Théorème des trois moments | Three moments theorem | Lehrsatz der drei Momente |
| 211 | Toiture terrasse | Flat roof, terrace roof | Flachdach |
| 136, 185 | Tolérance | Tolerance | Toleranz |
| 2, 276 | Traits | Lines | Striche |
| 82, 92 | Tranchée | Trenche | Auschub |
| 269, 364 | Traversée de paroi | Pipe sleeve, wall cross-member | Wanddurchführung |
| 15, 19, 41 | Treillis soudé | Welded mesh (wire) | Beton stahlmatte |
| 8, 196, 201, 205 | Trémie | Hopper, funnel | Bunker |

| Pages | Français | Anglais | Allemand |
|---|---|---|---|
| 244 | Trop-plein | Overflow | Überlauf rohr |
| 240 | Tuile | Tile | Dachziegel |
| 87, 94 | Tuyau | Pipe | Röhre |
| 243, 285 | Tuyau de chute | Chute pipe | Fallrohr |

# U

| Pages | Français | Anglais | Allemand |
|---|---|---|---|
| | Unités | Units | Einheiten |
| 209 | UPEC (classement) | UPEC (classification) | UPEC (Einstufung) |

# V

| Pages | Français | Anglais | Allemand |
|---|---|---|---|
| 32 | Vent | Wind | Wind |
| 345 | Ventilation | Ventilation | Belüftung |
| 144 | Vérin | Jack | Winde |
| 81 | Vibrofonçage | | |
| 267 | Vide-ordure | Waste pipe, rubbish-shoot | Müllschlucker |
| 283, 328 | Vide sanitaire | Void between base and first slab | Belüftungsohlraum |
| 83 | Voile masque | Mask wall | Verdeckte Wand |
| 246 | Volée (d'escalier) | Flight (of stairs) | Treppenlauf |
| 87, 90 | VRD | Site works | |

# Adresses utiles

• **ADETS**
Association technique pour le développement et l'Emploi des Treillis Soudés
2, rue Logelbach
75017 Paris
Tél. : 01 47 64 51 44
Télécopie/Fax : 01 47 64 51 46

• **AFNOR**
Association Française de Normalisation
11, avenue Francis de Pressensé
93571 Saint-Denis La Plaine Cedex
Tél. : 01 42 62 80 00
Service minitel : 3616 Code AFNOR
www.afnor.fr

v **CEBTP**
Centre Expérimental du Bâtiment et des Travaux Publics
Domaine de Saint-Paul
BP 37
78470 Saint-Rémy-les-Chevreuses
Tél. : 01 30 85 24 00 et 30 85 23 94
Télécopie/Fax : 01 30 85 24 30

• **CSTB**
Centre Scientifique et Technique du Bâtiment
4, avenue Recteur-Poincaré
75016 Paris
Tél. : 01 40 50 28 28

• **CIMBéton**
Centre d'Information sur le Ciment et ses Applications
7, place Défense
92974 Paris La Défense
Tél. : 01 55 23 01 00

• **CRAMIF**
Caisse régionale d'Assurance Maladie d'Ile-de-France
17, avenue de Flandres
75019 Paris
Tél. : 01 40 05 32 64
Télécopie/Fax : 01 40 34 24 41
Service minitel : 3614 CRAMIF

• **FFB**
Fédération Française du Bâtiment
33, avenue Kleber et 9, rue de Pérouse
75016 Paris
Tél. : 01 40 69 51 00
Télécopie/Fax : 01 45 53 58 77

• **FNTP**
Fédération Nationale des Travaux Publics
3, rue de Berri
75008 Paris
Tél. : 01 44 13 31 44
Télécopie/Fax : 01 45 61 04 47

• **LCPC**
Laboratoire Central des Ponts et Chaussées
58, boulevard Lefevbre
75732 Paris Cedex 15
Tél. : 01 40 43 50 00
Télécopie/Fax : 01 40 43 54 98

• **SETRA**
Service d'Étude Techniques des Routes et Autoroutes
(Centre de sécurité et des techniques routières)
46, avenue Aristide-Briand
BP 100
92223 Bagneux Cedex
Tél. : 01 46 11 31 31
Télécopie/Fax : 01 46 11 31 69

*Nota :* les adresses INTERNET de ces organismes sont accessibles sur le site :
http://lyc-du-batiment-saint-lambert.scola.ac-paris.fr

**Nous tenons à remercier toutes les sociétés qui nous ont aidés dans notre recherche documentaire et qui nous ont donné l'autorisation de reproduire ces documents :**

ACERMI (*Guide pratique de la certification*), ADETS (Association pour le Développement et l'Emploi du Treillis Soudé), ALDES aéraulique, ANJOS, ARDAL (procédé breveté par la société des ARDOISIÈRES D'ANGERS S.A.), AXTER, BLOC FER, BPB Placoplâtre, COVERLAND (*Mémento de la tuile REDLAND, Mémento du couvreur ARMOR*), CTTB, DOERKEN-France (film de sous-toilure D-FOL PVE), DOW CHEMICAL, FIB (Fédération française de l'Industrie du Béton), FIBRALITH Isolation, GIPEN, HAGER, HUSSOR, IMERYS Structure, ISOVER ST GOBAIN, KONÉ, La couverture en ardoises par MM. SANGUE et BEAULIEU, LAFARGE Plâtres, LCPC (Laboratoire Central des Ponts et Chaussées), LE BÉTON MÉCANIQUE, LEGRAND, Menuiseries PASQUET, NICOLL, PBM, PPB, PROMAT, QUALITÉ CONSTRUCTION (*Économies d'énergie sans désordres, Guide technique de la maison individuelle, L'étanchéité des façades, Qualité acoustique de l'habitat*), SCHUCO, SOCECO, SOPREMA, SYNDICAT NATIONAL DES TUBES ET RACCORDS EN PVC, Tuileries J.-Ph. STURM, VIEILLE MONTAGNE S.A., VIM AÉROPLAST, VMC, Habitat collectif, WEBO, YTONG.

N° d'Éditeur : 10111917 - Dépôt légal janvier 2004
Imprimé en France par MAME Imprimeurs à Tours (03122115)